U0351798

Building Eternal City
匠人营城

天 津 滨 海 新 区 城 市 设 计 探 索
The Explorations of Urban Design in Binhai New Area, Tianjin

《天津滨海新区规划设计丛书》编委会　编
霍　兵　主编

江苏凤凰科学技术出版社

《天津滨海新区规划设计丛书》编委会

本书主编

霍兵

本书副主编

黄晶涛、肖连望、郭志刚

本书编辑组

陈雄涛、祝新伟、高蕊、毕昱、杨会民、周怡舟、沈斯、杜宽亮、赵春雷、安莹、齐烨

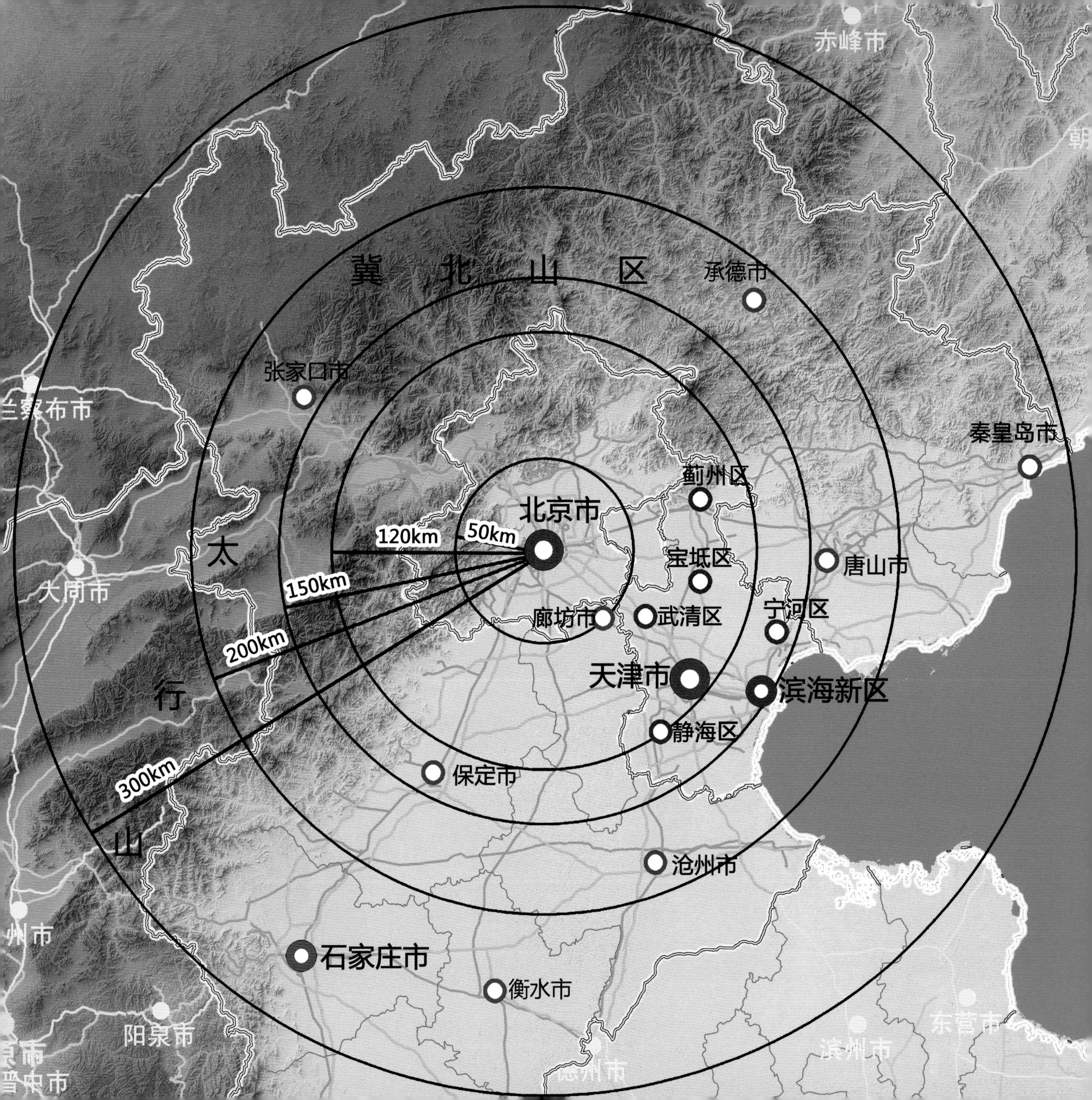

赤峰市
冀 北 山 区
承德市
张家口市
秦皇岛市
蓟州区
北京市
120km
50km
太
宝坻区
唐山市
150km
宁河区
廊坊市
武清区
大同市
200km
天津市
滨海新区
行
静海区
300km
保定市
山
沧州市
石家庄市
衡水市
阳泉市
东营市
滨州市
德州市

序
Preface

2006 年 5 月，国务院下发《关于推进天津滨海新区开发开放有关问题的意见》（国发〔2006〕20 号），滨海新区正式被纳入国家发展战略，成为综合配套改革试验区。按照党中央、国务院的部署，在国家各部委的大力支持下，天津市委市政府举全市之力建设滨海新区。经过艰苦的奋斗和不懈的努力，滨海新区的开发开放取得了令世人瞩目的成绩。今天的滨海新区与十年前相比有了天翻地覆的变化，经济总量和八大支柱产业规模不断壮大，改革创新不断取得新进展，城市功能和生态环境质量不断改善，社会事业不断进步，居民生活水平不断提高，科学发展的滨海新区正在形成。

回顾和总结十年来的成功经验，其中最重要的就是坚持高水平规划引领。我们深刻地体会到，规划是指南针，是城市发展建设的龙头。要高度重视规划工作，树立国际一流的标准，运用先进的规划理念和方法，与实际情况相结合，探索具有中国特色的城镇化道路，使滨海新区社会经济发展和城乡规划建设达到高水平。为了纪念滨海新区被纳入国家发展战略十周年，滨海新区规划和国土资源管理局组织编写了这套《天津滨海新区规划设计丛书》，内容包括滨海新区总体规划、规划设计国际征集、城市设计探索、控制性详细规划全覆盖、于家堡金融区规划设计、滨海新区文化中心规划设计、城市社区规划设计、保障房规划设计、城市道路交通基础设施和建设成就等，共 10 册。这是一种非常有意义的纪念方式，目的是总结新区十年来在城市规划设计方面的成功经验，寻找差距和不足，树立新的目标，实现更好的发展。

未来五到十年，是滨海新区实现国家定位的关键时期。在新的历史时期，在“一带一路”、京津冀协同发展国家战略及自贸区的背景下，在我国经济发展进入新常态的情形下，滨海新区，作为国家级新区和综合配套改革试验区，要在深化改革开放方面进行先行先试探索，期待用高水平的规划引导经济社会发展和城市规划建设，实现转型升级，为其他国家级新区和我国新型城镇化提供可推广、可复制的经验，为全面建成小康社会、实现中华民族的伟大复兴做出应有的贡献。

天津市委常委

滨海新区区委书记

宗国英

2016 年 2 月

滨海新区用地规划图

前　言
Foreword

天津市委市政府历来高度重视滨海新区城市规划工作。2007年，天津市第九次党代会提出：全面提升城市规划水平，使新区的规划设计达到国际一流水平。2008年，天津市政府设立重点规划指挥部，开展119项规划编制工作，其中新区38项，内容包括滨海新区空间发展战略和城市总体规划、中新天津生态城等功能区规划、于家堡金融区等重点地区规划，占全市任务的三分之一。在天津市空间发展战略的指导下，滨海新区空间发展战略规划和城市总体规划明确了新区发展的空间格局，满足了新区快速建设的迫切需求，为建立完善的新区规划体系奠定了基础。

天津市规划局多年来一直将滨海新区规划工作作为重点。在1986年，天津城市总体规划提出“工业东移” 的发展战略，大力发展滨海地区。1994年，开始组织编制滨海新区总体规划。1996年，成立滨海新区规划分局，配合滨海新区领导小组办公室和管委会做好新区规划工作，为新区的规划打下良好的基础，并培养锻炼一支务实的规划管理人员队伍。2009年滨海新区政府成立后，按照市委市政府的要求，天津市规划局率先将除城市总体规划和分区规划之外的规划审批权和行政许可权依法下放给滨海新区政府；同时，与滨海新区政府共同组织新区各委局、各功能区管委会，再次设立新区规划提升指挥部，统筹编制50余项规划，进一步完善规划体系，提高规划设计水平。市委市政府和新区区委区政府主要领导对新区规划工作不断提出要求，通过设立规划指挥部和发展专题会等方式对新区重大规划给予审查。市规划局各位局领导和各部门积极支持新区工作，市有关部门也对新区规划工作给予指导支持，以保证新区各项规划建设的高水平。

滨海新区区委区政府十分重视规划工作。滨海新区行政体制改革后，以原市规划局滨海分局和市国土房屋管理局滨海分局为班底组建了新区规划与国土资源管理局。五年来，在新区区委区政府的正确领导下，新区规划与国土资源管理局认真贯彻落实中央和市委市政府、区委区政府的工作部署，以规划为龙头，不断提高规划设计和管理水平；通过实施全区控规全覆盖，实现新区各功能区统一的规划管理；通过推广城市设计和城市设计规范化、法定化改革，不断提高规划管理水平，较好地完成本职工作。在滨海新区被纳入国家发展战略十周年之际，新区规划与国土资源管理局组织编写这套《天津滨海新区规划设计丛书》，对过去的工作进行总结，非常有意义；希望以此为契机，再接再厉，进一步提高规划设计和管理水平，为新区在新的历史时期再次腾飞做出更大的贡献。

天津市规划局局长

天津市滨海新区区长

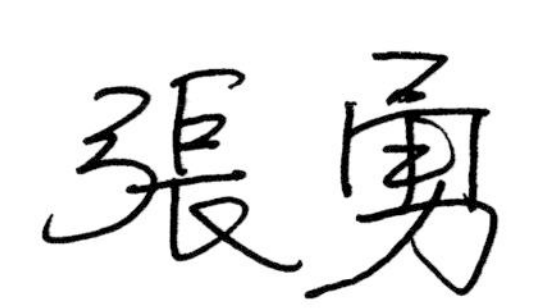

2016年3月

滨海新区城市规划的十年历程
Ten Years Development Course of Binhai Urban Planning

白驹过隙，在持续的艰苦奋斗和改革创新中，滨海新区迎来了被纳入国家发展战略后的第一个十年。作为中国经济增长的第三极，在快速城市化的进程中，滨海新区的城市规划建设以改革创新为引领，尝试在一些关键环节先行先试，成绩斐然。组织编写这套《天津滨海新区规划设计丛书》，对过去十年的工作进行回顾总结，是纪念新区十周年一种很有意义的方式，希望为国内外城市提供经验借鉴，也为新区未来发展和规划的进一步提升夯实基础。这里，我们把滨海新区的历史沿革、开发开放的基本情况以及在城市规划编制、管理方面的主要思路和做法介绍给大家，作为丛书的背景资料，方便读者更好地阅读。

一、滨海新区十年来的发展变化

1. 滨海新区重要的战略地位

滨海新区位于天津东部、渤海之滨，是北京的出海口，战略位置十分重要。历史上，在明万历年间，塘沽已成为沿海军事重镇。到清末，随着京杭大运河淤积，南北漕运改为海运，塘沽逐步成为河、海联运的中转站和货物集散地。大沽炮台是我国近代史上重要的海防屏障。

1860 年第二次鸦片战争，八国联军从北塘登陆，中国的大门向西方打开。天津被迫开埠，海河两岸修建起八国租界。塘沽成为当时军工和民族工业发展的一个重要基地。光绪十一年(1885 年)，清政府在大沽创建“北洋水师大沽船坞”。光绪十四年(1888 年)，开滦矿务局唐(山)胥(各庄)铁路延长至塘沽。1914 年，实业家范旭东在塘沽创办久大精盐厂和中国第一个纯碱厂——永利碱厂，使这里成为中国民族化工业的发源地。抗战爆发后，日本侵略者出于掠夺的目的于 1939 年在海河口开建人工海港。

新中国成立后，天津市获得新生。1951 年，天津港正式开港。凭借良好的工业传统，在第一个“五年计划”期间，我国许多自主生产的工业产品，如第一台电视机、第一辆自行车、第一辆汽车等，都在天津诞生，天津逐步从商贸城市转型为生产型城市。1978 年改革开放，天津迎来了新的机遇。1986 年城市总体规划确定了“一个扁担挑两头”的城市布局，在塘沽城区东北部盐场选址规划建设天津经济技术开发区（Tianjin Economic-Technological Development Area—TEDA）——泰达，一批外向型工业兴起，开发区成为天津走向世界的一个窗口。1986 年，被称为“中国改革开放总设计师”的邓小平高瞻远瞩地指出：“你们在港口和市区之间有这么多荒地，这是个很大的优势，我看你们潜力很大”，并欣然题词：“开发区大有希望”。

1992 年小平同志南行后，中国的改革开放进入新的历史时期。1994 年，天津市委市政府加大实施“工业东移”战略，提出：用十年的时间基本建成滨海新区，把饱受发展限制的天津老城区的工业转移至地域广阔的滨海新区，转型升级。1999 年，时任中央总书记的江泽民充分肯定了滨海新区的发展：“滨海新区的战略布局思路正确，肯定大有希望。”经过十多年的努力奋斗，进入 21 世纪以来，天津滨海新区已经具备了一定的发展基础，取得了一定的成绩，为被纳入国家发展战略奠定了坚实的基础。

2. 中国经济增长的第三极

2005 年 10 月，党的十六届五中全会在《中共中央关于制定国民经济和社会发展第十一个五年规划的建议》中提出：继续发挥经济特区、上海浦东新区的作用，推进天津滨海新区等条件较好地区的开发开放，带动区域经济发展。2006 年，滨海新区被纳入国家“十一五”规划。2006 年 6 月，国务院下发《关于推进天津滨海新区开发开放有关问题的意见》（国发〔2006〕20 号），滨海新区被正式纳入国家发展战略，成为综合配套改革试验区。

20 世纪 80 年代深圳经济特区设立的目的是在改革开放的初期，打开一扇看世界的窗。20 世纪 90 年代上海浦东新区的设立正处于我国改革开放取得重大成绩的历史时期，其目的是扩大开放、深化改革。21 世纪天津滨海新区设立的目的是在我国初步建成小康社会的条件下，按照科学发展观的要求，做进一步深化改革的试验区、先行区。国务院对滨海新区的定位是：依托京津冀、服务环渤海、辐射“三北”、面向东北亚，努力建设成为我国北方对外开放的门户、高水平的现代制造业和研发转化基地、北方国际航运中心和国际物流中心，逐步成为经济繁荣、社会和谐、环境优美的宜居生态型新城区。

滨海新区距北京只有 1 小时车程，有北方最大的港口天津港。有国外记者预测，“未来 20 年，滨海新区将成为中国经济增长的第三极——中国经济增长的新引擎”。这片有着深厚历史积淀和基础、充满活力和激情的盐田滩涂将成为新一代领导人政治理论和政策举措的示范窗口和试验田，要通过“科学发展”建设一个“和谐社会”，以带动北方经济的振兴。与此同时，滨海新区也处于金融改革、技术创新、环境保护和城市规划建设等政策试验的最前沿。

3. 滨海新区十年来取得的成绩

按照党中央、国务院的部署，天津市委市政府举全市之力建设滨海新区。经过不懈的努力，滨海新区开发开放取得了令人瞩目的成绩，以行政体制改革引领的综合配套改革不断推进，经济高速增长，产业转型升级，今天的滨海新区与十年前相比有了沧海桑田般的变化。

2015 年，滨海新区国内生产总值达到 9300 万亿左右，是 2006 年的 5 倍，占天津全市比重 56%。航空航天等八大支柱产业初步形成，空中客车 A-320 客机组装厂、新一代运载火箭、天河一号超级计算机等国际一流的产业生产研发基地建成运营。1000 万吨炼油和 120 万吨乙烯厂建成投产。丰田、长城汽车年产量提高至 100 万辆，三星等手机生产商生产手机 1 亿部。天津港吞吐量达到 5.4 亿吨，集装箱 1400 万标箱，邮轮母港的客流量超过 40 万人次，天津滨海国际机场年吞吐量突破 1400 万人次。京津塘城际高速铁路延伸线、津秦客运专线投入运营。滨海新区作为高水平的现代制造业和研发转化基地、北方国际航运中心和国际物流中心的功能正在逐步形成。

十年来，滨海新区的城市规划建设也取得了令人瞩目的成绩，城市建成区面积扩大了130平方千米，人口增加了130万。完善的城市道路交通、市政基础设施骨架和生态廊道初步建立，产业布局得以优化，特别是各具特色的功能区竞相发展，一个既符合新区地域特点又适应国际城市发展趋势、富有竞争优势、多组团网络化的城市区域格局正在形成。中心商务区于家堡金融区海河两岸、开发区MSD、中新天津生态城以及空港商务区、高新区渤龙湖地区、东疆港、北塘等区域的规划建设都体现了国际水准，滨海新区现代化港口城市的轮廓和面貌初露端倪。

二、滨海新区十年城市规划编制的经验总结

回顾十年来滨海新区取得的成绩，城市规划发挥了重要的引领作用，许多领导、国内外专家学者和外省市的同行到新区考察时都对新区的城市规划予以肯定。作为中国经济增长的第三极，新区以深圳特区和浦东新区为榜样，力争城市规划建设达到更高水平。要实现这一目标，规划设计必须具有超前性，且树立国际一流的标准。在快速发展的情形下，做到规划先行，切实提高规划设计水平，不是一件容易的事情。归纳起来，我们主要有以下几方面的做法。

1. 高度重视城市规划工作，花大力气开展规划编制，持之以恒，建立完善的规划体系

城市规划要发挥引导作用，首先必须有完整的规划体系。天津市委市政府历来高度重视城市规划工作。2006年，滨海新区被纳入国家发展战略，市政府立即组织开展了城市总体规划、功能区分区规划、重点地区城市设计等规划编制工作。但是，要在短时间内建立完善的规划体系，提高规划设计水平，特别是像滨海新区这样的新区，在“等规划如等米下锅”的情形下，必须采取非常规的措施。

2007年，天津市第九次党代会提出了全面提升规划水平的要求。2008年，天津全市成立了重点规划指挥部，开展了119项规划编制工作，其中新区38项，占全市任务的1/3。重点规划指挥部采用市主要领导亲自抓、规划局和政府相关部门集中办公的形式，新区和各区县成立重点规划编制分指挥部。为解决当地规划设计力量不足的问题，我们进一步开放规划设计市场，吸引国内外高水平的规划设计单位参与天津的规划编制。规划编制内容充分考虑城市长远发展，完善规划体系，同时以近五年建设项目策划为重点。新区38项规划内容包括滨海新区空间发展战略规划和城市总体规划、中新天津生态城、南港工业区等分区规划，于家堡金融区、响螺湾商务区和开发区现代产业服务区（MSD）等重点地区，涵盖总体规划、分区规划、城市设计、控制性详细规划等层面。改变过去习惯的先编制上位规划、再顺次编制下位规划的做法，改串联为并联，压缩规划编制审批的时间，促进上下层规划的互动。起初，大家对重点规划指挥部这种形式有怀疑和议论。实际上，规划编制有时需要特殊的组织形式，如编制城市总体规划一般的做法都需要采取成立领导小组、集中规划编制组等形式。重点规划指挥部这种集中突击式的规划编制是规划编制各种组织形式中的一种。实践证明，它对于一个城市在短时期内规划体系完善和水平的提高十分有效。

经过大干150天的努力和“五加二、白加黑”的奋战，38项规划成果编制完成。在天津市空间发展战略的指导下，

滨海新区空间发展战略规划和城市总体规划明确了新区发展大的空间格局。在总体规划、分区规划和城市设计指导下，近期重点建设区的控制性详细规划先行批复，满足了新区实施国家战略伊始加速建设的迫切要求。可以说，重点规划指挥部 38 项规划的编制完成保证了当前的建设，更重要的是夯实了新区城市规划体系的根基。

除城市总体规划外，控制性详细规划不可或缺。控制性详细规划作为对城市总体规划、分区规划和专项规划的深化和落实，是规划管理的法规性文件和土地出让的依据，在规划体系中起着承上启下的关键作用。2007 年以前，滨海新区控制性详细规划仅完成了建成区的 30%。控规覆盖率低必然造成规划的被动。因此，我们将新区控规全覆盖作为一项重点工作。经过近一年的扎实准备，2008 年初，滨海新区和市规划局统一组织开展了滨海新区控规全覆盖工作，规划依照统一的技术标准、统一的成果形式和统一的审查程序进行。按照全覆盖和无缝拼接的原则，将滨海新区 2270 平方千米的土地划分为 38 个分区 250 个规划单元，同时编制。要实现控规全覆盖，工作量巨大，按照国家指导标准，仅规划编制经费就需巨额投入，因此有人对这项工作持怀疑态度。新区管委会高度重视，利用国家开发银行的技术援助贷款，解决了规划编制经费问题。新区规划分局统筹全区控规编制，各功能区管委会和塘沽、汉沽、大港政府认真组织实施。除天津规划院、渤海规划院之外，国内十多家规划设计单位也参与了控规编制。这项工作也被列入 2008 年重点规划指挥部的任务并延续下来。到 2009 年底，历时两年多的奋斗，新区控规全覆盖基本编制完成，经过专家审议、征求部门意见以及向社会公示等程序后，2010 年 3 月，新区政府第七次常务会审议通过并下发执行。滨海新区历史上第一次实现了控规全覆盖，实现了每一寸土地上都有规划，使规划成为经济发展和城市建设的先行官，从此再没有出现招商和项目建设等无规划的情况。控规全覆盖奠定了滨海新区完整规划体系的牢固底盘。

当然，完善的城市规划体系不是一次设立重点规划指挥部、一次控规全覆盖就可以全方位建立的。所以，2010 年 4 月，在滨海新区政府成立后，按照市委市政府要求，滨海新区人民政府和市规划局组织新区规划和国土资源管理局与新区各委局、各功能区管委会，再次设立新区规划提升指挥部，统筹编制新区总体规划提升在内的 50 余项各层次规划，进一步完善规划体系，提高规划设计水平。另外，除了设立重点规划指挥部和控规全覆盖这种特殊的组织形式外，新区政府在每年年度预算中都设立了规划业务经费，确定一定数量的指令性任务，有计划地长期开展规划编制和研究工作，持之以恒，这一点也很重要。

十年后的今天，经过两次设立重点规划指挥部、控规全覆盖和多年持续的努力，滨海新区建立了包括总体规划和详细规划两大阶段，涉及空间发展战略、总体规划、分区规划、专项规划、控制性详细规划、城市设计和城市设计导则等七个层面的完善的规划体系。这个规划体系是一个庞大的体系，由数百项规划组成，各层次、各片区规划具有各自的作用，不可或缺。空间发展战略和总体规划明确了新区的空间布局和总体发展方向；分区规划明确了各功能区主导产业和空间布局特色；专项规划明确了各项道路交通、市政和社会事业发展布局。控制性详细规划做到全覆盖，确保每一寸土地都有规划，实现全区一张图管理。城市设计细化了城市功能和空间形象特色，重点地区城市设计及导则保证了城市环境品质的提升。我们深刻地体会到，一个完善的规划体系，不仅是资金投入的累积，更是各级领导干部、专家学者、技术人员和广大群众的时间、精力、心血和智慧的结晶。建立一套完善的规划体系不容易，保证规划体系的高品质更加重要，要在维护规划稳定和延续的基础上，紧跟时代的步伐，使规划具有先进性，这是城市规划的历史使命。

2. 坚持继承发展和改革创新，保证规划的延续性和时代感

城市空间战略和总体规划是对未来发展的预测和布局，关系城市未来几十年、上百年发展的方向和品质，必须符合城市发展的客观规律，具有科学性和稳定性。同时，21 世纪科学技术日新月异，不断进步，所以，城市规划也要有一定弹性，以适应发展的变化，并正确认识城市规划不变与变的辩证关系。多年来，继承发展和改革创新并重是天津及滨海新区城市规划的主要特征和成功经验。

早在 1986 年经国务院批准的第一个天津市城市总体规划中，天津市提出了“工业战略东移”的总体思路，确定了“一个扁担挑两头”的城市总体格局。这个规划符合港口城市由内河港向海口港转移和大工业沿海布置发展的客观规律和天津城市的实际情况。30 年来，天津几版城市总体规划修编一直坚持城市大的格局不变，城市总体规划一直突出天津港口和滨海新区的重要性，保持规划的延续性，这是天津城市规划非常重要的传统。正是因为多年来坚持了这样一个符合城市发展规律和城市实际情况的总体规划，没有“翻烧饼”，才为多年后天津的再次腾飞和滨海新区的开发开放奠定了坚实的基础。

当今世界日新月异，在保持规划传统和延续性的同时，我们也更加注重城市规划的改革创新和时代性。2008 年，考虑到滨海新区开发开放和落实国家对天津城市定位等实际情况，市委市政府组织编制天津市空间发展战略，在 2006 年国务院批准的新一版城市总体规划布局的基础上，以问题为导向，确定了“双城双港、相向拓展、一轴两带、南北生态”的格局，突出了滨海新区和港口的重要作用，同时着力解决港城矛盾，这是对天津历版城市总体规划布局的继承和发展。在天津市空间发展战略的指导下，结合新区的实际情况和历史沿革，在上版新区总体规划以塘沽、汉沽、大港老城区为主的“一轴一带三区”布局结构的基础上，考虑众多新兴产业功能区作为新区发展主体的实际，滨海新区确定了“一城双港、九区支撑、龙头带动”的空间发展战略。在空间战略的指导下，新区的城市总体规划充分考虑历史演变和生态本底，依托天津港和天津国际机场核心资源，强调功能区与城区协调发展和生态环境保护，规划形成“一城双港三片区”的空间格局，确定了“东港口、西高新、南重化、北旅游、中服务”的产业发展布局，改变了过去开发区、保税区、塘沽区、汉沽区、大港区各自为政、小而全的做法，强调统筹协调和相互配合。规划明确了各功能区的功能和产业特色，以产业族群和产业链延伸发展，避免重复建设和恶性竞争。规划明确提出：原塘沽区、汉沽区、大港区与城区临近的石化产业，包括新上石化项目，统一向南港工业区集中，真正改变了多少年来财政分灶吃饭体制所造成的一直难以克服的城市环境保护和城市安全的难题，使滨海新区走上健康发展的轨道。

改革开放 30 年来，城市规划改革创新的重点仍然是转换传统计划经济的思维，真正适应社会主义市场经济和政府职能转变要求，改变规划计划式的编制方式和内容。目前城市空间发展战略虽然还不是法定规划，但与城市总体规划相比，更加注重以问题为导向，明确城市总体长远发展的结构和布局，统筹功能更强。天津市人大在国内率先将天津空间发展战略升级为地方性法规，具有重要的示范作用。在空间发展战略的指导下，城市总体规划的编制也要改变传统上以 10 ~ 20 年规划期经济规模、人口规模和人均建设用地指标为终点式的规划和每 5 ~ 10 年修编一次的做法，避免“规划修编一次、城市摊大一次”，造成“城市摊大饼发展”的局面。滨海新区空间发展战略重点研究区域统筹发展、港城协调发展、海空两港及重大交通体系、产业布局、生态保护、海岸线使用、填海造陆和盐田资源利用等重大问题，统一思想认识，提出发展策略。新区城市总体规划按照城市空间发展战略，以 50 年远景规划为出发点，确定整体空间骨架，预测不同阶段的城市规模和形态，通过滚动编制近期建设规划，引导和控制近期发展，适应发展的不确定性，真正做到“一张蓝图干到底”。

改革开放 30 年以来，我国的城市建设取得了巨大的成绩，但如何克服“城市千城一面”的问题，避免城市病，提高规划设计和管理水平一直是一个重要课题。我们把城市设计作为提升规划设计水平和管理水平的主要抓手。在城市总体规划编制过程中，邀请清华大学开展了新区总体城市设计研究，探讨新区的总体空间形态和城市特色。在功能区规划中，首先通过城市设计方案确定功能区的总体布局和形态，然后再编制分区规划和控制性详细规划。自 2006 年以来，我们共开展了 100 余项城市设计。其中，新区核心区实现了城市设计全覆盖，于家堡金融区、响螺湾商务区、开发区现代产业服务区（MSD）、空港经济区核心区、滨海高新区渤龙湖总部区、北塘特色旅游区、东疆港配套服务区等 20 余个城市重点地区，以及海河两岸和历史街区都编制了高水平的城市设计，各具特色。鉴于目前城市设计在我国还不是法定规划，作为国家综合配套改革试验区，我们开展了城市设计规范化和法定化专题研究和改革试点，在城市设计的基础上，编制城市设计导则，作为区域规划管理和建筑设计审批的依据。城市设计导则不仅规定开发地块的开发强度、建筑高度和密度等，而且确定建筑的体量位置、贴线率、建筑风格、色彩等要求，包括地下空间设计的指引，直至街道景观家具的设置等内容。于家堡金融区、北塘、渤龙湖、空港核心区等新区重点区域均完成了城市设计导则的编制，并已付诸实施，效果明显。实践证明，与控制性详细规划相比，城市设计导则在规划管理上可更准确地指导建筑设计，保证规划、建筑设计和景观设计的统一，塑造高水准的城市形象和建成环境。

规划的改革创新是个持续的过程。控规最早是借鉴美国区划和中国香港法定图则，结合我国实际情况在深圳、上海等地先行先试的。我们在实践中一直在对控规进行完善。针对大城市地区城乡统筹发展的趋势，滨海新区控规从传统的城市规划范围拓展到整个新区 2270 平方千米的范围，实现了控制性详细规划城乡全覆盖。250 个规划单元分为城区和生态区两类，按照不同的标准分别编制。生态区以农村地区的生产和生态环境保护为主，同时认真规划和严格控制“六线”，包括道路红线、轨道黑线、绿化绿线、市政黄线、河流蓝线以及文物保护紫线，一方面保证城市交通基础设施建设的控制预留，另一方面避免对土地不合理地随意切割，达到合理利用土地和保护生态资源的目的。同时，可以避免深圳由于当年只对围网内特区城市规划区进行控制，造成外围村庄无序发展，形成今天难以解决的城中村问题。另外，规划远近结合，考虑到新区处于快速发展期，有一定的不确定性，因此，将控规成果按照编制深度分成两个层面，即控制性详细规划和土地细分导则，重点地区还将同步编制城市设计导则，按照“一控规、两导则”来实施规划管理，规划具有一定弹性，重点对保障城市公共利益、涉及国计民生的公共设施进行预留控制，包括教育、文化、体育、医疗卫生、社会福利、社区服务、菜市场等，保证规划布局均衡便捷、建设标准与配套水平适度超前。

3. 树立正确的指导思想，采纳先进的理念，开放规划设计市场，加强自身队伍建设，确保规划编制的高起点、高水平

如果建筑设计的最高境界是技术与艺术的完美结合，那么城市规划则被赋予更多的责任和期许。城市规划不仅仅是制度体系，其本身的内容和水平更加重要。规划不仅仅要指引城市发展建设，营造优美的人居环境，还试图要解决城市许多的经济、社会和环境问题，避免交通拥堵、环境污染、住房短缺等城市病。现代城市规划 100 多年的发展历程，涵盖了世界各国、众多城市为理想愿景奋斗的历史、成功的经验、失败的教训，为我们提供了丰富的案例。经过 100 多年从理论到实践的循环往复和螺旋上升，城市规划发展成为经济、社会、环境多学科融合的学科，涌现出多种多样的理论和方法。但是，面对中国改革开放和快速城市化，目前仍然没有成熟的理论方法和模式可以套用。因此，要使规划编制达到高水平，必须加强理论研究和理论的指引，树立正确的指导思想，总结国内外案例的经验教训，应用先进的规划理念和方法，探索适合自身特点的城市发展道路，避免规划灾难。在新区的规划编制过程中，我们始终努力开拓国际视野，加强理论研究，坚持高起步、高标准，以滨海新区的规划设计达到国际一流水平为努力的方向和目标。

新区总体规划编制伊始，我们邀请中国城市规划设计研究院、清华大学开展了深圳特区和浦东新区规划借鉴、京津冀产业协同和新区总体城市设计等专题研究，向周干峙院士、建设部唐凯总规划师等知名专家咨询，以期站在巨人的肩膀上，登高望远，看清自身发展的道路和方向，少走弯路。21 世纪，在经济全球化和信息化高度发达的情形下，当代世界城市发展已经呈现出多中心网络化的趋势。滨海新区城市总体规划，借鉴荷兰兰斯塔特（Randstad）、美国旧金山硅谷湾区（Bay Area）、中国深圳市域等国内外同类城市区域的成功经验，在继承城市历史沿革的同时，结合新区多个特色功能区快速发展的实际情况，应用国际上城市区域（City Region）等最新理论，形成滨海新区多中心组团式的城市区域总体规划结构，改变了传统的城镇体系规划和以中心城市为主的等级结构，适应了产业创新发展的要求，呼应了城市生态保护的形势，顺应了未来城市发展的方向，符合滨海新区的实际。规划产业、功能和空间各具特色的功能区作为城市组团，由生态廊道分隔，以快速轨道交通串联，形成城市网络，实现区域功能共享，避免各自独立发展所带来的重复建设问题。多组团城市区域布局改变了单中心聚集、“摊大饼”式蔓延发展模式，也可避免出现深圳当年对全区域缺失规划控制的问题。深圳最初的规划以关内300平方千米为主，“带状组团式布局”的城市总体规划是一个高水平的规划，但由于忽略了关外1600平方千米的土地，造成了外围“城中村”蔓延发展，后期改造难度很大。

生态城市和绿色发展理念是新区城市总体规划的一个突出特征。通过对城市未来50年甚至更长远发展的考虑，确定了城市增长边界，与此同时，划定了城市永久的生态保护控制范围，新区的生态用地规模确保在总用地的50%以上。根据新区河湖水系丰富和土地盐碱的特征，规划开挖部分河道水面、连通水系，存蓄雨洪水，实现湿地恢复，并通过水流起到排碱和改良土壤、改善植被的作用。在绿色交通方面，除以大运量快速轨道交通串联各功能区组团外，各组团内规划电车与快速轨道交通换乘，如开发区和中新天津生态城，提高公交覆盖率，增加绿色出行比重，形成公交都市。同时，组团内产业和生活均衡布局，减少不必要的出行。在资源利用方面，开发再生水和海水利用，实现非常规水源约占比50%以上。结合海水淡化，大力发展热电联产，实现淡水、盐、热、电的综合产出。鼓励开发利用地热、风能及太阳能等清洁能源。自2008年以来，中新天津生态城的规划建设已经提供了在盐碱地上建设生态城市可推广、可复制的成功经验。

有历史学家说，城市是人类历史上最伟大的发明，是人类文明集中的诞生地。在21世纪信息化高度发达的今天，城市的聚集功能依然非常重要，特别是高度密集的城市中心。陆家嘴金融区、罗湖和福田中心区，对上海浦东新区和深圳特区的快速发展起到了至关重要的作用。被纳入国家发展战略伊始，滨海新区就开始研究如何选址和规划建设新区的核心——中心商务区。这是一个急迫需要确定的课题，而困难在于滨海新区并不是一张白纸，实际上是一个经过100多年发展的老区。经过深入的前期研究和多方案比选，最终确定在海河下游沿岸规划建设新区的中心。这片区域由码头、仓库、油库、工厂、村庄、荒地和一部分质量不高的多层住宅组成，包括于家堡、响螺湾、天津碱厂等区域，毗邻开发区生活区MSD。在如此衰败的区域中规划高水平的中心商务区，在真正建成前会一直有怀疑和议论，就像十多年前我们规划把海河建设成为世界名河所受到的非议一样，是很正常的事情。规划需要远见卓识，更需要深入的工作。滨海新区中心商务区规划明确了在区域中的功能定位，明确了与天津老城区城市中心的关系。通过对国内外有关城市中心商务区的经验比较，确定了新区中心商务区的规划范围和建设规模。大家发现，于家堡金融区半岛与伦敦泰晤士河畔的道克兰金融区形态上很相似，这冥冥之中揭示了滨河城市发展的共同规律。为提升新区中心商务区海河两岸和于家堡金融区规划设计水平，我们邀请国内顶级专家吴良镛、齐康、彭一刚、邹德慈四位院士以及国际城市设计名家、美国宾夕法尼亚大学乔纳森·巴奈特（Jonathan Barnett）教授等专家作为顾问，为规划出谋划策。邀请美国SOM设计公司、易道公司（EDAW Inc.）、清华大学和英国沃特曼国际工程公司（Waterman Inc.）开展了两次工作营，召开了四次重大课题的咨询论证会，确定了高铁车站位置、海河防洪和基地高度、起步区选址等重大问题，并会同国际建协进行了于家堡城市设计方案国际竞赛。于家堡地区的规划设计，汲取纽约曼哈顿、芝加哥一英里、上海浦东陆家嘴等的成功经验，通过众多规划设计单位的共同参与和群策群力，多方案比选，最终采用了窄街廓、密路网和立体化的规划布局，将京津城际铁路车站延伸到金融区地下，与地铁共同构成了交通枢纽。规划以人为主，形成了完善的地下和地面人行步道系统。规划建设了中央大道隧道和地下车行路，以及市政共同沟。规划沿海河布置绿带，形成了美丽的滨河景观和城市天际线。于家堡的规划设计充分体现了功能、人文、生态和技术相结合，达到了较高水平，具有时代性，为充满活力的金融创新中心的发展打下了坚实的空间基础，营造了美好的场所，成为带动新区发展的“滨海芯”。

人类经济社会发展的最终目的是为了人，为人提供良好的生活、工作、游憩环境，提高生活质量。住房和城市社区是构成城市最基本的细胞，是城市的本底。城市规划突出和谐社会构建、强调以人为本就是要更加注重住房和社区规划设计。目前，虽然我国住房制度改革取得一定成绩，房地产市场规模巨大，但我国在保障性住房政策、居住区规划设计和住宅建筑设计和规划管理上一直存在比较多的问题，大众对居住质量和环境并不十分满意。居住区规划设计存在的问题也是造成城市病的主要根源之一。近几年来，结合滨海新区十大改革之一的保障房制度改革，我们在进行新型住房制度探索的同时，一直在进行住房和社区规划设计体系的创新研究，委托美国著名的公共住房专家丹尼尔·所罗门（Daniel Solomon），并与华汇公司和天津规划院合作，进行新区和谐新城社区的规划设计。邀请国内著名的住宅专家，举办研讨会，在保障房政策、社区规划、住宅单体设计到停车、物业管理、社区邻里中心设计、网络时代社区商业运营和生态社区建设等方面不断深化研究。规划尝试建立均衡普惠的社区、邻里、街坊三级公益性公共设施网络与和谐、宜人、高品质、多样化的住宅，满足人们不断提高的对生活质量的追求，从根本上提高我国城市的品质，解决城市病。

要编制高水平的规划，最重要的还是要邀请国内外高水平、具有国际视野和成功经验的专家和规划设计公司。在新区规划编制过程中，我们一直邀请国内外知名专家给予指导，坚持重大项目采用规划设计方案咨询和国际征集等形式，全方位开放规划设计市场，邀请国内外一流规划设计单位参与规划编制。自 2006 年以来，新区共组织了 10 余次、20 余项城市设计、建筑设计和景观设计方案国际征集活动，几十家来自美国、英国、德国、新加坡、澳大利亚、法国、荷兰、加拿大以及中国香港等国家和地区的国际知名规划设计单位报名参与，将国际先进的规划设计理念和技术与滨海新区具体情况相结合，努力打造最好的规划设计作品。总体来看，新区各项重要规划均由著名的规划设计公司完成，如于家堡金融区城市设计为国际著名的美国 SOM 设计公司领衔，海河两岸景观概念规划是著名景观设计公司易道公司完成的，彩带岛景观设计由设计伦敦奥运会景观的美国哈格里夫斯事务所（Hargreaves Associates.）主笔，文化中心由世界著名建筑师伯纳德·屈米（Bernard Tschumi）等国际设计大师领衔。针对规划设计项目任务不同的特点，在规划编制组织形式上灵活地采用不同的方式。在国际合作上，既采用以征集规划思路和方案为目的的方案征集方式，也采用旨在研究并解决重大问题的工作营和咨询方式。

城市规划是一项长期持续和不断积累的工作，包括使国际视野转化为地方行动，需要本地规划设计队伍的支撑和保证。滨海新区有两支甲级规划队伍长期在新区工作，包括2005年天津市城市规划设计研究院成立的滨海分院以及渤海城市规划设计研究院。2008年，渤海城市规划设计研究院升格为甲级。这两个甲级规划设计院，100多名规划师，不间断地在新区从事规划编制和研究工作。另外，还有滨海新区规划国土局所属的信息中心、城建档案馆等单位，伴随新区成长，为新区规划达到高水平奠定了坚实的基础。我们组织的重点规划设计，如滨海新区中心商务区海河两岸、于家堡金融区规划设计方案国际征集等，事先都由天津市城市规划设计研究院和渤海城市规划设计研究院进行前期研究和试做，发挥他们对现实情况、存在问题和国内技术规范比较清楚的优势，对诸如海河防洪、通航、道路交通等方面存在的关键问题进行深入研究，提出不同的解决方案。通过试做可以保证规划设计征集出对题目，有的放矢，保证国际设计大师集中精力于规划设计的创作和主要问题的解决，这样既可提高效率和资金使用的效益，又可保证后期规划设计顺利落地，且可操作性强，避免“方案国际征集经常落得花了很多钱但最后仅仅是得到一张画得十分绚丽的效果图”的结局。同时，利用这些机会，天津市城市规划设计研究院和渤海城市规划设计研究院经常与国外的规划设计公司合作，在过程中学习提高自己。在规划实施过程中，在可能的情况下，也尽力为国内优秀建筑师提供舞台。于家堡金融区起步区“9+3”地块建筑设计，邀请了崔愷院士、周恺设计大师等九名国内著名青年建筑师操刀，与城市设计导则编制负责人、美国SOM设计公司合伙人菲尔·恩奎斯特（Philip Enquist）联手，组成联合规划和建筑设计团队共同工作，既保证了建筑单体方案建筑设计的高水平，又保证了城市街道、广场的整体形象和绿地、公园等公共空间的品质。

4. 加强公众参与，实现规划科学民主管理

城市规划要体现全体居民的共同意志和愿景。我们在整个规划编制和管理过程中，一贯坚持以“政府组织、专家领衔、部门合作、公众参与、科学决策”的原则指导具体规划工作，将达成“学术共识、社会共识、领导共识”三个共识作为工作的基本要求，保证规划科学和民主真正得到落实。将公众参与作为法定程序，按照“审批前公示、审批后公告”的原则，新区各项规划在编制过程均利用报刊、网站、规划展览馆等方式，对公众进行公示，听取公众意见。2009年，在天津市空间发展战略向市民征求意见中，我们将滨海新区空间发展战略、城市总体规划以及于家堡金融区、响螺湾商务区和中新天津生态城规划在《天津日报》上进行了公示。2010年，在控规全覆盖编制中，每个控规单元的规划都严格按照审查程序经控规技术组审核、部门审核、专家审议等程序，以报纸、网络、公示牌等形式，向社会公示，公开征询市民意见，由设计单位对市民意见进行整理，并反馈采纳情况。一些重要的道路交通市政基础设施规划和实施方案按有关要求同样进行公示。2011年我们在《滨海时报》及相关网站上，就新区轨道网规划进行公开征求意见，针对收到的200余条意见，进行认真整理，根据意见对规划方案进行深化完善，并再次公告。2015年，在国家批准新区地铁近期建设规划后，我们将近期实施地铁线的更准确的定线规划再次在政务网公示，广泛征求市民的意见，让大家了解和参与到城市规划和建设中，传承“人民城市人民建”的优良传统。

三、滨海新区十年城市规划管理体制改革的经验总结

城市规划不仅是一套规范的技术体系，也是一套严密的管理体系。城市规划建设要达到高水平，规划管理体制上也必须相适应。与国内许多新区一样，滨海新区设立之初不是完整的行政区，是由塘沽、汉沽、大港三个行政区和东丽、津南部分区域构成，面积达2270平方千米，在这个范围内，还有由天津港务局演变来的天津港集团公司、大港油田管理局演变而来的中国石油大港油田公司、中海油渤海公司等正局级大型国有企业，以及新设立的天津经济技术开发区、天津港保税区等。国务院《关于推进天津滨海新区开发开放有关问题的意见》提出：滨海新区要进行行政体制改革，建立“统一、协调、精简、高效、廉洁”的管理体制，这是非常重要的改革内容，对国内众多新区具有示范意义。十年来，结合行政管理体制的改革，新区的规划管理体制也一直在调整优化中。

1. 结合新区不断进行的行政管理体制改革，完善新区的规划管理体制

1994年，天津市委市政府提出“用十年时间基本建成滨海新区”的战略，成立了滨海新区领导小组。1995年设立领导小组专职办公室，协调新区的规划和基础设施建设。2000年，在领导小组办公室的基础上成立了滨海新区工委和管委会，作为市委市政府的派出机构，主要职能是加强领导、统筹规划、组织推动、综合协调、增强合力、加快发展。2006年滨海新区被纳入国家发展战略后，一直在探讨行政管理体制的改革。十年来，滨海新区的行政管理体制经历了2009年和2013年两次大的改革，从新区工委管委会加3个行政区政府和3大功能区管委会，到滨海新区政府加3个城区管委会和9大功能区管委会，再到完整的滨海新区政府加7大功能区管委19街镇政府。在这一演变过程中，规划管理体制经历2009年的改革整合，目前相对比较稳定，但面临的改革任务仍然很艰巨。

天津市规划局（天津市土地局）早在1996年即成立滨海新区分局，长期从事新区的规划工作，为新区统一规划打下了良好的基础，也培养锻炼了一支务实的规划管理队伍，成为新区规划管理力量的班底。在新区领导小组办公室和管委会期间，规划分局与管委会下设的3局2室配合密切。随着天津市机构改革，2007年，市编办下达市规划局滨海新区规划分局三定方案，为滨海新区管委会和市规划局双重领导，以市局为主。2009年底滨海新区行政体制改革后，以原市规划局滨海分局和市国土房屋管理局滨海分局为班底组建了新区规划国土资源局。按照市委批准的三定方案，新区规划国土资源局受新区政府和市局双重领导，以新区为主，市规划局领导兼任新区规划国土局局长。这次改革，撤销了原塘沽、汉沽、大港三个行政区的规划局和市国土房管局直属的塘沽、汉沽、大港土地分局，整合为新区规划国土资源局三个直属分局。同时，考虑到功能区在新区加快发展中的重要作用和天津市人大颁布的《开发区条例》等法规，新区各功能区的规划仍然由功能区管理。

滨海新区政府成立后，天津市规划局率先将除城市总体规划和分区规划之外的规划审批权和行政许可权下放给滨海

新区政府。市委市政府主要领导不断对新区规划工作提出要求，分管副市长通过规划指挥部和专题会等形式对新区重大规划给予审查指导。市规划局各部门和各位局领导积极支持新区工作，市有关部门也都对新区规划工作给予指导和支持。按照新区政府的统一部署，新区规划国土局向功能区放权，具体项目审批都由各功能区办理。当然，放权不等于放任不管。除业务上积极给予指导外，新区规划国土局对功能区招商引资中遇到的规划问题给予尽可能的支持。同时，对功能区进行监管，包括控制性详细规划实施、建筑设计项目的审批等，如果存在问题，则严格要求予以纠正。

目前，现行的规划管理体制适应了新区当前行政管理的特点，但与国家提出的规划应向开发区放权的要求还存在着差距，而有些功能区扩展比较快，还存在规划管理人员不足、管理区域分散的问题。随着新区社会经济的发展和行政管理体制的进一步改革，最终还是应该建立新区规划国土房管局、功能区规划国土房管局和街镇规划国土房管所三级全覆盖、衔接完整的规划行政管理体制。

2. 以规划编制和审批为抓手，实现全区统一规划管理

海新区作为一个面积达2270平方千米的新区，市委市政府要求新区做到规划、土地、财政、人事、产业、社会管理等方面的“六统一”，统一的规划是非常重要的环节。如何对功能区简政放权、扁平化管理的同时实现全区的统一和统筹管理，一直是新区政府面对的一个主要课题。我们通过实施全区统一的规划编制和审批，实现了新区统一规划管理的目标。同时，保留功能区对具体项目的规划审批和行政许可，提高行政效率。

滨海新区被纳入国家发展战略后，市委市政府组织新区管委会、各功能区管委会共同统一编制新区空间发展战略和城市总体规划是第一要务，起到了统一思想、统一重大项目和产业布局、统一重大交通和基础设施布局以及统一保护生态格局的重要作用。作为国家级新区，各个产业功能区是新区发展的主力军，经济总量大，水平高，规划的引导作用更重要。因此，市政府要求，在新区总体规划指导下，各功能区都要编制分区规划。分区规划经新区政府同意后，报市政府常务会议批准。目前，新区的每个功能区都有经过市政府批准的分区规划，而且各具产业特色和空间特色，如中心商务区以商务和金融创新功能为主，中新天津生态城以生态、创意和旅游产业为主，东疆保税港区以融资租赁等涉外开放创新为主，开发区以电子信息和汽车产业为主，保税区以航空航天产业为主，高新区以新技术产业为主，临港工业区以重型装备制造为主，南港工业区以石化产业为主。分区规划的编制一方面使总体规划提出的功能定位、产业布局得到落实，另一方面切实指导各功能区开发建设，避免招商引资过程中的恶性竞争和产业雷同等问题，推动了功能区的快速发展，为滨海新区实现功能定位和经济快速发展奠定了坚实的基础。

虽然有了城市总体规划和功能区分区规划，但规划实施管理的具体依据是控制性详细规划。在2007年以前，滨海新区的塘沽、汉沽、大港3个行政区和开发、保税、高新3大功能区各自组织编制自身区域的控制性详细规划，各自审批，缺乏协调和衔接，经常造成矛盾，突出表现在规划布局和道路交通、市政设施等方面。2008年，我们组织开展了新区控规全覆盖工作，目的是解决控规覆盖率低的问题，适应发展的要求，更重要的是解决各功能区及原塘沽、汉沽、大港3个行政区规划各自为政这一关键问题。通过控规全覆盖的统一编制和审批，实现新区统一的规划管理。虽然控规全覆盖任务浩大，但经过3年的艰苦奋斗，2010年初滨海新区政府成立后，编制完成并按程序批复，恰如其时，实现了新区控规的统一管理。事实证明，在控规统一编制、审批及日后管理的前提下，可以把具体项目规划审批权放给各个功能区，既提高了行政许可效率，也保证了全区规划的完整统一。

3. 深化改革，强化服务，提高规划管理的效率

在实现规划统一管理、提高城市规划管理水平的同时，不断提高工作效率和行政许可审批效率一直是我国城市规划管理普遍面临的突出问题，也是一个长期的课题。这不仅涉及政府各个部门，还涵盖整个社会服务能力和水平的提高。作为政府机关，城市规划管理部门要强化服务意识和宗旨，简化程序，提高效率。同样，深化改革是有效的措施。

2010年，随着控规下发执行，新区政府同时下发了《滨海新区控制性规划调整管理暂行办法》，明确规定控规调整的主体、调整程序和审批程序，保证规划的严肃性和权威性。在管理办法实施过程中发现，由于新区范围大，发展速度快，在招商引资过程中会出现许多新情况。如果所有控规调整不论大小都报原审批单位、新区政府审批，那么会产生大量的程序问题，效率比较低。因此，根据各功能区的意见，2011年11月新区政府转发了新区规国局拟定的《滨海新区控制性详细规划调整管理办法》，将控规调整细分为局部调整、一般调整和重大调整3类。局部调整主要包括工业用地、仓储用地、公益性用地规划指标微调等，由各功能区管委会审批，报新区规国局备案。一般调整主要指在控规单元内不改变主导属性、开发总量、绿地总量等情况下的调整，由新区规国局审批。重大调整是指改变控规主导属性、开发总量、重大基础设施调整以及居住用地容积率提高等，报区政府审批。事实证明，新的做法是比较成功的，既保证了控规的严肃性和统一性，也提高了规划调整审批的效率。

2014年5月，新区深化行政审批制度改革，成立审批局，政府18个审批部门的审批职能集合成一个局，“一颗印章管审批”，降低门槛，提高效率，方便企业，激发了社会活力。新区规国局组成50余人的审批处入驻审批局，改变过去多年来“前店后厂”式的审批方式，真正做到现场审批。一年多来的实践证明，集中审批确实大大提高了审批效率，审批处的干部和办公人员付出了辛勤的劳动，规划工作的长期积累为其提供了保障。运行中虽然还存在一定的问题和困难，这恰恰说明行政审批制度改革对规划工作提出了更高的要求，并指明了下一步规划编制、管理和许可改革的方向。

四、滨海新区城市规划的未来展望

回顾过去十年滨海新区城市规划的历程，一幕幕难忘的经历浮现脑海，“五加二、白加黑”的热情和挑灯夜战的场景历历在目。这套城市规划丛书，由滨海新区城市规划亲历者们组织编写，真实地记载了滨海新区十年来城市规划故事的全貌。从书内容包括滨海新区城市总体规划、规划设计国际征集、城市设计探索、控制性详细规划全覆盖、于家堡金融区规划设计、滨海新区文化中心规划设计、城市社区规划设计、保障房规划设计、城市道路交通基础设施和建设成就等，共十册，比较全面地涵盖了滨海新区规划的主要方面和改革创新的重点内容，希望为全国其他新区提供借鉴，也欢迎大家批评指正。

总体来看，经过十年的努力奋斗，滨海新区城市规划建设取得了显著的成绩。但是，与国内外先进城市相比，滨海新区目前仍然处在发展的初期，未来的任务还很艰巨，还有许多课题需要解决，如人口增长相比经济增速缓慢，城市功能还不够完善，港城矛盾问题依然十分突出，化工产业布局调整还没有到位，轨道交通建设刚刚起步，绿化和生态环境建设任务依然艰巨，城乡规划管理水平亟待提高。“十三五”期间，在我国经济新常态情形下，要实现由速度向质量的转变，滨海新区正处在关键时期。未来 5 年，新区核心区、海河两岸环境景观要得到根本转变，城市功能进一步提升，公共交通体系初步建成，居住和建筑质量不断提高，环境质量和水平显著改善，新区实现从工地向宜居城区的转变。要达成这样的目标，任务艰巨，唯有改革创新。滨海新区的最大优势就是改革创新，作为国家综合配套改革试验区，城市规划改革创新的使命要时刻牢记，城市规划设计师和管理者必须有这样的胸襟、情怀和理想，要不断深化改革，不停探索，勇于先行先试，积累成功经验，为全面建成小康社会、实现中华民族的伟大复兴做出贡献。

自 2014 年底，在京津冀协同发展和“一带一路”国家战略及自贸区的背景下，天津市委市政府进一步强化规划编制工作，突出规划的引领作用，再次成立重点规划指挥部。这是在新的历史时期，我国经济发展进入新常态的情形下的一次重点规划编制，期待用高水平的规划引导经济社会转型升级，包括城市规划建设。我们将继续发挥规划引领、改革创新的优良传统，立足当前、着眼长远，全面提升规划设计水平，使滨海新区整体规划设计真正达到国内领先和国际一流水平，为促进滨海新区产业发展、提升载体功能、建设宜居生态城区、实现国家定位提供坚实的规划保障。

天津市规划局副局长、滨海新区规划和国土资源管理局局长

2016 年 2 月

目　录

Contents

* 本书所涉及各城市设计项目内容均为阶段成果，如与实际建设不符，以实际建设为准。

匠人营城

——滨海新区城市设计工作回顾与展望

Building Eternal City : Review and Prospect of Urban Design in Binhai New Area,Tianjin

霍兵、郭志刚、高蕊

城市设计历史悠久，翻开人类文明的历史，不同国家地区所呈现出的丰富多样的城市形态都是借城市设计之手塑造的。现代城市设计产生于20世纪50年代，半个多世纪以来蓬勃发展，在世界各国的城市规划建设中发挥了巨大作用。我国有城市设计的优良传统，许多历史悠久的城镇、村落散发着人与自然、人与人和谐共存的智慧光芒。明清时期的北京城被世人称为城市设计史上无与伦比的杰作。改革开放后，现代城市设计理论和方法开始在我国传播。20世纪80年代许多大学开始了城市设计理论和典型案例的教学，90年代城市设计在一些城市逐步开展。十八大以来，中央把城市设计作为促进新型城镇化建设和提高城市规划水平的重要手段，并多次予以强调，足以说明城市设计的重要性。

滨海新区自2006年正式被纳入国家发展战略后，我们将城市设计作为规划工作的重中之重，尝试通过城市设计提高新区整体的城市规划水平，进一步完善城市功能，提升城市空间品质，彰显城市特色。十年来，滨海新区的城市设计工作取得了丰硕的成果，形成了层次丰富、类型多元、覆盖面广的城市设计成果体系，确定了新区总体的空间形态和特色，强化了各功能区的空间特征，编制完成了重点地区的城市设计导则，依据城市设计导则进行建设项目审批管理。事实证明，城市设计在将滨海新区塑造成国际一流的城市形态和面貌上发挥了重要作用。

时值滨海新区被纳入国家发展战略十周年之际，我们组织滨海新区城市设计的亲历者们编撰出版本书，对新区的城市设计工作进行回顾总结，希望可以为国内外类似的城市提供经验借鉴。本书分为三部分，第一部分是滨海新区城市设计实践，是对新区主要城市设计成果的汇编展示；第二部分是滨海新区城市设计思考，是城市设计项目主持人或参与者撰写的工作总结、文章和理论研究，按照城市中心、居住社区、新城、历史保护和绿色低碳城市设计的类型加以组织；第三部分是滨海新区城市设计规范化与法定化，包括滨海新区城市设计规范化、法定化改革的有关情况，以及主要区域城市设计导则较为完整的呈现，以飨读者。

作为本书的主旨文章，本文围绕对城市设计的认识，滨海新区城市设计工作历程，城市设计编制项目类型和实施情况分析，城市设计规范化、法定化改革，城市设计取得的成绩和未来展望六个方面进行总结论述，希望读者在深入阅读之前对十年来滨海新区的城市设计工作有比较全面的了解。

一、为什么应高度重视城市设计

1. 对城市设计的认识

城市设计，字面上的意思是对城市的设计。在古代，城市设计与城市规划密不可分，几乎等同。直到工业革命之后，产生了现代城市规划，两者的区别才日益明显。现代城市规划学科的产生与发展，让城市设计逐渐承担起城市规划中空间形体规划的职责，以弥补现代城市规划越来越注重城市本质问题而相对较少关注城市空间与景观的不足。1893 年起源于美国的城市美化运动（City Beautiful Movement）被认为是最早的近现代城市设计实践。二战后的 20 世纪五六十年代，西方城市的社会经济逐渐进入稳定发展的时期，追求人文和传统城市空间的回归推动了现代城市设计的产生，并使其呈现出理论和方法多元化的格局。哈佛大学率先开设了城市设计的研究生课程。1965 年美国建筑师协会正式使用“城市设计(Urban Design)”这个词语。由此，城市设计成为一个行业和专业，并形成相对固定的模式。

城市设计是一种城市规划，是人类能动地改造生存环境的手段之一。一般认为，城市设计是人们为某种特定的目标而对城市空间形体环境所做的组织和设计，从而使城市的外部空间环境适应和满足人们行为活动、生理及心理等方面的综合需求。因此，城市设计不仅是对空间实体和景观环境的设计，更是以城市功能、人的活动和感受为主，综合考虑自然环境，历史演变，社会经济，人文因素和居民生产、生活的需求，对城市体型和空间环境所做的整体构思和安排，是城市空间场所塑造和完善的过程。城市设计所描绘的是城市发展的终极蓝图，但并非静止、一成不变的终极蓝图，而是一种“过程设计”，是一个具有动态特征的综合性过程体系。

古往今来，世界上有很多优秀的城市设计实例，无论人工规划设计建造的城市，还是自然生长的城市。例如，明清时期的北京城就是按《周礼·考工记》的理想都城模式设计的，城市布局以皇宫为中心，以中轴线为脊柱，左右对称，突出“左祖右社，面朝后市”的格局，轴线上一重重城门尽显皇权的威严。全城空间布局井然有序，以绿树掩映的四合院和胡同系统构成城市的肌理，城市轴线也延伸到外城，可贵的是，六海园林水系与之相陪衬，于规整中见自然。北京作为封建都城，城市设计的主题就是要突出封建帝王至高无上、君临天下的气势与威严，同时巧妙结合当地自然条件和地形，堪称城市设计史上的杰作。

法国首都巴黎是一座历史悠久的世界名城，与北京不同的是，它不像北京那样按照城市设计统一建成，而是围绕塞纳河上的西岱岛逐步扩大形成的。虽然在 17 世纪下半叶路易十四统治时期，建设了卢浮宫为主的中心建筑群和香榭丽舍田园大街，但到拿破仑三世时期，城市已经破败不堪，自中世纪沿革而成的市街风貌及古老狭隘的街道已不符合“一国之都”的要求。1859 年，拿破仑三世委托塞纳大省省长乔治·欧仁·奥斯曼男爵负责巴黎的大规模城市改造。奥斯曼拆除了巴黎的外城墙，建造了环城路，在旧城区密集的街巷中开辟出许多笔直的林荫大道和放射形道路，并在道路交叉口建造了许多广场，道路与塞纳河交叉处则形成了很多桥头广场、绿地和新的轴线，这基本奠定了巴黎市区的骨架。连接各大广场路口的是笔直宽敞的梧桐树大道，两旁是豪华的五六层建筑，远景中，每条大道都通往一处纪念性建筑。这种格局使城市气势恢宏，车流通畅，当时即引起世界许多大都市纷纷效仿。城市轴线、广场的设置，对街道两侧建筑的控制，成为城市设计的典型方法。奥斯曼不仅考虑了城市景观，还综合考虑了房地产开发的相关事项，建造了医院、火车站、图书馆、学校等众多公共建筑，以及公园、公共喷泉、街心雕塑、行道树和高品质的城市家具，并采用了许多科学的规划方法，如城市竖向测绘、利用巴黎地下纵横交错的旧石矿打造城市给排水系统等。

19 世纪末，现代城市规划应运而生，以应对工业革命之

北京航片图（图片来源：天地图）

北京鸟瞰图（图片来源：https://s3.amazonaws.com/）

巴黎航片图（图片来源：谷歌地图）

巴黎鸟瞰图（图片来源：http://cache.wallpaperdownloader.com）

后城市快速发展所带来的众多城市问题。现代城市规划初期强调功能主义，以城市功能分区、人车分流等工程技术手段为重点，忽视城市的自然历史脉络。二战后欧洲和美国的城市改造和重建，普遍采用大拆大建的方法，造成城市空间的破碎。简·雅各布斯在《美国大城市的生与死》一书中对此进行了猛烈的抨击。20 世纪 50 年代现代城市设计的出现恰好顺应了这一形势。现代城市设计可以说是传统城市设计在 20 世纪的重生，与传统城市设计相比，现代城市设计的内涵和外延有更大的扩展，并在新城规划、旧城重建和历史名城保护方面发挥更大的作用。例如，于 1977 年 3 月通过的“巴黎市区整顿和建设方针”，提出重点保护形成于 18—19 世纪的旧城传统风貌，对高层建筑加以严格限制，并保持旧城的传统职能。为解决城市发展问题，在远离旧区的城市主轴线上规划设计新的副中心——德方斯。这一完整的城市设计对保护巴黎的历史传统形象和特色发挥了至关重要的作用。

2. “城市设计是一种方法”

半个多世纪以来，现代城市设计实践在世界各国普遍开展起来，千姿百态，硕果累累。同时，城市设计的理论和方法不断进步，有关城市设计的著作层出不穷，我们耳熟能详的有埃德蒙·贝肯的《城市设计》、凯文·林奇的《城市意向》、诺贝尔·舒尔茨的《场所精神》、麦克·哈格的《设计结合自然》。从规划理论的角度来说，城市设计是一种方法，它改变了现代城市规划“功能主义为上”的简单观念，在充分考虑城市功能的前提下，以人为本，将当代哲学、美学、心理学、生态学、社会学等多种理论引入城市设计，形成场所、文脉、景观生态等流派，丰富了城市规划的理论和方法。随着城市和人类文明的不断进步，城市设计的内涵仍在动态地变化之中。但是，作为城市规划的重中之重，城市设计是实实在在的设计和实践活动。

在国内，目前对城市设计的认识还不清晰，理解上也是仁者见仁，智者见智，至今难有统一的定义。由于城市设计的难度比较大，没有固定的程式，难以像控制性详细规划那样标准化、格式化，所以，到目前为止国内还没有明确城市设计作为法定规划的地位。同时，由于城市设计的跨度比较大，从城市总体规划层面到具体地段，都可以进行城市设计，都应用城市设计的思想方法考虑问题，因此，有人认为，城市设计只是一种可以到处运用的方法，不承认城市设计是独立的规划设计实践活动。很明显，这种认识是错误的。我们可以从国外许多国家和城市的城市设计实践中清楚地发现，城市设计既有明确的内容和方法，也有实实在在的成果。因此，可以说，城市设计是一种方法，但它绝不仅仅是一种方法，城市设计就是城市设计。

3. 城市设计是提高城市规划设计水平的重要手段

从城市设计的发展历程以及国内外优秀城市设计实践案例来看，城市设计对于提高城市规划水平、彰显城市特色具有非常重要的作用。

天津素有重视城市规划的优良传统，改革开放之初就非常重视城市环境质量和面貌的改善。天津的城市设计工作开始于 20 世纪 80 年代，于 90 年代进入高潮，以海河两岸、中心商务区和历史街区等研究探索型城市设计为代表。2002 年海河实施综合开发改造，实施型城市设计普遍开展起来。2008 年设立了重点规划指挥部，开展了系统的城市设计，从总体城市设计、各区城市设计到重点地区城市设计，从研究探索型到实施型城市设计，从新城区城市设计到历史街区保护等，有数十项之多，取得了丰硕的成果。今天，天津中心城区中许多城市设计已经实施，如海河两岸综合开发改造、五大道等历史街区保护提升、文化中心地区建设等重点工程，初步形成了“大气洋气、清新亮丽”的城市形象。天津在城市设计方面已经形成了自己的做法，并取得了成功。

天津市文化中心（图片来源：天津市规划局）

五大道历史街区（图片来源：天津市规划局）

意式风情街（图片来源：天津市规划局）

滨海新区虽然是一个新区，但实际上是由几个旧城区组成的。2006 年以前，滨海新区只有总体规划是统一组织编制的；其他规划，包括城市设计，都由各行政区和各功能区自行组织编制。因此，各区都从各自的发展需求出发，很难从滨海新区的高度把控规划的全局性，出现了许多功能趋同、城市形象相似的问题。当然，其中也有比较成功的实例。2004 年，天津经济技术开发区委托美国 SOM 公司编制了生活区城市设计，形成了小街廓、密路网、街心绿地的布局，住区以低层住宅与塔楼相结合，重视营造邻里交流和公共活动空间以及宜居的城市环境。开发区生活区城市设计是对传统规划模式的一次成功突破，也让我们看到城市设计对于新区发展的重要作用以及引入国外先进规划设计理念的重要性。2006 年滨海新区被纳入国家发展战略，成为继深圳经济特区、上海浦东新区之后的“经济增长第三极”，对于城市规划及建设的要求也随之提高。在当时的情况下，城市设计对于改变现状、提升城市规划水平是一个较好的选择。因此，我们在规划设计层面上的第一个动作就是组织功能区重点地区城市设计方案国际征集。2008 年设立重点规划指挥部期间，我们编制了一系列城市设计及其导则，满足了滨海新区大规模快速发展的需求。其后，在新区日常的规划编制和管理工作中，我们充分认识到城市设计的重要性，特别重视城市设计工作，不断提升城市设计水平，努力发挥其在规划管理中的重要作用。

4. 推动城市设计的规范化和法定化

国外的城市设计经历了半个多世纪的发展，已经形成了明确的城市设计理论和方法，以及相对固定的模式。但是，国内规划界对此的认识还不清晰，许多人认为城市设计只是一种方法。因此，城市设计迟迟没有成为法定规划，这影响了城市设计工作的开展和发挥应有的作用。2006 年滨海新区被纳入国家发展战略，成为国家综合配套改革试验区。以此为契机，我们积极推动城市设计工作的开展和法定化改革，以期为全国城市设计的普及积累经验。2008 年天津市委、市政府颁布《滨海新区综合配套改革试验总体方案三年实施计划》，在城市规划改革领域明确应进行“探索城市设计规范化、法定化编制和审批模式，做好重点区域和项目的城市设计”的改革。这项改革任务为我们在滨海新区推广城市设计、规范城市设计编制和按照城市设计导则进行建设项目管理提供了依据。

二、滨海新区城市设计工作历程

从 2006 年开始到 2015 年底，近十年的时间，滨海新区城市设计工作可以说是轰轰烈烈，经过重点规划指挥部“五加二、白加黑”的奋战和两次大干 150 天的努力，取得了很大的进步。城市设计工作大致可分为三个阶段。

1. 第一阶段（2006—2007 年）：城市设计探索起步阶段，尝试全面推广城市设计

滨海新区被纳入国家发展战略伊始，需要做的工作非常多。这时，我们在城市设计方面集中精力做了以下四件事：

第一，通过城市设计竞赛推广城市设计。2006 年滨海新区被纳入国家发展战略，在新的历史条件下，滨海新区规划设计及管理工作亟须提高水平。作为滨海新区被纳入国家发展战略后的积极举措，我们在规划设计层面上的第一个动作是组织滨海高新区、东疆保税港区、空港保税区、滨海旅游区、中心商务区等五个功能区重点地区规划设计方案国际征集，征集的内容是城市设计方案，涉及功能区总体概念性城市设计和核心区城市设计方案，旨在通过城市设计，提升各功能区规划水平。这是新区较大规模城市设计活动的良好开端。

第二，在总体规划阶段开展总体城市设计研究。多年来的经验告诉我们，一个城市要形成完整的城市形象和特

滨海高新技术产业区方案国际征集一等奖方案（图片来源：天津市滨海新区规划和国土资源管理局，以下简称滨海新区规国局）

天津空港经济区方案国际征集一等奖方案（图片来源：滨海新区规国局）

色，必须在城市总体层面上进行城市设计。2007年，在新区总体规划编制伊始，我们委托清华大学开展了新区总体城市设计专题研究，尝试了在总体规划阶段进行总体城市设计的探索。研究工作对新区历史和自然环境特征进行了广泛的收集分析，初步确定了滨海新区的总体城市形象和城市特色，明确了各区域的特征。

第三，结合控规，编制城市设计导则，并将其纳入控规。2007年以前，滨海新区控制性详细规划仅完成了建城区的30%。控规覆盖率低必然造成规划的被动。因此，我们将新区控规全覆盖作为一项重点工作。2007年进行了为期一年的前期研究和准备，结合新区的实际情况在城市重点地区提出了“一控规、两导则”的编制方法（注：“两导则”指土地细分导则和城市设计导则），同时将空间布局、建筑风格、建筑色彩等城市设计内容作为指导性指标纳入控规的指标体系。

第四，进行新区中心商务区城市设计前期研究和准备。2007年，与城市设计紧密相关的另外一个重要举措是组织了滨海新区中心商务区海河两岸地区规划国际咨询活动。于家堡金融区城市设计应该是滨海新区规划的“皇冠”，一定要高水平。因此，我们邀请了国内顶级专家吴良镛、齐康、彭一刚、邹德慈四位院士，以及国际城市设计名家、美国宾夕法尼亚大学乔纳森·巴奈特（Jonathan Barnett）教授等专家作为顾问，并邀请了美国SOM设计公司、易道公司（EDAW Inc.）、清华大学和英国沃特曼国际工程公司（Waterman Inc.）开展了两次工作营，召开了四次重大课题的咨询论证会，汲取纽约曼哈顿、芝加哥一英里、上海浦东陆家嘴等案例的成功经验，确定了京津城际于家堡高铁车站位置、海河防洪和基地高度、起步区选址等重大问题的基本解决方案，为高水平编制于家堡城市设计奠定了坚实的基础。

海滨休闲旅游区方案国际征集一等奖方案（图片来源：滨海新区规国局）

天津港东疆综合配套服务区方案国际征集一等奖方案（图片来源：滨海新区规国局）

2. 第二阶段（2008—2009 年）：城市设计普及、水平提升和规范化、法定化阶段

2007 年，天津市第九次党代会提出了全面提升规划水平的要求。2008 年，在全市范围内设立了重点规划编制指挥部，共确定了 119 项重点项目。借助重点规划指挥部的优势，滨海新区同时开展了 38 项重点规划设计，其中 12 个项目为城市设计，主要包括重点地区城市设计，如于家堡金融区、响螺湾商务区、现代服务产业区（MSD）、生态城、北塘、津秦高铁周边地区等，以及塘沽、汉沽、大港城区总体城市设计。城市设计是一种细致、立体的规划工作，与控规等平面规划相比，需要更多的人力、物力、资金和时间投入。设立重点规划指挥部这种特殊时期的规划编制组织方式，为滨海新区城市设计的普及提供了难得的条件。城市设计覆盖面扩大，对同时正在编制的控规全覆盖工作给予了有效的支持。同时，重点地区的城市设计都是马上启动实施的实践型城市设计，对提高城市设计的深度和水平也起到了很好的促进作用。

于家堡金融区城市设计代表着新区这一时期城市设计的最高水平。在以往国际咨询和设计竞赛的基础上，在城市设计上非常有造诣的美国 SOM 设计公司主持于家堡金融区的城市设计，同时多家国内外设计咨询公司与之配合。由于对海河通航、竖向和防洪、高铁车站位置、起步区位置等重大问题前期已经做了大量研究，因此，SOM 公司依据以往经验，对前期的综合方案和一些复杂的问题进行了简化，很快形成了设计方案。各方面和各级领导对发展定位、建设规模和构成、用地布局、建筑高度分布和城市天际轮廓线、公共交通出行比例、高铁站和起步区位置等关键内容很快予以认可，只是就中央大道的宽度、地铁线网密度有一些小的争论，但很快达成一致意见。通过报纸公示、指挥部领导审查等形式，城市设计得到确认。随后，渤海规划院依据城市设计编制完成控规并报批，SOM 公司编制起步区城市设计导则，于家堡金融区城市设计开始实施。于家堡金融区城市设计为新区的城市设计树立了一个标杆。

自 2008 年开始，在市规划局的领导下，我们组织开展了城市设计规范化、法定化改革工作，以及滨海新区城市设计导则编制及管理探索工作。我们组织新区各区及功能区相关部门、市规划院等单位完成了“滨海新区城市设计规范化、法定化和审批模式研究”和“天津市城市设计编制与管理办法研究”，制定了《天津市滨海新区城市设计导则试点地区管理暂行办法》，在分级划定重点区域与重点项目范围的基础上，选择具有代表性的 12 个不同类型的地区作为城市设计管理实践试点，于家堡金融区等地区先行组织编制城市设计导则，并依据城市设计导则进行具体区域规划审批管理。

3. 第三阶段（2010—2015 年）：城市设计深化提升阶段

2010 年，滨海新区实施行政管理体制改革，撤销塘沽、汉沽、大港三个行政区，成立滨海新区政府，并以市规划局滨海分局为班底，组建滨海新区规划和国土资源管理局。新区的成立使整个新区的城市规划得以进一步统筹。城市设计编制工作也由原各行政区、各功能区分别组织编制为主，转为由新区规国局牵头组织为主，计划性和目的性更强。这一时期，新区已经过了城市规划的应急期，有时间和精

于家堡金融区城市设计 SOM 方案（图片来源：滨海新区规国局）

中心商务区海河两岸城市设计国际咨询研讨会（图片来源：滨海新区规国局）

力开展一些长远性和研究性的城市设计项目。在新的形势下，我们仍然始终将城市设计作为提高规划设计水平的重要抓手，有计划、有目的地予以稳步推进。

2010 年 4 月，在滨海新区政府成立后不久，按照市委、市政府要求，新区政府和市规划局组织新区规划和国土资源管理局与新区各委局、各功能区管委会，再次成立新区重点规划提升指挥部，统筹编制新区总体规划提升在内的 50 余项各层次规划，进一步完善规划体系，提高规划设计水平。50 余项各层次规划有 19 项是城市设计。除了设立重点规划指挥部这种特殊的组织形式外，新区政府成立后，在每年年度预算中设立规划业务经费，确定一定数量的指令性任务，有计划地长期开展规划编制和研究工作。在每年的任务中，我们都安排一定比例的城市设计任务，做到持之以恒。

2011 年，天津市委、市政府提出：“壮大滨海新区核心区规模、提升城市功能，建设生态宜居示范城区，吸引更多的外来人口在新区落户”。2008 年天津市空间发展战略确定了“双城双港”的规划结构，“双城”是指天津市中心城区和滨海新区核心区，将滨海新区核心区提升到与中心城区相同的地位。然而，滨海新区核心区的城市规划建设水平与中心城区还有较大差距。为此，我们组织开展了核心区城市设计全覆盖工作，由天津市规划院城市设计所主持完成，确定了核心区 190 平方千米的规划范围和 530 平方千米的研究范围，从“总体、片区、单元、重点”四个层面展开，总体层面设计确定了城市设计总则，片区层面设计确定了区域定位和特色，单元层面设计依单元功能定位进行了城市形象和建筑风格设计，重点层面对新区近期开发建设区域进行了详细设计，系统化地完成了新区核心区范围内城市设计编制工作，制作了工作模型。

中心商务区城市设计工作模型（图片来源：滨海新区规国局）

这项工作是新区城市设计系统工作中一项非常有意义的工作，是一次整体性的提升。它在新区 2270 平方千米总体城市设计研究和各功能区城市设计的基础上，理清了滨海核心区的总体结构，统一了认识，达成了共识。

2010 至 2015 年，我们组织开展了三次城市设计国际征集，包括散货物流中心、新区文化中心以及解放路外滩、塘沽南站、大沽船坞、新港船厂等中心商务区内具有历史意义的重点地区的城市设计和中央大道景观设计等，丰富了城市设计的类型。这一时期滨海新区城市设计工作进入了国内设计单位或与国外设计单位合作常态化阶段，如天碱地区城市设计等。

这一时期另一个非常有意义的城市设计典型作品是和谐新城小康住宅城市设计研究。住房和城市社区是构成城市最基本的细胞，是城市的本底。我国在居住区规划设计和住宅建筑设计和规划管理上一直存在比较多的问题。要真正搞好城市设计，则必须更加重视住房和社区规划设计；没有好的社区规划设计，好的城市设计也就无从谈起。因此，我们一直在进行住房和社区规划设计体系的创新研究，委托美国著名公共住房专家丹尼尔·所罗门（Daniel Solomon），与华汇公司和天津规划院合作，进行新区和谐新城社区的规划设计研究；邀请国内著名住宅专家，举办研讨会，在保障房政策、社区规划，住宅单体设计到停车、物业管理、社区邻里中心设计、网络时代社区商业运营和生态社区建设等方面不断深化，尝试打造和谐、宜人、高品质、多样化的住宅社区，满足人们对高水平生活质量的追求，从根本上提高我国城市设计的水平。

三、滨海新区城市设计编制的主要内容

1. 滨海新区城市设计编制项目的基本情况

滨海新区从 2006 年被纳入国家发展战略至今，共编制城市设计 100 项，包含总体城市设计、分区城市设计、重点地区城市设计、城市设计导则四个层面和城市中心及重点地区、新城、居住区、滨水地区、历史街区保护、地铁站周边上盖等多种类型，主要通过方案国际征集和委托编制两种方式，审批分为天津市政府和天津市重点规划编制指挥部、滨海新区政府、滨海新区规划和国土资源管理局三个层次。目前，编制完成的城市设计 70% 以上都得到实施。

滨海新区城市设计编制一览表（2006—2015 年）

序号	项目名称	项目规模／平方千米	起止时间	项目类型	组织形式	编制单位	审查主体
1	滨海高新技术产业区综合服务区及起步区修建性城市设计	5.2	2006	3	A	美国 WRT 和华汇设计公司、日本亚洲城市研究集团和天津大学规划院、同济规划院、德国阿尔伯特施佩尔公司和天津城建院	I
2	天津港东疆综合配套服务区（一期）城市设计及起步区修建性城市设计	12	2006	3	A	伟信公司、新加坡筑土国际设计公司和天津市建筑设计院	I
3	天津空港物流加工区、民航科技产业化基地城市设计	16.84	2006	3	A	美国 RTKL 公司、英国阿特金斯设计顾问集团、德国 SBA 公司	I
4	海滨休闲旅游区综合服务区（临海新城）重要节点修建性城市设计	43	2006	3	A	荷兰德和威集团、伟信公司、美国 KSK 公司、英国沃特曼国际工程公司	I

续表

序号	项目名称	项目规模/平方千米	起止时间	项目类型	组织形式	编制单位	审查主体
5	天津市滨海新区中心商务商业区于家堡地区城市设计	3.44	2008	3	A	上海保柏公司、中规院、天津市规划院	I
6	响螺湾外省市商务区城市设计	1.2	2008	3	B	天津大学	I
7	滨海新区总体城市设计研究	2270	2007—2009	1	B	清华大学	II
8	中心商务区海河两岸城市设计国际咨询	27	2007—2008	3	B	美国 SOM 工程咨询公司、清华大学	II
9	于家堡城市设计国际竞赛	3.8	2007—2008	4	B	美国 SOM 设计公司等	II
10	于家堡金融区城市设计	3.8	2008—2009	4	B	美国 SOM 设计公司	II
11	于家堡起步区城市设计导则	1	2008—2009	4	B	美国 SOM 设计公司	II
12	开发区 MSD 城市设计导则	0.74	2008—2009	4	B	英国阿特金斯设计顾问集团	II
13	塘沽区总体城市设计	630	2008—2009	2	B	中规院	II
14	汉沽区总体城市设计	365	2008—2009	2	B	新加坡雅思柏和市规划院	II
15	大港区总体城市设计	1037	2008—2009	2	B	广州市规划院	II
16	津秦高铁车站及周边地区城市设计	2.5	2008—2009	3	B	天津市城市规划设计研究院	II
17	海洋高新区城市设计	40	2008—2009	3	B	新加坡裕廊设计公司	II
18	中新天津生态城起步区城市设计	4	2008—2009	3	B	新加坡市区重建局、市区规划院	II
19	中新天津生态城起步区城市设计导则	4	2008—2009	4	B	新加坡市区重建局、市区规划院	II
20	中心渔港区域城市设计	18	2009	3	B	天津渤海城市规划设计研究院	II
21	滨海旅游区起步区城市设计	12	2009	3	B	美国兰德公司和天津市规划院	II
22	天碱地区城市设计	3	2009	3	B	美国 SOM 设计公司	II
23	中心商务区大沽地区城市设计	15	2009	3	B	美国 SOM 设计公司	II
24	北塘地区城市设计	10	2010	3	B	华汇设计公司	III
25	北塘地区城市设计导则	10	2010	4	B	华汇设计公司	III
26	天津滨海新区文化中心建筑群概念设计	0.7	2010	3	A	英国扎哈·哈迪德事务所、华南理工大学建筑设计研究院、美国伯纳德·屈米事务所与美国 KDG 公司联合体、荷兰 MVRDV 建筑事务所与北京市建筑设计院联合体	II
27	南港轻纺工业园城市设计	30	2010	3	A	新加坡 CPG 咨询公司	III
28	滨海高新区渤龙湖总部经济区城市设计	1.6	2010	3	B	天津市城市规划设计研究院	II
29	滨海高新区渤龙湖总部经济区城市设计导则	1.6	2010	4	B	天津市城市规划设计研究院	II
30	空港物流加工区总部基地城市设计	9.5	2008—2010	3	B	美国 RTKL 公司	II
31	空港物流加工区生活区城市设计导则	9.5	2008—2010	4	B	美国 RTKL 公司	II

序号	项目名称	项目规模/平方千米	起止时间	项目类型	组织形式	编制单位	审查主体
32	天津滨海新区散货物流周边地区概念规划及中心区城市设计	52	2010	3	A	美国 RTKL 公司、天津市城市规划设计研究院、新加坡缔博建筑设计咨询有限公司	II
33	大沽船坞文体传媒园城市设计	0.8	2010	3	A	伟信公司与天津市建筑设计院、清华大学建筑设计院、日本菊竹公司	III
34	于家堡城际车站周边地区标志性建筑设计方案国际征集	0.05	2010	3	A	美国 Gensler 公司与天津市建筑设计院、日本日建公司、德国 SBA 公司、法国 AREP 公司、华东建筑设计院	III
35	临港经济区行政服务及商业中心详细城市设计国际方案征集	5	2010	3	A	澳大利亚 LAB 公司、北京易兰设计公司、美国麦格斯公司与深圳市建筑设计院联合体	III
36	塘沽南站滨河休闲风情街规划设计	0.13	2010	3	A	英国合乐集团有限公司、英国阿特金斯设计顾问集团、丹麦 COBE 公司	III
37	新港船厂改造综合文娱区城市设计	0.6	2010	3	A	德国莱茵之华设计公司、澳大利亚 ANS 公司、英国合乐集团有限公司	III
38	滨海新区解放路地区城市设计	2	2010	3	A	德国 HPP 设计公司、德国 SBA 公司、澳大利亚 PDI 设计公司	III
39	黄港欣嘉园地区城市设计	3	2010	3	B	天津市城市规划设计研究院	IV
40	滨海旅游区中心岛概念规划及国家海洋博物馆起步区规划设计	20	2011	3	A	新加坡筑土国际设计公司、中国香港指南设计公司、英国安诚工程公司	III
41	中央大道两侧城市设计及景观方案国际征集	—	2011	3	A	德国戴水道设计公司、华汇设计公司、美国哈格里夫斯设计公司	II
42	滨海高新区渤龙湖周边城市设计提升	1.6	2010	3	B	天津市城市规划设计研究院	II
43	滨海高新区渤龙湖周边城市设计导则	1.6	2010	4	B	天津市城市规划设计研究院	II
44	滨海新区海河外滩和解放路商业街地区城市设计	2	2010—2013	3	A	天津渤海城市规划设计研究院	II
45	滨海新区三河口地区城市设计	10	2012	3	B	天津市城市规划设计研究院	III
46	天碱解放路地区城市设计	4.63	2013	3	B	天津渤海城市规划设计研究院	II
47	滨海新区核心区总体城市设计	530	2011—2013	2	B	天津市城市规划设计研究院	II
48	西部生态城区城市设计	82.6	2012—2013	2	B	天津渤海城市规划设计研究院	III
49	中部新城北组团（和谐新城）城市设计	52	2012—2013	3	B	天津市城市规划设计研究院	II
50	蓝鲸岛单元城市设计	3	2012—2013	3	B	天津渤海城市规划设计研究院	IV
51	响螺湾西侧单元城市设计	5	2012—2013	3	B	天津渤海城市规划设计研究院	IV
52	胡家园单元城市设计	13.4	2012—2013	3	B	天津渤海城市规划设计研究院	IV
53	海洋高新区高铁站西侧城市设计	28	2012—2013	3	B	日本日建公司	IV
54	天津港单元城市设计	11.5	2012—2013	3	B	天津市城市规划设计研究院	IV
55	中部新城北部单元城市设计	1	2012—2013	3	B	天津市城市规划设计研究院	IV

续表

序号	项目名称	项目规模/平方千米	起止时间	项目类型	组织形式	编制单位	审查主体
56	中部新城西起步区城市设计	4	2012—2013	3	B	天津市城市规划设计研究院	Ⅳ
57	中部新城环湖商务中心城市设计	2	2012—2013	3	B	天津市城市规划设计研究院	Ⅳ
58	中部新城环湖医疗养老中心城市设计	2	2012—2013	3	B	天津市城市规划设计研究院	Ⅳ
59	中部新城环湖商业中心城市设计	2	2012—2013	3	B	天津市城市规划设计研究院	Ⅳ
60	中部新城环湖体育中心城市设计	2	2012—2013	3	B	天津市城市规划设计研究院	Ⅳ
61	中部新城环湖教育中心城市设计	2	2012—2013	3	B	天津市城市规划设计研究院	Ⅳ
62	中部新城环湖创业中心城市设计	2	2012—2013	3	B	天津市城市规划设计研究院	Ⅳ
63	塘沽老城区西单元城市设计	10.6	2012—2013	3	B	天津渤海城市规划设计研究院	Ⅳ
64	塘沽老城区东单元城市设计	10.7	2012—2013	3	B	天津渤海城市规划设计研究院	Ⅳ
65	海河湾新城（大沽化地区）城市设计	13	2012—2013	3	B	天津渤海城市规划设计研究院	Ⅱ
66	新港生活区单元城市设计	5.2	2012—2013	3	B	天津渤海城市规划设计研究院	Ⅲ
67	新港船厂地区城市设计	1	2012—2013	3	B	天津市城市规划设计研究院	Ⅲ
68	南窑半岛单元城市设计	7.5	2012—2013	3	B	天津渤海城市规划设计研究院	Ⅳ
69	塘沽新城镇地区城市设计	17	2012—2013	3	B	天津渤海城市规划设计研究院	Ⅳ
70	塘沽南站地区城市设计深化	0.13	2012—2013	3	B	华汇设计公司、天津市城市规划设计研究院	Ⅱ
71	中央大道两侧城市设计及景观规划	10	2012—2013	3	B	华汇设计公司	Ⅱ
72	文化中心城市设计	0.90	2013	3	B	天津市城市规划设计研究院	Ⅱ
73	汉沽老城区城市设计	1.35	2013	3	B	天津市城市规划设计研究院	Ⅱ
74	大港大学城区域城市设计	13.5	2013	3	B	天津市城市规划设计研究院	Ⅱ
75	滨海新区地铁 Z1 上盖规划设计（共 8 个站点）	—	2013	3	B	天津市城市规划设计研究院、天津渤海城市规划设计研究院	Ⅲ
76	滨海新区地铁 Z2 上盖规划设计（共 12 个站点）	—	2013	3	B	天津市城市规划设计研究院、天津渤海城市规划设计研究院	Ⅲ
77	滨海新区地铁 Z4 上盖规划设计（共 18 个站点）	—	2013	3	B	天津市城市规划设计研究院、天津渤海城市规划设计研究院	Ⅲ
78	滨海新区地铁 B1 上盖规划设计（共 20 个站点）	—	2013	3	B	天津市城市规划设计研究院、天津渤海城市规划设计研究院	Ⅲ
79	中部新城总体城市设计	175	2013	3	B	天津市城市规划设计研究院	Ⅱ
80	滨海新区蓟运河两岸城市设计	14	2013	3	B	天津市城市规划设计研究院	Ⅲ
81	海滨大道两侧地区城市设计	47	2013	3	B	天津市城市规划设计研究院	Ⅲ
82	国家海洋博物馆建筑方案及园区概念性城市设计	1	2013	3	A	澳大利亚 Cox 事务所、华南理工大学建筑设计院、德国 GMP 国际建筑设计有限公司与天津市建筑设计院、西班牙 EMBT 建筑事务所与美国 KDG 公司联合体、美国普雷斯顿 · 斯科特 · 科恩公司、英国沃特曼国际工程公司	Ⅰ

续表

序号	项目名称	项目规模/平方千米	起止时间	项目类型	组织形式	编制单位	审查主体
83	宁车沽还迁区城市设计	1	2013	3	B	天津渤海城市规划设计研究院	Ⅲ
84	塘沽西部新城城市设计	13	2014	3	B	天津渤海城市规划设计研究院	Ⅲ
85	汉沽东拓区城市设计	42	2014	3	B	天津市城市规划设计研究院	Ⅲ
86	大港港东新城城市设计	13	2014	3	B	大港规划设计院	Ⅲ
87	官港地区城市设计	28	2014	3	B	天津市城市规划设计研究院	Ⅲ
88	国家海洋博物馆周边地区城市设计	6	2014	3	B	天津市城市规划设计研究院	Ⅰ
89	海河下游两岸地区城市设计	95	2014	3	B	天津渤海城市规划设计研究院	Ⅱ
90	海河湾社区（大沽化）地区规划深化	13	2015	3	B	天津渤海城市规划设计研究院	Ⅱ
91	天化地区城市设计	3	2015	3	B	天津市城市规划设计研究院	Ⅱ
92	外滩地区改造更新规划	1	2015	3	B	天津渤海城市规划设计研究院	Ⅱ
93	天碱热电厂地区城市设计	0.38	2015	3	B	天津渤海城市规划设计研究院	Ⅱ
94	塘沽第五中心医院周边地区城市设计	1	2015	3	B	天津渤海城市规划设计研究院	Ⅲ
95	中心商务区总体城市设计	40	2015	2	B	天津渤海城市规划设计研究院	Ⅱ
96	新港二号路以南地区城市设计	2	2015	3	B	天津渤海城市规划设计研究院	Ⅲ
97	新港四号路两侧城市设计	14.8	2015	3	B	天津渤海城市规划设计研究院	Ⅲ
98	B1 线轨道上盖物业一体化城市设计（共 4 个站点）	—	2015	3	B	天津渤海城市规划设计研究院	Ⅲ
99	Z4 线轨道上盖物业一体化城市设计（共 6 个站点）	—	2015	3	B	天津市城市规划设计研究院、天津市建筑设计院	Ⅲ
100	Z4 线轨道上盖物业城市设计方案国际征集（共 4 个站点）	—	2015	3	A	天津市城市规划设计研究院、德国 SBA 公司、德国 GMP 国际建筑设计有限公司、美国建斐建筑咨询（上海）有限公司（GF）、德国 FTA 建筑设计有限公司、天津市建筑设计院	Ⅲ

注：项目类型——1. 总体城市设计；2. 分区城市设计；3. 重点地区城市设计；4. 城市设计导则

组织形式——A. 国际征集或竞赛；B. 委托编制

审批主体——Ⅰ. 市政府；Ⅱ. 市重点规划编制指挥部；Ⅲ. 滨海新区政府；Ⅳ. 滨海新区规划和国土资源管理局

2. 滨海新区城市设计编制项目的类型

滨海新区城市设计编制按照空间层次可划分为总体城市设计、分区城市设计、重点地区城市设计、城市设计导则四个层面；按照类型可划分为城市中心和重点地区、新城、居住社区、滨水地区、历史街区保护、绿色生态、地铁车站周边和上盖物业等多种类型。

总体城市设计是整个滨海新区 2270 平方千米范围的城市设计，需要结合城市总体规划编制，重点解决城市空间发展的整体结构、总体形态、景观特色等战略性问题，为下一层次分区城市设计（包括分区规划和控规编制）提供指引。如此大尺度的城市设计在国内没有先例，新区也缺少基础工作的积累。自 2007 年开始，我们结合城市总体规划修编，委托清华大学建筑学院进行总体城市设计专题研究；历时两年，初步形成了一些研究成果。

分区城市设计是根据滨海新区面积较大的实际情况，针对城市核心区，原塘沽、汉沽、大港城区和重点功能区范围进行的总体层面城市设计，规模从 10 平方千米到数百平方千米不等，这对于一般城市属于总体城市设计的尺度，但在滨海新区却仅仅是分区的尺度。分区城市设计需要结合各自发展定位，重点解决城市核心区和各片区的空间形态和城市形象特色问题。2007 年以前主要开展了 5 个功能区城市设计方案国际征集。2008 年以后，在市重点规划编制指挥部的指导下，开展了原塘沽、汉沽、大港城区总体城市设计，以及北塘等新功能区的城市设计。2011 年，新区总体规划比较成熟，重点区域城市设计都已完成，控规实现全覆盖，按照市委、市政府加快滨海新区核心区建设的要求，开展了滨海新区核心区城市设计全覆盖工作，规划范围 190 平方千米，研究范围 530 平方千米，包括核心区总体城市设计和 4 个片区、24 个单元的城市设计。2014 年，在于家堡金融区、响螺湾等重点地区城市设计的基础上，整合编制了面积 50 多平方千米的中心商务区城市设计。

重点地区城市设计是在总体城市设计和分区城市设计的指引下，对各重点地区开展的城市设计编制工作，规划尺度从数平方千米到几十公顷。于家堡金融区、响螺湾商务区、现代服务产业区（MSD）、天碱解放路商业区、滨海新区文化中心等，是城市重要功能和核心标志区，是城市建设的重点，也是城市设计工作的重点。城市设计应明确重点地区的定位、功能和发展目标，对用地布局、开发强度和空间形态、道路交通组织、开放空间和绿地系统、市政基础设计、地下和空中空间利用等进行统筹设计，并形成最终的城市设计方案。这类城市设计是城市设计中数量最大、最复杂和最有趣味的，与建设实施密切相关，应充分考虑土地开发整理、基础设施建设、商业业态策划、招商引资和资金平衡测算等内容，需要多个行业的规划设计和咨询公司协同工作、紧密配合。

城市设计导则 (Urban Design Guideline) 是在重点地区、功能区城市设计方案的基础上，结合土地细分导则，对每宗土地建筑布局和体量、整体风格意向、开放空间、街道和其他要素提出控制要求，形成规范化和法定化文件，用于指导具体建设项目规划审批。城市设计导则是对控制性详细规划的深化，像美国的区划法中特殊地段的特别区划(Special Zoning)，如景观分区(Aesthetic Zoning)、历史街区(Historic Zoning)等，区划会提出特定的规划要求。一般情况下，城市设计导则比特别区划还要细致，包括建筑体量、街墙贴线率、地下空间利用等要求。几年来，我们组织各功能区编制完成了于家堡金融区起步区、北塘总部区、空港经济区核心区、高新区渤龙湖地区、生态城起步区等地区的城市设计导则。各导则在控制内容和格式上也不完全相同，各具特色。

滨海新区城市设计的类型多种多样，作为一个新区，各类城市中心和重点地区城市设计占一定的比例，如于家堡金融区、响螺湾商务区、现代服务产业区（MSD）、天碱商业区、文化中心等。新城城市设计也占相当的比例，包括空港经济区核心区、高新区渤龙湖地区等功能区，其中居住社区是新城中的重要组成部分，如中新天津生态城。历史街区城市设计有南站、大沽船坞、新港船厂等。由于临河面海，新区滨水的城市设计比较多。另外，地下空间综合开发，与高铁、地铁等结合，也是新区城市设计上较为突出的特点。

3. 滨海新区城市设计编制的组织形式

滨海新区城市设计的编制主要采用国际征集和委托两种组织形式。100 项城市设计中有 19 项采用的是国际征集或竞赛形式，约占 19%，其余 81 项采用委托编制形式，占 81%。重点区域和重大项目一般采用国际征集或竞赛形式，主要是为了引入国际上最先进的规划设计理念和技术，创作出反映当代世界最新潮流、符合城市发展趋势的高水平规划设计方案。虽然所占比例较少，但起到了很好的作用。国际征集或竞赛和委托编制两种组织方式相结合，既能引入国际先进理念、开拓新的设计思路，又能结合实际、体现滨海新区特色。

新区的实践经验表明，城市设计是一个完善的体系，也是一项浩大的系统工程，需要时间的积累和大量的人力、物力和财力。因此，各级领导和规划部门应高度重视城市设计工作，发挥各方面的积极性和主观能动性，有计划、持之以恒地开展编制工作。新区各项城市设计编制工作的主体，无论方案国际征集还是委托，除滨海新区规划管理部门以外，还包括各功能区管委会及项目建设单位等。新区规划部门应积极组织，协调沟通，形成合力。需要注意的是，城市设计的编制组织与控规不同，控规各单元的规划深度、表现形式基本上相同，而不同城市设计的规划层次、尺度和深度差异极大。许多城市设计是局部的，但它在嵌入城市发展的过程中，对整个城市系统产生影响，需要理顺关系，如中心商务区城市设计、于家堡金融区城市设计、于家堡金融区起步区城市设计、京津城际于家堡车站周边城市设计等。因此，与滨海新区三年实现控规全覆盖的做法截然不同，新区城市设计的编制既是一个逐步展开的过程，也是一个逐渐积累的过程，应根据规划条件成熟程度、实施紧迫性的不同，灵活掌握编制进程。在整体宏观把握的前提下，具体项目应结合实际情况，并与规划管理工作相结合。总体和分区城市设计与城市总体规划和分区规划

地块Y-1-06
BLOCK Y-1-06

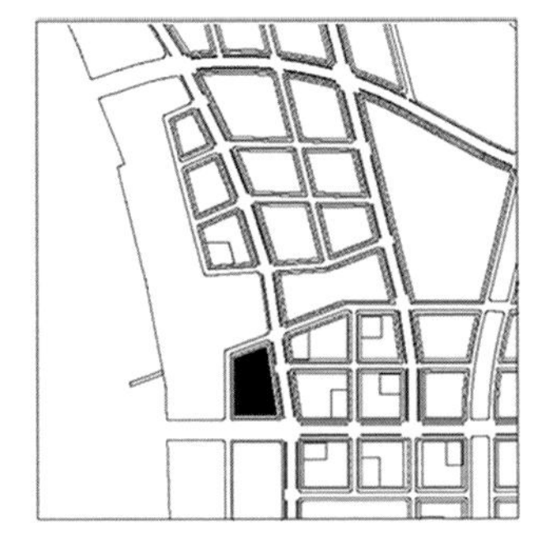

PARCEL Y-1-06		
地块面积	Approximate Parcel Area	12,900 sq.m
建筑容积率	Floor Area Ratio	9.0
建筑总面积	Maximum Gross Floor Area	116,100
主要用地性质	Designated Primary Land Use	Office 办公
其他用地性质	Other Potential Uses	Retail 零售/商业
最大基地覆盖率	Maximum Site Coverage	75%
最大建筑高度	Maximum Building Height	160m
最小绿地覆盖率	Green Space Ratio Min.	5%
红线退界	Required Setback	5m

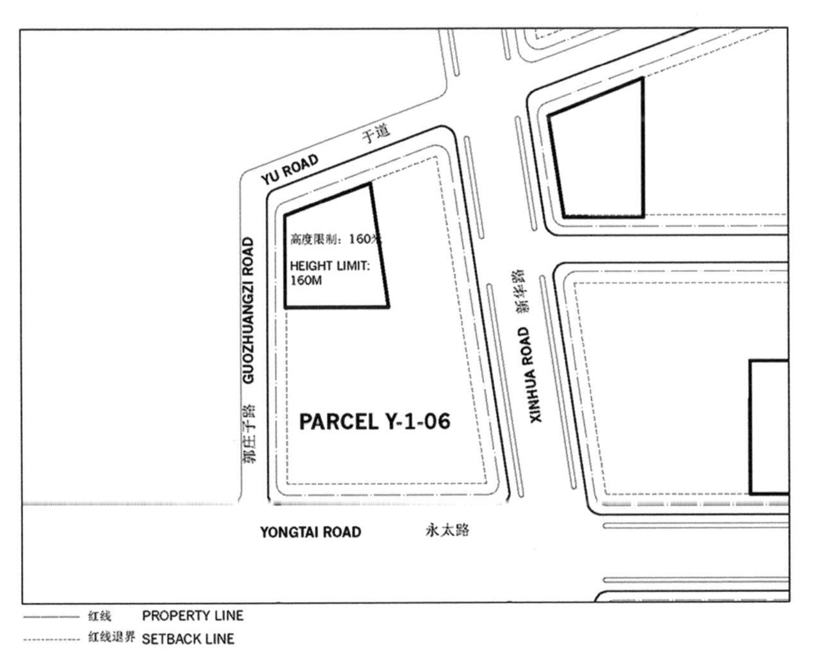

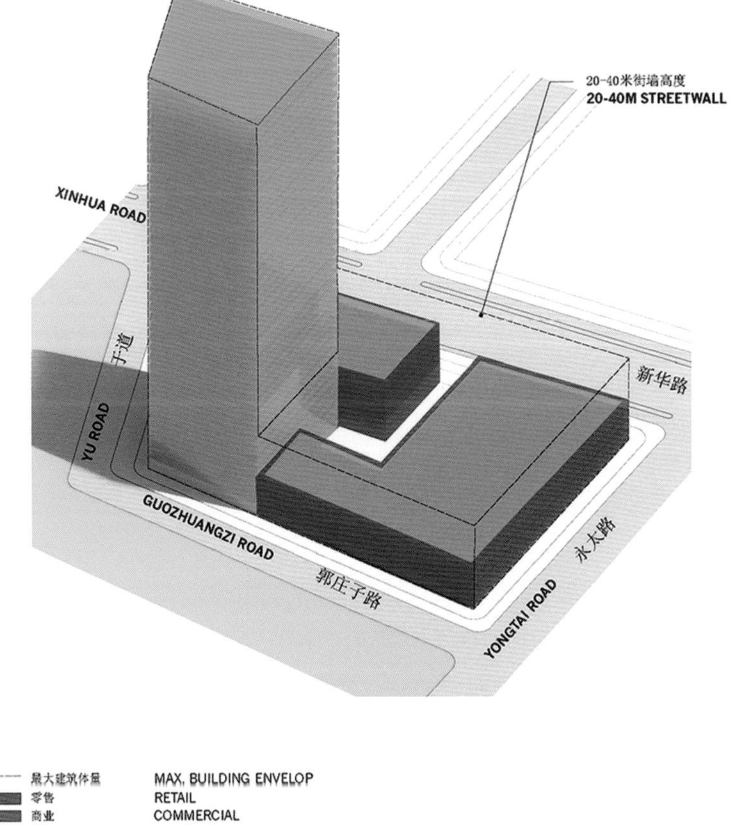

于家堡金融区一期设计导则 - 天津滨海新区中心商务商业区 YUJIAPU FINANCIAL DISTRICT PHASE 1 GUIDELINES - TIANJIN BINHAI NEW AREA CBD • SKIDMORE, OWINGS & MERRILL LLP • 15 JANUARY 2009

于家堡金融区典型地块城市设计导则（图片来源：滨海新区规国局）

编制相结合，一般地区城市设计与控规全覆盖相配合，以便城市设计的成果落实到控规中，以控规作为城市设计实施管理的载体。重点区域城市设计导则的编制，前提是城市设计比较成熟稳定，项目和区域建设马上启动实施，避免过于超前，一则导则深度不够，二来束之高阁，造成浪费。当然，对于一些难度较大、影响长远发展的区域和项目，应未雨绸缪，提早做研究性的城市设计，预先解决一些重大的基础性问题，如于家堡金融区的城市设计，历经4年；滨海新区文化中心经过近20个不同的城市设计方案，最终实施方案取得了令人满意的效果。许多重点地区的城市设计，就像试验田，一茬一茬地进行，持续不断地深化完善。

4. 滨海新区城市设计的审批程序

滨海新区城市设计总体上参照城市规划的审查审批程序，一般经过专家评议、专业部门审查和公示等程序，依照重要程度，由市政府或市重点规划编制指挥部、滨海新区政府、滨海新区规划和国土资源管理局分别审批。在已经编制完成的100项城市设计中，市政府审批的为8项，占8%，主要包括于家堡金融区、响螺湾、现代服务产业区（MSD）、渤龙湖等重点区域以及国家海洋博物馆等重大项目城市设计。天津市重点规划编制指挥部是2008年市委市政府为加快规划编制、提升规划编制水平而成立的临时性机构，由市领导作为总指挥，集中利用一段时间编制一批重点规划。市重点规划编制指挥部审批的新区城市设计项目共有43项，占43%。2010年，滨海新区政府成立后，部分区级重点城市设计项目转为由滨海新区政府审查，共31项，占31%。一般城市设计项目由滨海新区规划和国土资源管理局审查，共18项，占18%。从审批层次上可以看出，新区乃至天津市各级领导对城市设计的重视程度和城市设计的重要性。从审批数量看，重点规划编制指挥部审查审批占40%以上，说明指挥部集中编制审批规划的模式对于加快新区城市设计编制和完善城市设计体系起到了至关重要的作用。

5. 滨海新区城市设计的实施情况

从数据分析看，100项城市设计中已被编制城市设计导则，开始实施或部分实施的，占72%。总体来说，城市设计在滨海新区实施程度较高。

从项目类型层面分析，城市设计导则的实施程度最高，主要是因为城市设计导则就是指导实施的城市设计，编制城市设计导则的区域都是上位规划较为稳定的区域，有较为明确的建设项目或者投资意向；其次是重点地区城市设计。

从实施方式分析，城市设计在滨海新区的应用主要有两种方式，一种是将城市设计导则直接应用于项目审批中，将城市设计导则中对于街道设计、开放空间设计、建筑设计的要求在基础设施建设和地块规划条件中予以明确，并在后续的规划设计方案和建筑设计方案审查中，将城市设计导则的要求予以贯彻和落实。另一种是根据城市设计编制相应层次的规划，这一类占相当的比例。总体城市设计和分区城市设计，都是战略层面上的城市设计，主要是指导城市总体规划和分区规划编制中整体空间发展战略和形态特色的把握，并对控制性详细规划编制提出相应的要求。一般城市设计用于指导控制性详细规划的编制，或与控制性详细规划同步编制，可以提高控规编制的深度和水平，使控制性详细规划更具有操作性。

从城市设计实施地域分析，于家堡起步区、现代服务产业区（MSD）、空港经济区、高新区渤龙湖地区、东疆保税区起步区、北塘和生态城起步区等区域的城市设计实施度最高，主要是由于这些区域位于滨海新区核心区和重要功能区，是新区重点开发区域，无论滨海新区政府、功能区管委会还是开发商，都具有较强的开发意愿。塘沽老城区、汉沽、大港等区域城市设计实施程度则相对偏低，主要是受到区位、市场、拆迁等因素的限制。

28 项城市设计没有实施，主要有两个原因，一是上位规划的调整，如总体规划、分区规划以及区域功能定位等的变化，或招商引资情况的变化，主要包括海滨休闲旅游区综合服务区（临海新城）重要节点修建性城市设计、大沽船坞文体传媒园城市设计等。根据新的情况，这些区域一般都开展了新的城市设计编制工作。二是区域目前还不具备开发条件，如海河湾新城（大沽化地区）城市设计、天化地区城市设计、新港船厂地区城市设计等，由于大沽化、天化、新港船厂等老厂区尚未搬迁，规划无法实施，这部分占未实施的城市设计 80% 以上，城市设计还有较充裕的时间进行完善。

四、滨海新区城市设计规范化、法定化改革

自 2000 年以来，天津、深圳、广州等城市汲取国外经验，结合现行规划体系与管理程序，在城市设计方面积极探索，改善传统粗放式的规划管理方式，加强特色化、精细化管理，取得了许多成功的经验。但如何将城市设计规范化、法定化，仍是一个主要课题。因此，当 2006 年滨海新区成为国家综合配套改革试验区后，我们将规划领域改革的重点毫不犹豫地放在了城市设计规范化、法定化上；在以滨海新区城市设计编制为起点，循序渐进地做好城市总体和重点区域的城市设计的同时，以重点地区城市设计导则编制和管理为突破点，通过试点，推动城市设计导则编制的规范化，管理的法定化，以期总结经验，形成技术规定及管理办法并加以试行推广，为将城市设计纳入法定规划进行积极探索。

2008 年《滨海新区综合配套改革试验总体方案》获国务院批准，随后天津市制定《滨海新区综合配套改革试验总体方案三年实施计划》（简称《计划》），《计划》中“城市规划改革”一节中提出“探索城市设计规范化、法定化编制和审批模式，做好重点区域和项目的城市设计”的改革试验。依据总体方案，我们制订了一系列改革专项方案，按照确定的工作目标和路径，全面推进各项工作。几年来，滨海新区在城市设计规范化、法定化综合配套方面成绩显著，主要包括以下几方面：

一是开展城市设计规范化、法定化改革试点工作。遵循新区总体发展战略与分期建设时序，结合滨海新区规划管理体制的现实情况，在划定重点区域的基础上，最初有目的地选择具有代表性的 12 个不同类型地区作为城市设计规范化、法定化的试点，分别为：于家堡金融商务区起步区及车站地区、现代服务产业区 (MSD) 拓展区、空港加工区核心区、滨海高新区渤龙湖地区、东疆港邮轮母港地区、天津机场大道两侧地区、海滨旅游区起步区、中新天津生态城起步区、汉沽东部新城、大港港东新城、津南葛沽历史名镇、东丽湖风景旅游度假区。后由于滨海新区行政体制调整，东丽湖风景旅游度假区、天津机场大道两侧地区、津南葛沽历史名镇城市设计导则编制和实施工作移交至东

丽区规划局、津南区规划局继续推进完成。汉沽东部新城、大港港东新城、海滨旅游区起步区和东疆港邮轮母港地区试点工作没有继续推进。

二是开展相关管理办法的制订和相关技术标准的课题研究。为推动滨海新区综合配套改革中城市设计规范化、法定化改革，规范滨海新区城市设计导则编制，保障城市设计有效实施，提高滨海新区城市建设和规划管理水平，根据《天津市城乡规划条例》《天津市城市规划管理技术规定》，结合滨海新区实际情况，制定《天津市滨海新区重点地区城市设计导则管理暂行办法》（以下简称《城市设计导则管理办法》），市规划局2010年4月颁布执行；同时，研究制定《滨海新区城市设计导则编制标准》，并推广至整个天津市，制定《天津市城市设计导则编制规程（试行）》，并以市规划局文件形式，下发至全市规划管理部门及规划编制单位执行。

三是编制城市设计导则并依据城市设计导则开展规划审批和行政许可。几年来，经过努力，完成了于家堡金融商务区起步区、开发区现代服务产业区（MSD）、空港加工区核心区、滨海高新区渤龙湖地区、中新天津生态城起步区和北塘总部区等6个重点地区城市设计导则的编制和审查工作。《城市设计导则管理办法》第十三条规定，设计单位必须按照规划要求、城市设计导则和有关规定进行设计。规划行政许可和审批，应当符合经批准的城市设计导则要求。以上6个区域的规划管理部门都做到了按照城市设计导则进行审批，设计单位也按照城市设计导则规定进行设计，因此取得了很好的效果，区域已初见形象。事实证明，编制城市设计导则是提高城市规划水平的有效手段。

天津市规划局文件

规法字〔2010〕199号

关于印发《天津市滨海新区重点地区城市设计导则管理暂行办法》的通知

局系统各单位、各有关单位：

《天津市滨海新区重点地区城市设计导则管理暂行办法》已经2010年第三次局长办公会审议通过，现印发你们，请遵照执行。

附件：天津市滨海新区重点地区城市设计导则管理暂行办法

二〇一〇年四月三日

-1-

天津市规划局关于印发《天津市滨海新区重点地区城市设计导则管理暂行办法》的通知（图片来源：滨海新区规国局）

五、滨海新区城市设计工作的经验总结

1. 城市设计形成了完善的编制和管理体系，塑造了新区总体城市空间形态和鲜明的城市形象

一个美丽、宜居的城市不仅是城市中心区和一些重点区域具有较高的建设品质，更是整个城市都具有较高的品质，城市与自然完美融合，适宜居民工作和生活，具有完整的城市面貌和空间特色。要做到这一点，必须有完整的城市设计管理体系，许多城市有成功的经验，如巴黎、旧金山。十年来，滨海新区按照这个思路，经过不懈的努力，基本形成了从城市区域总体城市设计、核心区和分区城市设计到重点地区城市设计和城市设计导则四级、由近百项设计组成的城市设计体系，逐步形成了滨海新区未来发展的城市空间形态和形象特色。

深圳经济特区和上海浦东新区，作为我国改革开放的窗口和前沿，形成了独特的城市形象，为世人惊叹。滨海新区，作为中国经济增长的第三极，除了在社会经济发展上实现国家定位要求外，未来城市的空间形态和形象是新区规划必须回答的首要问题。2006年，结合总规修编，我们委托清华大学建筑学院进行新区总体城市设计研究。整个新区范围达到2270平方千米，在这个尺度上，我们之前只编制过城镇体系规划，从未进行过总体城市设计，这是一个全新的课题，在国内没有先例。清华大学的师生们经过大量现场调查和文案研究，归纳梳理出新区和塘沽、汉沽、大港以及各功能区的自然、历史、人文、产业特征，按照吴良镛先生提出的“城市区域”和“城市艺术骨架”的概念和方法，结合正在编制的新区城市总体规划，塑造“一城多廊多点”的城市空间架构，强化新区核心区“海、河、港、城”的空间特征，通过道路、河流、绿化等廊道将七个各具特色的片区加以统筹并连接起来，形成滨海新区总体风貌。这是新区历史上第一次对全区形态和形象进行的描述，虽然不完善，也不十分准确，而且作为研究型的总体城市设计，没有形成独立的城市设计成果，但初步确定了新区总体的空间形态和形象特征。近年来，伴随着新区各个区域的快速发展，这个愿景越来越清晰。

滨海新区核心区总体城市设计是新区城市设计系统中另一项非常重要的工作。核心区规划范围190平方千米，是一般城市尺度的总体城市设计，重点是创造城市的艺术骨架，塑造城市总体形象，明确城市的结构、空间形态、街区肌理和建筑风格。世界上许多著名的城市都具有特色鲜明、经过精心设计、巧夺天工的城市形象，郭守敬谋划的明清时期的北京城，中轴线上的紫禁城、钟鼓楼的飞檐画栋，与三海秀丽的水景缠绕交织，构成了统一又变化、器宇轩昂的皇城形象；朗方设计的华盛顿，在笔直宽阔的中央林荫绿带上，华盛顿纪念碑、林肯纪念堂、国会、白宫盘踞要势，两侧统一的博物馆建筑群，与灵秀的波托马克河交汇，形成了宏伟的首都意向；经豪斯曼之手改造后的巴黎，形成了林荫大道连绵、放射广场栉邻次比、两侧建筑整齐划一的香榭丽舍大街轴线，塞纳河上各具特色的桥梁和两岸典雅整齐、高品质的建筑，构成了巴黎世界繁华之都的印象。这些世界名城都是在总体城市设计引导下，经过几百年的发展建成的，成为城市设计史上的杰作。滨海新区核心区的总体城市设计应树立这样远大的志向，结合自身的自然条件和设计，为城市长远发展塑造出具有国际水准和鲜明特色的城市形象。

在新区2270平方千米总体城市设计研究和重点地区、

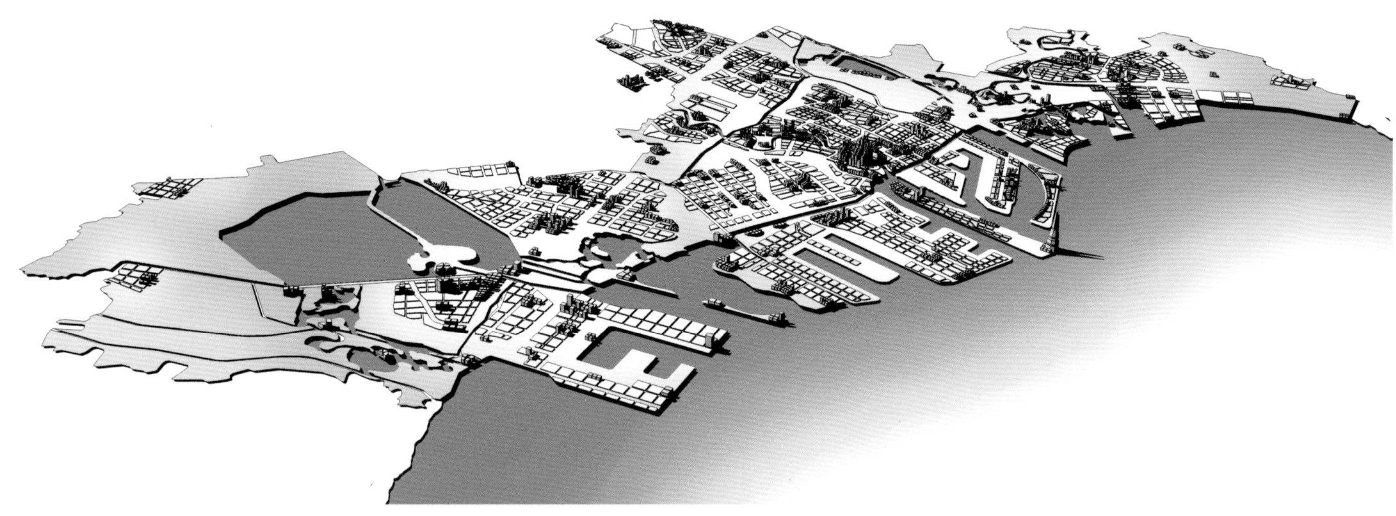

滨海新区城市总体设计——“海、河、港、城”空间架构（图片来源：滨海新区规国局）

滨海新区核心区城市总体设计效果图（图片来源：滨海新区规国局）

各功能区城市设计的基础上，经过认真的梳理和巧妙的构思设计，滨海新区核心区形成由海河和中央大道构成的“黄金十字”城市艺术骨架。在两轴交会处聚集着城市主中心，临河面海，特色鲜明。各类次中心与轨道站点配合，除城市中心和次中心形成高层建筑群外，其余建筑主要以多层和部分小高层为主，形成亲切宜人的城市空间形态和舒展的景观特色，避免“混凝土森林”。按照总体格局，我们对海河两岸、中央大道轴线城市设计不断深化。中央大道从过去单纯的主干道演变成贯穿城市南北且由中央公园、文化中心、于家堡城际车站、于家堡金融区标志性建筑群、大沽船坞公园和中部新城南湖组成的延绵 10 千米的综合布局。无论行车还是公园漫步，游人都能感受到新区蓬勃的气势和生机勃勃的绿意。海河从海门桥到海河大桥共 10 千米长，从城市中心蜿蜒穿过，沿岸遍布滨河绿带和公园，两岸建筑于统一中有变化，无论乘船于海河上，抑或徜徉于河堤畔，步移景异，尽显城市的活力和白昼、四季景色的变化。我们对城市轮廓线进行研究，于家堡标志塔楼群、响螺湾标志建筑和天碱商业区标志建筑三者成为新区中心商务区的控制点。从天津港向西望去，滨海新区核心区清晰准确的画面展现在我们面前。虽然真实的城市中心还没有完全建成，但在人们的心中，一个美好的滨海新区城市愿景已经驻留。

2. 滨海新区城市设计规范化、法定化改革成果显著，营造了高品质的城市空间和环境

经过数年长期的坚持和努力，滨海新区城市设计规范化、法定化改革取得了成效，于家堡金融区、响螺湾、现代服务产业区（MSD）、北塘、空港经济区和高新区渤龙湖等区域已按照城市设计和导则实施建设，并已初具规模，营造了高品质的城市空间和环境。区域中的建筑统一协调，又不失多样变化。与单纯依靠控规进行规划管理的区域相比，这些区域的空间品质明显高了一个层次，不仅表现在形成了较好的空间环境和城市形象，而且表现在道路、绿化、景观的协调设计和实施的精细化上，一些区域地下空间的统一开发利用更有说服力。事实证明，由高水平的城市设计导则进行规划管理是提高我国城市规划水平非常有效的手段。

于家堡金融区的城市设计，采用了国际上金融区普遍采用的小街廓、密路网的规划布局和立体化的混合土地利用方式，5A 级写字楼的裙房提供商业配套服务，并围合出街道和广场。京津城际铁路车站延伸到于家堡，与三条地铁和公交车站、出租车站形成交通枢纽。从于家堡城际铁路车站通过地下人行步道可直接进入金融区，避免雨雪天气的侵扰。地铁车站设在金融区地下商业区，大大提升了公共交通服务的水平。沿海河布置百米宽的绿带，供写字楼中的办公人员午间游憩。起步区的建筑完全按照城市设计导则进行建筑设计，建筑群于统一中有变化，形成了优美的城市天际线和滨河景观。建设了中央大道及过海河隧道、地下车行路以及市政共同沟，加强了城市中心与周边的联系，提供了完善的市政配套服务。于家堡的规划设计充分体现了功能、人文、生态和技术相结合，具有时代性和创新性，达到了较高的水平，为充满活力的金融创新中心的发展营造了良好的场所，成为带动新区发展的“滨海芯”。

除城市中心外，新区其他功能区的核心区也编制了城市设计导则，按照导则进行规划管理，取得了良好的效果，并且各具特色。现代服务产业区（MSD）已经建设了 20 多年，近年来虽然南侧新规划建设的建筑体量和尺度比北侧已建成区大，风格迥异，而且 530 米高的周大福中心显得过于突兀，但多年来基本保持了原规划小街廓、密路网的格局，强调街墙的连续性，形成了完整的街道、广场、中心绿带

于家堡高铁站建设实景（图片来源：滨海新区规国局）

于家堡起步区、响锣湾建设实景（图片来源：滨海新区规国局）

于家堡起步区建设实景（图片来源：滨海新区规国局）

开发区现代服务产业区（MSD）建成实景（图片来源：滨海新区规国局）

渤龙湖地区滨水区建成实景（图片来源：滨海新区规国局）

空港经济区核心区建成实景（图片来源：滨海新区规国局）

空港经济区核心区建成实景（图片来源：滨海新区规国局）

北塘地区建成实景（图片来源：滨海新区规国局）

北塘地区建成实景（图片来源：滨海新区规国局）

公园等城市空间。北塘曾经是古镇和渔村，在改建规划时，城市设计保持了原有格局，恢复了历史上的炮台和古镇。南侧总部和配套生活区，借鉴五大道的经验，采用“小街廓、密路网”的布局，建筑以多层和低层红砖建筑为主。已建成区域由 4 个开发公司开发建设，委托 4 个设计公司，按照城市设计导则进行设计。尽管按照城市设计导则设计的城市空间很丰富，建筑体量富有变化，但由于只有 4 个设计公司，各自建筑设计手法相同，因此最后给人的印象是总体效果不错，但建筑缺少变化，不够丰富。空港经济区核心区、高新区渤龙湖地区各具特色，两者的共同点是有中心湖和水系，绿化和开敞空间比较多，是“海绵城市”的先行者。由于靠近天津滨海国际机场空域这一限制，空港经济区核心区的建筑高度不得超过 43 米，客观上造成了建筑高度的统一。城市设计对原规划路网进行了加密，城市设计导则突出街墙和道路广场的景观设计，虽然建筑类型风格比较多，但建筑按照导则设计，总体上呈现代风格，以玻璃和白色、灰白色板材、涂料为主，建成区整体效果良好。高新区渤龙湖地区强调了水边建筑高度的梯度控制，形成了开阔的视野和良好的景观。城市设计导则控制要求相对宽松，与新区其他区域相比，容许建筑设计有更多的创新。

3. 城市设计推动了多行业、各专项的相互配合和国内外的交流合作，新区规划设计水平不断提升

吴良镛先生倡导的“广义建筑学”理论，强调规划、建筑、景观三位一体，城市设计就是实践广义建筑学最好的体现。城市设计，相对于居住区规划和控规的编制，有相当的难度。城市设计师要会设计，具有美学的眼光，对涉及的方方面面需要有所了解，如城市规划、建筑设计、交通、市政、绿化园林景观、水利防洪排涝、城市安全，以及城市历史、文化和经济社会等，可以说是个“全才”。同时，城市设计需要多方面配合，建筑师、景观设计师、道路轨道交通规划师、市政工程师、人防和地下空间规划设计等专业人员，以及政府指引，公众参与等，因此，城市设计师还必须具有组织协调能力。

在 21 世纪的今天，随着城市和各种技术的发展进步，城市设计经常是一个“巨型工程（Mega Project）”，即系统化的设计，地上地下一体化。滨海新区于家堡金融区的城市设计、文化中心的城市设计，包括地铁车站上盖物业的城市设计等，都是复杂的城市设计，需要具备相应的能力、知识和经验。于家堡金融区的城市设计涉及高速铁路地下车站、过海河隧道、桥梁、地下车行路、地下人行系统、共同沟、超高层建筑等，同时考虑防火、通风、排涝等问题，各部分被精确地整合在一起，以营造良好的功能和优美的景观环境。即使在地下空间不复杂的区域，如北塘总部区，规划、建筑、市政、景观也紧密结合，协同设计，统筹实施建设，必须改变过去“各自为政”的规划设计和实施管理模式。从城市设计的观点看，道路市政建设也是城市文化的一部分，而不仅仅是一个工程。城市设计要求城市建设实施和管理方式的根本转变。

城市设计是十分复杂的高级设计活动，也是一项深入细致且长期的工作，需要经验的积累。滨海新区城市设计通过广泛的方案国际征集，吸引国内外高水平、有实际经验的规划设计公司参与。一般来说，会定向选择国内外著名的规划大师、著名的规划设计公司，并且是在征集题目领域较为擅长的大师和规划设计公司，以确保城市设计的高水平。滨海新区城市设计的题目都十分有特点，是世界规划设计领域的前沿，如特色功能区的城市设计、城市中心商务区和海河滨水地区的开发、工业遗产的保护和利用，以及国家海洋博物馆、滨海新区文化中心和标志性超高层建筑等。这样，大师和一流的规划设计公司才愿意积极参与，发挥他们的聪明才智。滨海新区自己的规划设计队伍还很年轻，通过向国内外大师和一流的规划设计公司学习，在设计实践工作中锻炼，现已逐步成长起来。

4. 城市设计与控规紧密结合，建立重点地区“一控规两导则”体系，提高规划设计水平

天津市于1999年在国内率先完成了全市中心城区371平方千米控规全覆盖。滨海新区汲取中心城区的经验，自2007年开始控规全覆盖工作，在探索控规变革的过程中，按照“分层编制”的思想，将控规按照控制对象和控制程度的不同划分为“控规”和“土地细分导则”两个层级，形成“一控规一导则”。控制性详细规划以“规划单元”为单位，对建设用地的主导性质、开发强度和建设规模进行总量控制，对公共设施、居住区级的配套服务设施、基础设施、绿地以及空间环境等确定控制要求。土地细分导则以“地块”为单位，通过具体地块的用地性质、开发强度指标、“五线”等的规定，对各项公益性公共设施、交通市政基础设施、公共绿地等进行落实，形成对地块开发规模和基础设施支撑的二维控制。

随着2008年城市设计的普遍开展，为突出城市设计的作用，新区在一般地区编制“一控规一导则”时，将城市设计成果纳入控规，并且在核提规划设计条件中增加城市设计的相关内容。重点地区编制城市设计导则，同时控规严格按照城市设计导则编制，保证控规、城市设计导则在土地利用等方面完全一致，不是两张皮，建立控规和城市设计共同发挥作用的“一控规两导则”规划编制和管理体系。控规是土地出让和规划管理的基本依据，土地细分导则用于规划部门的内部管理，城市设计导则与土地细分导则地块层面相对应，主要通过空间形态、街道立面、开敞空间和建筑群体的控制，指导建筑设计方案编制和审批，塑造优良的城市三维空间环境和形象，促进城市有序发展和品质提升。如在北塘地区，在行政许可中将城市设计导则中的要求做规定性要求，如土地使用、建筑形态、公共空间、环境艺术、城市景观、市政管线等多个方面，明确包含在地块规划设计条件中，作为土地出让的依据和土地合同的组成部分，成为业主及设计单位必须遵守的设计依据，同时也是规划审批的依据。控制性详细规划、土地细分导则、城市设计导则有机结合，协同运作，发挥各自不同的作用，能够有效解决单纯依据控规进行规划管理过于简单化的问题，提高规划管理的水平。

六、滨海新区城市设计工作的未来展望

1. 深化城市规划改革，推动城市设计规范化、法定化立法进程，实现城市规划编制和管理的转型升级

滨海新区城市设计规范化、法定化改革已经走过六年时间，与一个区域建设的周期相比，时间还不够长，许多试点还在建设过程中，我们还没有及时进行总结，没有建立城市设计导则定期评估和动态维护机制。可以说，目前城市设计规范化、法定化改革还没有全部完成。但是，总体看，几年来滨海新区城市设计规范化、法定化改革试点是非常成功的，这进一步坚定了我们推动城市设计规范化、法定化的决心，也明确了未来城市规划深化改革的方向。

第一，要进一步认清城市设计、城市设计导则的多样性和在深化城市规划改革中的重要作用，确定下一步改革的着力点。通过试点，我们进一步提高了对城市设计、城市设计导则多样性和重要作用的认识和理解。不同层次的城市设计有不同的编制目的，不同的区域、不同类型的城市设计有不同的特色，城市设计导则的最终形式也不同。城市设计导则试点区基本上都是城市和分区的核心区，即使是在这样功能

光绪十一年(1885)清政府在大沽创建“北洋水师大沽船坞”，十四年(1888)延长英商开滦矿务局唐(山)胥(各庄)铁路至塘沽后，外商和一些民族工商业者相继接连专用线通往各自工厂、码头。1914年实业家范旭东在塘沽首先创办了久大精盐厂，1917年又创办了中国第一个纯碱厂——永利碱厂。

改革开放以来，天津滨海地区开始了持续
总体规划确定了“一个扁担挑两头”的城市布
津经济技术开发区——泰达。1994年市委市政
本建成滨海新区。2005年，滨海新区被纳入国

滨海新区的过去、现在和将来（图片来源：滨海新区规国局）

目前，天津滨海新区已经具备了一定的发展基础，在一些局部也取得了一定的成绩，但从一个城市区域整体来看，还存在着许多矛盾和问题，要完成国家赋予的历史使命，首先需要在规划设计上取得突破。树立新的发挥愿景，创新规划模式和实施机制，勇于探索。

类型相同的区域，各地方城市设计导则也各具特色。城市设计导则的多样性反映出城市的多样性，这种多样性应予以保持。因此，要完善《城市设计编制办法》，总体城市设计和分区城市设计主要起引导作用，导则以结构控制和引导为主，但关键环节和位置的控制要严格。重点地区详细层面的实施性城市设计应能对具体地块的业态开发、交通组织、建筑容量与形态等进行详细的设计和控制，在高水平方案编制的前提下，越细越好。城市其他区域，特别是外围居住社区，控制可以适当放松。城市设计导则和控规的编制管理方法应该相互配合，推动城市设计法定化，同时深化控规改革，对提高我国整体城市规划水平具有重要意义。

现代城市设计 20 世纪 50 年代在美国产生的主要原因是为了改变区划过于简单的管理方式造成城市品质下降的问题。在城市设计兴起的同时，美国各地的区划也相应地进行了改革。1961 年，纽约对区划法进行全面的修改，增加了城市设计导引原则和设计标准等全新的内容，增加了设计评审过程，使区划成为实施城市建设与规划设计管理更有效的工具。考虑到历史街区保护的特殊性，出现了特别区（Special District）和美观区划（Aesthetic Zoning）。另外，为了克服早期区划技术控制缺乏弹性和适应性的弱点，出现了规划单元计划（Planned Unit Planning）、奖励区划（Incentive Zoning）、开发权转移（Transferred Development Rights，TDR）等控制引导措施。美国城市设计和区划相互影响演变的历史表明了城市设计与规划控制密不可分的关系。

目前，滨海新区的试点区域基本上是新建区，可以严格按照城市设计实施。在于家堡金融区，城市设计导则非常严格，除一般导则对地块街墙贴线率、出入口方位、地下空间利用等控制外，还对建筑塔楼和裙房形体进行严格控制，即国外所谓“信封控制（Envelop Control）”或“包络控制”，建筑设计方案必须放入“信封”内。虽然开始一些国内建筑师不理解，但最终的效果还是非常有说服力的。当然，随着技术的进步，某些设计和控制指标可以具有弹性，在起到引导作用的前提下，允许根据实际情况的变化进行适当调整，或通过奖惩办法吸引和引导社会各界，特别是督促业主和开发商主动考虑和关心城市环境问题，从而使城市设计的目标成为开发活动的愿望。对于城市外围居住社区，控规和城市设计导则要有较大改变，结合土地使用制度深化改革，学习美国土地细分（Subdivision）和单元区划等做法，放松控制，规划指标可以只控制住宅类型和住房户数或套数，取消容积率、建筑密度、绿化率等指标；除了明确公共设施、道路交通等用地外，可以适当增加社会和谐等方面的控制，如不同收入阶层、不同种族的融合，以及定制模式住宅等多样性住宅的开发建设，等等。

第二，随着城市设计的深化，城市设计和城市设计导则必然会与国家和天津市现行的一些规范、技术标准相冲突。我们的初衷是城市设计导则尽可能符合现行法律法规和控规，所以，在《天津市滨海新区重点地区城市设计导则管理暂行办法》第三条明确提出：本办法所称城市设计导则，是指以依法批准的控制性详细规划或者审查通过的城市设计为依据，与土地细分导则相适应，为保证城市空间环境形态品质，对规划地块提出的强制性和指导性控制要求。第六条也明确提出：编制城市设计导则应当符合有关法律、法规、规章和技术标准及有关规定。但是，在实际工作中，发现突破和改革现行的规条标准是城市设计规范化、法定化改革最关键的改革内容。这也恰好从侧面说明为什么城市设计一直不能成为法定规划的一个原因。如《天津市城市规划管理技术规定》中城市“六线”管理规定、建筑退线规定等，《天津城市绿化条例》中对绿地率的规定，以及国标《城市道路设计规范》中对道路转弯半径的规定等，这些都是“一刀切”

的标准，没有考虑城市不同区域的具体情况。在城市设计导则中，出于对城市界面、人行的安全便捷、建筑街景形象等方面最基本的要求，大多会结合实际情况对退线及道路转弯半径进行调整，这就会与现行的规范、技术标准相冲突。

虽然2009年修订后的《天津市城乡规划条例》第三十七条明确提出：市人民政府确定的重点地区、重点项目，由市城乡规划主管部门按照城乡规划和相关规定组织编制城市设计，制定城市设计导则。前款规定以外其他地区，由区、县城乡规划主管部门组织编制城市设计，制定城市设计导则。第五十六条明确提出：设计单位必须按照规划要求、城市设计导则和有关规定，进行规划设计和建设工程设计。天津市规划局于2011年颁布了《天津市城市设计导则管理办法》，进一步细化完善，但由于缺少国家上位法的支持，导致城市设计导则在实施过程中法理依据不足，尤其是当城市设计导则内容与现行国家法规、标准存在差异时。滨海新区在综合配套改革中对于探索城市设计规范化、法定化编制和审批模式有较多的研究和实践，作为重点地区的建设项目，城市设计导则的编制水平比较高，领导的重视和政府的影响力一定程度上保证了导则的执行到位。同时，考虑到目前的规划法规体系仍然以控制性详细规划为核心、城市设计导则严格说还是非法定规划的现实状况，我们将突破相关规范技术标准的城市设计导则纳入控规，经审批后成为规划管理的依据。这样的做法类似城市的历史街区和老城区，一些规划技术标准可以不在这个范围内执行或减少数量。然而，当进行建筑设计、道路设计、景观设计时，还会与国家、地方法规、标准相冲突，需要通过协调加以解决。另外，将城市设计导则作为单独的项目审核依据，与现行法定规划和管理程序的联系不够紧密，执行过程中缺失法理基础，但我们坚持下来，效果很好。

综上所述，未来滨海新区城市设计的重点之一还是完成城市设计规范化、法定化改革，继续推进城市设计立法进程。首先，对2008年以来改革创新进行总结。以《天津市城市设计导则管理办法》和《天津市滨海新区重点地区城市设计导则管理暂行办法》为基础，制定新的《天津市滨海新区重点地区城市设计导则管理办法》，作为滨海新区政府规章。在未来几年内，争取将城市设计及城市设计导则中更加深入系统的内容纳入准备修订的《天津市城乡规划条例》，上升为地方法规，进一步明确城市设计及城市设计导则的地位和作用，明确编制管理的程序。同时，制定配套的法规、技术规定和管理流程等文件。滨海新区作为国家综合配套改革试验区，应该在城市设计法定化改革方面积极探索，为将城市设计及城市设计导则纳入国家《城乡规划法》积累经验、创造条件。

2. 进一步提升城市设计及导则编制水平

十年来，滨海新区城市设计取得了一定成绩，编制的城市设计项目数量众多、覆盖面广，初步形成了完善的城市设计体系，但十年的时间，相对一个城市发展的历史还是太短，按照西方发达国家的标准，许多城市设计还不成熟，具有影响力、示范性和创新性的项目并不多，获得国家、天津市以上的优秀勘察设计奖的项目较少。因此，新区城市设计及城市设计导则编制质量有待进一步提高，重点从以下三方面着手：

首先，进一步提高城市公共空间设计水平。城市核心区、海河两岸、中央大道两侧等这些地区城市设计有待进一步强化、深化和细化。中心商务区于家堡、响螺湾、天碱商业区应该结合已经实施的情况和新形势，进行总结分析，在总体框架不变的前提下，对城市设计进行调整提升，增加城市活力和吸引力。要重视历史文化的延续，深化历史街区的城市设计，进一步突出滨海的历史脉络和特色。另外，将城市临海地区作为下一步城市设计的一个重点，结合天津港转型和人工造陆岸线的生态设计，创造更多的亲水岸线，展现滨海新区港口城市的特色。为提高城市设计水平，继续引入国际先进的理念并吸引国内外优秀的规划设计公司。十年来，滨海新区共组织了近10次重大的规划设计方案国际征集，共计20余项，其中大部分是城市设计，即使是建筑设计征集，也要求考虑周围的城市设计。然而，就城市设计一项而言，仅有约30%的项目由国外设计单位参与。虽然国内设计院也很努力，但由于缺乏竞争和实践经验等，整体水平亟须提升。因此，在城市设计编制中还应继续开放市场，吸引国内外大师、优秀的设计单位，开阔视野，引入国际先进的规划设计理念和技术，并与滨海新区实际情况相结合，打造反映当代世界最新潮流、符合城市发展趋势、具有滨海新区特色且现实可行的高水平城市设计方案。

其次，提高城市设计导则编制水平。城市设计导则是城市设计的主要成果，也是进行城市建设和开发管理的直接依据，其质量高低对于建设结果有着决定性影响。除了于家堡起步区等少数几个城市设计导则外，从总体水平看，滨海新区城市设计和城市设计导则存在着覆盖率低、研究深度浅、引导针对性弱等问题。具体表现主要有：一是一些导则可操作性偏弱，没有将城市设计转化为具有针对性的管制内容。这与规划师经验不丰富、缺乏自信有关，也与普遍不正确的认识有关，认为应该给建筑师留有充分的创作空间，但实际上我国目前的状况是建筑设计普遍缺少对城市空间的考虑。二是面面俱到，将从建筑高度、立面划分到绿化植被等几乎所有与建筑和环境设计相关的内容纳入其中。实际上，导则作为城市设计项目实施的主要操作工具，其管制的内容不在于全面性，而在于针对性和有效性限定，其他非重点元素则可由建筑师自行把握。三是一些导则体型化及量化指标偏少，抽象的原则性等不可度量性标准较多，如“舒适”“美观”“宜人”“一致”“协调”等，与技术语言和管理语言的转换存在一定困难，往往造成管理人员在核查建筑设计是否达到导则要求时无所适从，自由裁量权比较大，这对城市规划管理者自身的素质提出更高的要求，需要其具备一定的审美能力和城市设计能力。

再次，继续开展城市社区城市设计改革试验，提高城市社区城市设计的整体水平。住宅和居住社区是城市设计的本底，是城市中数量最多的建筑类型。我们一直使用居住区、小区这种计划经济烙印很深的规划设计体系，即使在房地产快速发展的情况下，依旧延续。这种规划设计体系最大的问题就是住宅产品的简单、单一，缺少对城市整体环境的考虑，缺少城市设计，造成居住社区空间孤立于城市，更是造成城市空间环境差、交通拥挤等问题的根本原因。这几年，新区在社区规划设计上进行改进，如开发区生活区的贝肯山小区，北塘总部区的配套居住区，都运用窄路密网、围合式的布局形式，打造高质量的居住社区。近两年，我们委托美国设计大师丹尼尔·所罗门进行居住社区研究，探讨窄路密网、围合式居住社区的推广应用，试图从根本上改变传统居住区规划设计的方法，运用城市设计的方法，提升城市居住社区品质，解决交通拥挤、环境污染、生活不便等城市问题，适应居民居住水平提高和房地产转型升级的形势。事实说明，要实现城市设计在社区规划中普及的前提是加大改革创新力度，彻底修改甚至废止《城市居住区规划设计规范》和相关的法规和技术标准，这无疑是我国城市规划领域的一场自我革命。

3. 促进公众参与城市设计全过程，实现公众参与程序化

城市设计是一项技术性比较强的规划活动，同时也是适合公众参与的规划活动。因为无论哪个地区的城市设计，都由政府主导、开发商建造，市民工作、生活其中，他们应该有充分的知情权、发言权和选择权。城市设计的编制和实施不可能是设计师的“闭门造车”，也不能是管理者的“一言堂”，好的城市设计实践应该是吸纳相关团体、市民以及开发商等利益相关者共同参与的过程。城市设计师作为专业技

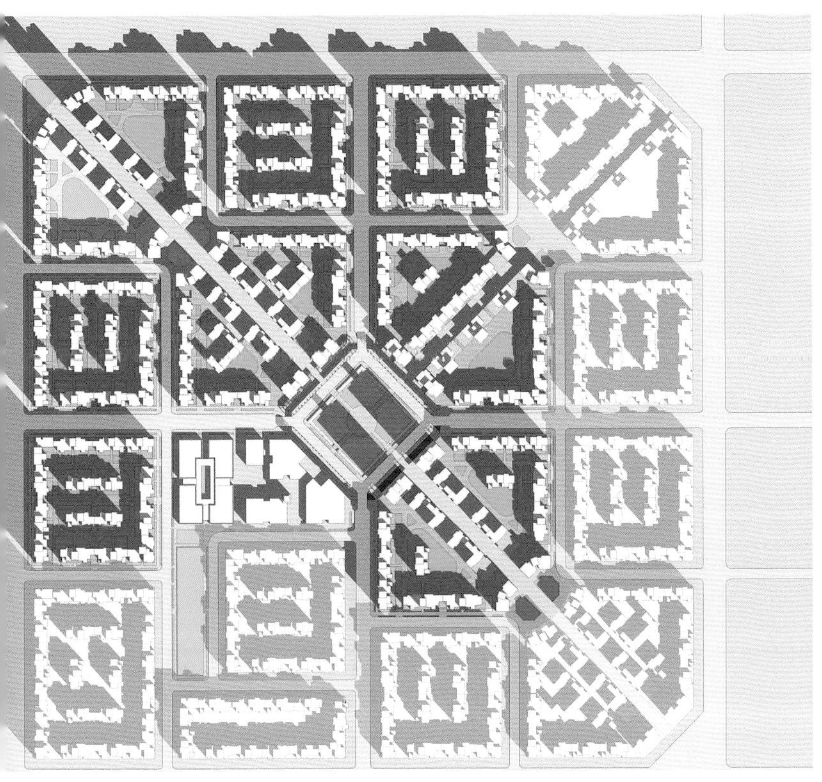

滨海新区小康和谐住区平面图（图片来源：滨海新区规国局）

滨海新区小康和谐住区效果图（图片来源：滨海新区规国局）

滨海新区小康和谐住区工作模型（图片来源：滨海新区规国局）

滨海新区小康和谐住区效果图（图片来源：滨海新区规国局）

滨海新区城市规划综合业务审批系统

术人才，应该与社会广泛接触和合作，顺应时代变革的形势，扩大业务范围，有意识地深入社会基层，走进社区，了解市民所思所听所想，借助社区的力量与市民共同完成城市设计的宣传、实施与管理。

4. 建立城市设计信息管理平台和动态维护机制

目前，全国各地都在开展城市规划“一张图”系统建设，通常“一张图”系统包含城市基础地形图、现状图、规划图等内容，规划图一般以城市总体规划和控制性详细规划为基础。滨海新区的“一张图”系统包括城市总体规划、土地利用总体规划、控制性详细规划、道路轨道定线、现状管线等数据以及现状建筑三维数据，并且已成功载入部分城市设计成果数据信息，如于家堡金融区等，可以实现 3D 效果，进行辅助设计和审批。下一步，滨海新区将结合城市设计的规范化、法定化，将城市设计和导则成果数据全部加载到“一张图”系统中，落实到地块上，包括规划建筑体型模型和各种控制线和要求等，特别是地下空间设计的成果数据，向虚拟现实方向努力，与控制性详细规划共同作为审批依据。

回顾滨海新区十年来的规划历程，城市设计发挥了重要作用，城市规范化、法定化改革取得了阶段性成果和示范效应。在由城市战略空间规划、城市总体规划、分区规划、专项规划、控规、城市设计及其导则构成的这一庞大的规划体系中，城市设计是最活跃、充满活力和丰富多样的。通常情况下，城市总体规划一旦确定后，就不应有大的变化。控规主要发挥法定规划的控制作用，也不宜轻易调整，调整程序应严格合法。这一点我们可以从国外众多城市规划实践中看到，特别是在欧美发达国家已经基本定型的一些城市，城市总体规划和区划保持稳定，除城市发展战略外，如纽约 2050、伦敦 2040 等，城市设计是最活跃也是编制项目最多的内容。而且，城市设计从编制、审定到实施，是一个长期的过程，即使一个城市设计项目编制完成，也不意味着设计过程的结束。一个城市或地区的总体城市设计成果虽然描绘了未来美好的终极蓝图，但也不是一成不变的，需要不断深化完善。因此，可以进一步利用城市设计信息平台，辅助城市设计的更新完善，减少重复性工作，提高工作效率，实现城市设计的动态维护。

未来五至十年，是滨海新区发展的关键时期，也是我国城市规划体制深化改革、城市设计法定化的关键时期。滨海新区应在城市规划领域继续改革创新，继续在城市设计法定化方面走在全国前列。要制定相关管理规定，进一步发挥城市设计的作用，丰富和完善各类城市设计，提升城市设计水平，努力将滨海新区建设成具有国际一流水平和独具特色的美丽、宜居新城。

滨海新区规划和国土资源管理局是一个集规划、国土、房管于一体的大部制管理局，在仅有的四个规划管理部门中，详细规划处除负责控规、历史风貌保护和地名工作外，主要负责城市设计工作，包括规划设计和建筑设计方案国际征集。详细规划处目前编制只有 5 个人，人员少、任务重。新区在城市设计工作上取得的成绩，与全体工作人员的不懈努力以及新区各功能区规划局和分局的努力工作分不开，也离不开天津规划院、渤海规划院等单位和迪赛等中介机构的长期大力支持。城市设计量大面广，需要给予更多的人财物支持。有些城市，如深圳，在规划和国土资源委员会内专门设立城市设计处，是很好的做法。我们应学习国内外的先进经验，加强城市设计管理部门力量，适应新形势的要求。

《周礼 · 考工记》中有对城市规划设计的描述，称为“匠人营国”。今天，我国在经济转型升级的年代，号召发扬“匠人”精神，不断提升我们的制造业及各方面水平。我国的城市规划建设事业也正处在转型升级期，从量的扩张向质量品质的提升转变。城市设计是最应当加强的内容之一。我们讲“匠人营城”，就是要发扬我国城市规划设计的优良传统，心中有信念和理想，通过持之以恒的努力，达成美好的城市目标，建设高水平永恒之城。

第一部分　滨海新区城市设计实践

Part 1　Practices of Urban Design in Binhai New Area

第一章 滨海新区城市总体设计

清华大学建筑学院朱文一工作室

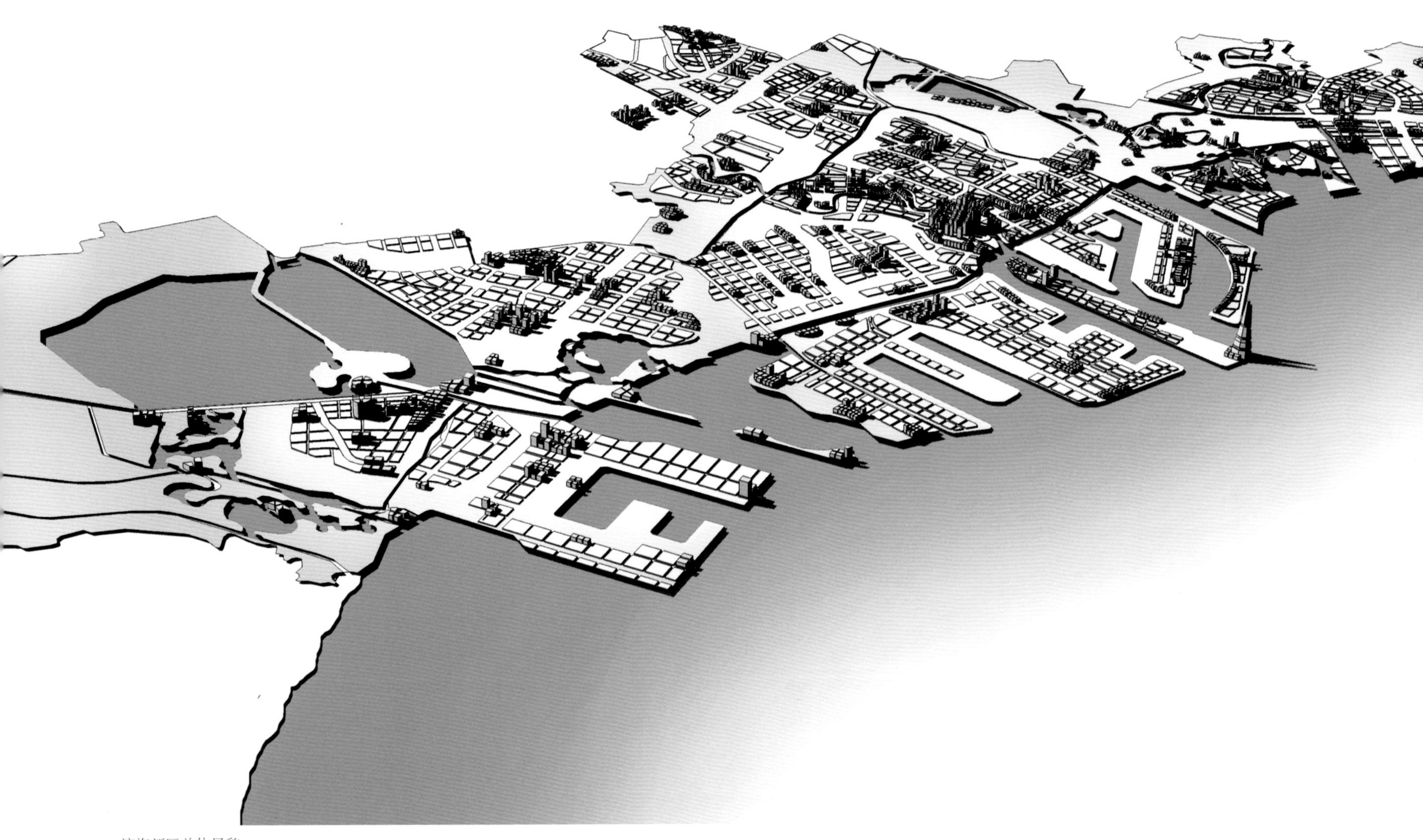

滨海新区总体风貌

一、项目背景

2007 年 11 月结合滨海新区城市总体规划编制，原天津市滨海新区管理委员会、天津市规划局滨海分局委托清华大学建筑学院朱文一工作室进行“天津滨海新区城市总体设计研究”工作。期间经历资料收集与前期调研、方案构思与概念深化、战略构想与方案表述、城市总体设计草案编制、城市总体设计导则编制，最终于 2009 年 6 月完成城市总体设计成果。

通常意义上的城市设计 (Urban Design) 以可感知空间为研究范围，关注空间品质的提升、特色元素的呈现、艺术骨架的创造。城市总体设计（Urban Master Design) 的研究范围超出感知空间的界限，在超大空间尺度的层面上，搭建艺术架构、整合空间元素、彰显总体特色。依据抽象的整体空间艺术架构划定分级识别区，成为城市总体设计的一种方法。分级识别区体现了城市总体设计与城市设计的本质区别。通过确定分级识别区中的识别点、识别线和识别面，形成各分级识别区之间的空间形态关联。

二、风貌海河港城

《国务院关于推进天津滨海新区开发开放有关问题的意见》中指出：滨海新区“是继深圳经济特区、上海浦东新区之后，又一带动区域发展的新的经济增长极”。滨海新区“第三极”在城市空间中如何表述？总体城市设计提出以“海”“河”“港”“城”作为整体空间控制的四个核心控制要点。

滨海新区总休风貌

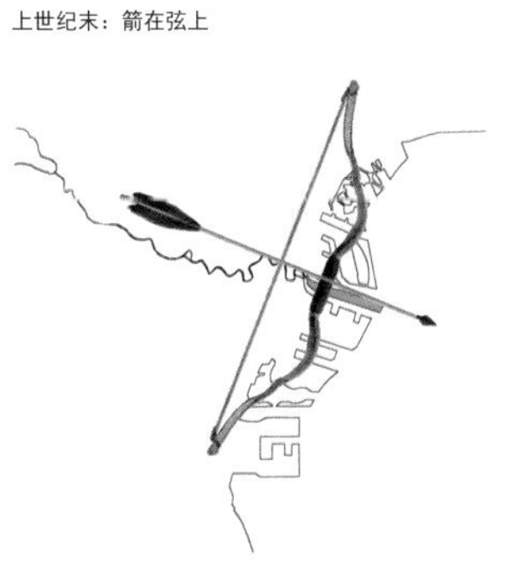

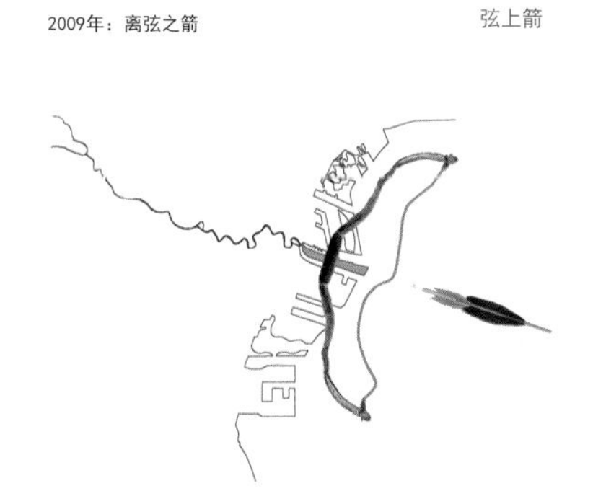

箭构滨海新区

1. “海”—— 一海一道一街

“海”是滨海新区滨海特色的重要体现：构建“一海一道一街”的空间骨架，整合海岸线和海域以及海滨大道、中央大道、通海城市干道和通海城市快速路，形成丰富的海岸线、独特的海滨大道和中央大道梳状空间结构，凸显独具魅力的滨海特色。

（1）“海”空间。

“海”空间的范围：南北以滨海新区海岸线为边界，西以中央大道及海滨大道西1000米为界，东以海岸轮廓线为陆地边界，同时包括部分渤海湾海域。陆地总面积为746平方千米。“海”空间中有海滩、河流、盐田等自然景观，休闲区、港区、产业区等城市区域，以及海域中的地质海床等。

（2）一海一道一街。

“一海”由滨海新区的海岸线和海域组成；“一道”是指由海滨大道同与之相交的通海快速路共同构成的梳状空间结构；“一街”是指由中央大道同与之相交的通海城市干道共同构成的梳状空间结构。“一海一道一街”构成了滨海新区的“海”空间。

“海”空间

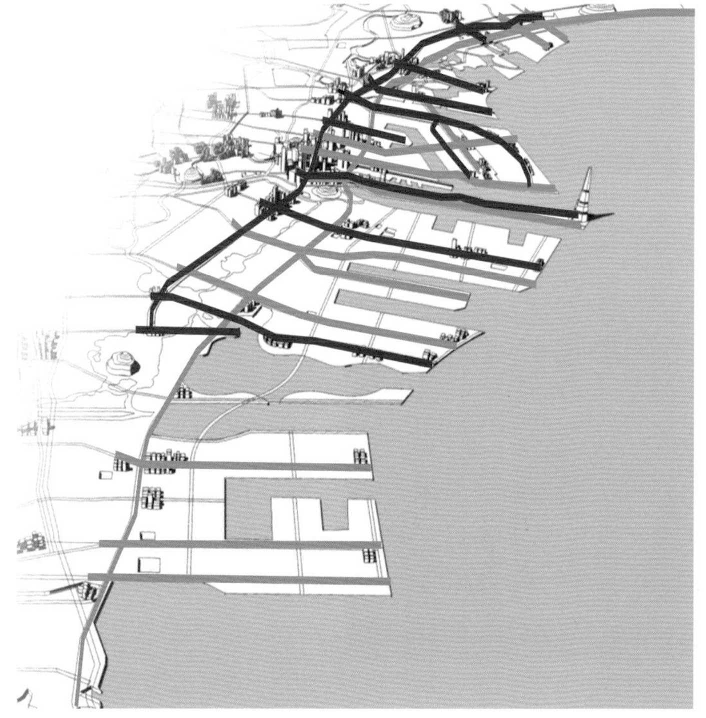
“海”空间总体风貌

一海

“一海”由滨海新区的海岸线及其海域组成。海岸线总长度416km，集中了自然岸线、休闲岸线和工业岸线等；海域面积超过5000km²，其中包括货运航道、客运线路、游览线路以及海上活动等区域。

通过建立海岸线公共空间系统，形成海域观光游览网络，进而整合渤海湾空间，辐射环渤海湾地区乃至东北亚港口城市。

渤海湾海域空间指引

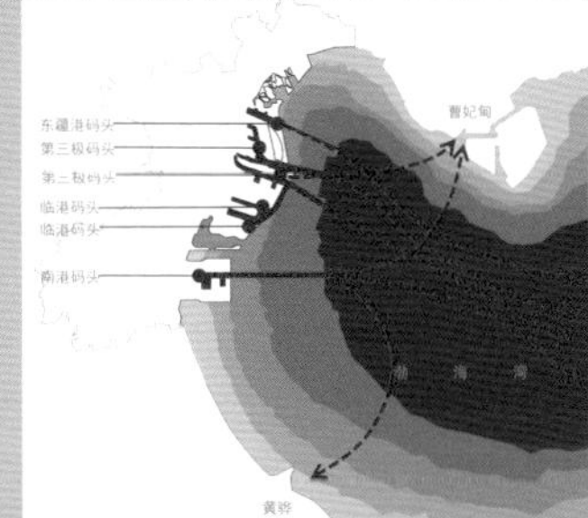

以南疆港和东疆港以及南港区构成的天津港对外辐射东北亚港口城市，辐射环渤海湾港口城市，就近整合渤海湾海域的其他港口如曹妃甸港、黄骅港等，形成渤海湾有序的海域空间，体现滨海新区的“龙头”地位。

海域空间指引

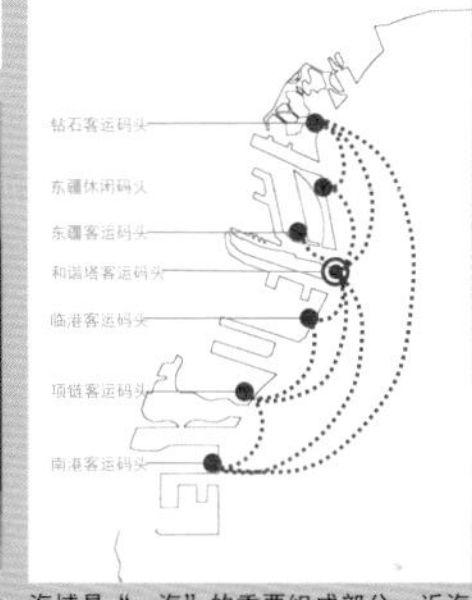

海域是“一海”的重要组成部分，近海观光游览构成了认知滨海新区滨海特色的重要途径。以客运码头为起始点组织海上游览线路，形成以和谐塔客运码头为中心，分别串联南北三个客运码头的滨海新区海域空间网络。

海岸线

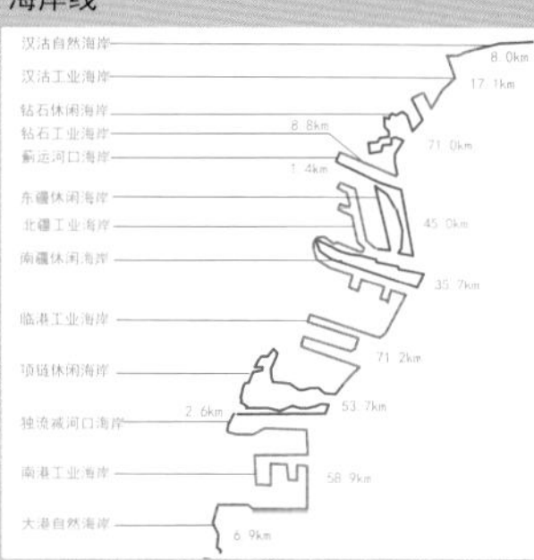

海岸线是“一海”的主体元素，是滨海城市的重要体现。滨海新区的海岸线由自然岸线、休闲岸线、工业岸线组成，总长度为416km。三类岸线各具特色、交替连接，构成了滨海新区丰富多变的岸线空间。

一道

“一道”是指海滨大道同与之相交的通海快速路形成的梳状空间结构。海滨大道全长92km，分为“滨海段”和“非滨海段”。“非滨海段”中的大部分为临海产业区，借用其中的通海快速路与海相连，形成公共通道。

通过梳状结构中的广场等临海公共空间，创造滨海新区全方位的“滨海空间”，全面实现海的可达性。

海滨大道梳状结构

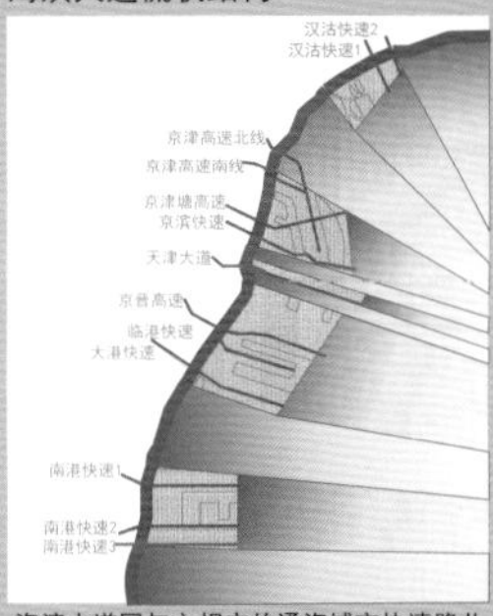

海滨大道同与之相交的通海城市快速路共同形成“海滨大道梳状结构”，实现了海的可达性，体现了“海”的特色。

海滨大道“滨海段”直接临海，“非滨海段”通过快速路与海相连。

海滨大道“滨海段”空间指引

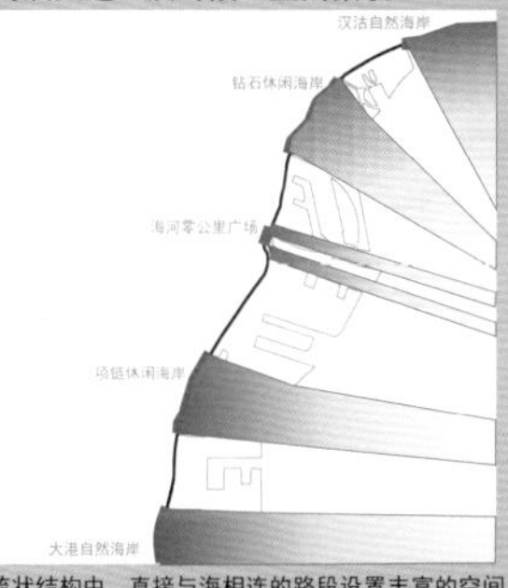

梳状结构中，直接与海相连的路段设置丰富的空间体系，将自然岸线、休闲海岸和人工纪念广场结合进去。

海滨大道“非滨海段”空间指引

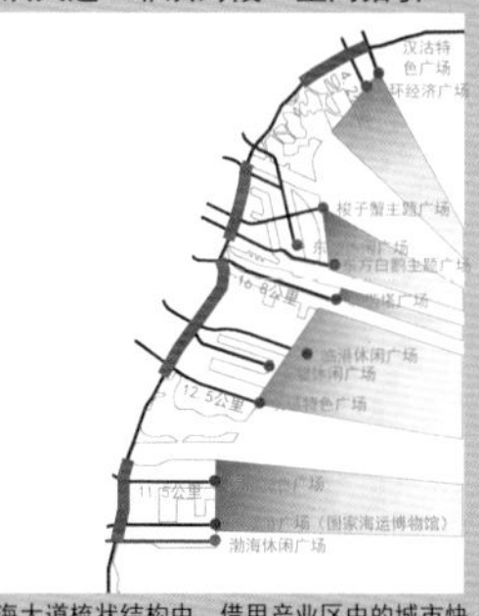

滨海大道梳状结构中，借用产业区中的城市快速路与海相连，在快速路的出海端设置公共广场，从而实现海的可达性。

一街

“一街”是指中央大道形成的街道空间同与之相交的通海城市干道形成的梳状空间结构。

中央大道全长达55km，其中核心段长度约15km，巴黎德方斯-卢浮宫轴线长度为8km，长安街三环以内长度13km。如何处理中央大道核心段与“超尺度”全段之间的空间关系，形成富有特色的滨海新区“第一街”，成为一个挑战。梳状空间结构上的通海节点和临海节点，在很大程度上体现了中央大道的海的特征。在中央大道通海节点处设置标识系统可以直接增强海的可达性，通过临海节点处的广场等公共空间直接与海相连。梳状空间结构为创造中央大道富有韵律的街道轮廓线提供了基础。

梳状空间结构

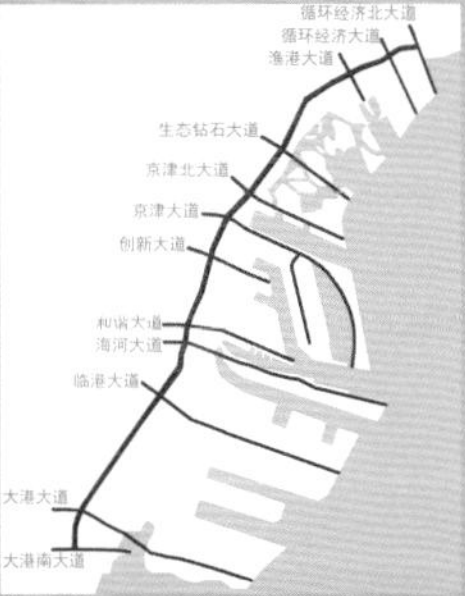

“一街”梳状空间结构由中央大道和12条东西向通海城市干道构成。

通海节点指引

中央大道与通海城市干道形成了11个重要节点，通过设置标识系统指引海的方向，形成中央大道“海”的可达性。

临海节点指引

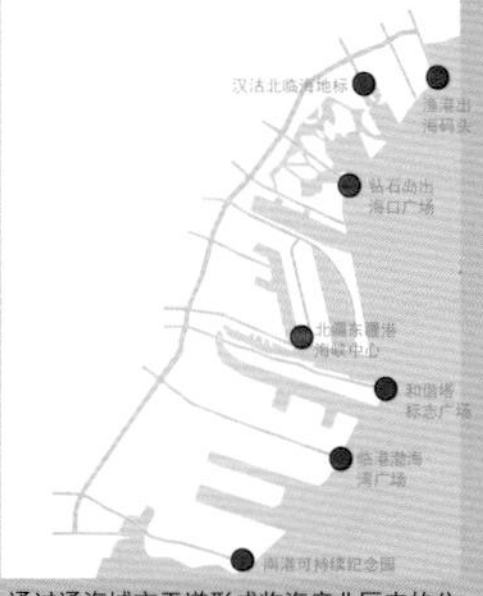

通过通海城市干道形成临海产业区内的公共通道，并在端点处创造11个临海城市广场，形成滨海新区均匀的“滨海”公共空间。

一海一道一街

2. “河”—— 一河两道两路

海河是滨海新区的主轴，对提升滨海新区整体的空间品质起着至关重要的作用。“河”空间强调海河的可达性，通过“一河两道两路”的空间结构统筹考虑海河与周边城市地区，彰显海河对形成宜居环境的主导作用。

（1）“河”空间。

“河”空间范围的西边界为天津外环路，东边界为0千米处，北至津滨高速公路，南至天津大道，覆盖315平方千米。

（2）一河两道两路。

“一河”是指海河及河两岸的滨河路；“两道”是指津滨和海河大道以及穿过海河由南北向快速路构成的梯状空间结构；“两路”是指和谐大道和天津大道以及穿过海河由南北向城市干道构成的网状空间结构。

“一河两道两路”空间结构强化了海河的可达性，为形成丰富的海河空间奠定了基础。

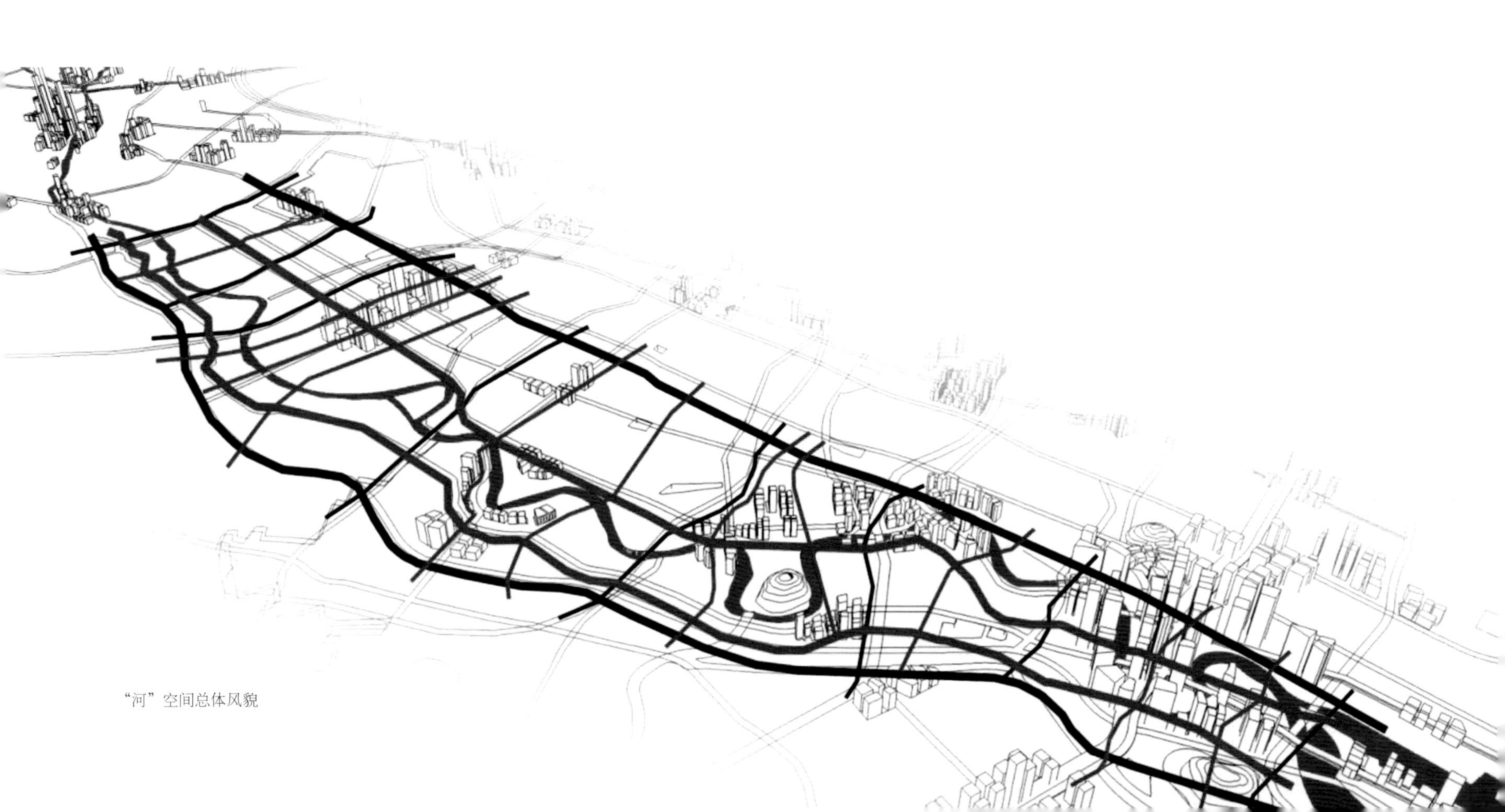

“河”空间总体风貌

一河

“一河”由海河中游段和下游段以及海河两岸的滨河路组成。海河中游段由宜居环境区和自然景观区组成，海河下游段由民俗文化区、自然景观区和城市景观区组成。
海河两岸的滨河路及其码头直接体现了海河的亲水性，成为滨海新区最具特色的景观路之一。

海河

海河从二道闸到0千米处长53千米，包括海河中游和下游，构成了“一河”的主体。根据海河自身的自然与文化特色，创造中游宜居环境区、中游自然景观区、下游民俗文化区、下游自然景观区以及下游城市景观区等五大分区，彰显海河丰富多彩的景观特色。结合五大分区布局特色空间节点，形成公共活动空间。

自然景观区控制

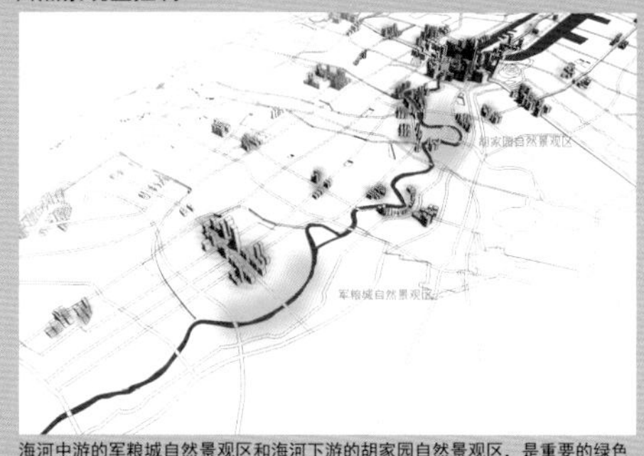

海河中游的军粮城自然景观区和海河下游的胡家园自然景观区，是重要的绿色开敞空间。严格控制自然景观区的建设，使之成为滨海新区的“绿肺”。

两道

“两道”是指由津滨快速和天津大道以及南北向跨河快速路与它们相交形成的梯状空间结构。
通过“两道”梯状空间结构，时速100公里的汽车在高速行驶中依然可以领略海河各流域的空间景色。在快速路上标识出通向海河的路口，成为海河亲水性的体现。

通河节点指引

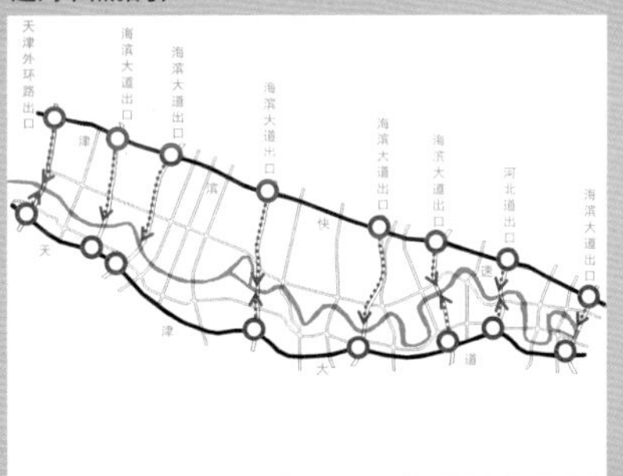

海河北面的津滨快速和海河南面的天津大道与南北向跨河快速路相交处，形成了南北各8个通河节点。可以在节点处设置标识系统，指明河的方向，实现“两道”梯状空间结构的亲水性。

两道梯状空间结构

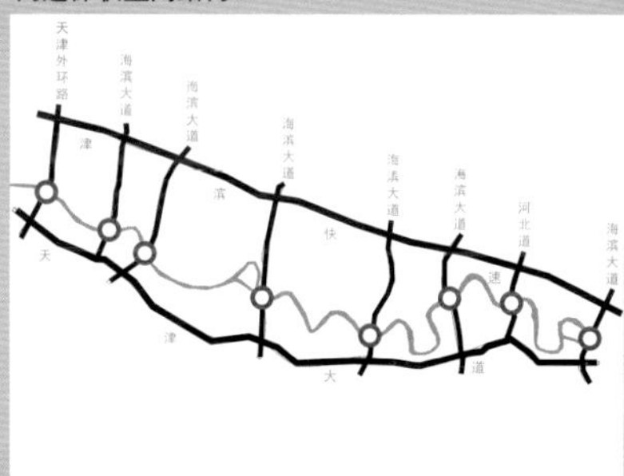

南北向跨河快速路与海河相交处有8座桥。一种是通过式，即通过时可以看到海河；另一种是到达式，可以通过引桥慢速领略海河风光。

两路

“两路”梯状空间结构由和谐大道和海河大道以及11条南北向跨河城市干道相交构成。“两路”成为海河可达性的直接体现，也构成了海河空间的独特性。
同时，“两路”梯状空间结构将海河与两岸的建成区串联在一起，极大地提高了建成区的宜居度。

梯状空间结构

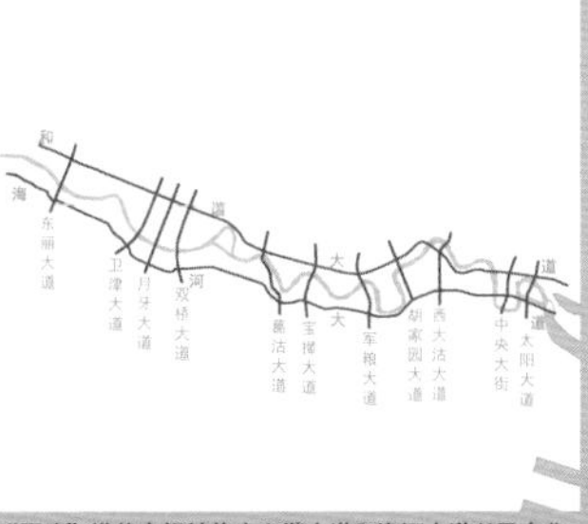

“两路”梯状空间结构由和谐大道和海河大道以及南北向跨河城市干道相交构成，实现了海河空间的可达性。在11条南北向干道跨河形成的桥上，可以结合设计创造行人或车辆停留的空间，增加观赏海河的观景点。

串联海河两岸建成区

一河两道两路

3. “港”——一港六厂十芯

“港”空间是指以天津港为代表的滨海新区产业空间，包括老工业厂区以及先进制造产业区、化工产业区、油田、盐田等。“港”空间呈现了滨海新区历史发展脉络，也是体现当今滨海新区特色的重要空间形式。

老工业厂区承载着滨海新区的历史记忆，是提升城市空间品质的重要空间元素。新产业区是滨海新区快速发展的标志；其与城市生活紧密结合，形成开放的公共空间，是提高城市空间品质的另一个重要元素。

由“一港六厂十芯”构成的“港”空间结构，综合考虑了老工业厂区的传承和转型以及新产业空间的公共性和开放性，为营造健康宜居的滨海新区城市环境提供了一种空间途径。

“一港六厂十芯”构成了“港”空间结构。其中，“一港”：南疆港搬迁后，可作为最具标志性的公共中心；“六厂”：六个老工业厂区传承和转型后，可作为城市中心的特色地区；“十芯”：十个新产业空间的开放，可作为城市中的公共可达空间。

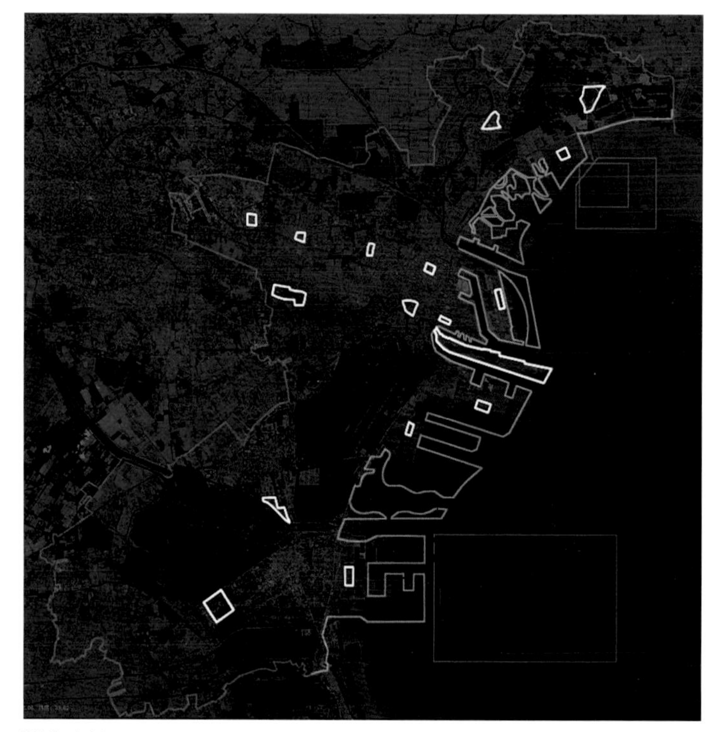
“港”空间

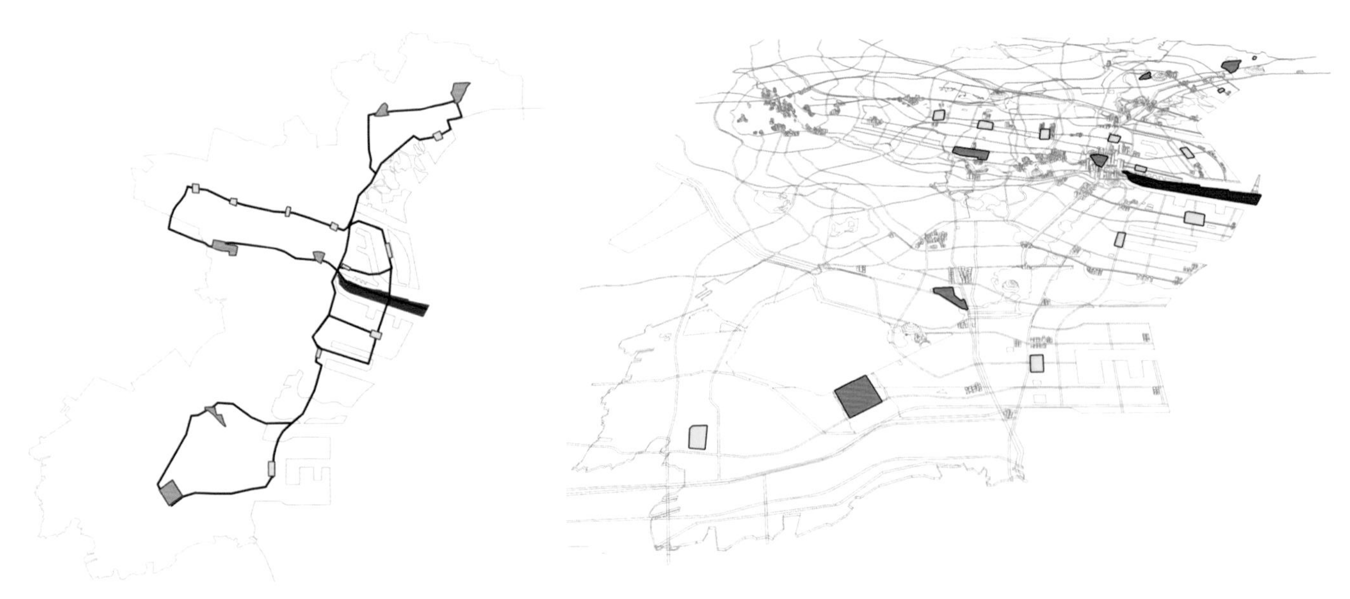
“港”空间串联

“港”空间总体风貌

一港

“一港”是指滨海新区港区的集中体现——南疆港。作为滨海新区的空间主轴，南疆港以其优越的地理位置成为象征“第三极”、整合渤海湾、辐射东北亚的起始点。
未来的南疆港作为滨海新区最具标志性的公共中心，将集中体现空间的地域、绿色和信息特征，成为滨海新区引领世界建筑发展的示范区。

南疆港展望

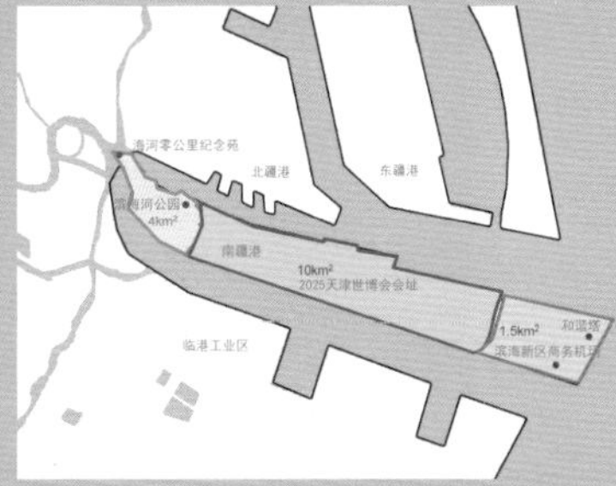

展望南疆港港区搬迁后，将变成滨海新区最具标志性的公共空间。总面积达到15.5平方公里的南疆港，西端4平方公里用地可以结合海河零公里纪念苑创造城市中心休闲区——滨海河公园，中部10平方公里可以作为2025年天津世博会会址，而东端6平方公里可以设计标志性建筑千米“和谐塔”，形成滨海“辐射”广场，象征滨海新区的龙头地位。

南疆港未来意像

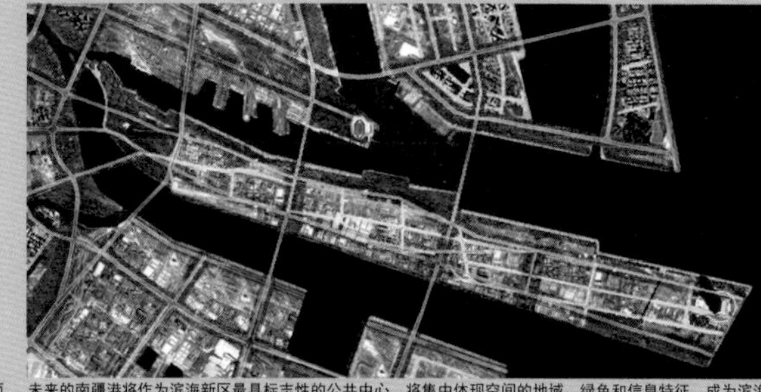

未来的南疆港将作为滨海新区最具标志性的公共中心，将集中体现空间的地域、绿色和信息特征，成为滨海新区引领世界建筑发展的示范区。

六厂

“六厂”是指位于滨海新区的天津碱厂、大无缝厂、天津化工厂、汉沽盐田、大港油田、大港小化工等六个历史悠久、规模最大的工业厂区。六老厂区在滨海新区的发展过程中留下了不可磨灭的印迹，今天已经成为滨海新区固有文化基因中不可替代的一部分。
随着滨海新区的迅猛发展，六老厂区逐渐被城市包围，变成城市中心区的一部分。如何结合厂区搬迁完成功能置换，创造城市中独居魅力的空间，成为一个迫在眉睫的课题。

六老厂区

六老厂区在滨海新区的发展过程中留下了不可磨灭的印迹，今天已经成为滨海新区固有文化基因中不可替代的一部分。随着滨海新区的迅猛发展，六老厂区逐渐被城市包围，变成城市中心区一部分。结合厂区搬迁完成功能置换，使之成为城市中独居魅力的活力空间。

天碱

汉沽盐田

大港油田

大无缝

汉沽天化

大港小化工

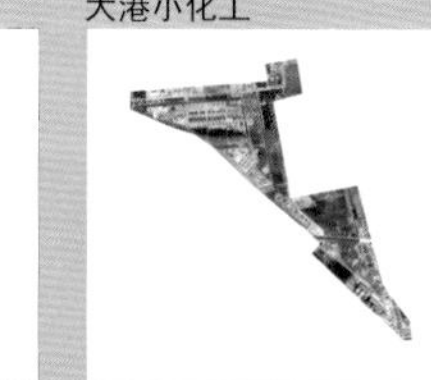

十芯

“十芯”是指滨海新区新产业区中开放的公共中心。针对超大规模的新产业区，创造“十芯”，体现开放性和公共性，使其成为城市的有机组成部分。
串联“十芯”，系统展示新产业空间的特色，既全面呈现其整体风貌，又与城市宜居空间紧密融合。

新产业区公共中心

大规模的产业区建设成为滨海新区高速发展的标志。在产业区内创造“十芯”，形成广场等开放的公共中心，可以体现开放性和公共性，使之成为城市宜居空间的有机组成部分。

“十芯”与城市

一港六厂十芯

4. “城”—— 一城多廊多点

“城”是滨海新区开放空间和公共生活的载体。“一城多廊多点”构成了“城”的空间艺术架构。该架构综合考虑了滨海新区城市的发展趋势、均衡性及各种空间元素的代表性，是创建经济繁荣、社会和谐、环境优美的宜居生态型新城区的重要保证。

（1）“城”空间。

“城”空间包括滨海新区的所有陆域范围。根据2008年的总体规划，“城”空间的面积在原来2270平方千米的基础上新增400平方千米，共计2670平方千米。其中，规划城市建设用地1000平方千米，人口550万人。

（2）一城多廊多点。

“一城”即滨海新城，为滨海新区核心区的核心，内部有七个城市发展中心，形成“一城六核”的城市空间结构；“多廊”即跨区的空间廊道，协调各个片区，是塑造滨海总体风貌的重要线性空间元素；“多点”即超大尺度空间范围内的地标、边界、街道、广场和领域等公共空间要点。

“城”空间

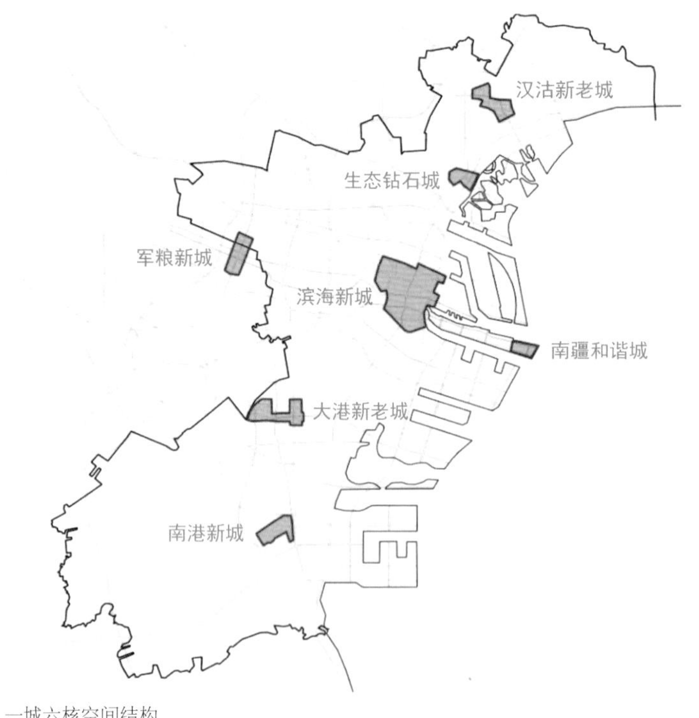

一城六核空间结构

一城

滨海新城包括开发区中心商务区、解放路中心商业区、于家堡中心商务区、响螺湾、蓝鲸岛、海员综合服务区、国际贸易与航运服务区、新城生活区、塘沽老城区和东西沽地区，总面积53平方公里。

充分呈现海河特色并凸显中央大道的地位，打造滨海新城的黄金十字发展轴。

滨海新城黄金十字发展轴

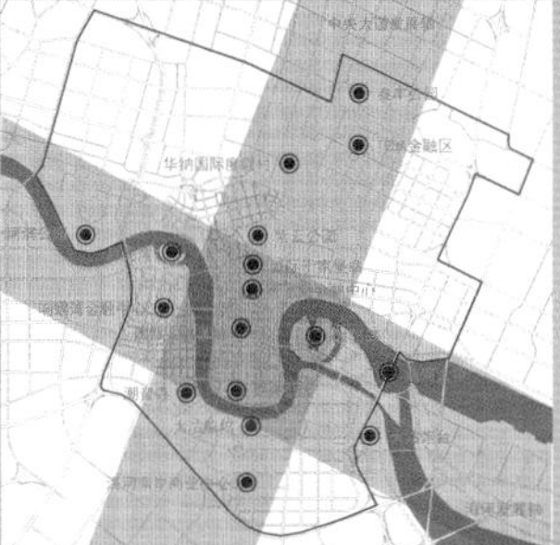

滨海新城的黄金十字发展轴海河与中央大道分别是"海"与"河"的主轴。位于十字轴节点的于家堡更是新区发展的核心与焦点，一些最重要的项目便落户于此，如京津城际的终点站和拥有新区最高楼的金融中心。

海河发展轴

海河中下游的大部分码头及历史文化景点均位于滨海新城段。在充分挖掘、呈现这些特色的基础上，结合新近建设项目，打造独具魅力的滨海新城段海河景观。

中央大道发展轴

中央大道上最重要的建设项目便集中在滨海新城段。在充分挖掘中央大道两侧原有特色的基础上，新增若干项目和景点，使其形成连续和谐且丰富多变的城市街道空间。

多廊

多廊指一些跨滨海新区内部不同片区的空间廊道，包括：干道景观路、快速景观路、轻轨景观路、景观运河及水上游线等。因此，对这些空间廊道进行重点设计强调统一性，成为协调各个片区，塑造滨海总体风貌的重要保证。

干道景观路

依据"双城双港"天津战略和"一心三城"滨海战略，形成弓箭形的干道景观路结构。"弓"为中央大道；"弦"为津汉大道和津港大道；"箭"为和谐大道、海河大道、创新大道、临港大道。其中，中央大道比原规划向南延伸，以凸显"海"的特色。

快速景观路

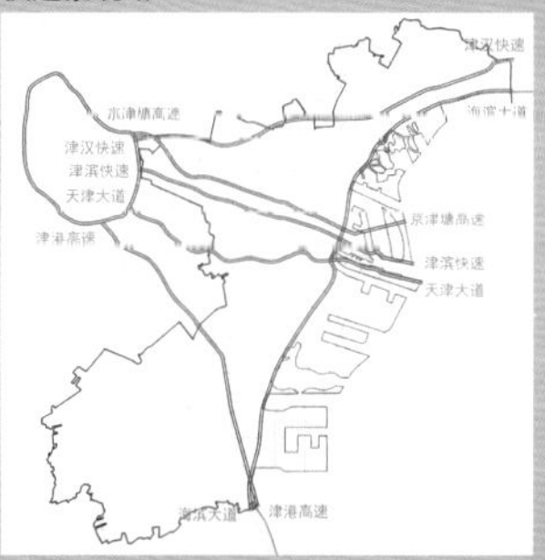

依据"双城双港"天津战略和"一心三城"滨海战略，形成弓箭形的快速景观路结构。"弓"为海滨大道；"弦"为津汉快速和津港高速；"箭"为京津塘高速、津滨快速和天津大道。建议在这些景观路两侧有层次地种植体现滨海特色的树木。

轻轨景观路

依据"双城双港"天津战略和"一心三城"滨海战略，形成弓箭形的轨道景观路结构。"弓"为海滨轻轨和中央大道轻轨；"弦"为津汉轻轨和津港轻轨；"箭"为津滨轻轨和天津大道轻轨。

多点

点是城市空间的最基本要素。多点从地标、边界、街道、广场和领域这五个角度出发，创建滨海新区独具特色的空间发展点系统。

在多点的规划布局中，要充分考虑总体的空间艺术架构，并兼顾各个片区的均衡发展。

建筑高点

滨海建筑高点分为四个等级：第一级为南疆港和谐塔，高1000米；第二级为于家堡和响螺湾金融中心，高300～500米；第三级为分区级城市中心，高200～300米；第四级为100～200米高。

绿色高点

滨海绿色高点主要位于污染性工业区和城市生活区之间，以阻隔污染、确保宜居，并在滨海新区平坦的自然地貌上创造起伏连绵的优美轮廓线。绿色高点分为三个等级：第一级高100～150米；第二级高50～100米；第三级高30～50米。

城市大门

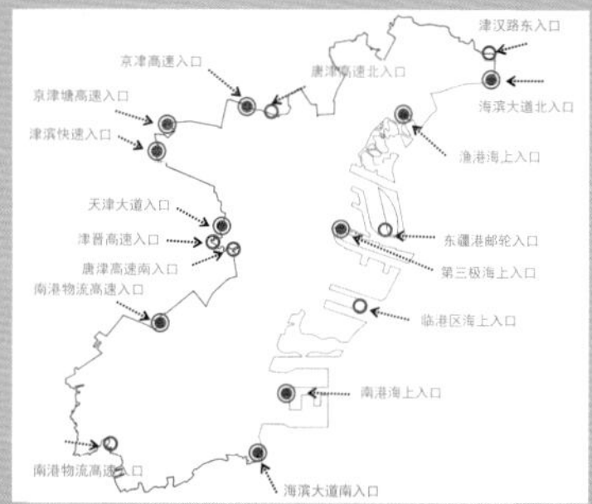

城市大门系统是滨海新区城市边界的体现，是人们进入滨海新区的标识空间，也是体现滨海特色、弘扬滨海文化的重要场所。城市大门按类型可分为陆上大门和海上大门，建议在设计中分别运用新区的陆上特色元素和海上特色元素。

一城多廊多点

三、七大特色片区

根据滨海新区现状及远景规划，重新定位并划分成以塘沽中心城市环境特色、汉沽宜居城市环境特色、大港湿地候鸟栖息特色、军粮航空航天产业特色、生态休闲绿色环境特色、南港区物流港码头特色、北港区综合商务港特色为主要特征的七大特色片区。

特色分片边界

七大片区面积指标

片区名称	分区总面积／平方千米	建成区面积／平方千米
汉沽片区	351	84
生态休闲片区	268	97
北港片区	263	218
塘沽片区	330	158
军粮片区	263	170
大港片区	734	114
南港片区	461	159
总计	2605	1002

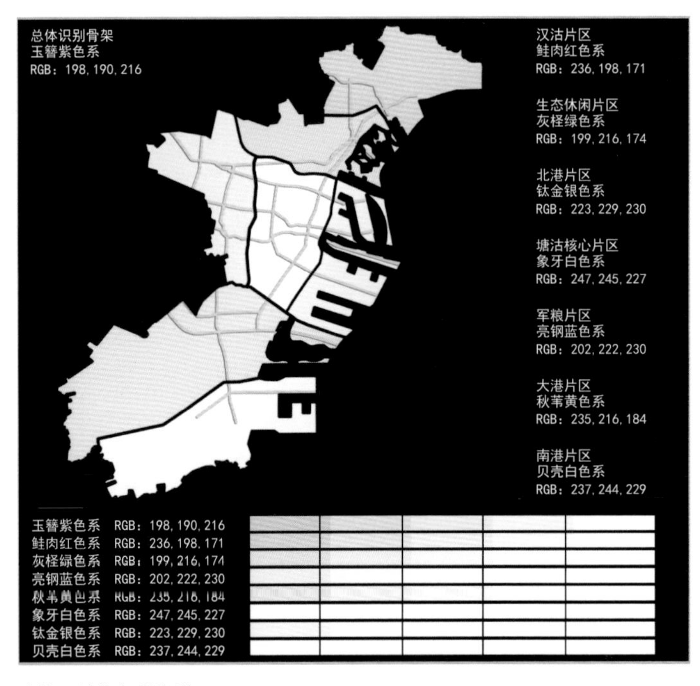

分片区总体色彩指引

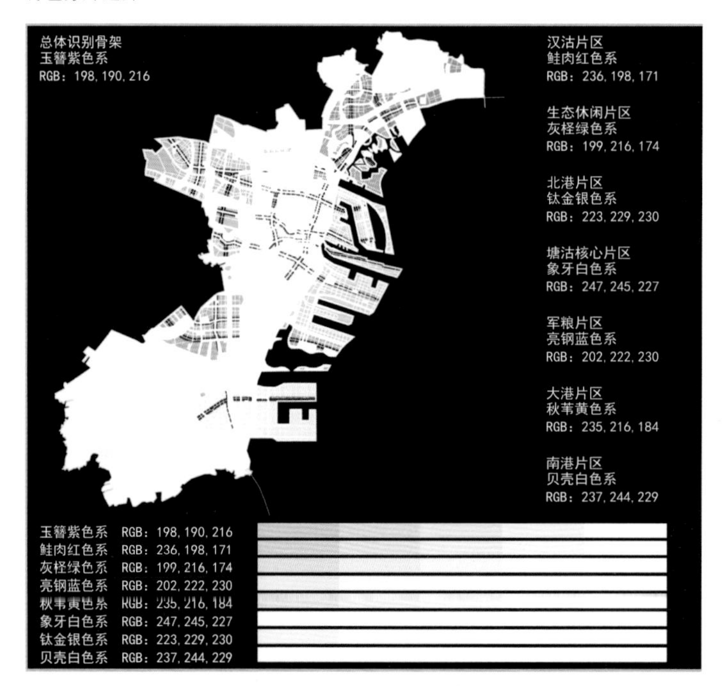

分片区总体建成环境风格指引

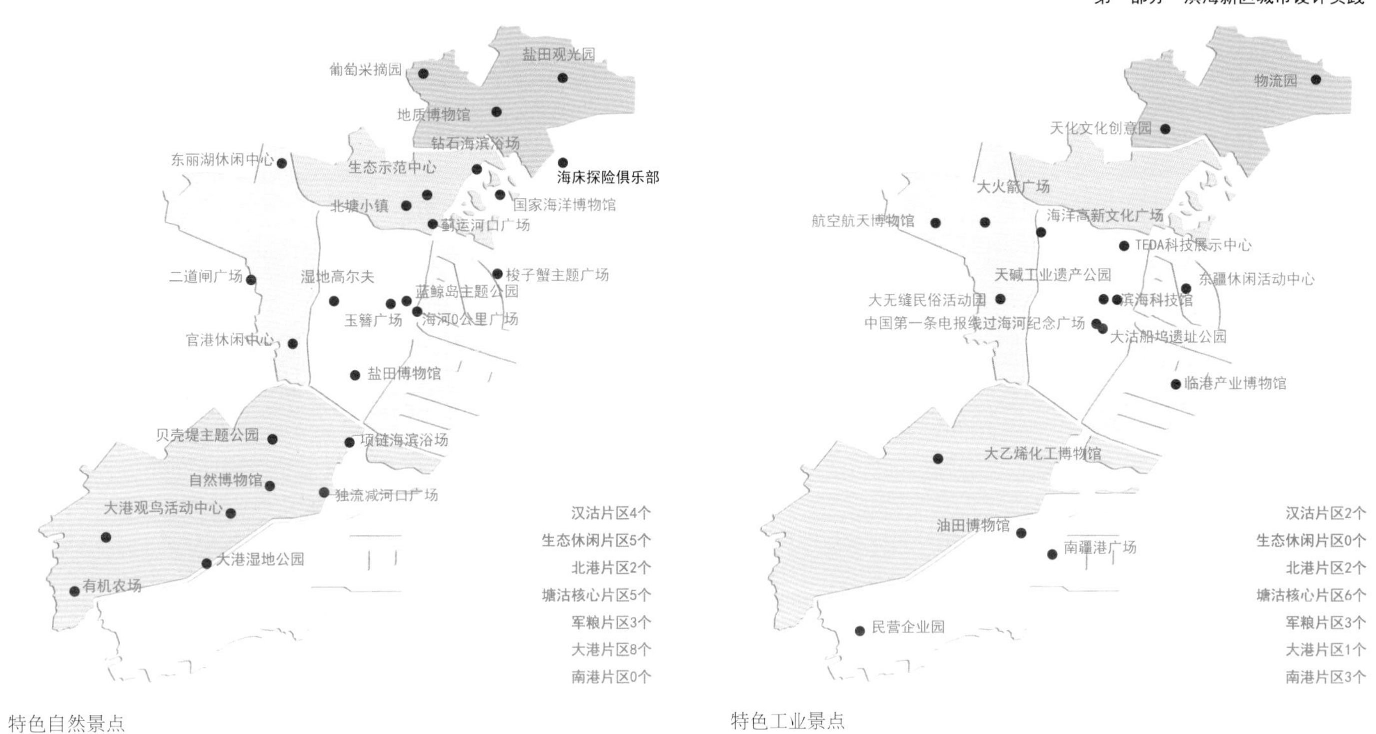

特色自然景点

特色工业景点

藏书票博物馆
地质博物馆
国家海洋博物馆
航空航天博物馆
版画博物馆
滨海科技馆
海河历史博物馆
盐田博物馆
临港产业博物馆
剪纸博物馆
大乙烯化工博物馆
自然博物馆
油田博物馆
中国航运博物馆
汉沽片区2个
生态休闲片区1个
北港片区2个
塘沽核心片区3个
军粮片区1个
大港片区3个
南港片区2个

博物馆

休闲中心

1. 塘沽片区

风貌定位——塘沽新貌。

片区结构——三轴两带：

海河文化风貌轴；

创意产业展示轴；

宜居环境生活轴；

核心经济展示带；

特色文化展示带。

特色片块——七片块：

第三极地，泰达业景，老城深巷，

城西绿芯，城南秀居，海洋兴旺，

盐田景园。

依据塘沽片区内部自然、文化以及功能特点，将其划分为七个 50 至 100 平方千米的片块并辅以建筑色彩、风格、形态、活动等方面的设计引导。

塘沽片区被划分成以于家堡商务金融为特色的核心区、以先进制造技术为特色的泰达区、以海河历史文化为特色的老城区、以高新技术研发为特色的海洋区、以南窑半岛生态绿核为特色的西部城区、以宜居生活环境为特色的南部城区以及以生态改造与利用为特色的盐田区等七个特色区域，分别展示次级空间特色。

片块空间设计重点关注片块划分依据、核心公共空间形态、特色风貌呈现、色彩基调、建筑风格类型等，分别通过风貌定位、色彩及空间形态等设计指引加以控制。

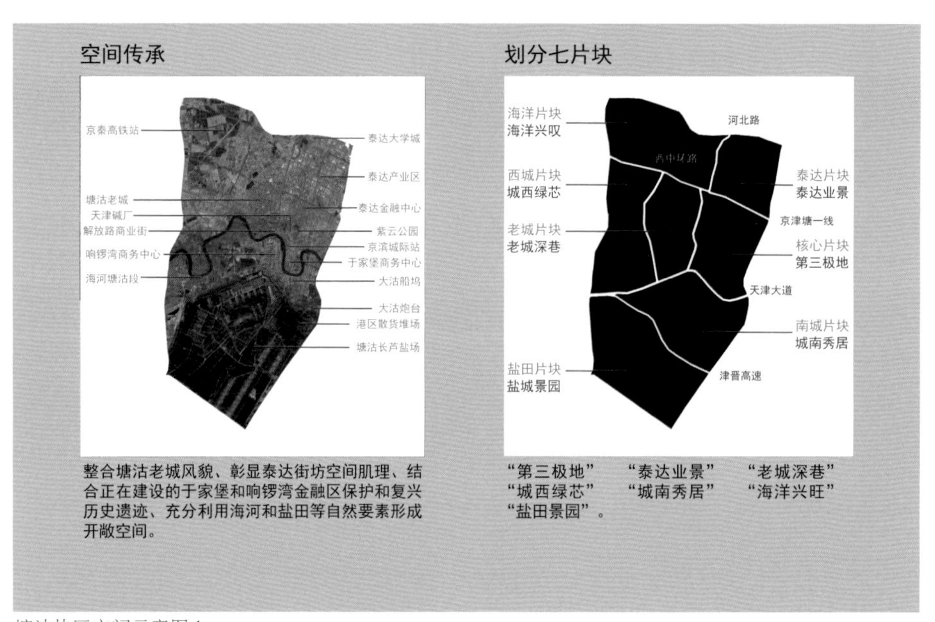

塘沽片区空间示意图 1

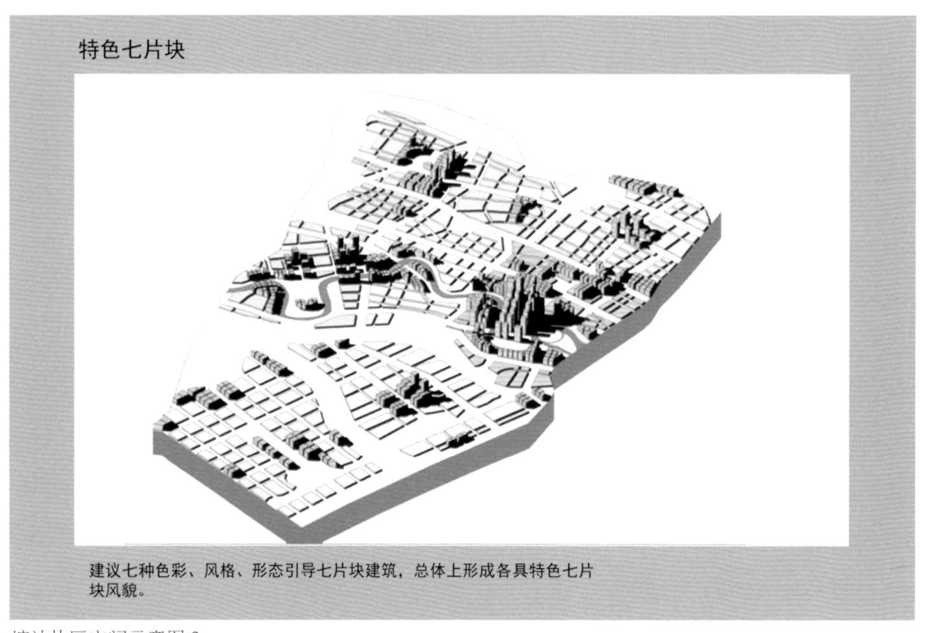

特色七片块
建议七种色彩、风格、形态引导七片块建筑，总体上形成各具特色七片块风貌。

塘沽片区空间示意图 2

2. 汉沽片区

风貌定位——汉沽蓟韵。

片区结构——两轴一带：

蓟韵历史风貌轴；

旅游经济展示轴；

特色文化展示带。

特色片块——六片块：

葡萄酒香，运河古韵，新城宜居，

生猛海鲜，盐田奇观，循环渔业。

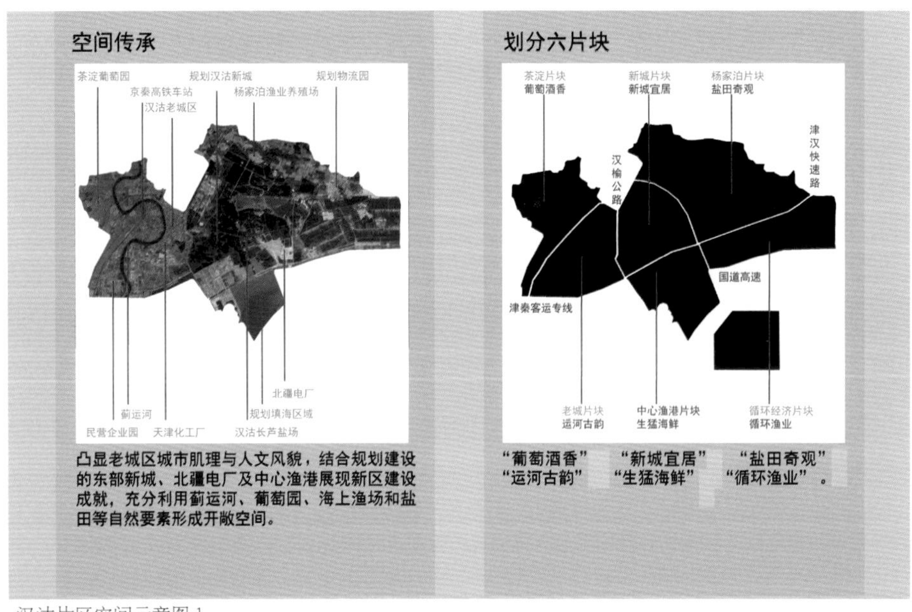

汉沽片区空间示意图 1

依据汉沽片区内部自然、文化以及功能特点，将其划分为六个 50 至 100 平方千米的片块，并辅以建筑色彩、风格、形态、活动等方面的设计引导。

汉沽片区被划分成以蓟运河民俗文化为特色的老城区、以宜居为特色的东部新城、以海鲜文化及渔业养殖为特色的中心渔港、以循环经济为特色的北疆电厂、以葡萄种植为特色的茶淀葡萄园、以盐田风光及渔业养殖为特色的杨家泊等六个特色区域，分别展示次级空间特色。

片块空间设计重点关注片块划分依据、核心公共空间形态、特色风貌呈现、色彩基调、建筑风格类型等，分别通过风貌定位、色彩及空间形态等设计指引加以控制。

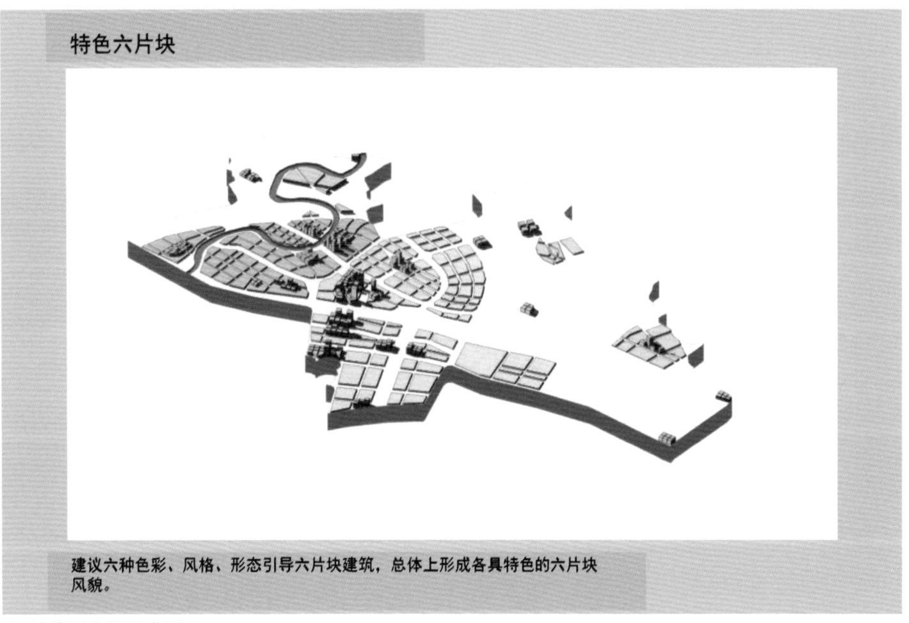

特色六片块
建议六种色彩、风格、形态引导六片块建筑，总体上形成各具特色的六片块风貌。

汉沽片区空间示意图 2

3. 大港片区

风貌定位——大港鸟瞰。
片区结构——两轴一带：
新城经济展示轴；
湿地旅游休闲轴；
特色文化展示带。
特色片块——五片块：
绿色盐田，璀璨项链，新港贝壳，
湿地观鸟，更新村庄。

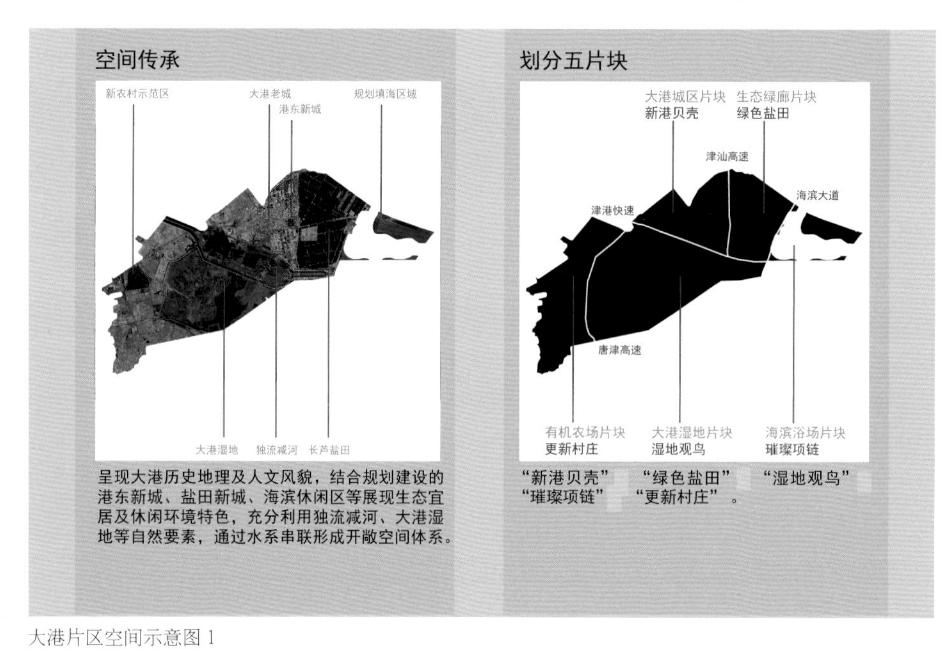

大港片区空间示意图 1

依据片区内部自然和文化以及功能特点，将其划分为五个 30 至 200 平方千米的片块。通过建筑的色彩、风格、形态、活动等方面的设计引导。

大港片区被划分形成以地方民俗文化为特色的大港城区、以候鸟栖息与观赏旅游为特色的大港湿地、以生态改造与利用为特色的盐田区、以项链岛屿空间形态为特色的休闲区以及以自然植被环境为特色的小王庄镇等五个特色区域，分别展示次级空间特色。

片块空间设计重点关注片块划分依据、核心公共空间形态、特色风貌呈现、色彩基调、建筑风格类型等，分别通过风貌定位、色彩及空间形态等设计指引加以控制。

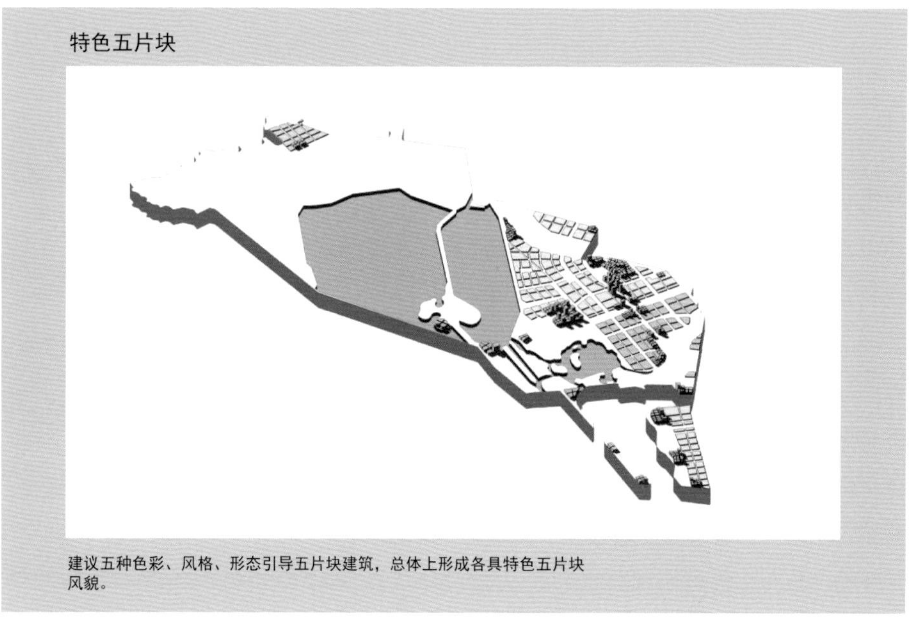

特色五片块
建议五种色彩、风格、形态引导五片块建筑，总体上形成各具特色五片块风貌。

大港片区空间示意图 2

4. 军粮片区

风貌定位——军粮天问。

片区结构——两轴两带：

民俗文化风貌轴；

创新产业展示轴；

空天科技展示带；

特色文化展示带。

特色片块——八片块：

空港腾飞，空天梦乡，高新阵地，

军粮问天，东丽湖光，泰达西跃，

葛沽民风，官港假日。

依据军粮片区内部自然、文化以及功能特点，将其划分为八个30至50平方千米的片块，并辅以建筑色彩、风格、形态、活动等方面的设计引导。

军粮片区被划分成以空天科技博览为特色的军粮新城、以滨海国际空港为特色的机场区、以空客总装科技为特色的临空产业区、以先进制造技术为特色的高新区、以宜居休闲环境为特色的东丽别墅区、以新型火箭技术为特色的泰达西区、以地方民俗文化为特色的葛沽镇、以生态休闲娱乐为特色的官港区等八个特色区域，分别展示次级空间特色。

片块空间设计重点关注片块划分依据、核心公共空间形态、特色风貌呈现、色彩基调、建筑风格类型等，分别通过风貌定位、色彩及空间形态等设计指引加以控制。

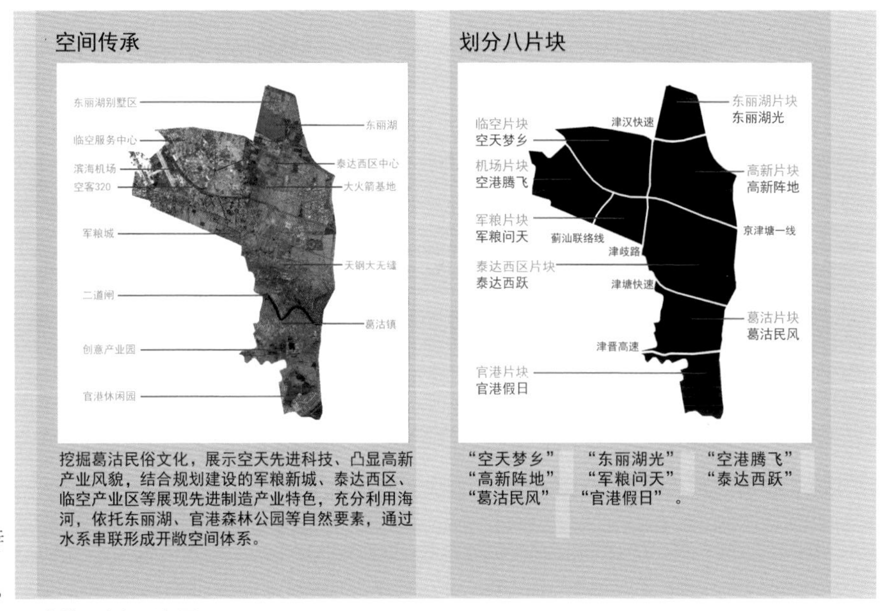

军粮片区空间示意图 1

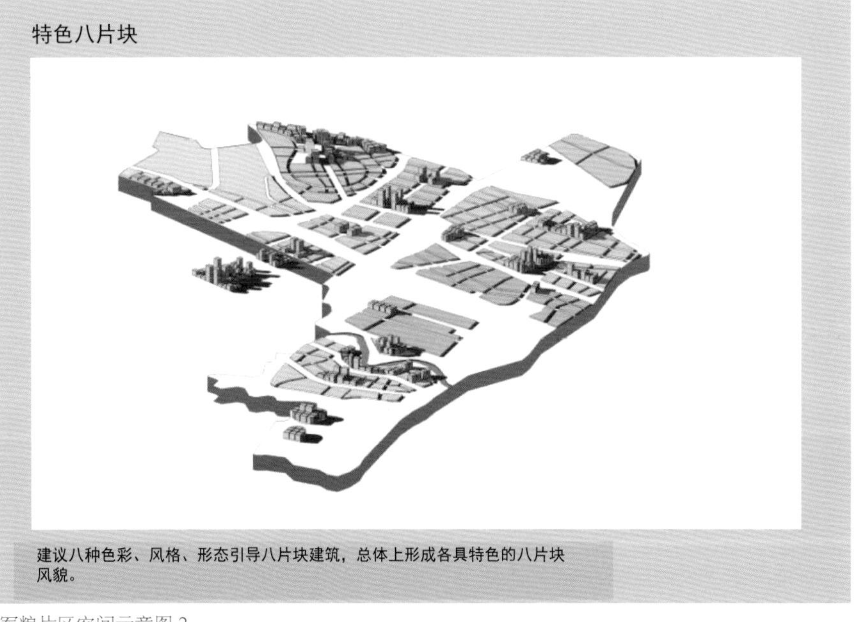

特色八片块
建议八种色彩、风格、形态引导八片块建筑，总体上形成各具特色的八片块风貌。

军粮片区空间示意图 2

5. 生态休闲片区

风貌定位——生态钻石。

片区结构——一轴两带：

生态湿地休闲轴；

宜居城市生活带；

滨海休闲旅游带。

特色片块——五片块：

生态呈现，钻石闪耀，湿地绿肺，

北塘小镇，有机农场。

依据生态休闲片区内部自然、文化以及功能特点，将其划分为五个 30 ~ 100 平方千米的片块，并辅以建筑色彩、风格、形态、活动等方面的设计引导。

生态休闲片区被划分成以生态宜居环境为特色的生态城、以钻石岛屿形态为特色的休闲区、以达沃斯论坛会址空间为特色的北塘镇、以湖泊湿地景观为特色的黄港区以及以三河汇流自然环境为特色的新农村等五个特色区域，分别展示次级空间特色。

片块空间设计重点关注片块划分依据、核心公共空间形态、特色风貌呈现、色彩基调、建筑风格类型等，分别通过风貌定位、色彩及空间形态等设计指引加以控制。

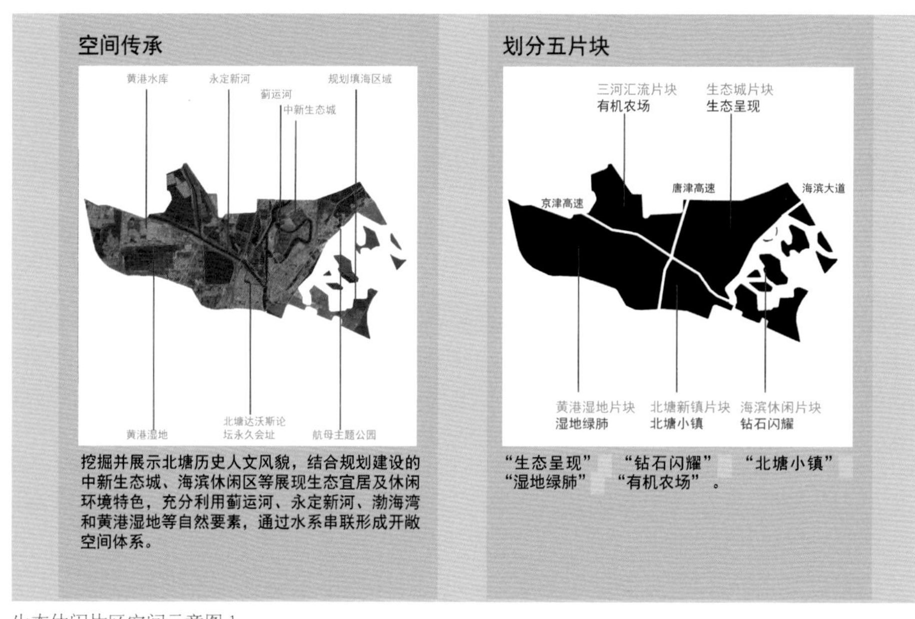

生态休闲片区空间示意图 1

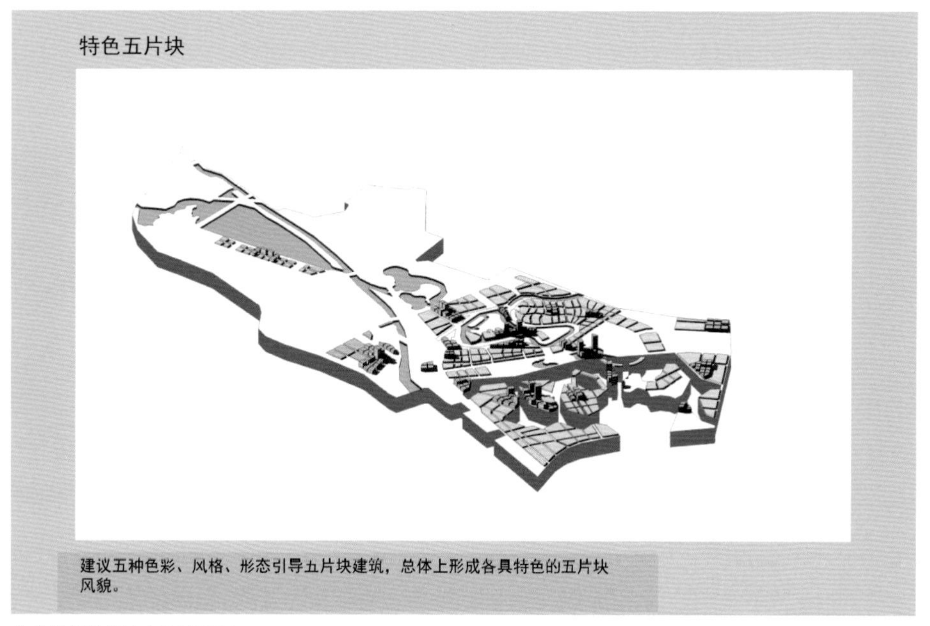

特色五片块
建议五种色彩、风格、形态引导五片块建筑，总体上形成各具特色的五片块风貌。

生态休闲片区空间示意图 2

6. 南港片区

风貌定位——南港世界。
片区结构——两轴一带：
物流经济展示轴；
特色文化展示轴；
郊野旅游休闲带。
特色片块——四片块：
新港新城，油田夕照，
产业新镇，南港旗舰。

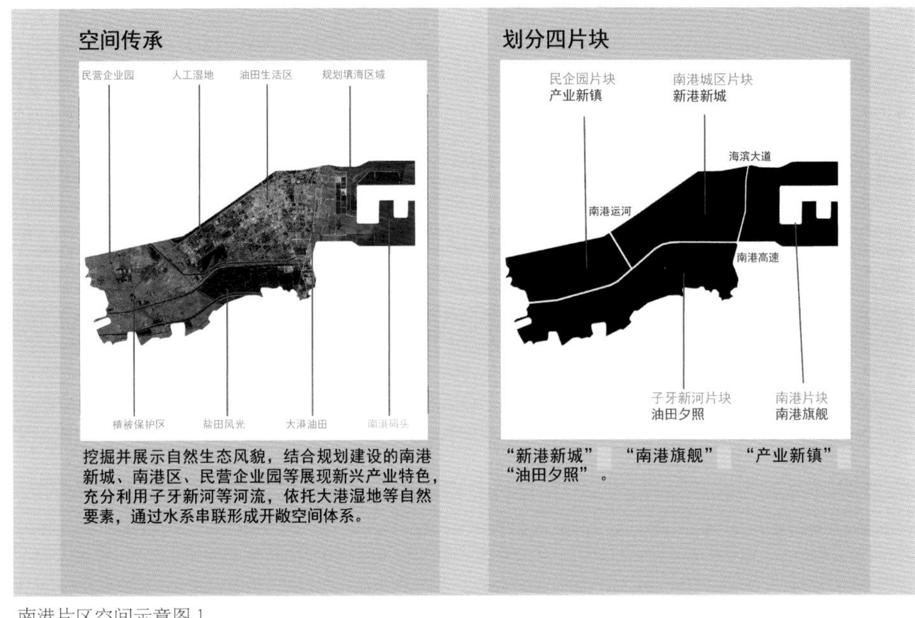

南港片区空间示意图 1

依据南港片区内部自然、文化以及功能特点，将其划分为四个 100 ~ 200 平方千米的片块，并辅以建筑色彩、风格、形态、活动等方面的设计引导。

南港片区被划分成以宜居生活环境为特色的南港新城、以先进港口物流为特色的南港区、以有机生态农业为特色的企业园区、以自然生态景观为特色的油田区等四个特色区域，分别展示次级空间特色。

片块空间设计重点关注片块划分依据、核心公共空间形态、特色风貌呈现、色彩基调、建筑风格类型等，分别通过风貌定位、色彩及空间形态等设计指引加以控制。

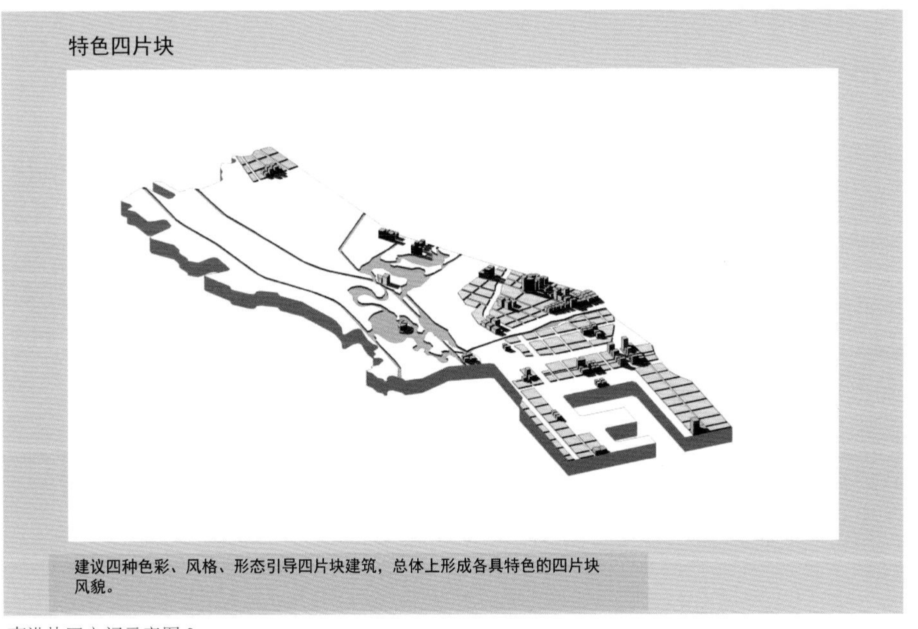

南港片区空间示意图 2

7. 北港片区

风貌定位——港湾圣境。

片区结构——三轴一带：

南疆客厅展示轴；

北港航运展示轴；

临港产业展示轴；

渤海特色展示带。

特色片块——五片块：

北港龙头，海上东疆，剑指南疆，临港绽放，港产朝阳。

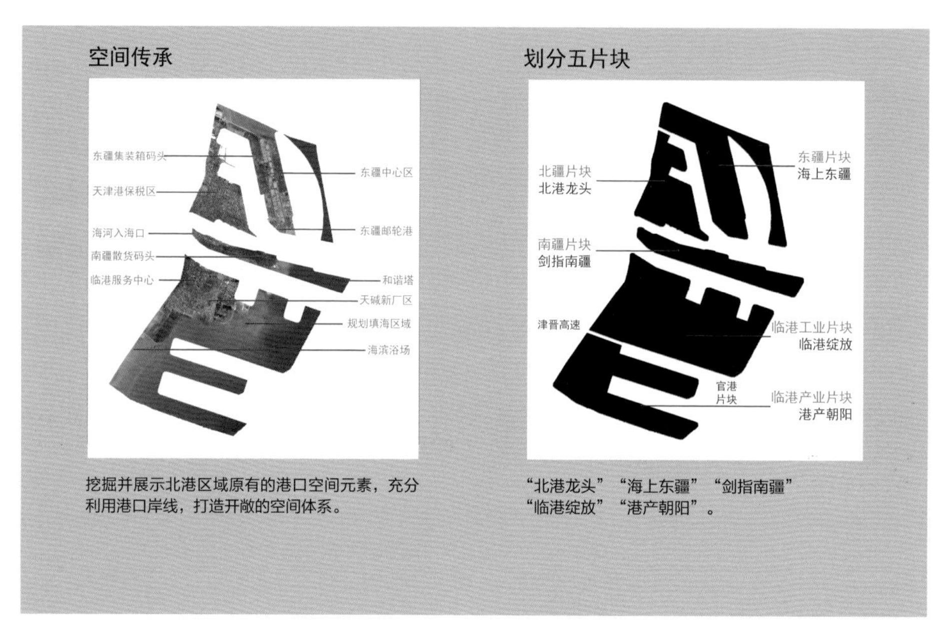

北港片区空间示意图 1

依据北港片区内部自然、文化以及功能特点，将其划分为五个片块，并辅以建筑色彩、风格、形态、活动等方面的设计引导。

片块空间设计重点关注片块划分依据、核心公共空间形态、特色风貌呈现、色彩基调、建筑风格类型等，分别通过风貌定位、色彩及空间形态等设计指引加以控制。

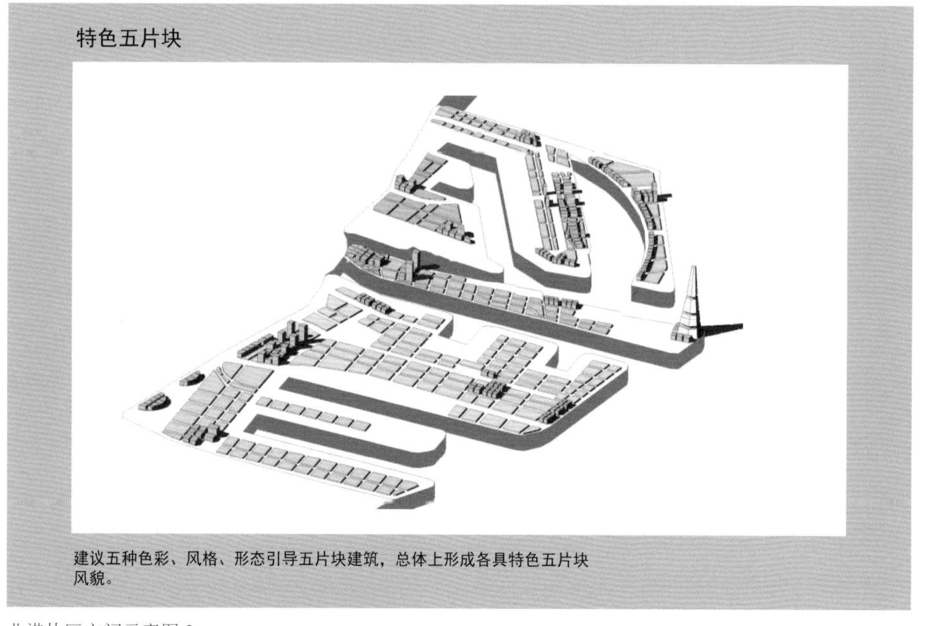

北港片区空间示意图 2

第二章　滨海新区核心区总体城市设计

天津市城市规划设计研究院城市设计所

滨海新区核心区总体风貌

一、前言

自2011年底开始，在新区政府的组织指挥下，“滨海新区核心区城市设计全覆盖”编制工作有序开展，规划按照总体、片区、单元和重点地区四个层面同步推进。

滨海新区核心区总体城市设计以双城模式，审视滨海新区核心区的发展趋势，针对滨海新区在城市快速增长和转型阶段存在的问题，提出智慧成长、高效有序、绿色健康、文化传承、品质生活五个方面的规划目标，力求使核心区实现从近代工业港口重镇到现代化国际大都市的涅槃重生。

规划立足于滨海新区核心区“一心集聚、双轴延伸”的城市结构，将打造“滨河面海、疏密有致”的城市形态，建设“高速环城、五横五纵”的综合交通体系，营造“蓝脉绿网、城景相融”的城市环境，创造“开放包容、时尚多元”的城市文化和“尺度宜人、多姿多彩”的城市生活。

通过规划和建设，未来的滨海新区核心区将成为经济繁荣、功能丰富、运营高效、管理创新、生态环保的国际一流城市核心区，这里环境优美、出行便捷、配套完善、社区和睦、充满活力；滨海新区核心区是践行“美丽滨海”与“生态文明”理念的先行者，也是展现滨海新区时代精神的现代化标志区。

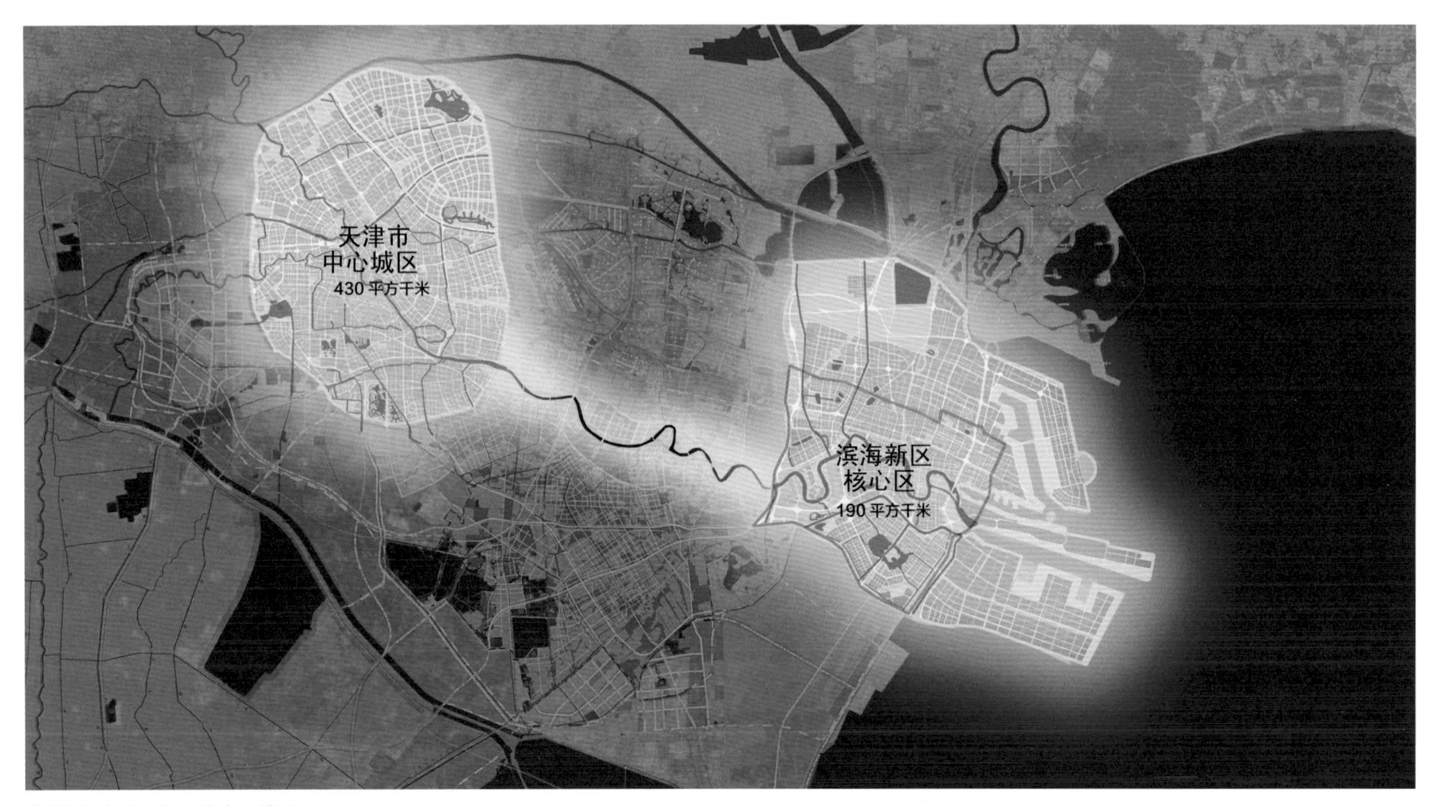

滨海新区核心区与天津中心城区

二、规划范围

滨海新区核心区规划用地约 190 平方千米，规划范围：北至京津塘高速公路延长线，东至海滨大道及海滨九路，南至津晋高速公路，西至唐津高速公路；计划与泰达滨海高铁站、北塘、东疆港等周边区域相衔接，规划研究范围扩大为 530 平方千米。

三、功能定位

滨海新区核心区的规划以商务金融、航运服务、文化科研等现代服务业为核心，致力于建设经济繁荣、功能丰富、运营高效、管理创新、生态环保的国际一流城市核心区。

滨海新区核心区现状航拍图（2010 年）

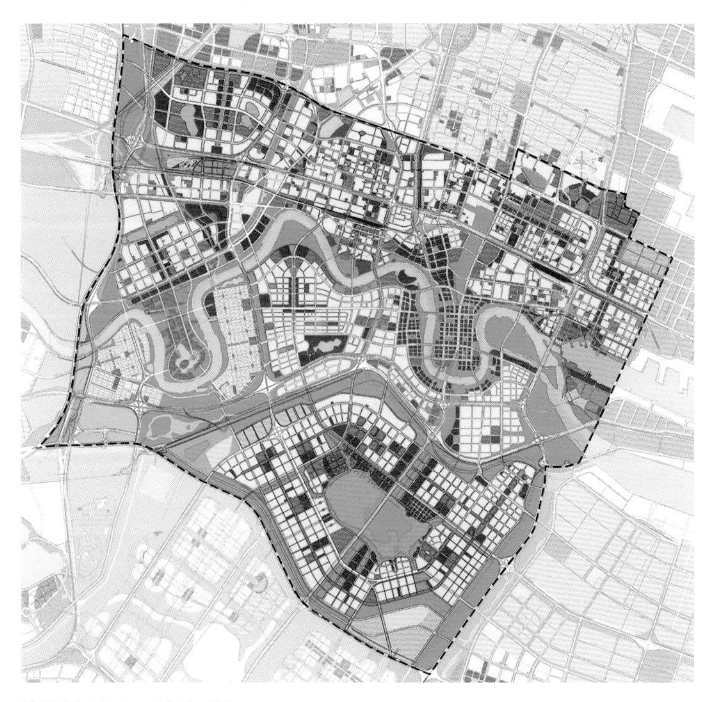
滨海新区核心区总平面图

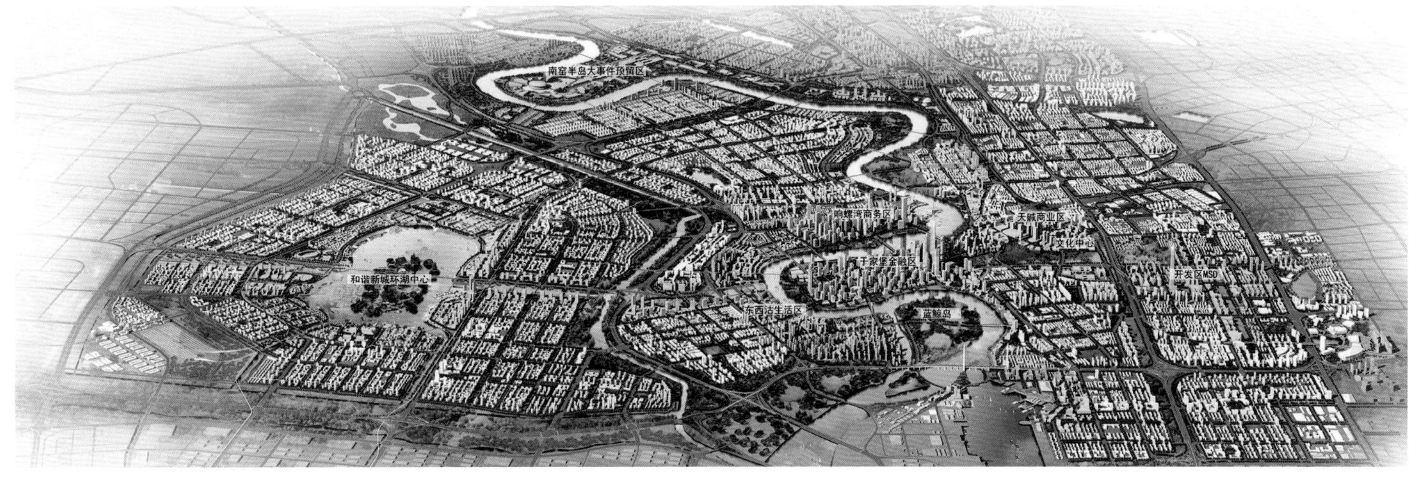
滨海新区核心区总体鸟瞰图

四、“一心集聚、双轴延伸”的城市结构

规划任务：强化“一心集聚”的城市公共中心体系。建设中央大道城市发展轴和海河生活服务轴，形成“黄金十字”的空间发展轴线。

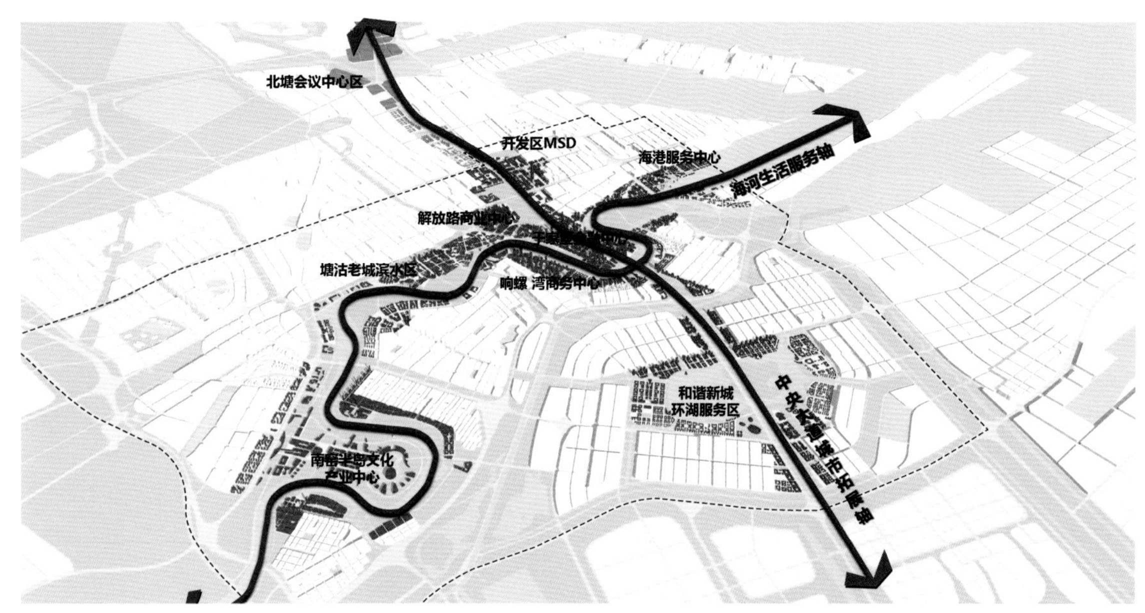

“一心集聚、双轴延伸”

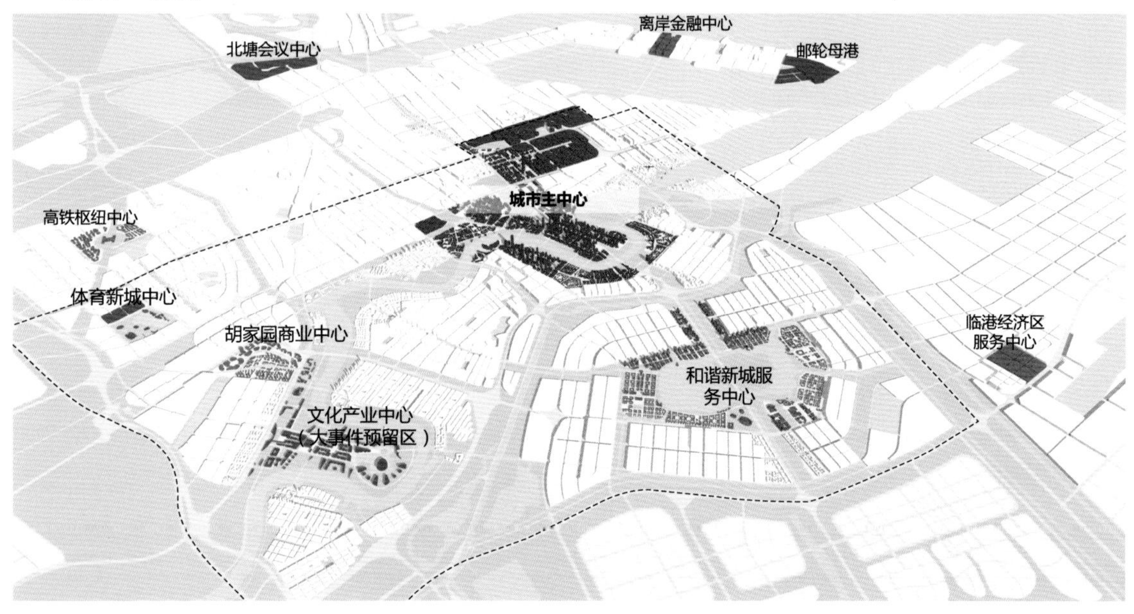

多层次的城市公共中心体系

1. 中央大道城市发展轴——汇集最高级别公共中心、体现滨海新区时代特色的城市活力之轴

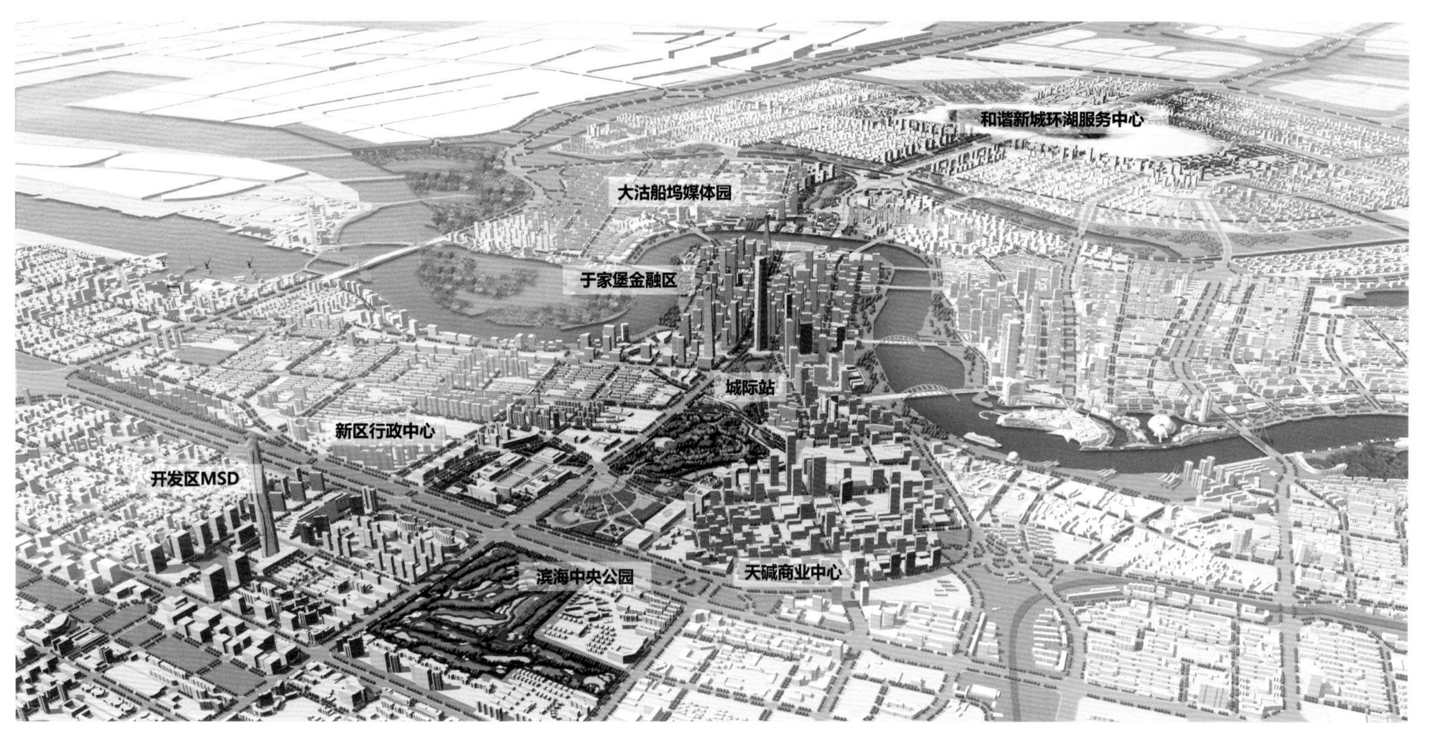

中央大道城市发展轴鸟瞰图

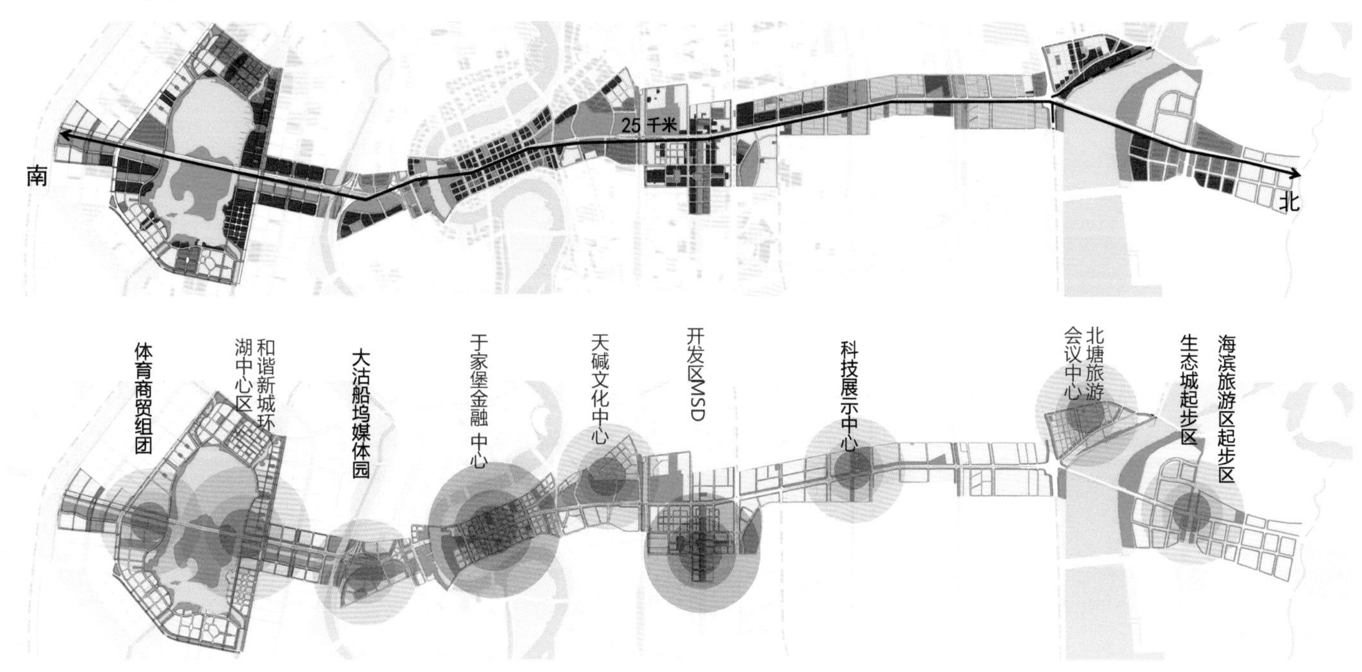

中央大道城市发展轴功能布局

2. 海河生活服务轴——展现滨海新区优美环境与宜居生活的人文魅力之轴

海河生活服务轴鸟瞰图

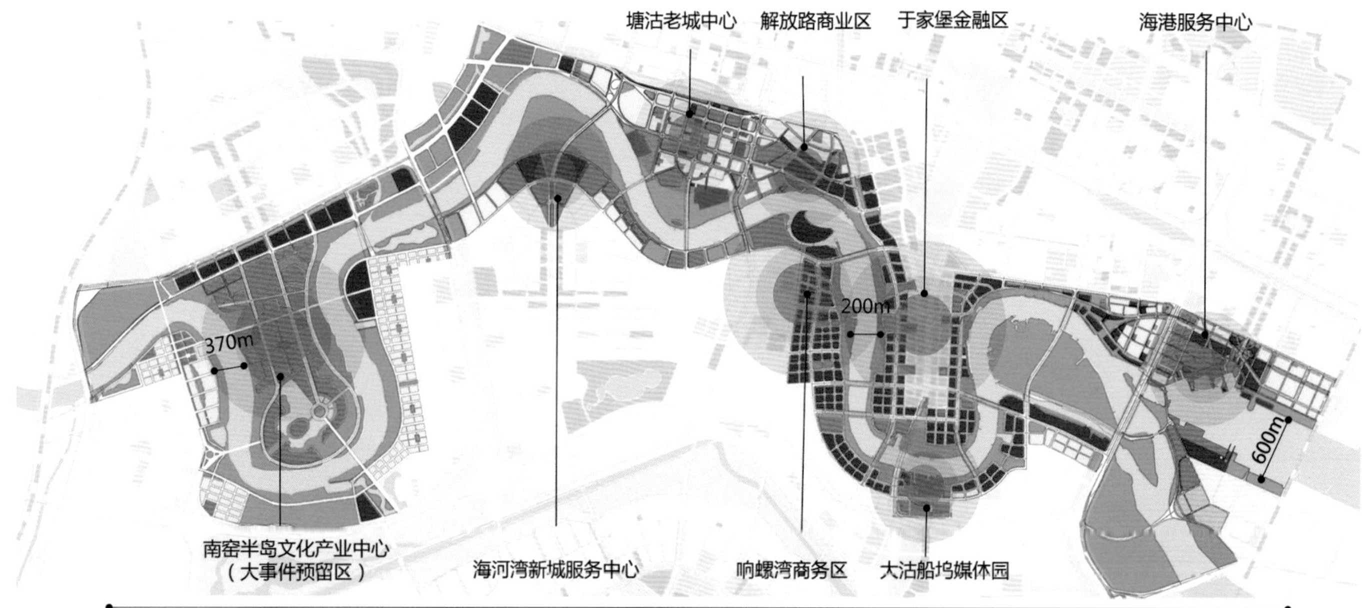

海河生活服务轴功能布局

3. 功能分区

滨海新区核心区功能分区示意图

(1) 中央商务区：重点加强海河两岸滨水公共设施与景观建设，完善于家堡、响螺湾、天碱解放路等高端金融商业区的服务功能，打造现代时尚、大气磅礴的世界级商务中心区。

中央商务区鸟瞰图

(2) 塘沽老城区：完善基础配套设施，美化环境，就地接收老城人口；通过海河沿岸工业仓库的搬迁，改善城郊结合部"环境脏乱差"的现状。

塘沽老城区鸟瞰图

(3) 港口航运服务区：搬迁新港船厂，围绕河海交汇的美丽的港湾，建设海港服务中心等文化娱乐功能区，并连通航运服务中心，打造具有海港文化特色的海上门户。

港口航运服务区鸟瞰图

(4) 胡家园街：建设体育中心与胡家园商业中心，预留文化产业中心，打造双城相向拓展的门户区域。

胡家园街鸟瞰图

（5）和谐新城：建设秀丽迷人的湖心公园，环湖展开各具特色的公共服务组团，以优美的环境促进地产开发和居民就业，打造安居乐业的和谐新城。

和谐新城鸟瞰图

（6）新城镇：建设与周边产业区相配套的中高档生态居住新城和“农村城市化”试点区。

新城镇鸟瞰图

（7）海河湾新城：搬迁大沽化工厂，打造与中心商务区相配套的生态花园式复合新城。

海河湾新城鸟瞰图

五、“滨河面海、疏密有致”的城市形态

规划任务：丰富滨水地区的空间层次，打造海滨地区、入海口、河道两岸紧密结合的滨水空间；优化中心区，形成点状高强度开发单元；突出城市公共中心和中心制高点。

海河入海口城市空间

六、“高速环城、五横五纵”的综合交通

规划任务：建立客运骨架路网，疏解集输港货运交通，实现港城分离、客货分流；优化轨道线网布局，以 TOD 模式拓展核心区城市建设，构建高效、有序的公共路网体系。

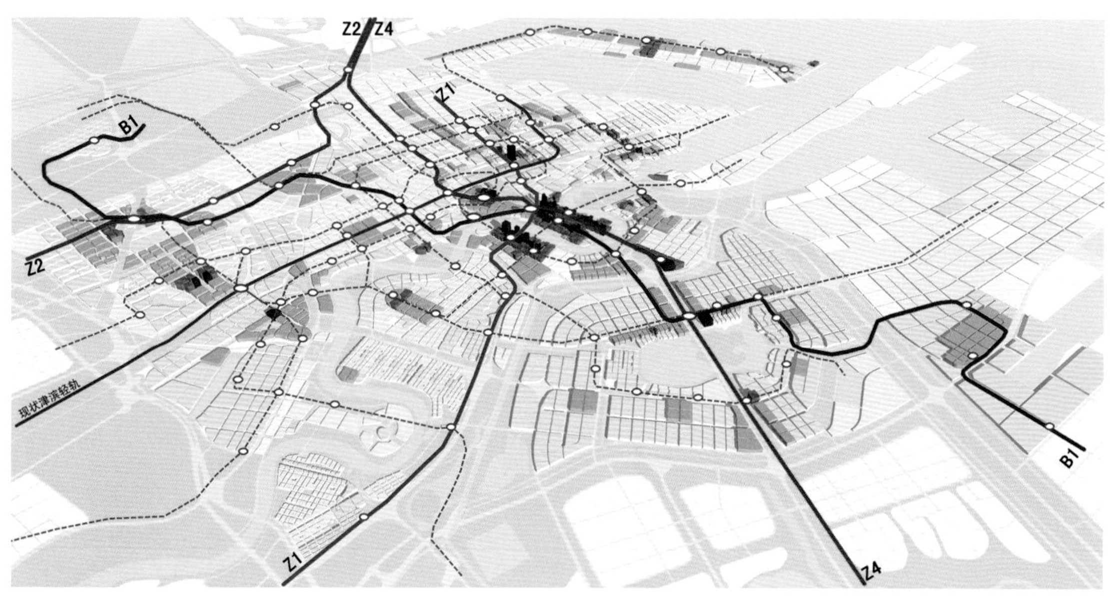

轨道交通系统

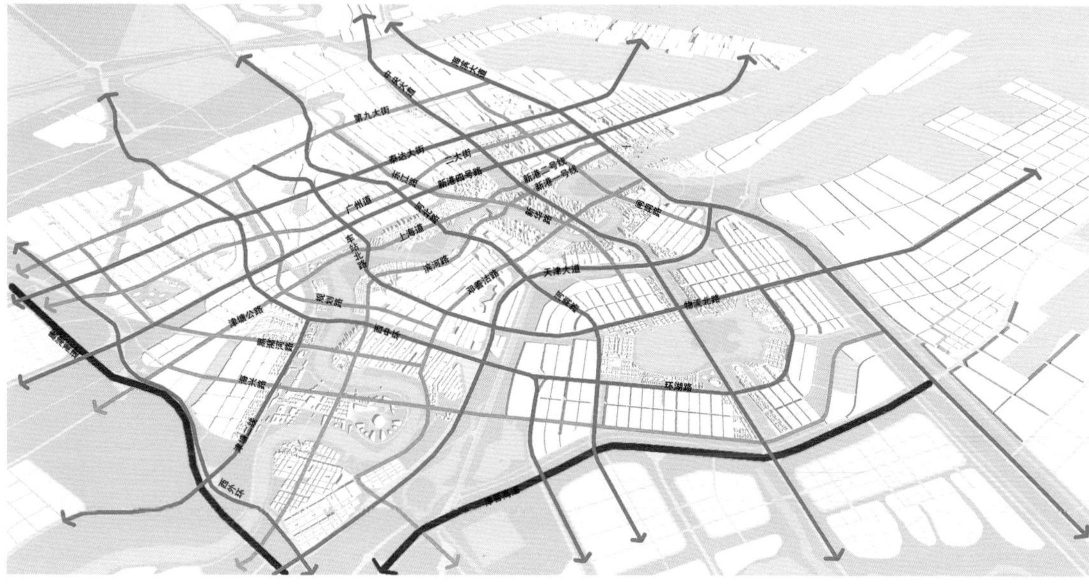

城市道路系统

七、“蓝脉绿网、城景相融”的城市环境

规划任务：通过疏通现有河道，加快南部生态湖及周边水网建设，打造“三横四纵、七河一湖”的生态水网系统，构建“两横五纵”的绿化网络，建设 14 个主题鲜明的城市级绿地公园和若干社区公园，营造绿色、健康的高品质生活环境。

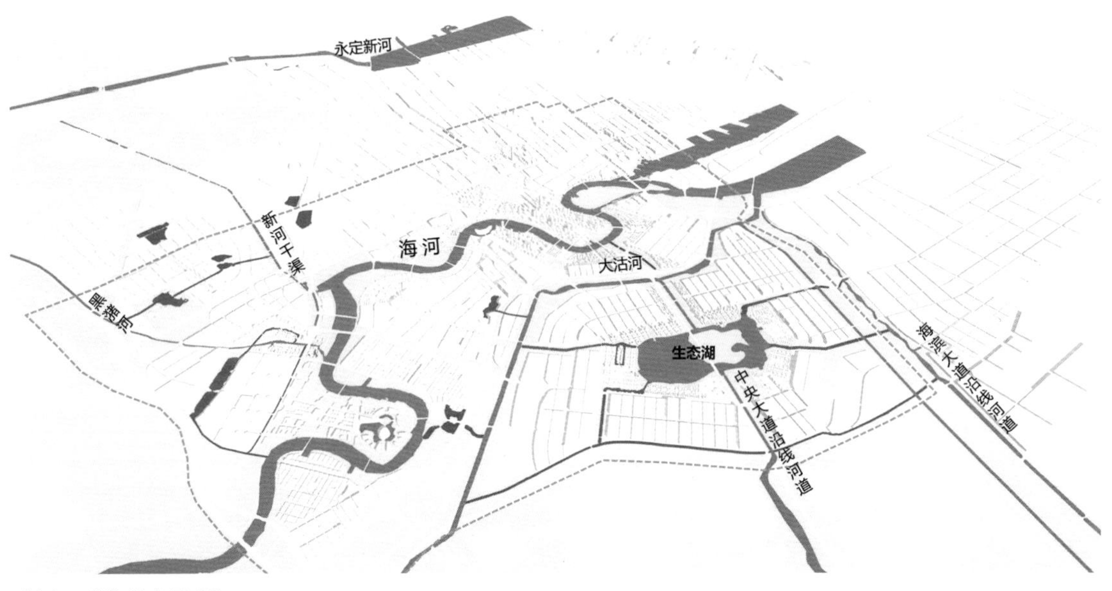

“七河一湖”的水网系统

“两横五纵”的绿化网络

八、“尺度宜人、多姿多彩”的城市生活

规划任务：结合不同的区位环境与街道朝向，探讨高、中、低开发强度下的多尺度社区建筑模式，营造多元舒适的居住模式。区域内包括规整有序的商务公寓、亲切多元的都市合院、幽静别致的近郊联排别墅和优雅温馨的水岸洋房。

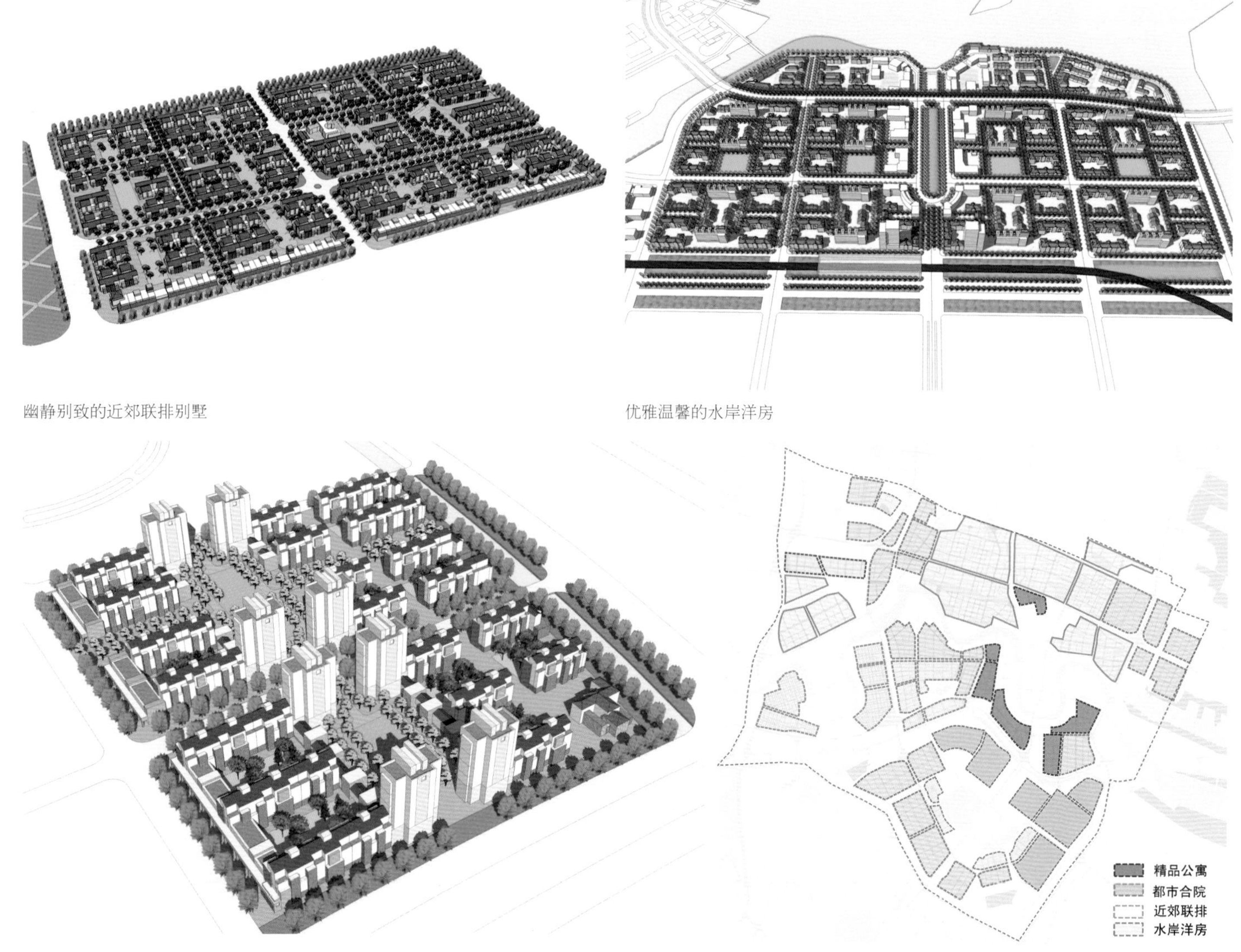

幽静别致的近郊联排别墅

优雅温馨的水岸洋房

亲切多元的都市合院

居住模式示意图

九、“开放包容、时尚多元”的城市文化

规划任务：尊重现有的历史资源，划定并保护海河两岸的 30 处文物古迹和近代工业历史遗址，打造以渔盐文化、工业文化等为主题且与滨水景观休闲设施紧密结合的城市滨水旅游线路。

塘沽南站

潮音寺

大沽船坞

历史文化景点　不可移动文物

01. 黑潴河与新河干渠河口　02. 永和公司原址　03. 美孚油库原址
04. 烧毁圆明园的英法联军强渡海河处　05. 大梁子渡口
06. 日军杀人刑场　07. 大沽苦汁工场原址　08. 大沽陀地
09. 德大码头　10. 轮船招商局西码头原址　11. 永利制硷公司码头
12. 塘沽协定签订址　13. 塘沽车站　14. 津港内河码头
15. 后关原址　16. 潮音寺　17. 三菱油库原址
18. 中国第一条电报线过河处　19. 大沽船坞遗址　20. 亚细亚油库
21. 于家堡　22. 启新码头　23. 太古公司原址　24. 劳工营原址
25. 大沽驳船公司原址　26. 义律和琦善谈判处　27. 石头缝炮台遗址
28. 新港船闸　29. 青年毛泽东来过的地方　30. 大沽口炮台

历史文化景点及文物分布

十、结语

通过总体城市设计，统一思想，明确重点，达成共识。有效地指导了核心区的城市建设，推动城市整体形象与空间品质的不断提升。未来的滨海新区核心区将成为一座充满智慧和文化多元的现代化国际大都市，一座前景广阔、充满活力的宜居城区。

滨海新区核心区效果图

第三章　于家堡金融区城市设计

美国 SOM 设计公司

于家堡金融区总体风貌

一、规划背景

在《天津市滨海新区中心商务商业区总体规划（2005—2020）》的基础上，滨海新区中心商务区的规划不断深化完善。2008 年，滨海新区金融创新区确定选址在于家堡。随后进行的国际城市设计工作营和专家咨询研讨会，对于家堡金融区、滨海新区中心商务区的规划，从总体架构到局部节点、从发展思路到分期实施、从京津城际车站选址到海河下游两岸防洪，都进行了广泛的研究。原天津市滨海新区工委管委会、原天津市规划局滨海分局、原塘沽区政府组织相关单位进行了系统全面的准备工作。最终，由美国 SOM 设计公司牵头开展了于家堡金融区的城市设计工作。该项目同时组建了强大的配合团队，包括英国 MVA 交通顾问咨询公司、日本株式会社日建设计公司、中国建筑设计研究院有限责任公司、天津市城市规划设计研究院、天津市渤海城市规划设计研究院，共同打造了于家堡金融区国际一流的城市设计。

二、总平面图

于家堡金融区总规划地块共 120 个，占地 386 万平方米，总建筑面积 950 万平方米。于家堡金融区将建设成为充满活力的多功能金融区，吸引世界级的金融和商务机构进驻。在这个崭新的中央商务区里，功能混合的高密度建筑群围绕着中心交通枢纽。四通八达的交通网络和完善的市政设施从半岛延伸至周边区域。于家堡金融区力求成为一座可持续发展的 21 世纪新城，为新一代的雇员及居民提供高品质的工作、生活空间。

于家堡金融区航拍图（2005 年）

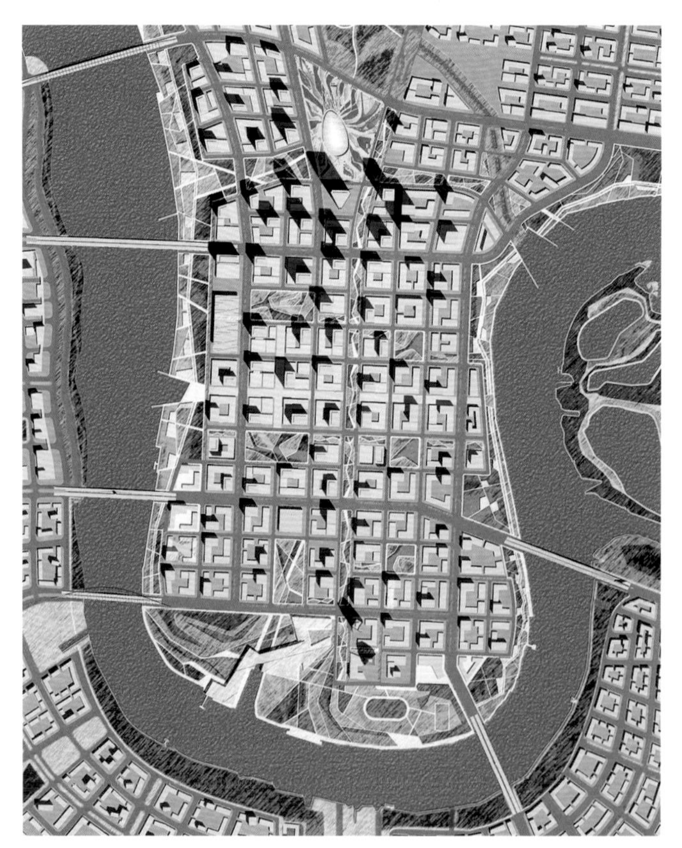

于家堡金融区总平面图

三、核心要点

层次多元的街道体系将金融区内的道路串联起来，极具特色的中央大道沿南北方向贯穿整个半岛，作为机动车和步行循环的主要通廊，直接联通半岛北面的火车站及其最南段。金融区内最高的建筑位于通廊前面。其他街道沿半岛布置，与现有和规划中的跨河大桥相连。

城市道路系统规划图

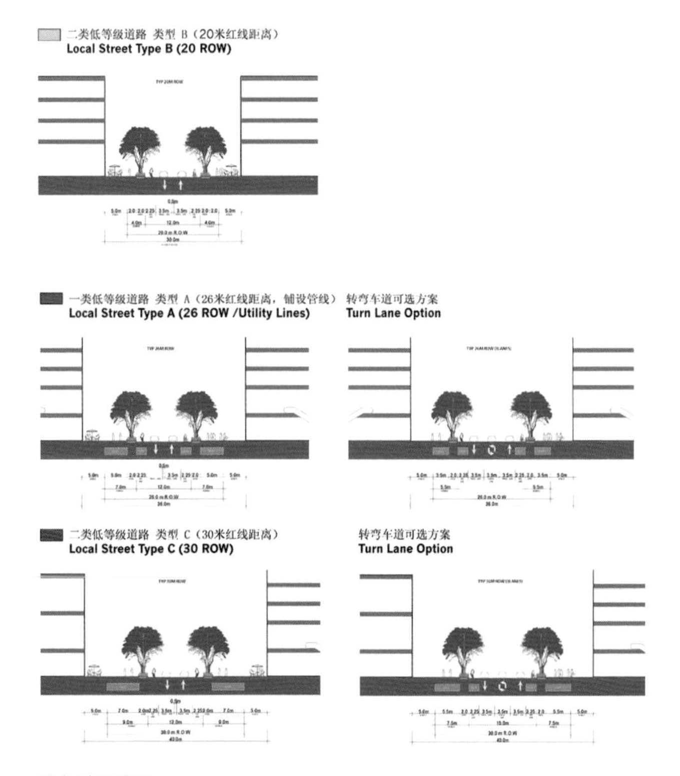

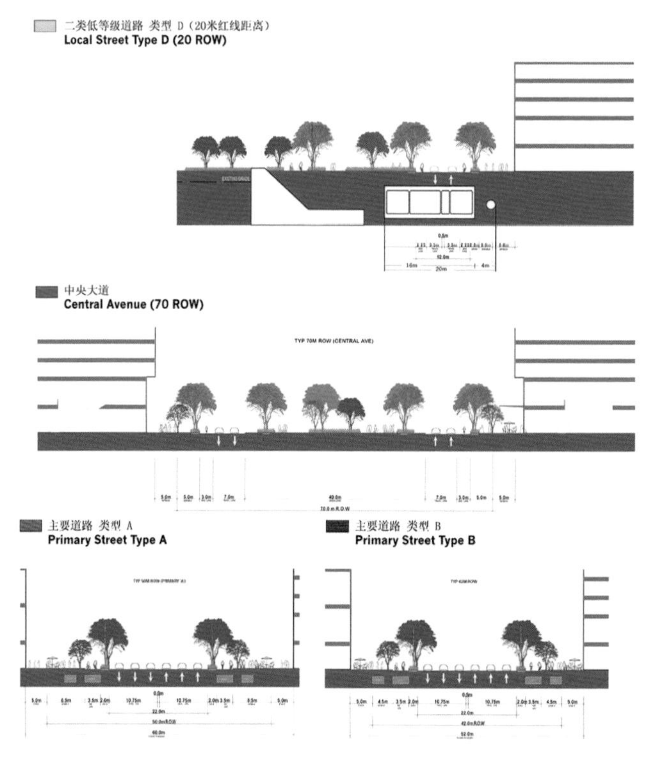

城市道路断面

特色步行街位于半岛的中心，形成东西走向的主要通廊，作为金融区的主要购物街。各种商业零售店在此云集，并分别位于低层和高层建筑内。金融区内其他街道的规模按比例递减，形成一个完整的街道体系，满足机动车和步行通行的需求。

特色步行街

在中央大道内部，有一个新建的直线形公园，与沿半岛南北轴布置的场地形成了安全且舒适的步行链接。一系列的公园均匀地布置在半岛上，为相邻区域的开发建设提供了开放的空间。每个公园都有独特的功能规划和开发特点。

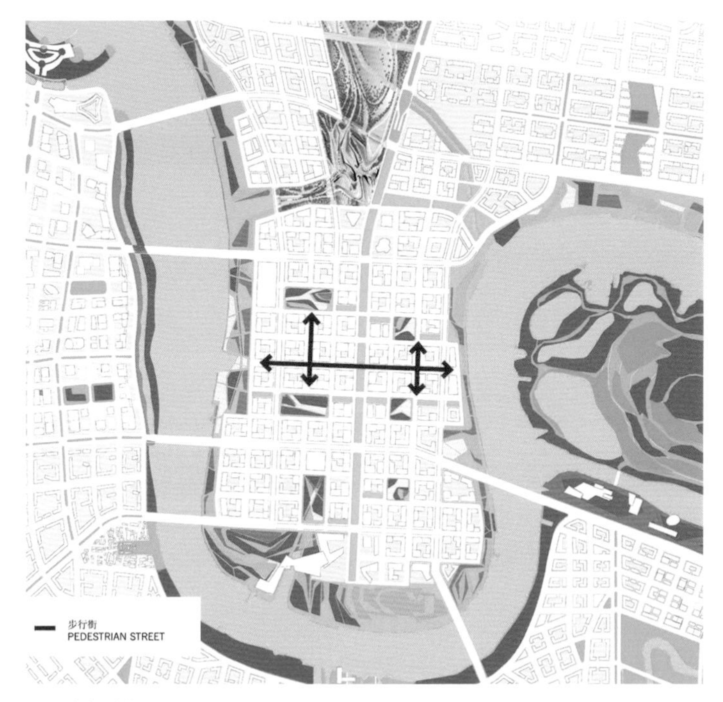

地面步行系统

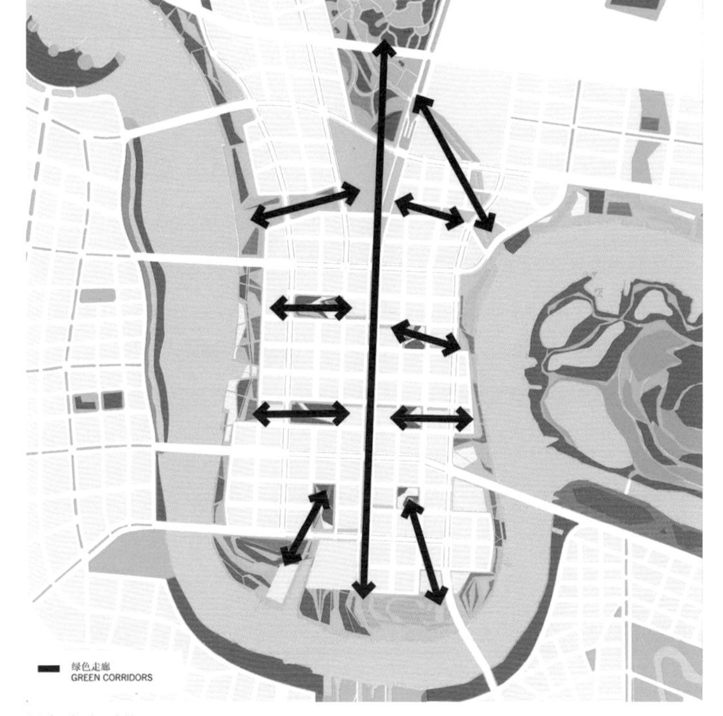

绿色走廊系统

于家堡金融区鸟瞰图

四、中央大道

由林荫人行道和自然公园组成的中央大道是一条贯穿于家堡南北向轴线的绿色通道。结合周边区域，中央大道与天碱解放路商业街相连，成为纵贯南北的商业走廊以及金融机构和服务型住宅的首选位置。

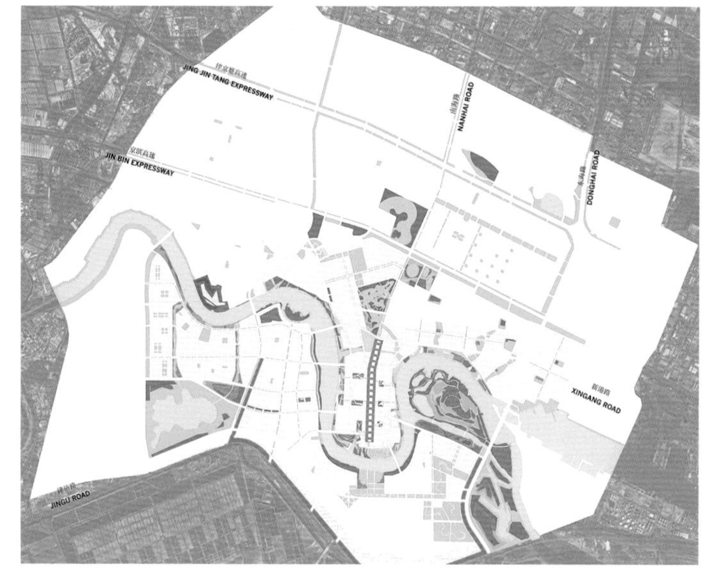

中央大道及周边绿廊

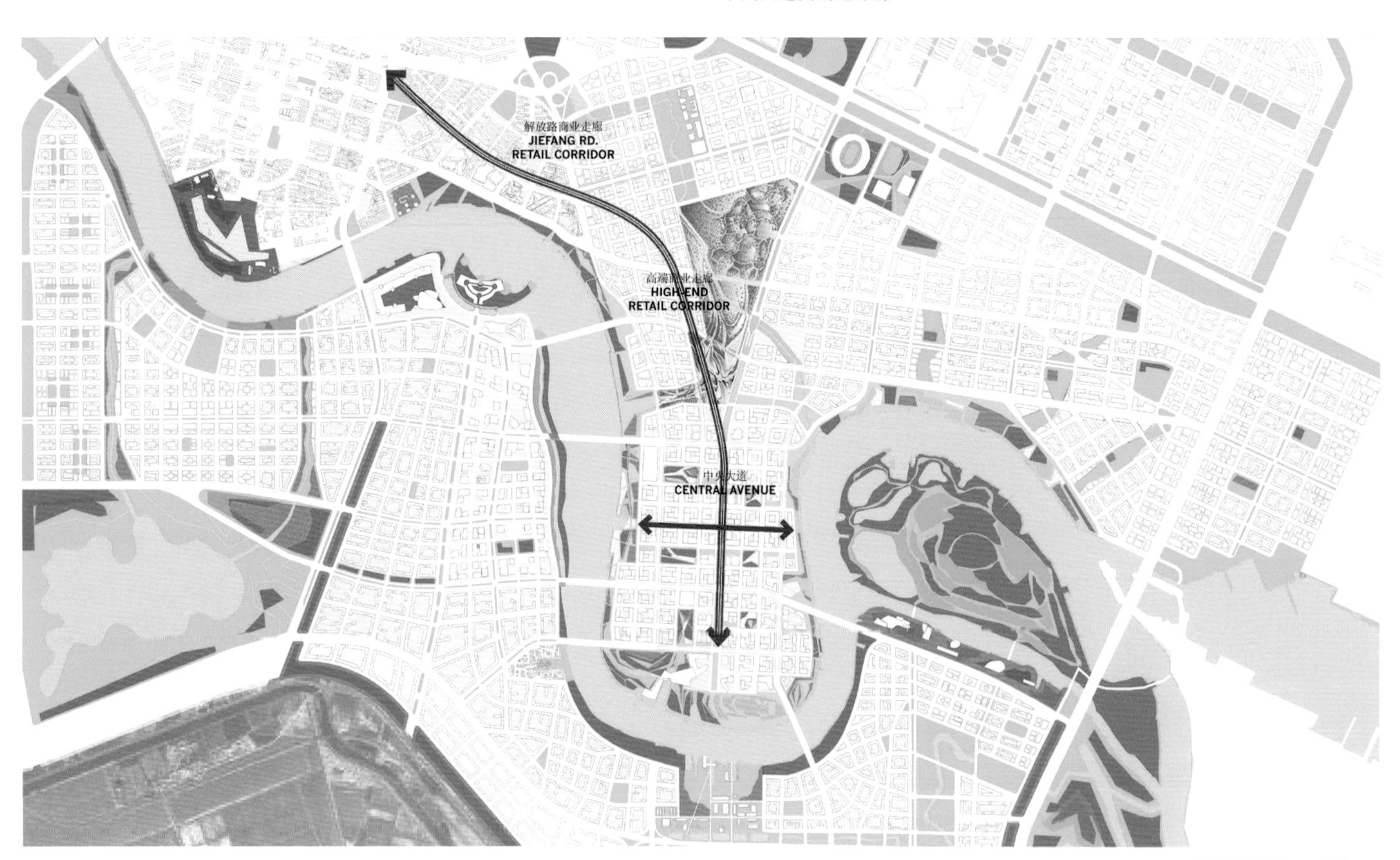

中央大道与商业走廊的融合

通过相关案例研究及模拟分析，确定中央大道两侧建筑间距宽度，打造最优化的街道景观空间。一条 80 米宽的中央大道可容纳宽 30 ~ 40 米的线性公园，并将穿越中央大道的时间从 2 分钟缩短到 1 分钟。一条 80 米宽的中央大道串联起城市的两个部分，而一条 120 米宽的街道则把城市一分为二。

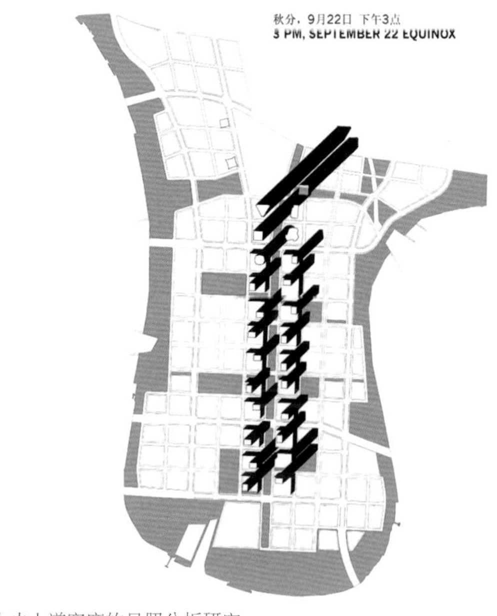

中央大道宽度的日照分析研究

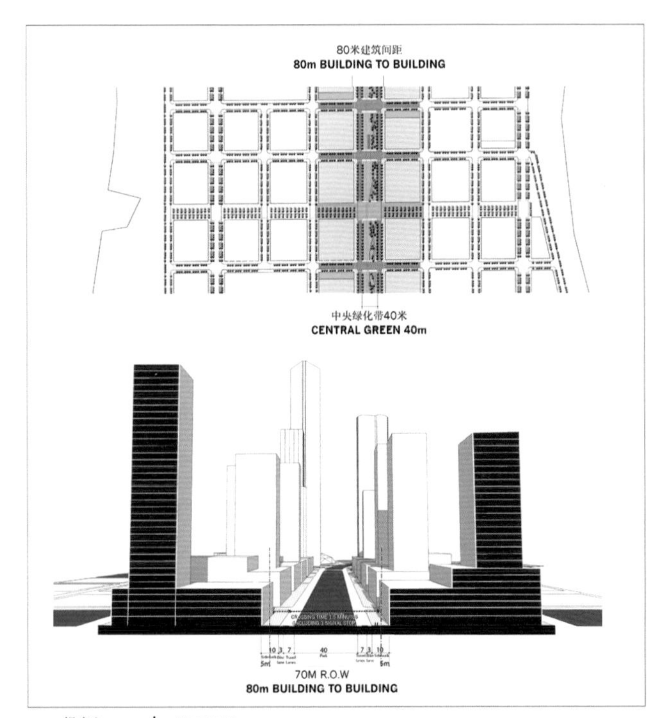

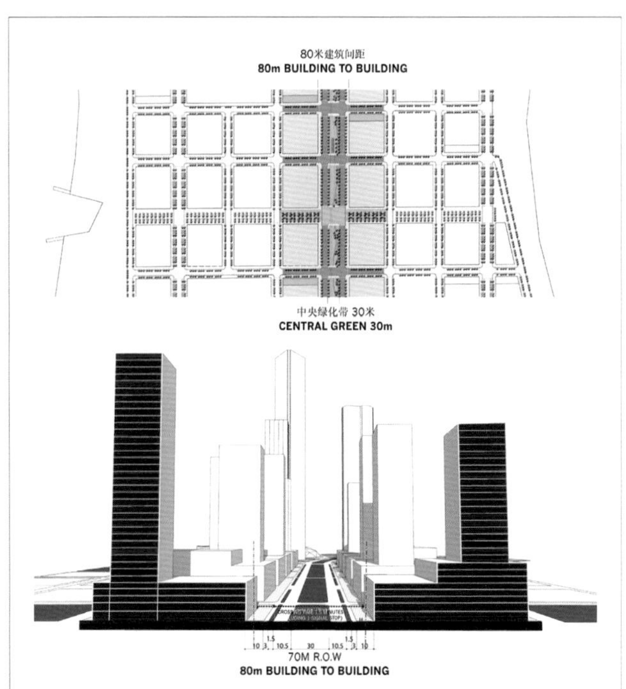

提案A
OPTION A

建筑间距:80m
Building to Building: 80m

公园宽度:40m
Park Space: 40m

街墙高度:5 层
Street Wall: 5 stories

提案B
OPTION B

建筑间距:80m
Building to Building: 80m

公园宽度:30m
Park Space: 30m

街墙高度:5 层
Street Wall:5 stories

中央大道宽度的断面对比研究

五、高速铁路车站和交通枢纽

未来，高速铁路和交通枢纽将成为通往于家堡乃至滨海新区的大门。作为京津高铁的终点站，这座交通枢纽将成为不同运输方式的交会连接中心。

这些运输载体包括高速铁路、三条地铁，以及本地和区域内的客车、出租车、私家车。优越的地理位置和良好的通达性将使这座交通枢纽成为塘沽地区的功能核心。

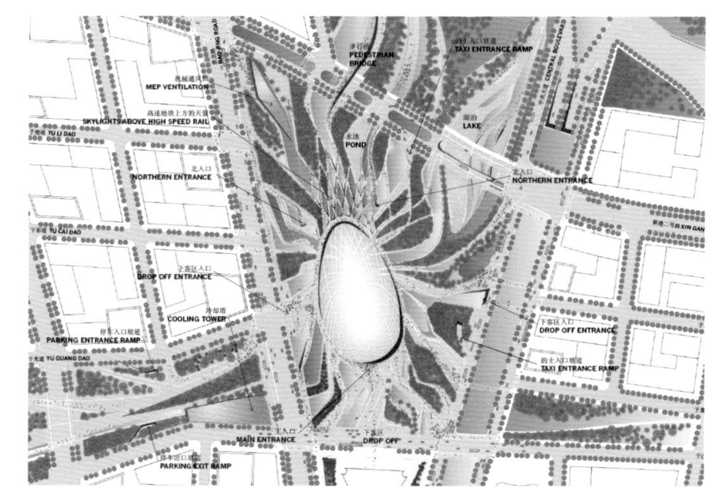

于家堡高铁站总平面图

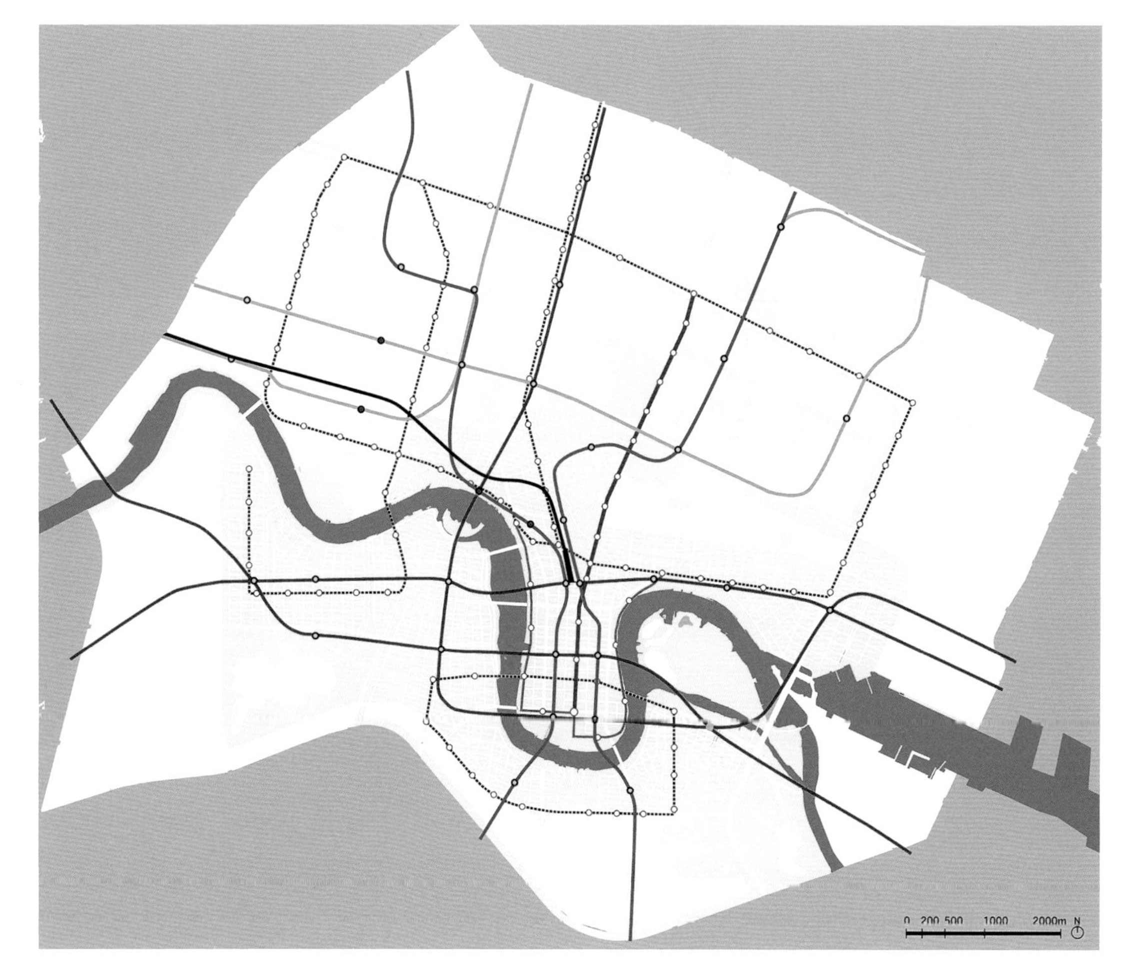

高速铁路
HIGH SPEED RAIL

南北向地铁线
NORTH-SOUTH METRO LINE

东西向地铁线
EAST-WEST METRO LINE

规划的地铁站
PROPOSED STATION

建议增加的车站
RECOMMENDED ADDITIONAL STATIONS

其他区域内的地铁线路
OTHER REGIONAL METRO LINE

中央大道有轨电车
CENTRAL AVENUE STREET CAR

滨水有轨电车
RIVERFRONT STREET CAR

巴士
BUS

于家堡高铁站与城市轨道的换乘关系

于家堡高铁站鸟瞰图

于家堡高铁站内部意向图

六、用地格局

1. 用地性质

不同性质的用地在层次多元的街道体系之内围绕高档次的公园和开放的滨水区而布置。金融区的土地使用规划包括办公、商业、娱乐、文化、酒店和住宅等。

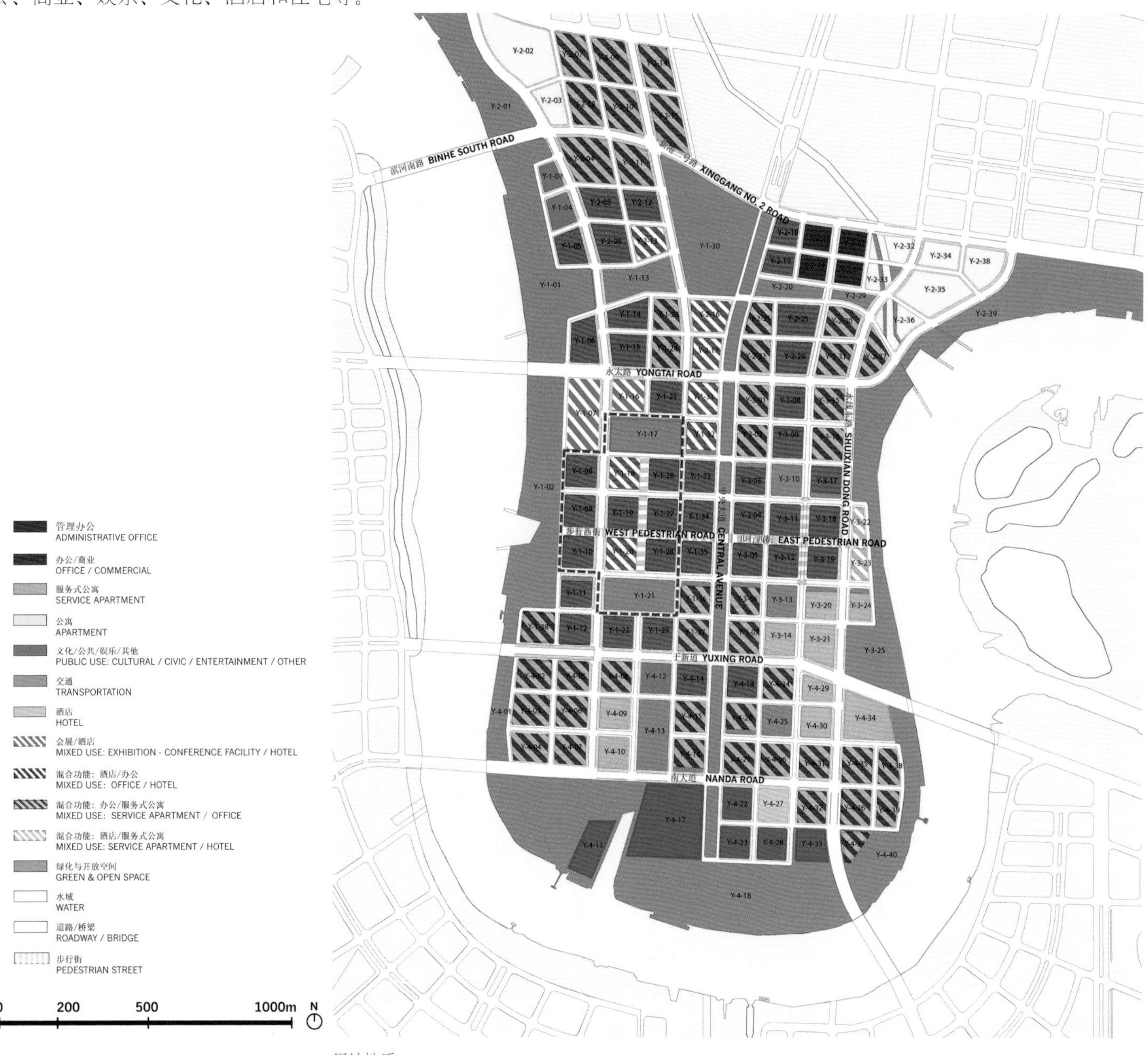

用地性质

2. 容积率

规划以于家堡高铁站中心交通枢纽和中央大道为核心，便利的交通条件及区位优势可支撑更高的容积率。整体容积率分布呈现由中心逐渐向沿河区域降低的趋势。

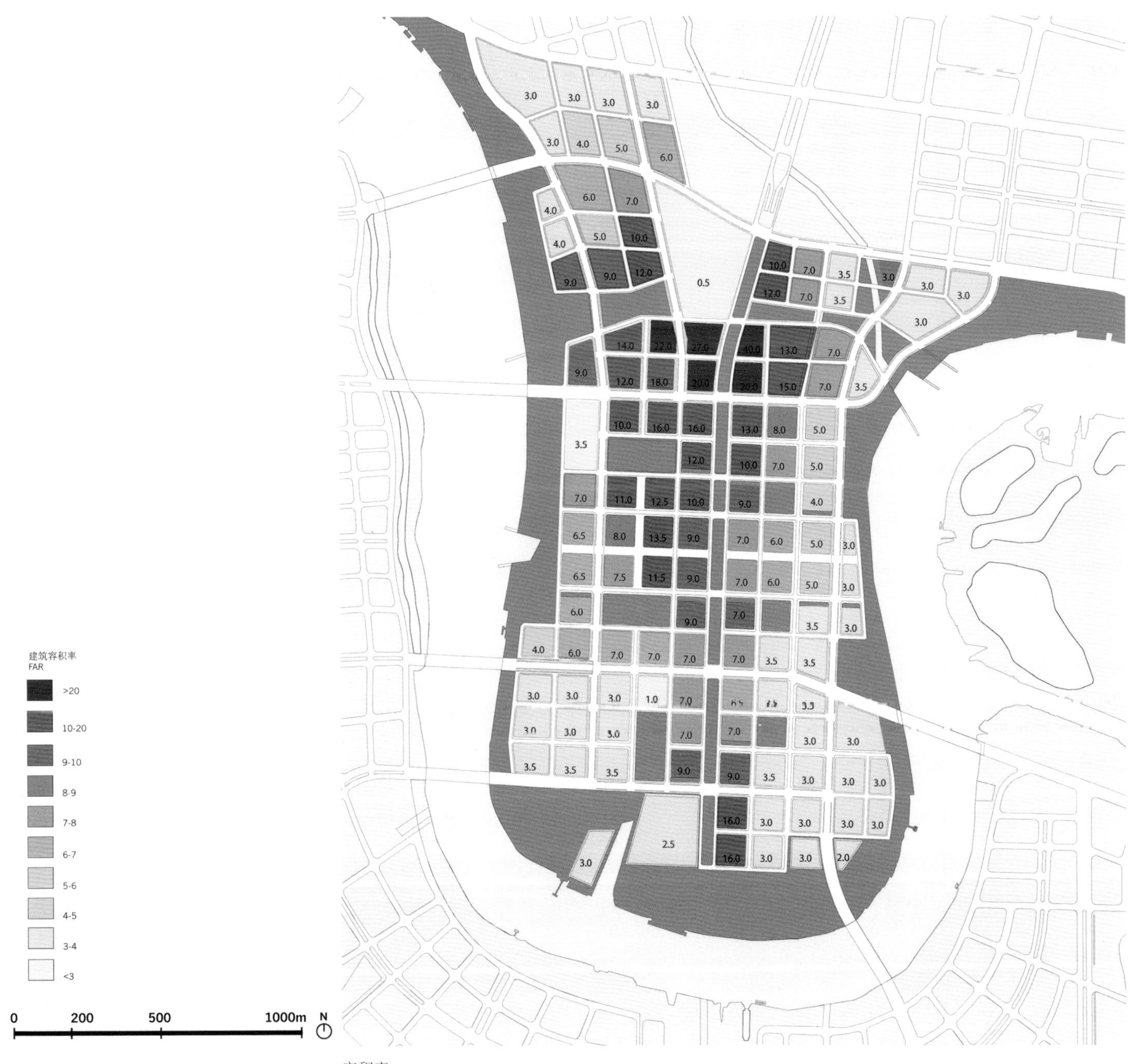

容积率

七、天际线

对光照和视野敏感的城市肌理和建筑形体是营造具有凝聚力的城市景观的重要因素。建筑高度由相对低矮的河滨向区域中心的交通枢纽和中央大道逐渐升高。在建筑形体的设计引导下，位于不同位置的建筑享有各自的景观视野，同时在中央商务区内部形成了别具一格的城市天际线。

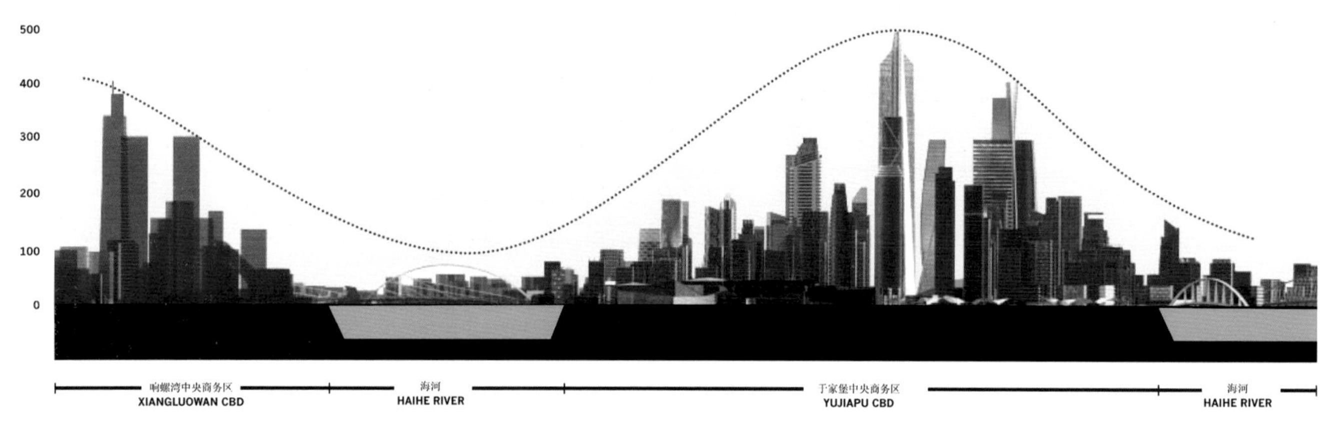

于家堡及响螺湾天际线分析

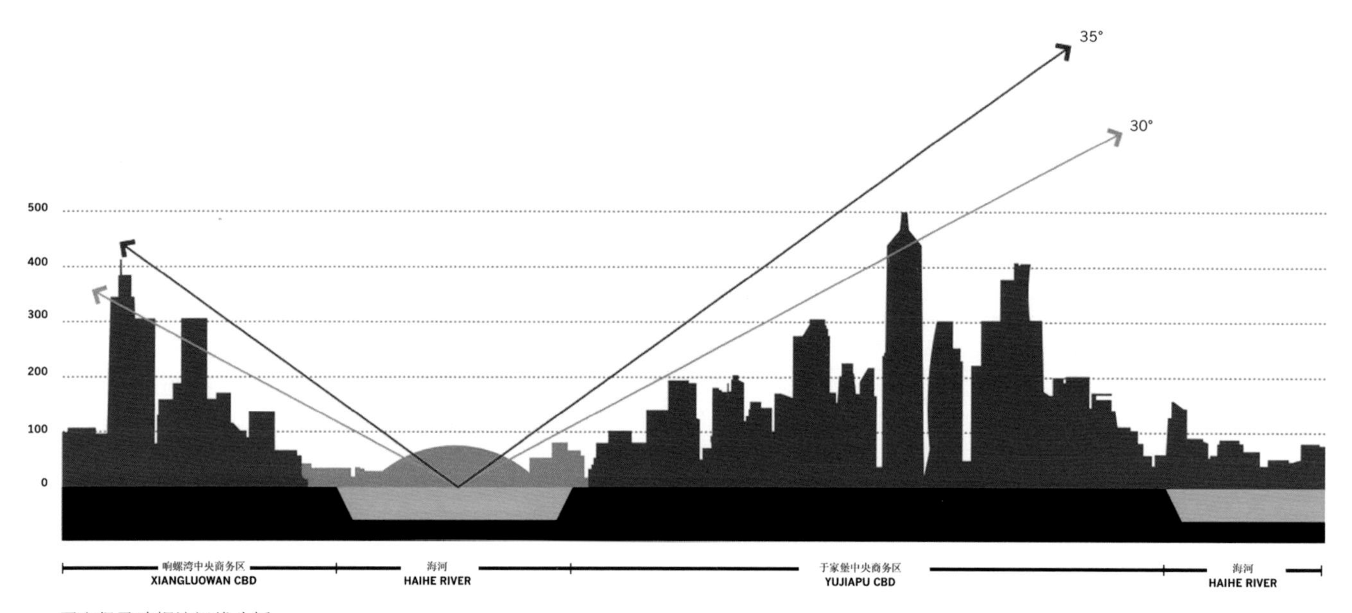

于家堡及响螺湾视线分析

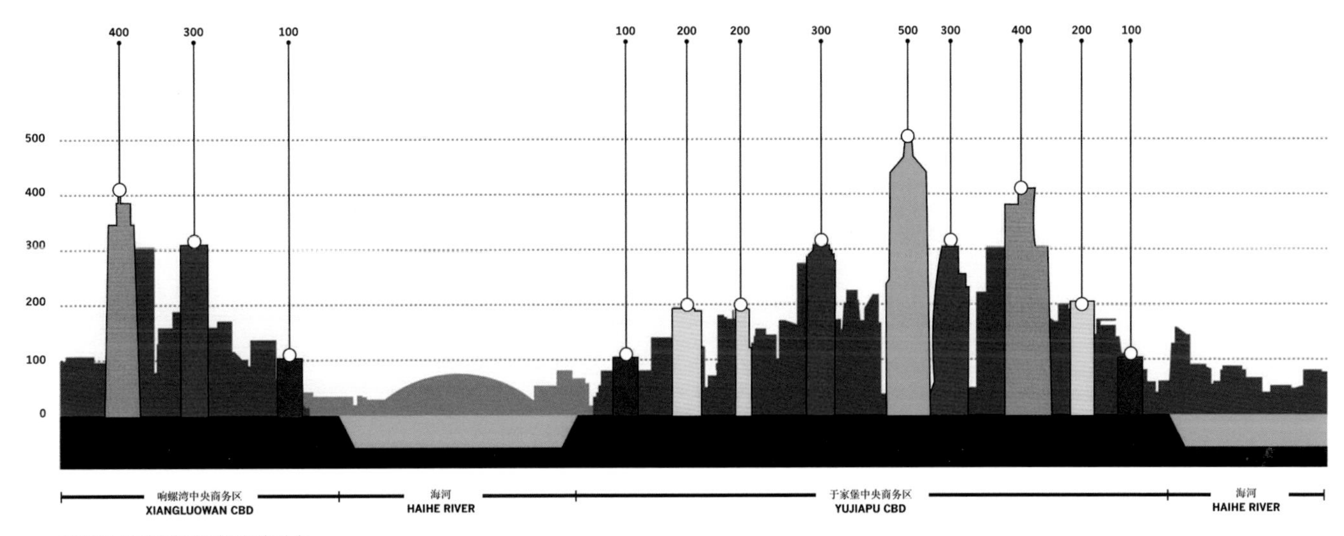

于家堡及响螺湾建筑高度分析

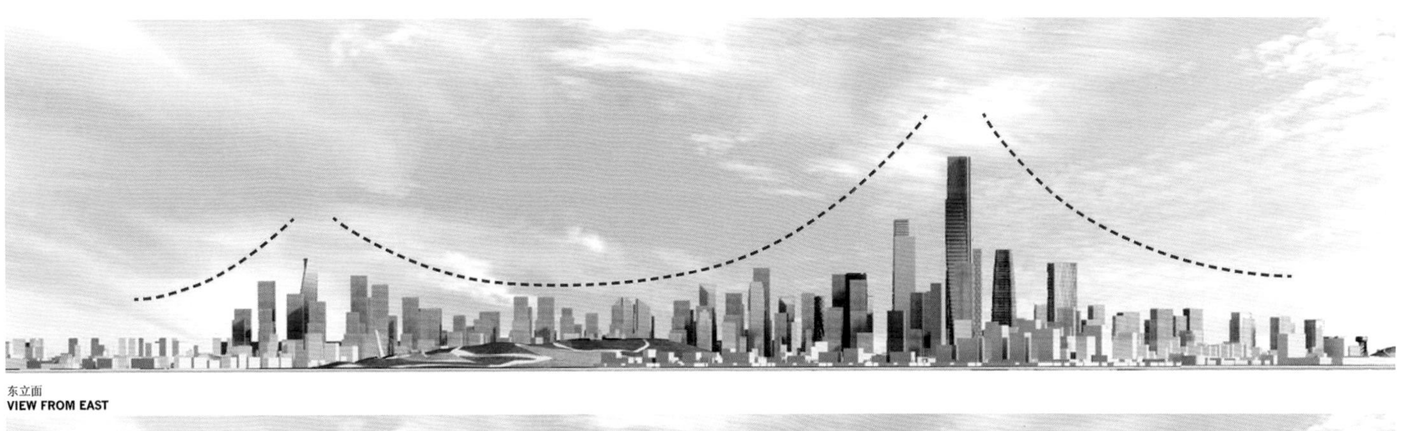

东立面
VIEW FROM EAST
西立面
VIEW FROM WEST

于家堡立面图

八、标志性建筑

围绕交通枢纽的组团式地标建筑群勾勒出于家堡中央商务区的风貌。超高层塔楼成为中央商务区总体形象的核心标志。塔楼独具一格的建筑语汇是滨海新区乃至整个天津城市形象塑造的重要元素。

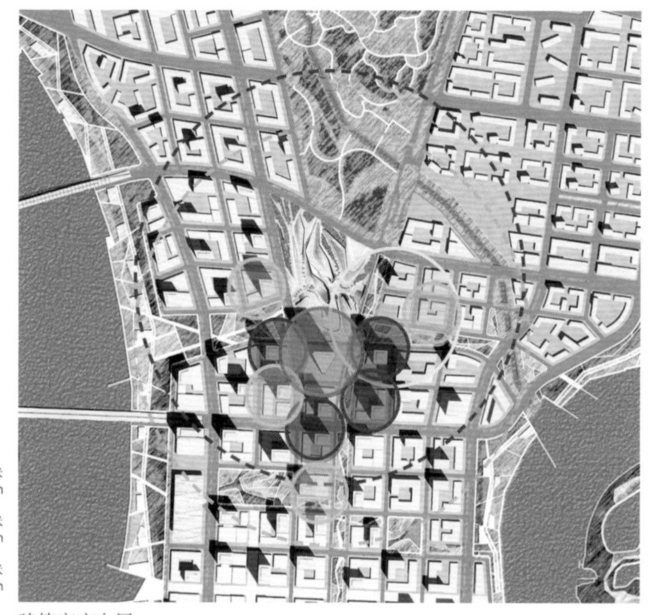

建筑高度布局

地标建筑群

九、地下空间

于家堡半岛将标高提升于洪水位之上，以解决海河的洪水问题。提升后的地面更有利于地下空间的发展以及市政设施的建设。车辆隧道、地铁、地下行人空间、地下车库以及地下管线组成地下综合服务空间，并实现可持续发展。

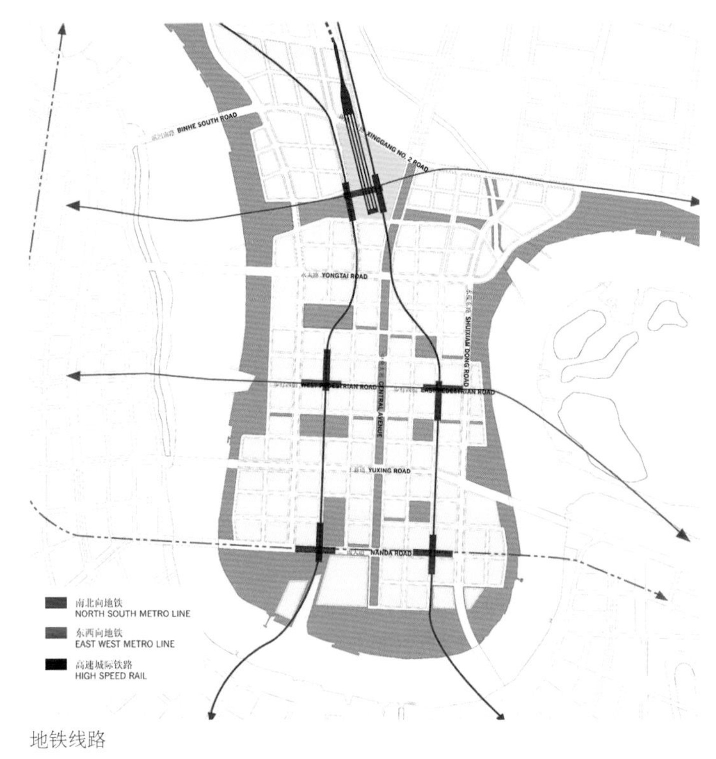

地铁线路

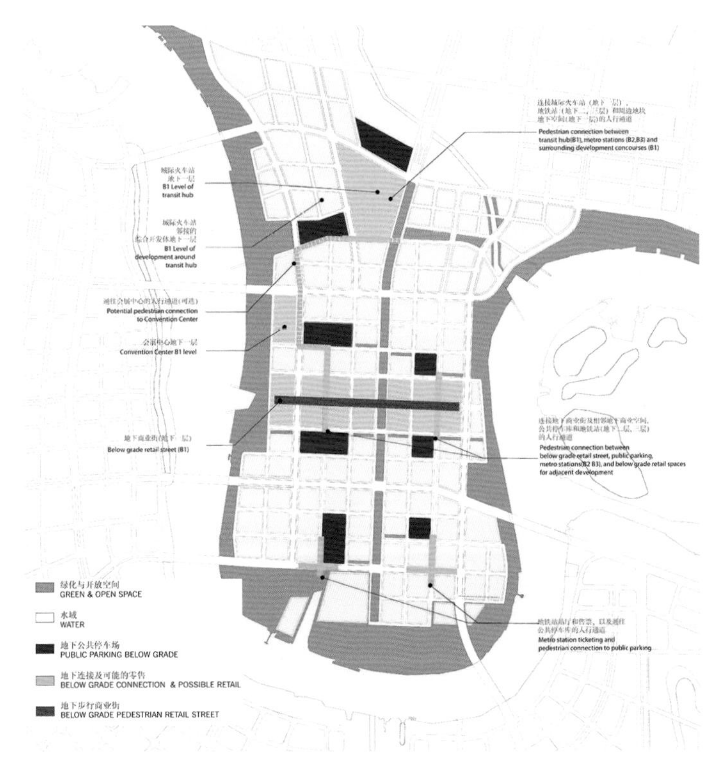

地下步行空间

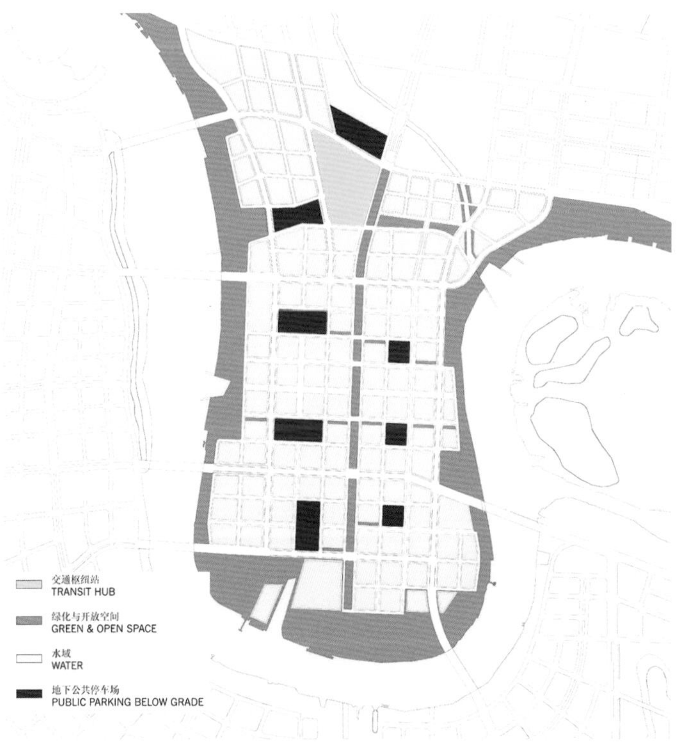

地下车库

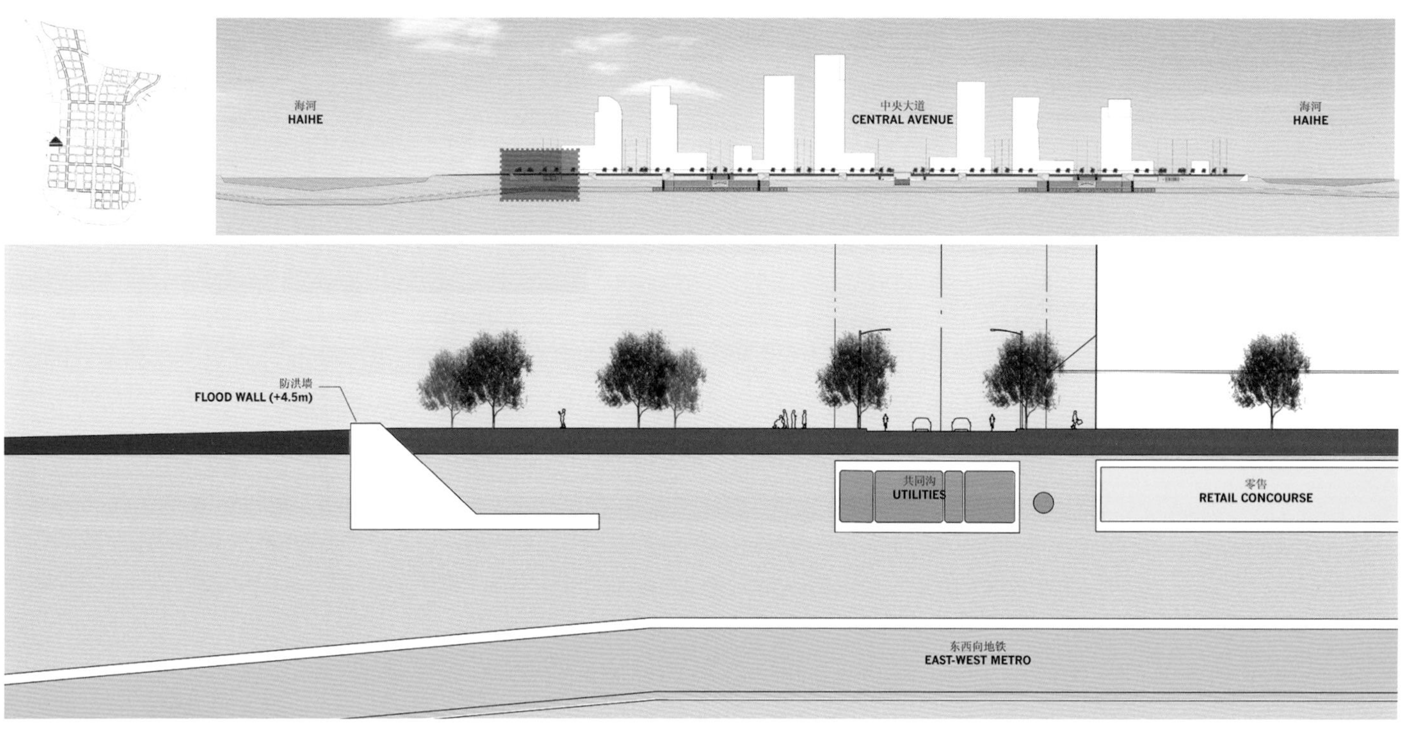

西河滨剖面图

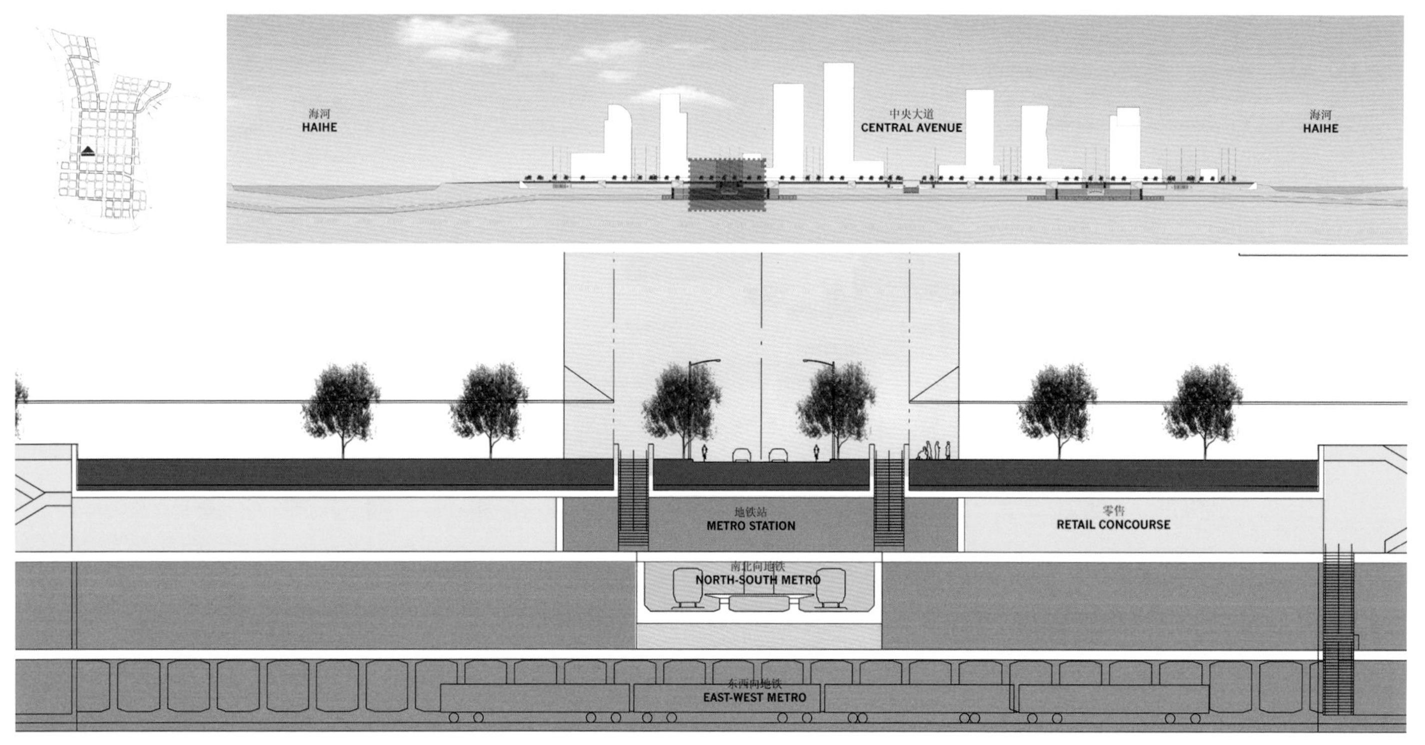

商业街／地铁站剖面图

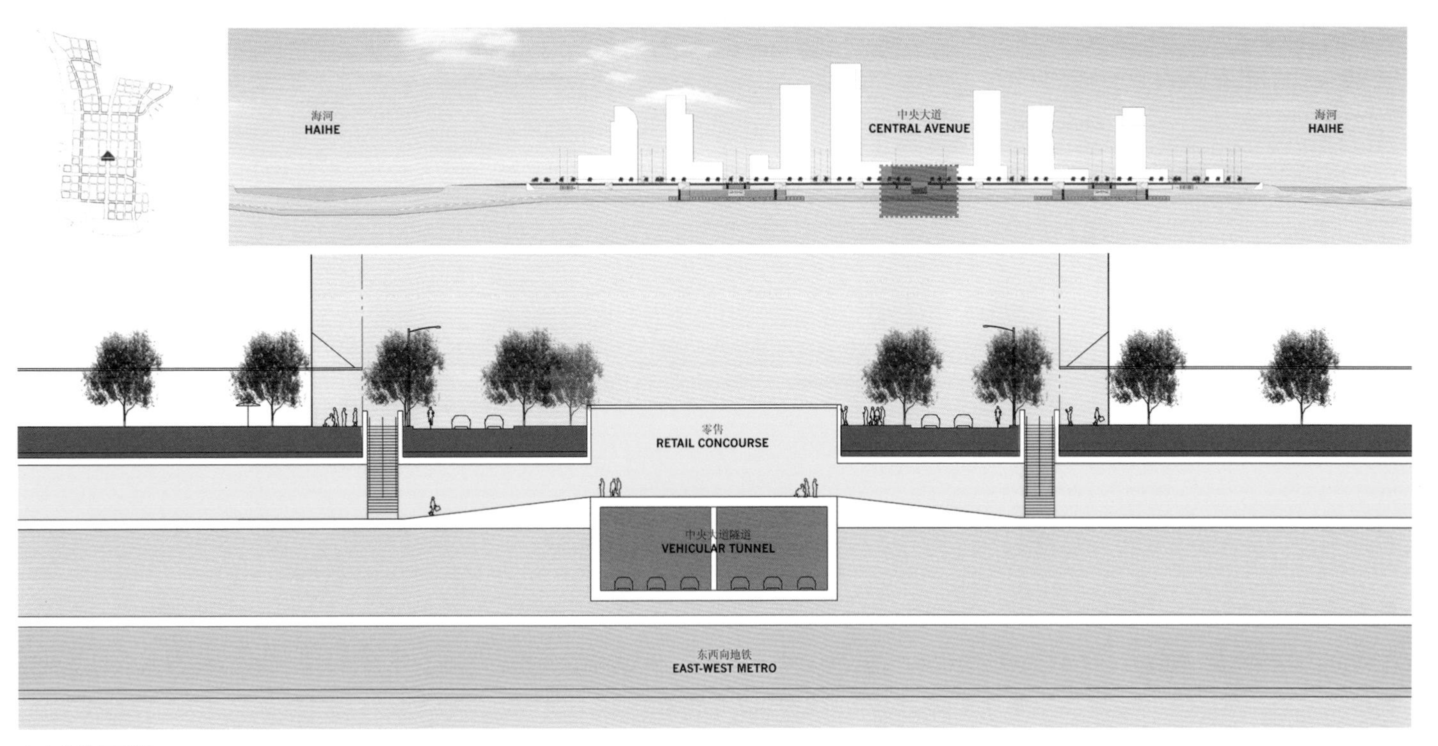

中央大道剖面图

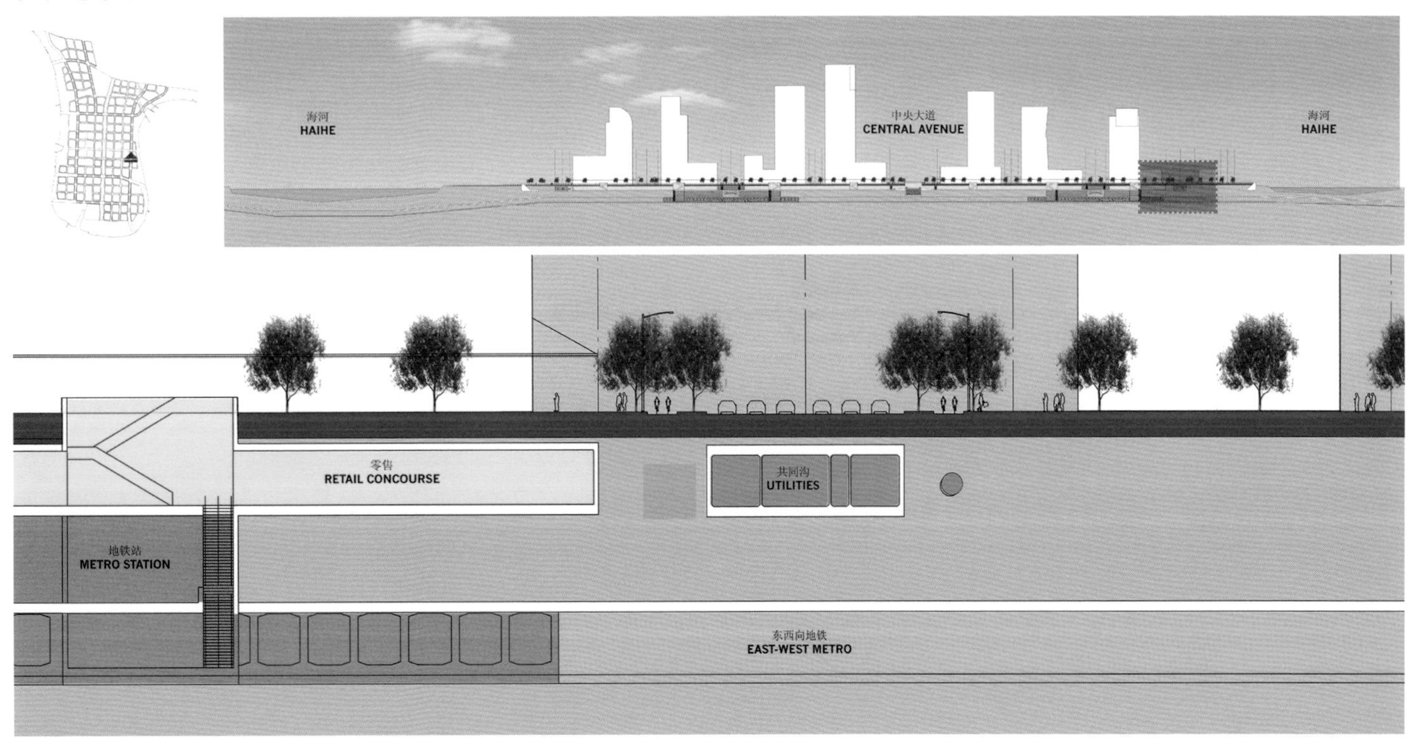

于家堡东路剖面图

十、分期发展

目前，于家堡金融区的城市规划分为四期。

第一期区域坐落在响螺湾的对岸，于家堡半岛的西部河滨。一期A部分包括商业建筑、金融服务大厦以及会议中心。整个一期的规划范围包括交通枢纽以及其他办公建筑和服务型住宅。

第二期区域坐落在于家堡半岛的北边，串联着塘沽区与于家堡新中央商业区。地块功能包括管理办公、一般办公和住宅。

第三期区域坐落在于家堡半岛的东岸，一系列功能混合的建筑将延续一期地块发展模式。

第四期区域坐落在于家堡半岛的南部，重点打造服务性住宅和办公建筑，同时结合具有独特文化性的河滨公园和中央大道的终点来发展。

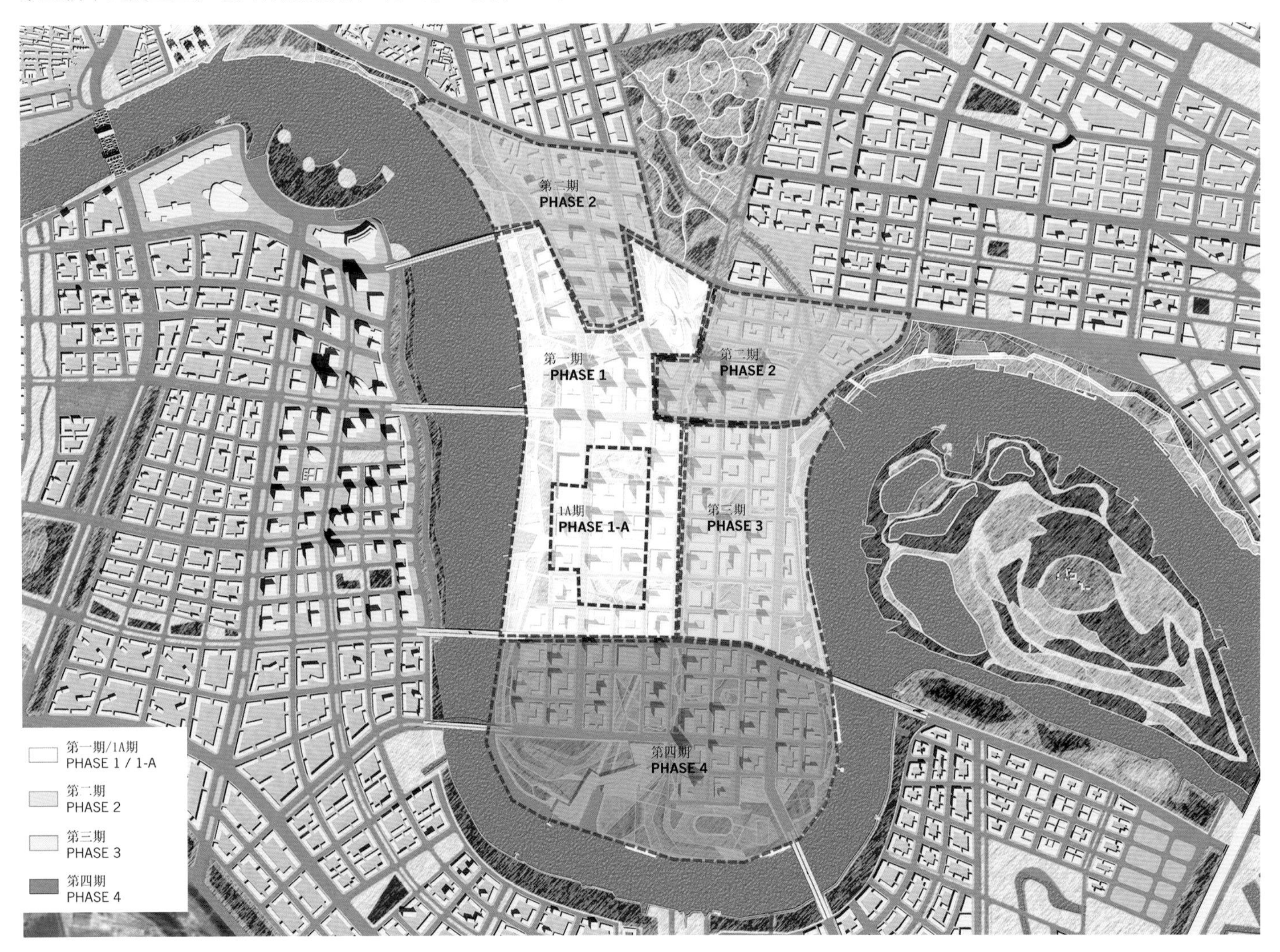

分期计划图

十一、结语

于家堡金融区将成为中国下一个经济中心的要地，引领天津滨海新区成为世界级城市中坚网络的一部分，并成为经济发展和绿色开发的典范，以及健康宜居且可持续发展的家园。充满活力的可持续性城市中心开发项目将引起世人的广泛关注，并为那些梦想在全球化大城市中安居乐业的人们提供最佳场所。

金融区效果图

第四章 响螺湾商务区城市设计

天津大学建筑设计规划研究总院

一、前言

响螺湾商务区位于滨海新区中心商务区，紧临大沽生态住区，与于家堡金融区、天碱解放路商业区隔河相望，与于家堡金融区、天碱商业区共同构成滨海新区中心商务区核心区。

作为滨海新区 CBD 启动区，响螺湾外省市商务区将实现与于家堡金融区的功能互补，同时成为就业岗位充足、生态景观和谐、公共设施完善、环境优美、使用方便、具有吸引力的滨海新区活力地带。2005 年年底，通过国际方案招标，确定了响螺湾外省市商务区的规划布局。2006 年 4 月，响螺湾地区控制性详细规划编制完成并得到原塘沽区政府批准。

响螺湾地区结合地域文化与环境特点，延续天津的街道脉络与城市肌理，强调对城市街墙的塑造；塑造海河沿线跌宕起伏、错落有致的城市天际线；建设人性尺度适宜的步行空间，将开放空间导入建筑底层，在区域内打造风格和谐、错落有致的建筑群建筑风格。

响螺湾商务区总体风貌

二、规划范围

响螺湾商务区基地两面环水，北至月亮岛，西北为极地海洋馆，西临迎宾大道，南至安阳道。规划范围原为散货堆场及水面。

总规划面积 1.1 平方千米，建筑容量 370 万平方米，规划人口 1.5 万人。

响螺湾商务区航拍图（2005 年）

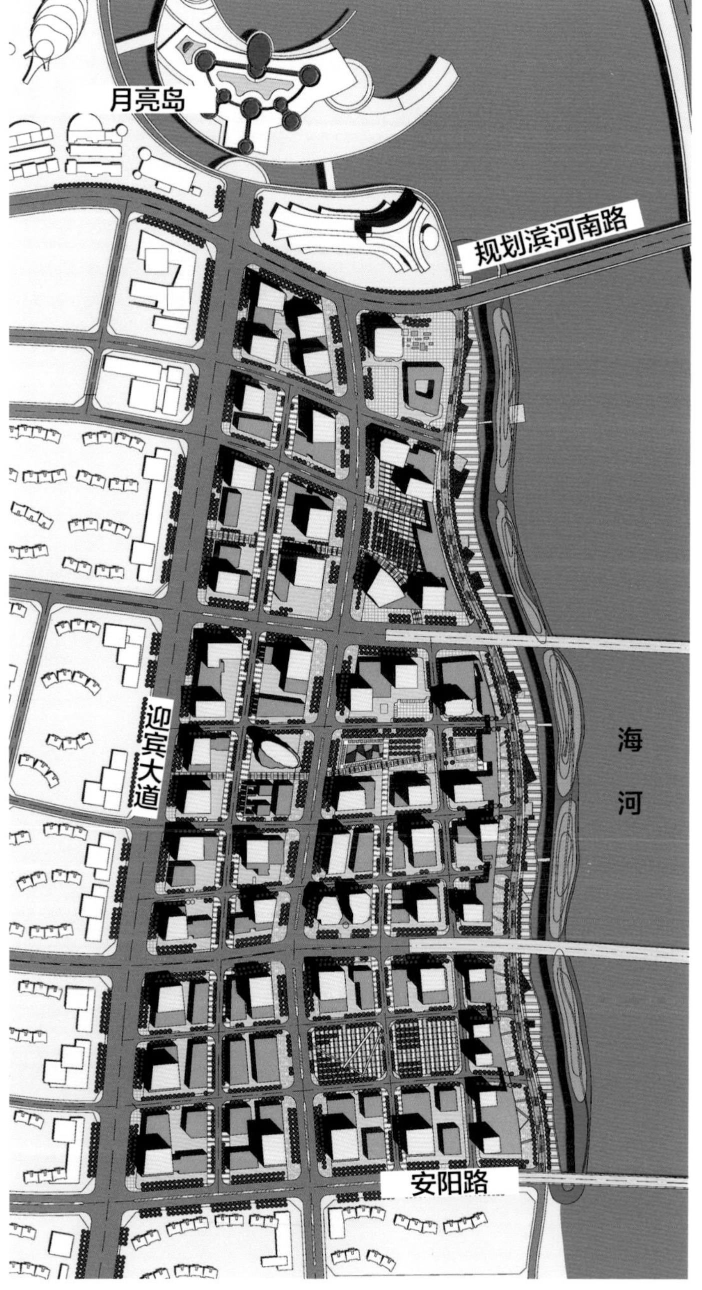

响螺湾商务区总平面图

三、功能定位

滨海新区中心商务区分区规划将响螺湾商务区定位为以商务办公及居住功能为主且环境优美、设备齐全的现代化综合性标志区。规划强调商务区的文化特色、产业特色及其凝聚力，多元复合的结构为公司总部、金融中心及配套服务设施奠定基础打造一系列地标建筑、商业办公设施、公共基础设施以及信息网络系统和交通系统，加强文化娱乐设施和社交空间的配套服务，强调人文关怀，关注人与环境之间视觉和感知关系的综合开发。

响螺湾商务区效果图

四、空间结构

1. “一带三庭”

南北方向的带状商业广场、亲水平台、内湖及彩带岛构成了一条滨水蓝带。彩带岛的开发设计营造出了滨水散步场所和一系列公园，使滨水区成为具有高品质生活质量的公共空间。

三个商务中心和开放空间，即三个“中庭”，沿中央主路设置，并通过通往滨水区的视觉通廊与滨水步道节点相连，进而与滨水带共同构成独特的空间意象。

带状亲水空间效果图

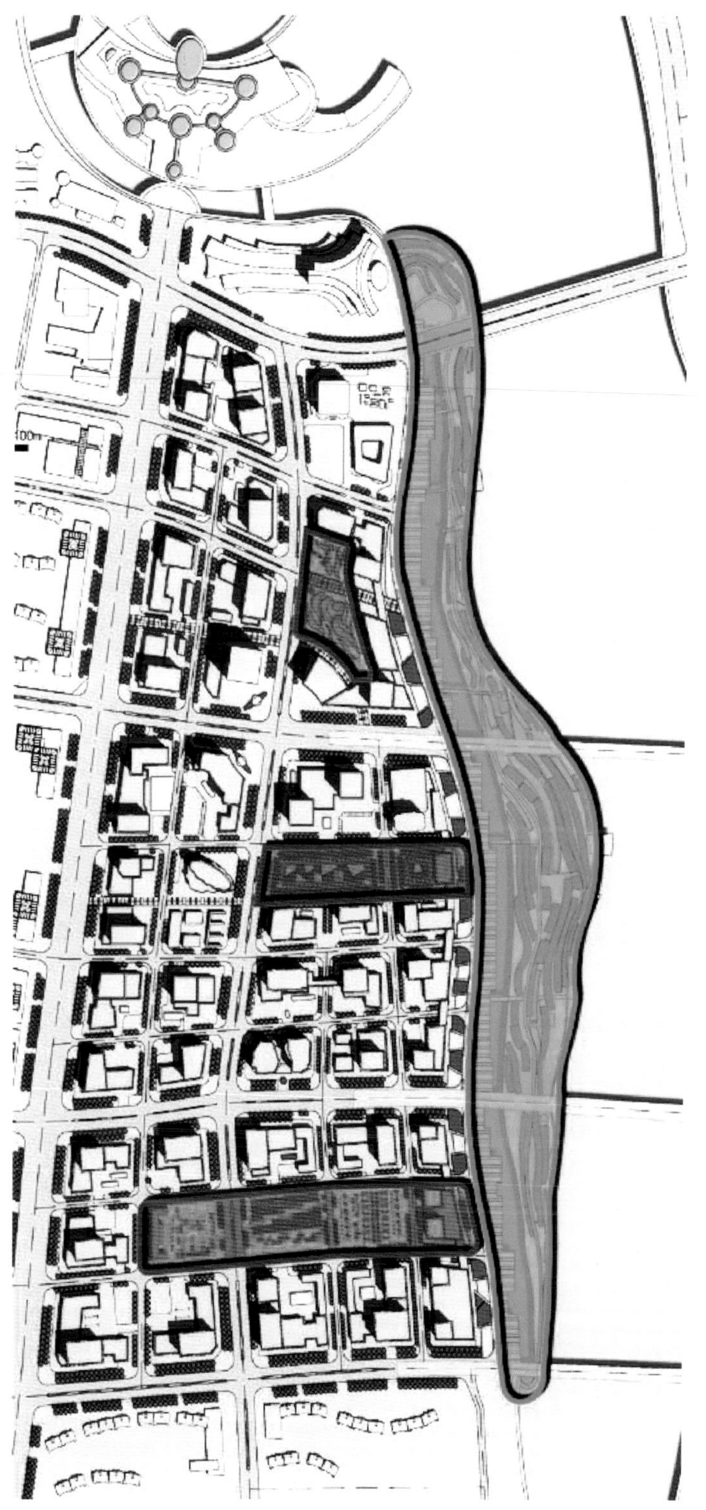
空间结构示意图

2. 完整连续的 “街墙”

完整连续的沿街建筑界面，有利于形成整齐有序的城市空间景观，并促进城市设计的弹性控制与整体协调。

3. 基座与裙房

基座是能够从街道上看到并处在 40° 仰角视觉范围内的建筑部分。根据开放空间的进深，这部分有时可升至 5 ~ 8 层。它对于街道的尺度和人性化空间的打造具有至关重要的影响。

典型建筑形态效果图

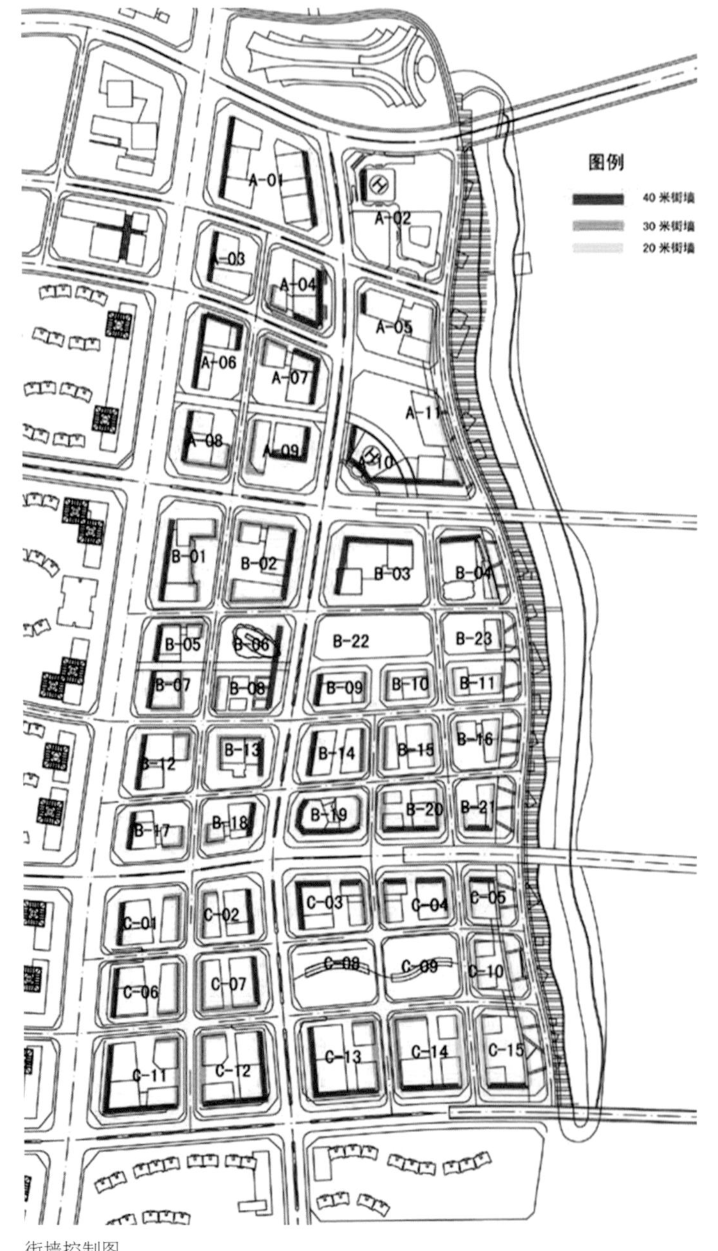

街墙控制图

五、道路交通

两条环线串联起塘沽城区海河两岸的四大功能区，呈现出“一老带三新”的发展态势。

由河北路、大连道、黄海路、滨河南路组成的环线串联起解放路商业区、城际车站、于家堡商务区、响螺湾商务区四大核心功能区，并打通了响螺湾地区与开发区金融街商务区的联系通道。

由坨南道、万顺道两条跨河通道组成的环线串联起海河两岸的响螺湾商务区和于家堡金融区，使二者紧密联系、互补发展。

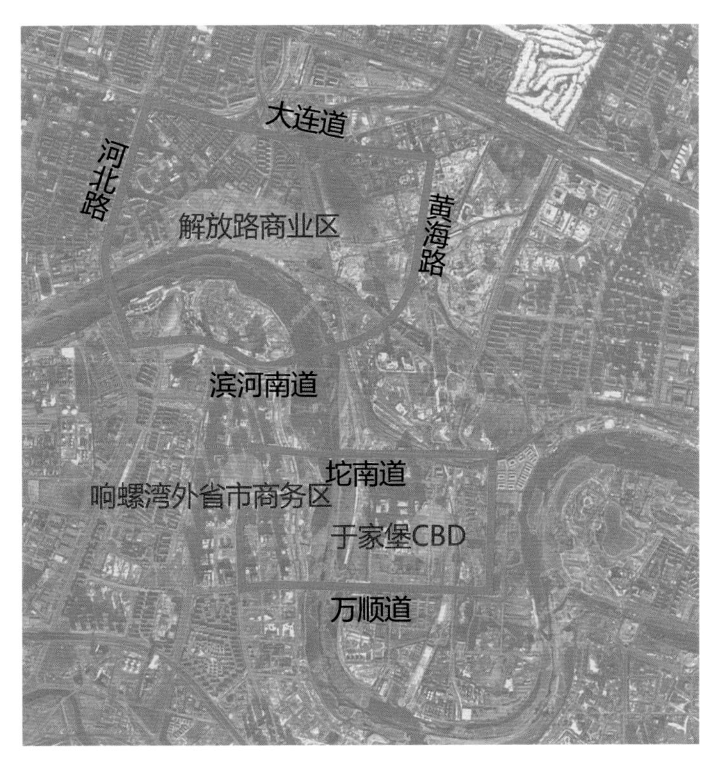

主要对外交通环路

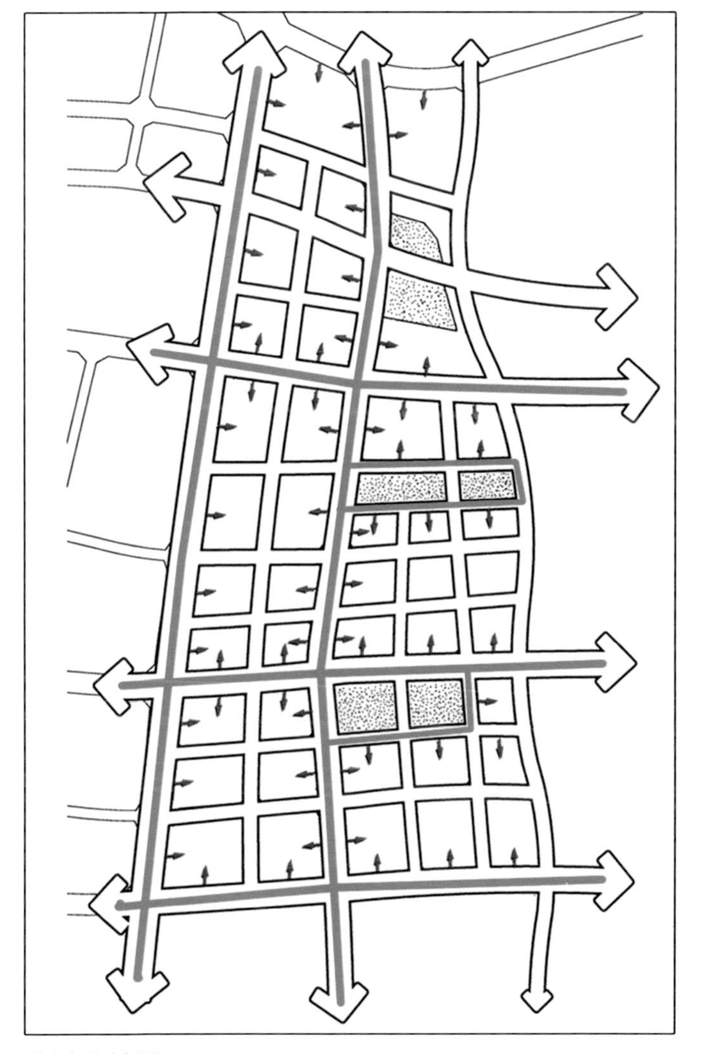
道路交通分析图

六、景观规划

一系列广场和亲水平台构成了主要的景观节点，各个节点通过步行道和丰富的植物组团彼此相连。众多景观元素组成了步移景异、层次丰富的滨水景观空间，为该区域带来了无限的人气、商机与活力。

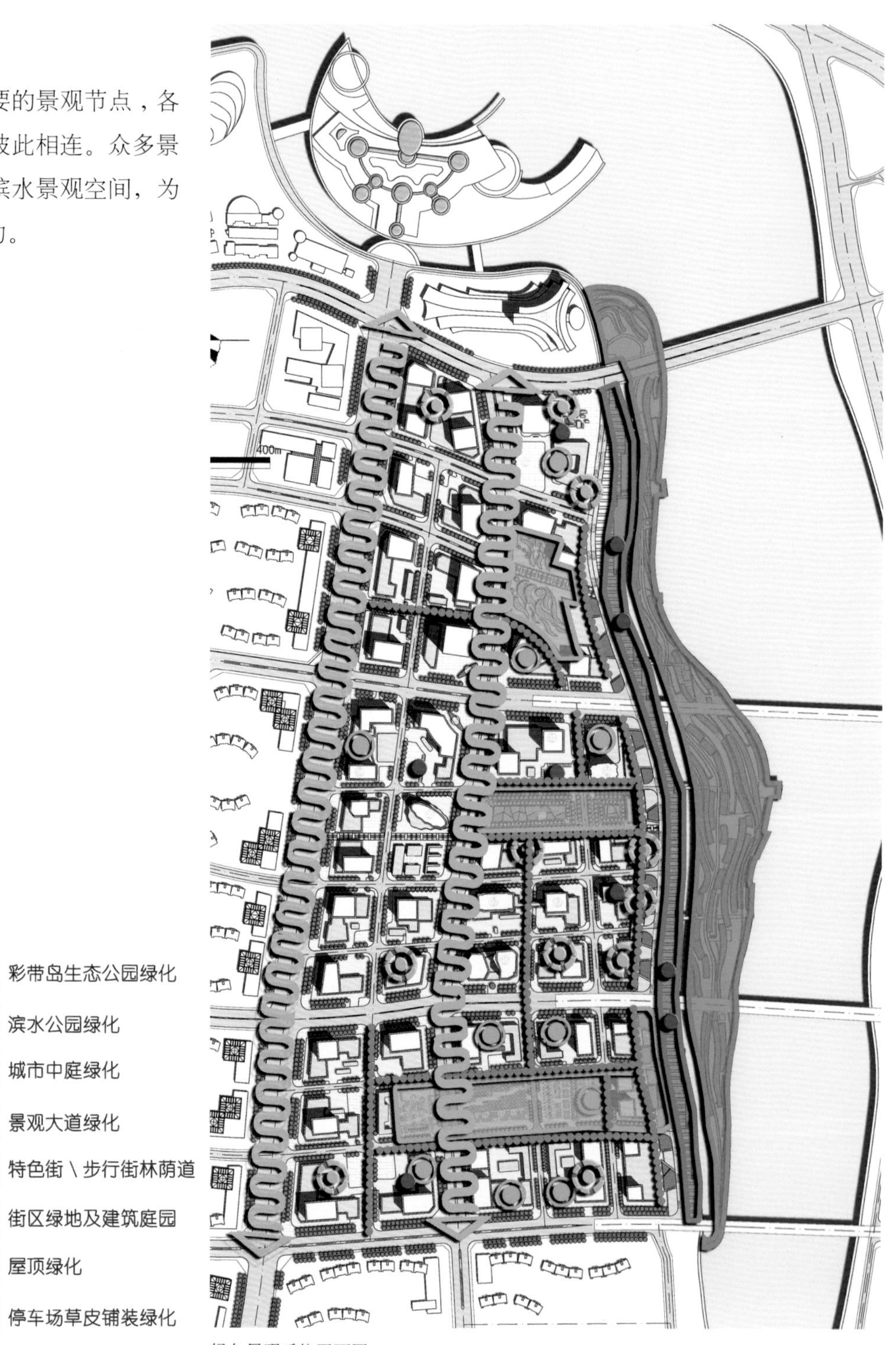

绿色景观系统平面图

七、结语

响螺湾商务区重点发展现代商业、高端商贸、信息服务业以及相关配套产业，突出商务商贸等核心功能，初步建设成滨海新区现代服务业的聚集区和对外形象标志区。未来，响螺湾商务区的楼宇项目建设将全部完成，一个集商业文化、现代服务、城市观光等功能于一体的滨海新区现代化国际大都市将呈现在世人面前。

响螺湾商务区效果图

第五章 天碱解放路商业区城市设计

美国 SOM 设计公司、天津市渤海城市规划设计研究院

天碱解放路商业区总体风貌

一、规划背景

天碱老厂区位于原塘沽区与开发区之间，解放路是原塘沽区的传统商业街区。天碱解放路的城市规划力求使该区域成为滨海新区最重要的商业文化中心区。

天碱地区城市设计工作自 2009 年 3 月启动，由美国 SOM 设计公司负责编制，结合周边于家堡金融区、响螺湾商务区、现代服务产业区（MSD）等重点建设区域，对天碱地区的功能定位、空间形态、交通组织、遗产保护等方面进行了较为深入的研究。

2011 年 12 月，滨海新区规划和国土资源管理局、中心商务区管委会组织渤海规划院在美国 SOM 设计公司提交方案的基础上开展了天碱地区城市设计深化工作，重点从功能定位、空间形态及交通组织等方面对方案进行了深化与完善，初步形成了与城市功能相协调、空间形态和谐统一、绿地空间完整连续的整体发展格局。

二、规划范围

天碱解放路商业区规划用地约 4.63 平方千米，规划范围：东至中央大道，南至新港二号路、海河，西至河北路，北至新港四号路。

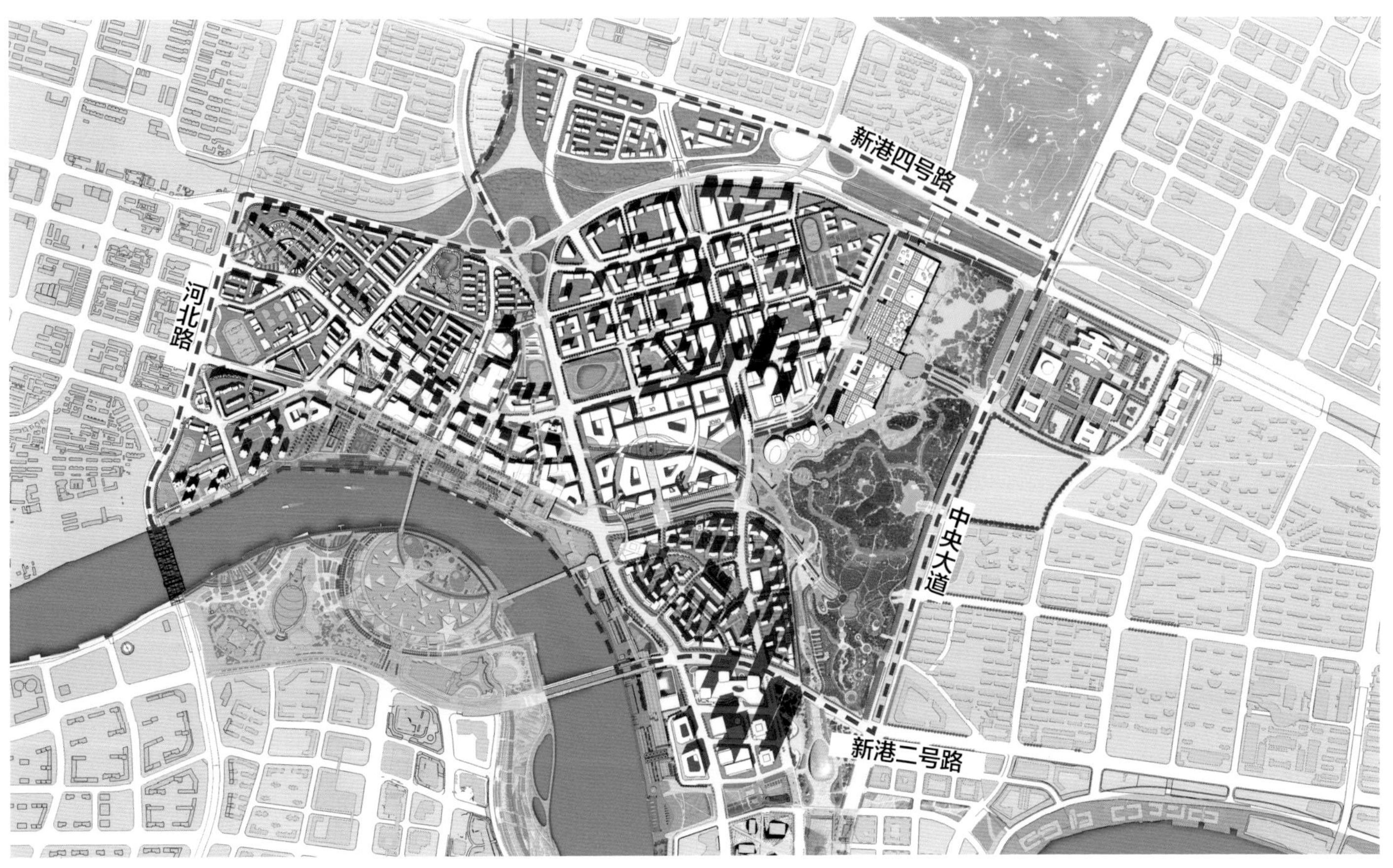

天碱解放路商业区总平面图

三、功能定位

天碱解放路位于新区核心区的中心地带，紧邻现代服务产业区（MSD）、塘沽老城区、于家堡金融区、响螺湾商务区，具有纽带作用。

天碱解放路商业区将建设成滨海新区国际一流的商业和文化中心。

通过天碱解放路商业区与周边片区的商业业态分析，城市规划实现了天碱解放路商业业态的同业差异化发展和互补性融合。

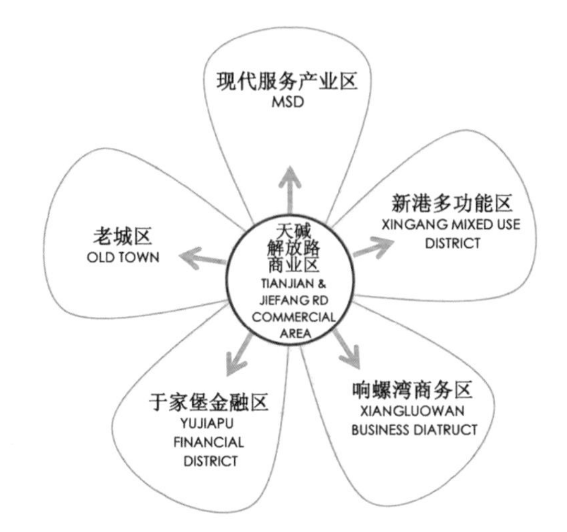

天碱解放路商业区与周边片区的功能关系

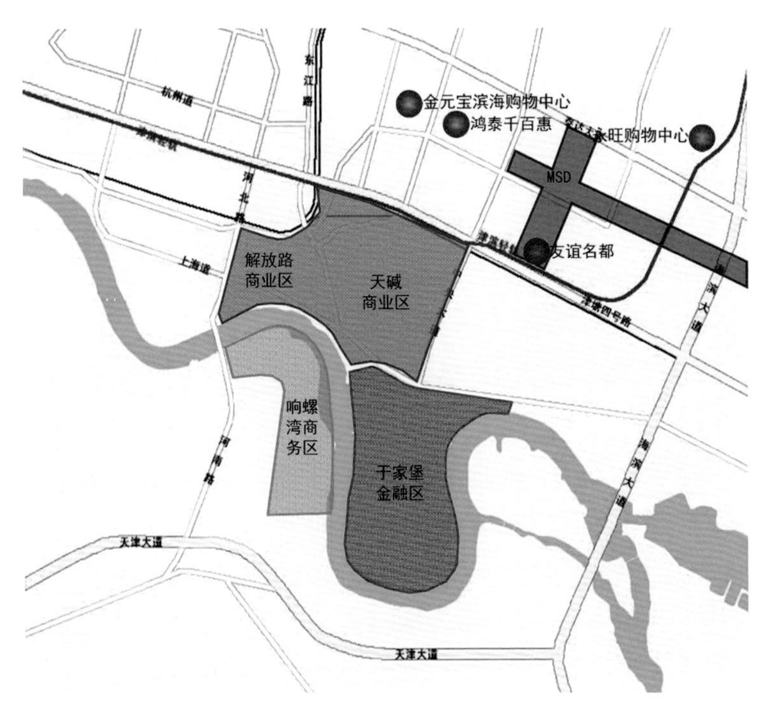

天碱解放路商业区与周边片区的商业业态分析

于家堡：
高端金融商务配套商业；
以高端零售、品牌店、餐饮、娱乐为主。
零售商业面积约70万㎡，形态为步行商业街、中央大道两侧商业区。

MSD：
区域生产性服务业配套商业；
零售商业面积约8万㎡，形态为伊势丹、友谊新天地等百货店和底层商业。

响螺湾：
中高端旅游、商务配套商业；
以餐饮、酒店为主，零售商业面积约45万㎡，形态主要包括月亮岛（30万㎡）、极地海洋馆等。

解放路：
传统型滨水休闲商业；
以零售、餐饮、娱乐为主，商业规模：38万㎡，形态有传统大型百货金元宝（6万㎡）等和传统商业街。

四、总体布局

1. “两心、两轴、三廊道”的总体结构

两　心：天碱商业中心；
　　　　滨海新区文化中心。
两　轴：解放路商业轴；
　　　　洞庭路商业轴。
三廊道：海河外滩廊道；
　　　　中央大道开放空间廊道；
　　　　天碱记忆廊道。

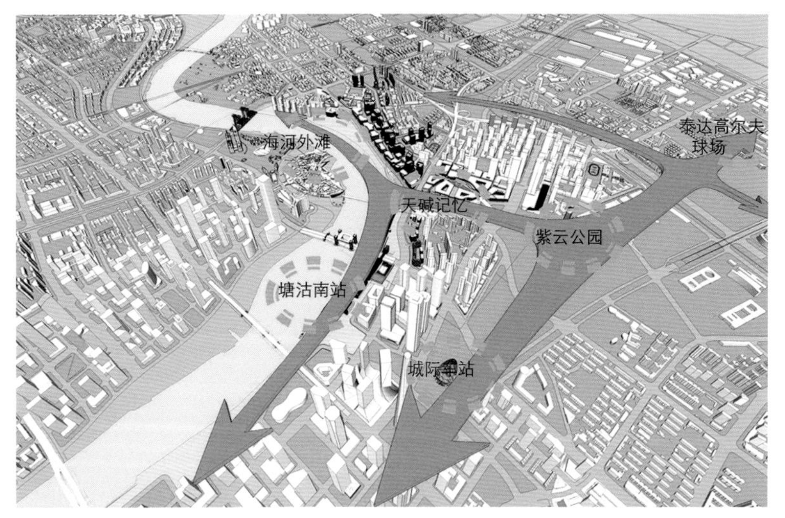

绿色廊道示意图

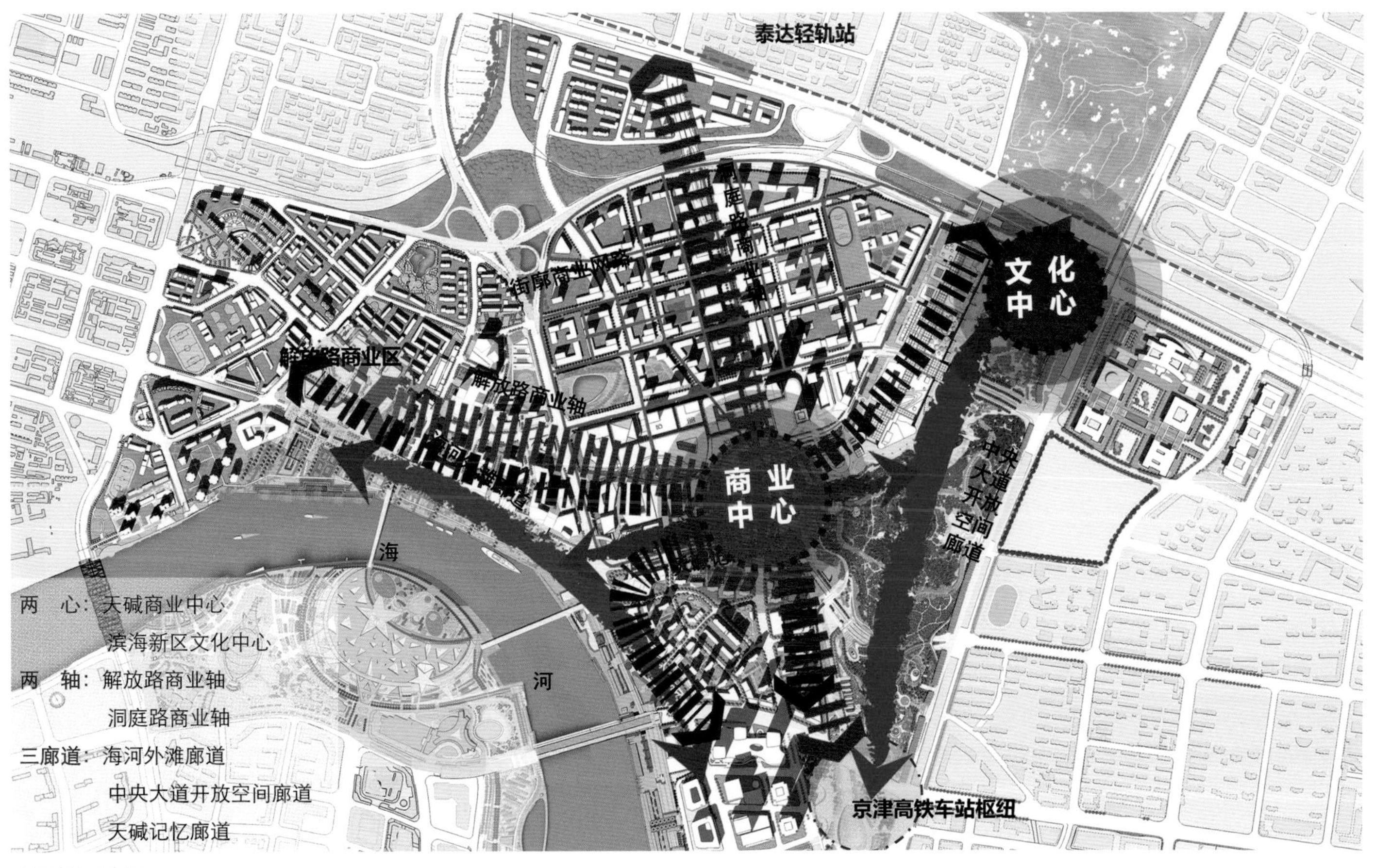

功能结构示意图

2. 用地布局及业态

商业区集中于解放路、洞庭路两条商业轴布置，重点建设大型商业综合体、街廓商业和底层商业街区等丰富多样的商业形态，构建大型超市、精品百货、家用电器、家居用品、数码影院和餐饮娱乐等多业态互为补充、相互促进的新格局，并最终与西侧解放路传统商业街区共同形成具有一定规模、形态多样、商业与文化娱乐相结合的天碱解放路商业中心区。

商业业态示意图

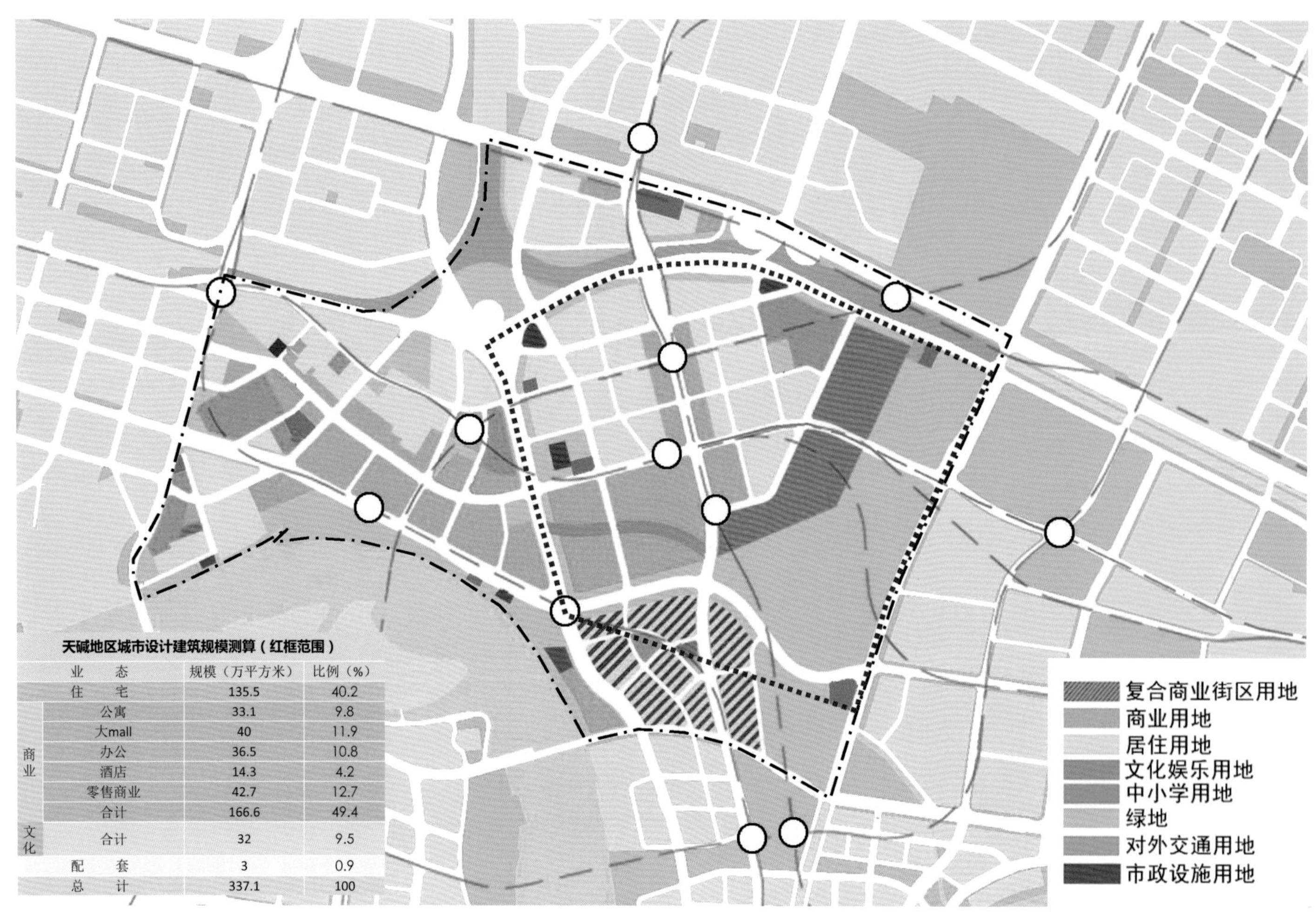

天碱地区城市设计建筑规模测算（红框范围）

业态		规模（万平方米）	比例（%）
住宅		135.5	40.2
商业	公寓	33.1	9.8
	大mall	40	11.9
	办公	36.5	10.8
	酒店	14.3	4.2
	零售商业	42.7	12.7
	合计	166.6	49.4
文化	合计	32	9.5
配套		3	0.9
总计		337.1	100

用地性质及建筑规模测算数据

3. 文化中心

滨海新区文化艺术中心与滨海新区文化商务中心共同选址于天碱解放路商业区东侧，毗邻紫云公园。文化双中心的建立将进一步完善滨海新区核心区的功能，改善以金融、商务、居住功能为主，市民配套服务功能不完善的现状，并成为带动周边地区开发建设的重要引擎。

文化中心平面图

文化中心效果图

五、综合交通

1. 交通设施

解放路传统商业街区与天碱商业综合体的交通设施，主要包括满足区域内外步行交通与车行交通转化需求的相关设施，以及外围干道和支路机动车及自行车交通的停车设施和站点设置等，最终实现“进得来、停得住、出得去”的目标。

规划任务：保持紫云公园的完整性，减少挖方量；扩大商业地块，使商业界面与城市开放空间紧密结合；利用高铁控制线地面空间，将解放路步行商业街延伸至大型商业综合体。

在商业区以及城际车站和轨道站点建设通达的地下交通体系；在商业区、滨水空间及金融区中建设地下步行网络。

城市道路系统平面图

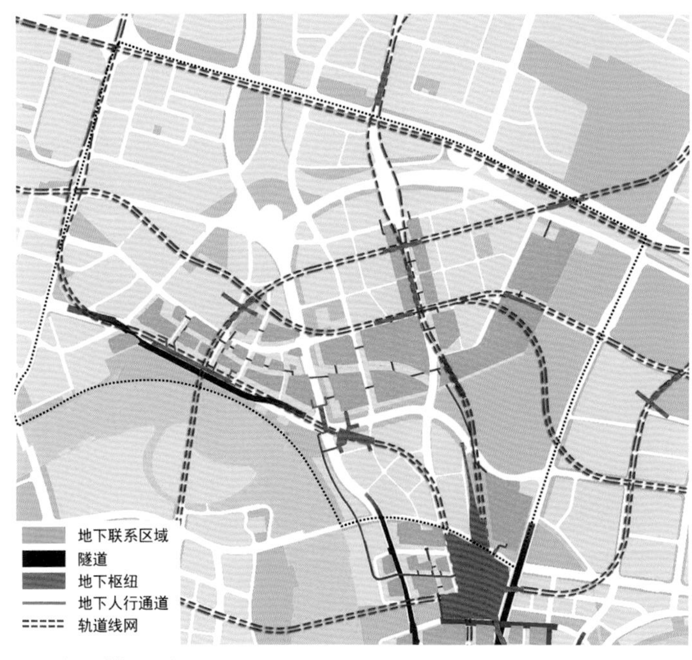

地下交通系统平面图

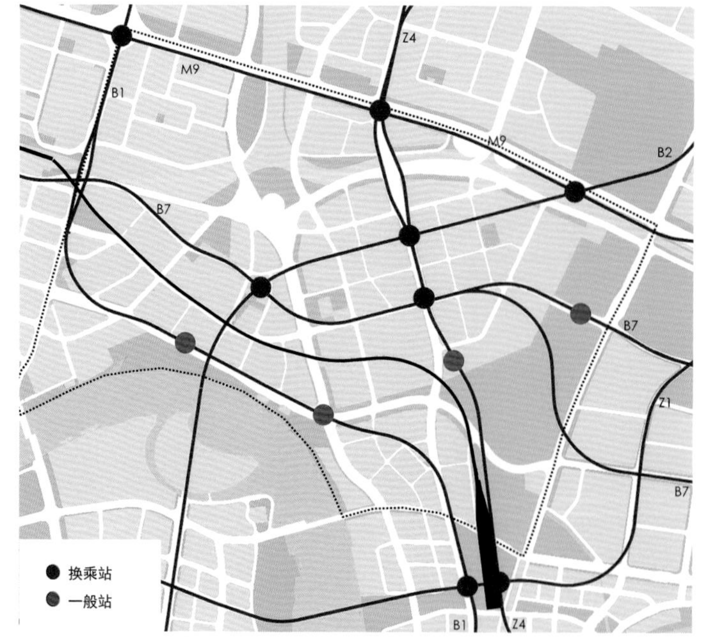

轨道交通系统平面图

2. 上海道立体交通改造

上海道紧邻外滩广场，过境交通流与广场人流在上海道沿线混杂交织。外滩防洪标高7.55米，严重阻隔了海河亲水视线。

为了提升区域商业服务品质，城市设计将上海道外滩段过境交通功能入地，并于二层架设平台，以加强商业区与海河之间的联系。地面道路设置港湾式公交站和出租车候客区，地铁出入口与绿化带、建筑结合布置。商业地块配备地下停车场，上海道地下空间设置地铁站厅层与过境地道。

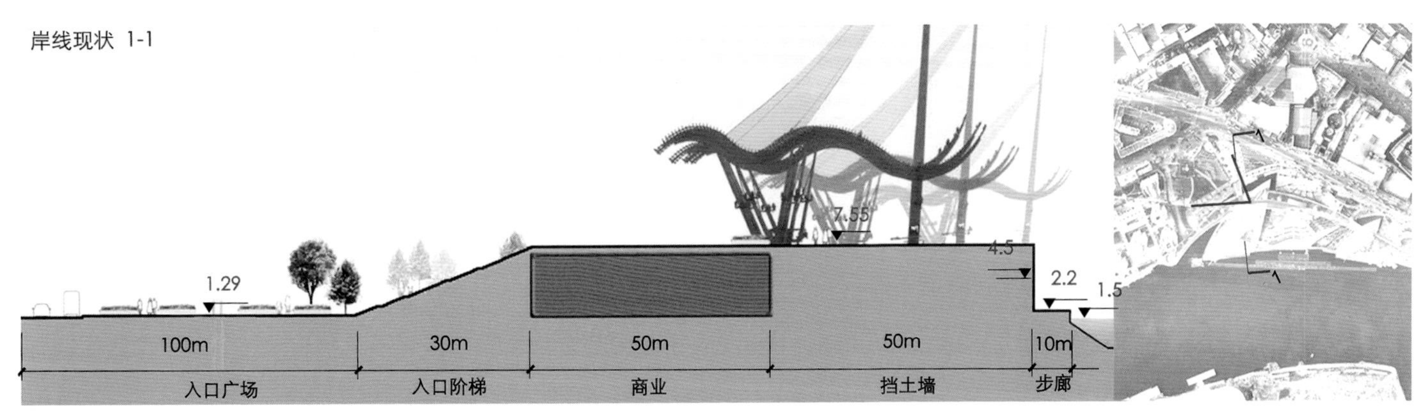

上海道及外滩现状剖面图

上海道及外滩改造后剖面图

六、区域空间关系

规划任务：塑造以于家堡 588 米地标建筑为区域中心高度控制点，响螺湾地标、于家堡南制高点和天碱制高点与之呼应的整体空间形态。区域内，建筑顶部设计灵活并提供可观赏海河的退台，使整个沿河界面形成高低起伏、错落有致的城市天际线。

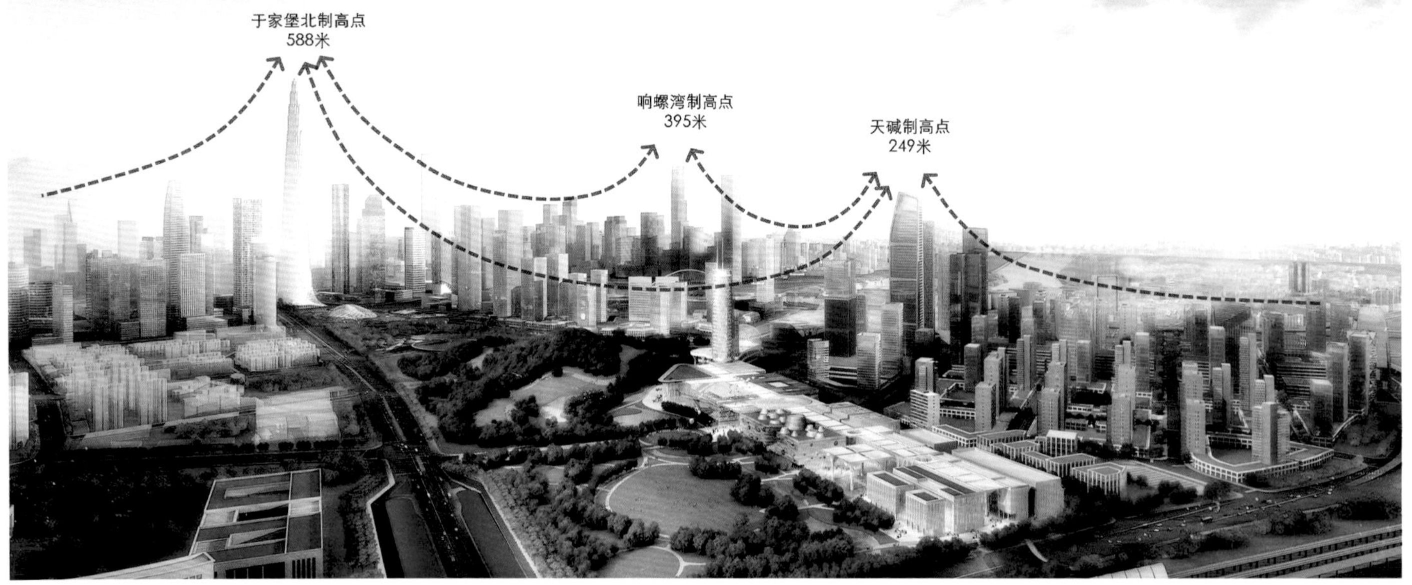

周边天际线控制示意图

海河沿岸立面图

七、滨河商业界面

规划任务：充分发挥传统商业街区的地段优势，开发并充分利用海河自然景观资源，体现景观的亲水性和休闲性，并有机衔接天碱地区东侧的中央大道绿化景观廊道、海河景观廊道，从整体景观上将其打造成凸显该区域城市形象的一大亮点。

滨河商业界面空间示意图

区域内，建筑设计在风格、体量和密度上既统一又富有变化，有助于公众全面领略区域的整体城市形象。在整体风格上，建筑外观设计探讨了现代主义与古典主义两种风格，力求彰显新城市主义建筑特色，塑造和谐统一的中心商务区域城市形象。

现代主义风格的海河沿岸

古典主义风格的海河沿岸

八、结语

天碱解放路商业区城市设计坚持统筹设计、科学规划的原则，在商业业态、空间环境、城市形象和交通设施等方面充分发挥规模、集成效应；借助京津城际综合交通枢纽，“天碱解放路商业中心”这一滨海新区最具活力的商业区域，更好地辐射周边区域，成为现代城市集约式规划、共享式建设的典范。

第六章　现代服务产业区（MSD）城市设计

株式会社日建设计、英国阿特金斯设计顾问集团

一、前言

天津经济技术开发区金融服务业经过几年的开发建设，商务办公环境已具有一定基础，金融产业氛围逐渐形成，初具现代服务产业区雏形。根据产业发展及城市空间发展要求，重新界定了开发区现代服务产业区范围，调整后的范围规划总用地约 38 万平方米，规划总建筑面积约 200 万平方米，具体包括原有的核心区、北部拓展区以及建成的金融街，在原有核心区规划的基础上，我们需对未规划地块进行城市设计，完善现代服务产业区规划。

为适应滨海新区核心区的发展定位，提高土地利用率，塑造高品位化与高档次化的金融服务环境，使泰达现代服务产业区具有整体化、国际化和现代化的新形象，我们邀请了日本日建公司、美国 GENSLER 公司、英国阿特金斯设计顾问集团、德国 GMP 国际建筑设计有限公司、德国 SBA 公司、华东设计院六家世界知名设计单位参与了 MSD 核心区及拓展区的城市设计国际方案竞赛。最终，日本日建公司中标 MSD 核心区方案设计，英国阿特金斯设计顾问集团中标 MSD 拓展区方案设计。

现代服务产业区（MSD）总体风貌

现代服务产业区（MSD）效果图

二、总平面图

泰达生活区位于天津经济技术开发区内，塘沽区西区以东，分为八个功能片区。其中，十字轴是泰达生活区的标志性空间节点和重点城市形态，位于泰达生活区的中心位置，而十字轴包括以市民广场和公园生活中心为南北节点的中心区和以东西百米绿化带为主轴的拓展区。

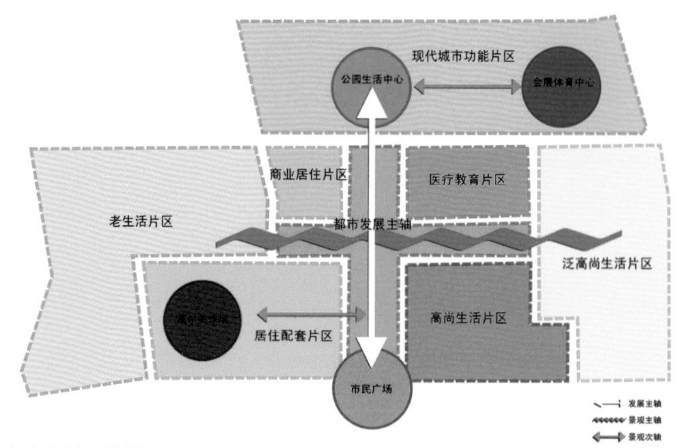

泰达生活区结构图

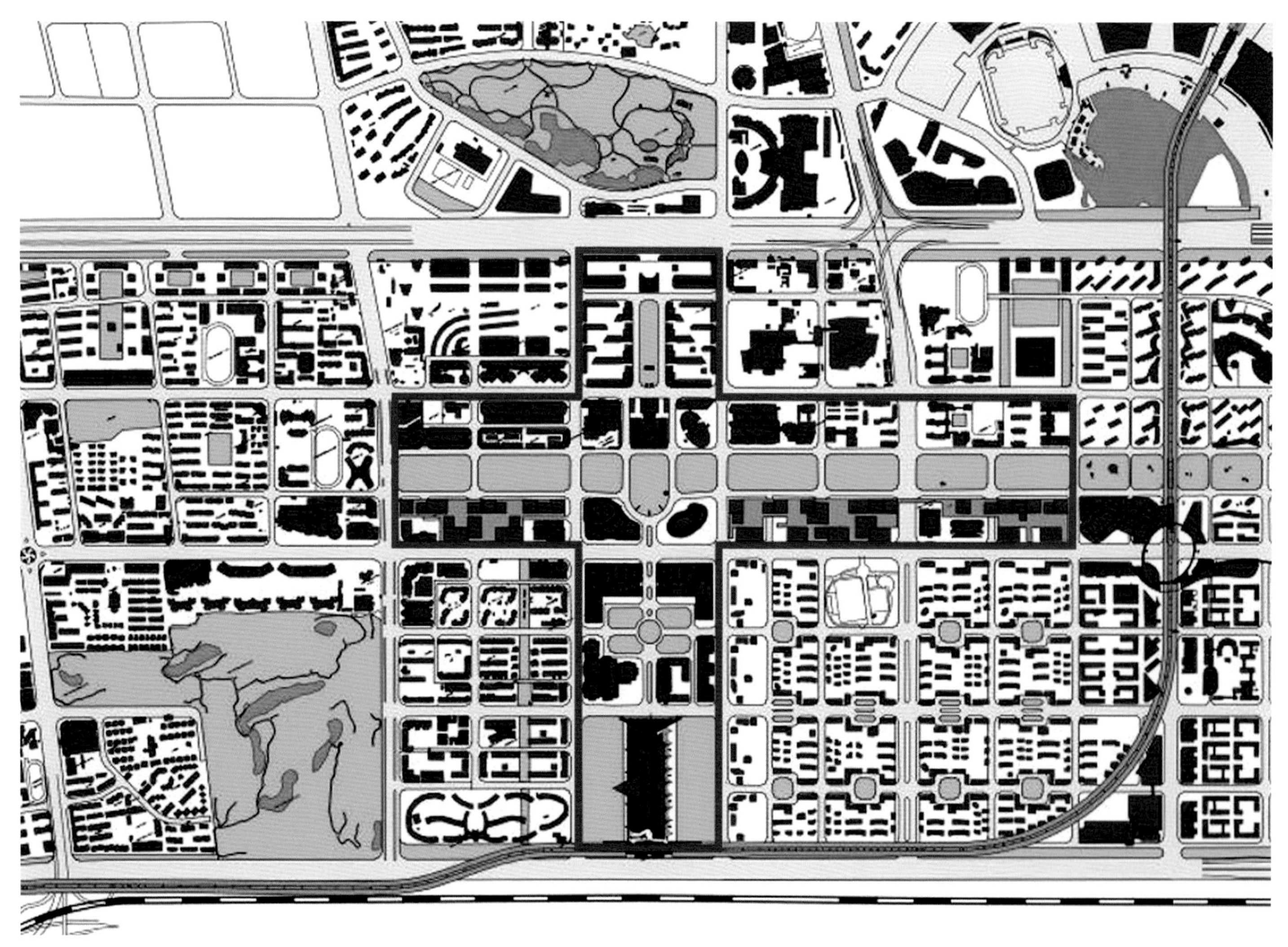

MSD 总平面图

三、功能结构

十字轴是泰达生活区最重要的空间节点，包括：南北纵轴、中心区和东西横轴、拓展区。十字结构呈多中心、点轴式的发展模式，具有多个标志性中心节点，并结合周边城市组团，形成有机的发展态势。

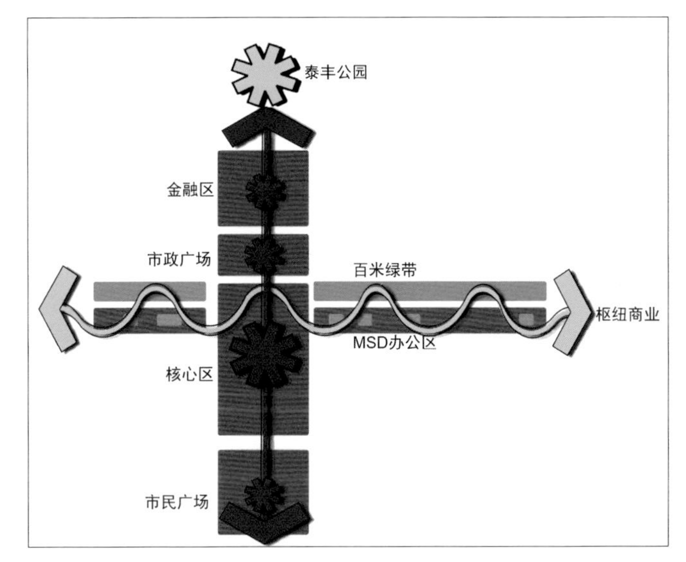

泰达生活区空间示意图

泰达生活区鸟瞰图

四、城市天际线

南北轴：“天际线”阶梯状、突变——城市结构的重点。

东西轴：“天际线”整体平缓、局部活泼——城市结构于同一中求变化。

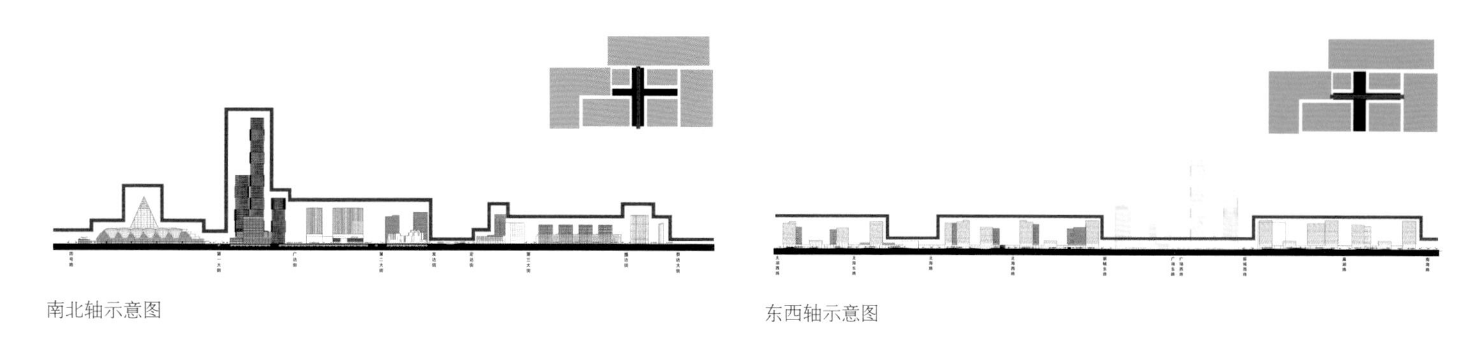

南北轴示意图

东西轴示意图

五、交通系统

城市道路等级鲜明。

城市道路网密度适宜，基础设施完备。

基地东侧配有公共轨道交通。

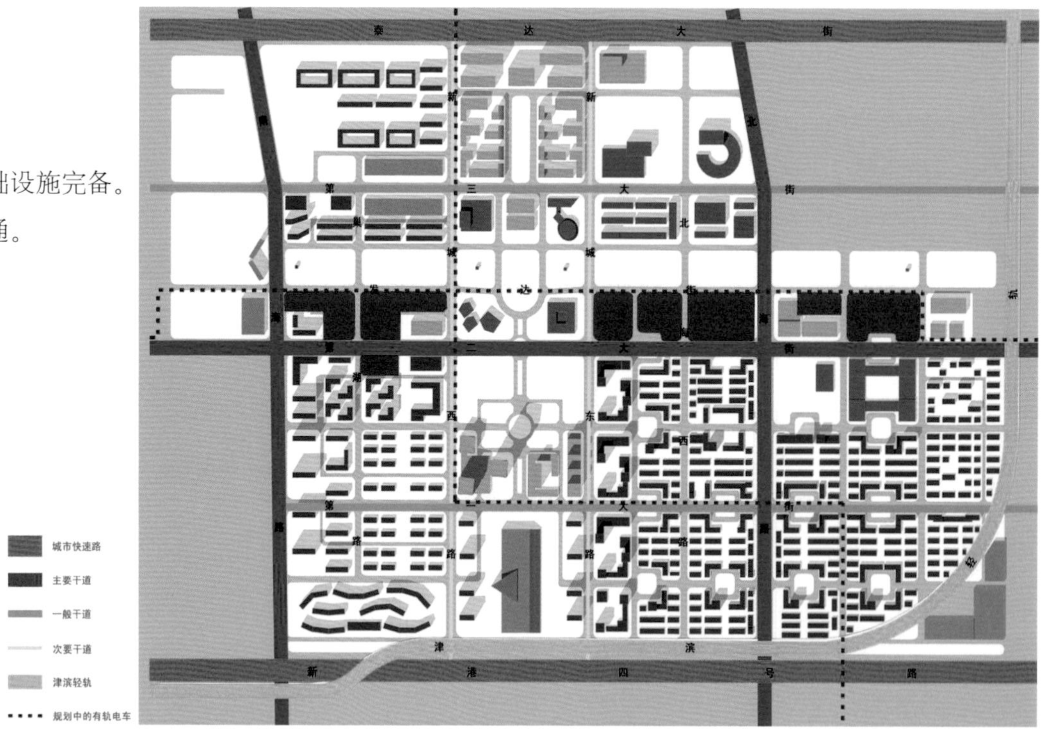

交通系统示意图

六、公共空间系统

带状中央绿地呈东西走向。

南北向主轴上的CBD中央广场十分开阔。

散落于城市街区中的街区绿地有序排布。

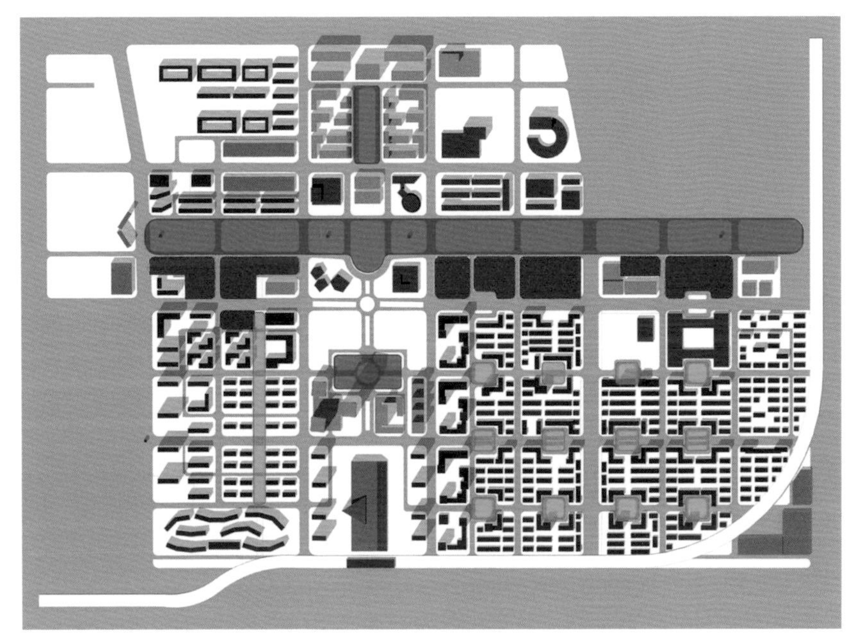

公共空间系统示意图

MSD 核心区

七、结语

现代服务产业区（MSD）的建设突出以人为本，提供完善的商务配套设施，构建绿色节能、交通便捷的城市空间，并倡导人与建筑的有机融合，打造功能复合的城市载体和滨海新区的活力中心。

MSD 拓展区

第七章　中新天津生态城城市设计

天津市建筑设计院、新加坡裕廊国际

一、前言

中新天津生态城是中国、新加坡两国政府战略性的合作项目，生态城的建设显示了中新两国政府应对全球气候变化、加强环境保护、节约资源和能源的决心，为资源节约型、环境友好型社会的建设提供积极的探讨和典型示范。

中新天津生态城总体风貌

二、区位和总体规划

中新生态城位于滨海新区，汉沽和塘沽两地区之间，蓟运河与永定新河交汇处至入海口东侧，距滨海新区核心区约15千米。该区域位于环渤海地区京津发展主轴北侧，天津滨海新区沿海城市发展带的北翼，西侧紧临生态廊道。

总体规划范围：东至汉北公路—中央大道，西至蓟运河，南至永定新河入海口，北至津汉快速公路。规划面积：30平方千米。

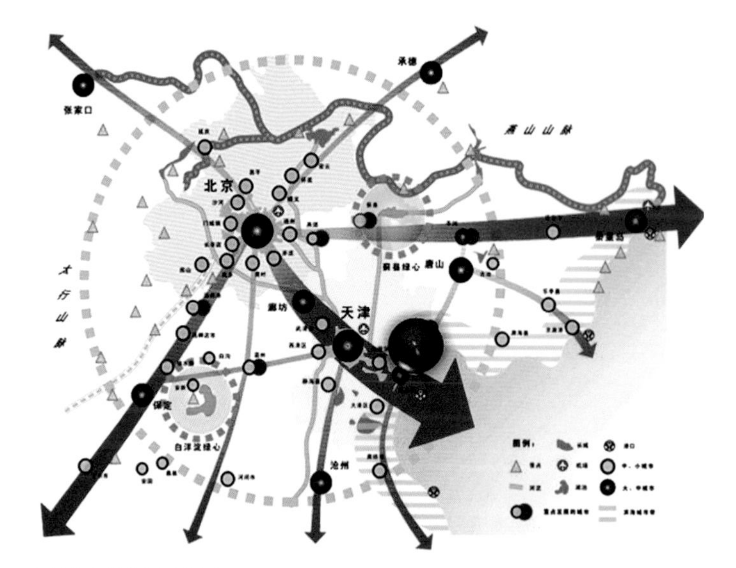

中新生态城规划区位图1

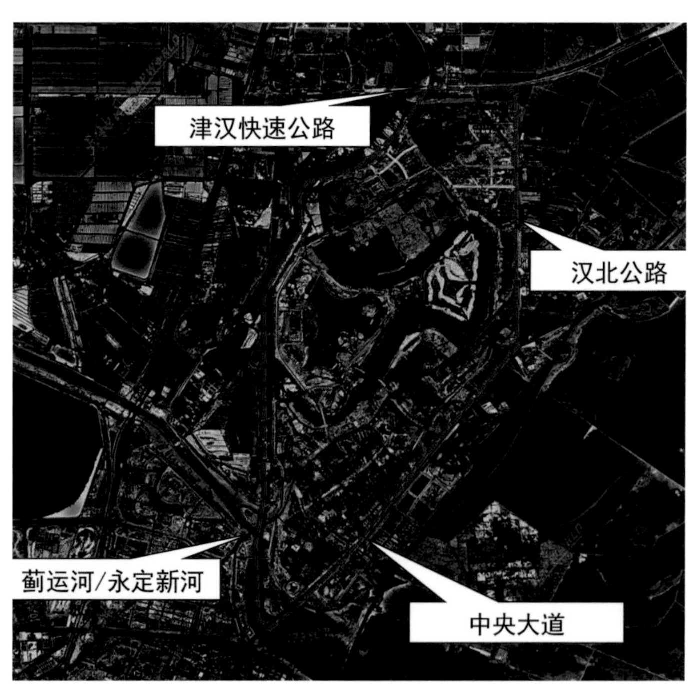

中新生态城规划区位图2

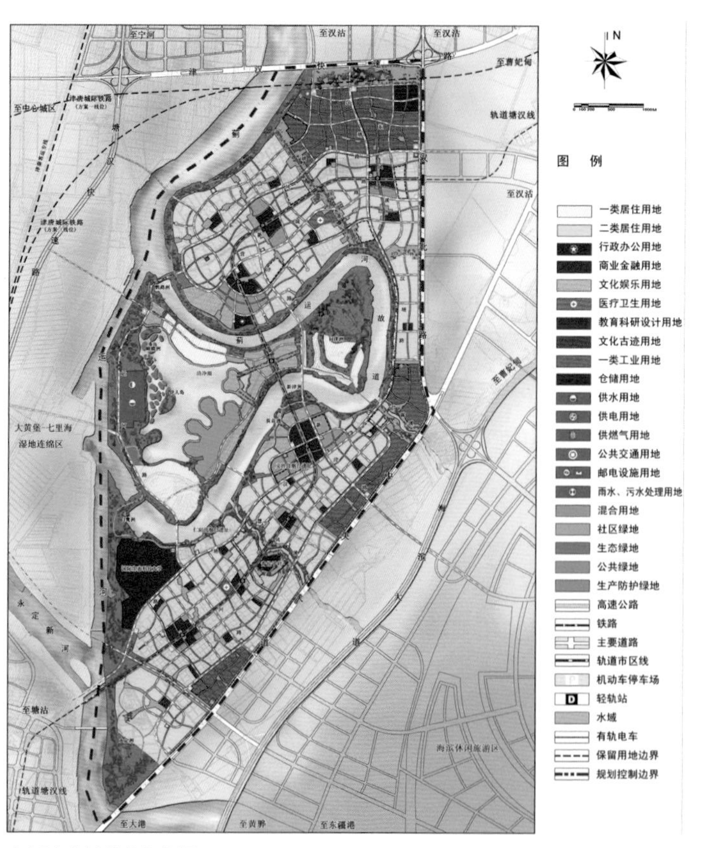

中新生态城总体规划图

三、南部片区城市设计

南部片区为生态城起步区，规划用地由中央大道、中津大道、汉北路以及慧风溪围合而成。规划面积：4 平方千米。

南部片区总平面图

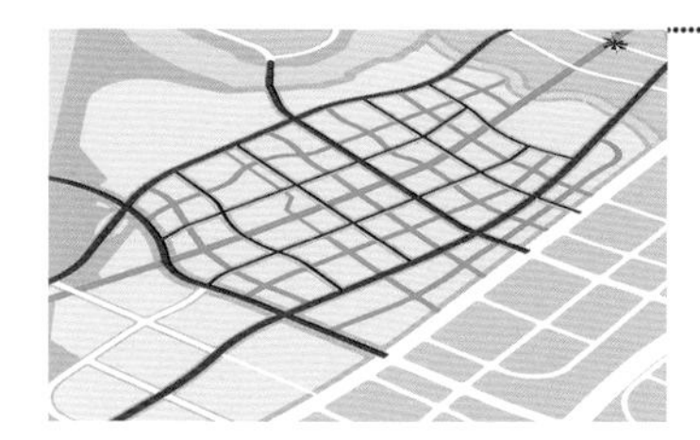

①双棋盘格局

机动车道与慢行系统组成双棋盘格局，将400mX400m的细胞进一步划分为200m × 200m的地块。

②两心两园十字轴

生态谷南北贯穿基地，连接南部中心和特色中心。与生态谷垂直规划另一条主轴，串联国家动漫产业园、商业街、南部中心和科技园，形成起步区的双心双园十字轴主体规划结构。

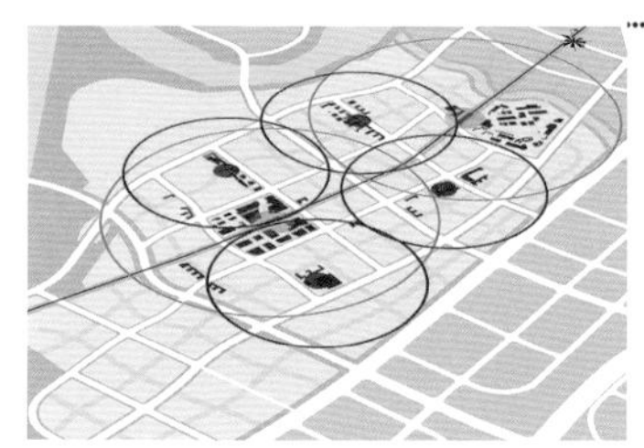

③公共设施

承接总规确定的片区–社区–细胞三级居住体系。在不同级划区域的中心布置相应级别的公共服务设施。南部中心、青坨子特色中心为片区服务，结合轨道站点设置。小学、社区中心、社区绿地为社区服务，位于社区中心位置，服务半径500m，服务人口约2万人。在每个细胞中心结合慢行系统交叉点设置配套设施。

南部片区城市意向体系

④开放空间

由生态谷、慢行系统、社区绿地、广场和滨水湿地空间组成“点、线、面”相结合的开放空间系统。

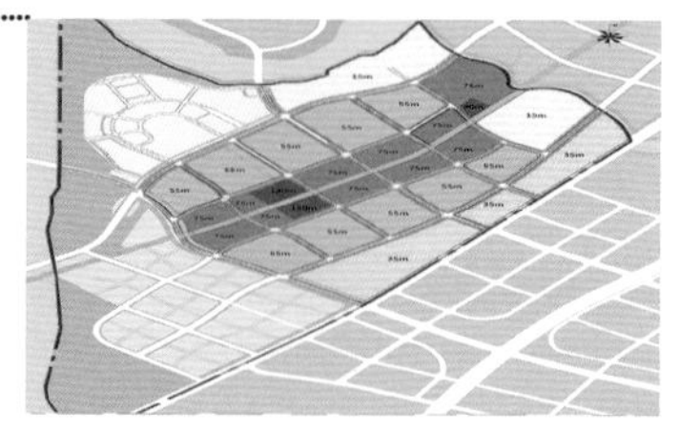

⑤高度布局及控制原则

1. 限高布局
2. 天际线：马鞍型、跌落型
3. 细胞高度控制：起步区“鱼骨状”高度控制，同时细胞四角高度降低。

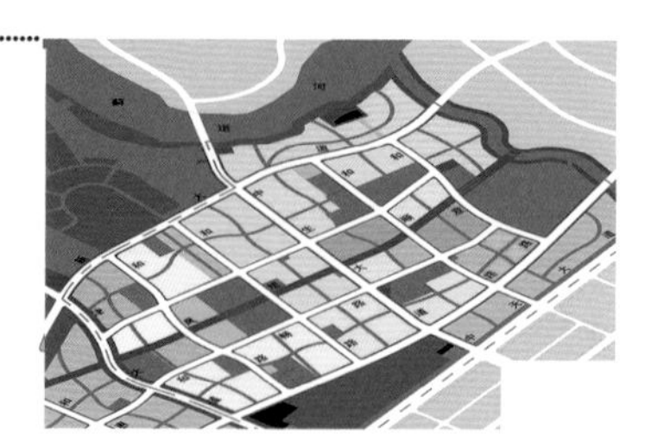

⑥建筑风格分布

依据双棋盘格局和绿网成长起来的居住生态细胞依据整体城市风貌需求对不同细胞进行整体建筑风格布局。

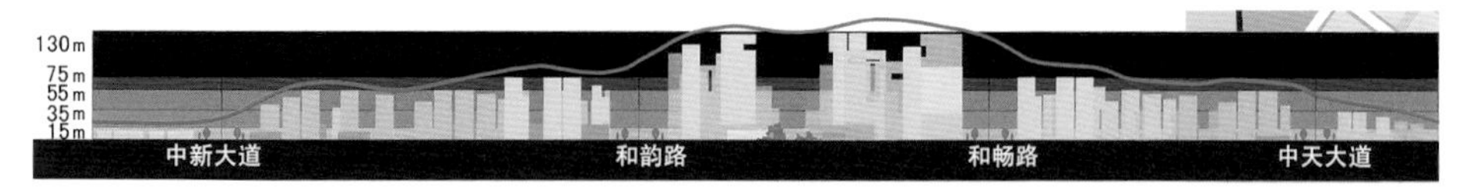

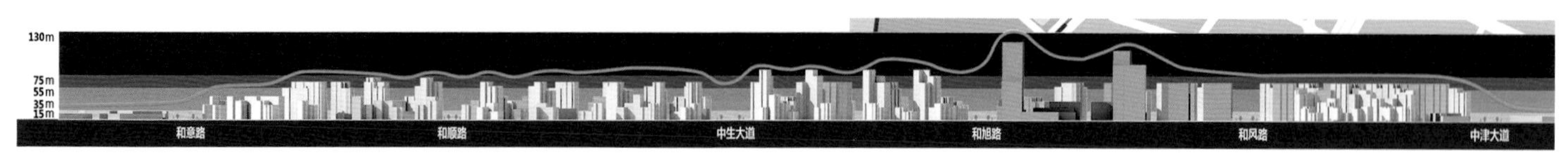

南部片区城市空间高度

南部片区规划效果图

四、中部片区城市设计

中部片区规划用地西北至蓟运河故道，东至中央大道，西南至慧风溪生态廊道，北至产业园区。规划范围内总用地面积：4.4平方千米。

1. CBD城市核心区
2. 大型文化建筑
3. 大型商业建筑
4. 滨水休闲娱乐建筑
5. 信息产业园
6. 中学
7. 商业次中心
8. 社区商业
9. 小学
10. 幼儿园
11. 社区公园
12. 生态谷

中部片区总平面图

功能结构为“一心、一轴、一园、四组团”。

“一心”：生态城主中心 CBD 区域。

“一轴”：生态谷。

“一园”：信息产业园。

“四组团”：四个生态居住组团。

图例 Legend

生态城主中心CBD区域 the CBD Area

生态谷城市发展轴 the Eco-Canyon Axis of Urban Development

信息产业园 the Information Industry Garden

生态居住组团 Ecology Residential Communities

中部片区功能结构

景观结构由景观分区、景观轴线、景观视廊、景观界面、景观节点和景观地标构成。

景观分区：城市 CBD 景观区、滨水商业景观区、滨水居住景观区、生态产业景观区等主要景观区域。

景观轴线：生态谷。

景观视廊：中泰大道、中新大道主景观视廊，蓟运河故道沿线的次景观视廊。

景观界面：沿蓟运河故道和中央大道界面。

景观节点：1 个片区公园、4 个社区公园。

景观地标：CBD 标志性高层办公建筑、青年宫、图书馆、商业组团、交通枢纽、园区综合大楼等。

中部片区景观结构

中部片区规划效果图

五、生态岛片区城市设计

生态岛片区含生态城标志性能源岛，为低密度、高品质的生态社区。该区域拥有水面开敞的清净湖，湖面面积约115 公顷。

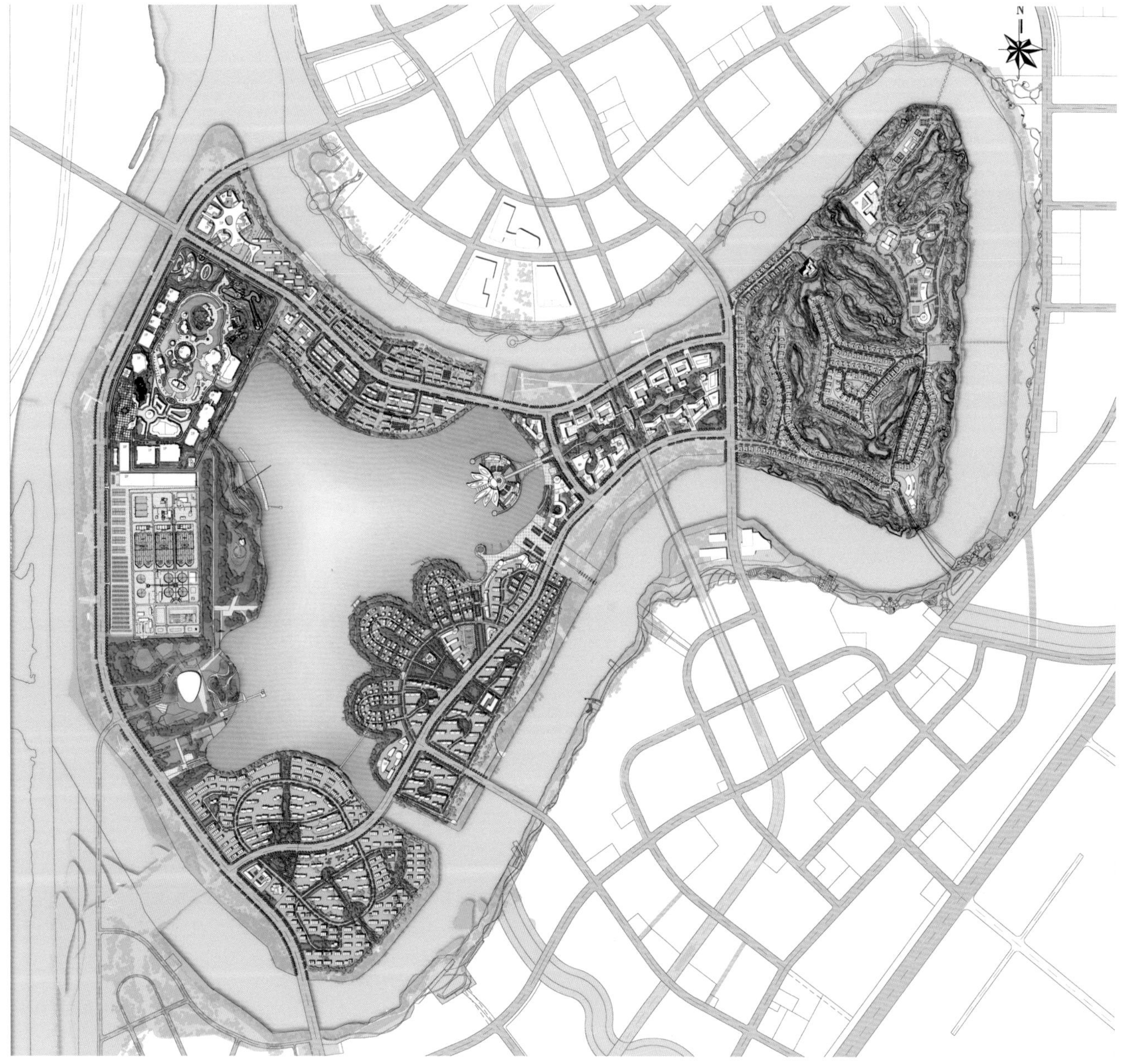

生态岛片区总平面图

主要景观结构由“点、线、面”三种形态组成，相互交织，形成易感知的城市标志性景观区域。

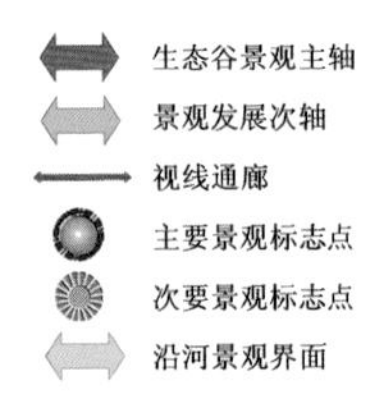

生态岛片区景观结构

该区域重点发展特色旅游业，充分利用清净湖及蓟运河的稀缺资源，设置环湖及水上游览路线，使水域资源共享最大化。

环内湖游行路线
环外湖游行路线
步行桥
水上交通游线
视觉观察点

生态岛片区特色旅游组织

生态岛片区规划效果图

第二部分　滨海新区城市设计思考

Part 2 Thoughts on Urban Design in Binhai New Area

第一章　城市中心的城市设计

引　言　打造具有国际一流水准的城市中心

城市公共中心和核心区是一个城市的功能载体和形象展示区。若想建设高水平的城市，必须具备高水准的城市中心。作为一个在老城区基础上建设的城市中心，滨海新区核心区城市结构和骨架的塑造需要一个过程。

2005年，滨海新区管理委员会组织方案国际征集，对于家堡和天碱地区进行城市设计，拉开了于家堡地区作为金融中心的规划序幕。2006年，由于家堡金融区、现代服务产业区（MSD）和天碱地区组成的滨海新区核心区域被天津市政府批复的《滨海新区中心商务商业区总体规划（2006—2020）》正式确定。随后，由天津大学编制响螺湾外省市商务区城市设计导则；2007年，滨海新区管理委员会组织新区中心商务区海河两岸城市设计方案国际征集，由美国SOM设计公司编制于家堡金融区城市设计导则；2008年，组织重点地区国际设计竞赛，如于家堡金融中心、现代服务产业区（MSD）；2009年，编制天碱地区城市设计导则，英国阿特金斯设计顾问集团编制现代服务产业区（MSD）城市设计导则。进一步明确了上述地区的城市功能、空间格局、交通组织、空间形态等，随着城市设计的完善，对新区中心商务区的建设起到了积极的推动作用。

2008年，于家堡金融区开始拆迁并启动起步区建设工程，现代服务产业区（MSD）建设项目也开始启动。滨海核心标志区的规划和建设达到一个新的水平。2010年，结合新区中心城市设计的完成，滨海新区规划和国土资源管理局对《中心商务区总体规划》进行修编。确定了“一河、两岸、六片区”的规划结构，进一步明确了于家堡金融商务区、天碱解放路商业文化中心的定位。2012年，滨海新区核心区总体城市设计导则编制完成，其明确了新区核心区的城市结构。于家堡金融区等各片区结合建设实施、招商引资、功能提升等要求，从功能业态、开放空间、建筑形态、轨道定线、完善配套等方面开始城市设计的规划提升工作。天津市渤海城市规划设计研究院负责滨海新区商业和文化中心（天碱地区）城市设计；美国SOM设计公司负责对于家堡金融区进行规划提升；天津市规划院负责滨海新区文化中心城市设计，并且邀请国际大师团队为文化中心的建筑单体进行设计。

目前，开发区现代服务产业区（MSD）、响螺湾商务区已全面开工建设，部分已投入使用，于家堡金融区起步区已基本建成，地标建筑京津城际车站已投入使用，天碱地区首个地产项目已开盘，滨海新区文化中心的一期工程已开工建设。

下文将重点阐述关于滨海核心标志区及几个重点地区的城市设计思考。

第一节　秩序与共识——滨海新区核心区总体城市设计

程宇光

2012 年 1 月，我们开始承担滨海新区核心区总体城市设计工作。这也是继天津中心城区总体城市设计之后又一个在区域城市视角下宏观层面的总体城市设计任务。滨海新区于 2006 年被纳入国家发展战略后，我们先后开展了众多城市设计工作对象，对象包括各功能区和塘沽、汉沽、大港城区等。2007 年清华大学建筑学院编制了《滨海新区城市总体设计》，从“形态元素”和“空间识别”两个方面对城市总体形态进行探索。2008 年，中规院编制了《塘沽区总体城市设计》，对塘沽核心城区总体城市空间形态进行探讨。多年来，滨海新区邀请国际知名的设计单位进行详细城市设计的深入研究，运用窄路密网、生态低碳等先进的设计理念；于家堡金融区起步区、中新生态城起步区等城市设计正在建设实施中，这些为我们提供了同步审视和检讨的机会。同时，2010 年天津市中心城区总体城市设计导则的编制为我们积累了宝贵的经验。由此，我们开展了滨海新区核心区总体城市设计工作，希望站在更高的视角，从区域城市的角度入手，建立城市功能、交通、生态等方面的良好秩序，让城市实现高效运营，同时回归城市设计的本源——以人为本，将城市空间形态转化为被使用者切身感受的城市生活，营造具有归属感的美丽家园。

一、现实与理想的桥梁

自 2006 年以来，滨海新区的开发开放被纳入国家发展战略，其经济高速增长，引领全市经济飞速发展，未来将发展成为“中国经济增长的第三极”。2008 年，天津空间发展战略规划明确了滨海新区核心区作为发展核心和龙头的地位。按照滨海新区总体规划与“十大战役”的部署，符合国际最新潮流的“一城、多组团、网络化”的城市架构已初步形成。滨海新区的开发建设肩负着巨大的政治使命、经济使命和社会使命，寄托着社会各界的希望。然而，现实基础并不足以承载滚滚向前的发展车轮，存在很多城市设计亟待解决的问题，我们应该在前进中不断探索。

在空间结构方面，十大战役、九大功能区并驾齐驱，推动城市整体骨架快速成型，但网络化结构的发展初期仍面临结构分散、格局不明确的局面。在城市风貌方面，滨海新区是一个全新的概念，但核心区在历史上是一个老区，多为工业港口与内河航运、两岸仓库；1980 年以后，开发区以工业厂房为主。滨海新区尚未摆脱开发区或港口工业区的影子，现代化国际大都市的形象尚未建立，滨河面海的空间特色尚不突出，因此需要通过改造重生，实现“凤凰涅槃”。在交通方面，问题较为突出，原有港城结构下集疏港货运交通与城市客运生活交通之间的矛盾亟待解决。在生态方面，以天碱和大沽化为代表的工业废弃地、大沽排污河、盐碱荒滩等消极景观需要通过生态措施进行改善；城市文化方面，最具代表性的海港工业文化、渔盐文化亟需保护利用，新的时尚文化需要不断培育。在城市生活方面，已全面发展带动大规模就业，但优质的生活配套服务相对缺失，造成生活品质较差、商业活力不足、缺少归属感等问题。大量的员工宁愿忍受长时间的城际通勤而住在中心城区，也不在滨海新区安家置业。

以上这些问题都是城市快速成长和转型过程中的必经之痛，分析现实问题的深层原因，有助于我们更好地了解城市，找到标本兼治的良方。滨海新区经历了“从渔盐小镇到工业港口重镇”四百年的城市演变，如今正在向国际一流的现代化国际大都市转变。我们对滨海新区的发展充满信心：未来，滨海新区将成为一座充满智慧且文化多元的大都市，一座环境优美、充满活力的宜居城市。同时，我们针对滨海新区发展过程中面临的主要问题，从城市的结构与形态、交通与生态、文化与生活等方面提出设计目标和策略，希望通过总体城市设计，构建整齐有序的城市空间秩序并达成广泛的社会共识。

二、构建城市空间秩序与总体艺术骨架

1. 结构秩序：可认知的城市空间结构

滨海新区核心区规划范围 190 平方千米，研究范围（包括港区）约 530 平方千米；现状建成区（主要包括塘沽城区和开发区生活区，约 80 平方千米，处于中心位置，海河北岸。核心区包括已开发的部分盐田和西部农村地区，由于受到海河铁路的分割，各片区各自为政，因此，滨海新区核心区总

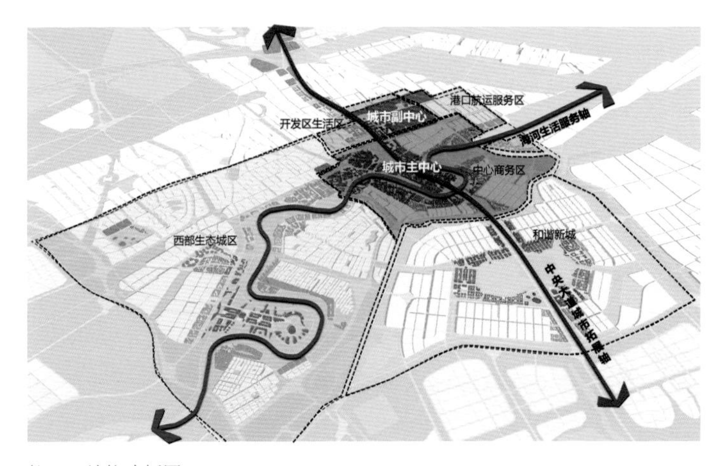

核心区结构分析图

体城市设计的工作重点是构建城市整体空间秩序，并且从人的感知角度建立清晰、可识别的城市总体艺术骨架，明确并强化城市结构。这也是彼得·卡尔索普在《区域城市——终结蔓延的规划》中提到的中心、功能分区、生态保护区和发展轴线等空间形态的四类要素。滨海新区核心区公共中心是核心区功能汇集的焦点，它体现核心功能的聚集和多种功能的混合。在对曼哈顿、金丝雀码头等国内外著名 CBD 的尺度与规模结构等进行比较后，我们确定了“一心聚集”的城市主中心，它不仅具有于家堡金融区、响螺湾商务区、现代服务产业区（MSD）等最核心的城市功能，同时也囊括文化、商业、居住等综合生活服务功能，成为职住平衡、功能多元的活力街区。此外，我们结合网络化的城市整体空间架构了胡家园商业中心、高铁枢纽中心、南窑半岛文化产业中心、和谐新城服务中心等四个片区以及公共中心和专业中心，并明确各自的空间特色。在此基础之上，按照产业服务与生活配套的职能分工，我们划分了中心商务区、西部生态城区、和谐新城等多个功能分区，并系统地梳理每个分区的规模、结构和空间特色。

发展轴城并不是常规视线对景的轴线，而是城市最重要的空间载体，是城市艺术骨架与特色形象的展示窗口。它是“各中心、社区或功能分区之间有机联系的元素”。城市规划不仅仅从大的空间结构入手，划定“黄金十字”的发展轴线，更需将工作重点放在轴线两侧实际承载的城市空间上。为此，我们重新梳理了海河生活轴两侧的公共设施、开放空间、滨水与跨河道路以及建筑界面等，同时注重保护两岸历史遗迹，传承文化特色，使之充分展现城市人文魅力。同时，划分中央大道不同区段，明确两侧建筑形态与环境风貌，通过对道路街道界面与天际线的良好控制，更好地展现滨海新区的时代特色。

海河生活服务轴示意图

中央大道发展轴示意图

2. 街道秩序：最具活力的公共空间

滨海新区的后发优势体现为：在大城市普遍陷入交通困境的今天，可以采用更先进的规划理念，少走类似的弯路。交通问题是滨海新区核心区城市设计工作的重中之重。如何疏导集输港货运交通，解决客货矛盾；如何构建快速客运骨架路网，推动各功能区之间的便捷联系；如何建设与城市结构高度契合的公交系统，节约土地资源；如何回归街道本质，打造人性化的街道空间……这些都是重点，也是难点。

正如罗伯特 · 瑟夫络在《公交都市》中谈道：“一个功能卓著和可持续发展的公交都市并非以公交大范围取代私家汽车出行，而是公交与城市发展形态和谐共存、在发展过程中相互支持和促进。虽然小汽车占主导地位，但人们的出行方式有多种选择。”因此，我们首先构建 TOD 的空间发展架构，即以公交导向型的城市开发模式为目标，梳理交通与城市空间形态，将土地开发强度较大的地区和经济活动较频繁的公共中心地区与轨道站点相结合。其次，取消对核心区城市分割影响较大的货运铁路线，并通过方格网的方式组织客运交通，保证区间客运主干道有 1 ~ 3 千米适当的间距，增加各功能区之间的连通性。第三，探索适当的街区尺度。由美国 SOM 设计公司规划的于家堡金融区 100 × 100 的路网提供了一个很好的示范，开发区生活区 120 × 150 与塘沽老城区 150 × 200 的街区街廓均尺度适中，且便于政府开发管理。我们将这三个典型街区作为模板，整合核心区各单元的路网，构建窄路密网的街道体系，鼓励自行车与步行通行，营造舒适且丰富的街道生活。

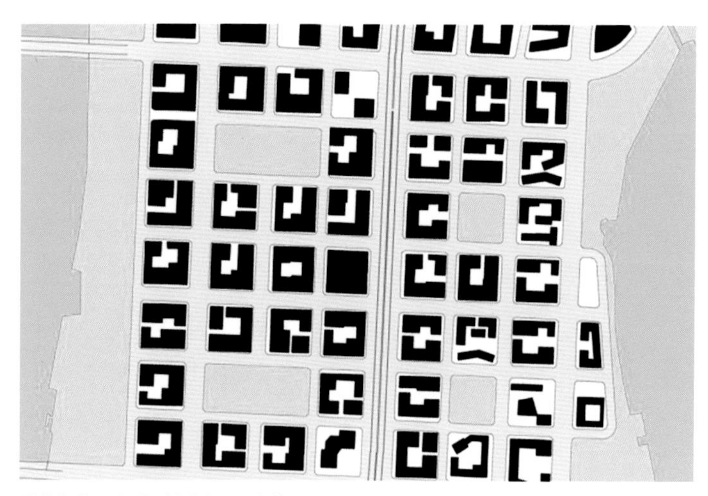
于家堡街区尺度分析图——建筑

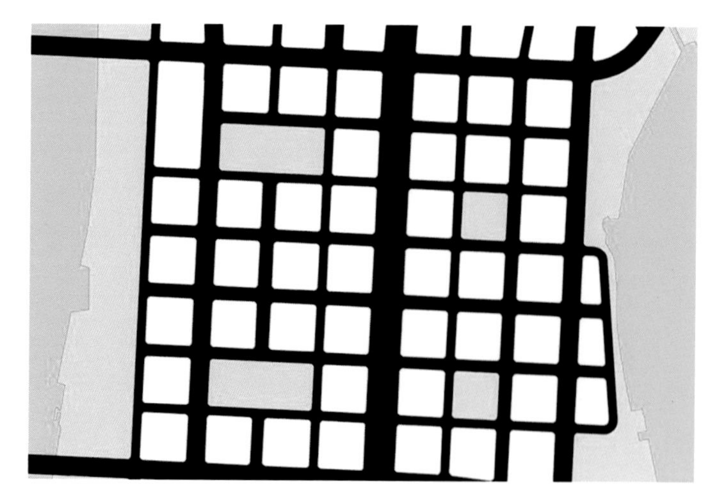
于家堡街区尺度分析图——街道

3. 建筑秩序：视觉冲击的背后

城市天际线是展示国家级新区雄心壮志和世界级 CBD 形象的重要元素。目前，滨海新区核心区不乏建设天际线的决心与动力，588 米的洛克菲勒大厦、538 米的周大福大厦正在筹备开工，响螺湾 200 ~ 400 米的高层建筑群已经轮廓初显。未来的中心商务区将成为高楼林立的“新曼哈顿”。然而，此次城市规划的重点并非塑造天际线，而是构建天际线背后的建筑秩序。

首先，加强与大众运输相契合的高度分区控制。建筑高度密集的区域是城市活动集中的区域，也是人流、车流最密集的区域，需要高效的大众运输系统与之配合。因此，高层建筑最密集的地区应该是路网密度最高、轨道线网与换乘站点最多的地区。为此，我们重新梳理轨道线网，突出“双核至高”的城市中心形象，并以 TOD 的开发模式规划片区级中心和社区中心。其次，天际线的形成有赖于适当的观景平台与视线通廊。总体城市设计的任务就是在打造高层建筑群的同时，提供最佳观景角度，如蓝鲸岛、文化中心绿地等，从而使人们对天际线的建筑组合、地标建筑位置、屋顶形式等方面的设计深化工作有更直观的感受和更直接的体验。另一方面，天际线不等于轮廓线，需要由近景的建筑立面和远景的屋顶轮廓等要素组合形成丰富的空间层次。最后，通过视线仰角分析法对海河两岸及中央大道沿线等重点地区建筑进行高度控制，引导空间秩序的有序建立。

与此同时，作为天际线背景的大量居住区是城市本底肌理，有助于形成城市形象，但在城市快速发展的过程中往往被忽视，导致千城一面、孤立单调的高密度社区层出不穷，从而影响城市整体空间秩序。城市建设需要一些光鲜亮丽的地标节点，但城市社区生活的营造更能体现城市的生活品质，这也是“美丽城市”的真正内涵。在规划中，我们力求提出通过创新滨海核心区的居住模式，提供多样化的居住体验；结合不同区位、环境与街道朝向，探讨高、中、低开发强度下的多种居住模式，避免同质化的社会分层和单调的住宅小区形象，为未来实际住宅产品的设计开发提供引导。

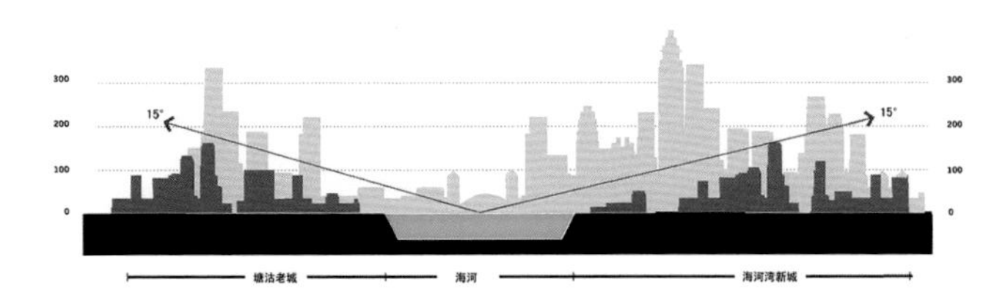

海河两岸视线分析示意图

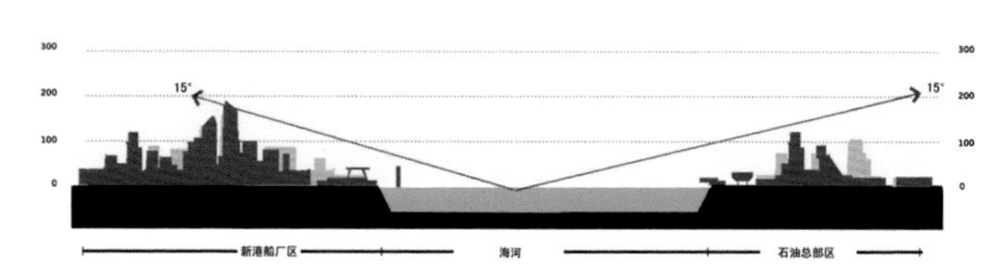

海河两岸视线分析示意图

4. 生态秩序：平衡发展的健康城市

城市中心的城市设计的一个显著特点是通过大手笔的开放空间廊道和景观水系打造“生态城市”，而此次城市规划以现有资源为基础，与更大范围的大自然进行对话，以保障城市生态系统的健康运行。

《区域城市——终结蔓延的规划》中谈道：“城市生态系统的运行并非在地方层面上，而是在一个相当规模的尺度上。”滨海新区核心区水土环境的改良，有赖于在更大范围内构建良好的生态秩序。核心区生态职能的实现依托于海河、永定新河等区域水系流域的入海通廊。因此，从区域生态安全的角度，城市规划力求疏通“七河一湖”的生态水网系统，划定海河两岸100～200米的绿化滨水绿化带，并提升大沽河的生态职能，加强东西向的生态联系；同时，控制五条南北向的生态绿廊，对接大港水库、官港湖湿地南北两大生态区。

与此同时，城市规划注重整合现有的绿地公园，对核心区内大型的城市公园进行控制引导，将原有分散无序的盆景式绿地整合成为层次分明、清晰有序的绿地系统。例如，汲取纽约中央公园的建设经验，将中央大道沿线的华纳高尔夫球场、文化中心绿地、紫云公园、城际站前广场等加以整合，形成1.5平方千米的滨海中央公园，作为城市密集区的“中心绿肺”。

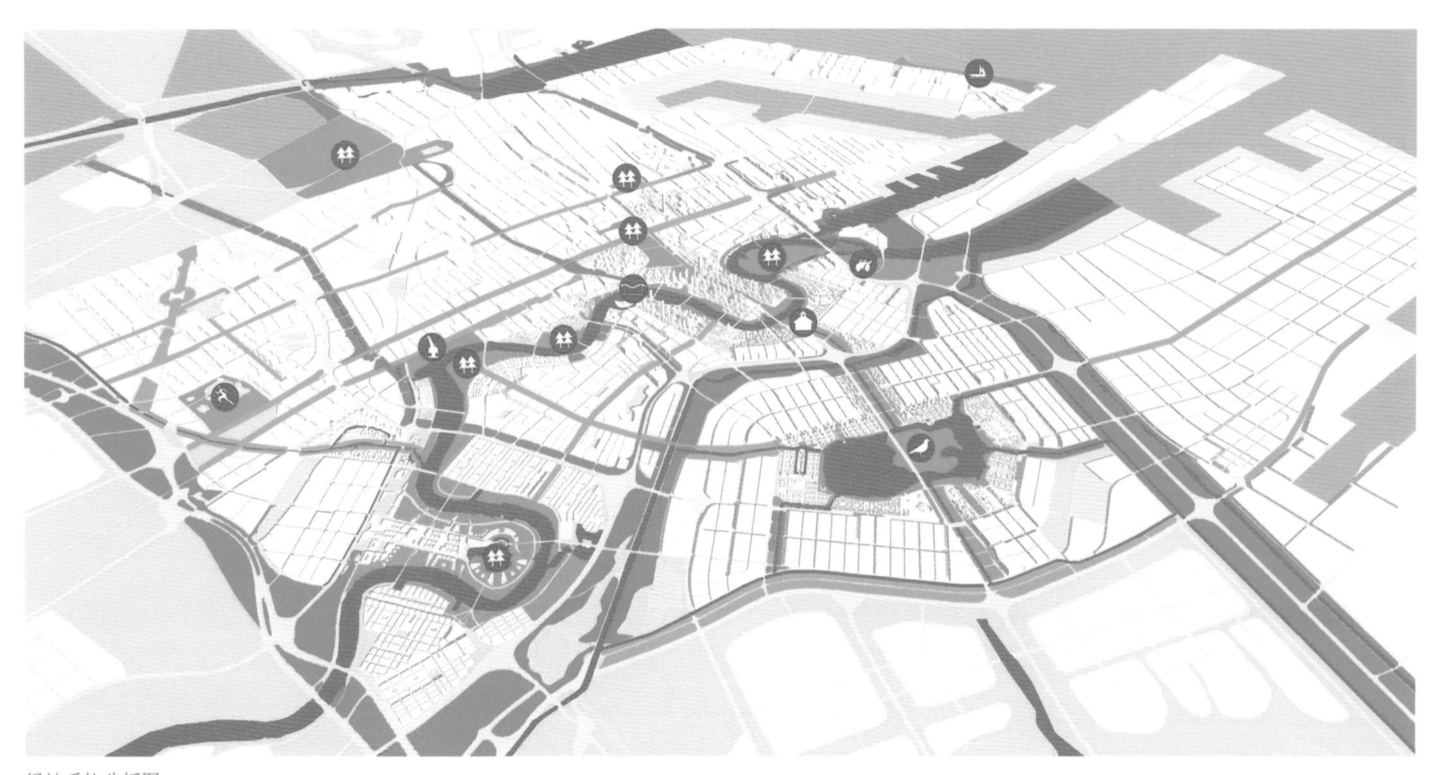

绿地系统分析图

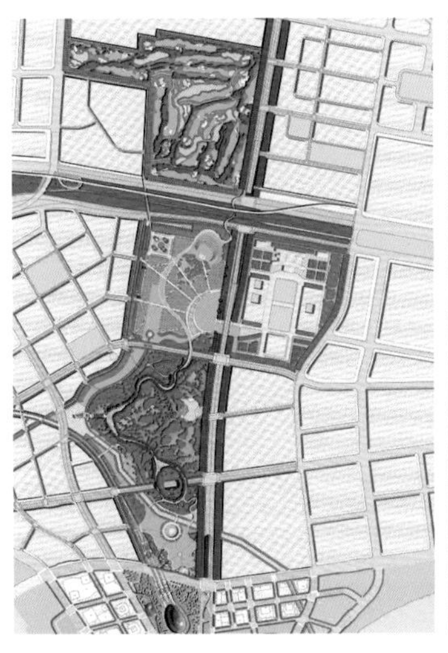
滨海中央公园示意图

滨海中央公园示意图

三、达成社会共识

滨海新区核心区作为滨海新区开发开放、改革创新最具代表性的地区，应该顺应新的城市发展潮流，引入新的设计理念与规划技术。新都市主义的核心人物彼得 · 卡尔索普所著的《区域城市——终结蔓延的规划》为我们指明了方向。书中提出把区域城市看成一个由单元、街坊和社区组成的整体，区域整体设计不仅包括区域层面的社会与经济政策设计，还应该强调街区层面建筑环境的形体设计，把区域分解到人的尺度层面，然后再进行设计。因此，滨海新区核心区总体城市设计从整体宏观构架和局部微观尺度两个角度入手，构建城市功能、交通、生态等方面的系统网络，同时营造人性化的生活场所，包括步行友好型街道、安全舒适的邻里等。在此过程中，以上设计理念与方法被广泛认可并付诸实施，此次城市规划工作在总体和详细层面上同步展开。

核心区 190 平方千米包含 24 个单元，由多家设计单位分别承担规划工作；在此过程中，需要大量不同层面的设计协调与规划衔接，既包括各单元之间“断头路、揣袖路口”、道路等级与红线宽度不一致等路网衔接，也包括轨道线位走向、轨道换乘站点设置的调整，以及对电力走廊位置与附设方式衔接，这些均需要城市规划师与道路工程师、各单元设计师进行沟通与协商。另外，相邻单元的设计单位在功能结构、路网密度、建筑尺度等布局手法上各不相同，也需要相互沟通。因此，我们采用组建工作营的方式，将各单元设计构思和理念融入总体空间结构、路网、廊道的方案中，并提出意见，商讨解决办法；同时，数次远赴模型现场，推敲空间形态，以直观的方式统一设计手法。

城市设计服务于城市与公众，其主体丰富且多元，包括政府、城市规划师以及公众。城市规划师应该协调各方意见，从专业化的角度提出解决方案。目前，虽然宏观尺度的城市设计主要由政府主导推动，但我们仍然努力倾听和反映公众的意见，满足普通民众的现实需求，让城市设计切实为大众服务。为此，我们进行了一定的民意调查与走访。普通民众最关心的问题恰恰是城市设计所忽略的，主要包括：住房需求、交通通勤及生活保障等。总体城市设计不仅应打造亮丽高端的城市商务中心区，更应关注城市背景的社区营造；不仅仅要解决宏观系统问题，更应从人的视角出发，提高市民的生活品质。对此，我们提出了“优雅、得体”的社区生活营造目标，即创新滨海核心区的居住模式，营造多样化的居住体验。避免同质化的社会分层和单调的住宅小区形象，为未来实际住宅产品的设计开发提供引导；构建便捷的公交系统网络，配合适宜步行和自行车出行的街道网络，增加出行方式的可选择性，降低出行成本。建立社区—邻里—街坊三级社区公共配套设施体系，保障社会公共资源的公平分配。以上这些

工作模型照片

都是丰富城市设计语汇、提高生活品质、增强城市活力的重要方式。

总体城市设计作为一个宏观尺度的规划，应以维护公众利益与配置公共资源为首要目标，因此更应站在城市决策者的高度思考问题。设计愿景的实现需要土地、交通、环境、住宅、税收乃至教育等多方面的公共政策相配合。因此，我们需要同决策者和制定政策的部门达成共识，让总体城市设计切实可行。对此，城市设计工作主要侧重以下三个方面。第一，找准功能定位和城市特色。定位和特色是决策者对于城市构想的浓缩，需要精确提炼，从更宏观的空间战略入手，分析城市经济、产业、社会等方面的发展趋势，找准发展方向。并在汇报和沟通过程中调整磨合，不断达成方向上的共识。这对于下一步形成整体空间形态具有重要意义。第二，明确现阶段城市发展的重点。确定了发展方向后，需要明确发展路径。总体城市设计应该在城市空间上提出决策建议。通过汲取国内外城市新区的建设经验，明确不同阶段的建设过程，确定滨海新区核心区近期启动的重点地区，为决策者制定政策提供抓手。第三，编制城市设计导则，为规划管理工作提供依据。总体城市设计与总体规划、分区规划及交通专项规划不同，其既应考虑整体结构、空间形态的优化，又应考虑城市形象、风格色彩、建筑细节等。城市设计导则可以为城市开发管理提供空间指引，为局部城市设计和法定规划提供依据。城市设计导则也是城市规划师同规划管理部门达成共识，并进一步落实实施细节的重要依据。

目前，总体城市设计成果正在公示中，我们希望更多地听取各方意见并进一步修改完善，为达成广泛的社会共识而努力推进。

四、设计思考——整体与细节

1. 站在区域整体的角度思考城市

《区域城市——终结蔓延的规划》中提出“必须把内城纳入区域战略，在区域范围内增加住房建设，协调城市与郊区的税收分配，振兴大规模公共交通，确定区域增长边界等。”

滨海新区的城市发展离不开天津中心城区的空间与政策联系，这些联系包括城市职能的分配、住房与就业政策引导、城市交通网络的客货运输、生态系统的渗透联通等，例如，滨海新区核心区与天津中心城区的功能互补、分工协作。中心城区以传统城市的金融、商业、文化综合服务功能为主；滨海新区核心区则侧重金融创新、航运服务、科技转化等创新型功能。因此，相对于传统的空间集聚核心区的空间结构很快确定，它的城市空间相对于传统的空间集聚，更倾向于扁平化、网络化的多中心架构，更强调多个片区级公共中心与专业中心均衡发展。在此基础之上，应配合规划便捷的快速路网与高效大众运输系统，以及相互联系的公共空间系统。

2. 注重微观尺度的空间形体设计

总体规划体系下总体城市设计往往只重视城市功能、交通、生态、政策等大尺度的系统安排，而忽视对细节空间形态的把控。寄希望于详细层面的城市设计以总体城市设计为原则进行深化控制，但最终实施效果与规划初衷往往相去甚远，例如，仅仅通过方格路网大小和用地功能控制建筑类型与规模，通过开发强度和限高控制竖向空间，在由开发商主导的满足退线、日照等规定的基础上，打造千篇一律、死板无趣的“筷子楼”。因此，总体城市设计应该对微观的空间形体进行初步的设计构想。这也是城市设计导则编制的初衷。

总体城市设计不仅关注宏观尺度的中心、结构、分区、廊道等空间设计，还力求在空间形体中清楚、准确地彰显空间的社会价值，将宏观的空间秩序落位于微观的生活感受上，让市民从日常生活空间中真切地感受城市的变化。

双城空间发展示意图

核心区效果图

第二节　重生——滨海新区核心区海河两岸城市设计

刘岿威

海河是天津的母亲河。天津因海河起源，海河因天津的发展而闻名于世。72 千米长的海河干流西起三岔河口、东至新港船闸，宛若一条巨龙，横亘天津中心城区和滨海新区。海河沿岸是滨海新区历史文化和城市发展的重要载体，对提升滨海新区整体形象具有重要意义。

一、海河下游的历史沿革

1. 漕运和民族工业的兴起与繁荣

海河是中国七大河流之一，华北地区的最大水系，自古以来承担着重要的漕运功能。天津的发展也源于海河漕运。随着历史的发展，漕运改为海路，货物从大沽口入海河，逆流而上，直达三岔河口。位于海河下游两岸的塘沽地区，因紧临入海口也随之繁荣起来。1860 年第二次鸦片战争之后，天津被辟为通商口岸，各帝国主义列强为了抢夺通向入海口的资源，纷纷在海河两岸抢占用地，建设码头、仓库、工厂和商贸设施。在这个时期，海河下游两岸也先后修建了一些在国内比较先进的设施。天津的许多“第一”是在这个时期产生的，例如，第一条军用电报线等。天津是晚清推行洋务运动的主要城市之一，也是我国民族工业的摇篮，例如，范旭东在天津开设了永利碱厂（天津碱厂的前身）。抗日战争时期，侵华日军为控制航运，掠夺我国资源，又建设了许多大型企业和基础设施，例如，大沽化工厂、天津港、油库码头等。新中国成立之后，百废待兴，在大力发展工业的大背景下，海河两岸由于面向渤海，背向华北平原，又可依托天津港，成为发展工业的首选之地。经过多年发展，海河岸线逐渐被各类码头设施和工矿企业占据，仅在塘沽段就有百余家企业。这些企业依托海河方便的航运和便捷的腹地交通，为新中国的工业发展做出了巨大贡献。

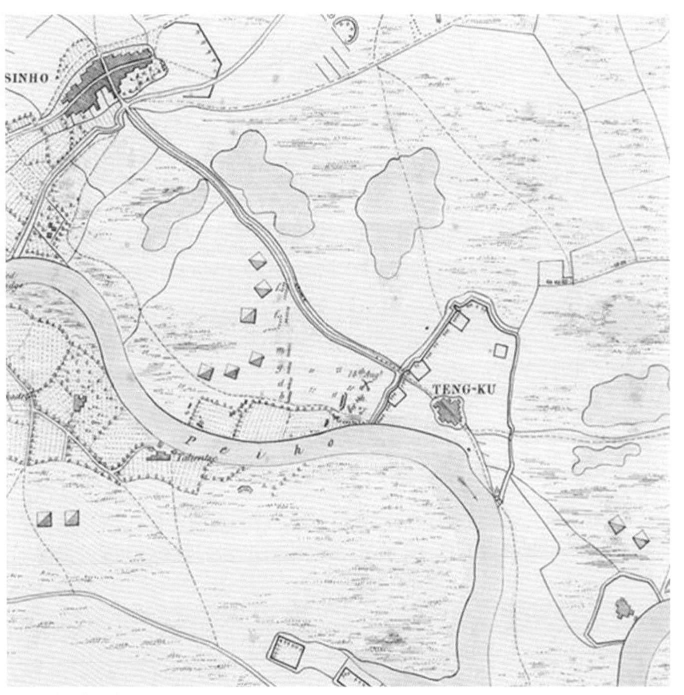

1860 年塘沽海河沿岸

民国时期塘沽海河码头

日伪时期老码头遗址

90 年代末海河沿岸

海河沿岸企业

海河下游历史沿革

2. 改革开放后的重生

随着经济的发展和人民生活水平的逐步提高，老百姓对生活品质的追求越来越高，良好的城市景观成为市民共同的追求。海河两岸是城市中良好的景观资源，但这条穿城而过的河流两岸却被大批的码头设施和工厂企业所占据，河水受到严重的污染，市民完全享受不到河岸水景。进入新世纪以来，原塘沽区政府开始了局部搬迁改造工作，海河外滩的改造工程为市民提供了一个供休闲娱乐的滨水场所。然而，由于海河岸线相当漫长，局部的改造对提升海河两岸的品质作用有限。滨海新区政府成立后，产业转型升级步伐加快，海河两岸开始规划建设于家堡商务区、响螺湾商务区、海河湾新城、新港生活区、大沽生活区等，工业则转移到城区外的工业园区。海河外滩的改造工程是海河回归城市、赢得重生的一次重大机遇。

3. 海河通航的弱化

随着海河上游来水日益减少，海水上灌，海河水系沿线土地盐化比较严重。因此，1985 年在海河中游建设了二道闸。1986 年，天津市城市总体规划确定了“闸上保水，闸下通航”的原则，海河上游不再通航，成为城市备用水源。海河从中游到海河港区，通航标准为3000吨、5000 ~ 10 000吨。基于此，桥梁需开启或高架，净空需达到 30 米，但这严重影响了海河两岸交通。随后采取了一系列措施，例如，弱化海河通航功能，关闭工业区的码头，但最终由于路上交通无法满足企业的正常运作而搁置。滨海新区被纳入国家发展战略后迅速发展，海河两岸成为城市中心。2007 年，在中心商务区海河两岸国际咨询活动中，国内外专家一致认为应取消海河货运航运功能，降低通航标准。近期为保障通航要求，规划建设了中央大道海河隧道；2010 年，天津市政府确定海河下游通航标准为“内河航道四级”，为海河下游取消通航创造了条件。

二、打造世界名河的总体目标

2002 年 10 月，天津市委市政府做出决策，综合开发改造海河两岸，把海河建设成世界名河。城市规划参考了世界名河，例如法国巴黎的塞纳河、英国伦敦的泰晤士河、澳大利亚墨尔本的雅拉河等。这些河流成为世界名河，是因为城市依河而居，因河而兴，以河为荣，与河流之间有着良好的亲水关系。城市本身悠久的历史文化，也使河流拥有其他城市无可比拟的独特性。

海河下游段曾是老塘沽的交通中枢，两岸是城市经济活动最繁华的区域，因此海河可以说是滨海新区城市发展的历史之河，拥有丰富多元且极具特色的历史文化积淀，这使得海河下游段岸线具有深刻的历史内涵和巨大的开发潜力。海河下游段曲线优美，河面宽度适中，与英国泰晤士河的宽度

海河宽约 300 米

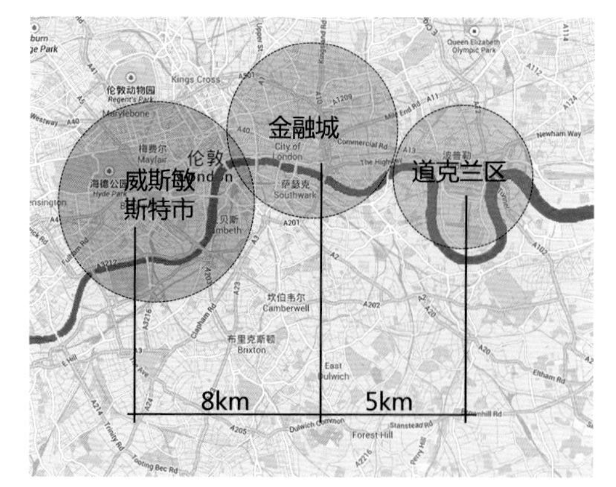

泰晤士河宽约 200 ~ 300 米
海河与泰晤士河的对比

（约 200 ~ 300 米）、河道曲线很相似，横穿经济迅速发展的滨海新区核心区，这些为海河跻身“世界名河”行列奠定了坚实的基础。因此，与其他闻名于世的河流相比，海河不仅具备良好的基础条件，而且拥有巨大的开发潜力。只要有超前的远景规划、极具特色的地理文化、深刻的历史内涵、适宜的人文空间尺度、较好的可达性，海河下游段完全有可能跻身“世界名河”行列，成为服务型经济带、文化带和景观带于一体的多功能综合体，以及展现滨海新区开发开放的形象标志区。

三、八大设计理念实现海河重生

1. “七彩海河”的构想

在总体设计层面，设计方案提出了“七彩海河”的构想，即资源的海河、奔腾的海河、历史的海河、自然的海河、文化的海河、生态的海河、艺术的海河，在以上七个方面打造、提升海河。

为了落实总体构想，在具体策略方面，设计方案提出了五项措施：第一，“标志之河”，构筑水岸景观，彰显滨水特色；第二，“自然之河”，营造开放空间，展现美好的公众形象；第三，“凝聚之河”，完善基础设施，促进两岸互动；第四，“活动之河”，发展第三产业，繁荣经济，增强地区活力；第五，“魅力之河”，传承历史文脉，突出风貌特色。

2. 建设各具特色的海河功能区

由于海河流经多个不同的区域，根据流域腹地城市功能的不同，将岸线流域划为三个区段，分别为中心商务区、塘沽老城及海河湾新城、胡家园及中建新城区，每个区段均体现不同的海河特色。三个各具特色的功能区，承载着三片风格迥异的海河景观。

中心商务区是滨海新区最核心的区域，于家堡金融区、

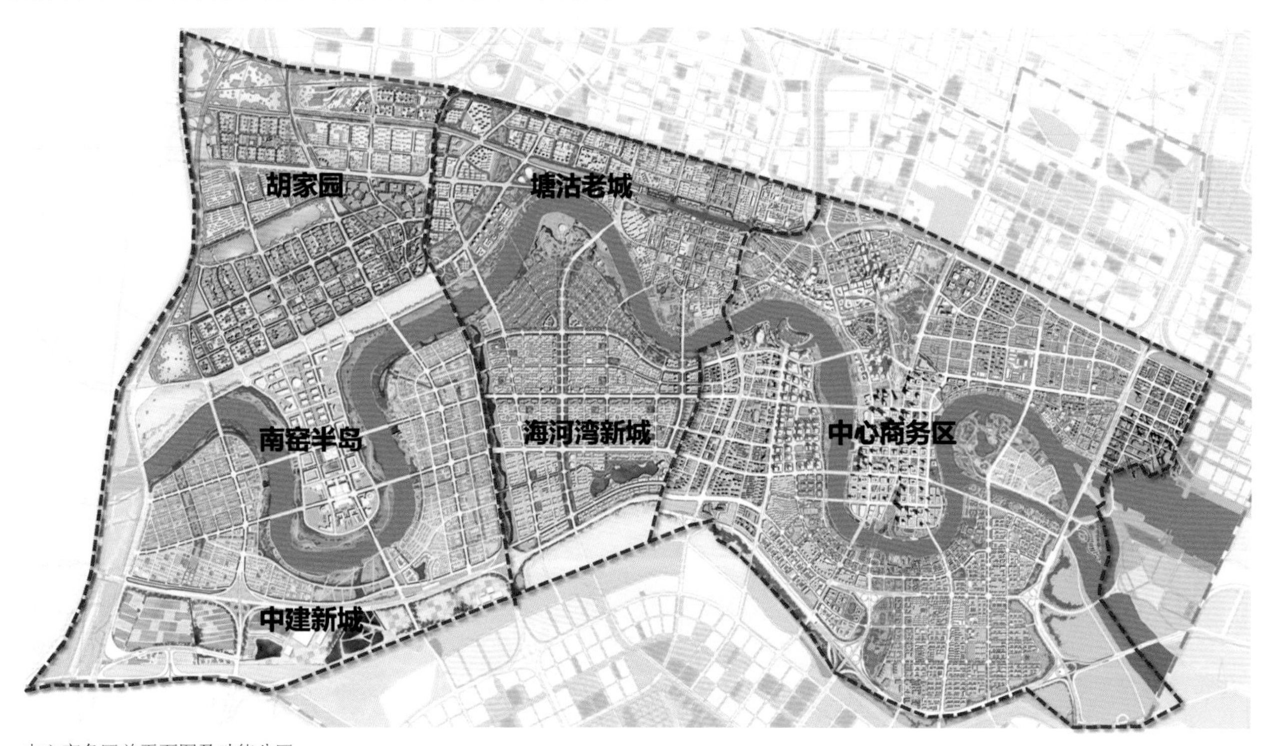

中心商务区总平面图及功能分区

响螺湾外省市商务区、天碱商业区都汇集于此，高楼林立，鳞次栉比，是新区现代繁荣的象征；其空间规划为以于家堡、响螺湾 CBD 为主题，营造人文、时尚的海河景观，与商务区的总体氛围相适应。塘沽老城及海河湾新城区是新老城区交会的区域，海河北岸是老城区，南岸是海河湾新城，南北城区在临海河的区域中都有一个大型公园，所以该区段空间规划为以河滨公园和海河湾公园为主题，营造宜人、休闲的海河景观。胡家园及中建新城区是一个全新的区域，以大面积的居住区为主，其空间规划为以南窑半岛大事件预留区为核心，营造生态、现代的海河景观。

3. 塑造高低错落、丰富多彩的空间形态

海河两岸的建筑形象和风格不是一成不变的，而应根据不同的区域特点塑造不同的城市形态。在西部新开发区域，滨河建筑以多层住宅或商业办公楼为主，可利用较大的滨河绿带；营造环境，而后排腹地可将高层建筑作为背景，塑造层次丰富的空间形态。在中部的响螺湾和于家堡地区，建筑均为高层和超高层商务办公建筑，临河建筑高度控制在百米左右，向腹地逐渐提升。在东部生活区，由于用地紧张，滨河空间控制宜人的尺度，滨河建筑直接与海河对话，人与海河直接互动；高层建筑布置在后排，有助于丰富空间层次。

中心商务区空间形态

上海道和外滩地区通过整体改造，洋溢着浓郁的滨水商业气息。上海道在外滩段从地下通过，减少过境交通对行人的影响，使外滩地区行人活动更方便、舒适、安全。通过架设与海河防洪高程相同高度的二层平台，行人可方便地从商业建筑到达海河河畔。轨道交通站点与商业建筑和外滩景观设施无缝结合，方便行人出行。

在塘沽南站地区等历史保护地区，结合对老站房和老旧轨道的保护与利用，并参考新加坡克拉码头的商业模式，在周边配建一批滨水商业休闲区。滨水步行街宽 15 米，突出人与水的互动，沿线串联商业建筑、渡口码头及开放空间，形成一条亲水活力带。商业内街宽 20 米，两侧布置传统特色商业及餐饮业店铺，洋溢着令人倍感亲切的商业气息。滨河南路桥北侧崭新的酒店区及商业区成为滨海新区休闲旅游的好去处。

外滩改造方案示意图

南站地区改造方案示意图

在新港生活区和大沽生活区，滨河功能主要是提供尺度宜人、安逸休闲的滨水生态岸线。沿河绿地控制在30～40米，建筑以形成滨河界面和丰富沿河天际线为主要目标，并且与海河直接对话。临河建筑形成连续的滨水街墙界面，底层商业则缩进或以连廊处理，与水岸景观直接对话。

4. 打造城市景观主轴

蜿蜒曲折的海河是滨海新区景观的主要载体，主要的公园绿地都围绕海河布置，根据沿岸绿地分布的特点，在城市景观方面，设计方案提出了“一带、四轴、十节点”的空间结构。

“一带”为沿海河景观带，以海河为主的景观轴线，沿河设置40～250米的滨河绿化空间。西部新开发区域，沿河绿带较宽，可作为郊野生态休闲绿带。东侧老城改造区域，绿带较窄，可与居住区相结合，可作为居民日常休憩的场所。

“四轴”为与海河垂直的南北向通道，沿通道设置绿化副轴线，分别为海滨大道景观轴，中央大道景观轴，黑潴河景观轴，唐津高速、西外环景观轴。四条轴线将海河景观资源带向纵深腹地，与腹地的公园节点共同构成景观网络。

“十节点”为海河两岸主要的公园，形成十个大的公园节点。根据公园的不同功能，将滨河绿地空间分为不同的类型：以大沽船坞遗址公园为代表的文化公园，这类公园具有历史文化纪念意义，重点保护历史遗迹，同时开发旅游与休闲项目，实现保护与利用并重；以河滨公园为代表的市民公园，这类公园为市民提供日常休闲娱乐之所；以彩带岛公园为代表的生态公园，这类公园注重生态保护、优化环境，为市民提供生态休憩之所；以外滩公园为代表的广场公园，这类公园与商业活动紧密结合，为各类商业活动提供可能，体现城市的繁荣与活力。

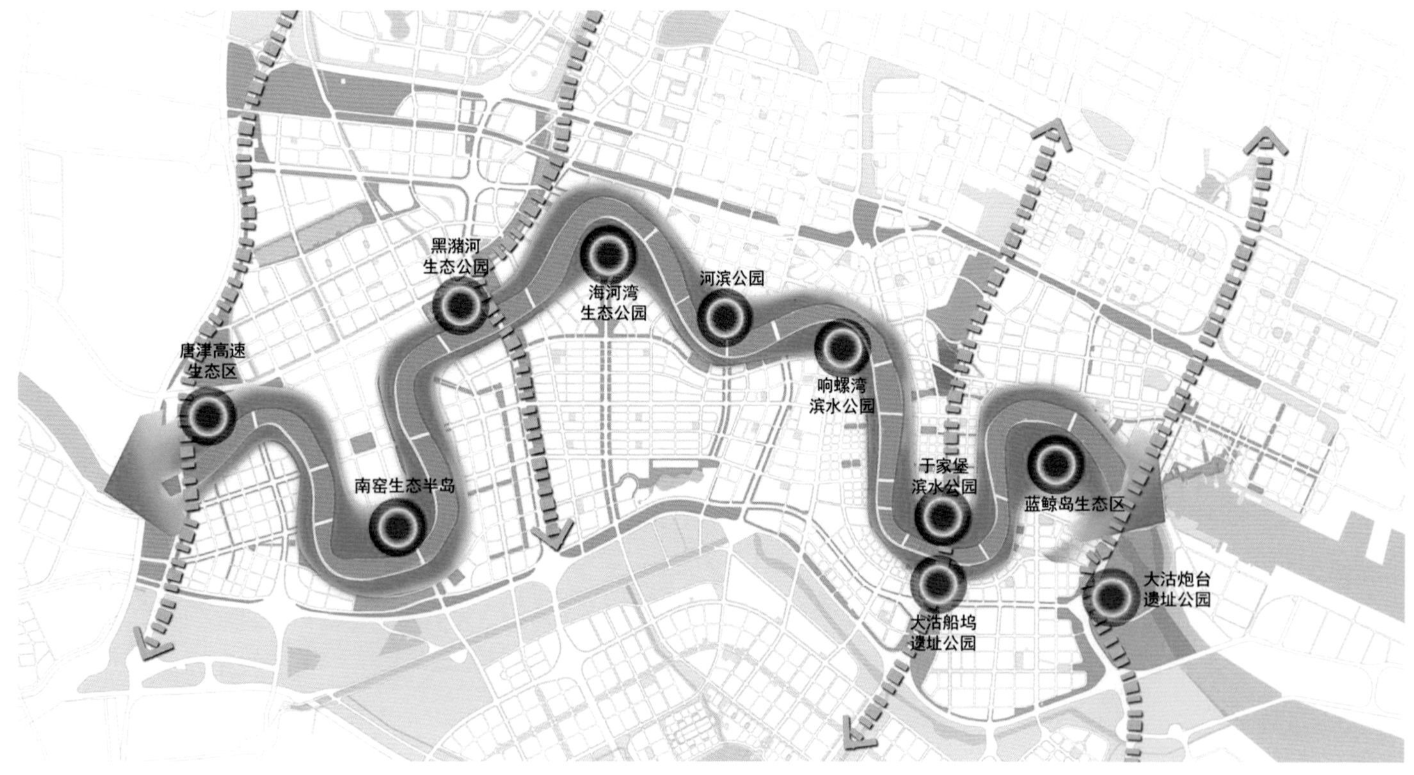

中心商务区段景观结构

5. 营造宜人的沿河堤岸景观

驳岸设计是城市滨水岸线景观开发利用的点睛之笔，海河驳岸设计摒弃“城市硬化堤岸”的做法，强调“生态驳岸”的概念，目的是恢复海河的自然河岸，保证河岸与河流水体之间水的交换和调节，同时满足城市防洪要求。

在岸线水体景观设计中，尤其是中心商务区的设计采用减少岸线、用混凝土砌筑的方法，保证了天然水体对自然环境的过滤、渗透作用。景观设计的突出之处是以自然升起的湿地基质土壤沙砾代替人工砌筑，建立一个水与岸自然过渡的区域，种植湿地植物，使水面与岸呈现一种自然生态的交接状态，既能加强湿地的自然调节功能，又能为鸟类、两栖爬行类动物提供栖息地，还能充分利用湿地的渗透及过滤作用，从而带来良好的生态效应。在视觉效果上，这种过渡区域为钢筋水泥的城市带来一系列丰富多元、自然和谐且富有生机的景观。

先期建设的中心商务区滨河公园已基本完工，整个滨河岸线由彩带岛、月亮岛、海昌极地馆、于家堡滨河绿地区组成。其被定位为商务区的“生态客厅”、海河畔的“森林水岸”，力求为在此工作、居住和游览的人们提供一个多功能的娱乐休闲之所。它不仅是高强度开发的中心商务区与海河联系的自然纽带，而且与海河共同构成了区域的景观骨架。

滨河绿地设计时运用大量的生态技术，让城市自然生长公园，从解决城市的雨洪问题出发，结合地形设计了一系列大小、深浅不一的生态洼地，作为雨水的收集和储存区域，雨水沉淀和过滤后导入沿河的自然湿地，并随季节调节、平衡洼地和湿地的水位，雨量过大时雨水会溢入海河。湿地生态的修复，为乡土水生和湿生植物群落提供多样的栖息地，保证湿地生态的可持续发展。

彩带岛公园

6. 打通连续的滨河步道和游览道路，营造多元化的桥梁景观

规划任务：沿海河两侧打通两条临河游览线路，作为城市支路等级；完善慢行系统，减少机动车通行，实现滨河建筑与海河的互动。徜徉在河畔的行人完全抛开都市的喧嚣，享受如流水般静静的时光。

在海河两岸的交通系统中，街道尽量不临河布置，以缓解通行压力。在西部滨河住区，采用沿河设置滨河支路的方式组织滨河交通。东部滨河住区采用城市道路位于滨河建筑之后，建筑直接与海河对话。在主干路必须临河路段，道路地下通过，实现建筑与海河的直接联系。在过河桥梁方面，控制桥梁高度及引桥长度，保证滨河道路的延续性。桥梁作为海河的景观要素，在满足交通功能的同时，也是城市重要的景观，所以要求每座桥梁都各具特色，实现一桥一景的特色。

生活区滨河步道

滨河南路桥

7. 彰显特色十足的建筑风格和色彩

不同区段的建筑风格应体现该功能区的特色。中建新城区属于城市外围，安逸宜居的居住区是其主要特点，滨河居住区为简约古朴风格，滨河商业区以北欧风格为主，温馨宜人。局部以现代风格的办公建筑点缀。对岸的南窑半岛作为大事件预留区域，在建筑风格中融入全新的设计理念，体现新区的多元和包容。海河湾新城区采用主流欧美别墅样式的建筑风格。老城区参照中心城区海河沿岸的建筑风格，改造建筑立面。中心商务区为现代简约风格，体现新区新风貌。

在建筑色彩方面，中心商务区以浅蓝、亮灰色为主，以暖色石材点缀，体现现代建筑的质感。居住区以暖黄、砖红色为主，营造温馨的居住环境。滨水商业区以自然石材的灰色为主，配以暖色石材和玻璃、钢材，洋溢着现代时尚的商业气息。

于家堡起步区的建筑风格

居住区的建筑风格

8. 实现沿河改造与城市开发的共赢

目前，海河沿岸还有相当数量的企业没有搬迁，搬迁改造需要巨额资金。因此，市场开发是城市更新改造的主要手段。滨河房地产有较大的利润空间，在规划编制时应严格控制滨水建筑高度，通过土地资金平衡测算，控制滨海开发强度，为市民营造良好的城市景观，同时确保房地产有序开发。

四、结语

海河是滨海新区的标志性景观资源。海河两岸城市设计汲取国内外世界名河的建设经验，融入生态保护、历史文化保护和市场开发的理念，推动滨海新区产业的转型升级，使海河两岸大量工业仓储用地得以搬迁，污染物排放大幅减少，海河生态恢复更加高效，并为海河两岸的综合开发改造提供空间和场所。以上这些有助于提升沿河土地价值并拉动新区经济增长，营造新区的标志性景观，展现新区作为改革开放排头兵的形象，激发两岸地区的经济活力，为新区第三产业的大发展提供广阔的空间。

未来的海河沿岸将成为市民日常消费、休闲和娱乐的场所，同时也是吸引外地游客的“金字招牌”。美丽的海河景观将极大地提升市民的归属感和自豪感，提升滨海新区的知名度和影响力。

第三节　演进——于家堡金融区城市设计

陈雄涛

从 2007 年 9 月国际咨询活动开始进行前期准备到城市设计成果逐步付诸实施，经过整整九年时间，于家堡金融区已初具规模。回顾过去，于家堡金融区城市设计的不断推进得益于扎实稳定的前期准备工作。以三次城市设计工作营和专家咨询研讨会为标志，前期准备工作大体上可分为三个阶段，重点从总体架构到局部节点、从发展思路到分期实施、从京津城际车站选址到海河下游堤岸防洪等方面，对滨海新区中心商务区海河两岸城市设计进行稳步推进和不断深化。

第一阶段（2007 年 10 月中旬至 12 月初），由天津市规划研究院依据已批复的“海河综合开发改造规划”“滨海新区中心商务商业区总体规划”和“滨海新区综合交通规划”等相关内容，编制三个研究报告：《海河舞——滨海中心商务区海河两岸地区总体城市设计前期研究》《滨海芯——滨海中心商务区近期规划建设研究》《京津城际滨海站选址规划》，从总体城市设计的角度对该地区整体布局、功能定位、建设规模、综合交通、滨水区空间形态、历史文化传承以及海河两岸的各个重要区域之间的呼应关系进行现状调研、问题分析和初步论证，同时提出该项目的设计建议。

2007 年 12 月 9 日至 15 日，工作委员会在瑞湾酒店首次召开“滨海新区中心商务区海河两岸城市设计国际咨询研讨会”。来自国内外城市规划、城市设计领域的权威专家云集于此，为滨海新区的规划建设共谋宏图。会议明确提出“滨海新区中心商务区将积极调动各方面力量，以开阔的思路和创新的手法，吸引国内外资源，进行高水平规划，高标准建设”的规划目标。

2007 年 12 月 9 至 12 日，工作委员会邀请英国沃特曼国际工程公司和清华大学建筑学院两家设计机构对中心商务区提出城市设计草案。随后两天，来津的七位专家对设计草案及规划建设的相关问题进行研讨。研讨会上，各位专家建言献策，进一步明确滨海新区中心商务区海河两岸地区的总体发展思路，并由乔纳森 · 巴奈特先生主笔编写滨海新区中心商务区海河两岸总体城市设计导则，就疏港交通体系、城际车站选址、生态环境保护、项目发展时序、响螺湾商务区近期建设、海河两岸城市形态等方面提出 11 项城市设计关键问题和 22 项城市设计指导原则，作为第二次城市设计工作营各个设计团队共同遵循的指导原则。

第二阶段（2007 年 12 月底至 2008 年 3 月底），2008 年 1 月初，工作委员会邀请美国 SOM 设计公司和美国易道亚洲公司对滨海新区中心商务区海河两岸提出规划思路和各具特色的城市设计草案。同时，天津市城市规划设计研究院专家一室、交通研究中心等部门积极配合，对其中京津城际滨海车站选址、综合交通规划、海河下游通航、海河堤岸防洪等问题进行综合论证。

2008 年 3 月 1 日至 3 日，第二次国际研讨会准时召开，七位国内外专家以及四个设计机构如约参加。这次专家研讨会的目的是：①对第一次专家咨询会后设计机构提出的规划方案进行评议，对重大问题进行分析论证，确定下一步的关键问题和设计导则。②将响螺湾商务区提升规划作为会议讨论的重点，围绕目前正在编制的海河堤岸与防洪专项方案、交通规划专项方案、彩带岛景观设计方案进行评议，提升设计水平。③研究海河两岸总体开发的策略、分期实施步骤等。

针对之前四家设计机构的综合比选，由工作委员会和专家委员会讨论确定由美国 SOM 设计公司作为海河两岸地区城市设计国际咨询的总牵头单位，与其他三家公司组成统一团队，共同完成后续设计工作。

第三阶段（2008 年 4 月初至 5 月底），2008 年 5 月 29 日至 31 日，国际研讨会第三次会议邀请七位顾问会同天津市规划研究院邹哲总工及铁道部工程设计鉴定中心俞祖法等国内交通专家，与三家设计机构主设计师参加研讨。

国际工作营的工作以滨海新区中心商务区整体架构深化为重点，以于家堡金融区详细城市设计为核心，就于家堡金融区的功能定位、发展规模、开发空间、与城际站关系等问题展开深入讨论。这是国际工作营开展以来，气氛最活跃、观念碰撞最激烈的一次会议；各位专家对众多问题提出批评意见，并对未来的发展方向提出解决方案。尤其是在本次会议之前，由国际建协组织的于家堡中心商务区城市设计国际竞赛落下帷幕，来自中国、西班牙、丹麦的设计方案分获前三名。于是，围绕国际竞赛中各个获奖方案的优势与问题，于家堡金融区、京津城际铁路滨海站选址、海河下游通航等问题再次成为专家组讨论最为热烈的话题焦点。

历时一年的“滨海新区中心商务区海河两岸城市设计”国际工作营和咨询研讨会，为于家堡金融区、响螺湾商务区等重点项目的顺利实施与推进奠定了坚实的基础并做了大量前期准备工作。国际工作营是好的规划设计方案产生和运作的平台和保证。国际工作营将国内外杰出的规划设计师、国际上优秀的规划设计机构、本地的规划设计单位以及各级领导和方方面面的相关机构汇聚在一起，各方不断地沟通探讨、深入分析研究、产生思想碰撞，使规划设计的过程既放眼全球又立足本地，保证城市设计成果顺利落实。通过本次国际工作营和咨询研讨会，相关政府和各级领导认识到于家堡与响螺湾商务区的规划不是独立的，应该以从海门大桥到入海口 10 千米长的海河为纽带，将响螺湾、解放路、天碱、蓝鲸岛串联起来，塑造以于家堡金融区为核心的滨海新区滨水 CBD 地区的整体形象。通过本次国际工作营和咨询研讨会，滨海新区中心商务区海河两岸的规划定位、车站选址、海河通航、堤岸防洪、起步区范围等一些重大问题取得了突破性进展，为日后城市设计方案的顺利实施奠定了坚实的基础。

下文将就海河下游生态防洪、城际铁路于家堡综合交通枢纽选址、于家堡地区轨道网规划、中央大道选线及规划、于家堡起步区选址及建设规模这五大问题系统地阐述城市设计的详细过程。

一、海河下游生态防洪

目前，海河下游通航能力为 5000 吨。规划中，我们认为海河在滨海新区商务区段不适合大吨位的海轮通航，因此规划将中心商务区发展作为前提，仅满足公共交通中通勤船只和旅游观光船只的航行需求即可。减少航运船只的吨位数及高度，跨河大桥的净空就可以降低（通勤船舶规模在 1000 吨为宜，桥净空小于 10 米）。建设开启桥的造价太高，如果都采用高架桥，又与商务区的形象不太协调。因此，规划对沿河企业的运输要求进行详细调研，寻求其他方式为沿河厂商提供原料供应。

2007 年
10 月中

天津市城市规划设计研究院编制三个研究报告。

第一次现场设计工作营。英国沃特曼国际工程公司和清华大学建筑学院两家设计机构对中心商务区提出城市设计草案。

2007 年
12 月初

第一次“滨海新区中心商务区海河两岸城市设计国际咨询研讨会”。

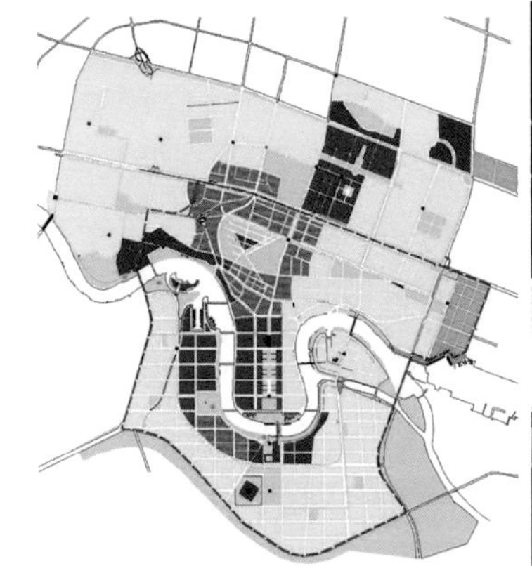

英国沃特曼国际工程公司方案及第一次国际咨询研讨会照片

2007 年
12 月底

美国 SOM 设计公司和美国易道亚洲公司对滨海新区中心商务区海河两岸提出规划思路和各具特色的城市设计草案。

2008 年
3 月底

第二次“滨海新区中心商务区海河两岸城市设计国际咨询研讨会”。

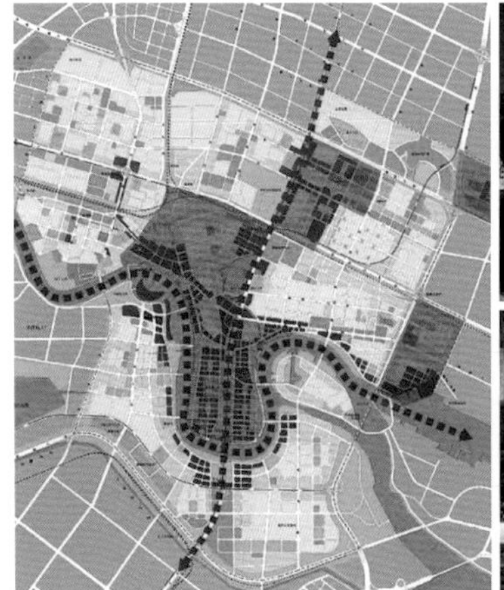

美国 SOM 设计公司城市设计草案及第二次国际咨询研讨会照片

2008 年
4 月底

第二次现场设计工作营。以滨海新区中心商务区整体架构深化为重点，以于家堡金融区详细城市设计为核心，就于家堡金融区的功能定位、发展规模、开发空间、与城际站关系等问题展开深入讨论。

2008 年
5 月底

第三次“滨海新区中心商务区海河两岸城市设计国际咨询研讨会”。

美国 SOM 设计公司城市设计方案及第三次国际咨询研讨会照片

在通航问题有了初步结果之后，规划的重点则是于家堡和响螺湾的防洪高程。于家堡岛平均高程约 3.1 米，响螺湾平均高程约 3.3 米。海河是天津的一级河道，我们通过与水利部门沟通，确定了海河防洪标准，海河按 200 年一遇洪水设防，洪水位 4.1 米，超高计为 1.4 米，所以综合考虑，海河防洪堤顶标高定为 5.0 米，已经比上版规划 5.86 米下降了 91 厘米。然而，尽管我们做了很多工作，但防洪标高和规划用地现状标高看起来还是相差很远。对于如此重要的中心商务区，不能采用建设防洪墙的方法来防洪，因此，经过反复论证，我们决定抬高地基，将于家堡岛的平均高程提升至 5.0 米，而响螺湾因为已经开始建设了，前期准备不足，所以平均高程只能提升至 4.1 米。这样基本上解决了防洪与景观亲水之间的矛盾，可以很好地欣赏海河的景致。对于所需的土方，我们也从两个方面加以考虑：一是利用其他工程建设的废土，二是利用大部分地块建设地下空间挖出来的土方，经过初步计算，足够使用。

此外，我们还提出“生态防洪”的构想，试想，当洪水来临时，可以允许部分非重要区域被淹没，以加大行洪宽度，减小洪水的势能，在相当程度上减小洪水的破坏能量。然而，可淹没区域必须与生态绿地紧密相连。因此，我们初步确定将蓝鲸岛作为生态防洪区，岛上现有的少量住宅结合于家堡地区的拆迁一并进行规划。

二、城际铁路于家堡综合交通枢纽选址

城际铁路作为交通运输技术新的发展，它的引入必将对城市乃至区域的发展注入新的活力，滨海新区能否抓住这一机遇来推动国家发展战略的实施变得非常重要，其中的关键点就是城际铁路与城市的接口，即车站的选址。

根据环渤海地区城际铁路规划方案，与滨海新区有关的城际铁路有三条，即京津塘城际铁路、津唐城际铁路、津保城际铁路。根据城际铁路的运营特征，在城际铁路都形成之后，主要城际列车将在北京、天津、唐山、保定之

海河外滩现状防洪墙

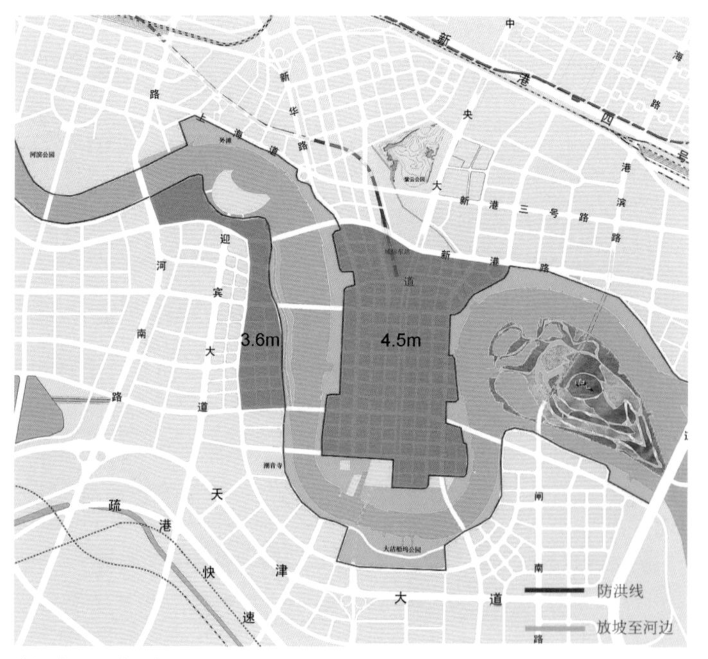

海河外滩防洪示意图

间相互对开。其中，在天津有两个大的城际站，一个在中心城区，另一个在滨海新区。因此，在列车运营组织方面，城际铁路于家堡站近期主要承担中心城区和北京方向的始发终到作业，远期承担北京、唐山、保定方向的始发终到作业及少量的通过车。

城际铁路对城市发展的影响是通过影响城际铁路目标旅客的分布来实现的。旅客是否选择城际铁路作为交通方式与城际铁路的综合效用能否比其他交通方式高有直接关系。本文依托时间和费用这两大指标，简单分析津塘之间各种交通方式综合效用的区别。

目前，津塘之间存在各种交通方式，包括普通铁路、一般公路、高速公路、津滨轻轨和规划中的城际铁路。本文以津滨轻轨和规划中的城际铁路举例进行比较研究。综合效用为车票费用和时间价值货币化之和。只有当旅客的时间价值超过 20 元／小时（3200 元／月）时，乘坐京津城际的比例才会逐渐提高。因此，京津城际铁路目标旅客是高端的商务人士。城际车站的选址应尽可能靠近目标旅客的目的地——商务区。

同时，我们做了大量的案例分析，包括旧金山港湾交通枢纽 (Transbay Terminal)、新宿车站地区和新干线的新横滨站地区等。通过分析国外城际铁路与城市发展，我们提出了结论——城际车站建设往往成为车站地区发展商务的催化剂。车站从单纯的交通枢纽转向城市功能区，车站成为城市区域开发的催化剂。铁路客运枢纽地区作为城市内外人流集散的场所，在快速城市化阶段，其对城市消费功能的集聚作用不容低估。新建的城际铁路枢纽地区具有极强的“经济势能”；以铁路枢纽车站建设为契机，构筑面向区域的多功能、综合性城市中心或副中心，已经成为国际高速铁路枢纽周边地区建设的主流趋势。

基于以上分析，滨海新区城际枢纽站的综合定位为城市

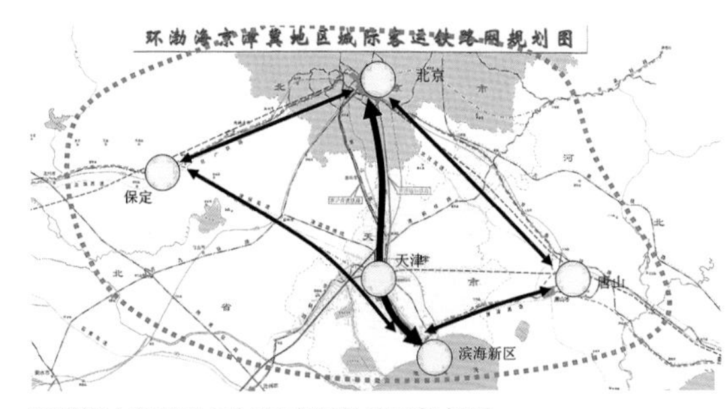

环渤海京津冀地区城际客运铁路网规划图

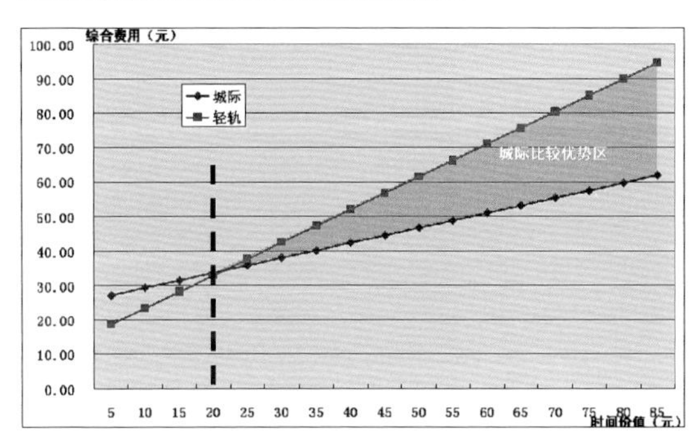

时间价值对综合效用的影响

新宿商务中心

旧金山湾综合交通枢纽

中心或副中心的重要组成部分。滨海新区城际枢纽作为城市区域开发的先行官，应位于滨海新区于家堡金融街区内并统一规划；从铁路系统的角度，滨海城际应成为京津冀城市群的核心枢纽站，是滨海新区重要的对外交通枢纽；城际交通客流主要是通勤、商务和旅游客流，客流运输要求高密度、小编组，因此，城际车站应与城市中的公共交通系统共同构筑成一个综合交通枢纽站；城际铁路交通作为专用的客运系统，承担周边主要城市和主要中心城镇之间的客流输送，就像城际间的“点对点”的客运公交车（而津滨轻轨主要收集沿线客流）；从功能的角度，城际车站应更多地结合城市的功能，除了多元交通中心，还应作为商业中心和综合性文化中心。

规划提出了三个滨海新区城际枢纽站的选址方案，并进行了比较分析论证。市民广场站结合既有的开发区中心商务区，在不确定滨海新区城际枢纽站是否为终点站的前提下是一种以开发区商务区为重心的方案。天碱站和于家堡中心站均将滨海新区城际枢纽站作为到发终点站加以考虑，只是距离于家堡金融区的远近不同；天碱站设在金融街区外围，是滨海新区核心区的几何中心；于家堡站则是直接设在金融商务区的中心。

美国城市设计大师乔纳森·巴奈特从服务半径、车站技术参数及与地区交通的衔接、土地可供性、投资费用、景观分析、工程地质条件几大方面对此方案进行分析比较，并结合城市中心区的建设经验，最终指出，交通枢纽应最大限度地提高城市交通的可达性，滨海新区城际枢纽站的总体目标是落户于家堡金融商务区，并成为国际一流、全国领先的综合交通枢纽。巴奈特、邵启兴和方光宇等外籍专家认为于家堡中心站的选址更合适。齐康和彭一刚等中方院士则提醒大家，中国铁路车站有很多是“乱哄哄”的，位于商务区中心，会影响商务区的国际形象。

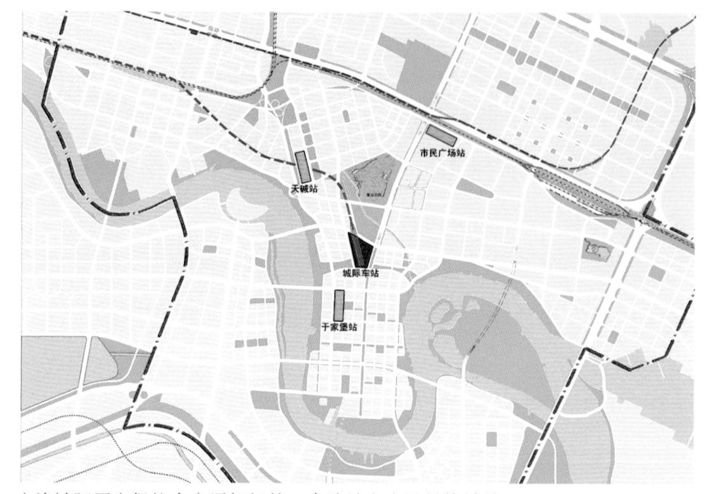

京津城际于家堡综合交通枢纽的三个选址方案及最终站址

实际的情况则是京津城际于家堡综合交通枢纽最终确定于天碱站和于家堡中心站之间，即中央大道和新港路交口的西南角，理由是这里既靠近于家堡金融区，又兼顾中国铁路车站大都略显“混乱”的国情。这也充分体现了理论和实践的结合。目前，车站已开工建设。

三、于家堡地区轨道网规划

按照滨海新区轨道网规划，在于家堡地区将有三横两纵的规划线路，其中与城际车站有关的就有三条，一条横线Z1线是由中心城区开往于家堡的，两条纵线B1线和B2线分别由中新生态城开往临港产业区、滨海高铁站开往南部新城。每一条地下铁路与城际车站的组织系统都蕴含着丰富的辩证关系。

首先谈谈Z1线。由于它与城际铁路呈垂直叠加之态，其建设过程中的焦点即Z1线应放在城际站台的中间下部还是放在其尽端？城际车站的规模定位在三台六线，站台长度450米。规划方案利用于家堡站是尽端站的特点，将Z1线放在城际车站南部尽端，这样既有利于组织换乘的公共大厅空间，将换乘大厅与城际站台平面一体化，彰显于家堡的城市门户形象（典型的例子如法国巴黎的里昂站），又使换乘大厅更接近商务办公地标建筑，为人们带来实实在在的交通便利。然而，尽管如此，还是有一些缺陷。例如，如果长编组 16 节城际列车驶入车站，那么末节旅客走到换乘大厅的距离确实过长（约 400 米）。

理想的设计往往并不能成为最终的实施方案。在向专家和领导多次汇报的过程中，方案逐渐向中间靠拢，最终城区间快线 Z1 线位确定在城际 450 米站台正中的下方。

接下来说说地铁 B1 和 B2 线。众所周知，地铁线位的选址一要有稳定的客流，二要布置在主要道路的地下，否则地铁穿越很多地块，会大大限制城市的建设。一开始，考虑地铁线路在于家堡岛内较均匀的覆盖半径，B1 线、城际线和 B2 线都平行布置并相互间隔约 180 米，这样轨道线都不切割地块，不影响办公楼的施工建设。然而，在设计研讨过程中，我们将 B1 线、B2 线局部向城际站台靠拢，以体现真正的“以人为本”，让人们尽可能减短换乘距离，哪怕是只减短 10 米，也是一定程度的优化。值得庆幸的是，尽管存在 B1 线跟中央大道的交叉等各种小问题，但最终确定的方案的确是使 B1 线和 B2 线的局部线路完全贴近了城际车站。

高密度的轨道线网规划有助于为 TOD 公交都市发展理念提供技术支持，于家堡地区轨道网规划力求使交通系统达到最优化，使于家堡轨道为滨海新区轨道交通的创新发展做出表率。

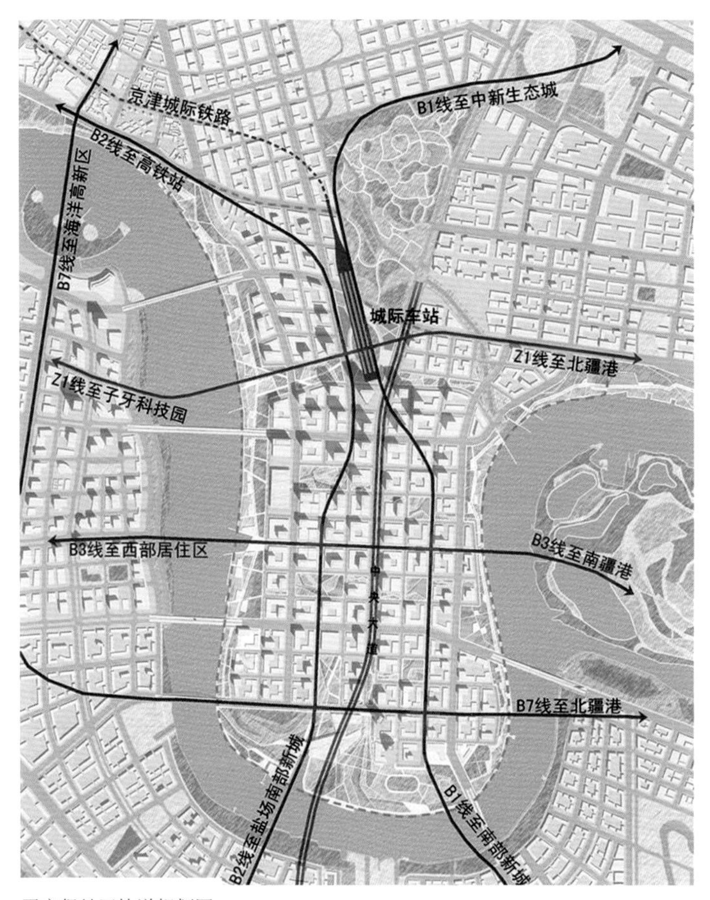

于家堡地区轨道规划图

由美国 SOM 设计公司提交的车站设计方案

四、中央大道选线及规划

中央大道过河线位及规划是一个棘手的问题，按照上一轮规划，中央大道在于家堡的线位很直，基本位于岛的正中并由北至南贯通。这样的规划在提高机动车通行效率的同时会对很多文化遗产造成破坏，因为笔直的线位在跨过海河之后正好穿越大沽船坞遗址。天津大学建筑学院师生提交的大沽船坞保护规划明确提出“保护发展”的概念，并建议将大沽船坞申请“世界文化遗产”，此建议获得多数专家和市领导的赞同，因此中央大道的过河线位重新选线问题迫在眉睫。因为规划要完全避让大沽船坞遗址以及还未完全搬迁的码头作业，所以将原线位在过河段向西移动 200 米，以解决保护与发展之间的矛盾。

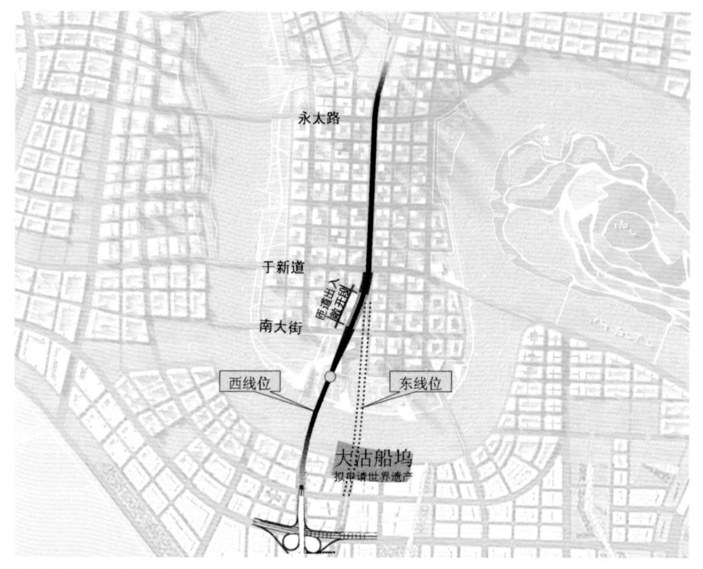

中央大道线位调整方案

接下来的问题是中央大道在于家堡主隧道与地铁 B1 线这段的上下关系。为了践行“以人为本”的理念，我们将 B1 线和 B2 线紧临城际铁路设置，但这势必将 B1 线压深至中央大道隧道下方，从而带来工程难度的增加和费用的激增。为了解决这个问题，我们提出将中央大道隧道尽量上浮，并使隧道上方仅覆土 0.5 米。

第三个较重要的问题是中央大道隧道在于家堡岛的北出入口位置。按照上一轮规划，出入口正好位于城际车站选址的东面，即新港路的南面，这对本已紧张的车站交通组织提出新的挑战。因此，我们提出将出入口向北推移 400 米，即新港路的北侧三个街廓处。本来简单而理性的提议，也因为实际情况差点行不通：中央大道由开发区至新港路这一段已修建完毕，新港路北刚好在天津碱厂排污河上修建了一座小桥，施工方担心刚建完就拆改的行为会带来不利的社会影响。经过各方规划人员的精心核算和充分论证，领导最终同意了出入口北移的调整。

于家堡起步区选址

中央大道是于家堡金融区规划建设的重要基础设施之一，它的规划和基本原则的确定为其他后续设计和施工奠定了工作基础和条件，避免了“什么都重要、什么都不确定”的尴尬局面的发生，我们在考虑以上三个问题时，几乎遍跑施工现场，第一时间了解拆迁和建设情况，这也充分体现了“城市设计让城市生活更美好”的要义。

五、于家堡起步区选址及建设规模

于家堡金融区约 3.8 平方千米，建设规模约 950 万平方米，整体开发是一个需要市场逐渐接受的过程，因此，于家堡起步区的规划及建设显得尤为重要。可以带动周边商务、商业和文化的发展，因此，于家堡起步区必须包含城际车站地区。

接下来分析一下于家堡周边地区的实际建设情况。该区域周边只有响螺湾商务区建设速度较快，几十个地块有差不多十个地块已开工建设，总建筑面积约 130 万平方米，而且，在滨海中心商务区分区规划中，于家堡和响螺湾是作为一个共同发展的“极核”。因此，于家堡起步区应与响螺湾地区形成便捷的物理联系，同时在塘沽外滩和东西沽之间，构建响螺湾镇守海河西、于家堡起步区雄踞海河东的格局，并通过正在建设的永太桥进行有效的连接。

此外，我们还从其他重大基础设施的规划角度综合考虑起步区的选址问题。得益于于家堡地区轨道网规划和中央大道选线及规划等情况的日益明朗，于家堡起步区的选址方案也日趋理性化。

综上所述，我们最终选择了包括城际车站在内且北起南站地区、西至海河、南到规划的于新道、东达中央大道的一个约 80 公顷的地块作为于家堡起步区。

在范围确定之后，我们立即开展了起步区详细功能的论述。在深入研究德国柏林波茨坦广场等欧洲大型综合开发项目的成功事例之后，我们从传统金融和现代金融的两大主线入手，着手进行于家堡综合交通枢纽的规划设计。在传统金

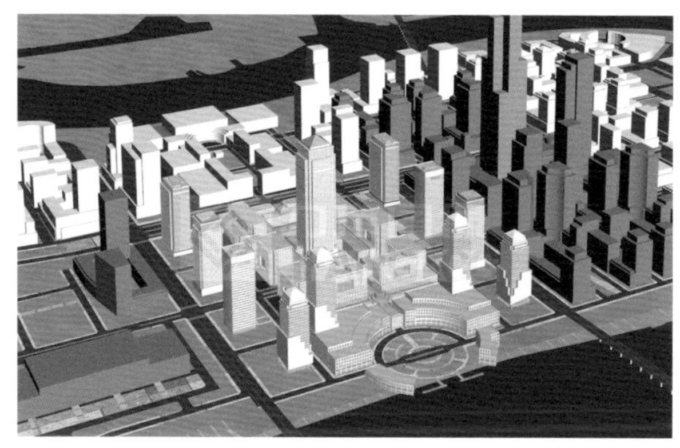
起步区一期地块概念效果示意图

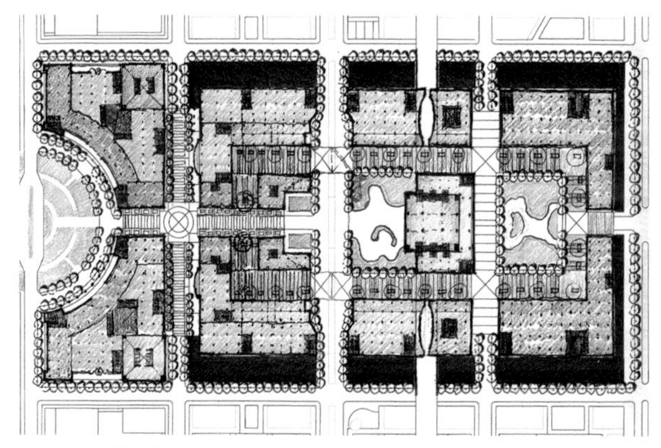
起步区一期地块概念平面图

于家堡起步区效果图（由天津华汇工程建筑设计有限公司提供）

融方面，主要参考伦敦金丝雀码头的规划，建设可容纳银行和保险机构的综合性金融大厦。在现代金融方面，以纽约环球金融中心为例，建设OTC交易市场、现代金融办公楼宇和滨海金融会议中心，增设酒店和购物中心，完善空间功能。于家堡综合交通枢纽也是起步区的重要内容之一，虽然“三台六线”的规模并不大，但城际站台与三条地铁的站点都进行换乘，它们之间形成优化组织；城际铁路带来的社会停车及公交运营在地下三层空间里得以解决，同时辅以大量的商业设施，这样的综合交通枢纽成为滨海新区城市规划的一大创新点，这样，其功能多元，并有助于缓解交通压力。

于家堡起步区项目策划表

项目名称	建设规模 / 万平方米	比例 / (%)	参考项目	政府项目投资估算 / 亿元
滨海城际枢纽	16	8.9	东京火车站 柏林火车站	40
金融大厦（银行、保险机构总部）	76	42.2	伦敦金丝雀码头	—
OTC交易市场及辅助办公楼	6	3.3	上海证券交易所	2
现代金融办公楼宇	50	27.8	纽约环球金融中心	—
于家堡金融会议中心	7	3.9	上海国际会议中心	2
配套酒店、商业等设施	15	8.3	上海正大商城	—
配套公寓	10	5.6	上海浦东顶级水景住宅	—
总建设区域	180	毛容积率3.0	—	44

于家堡起步区致力于打造整齐划一的建筑群，风格与金融中心协调一致。在最近的起步区详细设计中，我们邀请了国内九位知名建筑师（崔愷、周恺、胡越、齐欣、张颀、崔彤、王辉、张雷和姚仁喜）分别设计一幢金融办公楼，如何将这些出自不同设计大师的建筑巧妙组合，就像柏林波茨坦广场上整齐划一的建筑群，还有很多工作有待深化完善，这将成为于家堡金融区城市设计的重要环节。

六、回顾与展望

于家堡金融区城市设计面临着许多重大问题，并且它们并非仅仅是简单的区域形态问题。在城市设计方案付诸实施的过程中有诸多重大、具体而繁复的细节问题，这些正是一个好的城市设计必须面对且予以解决的。

有国外同行曾评论说，目前中国在进行城市设计时，总要花大价钱请国外的规划设计公司挂名来做。但是，由于时间不充足，对区域实际情况不了解等各种原因，国外的规划设计公司很难深入细致地进行城市设计，也无法系统、全面地编制细部规划导则与设计导则。因此，以上这些工作还应由本地规划院作为牵头单位，协调各方力量，逐步推进。

在于家堡金融区的城市设计中，美国SOM设计公司规划了很好的发展愿景，并展现了国外顶尖设计公司的一流设计水平，同时得益于前期国际咨询活动的顺利举办和本地规划院的全程参与，就一些关键问题提出了合理的解决方案。本地规划院的规划设计师在与SOM设计公司的合作中，向大师学习，一步一个脚印，将规划设计理念和城市设计实践紧密结合，分析问题，解决问题，而不仅仅绘制一张张“蓝图”。这种城市设计是真真切切的，也是真正意义上的专业设计。

第四节　孕育——滨海新区文化中心城市设计

冯天甲

从勒·柯布西耶到简·雅各布斯，从《雅典宪章》到《马丘比丘宪章》，两位规划史上彪炳史册的人物，两座现代规划史上的里程碑，这是人类对城市设计思维认知的不断修正和对思维方式的不断演进。20世纪70年代至今，对功能主义的反思，对城市复杂性和社会性的理解，对人性的关怀成为规划思潮的主流。

中国大规模文化设施建设兴起于20世纪末，多伴随新城建设，与行政功能联立，在土地财政模式的推动下成为新城开发的引擎。巨大的尺度、新奇的建筑、充满仪式感的空间几乎成为每个城市必备的“面子”。城市政府办公楼居正，大广场两侧布局文化场馆，这种模式在许多城市反复出现。或许，这样的批评太片面，国内文化设施管理体制封闭，即政府—文化部门—事业单位，每个场馆都有自身的事业人员编制，通过政府财政拨款保证场馆运营维护，而不同文化部门所辖的场馆财政独立。文化场馆内向独立、各自为政的形态或许是这种相对内向的管理体制最直接的反映，也是在未完善的管理体制下快速有效的建设方式。然而，随之而来的是宜人的城市公共空间的丧失、人性关注的淡漠和城市活力的缺乏。在呼唤功能复合、尺度宜人、充满活力的城市空间的思潮下，中国的大型公共文化设施建设应该尽快寻求转变，这不仅仅体现在空间形态上，同时也伴随着管理模式、运营模式、行政体制等一系列城市要素的转型。滨海新区文化中心城市设计进行了一次艰辛的尝试，营造了一个功能复合、尺度宜人、充满活力、丰富多元的城市场所。

一、一场大师的盛宴

滨海新区文化中心位于滨海新区核心区，距天津中心城区50千米，是继中心城区文化中心后又一重要的城市地标建筑群。滨海新区文化中心的开发建设是落实“双港双城”战略、加快滨海新区开发开放的重要举措。2009年7月，滨海新区文化中心与商务中心共同选址于滨海新区中央商务区于家堡以北，毗邻天碱综合商业中心区与紫云公园。文化双中心的建立将进一步完善滨海新区核心区功能，改变以金融、商务、居住功能为主且市民配套服务功能不足的现状，是带动周边地区开发建设的重要引擎。

城市犹如一盘棋，有它自身的规律和秩序，而文化中心无疑是滨海新区这盘棋中重要的一颗棋子，落子必须符合城市的规律和秩序，在市民、政府、企业、开发商等众多利益方之间权衡利弊，以满足各方需求，在保证经济效益的同时，最大限度地发挥公益效益，同时塑造特色十足、富有活力的优质城市空间。数十轮的方案演变记录了这个复杂的博弈历程。

1. 大师的设计构想

2010年12月，滨海新区文化中心进行了方案国际征集，包括建筑群总体设计及建筑单体概念设计两个层面，总用地面积45公顷，总建筑规模51万平方米，其中包括大剧院、航天航空博物馆、现代工业博物馆、美术馆、青少年活动中心、传媒大厦、商业综合体七座文化建筑。滨海新区文化中心城市设计尝试打破国内盛行的以短期高投入获得轰动效应并相对孤立的大型公共文化设施的建设模式，倡导将城市结构延伸至建筑群内部，以街道和广场为核心建设混合街区。建筑大师扎哈·哈迪德、荷兰MVRDV建筑事务所、伯纳德·屈米和何镜堂院士提出了独具匠心、令人怦然心动的设计构想。

扎哈·哈迪德的设计描绘了将公园、广场和文化建筑融为一体的诗境映像。建筑的布局形态源于画笔，每一笔都优雅流畅。设计力图与周边环境取得很好的衔接，通过围合的文化广场创造令人愉悦、富有活力且光线变幻的公共空间。文化建筑由广场衍生，并保持广场的完整性，成为公共生活的积极参与者。

MVRDV 建筑事务所的设计将聚集的多维文化组合成绚烂的“拼图公园”和城市舞台，围绕保留的历史遗迹，形成风格各异的“口袋公园”。每座文化建筑拥有自身向上攀升的路径，在基地平坦的地势上获得更高的景观视野。在两个地铁站之间形成文化主轴线，其间串联不同的广场和小路。

伯纳德·屈米的设计分为四个象限，每一个象限中放一座建筑，中间为共享公园，形成文化建筑之间平等民主、相互对话的画面，通过虚实、正负的对比，使商业广场和文化建筑形成秩序井然的对比关联。

扎哈·哈迪德

滨海大剧院鸟瞰图

荷兰 MVRDV 建筑事务所

滨海航空航天博物馆鸟瞰图

伯纳德·屈米

滨海现代工业展览馆鸟瞰图

何镜堂

滨海美术馆鸟瞰图

何镜堂的设计通过整合城市要素，将生态绿脉、水脉、历史文脉、城市文脉和生命文脉汇聚在一起，再由此发散到每一个角落，从而使整个区域形成一个统一的整体。

在城市设计深化阶段，我们秉承原有设计理念，以何镜堂院士的总体设计为基底，保持覆土建筑美术馆对紫云公园山体景观的延续，通过景观的深化设计，在保持大剧院、航天航空博物馆、现代工业博物馆造型各异的单体建筑特色的同时，将单体建筑融入整体环境之中。大师的设计方案无疑是绚丽夺目的，但公共空间却不够出色，也未能塑造出清晰的城市空间与界面。原本以为的胜利曙光，谁承想只是后来整整三年更加艰辛探索的开始……

2. 近、远期相结合

2011 年 5 月，正值天津中心城区文化中心建成并投入使用，它以高品质的文化建筑围合开放空间，成为市民公共文化活动中心的“城市客厅”。这既是对滨海新区文化中心的巨大激励，又为它的建设提出更高的要求。虽然大师们的设计构想极富吸引力，但决策者并没有草率落子，而是预留原设计的四组核心场馆用地，近期先建设需求迫切的场馆。在近期建设方案深化设计阶段，我们坚持设计的初衷，以街区式的布局延续城市空间。历时一年多，十几轮的方案比选推敲，从各委办局到开发商，从国家标准到商业价值，不断有新的问题引发争执（该阶段共有 10 轮方案比选，以下节选其中 4 个）。

2010 年天碱地区与文化中心城市设计深化方案效果图

街区式布局延续了天碱地区城市空间，内部围合广场，建筑间通过连廊彼此串联。

曲线的使用增加了建筑群的整体性和识别性，朝向公园的界面变得更加柔和多元。

为了将来在此举办大型群众文化活动，设计方案需要预留 4 公顷的文化广场用地，而原有的街区内部广场显然不能满足这一需求。基于此，公园被引入街区。

为了最大限度地减少对紫云公园山体的破坏，原基地南侧城市主干道北移，原相对完整的用地被打破。以文化建筑界定公园边界是一个不错的选择，就像著名的纽约中央公园。

3. 建设进程中的新变化

随着滨海新区城市建设的推进和周边城市综合商业区的整合深化，文化中心被纳入更大城市区域的整合思考中。在原有零散绿地的基础上，一个长 1700 米、宽 500 米的城市公园正在逐渐“生长”，这为在城市核心区中打造一块弥足珍贵的绿色景观带提供了一个天赐良机。这也成为设计方案的第一个重要转折点。在此之后十几轮方案比选推敲中，我们始终坚持对“公园通透完整性”的保证，而如何处理文化中心与公园的关系成为设计的核心问题（该阶段共有 14 轮方案比选，以下节选其中 4 个）。

由于天碱地区开发资金平衡的压力，原文化中心用地不得不适当缩减。在保证公园通透完整性的同时，文化建

第一阶段方案一

第一阶段方案三

第一阶段方案二

第一阶段方案四

筑界定公园，通过不同建筑的丰富表情塑造变化多元的界面。然而，单侧线形空间似乎削弱了文化中心的场所感，这也成为新区政府最担心的问题。

“也许公园中需要一个雕塑！”设计方案突破在公园中央布局文化建筑的“禁忌”，通过强调造型感，让文化建筑成为“雕塑”，同时提供未来眺望于家堡天际线的最佳观景平台。然而，较为规整的布局让它与天津中心城区文化中心有几分相似，虽属巧合，但这让新区政府难以接受。同时，这些文化建筑的巨大尺度也有些背离设计的初衷。

规划师借鉴了扎哈·哈迪德的设计方式，即用神奇的曲线塑造独特的空间。于是一个流线围合的方案诞生了，流畅的曲线实现了公园的延续，并通过变化多元的景观标高塑造了亲人尺度的小空间。流线围合方案因特色鲜明而一度受到认可，然而新的问题出现了，流线造型招致众多使用部门的质疑，包括不规则空间造成的浪费和使用不便等。同时大规模流线型建筑高昂的造价、分期开发的难度也让新区政府踌躇。

为了与西侧城市空间形成更好的衔接，原中央集中的文化建筑组群向西移动，逐步演变为综合体建筑，与西侧界面围合成公共空间。综合体建筑引入绿色建筑的技术，通过起伏的形态和屋顶绿化呼应山体，并融入公园。

然而，数轮方案推敲无法化解所有问题，我们回到源头，重新认知基地。现状山体和隧道的视线阻挡使得基地缺乏优越的展示条件，而之前的数轮方案改造一直没有摆脱传

第二阶段方案一

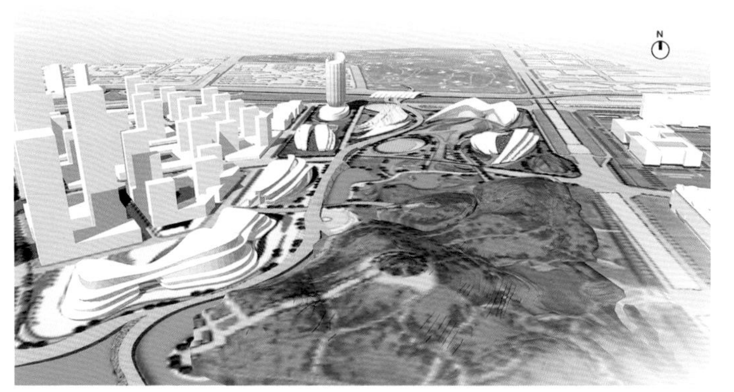
第二阶段方案三

第二阶段方案二

第二阶段方案四

统设计手法的框定，设计始终从“被看”的角度，强调文化建筑的形象性，而这分明与基地特质相左。于是，我们转变思路，在保证“公园完整性”的基础上，文化建筑集中布置。设计的核心从“被看”转为“被用”。

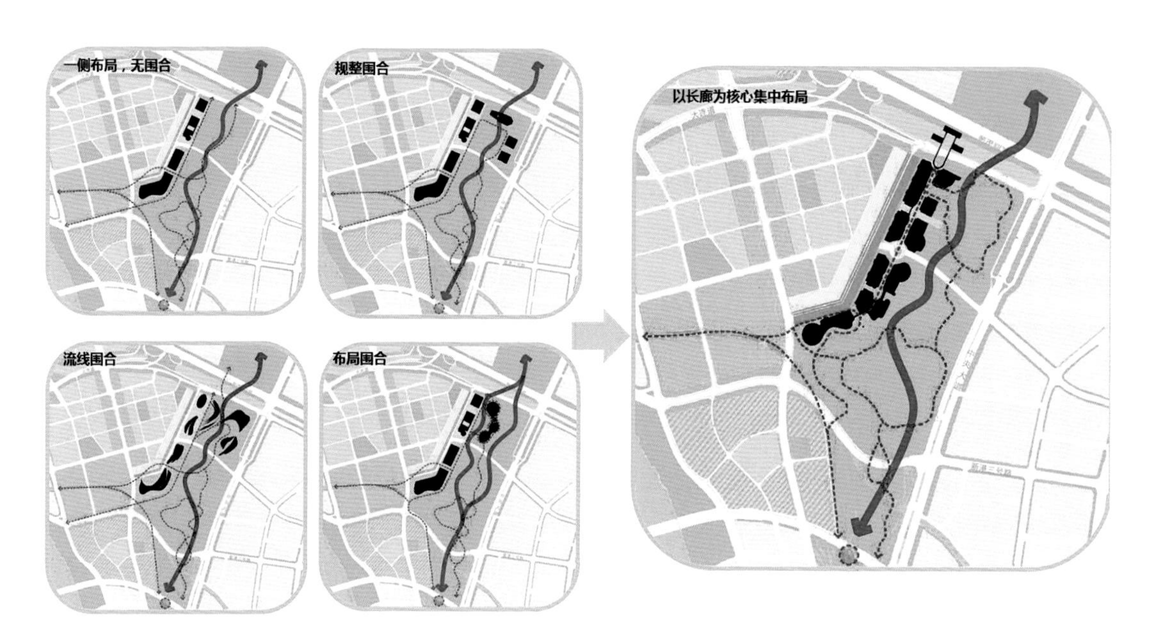

第二阶段方案对比分析图

二、一次“朴实”的转身

至2012年底，天津中心城区文化中心已投入使用一年有余，众多市民前来参观、游玩，让这里成为天津最具人气的公共场所之一。围合式的空间、规整大气的形态，突出了它作为天津“城市客厅”的形象性和礼仪性，而滨海新区文化中心，或许可以尝试更加多元的模式。于是，设计方案迎来了第二个转折点。

滨海新区文化中心与中心城区文化中心拥有相同的占地面积，但与中心城区文化中心围合大水面的景观特色不同，滨海新区文化中心拥有占总用地面积约三分之二的绿色景观资源。

新的城市设计方案力求为市民提供既融入大自然，又享受繁华城市生活的双重体验，在保证“公园通透完整性”的同时，以尺度宜人的文化长廊串联各文化建筑，形成文化综合体。相比其他遍布大型公共文化设施的大空间、大广场的“轰动、华丽”，这条长廊显得格外“低调、朴实”，但却是对市民感受的关照，对人性空间的回归，是设计方案历经三年半的一次“朴实”的转身。在新的城市设计方案中，文化中心融入公园，1千米文化长廊与商业步行街相连，形成3千米的步行系统；文化长廊附着各文化建筑，成为整个综合体的灵魂。滨海新区文化中心综合体营造了充满活力的优质城市空间，那里承载着市民丰富多元的生活和缤纷绚丽的梦想。

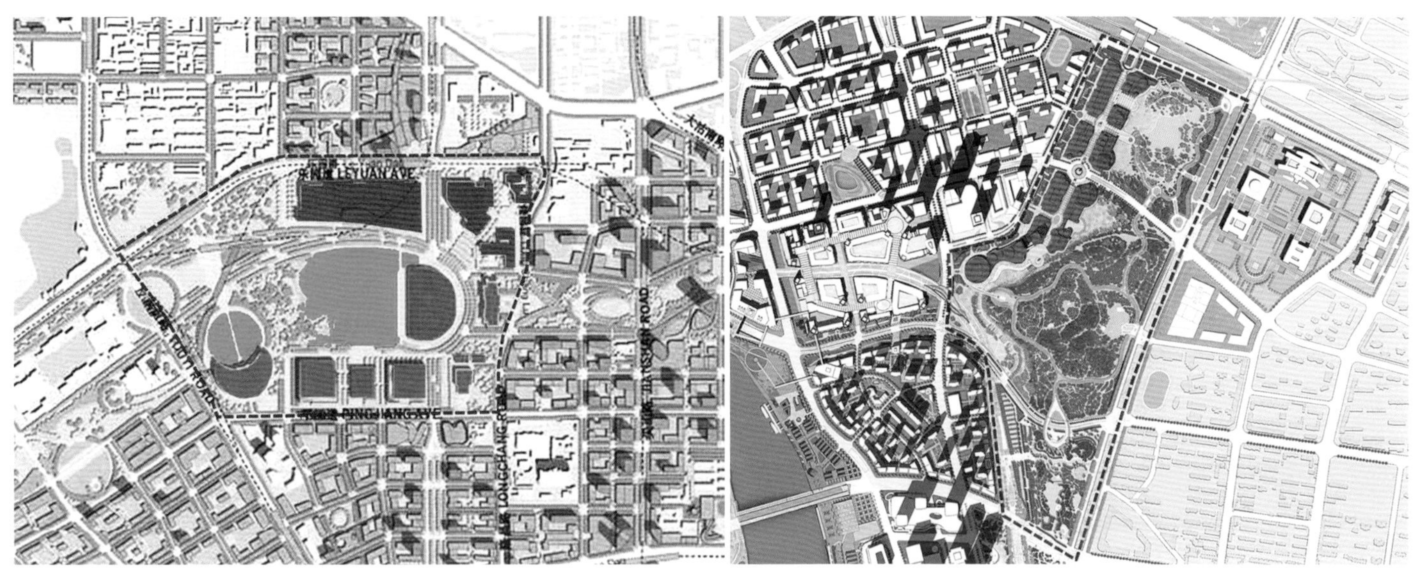

中心城区文化中心与滨海新区文化中心对比分析图

2012 年滨海新区文化中心综合体效果图

1. 从专属功能到复合功能

传统文化设施的布局建立在文化事业体制的统一配置下，呈现条块式结构，功能组成相对单一、彼此孤立，彼此之间缺乏联动和资源共享。我们尝试打破这一局面，通过文化事业与文化产业的联动，为文化设施提供持久的活力，从而实现便捷使用和空间节约。在功能布局上，不是简单地以长廊串联功能单一、彼此孤立的文化设施，而是由若干功能多元的功能区共同组成综合体。新的城市设计方案力求使文化事业与文化产业深度融合，满足市民吃、住、游等生活需求，强调立体复合，打造集文化、商业、娱乐、办公、创意等功能于一体的综合性城市空间。

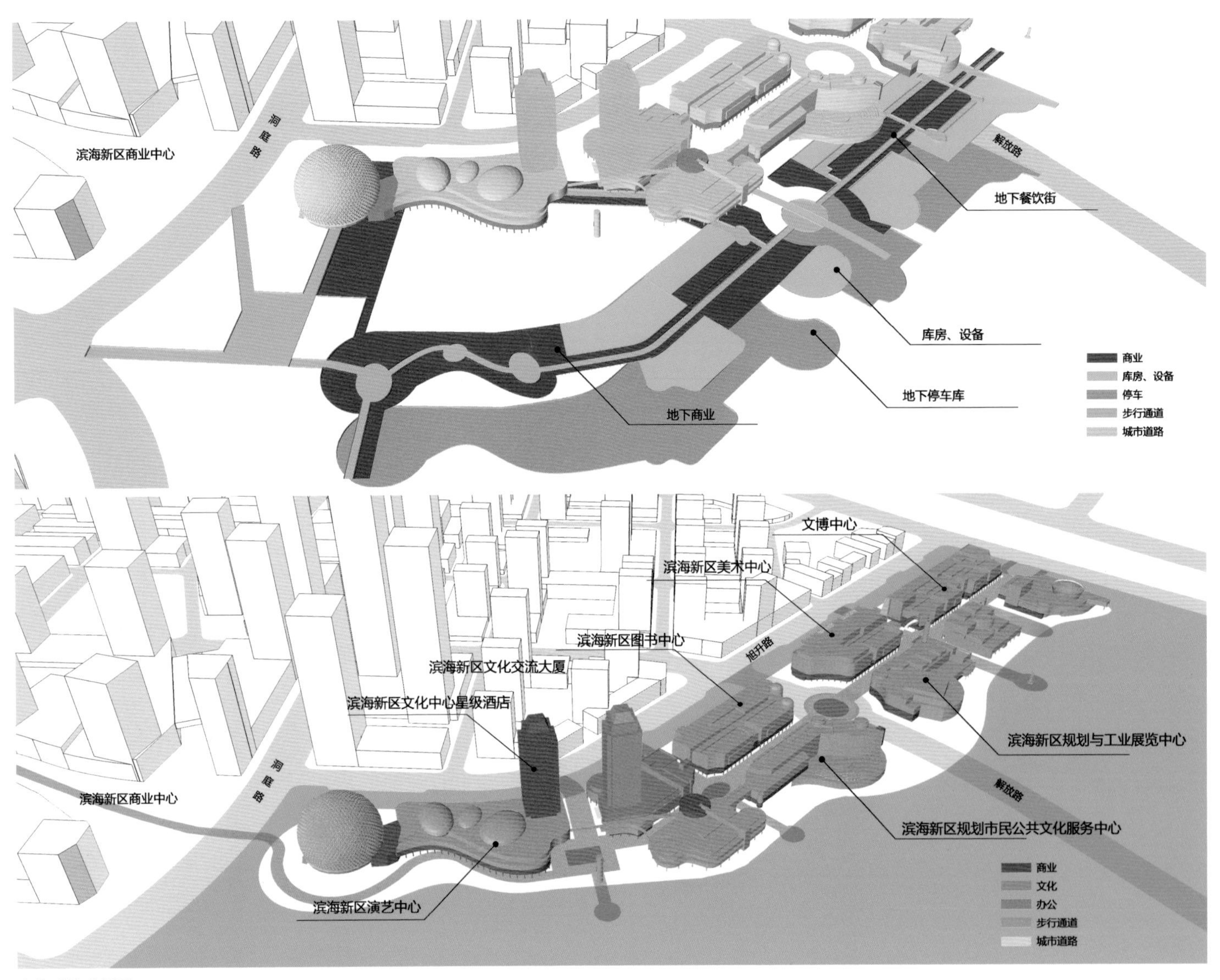

立体功能分析图

2. 从宏伟的空间到宜人的尺度

设计方案舍弃超大尺度的广场，换之以 1 千米长的文化长廊，借鉴经典长廊的空间手法，并考虑北方地区的气候特点，强调宜人尺度的塑造和艺术氛围的烘托，打造吸引人流、24 小时充满活力、四季宜人的城市空间。文化长廊宽约 25 米，高约 30 米，长廊内结合文化建筑组织丰富多彩的文化活动。建筑首层、二层和地下一层融入商业业态，地下停车场与文化场馆通过垂直交通形成有机串联。在长廊外侧形成两种迥然不同的界面体验，东侧面向公园界面，丰富多变，与公园无缝衔接；西侧临近城市界面，规整连续。街墙在营造亲切宜人的街道空间的同时，也成为文化建筑的形象展示界面。文化综合体以宜人尺度的步行通廊连接城市生活区，周边居民可经过文化综合体步行至公园，享受连续无阻断的步行体验。

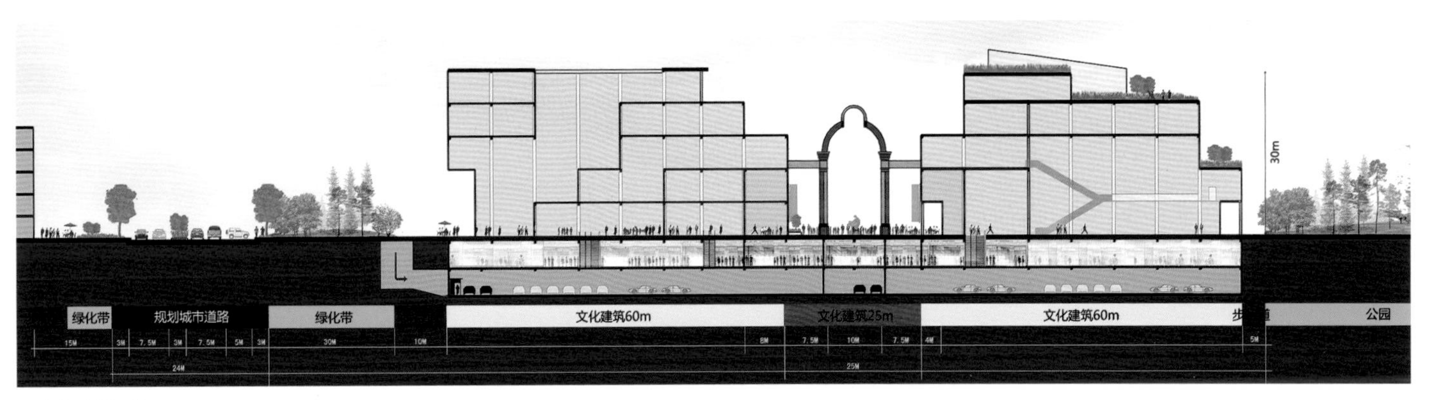

文化长廊断面图

文化长廊效果示意图

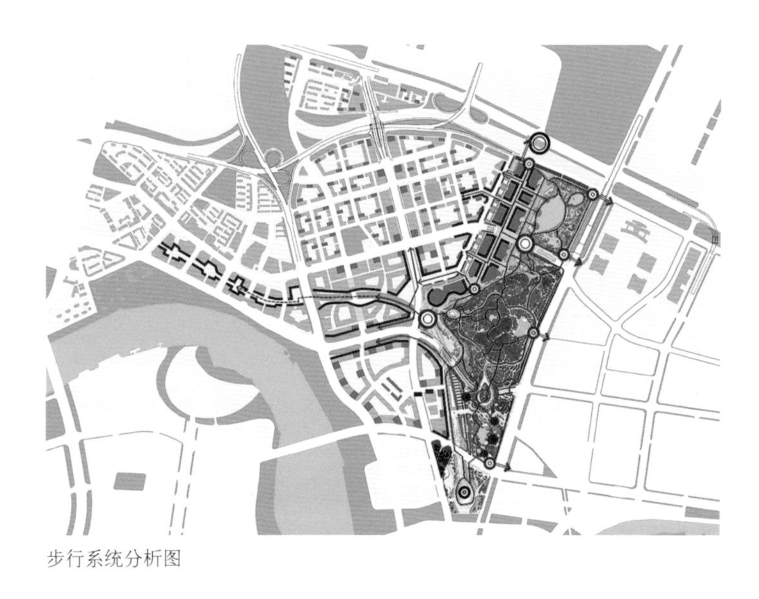

步行系统分析图

3. 从一次性开发到灵活运营

以文化长廊为核心的文化综合体的布局形式摒弃一次性高投入的传统建设规划，更加适应灵活的开发模式和城市的健康发展。我们希望在政府主导下创新机制，吸引多元投资（如私人财团、企业、基金会等），让文化融入整个城市生活，顺应市场发展趋势，完成从先期以文化功能为核心到具有国际化视野的文博功能的拓展。

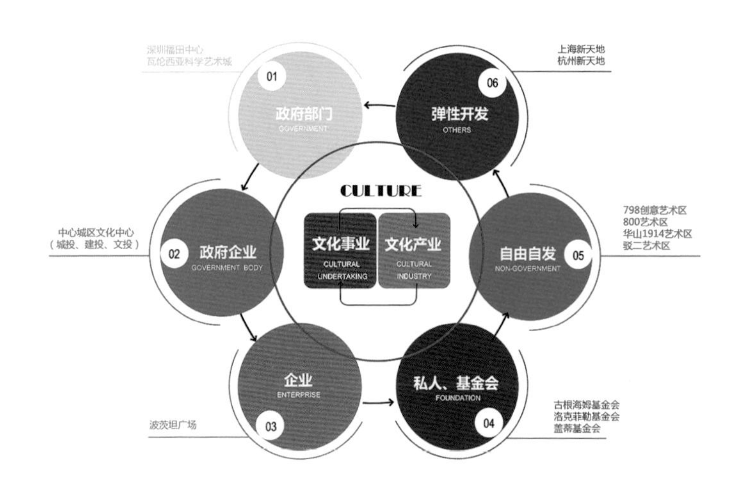

运营模式概念图

4. 从物质形态到内在秩序

文化功能最初与行政功能共同构成新城开发的引擎，之后文化功能逐步从行政功能中剥离而与商业功能相结合。但与柏林波茨坦广场、洛杉矶盖蒂中心的复合功能和适宜尺度相比，无论早期的深圳福田中心、东莞行政中心还是后来的杭州钱江文化中心、苏州金鸡湖科文中心，都因尺度过大、活力欠缺而一度遭到业内诟病。然而，在不可逆的物质形态下，另一场变革正在悄然发生。深圳、杭州等城市以管理理念的创新逐步弥补物质空间的不足，也让我们意识到让文化建筑物尽其用、最大限度地发挥社会效益比盖房子复杂得多。

深圳作为中国第一座“设计之都”，以“文化＋科技”为特色，文化产业已成为其四大支柱产业之一。在强大的技术支撑下，以位于福田中心的深圳图书馆为龙头且覆盖全城的、完善的图书馆网络逐步完善。统一的平台，24 小时开放的亲民服务，便捷的流动借阅，以及与书城等复合功能的充分结合，深圳图书馆每天吸引 8000 人次的人流量，成为福田中心汇聚人气的焦点。

无独有偶，位于杭州钱江文化中心的杭州图书馆以“多元、联盟、共享”的模式，创造性地丰富文化设施的外延功能，成为新型文化建筑的代表；突破区域界限、城乡界限、本土与异地界限、年龄界限等，提供多元化的服务；建立跨系统联盟、总分馆制度；搭建平等、无障碍的全民共享平台，以开放、包容、亲民的特色成为杭州的窗口；逐步建立智库，提供决策咨询、社会咨询等服务，使文化事业直接为经济建设服务。

随着市场化进程的不断推进，未来的文化建筑将更大范围地突破体制的束缚，功能的外延也将远远突破物质空间实体而发挥更大的影响力，充分融入城市生活。文化中心作为城市交流的窗口，将从传统内向型展览研究空间转变为外向型社会活动与公共交往的场所。在未来的功能复合、尺度宜人、配套完善的城市形态下，兼具多元性、包容性和联动性等内在秩序的公共文化空间将更为理想。以文化长廊为核心的文化综合体模式成就了一个更加市民化的城市公共空间，或许为文化建筑的规划设计提供了一个全新的思路。

三、共同的愿景

中国的城市设计践行至今，在不断的反思中，已经从大尺度逐步转入精细化管理时代，城市设计与策划经营、行业运行、民生民计等诸多城市要素的结合愈发紧密。持久跟踪、动态设计也将取代蓝图式的设计模式成为未来城市设计的主流。滨海新区文化中心城市设计的孕育历程即一次真实的写照。每一轮方案物质空间调整的表象下，无不是城市诸多内在关系的协调和利益的权衡。每一次我们都竭尽全力用城市设计的方法解决复杂的社会经济问题；每一次我们都没有放弃在众多条件的约束下尽全力营造美好城市空间的理想。也许，不是每一个方案都很精彩，但坚持的过程本身就是最大的价值所在；我们在多变的城市环境中逐步理清思路，推动合理有效的方案浮出水面，并最终获得大师的认同。

2013 年 7 月，滨海新区文化中心在新的城市设计方案的指导下，按照柏林波茨坦广场的设计组织模式进行第二次方案国际征集，邀请德国 GMP 国际建筑设计有限公司作为总建筑师承担总图、文化长廊设计以及美术馆单体建筑设计，同时协同建筑大师伯纳德 · 屈米、海默特 · 扬以及荷兰 MVRDV 建筑事务所等分别完成其他单体建筑设计。大师们普遍认同拥有“文化长廊”的文化中心，虽然这大大增加了设计和协调难度，并且对于高度集成且功能多元的文化综合体来说，可谓“牵一发而动全身”。大师们的设计衔接、彼此协调、通力合作是方案完成的关键所在。

德国 GMP 国际建筑设计有限公司延续城市设计的基本文脉，充分统筹建筑群功能、形态、交通组织等方面的一体化设计，强调建筑群的整体性。单体建筑设计以城市设计导则为引导，发挥建筑大师的创造力。由 GMP 设计的美术馆如同外表厚重、内在晶莹的水晶矿石，尽显艺术的极致；内部中庭与文化长廊形成互动，营造了多样化的展示空间。由伯纳德 · 屈米设计的现代城市与工业展览馆立意“未来馆、城市发生器”；立面采用独特的“望远镜”开口，拥有眺望功能与“未来感”；内部空间利用圆筒状“未来中庭”把城市和工业展览融为一体。由 MVRDV 设计的图书馆立意“滨海之眼、书山有路勤为径”，营造了丰富多元、亲和宜人的读书氛围。由海默特 · 扬设计的文化交流大厦立意“文化灯塔 ”，作为文化中心的制高点，通透的圆形生态塔楼，体现了高技派建筑特色。由加拿大 Bing Thom 建筑设计事务所和天津华汇设计有限公司联合设计的市民文化中心强调空间开放性，向市民提供了富有活力的城市活动场所。作为文化综合体灵魂的文化长廊，以“伞”为母题，充满独具特色的空间元素和艺术气质。

与此同时，相关深化设计也配合展开，区域交通影响评价、道路交通组织、轨道线工程、市政管网工程、人防工程、生态景观设计、地下空间设计、商业业态策划等方面的工作，同步推进。

城市的活力来自它的多样性和复杂性，以及众多要素错综复杂的关联性。城市设计为如此高度集成的综合项目提供了统筹各个专业的平台，建立多维度、立体化的思维

文化综合体鸟瞰图

现代城市与工业展览馆效果图

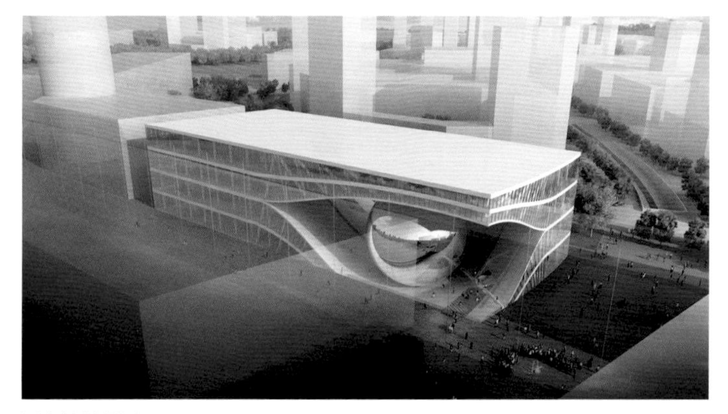

图书馆效果图

文化交流大厦入口效果图

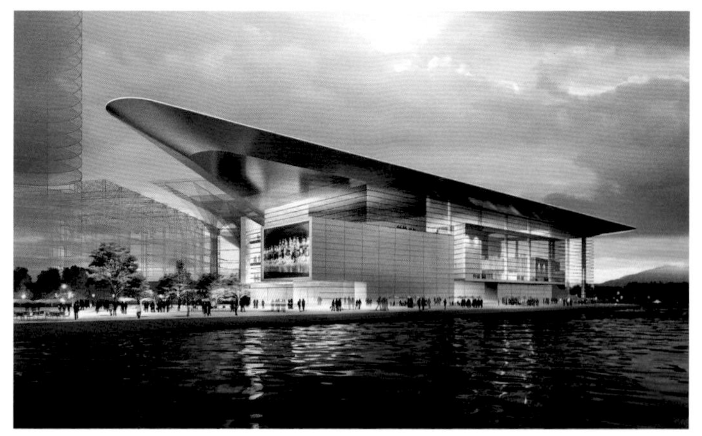

市民文化中心效果图

模式，在整体空间形态、城市界面、公共空间的塑造、竖向与水平的联系、交通的衔接组织、建筑表情的刻画、艺术气质的渲染、建设模式的组织以及可操作性等诸多方面建立规则，并明确地引导及推动建筑设计及其实施，在促进优质城市空间的形成过程中发挥重要的指导作用。中国的城市建设在迈向世界一流水准的道路上，不仅仅需要打开大门“引进来”，更需要自我修炼、韬光养晦。

滨海新区文化中心效果图

第二章　居住社区的城市设计

引　言　规划建设生态宜居型居住社区

居住社区是城市的本底，可以说是城市空间中数量最多、面积最广的区域，其对城市风貌和肌理的形成有着举足轻重的作用。城市的品质和特色，除了布局结构、自然特色和城市中心独特的形态形象外，更多体现为城市风貌和肌理。它们反映了城市和地区的经济实力、繁荣程度、文明程度以及文化科技事业的发达程度。

目前，金融业、房地产业高速发展。与此同时，我们仍沿用前苏联计划经济的居住区规划设计体系和多级方法。在快速城市化进程中，在“居住区－居住小区－居住组团”这一经典理论的指导下，大量居住区正处于规划建设中，城市居住社区需要进行城市设计。随着经济社会的发展以及人居生活水平的提高，人们对居住环境的要求越来越高。伴随着大规模的住区建设，传统生活模式及居住文化正在逐渐消失，传统邻里关系的网络面临彻底的瓦解，城市的肌理也遭到破坏，形成较多大院封闭的小区和宽大的马路。因此，对住区布局模式的研究已成为一个迫切而重要的课题。

居住社区建筑风格的统一对城市整体风貌的形成具有重要意义。当代城市中现代标志性建筑的盲目、大量建造破坏了城市应有的风貌特色。城市大多“千城一面”，住宅建筑多是形态相同的塔楼，虽然过去千篇一律的“兵营式”住宅有所改进，但依旧无法体现各个城市本身的文化背景，更不具有传承历史文脉的城市风貌，这对城市的长远发展是极为不利的。城市规划者逐渐意识到塑造和保护城市风貌的重要性，并与建筑师携手合作，规划建设与城市风貌协调一致且丰富多元的居住区。

下文将详细阐述几个重要的居住区城市设计及其愿景和相关思考。

第一节　和谐开放社区探索——和谐小康公共住房社区城市设计

陈雄涛、毕昱

健康的住宅是健康城市的基础，人们在日常生活中每天感受到的点滴幸福是城市整体幸福感的源泉。尽管当今中国大量现代居住社区满足了人们对日照、通风等的基本生态需求，但人们却愈发怀念拥挤嘈杂又热闹亲切的传统生活，无论北方的四合院、胡同还是南方的三间两廊与小巷，都曾给居住者带来愉悦的社区生活体验。我们相信，在一个理想的社区中，物质空间基本功能的满足只是第一步，情感品质的需求更需要设计者的精心考量。本案通过减小街廓尺度、构建“精明增长”的交通体系、打造住宅围合式空间布局、精心设计各种户型、推动社会管理的改革与创新等，力求营造富有魅力的庭院生活、街道生活、城市生活，让居民在此尽享生活的安逸与快乐。

新中国成立后，住区规划大体可以分为三个阶段：1949—1978 年，邻里单位理论和居住区理论的初步引入和早期实践；1979—1998 年，居住区理论的发展成熟和小康住宅的初步实验；1999 年至今，新时期住区规划呈现出以高层住宅为主的多元化布局特征。天津作为典型的中国北方城市，目前的居住区布局形态以后两个阶段带来的影响为重。从谷歌地图上快速浏览后不难发现，天津主流的居住区布局形态有三种：一是“居住区—居住小区—组团”理论下典型的空间结构，如华苑居住区；二是以多层板式住宅为主的行列式布局，如梅江万科水晶城；三是散点式布局的高层塔楼与行列式布局的多层板楼混合布置，以满足不同居住者的需求，如梅江卡梅尔居住区。纵观这些布局形态，它们有两个特点：一是超大且封闭的街廓尺度，另一个是占绝对主导地位。这些特点的背后有着深层次的社会根源，简言之，前者满足了人们对人车分流、安静住区的基本生活需求；后者可以使居住单元获得良好的通风、采光等，更重要的是符合快速向居民提供住房的建设速度要求。然而，随之而来的场所感缺失、社区空洞化以及以机动车交通为导向的城市拥堵逐渐成为新的“城市病”。城市应该何去何从？

主流的住区布局形态

滨海新区和谐小康公共住房社区规划研究是天津滨海新区迅速发展的背景下与政府推进百万保障房政策下的示范项目。在过去的二十年间，住宅建设呈现迅猛发展之态，以至规划模式与建筑布局均采用简单且可快速复制的形态：不断重复的行列式建筑、极宽的街道、漠视行人与自行车交通的超大封闭街廓，这成为住区建设甚至城市建设的主流形态。天津市规划院滨海分院与美国旧金山住宅设计专家丹尼尔·所罗门先生（美国新都市主义运动的奠基人之一）及天津华汇工程建筑设计有限公司携手合作，开展住区规划研究，对这些“约定俗成”的模式乃至规范进行讨论与思考，力求构建一种以小街廓、密路网、围合式布局为特征的开放社区规划模式原型，为城市空间形态注入强大的活力。

一、路网模式与街廓尺度

1. 国内外路网的基本模式

20 世纪机动化出行方式的大规模出现考验了所有路网的特性及其对移动性和城市生活的承载力。我国的城市道路体系将道路分成快速路、主干路、次干路和支路四个等级，这是一种“死胡同”的层级式路网，类似于 Radburn 模式，试图建立一个完全人车分离的模式，通过修建地下通道、人行天桥等构建人与车的平行体系，在实际应用中这种模式却无法真正实现分离，人们依然愿意选择最近的道路。欧美大部分城市的传统格栅（Grid）式路网（狭长街区组成的美国纽约 Gridiron 式路网，或由方块街区组成的西班牙巴塞罗那 Checkerboard 式路网）是一种小格栅开放路网，尽管它是在机动车交通大量出现之前就有的模式，并且对于同时保障机动车的移动效率和非机动车及行人安全的能

和谐小康公共住房社区规划范围
和谐小区公共住房社区规划范围

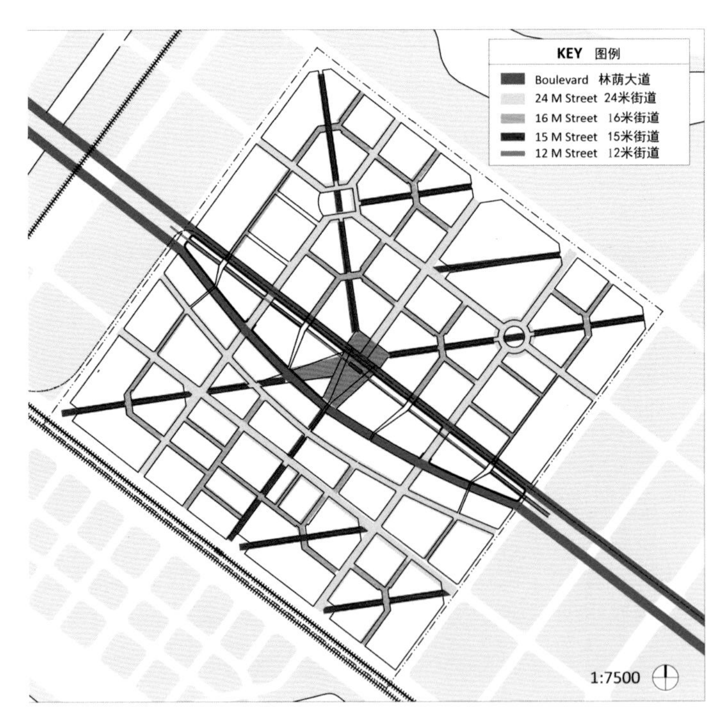

精明交通体系

力还有些争议，但是，与那些有“死胡同”的层级式路网相比至少有如下优点：得益于较小的街廓边长、高密度的十字路口，这种路网可有效减小汽车拥堵和出行非直线系数，更适合步行者，更高效地组织公共交通，大大提升人们对城市的识别度，避免迷路的恐惧。

在过去的二十年间，中国的机动车需求出现了巨大的增长，空气污染与交通拥堵已经成为中国城市发展不能回避的障碍。不可否认的是，对于新中产阶级来说，拥有私家车是极具诱惑的，但是，过分依赖机动车已经对环境和都市造成了史无前例的巨大负面影响。国外的许多城市从巴黎、纽约到库里蒂巴，都已经开始重新尝试以自行车与公交车为导向的出行方式。中国城市的道路模式既需要满足日益增长的机动车需求，也需要汲取西方国家的经验，同步建立以步行、自行车以及公共交通为导向的运输模式。

2. 探索“精明交通”的体系

规划研究尝试建立一种“精明交通”体系，正视机动车发展的需求，但不鼓励其无限制的增加，通过增设高质量的步行网络提供舒适愉快的步行体验，同时鼓励选择公共交通的出行方式。规划研究采用小街廓、不区分次干路和支路等级的格栅式开放路网布局方式，同时引入慢行通道的概念，使慢行道成为人们进行日常社会活动的重要场所。具体做法如下：将常见的超大街廓进行切割，在内部创造细密的小街廓（110米见方，约1公顷）与街道肌理（两排或三排住宅的围合）。我们认为，小格栅网依然是最有效率的路网之一，在此基础上斜向布置人行通道，它连接区域内的各个社区与主要公共交通站点（包括新月形绿地中的快速公交线、基地北侧的常规公交线和基地南侧2号、7号地铁线），减少小格栅网的同时缓解机动车与非机动车的压力，这些步行街道成为公共交往空间的标志性场所。另一方面，除周边交通主干道需要承载大量机动车通行而适当加宽外，其余大部分街道都采取“窄街”的做法，邻里中心不提供路边停车，从而控制机动车的数量，营造出“慢行共享”的氛围，实现小汽车、自行车与人行的混合使用，在保证机动车效率的基础上大大提高步行者和非机动车的安全性。以上三种路网及街廓同尺度比对图如下所示：

这种新的住区原型通过塑造新的社区邻里交往空间，

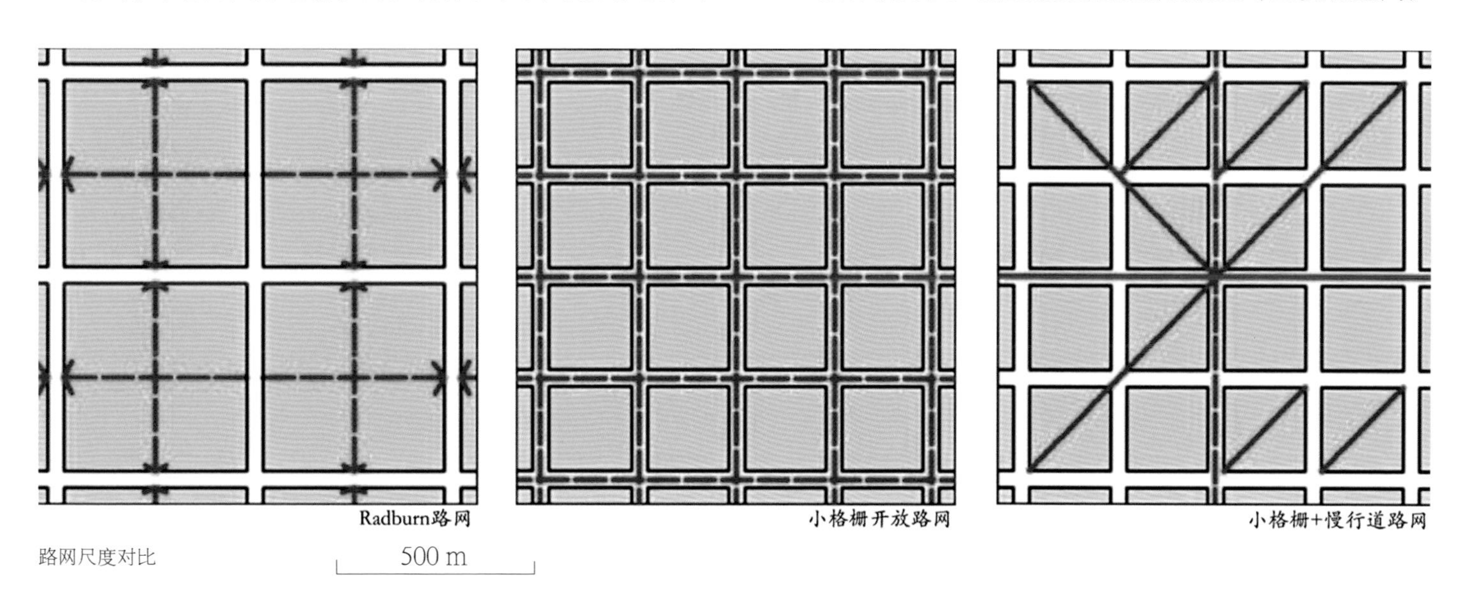

路网尺度对比

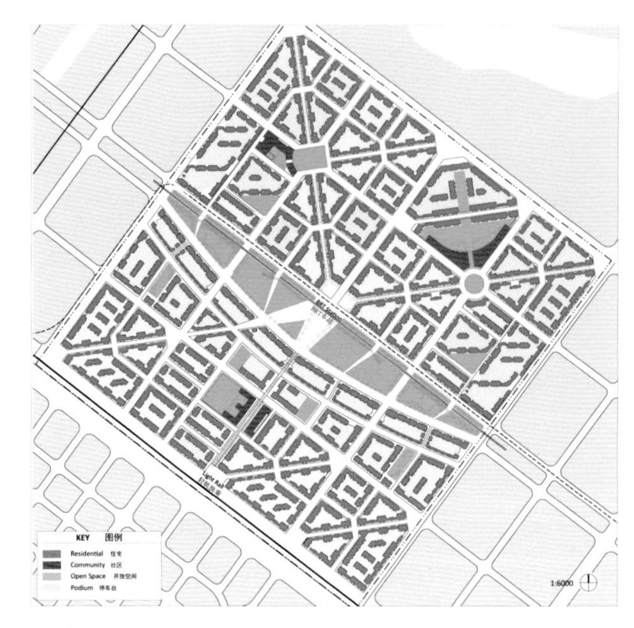

方案平面图

试图恢复传统城市中丰富的社区生活；同时针对环境污染与交通堵塞的双重问题，强化步行环境的营造与公共交通体系的发展，减少对小汽车发展模式的依赖。经过我们多次向滨海新区规划主管部门的汇报，此种路网街廓模式获得了试行认可。

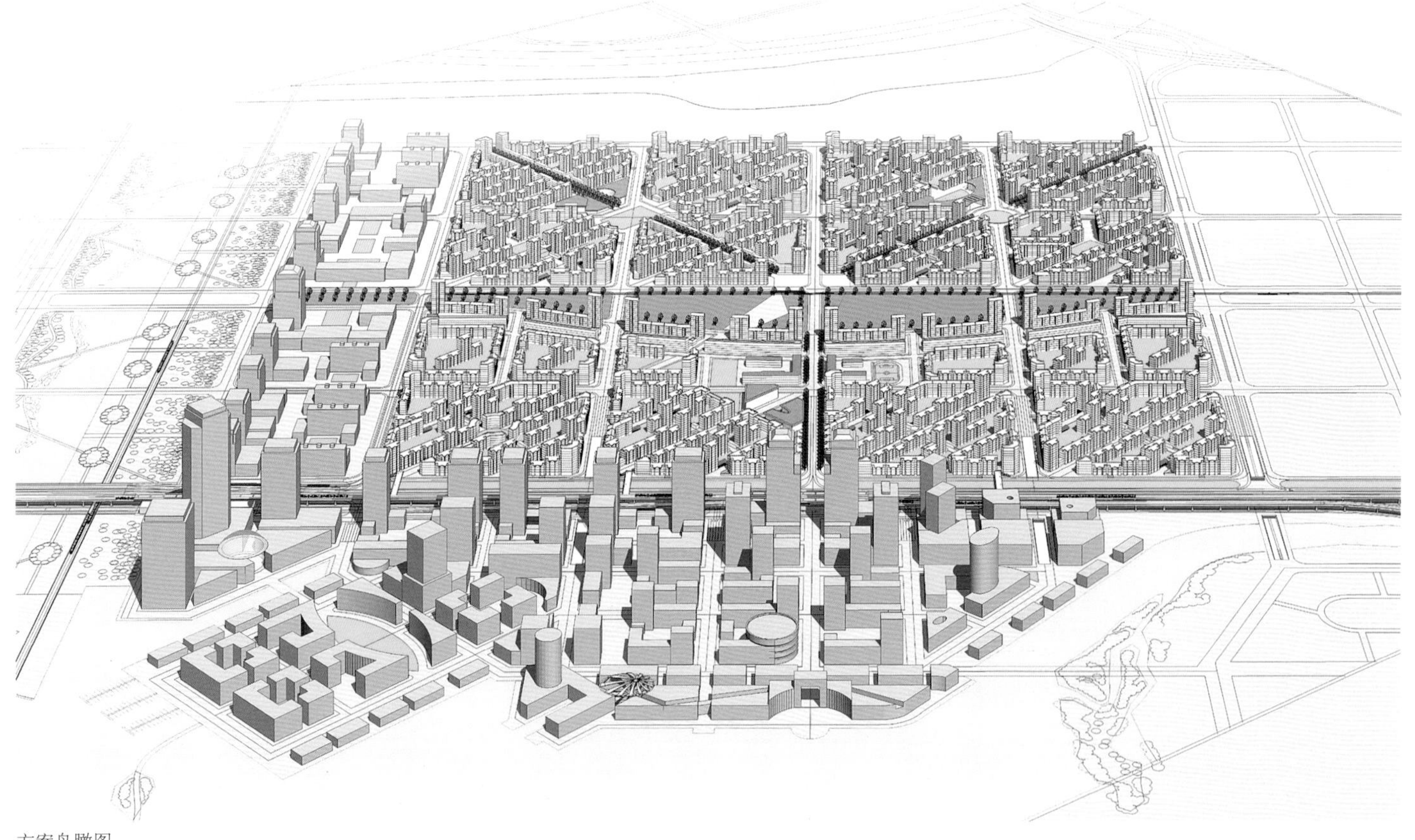

方案鸟瞰图

二、日照规范与围合布局

1. 功能主义的日照标准及影响

在中国北方，突破现状行列式居住模式的首要难题来自我国现行的日照规范，国家住建部先后颁布了四项规范，天津一般新建住宅则以大寒日日照时数不低于两小时为标准，且根据日照强度与日照环境效果，确定有效日照时间带是从早晨8点至下午4点。对于日照的强制规范性要求造成公众、设计师以及开发商对于行列式模式的习惯性接受。

日照观念受到20世纪初西方功能主义思想的影响，自1930年形成了一系列从健康和生理角度评价建筑的准则，为满足照明、采光和通风等方面的要求，住宅需要向阳布置，而不是像先前一样沿街布置。西方功能主义思想对自此之后的住宅规划产生了深远影响，板式建筑在国际建筑协会CIAM的倡导下，成为一个被广泛接受的标准。

西方国家在1930—1980年对此进行了实践，住宅的分散设置、统一朝向以及功能分区确实保证了日照与通风等人们对于空间的基本需求，却忽视了人们的心理、交往需求，公共活动的街道空间消失殆尽。此外，这种“多米诺军营式”的布局模式千篇一律，标志着机械化与标准化，但丧失了场所感与归属感。正当西方世界如法国、英国、美国等国家意识到功能主义至上的板式住宅的危害而放弃这种模式之时，它却开始在中国广受欢迎，尤其是在日照受限的中国北方。行列式住宅带来的吸引力是显而易见的，从20世纪90年代初期，行列式住区模式迅速成为住区规划的主流，其代价是街道空间、邻里交往和庭院生活这些昔日场景在这20年间从公众的眼中悄然消失。

因此，规划研究缩小了街廓尺度（约1公顷）、增加了东西向住宅，形成四面围合式的小街廓，激活了底层社区商业，既保持了南北向住宅所临的街道生活，还拓展了东西向住宅所临的街道生活，让城市的横纵街道丰富多彩，更重要的是在每个围合内形成安全、归属感极强的社区活动地带，进而实现邻里和谐和社会和谐。

2. 日照规范与围合布局的相容性论证

规划研究的一个关键因素在于论证小型围合街廓与天津的日照规范并不冲突，这两种看似矛盾的要求在融合之后，为住区布局提供了一种新的选择性尝试。

方法一是精心设计“空隙”。根据研究基地的格网偏转角度（南偏西37°）的日照分析显示，除三个地方以外（下图中标注的红色区域），一个由五层楼建筑构成的简易围合街廓可以满足多数的日照要求。假如这些红色的区域变成建筑之间的空隙，那么由于空隙太大，将无法创造一个凝聚的围合街廓，而我们认为各个方向上连续的临街建筑面是以步行为导向的城市规划的基础。这些红色区域可以采用浅进深

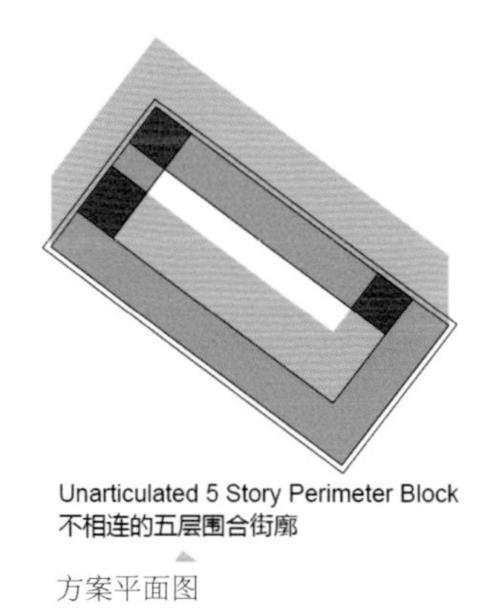

方案平面图

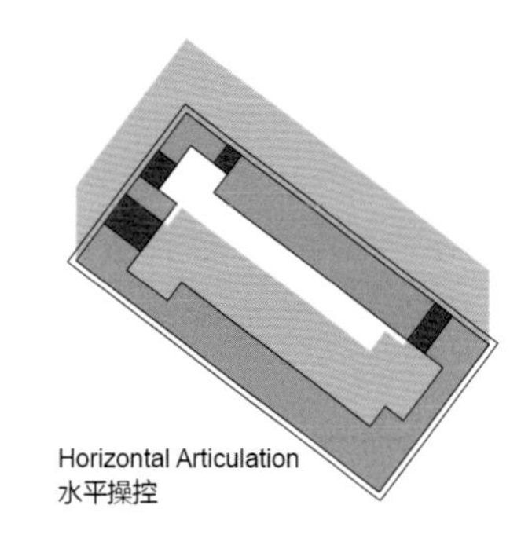

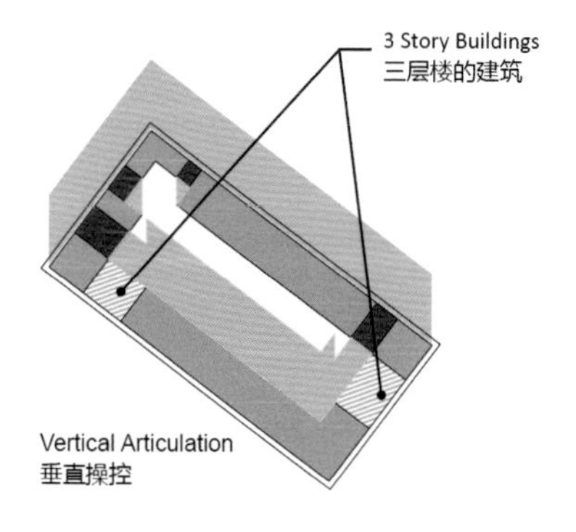

水平操控与垂直操控

单元的方式（水平操控）或降低遮挡体建筑高度的方式（垂直操控），使空隙缩小。剩余的红色区域可以成为建筑的特别部分，如大厅、社区活动室或者住宅单元中不需要满足两小时日照的空间，它们也可以是建筑之间的开口，作为街道到建筑内院的通道。这个方法虽然是基于本基地偏转的格网，但也能够运用在多数偏离正南北朝向的格网上。

方法二是为迎合南向采光而采用特殊的户型设计。方案范围内的街道格网是南偏西 37°。在认可一般建筑的排列应与街道对齐是“行人为本”的城市规划重要元素的基础上，协调正南向单元与路网角度间的关系是方案需要重点考虑的因素。策略一是为斜向建筑南墙面设计正朝南的角窗（后来未被认为是正朝南），策略二是将南侧房间分别扭转成正南向。当道路格网只略微偏离正南北时，可以采用另一种不同的方法，将街廓东西两侧作为非住宅使用，或者采用特殊的锯齿形南北单元户型设计。

至此，我们讨论的都是通过设计自身解决日照规范与围合式街廓的矛盾，实际上还有许多方法可以实现围合式的住宅模式，包括理念更新等。规范研究应该保持一种发散性的思维，而不把行列式作为符合中国北方日照规范的唯一形式，从而营造一个多元开放的城市形态。

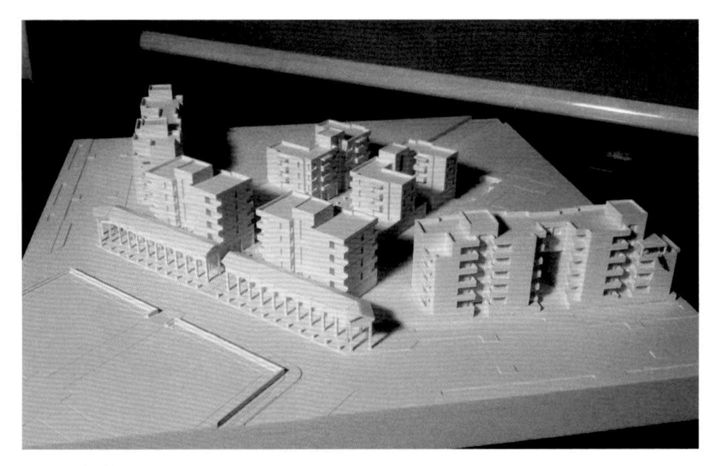
典型街角模型

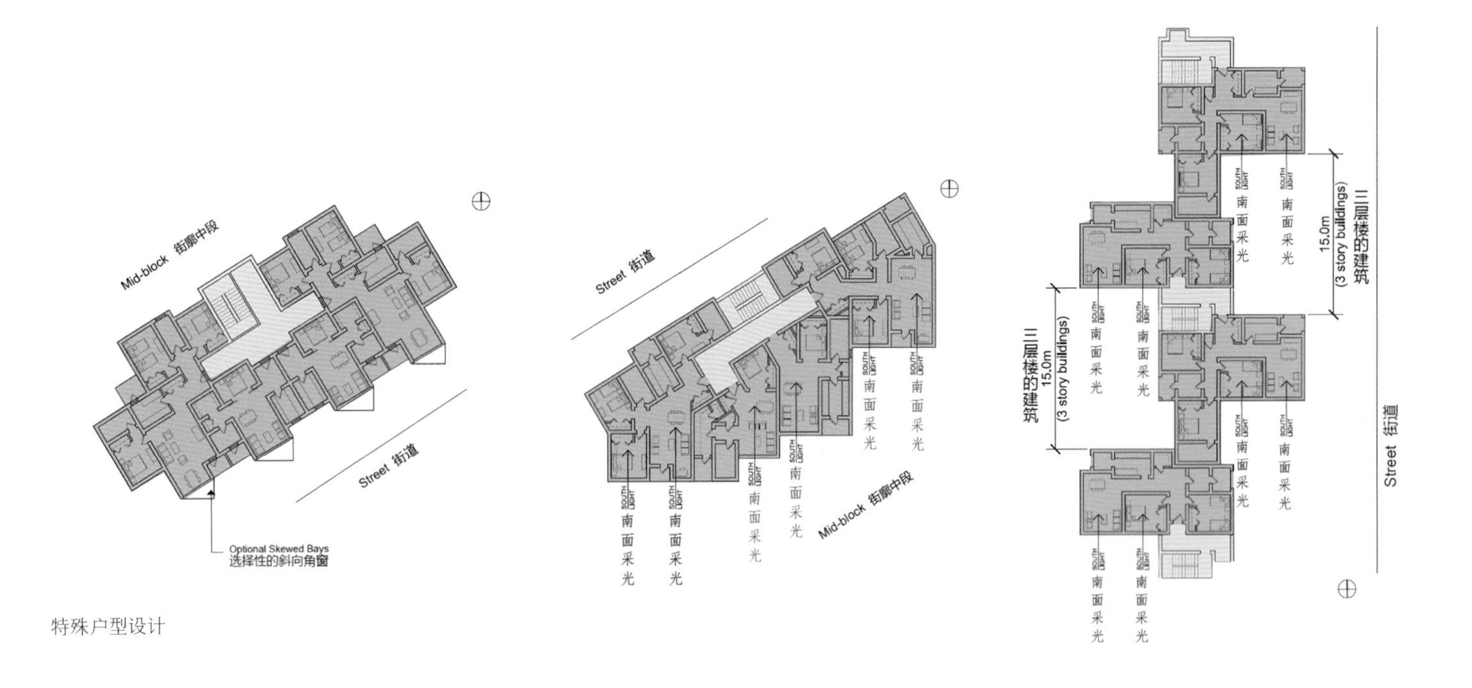

特殊户型设计

三、新模式与城市管理

1. 与社会管理模式创新的结合

除院落生活与街道生活外，社区的活力同样体现在街坊中居民日常集中活动的场所，《新都市主义宪章》明确提出：市民机构、公共机构和商业活动的集中布置必须组织在邻里之间，且选择在重要的地点，以提升社区的识别性与居民的交流度。

天津市目前的住区规划执行的依然是国家标准的“居住区（5～8万人）—居住小区（1～1.5万人）—组团（3000～5000人）”三级体系，对相应配套的公共服务设施数量做出规定，而没有对具体的配套形式和位置选定有所要求。滨海新区在此基础上创新发展，提出“街道（10万人）—邻里（1万人）—街坊（3000人）”三级社会管理体系，以及集中布局的社区中心、邻里中心与街坊配套设施理念。

公共服务设施分级配套表

三级体系	主要公共服务设施
社区中心	街道办事处、社区公园、图书馆、社区运动场等
邻里中心	社区服务站、幼儿园、邻里公园、生鲜超市、公厕等
街坊配套	文化活动室、社区服务店、早点铺、便利店等

这套体系对现行体系的最大优化之一是对公共服务设施配套提出“集中设置”的概念，促进资源的集约与时间的有效利用，同时提供社区居民集会交流的公共场所。规划研究将三个邻里中心与步行交通相结合，并布置在全区主要步行通道上，从而倡导步行外出与公交出行的生活方式，营造舒适宜人的社区氛围。

2. 小街廓格栅路网的建设与管理

小街廓格栅式开放路网对国土管理部门可能是个挑战，对于相同面积的待出让土地，这种路网较原来的大街廓层级式路网增加了道路的面积。按目前的国有土地出让方式，势必增加土地出让的大配套费以及房地产开发公司的土地购买

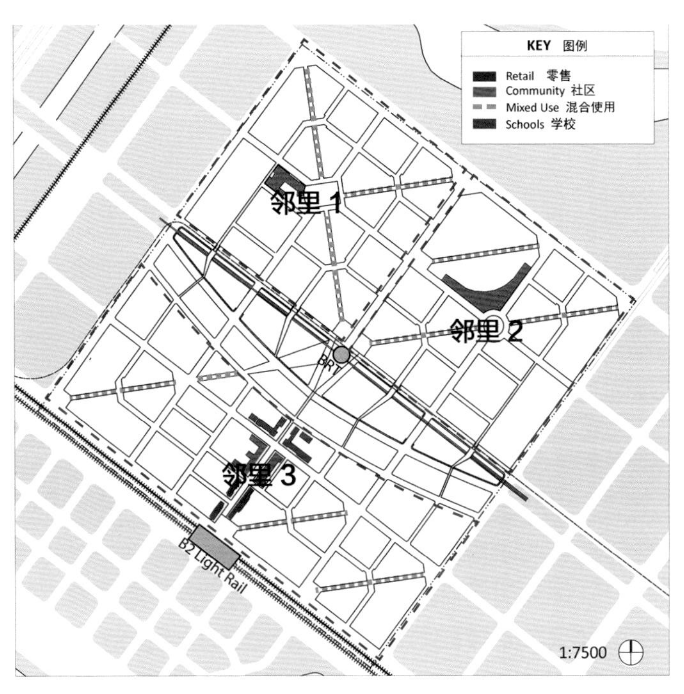

邻里划分和邻里中心公共服务设施规划

成本，这对于本已高涨的房价无疑是雪上加霜。研究组认为，这种新的路网布局需要国土管理部门的大力支持，从而由试行变成逐渐推广。另外，按照目前大街廓层级式路网形成住区的管理方式，规管、交管、消防等部门对于住区内的事情一概不管，而房地产开发公司即使不承担增加的道路带来的额外配套费，也要负责细分道路的交通管理、环卫、绿化等维护工作。与土地配套费类似，这种模式需要参与城市建设和管理维护的各级部门与开发建设公司有额外的付出。这也成为新模式实施的两大难点。

3. 销售市场的接受与推广

大部分房地产开发公司认为东西向住宅的销售前景堪忧。首先，从城市规划建设管理部门的角度加大对新模式的宣传和垂范，将为公众和开发商的逐步接受奠定良好的基础。同时，精心的设计可为东西向住宅赢得多种可能的销售市场

认可。规划研究提出一种“锯齿形户型”，保证每个主要房间都有南向日照。或者，对东西住宅采用小进深(8米左右)的户型也是个不错的选择，典型的设计是100平方米的一户住宅采用“面阔两间进深两间”的布局，小进深则采用“面阔两至三间进深一间”的做法，东西向小进深户型在“滨海新区万科海港城”项目中得到初步应用，实际销售情况良好。我们相信经过良好的宣传和部分房企的逐步接受，新的布局模式将逐渐推广开来。

4. 物业服务的精简配置

在目前的住宅市场上，好的房地产开发公司为了打造品牌效应，往往在盖好住区后，成立子公司，以管理住区的物业。物业公司认为每个小街廓都需要配备保安和物业人员，这将大大增加成本，恶化其原本不盈利的财务状况，只能由母公司每年进行补贴而运作下去。这里有个奇怪的现象，物业公司都认为，物业费用应该随着城市经济发展而逐年增长，但业主委员会具有否决权，他们从来不同意上涨物业费，所以物业的经营和取费模式都将有待改进。规划研究提出在每个小街廓配备无保安的门禁系统，业主发放门卡。若此法实在行不通，可在门口安装摄像头，由一个人员精简的中央控制室对若干个小街廓提供特殊情况下的开闭门等服务，而物业和绿化人员则依照中央控制室服务的规模加以精简配给。

5. 道路交通与停车的建议

最后，基于道路拓宽的可能性，常规的做法是道路先退绿线，再退建筑线。退线越多，建筑离街道的距离越大，越发让街道上的行人不能亲近建筑。规划研究提出，保持街道宽度的稳定，若出现交通量过于饱和的情况，更多地检讨小汽车发展政策并大力发展公共交通。在次干路和支路同等对待的条件下（免除了次干路的退绿线），建筑物保持统一的退线（约5米），形成整齐的街墙线，利于街道公共生活和街道安全眼的产生，为居民提供多元化社交场所的同时，配套商业设施因为靠近街道而获得更好的盈利模式。城市规划管理对住区的停车泊位配比也有详细的规定。研究认为若按这种规定进行配置，会引导住区和城市依赖于以小汽车为主导的交通出行方式，因此，研究建议调低停车泊位配比率，并将整个地块进行整体开挖，建设半地下式停车库，库里设置机械双层停车，满足目前规范要求；待规范调低停车泊位配比后，打造拆除机械设备并实行单层停车，形成近远期结合的方案。

四、结语

任何一种变革都需要反复实践，任何一种规划标准的执行都应认真考量。我们愿以本案为契机，为住区模式提供一个新的思路，竭力与建筑师、开发商、城市管理者积极合作，完成本方案模式的深化与实践，解决新布局模式与本土理念、文化、规范、管理的矛盾，消除公众心中的担忧，提供多元化的住宅选择，为城市营造更加丰富多彩的居住空间。

第二节　滨水活力社区体验——大沽地区城市设计

潘昆

世界著名建筑设计大师贝聿铭认为，“对一个城市来说，最重要的不是建筑，而是规划。”每个大城市的发展轨迹不外乎以下四个重要的规划阶段，从最初的发展城市中心、扩大城市规模，到如今重视城市生活质量、实现可持续发展。城市设计在这个过程中扮演着越来越重要的角色，不仅需要有前瞻性的理念、公众的广泛参与，还需要通过协调机制，实现区域和谐发展。

大沽地区位于天津市滨海新区行政辖区内，海河南岸，紧临于家堡国际金融区和响螺湾商务区，是中心商务区的组成部分。历史上，这里是人们以煮盐捕鱼为生的地方，有很多村落；新中国成立后，人们继续临水而建，依水而居，依靠天然的港口和海河水形成了如渤海石油等企业，并围绕企业周边建设了很多居住区。近年来，随着滨海新区中心商务区的发展，大沽地区一跃成为滨海新区核心区的重要组成部分，是滨海新区的核心区域之一。

大沽地区在整个滨海新区的发展战略中具有重要作用，通过城市设计的编制帮助大沽地区实现身份的转变和区域功能的完善是设计的重点。2010 年，由美国 SOM 设计公司进行大沽地区总体城市设计和导则的编制工作，城市设计中明确了大沽地区的发展愿景，同时为先期启动的区域提供了较为详细的设计，为控制性详细规划的编制提供了设计参考依据，2011 年完成了编制成果。2012 年，滨海新区完成了城市设计全覆盖工作，进一步对大沽地区的规划设计进行了深化和完善。

一、总体布局

规划范围西起兴业路，东到大沽口入海口，北临海河与安阳道，南至大沽排污河，总用地面积为 15.3 平方千米。历史上沿海河主要有大沽船坞工厂、仓库、潮音寺、海神庙和东西沽渔村，建筑年代较久远，以平房为主，环境品质较差。20 世纪 90 年代，兴建渤海石油新村，为中海油提供生活配套服务；2005 年，启动中心商务区东西沽拆迁，渔村拆迁后就近安置在东西沽还迁区内高层住宅，建筑高度约为 100 米。

为了提高整个大沽地区的生活品质，提升沿河景观界面，城市设计力求在延续原有肌理的基础上，打通城市绿色通道，为市民提供良好的居住环境，注入城市活力，沿海河塑造富有特色的城市开放空间，结合天津当地历史文化，打造三段

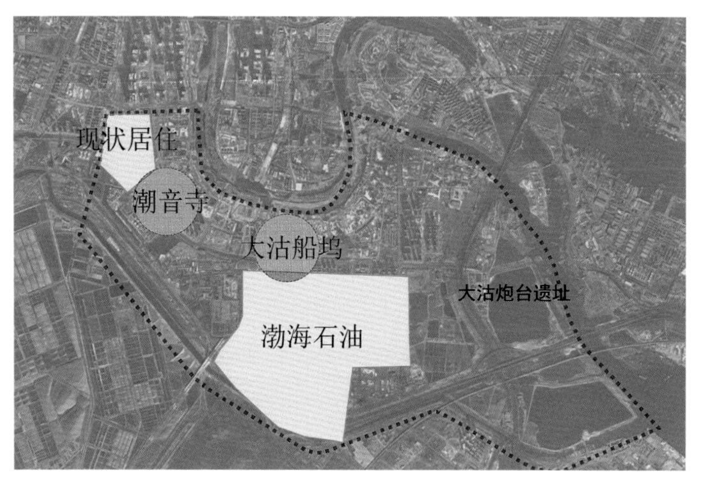

现状航拍图

式的建筑立面、布局高度适中的办公和住宅，提升老旧居住片区的生活品质。

在功能定位上，大沽地区的功能与于家堡和响螺湾互为补充。于家堡作为滨海新区的金融中心，设有大量高层办公、酒店、公寓和商业零售建筑，响螺湾作为外省商务区，同样也设有为数颇多的高层办公建筑。大沽地区在功能上为上述两个区域提供配套支持，规划以居住和配套设施为主，沿海河布置部分多层总部办公设施及低层商务会所。居住建筑为在于家堡和响螺湾工作的人群提供便利的居住场所。多层总部办公建筑和低层商务会所有助于丰富商务办公环境的多样性，完善中心商务区的功能。

规划总体上形成了“两轴、两带、两片”的城市结构。“两轴”即一条沿中央大道形成的实轴，绿化景观轴线；另一条沿中央大道延长线形成的虚轴，集中布置大沽地区的生活配套设施，形成一条公共轴线。“两带”即在两条轴线的基础上向周边扩展形成的带状用地，分别是一条绿带即沿中央大道贯穿至中部新城的300米绿带，另一条公建带即沿海河和中央大道延长线形成的公建服务带，沿河主要以多层企业总部为主，企业独栋会所紧临海河布置，拥有优美的景观和相对私密的特点，酒店和公寓的设置为商务区注入了活力。“两片”即西沽生活片区和东沽生活片区，主要布置在庆盛道以南。高端的居住设施为在中心商务区工作的高端人才营造了高品质的居住环境。

基于景观性以及土地价值的考虑，开发强度从沿河向内陆逐渐递减，建筑高度则从沿河向内陆逐渐递增，因此，大沽的城市天际线由沿河低层界面和三个高组团构成，大沽船坞公园四周的建筑体量较其他地区更加高大，中轴线正对于家堡中轴线——中央大道，最终形成和于家堡金融区遥相呼应的城市形态。

大沽地区城市设计总平面图

大沽地区城市设计效果图

二、规划理念

1. 连续的滨水公园系统

本次大沽地区城市设计将沿海河岸边 30 ~ 50 米的范围内控制为绿地，作为海河景观带，形成连续的滨水公园系统，规划从潮音寺到渔人码头海河沿岸公园将是对公共开放的空间，使人们亲近自然，亲近海河，漫步在滨河的步行路、大沽船坞公园、中心绿轴上，并将于家堡金融区的繁华尽收眼底。

2. 连续的滨水界面

规划力求保证海河周边建筑界面围合和景观的连贯性。沿滨河步行路北侧布置一条商业带，以办公功能为主，建筑高度控制在 24 米以内，沿河形成连续的滨水界面，同时，引入“贴线率”的概念，临水街区及商务办公区建筑贴线率不低于 90%，其他重点地区不低于 70%，生活配套区不低于 50%，形成统一规整的滨水界面和街道空间秩序。

3. 具有活力的社区生活

大沽规划人口约为 21 万，分为五个居住区，10 个居住小区，规划充分考虑适宜人步行的范围和尺度，分片区设置公共绿地和配套服务设施。通过高密度的开发，形成 5 分钟公交和步行范围内的混合使用布局。窄街廓、密路网的城市布局形态将居住用地划分为小尺度的开发地块，每个居住地块按照围合式的庭院进行布局，通过多层和高层围合增强社区感，形成宜步社区的开发模式。同时，社区商业和服务设施都布置在居住区、居住小区以及居住组团的中心位置，便于居民共享，组团中心在 5 分钟步行的可达范围内，体现“以人为本”。

4. 方格网状的道路交通系统

在交通组织方面，区域规划采用道路交通、轨道交通和步行交通相结合的多元化交通组合，形成高效便捷的交通体系。规划路网是方格网状的，庆盛道以北采用窄街廓、密路网的布局模式，最终形成“三横六纵”的城市路网结构。在公共交通方面，规划的地铁网络和站点周边设置了交通接驳设施，提升了该区域的公共交通可达性。有轨电车和公交线路将各开发组团连接在一起。步行交通结合滨河景观，设置宜人的步行通道。

5. 连续的中央大道绿化景观轴

区域规划沿中央大道布置一系列绿化开放空间，从北至南依次为紫云公园、于家堡北绿地、城际车站、于家堡沿河绿地、大沽船坞公园、中部新城绿化节点，全长约 5 千米，以上节点均沿中央大道布局，因此，中央大道成为串联这些节点的绿色通道；区域规划沿中央大道布置 300 米宽的绿带以及大沽船坞公园，既作为滨海新区的视觉通廊，又为沿线居民提供休憩、游玩、运动、娱乐等功能的场所。

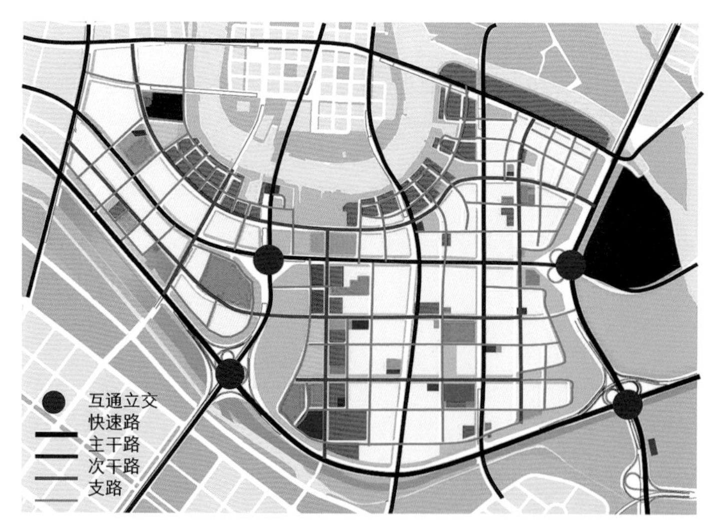

路网结构图

三、规划指标的创新与突破

在现行规范的束缚下，既满足现实需求，遵循因地制宜的原则，又实现该地区的土地价值最大化，是城市设计面临的一个难题。

针对道路绿带过宽而不易形成良好的街道尺度以及中小学分散布局、道路转弯半径过大等不能很好地提高土地利用率等问题，大沽地区城市设计改变了以往做法，既符合规范，又不背离实际。

1. 中小学集中布局

规划力求转变中小学分散布局的模式，采用集中布局的方式，提高土地利用效益，节约资源。针对目前中小学生车接车送或有学校班车服务的现状，大沽地区在规划布局方面进行了一些有益的尝试。首先，满足规范上对量的需求，即中小学生人均用地面积 13 ～ 20 ㎡和建筑面积 9 ～ 10 ㎡的需求量。在布局时，适当突破服务半径的限制，即小学500米、初中 1000 米的半径要求。大沽地区规划人口 21 万，如果按照规范，2 万人设一所小学，5 万人设一所中学，应该设置 10 所小学、4 所中学，但是，规划在用地布局上设置了 3 所中学和 6 所小学，这些学校尽量布置在交通量较小的城市次干路或支路上，每个学校的规模都适当扩大，中学的初中部和高中部合设，设置一个标准 400 米跑道的体育场地，提高其建设标准，这样，既可以集约利用土地资源，又可以提高学校的基础设施质量。

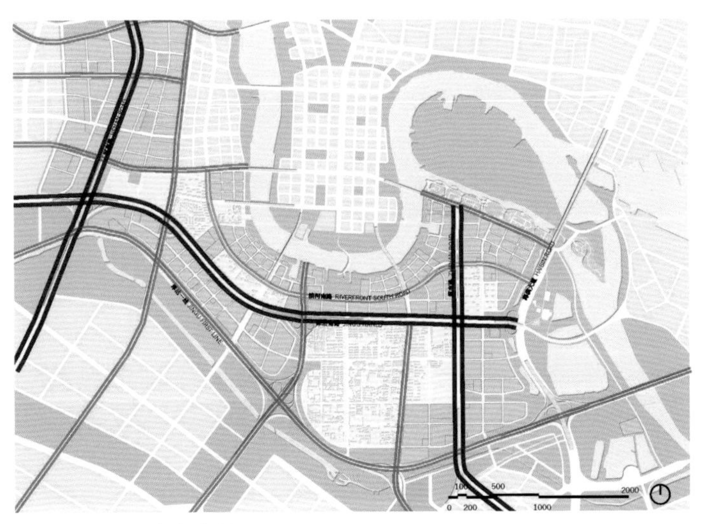

道路绿化带最小宽度分布图

2. 道路绿化带的制衡

以往滨海新区按照《天津市城市规划管理技术规定》第一百一十条第二项规定的中环线至外环线标准执行，即快速路穿越城区、镇区段的不小于 30 米；主干路穿越城区、镇区段的不小于 20 米；次干路穿越城区、镇区段的不小于 10 米；因大沽地区位于城市核心区，主要是生活片区，人们的出行方式以步行和慢行交通为主，因而早在城市设计之初就提出道路绿化带宽度按照内环线以内标准执行，即快速路两侧不小于 10 米；主干路两侧不小于 5 米；次干路两侧不小于 3 米。按照该标准执行，有利于形成宜人的街道环境和空间尺度，并集约利用土地，提高土地利用效率，创造经济价值。当然，绿化带宽度设置还应考虑市政管线和噪声干扰的要求。道路绿化带宽度直接影响市政管线的敷设宽度，如果绿带宽度过窄，有可能导致管线敷设过密，给众多管线的安全排布带来一定的隐患；同一等级的道路由于其交通性质不同，其交通量差别很大，给周边地块带来的影响和噪声干扰也不尽相同。因此，绿化带的宽度也应该综合考虑区别对待。

大沽地区经过反复实践对比，在道路绿化带方面做出有益的突破。首先，现状道路下敷设的市政管线在不进行拆改的前提下，保持原有绿化带宽度不变，这是因地制宜的基本原则；其次，对一些高等级道路建议预留发展空间，即使目前有些道路市政管线占用道路绿化带的宽度较窄，但因道路等级较高，仍应留出一定道路拓宽、管线排布的用地。

现状及规划道路绿化带宽度表

序号	道路名称	市政管线占用绿线宽度	建议绿线宽度
1	于新道	5 米	10 米
2	滨河南路	5 米	10 米
3	闸南路	7 米	10 米
4	东盐路	6.5 米	10 米
5	沽祥路	5 米	5 米
6	德胜路	天津大道以南段，路西侧供电公司建议预留 20 米电力走廊	西侧 20
7	新村路	需结合现状管线及改造方案确定综合断面	10 米
8	石油北路	需结合现状管线及改造方案确定综合断面	10 米
9	石油南路	需结合现状管线及改造方案确定综合断面	10 米

最后，其他道路的绿化带宽度均按照《天津市城市规划管理技术规定》的内环线以内标准执行，这样，既符合规范中的强制指标，又能践行城市设计理念，并提高土地利用率。经测算，将绿化带宽度控制在低标准的情况下比按高标准设置绿带宽度节约出 13.25 公顷的土地，节约出的用地可“化零为整”，作为结构绿带、楔形绿地等公共绿地或公园，形成人性化的景观系统，提高绿地的环境水平和利用率。

绿化带宽度按高低标准的可出让用地对比表

可出让用地类别	规范 / 公顷	最小控制 / 公顷	用地差 / 公顷
C1(行政办公用地)	3.60	3.67	0.07
C2(商业用地)	87.94	91.36	3.42
C3（文化娱乐用地）	1.73	1.77	0.04
C8（公寓用地）	7.23	7.23	0
R2（二类居住用地）	294.98	304.70	9.72
用地总计（单位：公顷）	395. 48	408. 73	13.25

四、总结与展望

目前，大沽地区已全面启动开发建设，24 条道路正在进行施工改造。这 24 条道路中包括两横两纵的主干路网，还包括一些次干道路及支路。首期进行提升改造的包括滨河南路、闸南东路、海滨大道等，届时，大沽地区将形成两横两纵的主干路网体系，同时次干道及支路还将解决该地区居民出行难的问题。

大沽地区城市设计的编制为该地区量身定做了适合该地区的宏观定位和城市形态，解决了路网、景观、城市形象、功能定位等诸多问题，尊重了当地历史，丰富了该地区的文化内涵，落实了上位规划的要求。规划成果有效指导了下一层级的工作。随着大沽地区的不断建设，区域规划在功能、城市形象、配套服务上可很好地满足周边居民的多种要求，坚持以人为本，实现区域协调发展。

第三节 低密生态社区典范——海河湾新城城市设计

孙蔚

街道作为街道生活的载体，是最普遍的公共空间。其在作为城市骨架的同时，也为人们提供停车、交流、休憩、购物、健身等多种服务。“清明上河图”所描绘的丰富多彩的市井生活深受国内外人士的赞美。而如今，随着城市的快速发展，高楼林立的封闭居住区、拥堵的交通和恣意的停车彻底改变了传统的生活方式。汽车代替步行、电梯取代楼梯，高层社区中的人们老死不相往来。传统生活的活力来源于步行街区丰富的生活和文化，而如今，传统街道的尺度逐渐消失，现代街道的设计源于机动车的交通模式，汽车是街道和社区的主角。机动车的迅速发展使昔日丰富多彩的街道生活失去人性化，甚至连最基本的出行都变得困难。

自 2011 年起，我们在“海河湾新城城市设计”中尝试解决这些问题。近年来，滨海新区住区建设多为百米点式高层住宅，开发商往往为了获取最大的利益，最大限度地进行开发，其结果是，一系列造型优美的单体建筑在高密度的组合下成为城市的“毒瘤”。近百米高的建筑墙体为周边交通带来极大的压力。事实证明，最大限度地压榨土地利用率并不是提高开发商收益的唯一途径。以目前经济技术开发区在售的贝肯山小区为例，借鉴美国波士顿贝肯山生活区，住宅建设以半围合开放社区中的多层住宅为指导，开启了另一番有关“住宅模式”的思考，并取得了较好的经济效益。

海河湾新城连接中心商务区和南窑半岛大事件预留地，同时是连接塘沽老城区与中部新城生活区的纽带。东侧紧邻中心商务区，北临老城区，天津大道从规划区南部穿过，区

贝肯山小区

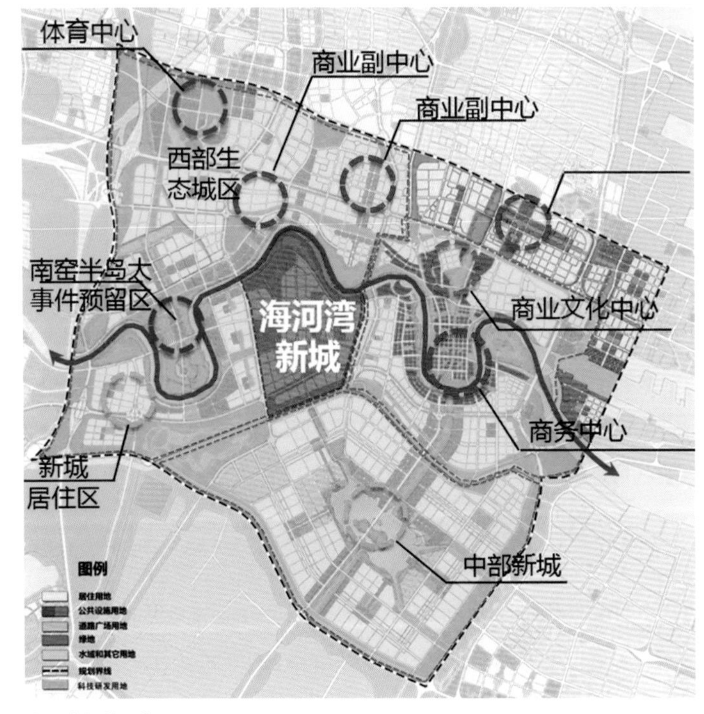

海河湾新城区位

域位置优越。其地理位置和地位让人联想到美国波士顿的后湾社区。作为波士顿 CBD 地区的后花园，后湾以多层围合建筑为主，以维多利亚风格豪宅建筑著称，被认为是美国保存最完好的 19 世纪城市设计范例之一。这里是高端住宅区，并以众多建筑特色显著的私人建筑和重要的文化机构如波士顿公共图书馆而著称，此外，这也是一个时尚的购物目的地。

吸取美国波士顿后湾的城市建设经验，我们希望在滨海新区中心商务区 CBD 周边的海河湾新城地区建设形态丰富的多层及低层中高档花园社区并为中心商务区白领和外籍人士提供相关配套服务；在建筑形式与社区布局上，将天津五大道公寓住宅、美国独立住宅作为研究对象，打造便捷、舒适且充满街道情趣的居住社区。这些参考对象的共同特点是：窄街密网与丰富的街道生活。

波士顿后湾地区

一、道路规划方案

通过一系列现代交通安全研究，不难发现，大量交通事故和拥堵发生在交叉路口，因此交通设计中应尽量减少交叉路口的数量。但最新研究表明，拥有高交叉路口城市的交通事故率和拥堵率是低交叉路口城市的 1/3。高交叉路口的城市拥有古老的道路网络，路口给了司机更多的选择。为降低交通流量，街道可以设计得更窄，以利于步行。现代街道规划倾向于阻碍步行者而最大限度地方便机动车。新城市主义者认为，良好的街道布局可以分散交通，缩窄街道能够提供更人性化尺度的通道。小的街块为行人提供更多的选择，具有较高的相互联系度。营造步行地区的街道生活意味着拥有人性化步行尺度的同时还需接纳机动车，找到机动车和步行者之间最好的平衡状态。现今的街道尺度完全以便利汽车出行为标准，压缩步行和自行车的空间，但是依然没有改变街道交通拥堵的混乱状况。反之，造成街道拥堵的真正原因是

规划总平面图

街道过于宽大和街区越来越长。街道越来越宽大，机动车随之越来越多，拥堵现象逐渐严重。

若想增加街道的活力，减少机动车的速度，使街道更加友好，则必须改变街道的设计。一是使街道变窄，因为宽大的街道让人感觉不安全、不舒服。例如，将四车道变为二车道，增设优美的景观带，以吸引更多的人选择步行和自行车出行；平衡机动车道和非机动车道比例，以减少道路拥挤。二是增加交叉口数量，缩短交叉口之间的距离。这样既可增加交通的选择性，降低机动车的速度，网络街道也比分级街道更有利于提高交通效率。

在海河湾城市设计中，在对接周边高等级道路的前提下，我们弱化了低等级道路的分级，道路宽度控制在13米左右。住宅区以街坊划分，街坊尺度控制在100米×250米左右，以形成窄街廓、密路网的格局，消除宽阔街道和地块过大造成的负面影响。

二、改善步行优先社区街道的具体设计措施

1. 街道边界与空间围合

友好型街道应该拥有极具围合感的街道边界，使人产生安全感和归宿感。街道边界通过建筑、沿街停车、雨篷、柱廊、终端景观，甚至一片墙或有吸引力的栅栏、一排排灯笼产生围合感。能够提高街道边界质量的是透明度，也就是说，街道应具有超越边界的视线和焦点，可以看见建筑内、院子旁、雨篷下、公共广场中人们的行为以及穿越街道的景观。透明度来自眼睛被引导的任何事物，街道在同一时刻既围合又开放。另外，符合人体尺度的街道空间和建筑体量是最佳状态，相邻建筑和街道的高宽比例在决定街道感觉时很重要。高宽比1：1的小街道安全感很好；若高于1：3，则必须借助一些边界媒介，比如，种植树木，以缩小感知宽度。如果只有单一的建筑立面主宰一个街区，那么必须依靠其他街道边界。一个好的设计应该面向不同类型的步行者。海河湾新城中道路高宽比为1：1～1：1.5，在保证围合感的前提下，不会带给人压抑的感觉。同时，在人的最佳视角27°的视线方向设置建筑的退台、阳台等设施，有利于行人感知建筑细节与建筑变化的律动。

围合街坊

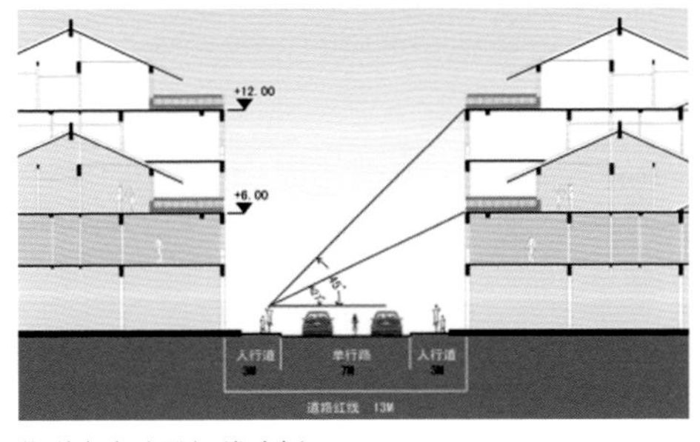

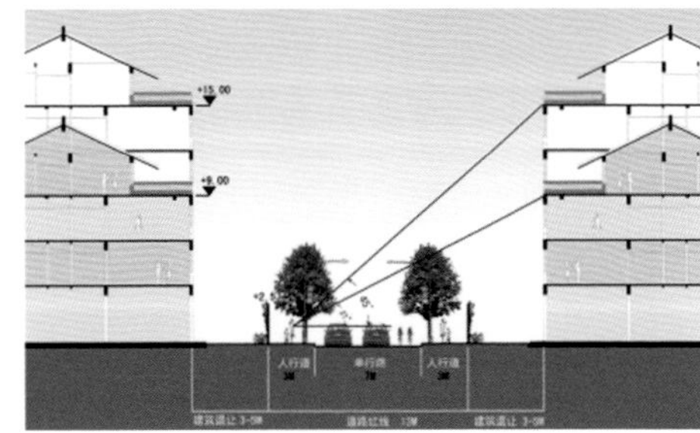

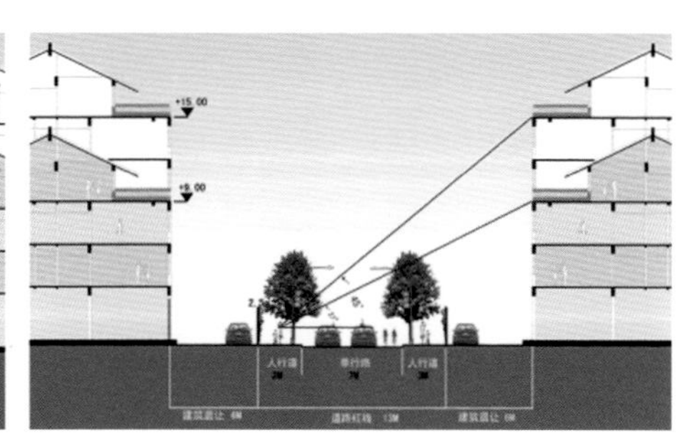

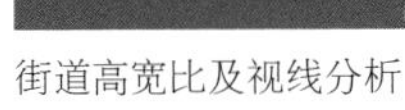

街道高宽比及视线分析

2. 灵活的道路停车

停车是影响步行友好社区关键的问题之一，尤其在一个密度大的步行社区停车更加复杂。目前，密度大的步行社区停车位都辅以高价且难觅车位，那么如何创造步行社区呢？在海河湾城市设计中，停车用地充分利用街坊周边的道路、公园旁边的开敞空间、学校与街坊间的空间。自由充分的沿街车位或小型停车场为行人提供一个开心的步行体验，而且比高价的停车位或惩罚司机更具有经济效益。

三、社区规划方案

封闭社区往往影响城市交通，切断城市脉络，侵蚀公共资源，形成单调的街景，是步行社区的障碍。封闭社区的围墙边界既单调又没有安全感，削弱了街道行走的乐趣，弱化了商业活力，使街道只满足交通功能。街道短小的街区住宅是封闭社区的发展方向，开放式将是未来社区的规范模式。100 ~ 300 米的街区道路，在相当的规模下形成以街道为主的生活方式，这种方式将是构成城市社区的主要形式。减少封闭范围、开放社区、组团的封闭管理可以给居民一个相对自由安全的活动空间。考虑海河湾所处的地理位置，选择有一定围合度的社区即城市型街坊。城市型街坊主要坐落于市区较繁华地段，往往随着旧城改造而出现。这种方式在西方已经有较长的历史并被广泛采用。城市型街坊可以是较大面积的居住区由城市街道分割成较小的街坊单元，以缩小居住区的规模。

例如，天津万科水晶城是一个开放社区，但每个院落具有一定尺度的封闭性管理。这样的开放社区不仅拥有公共街道和资源，同时保证生活的安全性和私密性。社区边界和尺度对于社区归属感的形成具有重要的心理提示作用，但封闭社区的实体围合有可能产生诸多问题。可以通过不同的建筑色彩、风格以及边缘模糊空间、景观营造、装饰入口等方式在心理上界定不同社区。禁止在住宅区内设封闭围墙，逐步用绿篱取代围墙，把道路当做美丽的公园小路加以设计，将道路园林化。

海河湾新城街坊示意图

四、低层及多层住区形态研究

在中心商务区寸土寸金的区域中，我们希望创造良好的居住空间，打造低层及多层高端住宅社区。这种居住形式符合未来住宅的发展趋势，也可满足规划区东侧服务金融区金、白领人士的居住需求。海河湾新城城区呈现北低南高的空间形态。规划住宅总建筑面积 530 万平方米，配套商业办公 160 万平方米，平均净容积率 1.4，规划总人口 15 万。住宅区主要分为三大板块，北部 2、3 层独立住宅区、中部 4 ~ 6 层花园洋房，南侧 6 ~ 12 层还迁区及商品房。北侧住宅较为高端，为商务区的白领提供舒适的居住空间。南侧为中档住区，包括还迁区在内的多高层住宅，住宅总体高度不超过 40 米。从海河至远端形成逐步抬高的城市形态。

北部高端社区参考美国洛杉矶比弗利山庄和迈阿密棕榈滩住宅，对建筑体量、街区尺度、配套设施进行深入研究，体现此类住区的特征，例如，窄街廓密路网的形式、方格网路、尽端路的使用、服务性通道的使用等。

这一区域规划成二到三层的独立住宅为主的高端社区，并配备与国际学校、奢侈品消费场所、高级会所等相适应的顶级配套设施。经过对比弗利山庄等地区的研究，我们发现，独栋住宅区的专属服务设施是非常少的，除了少量的娱乐设施和必要的学校。这源于该区域便捷的交通和私家车的普及。同时，临近海河的位置可以设置一些私家游艇码头。规划最具特色的是，该地区的开发将采用小地块出让的形式，以 25 米 ×50 米为模块，形成地区住宅的基础模块。根据业主的不同要求，可多地块同时开发。建筑形式以欧美流行的主流别墅形式为主，在建筑设计导则的指引下，根据业主的喜好自行设计。

为了打造原汁原味的欧式、美式住区，我们对欧美主流住宅形式进行归纳总结，结合比弗利山庄自由多样的建筑形式，编制相应的建筑设计导则。

方格网布局

公共设施集中设置

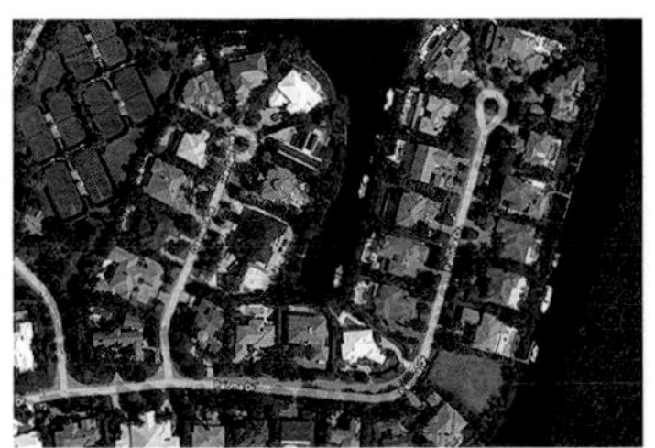
设置尽端路

建筑主体界面控制

设置宅间服务通道

宽松的街廓尺度

私家码头

比弗利山庄住宅分析

比弗利山庄等地的房地产开发非常灵活，往往根据业主的不同需求，划定相应的用地。业主根据自己的喜好设计和建造自己的住宅。在这种前提下，这些区域形成了丰富多彩的建筑风格。尽管建筑的样貌天差地远，但是在统一有序的建筑管理前提下，统一的建筑线、统一的高度管理、统一的人行道、统一的开敞院落、细致的院落打理，使这些地区令人赏心悦目。

这一切源于对区域用地的整体把控和建筑设计的控制。参考这些区域，我们制订了灵活的土地划分方案。根据用地大小划分为十亩宅、四亩宅和两亩宅，街廓尺度均以100米 ×250米为主。

推荐色彩

建筑屋顶

建筑主色

推荐材质

建筑辅色

红砖 涂料 大理石

英式风格特点：

1.严格的对称关系

2.哥特式尖顶

3.厚重的石材台基

4.红砖与浅色搭配的外墙及装饰性木架

传统英式住宅

推荐材质

建筑辅色

涂料 屋瓦

南加州风格:

1.形体厚实

2.小窗洞

3.黄灰色抹灰墙面

4.实墙或原始方木材质

美国洛杉矶住宅

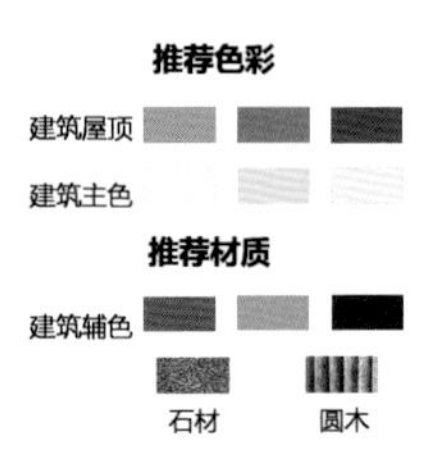

意大利托斯卡纳风格:

1. 连续半围合格局，注重小中庭花园和露台2.自然质感的砖石为主适当使用彩砖，墙面则涂刷灰泥或鲜艳的颜色

意大利托斯卡纳风格住宅

局部鸟瞰图

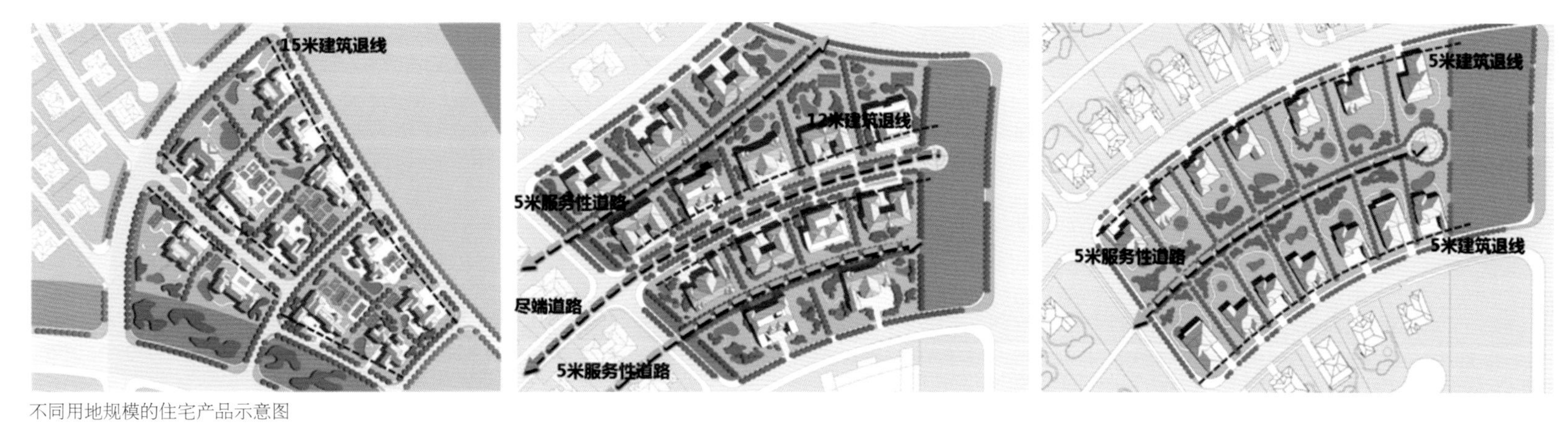

不同用地规模的住宅产品示意图

在实际规划中，半开放的独立住宅区尽管不设置围墙、栅栏，但仍对行人通往北侧的海河造成阻隔，为此我们设置了四条“绿道”，方便居民步行、骑行通往海河。

中部的高档生态住区以天津五大道居住模式为蓝本，力求形成天津独有的双跨院空间布局。住宅以 4–6 层欧式建筑为主，拥有良好的生活氛围和舒适的空间尺度。

天津五大道始建于 20 世纪初，是天津“小洋楼”的代表，被称为“万国建筑博览会”。这里汇集了 230 多幢英、法、意、德、西班牙等国各式风貌建筑，名人名宅 50 余座。由于当时正处于欧洲建筑复古风潮与现代建筑出现的交替时期，五大道风貌建筑从建筑形式上更加丰富多彩，成为中西各建筑流派的试验田。建筑风格主要有文艺复兴式、希腊式、哥特式、中西合璧式以及浪漫主义风格，折中主义风格等。建筑形式丰富多元，主要分为独栋别墅、联排别墅、里弄式住宅、公寓等，构成世界独一无二的建筑群落。

丰富多元的建筑形式带来了不同的建筑空间组合形式。五大道地区街坊内部形成了种类繁多的胡同、巷道，为行人带来移步换景的情趣。天津独有的里弄式住宅形成了双跨院或三跨院的结构，并与廊道院落交相辉映。

五大道地区呈现出网格化、窄街廓密路网的道路结构，街廓尺度多为 300 米 ×100 米，道路狭窄。在当时，道路主要为行人和马车服务。两侧建筑多为四层左右建筑。在这样的尺度下五大道给人以舒适、宜于步行的印象，但同时也带来很多负面影响。

与其他历史街区不同，五大道地区由于历史上主要是私家别墅、会所等建筑，多强调建筑的私密性，道路两侧多为高大的院墙，缺乏与行人的互动，难以营造丰富的街道生活。随着近年的改造这种情况有所改观，实墙被透空的栅栏、镂空墙体所取代，人们可透过围栏一观内部洋楼的气派，想象它往日的辉煌与荣光。然而，街头开场空间依然缺乏，难以使人驻足。同时，商业、餐饮、娱乐设施较为分散，对营造有趣的街道生活极为不利。

区域规划以楼为单位，并以 4—6 层欧式建筑为主，以保证建筑的多样性和可识别性，并满足建筑的不同功能。建筑既可作为企业总部、商业餐饮、小型博物馆等，又可作为高档花园别墅。因此，在实际操作中，地块出让将以千 / 平方米甚至百 / 平方米为单位。由开发商负责具体的建筑设计，由规划管理部门把关质量，并调动开发商的积极性和创造性。

在街坊布局形式上，以五大道里弄式住宅为原型，街坊内建筑建议以“2”布局为主，形成前后两个较为封闭的跨院，每栋建筑拥有各自的“私家花园”。规划中，街道宽度 13 米，道路两侧建筑间距 25 米。其中，路面 7 米为单行道，便于

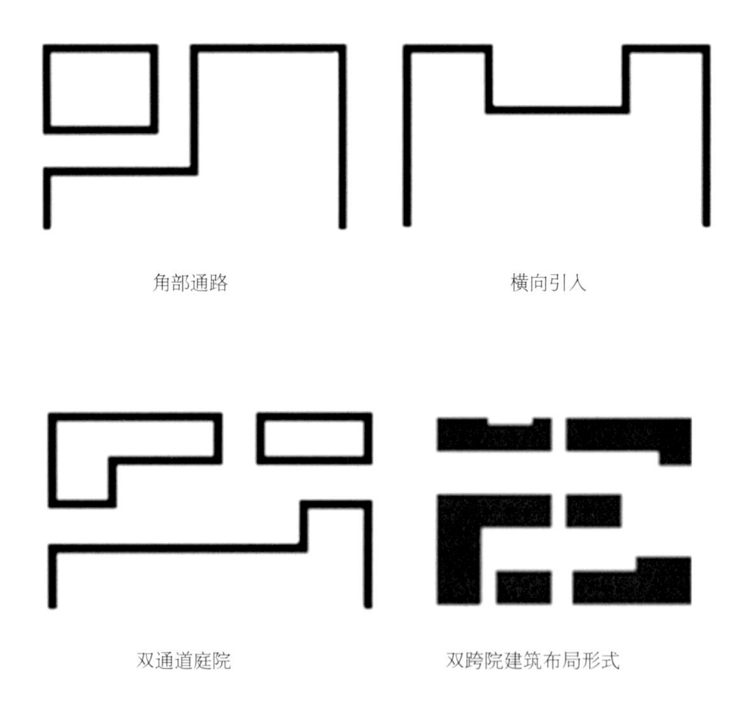

沿街建筑空间处理示意图

车辆快速通过；两侧为各三米的人行道，包含两侧行道树。这样可保证人视点到建筑距离与建筑高度形成1：1的比例，即人的视线角度最大45°，并且有助于营造舒适的街道步行环境。同时，27°的视线角度是人的最佳观察角度。建筑退线6米，作为院落使用，同时停放少量车辆。局部不设院落，作为街道的一部分或小型街头绿地，设置座椅，供人休憩；也可以作为供人驻足的小型露天商务空间。效仿意大利在道路交叉口设置小的雕塑或喷泉，并由建筑围合成圆形开敞空间，形成一个极具魅力的区域。街坊内的开放式居住区管理有利于营造丰富的街道生活。

针对停车难的问题，我们提出了多种解决方案。在学校、商业设施周边设置小型公共停车场，学校尽量紧临社区或公园，以保证足够的停车空间。居住区停车在住区内部和地下车库中解决。访客可在周边道路一侧或小型车库中停放车辆。

通常情况下，高档社区需要更加高端的服务设施与之匹配，同时为居民提供更多的生活选择，并为区域的多元化发展提供可能。该区域未来将出现更多的产业类型，如小型酒店、高档餐饮、会所、小型博物馆、酒吧、企业总部、影院等，以满足居民的日常生活需求并为在东侧CBD地区工作的白领提供丰富多元的服务。

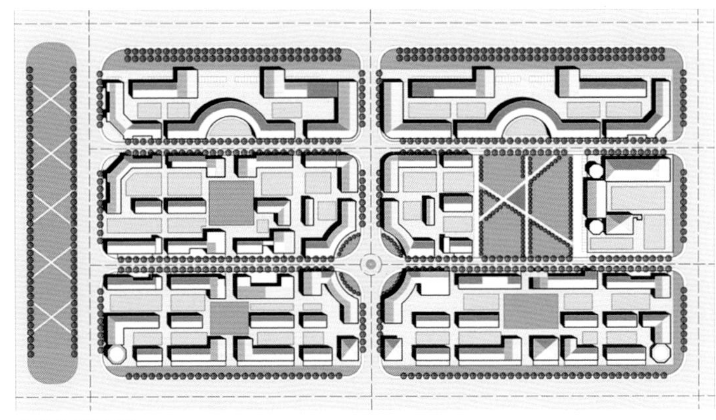

街坊规划布局

五、心得体会

海河湾新城城市设计从2011年开始，历经五年，现在仍在进行方案调整。我们不断尝试新的理念与方案，直到它迎来开发建设的一天。1961年 L· 芒福德出版了他的第20本著作《欧美城市更新的发展与演变》，阐述了他对城市发展历史的观察和综合思考。他深刻地指出：“在过去的三十年，相当一部分城市改革工作和纠正工作致力于清除贫民窟、建设示范住房、完善城市建筑装饰、扩大郊区，城市更新一直只是一种表面上的新形式，漫无目的，有待治疗与挽救。”他强调，城市规划应当以人为中心，关注人的基本需求、社会需求和精神需求；城市建设和改造应当符合“人的尺度”。这就是所谓城市规划“以人为本”，也是规划成功与否的唯一判定因素。

第四节　市中心高档住宅区——天碱热电厂城市设计

刘岿威

天碱热电厂位于滨海新区城市中心，最初是天津碱厂自行配套建设的发电厂，同时也为周边居民提供供热服务。其隶属企业天津碱厂的前身为永利制碱厂，是中国创建最早的制碱厂，开创了中国化学工业的先河。随着城市的变迁和功能的转型，碱厂所在的区域由最初的城市边缘区转变为滨海新区的中心商务区，天碱地区成为中央商务区重要的组成部分，并作为滨海新区的文化和商业中心。其所配套建设的居住区也以高密度、高品位、体现城市形象的姿态出现在世人面前。

2012 年，天津碱厂完成了搬迁工作，但其所属的热电厂由于还负责向周边居民供热，在新的热源未建成之前，暂时保留。2014 年，滨海新区完成了北塘热电厂替换天碱热电厂供热管线的切改，天碱热电厂停产，为推动天碱热电厂拆迁和下一步土地出让，开展了天碱热电厂地块的城市设计工作。

热电厂地区的开发以居住区为主，该项目是在天碱地区城市设计框架指导下局部修规层面的城市设计，在城市设计层面为城市中心区高档住宅区的建设提出控制和引导。具体方法是用城市设计的理论研究住区的总体布局、空间结构、交通组织、环境景观和建筑组合等，以营造良好的空间环境；同时，运用城市设计的手法，通过对构成住区各个要素的具体设计和细化表达，最大限度地满足人们对居住舒适度、满意度的要求，在满足基本生活需求的同时，体现居在其中的精神文化追求与美感享受，从而为法定规划成果的深化与具体化提供控制依据，并为下一步的建筑设计提供约束条件。具体的设计理念体现在以下几个方面。

一、丰富完善的城市天际线

在上位规划天碱地区城市设计中，连接于家堡商务区和泰达开发区的洞庭路是城市主要的公建轴线，两侧均为百米以上的高层商业办公建筑。商业办公建筑外围的居住建筑则由洞庭路向两侧逐渐降低。遵照这个原则，热电厂地区的居住建筑高度由临近洞庭路的 100 米通过几个梯度逐渐降低到 60 米，形成了完整的山峰型的城市天际线。同时为了集约高效利用土地，在地铁站周边的商业办公用地均不同程度地提高开发强度，建筑高度控制在 150 ~ 190 米之间。沿洞庭路两侧形成整体统一，且错落有序的商业界面。

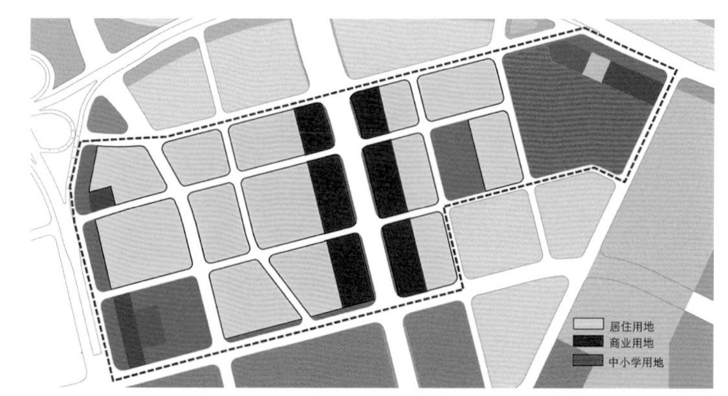

天碱热电厂用地规划图

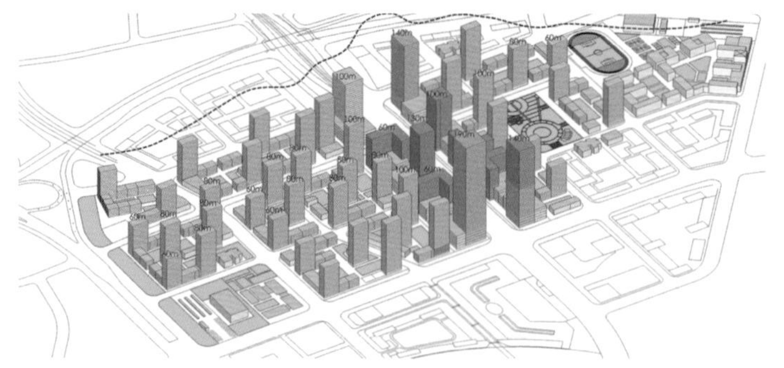
整体空间形态控制

二、各具特色的街道空间

街道是城市形象中最重要的元素之一，有特色的街道应同时兼顾界面的整体性与识别性。居住区的街道还应体现住区特有的温馨宜人之感。本项目通过沿街特征相似的建筑的连续布置，有效地界定住区边界的整体特色和尺度。居住区街道根据各自功能的不同，分为社区商业型道路、社区服务型道路和社区景观型道路。不同住区的街道空间则可以通过不同特征建筑的合理布置，保证其不同的识别性。这种布局手法对内可以保证住区自身特征的统一，不会在空间、布局、尺度上形成过大的反差和对比；对外则可以通过不同住区的组合，丰富城市的景观形象。

在社区商业型道路中，临街布置住区的配套商业，控制较高的贴现率和相对统一的建筑高度，激发社区的商业活力。在社区服务型道路中，临街布置社区的各类配套服务设施，如邻里中心、居委会、街道办、派出所、幼儿园等公共机构，既能集中服务社区居民，又可避免与社区商业相互干扰。在社区景观型道路中，主要利用道路绿带或地铁控制线，形成连续的带状公园。连续的临街多层住宅既有效地控制街道界面，也是居民日常休憩、健身的重要场所。

洞庭路效果图

社区景观型道路效果图

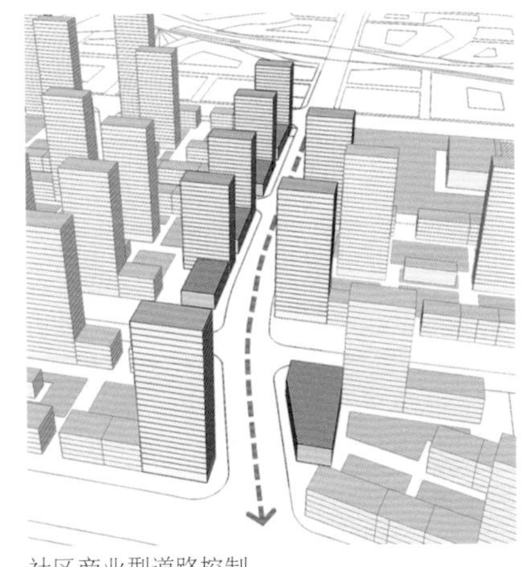

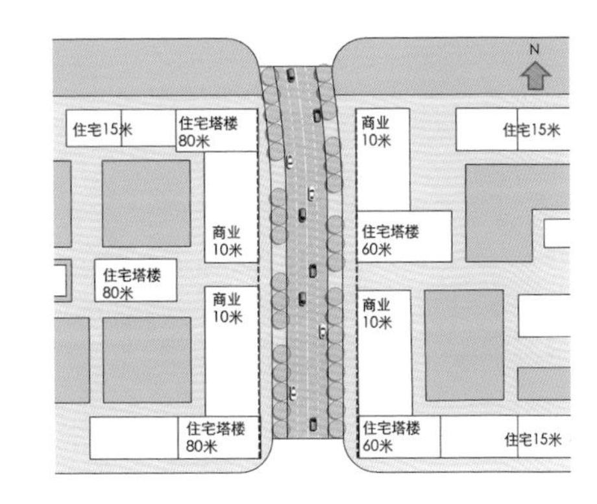

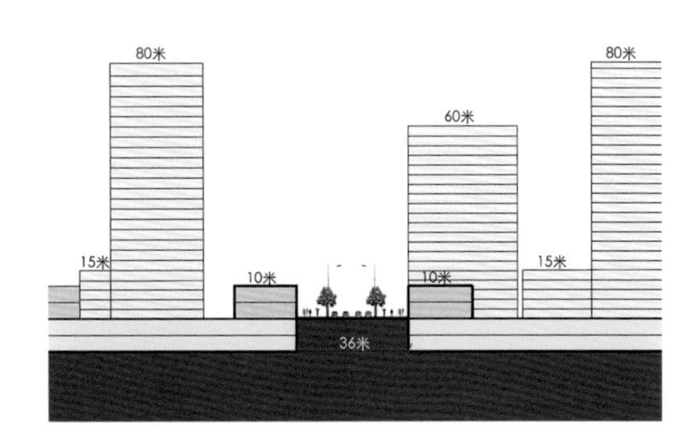

社区商业型道路控制

三、温馨的居住庭院

庭院是住区规划的灵魂，热电厂地区由于每个地块街廓的面积较小，难以组合多层次的空间结构，所以在设计时整个住区均采用整体围合式的街廓布局，结合规划用地的实际状况，遴选适宜的几种围合拼接模式，行成一定规模和韵律，加以组合运用，既可在很大程度上确保住区设计的整体性，又可为规划布局带来精妙的变化与韵味。在街廓内部变化多样且较为私密的庭院空间，通常也是小区居民日常活动、游憩交往的场所。

四、高效便民的社区邻里中心

热电厂居住区以洞庭路为界，形成两个大社区，分别设置两个邻里中心。邻里中心是热电厂住区公共服务的核心，它不是一个独立的建筑，而是一个融合商业、服务、教育、休闲等多种功能为一体的公共开放活动中心。邻里中心把社区中的所有服务设施集中起来，既提高服务设施的运行效率，又充分满足人们多层次、多方面的需求；既便民利民，又提高社区居民的生活质量和城市的环境质量。同时，邻里中心的设施群有助于丰富社区的文化氛围，增强社区凝聚力，促进人际融合，逐步形成邻里和谐、守望相助的东方社区文化，构成城市文化的基本单元。邻里中心多选择在社区中心，以居民从住所到邻里中心不超过成人 5 分钟的步程 (400 米) 为原则，并且与社区绿地景观有机结合。

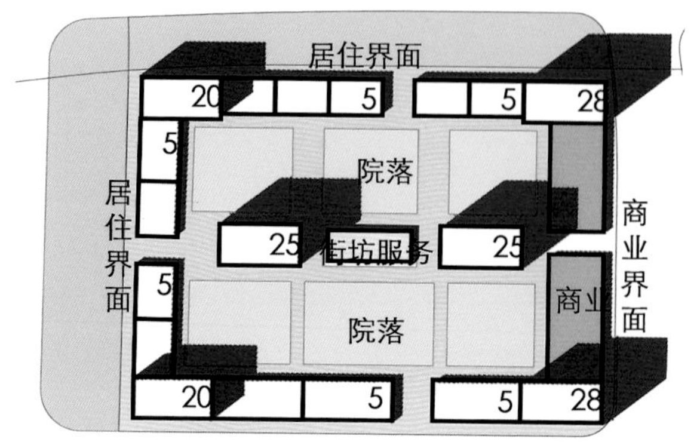

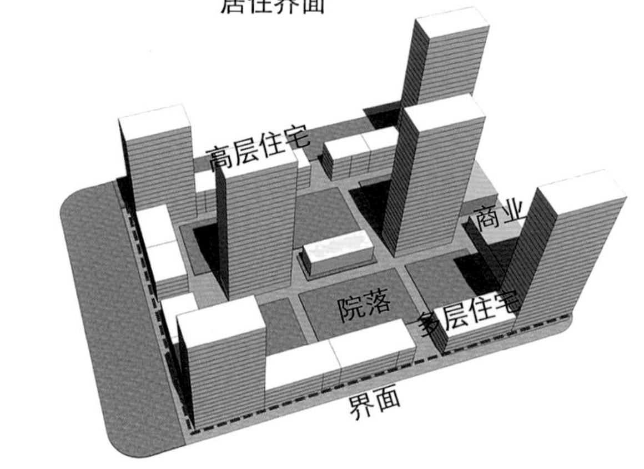

社区庭院

邻里中心设置示意图

五、庄重内敛的建筑选型

建筑的形体语言是体现城市精神面貌的重要元素。热电厂住区处于中心商务区，高层或超高层办公商业建筑是代表区域形象的主体元素，而配套的居住建筑则作为背景衬托，所以居住建筑一般要求庄重内敛、和谐统一。同时，为了体现城市中心高端时尚的定位，一般采用新古典主义建筑风格或装饰风格，避免现代主义过简的生硬感和古典主义过繁的世俗感。居住建筑的立面多采用涂料、陶质、石材等材料。色彩方面多运用暖黄色等庄重大方的色调。同时，重视三段式立面比例，基部多用石材，顶部一般要求造型丰富，高低错落，设计简洁大方，庄重而不张扬。

六、结语

热电厂地区居住区是城市高端住区的典范，它几乎涵盖高端住宅的所有要求，在地段区位方面占据城市滨海新区核心地段，是最稀缺的不可复制性资源。在资源利用方面，周边有丰富的城市历史人文积淀，商业、公共配套资源，也有文化公园等城市中稀缺的自然、景观资源。在建筑品质方面，建筑风格、外立面、入户大堂、人性化的建筑细节等使其在建筑品质上确立了市场高度。户型设计以大平层为主，实现别墅空间的“扁平化”，同时植入科技化元素，通过智能化设施，为人们提供更加舒适的生活空间。热电厂地区的城市更新改造将为滨海新区城市中心高端住区的开发建设起到重要的示范作用。

整体效果图

第五节　公共服务设施新标——定单式限价商品房规划及配套

沈斯、赵秋璐

高品质的居住社区不仅仅包含形态多元的居住建筑和舒适、整洁、安全的环境，充满活力的配套设施也应为社区提供完善的服务。除了必要的社区文化、教育、医疗等公共服务设施外，其他绝大部分是由市场提供和自我调节的。我国自改革开放以来，积极推行社会主义市场经济，以市场为导向的住房改革，有效推动了经济发展和城市土地的批租，进而带动了房地产业的迅速发展，人民居住生活水平得到了很大改善。但与此同时，居住社区的规划设计手法和配套依然沿用以往传统的居住区分级和千人指标的方法，控制居住区、居住小区、居住组团的配套设施容量。这种方法的好处是可以简单地确定土地出让方案，保证最基本的居住质量，使居住区建设更加高效，但在实践中却产生了很多问题。一是居住区、居住小区、居住组团与城市街道、居委会不衔接，配套设施与城市管理对应方式不完善。二是“定量”而不“定位”的配套设施布局分散，有些开发商只看眼前效益，在好的位置建造住宅，而配套设施置于一隅。三是居住质量的问题，围合式的社区不适应当前房地产市场的发展，大规模单调的点式高层或板式住宅导致居住社区场所感缺失，城市生活品质下降。

借鉴新加坡的住区建设经验，社区、邻里中心等形式的公共中心在满足服务半径的基础上，集中规划建设，既可提供便民服务，又为居民提供交往的场所，这已逐步被国内规划业界认可。苏州工业园、中新天津生态城均以其为模板进行规划建设，并取得了良好的效果。

一、居住对象需求分析

2010 年滨海新区政府成立后，致力于推动包括住宅制度改革在内的“二十大改革”。针对新区外来人口多的实际情况，在国家和天津市以户籍城市人口低收入家庭为保障主体的基础上，政府向外来务工人员、部分非户籍外来人口、中等收入“夹心层”提供定单式限价商品房。定单式限价商品房是指由新区政府主导、市场运作、限定价格、定制户型、面向新区企事业单位职工出售的政策性住房，是与市场相适应且配套设施完善的高品质住房。为提高规划设计和管理水平，新区政府还制定了《滨海新区定单式限价商品住房管理暂行办法》。

根据规划预测，2020 年，滨海新区 310 万的外来人口中大部分人将通过该类住房解决居住问题。居民将以新入职毕业生与已取得一定成就的外来人口为主，其属于外来白领阶层，年龄主要集中在 24 ~ 59 岁之间。在 24 ~ 34 岁时，居民处于事业的起步时期，并逐步进入婚姻、置业、生育的人生过程，对基本物质生活配套较为依赖，同时生活节奏较快，多目的出行较多，习惯考虑一组目标并选择最优路径，以期以最小的代价获得更多的服务。在 35 ~ 59 岁时，多数已建立家庭，事业处于稳定期，随着子女成长与经济基础的逐渐稳固，自我价值的不断实现，在基本物质需求的基础上，对于生态环境、精神生活、社会氛围等其他软性条件有了新的追求。

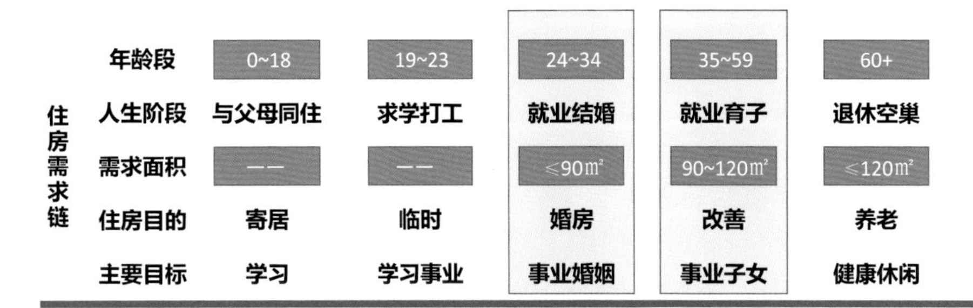

住房需求链
年龄段
0~18
19~23
24~34
35~59
60+
人生阶段
与父母同住
求学打工
就业结婚
就业育子
退休空巢
需求面积
——
——
≤90㎡
90~120㎡
≤120㎡
住房目的
寄居
临时
婚房
改善
养老
主要目标
学习
学习事业
事业婚姻
事业子女
健康休闲
24~34岁的外来人口：事业婚姻为导向
35~59岁的外来人口：事业子女为导向

滨海新区人口居住意愿产生阶段示意图

我们采用问卷调查法、专家打分法，邀请数十名业内规划师对指标进行综合评估打分。结果显示，住房经济性是最主要的影响因素。因此，在交通距离、收入贷款比较合理的前提下，生活配套设施是居民选择住房的主要因素。菜市场、早点铺、学校、医疗卫生站等非经营性配套设施权重相对较高，服务半径需求相对较近，是该类人群选择住房的主要评价因子。

限价房住房评价因子权重统计

评价因子	生活配套	公共交通	职住距离	居住环境	经济可行性
影响权重	0. 241 38	0. 172 41	0. 172 41	0. 103 45	0. 310 345

“生活配套”评价因子权重统计

评价因子类别	类别权重	评价因子	权重	影响范围	分值
生活配套	0. 241 38	菜市场早点铺	0. 230 76	服务半径≤300米	4
			—	300米<服务半径≤1千米	3
			—	1k米<服务半径≤3千米	2
			—	服务半径>3千米	1
		医疗卫生站	0. 076 91	服务半径≤500米	4
			—	500米<服务半径≤1千米	3
			—	1千米<服务半径≤3千米	2
			—	服务半径>3千米	1

续表

评价因子类别	类别权重	评价因子	权重	影响范围	分值
生活配套	0. 241 38	居民活动场地	0. 025 63	服务半径≤200米	4
			—	200米<服务半径≤1千米	3
			—	1千米<服务半径≤3千米	2
			—	服务半径≤200米	1
		文化活动站	0. 025 63	服务半径≤20米	4
			—	200米<服务半径≤1千米	3
			—	1千米<服务半径≤3千米	2
			—	服务半径≤200米	1
		综合公建	0. 179 48	服务半径<500米	4
			—	500米≤服务半径≤1千米	3
			—	1千米<服务半径≤1. 5千米	2
			—	服务半径>1. 5千米	1
		幼儿园	0. 128 20	服务半径≤300米	4
			—	300米<服务半径≤1千米	3
			—	1千米<服务半径≤3千米	2
			—	服务半径>3千米	1
		小学教育	0. 128 20	服务半径≤500米	4
				500米<服务半径≤1千米	3
				1千米<服务半径≤3千米	2
				服务半径>3千米	1
		中学教育	0. 128 20	服务半径≤500米	4
				500米<服务半径≤1千米	3
				1千米<服务半径≤3千米	2
				服务半径>3千米	1
		建成区范围（依托建成区建设）	0. 076 91	建成区范围内	4

二、居住社区分级体系与配套技术标准

1. 分级体系

居住社区规划分级体系应与城市社区管理相对应，结合滨海新区社会管理创新改革中确定的10万人设一个街区、1万人左右设一个居委会的做法，以及小街廓密路网的城市布局，我们将《天津市居住区公共服务设施配置标准》（DB29-7-2008）中的居住区、居住小区、居住组团三级结构调整为社区、邻里、街坊三级。一个街道办事处对应一个社区，设一个社区中心，一个居委会对应一个邻里及一个邻里中心，一个业主委员会对应一个街坊。

同时，在该体系下，我们进一步完善和细化了社区的配套体系。考虑到公共配套服务设施配置应具有一定的延续性和稳定性，新体系的创建应与原体系逐级对应，即两个居住区的人口规模对应一个社区，一个居住小区对应一个邻里，一个居住组团对应一个街坊。

定单式限价商品房社区与现行配套体系的对比表

定单式限价商品房社区规划分级体系			
	社区/街道办	邻里/居委会	街坊/业主委员会
户数（户）	30 000～40 000	3000～4000	400～1000
人口（人）	100 000	10 000	1000～3000
天津市现行居住区规划分级体系			
户数（户）	18 000～30 000	3600～5500	1000～1800
人口（人）	50 000～80 000	10 000～15 000	3000～5000

2. 技术标准

（1）基本原则。

公共服务设施分级配置标准的制定主要遵循以下三个基本原则：①“以人为本”原则，分析研究居民对于不同配套设施的需求度，合理布局。②“集约化”原则，集中利用土地，合理安排开发强度，高效组织空间。③“场所化”原则，集中建设社区中心和邻里中心，在提供便民服务的同时，为居民的邻里互动提供空间载体，增强居民的社区归属感。

（2）社区、邻里中心的配置标准。

社区中心是居住社区的核心，拥有完善的功能，体现地区形象，主要提供行政管理、医疗门诊、文体游憩服务，临近布置中、小学，大型超市等商业和部分写字楼，发展楼宇经济；邻里中心提供便民行政服务、托幼服务、日常采购服务、医疗咨询服务等，提高居民出行的办事效率，增强居民的社区归属感。

社区中心配置标准一览表

设施名称		用地规模/平方米	建筑规模/平方米		备注
街道办事处	办事大厅	5500	6500	4500	—
	活动中心			1000	—
	社区门诊			1000	—
社区公园		≥10 000	—		即原居住区公园
社区文化活动中心（含图书馆）		5000	6500		宜与社区公园合建
社区体育运动场		6500	—		宜与社区公园合建
合计		≥27 000	13 000		

注：可根据实际建设情况增加社区中心配置内容及规模，建议派出所、公安局、消防站等结合社区中心一并建设。其他社区级公共服务设施参照《天津市居住区公共服务设施配置标准》（DB29-7-2008）中居住区级标准中的“千人指标”

和谐新城起步区一期社区中心效果图

进行折算（配套设施用地规模 = 配套设施千人指标 × 社区人口）。

邻里中心配置标准一览表

<table>
<tr><td>设施名称</td><td>用地规模/平方米</td><td colspan="3">建筑规模/平方米</td></tr>
<tr><td rowspan="3">社区服务站</td><td>居委会</td><td rowspan="3">1000</td><td rowspan="3">2100</td><td>600</td></tr>
<tr><td>社区卫生服务站</td><td>300</td></tr>
<tr><td>物业管理服务用房及其他服务、活动用房</td><td>1200（含物业管理服务用房400平方米）</td></tr>
<tr><td>社区文化活动站</td><td>—</td><td>400</td><td colspan="2">300</td></tr>
<tr><td>托老所</td><td>—</td><td>1000</td><td colspan="2">800</td></tr>
<tr><td>幼儿园</td><td>—</td><td>3000</td><td colspan="2">2800</td></tr>
<tr><td>邻里公园</td><td>—</td><td>≥5000</td><td colspan="2">—</td></tr>
<tr><td>生鲜超市（结合建设废品回收设施、垃圾转运设施）</td><td>—</td><td>1000</td><td colspan="2">800</td></tr>
<tr><td>环卫清扫班点</td><td>—</td><td>160</td><td colspan="2">25</td></tr>
<tr><td>公厕</td><td>—</td><td>—</td><td colspan="2">30</td></tr>
<tr><td>合计</td><td>—</td><td>≥11 560</td><td colspan="2">6855</td></tr>
</table>

注：可根据实际建设情况增加邻里中心配置内容及规模，其他邻里级公共服务设施参照《天津市居住区公共服务设施配置标准》（DB29-7-2008）中居住小区级标准中的“千人指标”进行折算。

（3）其他。

相较于原天津市居住区公共服务设施配置标准，区域规划除设置社区中心、邻里中心外，还对定单式限价商品住房居住社区公共服务设施的配置及规模作出如下规定：

在社区级公共服务设施配置标准中，医疗卫生一项中增设“门诊”，门诊结合街道办设置，须有独立的出入口；社区文化活动中心内部必须设置社区图书馆；原天津市公共服务设施配置标准里的社区文化中心内含多功能厅，因使用性质与街道办中的活动大厅相似，且两者均设于社区中心内部，所以将原社区文化中心的多功能厅这一使用功能与活动大厅相结合，社区文化中心的建筑面积由 7500 平方米调整至 6500 平方米。

在邻里级公共服务设施配置标准中，将原居住组团级的公共服务设施居委会和物业管理服务用房提升至该级，并结合社区服务站，设置邻里中心。物业管理用房建筑面积 400 平方米，根据实际使用情况，如面积不足，可以将邻里中心中的“其他服务、活动用房”作为补充。

在街坊级公共服务设施配置标准中，增设业主委员会用房，加强业主自治。

除此之外，配合天津市行政体制改革的新形势，结合公共设施的使用要求，提高了社区级和邻里级的部分公共服务设施的建筑面积：街道办事处由原标准中规定的 1500 平方米提高到 6500 平方米，居委会由 100 平方米提高到 600 平方米，社区卫生服务站由 150 平方米提高到 300 平方米（新增 5 个病床床位，可用于日常输液），社区服务站（含居委会、社

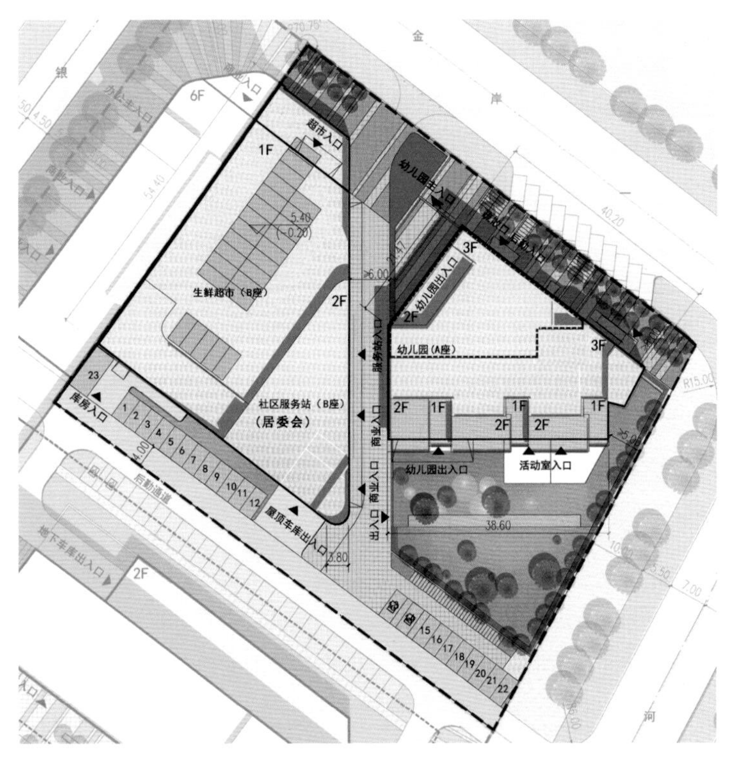

和谐新城起步区邻里中心规划总平面图、透视图

区卫生服务站、物业管理服务用房及其他服务活动用房）由600平方米提高到2100平方米。

三、实施与展望

本次定单式限价商品房的公共服务设施配置标准研究课题，在充分征求市规划局和滨海新区民政局、教育局（体育局）、卫生局等部门的意见，并结合《天津滨海新区保障性住房规划研究》以及相应管理文件要求的基础上，目前已经在滨海新区广泛应用。

通过实地走访以及与项目开发商、社区住户等相关人员的座谈，我们对公共服务设施配套模式进行了评估。我们发现，配套标准的建立不仅仅与居住对象有关，还与管理体制、土地整理方式有密切的关系。由此我们总结了一系列成功经验和改进方向，希望为其他相关项目提供借鉴。

1. 坚持和推广居住社区三级体系，集中建设社区、邻里中心

居住社区是城市的本质和肌理，也是城市社会文化和公共服务的载体。提高城市的生活质量，除了要提高居住建筑环境的质量外，还要提升社会管理水平和全民素质。天津市规划局近期指出提升城市活力和服务居民的十项措施，包括建设社区服务中心、加密路网、营造街道商业氛围等，同时使控规单元界线的划分与街道居委会的管理界线相一致，这些都试图在完善居住社区的规划管理。

推广居住社区三级体系和建设社区邻里中心是对传统“居住区－居住小区－居住组团”模式的根本转变。区域规划应将城市设计思想、方法融入居住社区的规划中，以提升居住社区的品质，坚持“小街廓、密路网”的规划布局，并充分发挥市场调节作用。

2. 适应居住对象的需求变化

马斯洛“基本需求层次理论”把人的需求分成生理需求、安全需求、归属与爱的需求、尊重需求和自我实现需求五类，依次由较低层次到较高层次排列。然而，因个体经济发展水平处在不同阶段，个体需求次序并不完全相同。即使对于同一个体而言，低层需要获得满足后，也会向更高层次转化。

滨海新区的居住社区多采用混居的模式，住房产品类型较为多样，例如，已启动的和谐新城起步区一期中有经济适用房、限价商品房、普通商品房等多种住房类型，这为人的住房改善需求提供了物质基础。在进行配套设施规划时，特别是社区中心和邻里中心规划时，设施的内容也不应是一成不变的，应预留更多的弹性。建议周边多设置公益性公共设施预留地，近期可作为绿地或者停车用地，远期根据特定需求进行开发建设。同时，满足居住人群多样化的配套需求，关键要依靠市场的力量，坚持“小街廓、密路网”的布局，大力发展轨道交通，鼓励沿街商业，满足经营者与居民的双向需求。

3. 关注开发主体的利益诉求

定单式限价商品房住区的社区中心、邻里中心在规划设想中，由政府出资集中建设，并将投资纳入周边土地开发成本中。但在后续操作中，政府资金来源成为一个难题。目前，新区政府采用的方法是责成住宅开发商一并建设实施，但公共服务配套设施的配置标准属于规范性文件，当时并没有与开发商进行相应沟通，这使社区中心、邻里中心经营性商业比例过低，资金收益明显不足，成为项目开发的“负担”。未来，比较理想的做法是，社区及邻里中心与土地整理、基础设施建设同步推进。因此，我们应该吸取新加坡和中新生态城的城市设计经验，适当增加商业经营面积，增加资金收入，补贴街道、居委会的经费支出，进而提升居住社区服务水平；不断进行社区中心、邻里中心配置标准的修订工作，统筹各方面意见，使标准既满足住户的生活需求、方便规划管理部门的监督运作，又具有开发可行性，符合市场规律，实现共赢。

第三章　新城设计

引　言　多元驱动的新城设计

综合多样的城市远比简单单一的城市更具有竞争力，这不仅是城市化进程的有力证明，也是当今世界城市发展的趋势。城市若想形成多中心组团式、网络化的空间布局，那么各产业功能区和新城就应各具特色。城市总体规划提出以“北旅游、南重化、西高新、东海港、中服务”的产业格局，城市设计工作推动了多元驱动的功能区和新城建设。

在京津冀协同发展的大背景下，新区深刻认识到滨海资源在产业调整中的重要作用。一方面，对比北京近海不临海的现实，满足北京市民以海洋为主题的旅游休闲需求，同时拓展健康服务等产业，形成新的经济增长点；另一方面，对比周边省份临海工业发展水平，突出现有产业优势，提高岸线集约利用效率，为产业转型提供基础支持。以北部旅游片区为代表的新城建设正是在这样的驱动力下推进的，着力发展以旅游、服务、休闲为主题的旅游城区带动新区北片区（包括中新天津生态城、滨海旅游区、汉沽新城医疗城等）发展，并拓展产业内涵。

新区的基础在于港口及港口工业，港区的发展不仅需要产业空间，更需要为之服务的生活性城区空间，这是新区新城发展的现实动力。然而，对比城市生活的人性化要求，港区冷漠的空间显得格格不入。在统筹港口与城区的关系中，新区在城市设计实践中进行了两方面的探索：一方面，对以居住功能为主的新城进行设计，以和谐新城对临港工业区的生活性支持为例，营造充满活力的新城空间；另一方面，对港区内部进行配套服务区设计研究，通过东疆港综合配套服务区的建设，丰富港区的城市活力，营造充满活力的综合性港区。

在国家发展的大背景下，滨海新区承接了若干标志性发展项目，这些项目在承担国家及区域性职能的同时可迅速带动周边片区发展，比如国家海洋博物馆、国家海洋监测基地、津秦客运专线滨海北站等。新区的城市设计工作着重对这些重点项目周边区域进行了深化提升。

第一节　生态宜居的新城探索——滨海新区和谐新城城市设计

刘洋、冯时

一、规划背景

和谐新城，位于滨海新区核心区南部，北临于家堡中心商务区，东临临港经济区，西临核心区西部生态城区。总用地 52 平方千米，是滨海新区核心区的重要组成部分。

结合区域现有生态系统，我们提出资源合理开发利用和生态建设的城市生态规划理念，特别是采用开放式小街廓、密路网、多层高密度的方式规划新城，这对当今城市设计工作具有重要的指导意义。结合和谐新城的城市设计实践，我们对“生态规划”理念下新城建设的一些问题及对策进行了大胆的规划与探索。

从区域发展的角度出发，新城建设肩负着三个重要使命：①区域内职住用地比例失衡，产业功能区的发展将产生近 30 万人口生活配套缺口，新城成为解决居住缺口的重要片区，但不能变为简单的“睡城”。②新城紧临中心商务区与临港经济区，产业体系中应考虑两者的辐射带动作用，承接产业外溢，实现区域职住平衡。③项目区自然环境恶劣，改善提升核心区的生态环境成为新城建设的战略使命。④结合新区地形地理环境特征，营造小街廓、密路网的宜居新城，是新城建设的重中之重。

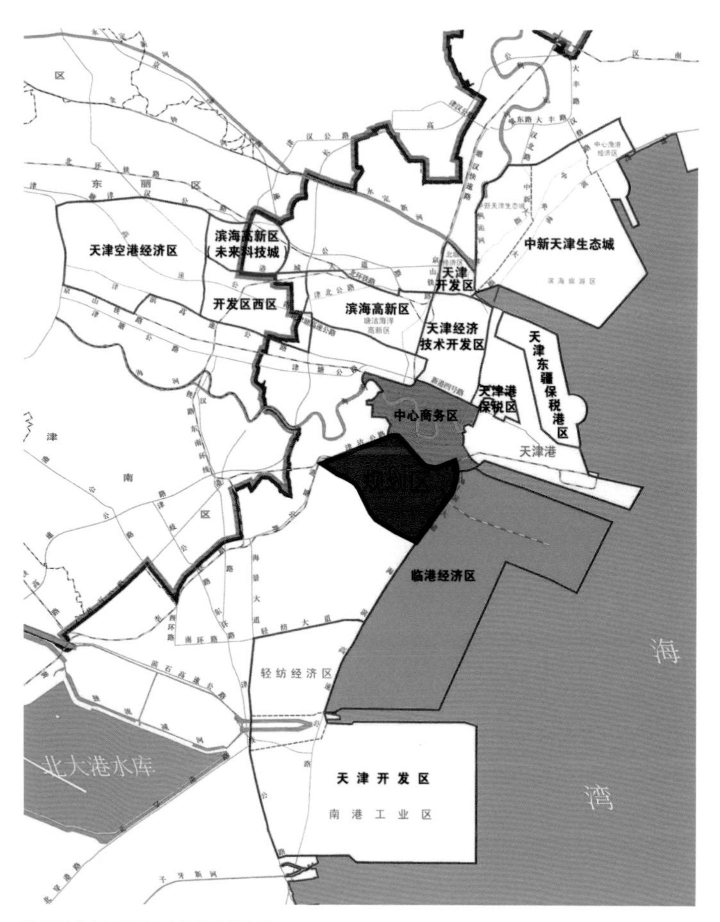

和谐新城与周边功能组团关系

和谐新城整体鸟瞰图

二、理念探索与实践

1. 问题

和谐新城基地现状用地为塘沽盐场的海盐生产用地及天津港散货物流用地，主要包括盐田、晒盐池、海盐生产设施用地及物流用地，其中盐田水域总用地达 40.7 平方千米，水质和土壤的盐碱化成为新城建设的一大挑战。项目区基本无居住人口，新城规划人口为 54 万。如何在平地上营造宜居城市以吸引城市居民成为新城建设的又一挑战。

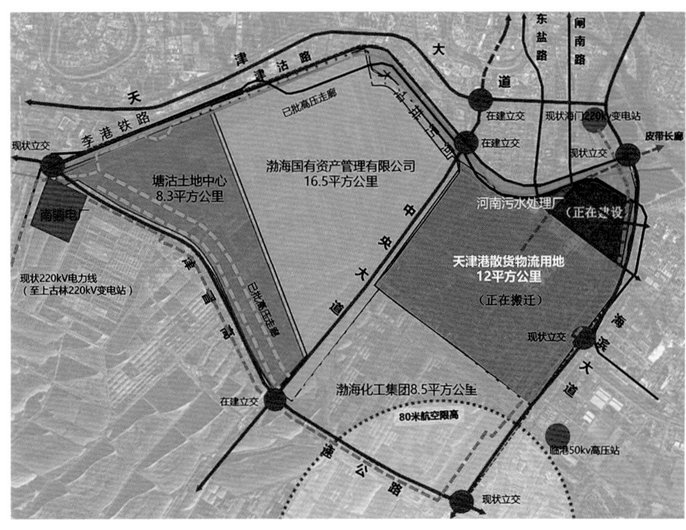

和谐新城现状用地权属图

2. 理念

（1）联通区域水系的联通。

和谐新城现状为盐田用地，水质与土壤均不符合城市建设用地标准。自然的生态修复所需时间过长，而人工改造会带来巨大的工程量，采用淡水或半咸水改善土质是最为经济可行的方法。项目区现状水为盐水且不循环，因此需要从周边区域引入淡水，以改善水质和土壤。

在区域范围内，基地北侧有海河、大沽排污河，其东南侧有八米河、官港湖湿地。项目区以“一湖、六河”的水系连接区域水网，将淡水引入基地，形成贯通区域的水网系统。

（2）构建自然生态的格局。

斑块、廊道、基质是景观生态学用来解释景观结构的基本模式。依据景观生态学原理，理想的生态斑块接近圆形或正方形，与向外放射的指状廊道连接在一起，并通过廊道与区域内的基质相连。基于此，在连通区域水系的基础上，新城形成“一核、两环、六廊”的自然景观生态格局。

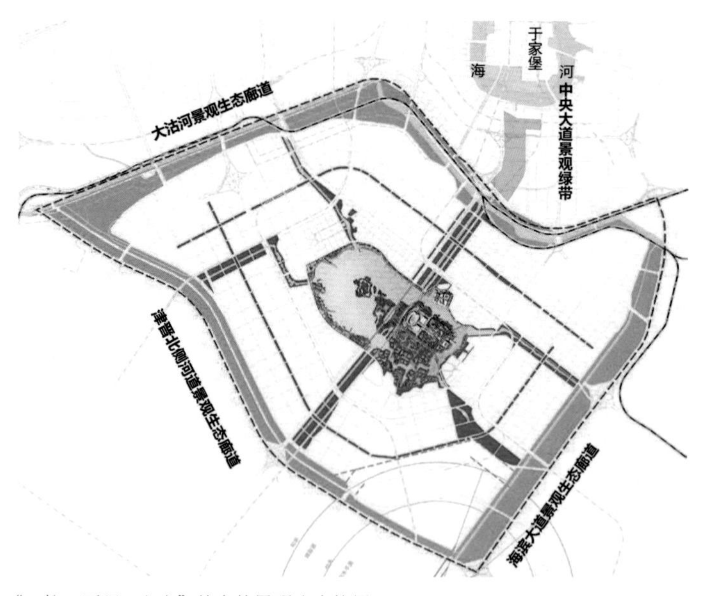

“一核、两环、六廊”的自然景观生态格局

“一核”：开挖由盐田围合的处于基地中心的核心斑块。一方面，可以起到良好的蓄水作用，通过营造自然的生态环境，改善现状水质与土壤；另一方面，新城现状用地标高为1.5米，需要填土，以增加标高，从而达到建设标准。中心湖的开挖可以部分满足周边填土需求，从而达到土方平衡。

“两环”：打造城市生态边界和多功能绿带。在城市外围规划环形的生态廊道可有效控制城市规模，防止城市的无序蔓延。同时，生态边界可连接新城内部的生态结构与区域生态环境，起到桥梁的作用，形成复合化的生态系统。在波特兰，明确的城市绿色边界有效地控制城市扩张规模，同时政府提出绿道规划、生态走廊规划、水域规划等一系列专项规划，链接城市边缘的生态廊道，形成城市与自然环境有机的生态空间网络格局。多功能绿带环绕在城市功能区内部，具有生态绿化、雨水收集的作用，可供人们娱乐休闲。多功能绿带中的河道将社区内的雨水收集起来，并使其汇入六条生态廊道，最终流入中心湖以补给项目区的淡水。

“六廊”：六条线性生态廊道由六条水系及两侧的绿带组成。一方面，廊道连接基地内部的核心生态斑块与自然生态边界，使其更好地融入区域生态环境。另一方面，六条生态廊道将新城划分成六个片区，作为生态边界，控制城市组团规模。

通过构建“一核、两环、六廊”的自然景观生态格局，在北侧以廊道串联海河生态廊道，西南侧串联官港湖森林公园，实现水系与生态绿化的融合，最终将新城生态格局融入滨海新区“两区七廊”的生态系统。

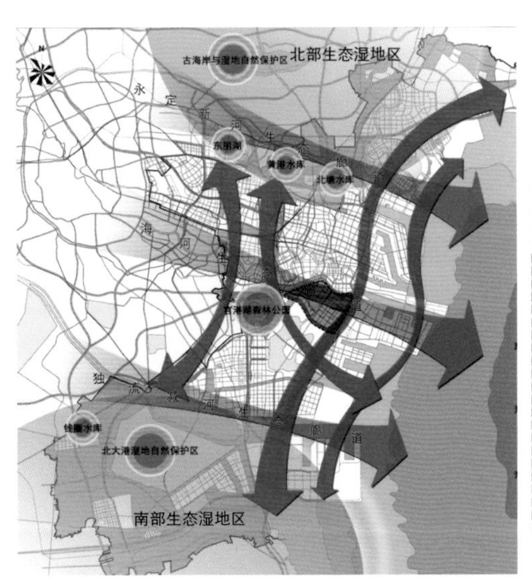

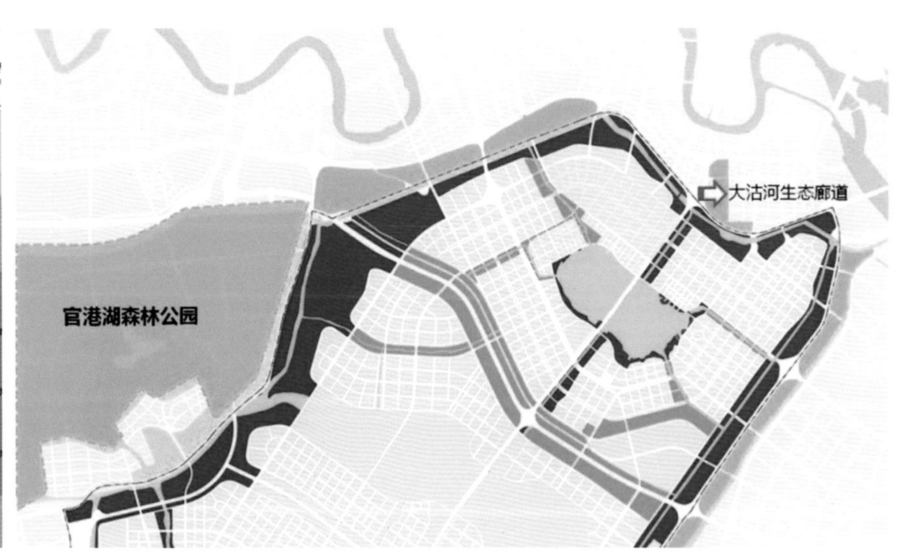

滨海新区总体生态系统结构与和谐新城生态格局

(3) 规划绿色交通体系。

项目区形成“一核、两环、六廊”的，自然景观生态格局，良好的自然环境不仅仅作为边缘区起到生态涵养的作用，更是重要的城市公共空间。规划设计将绿色交通、城市空间布局与生态景观紧密结合，共同塑造城市的活力地带。

新城突出公共交通的作用，以轨道交通构建新城的城市骨架，形成绿色交通体系。新城中的绿色交通体系主要包括轨道交通、电车交通以及慢行系统。

考虑到新区的地质条件以及轨道建设的安全性和经济性，新区轨道交通布局原则是以地面与高架为主，除城市中心及老城外，尽量不采用地下方式。

结合“一核、六廊”的主要景观结构规划布置 Z4、B1、B5、B7 四条轨道交通线，其中 Z4 线为市域轨道交通线。

在轨道交通线路设计中，重点考虑轨道交通与中心湖、六条生态廊道的关系。如 B1 线北起中心商务区，穿过中心湖北侧与东侧，经由东南侧生态廊道至临港经济区，在项目区内形成三个站点。其余三条轨道交通路线布局尽可能地连接中心湖与六条生态廊道。结合多功能绿带，形成环形电车交通，规划设计 37 个站点。电车站点选择与轨道交通站点紧密结合，实现公共交通接驳。

通过轨道交通和电车交通的路线设计，新城内形成“两环一纵”的公共交通系统，以有效提高新区的公交覆盖水平。

(4) 土地利用与绿色交通紧密结合。

土地利用与绿色交通的协调发展是为了减少小汽车出行，实现城市绿色出行。规划力求将城市土地利用与绿色交通紧密结合，汲取新加坡的城市建设，创新城市管理模式，采用“社区—邻里—坊”三级管理体系。

环绕中心湖为新城景观最优区域，环形轨道交通线组成八个站点。六个城市级功能组团构成城市级公共服务带，包括文化创业、商务商业、医疗养生、商贸、体育、教育等组团。各组团采用 TOD 开发模式，结合轨道交通站点，形成各组团中心。北岸为文化创业、商业核心组团，延续中央大道景观轴线，开发强度高，形成大气的城市轴线，即片区中心。其余四个组团采用低密度的混合开发模式，结合良好的滨湖景观环境，塑造活力地区，整体上形成风景秀美的滨水界面。

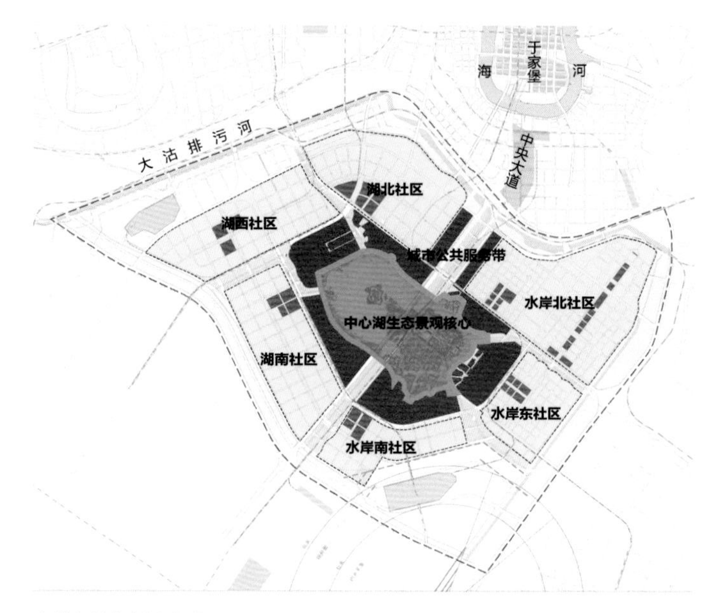

和谐新城规划功能分区图

在城市公共服务带外围区域，通过六条生态廊道的划分，形成六个规模相当的综合社区，结合轨道交通站点，规划社区服务中心。中心采用高强度的混合开发模式，主要功能包括社区服务、行政管理、中小学、商业配套、商务办公、公寓住宅等。在规模较大的社区内，如水岸北社区，建设一主一副两个社区中心，副中心为产业中心，以商务办公为主，满足就业需求，减少通勤距离，实现职住平衡。在社区内部，结合有轨电车站点，规划邻里中心，在外围形成充满活力的特色社区。

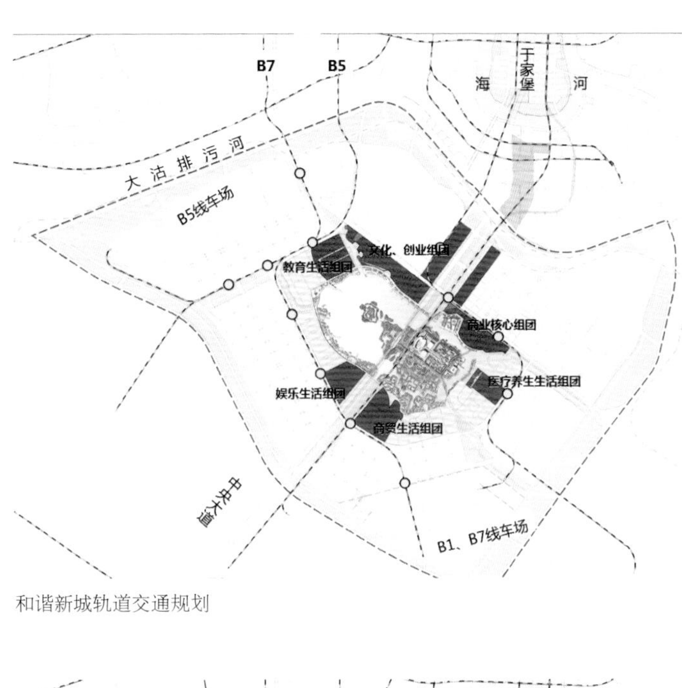

和谐新城轨道交通规划

和谐新城有轨电车规划

总体上，规划力求连通区域水系，构建自然生态的格局、公共交通系统，并与土地利用紧密结合，形成以生态为基础、以公共交通为导向的“一心、一带、六社区”的城市总体空间结构。

三、规划创新与特色

1. 生态景观要素设计

根据景观生态学原理，和谐新城运用“斑块、廊道、基质”模式，形成“一核、两环、六廊”的开放空间系统。一核：核心斑块，即中心湖。两环：新城生态边界与串联六社区的多功能绿带。六廊：由核心板块放射出六条线性生态廊道，并与区域生态系统相连。同时，结合多功能绿带，建造社区级绿地、邻里级绿地，并将其作为跳跃斑块，形成“大集中、小分散”的最优化景观布局结构。

核心斑块：中心湖约 3 平方千米，湖、岛、河、泽交相辉映。在尺度控制上，最佳宽度是 300 ~ 500 米，例如，跨过黄浦江望浦东、在厦门环岛路遥望鼓浪屿、纽约中央公园的两侧对望等经典城市场景都是在这个视觉通廊尺度的范围内，过近则无法看到城市全貌，过远则视力不能及，同时这一距离也满足哈里斯和阿特金斯在廊道功能周期理论中所建议的宽度。

跳跃斑块：主要包括社区绿地和邻里绿地。在尺度控制上，两者的规模按照滨海新区公共服务设施配套标准进行控制，其中社区绿地不小于 1 公顷，邻里绿地不小于 0.5 公顷，人均绿地面积不低于 0.5 平方米。

生态边界：在城市外围塑造带状廊道时，应尽量建设林带，林带的生态边缘效应比较不敏感。根据边缘效应的穿透能力，林带的宽度设置为 200 ～ 600 米，以有效控制城市规模并防止城市的恶性蔓延。

多功能绿带：结合电车交通、自行车交通、城市次干道、雨水收集蓄水池，建设多功能绿带。根据景观生态学原理，带状生态绿化廊道的最小宽度为 61 米，自行车小道的最小宽度为 4.3 米，电车廊道的最小宽度为 11 米，因此这条绿道的最小宽度为 76.3 米，加上两侧各 20 米宽的城市次干道，两侧建筑之间的距离达到 110 米。

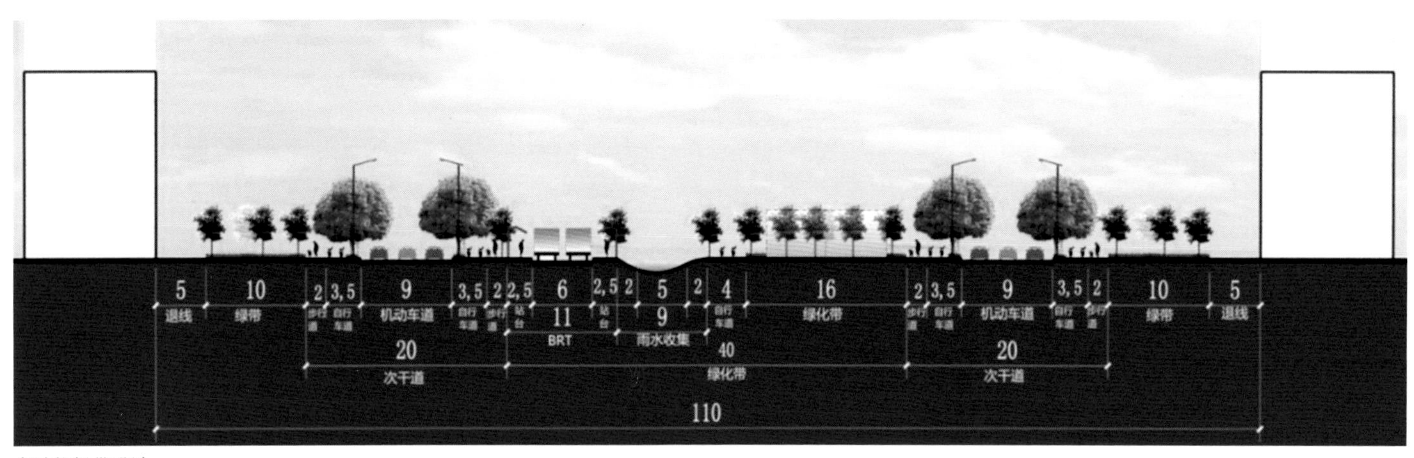

多功能绿带设计

线性生态廊道：属于河流生态廊道的一部分。在尺度控制上，应考虑水体和水岸生态因素。滨岸缓冲林带的生态安全距离最小为 60 米，河流廊道的最小宽度为 15 米，因此两岸的宽度加上河流的宽度即河流生态廊道的最小宽度，为 135 米。

规划中，将“斑块、廊道和基质”的景观模式与城市绿地系统相结合，以控制城市生态绿地布局，在三者的相互协调下最终形成系统化的整体布局。

城市生态绿地控制

绿地级别	生态级别	尺度空间	间距	形态
片区绿地	核心斑块	300 ～ 500 米	基本连续	绿地率较高，圆形或方形为最优布局
社区绿地	跳跃斑块	>1 公顷	<5 千米	满足居民的使用需求，形态规划
邻里绿地	跳跃斑块	>0.5 公顷	<1 千米	满足居民的使用需求，形态规划
道路绿化	线状生态廊道	主干道：40 ～ 60 米 次干道：20 ～ 36 米	基本连续	
生态边界	带状生态廊道	200 ～ 600 米	基本连续	
绿化缓冲带	河流生态廊道	150 ～ 300 米	基本连续	

规划力求结合城市绿地系统布局，通过对生态空间的有效利用，形成“51310”的景观体系。“5”即以社区和邻里公园为主形成的绿色空间，服务半径为500米；“1”即以多功能绿带形成服务半径为1千米的带状绿地，服务半径为1千米；“3”即和谐新城中以中心湖与生态廊道为主形成的城市公园，服务半径为3千米；“10”即距离新城10千米的官港湖森林公园。

2. 绿色交通体系

规划力求创建“以人为本”的绿色交通体系，提高绿色交通出行比例，重点是打造以轨道交通和有轨电车为主的公共交通系统和以步行交通为主的慢行系统。

(1) 轨道交通。

Z4、B1、B5、B7四条轨道线构成“一环一纵”的公共交通格局。

项目区地质条件较差，轨道交通需采用高架的形式。规划中，交通线路的布局与城市主干道相结合，位于道路一侧的绿带中，可避免两者相互干扰。同时，绿带的宽度为40米；高架的轨道交通线可保证绿带的完整性，并发挥廊道的作用，有利于保护生态环境。

城市轨道交通与城市主干道结合道路断面设计

（2）有轨电车。

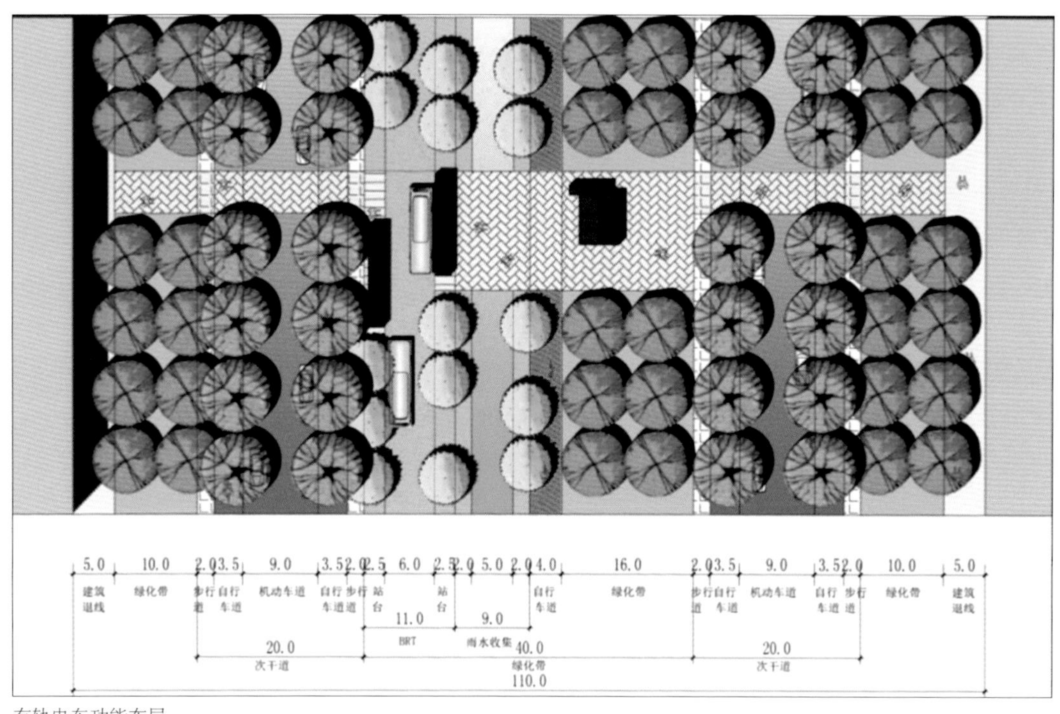

有轨电车功能布局

有轨电车位于多功能绿带中，双向电车车道宽 6 米，两侧候车区宽 2.5 米。结合电车站点，布置报刊亭、小卖部、休闲座椅等服务设施。同时，电车站点与社区中心、邻里中心紧密相连，并连接城市轨道交通站点，以实现公共交通的有效接驳。

电车是社区内居民的重要通勤工具，与其日常出行紧密相关，故其服务半径为 500 米。一方面，500 米是天津市民的邻里出行距离。柴彦威在对天津市民购物行为特征的研究中发现，500 米为天津市民的邻里活动范围，与生活必需品的服务半径一致；另一方面，500 米是比较舒适的步行距离，扬·盖尔在《人性化的城市》一书中写道：“通常认为，大多数人乐意接受的步行距离是 500 米。”

（3）慢行系统。

城市公共空间是城市中最富有活力的地区，步行化是其基本特质。基于此，在和谐新城的规划中，结合城市慢行系统，塑造城市公共空间，使其成为集购物消费、休闲娱乐、社交等多功能于一体的复合区。三个层次分明的慢行系统，即城市级、社区级和邻里级，相互串联并构成一个连续的步行系统。

城市级：环绕中心湖形成连续的慢行系统，包含多个主题功能区，如滨水酒吧街、滨水景观带、商业街区等。社区级：结合多功能绿带设计，在其两侧形成连续的城市公共空间。邻里级：以邻里内的商业街道串联主要的慢行系统与公共交通站点。街道的可达性较强，与居民日常生活的联系最为密切。

3. 分级配套的管理模式

中新生态城规划，借鉴新加坡城市建设中的社区规划理念，并与生态型规划和我国社区管理要求相结合，确定了符合示范要求的生态社区模式。

以中新生态城的规划为契机，2010 年 1 月，滨海新区完成管理体制的改革，进入新的发展阶段。和谐新城作为滨海新区核心区的重要功能组团，将成为新型管理体制的重要实践区。

（1）四级管理体系。

规划构建“组团—社区—邻里—街坊”四级管理体系，并分级配套公共服务设施。新城总用地 52 平方千米，规划人口 54 万，根据社区及邻里户数与人口的一般规模要求，在和谐新城内配置 6 个社区中心和 54 个邻里中心。

（2）公共设施配套。

在四级管理体系下，公共服务设施采用分级配套的模式，建设社区中心和邻里中心，以集中配置公共服务设施。集中的配置在方便管理的同时形成凝聚社区、邻里居民的场所，增强人们的归属感。

社区中心结合轨道交通与电车交通站点布置，服务人口 8 ~ 10 万人，主要包括街道办事处、社区公园、社区文化活动中心、社区体育运动场等。

邻里中心结合电车交通站点布置，服务人口 8000 ~ 10 000 人，主要包括社区服务站、幼儿园、邻里公园、生鲜超市、专用停车场、公厕等。

社区、邻里、街坊配套标准

	社区	邻里	街坊
户数（户）	30 000 ~ 40 000	3000 ~ 4000	1000
人口（人）	100 000	10 000	2000 ~ 3000

社区中心示意图

社区中心配套标准

设施名称		用地规模 / 平方米	建筑规模 / 平方米		备注
街道办事处	办事大厅	5500	6500	4500	—
	活动中心			1000	
	门诊			1000	
社区公园		≥ 10 000	—		即原居住区公园
社区文化活动中心(含图书馆)		5000	6500		宜与社区公园合建
社区体育运动场		6500	—		宜与社区公园合建

邻里中心配套标准

设施名称	用地规模 / 平方米	建筑规模 / 平方米	
居委会	—	2000	600
社区卫生服务站			200
服务、活动及经营用房			1200
幼儿园	3000	2800	
邻里公园	5000	—	
生鲜超市（结合建设废品回收设施、垃圾转运设施）	1000	800	
专用停车场	400	—	
公厕	—	30	

注：可根据实际建设情况增加社区中心配置内容

4. 多层级产业系统与城市用地混合开发

新城产业系统规划，采用多层级产业系统与城市用地的混合开发相结合的模式，主要产业包括城市服务、都市工业、社区产业。城市服务分布于六个城市功能组团内，包括文化创意、商业核心、医疗养老、商贸公园、健康娱乐、教育产业等。都市工业位于城市边缘区南北两侧，主要包括生活物流与智慧产业。

“产业进社区”是规划的重点。一方面，科学技术的迅猛发展以及计算机模拟、信息处理传输的革命（例如，云计算，等等）使科技人员的个人创业成为全球风潮。社区产业规划，应提供更多的弹性空间和创业场所，推动成长型、创新型微小企业的成长。另一方面，伴随经济的发展，人们的消费能力不断提升，将产生更多的消费需求。社区商业是社区居民消费活动的重要组成部分，满足居民需求成为社区经济的重要使命。

在社区产业用地规划中，考虑到不确定性，规划用地保留更多的弹性。当社区规模较大时，规划主、副两个社

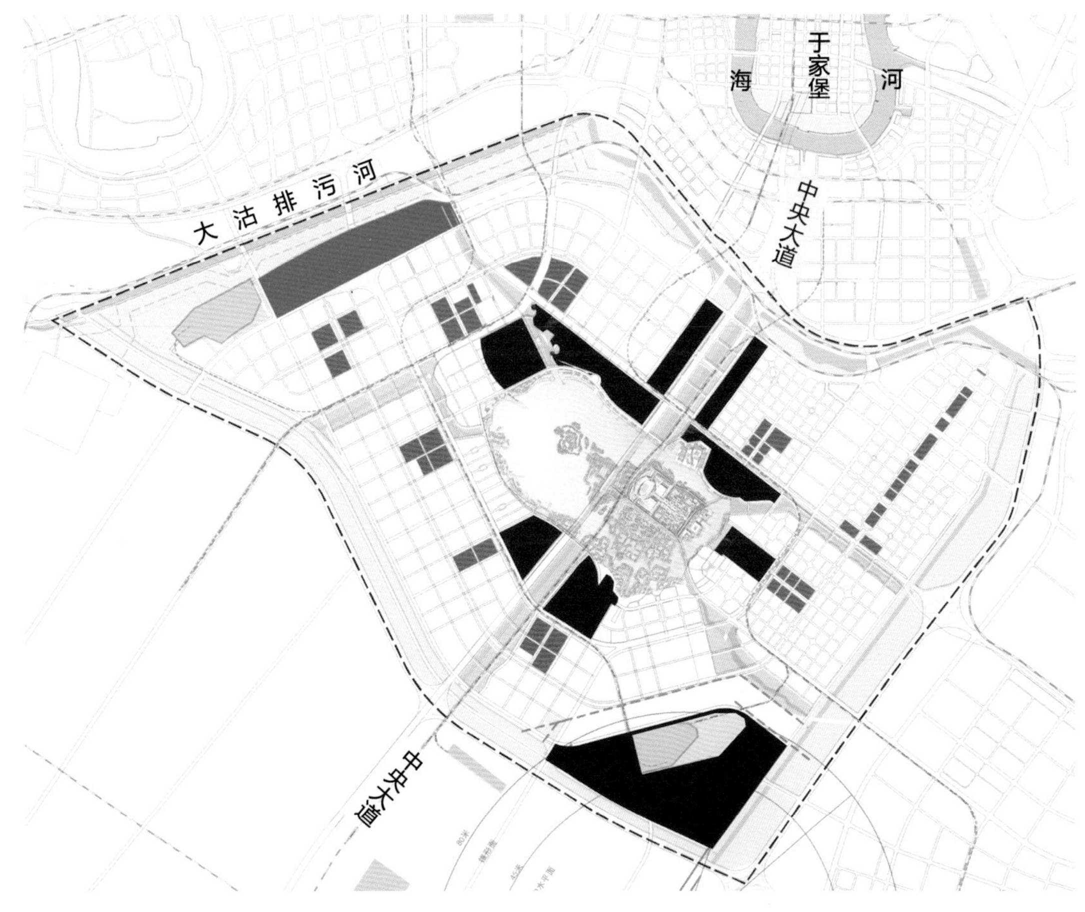

和谐新城产业系统规划

区中心，主中心提供更多的公共服务，副中心则提供更多的创业办公空间。灵活的空间布局可提供多元化的使用方式，包括办公、商业、酒店、居住等多种方式，实现设施的互动共享，更大限度地促进城市功能混合。

5. 充满活力的街区

街区是构成城市物质空间的基本单元，街区尺度是影响城市物质空间形态的重要因子，合理的街区尺度的塑造更是城市设计的重要目标。

当前，规划中追求大街区的土地扩张模式影响了城市的发展，并且带来了交通、环境、活力不足、功能单一等多方面问题。和谐新城规划力求营造充满活力的城市街区，并从小尺度混合街区、街道空间、“街和道”双系统三个方面探索如何塑造活力街区。

（1）小尺度混合街区。

从街区经济、市政因素、国内外交通因素、步行距离、街区活力、天津传统街区等多方面进行探索，合理的街区尺度为 90 ~ 180 米。在新城规划中，结合用地条件，街区规模控制在（100 ~ 150）米 ×（100 ~ 150）米 。

项目	0m	50m	100m	150m	200m	250m	300m	
街区经济								60~120m
市政因素 1								<200m
市政因素 2								<200~300m
交通因素(国内)								90~150m
交通因素(国外)								90~180m
步行距离								<150~300m
街区活力								80~110m
天津传统街区								80~170m

街区尺度控制要素

小尺度的街区划分了更多独立的用地，同时创造了更多的临街界面，促进了城市用地的混合。

街区采用多层建筑围合的开发模式，形成宜人的庭院空间和连续的街道空间，平均容积率控制在 1.5 ~ 1.7 之间。由于街区规模较小，如何满足停车需求并创造生态宜人的庭院空间成为规划的一个难点。规划中，为应对以上问题，采用了半地下停车的模式。在庭院内半地下车库上覆土 1.5 米，可种植小型乔木与灌木丛，并预留采光井种植大型乔木，同时可满足地下车库的通风、采光要求。

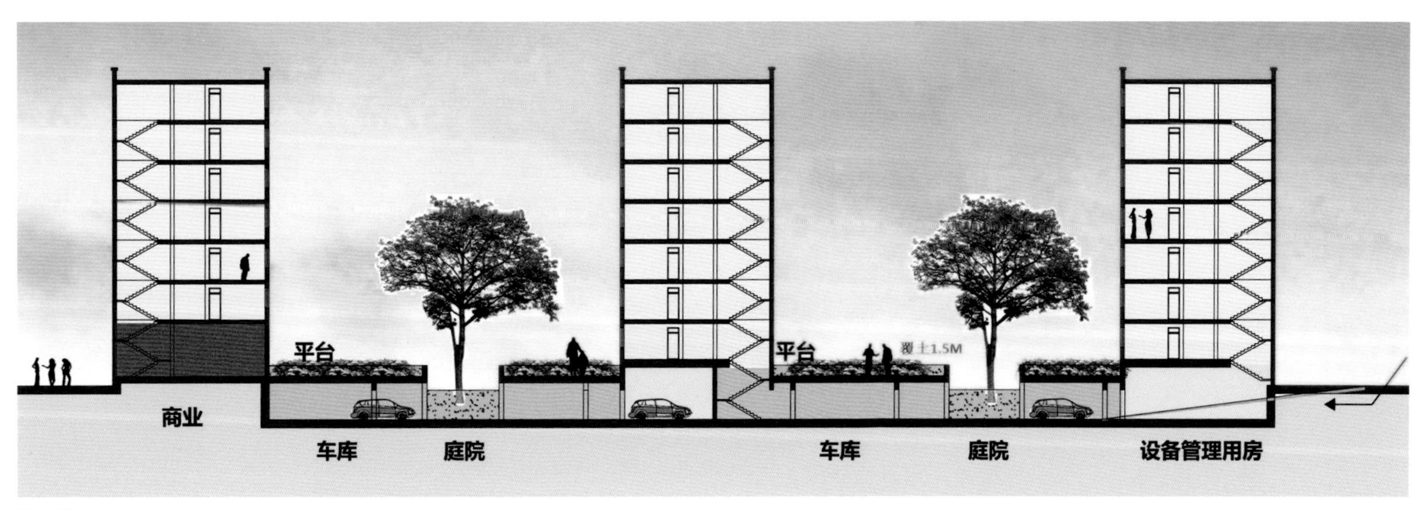

街区横断面设计

（2）充满活力的街道空间。

街道是我国传统的公共空间，在以车为本的交通模式中逐渐被破坏，在城市中几乎消失。在新城规划中，结合邻里中心，塑造城市街道空间，使其成为城市中重要的公共空间。

在街道功能上，街道空间分布关联邻里中心，并提供邻里内的公共服务，是重要的消费购物空间。在空间形态上，街道空间尺度控制在 1<D/H<2 之间，强调城市界面的连续性与街道空间的围合性。在空间分布上，街道连接主要的公共交通站点、城市开放空间、城市功能区等。街道位于街区内部，在避免机动车交通干扰的同时，可创造独立的步行化空间。街道服务半径为 500 米。

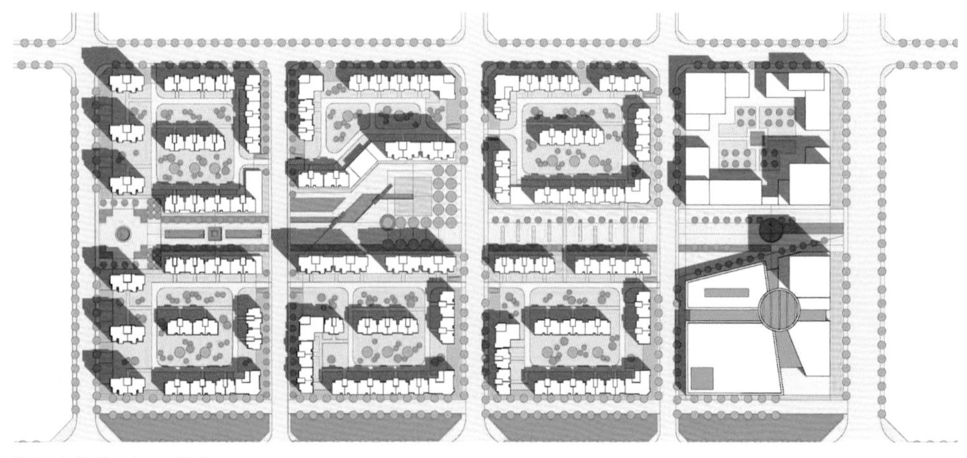

街区内街道空间示意图

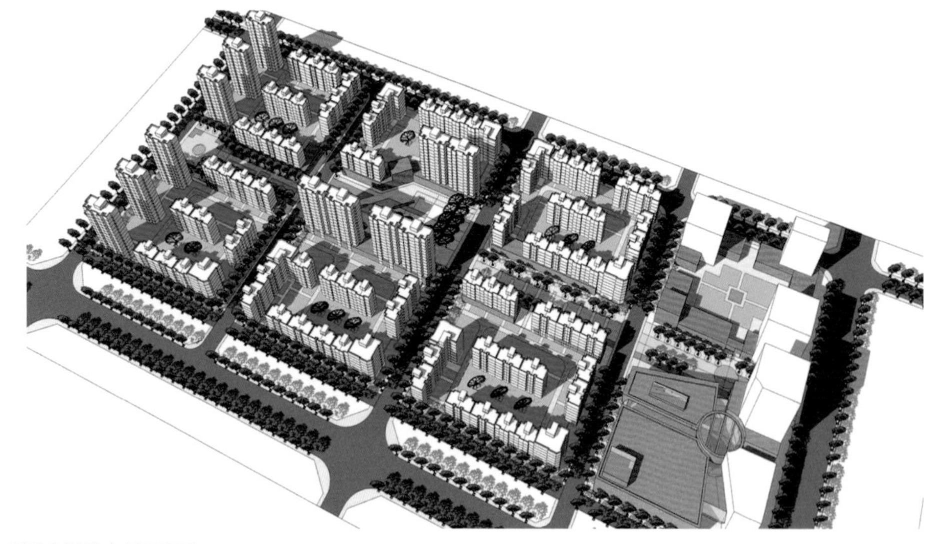

街区内街道空间示意图

（3）“街、道”双系统下的城市道路断面设计。

在《效率与活力——现代城市街道结构》一书中，作者沈磊提出“街系统”和“道系统”的概念。“街系统”：以人行为主，考虑人的心理需求，沿街布置商业、娱乐等多种功能，为一定范围内的邻里内部或者邻里之间的人群服务，保证城市生活的活力；“道系统”：主要以车辆的通行为目的，以通畅和速度为目标，保证城市运行的效率。

为保证城市街道的活力与效率并存，规划力求打造“街系统”和“道系统”。城市道路主要分为主干道与支路两级，主干道对应道系统，满足车行需求。支路对应街系统，道路红线控制在 20 米，尺度宜人满足步行。街系统断面设计更多地从步行者的角度出发，人行道宽度为 3.5 米，可供三股人流同时通过，并且有足够的空间摆放临街休闲桌椅。

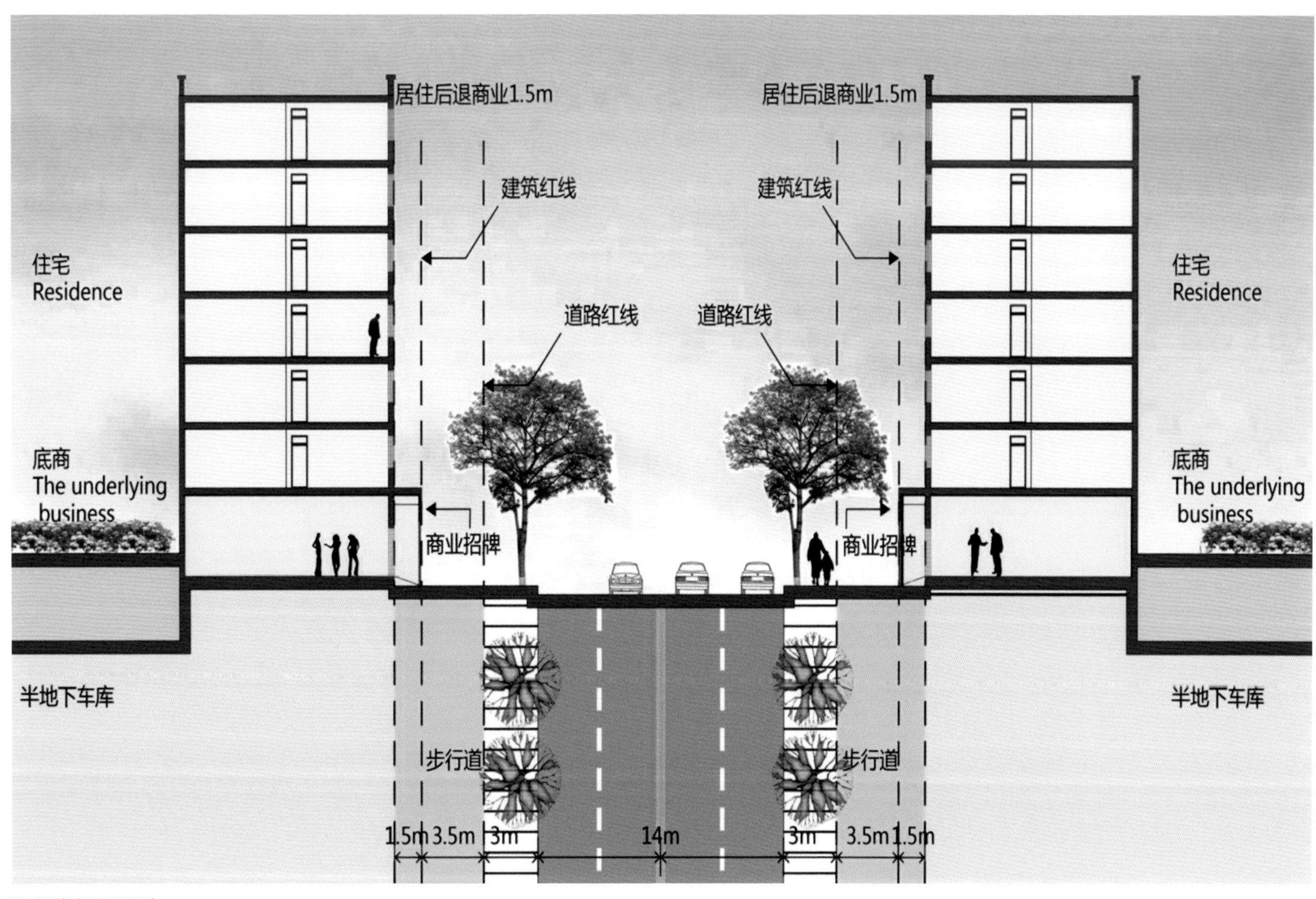

城市道路断面设计

四、总结

和谐新城规划设计，植入“生态规划”的理念，形成“以生态环境为基础、以公共交通为导向、以多层高密度小街廓密路网为空间形态特色、以混合开发及管理创新为特色”的规划模式。规划设计从多个角度贯彻生态理念，宏观上包括生态环境、用地布局、公共交通、社区产业、管理体系等，微观上包括街道空间、混合街区、小尺度街廓、慢行系统、雨水收集等，通过生态景观要素、绿色交通体系、分级管理体系、多层级产业系统、城市活力街区五个方面的详细设计，最终打造一个自然生态的和谐新城。

和谐新城规划设计推动了滨海新区核心区的发展，提升了区域生态环境品质，促进了区域发展。与核心区北部——中新天津生态城南北呼应，共同探索生态宜居城市模式。

和谐新城总平面图

第二节　新城市主义的尝试——国家海洋博物馆片区城市设计

祝新伟、杨会民

京津冀地区是我国北方重要的临海城市群，但城市中一直缺少规模相当且产业完善的滨海旅游区域。随着我国产业升级转型及国家海洋战略的实施，建设滨海旅游区及具有标志性的国家海洋博物馆成为天津滨海新区开发开放的重要任务。

新城市主义是进入21世纪后国内外设计界对于新城设计的重要理论，兴起于美国。它强调，在一个完善的城市功能体系中，居住、就业、娱乐、商业、服务、交通等内容相互融合，这有利于滨海新区在城市发展中摆脱新城建设的众多弊端，实现健康发展。国家海洋博物馆片区城市设计的重点是对一个具有标志性建筑的旅游城区进行城市设计，以达到新城市主义所强调的功能混合、环境优美、和谐宜居的发展要求。

一、滨海旅游区与国家海洋博物馆

1. 滨海旅游区

滨海旅游区从2006年开展筹建、方案编制及早期填海造陆工作，2013年随着新区行政体制改革，与中新天津生态城合并统一管理。滨海旅游区位于天津市滨海新区北部，永定新河入海口以北。滨海旅游区以南湾、北海两大水系为规划核心，形成以滨海氛围为特色的临海新城。结合8平方千米的生态城起步区，近期滨海旅游区以南湾为中心进行填海造陆工程，重点建设南部海域一期区域，形成未来生态城自南向北发展的基础。中国国家海洋博物馆即坐落于滨海旅游区中心位置，南湾南岸。

一流的滨海用地资源如何得到充分利用，形成丰富的城市艺术形象，需要设计者的创意，更需要切实的项目机遇。国家海洋博物馆项目在滨海旅游区落地正是推进这个良性发展进程的重要支点。

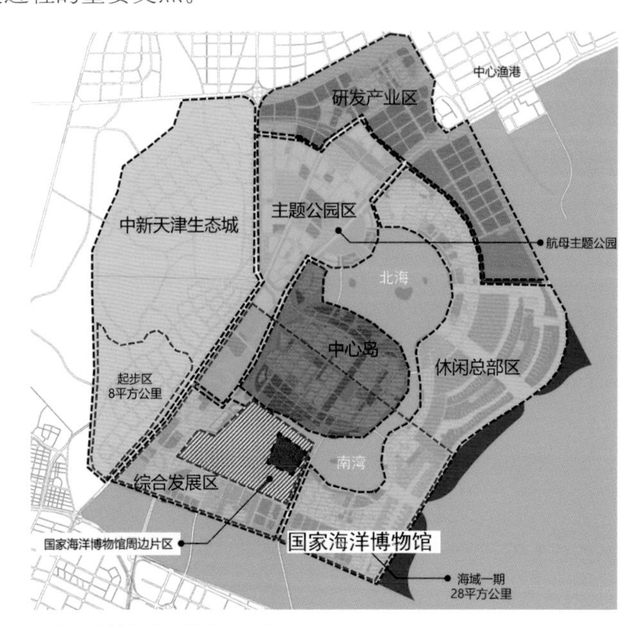

国家海洋博物馆周边片区区位图

城市设计包含两个层次的内容：一是以2010年批复的滨海旅游区分区规划为依据，对6.3平方千米的南湾南侧国家海洋博物馆周边片区进行整体城市设计，并结合南湾北侧相关方案，形成整体的湾区规划设计；二是对1平方千米的国家海洋博物馆园区进行设计研究，并明确近期建设规划。

2. 滨海旅游区总体方案编制历程

国家海洋博物馆周边片区项目的形成是滨海旅游区整体方案不断深化的结果。从旅游区的确立、明确基本功能、形成初期“钻石岛”方案，到随着国家海洋博物馆选址确定，结合控规深化调整分区规划，进而形成南湾周边初步的城市形态，最后明确国家海洋博物馆周边6.3平方千米作为其周边片区，形成滨海旅游区城市综合发展区。本着重点项目快速推进的原则，随着方案的不断深化，按照前期方案进行的填海造陆工作也不断进行调整优化。期间虽有部分反复，但“南湾、北海”的基本格局保证了项目推进过程没有出现重大浪费。

滨海旅游区的功能定位是一个逐渐清晰的过程。功能上，地理气候条件决定了旅游产业淡旺季明显。为保证滨海旅游区具有持续的活力，必须延伸旅游产业链，发展与旅游相关产品以及商品的研发、制造、配送和商务会议、旅游房地产业等二、三产业。适当规模的第二产业是实现滨海旅游区持续良性发展的重要依托。空间上，经过深入的研究与分析，最后选择了“南湾北海”方案。由多岛方案到少岛半岛的转化，一方面体现了工程可行性与经济可

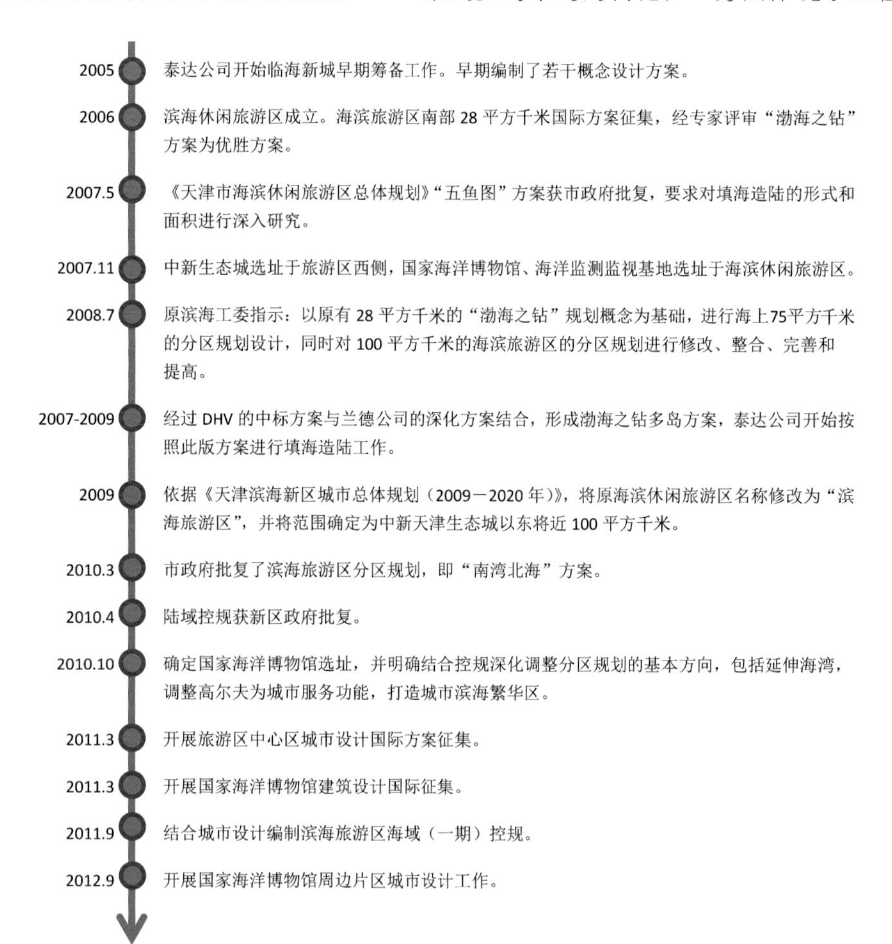

2005 泰达公司开始临海新城早期筹备工作。早期编制了若干概念设计方案。
2006 滨海休闲旅游区成立。海滨旅游区南部28平方千米国际方案征集，经专家评审“渤海之钻”方案为优胜方案。
2007.5 《天津市海滨休闲旅游区总体规划》“五鱼图”方案获市政府批复，要求对填海造陆的形式和面积进行深入研究。
2007.11 中新生态城选址于旅游区西侧，国家海洋博物馆、海洋监测监视基地选址于海滨休闲旅游区。
2008.7 原滨海工委指示：以原有28平方千米的“渤海之钻”规划概念为基础，进行海上75平方千米的分区规划设计，同时对100平方千米的海滨旅游区的分区规划进行修改、整合、完善和提高。
2007-2009 经过DHV的中标方案与兰德公司的深化方案结合，形成渤海之钻多岛方案，泰达公司开始按照此版方案进行填海造陆工作。
2009 依据《天津滨海新区城市总体规划（2009—2020年）》，将原海滨休闲旅游区名称修改为“滨海旅游区”，并将范围确定为中新天津生态城以东将近100平方千米。
2010.3 市政府批复了滨海旅游区分区规划，即“南湾北海”方案。
2010.4 陆域控规获新区政府批复。
2010.10 确定国家海洋博物馆选址，并明确结合控规深化调整分区规划的基本方向，包括延伸海湾，调整高尔夫为城市服务功能，打造城市滨海繁华区。
2011.3 开展旅游区中心区城市设计国际方案征集。
2011.3 开展国家海洋博物馆建筑设计国际征集。
2011.9 结合城市设计编制滨海旅游区海域（一期）控规。
2012.9 开展国家海洋博物馆周边片区城市设计工作。

滨海旅游区规划工作沿革

行性，另一方面体现了对旅游区核心价值的再定义。多岛方案更多地注重其游乐性，更多的临水界面意味着更丰富的海洋娱乐功能。对岛屿的整合不仅是综合考虑填海、基础设施建设及城市运营成本的结果，更为片区内提供更多的用地发展可能性，将突出娱乐功能的区域转化为更加综合的宜居性、活力性片区，保证吃、住、行、游、购、娱等旅游要素之间的平衡关系。这种功能上的混合与用地上的多可能性其实也是新城市主义所倡导的发展方向。

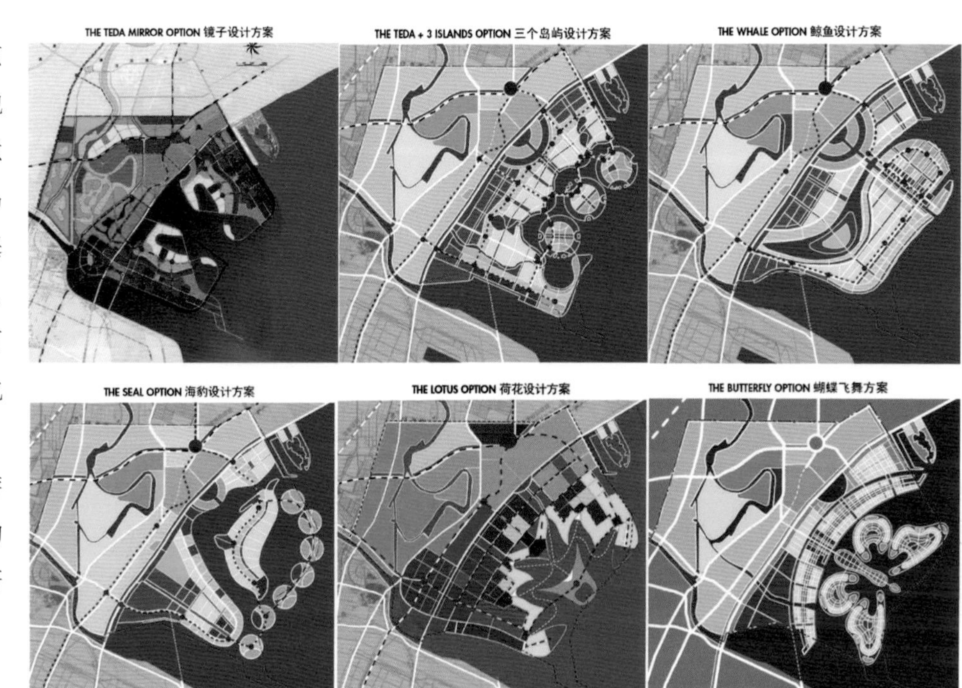

滨海旅游休闲区早期策划方案

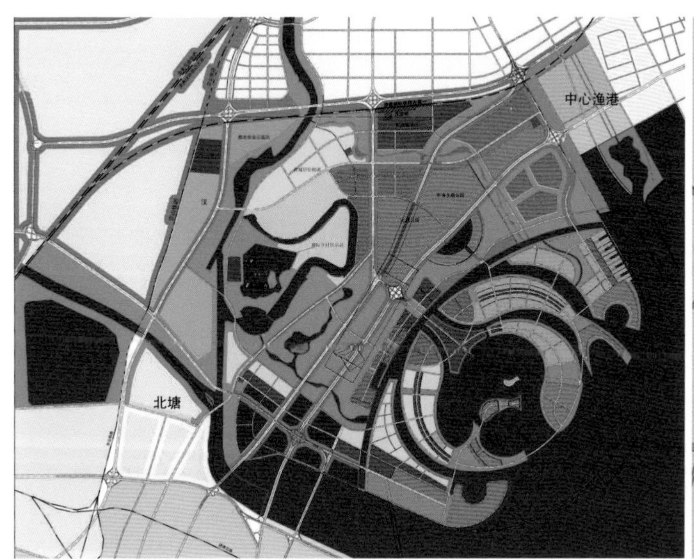

2007 年天津市滨海休闲旅游区总体规划

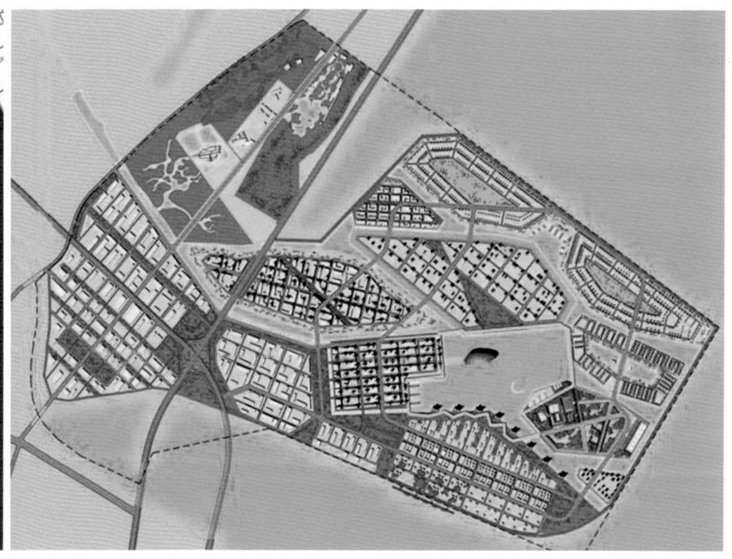
2008 年方案国际征集优胜奖——“渤海之钻”

3. 建设进展情况

随着建设工作的不断推进，国家海洋博物馆周边区域已基本完成招商及项目选址工作。海洋博物馆建筑施工正在稳步推进中，预计于 2017 年正式开馆。

国家海洋博物馆建设进展

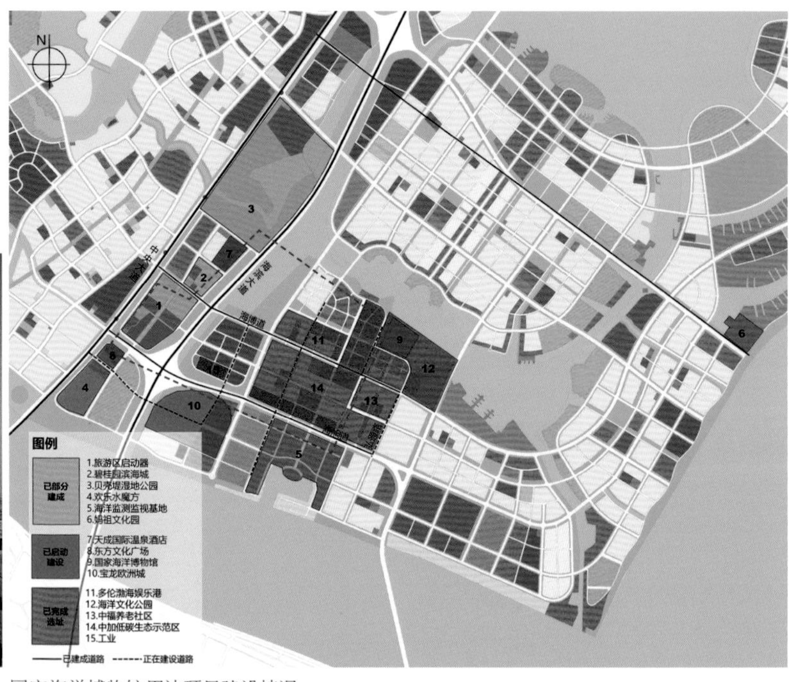

国家海洋博物馆周边项目建设情况

滨海旅游区航拍图（2015 年）

二、新城市主义与滨海旅游区

新城市主义的产生源于二战后城市不断发展与扩张所产生的种种新问题。城市化的进一步深入导致城市膨胀，一方面产生了大量住宅社区，另一方面也形成了以私人汽车为主的新交通结构。在二者的共同作用下，大城市出现了能源耗竭、生态破坏、污染加剧、交通阻塞、出行耗时、人际关系松弛等等一系列问题。早期新城市主义力求回归传统，对城市空间进行设计，以亲和行人的规划原则，回归传统的建筑风格，规避现代主义的千篇一律和刻板。虽然这些手段优化了社区环境，但这些社区却基本缺乏就业功能，无法解决就业、出行需求导致的交通阻塞等问题。后来，以卡尔索普为代表提出的“区域城”则从更全面的角度阐述“城市膨胀”这个问题。“区域城”把就业功能与交通功能作为重点，融入亲和宜居的新城市主义空间中；把整个都市区视为一个系统，而内中的社区都成为拥有全部城市功能（包括居住、就业、娱乐、商业、服务、交通等六方面）的完整城市。

可见，新城市主义的建设需要实现功能混合、空间宜人、生活和谐的目标，这也是设计实践所探寻的方向。

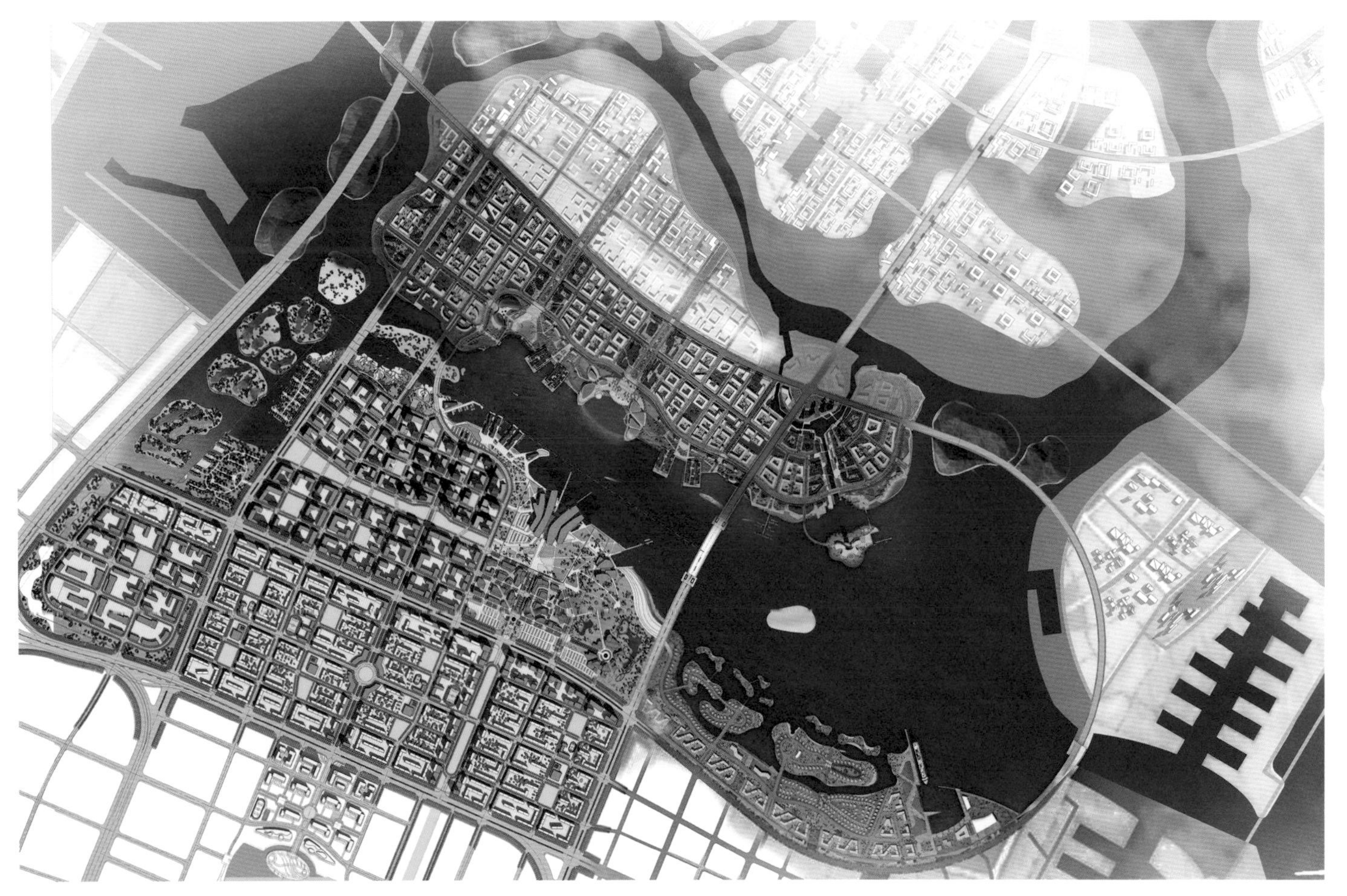

国家海洋博物馆周边城市设计平面图

1. 混合多元化的城市功能支持标志建筑

国家海洋博物馆是展现国家海洋战略的标志性建筑，是我国首座国家级、综合性、公益性的海洋博物馆。有别于传统博物馆坐落于城市建成区中，国家海洋博物馆选址位于完全没有任何城市基础的填海区域中，紧临南湾。一方面其建设必将成为滨海旅游区发展建设的标杆性工程，有利于推动开发建设；另一方面，需要在国家海洋博物馆周边地区规划建设功能混合多样化的综合片区，为国家海洋博物馆提供全天候的城市活力，避免大型城市公共空间成为被社会遗忘的角落。

以此为出发点，城市设计力求为国家海洋博物馆营造一个激动人心的场所，提供丰富的旅游体验，使人工与自然和谐共处，打造完整的步行系统和便捷的公交配套体系，创造可居性与可持续性兼具的旅游城市。

国家海洋博物馆及海洋文化公园效果图

（1）国家海洋博物馆周边片区功能研究。

国家海洋博物馆周边片区定位为中国海洋文化博览产业基地和生态宜居旅游城区。在功能构成上，国家海洋博物馆周边片区内需统筹并体现滨海旅游区主题公园、休闲总部、生态宜居、游艇总会为核心的主要功能。围绕国家海洋博物馆周边区域，形成居住、办公、消费、生产、娱乐、休闲一体化的城市功能体系，尽量延长一天中城市活动的时间，拥有 7×24 小时的综合活力。

在功能布局上，城市设计方案的不断修改演变是一个从商住分离到逐步混合的过程。本着突出旅游区特色的出发点，区域规划从旅游多元化、办公减量化、零售业精品化、服务业多样化、商业便民化这几个要点出发，对商业办公与住宅区域进行方案调整，逐步形成混合过渡、大集聚小分散的商业与居住布局模式，使社区中的建筑也成为旅游产业的组成部分；同时，围绕国家海洋博物馆园区周边形成多样化的商业服务业业态模式，并与南湾形态相结合，形成独特的临海城市中心区，主要区域包括市民公共活动中心、各类型商业、文化及艺术汇聚地，营造热闹非凡的海湾中心区。

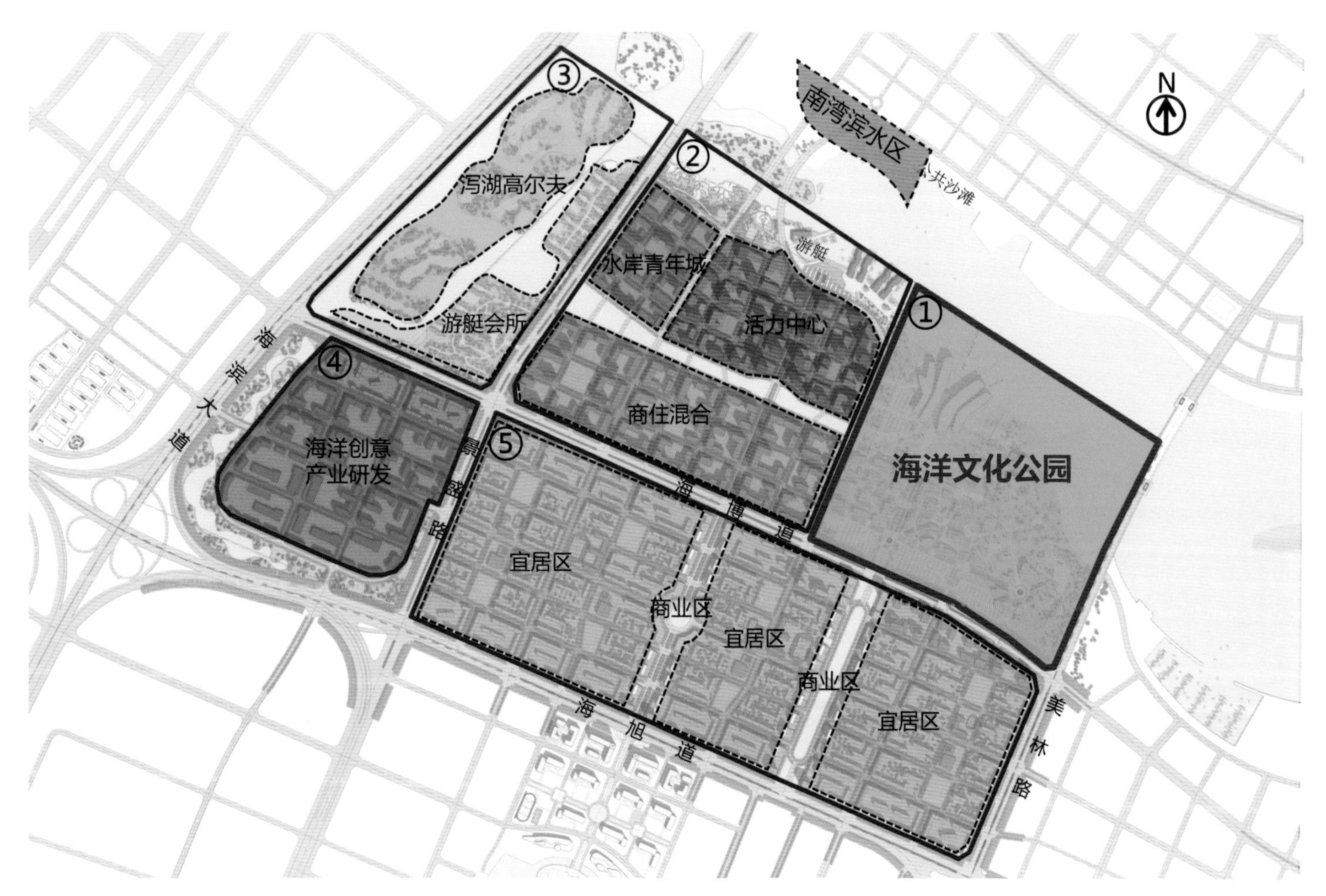

国家海洋博物馆功能分区图

(2) 国家海洋博物馆园区功能研究。

多元化的城市功能不仅是国家海洋博物馆周边片区的整体考虑，对于1平方千米的国家海洋博物馆园区更是重要的考虑内容。国家海洋博物馆规划建筑面积8万平方米，大体量建筑与周边城市的关系是区域规划不断推敲的另一个重要课题。基本的讨论方向包括三个：博物馆置于城市当中，博物馆置于大公园中，博物馆与周边片区形成小公园加配套区。经过多轮的方案比较，我们认为，博物馆与周边片区形成小公园加配套区的模式更具有实际可操作性。配套区的存在可以保证国家海洋博物馆周边最临近片区的城市活力；小公园既可以提供室外公共活动区域，也可以为国家海洋博物馆的未来建设提供更大的灵活性与弹性。同时，将经营性的配套区以及主题公园与非盈利性的博物馆放在一个开发单元内进行组合，有利于开发建设单位的具体运营操作，缓解博物馆运营完全依靠国家财政的经济压力。

国家海洋博物馆园区平面图

南湾周边效果图

2. 小街廓、密路网的城市空间支持宜居城市

恬静美好的旅游区不应该有交通拥堵等出行不便的问题，也不应该有同质化的建筑立面所造成的城市空间的迷失。新城市主义提出的解决方式是采用小街廓、密路网的城市格局。一方面，更小的街廓可提供更多的城市建设地块以及更多的开发建设可能，并为居民和游客提供更加人性化的城市体验。另一方面，更密的路网可提供更多的步行路径选择，有效降低两点之间的步行距离，引导人们采用步行出行，从而形成慢节奏、有情调的街道空间。

（1）小街廓的尺度选择。

通过对比国内外案例及结合用地现状，我们认为，将海博道与海旭道之间用地横向切分成 6 个部分，每个部分南北进深 115 米左右是较理想的街廓尺度。115 米的地块进深可以排列三排多层住宅，结合东西向围合，可增加地块布局的多样性，形成丰富且具有识别性的城市空间。同时，为保证更多的南向住宅，尽量使横向边长至少大于纵向边长，形成东西面宽 150 ~ 200 米的小街廓地块。

（2）围合式的居住形态。

国家海洋博物馆周边片区的旅游城区特质决定了其应具有较高的居住品质。这不仅应满足基本的日照采光、居住安全等要求，更应注重社区环境品质的塑造。围合式布局的住宅有利于承载社区内部生活，并满足居住者的心理需求和社会交往的需求。相比较千篇一律的板式高层同质化空间，围合式住宅更有利于形成本土化的社会归属感，突出旅游区宜居的城市品质。

同时，围合式的布局方式可高效地利用城市土地。然而，开发商盲目提升建筑高度的目的是冲抵土地成本，其本质是在满足基本居住功能条件下追求更高的销售利润，而远非居住空间的宜居性。这又回到了新城市主义所批判的二战后单纯的功能主义设计理念。围合式的住宅布局方式将传统行列式布局中不被看好的东西向空间加以利用，适当提升建筑密度，而并非建筑高度。当然，在普通市民看来，东西向住宅往往意味着不好的建筑朝向与居住条件，但通过精细化的设计以及现代室内环境控制手段的提升，这些问题是可以得到解决的。

小街廓社区示意图 1

小街廓社区示意图 2

（3）步行与公交相结合的出行方式。

旅游区的特质决定了其拥有较多的外来人口，特别是环渤海湾、华北地区周边前来滨海旅游区的度假游客。随着京津城际、京沪高铁、津秦高铁等主干高铁网络的建成以及天津滨海地铁Z4线等新区轨道交通线路的运营，前来这里旅游的游客所选择的出行方式多是公共交通，而并非私家车。这也成为小街廓、密路网的空间模式可以在本地区加以实践的重要保证。

当然，私家车的减少并不代表区域交通通行能力的降低。一方面，较小的街廓尺寸对人们出行的阻隔作用更小，人们可以穿行于小街廓之间，选择更加直达的步行路径，有效降低两点之间的步行距离，从而鼓励人们采用步行出行。另一方面，引入与轨道交通相接驳的BRT公交，构建大运量公交体系，使5分钟步行出行圈基本覆盖城市生活区域，并重点与国家海洋博物馆园区公交站点进行接驳。

3. 均布的城市开放空间支持城市生活

城市开放空间的设计经过一个“由合到分”的过程。最初的方案参考纽约中央公园的做法，在国家海洋博物馆周边片区中开辟一个约1200米×250米的中央大绿带。这样的做法在寸土寸金的曼哈顿有其存在的价值，因为更集

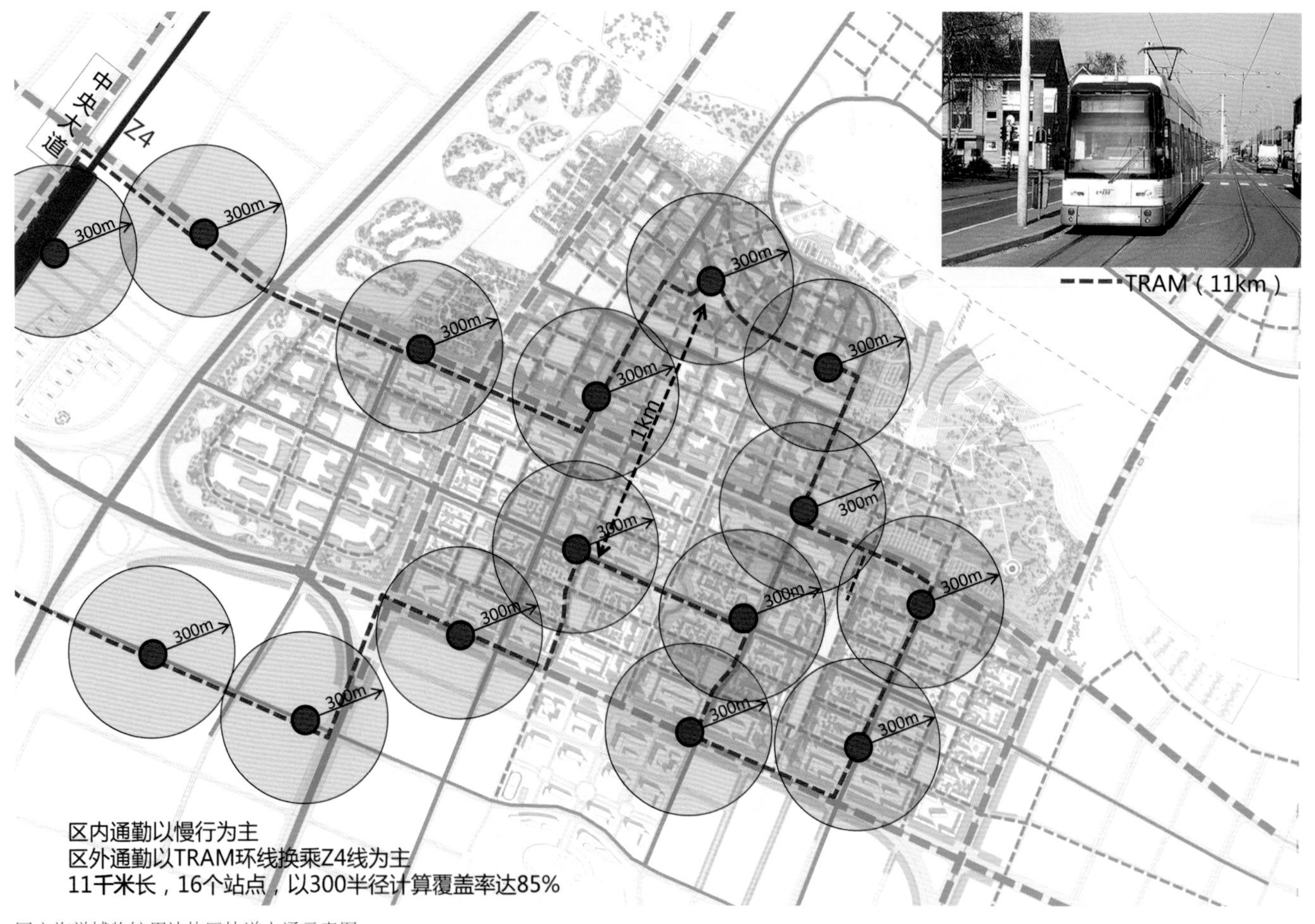

国家海洋博物馆周边片区轨道交通示意图

中的绿地拥有更高的生态效益，但在滨海旅游区中，其作用似乎并不是那么突出，因为旅游区内有更多、更大的生态效应区域。然而，集中式的绿地会将绿地指标全部集中在一起，绿地与周边生态区域无法形成联系，片区内其他区域绿地的可达性也将大大降低。

调整后的方案更加注重公共开敞空间的联系与均布，形成“2 公园、3 绿轴、15 街心花园”的开放空间布局模式。整体上，以国家海洋博物馆园区为核心构建绿轴，串联湿地高尔夫公园与南侧的永定新河；同时，在片区中央布置林荫大道串联海洋监测监视基地与南湾，形成系统互连的开放空间骨架。局部上，小街廓、密路网的街道模式为城市开放空间均等化分布提供更多可行性与可达性。片区内的绿地空间与周边街区形成九宫格式的组合，使到达绿地的最远距离控制在 200 ~ 300 米。这样的布局模式有利于提高城市公共空间的使用率。对于解决最近频发的广场舞扰民事件，也是有利的探讨。

国家海洋博物馆周边片区开放空间调整前

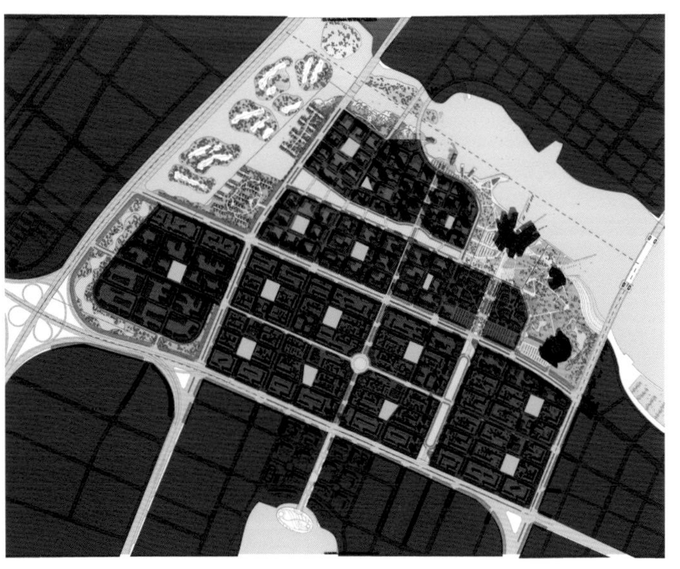

国家海洋博物馆周边片区开放空间调整后

三、总结与思考

新城市主义与旅游区在城市空间塑造上的目的是一致的，即打造功能混合、环境优美、和谐宜居的旅游目的地。在国家海洋博物馆周边片区所进行的新城市主义设计实践，对今后滨海旅游区其他地区的进一步开发建设具有一定的指导意义。有利于突出滨海旅游区的城市特质，避免出现新城建设“千城一面”的情况。对于滨海旅游区长周期、大范围的开发建设项目，今后城市设计理念的进一步落实是工作的重中之重。如何将创新与现行规范相结合，在进行规划控制的同时保证开发建设不走样，需要在城市设计实践中进一步探讨与完善。

第三节 设计导则与集群设计——天津未来科技城渤龙湖总部经济区城市设计

沈佶、王靖

一、背景

滨海高新区位于海河和京津塘高速公路的城市发展轴上，北临东丽湖水库，东倚黄港水库，在天津市中心东部约 20 千米处，渤龙湖则是隐藏在其中的一片湖泊。

我们与渤龙湖的渊源还要追溯到一场竞赛。2006 年 10 月至 12 月，天津规划院结合总体规划纲要的编制和世界科学园区案例研究，开展滨海高新区总体城市设计和起步区及综合服务区城市设计方案国际征集工作，经过专家评审，确定美国 WRT 设计有限公司与华汇（厦门）环境规划设计顾问有限公司的合作方案为优胜方案。

2007 年初，滨海高新区开发建设有限公司委托天津规划院编制高新区 30 多平方千米范围内的控制性详细规划。自 2008 年开始，随着城市建设发展的需要，陆续开展了渤龙湖城市设计及城市设计导则的编制，并进行了渤龙湖总部经济区方案设计征集。

2011 年 4 月 14 日，中组部、国资委确定北京、天津、浙江、湖北为率先启动人才基地建设和未来科技城的试点省市，统称为“中国未来科技城”。6 月，研究确定科技城战略定位、功能布局、空间规划及工作任务。天津的战略部署将未来科技城的选址确定为滨海高新区，新的发展契机必将带给园区以崭新的蜕变，高新、高质的可持续道路将引领高新区成为未来海河中游的新城。

滨海高新区方案国际征集一等奖——“天圆地方”

二、渤龙湖城市设计

2008 年 7 月，甲方决定优先发展渤龙湖周边作为全面开展高新区建设工作的启动区域，我们有幸参与了这个项目。湖面基本上为方形，周围杂草丛生，只能看到远处耸立的高压线和一望无际未被开发的荒地。

1. 理念萌生

我们由湖的名字“渤隆”想到了“龙”：于是，以新石器时代红山文化的“中华第一龙”——玉弯龙、战国时期的镂空龙形玉佩为原形，抽象出龙形岛链的形态，使“渤隆湖”升华为“渤龙湖”。“龙”在中华文明中始终是王者的象征，滨海高新区的“王者”应该是那些活跃在世界高新技术研发领域的科技精英；湖区以“渤龙”二字命名，表达了园区管委会的殷切希望和美好祝愿——祝愿来滨海高新区落户的研发机构和科技英才，未来与园区共同发展，成长为各自高新技术学科的领军王者。

2. 蓝图初绘

规划大胆地将原有湖面形态由方形改为近圆形，并保证水体面积不少于现状的 60 公顷。为使更多的地块均有机会临水，东西向的一条主干路被打断，同时将水面变成南北狭长、东西略窄。湖面西侧设计成人工硬质亲水岸线，延续周边方格网的城市肌理；东北侧围绕湖面设计成自然岸线，并在内部增加一条龙形岛链，创造更多可供游人进入的开放空间。湖区周边以高档居住社区为主，南侧将水面打开，便于游人从外围道路直接发现湖面，以一条滨湖景观路串联各个景观节点。方案最终得到园区管委会领导的认可。

3. 方案形成

方案遵循生态优先与低影响开发的原则，保护基地水网的自然连续性，提高水系对地表径流的吸纳能力，使渤龙湖成为调蓄汇水、循环净水的生态基础设施；倡导行人优先的交通模式，建造迷人的湖滨散步大道，丰富近水亲水的空间

原有湖区形态

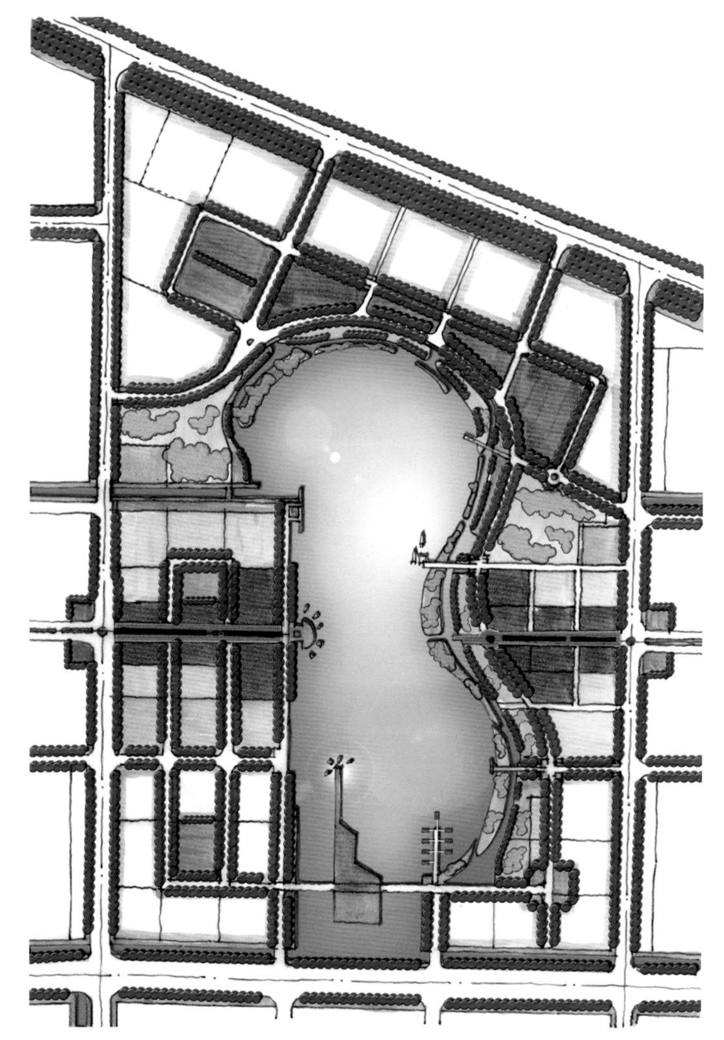

城市设计方案湖面形态（前期构思方案）

体验，使街道与绿化及开放空间充分融合；鼓励土地混合使用，重点发展科技研发、总部办公等主导功能，配建商业娱乐、生活居住等辅助职能，形成富有活力的公共服务中心。

规划以渤龙湖为高新区未来形象的展演舞台为切入点，围绕湖区构筑科技文化中心和公共景观绿廊，充分挖掘滨水空间活力，塑造一座宜居宜业的新城区；同时，以四大功能主题为出发点打造四个各具特色的分区：自然恬静的休闲胜地、轻松交流的智慧沙龙、24小时活力的现代商圈、生态亲水的宜居住区。

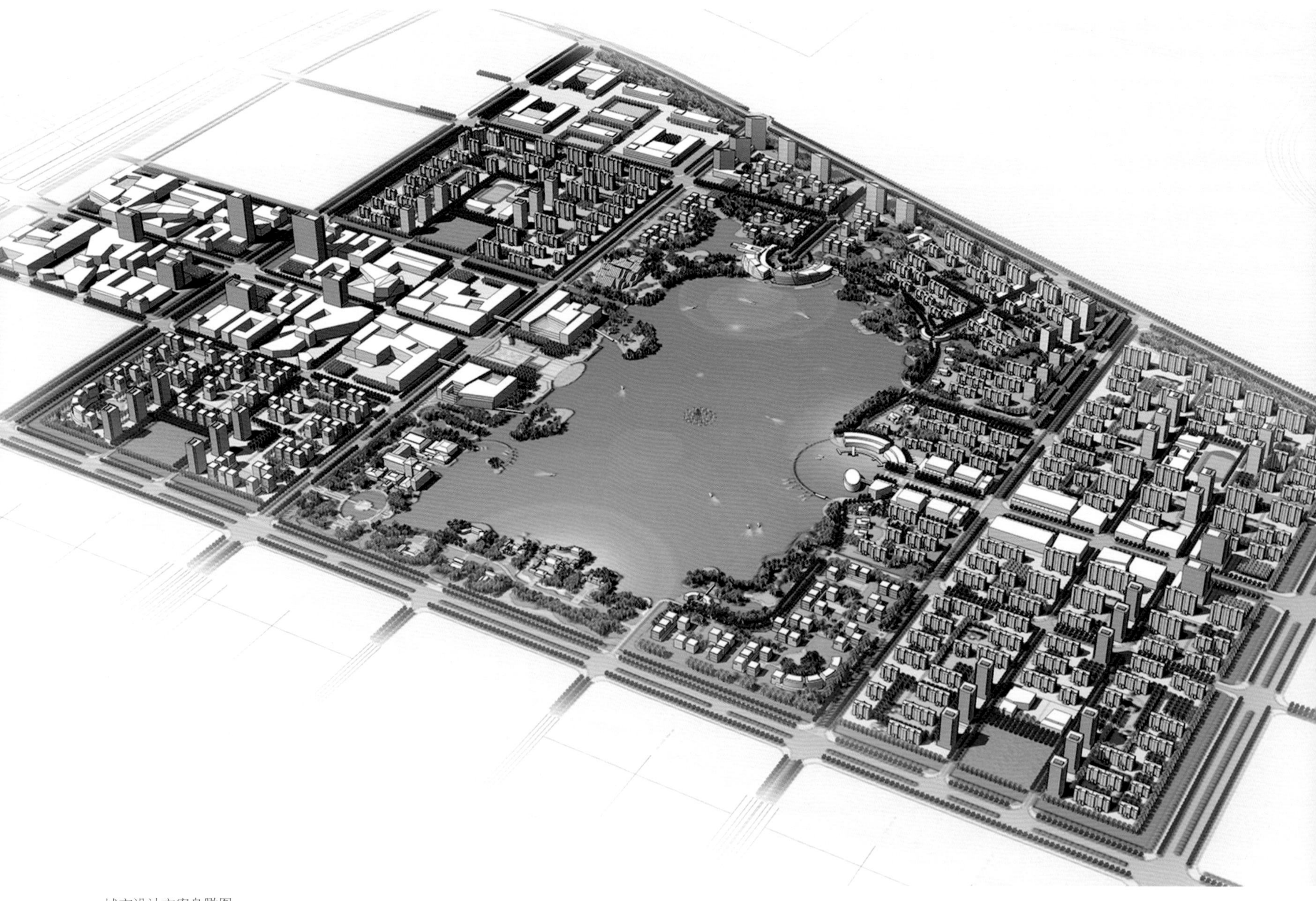

城市设计方案鸟瞰图

4. 作用及意义

（1）确立湖区周边功能多元化发展的模式。

（2）湖区形态的改变为周边用地的发展提供更多的亲水空间和自然岸线。

（3）打破由公共设施或居住社区围合中心景观的传统模式，引入独栋总部会所和总部办公组团，并预留外围城市道路和可直达湖边的多条视线通廊。

（4）控制湖面最短距离与最长距离，构建湖两岸建筑的对话关系，分区布置标志性建筑。

三、渤龙湖城市设计导则

1. 编制必要性

随着滨海高新区项目招商的顺利开展，研发产业、商务办公、配套居住等不同类型的建设项目陆续进驻园区，各个建设单位也在着手编制修建性详细规划与建筑设计方案。但是，各个单位所依据的仅仅是控制性详细规划层面偏重土地使用的管理技术规定，缺乏针对整个园区建筑高度、建筑形式、建筑色彩等的整体控制导则，其结果必然导致建设项目各自为政的局面，无法形成整体的城市形象。

在这种情况下，建设管理部门亟需编制以控制建筑群体风格与城市公共空间景观为核心的城市设计导则，并将其纳入城市建设的管理体系之中，与控制性详细规划共同作为土地出让的设计条件，弥补规划和建筑设计之间的技术空白，使城市建设合理高效而有序地进行。

2. 前期铺垫

2009 年 3 月，应管理单位要求，我们着手编制高新区总体城市设计导则，并针对近期实施的渤龙湖编制详细城市设计导则。在此之前，我们深入研究了纽约巴特利公园城和深圳 22、23 街坊的城市设计导则，这两个导则均是建筑群组设计与实施的典范，其突破了常规单纯依靠用地性质、建筑退线、建筑密度、容积率、建筑高度等规范引导的方法。

巴特利公园城位于纽约曼哈顿地区，占地 37 公顷。规划师以传统建筑形式为基础，提炼出一套建筑设计标准语汇，从建筑群体体量、地块沿街外沿墙面、建筑首层平面等方面予以控制，力求完整体现城市设计的构思。自 20 世纪 80 年代开始，曼哈顿地区的公共空间和街区整体环境得到了很大程度的提升。

深圳 22、23 街坊位于深圳中心商务区，占地约 12 公顷，是中国首次运用城市设计导则指导实施和建设管理的范例。美国 SOM 设计公司为使每个地块均有机会享受公共空间，设置了两处公园，并要求沿公园四周及福华一路两侧必须形成一条连续的街墙立面，且均布置 6 ~ 14 米高的连拱廊，并对塔楼位置、建筑出入口、停车区域等提出控制原则和建议位置。13 个地块分别由不同的开发商开发建设，历时多年，建成效果基本按照当初城市设计构思的手法得到落实。同时，这个项目作为城市设计导则指引下的建筑集群设计实施典范，被其他城市纷纷效仿。

3. 城市设计导则概要

城市设计导则的编制旨在协调相邻地块间建筑的关系以及建筑与公共空间的关系。

（1）建筑体量和色彩。

严格控制湖区周边建筑高度，以滨水步道 18° 仰角控制湖边 20 ~ 40 米范围内的建筑高度。建筑色彩选择砖红、暖黄、亮灰三种城市色谱，办公区、产业区、居住区分别选择一种主色调，并保证其使用面积不少于 50%。

（2）开放空间和视线通廊。

渤龙湖周边控制 20 米退线范围与滨水 30 米绿化带共同作为强制性公共空间，为滨水观览、体育休闲使用。渤龙湖周边开发用地内公共空间结合滨湖公共空间整体设计，形成共享空间，并保证视线通廊的可达性。

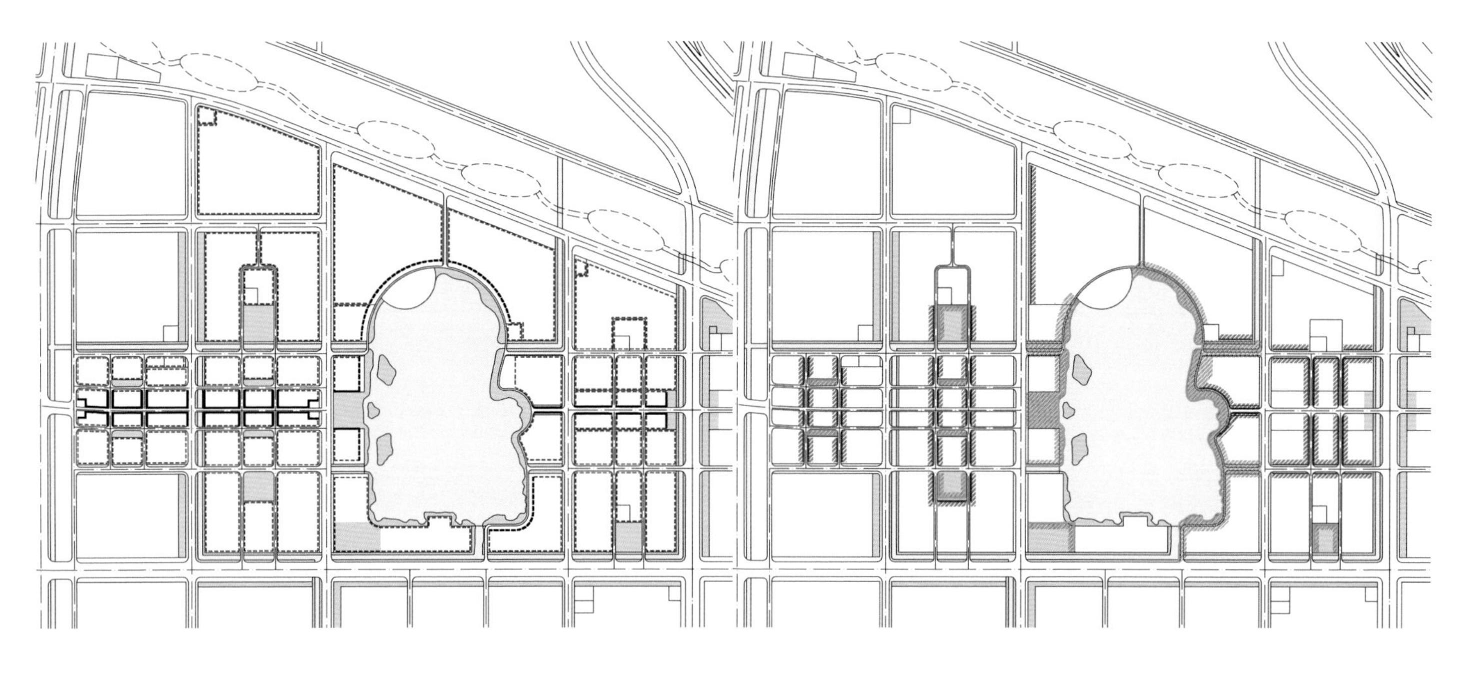

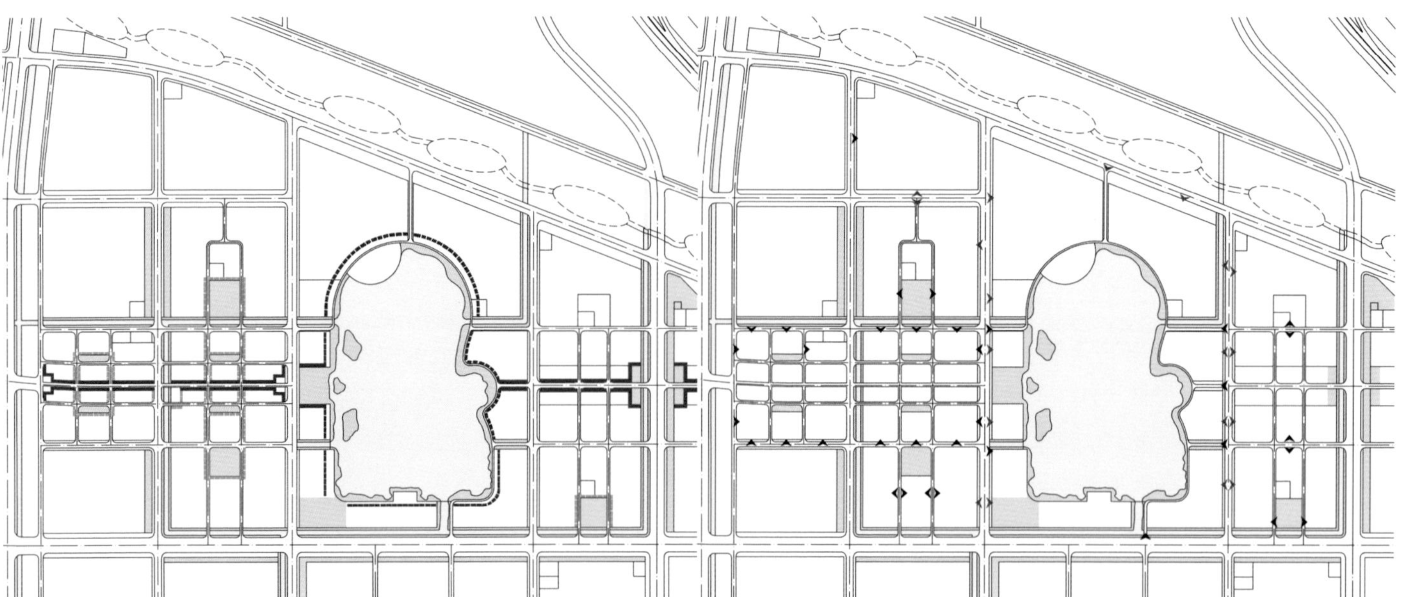

城市设计导则对空间的引导控制

（图片自左向右依次为：建筑退线、开放空间、建筑贴线率、停车及出入口）

（3）停车及出入口。

为保证城市界面的完整性，控制面向城市主要道路及公共空间的一侧尽量减少机动车出入口，公共建筑主立面面向主要道路设置人行出入口。公共设施用地布置地下停车库，并采用地下联通的方式，以缓解地面交通压力。集中公共空间布置公共停车库，住宅及总部办公鼓励地面停车楼设计。

（4）商业街区。

控制商业街两侧建筑间距，要求首层空间内退做骑楼，以形成连续的街道界面。首层建议使用橱窗，二层采用全部实墙与部分开窗相结合的方式，或者首层与二层通高作为店铺主入口。建造对公众开放并且有利于营造街道活跃性的餐厅、咖啡厅、商铺等，类似银行等非积极性商业占临街面长度不超过 20%。

（5）建筑临空权。

赋予特定地块对相邻公共空间的上部空间的使用权，以创造城市特定空间的形象，并提供建筑设计的灵活性。导则从商业街骑楼、商业街道及滨水建筑三个方面分别提出控制原则。由于此项内容突破了规范要求，所以具体方案应由城市规划主管部门特别审定。

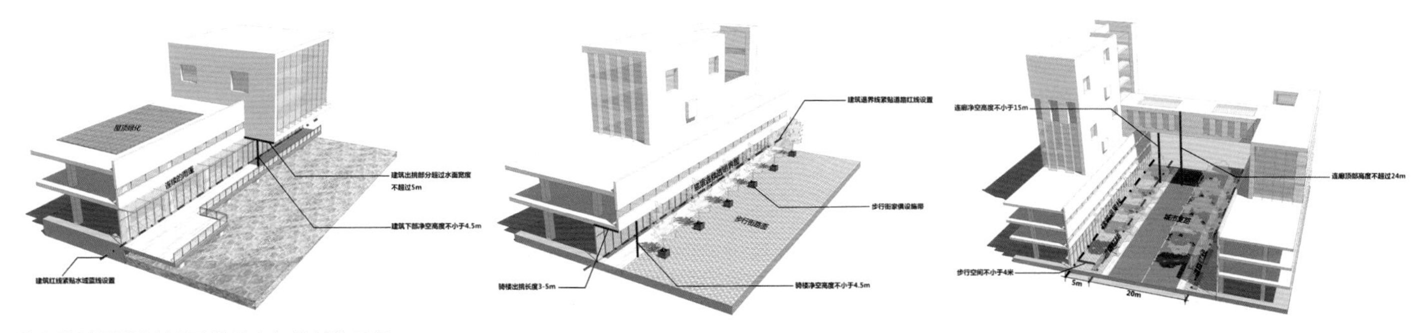

城市设计导则中关于建筑临空权控制的示意

4. 作用及意义

城市设计导则的编制为建设管理部门后续土地出让提供了极具参考价值的建议，也对即将开发建设的渤龙湖总部经济区提出了更为详细的可指导建筑设计的控制原则，为提高城市空间品质和城市形象奠定了坚实的基础，有助于推动城市经济和社会结构的健康发展。

四、渤龙湖总部经济区方案设计

1. 强大的设计阵容

2009 年 7 月 10 日，滨海高新区开发建设有限公司委托多家知名设计单位共同参与湖区周边商业、住宅和总部基地三个部分的建筑单体设计，设计团队包括中国建筑设计研究院、北京市建筑设计研究院、清华大学建筑设计研究院、天津华汇建筑设计有限公司四家设计单位，集结了崔愷、周恺、庄惟敏、胡越、齐欣、李兴钢、王戈七位设计大师，每位设计师分别在各自领域取得过优秀成绩。组织方充分利用各位

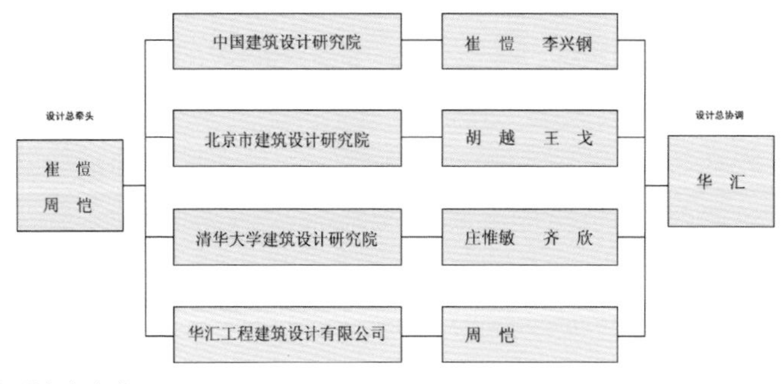

团队组织方式

设计师所长，集思广益，并将湖区周边划分成四块，由李兴钢和崔愷设计两块总部基地，由王戈和齐欣设计两块住宅；1 千米长的商业街划分成 6 个分区，由崔愷、周恺、胡越、齐欣和庄惟敏分别负责；商业街南侧的一块总部基地由华汇和清华院共同设计。其中，华汇作为这四家设计院的牵头单位，负责整个项目的汇总和协调工作。

2. 设计前的小插曲——商业街宽度的修改

渤龙湖区西侧商业带原规划沿着地铁线自西向东连续布置，地铁控制两侧间距最小 40 米，因此原有街道路面宽 40 米，是联系东西两区的主要道路。由于湖面形态的改变致使原地铁线位必须从水面下方穿过，施工工艺较为复杂且成本较高，因此建议将地铁线路向南调整。设计团队认为，如果地铁线不经过商业街，那么可减小原有道路红线宽度，以增强两侧建筑的紧凑感。纵观其他优秀商业街的发展模式，多数是尺度适中、空间紧凑的空间，在与有关领导沟通后，将原有商业街道路宽度调整为 15 米，并且两侧建筑高宽比控制在 1 ∶ 1 之内（高宽比即道路两侧建筑高度与路面宽度的比）。

3. 第一次交锋——建筑师对规划的争议

一个月之后，即 8 月 18 日，设计团队如约提交了设计初稿，甲方、规划单位、设计团队进行了一次面对面的讨论，会上设计团队建议减小原有商业街街廓尺度。原有商业街两侧形成的街廓宽度约 220 米，尺度较大，且外围路面宽 20 米，设计团队建议将原有街廓尺度一分为二，两侧各增加一条宽度为 12.5 米的支路，支持商业区自身交通循环，内部商业区部分的街廓宽度约 60 ~ 70 米，后排商务区部分的街廓宽度约 120 ~ 150 米，并将原有南北向的带状绿化带去掉一部分后分散布置在周边六个小地块的中心位置，以保证调整后的商业用地和绿地面积与原有规划一致。

建筑师与规划师对同一对象的微观和宏观理解不同，致使对空间的分与合的把握程度不尽相同，因此，规划与建筑之间不可避免地会存在争议，主要集中在两点：小街廓和大街廓，哪个更容易塑造出好的城市空间？大而集中的开放空间与小而连续的开放空间，哪个更利于游人的使用？

规划师对城市空间的把握较为宏观，通常控制的是骨架和重要节点，而填肉的部分则由建筑师负责，尺度的大小是相对的，规划师也不太可能一步到位地预测城市每个

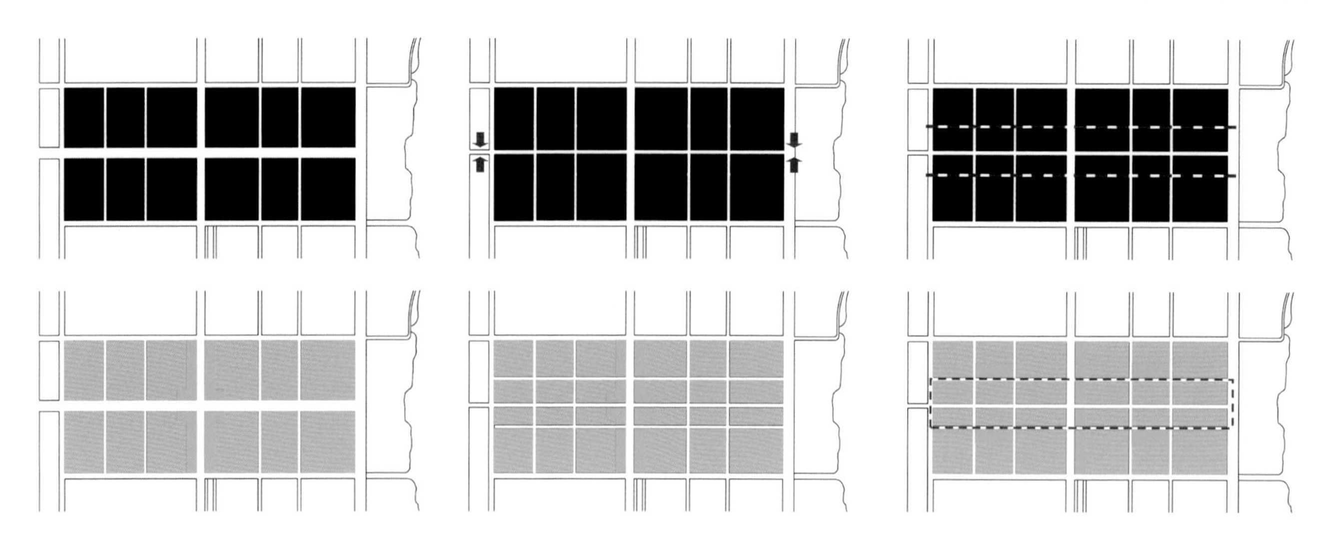

建筑设计团队对街廓尺度和开放空间的调整建议

空间的发展轨迹而先期落位。诚然，城市设计力求朝着小街廊、密路网的方向发展，更多尺度亲切的小型开放空间将大大提高城市空间品质。

4. 方案初稿——设计风格差异化

260 公顷的设计范围集结近十位设计师的精华，每个区域都有很多夺人眼球的闪光点，让我们不禁感叹新技术与设计融合下的建筑新装是多么奇幻，但毕竟每个设计师都有标新立异的风格，把这些不同组合到一起就形成方案的初稿，从平面布局中可以很明显地看出各个地块之间的建筑缺少对应关系，建筑肌理和空间分布也不连续，没有形成统一的界面和建筑风格。于是，设计团队从中吸取教训，调整商业街六个分区的划分方式，并统一湖区周边的建筑体量和建筑色彩，重新进行方案设计。

5. 第二次交锋——建筑师对城市设计导则的调整建议

距离上次汇报大约 1 个月之后，甲方组织了第二次方案汇报及讨论。在新一轮方案调整深化后，建筑空间关系得到了很好的处理。设计团队认为，严格按照城市设计导则的要求进行设计，缺少变化，空间过于统一，希望与规划部门进行沟通，局部有所突破。

（1）建筑退线：

天津市现有规范要求：建筑退城市道路红线为 8 米，若有绿线，则建筑退绿线 5 米，所形成的区域为建筑建设地带。城市设计导则要求：除商业步行街不需要考虑建筑退线外，其余地块均按照相应规范予以控制，渤龙湖周边考虑景观需求沿线控制 20 米建筑退线。建筑师从自身设计出发，希望城市支路可以不退线，以形成紧凑的空间尺度，同时希望利用湖边 20 米控制区域，设计一些自由形体建筑。城市设计导则对建筑退线的控制旨在形成尺度舒适的公共空间，不会给人以压迫感或空旷感，而建筑师则更多地求新、求异。

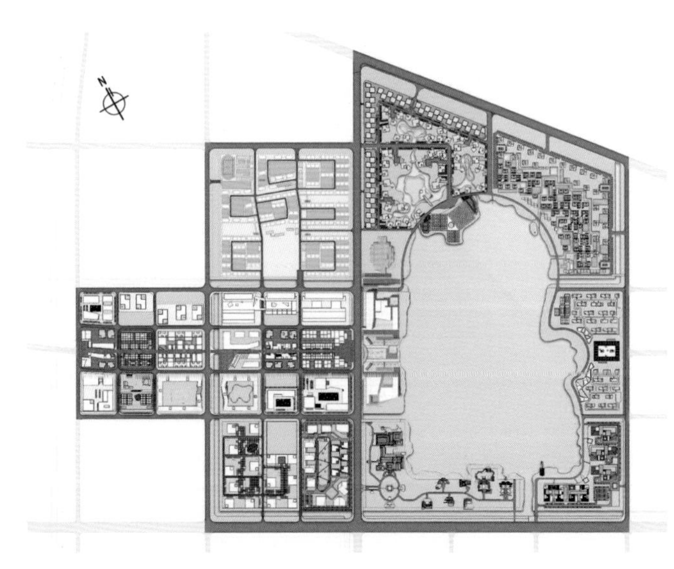

多家设计单位拼合而成的方案初稿

经过不相上下的讨论，最终，规划师与建筑师达成了共识，只允许商业街南北向的城市支路不退道路红线，其余道路仍按照原有导则，且渤龙湖周边20米控制区域内不允许建设大型建筑，只分散地布置小型配套设施，且不得突破湖区周边10米控制范围，以保证湖区视野的开阔。

（2）建筑高度。

原有城市设计导则考虑湖区周边视线18°仰角的控制原则，周边建筑高度为24米以下，只有北侧临近高压走廊的一边建筑高度控制在60米以下，以遮挡高压线的不利景观环境。建筑师结合设计理念和方案布局，建议突破湖区东西两侧的建筑高度，形成三面包围之势，外围高，向湖中心逐渐递减。规划师认为，这并不违背18°仰角的控制原则，且同时要求建筑方适当提高湖区西北侧总部办公建筑高度，以与东北侧高层住宅建筑形成自然过渡。

（3）建筑贴线率。

原有商业街规划为步行，为保证两侧界面的连续，规划导则控制贴线率为90%。建筑师希望在局部做节点放大，预留出小型开敞空间，因此无法保证每段符合贴线率要求。规划师希望商业街的设计耳目一新，于是放宽对这部分的限制，只要满足全线1千米长度贴线率为90%以上即可，南北向支路也不做强制要求。

（4）机动车出入口及停车。

一个很有趣的现象是，城市设计导则对这部分内容的控制较为明确，而在讨论设计的过程中，设计团队对此却没那么在意，设计方案也均按照导则的要求，将机动车出入口布置在商业街两侧的辅街上，公共停车避免在主要道路两侧出现，对于特殊地块必须临路布置的，则采用绿植遮挡或微地形的方式予以解决。反观深圳22、23街坊，导则对每个地块机动车出入口的开口位置和禁止区域均做了明确控制，可实际执行中仍然有个别突破，将地下车库出入口布置在中央开敞空间一侧，造成步行空间的不连续。

深圳22、23街坊、东莞松山湖新城这些项目均是在城市设计导则指引下的建筑集群设计，都曾出现落实城市设计导则先严后松的过程，这也可以看成是导则自身修正和细化的过程。建筑师和规划师博弈的过程就是提高城市设计导则执行力的过程，二者没有本质的对应。

（5）最终方案形成。

2009年底，为期四个多月的建筑方案征集工作进入尾声，各片区的方案基本确定，华汇代表其他设计单位向上级领导进行工作汇报和成果展示，在得到一致同意后，甲方立即开始施工图的绘制并着手实施建设。

五、渤龙湖地区建成效果

自2009年底，在园区管委会领导的积极推动下，渤龙湖周边已初见规模。率先建设完工的国际交流中心和滨湖岸线有助于招商引资的顺利进行；别墅与高档住宅已完成主体施工；总部办公区及滨湖500米商业街已完成外檐施工，并取得了良好的实施效果。

渤龙湖区滨水岸线及沿线建筑实景图

渤龙湖地区建成实景图

（图片自左向右依次为：国际交流中心、步行商业街、滨水高档住宅、总部基地）

第四节 新常态的规划整合与提升——滨海新区中心商务区总体城市设计

刘伟

滨海新区中心商务区是新区的核心功能区和形象标志区。自天津滨海新区被纳入国家发展战略以来，中心商务区始终是滨海新区规划与建设的重点区域之一。自 2006 年以来，在市委市政府的领导下，中心商务区规划设计水平不断提升，开发建设取得了巨大成绩。

近年来，我国进入经济社会发展的“新常态”。2015 年，新区区委区政府在对我国经济社会发展历史新阶段进行深入研究的基础上，提出滨海新区“三步走战略”，即集中力量建设发展于家堡金融区、响螺湾商务区、天碱地区、现代服务产业区（MSD）、海河下游两岸等重点区域，形成新区核心标志区。为了给新区战略提供有力支撑，本次规划在已有经验的基础上，对中心商务区的规划方案进行进一步整合与提升。

一、继往开来，迎接新常态下的机遇与挑战

1. 中心商务区规划建设初显成效

商务区的城市规划工作始终坚持“国际一流”的标准，并以城市设计作为统筹区域发展建设的重要工具和手段。自 2005 以来，先后由多个国际知名设计机构组成工作团队，确立了商务区“滨海新区的商务商业和行政文化中心、中国的金融创新基地、世界一流的中心商务区”的定位，并不断深化和完善滨海新区中心商务区规划和重点地区实施方案，完成了于家堡、响螺湾、天碱、现代服务产业区（MSD）等多个地区的城市设计方案和设计导则，为中心商务区的建设奠定了基础。在近十年的时间内，规划引领下的中心商务区，在城市建设方面取得了巨大成绩。随着响螺湾商务区、于家堡起步区初步竣工，于家堡高铁站开通运营，中心商务区的功能和形象初步展现在世人面前。

2. 新常态、新规划、新作为

近年来，我国经济告别过去 30 多年来 GDP 平均 10% 左右的高速增长，进入新的经济周期，2012 年、2013 年、2014 年上半年增速分别为 7.7%、7.7%、7.4%。2014 年 5 月。习近平同志在河南考察时指出：“中国发展仍处于重要战略机遇期，我们要增强信心，从当前中国经济发展的阶段性特征出发，适应新常态，保持战略上的平常心态。从要素驱动、

于家堡起步区实景图

响螺湾商务区实景图

投资驱动转向创新驱动。相对于‘旧常态’，创新将成为经济社会发展的主要动力。”

天津滨海新区是改革创新、先试先行的国家级新区，而中心商务区是滨海新区金融创新最重要的物质载体。“新常态”所强调的改革与创新将成为滨海新区和商务区发展的历史新机遇。为此，2015 年，新区区委区政府提出，顺应“新常态”，结合“一带一路”、京津冀协同发展、自贸区设立等重大战略机遇，开展中心商务区新一轮的城市设计工作。

城市设计关注城市用地功能、布局、空间，是对城市形态和城市生活的设计和引导。经过近十年的规划与设计，中心商务区已基本形成稳定、良好的规划城市空间形态。本轮城市设计在已有成绩的基础上对商务区整体进行整合与提升，以打造更加优良的生活和投资环境并吸引企业和人才入驻为主要目标，力求在优化用地布局结构、加强基础设施建设、提升城市景观环境、完善生活配套等方面有新的作为。

二、面向“新常态”的中心商务区总体城市设计

1. 研究范围及定位

中心商务区的辖区包括于家堡、响螺湾、天碱、东西沽、新港、塘沽老城区、海河湾新城大沽化地区。结合自贸区范围，本次规划以于家堡、响螺湾、天碱为中心，重点规划中心商务区河北路以东区域；同时，为加强商务区与天津经济开发区之间的联系，将现代服务产业区（MSD）纳入研究范围。规划研究范围东至海滨大道—跃进路—海河，南至大沽排河，西至河南路—河北路，北至泰达大街，总面积约 46 平方千米。

规划延续中心商务区分区规划所确定的发展定位，力求将滨海新区中心商务区建设成滨海新区的商务商业和行政文化中心、中国的金融创新基地、世界一流的中心商务区。

2. “新常态”背景下的中心商务区城市设计深化提升

在“新常态”背景下，创新发展被提升到新的战略高度。中心商务区要发挥中国金融创新基地的作用，城市设计应进一步优化商务区的整体环境，完善配套服务功能，从而提升商务区的竞争力，吸引人才和企业入驻。

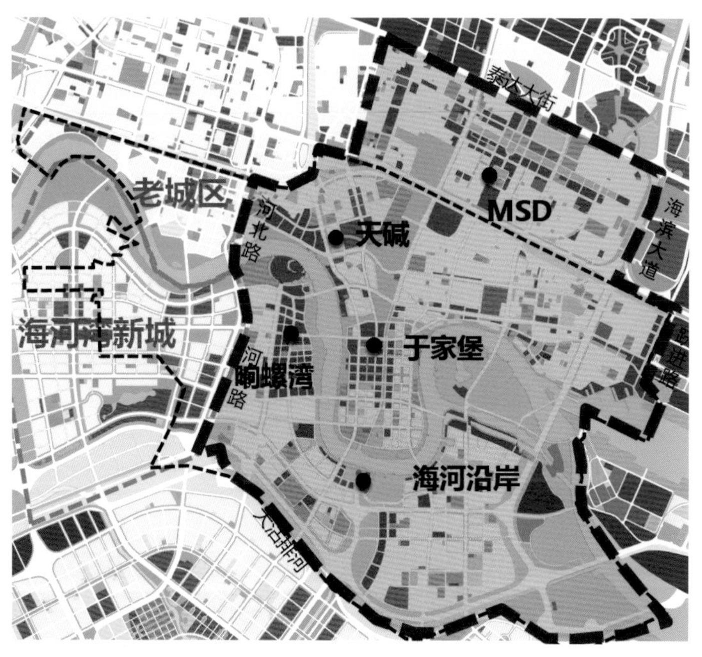

规划范围

（1）优化用地布局结构，打造 24 小时充满活力的城市核心区。

本次规划在商务区分区规划所确定的“一河两岸六片区”城市结构的基础上，进一步强化海河—中央大道“黄金十字”发展轴，深化中央大道沿线天碱地区、于家堡金融区以及海河沿线的解放路外滩、响螺湾商务区、大沽、新港地区；以于家堡金融区、响螺湾商务区、天碱解放路为核心，打造世界级的金融商务、商业文化中心；结合现代服务产业区（MSD）、会展中心、航运服务中心等现代服务设施，完善服务中心的功能。

同时，规划力求居住功能，创造充满活力的都市生活空间，吸引企业高端人才定居；通过金融、商业、居住三大板块的相互融合，形成 24 小时充满活力的中心商务区。用地布局结构深化调整后，商业、办公用地减少 99 公顷，居住用地增加约 96 公顷，可在于家堡、响螺湾、天碱等商务区的核心区域新增住宅建筑面积约 220 万平方米。商务区可容纳总人口达到约 55 ～ 58 万人。

① 中央大道沿线布局结构。

中央大道沿线布局结构的深化调整以打造商务区发展主轴为主要目标。

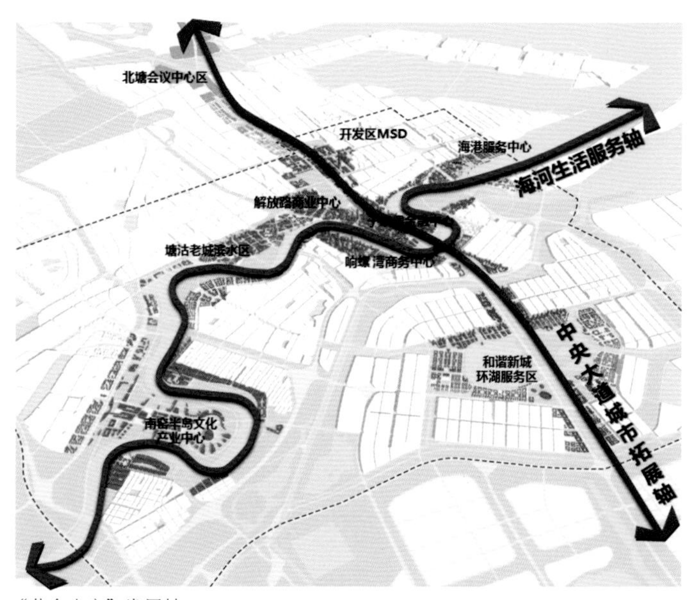

“黄金十字”发展轴

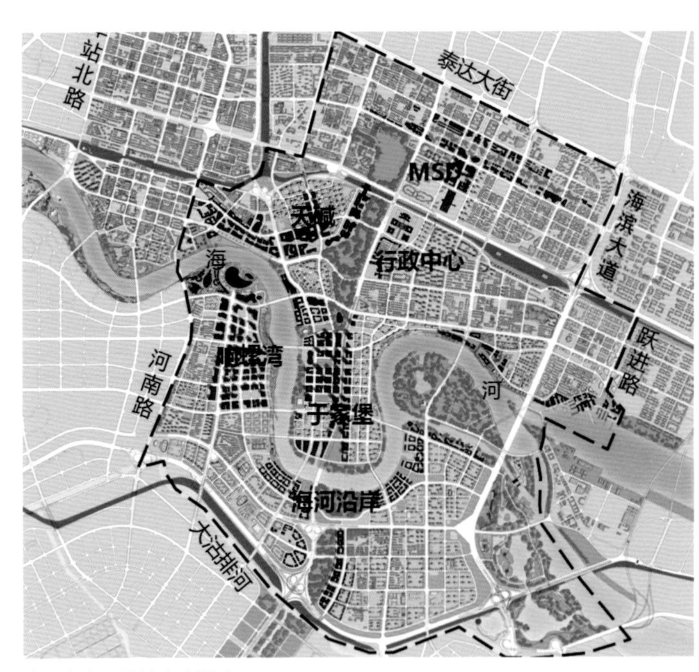

中心商务区设计方案深化

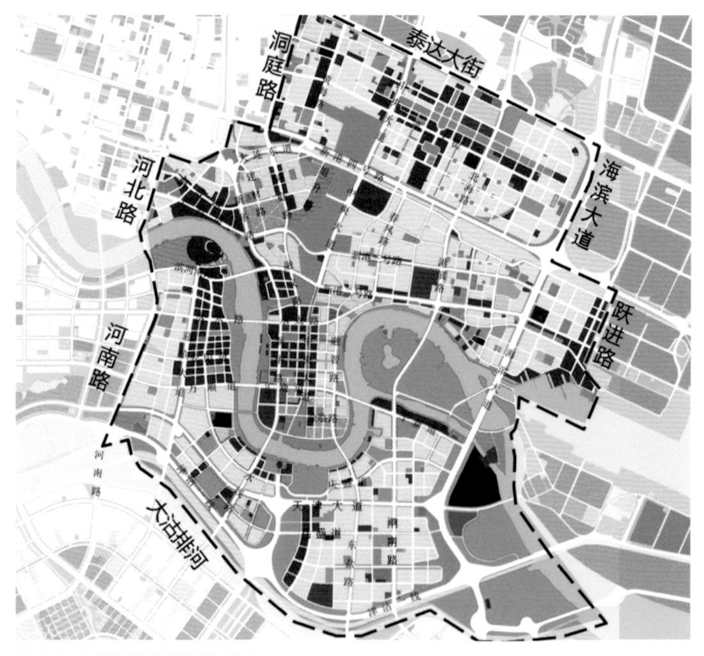

中心商务区用地布局结构优化

中心商务区整体鸟瞰图

规划任务：于家堡地区在保证中央大道两侧商务办公商业用地的同时，增加居住生活用地，完善商务区的生活服务功能。半岛东部调整为居住用地，南部调整为综合用地，并增加教育、医疗等必要的配套设施，营造充满活力的城市氛围。同时，天碱商业区结合近期热电厂区域的开发方案，将万达商业地块近 17 公顷调整为居住、商业混合用地。

② 深化调整海河沿岸布局结构。

海河两岸布局结构的深化调整以营造滨水宜居社区为主要目标。

规划任务：在响螺湾迎宾大道以西区域，增加居住用地 9.65 公顷，成为响螺湾商务区的配套生活区；继续完善大沽地区的生活配套功能，对教育、医疗、文体等配套设施的布局进行优化。新港沿河地区形成活力滨水社区、港口配套服务区。

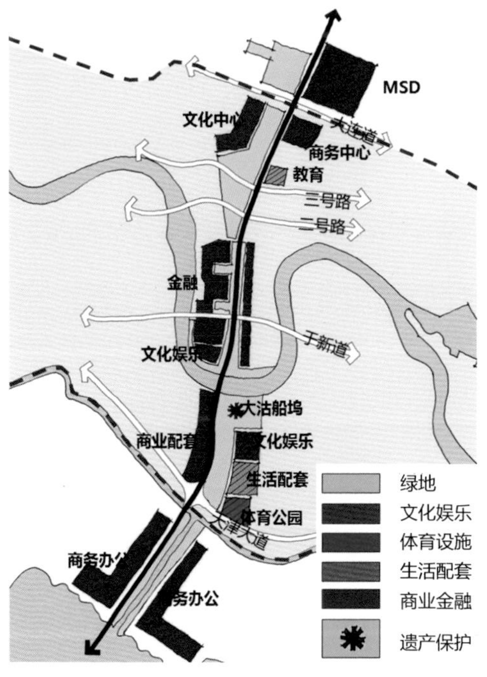

中央大道发展轴

（2）完善综合交通体系，加强内外交通联系。

便捷通畅的内部交通和对外交通是促进经济社会发展和营造舒适生活的重要保障。经过近十年的努力，中心商务区新建市政道路约 58 千米。于家堡高铁站、中央大道跨海河隧道、永太路开启桥等对外交通设施相继建成使用。商务区的交通骨架已基本形成。为加强商务区对内、对外交通，本次规划从道路交通、轨道交通、慢行系统等方面进一步完善综合交通体系。

① 梳理、提升道路交通系统。

道路交通规划对商务区内部各片区的道路进行梳理和整合，并强化对外交通；明确 5 座跨河桥梁，解决过河交通，加强商务区海河两岸之间的联系；结合远期津沽一线货运铁路调整，将天津大道快速路功能向南调整至沿大沽排河，改善现状快速路对海河南部区域的分割；为加强中心商务区与现代服务产业区（MSD）之间的联系，明确北海路地道、洞庭路地道的规划方案，并将中央大道由城市主干道提升为快速路，增强商务区与南北片区的交通联系。

② 构建慢行交通体系。

规划力求通过串联地下步行系统、主要建筑二层连廊、跨交通型道路的人行天桥、景观型慢行桥梁、滨河步道等慢行设施，构建安全、舒适的慢行交通系统，并突出商务区“以人为本”的特色，加强于家堡金融区、响螺湾商务区、天碱地区、现代服务产业区（MSD）等重点地区之间的联系。

③ 深化轨道交通近期建设方案。

中心商务区范围内共规划 9 条轨道线路，其中包括 2 条市域轨道线，7 条新区轨道线。近期将启动 B1 和 Z4 两条线路建设，预计五年内计划完成海河以北部分的建设。规划结合商务区用地布局调整，对轨道线形进行深化，同时对站点

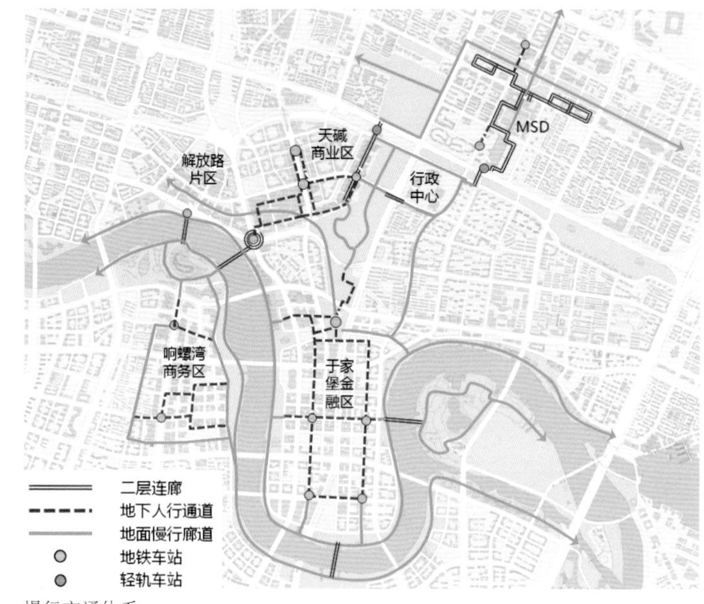

慢行交通体系

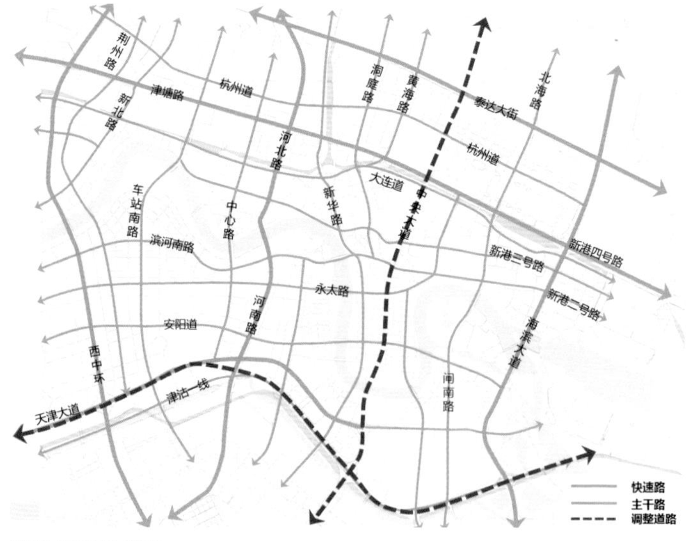

道路交通深化调整

的具体位置进行优化调整，使各站点服务范围更加均衡，可覆盖更多的重点开发建设区域。

（3）提升城市景观及生态环境，创建绿色商务区。

① 提升城市整体景观环境。

规划重点提升海河两岸景观轴及中央大道沿线景观轴的整体环境；以海河两岸滨水开放空间带串联老城区河滨公园、解放路外滩公园、响螺湾彩带公园、大沽船坞公园、蓝鲸生态岛及大沽炮台遗址公园，形成海河两岸连续的滨水开放空间，营造商务区健康宜居的生活氛围；以贯穿商务区南北的中央大道绿轴串联天碱商业区、滨海文化中心、于家堡金融区等商务区核心功能区，打造疏密有致、重点突出的城市整体景观环境。

② 制订绿色生态目标。

针对单体项目和城市环境，规划提出绿色生态目标，力求建设国际金融低碳城市；以“低碳能源利用、低碳交通、

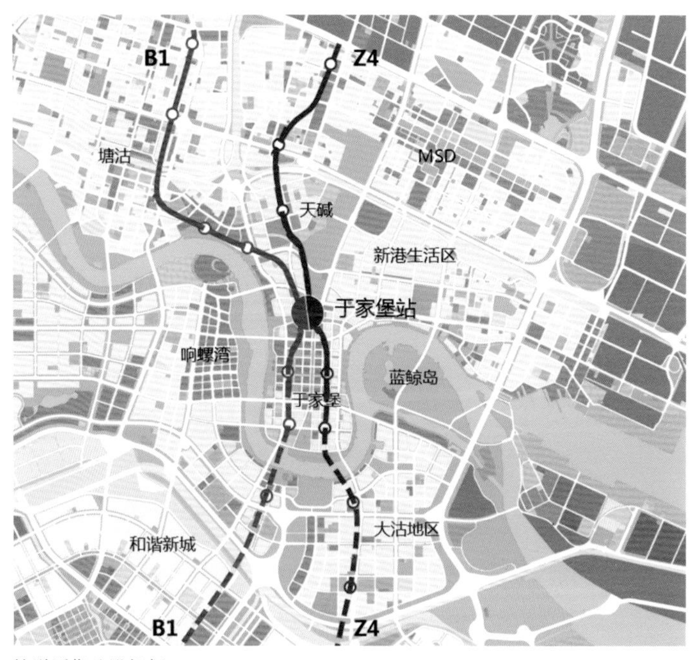

轨道近期建设规划

海河滨水区鸟瞰图

低碳建筑、公共服务事业、低碳系统管理” 的低碳示范城镇开发建设要素为重点，统筹建筑全生命周期内节能、节地、节水、节材、保护环境和满足建筑功能之间的关系，促进建材的循环利用，减少建筑材料、加工部件和配件以及建筑过程中的能源消耗和碳排放，实现于家堡金融区“到 2030 年实现碳减排量较 2010 年基准减排 30%”的减排目标。

（4）完善生活配套服务，促进基础设施建设。

结合重点建设区域，规划进一步明确近期生活配套设施布局及建设用地，加快建设教育、医疗、文体等各类公共设施，助力商务区优质生活和投资环境尽快形成。建设区域包括：西沽小学、耀华中学、于家堡国际学校、文化中心、国际医院、茱莉亚音乐学院等。

近期配套实施布局

三、面对“新常态”，持续发挥规划设计的引领作用

“新常态”作为政府执政理念的关键词，表达了中国引领世界经济社会发展的信心与决心，同时，新常态将给中国带来新的发展机遇。本次规划在新区区委区政府的领导下，面对新时期的机遇和挑战，为商务区的发展指出了方向；重点从生活配套和整体环境等方面对商务区城市设计进行了优化。通过营造宜居繁荣的城市环境并吸引高端企业和人才入驻，为商务区创建国家级金融创新基地提供了硬件支撑。

商务区的城市设计工作并未止步于此。为发挥规划对城市建设发展的引领作用，城市设计工作将伴随商务区的建设发展及招商引资工作不断修正和深化，形成动态的工作机制。未来将进一步就发展定位、开发规模、设计创新、防灾减灾等诸多关键问题进行深入研究，充分发挥规划设计对商务区建设的引领作用，促进滨海新区健康持续发展。

第五节　复合功能支撑的新港区建设——东疆港综合配套服务区城市设计

黄燕杰、杨波

东疆港区坐落于滨海新区天津港陆域的东北部，东临渤海湾海域，面积 30 平方千米，全部由填海造陆形成。它的开发建设设想始于 20 世纪 80 年代，1986 年被纳入天津港总体规划。随着天津港加快发展和滨海新区的开发建设，天津港总体规划修编的批复对东疆港的建设也进一步予以明确。2006 年，国务院批准设立 10 平方千米的东疆保税港区；2007 年，天津东疆港区总体规划（2006—2020 年）获天津市政府批复，该区确立为天津滨海新区开发开放和改革试验的重点区域。这是继上海洋山保税港区之后国家批准设立的第二个保税港区，也是目前我国面积最大的保税港区。天津东疆保税港区允许借鉴国际惯例，在通关、外汇、贸易、税收等多个领域先行先试，力求建设成我国对外开放度最高的示范区。

东疆港区总体规划中将整个 30 平方千米区域分为“三大区域、五大功能”。“三大区域”由东向西分为三大功能区域，分别为西部的码头作业区、中部的物流加工区、东部的港口综合配套服务区。“五大功能”依次为集装箱码头装卸功能、集装箱物流加工功能、商务贸易功能、生活居住功能、休闲旅游功能。

天津的海岸属于淤泥质海岸，退潮时几千米外都是泥滩，海水含沙量也很高。天津港为人工深水大港，目前航道等级达到 30 万吨级，航道日常清淤产生大量泥沙。东疆港区结合反 F 港池的开挖和航道清淤吹填，一方面保证淤泥开挖，又可以成陆，一举两得，经济合理，同时形成沿海岸线和质量较好的水波，海水含沙量也大大减少，有利于打造亲水岸

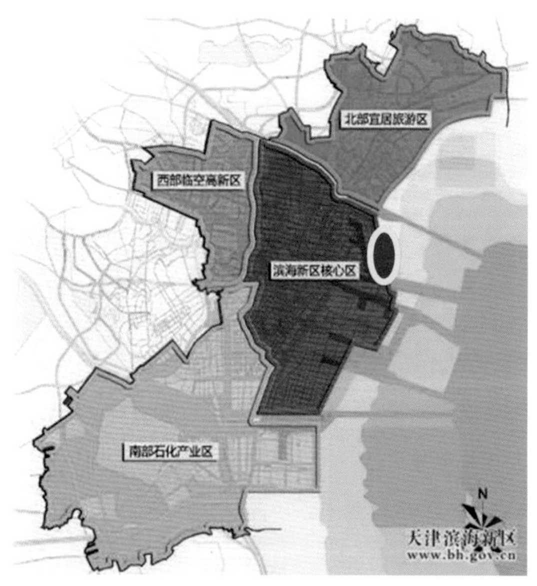

项目区位

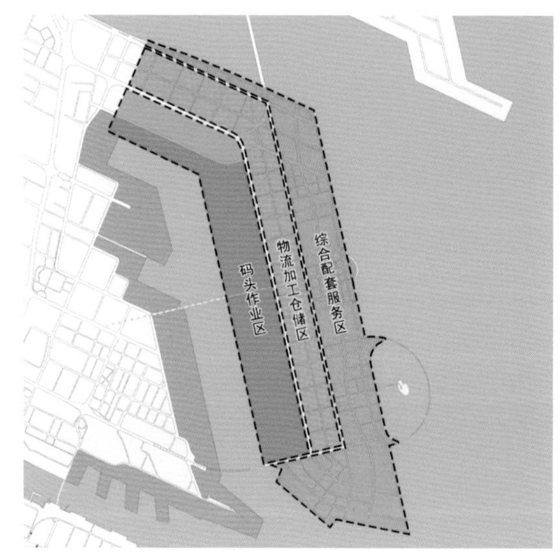

东疆港功能分区

线。作为东疆港区“三大区域”之一的港口综合配套服务区，位于天津东疆港区的东部，占地约 12 平方千米，海岸线长约 14 千米。项目东至东疆港东部岸线、南至东疆港南部岸线，西以新港九号路、亚洲路、北京道为界，北至东疆港北部岸线，三面环海，一面与陆地相通。其独特的地缘优势为区域的快速发展带来了契机。

东疆港综合配套服务区的功能定位及空间构架建立在东疆保税港区的基础上，功能包括口岸服务、商业服务、物流配送服务、商务商贸、文化娱乐、特色体育、科技孵化、旅游度假以及居住办公等，多种功能协调发展，为保税港区提供全方位的功能支持，为人们提供办公、休闲和生活的场所。

针对东疆港特殊的经济发展格局、开发模式和基地状况，本次城市设计力求提供一个符合东疆港客观发展要求且具有一定可塑性的规划框架，建立长久的生态保护与重构机制，同时注重该地区生态系统的保护和修复，通过合理的规划，重构生态网络，实现“海洋与港岛、海洋与建筑和谐共生”的目标。

伊塔洛·卡尔维诺在《看不见的城市》一书中提出：“形状的种类是数不尽的，新的城市会不断诞生，直至每一种形状都找到适合自己的城市为止。”基于此，本次城市设计的宗旨是利用区域的临海优势，并与海洋有机结合，将东疆港综合配套服务区打造成一个特色鲜明、风景宜人并高度现代化、高度开放的国际旅游目的地。

东疆港鸟瞰图

一、规划理念

1. 城市设计就是让城市里的人们生活得更好

随着城市化进程的飞速发展，城市对于人类活动的意义除了日常生活的家园、经济发展的载体，还应是人类文明成果的展现与保存地，以及人类心灵家园的归属地。城市的发展还应关注文化的意义、历史的脉络、自然的肌理，城市应让生活于此的人们拥有幸福感与自豪感!

城市设计，从六个方面入手，分别提出以下要求：人性化原则要求创造充满生机与活力、富有景观特色和文化内涵、彰显海港特色的滨海新城；整体性原则要求城市设计从整体出发，指导局部，以局部带动整体；综合性原则要求充分体现功能复合理念，避免出现功能单一的城区，创造集办公、生活、购物、休闲于一体的生机勃勃的现代化都市；生态性原则要求将城市公共开敞空间系统与综合绿化环境协调统一，利用先进技术与理念对自然资源加以有效保护，使环境因规划而更加美好；可持续发展原则要求考虑未来复杂多变的使用要求，以“利于分期开发”为原则，城市布局形态严谨而灵活，具有足够的发展弹性；控制性原则要求将城市设计思想与城市管理紧密结合，使城市设计成果适应市场经济的要求，使用地布局、景观规划和空间设计适应规划管理操作的灵活性和控制性。

2. 规划特色

本次城市设计紧扣“现代滨海城市”的城市意象特征，针对现实问题和未来发展意向，在尊重生态、保护人文、强化特色的前提下，建构港岛空间环境的目标体系。目标体系分为城市空间结构和城市景观体系两大分目标，两大分目标下又有若干个具体目标，针对具体目标，提出相应的设计对策；通过明确目标、分解目标、制定对策三个步骤，一步步深化设计构思，指导下一层次的规划设计。

（1）利用资源优势，构建特色功能。

纵观国内外港口发展历程，不难发现，随着新建港区的快速开发建设，港口对后方陆域城市的带动和影响是同步进行的。港城关系错综复杂，但在这些复杂的关系中，产业和空间是港城关系的两条主线。港口功能的动态变化和港口形态的扩展，可引起港口和城市产业联系的变化，进一步作用于港口城市的内部空间结构，从而使港口与城市之间产生空间联系。

港城关系空间链的经济驱动力主要来自港口产业，港口产业在地域空间上的“波及效应”深刻地影响着周边城市区域的社会生活、经济结构、城市建设、土地利用等产业，从而构成港城关系空间链。

本次城市设计结合区域生态肌理，并按照生态间隔、布局紧凑、功能复合的新城发展模式，研究分析港城的整体空间结构，构建以大众运输为导向的拥湾城市架构。作为与保税港区相邻的滨海服务区，临海、临保税港是区域的最大优势，城市功能设置以服务保税港为主要目标，设置免税商业、离岸金融、港口航运服务业、邮轮旅游、海洋科技以及丰富的现代服务业产业，构建紧凑高效的城市发展模式。

依据各层面规划和专题研究，提出四大片区。结合各片区土地利用现状和生态肌理特征，按照紧凑布局理念，考虑就近工作和居住的需求，细化形成多个城市功能组团。每个组团均作为功能复合体，依托水系、公共绿地等景观资源，采取内核、圈层的布局模式，有机融合港口－商服－居住－旅游功能。同时，规划的实施特别注重可操作性，对路网格局、生态框架等需要固化的内容加以明确，对产业引导、功能布局等内容应结合未来可能的发展途径预留弹性空间。

（2）强调功能混合，营造活力城市。

规划提倡以人为本。现代城市公共空间是为民众的日常工作、生活、学习、娱乐而设计的。这要求建筑和环境具有多样性。以人为本的城市设计不仅仅是设计的合理性问题，更要满足大众的物质、精神、心理、行为规范等需求，通过城市设计和城市建设体现对人的关怀。

规划引入“邻里社区建设”的先进理念，依据社区的不同层次，配置功能齐备的公共服务设施；积极营造社区公共空间，建设适度开放的社区；将社区公共服务设施与绿地系统、开敞空间和公交站点相结合，将社区居民上班、购物、游憩等日常出行目的地集中布局，提高出行效率，激发社区活力。同时，适度关注社区就业平衡，综合片区布局与一定规模的商务用地（Business Park）规划相结合，与服务设施共同提供充足的就业岗位，实现就业综合平衡，降低通勤交通压力。

邮轮码头片区是本次城市设计的一个重点区域。环境质量乃民之所欲，作为天津港南端的海上门户，邮轮码头片区的发展是影响该片区成为都市核心的重要因素之一。

在该片区城市设计中，公共空间被列为重要工作项目，其不仅是动线系统的一部分，同时也使人们获得地域认同感和价值感。规划力求明确邮轮码头与其他建筑的关系在建筑群中的角色定位，并在周边地区建设尺度宜人的步行空间，构建一种相互协调的空间关系。整体布设、密度、尺度、混合使用及其他属性均根据不同地区的实际情况而作出调整，达成该片区的最佳发展。

（3）引入先进理念，构建绿色交通。

规划提出“以人为本、以水为魂、外联内疏、低碳生活”的交通理念，提倡“公共交通、绿色交通、慢行交通”，创造交通模式典范。

岛内在规划与用地功能相匹配的路网结构的同时打造与外部轻轨系统相结合的有轨电车系统和适宜的公交系统，提倡公共交通和绿色交通，并基于TOD发展模式，借助公共交通系统，引导居住、工作、购物、休闲等活动空间与公共交通路线廊带有序分布，构建具有高宜居性、高可及性的城市发展形态及土地模式。

步骤一：以慢行交通与公共交通为主导。构建以慢行交通与公共交通为主导的出行结构，减少对小汽车的依赖，最大限度地降低交通系统能耗，减少对生态环境的影响。

步骤二：完成内外交通系统的和谐过渡。遵循从内到外、从慢行到机动、从内聚到开放的绿色交通理念，完成以人为本的内部交通系统与快速通达的对外交通系统之间的和谐过渡。

步骤三：实现慢行交通网络与机动车网络在空间上的分离。交通设施的规划以居民出行为安排主线，道路空间设计采用宜人的尺度，体现以人为本。

（4）融合滨海优势，塑造城市景观特色。

本次城市设计充分利用填海造陆创造的14千米海岸线的景观资源，使其最大限度地回报社会，服务人民。沿海岸线设置连续的公共开放空间，通过丰富的岸线、景观、休闲功能设计，使其成为一条滨水生态休闲景观带。同时，城市内部开放空间体系与滨海休闲带相结合，强调各地块开放空间及景观视线的通海性，将滨海景观向城市内部渗透，塑造海城相融的海港城市形象，打造充满活力的港口工业滨水景观与城市滨水景观。

根据水岸现状、法定保护区范围、湾岸岩质、冬季主风向以及海域污染等情况，规划坚持可持续的水岸发展原则，将岸线分为自然岸线和人为岸线等不同的类型，进而结合后方土地规划，将岸线细分，并对其开发提出以下要求：

生态保护岸线：遵守保护区规范，严格限制人为干扰。

生态游憩岸线：通过保护性开发，使良好的原生环境成为推动旅游业发展的基础。

环境修复岸线：阻止生态环境的恶化，通过生态修复，逆转人为活动的干扰。

生产发展岸线：落实港区污染管理。

生活亲水岸线：延续城市肌理，塑造亲水城市风貌；结合沙滩适宜性、邮轮码头水深要求等，合理布局，拉动后线观光旅游。

（5）关注绿色生态，践行可持续发展。

生态系统再造和构建方面：尊重自然地理、地貌条件，构建人工生态环境与自然生态环境和谐共融的生态系统，优先保护和恢复湿地和滨水环境生态体系。

水体治理方面：构建水环境修复体系，进行污染治理和生态恢复，保障水环境健康、安全，实现人水和谐。

堤岸整治方面：针对区域内的水体，结合景观设计，进行地形的重构处理；结合滨水空间设计，实现亲水水岸、雨水调蓄与休闲游憩功能的有机结合。

绿化建设方面：规划生态核心区，将绿地系统纳入区域生态系统，将城市绿地与防灾及雨水收集有机结合。绿化指标的选取以多层次植物搭配、景观使用实效及改善景观体验为基本原则。

（6）营造特色港城，彰显鲜明个性。

城市色彩有助于凸显城市的整体感和秩序性，体现鲜明的城市个性；作为城市面貌的基本构成要素，反映港岛文脉、文化渊源、地理气候以及科学技术的进步；作为人居环境的重要组成部分，影响居民生活质量。

在收集和研究世界大量著名城市的成功案例后，我们发现，沿海城市多运用轻松浪漫的暖白色系，同时配合夜晚五光十色的霓虹灯，烘托滨海城市的繁华。为突出“海洋文化”和“港口文化”，在旅游休闲区和北部居住区体现浪漫、温馨、热情的海洋文化，城市色彩选择黄褐红的暖色系。中心商务区和南部邮轮码头区力求体现开放与兼容港口文化，作为城市最为活跃的节点，故以大量钢材、玻璃、铝板构成的蓝灰冷色系为主。白色作为整体基调，使全区的城市色彩成为一个有机的整体。

城市夜晚是展现城市形象的重要一环。规划力求以三种不同程度的照明标准表现区域形象。高度照明用于广场、商业中心、繁华的城市水岸等，以营造绚丽热烈的气氛。中度照明用于道路，以满足功能性及安全性。低度照明用于海滨散步道、露天酒吧、院落等，以烘托静谧柔和的氛围。局部特殊照明用于重点区域、重点目标，以加强夜晚建筑物的可识别性。

总体规划任务：建筑群按照空间构图原理有序布置，形成地块标志和个性化场所；加强水景的渗透性，在临海区打造大面积的绿色开敞空间，提高市民对海的可见度和可达性；注重南北向轴线的贯通，保证南北向视线通廊的连续性，加大视觉进深，增强视觉冲击力，体现海滨城市的特色；注重关键界面的设计，保证从陆上及海上多方位的景观视觉效果，通过优美的城市天际线，塑造独具特色的滨海城市形象，同时在城市照明和环境设施方面给予足够的重视。

二、实施概况

目前，天津国际邮轮母港已正式开港，可停靠目前世界上最大的邮轮，设计年旅客通过能力 50 万人次。2015 年，旅客吞吐量 52 万人次。天津港在邮轮母港区域内还计划布置包含邮轮码头管理、港务口岸服务、出入境管理、邮轮公司办事机构、船舶代理、旅游服务和金融保险等在内的综合性写字楼、餐饮宾馆和商业设施，并计划申请设立大型保税商店，从而逐步形成与北方最大邮轮母港目标定位相适应的完善的邮轮母港复合产业体系，提升天津旅游业，推动环渤海区域走向世界高端旅游市场。

同时，东疆港人工沙滩的投入运营也为港区旅游带来了活力。东疆港人工沙滩的“金沙”平均厚度达 1.2 米，从岸边呈缓坡状一直延伸至海边。沙滩的缓坡设计充分考虑潮水涨落时的水流情况，可防止海水退潮时将“金沙”带走；为保证游人安全，在公共游乐区沙滩的近海端敷设一条宽约 58 米的鹅卵石带。同时，在近海域修建防波堤，以保持海滩的洁净，防止海上漂浮物进入人工海滩。

此外，以天津东疆金融与贸易服务中心、博凯游艇休闲中心项目、天津东疆海景度假酒店等为代表的金融贸易、商务办公、旅游休闲等项目已陆续建成。

三、发展愿景

得益于独特的地理优势和良好的发展机遇，东疆港区配套综合服务区，不仅为保税港区提供配套服务功能，同时也是推动区域经济增长的重要引擎。

作为中国北方国际航运中心和国际物流中心、港口经济和海洋经济的重要空间载体、天津滨海新区开发开放的桥头堡和重要的改革试验基地，为加快中国特色自由贸易港区的改革探索，东疆港结合《天津滨海新区综合配套改革试验第二个三年实施计划（2011—2013）》和《建设北方国际航运中心核心功能区的创新试点政策》，正逐步成为融资租赁业务集聚地、国际船舶登记制度创新“窗口”、东北亚物流和分拨中心、国际航运税收政策“高地”、中国北方离岸金融服务基地。

未来，东疆港区配套综合服务区将成为东疆港的“绿色之芯”，承载着天津滨海新区和港口城市的美好梦想！

东疆沙滩、邮轮母港实景图

邮轮母港效果图

第六节 主导功能驱动的新城区拓展——汉沽滨海国际医疗城城市设计

齐烨、杨会民

一、背景介绍

1. 汉沽历史悠久

“千年盐城”汉沽是天津滨海新区的重要组成部分，位于天津东部滨海地区，西距天津市中心城区 68 千米，南濒渤海湾，北接宁河县，蓟运河流经城区，傍京山铁路。至 2010 年，城区及城市外围工业区总用地面积达到 27.8 平方千米，其中城区面积 16 平方千米，常住人口 16 万人。

汉沽地区拥有丰富的海洋化工资源，辖区海岸线长约 32 千米，盐业生产已有千余年历史，是理想的海洋化工生产原料。汉沽地区的产业基地以海洋化工为基础，重点发展石油化工、精细化工、机械、塑料、轻纺等产业；汉沽茶淀葡萄品质优秀，并形成以“茶淀牌”玫瑰香葡萄为标志品牌的葡萄种植加工基地；汉沽地区有万亩海淡水水面，适合发展海、淡水养殖和海洋捕捞，形成以“东方对虾”为主导产品的海淡水养殖基地。

1976 年唐山大地震使汉沽受到严重破坏，为尽快“恢复生产，重建家园”，政府积极组建抗震救灾指挥部，编制《汉沽区震后重建规划》；经过十年的努力，已建成河西新区，改造河东旧区，推进一批重点工程建设，初步改变了城市面貌；2006 年，在滨海新区被正式纳入国家战略发展布局后，城市建设得到快速发展，汉沽城区建设由西改向东扩；2008 年，天津市重点规划指挥部组织《汉沽城区总体城市设计》，进一步指导城市建设发展方向。

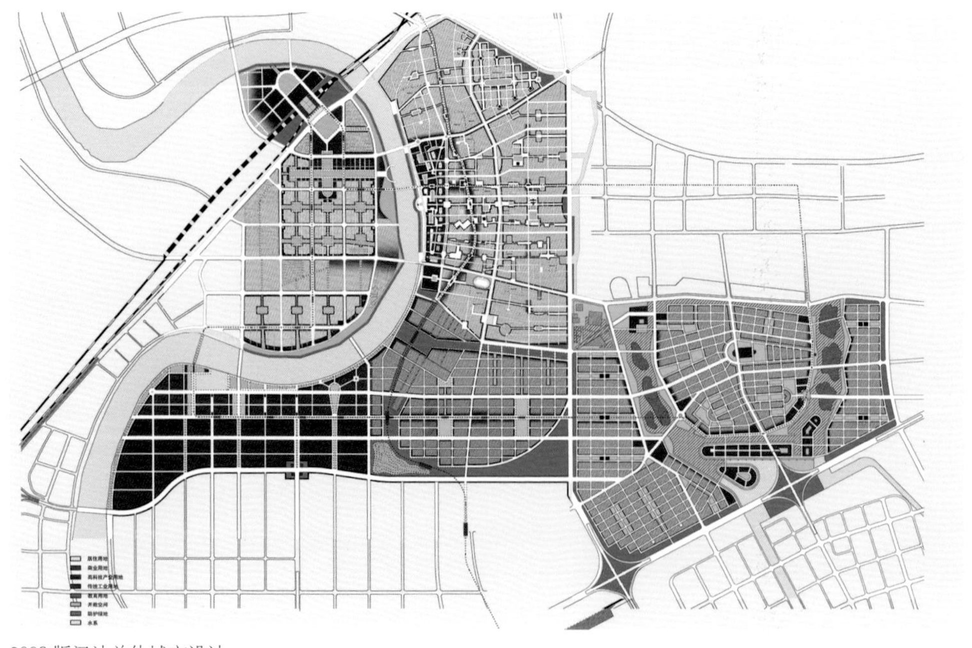

2008 版汉沽总体城市设计

2. 东扩区历史沿革

东扩区位于汉沽老城区东南部，原为大面积盐田用地。东至长芦汉沽盐场盐池，南至中心渔港北边界，西至汉蔡路及大丰路，北至和谐大街大面积建设用地，规划用地面积约10.96平方千米，一期启动面积约4.53平方千米。按照《滨海新区“十二五”规划纲要》和北部区域功能定位，汉沽东扩区功能定位为集综合行政、商业及商务办公、文化休闲、高端创意产业、教育研发及高品质居住等多种功能于一体的城市行政文化中心、金融商务中心及高品质居住区。新区规划力求在城市建设、人口聚集、产业发展等多方面科学布局，增加产业总部经济用地规模，使之与汉沽老城区、中心渔港区的功能有机互补，空间布局、交通组织更合理，使汉沽城市“承东接西”大组团轴线更加清晰壮观，对周边区域的吸引和辐射力明显增强。原汉沽区规划局委托瑞典SWECO FFNS设计咨询公司及华汇两家设计单位，在尊重汉沽盐田特色和富有前瞻性的基础上，制订东扩区发展战略，规划的重点是土地利用规划，并通过对重点地段的功能和环境设计体现规划理念，成为进一步发展该区域空间规划的基础和依据。

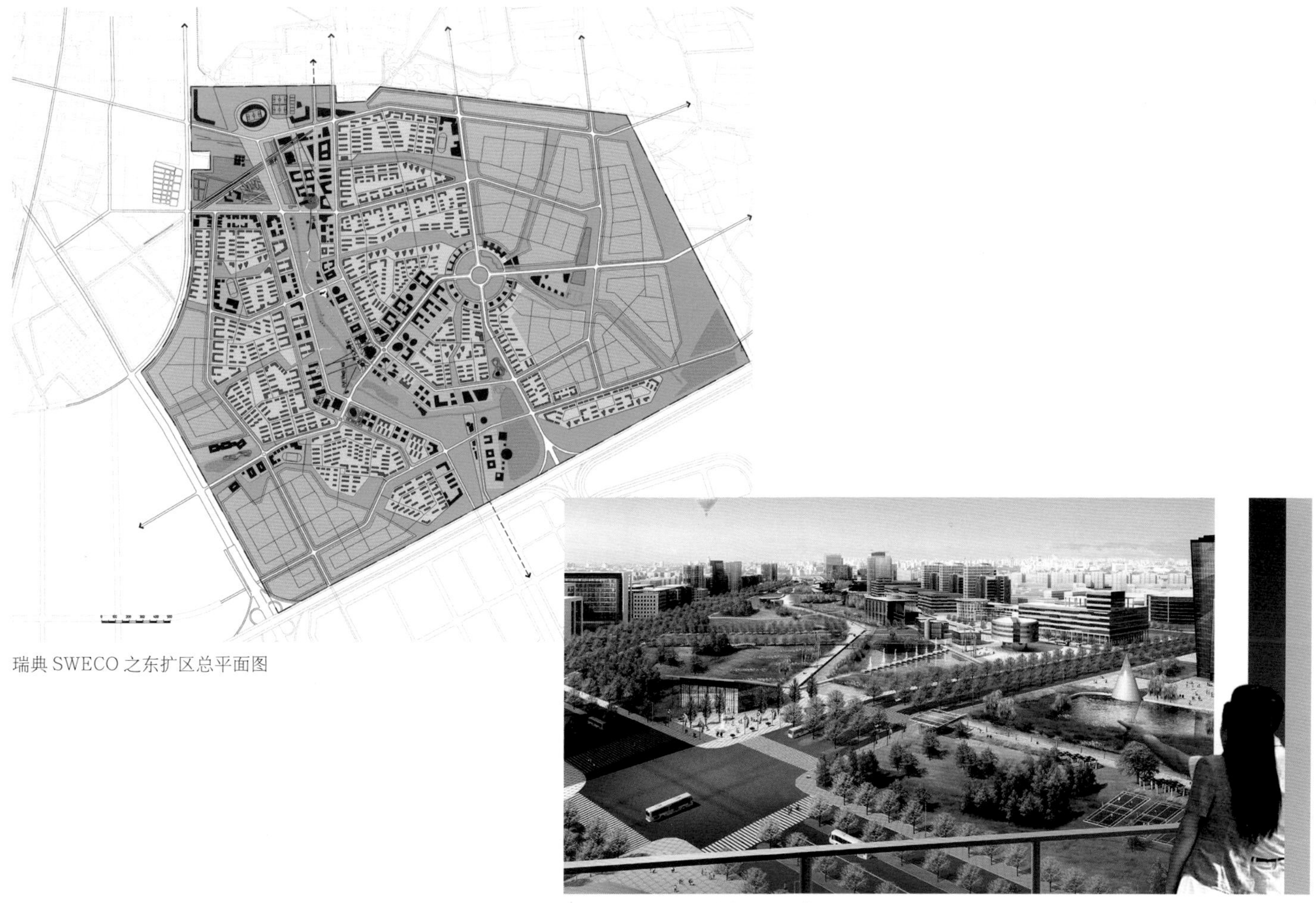

瑞典SWECO之东扩区总平面图

瑞典SWECO之汉沽创新谷示意图

华汇之东扩区总平面图

华汇之东扩区模型

天津市规划院之汉沽东扩区总体城市设计平面图

二、医疗城城市设计

自 2013 年起开展的滨海新区国际医疗城城市设计工作是在汉沽核心城区城市设计规划研究的基础上，对东扩展空间的规划布局、城市面貌、城镇功能及城市公共空间的深入研究。在新区国家综合改革创新区政策支持的大好形势下，新区区委区政府决定建立天津市第一个集医疗、保健康复、养老、研发培训、居住、商业配套等六大功能于一体的国际医疗城，可提供 1200 多张医疗床位，目标服务人群超过 70 万人，可辐射环渤海经济带和京津冀城市群；同时，对国内外医疗产业发展模式进行详细研究，对于促进城市资源开发与空间需求发展具有重要的现实意义及研究价值，也为汉沽未来城市产业转型与人口就业探索新的出路。

当前，随着我国经济社会的发展和人们生活水平的普遍提高，人们的生活方式也悄然改变。在这一背景下，人们的健康意识以及对健康的关注度日益提升，对医疗服务和健康管理服务的需求呈现快速增长态势。以生物技术和生命科学为先导，涵盖医疗卫生、营养保健、健身休闲等健康服务功能的健康产业成为 21 世纪引导全球经济发展和社会进步的重要产业。天津滨海新区作为国家综合配套改革创新区，产业转型的核心一方面是提升制造业核心竞争力，另一方面是推动以现代服务业为核心的产业转型。

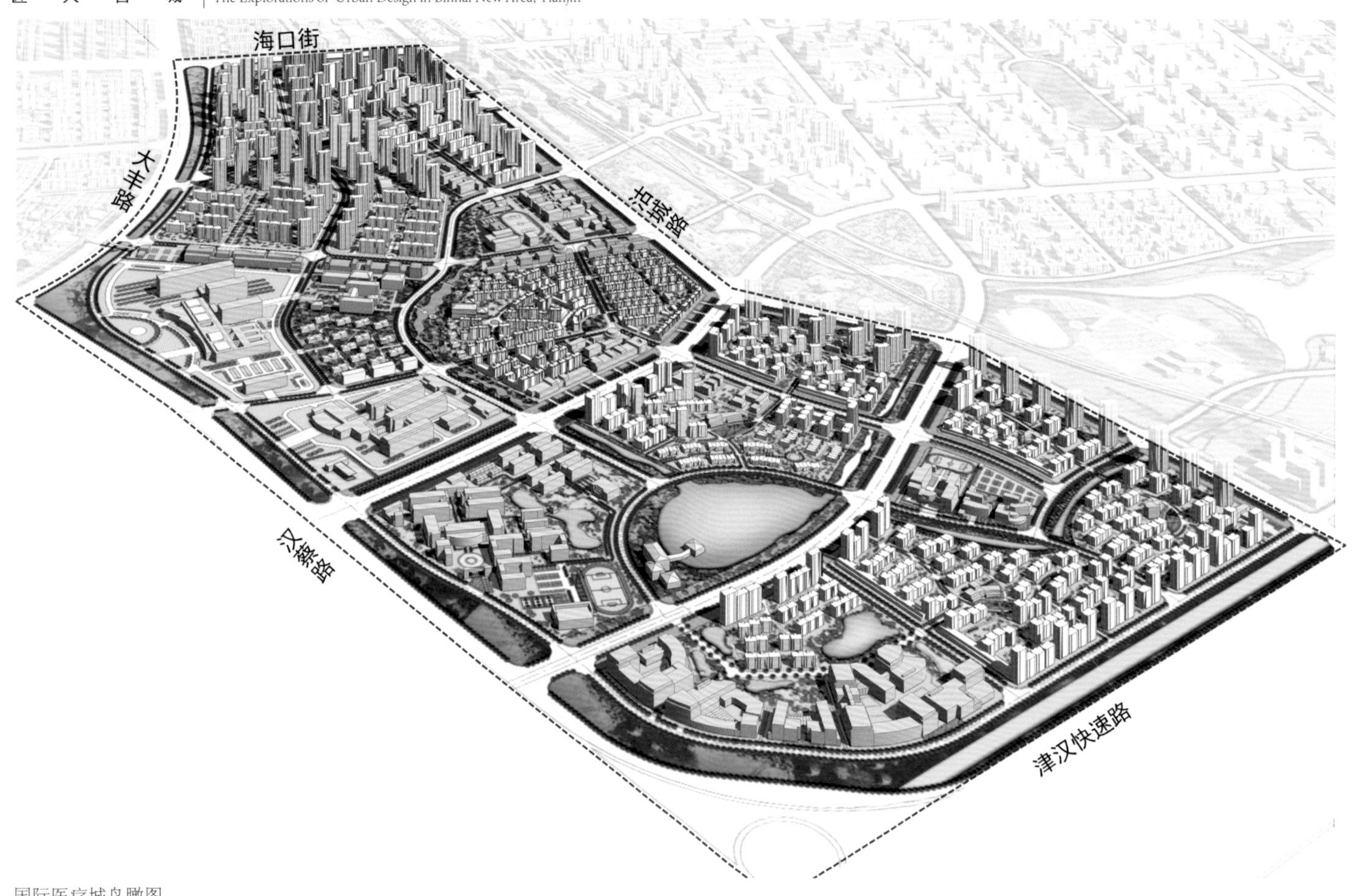

国际医疗城鸟瞰图

1. 发展机遇：加快创新发展，建设美丽滨海

规划力求营造文明和谐的生活环境，高度重视社会事业发展，进一步完善公共卫生和医疗服务配套体系，提升滨海新区的综合实力、创新能力、服务能力和国际竞争力。自 2012 以来，滨海新区启动实施第三个 20 项民心工程，建设 120 个社会事业项目，健全民生保障机制，尽快补齐民生短板，做到学有所教、病有所医、居有其屋、劳有所得、老有所养。在医疗方面，加快推进名医、名院、名科工程，筹建疾控中心、卫生信息中心等一批医疗卫生机构，启动建设滨海国际医疗城；加快与知名医疗机构高位嫁接、合作共建，打造一批具有领先水平的重点学科和特色专科医院，为新区提供便捷的医疗服务。

滨海新区在生物医药制造领域具有国内领先的优势，在健康服务和养老事业方面也具有一定规模，这些是滨海新区建设国际医疗城的重要基础。滨海新区在发展健康产业方面具有综合优势：首先是市场空间广阔，综合优势十分突出，环渤海大都市圈对于健康服务的需求非常旺盛；其次是综合区位优势，包括地缘优势、交通优势、共生环境优势、产业集群优势、政策空间优势等。然而，滨海新区在这方面也存在不足之处：产业形态制造有余，服务不足（社会服务业态相对于经济发展有所滞后）；医疗资源丰富，整合不足（医疗资源相对分散、社会化分工与合作有待提升）；重视“治病”有余，健康管理不足；技术水平一流，应用不足。

根据新区已有优势和基础，本着专业化分工、社会化服务、效率化经营、人性化管理的原则，规划力求打造特色鲜明、服务一流、国内外知名的医疗健康产业聚集区。在空间布局上，一方面发挥自身优势、避免同质化竞争；另一方面进行医疗资源的系统整合、数据联网与互认，提供高品质医疗服务，突出高端、定制化与特色服务，同时建立数据采集与接入标准，整合医疗系统信息、数据，建立“医疗服务大数据”系统。在空间功能上，一是构建医疗与健康服务集聚共生，发挥集群优势；二是保证医疗标准和品质，突出医疗服务特色，获取竞争优势；三是重点建设一个到两个核心产业或特色产业，比如养老和教育；四是强化医疗配套服务业对医疗城的支撑，如商务服务、文化设施及生活服务业与核心产业形成集群共生。

2014 年，滨海新区持续提升医疗卫生服务环境。作为上半年的重点工程项目，天津医科大学总医院滨海医院将在近期开工建设，实施高位嫁接与名医院合作办院，吸引优势医疗资源向新区辐射延伸，并正式开启滨海新区国际医疗城项目。规划在充分发挥自身制造强势和医疗服务资源优势的前提下，以滨海国际医疗城为依托，抓住健康产业发展和新区产业转型契机，以环渤海区域巨大的市场需求为支撑，推动新区医疗健康服务业快速发展。

2. 模式研究：高端产业聚集、辐射带动效应

（1）国外医疗城的发展模式与经验。

① 波士顿生命科学集群：提供完善的医疗服务，医疗服务的社会化程度很高。

美国波士顿地区目前已成为举世公认的发展创新医疗技术、引领突破性研究的世界级生命科学集群区，被称为“生物医学的硅谷”。健康服务产业为其第一支柱产业，健康医疗服务业收入约占波士顿地区总收入的 21%，就其对就业、收入的贡献而言，拥有其他产业无可比拟的绝对优势。

波士顿产业集群具有以下几个发展特点：一是为患者提供完善的医疗服务。医院的功能从诊疗扩展到提供预防保健、社区基础医疗、康复、家庭护理等全方位的服务；二是医疗服务的社会化程度较高。医院的人事、后勤等管理全部实行社会化管理，一些特殊的诊疗检查设备独立于医院，面向社会；三是医院间进行分工合作，实现资源和信息共享，在系统内部进行调配；四是拥有充足的资源——人才和资金的支持。波士顿生命科学集群拥有医学、生物技术理论方面的大量人才，以及来自联邦政府资助和私人的投资；五是创新能力不断提升。知识产业化发展迅速，推动集群的快速发展。这些资源的集聚显示了集群“探索新理念、合作共赢”的能力，而这种协作、探索、研究也是集群动态发展的。

② 新一轮产业发展契机——养老产业。

我国正在进入老龄化社会，尤其是独生子女政策的实施使中国老龄化社会中的养老问题变得日趋严峻和突出。滨海新区在社会养老方面拥有一定的产业基础，在面临环渤海大都市圈的老龄人群需求方面，新区应当抓住这一轮产业发展契机。美国、日本、芬兰和瑞典等国在发展养老产业方面有许多成熟的经验和好的做法，值得学习和借鉴。

国外养老产业的发展模式与经验

<table>
<tr><th>发展模式</th><th colspan="2">典型国家</th><th>经验借鉴</th></tr>
<tr><td>居家养老</td><td colspan="2">芬兰</td><td>多种形式的家政服务，安全周到的上门保健服务（包括医疗保健和房屋维修改善等）</td></tr>
<tr><td>社区养老</td><td colspan="2">美国</td><td>老人们集中居住在养老社区或公寓里，参与社会活动，结交新的朋友，在生活上和心理上得到满足</td></tr>
<tr><td rowspan="3">机构养老</td><td>高端养老机构</td><td>日本</td><td>服务设施周到，采用高科技检测系统，照顾老人的日常生活，价格不菲，如日本香里园。养老产业已经成为日本经济发展的增长点</td></tr>
<tr><td>养老公寓</td><td>瑞典</td><td>小型养老社区，属于中端养老机构</td></tr>
<tr><td>福利养老院</td><td>各国</td><td>一般由政府建立，具有社会公益性质，服务对象主要是基本上失去生活自理能力的孤寡老人和患有痴呆等严重疾病的老人</td></tr>
<tr><td rowspan="2">旅游养老</td><td colspan="2">欧美</td><td>并非买房长期定居，而是采取“侯鸟型”旅游养老方式</td></tr>
<tr><td colspan="2">日本</td><td>“JR 东日本”企业成立“大人俱乐部”，为 50 岁以上比较富有的退休老人提供旅游服务</td></tr>
</table>

资料来源：滨海新区国际健康产业园研究报告课题组整理

（2）国内医疗城的发展模式与经验。

近年来，我国医疗产业集聚发展模式逐渐趋于成熟。下面以表格的形式对国内著名医疗城的规模、定位、功能分区、发展模式、发展现状等作出梳理。

国内医疗城的发展模式及经验借鉴

健康产业园	规模	定位	功能分区	政策	运作模式	发展现状
成都国际医学城	总用地 31.50 平方千米	以健康服务业为主导、多产业共生的国际化现代服务产业新区	医疗产业区、康复养生区及商务配套园三大功能板块	属于温郫都国家级生态示范区腹心地带	采用“A 平台+B 公司”的市场化专业合作运作模式	提高成都以及整个西南地区的医疗服务水平，带动成都现代服务业进一步发展，进一步提升温江区的影响力和综合实力
燕达国际医疗健康城	占地约 80 公顷	“服务大众、面向高端、走向国际”的大型绿色生态医疗护理和健康养护基地	五大版块，包括：燕达国际医院、中老年健康养护中心、医学研究院、医护培训学院和国际会议中心	属于北京东燕郊经济技术开发区	由燕达集团进行管理与经营	良好的区位和自然环境解决周边城市高端海外人士就医、养老的问题，开创“医、护、养、学、研一体化新型服务模式”的先河

资料来源：滨海新区国际健康产业园研究报告课题组整理

3. 规划布局与系统分析

（1）国际医疗城的发展方向与定位。

国际医疗城建设是推动汉沽街城市发展的重要引擎。国际医疗城东至沽城路、南至津汉快速路、西至汉蔡路、大丰路，北至海口街，规划用地面积 242 公顷。结合新区总体发展规划、北部宜居旅游片区规划定位、汉沽街产业结构等多方面因素，规划优先在医疗城北区发展医疗和养老产业，同时吸引社会资金、相关企业进驻。

① 空间结构与周边规划。

滨海新区国际医疗城在选址上结合区位、交通、总体环境、配套便利性、权属实现可能性、涉及利益主体复杂性等因素，最终确定为北部宜居旅游片区。周边旅游资源丰富，交通便利；服务业、制造业规模集聚，拥有良好的生态环境；远期向天化搬迁区、泰达现代产业园、泰达慧谷方向拓展，逐渐形成东西向的健康产业发展带；与茶淀农业区、杨家泊农业区以及南部的渔港工业区、生态城和旅游区相互促进、协调发展，形成“一带五区”总体布局结构。国际医疗城选址于汉沽街，有助于解决新区北部产业结构单一、经济发展相对滞后的问题，促进汉沽街及周边街镇经济发展；有助于打造靓丽的国际“健康”名片，树立生态旅游片区新形象，推动新区“北旅游”产业功能的实现；有助于健康产业发展，培育新的经济增长点，对新区产业结构优化，经济发展方式转变，对区域经济发展起到促进作用。

② 功能分区。

本次城市设计在上一版规划实施的基础上进行布局调整与功能整合。最初构想是尊重盐业历史文化，运用“地景记忆”的理念，开放空间的建立和路网形态的梳理均顺应盐田

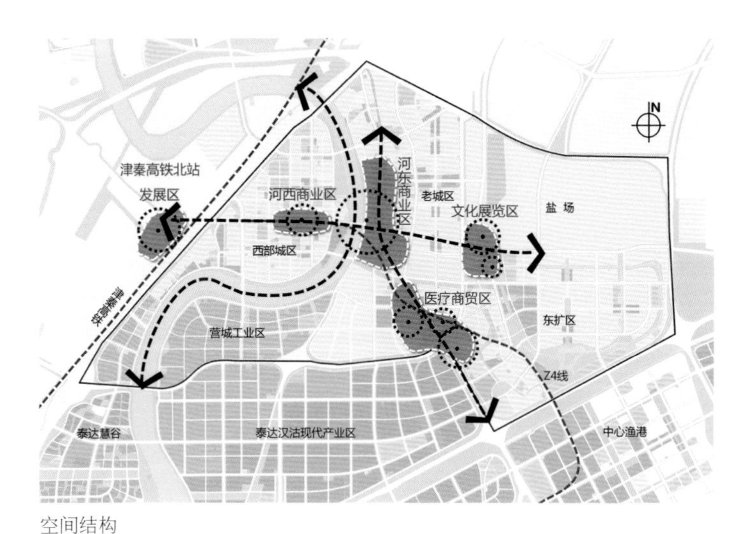

空间结构

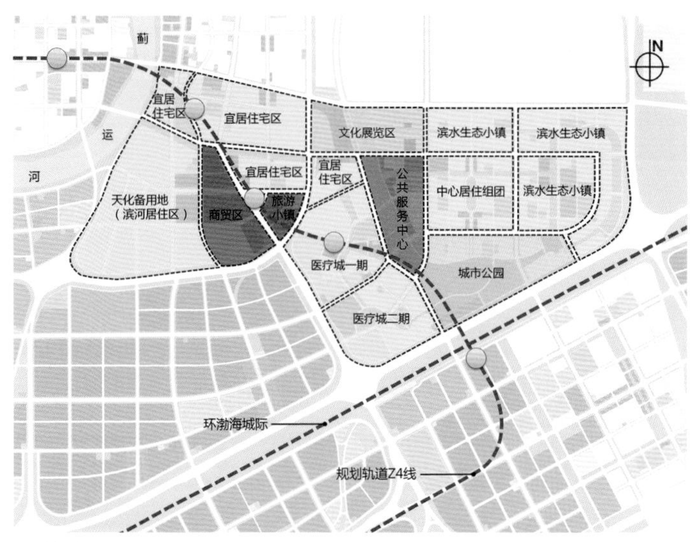

周边规划

水渠的肌理，道路形态采用折线形式。但在落实控规的过程中，交通受到道路转弯半径规范的限制，无法真正做到保留地景特征。于此，本次城市设计重新梳理路网并在健康产业的构成上重新划分国际医疗城核心功能，即医疗模块，包括各类医院；养老模块，包括养老机构和养老公寓；保健康复模块；居住模块；研发培训模块；商业配套模块。

根据新区健康服务集群构成的大致情况，新区规划充分考虑产业集群的空间布局、核心设施载体及功能构成。核心功能的划分结合健康产业的产品链和医疗城的建设规划，即集产、学、研、文化娱乐等于一体。但是，核心功能的设施，不能仅仅围绕六大模块进行设计，而应全面衡量各功能模块的相互影响。

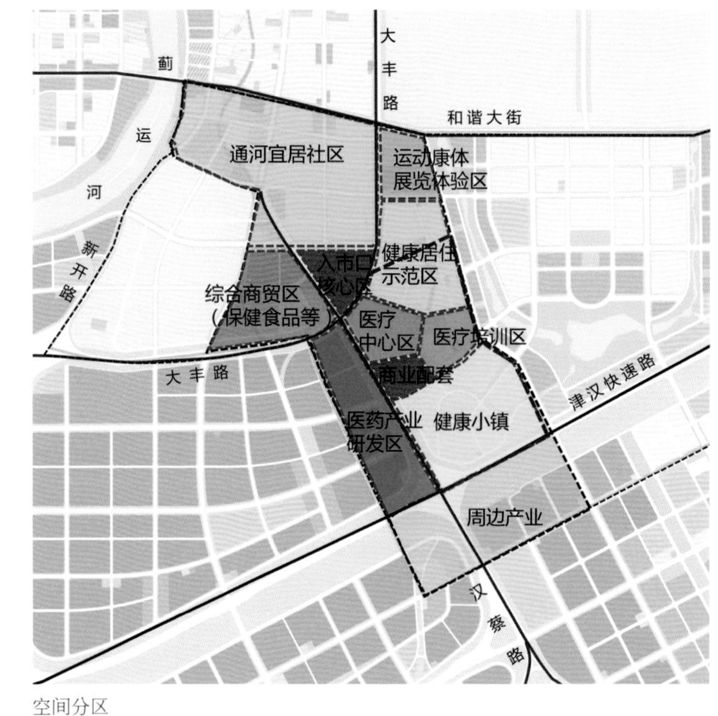

空间分区

国际医疗城的核心设施和核心功能

空间分区	核心设施	核心功能
医疗区	人性化综合医院	人性化、综合化医疗服务；专科、特色医疗服务；定制化、分层化医疗服务
	特色专科医院	
	个性主题医院	
保健康复区	慢性病康复医院	康复、疗养、保健、养生；常规检测、高端检测、一般护理服务、特殊护理服务、定制化护理；健康状态检测、咨询；主体健康提升
	第三方检测中心	
	第三方诊疗护理中心	
	健康管理专业公司	
养老区	医疗养生公司及会所	医疗养生、中医养生、生态养生、特色养生；主体健康提升规划；高端健康提升服务俱乐部；养老服务、医疗抗老；医疗整容与美容
	银色年华服务集团	
	医疗及专业美容院	
居住区	健康小镇及生态宜居	为医疗城工作人员提供生活住宅
研发及教育区	科研机构、医学院、教育培训集团	健康管理人才的培养与培训，人才交流与服务
商业配套区	快捷酒店、健身中心、生活服务业机构及设施	综合商务服务功能，提供高效和高质量的配套设施等

资料来源：滨海新区国际健康产业园研究报告课题组整理

③ 综合交通及生态系统。

国际医疗城区位交通条件良好，周边包括津汉快速路、中央大道、海滨大道、汉蔡路、大丰路、津秦客运、环渤海城际、京山铁路、规划轨道Z4线等重要的城市干道和轨道交通。城市道路：国际医疗城东临纵向主干道，南临津汉快速路，西邻汉蔡路、大丰路等重要城市干道，依托津汉快速路约40分钟到达天津中心城区，依托汉蔡路、中央大道、海滨大道约30分钟到达滨海核心区。轨道交通：轨道Z4线直达滨海核心区，加强与核心区的联系，同时可与环渤海城际站点进行换乘。轨道交通线位于景观廊道内，并采用高架的形式，保证景观廊道的完整性，有利于生态环境保护并发挥景观廊道的作用。

慢行系统：公共交通结合天津医科大学总医院滨海医院和养老社区等公共中心及社区中心，形成若干换乘点，加强了站点周边用地开发强度，提高用地使用率；围绕规划范围内日潭和月湖景观节点，形成连续的慢行系统，并包含多个主题功能区，如滨水商业街、滨水景观带等。社区级：结合多功能景观绿带设计，在其两侧形成连续的景观廊道空间。邻里级：利用邻里内的商业步行街道（12米道路红线），连接主要的慢行系统与公共交通站点，可达性较强，与居民的日常生活联系较为密切。

通过梳理现状河道，规划力求加快医疗城生态湖泊及周

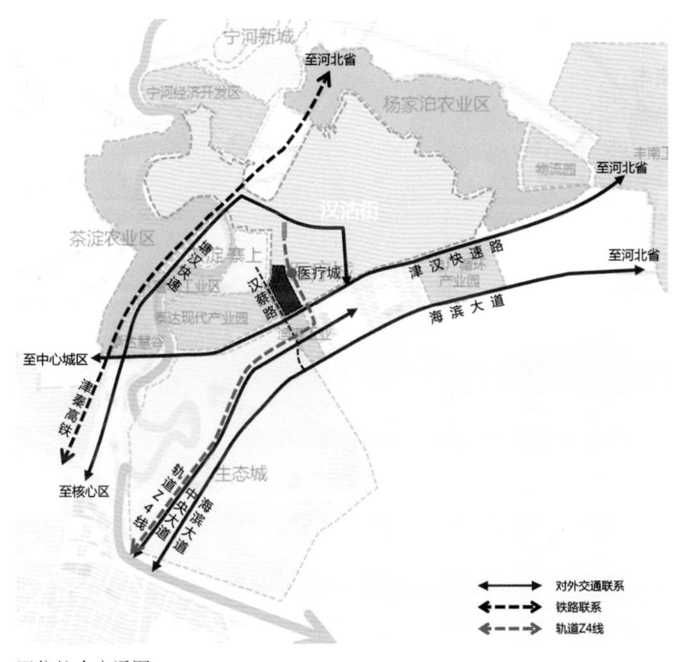

区位综合交通图

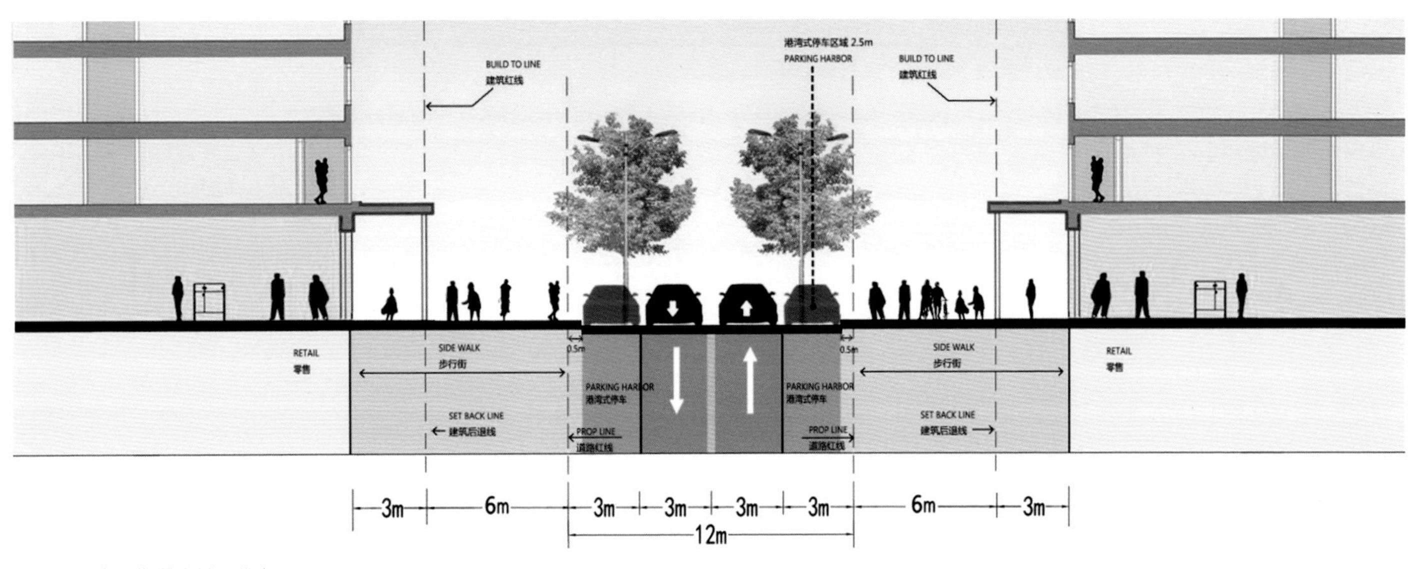

12米步行商业街道路断面设计

边水网建设，形成“两横一纵”的生态水网系统，构成“三横两纵”的绿化网络，建设主体鲜明的城市级绿地公园和若干社区级公园，提升生活环境品质。

区域水系联通：规划范围内有日潭和月湖两条规划湖泊，作为连接蓟运河与中心渔港水系走廊的重要景观节点，对国际医疗城开敞空间布局起到决定性的作用。

景观廊道规划：结合日潭和月湖水系，建立水岸特色的宜居综合社区，配合水系景观建立高档养老院、养老社区及康复中心；整合空间分布上较为孤立和分散的生态景观，在空间结构上，纵横交错的廊道和生态斑块构成医疗城生态网络体系，使城市生态系统基本空间格局具有整体性，系统内部高度关联性。

（2）国际医疗城的开发时序。

国际医疗城建设从传统医疗综合体导入，先打造园区雏形，形成以医疗为核心功能的综合体；促进医疗机构、科研机构、大学、企业、服务机构之间的协调；以周边商业居住为重要平台，带动周边其他产业链的发展。

规划力求打造一个以医疗为核心功能的综合体，形成内向多极复合型的医学集中发展区，同时引入一定的城市功能元素，拓展医疗城与外部产业的联动，并且与居住、商业、旅游功能融合，形成可持续发展的协同共生型医疗城。国际医疗城力求突出“完整的医疗服务解决方案＋分层化医疗＋高品质医疗”特征，包括综合医疗、专科医疗、特色医疗、定制化医疗、专业护理等。根据以上分析，在国际医疗城开发建设初级阶段，应首先启动天津医科大学总医院滨海医院及医疗配套建设（滨海医院专家楼、养老社区、高档养老院、养老公寓、康复中心、商业配套设施），再逐步启动特色专科医院、南开大学健康管理学院、健康小镇的开发建设。

（3）国际医疗城的启动建设。

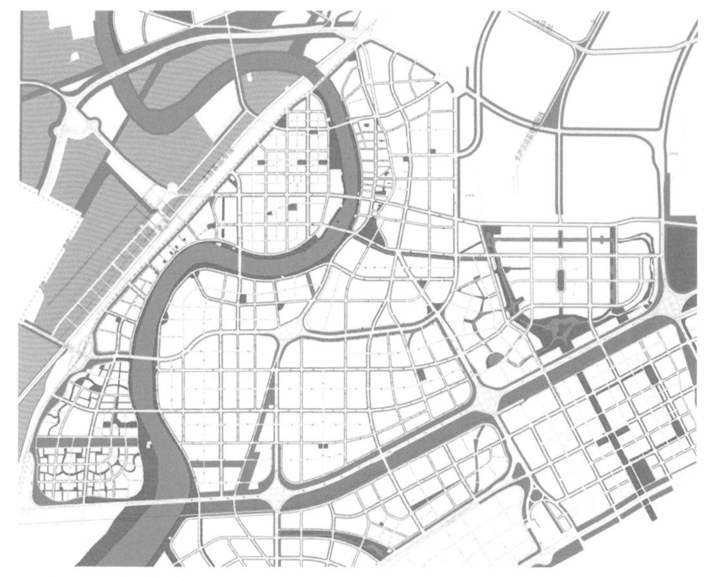

水系及景观廊道规划图

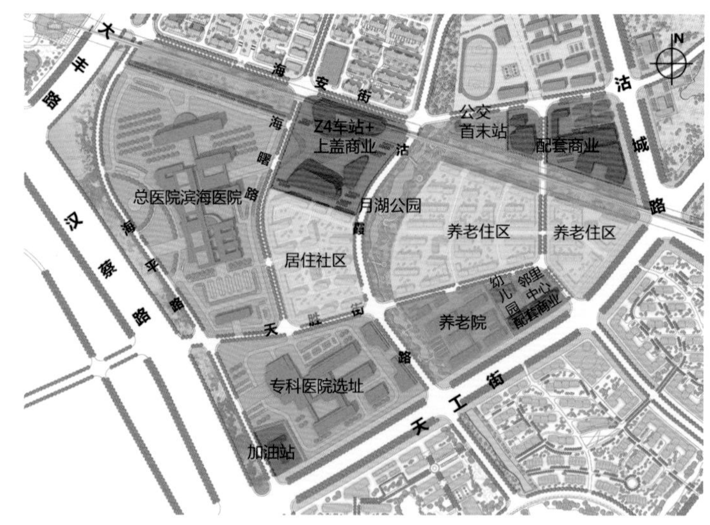

启动器功能分区

规划力求依托汉沽医院医疗资源，借助天津医科大学总医院的医学科研优势，在国际医疗城建设一座集医疗服务、人才培养、医学科研等功能于一体的大型综合三甲医院——天津医科大学总医院滨海医院。滨海医院位于汉沽街滨海医疗城北区，紧临汉蔡路和大丰路，规划总建筑面积约 15 万平方米，规划床位 1200 张。分两期建设：一期工程建筑面积约 11.55 万平方米，二期工程建筑面积约 3.45 万平方米。

规划定位：建设国际一流的安全高效、花园式、绿色大型现代化医疗中心。

滨海医院总体规划为半集中式布局，医疗流程短，医患就诊效率可大大提高，在平面布局上采用多元化医疗主街，方格网交通脉络清晰，就医路线简洁明了；在功能布局上采用先进的设计理念：急诊绿色通道、双通道、ICU 岛式布局、手术室梳状布局等；在工程实施中采用先进的技术措施：气动物流、小车系统、垃圾被服收集系统、移动监测系统、远程医疗等。

规划方案绿化率达到 40%，力求打造多层次的园林化景观（广场绿化、庭院绿化、中庭绿化等）；将咖啡厅、休息厅等公共空间引入医院，营造宜人的室内空间，削弱医院的冷漠感；采用半集中式布局，节约用地；门诊、急诊、医技空间紧凑，节约能源；病房中日照充足，通过庭院实现通风采光，减少能耗；采用绿色新技术，如太阳能光伏发电、雨水收集、双层呼吸式玻璃幕墙、遮阳措施等；根据项目的实际情况，采用可行先进的绿色技术，如冰蓄冷等。

三、几点思考

1. “生存型需求”向“发展型需求”转变

“发展型需求”的核心特征是提升人们的生活质量。在这一阶段，教育、医疗健康和休闲将成为新的增长点。当前，

天津医科大学总医院滨海医院鸟瞰图

我国医疗健康需求在经济快速增长、城市化、老龄化、收入分层化等众多因素作用下呈现出爆发式增长态势和多样化特征。

规划力求通过政府扶持、注入发展原动力、捆绑大企业共同运营等措施，使园区实现高起点发展，保持长久的竞争优势；打造健康服务业创新综合体，围绕生命全周期管理价值链，建设新区健康园；注重高端医疗服务向前、向后拓展，培育各个主体间的内在联系与合作，而不是导入恶性竞争。

2. 养老产业发展新动力

养老产业作为医疗城发展的一个核心环节与优势，应将全面的健康管理服务融为一体，发挥产业园健康管理的集群优势。由此养老产业可体现竞争优势与特色。新区政府应不断推进养老服务体系建设：一是建立适度普惠性社会福利制度；二是推进养老产业健康发展，鼓励社会力量兴办养老产业，提升专业服务质量。

3. 提供“一站式”服务，减少内耗

医疗城经营成功的关键在于管理架构的搭建与运营模式的选择，管理架构与运营模式二者选择得当，适应并抓住健康产业的发展机遇，是保证医疗城经营成功的核心。

组织管理结构既保证园区发展战略定位以及大的发展方

向得以落实，又保证园区发展适应市场发展的弹性，不干预企业和主体的正常经营；聘请业内资深人士的顾问团队，设立园区“专家咨询委员会”，为园区发展战略及大的方向提出专业性意见；组织管理机构与企业建立对话平台，关注企业发展，注重解决企业发展过程中的难题，发挥新区已有产业基础优势，将健康管理服务中的核心环节作为培育核心竞争力的突破点。例如，采用云技术，建立以“大健康数据管理系统”为支撑的高端健康检测、诊疗、护理、康复等全周期、全流程服务产业链，打造国际一流的健康服务示范区。

国际医疗城平面图

第七节　多种契机催动的新城区实践——大港港东新城城市设计提升

谢沁、周威

一、新城崛起

大港区位于滨海新区南部，辖区 1100 平方千米。大港原是津南区的一部分。20 世纪 50 年代，大港油田开发建设，同时启动大港城区的建设。大港独立设区后，经过多年发展，成为天津市重要的重工业基地，辖 5 街 3 镇，2005 年全区人口达 44 万。

港东新城的提出和建设是原大港区区委区政府拓展城市规模、提升城市品质的重要战略举措。2005 年，大港区政府组织了港东新城控制性详细规划的竞标工作，并奠定了港东新城整体空间构架的雏形。2008 年，市重点规划指挥部组织了大港城区的总体城市设计（包括港东新城），用于指导当时的控制性详细规划的编制和开发建设。

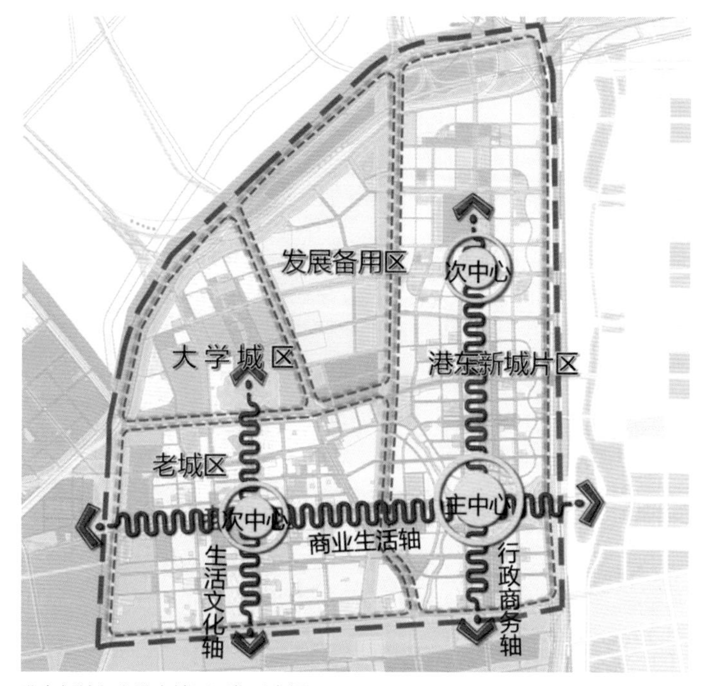

港东新城与大港老城区区位示意图

2008 年港东新城城市设计效果图

港东新城建设速度过快催生的大批新建住宅

港东新城占地 1296 公顷，从 2006 年启动建设，在短短几年的时间内，迅速从平面走向立体。城市建设如火如荼，速度之快令人始料未及。伴随着一条条道路的形成，一座座建筑拔地而起，港东新城的轮廓逐渐显现，一座承载着许多人希望的新城变得真实可见。但由于城市建设速度过快，滨海新区整体发展战略调整，港东新城在环境品质、城市形象、功能业态等方面也出现了一系列新问题，由此也催生了本次港东新城的城市设计。

二、规划回顾

1. 挖掘市场需求，推动城市转型

一座新城的建设，通常会给予很高的期许和定位，港东新城也不例外，在它建城之初就被定位为大港区新的行政文化中心、商务商业中心。自 2010 年以来，滨海新区先后进行行政体制改革，撤销塘沽、汉沽、大港三个行政区，建立滨海新区政府，滨海新区的总体空间结构和功能布局都发生了变化，大量商务商业功能向滨海新区核心区、中部新城集聚；此后，2013 年滨海新区实施第二轮的行政体制改革，撤销大港区工委和管委会，由天津滨海新区区委、区政府统一领导街镇，大港区和港东新城缺少原有的管理机构和体制。港东新城的发展背景出现重大变化。自港东新城开发建设至

港东新城城市设计平面图

今，90% 以上的出让和建设用地都是居住用地，配套还不完善，商业和商务办公用地的出让和建设规模相对较小，许多空地与建成的居住小区比较杂乱。港东新城的建设现状既有改革的原因，也有市场需求变化的明显趋势，为本次城市设计提供了一些新的启示。

随着形势和市场需求的变化，本次城市设计力求弱化行政文化和商务功能，以建设滨海新区南片区内最宜居城区为目标，通过优化功能结构，完善配套设施，吸引社会各阶层人士在港东新城落户，打造美丽和谐的宜居城区，成为滨海新区南部的一大亮点。

2008 年港东新城城市设计平面图

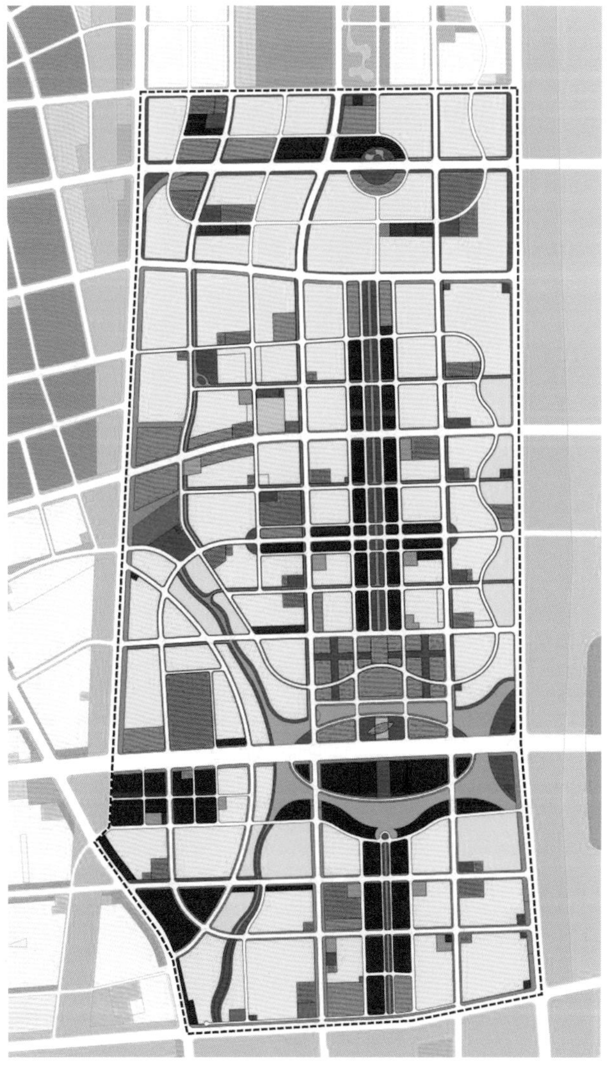

港东新城原控制性详细规划图

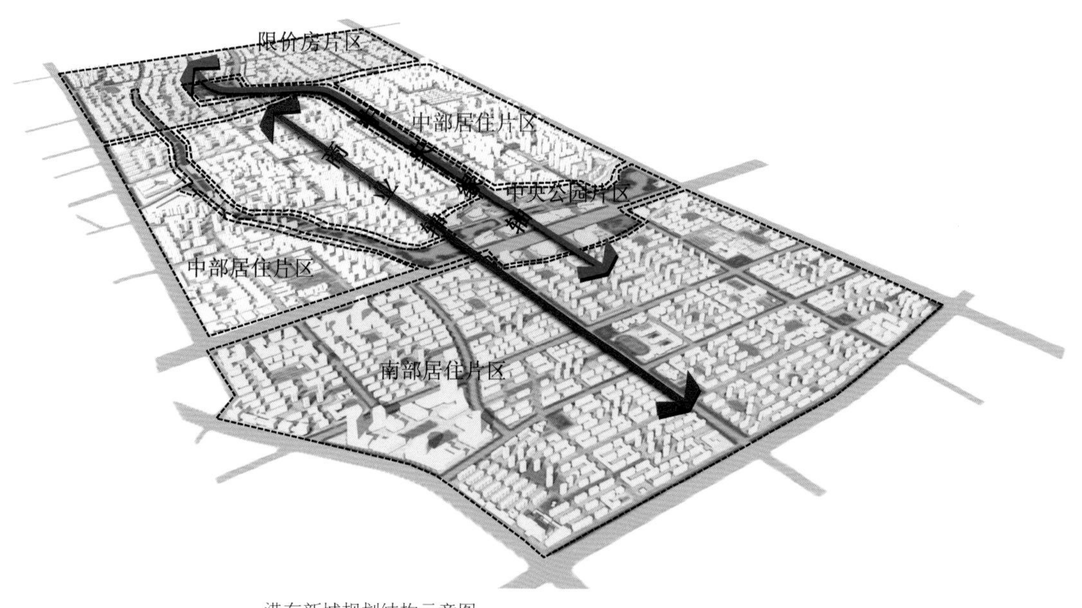

港东新城规划结构示意图

2. 创新设计理念，塑造特色格局

上一版城市设计规划在港东新城内部形成一条南北向综合性“都市服务走廊”，即一条城市轴线串联多个城市中心。然而，随着港东新城规划定位不断明确，本次城市设计围绕“宜居”的核心目标，强化生活环境和生活服务的双重职能，在塑造城市格局的过程中，突破上一版规划的设想，打破一条城市轴线的束缚，提出南北向“双轴”的城市设计理念，即依托中央绿带，形成“绿轴”，延展城市的公共活动空间，带动城市的健身休闲活力；依托城市主干道形成“商业轴”，组织城市的居住生活空间，带动城市的商业休闲活力。

至此，这里将形成港东新城独特的“双轴”结构，即二维平面平行的绿化中轴和商业街，在三维空间上，成为搭建城市整体的重要骨架，共同串联城市的居住组团，构成景观与活力并存的城市空间格局。

3. 结合用地实际，规划开发布局

港东新城规划范围内用地权属情况比较复杂，如果不考虑土地开发的实际情况，那么设计方案只能是“纸上谈兵”，不可能实现。本次城市设计特别注重规划设计与开发实际相结合，将用地权属与现状已建、在建路网作为规划设计的约束条件，在规划设计过程中，与其他设计单位和建设单位密切联系、沟通协调；结合现状和在建市政工程管线，以及用地权属的边界进行道路网规划，考虑土地出让的可能性，布局城市各项功能，最终形成操作性较强的城市设计方案。

与此同时，片区将限价房建设作为近期开发的启动项目，继续完善与周边住区相配套的公共服务设施；中片区在现有基础上继续完善提升，重点进行中央绿带周边地区和商业街的建设，促进“双轴”空间结构的形成；南片区由于用地权属比较复杂，近期以土地整理和储备为主。

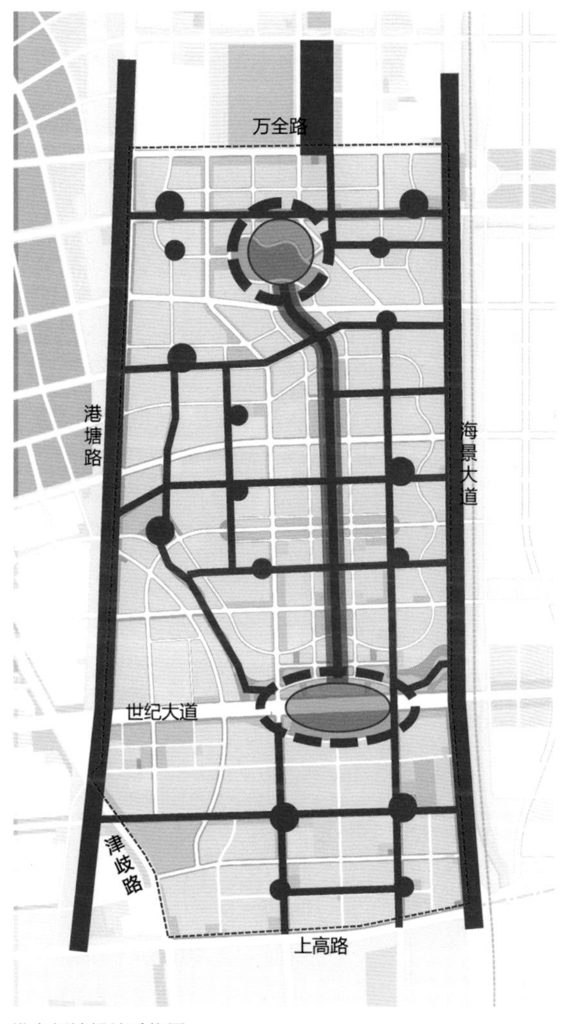

港东新城绿地系统图

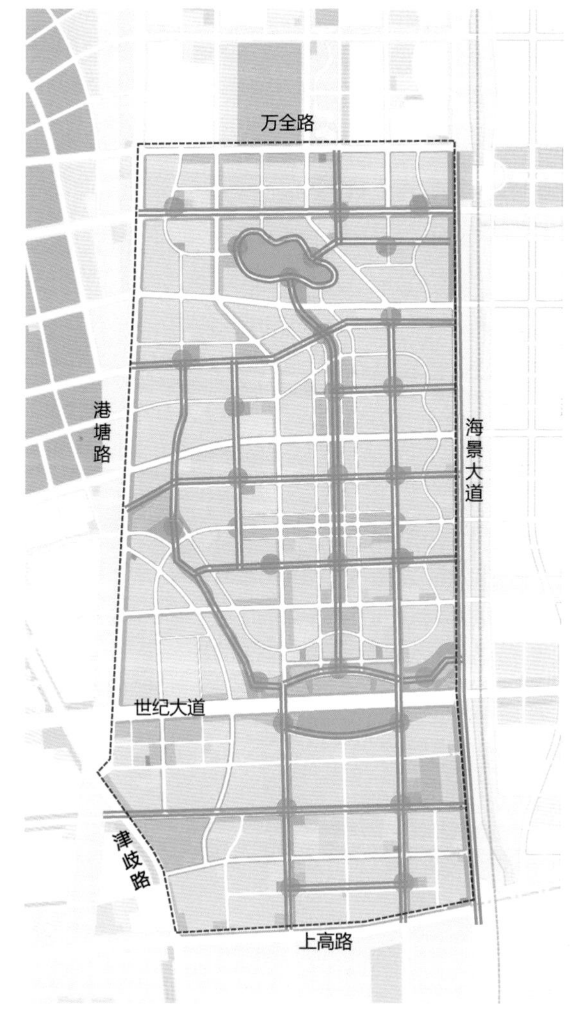

港东新城慢行系统图

4. 构建生态网络，打造宜居环境

近几年，我国很多地区的城市都不同程度地陷入雾霾的生态困境，人们越来越渴望生活环境和生活质量的改善。港东新城作为滨海新区大规模产业集聚区的邻近区，打造良好的生态环境，并以此作为重要的吸引点变得尤为重要。本次城市设计依托城市格局，力求构建横纵交织的公共绿地网络；通过绿地网络，使生态环境与城市空间紧密相连，彰显“城中有绿、绿中建城”的生态形象；使居民不出 400 米就能满足最基本的休闲散步需求；结合新城空间尺度，在中部规划长达数千米的城市公园，以此作为港东新城最重要的“生态绿肺”以及港东新城人们休闲、游憩的主要载体；借助城市公园，带动周边地区低密度高端住宅的开发，拉开住宅市场的档次，活跃市场供需；以公园作为城市住宅布局疏密有致的段落节点，提升港东新城的居住生活品质，开拓与“水泥森林”截然不同的另一片天地。

5. 彰显城市活力，塑造宜居空间

从国内外城市的建设经验看，城市的街区尺度越小，越利于促进城市居民的出行，并创造更多的人与人交流的机会，从而营造充满活力的宜居氛围。港东新城城市设计试图改变目前大部分是高层住宅的做法，传承老城区多层建筑的小尺度街区，打造尺度宜人的步行空间。另外，城市的活力往往通过公共生活加以体现，而商业、办公等承载公共生活的空间载体往往需要更加便利的交通条件。简 · 雅各布斯曾说过，如果一个城市的街道显得呆板，那么这个城市就会很呆板。很明显，城市街道空间对城市活力的塑造具有重要作用，国内外一些充满活力的城市也越来越看重这一点。港东新城城市设计结合路网结构和功能布局，形成若干条连贯的商业街，并布置不同级别、不同形式的商业设施，既为城市聚集人气、增加活力，又丰富城市公共空间的形态，增强公共空间的可识别性。

三、未来展望

一座新城要有自己的个性和特征，要顺应当代社会、经济、文化的发展趋势，更重要的是，为人服务，满足人们最实际的生活需求。港东新城从无到有，最重要的并不在于为人们建设一座"纪念碑式"的宏伟城市，而在于为其打造一座舒适宜居的城市。在这里，人们可以生活得很舒适、很健康、很安逸。

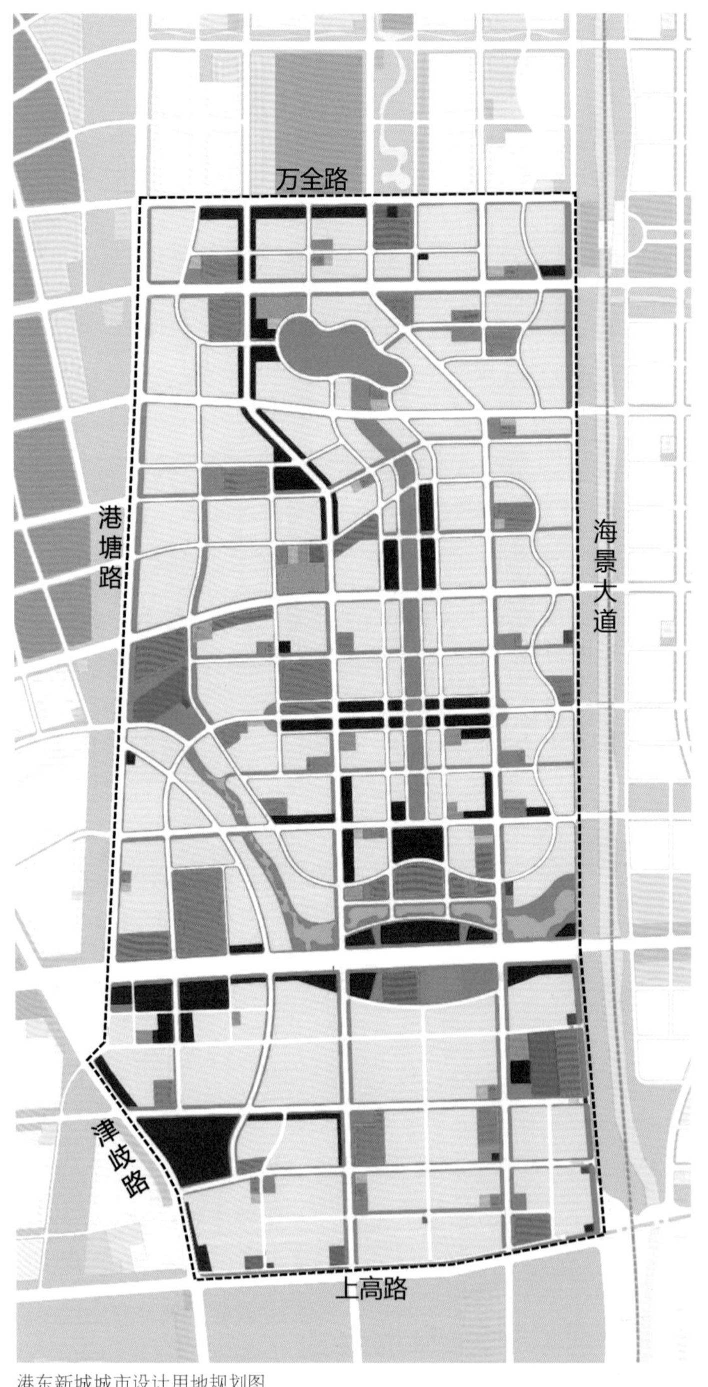

港东新城城市设计用地规划图

第四章　历史保护区的城市设计

引　言　守护历史的印记

滨海新区被视为一座盐碱地上建立的现代化新城，而这并不意味着它没有历史与过去。与之相反，这片土地承载着独具特色的历史遗产与文化脉络：从临河傍海形成的渔盐漕运文化到应洋务运动而生的近现代工业文明标识，从独具特色的湿地古海岸生态肌理到见证近代侵略抗争史的海门屏障，从拥有千棵古树的百年枣庄到至今仍保持传统打鱼作业的天津最后一座渔村，滨海新区的历史遗产为这座新城增添了不一样的历史底蕴，更为其未来塑造多元化的城市场景提供了可能性。

有别于天津主城以历史建筑及街区为主导的历史遗产，工业遗产、军事遗产以及古村落是构成滨海新区历史遗产的三个主要方面，其中工业遗产的数量最多，新区内共计29处，主要集中于海河下游两岸，包括以船舶航运业为中心的北洋水师的大沽船坞、新港船厂、多处码头渡口，以及近现代工业的代表——天津碱厂、黄海化工学社等。这些历史遗产见证着滨海近代船舶航运业及民族工业在历史上的蓬勃兴旺。

2012年，滨海新区规划与国土资源局组织编制《滨海新区的工业遗产保护规划》，确定新区需要进行保护的工业遗产，同年对南站、大沽船坞及新港船厂进行城市设计方案国际征集。对工业及军事历史遗产进行功能的更新置换，并为其营造在新时期下可持续发展的环境是城市设计者亟须解决的议题，下文中关于工业遗产延续的探讨也由此展开。

村庄文化的传承对于城市设计者来说更是一个挑战，比起物质遗留的传承，在滨海新区城镇化的大潮中保留原有村落的韵味是城市设计者追求的目标。下文以两个特色小村庄为例，展示滨海新区作为一个新区如何守护它的美丽乡土。

第一节 文物主导的街区塑造——塘沽南站地区城市设计

毕昱、陈雄涛

中国城市正处于快速发展期，高密度快速开发是今天最常见到的状态，原有的肌理、文脉和历史在发展中稍不留意便转瞬即逝，匀质刚硬的高层塔楼矗立于每座城市，形成了机械化的秩序，统一的都市形象令城市失去了丰富性和归属感 。诚然，现代化城市的建立是经济发展所必需的，但是在这个过程中，规划者正不断尝试通过设计传承历史。本案以于家堡南站历史更新设计为例，展开探讨，高层林立的塔楼成为南站历史街区的宏大背景，而更新后的南站地段为快节奏的现代化城市生活预留了一个“喘息”地带。过去，保护历史遗产常常被视为一种责任，但在这里，它们更是历史赐予人们的一笔财富，令塔楼林立的金融区具有丰富性，在柔化原本刚硬的都市秩序的同时，彰显一座城市与众不同的特征。

20 世纪 30 年代的于家堡南站

一、背景概述：历史上的南站

于家堡南站原名“塘沽南站”，为天津十大不可移动文物之一，始建于 1888 年，由英国工程师金达设计，位于京山线 177 千米处的塘沽站支线上。南站是中国铁路建设的重要历史节点，在洋务运动时，李鸿章以“便商贾，利军用”为由，上奏朝廷，把中国第一条标准轨距铁路唐胥铁路延伸到塘沽建站，天津从而成为中国首个使用标准轨距铁路的城市，由我国工程师詹天佑先生完成从塘沽到天津的铁路敷设，同时它也是中国第一条“官督民办”的民营铁路。塘沽南站位于海河左岸，与海河口码头直接接驳。这条铁路为天津港的进出港口贸易做出了重要贡献，第一年铁路的运煤收益达客货总收入的 60%。自 20 世纪 80 年代起，南站的客运功能不断提升，最多时每天从塘沽南站到天津站间对开 4 趟，缩短了天津市区与塘沽间的距离，乘坐着由南站开出的火车晃晃悠悠来回于天津的情景成为许多当地人心中亲切而难忘的回忆。

于家堡南站地区城市设计平面图

二、新的机遇

2004 年南站的客运功能正式结束。2006 年滨海新区被正式纳入国家发展战略，成为综合配套改革试验区。2006 年 2 月，天津市政府批复了滨海新区中心商务商业区总体规划，于家堡金融区正式确立，而塘沽南站正位于于家堡金融区北部片区内。2008 年，于家堡金融区起步区塔楼破土而出，于家堡高铁站在南站附近选址动工，南站对岸的响螺湾商务区高楼林立。由原有的村落及普通住区变化为高密度的金融商务核心区，南站的周边城市结构在短时期内发生巨大变化，承载着当地人情感的南站更新保护设计成为规划者亟待解决的问题。历史遗存如何在高密度快速开发区域中继续“生长”成为本案探索的关键。

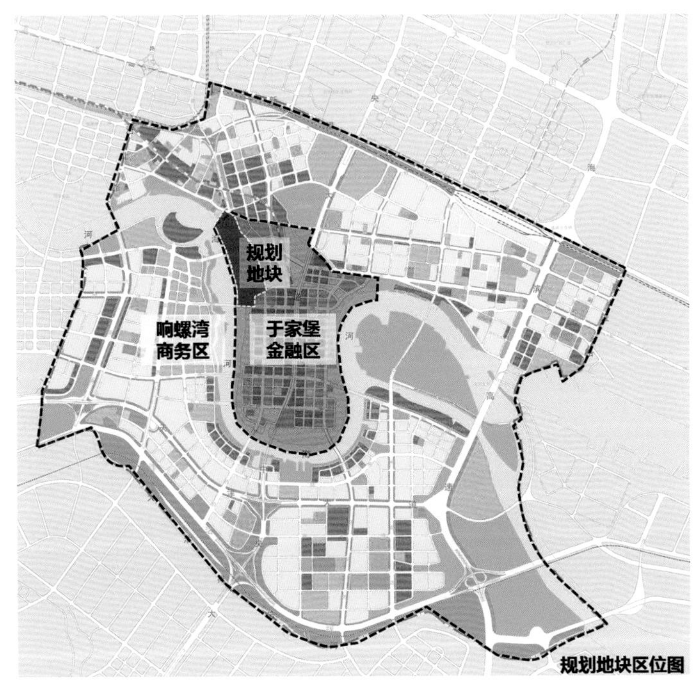

南站的区位及与周边关系

三、南站历史保护策略的选择

历史建筑街区保护策略的发展经历三个阶段：独立的建筑单体或历史遗存保护—建筑与周边空间环境的整体保护—为历史建筑街区构筑一个可以融入当代肌理的城市环境。前两种策略单纯保护建筑的美学价值和历史价值，历史建筑或街区孤立于现代城市环境之外，两者无法进行有效对话，历史街区的肌理结构发展停滞；第三种策略为其构筑一个融入当代肌理的空间环境，与现代城市肌理共同形成一个多元互融的丰富空间，历史建筑的更多价值，如社会价值、文化价值、城市文脉价值、场所感价值被激发出来。

本案力求通过第三种策略为南站构筑一个与现代城市肌理有效对话、积极互动的空间环境，“将保护从保存历史的概念中解脱出来”，以历史街区空间的塑造为目标，展开南站地区的保护更新设计。

四、南站历史空间营造策略

1. 功能更新与融合

在展开具象的空间设计前，规划者需要对南站历史街区重新定位，协调“历史建筑群所能提供的服务与现代人的需求”之间的矛盾，这种矛盾来自城市结构中（经济）活动所发生的变化。于家堡南站所处的区域借助上位规划的策略而迅速发展为一个金融商务核心区，单纯保留南站原有功能或作为历史建筑保护将使其脱离城市环境。

南站周边的功能分区包括高密度开发的塔楼群、大型商业中心和重要的交通站点，功能分区的逻辑性因交通发展和对土地的高价值利用而得到强化。由于滨海新区的新城背景，这种分区虽然明确但却在某种程度上缺乏旧区城市中心所拥有的复杂性和生动性，南站功能的更新为这种混合性的加入提供一个良好的切入点，可柔化原有明确分区带来的生硬感。

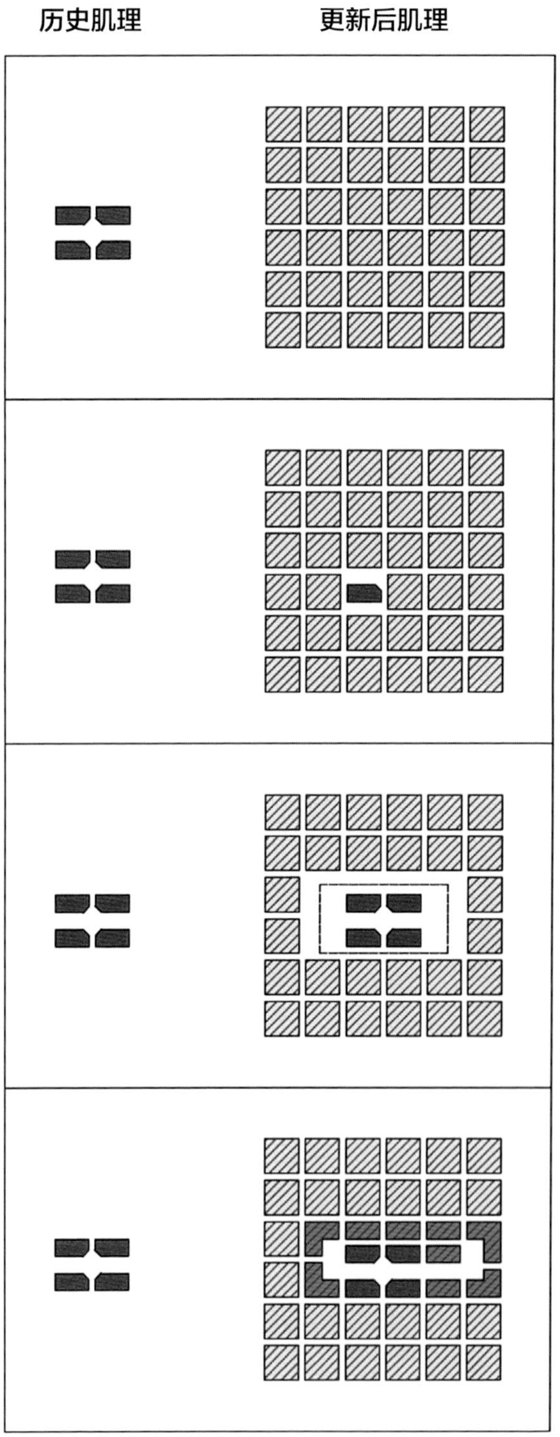

历史肌理　　更新后肌理

未对历史建筑及肌理进行保护，整体被新城肌理所替代，形成单一匀质的现代城市肌理。

历史保护策略发展的第一阶段：对某个重要的单体遗存进行保护，其他依旧更新为现代肌理，仅保留建筑美学价值，文脉和场所感等其他价值流失。

历史保护策略的第二阶段：重视历史建筑群及周边环境的整体保护，但历史肌理与现代肌理缺乏有效“对话”，历史街区被隔绝在现代城市环境之外。

历史保护策略的第三阶段：除了对历史建筑群及周边环境进行保护，有意识地为历史街区营造一个融入当代肌理的城市环境，实现自然过渡，更新后形成独具特色的肌理，新旧互融。

历史建筑街区保护策略分析概述

南站更新后的定位为：突出南站历史特色，以商业文化娱乐为主的综合性历史街区。相对于 CBD 内部分区的明确性，南站地块内部的功能更强调混合性，接近传统市场氛围，整个区域实现多种职能的融合，其中包括历史广场、餐饮娱乐、文化艺术、零售商业、精品酒店及公园等，营造出多功能混合互动的氛围；同时，将 CBD 的空间延展到水岸，实现金融区向水岸的功能自然过渡；特别值得一提的是，规划者在功能设计上注重对旧建筑的重新利用，再现其经济价值，可以以较低的租金为那些经济上无法获利但具有社会意义的活动在城市中提供场所，如塘沽协定遗址区建筑群改造的文化艺术区可为艺术创作者提供一定的优惠政策，促进地区范围内公益性功能的融入。

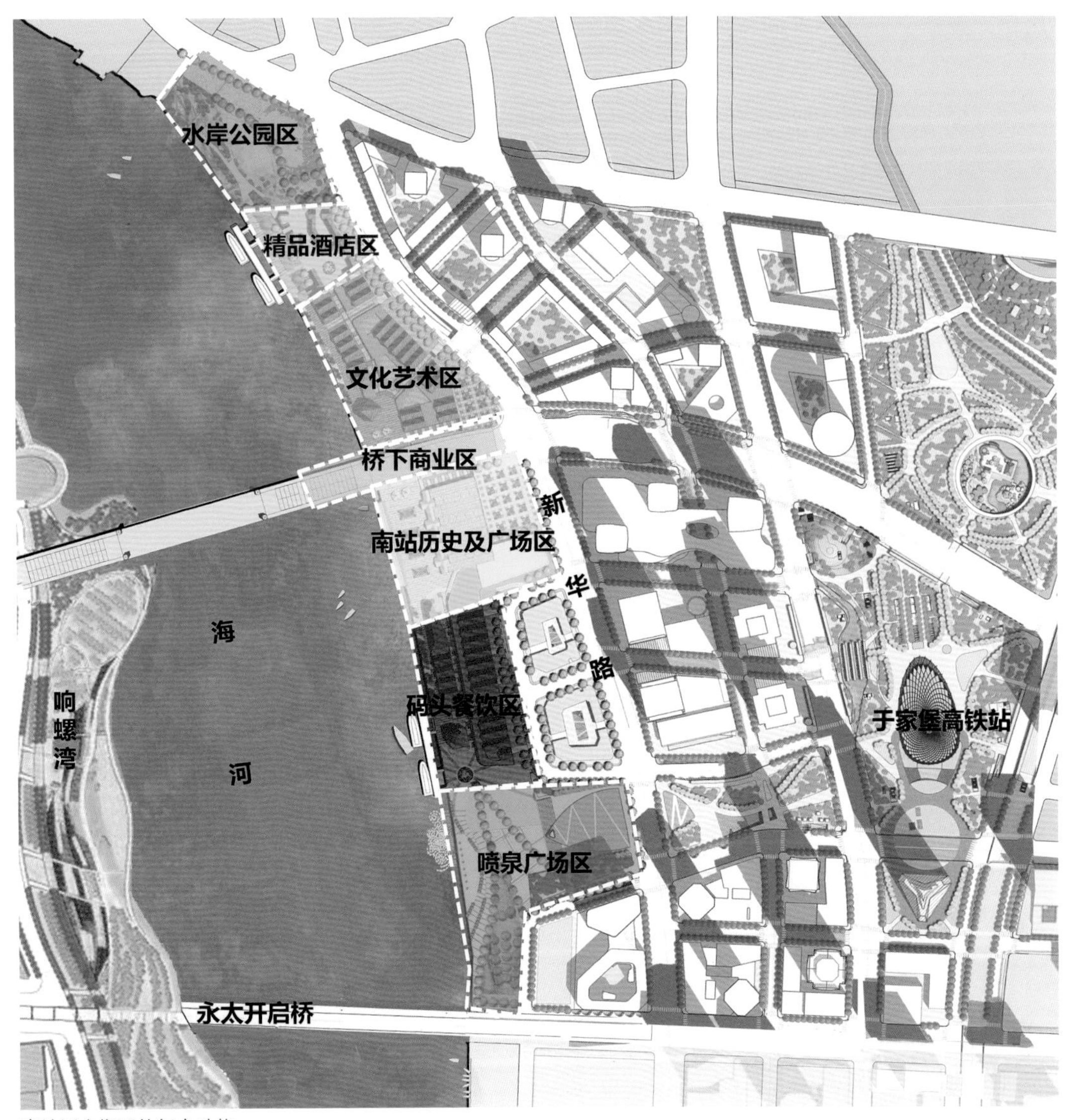

南站历史街区的复合功能

2. 空间尺度的选择

南站历史遗存保护面临的挑战之一是南站等历史建筑单体的体量相对于整个于家堡金融商务区的塔楼群而言过于单薄，历史建筑湮没在现代高层塔楼的背景中。针对这一问题，规划者展开案例研究，如新加坡的克拉码头规划、波士顿昆西市场地区规划等案例，在这些案例中，我们发现，历史街区的连续性和完整性可提升其横向体量感，并且与周边塔楼的垂直尺度形成鲜明的对比。规划者将这一策略运用于南站的案例，通过适当增补建筑，使南站地区形成平行于水岸的连续建筑群，营造水平连续的视觉效果，与具有纪念碑式垂直尺度的城市商务中心之间形成对比，形成令人印象深刻的多元化城市场景。

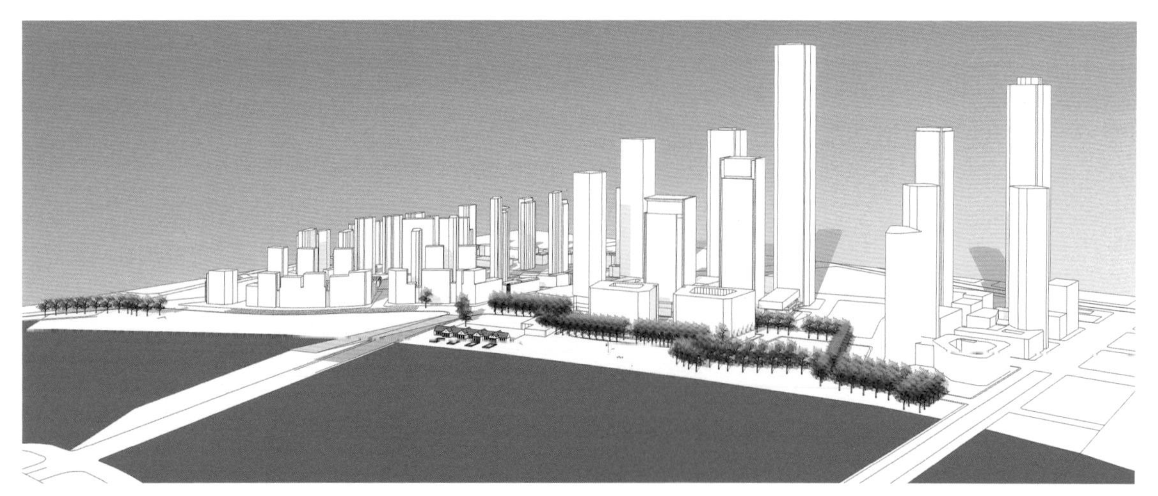

原有南站历史建筑在塔楼林立的金融区背景下缺失存在感。

南站历史建筑所处的历史街区是水平连续的，与金融区庞大的垂直尺度形成鲜明的对比。

3. 历史文脉的保护延续

南站历史空间塑造的第三种策略是文脉的保护和延续，注重历史遗存保护的真实性与整体性。真实性主要针对历史建筑而言，对其适度修整、功能更新而不破坏原有风貌；整体性强调基地各类型历史要素的完整保护，规划者在对基地深入解读的前提下将这些元素归纳为以下三种：历史建筑、工业遗存及非物质要素。工业遗存如铁路等在见证南站历史方面的意义并不亚于南站本身，而原有的渡轮市集等居民活动场所可借助规划者的设计得以重现，进而增强游览者对于历史街区氛围的感受。

规划突出历史南站的“铁路”的主题，以铁轨线为骨架，串联各节点（包括历史节点及新增节点），为传统活动预留空间，将站标、月台等历史关联性的元素融入整体设计，重要的历史建筑成为整个街区场所的焦点。不同历史要素的整体保护有助于营造具有南站历史文脉特色的空间。场所亲近感也有助于保持人的心理稳定，弱化物质环境的突变，在保护历史的前提下开创未来。

南站历史要素分类

历史要素分类	南站地区典型历史要素	示例	在南站历史场所营造中所起作用
历史建筑	塘沽南站历史建筑 塘沽协定签约旧址		重要的历史建筑，整个街区场所的焦点
工业遗存	京山铁路延长线		重要的工业遗存，串联整个街区场所的各个节点，整个街区场所的骨架
	月台及其他铁路标志		作为地区标识元素，分散于场所各处，激起人们对南站铁路历史的联想
非物质要素	渡口及相关水上活动		与渡口相结合，保留传统的渡轮活动，“慢”节奏的渡轮与现代“快”速发展形成对比，控制整体街区的氛围

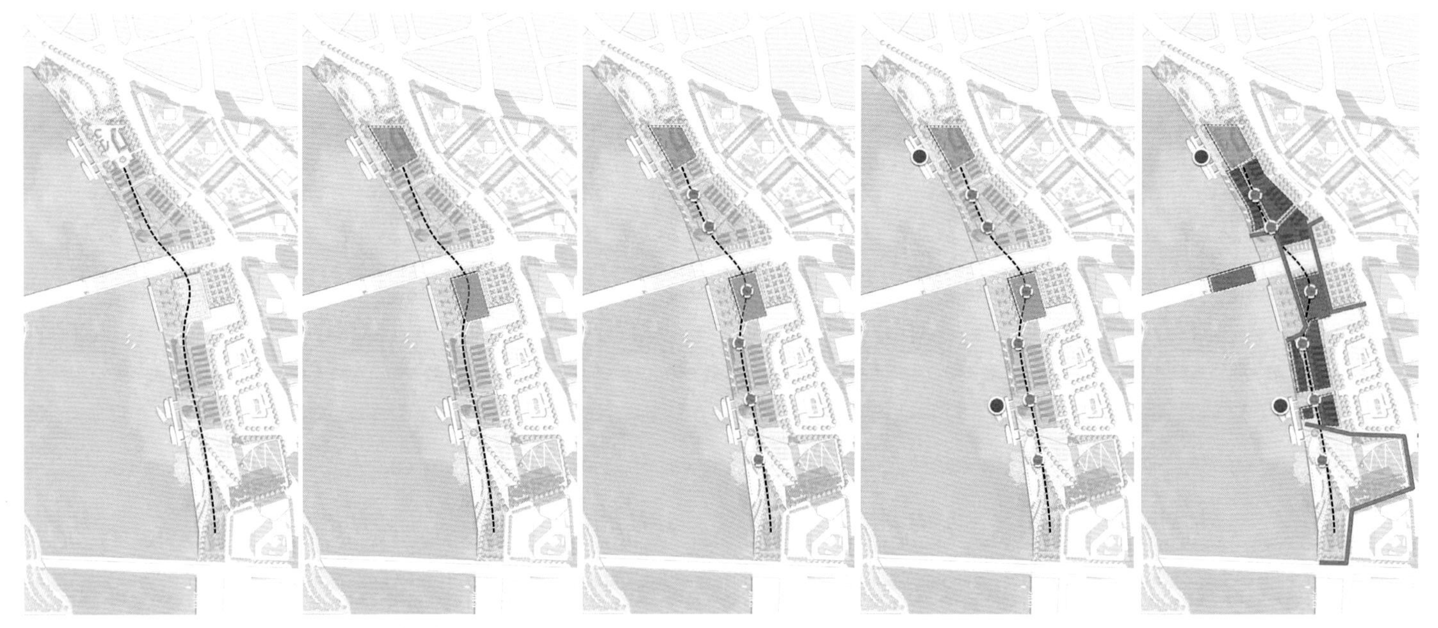

历史要素的整体保护有助于营造延续传统文脉的场所空间。

4. 街道氛围的营造

街道氛围的营造是街区空间塑造的重点，基地由内外两条主街导引构成亲切的步行环境，分别设立以下几个主题。

商业内街宽 10 ~ 15 米，沿铁轨两边布置传统特色商业及餐饮业店铺，限定内街空间，依据进入基地的人流方向并结合铁路历史标识设置入口广场、节点及标志物。内街的氛围更强调对当地历史的追忆联想，参考克拉码头商业街案例（街道宽度 / 建筑高度≤ 1），营造紧凑热闹的内街氛围；由于北方冬季天气寒冷，在内街上方布置拉膜式顶棚，营造一年四季舒适的步行环境。

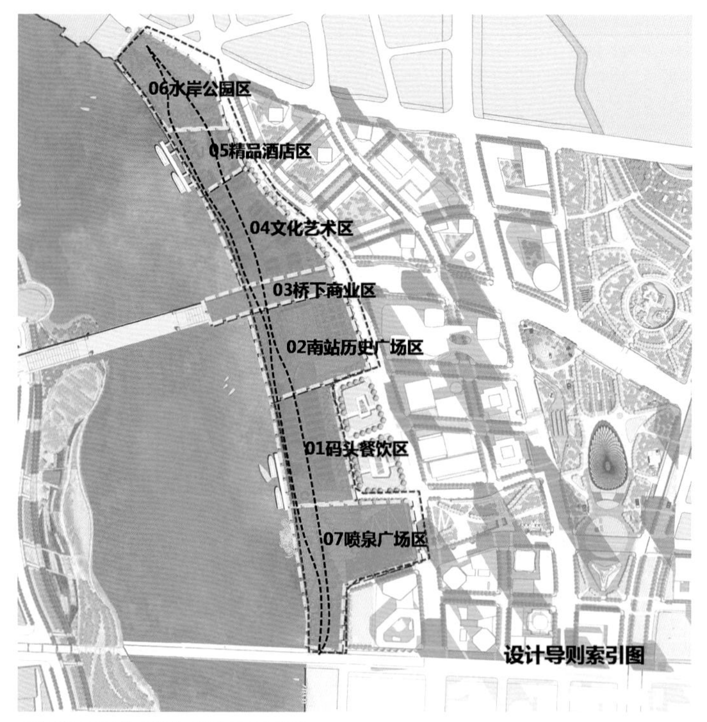

南站两条街道系统与设计导则索引

滨水步行街宽 15 ~ 20 米，以海河水岸线和东侧建筑立面限定空间，主要突出人与水的互动；沿线节点串联商业建筑、各渡口码头及开放空间，形成亲水活力带。

街道设计导则的主要控制内容包括空间组合、退线要求、建筑功能、建筑高度、建筑形式及色彩，每个主题区域都设立平面和剖面的街道空间指引，对整体街道氛围进行控制。

5. 周边节点互动

南站历史街区不仅应塑造基地内部空间，还应与其身后的金融区进行有效“对话”。除前文所采用的功能互补融合、尺度对比外，最直接的方式是在两者节点之间实现有效的互动，规划者主要采用以下两个策略。

(1) 道路的连通及导引。保证良好的视线通廊及可达性。由于家堡中心区通过街景的有效导引可顺利到达南站地区水岸的开放空间，强调空间上的临近和可见性，且每条通向水岸的道路通廊都以南站的开放空间节点收尾，将其纳入整个于家堡金融区的绿地开放空间系统。

(2) 游览路径的整体设计。游览路径设计强化南站与周边地区的整体性，覆盖整个于家堡北部区域，以滨水步行街和南站商业街构成两条游览主线，连接各游览节点，如重要的建筑节点、景观节点、商业节点及交通节点，强化南站街区与高层塔楼区的整体性；通过南、北两个码头与响螺湾码头构成水上游览线路，实现海河两岸节点的互动。游览路径设计覆盖于家堡北部区域，并通过渡轮与海河南岸形成互动。

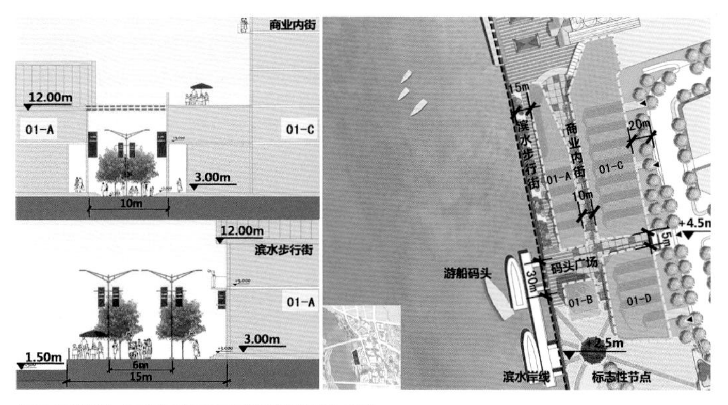

每个区域设立平面和剖面的街道指引示例

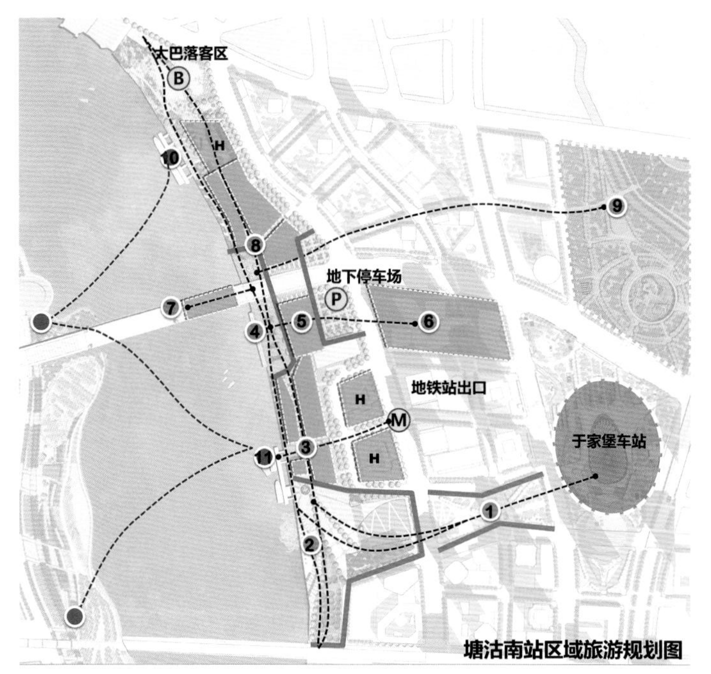

塘沽南站区域旅游规划图

1 车站公园　　7 桥下商业区
2 喷泉广场　　8 艺术广场
3 内河码头广场　　9 北绿地公园
4 南站广场　　10 北码头
5 四季花厅　　11 南码头
6 宝龙商业综合体　　H 酒店

四、结语与反思

在寸土寸金的城市中心区，历史建筑以一种足够有说服力的模式适应不断更新、变化的外部环境，仅依托政府实施强硬手段支持保存而忽略市场经济的外部环境会使历史保护陷入困境，极端保护主义在这里无法实现；另一方面，如果新的经济活动在特殊历史区域仍遵循一般的现代化开发模式，那么开发会将历史建筑的独特魅力统统抹杀，大刀阔斧地消灭原有肌理更是不可行。本案尝试在极端保护和完全抹除旧有肌理之间寻找一个平衡点，通过对功能、文脉、尺度、街道、周边节点等多方面的研究与设计，营造一种适于历史建筑继续“生长”的空间，以有效提升地区综合价值，并积极塑造多元化的城市景观。

需要注意的是，南站地区城市设计仅为这种可能性提供一个框架和导则，后期有诸多因素将对历史街区的塑造产生巨大影响，如建筑风格的控制、开发商对于地块导则的执行情况及后期管理运营状况。在下一步工作中，规划者将与建筑师、开发商、城市管理者积极合作，进行南站方案的深化与实施，并在此过程中鼓励更多的公众参与。南站地区城市设计试图对历史建筑与现代城市进行一定程度的调和。规划者希望人们从这里看到高速运转的现在，重温往日记忆，期盼更加多元化的未来。

南站沿海河效果图

第二节　工业港口的转型实践——新港船厂地区城市设计

毕昱、陈雄涛

随着经济结构和城市定位的转变，众多工业港口在城市发展过程中逐渐转型。天津新港船厂地区正是一个典型案例。随着滨海新区的迅速发展，新港船厂地区原有功能从单纯的工业港口转型为河海交汇处的综合门户区。规划通过“框架—核心—起步—支撑”四方面应对功能转型，例如，通过肌理更新重塑地区框架，以历史遗存为核心延续当地工业文脉和河海文化等。本文尝试探讨转型期工业港口更新实践经验，为今后工业港口转型及开发提供参考借鉴。

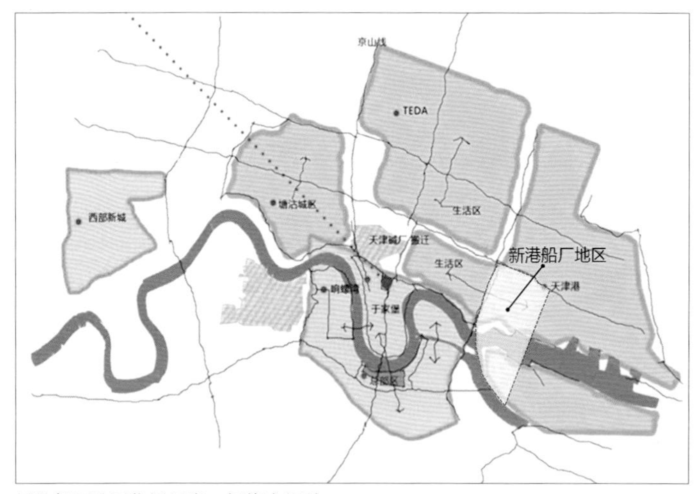

新港船厂地区位置示意：河海交汇处

一、新港船厂地区简介

1. 新港船厂地区的发展现状

天津滨海新区新港船厂始建于1940年，位于海河与渤海湾的交汇处，地理位置优越，随着港口的开辟，逐渐成为工业、物流以及航运中心，拥有悠久的工业发展历史和浓郁的港口文化氛围。

新港船厂地区分为北岸船厂区、腹地物流产业区和南岸石化区三部分，总占地11平方千米。北岸船厂区位于大沽入海口以北，始建于1940年，20世纪80年代初具规模，成为国内骨干造船修船企业，并配备小规模的生活区。腹地物流产业区集中以天津港散货集装箱中心、天津港保税区为代表的物流加工产业，周围布置煤炭、矿石、原油等大宗散货运输，支撑腹地工业化与国际化发展。入海口南岸分布着中海油等大型石油化工产业。新港船厂地区是典型的工业港口，整体用地大部分为散货仓储用地，工业用地次之，少量居住用地集中于船厂周围并作为配套生活区，区域内几乎没有成规模的商业。

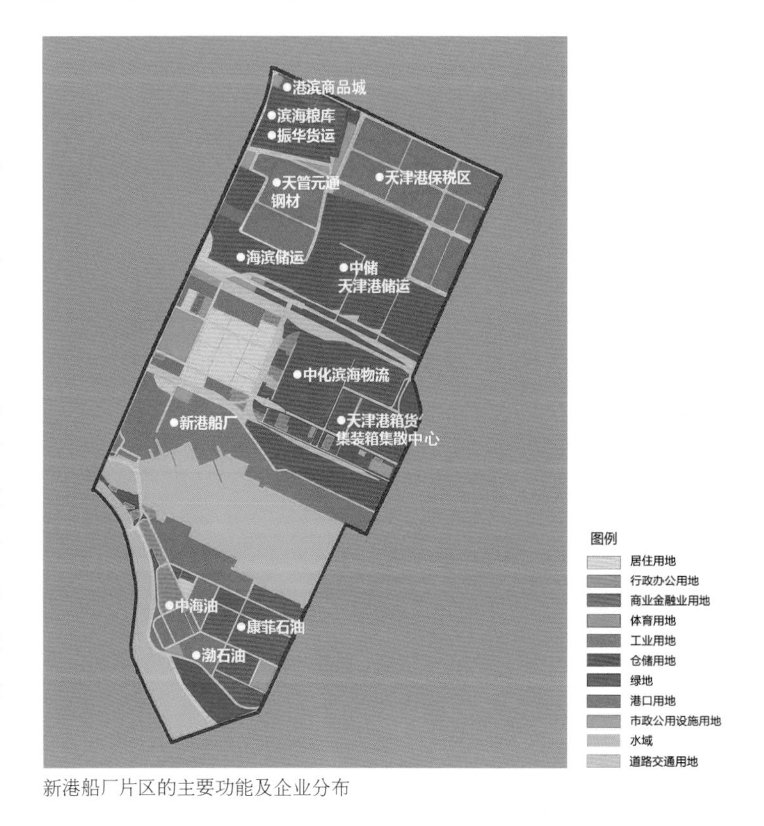

新港船厂片区的主要功能及企业分布

2. 新港船厂地区的机遇与挑战

2008 年，滨海新区总体规划提出了滨海新区“一城双港三片区”的结构，明确了港城关系——北集南散的港口布局并确立了新区核心区由工业型城市向综合性城区转变的发展目标。随后，在滨海新区中心商务区分区规划中，新港船厂地区被划入滨海新区以服务业为主导职能的核心片区，紧临中心商务区和开发区商务区，距离于家堡金融区和现代服务产业区（MSD）仅 4 千米。此外，新港船厂地区位于核心片区的最东侧，成为从海上进入核心片区的重要门户。

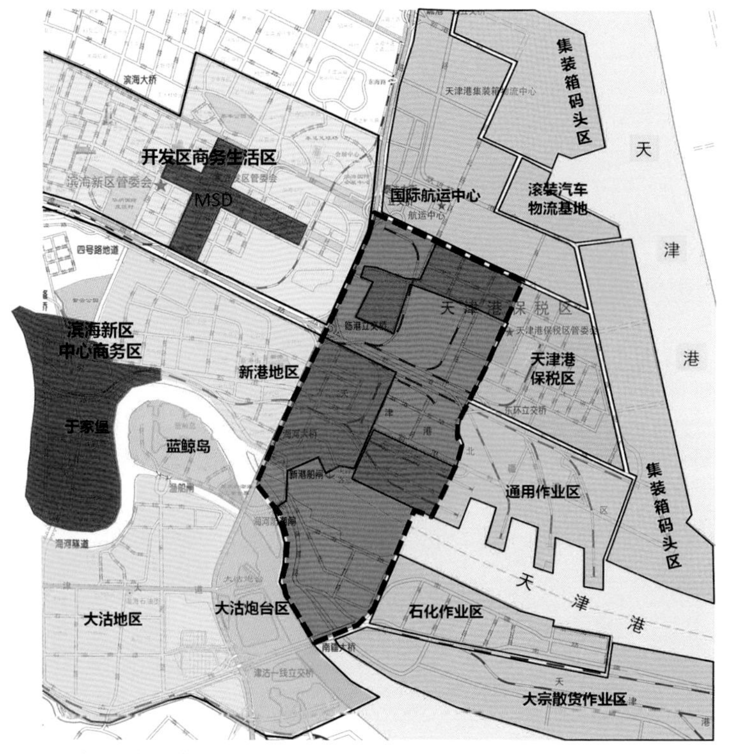

新港船厂与核心片区的关系

新港船厂从 2000 年逐渐向临港工业区搬迁并进行升级改造。老厂区依据规划要求，与现有服务区和于家堡实现联动，腹地建设现代航运和现代物流的服务基地，在确保天津港运输安全和效率的基础上，改造部分港口用地，先期启动新港船厂片区 1 平方千米更新改造，定位为“文娱综合区”；加快现有散货港搬迁，向南港集中，将周边的蓝鲸岛及大沽炮台区定位为“生态、文化和休闲旅游区”。新港船厂地区担负着塑造河海交汇处城市新形象的重要责任。

新港船厂地区功能定位的转变可概括为以下两个部分。

新港船厂地区功能更新

新港船厂地区	原功能	新功能
河海交汇处	船舶加工、维修	文娱综合区；结合南岸，营造美丽的港滨环境（原新港船厂依据总体规划迁至临港经济区）
海港腹地	散货、堆场、基础物流加工	发展现代航运及现代物流，更新、扩大现有生活区，腹地向综合服务型片区转型

二、新港船厂规划策略

区域功能在短时间内的巨大变化对规划者提出挑战，如何以物质空间设计配合这一功能的转变成为亟待解决的议题。规划者从以下四个方面来应对：通过重塑区域肌理，为规划敷设背景框架，适应发展转型的需求，为未来预留可能性；将历史文脉的传承视作本次规划的核心，延续新港船厂地区的“工业文化”和“港口文化”，并使其融入新环境，实现场所的“新旧互融”；以滨水公共空间环带作为起步区，配合上位规划，优先塑造河海交汇处的门户形象；通过货运交通改线、先期搬迁污染较严重的散货仓储等措施，整治区域污染源，提升环境品质，支撑整体规划。

1. 框架——重塑区域肌理

肌理作为城市的背景框架，反映城市的功能、尺度、结构从而影响城市发展潜力。本案的讨论基于两种类型的区域肌理，即建筑肌理和道路肌理。

新港船厂现有建筑肌理图

新港船厂现有道路肌理图

新港船厂片区现状建筑肌理分为住宅、工业和仓储物流三类。少量住宅建筑肌理以行列兵营式为主，工业建筑肌理包括大尺度厂房建筑和少量办公建筑，其中新港船厂因造船需要而有多个超大尺度的厂房建筑；此外，由于仓储及物流业的需要，区域内有大量“空白肌理”。

新港船厂地区三种典型的建筑肌理（其中仓储用地有大量“空白肌理”）

区域内现状道路肌理为适应港口物流加工，尺度较大，货运通道多，缺乏步行空间组织；南北向道路被货运铁路所隔断，整体街区与滨水岸线的联系较弱。

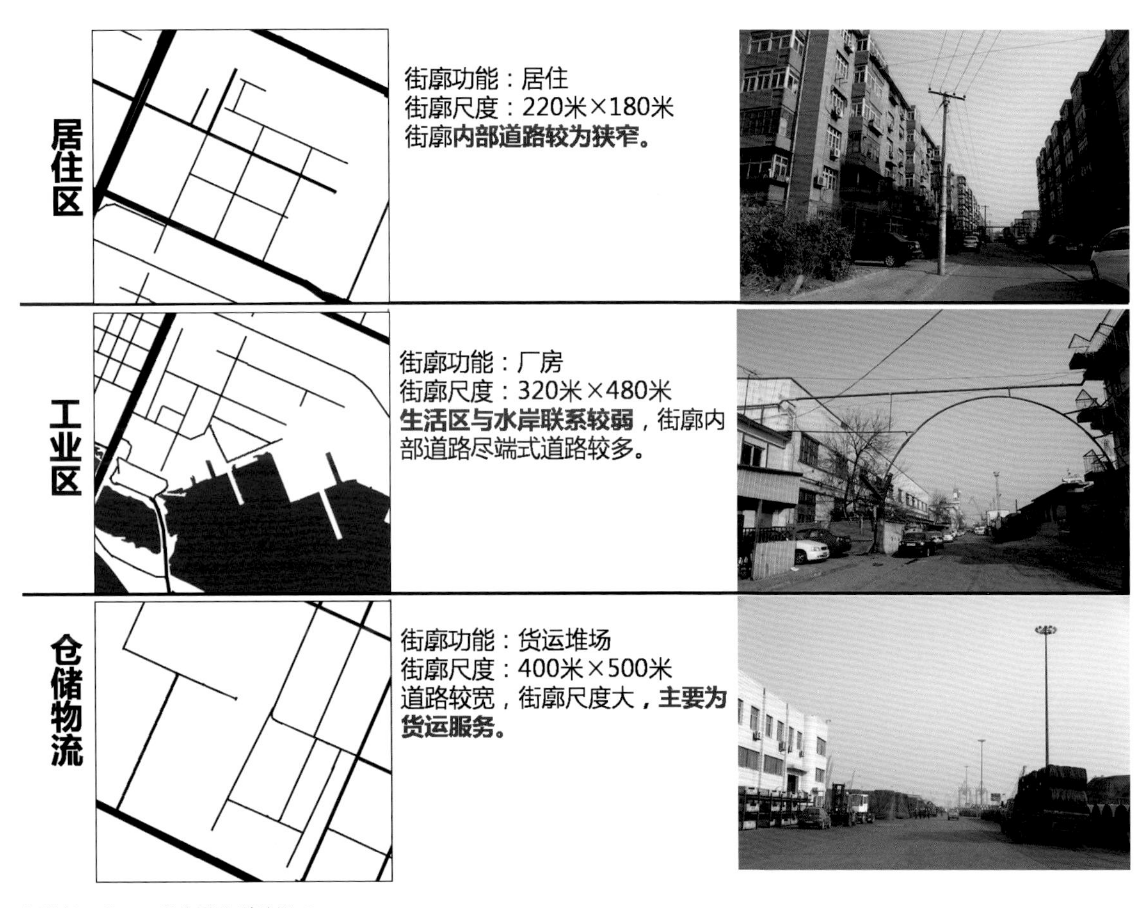

新港船厂地区三种典型的道路肌理

相对于转型目标——综合服务型片区精细多样的肌理，新港船厂片区现状肌理更加粗糙和单一，尺度较大。规划者通过“拆分、填充”对现状肌理进行更新。

以北岸船厂片区为例，现状道路肌理尺度较大，主要道路间距为400～500米，通过增设内部道路（以次干路和支路为主），对其进行道路“填充”，形成100～200米更符合综合性城区特征的肌理尺度。在建筑肌理方面，对大量仓储物流用地所形成的“空白肌理”进行建筑“填充”，和“修补”；将不具有工业遗存价值的大型厂房构筑物进行肌理“拆分”，形成具有居住、商业及办公服务等多功能的肌理尺度。在城市设计阶段，肌理尺度上的控制具有一定的灵活性，为将来各地块功能细节的变更预留可能性，为新港船厂地区的转型敷设背景框架，而细节导则可在明确具象功能后进一步加以引导控制。

北岸船厂片区道路肌理“填充”

建筑肌理的“填充”和“拆分”

2. 核心 —— 传承历史文脉

因19世纪60年代洋务运动后，滨海地区的航运业、港口物流业及民族工业的发展带动了一批特色公共建筑相继出现，新港船厂便是其中之一。船厂片区的建筑物、构筑物和港口船坞数量较少且大部分都与工业、交通有关，但这些公共建筑常常超越建筑本身的美学价值和建筑价值，拥有很强的历史价值、社会价值和文脉价值；其特色和风格唤起了人们对历史的回忆，丰富了城市肌理，成为塑造多元化城市景观的一部分和城市文明的重要载体。

新港船厂地区的区域文脉可分为两条主线：“工业文脉”和“港口文脉”，两种文脉相互交织衍生出今日的新港地区文化。这种文化并非由某个单体或构筑物体现出来，而是由其所营造的场所加以传达。因此，新港船厂地区的历史遗存保护强调，保护的核心并不是保留单独一栋建筑或一个广场，而是通过场所感的塑造实现地区文脉的保护和延续。

规划通过以下三个方面营造场所感。

（1）功能的转化。为保留特色遗存，规划对基地内历史建筑进行功能更新，延续文脉的同时体现当地特色；将原有厂房改造为与船舶工业相关的博物馆、展览馆以及以海员、码头为主题的艺术工作室，并延展原有海员俱乐部的功能，扩大目标人群；现状船坞结合岸线布置为船舶外部展场。

（2）节点的串联。规划突出“船－港”主题，以游览路径串联各节点（涵盖历史节点以及新增节点），同时将废弃的工业构架、标识等历史关联元素融入其中，重要的历史建筑如船厂、海员俱乐部等成为整个街区场所活动的汇聚点；将不同类型的历史要素融合，营造体现新港地区历史文脉特色的空间。

（3）非物质要素的引导。历史文脉的传承除了可见的实体遗存外，还与现状客运码头相结合，设置水上游览路径，展现河海交汇处的传统港口文化，用慢节奏的轮渡项目渲染历史街区的整体氛围。

新港船厂厂房建筑	船舶工业构架	天津港 海员俱乐部	天津港客运站码头
新港船厂：始建于1940年，20世纪80年代初具规模，拥有大体量特色桁架厂房以及船舶工业构架		又名海鸥饭店成立于1957年，建筑面积1.7万平方米，毗邻新港码头。	1986年建成，占地3公顷，建筑面积1.2万平方米，客运岸线长314米，有两个万吨级客轮泊位，定期班轮通大连、龙口、烟台和日本神户

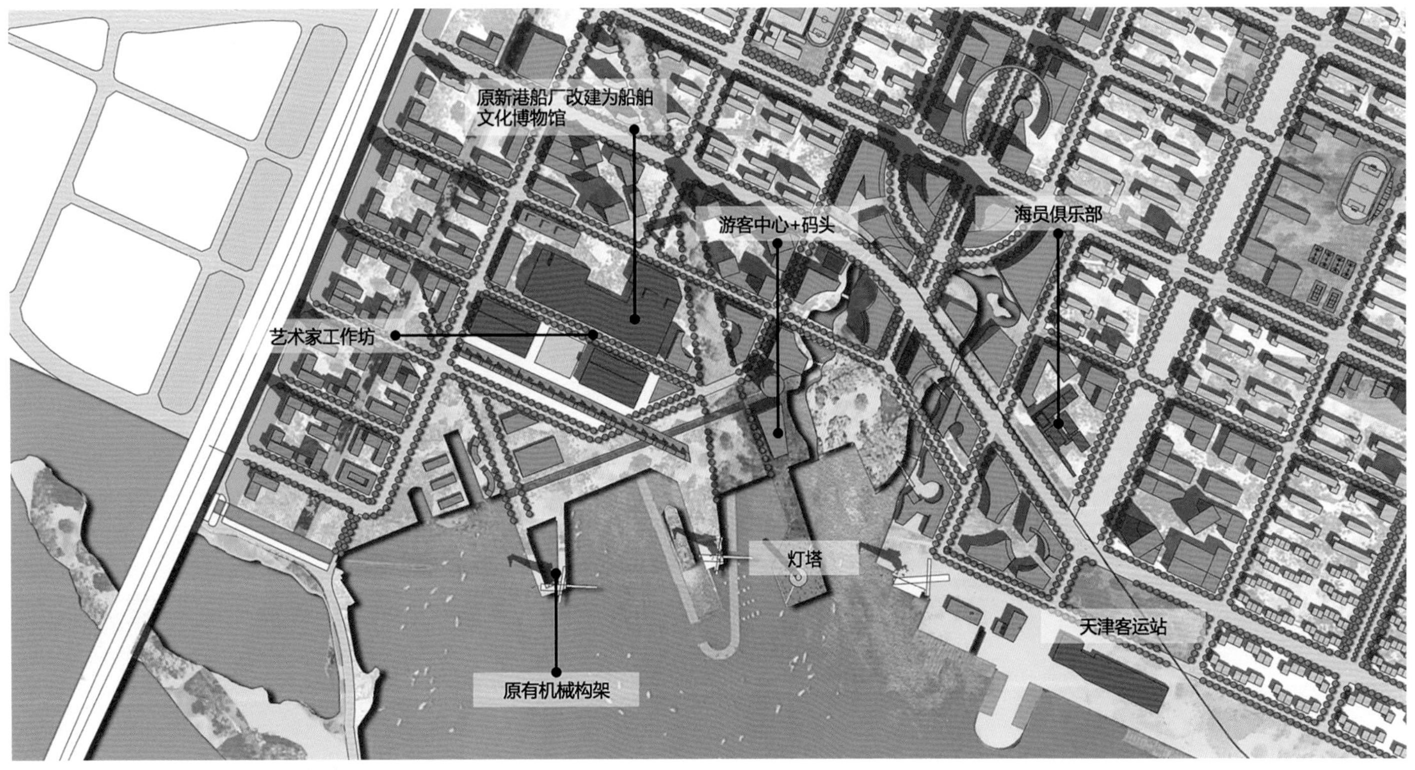

北岸船厂片区各历史节点的更新与串联

3. 起步——设置滨水公共空间环带

针对海上门户区的功能定位，规划以滨水公共空间环带作为起步区，配合上位规划，优先塑造河海交汇处的门户形象。滨水环带是一个集公园、文化、娱乐、零售、餐饮等公共功能于一体的公共空间环。环带内设置完善的设施、休息场地和丰富的步行空间，同时鼓励富创意的建筑设计、设施、休憩用地和步行网，促进公共活动及旅游业。

2011 年 3 月，滨海新区开展中心商务区新港船厂改造综合文娱区城市设计方案国际征集，澳大利亚 ANS 公司提交的方案成功胜出，该方案结合新港船厂的工业遗存改造，形成文化娱乐、商务商业、创意产业和居住混合的海港中心，同时将楔形绿地融入地块，并调整原有岸线，使景观嵌入腹地，提升整个地区的活力。

本次规划运用优胜方案的“绿手指”理念，将滨水景观通过楔形绿色景观轴引入腹地，通过加强邻里单元与水岸的联系，建立有效的视线通廊，提升环带的辐射能力，增加内陆区域的土地价值。

澳大利亚 ANS 公司提交的方案（优胜方案）

4. 支撑——提升环境品质

新港船厂地区现状环境品质受到两个方面的影响：一是土壤污染，各类堆场常年堆放各种矿石等散货，对基地造成一定的污染；二是噪声污染，多条货运铁路及道路穿越基地内部，缺乏规范的防护，对区域内地块造成负面影响。

规划将零散放置的工业设施或散货堆场逐步搬迁，那些近期无法搬迁的，则提供绕过工业设施的通道，并设置一定的景观防护。天津港也依据上位规划逐步将散货作业转向集装箱运输，区域内整体推进棕地治理，改善土壤污染状况；尽量从南北向分离货运公路交通，逐步减弱基地内新港四号路的海滨大道东段货运功能，拆除进港一线铁路，减少货运交通带来的噪声及空气污染。

滨水公共空间环带和楔形绿地

三、结语

滨海新区的快速发展不仅为新港船厂地区带来了机遇，也为规划者带来了巨大的挑战。在有限的时间内，规划者需要完成肌理更新、遗存保护、环境提升等多项任务。新港船厂地区规划相继进行了一系列尝试与探索：

通过重塑肌理框架，应对短时间内目标功能的转换，为未来发展预留可能性；在历史遗存保护方面，寻找开发与保护的平衡点，营造新旧互融的历史场所，实现文脉传承；配合上位规划，以滨水环带塑造鲜明的海上门户形象，并在不能完全搬迁的限制条件下，通过货运交通改线等措施，提升地区环境品质。本案力求为转型期的工业港口更新规划提供实践案例，在顺应城市发展大潮流的同时，提升地区品质，实现可持续发展。

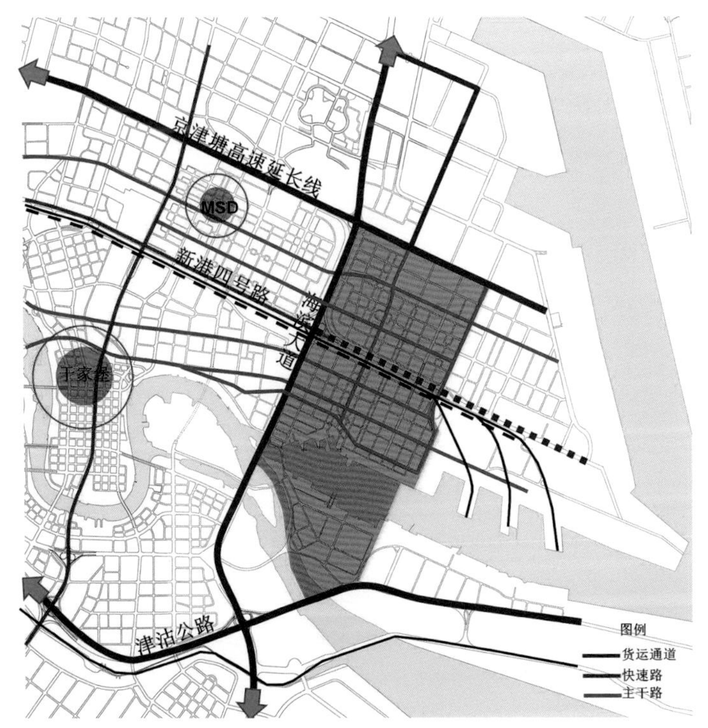

新港船厂地区港口货运分流图（货运交通从基地两边形成分流，减少对基地造成的负面影响）

第三节　百年船坞的产业新生——大沽船坞传媒园城市设计

刘峕巍

塘沽的发展起源于海河南岸的大沽地区，大沽因北洋水师船坞和大沽炮台而闻名，大沽地区浓缩着滨海新区历史文化的精华。如今，大沽船坞位于滨海新区海河发展轴与中央大道发展轴交汇处，与于家堡隔河相望，地理位置十分突出。作为新兴的沿河居住社区，大沽地区是滨海新区中心商务区的重要组成部分，为中心商务区提供舒适方便的生活配套服务。大沽船坞位于大沽地区的核心位置，拥有百年历史积淀，是滨海新区难得的整体保存较为完好的历史文物。本次规划设计将重点研究文物保护与城市开发的相互关系，使之和谐共存。

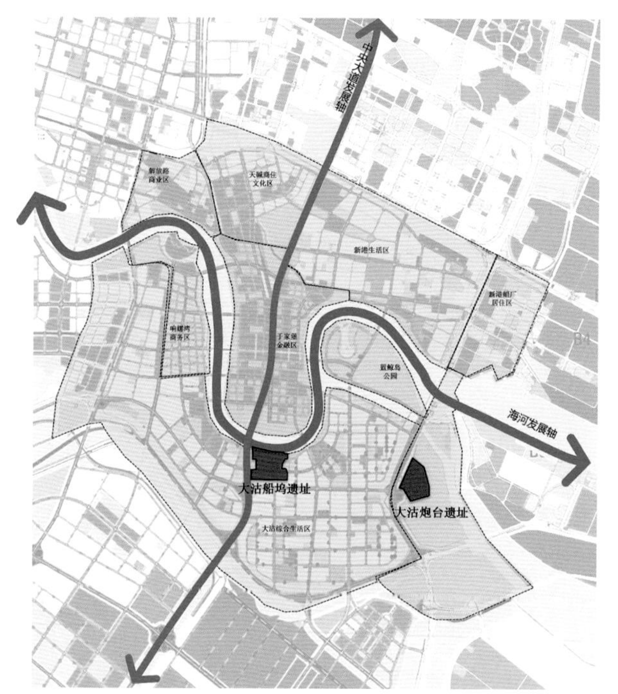

传媒园位置

一、深入挖掘大沽船坞的厚重历史

北洋水师大沽船坞遗址是 2013 年获批的国家第七批重点文物保护单位。它建于 1880 年，已有 130 余年的历史，是清代“洋务运动”期间北洋水师舰船的维修基地，也是继福建马尾船政局、上海江南船坞之后我国第三所近代船厂，同时也是我国北方最早的船舶修造厂和重要的军工基地，堪称“中国北方近代工业的摇篮”，培养了中国北方第一代产业工人。

1. 中国北方第一船厂，诉说中华百年历史

北洋水师是清朝建立的近代海军舰队，于 1874 年筹划，于 1888 年正式成立，共有军舰 25 艘，官兵 4000 余人，规模堪称世界第六、亚洲第一。大沽船坞作为北洋水师的配套工程同期建设，负责检修舰船和培养人才。在中日甲午战争中，大沽船坞及时为北洋水师修建船只做出重要贡献，吃水 7 米以下的舰船都在大沽船坞进行维修。大沽船坞遗址是洋务运动在天津唯一的工业遗存，也是研究中国近代史的珍贵史迹。

大沽船坞历史照片

2. 重要的军工基地，中国北方近代工业的摇篮

大沽船坞先后建造6个船坞，3000吨以下的船只均可进坞维修，汇集当时中国最先进的造船机器，对我国北方民族工业的兴起与发展有着深刻的影响；至1900年，共维修船只70余艘，建造船只38艘，驳船140余艘。大沽船坞也是北方重要的军事工业基地，早期为北洋水师建造大量炮弹、水雷、步枪等武器；北洋时期，仿造各种枪械弹药，产量大，质量高，推动了中国近代军事装备的改革。

3. 渤海之滨工业遗产，爱国教育基地，旅游胜地

大沽船坞作为中国北方近代工业的摇篮和产业工人的发祥地，在中国近代史上具有重要地位。大沽船坞遗址是洋务运动在天津唯一的工业遗存。工业遗产是文化遗产的重要组成部分，加强工业遗产的保护、利用和管理，对于传承人类先进文化、保护和彰显城市底蕴和特色、推动地区经济社会可持续发展具有重要意义。大沽船坞风雨兼程130多年，如今依然屹立在沽口大地。这里积淀着厚重的历史，遗留着历史风云人物的足迹，记录着惊心动魄的事件。大沽船坞遗址是一部生动的爱国主义教材，也是一个学习历史的大课堂。

二、设计思路切入点

1. 保护大沽船坞，提升城市文化品质

城市中的每个角落、每个功能都有形成、发展、成熟、衰退的历史过程。在这个过程中，总有很多有历史价值的东西沉淀下来。大沽船坞拥有百余年的悠久历史和独特的文化价值。虽然今天大沽船坞现存的遗迹已不多，仅有一个甲坞还保存完好，但这样一个保存完整的近代船坞已十分难得，我们只能从某尚存的一点遗迹中寻找大沽船坞昔日的景象，了解城市发展的历史和往日的辉煌，回顾当时船坞的繁忙运转、清廷抵御外藩的抗争，想象历史人物的风采。这些都需要实实在在的历史建筑和遗迹来支撑，这也正是进行船坞保护和改造的价值所在。

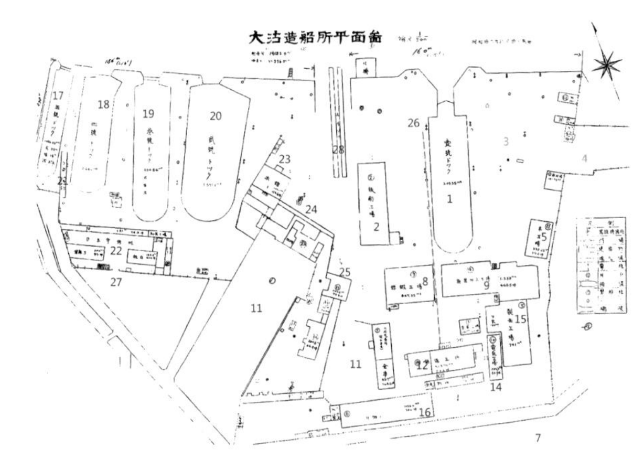

图中“二号、三号、四号、五号”处即为今埋在地表下的其他几座船坞。

大沽船坞遗址

2. 以保护为先导，开发旅游资源

近年来，一些人看到历史街区可以带来旅游收益，便将其仅仅作为旅游资源，而将保护作为开发旅游资源的手段。历史地区及周边建设作为商业、房地产开发项目，以招标、投标方式获得效益和利润。笔者认为，仅仅依靠以利润为先导的开发公司去保护历史遗产是难以奏效的，是本末倒置的“历史地段保护理论”。本次规划设计以历史文化保护为基础，强调市场开发应以保护为前提，不让利润遮住双眼而留下城市建设的长久遗憾，并极力避免在保护区段仿古新建、拆迁等破坏历史原真性的错误做法。

三、主要设计理念

1. 保证船坞的历史完整性

大沽船坞反映了中国民族工业的发展足迹和天津产业工人的成长历程，也奠定了塘沽地区在中国近代历史上的重要地位，堪称近代工业遗产和历史文物遗迹的综合体。因此，对大沽船坞进行有效保护是本次规划设计的首要任务。大沽船坞在历史上，一共建造了甲、乙、丙、丁、戊五个船坞以及三个蚊炮船坞和一些附属设施。现仅遗存有“甲”字船坞、轮机厂房旧址以及相关设备等文物，地下埋藏有“乙、丙、丁、戊”四座船坞。规划力求在文物部门计划对地下遗址和文物进行发掘、修复之前，将大沽船坞遗址区开辟为大型工业遗址园。地下掩埋船坞上不建任何建筑物，以免使遗址遭到破坏，在规划层面予以保护。滨海新区中央大道穿越海河隧道，经过大沽船坞地区；规划特意将隧道穿越海河的位置向西移动，改在水线渡口处，不破坏大沽船坞遗址的完整性。

现“甲”字船坞保存完好，可正常使用。西侧的轮机厂房墙体是大沽船坞唯一一处保存至今的建筑物，其基本结构保存完好，砖木结构，青砖墙体，屋顶为木桁架结构。如今，内墙还保留原来的青砖，外墙上修复部分红砖，屋顶为双脊形，灰色泥瓦、翻倒式天窗等颇具特色。“甲”字船坞和轮机厂房是本次规划设计重点保护修缮的对象。此外，大沽地区还有海神庙遗址；虽然其建筑部分已完全损坏，且相关资料甚少，无法考证本来面目，但保留的地基也是重要的文化载体，可加以保护利用。同时，规划对现存的一些工业设备、工业厂房和自然条件等进行筛选，并作为切入点。

2. 引入新兴产业，给历史文物注入活力

规划以大沽船坞的保护为基础，引进 CSPN（China Sports Programs Network 中国电视体育联播平台），并将其作为核心媒体产业。CSPN 是中国唯一由众多省级电视台体育频道实现同步播出的跨省区域的体育专业联播平台。本次规划设计将 CSPN 作为发展引擎，建设集影视制作、总部经济、文体服务、教育培训、产品开发、文化商业会展、旅游休闲度假、商业住宅配套等功能于一体的国家级文体影视传媒基地。

3. 实现保护和开发的共赢

在城市设计之前，大沽船坞文物保护规划确定各类保护范围和建设控制区。今后的规划编制和建设必须以文化保护规划为基础，保证文化保护的有效实施，为了保护文物遗址，滨海新区贯穿南北的中央大道调整线位，避开船

甲坞和轮机厂房现状

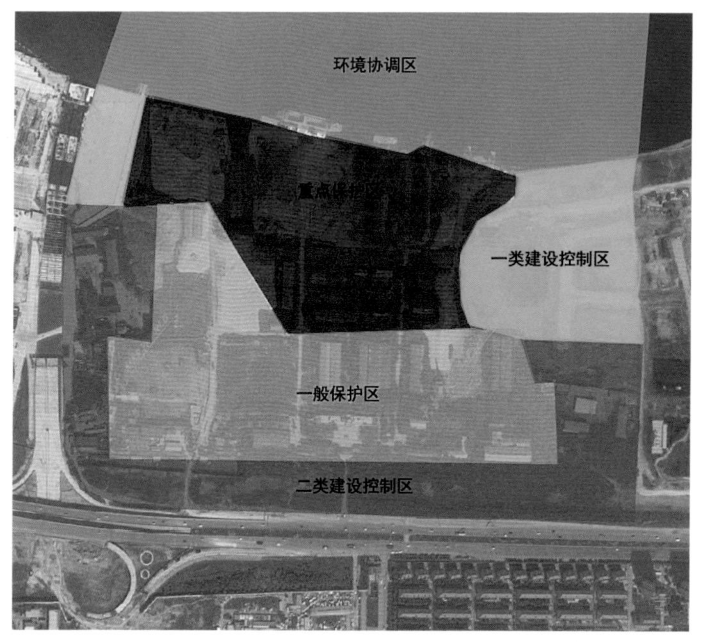

大沽船坞保护区划图

坞遗址可能存留的区域。在保护区段，对“甲”字船坞和轮机厂房进行严格保护、修复，重现百年前的容貌；地下船坞区暂时不进行挖掘，只在地面通过铺装、种植等手段显示船坞位置，给人以船坞意向和历史回忆。在可开发区段，结合实际项目的功能需求，按照文物保护规划，安排建设项目。由此，开发项目借助历史遗产，提升品质和影响力，历史文物也可利用开发项目进行有效保护。

规划力求推动各类文化艺术类工作室的建立。一方面，凸显该区域的文化特色，丰富居民的文化生活；另一方面，吸引更多有特点、有影响力的高端企业、团队入驻，融办公、生产、生活与自然景观为一体。

四、运用多种设计手法，丰富城市功能

1. 建设遗址公园，百年船坞得以升华

传媒园最主要的公共空间船坞遗址公园，以“甲”字船坞和轮机厂房为主的纪念广场是其核心，通过对文物的修缮，将轮机厂房改造为船坞博物馆，在核心位置设置船坞纪念碑；设置主题雕塑、纪念小品、滨水广场等设施，营造厚重的历史文化氛围。纪念广场的西侧是地下船坞保护区，在地面上通过铺装、绿化等手段，显示船坞在地下的位置，即提示人们这里有历史悠久的船坞，也为今后的发掘提供方便。此外，这里也是传媒园的航拍基地，航拍飞行器的起降和保存均设置在此。在船厂腹地，利用废弃的工业设备及厂房搭建媒体大众体验区，供市民参观，进行科普教育。

大沽船坞公园鸟瞰图

1. 打造完整产业链，提升城市活力

大沽船坞传媒园作为滨海地区文化产业崛起和发展的重要标志之一，其规划任务包括：通过 CSPN 总部迁移，利用 CSPN 在文体传媒领域的独特地位和品牌效应，在地处中心商务区核心地带建设具有一流水准的国家级影视传媒产业基地；以 CSPN 媒体经营为核心产业，借助地理优势，开拓影视制作、文体服务、教育培训、产品开发、制造贸易、旅游休闲、游艇总会、文化艺术高端社区等其他系列产业，实现产业链的规模化循环经济；进一步打造国际性的高端传媒企业总部／大本营聚集城、文体传媒精英聚集区、休闲旅游度假区、历史与现代感兼具的滨海文化创意和传媒园；开发建设集影视制作播出、总部经济、文体服务、教育培训、产品开发、制造贸易、文化商业会展、旅游休闲度假、商业住宅配套等功能于一体的国家级影视媒体产业基地和现代化的文化体育新城。

2. 独立分区且相互联动的产业板块

规划力求以大沽船坞遗址公园为核心，各类媒体功能围绕遗址公园布置。用地布局呈现“一个总部、两个中心、两大基地”的特点。CSPN 运营总部是未来整个城区的核心区。这里配建两个中心：一是以船坞公园改建的文化休闲旅游度假中心，二是独具历史文化氛围的文化艺术创意社区，旨在吸引高端文化艺术创意企业和团队入驻。两大基地是依托总部产业搭建的文化服务和生产贸易基地（包括高端企业大本营聚集区、影视制作基地和生产贸易区等）以及国际媒体聚集基地（包括文化教育和文化交流等）。规划力求通过交通干道、绿化廊道以及城市水道的隔分，依次布局相对独立、分工明确的各块区域。

3. 为衍生产业提供广阔的空间

影视制作及相关产业是衍生行业的主力，并与文化交流、教育培训等行业密切相关。它的大力发展需要配备各种规格的演播厅、相关配套物业设施和影视节目制作服务

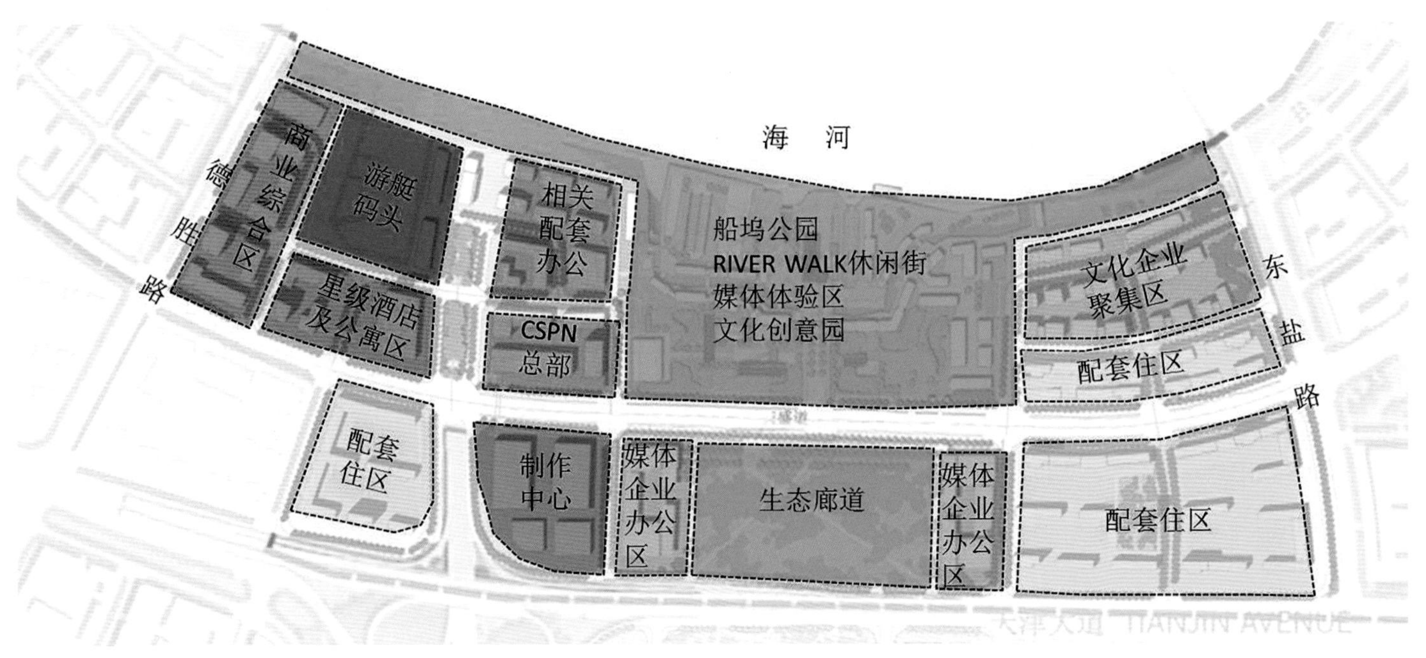

传媒园功能布局

办公中心。同时，酒店及商业空间也是必不可少的。基于此，规划力求为星级酒店、高档公寓、体育文化旗舰店以及广告、设计、出版、传媒等配套设施提供广阔的发展空间。

4. 每个特色功能分区独具个性

（1）船坞遗址公园是历史文化的载体。

“甲”字船坞、轮机厂房、海神庙地基遗址和毁坏的船坞遗址是展示历史的核心文物，规划力求将其改造为博物馆和历史广场，唤起人们厚重的历史记忆。

规划任务：在重点保护区外围，进行公园改造，为人们提供休闲娱乐设施；引入海河水系，参考美国德克萨斯州圣安东尼奥河畔步行街（River Walk）的创意，在地块中形成一条贯通全区的袖珍型运河并将其作为主景观轴线，两岸周边遍布各类商业和娱乐休闲场所，游客可悠闲地散步于两岸布道；在海河和运河入口处搭建航拍区和水上活动场所，分别设置水陆航空器泊位，此航拍区除了满足一般影视制作的专业需求外，还可作为该休闲旅游度假区中的一个绝妙的游乐项目。

同时，在船坞公园内，引入公共艺术装置，营造一些公共特殊趣味点，在淡季为公园增添活力；规划沿海河设置地面人行步道，串联主要滨水开放空间；在对海河岸线及于家堡对景的视廊处理上，保证多条视线和交通廊道的畅通，强化正对船坞的中轴线，突出船坞遗址中“甲”字船坞和轮机厂房的重要性，实现视线与对岸景观的互动。

河畔步行街（River Walk）

大沽船坞传媒园功能布局图

（2）CSPN 总部体现区域核心功能。

CSPN 总部由 CSPN 运营总部大楼（含 CSPN 自用的影视节目制作中心）、五星级酒店、与 CSPN 合作的企业办公楼、CSPN配套公寓楼等构成，其他高级办公、休闲娱乐、商业金融等服务设施与城区中其他区域实现资源共享。

（3）企业总部是百家争鸣之地、现代时尚秀场。

该地块拟建成跨国及顶级传媒企业集团的总部／大本营聚集区，并充分挖掘文化服务功能，一方面为各类企业配备各种高端办公建筑群及商业配套设施，另一方面在此集中布局各类国际大型会展厅和文体娱乐会所，为影视传媒、大型文化会演活动以及大型商业、民众互动活动提供理想的场所；同时，借助电视体育传媒优势，吸引职业联赛球队／球员入驻，通过组织各类线上线下活动，使来访者在现场欣赏精彩赛事一睹体育明星风采的同时积极参与各类节目及日常健身活动。

（4）节目制作中心是最具特色的建筑群组。

节目制作中心是影视节目制作基地，这里主要布置为各种电视演播建筑、相关物业配套设施和影视节目制作一站式服务办公中心等。具体包括外景建筑基地，电视闯关设施（体育娱乐休闲类），用于影视拍摄、图片取景、写真摄影的各种特有景观建筑，相关专业拍摄配套用房、内景摄影棚、工作室，还有各种规格的演播厅、舞台以及物业配套（电视节目及电视活动的录制转播）。建成后，这里将形成影视制作“采”“编”“播”一站式产业链体系。

（5）文化产业聚集区彰显文艺气质。

文化产业聚集区包括教育培训基地、文化体育交流中心，文化艺术创意社区等。教育培训基地力求成为各类普教及专业文化教育培训机构的聚集区，与海外知名学府、媒体集团以及国内教育、体育主管行政部门、相关影视单位及文体院校合作，全面打造文化及体育相关管理、技术、服务等方面人才的培训、深造和见习基地，形成人才培训／输出的良性循环机制。

文化体育交流中心力求成为“文化艺术及体育发展交流中心”，与紧临的创意产业功能地块相呼应，为专家交流、文艺会演、艺术沙龙、竞技表演、休闲健身（如搏击操等）、模特走秀等提供现代化设施及展示平台；同时，通过广泛的文化体育比赛交流，丰富专营频道相关素材和节目资源的选择范围和渠道。

文化艺术创意社区以别墅式商务办公楼群为主。社区配套设施突出智能化、便捷化、多功能化和绿色生态化，并设有专门的社区服务中心。各类文化艺术工作室力求吸引高端文化企业、尖端精英团队、精英人士入驻。

五、结语

本次规划设计运用文物保护和城市开发相结合的设计方法，注重思考文物保护与周边环境营造的衔接关系。以船坞公园为核心，各功能分区既局部交错，又相对独立；既联系方便，又互不干扰。设计风格上突出文化性、创新性和服务性，赋予该区域丰富的文化内涵和厚重的历史底蕴。规划充分利用区域的自然地理优势，将新开发建筑、历史保留建筑、周边配套设施以及自然景观完美融合；以文化传媒产业运作和历史文物保护为目的，合理布局空间，实现百年记忆的融入，营造极具历史气息的城市空间。CSPN 的引入和融合，为工业历史遗产注入新的产业活力，是历史保护区城市设计新的尝试。

第四节 皇家枣园的保护传承——大港崔庄村保护规划

毕昱、沈斯

一、百年枣庄的困惑

伴随着如火如荼的城镇化进程，中国农村在短时间内发生着翻天覆地的变化，《中华人民共和国国民经济和社会发展第十一个五年规划纲要》中指出：“农村建设要从实际情况出发，采取适合自身发展的措施，充分发挥自身优势。”然而，在城镇化进程中，村镇建设出现一系列问题：盲目追求工程建设、村镇规划照搬城市规划等现象，将“城乡一体化”理解为“城乡一样化”；缺乏农村现状的调查，忽视乡村特色，将一个个村落模仿成一座座“城市”，又由于缺乏城市固有的经济基础与社会文化基础，形成一座座“四不像”的村镇。事实上，农村有其特殊的吸引力，田园风光、自然野趣、悠然自得的农家生活都是其宝贵的特质。本案中，大港崔庄村正是这样一座拥有独特自然历史资源的小村落。崔庄村位于滨海新区大港太平镇西部，是“滨海新区新农村布局规划”提出的大港农产业发展区的重要组成部分，距天津市区和滨海新区核心区仅 30 分钟车程，是华北地区重要的冬枣原产地之一，现有村民 501 人、168 户。

据史料记载，“适万历巡游，过高城，品冬枣，遂命建御枣园，派官兵守之”，在明代，崔庄村是重要的朝贡冬枣基地。村内现有 168 株树龄 600 年以上的冬枣树，3200 多株树龄 400 年以上的冬枣树，这些均是明代古果树的重要实物遗存。如此规模巨大、保存完好、生长旺盛、果味如初的古果树群甚为罕见。

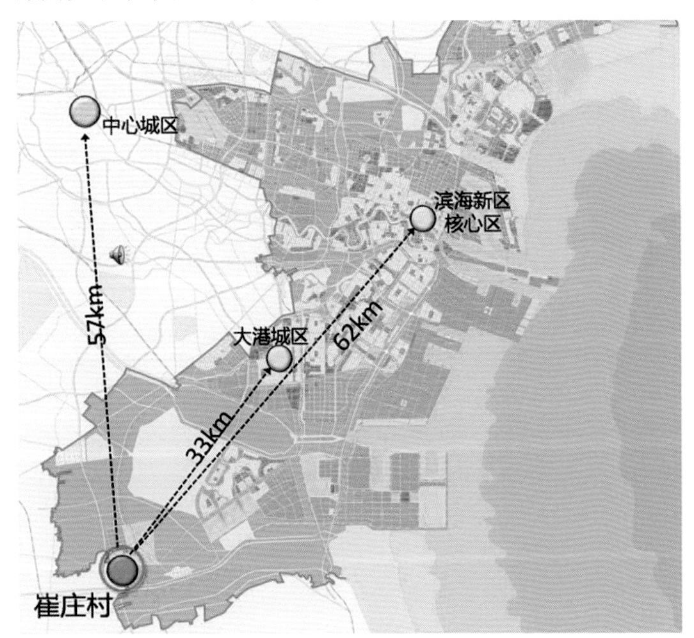

崔庄村区位图 （天津市城市规划设计研究院）

崔庄村古冬枣树实景（现场踏勘时由村民拍摄）

2009年初，滨海新区新农村布局规划提出将农业发展区村民集中迁入新居、提供就业保障等方针，以实现农业现代化、产业化。据此，崔庄村村民迁入临近的太平示范镇居住区，由太平镇工业园区提供就业保障；原有村落被打造为新型观光农业区，形成“三区联动”。

快速城镇化的机遇让这座百年枣庄走到变更的十字路口，面临诸多困惑与抉择：如何在保护千余棵百年枣树资源的同时使其为当地的经济发展做出贡献？农民的居住水平提高是否必须以失去原有的土地为代价？原有的农村生活方式和风貌在城镇化进程中能否得以保留？村民的安置何去何从？农村特色旅游从何做起？

本案尝试为这些困惑找到答案，不模仿现有的村落发展模式，而是从村庄特色和现状出发，与村民合作，探讨适合崔庄的发展策略，并且动态跟进，尊重村民的意见和选择，为这座拥有悠久历史及枣园特色资源的村庄量身定制一条可持续发展之路。

二、规划的核心议题

崔庄村的两个特点使其不同于其他小村落：一是其拥有千余株百年古冬枣树，崔庄村的规划不仅是一个村庄的规划，还涉及古树名木资源的保护开发，同时，崔庄不应也不能因为城镇化的脚步而消失衰落，反而应通过规划挖掘这一资源的潜力；另一个特点是崔庄村的机遇和独特的地理位置：村庄北侧仅一路之隔的太平示范镇居住区及示范工业园已初具规模，村民的生活质量得以提升，但并未像其他村落一样远离原有土地，对未来继续在此从事农业活动提供了极大的可能性。

本次规划从以上两个特点出发，确立了以下两个核心议题，为崔庄村量身定制一条可持续发展之路。

1. 历史资源的保护与挖掘

三千多株古冬枣树是崔庄村最重要和最独特的资源与财富，记载着崔庄的历史、文化和传说。保护并充分利用古冬枣树，是实现崔庄村可持续发展的核心。首先，规划者和村民通过现场踏勘，对168株600年树龄和3200多株400年树龄的明代古冬枣树进行登记建档，划定古冬枣园保护范围，同时，申请纳入滨海新区古树名木保护名录并成为天津市文物保护单位。

依据《天津市古树名木管理办法》，规划范围内古冬枣林中的168株古枣树具有申报保护树木的资格。规划者协助村民向城市绿化行政主管部门申请，统一登记、编号、造册、建档，划定古树名木保护范围，并设置明显的标志。

同时，结合古冬枣树的分布，规划建议因地制宜地补植新冬枣树，实现历史继承与绵延；严格管理措施，禁止挖坑取土、倾倒垃圾，适度安装自然柔和的照明设施等，减小旅游活动对古枣园原有生境的影响。规划文本中明确提出：建设单位需注意古树名木的保护，如冬枣林中的小

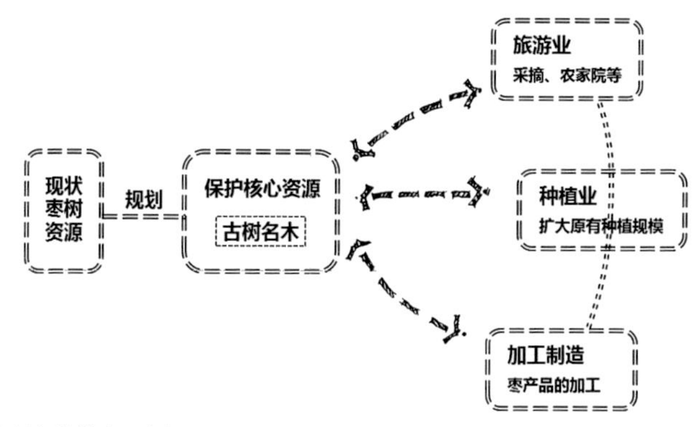

枣树资源保护策略示意图

径和其他配套设施在实际实施中如与古树种植位置相冲突，应适当调整避让，减少对古树名木的影响。规划通过前期翔实的现场踏勘，帮助崔庄村枣树成功进入天津市文物保护单位第四批候选名单，每株古冬枣树的鉴定维护工作已全面展开。

区别传统文物保护以及古树名木保护，崔庄村规划在尊重历史和自然的前提下对冬枣树资源加以开发利用，构筑崔庄村品牌，为村民带来切实的利益，从以下三个方面拓展冬枣这一核心资源。

（1）旅游业：确立“观光农业”的发展主题，发展以“冬枣”为主题的乡村观光旅游。

按观光农业对观赏、品尝、度假、劳作、购物等多种活动的要求，对村庄内部进行功能分区，主要包括入口区、冬枣加工区、驿站区、百果园区、冬枣园核心区（含现状民宅）五个区域。入口区结合现状牌坊修建小广场，对停车场进行绿化提升。驿站区集中建设驿站旅社、戏楼及御枣宣传广场，打造集旅游住宿、销售、餐饮为一体的观光农业综合服务区。

冬枣园核心区突出古冬枣树特色节点，与西侧新植枣林形成规模效应；以现有水岸节点贯通四周水系；在区内村庄原址上修缮民宅，其既是枣农家又是对外经营的农家院；结合现有地形，建设村庄南北向主街，保护沿街乡村

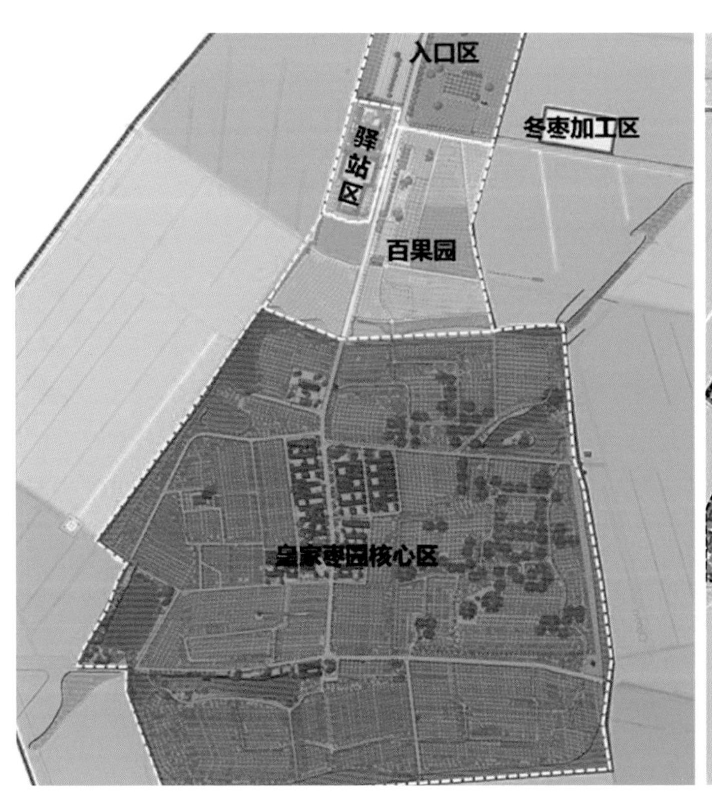

崔庄村功能分区图及冬枣园核心区放大图

风貌，维持传统乡村空间尺度，打造展现崔庄村历史的民俗街；在基本保留建筑外观的基础上，结合枣的生产和“农家院”的经营需求，整修建筑，突出乡野情趣，强化枣园特征，使游客体验差异化的生活。

除了对功能区进行明确的划分，规划还对村庄的旅游配套设施进行完善，如现有游览路径存在系统不连贯、缺乏引导性、特色节点不突出等问题，规划依据短距离环形散步道设计，结合现状小径，修建3000米步道，形成环状系统，并延伸至趣味点和观景台。

规划者反复结合图上作业和现场作业，与村民共同设计游览路径，使其自然连接各古树观赏点和采摘点，既突出古冬枣树树冠较大、树形各异、趣味横生的特点，又避让影响古冬枣树部分枝叶生长的位置。与村民和游客共同“踩”出来的枣林小径既考虑人性化的要求，又体现对历史和自然的尊重与敬畏。游览路径的筑路材料选用与原场地色彩、质地相近的渗水路面，保持枣园土壤的透水、透气性。

规划者在增设配套设施的同时控制成本投入，崔庄村的旅游配套设施除了驿站旅社属于新增建筑外，其他都充分利用现状设施进行改善，如改造农家院、串联枣园内小路以及利用现有沟渠形成外围环状水系等，减少村庄的前期经济投入。

（2）种植业：扩大现有种植业，形成规模效应。

规划冬枣园核心区位于规划区域南部，占地26公顷，在原有11公顷的古冬枣林的基础上，新植8公顷新枣林，形成规模效应，同时满足游客的采摘需求。园区入口处的百果园区占地约4公顷，种植杏树、李树、柿子树等多种果树，形成进入枣园核心区前的过渡，与枣园采摘形成季节互补。

（3）加工业：发展冬枣深加工业，挖掘枣树多元经济价值。

规划力求发展观光农业，构建产、销、游一体化基地，远期在入口区东侧规划建设冬枣深加工基地，形成完整的冬枣产业链；引进冬枣深加工项目，同时建设27公顷的智能冬枣温室，进行冬枣反季节培育，研发冬枣新品种。

以低成本投入提升村庄旅游配套设施

2. 特色城镇化道路

在传统的城镇化进程中，农民往往全体离开耕作的土地，转入新的示范居住区，原有的村落生活方式迅速被城市生活方式代替，农民从事其他行业。然而，特殊的地理位置（一路之隔的太平镇居住区）和特色资源（古冬枣树资源）使崔庄村有了更多的选择可能性。

结合太平镇小城镇建设计划和崔庄村农业生产和旅游业的需求，规划按照村民自愿的原则，引导村民进镇或留村，并通过紧临的示范工业区解决就业；保留 30 ~ 50 户有经验的原住枣农，从事“枣”的生产并经营“农家院”，使原有的农村生活方式得以保留。

规划完整保留现状村民点并按整修如旧的原则进行修缮改造，作为枣园农家院对外开放。这一做法，不仅有助于提高村民收入、方便对枣园的管理维护，更可在城市化进程中延续原味的村庄文化。

同时，规划力求给予村民更多的就业选择权。根据村民意愿的调查，针对中青年群体进行就业培训支持，由太平镇工业区提供更多的其他产业就业岗位，而 55 岁以上的群体则选择留下来打理村庄及枣园的相关事务。

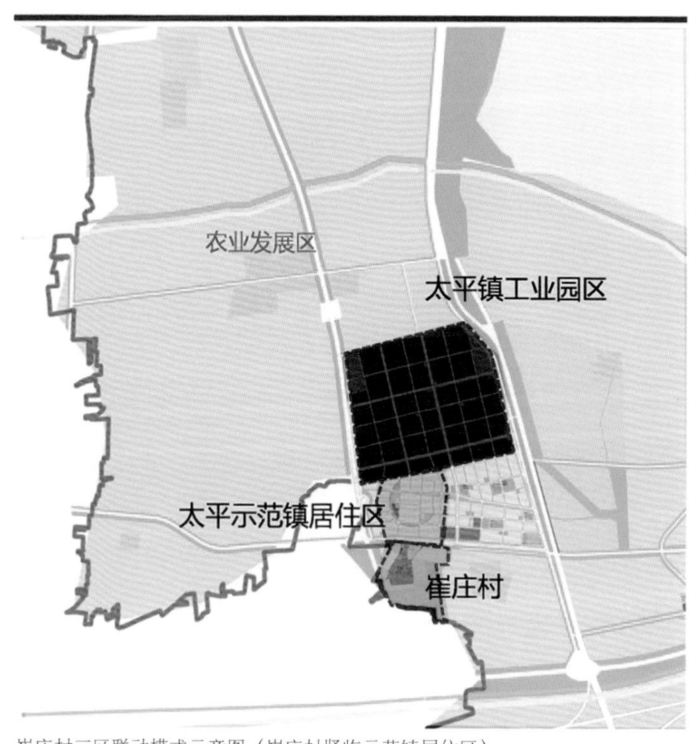

崔庄村三区联动模式示意图（崔庄村紧临示范镇居住区）

一般城镇化进程中的小村落发展模式与崔庄村量身定制模式的对比表

一般城镇化进程中的小村落发展模式		
农民	居住	居住在城镇中
	就业	脱离农业生产，进入城镇非农产业
农村	小村落消失，合并城镇化	
农业	个体农业转为产业化发展	

崔庄村量身定制模式		
农民	居住	居住在一街之隔的太平示范镇居住区中
		保留部分院落，并与农家院旅游相结合
	就业	脱离农业生产，进入城镇非农产业
		从事枣园种植经营等相关行业
农村	原味村庄：原有的村落通过环境整治提升得以保留	
农业	农业产业化发展，并对旅游业等第三产业起到辅助作用	

三、实施成效与结语

本次规划力求使崔庄村古冬枣树进入天津市文物保护单位第四批候选名单，同时为其构筑“皇家冬枣”的品牌，给村民带来切实的利益。2011 年，崔庄村冬枣产量达 20 万公斤，每户增收上万元，相对于过去单纯依靠种植业，崔庄村已形成更加多元复合的产业模式。2011 年，崔庄村入选“天津市十大美丽乡村”，并被认定为全国首批“一村一品示范村镇”。百年枣庄并未消失在城镇化进程中，反而焕发出新的生机。

崔庄村只是中国千千万万个小村庄中的一员，它们共同构成中国美丽而多元的乡土文化，这种参差多态正是值得珍视的地方。村庄的特色和风貌不应淹没在城镇化的脚步中。诚然，崔庄村的规划有其特殊性：特色的资源，三区联动的机遇，临近示范镇的有利位置，它并不能成为一种模式加以复制推广，但是形成这种模式的“量身定制”的规划过程却可以为更多的村庄提供参考。我们期待着未来更多的村庄找到适合自己的可持续发展之路。

实施效果图（左上为利用现状停车场改建成的驿站和旅社；左下：人们在冬枣展览馆参观的情景；右上：标记维护后的古树名木；右下：利用现状水渠建设的荷花塘）

第五节　凝聚失落的场所精神——汉沽大神堂村城市设计

赵光、宫媛

一网金，二网银，三网打个聚宝盆，四网打个“铜锣”群，五网拉个蛤螺满，六网虾蟹满仓盛，网网船只都不空吻，满船载着返家门，娘娘保佑好年成，来年为娘娘修庙镀金身。

——撒网喜歌

一、缘起

如果把天津的地名细数一遍，就会发现“大神堂”这个名字着实不一般，现今大抵没有什么地名能和“神”扯上关系。

沿着海滨大道由北至南，从河北省进入天津市，遇见的第一个海边渔村，便是大神堂。2012 年秋天，我们接到汉沽工委的任务，对汉沽沿海的大神堂村进行研究，分析其历史价值以及发展机遇，并在此基础上落实滨海新区对大神堂村规划建设的冀望——完整保留天津沿海最后一座传统渔村。

二、规划过程中的感悟

笔者认为，城市设计的成功与否，不能仅仅从方案本身判断，而应该将其置于当时的历史背景中，综合管理者、设计者、建设者以及使用者的感受后，方能对设计的好坏作出评价。

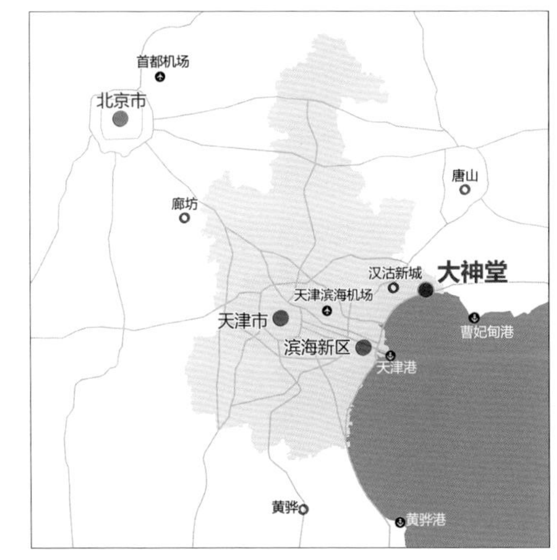

大神堂在市区的区位

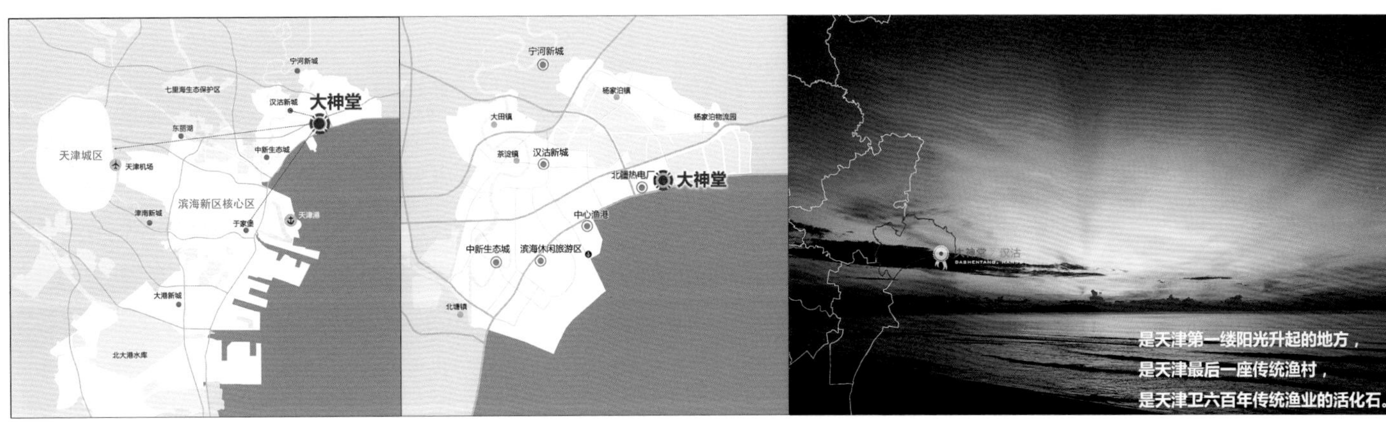

大神堂在中心城区的区位　　大神堂在汉沽的区位　　大神堂晨间采风

天津自党的十六大以来所开展的城镇化以及新农村建设，极大程度地刺激了社会经济的发展。同时，滨海新区先行先试开展改革试验，取得了骄人的业绩。然而，随着城镇化的快速推进，在乡村及沿海地区渔村的改造过程中，渔民被迁移到城区，传统渔业与渔文化已经消失殆尽。究其原因，笔者认为，首先是为了完成经济发展的考核指标，各级政府必须在任内完成既定目标，无暇顾及这些不太起眼的文化传承；其次是渔村渔民的收入来源单一，在汹涌的经济大潮中，传统经济结构面临崩溃，年轻人不愿从事代代相传的手艺而几乎全部外出打工，老年人与儿童留守乡里，造成“空村”现象；最后是天津近海捕捞渔业环境恶化，连片的填海造地极大程度地破坏了本来自净能力就比较弱的渤海湾渔业系统。保留大神堂，承继传统渔文化脉络，同样面临着上述这些问题。

项目之初，项目组主要从两大方面入手，即规划需要解决什么问题，针对哪些人，如何引导大神堂实现其自身定位？

1. 规划设计需要满足哪些要求？

（1）满足新区政府及汉沽的期待。

规划的本质，是解决城市空间与土地的问题，因此每一个规划、每一处设计，业主都希望我们拿出最完美的解决方案。汉沽区工委将大神堂视为本次工作的“亮点”，同时也希望将大神堂、北疆电厂、杨家泊物流园等地区纳入一个统一的发展框架中，共同构成汉沽循环经济园区。这为大神堂的功能定下基调，即以保护大神堂村为基础，发展旅游服务业，一方面传承滨海唯一的渔盐文化古村落，另一方面积极建设大神堂旅游服务基地。

（2）满足基层操作以及村民们的需求。

村民们是这个规划的实施者，也是对大神堂规划设计提出意见最多的一个群体。我们的设计要落实，就必须在镇、村层面获得广泛的支持，同时考虑足够的可操作性，通过编制导则来指引规划建设顺利完成。

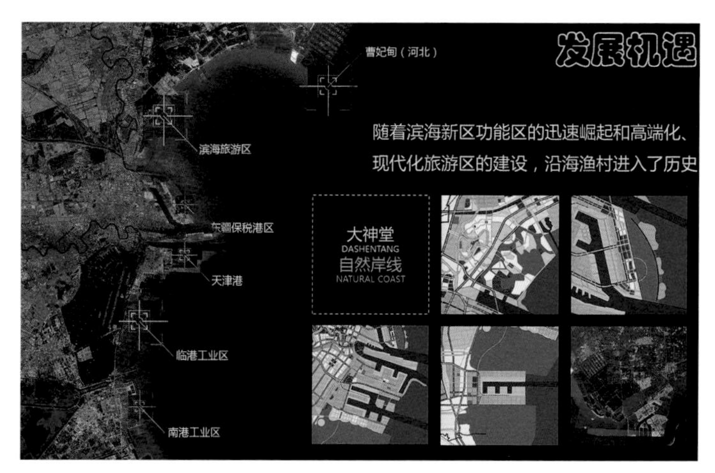

滨海新区岸线分析

大神堂传统生活采风

然而，在规划过程中，来自村民的意见却使我们几乎寸步难行。原来，早在几年前，汉沽为了拆迁大神堂，已将村民全部改为非农业户口，计划将其迁入汉沽城区并给予经济补偿。若想要扭转村民的意愿，需要各个部门的协作，但首先要拿出一个极具说服力的方案，对未来保留大神堂的预期收益进行一番展示。我们针对就业环境、机会成本、传统文化、便利程度等方面进行了分析，最终村民们基本认同了保留原址的规划设计方案。

2. 引导并凝聚大神堂独特的场所精神

1979年，挪威城市建筑学家诺伯舒兹（Christian Norberg-Schulz）在《场所精神——迈向建筑现象学》一书中提到，早在古罗马时代便有“场所精神”这个说法。古罗马人认为，所有独立的本体，包括人与场所，都有“守护神灵”陪伴一生，“守护神灵”同时也决定其特性和本质。“场所”，狭义上的解释是“基地”；在广义上可谓“土地”或“脉络”。在某种意义上，“场所”是记忆的一种物体化和空间化，即城市学家提出的所谓“对一个地方的认同感和归属感（Sense of Place or Belonging）”。

大神堂便是这样一个地方，它完全不含有任何的矫揉造作，以原生渔村的形象展示它的渔文化底蕴。在滨海新区仅有的这样一个传统渔港中，几百年来的渔业场景依旧生机勃勃。

我们所能做的，不是整治与提升，而是在一旁静静地观察，默默地收藏那已经完全腐朽不堪使用的船板，悄悄地换上精工打磨过的零件，使这一艘拥有600年历史的渔船，依旧乘风破浪、满载而归。顺其自然，是渔港场所精神塑造过程中唯一的设计语汇。

当然，为了经济的发展，我们也需要在村子中楔入一些项目。在修船厂，运用最新的3D打印技术，把百岁老渔民亲手制作的传统渔船复制成模型，将其展示给慕名而来的游客；在码头，严格控制建筑限高，建设档次不同的海鲜排档，让人们在沐浴海风、阳光的同时在老渔船中尽享美食；在大神堂文化中心，为游客和村民安排丰富的文化活动，汉沽飞镲队、汉沽版画展等带有浓郁汉沽特色的非物质文化项目汇聚于此，更为大神堂的传统民俗文化氛围增添一抹亮色。根据相关史料记载而被复原的“鱼骨庙”，将大神堂的人文气质推至一个新的高度。经过与文物部门配合考证，我们发现，天津地区的“盐母娘娘”，即泰山顶的碧霞元君，她以“凤

大神堂码头采风

大神堂村规划设计总平面图

凰咸土”的形式，将海盐的制作过程无私地奉献给劳苦大众，是造福一方的“神”，也是大神堂的“神”；她的形象是鲜活、丰满的，设计中必须考虑她在大神堂场所精神激发过程中的重要作用，并将其融入设计方案中去。

三、村庄住宅整修

大神堂村“鱼骨”状的形态肌理是沿海渔村的传统形式，村中住宅以水道相隔，极具保留价值。因此，在民宅建筑改造过程中，我们力求将建筑融入乡村自然环境，展示渤海渔村的风貌特色与魅力乡愁。大神堂民宅建筑风格以北方民居风格为基调，局部略带南方海洋文化特色，注重与自然环境相互协调，突出天然、质朴的滨海渔村风貌。建筑材料外立面以当地石材、水刷石板、贝壳砂浆水泥为主，建筑色彩以青灰色为主调。建筑屋顶以坡屋面为主，屋面铺盖小青瓦，白色砂浆压顶，脊角上扬。墙面以水刷砂石板和石材为主要材质，配以地方传统做法，加入土黄色或灰色色带。门窗提取传统花格门窗样式，并设置窗套，形成统一色调、丰富变化且具有地域特色的民居形式。同时，结合村庄的旅游功能，将闲置的民房作为接待用房，以增强人们体验的真实感和建筑空间的使用弹性。

四、反思

在大神堂项目规划中，一般意义上的物质规划所起到的作用非常有限；评价城市设计的许多标准，在这里似乎都不那么合适：它是相对独立于城区的村庄，是依靠海洋过活的渔村，是拥有许多故事、传说以及些许神秘色彩的旅游目的地，也是未来天津传统渔盐文化的传承地。

在大神堂，最大的建设是保护：通过规划，将海草房、贝壳房、泥草房保留下来；通过设计，将活力与可识别性注入每一处场所；通过人的尺度，将最大限度的便利性留给生活者；如果觉得不够，还可以增加一些有趣的引导设施。

大神堂村民居建筑构造 1

然而，遗憾的是，在新区层面的规划中，并没有将大神堂作为滨海渔盐文化传承者而加以有效的保护，新建的北疆电厂以及沿海高架的海滨高速公路对村庄的影响是巨大的，当时如果在选址时更多地考虑大神堂村的需求，适当地绕过村庄，保留向海一侧的滩涂，那么大神堂村将更加美丽。

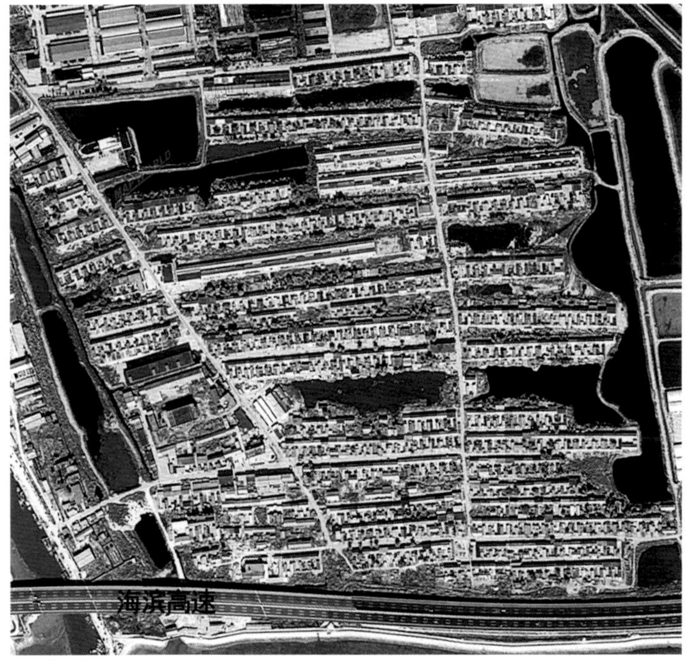

大神堂村规划航拍图

大神堂村民居建筑构造 2

第五章 城市设计的生态低碳研究

引 言 探索舒适宜人的城市生活空间

丰富的城市生活是城市繁荣发展且充满活力的重要标志。生态低碳是城市肌理健康的重要指标。城市不是钢筋水泥的森林，而是建筑历史变化的积淀，是居民生活工作的家园。提升城市品质是城市设计工作的一个重要目标。新区的城市设计始终坚持高起点规划、高水平建设，通过项目实践、调研分析等形式，探索以集约、低碳、生态、宜居为代表的生态健康城市空间设计优化策略，使城市肌理健康，并提升城市的品质。

城市建设技术的探索是推动城市空间环境优化的核心手段之一。新区的城市建设，注重引进先进城市建设技术。以于家堡金融区城市空间塑造为例，区域规划力求探索集约发展、以人为本的低碳绿色城市空间模式，在城市中预留生态空间与人的活动空间，同时结合综合管廊等先进技术，提升城市能源、水源等资源的利用效率。

与技术进步对应的是城市肌理和软环境的提升。城市是小街廓、密路网布局还是大马路、大街廓，可从侧面体现城市的品质和健康程度。城市设计力求通过分析现有户外公共空间问题，探讨优化提升措施。通过对步行环境的调研分析，引入新的模拟技术，探索提升新区街道空间活力的适用性策略；对新区的风热环境进行深入模拟研究，探索具有地域适宜性的空间规划策略和改善方法。

第一节　低碳“新”核心——于家堡金融区低碳城市空间塑造

邢燕

2006年5月，国务院下发《关于推进天津滨海新区开发开放有关问题的意见》，天津滨海新区开发开放被正式纳入国家发展战略，成为继深圳经济特区和上海浦东新区后，又一带动区域发展的新的经济增长极。作为天津未来的金融城，于家堡金融区必须坚持高起点规划、高水平建设，借鉴纽约、伦敦、香港等城市CBD规划建设的成功经验，结合中心商务区的实际情况，运用“绿色”“低碳”等先进的城市规划理念，不断丰富和完善规划设计方案，更好地引导于家堡金融区的建设。

一、理念探索与认知

近年来，气候与环境的变化给人居环境发展带来严峻的考验。城市作为产业和居住集聚区，既高度依存于气候环境，也对气候环境变化负有责任，城市设计与建设也因此成为应对危机、改善环境的关键。为应对全球气候变化和生态危机，近年来，以“绿色”“低碳”等为主题的一系列新的规划理念不断涌现，对城市设计、规划与建设提出新的要求。

虽然目前对低碳城市的研究仍以低碳技术为主，以低碳理念为指导的城市规划研究还只是刚刚起步，但低碳已成为许多国际金融中心城市CBD规划建设的发展趋势。曼哈顿下城借助“9•11”后的城市重建，力图扭转传统CBD的城市规划定势，注重将功能混合、公共交通、多样性和生态技术等可持续理念融入新的城市CBD规划之中；伦敦努力实现从自发蔓延、无序扩张的大伦敦模式，向以轨道交通为核心、以多元换乘接驳体系为主导的金融服务业多点发展模式的转变；香港高度注重以“紧凑、垂直、连通和天空之城”的都市发展理念实现高密度金融中心的可持续发展；新加坡的CBD城市规划谋求以“最大步行空间，最少交通堵塞”的公共交通模式，提供面向市民的积极城市空间，实现从传统中央商务区向“24小时城”的转变。这些以低碳理念为指导的先进规划模式的提出和实践，都为于家堡金融区的规划和建设提供了很好的启示与借鉴。

二、低碳理念下的于家堡金融区空间结构设想

定位于全国领先、国际一流、功能完善、服务健全的金融改革创新基地的于家堡金融区，位于天津滨海新区中心商务区核心地段，三面环水，规划地块120个，占地386万平方米，总建筑面积950万平方米，规划主要功能包括市民会展、现代金融、传统金融、教育培训和商业商住。

2010年，于家堡金融区贯彻绿色环保、节能减排的要求，提出“共享绿色，共同发展”的城市发展理念，组织国内外城市设计、管理领域顶级团队，对城市规划和建筑设计进行全面优化和提升，并于当年召开的APEC能源部长会议上，被推选为首个低碳城镇示范项目。

在各级政府的支持下，中心商务区组建新金融低碳城市设计研究院，联合业内众多研发机构，立足于家堡金融区，开展一系列低碳城市研究和专项规划。特别是在城市设计方面，于家堡金融区按照高起点规划的要求，邀请国内外多家高水平设计单位，组织开展于家堡地区行动规划方案征集和城市设计国际竞赛，对建设规模、功能比例、空间结构、交通模式和项目建设等进行深入研究，并邀请规划、交通、经济、社会和生态等领域专家进行反复研讨论证，完成城市设计整合及设计导则的编制，同时，委托多家知名设计公司开展景观、地下空间利用和交通等专项规划设计工作。围绕节能减排这一低碳城市核心理念，于家堡金融区在城市空间布局、交通组织、绿化景观、能源利用及建筑设计等方面，通过自身的先行先试，初步开辟出一条具有区域特色的低碳发展之路。

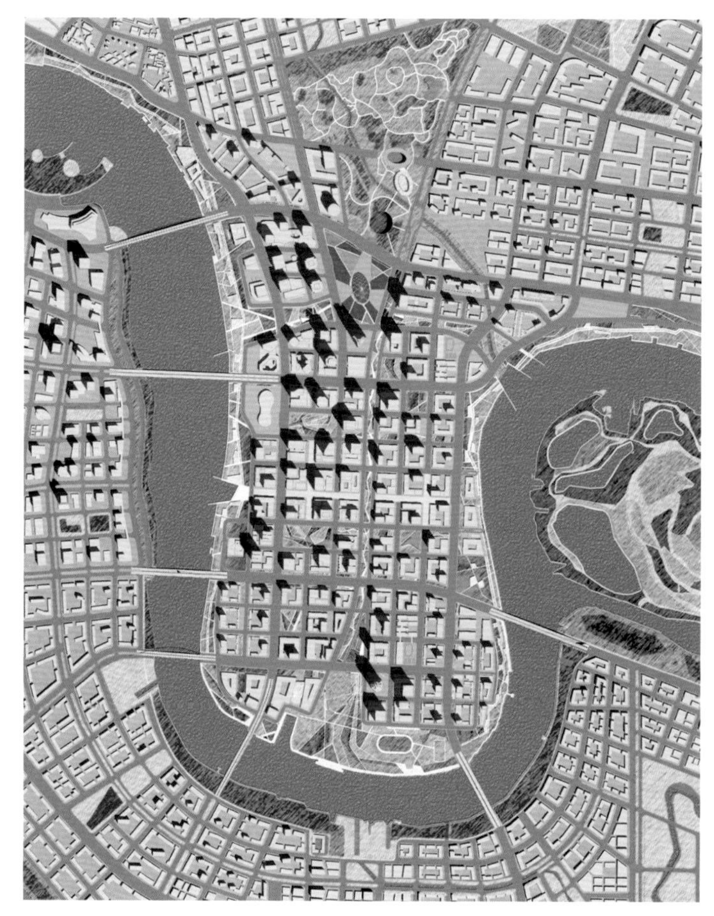

于家堡金融区城市设计总平面图

1. 紧凑发展型城市空间布局

低碳理念下的城市空间布局提倡小街坊、紧凑的空间形态以及混合布局的功能业态和多样性的公共空间。紧凑发展型城市是针对现代城市无序蔓延发展而提出的一种城市空间布局，强调通过土地混合利用和密集开发，使人们生活在工作地和日常所需设施附近，减少交通出行，是一种基于土地资源高效利用和城市紧凑发展的新思维，其形态取决于城市人口和建筑密度。

（1）混合型土地利用。

土地混合利用是指在一个地块内兼容两种或两种以上性质的用地，可给予土地开发一定程度的弹性控制，提供多样的开发模式。于家堡金融区现有规划充分考虑这一点，在工作地点周边步行可达范围内混合设置服务业、零售商业、娱乐休闲及居住公寓等职能设施。其科学性主要体现在三个方面：一是有利于增强区域内各相关产业和服务机构之间的联系，促进空间多元化，并通过不同功能的使用、多种活动在地域和空间上的聚集，使城市活动更加多元；二是注重为相关人员提供多种居住选择，使不同背景的人相对聚居，避免人口空间分层所带来的各种社会问题；三是通过住宅和工作地点的均衡分布，促进交通设施的高效利用，减少钟摆式交通所引发的能耗和污染。

（2）合理的街区尺度。

于家堡金融区整体采用“窄街廓、密路网”的布局模式，街区尺度多为 90 米 ×110 米见方的地块。首先，这种布局在增加道路临街面积和商业人流量的同时，有助于保证寸土寸金的金融区地块的土地开发价值，同时避免某一开发商拿下大面积土地后，垄断区域土地供应，操控价格；其次，小街区周边形成的密集路网结构，可为车辆在交叉路口提供更多的选择，有助于减小主干道通行压力并实现区域内的微循环；最后，这种街区尺度充分考虑步行者的舒适度，可缩短沉闷、冗长的步行距离，并营造更加宜人的步行环境。

2. 绿色便捷的交通组织体系

低碳理念下的交通组织，鼓励步行和自行车交通，并在积极促进公共交通发展的同时，减少私家车交通。于家堡金融区的城市设计从一开始便秉承绿色、低碳的交通规划理念，从集约利用土地、优化使用结构入手，开展综合交通规划，引导和发展公共交通和慢行交通，力图从根本上改变传统交通出行结构，最终构建绿色、低碳和高效的交通体系。

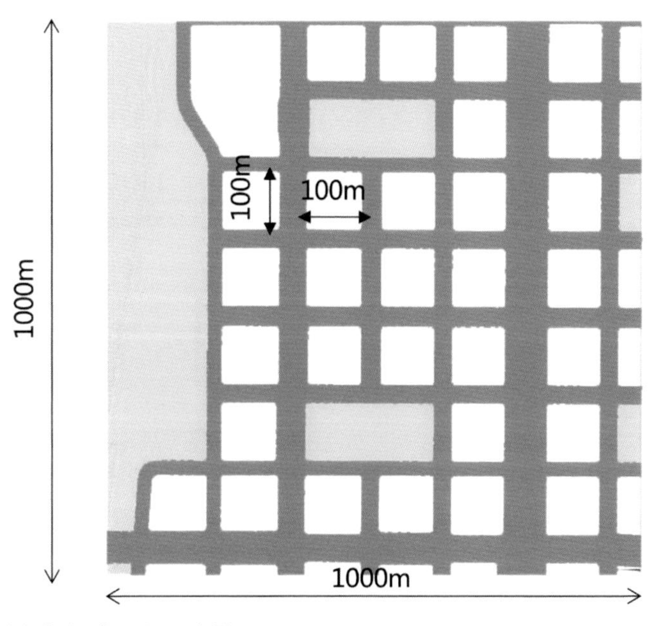

于家堡金融区街区平面示意图

国家层面：城际铁路
京津城际延长线

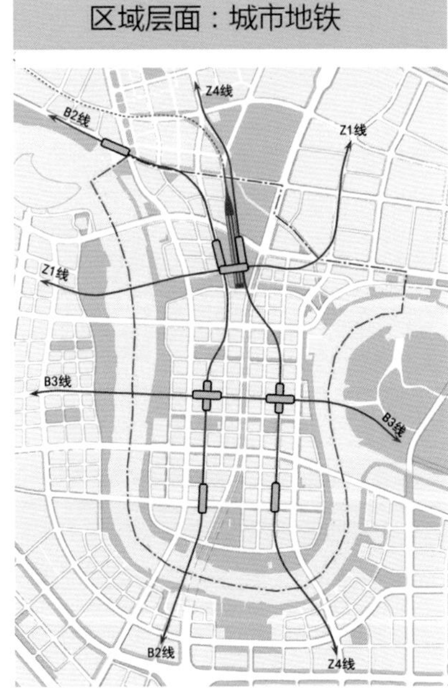

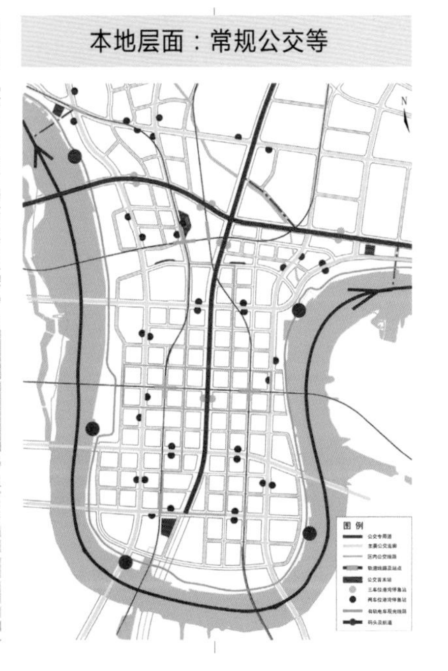

于家堡金融区公共交通系统图

（1）落实公交优先规划，实现公共交通出行目标。

于家堡金融区工作岗位密度预计达 7.78 万人 / 平方千米，日交通需求为 150 ~ 167 万人次。为应对繁重的交通压力，于家堡金融区提出 70% 的公共交通出行目标，并注重从基础设施、技术手段和管理制度等方面全面保障该目标的实现。

于家堡金融区交通出行结构

交通方式	地铁	常规公交	出租车	小汽车	自行车	步行
分担比例	40%	30%	5%	15%	5%	5%

首先，于家堡金融区结合已有相关规划方案，规划城际铁路、地铁和常规公交等多种交通方式，注重从国家、区域和本地三个层级构建公共交通系统，服务范围可覆盖半岛 100% 以上区域，从而为实现半岛 70% 的公共交通出行目标提供设施基础。

其次，为进一步提升公共交通服务水平，于家堡金融区通过设置地下人行通道、接驳自行车，增设轨道站点出入口数量等技术措施，注重强化公共交通终端服务职能，提升公交的可达性，解决公交出行最后一千米的服务难题，为实现公共交通出行目标奠定较好的技术基础。

第三，于家堡金融区实行严格的停车需求管理制度，即通过降低停车配建指标、提高停车收费等管理措施，严格限制进入于家堡金融区的私人小汽车数量，为进一步实现公共交通出行目标奠定政策基础。

（2）采用“窄街廓、密路网”的布局模式，构建高效机动车出行网络。

低碳交通规划追求机动车和非机动车交通的动态平衡，而高效的机动车出行也是低碳交通规划的重要组成部分。未来几年内，于家堡金融区规划的小汽车出行比例为 15%，保证小汽车交通的高效运行是区域路网规划的主要评价指标之一。

于家堡金融区规划道路总长约 47 千米，道路网密度 12.25 千米 / 平方千米，道路面积率约为 31%，高于天津市规划指标的要求。金融区本着“以人为本”的设计理念，采用“窄街廓、密路网”布局模式，并辅以严密的交通信号和交通组织设计，形成效率极高的机动车出行网络。据上述规划测算，于家堡金融区路网饱和度、平均车千米数及车小时等评价指标均处于较好水平。同时，为缓解地面交通压力，将地面路权更多地让于行人，于家堡金融区分别在地下建设中央大道海河隧道和地下车行系统，前者主要解决穿越金融区的过境交通，后者主要将区域内各地块地下车库进行串联，解决各地块的到发交通问题。

（3）提倡慢行优先理念，打造网络化慢行系统。

于家堡金融区以半岛慢行 OD 分布为依据，以道路网系统为骨架，分别规划自行车和行人廊道系统，并结合滨河景观带设置宽度约 30 米的独立慢行空间，道路尺度也更符合金融区内人群休闲、游憩和健身的出行需要。此外，在道路资源分配上，优先考虑慢行交通通行需求，依照慢行通道等级，分别给予 60%、50% 和 30% 的道路断面资源，并注重利用绿化设施严格分离快慢交通，从而保证慢行交通安全、连续且舒适。

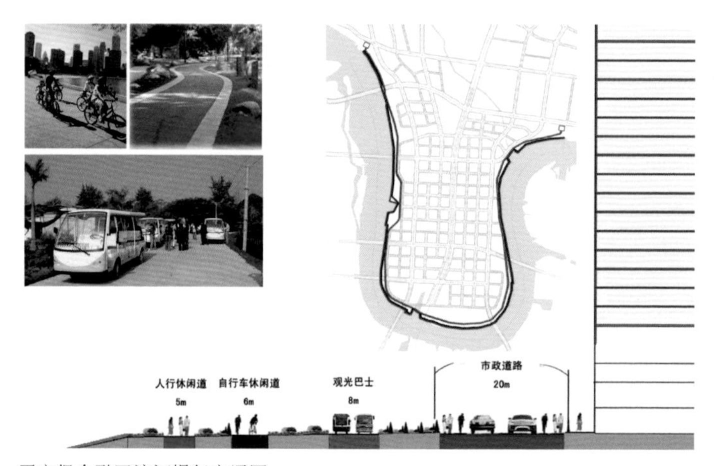

于家堡金融区滨河慢行交通图

（4）着眼空间交通转换，打造立体交通体系。

于家堡金融区着眼区域内人员交通出行需求，在交通组织规划方面，综合采用道路交通、轨道交通、水上交通、步行交通和地下通道相结合的多样交通组合，着力打造便捷高效的现代立体交通网络。金融区通过公共交通网络、机动车出行网络，结合滨河景观设置的步行通道网络，通过合理配建地下停车设施构建的地下交通网络和配套设计丰富的地下空间和地下商业街，实现楼宇间、组团间公共交通与办公、商业和居住的无缝对接，最大限度地便利人员出行，减少机动车使用，从而有助于降低化石能源消耗，营造金融区低碳绿色的交通环境。

于家堡金融区地下空间示意图

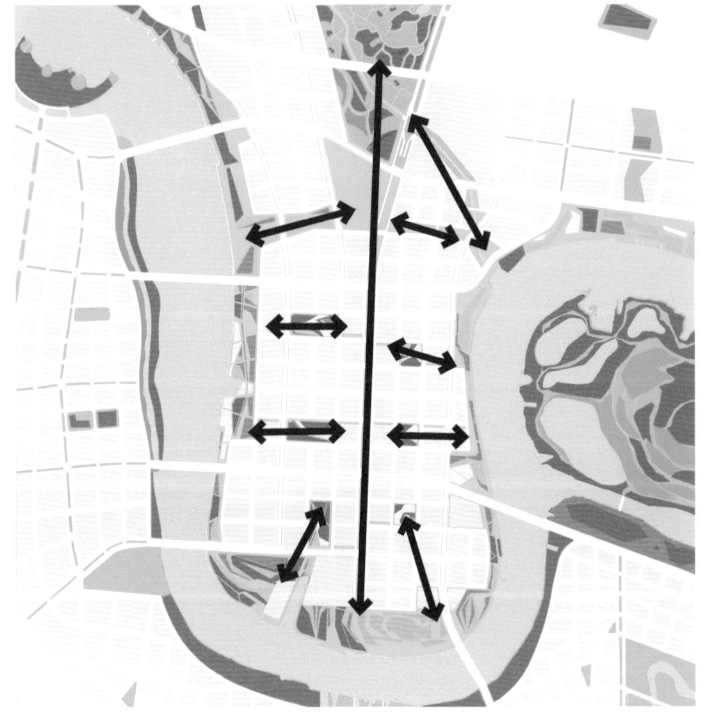
于家堡金融区绿地系统规划图

3. 低碳的绿地景观网络

除空间布局和交通组织外，区域景观的规划设计也同样是打造绿色低碳生态环境的重要组成部分，这主要体现在绿地系统的规划、绿地效益的发挥和低碳景观的设置等方面。

（1）完整的绿地系统。

于家堡金融区结合区域三面临水、景观资源丰富的特点，规划设置完整的绿地景观系统，以绿化景观绿带和集中公共绿地为骨架，包括沿河景观带、中央大道景观带、城市道路景观带及多处超过 2 万平方米的绿地公园，总面积约 100 万平方米。其中，中央林荫大道连接公共交通枢纽与南部公园，两侧主要为零售与办公，建筑裙房间宽度 80 米，建筑塔楼间宽度可达 120 米，从而有助于构建开放的街道景观；150 ～ 250 米宽的滨河绿带通过道路绿带与集中绿地联通，并为小型休闲商业、自行车游览道、步行道等设施结合滨河绿地设置提供可能。此外，为缓解热岛效应，于家堡金融区还结合半岛地形特点，设置多处楔形绿地，连接滨河绿地与城市核心，将河道上方清新凉爽的空气引入城市内部。

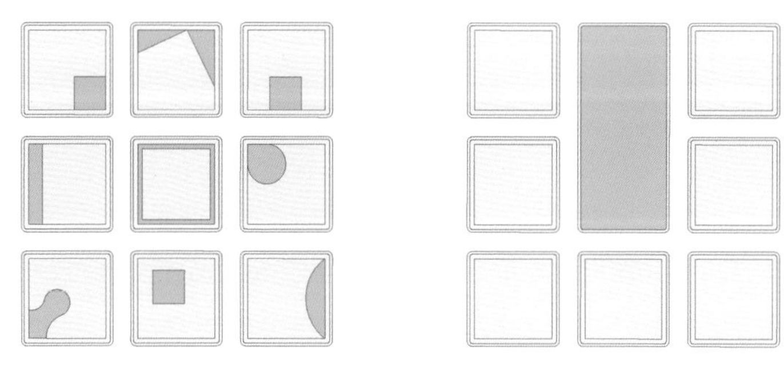
天津市规划条例与于家堡城市设计的绿地布置对比图

（2）通过“化零为整”，实现绿地效益最大化。

绿地布局更加强调开放空间及整体景观架构，采用区域集中的景观策略，设置连续的步行系统，联系各集中景观空间，形成开放的公共空间系统。相对于将绿地分散到各地块的一般策略，这固然会减少单独地块的绿地面积，但区域总体绿地率可高达35%以上，可最大限度地提高地块使用率和绿化空间可见性，有助于营造更好的城市生活氛围和良好的公共开放性。

（3）适宜的低碳景观。

一般而言，区域绿化覆盖率达到40%以上，乔木比例大于50%，平均绿化斑块面积大于200平方米，可使区域温度下降1.5℃以上，并显著改善区域热环境。景观设计力求缓解热岛效应、改善区域热环境，结合区域土壤、气候等条件，优先选择适合本地生长的高固碳释氧植物，并保持固碳植物指数不小于30%。可选用的植物包括乔木中的糖槭、山桃稠李、国槐、榆树、旱柳、悬铃木、垂柳、火炬树、栾树和碧桃等，灌木中的榆叶梅、接骨木、树锦鸡儿、连翘、紫丁香和大叶黄杨等，以及蜘蛛兰、早熟禾、黑麦草和沟叶结缕草等草本植物。

4. 高效低碳的能源利用

在能源利用方面，市政工程规划提出“高效节能，绿色先进”的规划理念，并注重以集约方式探索低碳化的技术路线；在满足技术规范和使用要求的前提下，大量运用多种先进市政工程理论和技术，以解决CBD区域高开发量、高城市定位与建设节能环保绿色城市间的矛盾。

（1）市政管线统一管理——共同沟系统。

在系统梳理、分析各专项规划的基础上，将在地下空间车行系统外圈规划两条“C”形共同沟主沟，将电力、供热、中水、自来水和通信等市政管线（雨污水及燃气管道除外）通过主沟接入各相应支沟，再接入各单体建筑设备用房。共

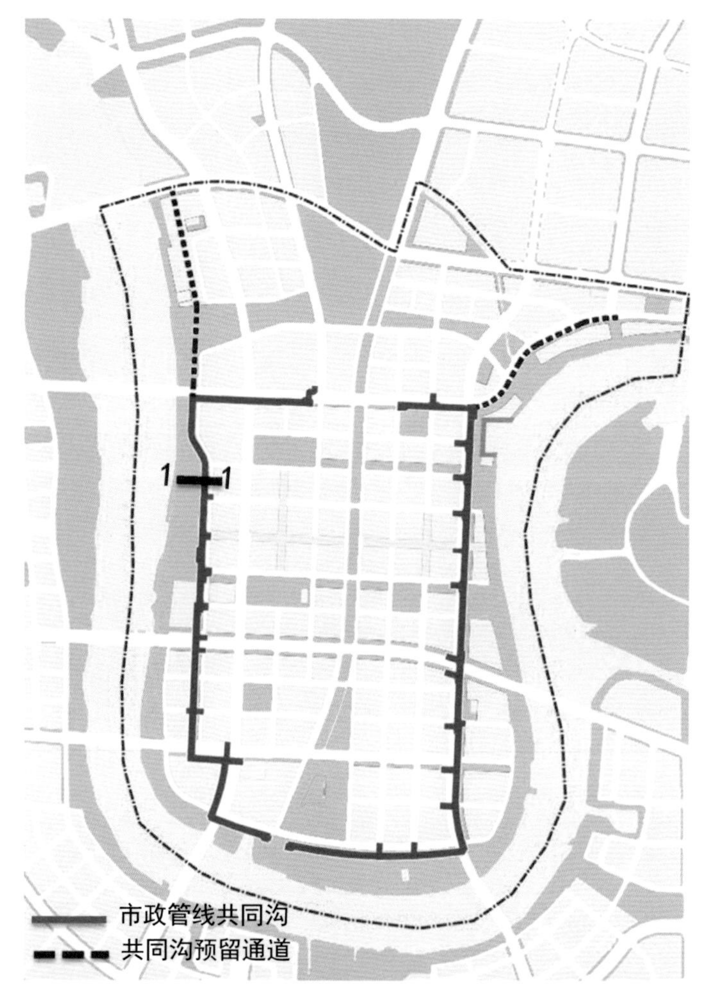

于家堡金融区共同沟布局图

同沟在走向上保证与市政管线干线规划的一致，以实现敷设在共同沟内市政管线服务半径与相关规划方案的高度吻合，同时通过适中的共同沟断面面积设计，为共同沟敷设提供便利；在立体空间布置上，将通过地下空间的设施错位布置，把共同沟与其他设施的空间布局冲突降至最低，最大限度地降低工程造价；在仓室布局上，共同沟将采用“水平双仓式”结构，并对防火要求较高的电力管道独立设仓。此外，共同沟的这种布局规划很好地满足了分期开发的市政配套需求，

既有助于避免道路的反复开挖，也对后期升级管线、延长管线寿命有重要作用。

（2）区域供冷供热——能源中心。

在优化区域能源供给和利用方面，规划结合区域能源结构，综合利用城市电厂余热、峰谷电力和冰蓄冷等低碳能源和技术，统筹考虑地下停车布局，在城市开放空间和公共绿地内设置若干个能源中心，为区域提供绿色能源，改变单体建筑物内设置机房的传统供冷供热模式。

能源中心“削峰填谷”的节能特性，可有效解决 CBD 高能耗与低碳发展间的矛盾，消除传统直燃机易燃易爆等安全隐患，而冷却塔的集中设置，也可有效提升于家堡金融区第五立面的品质。引入大型能源中心为区域提供集中供冷供热，有助于最大限度地实现区域内能源和土地的集约利用，使在具有高能耗开发特点的 CBD 中实现“共享低碳，共同发展”的设计理念成为现实，于家堡金融区也将由此成为天津市首个采用能源中心集中供冷的区域。

规划的起步区能源中心分为南、北两个能源站，分别位于起步区南北公园内，各站服务规模 120 万平方米，最大服务半径可达 500 米，可满足区域内所有地块供冷和供热需求。在选址上，主要依据能源中心合理供冷供热范围确定，并结合地下车库、区域变电站等设施分布状况，以全地下形式集中设置，凸显于家堡金融区对地下空间资源的高效利用。

5. 多方位、低碳化的建筑设计引导

低碳城市离不开低碳建筑。建筑是城市活动的主要载体，对城市碳排放有直接影响。要实现城市低碳目标，规划必须从建筑设计角度入手，倡导节能、节水、节材的环保理念。于家堡金融区起步区建筑物全部按照中国绿色建筑标准规划设计，部分建筑同时采用美国 LEED 绿色建筑标准，并充分考虑建筑朝向、建筑物遮阳、外墙外保温和建筑材料的控制等要求。

（1）建筑朝向。

建筑朝向对建筑的能源消耗有重大影响，通过模拟分析，合理的建筑朝向可使高层办公楼减少能耗约 5%。与建筑南、北立面相比，于家堡金融区建筑的东、西立面全年可累积更多的太阳辐射量。夏季，清晨和黄昏时的低太阳

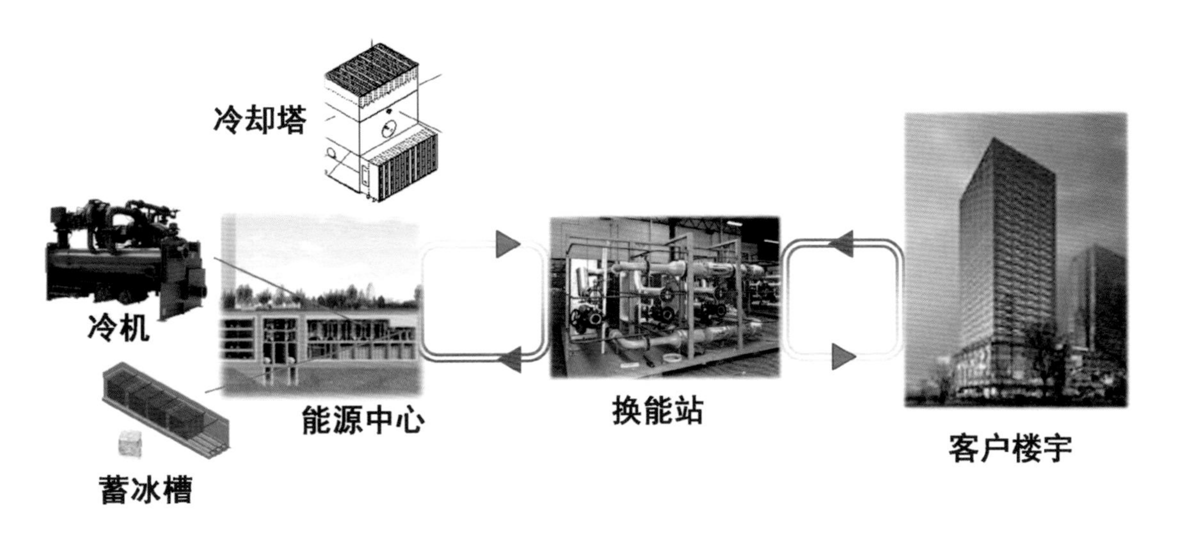

能源中心工作流程示意图

高度角，使建筑东、西立面接受到一年中最大的日均辐射量，南立面也接受到相当量的辐射；冬季，东、西立面依旧接受到较大的太阳辐射，但因太阳高度角较小，此时南立面也会受到较多的辐射。因此，从节能角度分析，于家堡金融区在建筑特征和朝向设计上应更多地考虑直线性，以便获得较大的南、北立面，尽量减少东、西立面外露尺寸。

（2）建筑外遮阳。

虽然滨海新区400瓦/平方米的日照平均水平并不高，但如不加以控制，也可能引致不必要的增热。为解决日照带来的耗能和炫目等问题，于家堡金融区内相关建筑应进行适当的外部遮阳设计，特别是建筑的全玻璃立面。对不同立面朝向的建筑，也应根据实际情况，有针对性地采用不同的遮阳设计策略。

（3）外墙外保温。

建筑外围护作为建筑内部环境与外部环境间的热障，在阻挡室外过多增热或室内热损失方面扮演着重要角色，能够有效降低空间空调所需能量负荷。一般而言，具有良好保温性能的建筑可节能约2.3%。建筑透射或U值作为一种码尺，通常用来比较不同外围护材料及组件的性能，于家堡金融区内建筑保温材料应根据气候带类型参考值或推荐值加以选择，确保区域内建筑外围护具有良好的保温性能，至少应满足ASHRAE90.12004国际规范中的有关性能要求。

（4）高性能玻璃窗。

玻璃窗的比率和类型对建筑总体性能具有重要影响，玻璃窗的特性可能影响建筑外观、户外视野、视觉舒适性、热舒适性、能源开支以及空调系统的大小和种类等多种建筑特性。高性能玻璃窗在通过可见光的同时，可阻挡大部分红外光线，从而大大减少室内空间增热，将在于家堡金融区内建筑中广泛应用。同时，这一措施有助于缓解室内热效应，比如靠窗位置可在获得充足自然光的同时，不至于被直射阳光炙烤。

（5）可持续建筑材料。

谨慎考虑并选取合适的建筑材料，是规划设计的重要方面。除传统的耐久性、维护保养外，于家堡金融区内建筑材料的选用着眼于绿色低碳的规划设计要求，充分考虑可持续性，包括建筑材料是否可以再度使用或再生循环，建筑材料在被使用前所需要的提取、生产和运输过程的能量消耗，建筑材料加工和制造程序对环保方面的影响以及低辐射产品对室内环境质量的影响等。

三、总结与展望

低碳城市的规划设计是一项综合性强、涉及面广、复杂程度高的系统工程。多年来，于家堡金融区相关规划设计部门立足于区域功能定位，秉持绿色、低碳的规划和建设理念，结合区域实际，积极开展系列研究和专项规划，不断探索低碳发展路径和方法，先后编写《于家堡金融区可持续发展导则》《于家堡金融区低碳概念设计》，并躬行实践、锐意创新，不断提升区域低碳布局、低碳产业、低碳交通、低碳能源和低碳建筑等的规划和建设水平，取得了良好的效果，积累了宝贵的经验。

目前，中心商务区以于家堡首例APEC低碳示范城镇为载体，借助APEC低碳平台，进一步完善区域发展规划，并通过产业集群模式，逐步构建市场化、全方位的绿色产业链，以推动中心商务区及APEC低碳城镇全面发展，并为参与低碳城镇建设的各方主体创造更大的价值。

第二节　街道“慢”生活——滨海新区核心区街道步行环境研究

毕昱、杜宽亮

一、背景简介

新城的发展需要速度。“快一点，再快一点”的概念似乎不仅停留在产业发展与GDP的增长中，也在无意识间渗入城市环境风格中。天津滨海新区的城市街道环境在某种意义上正是新城“速度”的反映：笔直的路网使人们迅速通向自己的工作地点，宽阔的道路将货物无阻地传递在港城之间，迅速成长的绿植与整齐划一的底商在最短时间内高效地营造出道路两旁的环境，这一切体现了这座年轻新城的速度与活力。

然而，另一方面，新城所建立的追求“速度”的街道环境似乎缺少什么，特别是在步行环境上隐藏着诸多问题：在上班时间街道上的人们行色匆匆，而下班后街道上则空空荡荡。新城的街道通常只是人们从A点到达B点的通行之路，换言之，人们不愿意在新城的街道上慢下来、停下来，街道变成一个单纯的通路。相较于老城街道丰富的功能，新城的街道步行环境功能显得单一而枯燥。在滨海新区核心区常住人口已达百万的今天，我们不能再用“新城人口少，建成时间短”等理由来解释街道生活的匮乏，人们为什么不愿意停留在新城的街道上，如何使人们慢下来展开街道生活便成为本次街道步行环境研究的核心。

滨海新区核心区规划用地规模约190平方千米，至2020年，规划常住人口规模约220万人，大致可划分为产业区与生活区两大部分：产业区交通以通勤交通为主，步行所占比例较小，对步行环境的要求不高；生活区分为塘沽老城区和以天津经济技术开发区的生活区为代表的新建城区。本次街道步行环境研究主要集中在核心区的建成区部分，特别是针对新建区域街道步行环境展开研究，将研究范围内的肌理进行分类整理，对50余条街道基础设施评价清单进行评估，汇总梳理滨海新区核心区新建区域街道环境现状问题，深刻剖析人们不愿意在新城街道上停留的原因，同时提出营造滨海新区核心区慢行街道生活的原则性策略，为新城步行环境导则的制定提供线索和指引。

滨海新区核心区范围（红线）与本次重点研究的建成区范围（蓝线）

二、人们为什么不愿意在新城的街道上“慢下来”

影响一个地区人们步行出行意愿的因素主要包括城市布局肌理和街道设计。城市的布局肌理在宏观层面为形成一座步行友好型城市打下基础，街道设置在具象方面影响步行者的出行舒适感及安全感。本案尝试从这两个方面梳理滨海新区核心区街道环境的现状问题，并深刻剖析新城步行环境人气缺失的原因。

1. 核心区城市布局肌理对步行环境的影响

一个高度适宜步行的环境可提供丰富的道路联结网络，满足人们的日常出行需求。据此，研究组对于核心区的整体路网肌理进行分析梳理，选择核心区内部不同的典型区域，研究其密度特征，每个区域控制在800米×800米的范围内，通过分析交叉口个数、街区个数、街廓长度（交叉口间距）以及街区的完整性，判读整个地区的步行性。

通过肌理研究，我们发现，滨海新区核心区内的新建区域与老城相比，有以下两个影响其步行性的明显特征。

（1）超大的街廓尺度。

在滨海新区核心区的塘沽老城区地段，即20世纪八九十年代建成区街廓尺度在200～300米之间，在800米×800米的设定研究范围内，街区个数可以达到近20个，且旧区的街廓界定较好。尽管街道宽度相对于新建城区显得狭窄，却形成了较好的街道空间；与此相对，核心区内的塘沽新城、开发区生活区（1990年—2000年建成）以及还迁房区域，街廓尺度增大到400～500米，交叉口密度也迅速减小，在800米×800米的设定研究范围内街区个数减少至10～15个，特别是还迁房区域街区个数减少至8个。街廓尺度在新建区迅速增大，由人的尺度转变为机动车的尺度。

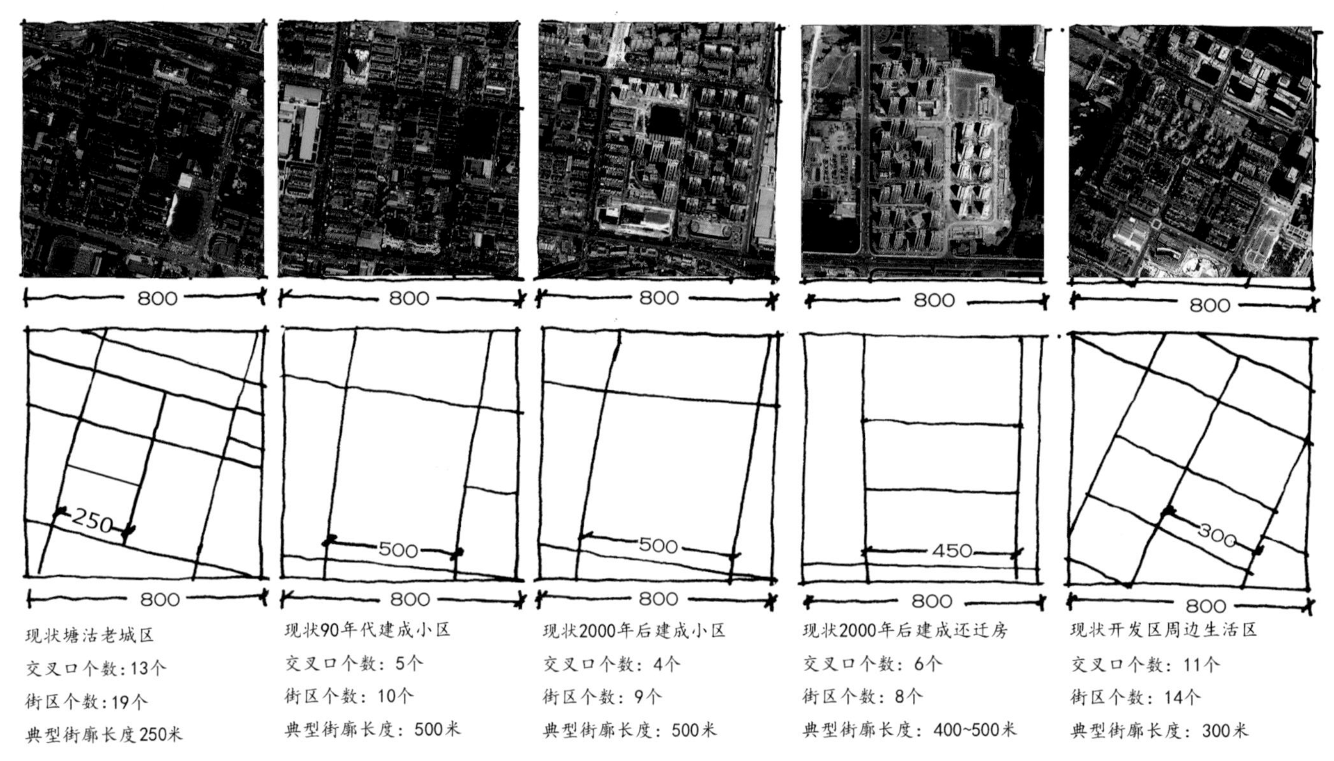

滨海新区核心区内新建生活区与老区街廓尺度对比，从人的尺度转变为车的尺度。

（2）“孤岛式”城市肌理的涌现。

除密度和街廓大小，街区肌理能否界定一个有效的街道边界也可以作为判断城市可行性的一个有力指标。《建筑模式语言》一书中总结了边界的重要性：“如果边界没有了，不起作用了，那么空间永远无法充满活力。”

核心区内的新建区域多建于 20 世纪 90 年代后期，对住宅规范执行较好，同时追求较高的容积率；由于北方气候特征，行列式建筑以及点式高层成为建筑的主流形式。此种肌理形式的街道界面不完整且呈现单一重复的状态，大量山墙面朝东、西向，与街道之间缺乏交流，山墙面对的街道往往成为城市“背面”的街道，人气较低；特别是以层数较高的还迁房为代表，出现大量点状“孤岛式”城市肌理。这种肌理在汽车城市中非常普遍，无法与城市街道形成良好的互动，大大降低行人的出行意愿，给人行环境的营造带来困难。

2. 核心区街道设计对步行环境的影响

以上两点在城市肌理层面对新建城区的步行适宜性带来影响，而新城在具体的街道设计方面也隐藏着一定的共性问题：大多数新建区域的街道以提高效率为前提，常常给人以“有序而平淡，高效而呆板”的印象。本次研究针对核心区 50 余条街道制作“街道基础设施评价清单”并进行实地踏勘评估，梳理出核心区街道设计在塑造“慢”生活方面存在的主要问题，如下所述。

（1）无趣的视平层设计。

杨盖尔先生在《人性化的城市》一书中将视平层分为活跃、友好、混合、无趣和不活跃五种类型。我们依据此种标准对核心区的视平层进行分类评价。符合“活跃”标准的视平层首层需要达到每百米 15 ～ 25 个门，并在功能上有较强的多元性；一般而言，这种类型的首层平面存在于城市的中心商业街道中，而此类案例在研究范围内严重缺乏，处于空白状态。滨海新区核心区的三大街区域和洋货步行街有符合小单元“活跃”视平层模式的潜在可能性，但目前还无法达到评价标准的最后一个要素，即好的细节设计和材质。与此相反，开发区的商业区内在近五年间有很多细节较为精致的商业首层，但都采用较大门脸单元的构成策略，即每百米少于 10 个门，无法达到“活跃”的标准，并且确实缺少一个城市主要商业街道应有的人气。

左三张图为核心区域新建区域的“孤岛式”城市肌理，与最右边图中塘沽老生活区的城市肌理形成鲜明的对比。

新区建成区

符合此类型的首层设计匮乏

A-活跃
小单元，多门
（每百米15~25个门）
在功能上有较高多元性
没有“盲单元”，较少的“消极单元”
立面线条富有特色
立面主要采用纵向划分
好的细节设计和材质
在滨海新区核心区，符合此种首层评价标准的设计匮乏。

B-友好
相对小的单元
（每百米10~14个门）
在功能上体现一定的多元性
较少的“盲单元”和“消极单元”
立面线条
很多细节
三大街等以餐饮性质为主的街道，以及塘沽外滩区域街道
接近此类型，但是缺乏精致的细节和材质。

C-混合
单元大小混杂
（每百米6~10个门）
功能上略带多元性
若干“盲单元”和“消极单元”
略带立面线条
较少细节
新建区域的底商有所变化，但是变化只出现于局部，例如小型便利店的插入
在设计和材质上有所提升，但是不如传统多个小单元形成的活跃街道氛围。

D-无趣
大单元，很少门
（每百米2~5个门）
在功能上几乎一成不变
很多的“盲单元”和无趣单元
很少乃至没有细节
滨海新区核心区新建区域常常出现的一种类型，以金融街区为代表，虽然在设计细节上较为细致，但是功能上完全没有变化。

E-不活跃
大单元，很少乃至没有门
（每百米0~2个门）
在功能上没有任何可见的变化
“盲单元”和“消极单元”
整齐划一的立面，没有细节，没有可看之处。

滨海新区常见的一种街道首层类型
不论是居住区（左上）、办公区（左中）还是公建周边（左下）
都是大量连续整齐划一的立面，没有任何细节和交流机会。

核心区典型视平层分类示意图

核心区现状新建办公区域（现代服务区及金融街区域）的视平层功能过于单一，70% ~ 80% 的首层为银行功能，导致视平层比较单调刚硬，缺乏识别性，并且缺少晚间活动，不利于提升街道安全感，无法引导人们开展步行活动。此外，由于银行本身要求一定的封闭和私密性，视平层外的行人对于其内部无法形成类似商业或普通办公的“自然交流”效果，反而更接近于在首层构筑大量阻碍视线的“墙”。以新城西路为例，单纯从街道断面图看，其比例尺度适当，街道绿化良好，但由银行构成的视平层却毫无吸引力。

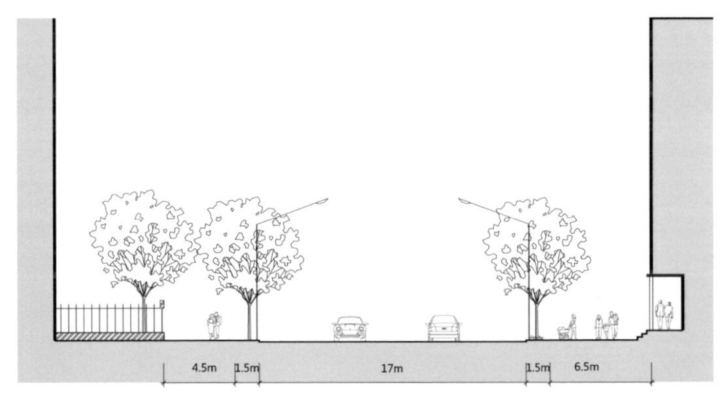

新城西路断面及实景照片（断面比例适当，但在实际设计中缺乏吸引力）

（2）未经推敲的街道退线。

相对于老城的街道，滨海新区的街道更严格地遵守现行规范中的退绿线规定，而且由于新城的用地更为充裕，大量街道采用更加宽阔的建筑退线，与人们印象中新城常有的开阔街道印象相一致。然而，这种宽阔的退线对于行人而言并不舒适，特别是对商业街道的人气聚拢带来一定的负面影响。以开发区第三大街及现代产业服务区（MSD）两大商圈的街道为例，其临街的人行道运用 15 ~ 20 米的次干路常用退线，而这种退线造成的结果即人气聚拢相当困难：新建的 MSD 办公及综合商圈的人行道空空落落、缺乏人气，所谓“临街”首层咖啡店，实际离路缘石还有 20 多米。新城的商业街道退线未经过相应的导则进行进一步推敲，一味地遵守宽阔退线反而不利于商业氛围的形成。

新建区域的商业退线关系

此外，过宽的退线也导致部分街道变成机动车的停车场，真正可供行人行走和停留的空间被压缩。以开发区第三大街为例，人行道完全变成停车场，行人只能在距离店面很近的平台上行走，而店面的门被设计为向外打开，于是行人的可用空间变得相当尴尬。如果单纯地看图纸，那么三大街宽阔的人行道不可能存在人行空间不足的问题，而现实中对行人路权的“压榨”已经到了一定程度。这也反映了新城街道断面的共性之一：非自然形成的街道，严格遵守相关规范，但这种看似“宜人”的断面在实际设计中却不一定为行人带来舒适的感受。

开发区第三大街宽阔的退线区域变为停车场，行人路权被机动车侵占。

(3) 缺失的街道设施。

核心区新建区域的步行环境基础设施在近些年已经打下了良好的基础。相对于老城区，植被绿化、地砖敷设和无障碍设计均拥有更好的设计品质，但某些细节有待完善，例如，以下三种类型的步行基础设施需要进一步优化。

第一类是街道停留设施，“街边座椅”在核心区街道中的缺失非常明显。座椅可将单纯的“通过性”场所转化为供行人停留、交流、观景等的多元化活动场所，在调研的街道中，无论商业性街道、办公楼群中的街道还是居住区附近的街道，都没有街边座椅的存在。即使在金融街区的宽阔绿带两边，也没有座椅，人们即使有停留的意愿，也因设施的匮乏而不得不迅速离开。新城的街道缺乏这种向人们发出停留邀请的设施，在一定程度上削弱了人们“慢下来”的意愿。

第二类设施是应对恶劣天气的设施，如果街边遮阳设施等处于空白状态，那么会降低街道步行环境的舒适度。作为一个北方城市，对雨雪天气的应对也是优化行人环境的一部分，特别是在北方的冬天，人们最基本的出行要求是出行的安全性。核心区新建区域的一些人行道由于地砖过滑而存在一定隐患：由于行走其上较容易滑倒，人们反而倾向于选择承载机动车的柏油路。

第三类设施是缺乏跨越快速路或者城市主干路的立体交通系统，相邻街区被快速交通性通道所阻隔，这种道路切割在以产业主导发展的新城中所占比例更高，而且这些车流量较大的主通道中有一定比例的货运车辆，相较于老城，新城更加需要立体交通系统来为行人跨越切割、建立联系。

办公区（左上）、金融区（右上）、商业区（左下）、住宅区（右下）实景，功能各异的街道均没有给人停留的“机会”。

敷设的地砖追求了较好的外观效果，但忽略了恶劣天气下行人的出行需求。

三、如何让人们在新城中“慢”下来

针对上述滨海新区步行环境的问题，研究组编制了相关导则，为使人们更多地停留在新区的街道上，以下五条原则性策略是帮助新城街道营造“慢”生活的关键。

1. 优化城市肌理和街道比例，回归人性化尺度

首先，规划对新城城市肌理进行了一系列反思：无论从滨海新区自身的例子还是从国内外新城和老城的肌理尺度对比看，新城的尺度通常大于老城的尺度，建筑高度和体量的增加、街廓尺度的扩大、出行距离的增长都为新城营造人性化的步行环境带来挑战。在划分地块时，规划者对于新建生活区中边界超过 300 米的街廓设置应谨慎；以商业为主导的地块，如需设置超大尺度的街廓，应预留可供行人穿越地块的通道；此外，规划者在设立超过 10 000 平方米的广场或者绿地时需谨慎考虑，同时强化景观及设施设计，避免其成为行人出行的巨大“障碍”。

以滨海新区为例，自 2005 年以来滨海新区对街道的尺度和肌理作出一些新的尝试，在新区内推广“窄街廓、密路网”的布局模式，在建的散货物流起步区都采用 150 ~ 200 米的小街廓尺度，重新回归适于人行走的尺度；响螺湾和于家堡的商务办公区也采用 100 ~ 150 米的窄街密路商务中心区模式，除此之外，中部新城北起步区的住宅区也开始尝试“窄街廓、密路网”的布局模式，力求为塑造核心区舒适的步行环境打下良好的基础。

其次，在导则中，将街道的尺度设计划分为商业型街道设计、交通型街道设计和生活型街道设计三种类型，并分别

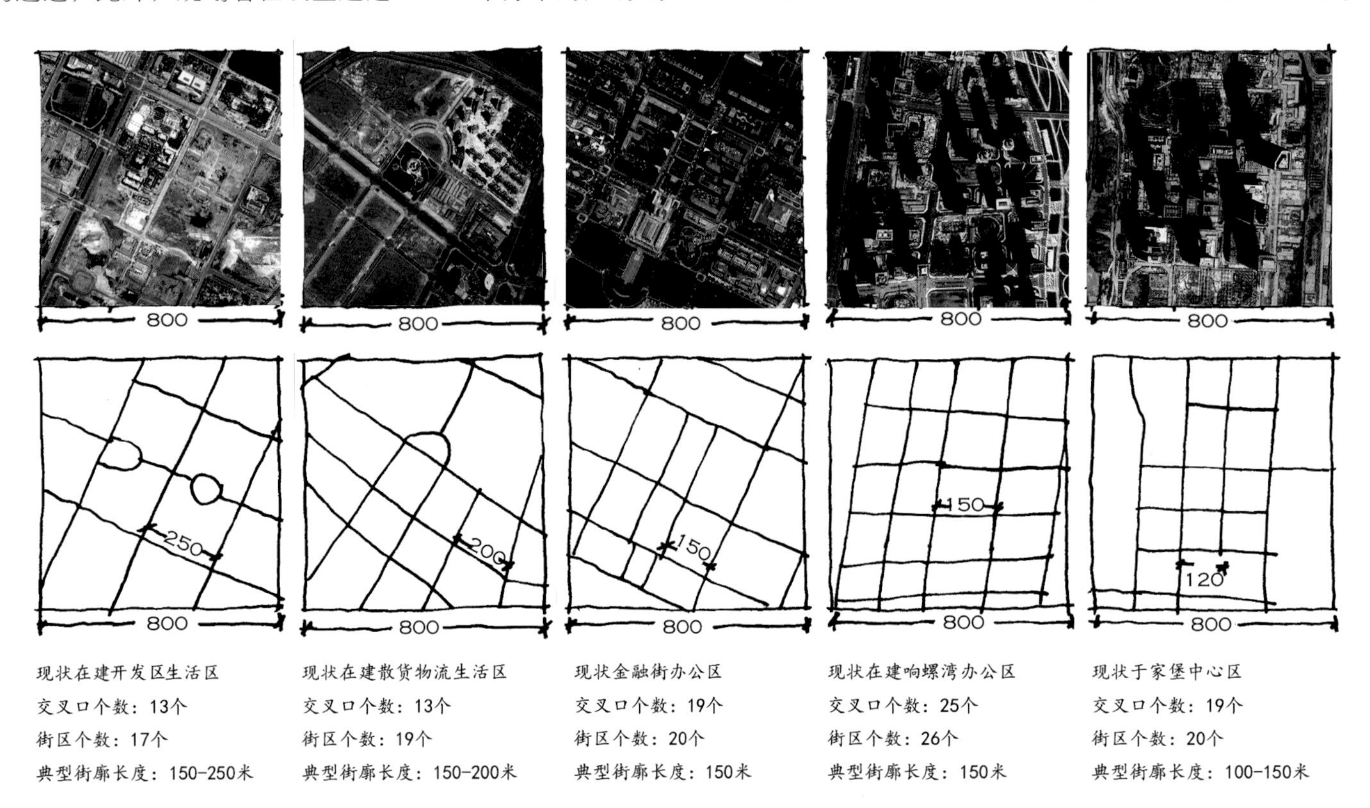

重塑新城的肌理尺度，以滨海新区核心区在建地块为例。

提出适宜步行环境的尺度控制原则，如下所述。

商业步行街道，建筑红线之间宽度不宜大于40米，同时根据已有关于街道尺度的研究，合理控制街道的高宽比。

交通型街道，由于滨海新区货运穿城现象明显，交通型街道断面相对较宽，两侧居住区建筑应以高层为主，保证慢速车行和步行者能享受到较为亲切、宜人的街道尺度；避免街道空间让人在心理上产生较大的距离感、空旷感，导致道路两侧沦为城市背向立面，影响行人的步行与穿越意愿。

生活型街道，根据已有关于街道尺度的研究，街道的高宽比宜在1.0左右，使街道高度和宽度之间保持和谐、匀称，避免尺度过宽而丧失空间感，或建筑过高而导致空间压抑。拥有底商的生活性街道，应增强其连续性，各地块底商的建筑界面贴线率在90%以上。较窄的生活性街道，其建筑退线距离应适当加宽。出现多处山墙或建筑界面不连续的街道，可在围墙一侧种植连续茂盛植栽，以加强街道界面的连续感。

2. 改善视平层设计，增加街道的趣味性

滨海新区新建区域建筑及景观质量较佳，但缺乏吸引力，鉴于不同建筑功能的混合涉及不同区域的规划设计，本次研究尝试寻找一个更简单的切入点，改良视平层，以增强新城的趣味性。针对不同功能、类型的建筑视平层，我们提出以下几点建议。

商业街道，各大商圈的建筑界面贴线率在70%以上，步行商业街道在90%以上。较窄的商业门脸有助于活跃商圈的商业氛围，借鉴杨盖尔的视平层理论，核心区商圈的商业门脸的宽度范围在每百米6～25个门之间。办公建筑门厅对行人缺乏吸引力，应谨慎设置，尤其应避免单一功能的大量连续重复设置。如确实无法避免，应考虑采取行人友好型的措施，如通透的橱窗、立面细分细化设计等。居住区的山墙部分如果面对街道，应有更好的景观处理，避免出现大量连续的围墙或栏杆；鼓励居住区的首层平面加入零售商业功能，与街道形成更好的互动对话。

此外，首层设置应考虑混合使用，即使在办公区或住宅区，将底层设置为商铺更有利于街道生活。同时，优化店铺橱窗、展示柜等设计，使首层店铺具有亲和力，与行人进行交流，进而拉近商业建筑与行人的距离，为步行空间增添活力。

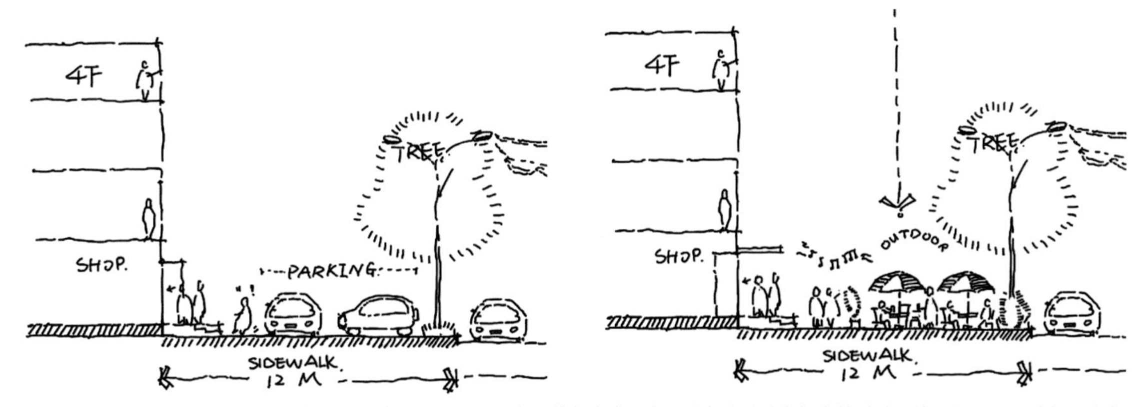

以核心区三大街为例，左图为原有的人行道停车对行人造成的潜在威胁；右图为尝试通过增加户外活动设施，限定行人路权的意象。

3. 保障行人路权，提升出行安全感

为解决行人路权的混乱，居住性质或公共设施性质为主导的用地区域，将行人优先原则作为城市设计、街道设计的必要因素：一方面，交叉口的设计应考虑行人的使用需求，同时应有相应的设施辅助行人过街。在人流较大的特定区域采取交通静化设计，提升行人过街的安全感；另一方面，应体现行人对于人行道的优先路权，对于新建城区过宽的退线造成的人行道被停车占用的问题，应在人行步道中进一步明确“邻近建筑物地带—行人通行地带—街道设施景观地带”，并且通过设置景观障碍物对于此情况比较严重的街道进行划分、隔离，以保障行人路权。

4. 补充细节设施，提升行人出行舒适度

为提升新区街道的舒适度，研究组建议对滨海新区核心区的街道补充两种类型的设施。

第一种是停留性设施，在主要的生活性街道、人流密集的公建区，利用街道设施为步行者提供可以就座的区域或者方便休息的长凳，这些设施可提供某个很好的视角，辅助行人更清楚地审视街区和城市。如果设置设施较困难，可通过景观限定一些边界或场所，为行人的停留提供支持。另一种设施是对北方寒冷及恶劣极端天气的设计回应，人行步道采用防滑系数较高的地砖，减小行人在雨雪等恶劣天气中发生滑倒危险的可能性；建筑首层配备移动或固定的遮蔽设施，保障行人在恶劣天气中的出行安全。补充此类细节设施可有效促进人们在北方恶劣天气中的出行，保证城市街道一年四季不同时期的活跃度。

5. 构建立体交通系统，增强重要节点的可达性

滨海新区核心区步行环境的营造应注重公共交通节点，特别是轨道交通站点与周边的可达性；津滨轻轨在滨海新区核心区内设站6座，站点2千米半径覆盖塘沽城区、开发区众多就业岗位，将大量外部人流输送至滨海新区，“津滨轻轨＋步行”是一种常见的出行方式。相比其他城市，轨道站点周边重要节点的可达性对核心区有更加重要的意义，可将轨道站点周边800米（10分钟步行区域）的范围作为未来步行环境的重点设计区域。新区特别的人流集散节点，如轻轨站等，应注意完善其立体步行系统，实现与其他交通方式的快速转换。

四、结语

如果一座城市可以依靠它的快速增长速度吸引人们的到来，那么留住这些人则依赖于其能否提供舒适的生活让人愿意在此终老。“慢”下来的街道正是串联舒适生活的重要组成部分，人们的各色活动由此展开。我们希望以滨海新区为代表的新城街道不再拥有单纯的走路、通行功能，它应成为人们生活的一部分，是人们对新区的第一印象：在社区街道上，人们散步交谈，孩子们背着书包欢快地走向学校；商业街上，有无限的惊喜等着人们去发现，来自四面八方的游客熙熙攘攘；办公楼下的街道可随时满足上班族的各种需求，便利而安全……随着经济与生产的快速发展走向常态，更多新城在经历着由工业新城向宜居城区的转型。本文旨在为提升新城的步行环境提供参考，让“慢”生活从街道开始，为人们提供更多选择和乐趣。

第三节　空间“舒”感受——围合式城市空间热环境模拟研究

祝新伟

一、研究目的与案例选择

随着城市功能的复杂化与多样化，小街廓、围合式逐渐取代大街廓、宽街道，成为更具适应性与操作性的城市街区尺度模式。小尺度的街廓模式有利于非机动车出行，解决交通拥堵，改善城市环境质量，细化土地使用，加大临街商业界面等。目前，小街廓城市空间模式的相关研究多针对交通与邻里生活领域，对以城市热岛效应为代表的城市热环境研究则相对欠缺。本文的研究目的在于从城市热环境的角度对小街廓城市空间模式进行评价，探寻小街廓城市空间模式中热环境效益最大化的城市设计原则。

本文以天津滨海和谐新城北起步区中的炭三区小康住宅片区设计作为构建对象，选择原因基于以下两点：首先是地形平整，炭三区原为散货物流煤炭堆场，土地平整，没有地形变化，有利于在风热环境模拟中减少无关因素影响，提高模拟过程计算速度；其次是具有一定的可对比性，炭三区北侧北起步区内现有万科开发的建成楼盘，该楼盘为点式高层行列式结构，可与炭三区内小街廓、围合式城市空间形成对比。

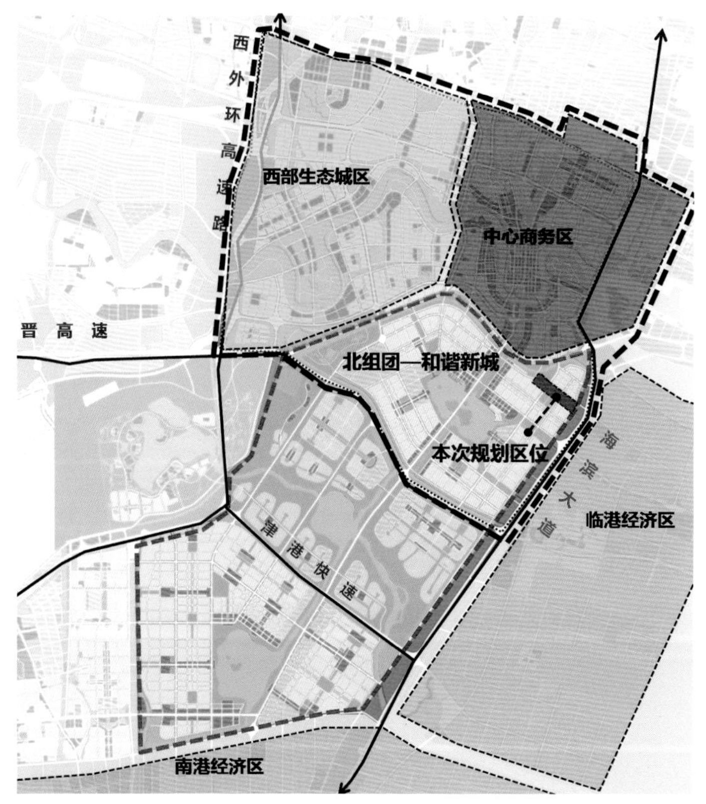

炭三区及和谐新城北组团区位

二、空间模式构建

1. 平面布局

依据上位规划对和谐新城的功能定位，炭三区的城市用地功能为居住用地，为周边产业组团提供完善的生活配套。依据新城市主义对于社区配套设施的布置原则，在东侧和西侧两个居住组团各配置一个邻里中心，形成便捷的社区服务节点。

在空间布局方面，临街建筑形成连续街墙，每个街廓形成独立的围合庭院，有利于社区氛围的形成，同时提升城市的街道景观。为了提升采光效果，部分不临街建筑旋转角度，形成正南北向住宅，整个社区的南向住宅比例达到80% 以上（含正南及南偏西 37°）。

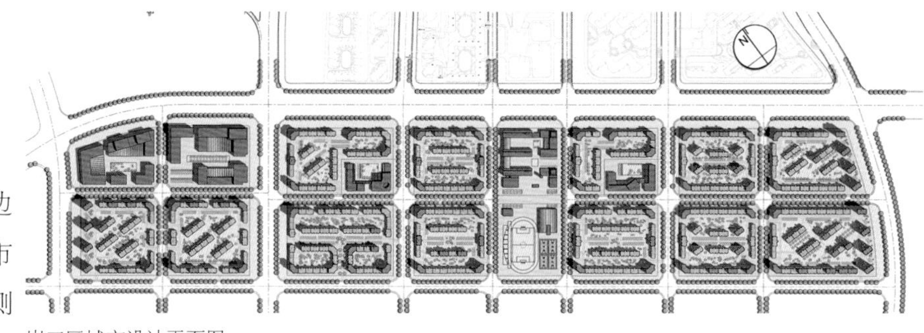

炭三区城市设计平面图

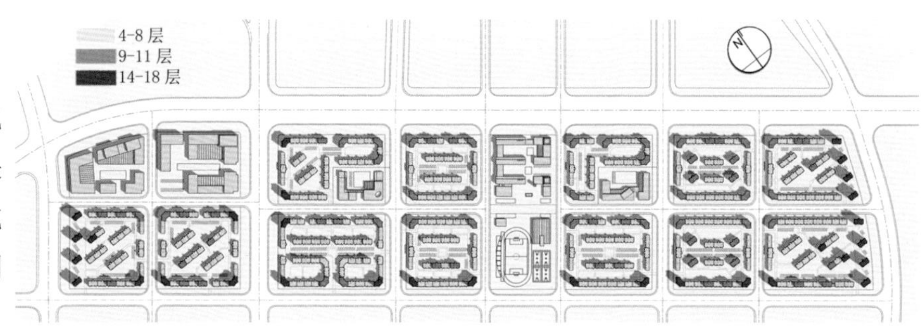

炭三区城市设计高度分析图

2. 建筑高度与体量

为了达到更高的容积率，在建筑间距相对宽松的基地边缘处布置高层建筑，社区内部则以 4 ~ 6 层为主。

3. 基本建筑模式

以西侧组团为例，基本建筑模式包括短进深地块布局、长进深地块内部建筑南北向布局、长进深地块内部建筑沿地块方向布局。三种模式围绕邻里中心展开布局。

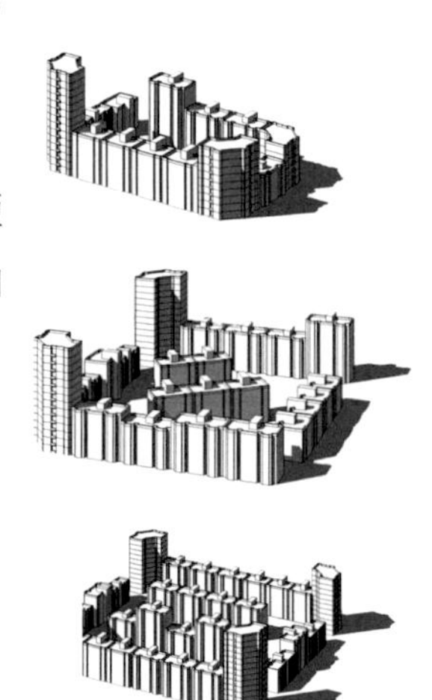

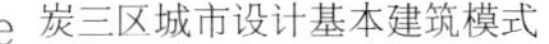

炭三区城市设计基本建筑模式

三、模拟软件及评价指标

1. PHOENICS 软件

PHOENICS 是 Parabolic Hyperbolic or Elliptic Numerical Integration Code

Series 的缩写，PHOENICS 软件是英国 CHAM 公司开发的模拟传热、流动、反应、燃烧过程的通用 CFD 软件。在城市规划与建筑设计领域，PHOENICS 中的 FLAIR 模块主要被用来模拟城市热环境与通风环境。

PHOENICS 的主要特点包括：①开放性。PHOENICS 可依据不同的运算要求，由使用者自行编制运算数学模型，调整运算参数。② CAD 接口。PHOENICS 可较好地支持 CAD 软件，直接导入多种格式的三维模型，在边界条件的定义方面也极为简单，并且网格自动生成。③系统的模型库。经过多年的发展，PHOENICS 2011 已将常用的多种热环境模拟模型集成到软件中，并进行模块化处理，有利于城市规划人员直接使用。④直观的界面。PHOENICS 提供类似于三维建模软件的用户界面，方便相关专业人员使用。

由于采用多种模型与算法，并针对城市物理环境进行专门的优化，在城市热环境研究中 PHOENICS 在进行理想化的城市模型模拟中可提供相对准确的模拟。PHOENICS 的局限性只在于对那些目前还无法用数学方式描述清楚的自然现象及那些目前学术界还无法给出求解方法的复杂问题不能求解。

通过合理的模拟与优化，PHOENICS 可提供较为可靠的分析结果。

2. 评价指标

热舒适度 PMV 是英文 Predicted Mean Vote 的简称，即预测平均投票数。PMV 是丹麦工业大学 P. O Fanger 教授基于分析影响人体热舒适性的 6 个评价指标（人体活动强度、着衣量、室内外温度、空气湿度、平均辐射温度及气流的强度和方向）并通过大量的实验与分析而得出的一种综合性热舒适指标。PMV 作为热感觉的主观评价指标的判断标准，将人体的冷热感觉分为 7 级：冷（−3）、凉（−2）、稍凉（−1）、舒适（0）、暖（+1）、稍暖（+2）、热（+3）。PMV 指标代表对同一环境下绝大多数人的舒适感，可利用 PMV 指标预测热环境下人体的热反应。

温度是城市热环境研究中最重要的指标。在本次模拟试验中的测温点为近地面 1.7 米处，即人在城市空间中可感受的温度。模拟中近地面气温受太阳辐射、下垫面热力学属性、空气对流等影响。

在模拟试验中，以气象资料为基础设定外围环境风速，从而研究不同的街坊内建筑布局与组合形式对片区内风向风速产生的影响。在结果评价中应选择适宜的风速，过大或过小的风速均会造成不适。

四、热环境模拟

1. 建立三维模型

出于突出主要问题、简化模拟计算工作量的目的，本次模拟选择具有典型小街廓、围合式城市空间模式的西侧片区及其北侧临近周边片区进行模拟。

小街坊、围合式城市空间模式热环境模拟范围

利用Sketchup软件构建三维模型，由于需要对不同的模型组件赋予不同材质，因此建立模型时必须将道路、硬质铺地、建筑、绿化分组块建立，并分别以*.3ds导入到PHOENICS中的FLAIR求解模块中。在具体绘制过程中，由于街区尺度计算范围较大，因此应以“米”为单位。点式高层与底层商业单层高度按4米绘制。

2. 计算域确定与网格设定

本次模拟主要考虑典型夏季晴热天气中在主导风向下基于对流、导热的小区热环境。模拟对象尺度约为1500米×1800米×60米，参考长宽高各三倍的计算域常用设置值，并考虑热环境边界条件的影响和模拟的速度，计算区域适当放大的要求，最终确定计算域尺度为4500米×5000米×170米。

确定计算域大小并导入模型后，应对计算区域进行网格划分。网格划分的质量直接影响模拟结果的精度、可靠性以及模拟过程中的稳定性和收敛速度，网格划分的数量则影响计算的时间。本次研究中利用PHOENICS自带的网格设置工具进行网格布置。前文所构建的小街坊城市片区模型基本为标准方体，没有曲面等异型形体，正交方格网络具有较好的适用性。从兼顾精度与计算速度的角度出发，采用非均匀网格：水平方向上，模拟对象范围内加大网格密度，达到4米×4米网格，模拟范围外为20米×20米网格；垂直方向上，近地面网格密度达到1米网格，建筑高度之上为10米网格。

3. 气候数据及条件设置

（1）气候数据。

本次研究所选择的气象数据以《中国建筑热环境分析专用气象数据集》中提供的典型气象年（Typical Meteorological Year）的气象资料为基础，对最热的6、7、8月份的数据进行修正生成，其中包括温度、相对湿度、风速、风向等气象资料。

研究区域的地理位置以天津市所处纬度为基准，即北纬39°。具体模拟中以天津市7月气候平稳晴朗的白天作为基本气象条件，主导风向为南偏东35°，气温为32.3℃，风速为4 m/s，相对湿度60%。

夏季正午太阳直射角较高，建筑产生的阴影面积往往很小，此时难以比较街坊在空间上的热环境差异。在下午时分，尤其是15点进入“西晒”的时间段以后，城市热岛效应逐渐开始达到一天中的最高值，而不同的空间形态产生的阴影也开始影响室外空间环境。选择15点作为模拟的时间点，既可突出城市热岛的研究内容，又可分析城市空间形态变化的热环境影响。

（2）条件设置。

由太阳辐射与人为热源的统计资料可得，夏季可忽略人为热源的影响，单纯考虑太阳辐射条件下的热环境情况。

土壤具有较空气更大的热容，受太阳辐射时所产生的温度变化比气温变化小很多。模型中地表厚度仅为2米，为了合理模拟土壤受太阳辐射的影响，模拟时在地表中加入plate组件，设置恒定温度30℃。

树木绿化是城市热环境的重要影响因素，但本次研究的重点是城市空间形态，故将行道树等街头绿化与广场绿化统一简化为草地。这样可以排除树木等产生的阴影和气流扰动，有利于分析城市空间形态对近地面热环境的影响。

在热舒适性模拟中需要对人的穿衣指数进行确定，PHOENICS中使用clo作为穿衣指数的单位，1 clo = 0.155 K·m²/W。按照人夏季正常的穿衣习惯，本次研究设定的穿衣指数为0.6 clo。

五、夏季典型的日热环境对比

1. 热舒适度对比研究

模拟结果显示，相比较小街坊围合式空间模式内部热舒适度，点式高层片区热舒适度更好。小街坊围合式空间内热舒适值在 2.4 ~ 2.6 之间，点式高层片区热舒适值在 2.2 ~ 2.4 左右。小街坊围合式片区内，单元内部热舒适度较单元间街道内略差。

2. 温度对比研究

模拟结果显示，点式高层片区气温略低于小街廓围合式空间模式片区，但整体上差别不大，基本维持在 34.5℃ ~ 35.5℃之间。通过观察可以明显发现，气温的分布与建筑阴影存在明显关系，由于高层建筑阴影面积更大，低温区域面积更大。同时，道路范围内由于建筑间距较大，缺少阴影，近 36℃的高温与热舒适性模拟中最不舒适的片区具有很大的重合性，这说明，在高温时，温度与热舒适值具有很大的负相关性。

3. 风速对比研究

模拟结果显示，北侧高层塔楼片区风速明显大于南侧小街廓围合式空间片区。小街廓围合式片区内由上风向到下风向内部风速逐渐降低。对比热舒适值模拟结果，其内部存在明显的风速与热舒适值的正相关性。

通过对比可得到如下初步结论：在 35℃以下时，风速是影响热舒适度的主要因素，相对高的风速有利于提升热舒适性；当由于缺乏必要的阴影遮蔽，气温升到 35℃以上时，风速不再是主要因素，过高的温度会直接降低热舒适度。

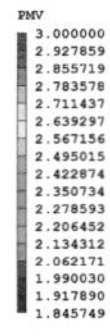
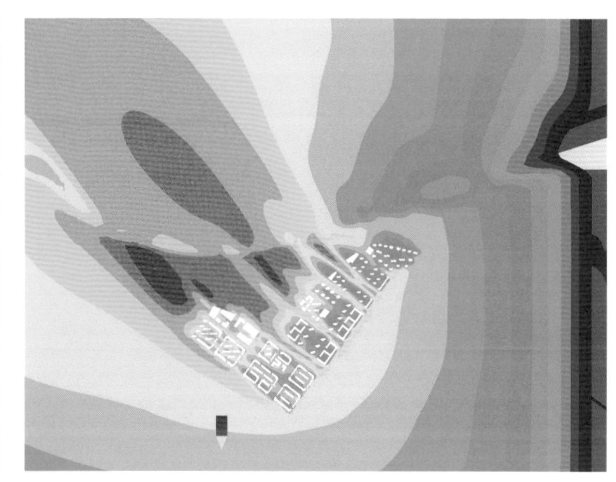

热舒适度模拟结果

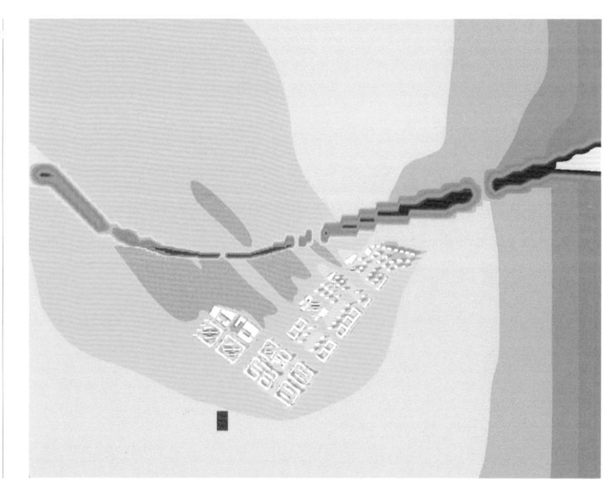

温度模拟结果

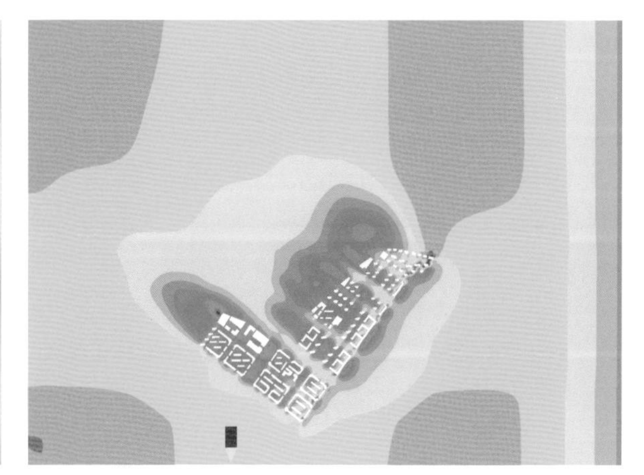

风速模拟结果

六、形态优化设计及模拟验证

以此模拟结果为基础，炭三区小街廓、围合式空间的优化设计力求进一步提升街廓内的夏季户外热环境质量，创造更适宜的室外活动空间。

1. 形态优化设计

（1）提升遮蔽效率。

通过模拟，前文中造成街区内热环境质量下降的首要原因是缺少有效的建筑遮蔽，在午后时分太阳光直射地表空间形成高温区域。通过观察温度模拟结果可以发现，基于建筑采光将内部建筑调整为正南正北方向，建筑周边的内部热环境效果反而更差。主要原因在于下午日照最强时段内阳光直射来向为西南方向，正南正北方向布置的建筑对阳光的遮蔽面积小于基地内其他南偏西建筑。

以此为基础，提升西南方向的日光遮蔽对提升街区内热环境质量具有重要的现实意义。优化模型的做法包括两方面：一是保证西南角建筑为完整的拐角建筑，提供更好的遮蔽效果；二是建筑沿南偏西方向布置，提供更大的遮蔽面积。

（2）提升通风效率。

在模拟中可发现，高风速通过提升影响人体表面散热水平有利于提升街区内城市热环境，但对比片区内风速模拟结果可发现，街区内空气流动受东南向围合住宅阻隔严重，除建筑间距内因狭管效应局部存在大风速外，街区内风速整体小于街区外。街区内较低的风速一方面会降低热舒适度，另一方面不利于街区内外空气流通，有利于污染物沉积。

以此为基础，在设计方案优化过程中，需在保持街区围合感的同时，尽量提升地块东南方向的开敞性；保留东北侧的拐角建筑，调整地块中间的建筑组合长度，与拐角建筑形成新的建筑围合。

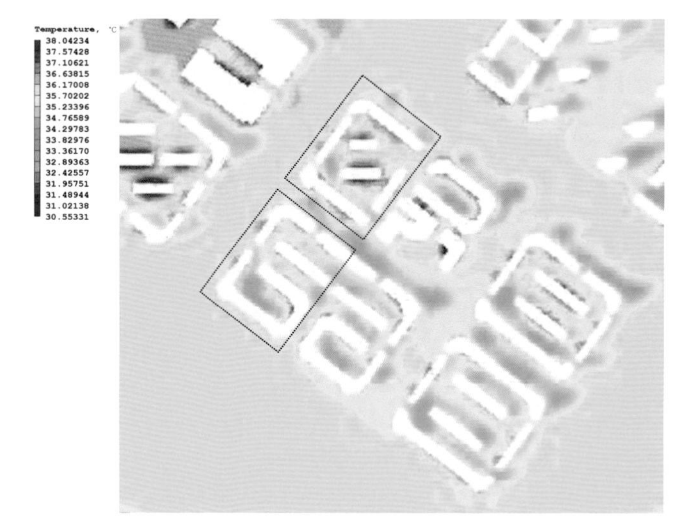

局部温度模拟结果对比

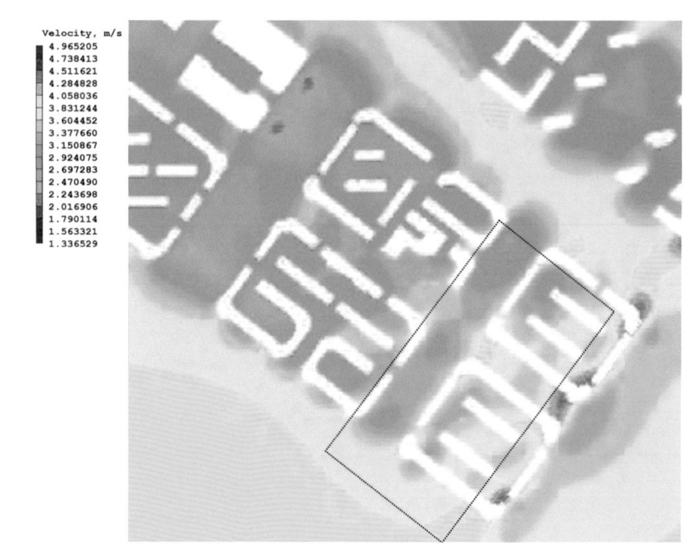

局部风速模拟结果对比

（3）形态优化方案。

方案以片区内热环境优化为出发点，对原有小街廓城市空间布局模式进行调整。由于东南侧开口的需求，围合程度上略逊于之前的方案，但基本的围合院落得以保留。调整后的街廓布局方式如下所述。

2. 优化后热环境模拟测验

方案对调整后的模型进行热环境模拟，并将结果与之前实验进行对比研究。通过对比可发现，在 PMV 热舒适值、温度、风度三个方面均得到更加优化的结果。调整后略微偏西的建筑朝向较正南北朝向提供更大的阴影遮蔽面积，围合片区内部温度降低了约 2℃；在东南向提供建筑开口后，片区内部的风速也提升约 1 米每秒。

3. 模拟结果及设计策略的适用性

本研究所得出的改善策略是基于抽象模拟的系列结论，在实际设计中还存在诸多影响城市空间热环境的因素，诸如植被、水体、车辆、外挂遮蔽物等。故有必要对本研究中相关改善策略的适用性进行以下说明。

（1）季节适用性。

由于篇幅及精力所限，本研究均以天津地区夏季气候条件作为前提条件，并未对冬季气候做过多考虑，模拟结果具有明显的季节适用性。

（2）地形适用性。

出于简化计算与降低模式特异性的目的，本研究过程中的模拟均在平坦的地形上进行，但实际城市设计中地形往往具有特殊性，故需对地形适用性进行说明。

（3）局部设计适用性。

本研究过程中的城市热环境优化策略是在简化街道内植被、人、机动车、外挂遮蔽物等诸多要素的基础上得出的。从整体上看，该结论具有整体方向性的意义，但实际设计中城市空间内各要素都可对建筑形态所决定的热环境产生或积极或消极的影响。

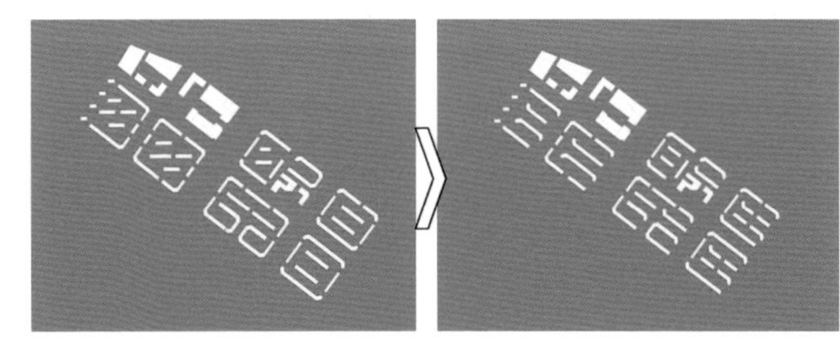

基于热环境优化的小街廓片区平面调整

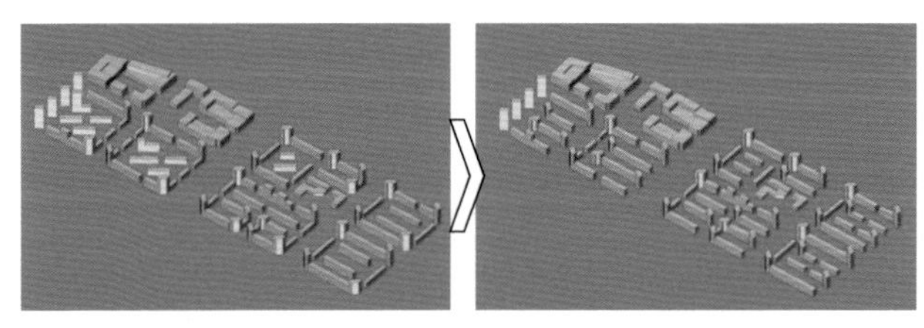

基于热环境优化的小街廓片区形态调整

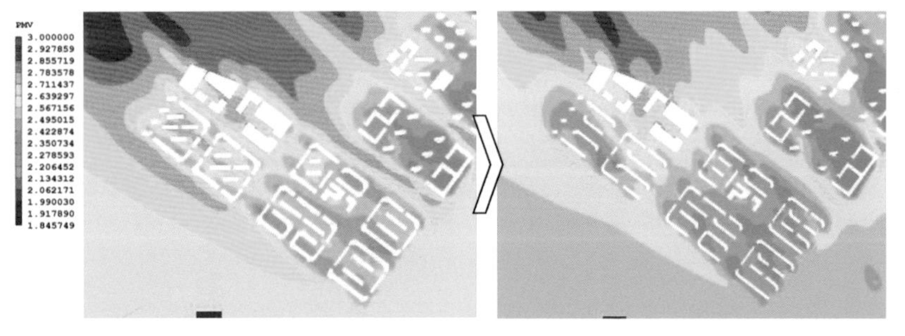

优化后热舒适度模拟结果对比

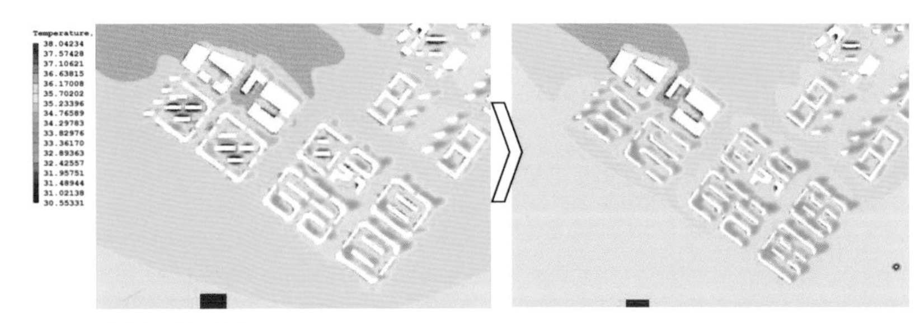

优化后温度模拟结果对比

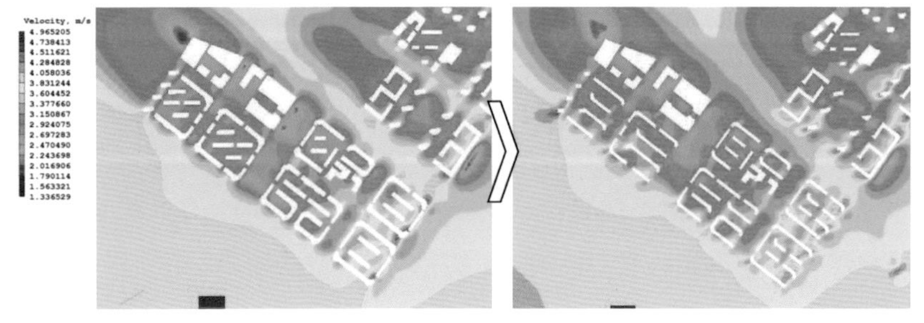

优化后风速模拟结果对比

第四节 便捷地铁，活力上盖——轨道 B1 线站点周边地块开发策划

刘倩

随着城市化进程的加快，传统地面交通已经无法满足人们的出行需求，轨道交通应运而生，并成为现代城市公共交通的重要承载工具。轨道交通的建设，解决了交通问题的同时，促进了地铁上盖的诞生，实现了城市土地资源的集约利用，也为地铁上盖的发展带来了更大的契机。

地铁上盖的形成和发展经历了四个发展阶段。第一阶段：地铁站以交通功能为主，商业作为地铁的附属功能，主要为满足通勤族的快捷、便利需求，包括一些便利店、小吃店等；第二阶段：在满足通勤族的快捷、便利需求之外，增加一些休闲设施，为人们提供放松、休憩的休闲节点，但仍然停留在低端快速消费的阶段；第三阶段：结合地铁站点的设置，各类地下商业在性质上发生转变，除低端快速消费之外，成为人们娱乐、休闲的便利场所，出现最初的地铁 +mall，但仍然是独立开发建设，未形成统一开发的综合体；第四阶段：立体化的地铁上盖和地铁同期规划，从地铁站点到上盖建筑，结构和功能，地下空间到地上空间的转换，上盖物业的业态、空间形态、经营模式等，统一考虑，成为一个城市综合体，为人民提供便利的同时，满足休闲、娱乐、居住等多种需求，提高土地开发价值。

近年来，全国各大城市相继进入轨道交通大量、快速建设的高峰期，滨海新区也顺应时代大潮，根据 2015 年国家发改委批复（发改基础〔2015〕2098 号）的《天津市轨道交通第二期建设规划（2015—2020 年）》，拟启动建设 Z2 线一期、Z4 线一期、B1 线一期三条轨道线，建设滨海新区

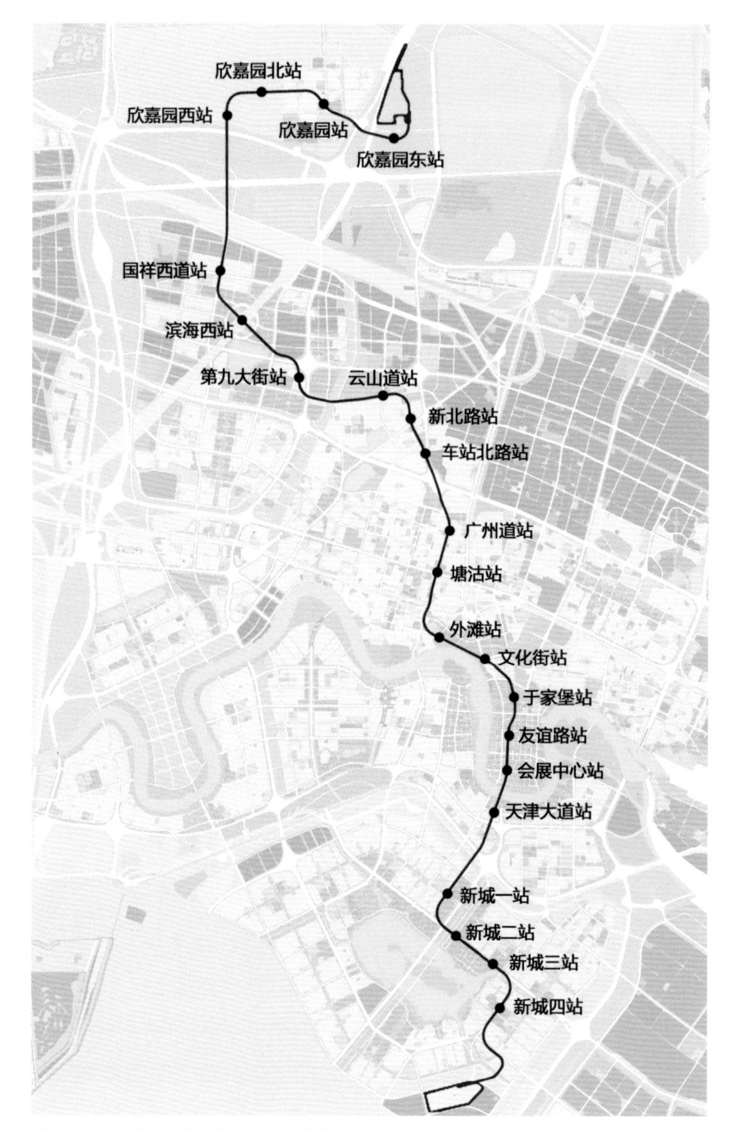

滨海新区轨道 B1 线一期线路及站点示意图

骨干网络。本次设计主要研究轨道交通 B1 线站点上盖物业的开发研究，使站点周边土地达到最大的开发价值。

一、轨道交通 B1 线概况

轨道交通 B1 线为滨海新区骨干线，串联于家堡、滨海西站等城市主副中心，覆盖城区主客流走廊，线路沿线经过黄港欣嘉园、滨海高铁西站、塘沽解放路地区、天碱、于家堡城际站、于家堡商务区、南部新城等重点地区，沿途经过的主要道路为欣嘉园南路、云山道、河北西路、河北路和上海道等城市主干道，长约 33.37 千米，共设车站 22 座。设有一场一段，车辆段位于欣嘉园片区，占地面积 58.2 公顷，车场位于和谐欣城片区，占地面积 55.7 公顷。

二、站点分类与地铁上盖站点的选择

在规划设计过程中，根据轨道站点的设置与周边地块的关系，将 22 座车站分成三种类型。

类型一：轨道站点从地块中间穿过，站点与地块结合紧密。在设计过程中，考虑站点与地块的结合，并将被穿越地块作为地铁上盖地块开发用地；在实施过程中，建议同期实施，如非同期实施则需对上盖地块进行结构预留。此类站点主要为地铁上盖地块，在下文中以第九大街站及新北路站为例进行详细阐述。

类型二：轨道站点从道路下方穿过，站点周边有可开发用地。在设计过程中，考虑地铁设施与周边地块的结合，轨道站点与周边地块可以分期实施，站点周边可出让地块作为地铁旁上盖地块。因地铁站点的建设，此类地块的土地价值有所提升。

典型站点为国祥西道站，站点位于海洋高新区，国祥西道与海德北路交口，线路由北向南沿规划海德北路地下敷设。站点周边主要为农田及耕地，缺少干道交通，出行不方便。站点周边为未开发区域，有大量可开发用地，站点沿道路地下敷设，对周边可开发用地影响较小，在施工时可以考虑分期施工。此类站点对地铁和地块的约束都相对较小，但仍需考虑地铁站点与周边用地的结合，特别是对可开发地块出入口的预留、过街设施的设置及地铁风亭风井等的设置，同时需考虑交通接驳设施规划中对交通接驳设施的设置要求，对其进行预留。

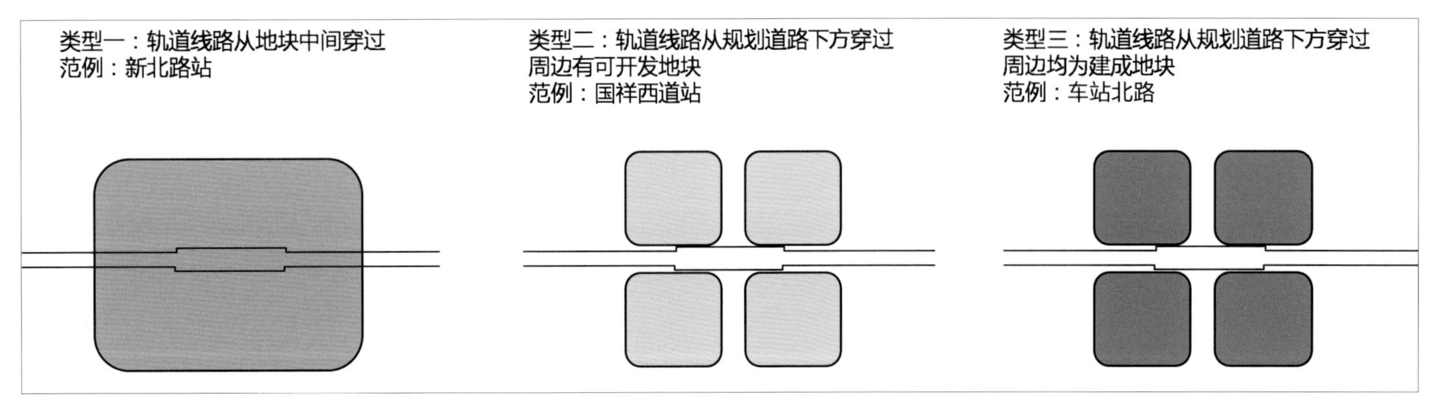

站点类型示意图

由于国祥西道站周边规划主要以工业和商业为主，设计中结合多元化的产业结构，结合控规中的定位，打造“产业配套型”居住社区，解决周边产业工作人员的居住问题，使其生活与工作可以在 30 分钟生活圈之内解决。沿地铁线路辐射方向及出入口配置相应沿街商业，以满足需求。

国祥西道站位置示意图

国祥西道站站点周边现状情况

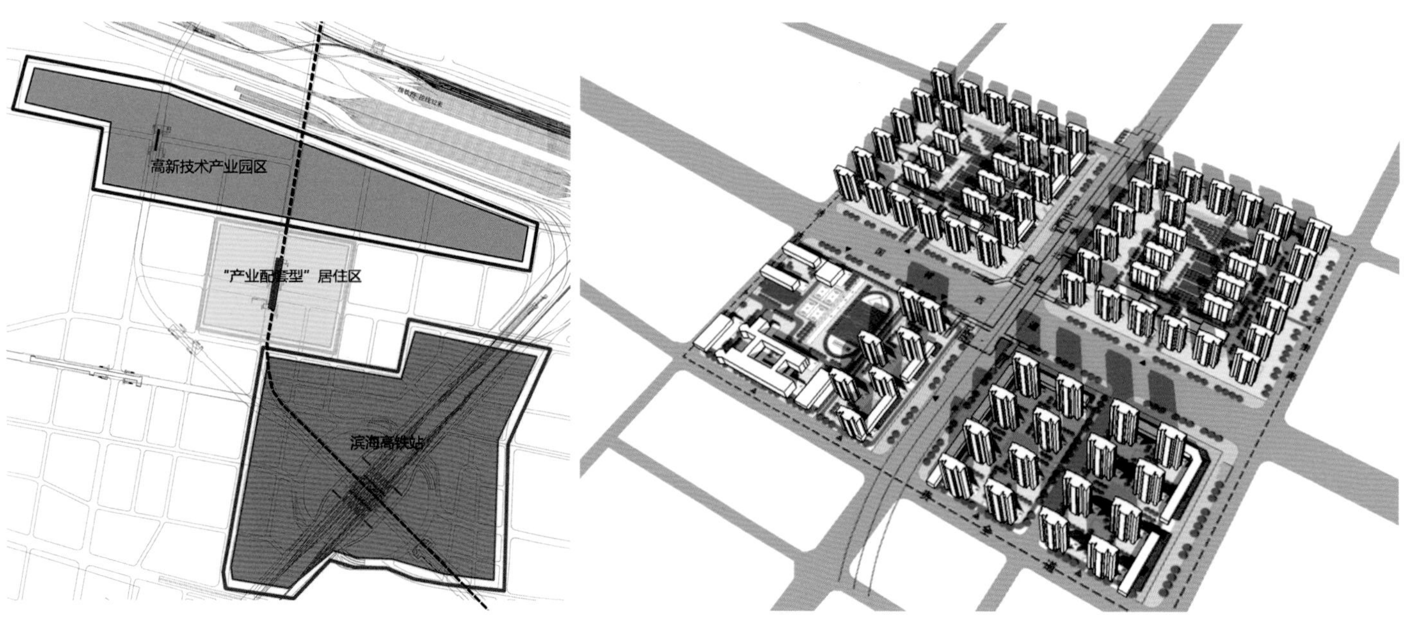

方案设计构思

规划方案示意图

类型三：轨道站点从道路下方穿过，站点周边基本为现状建成区，无可开发用地。在站点设计过程中，考虑站点与周边现状的结合、站点的落实，以及地铁出入口与现状建筑的结合。

典型站点为车站北路站，站点位于海洋高新区老城区，河北路与宝山道交口，轨道线路由北向南地下敷设，站点周边主要为现状建成区，周边无可开发用地。此类站点在设计过程中主要考虑站点的出入口、风亭与周边现状建成区的结合，地铁结构对周边建成区的影响，以及交通接驳设施的设置。

站点周边现状主要交通道路为河北路及宝山道，两条道路均为城市主要交通干道。在规划中，考虑预留人行过街设施，解决人行过街问题。站点西侧为首创国际居住区，与东侧现状河北路相隔，北侧为现状居住小区。站点正上方为现状加油站及麦当劳便利店。

西侧的首创小学正在施工建设，且仅有河北西路一个入口，出于施工考虑，麦当劳及加油站需拆除，策划方案拟结合地铁站，还迁麦当劳，新建小型商业综合体。地块主要开发类型为小型商业综合体，为周边居住区、小学和乘坐地铁人员提供便捷的商业服务。建筑屋顶绿化，同时可充当小型集散广场，在疏散地铁出入人流以及小学和居住区人流的同时，营造良好的景观效果。

在建设地铁的同时，整理建成区内的用地，以达到集约利用土地的目的，也为地铁上盖的建设提供新的思路。

根据此三种站点类型，在进行轨道 B1 线站点周边方案策划的过程中，分别采用不同的规划方法，使站点周边土地最大限度地发挥价值。

同时，根据交通枢纽规划，将站点交通属性分为四个级别：综合交通枢纽（一级枢纽）、交通接驳站（二级枢纽）、片区中心站（三级枢纽）、一般轨道站（一般枢纽）。在进行站点周边方案策划的过程中，根据站点的交通级别及客流预测情况，提出不同的交通接驳设施配置原则，一级枢纽：控制足够的交通设施用地（既有站按照上位规划预留）；二级枢纽：交通接驳站必须配置公交首末站，有条件的配置小汽车停车场；三级枢纽：片区中心站有条件须配置公交首末站和小汽车停车场停车场；一般枢纽：必须配置公交停靠站，有条件的配置港湾式公交停靠站；任何类型的轨道站点必须配置人行过街设施和非机动车停车场，有条件的配置遮雨棚。方案策划充分结合相应的交通接驳设施需求，对其进行落实，并进行交通组织。

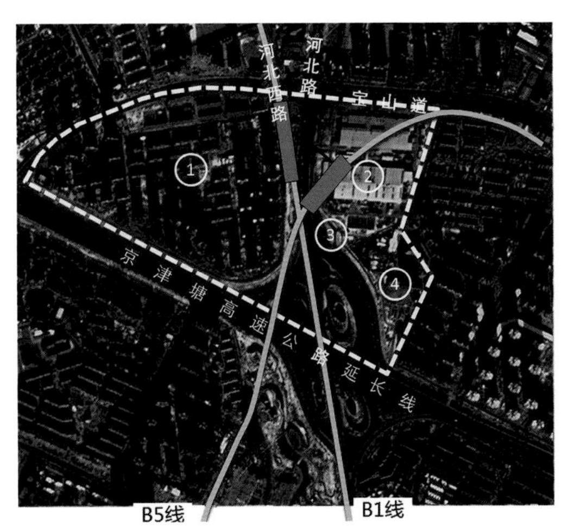

站点周边现状情况

1. 首创国际

2. 波音材料有限公司

3.河北西路建设现状

4. 海洋石油有限公司

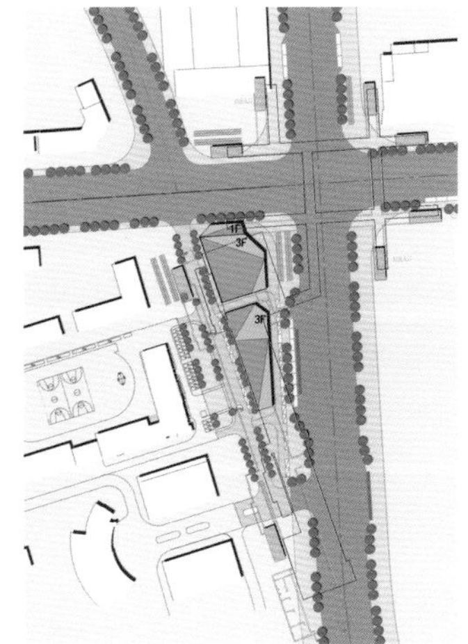
规划方案示意图

三、地铁上盖地块策划（类型一）

1. 第九大街站

站点位于海洋高新区，西中环和智祥道交口，轨道线路由北向南地下敷设，穿越控规中两个居住地块。此两个地块均为未开发空地，有作为地铁上盖进行开发的条件。由于地铁站点的设置，地块开发需要考虑地铁对地块切割的影响。同时，地铁站点的设置为地块开发带来了契机，提升了土地的价值。

站点周边主要为商业集聚区，地铁上盖地块以居住开发为主，结合地铁站，打造住宅配套公建，同时带动上盖居住建设的发展。

站点西侧为金海湖，拥有良好的景观优势；东侧为正在建设的智造·创想城；南侧为已经出让的商业用地（包括信息产业园、滨海国际企业大道等办公类商业）；北侧为已经出让的中海油田服务股份有限公司及明发商业用地。

北侧及东侧有两条快速路九大街及西中环经过，对地块起到分割作用；西侧均为未开发用地，因地铁对周边土地价值的带动作用，地铁站的主要辐射方向为西侧，站点出入口和流线设置对行人过街起到辅助作用。

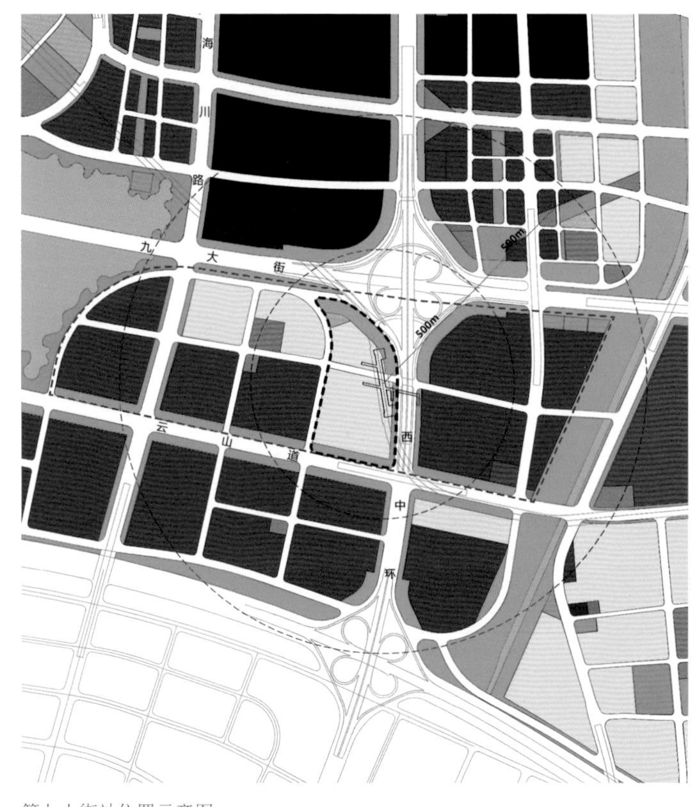

第九大街站位置示意图

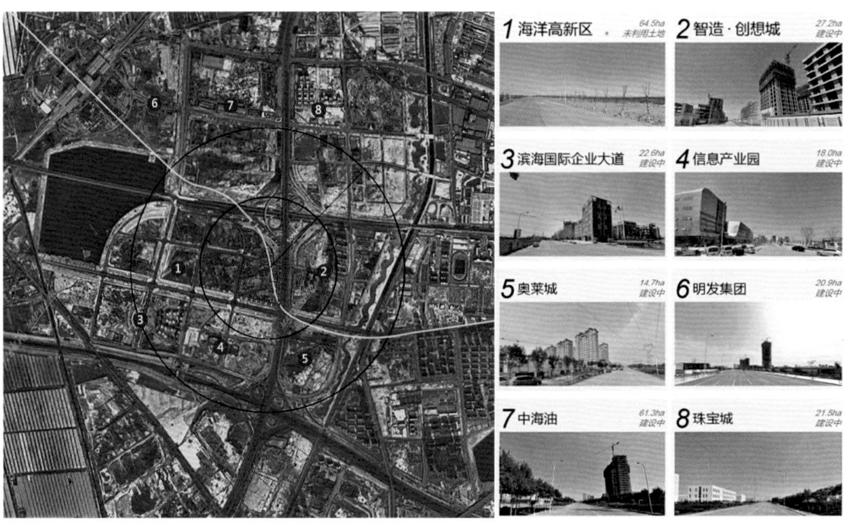

第九大街站周边项目示意图

方案结合地铁上盖开发，平衡策划研究范围内的居住比重，同时打造住宅配套公建，沿智祥道打造居住小区级内部生活服务性道路，提升地块的开发利用价值和整体性，以第九大街站为契机打造该区域“安居、兴业”纽带。

方案沿智祥道两侧打造住宅配套公建带，并在两端布置服务性商业节点。结合地铁上盖商业设置三个出入口，其中沿智祥道两个出入口服务东西向交通。根据交通接驳设施规划，沿西中环出入口与公交首末站结合设置。南北两侧布置居住小区，金海湖东侧充分利用地理条件优势打造休闲娱乐型公建服务中心。在西中环道路东侧配合地下通道设置出入口，以服务东侧智造·创想城，并完善东西向商业轴线。在西中环道路西侧另设一出入口，服务南侧海洋高新区、红星美凯龙等商务功能；将地铁站点结合紧密的两个地块作为地铁上盖地块。

规划设计考虑地铁站点与地上建筑的结合，并且结合地铁站点，在地铁站厅层布置一定的商业，以方便人们使用。地铁结构与上盖物业地下结构结合设置，既保证地铁站点的相对独立，又使地铁上盖物业与地铁站点紧密结合。

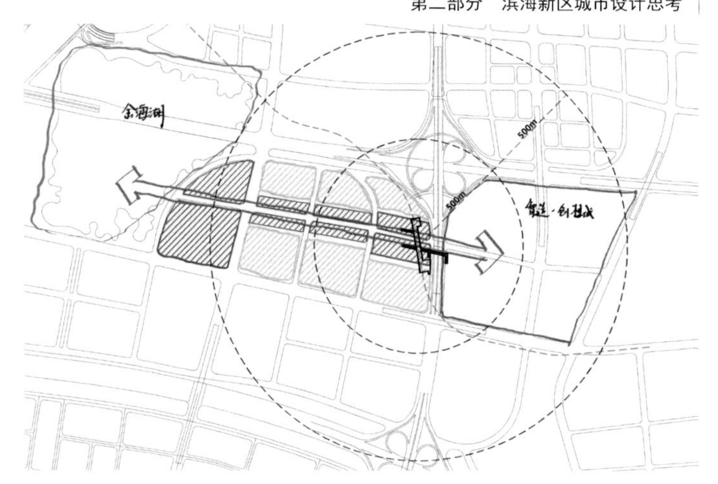
方案设计思路

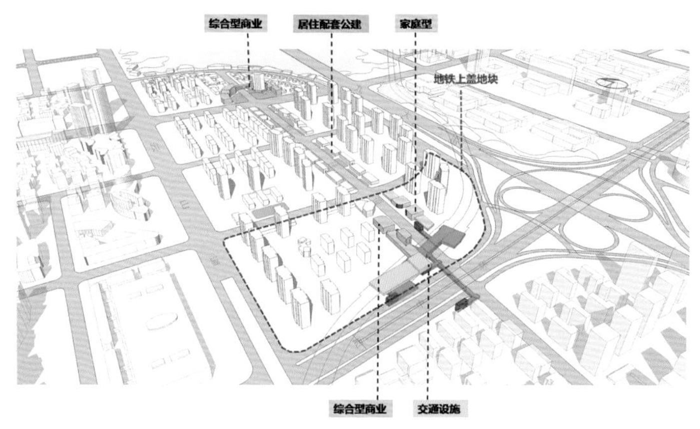

功能策划方案

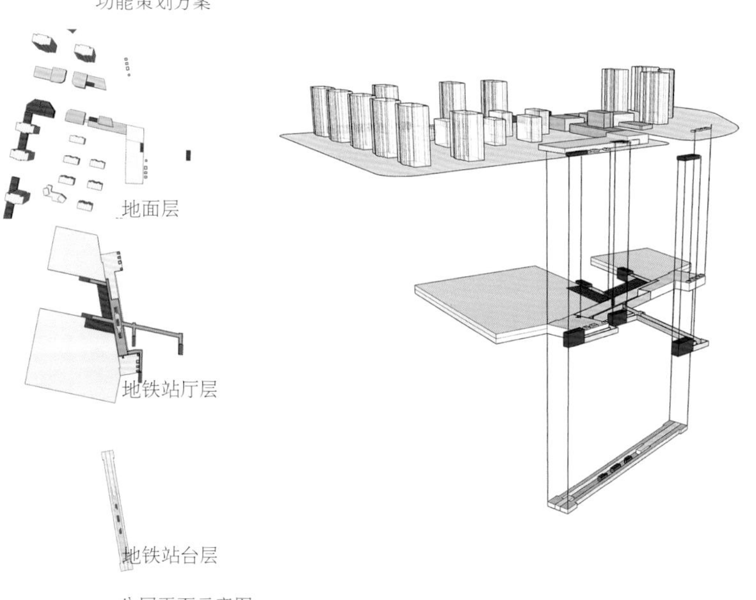

分层平面示意图

2. 新北路站

站点位于海洋高新区，新北路与河北西路交口北侧，轨道线路由云山道转至河北西路，地下敷设。地铁线路穿越中铁工程部用地、网球学校、现状综合市场等，控规中将现状综合市场用地规划为居住用地，车站布置在地块下方，有作为地铁上盖进行开发的条件。虽然地铁站点直穿地块，对地块开发带来了一定影响，但地铁站点的建设也为地块带来了良好的契机，并提升了地块的价值。

站点周边主要为建成居住区，大型高端商业配套缺失，居民出行购物距离较远，文化娱乐设施相对较少，结合地铁站的设置，进行一体化地铁上盖开发，为周边居住区提供休闲生活商业服务，同时与周边商圈形成错位互补发展。

由于地铁线路及站点穿越，将现状地上建筑予以拆除，对网球学校进行原址还迁，并使其对外开放，完善片区体育服务功能；结合轨道线路结构，在解决地铁噪声、震动等影响的前提下，在地块中部布置一定的高品质居住区；在地块南侧，结合地铁站点的结构，打造半开放式的商业内街中庭，并结合地铁出入口的设置，形成便捷的购物直达通道，主要

新北路站站点区位示意图

新北路站站点周边现状

为片区提供集文化娱乐、体育休闲、商业购物、酒店等功能于一体的综合体，完善区域配套，并结合原有东西向商业走廊，打造片区的“尚北商圈”。同时，结合地铁站点的设计，预留跨新北路及河北西路的地下过街通道，完善片区的过街设施。

在设计过程中，规划部门与地铁设计单位紧密结合，车站主体结构为地下两层，由于线路设置，站点覆土超过 5 米。为了充分利用地下空间，在考虑结构的基础上，地下一层可结合上盖物业，开发商业功能，完善地下空间。同时，结合地铁站厅层布置一定的商业空间，方便人们使用。

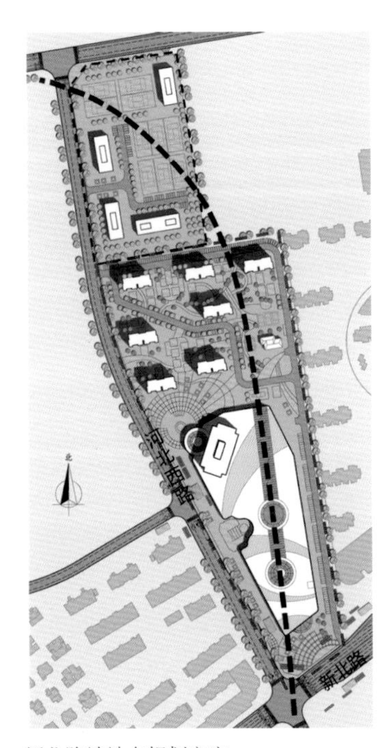

新北路站站点规划方案

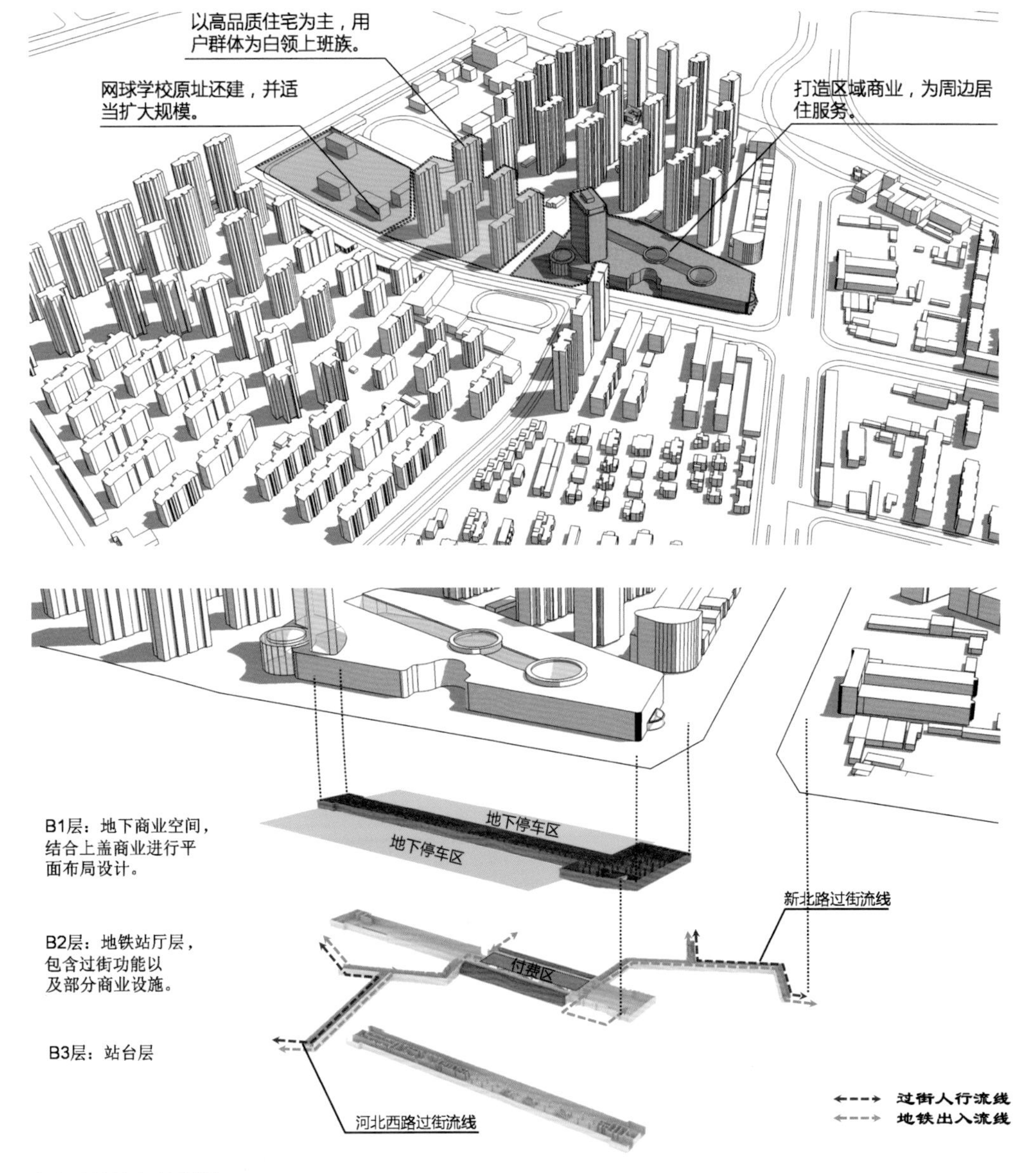

新北路站站点分层设计

四、结语

近年来，地铁规划对地铁上盖物业的长远发展形成了良好的铺垫，地铁上盖物业商业综合体的规模逐渐扩大，功能业态的复合程度逐渐增加，犹如雨后春笋般蓬勃发展。

本次规划设计中，将地铁上盖分为三类，分别采用不同的方法，促进了地铁站点与地铁上盖的和谐共生；特别是对于地铁站点从地块中间穿过的站点，其建筑结构和功能都加强了地铁与地块以及上盖之间的联系；地铁地下空间与物业地下空间既相对独立，又紧密联系，同时增强了地下空间与地铁上盖的竖向联系，实现了地铁上盖和地铁同期规划。

本次规划设计紧密结合上盖物业车站建设及城市设计，推动城市设计导则编制、指导土地出让和地产开发并指导建筑设计方案，利于提高地铁系统服务水平，与地铁设计、地铁建设等多家单位密切合作，使地铁站点与地铁上盖地块在结构、功能上形成无缝衔接。令人遗憾的是，由于上盖地块并未出让，上盖的业态配比主要依据现状分析及功能需求进行配置。下一步工作将结合地块出让情况，对地块业态配比及建筑形态进行深化设计，使其真正落地。

第三部分　滨海新区城市设计规范化与法定化

Part 3 Normalization and Legalization of Urban Design in Binhai New Area

第一章 综合配套改革——城市设计的规范化与法定化

高蕊

2008年《滨海新区综合配套改革试验总体方案》获国务院批准，随后天津市制定了《滨海新区综合配套改革试验总体方案三年实施计划》（简称《计划》）。《计划》在“城市规划改革”一节中提出“探索城市设计规范化、法定化编制和审批模式，做好重点区域和项目的城市设计改革试验”的要求。天津市规划局从2008年开始组织滨海新区规划分局和相关部门、市规划院等单位开展工作，结合现行规划体系与管理程序，研究吸取上海浦东新区、深圳经济特区等国内城市规划建设的经验，积极探索以城市设计为管理手段，改变一般性规划体系的粗放式管理模式，加强特色化、精细化管理。因此，综合配套改革以滨海新区城市设计编制为起点，循序渐进地做好重点区域和项目的城市设计，以各类型重点地区管理为试点，推动城市设计编制的规范化，管理的法定化，总结形成技术规定及管理办法，并加以试行推广，将城市设计纳入规划审批与管理程序。

一、探索城市设计规范化、法定化编制和审批模式

自2008年开始，在市规划局的领导下，滨海规划分局与天津市城市规划设计研究院共同开展课题研究并推动相关技术标准和管理办法的制定。在城市设计导则编制方面，我们首先研究制定了滨海新区《重点地区城市设计导则编制要求》，经过两年的实践完善，推广到整个天津市，市规划局2010年制定了《天津市城市设计导则编制规程（试行）》，并以市规划局文件的形式，下发至全市规划管理部门及规划编制单位予以执行。

2010年，为了保障城市设计有效实施，提高滨海新区城市设计和规划管理水平，我们制定了《天津市滨海新区重点地区城市设计导则管理暂行办法》（简称《办法》），并由天津市规划局下发执行。《办法》中对城市设计导则包含的内容、城市设计导则编制审批主体、审批程序、修改程序以及城市设计导则在项目审批和行政许可中的作用等进行了规定。《办法》经过一年的试行后，2011年，天津市规划局又印发了《天津市城市设计导则管理暂行规定》，将“办法”上升为“规定”，使城市设计导则的管理具有了强制约束性。

二、建立12个重点地区城市设计导则试点

2008年开始，我们遵循新区总体发展战略与分期启动建设时序，结合滨海新区功能区的管理，在分级划定重点区域与重点项目范围的基础上，有目的地选择具有代表性的12个不同类型地区，将其作为城市设计实践试点。它们分别为：于家堡金融商务区起步区及车站地区、开发区现代服务产业区(MSD)拓展区、空港加工区核心区、滨海高新区渤龙湖地区、东疆港邮轮母港地区、天津机场大道两侧地区、海滨旅游区起步区、中新天津生态城起步区、汉沽东部新城、大港港东新城、津南葛沽历史名镇、东丽湖风景旅游度假区。这些试点涵盖城市中心区、居住区、总部区、旅游区、历史地区等各具特色的区域。我们通过对这些不同类型试点区域的研究，力求探索不同类型区域城市设计导则的编制方法。如城市核心区一般开发强度比较高且主要以商务办公、大型商业、居住等功能为主，而旅

游区、历史地区则需要控制开发强度，以旅游观光、酒店住宿等功能为主，因此城市设计导则编制的编制方法不同，控制指标设定也有所区别。这些具体的项目实践对编制城市设计导则具有重要作用。

至2010年滨海新区行政体制调整前，除东丽湖风景旅游度假区、天津机场大道两侧地区、津南葛沽历史名镇城市设计导则三个项目外，其余九个重点地区城市设计导则均已完成编制审查。根据滨海新区行政体制调整方案，原属滨海新区的东丽、津南部分归入滨海新区行政区，因此东丽湖风景旅游度假区、天津机场大道两侧地区、津南葛沽历史名镇三个项目的城市设计导则编制和实施工作移交至东丽区规划局、津南区规划局继续推进。截至目前，位于滨海新区的九个项目，于家堡金融商务区起步区及车站地区、开发区现代服务产业区(MSD)拓展区、东疆港邮轮母港地区、滨海高新区渤龙湖地区、空港加工区核心区、中新天津生态城起步区等区域城市设计导则已实施，区域已初见形象。

除了上述试点外，我们组织编制了北塘地区及中部新城北起步区等区域城市设计导则，并在规划审批中予以应用。

三、探索依城市设计导则进行规划审批和行政许可

在现有规划编制审批体制中，土地出让和项目审批的依据为控制性详细规划，在编制城市设计导则后，我们力求将其应用于规划审批和行政许可中。我们对于家堡金融区、高新区渤龙湖核心区依城市设计导则进行规划管理的经验和问题进行了总结。随着城市设计的深化，城市设计和城市设计导则必然会与国家和天津市现行的一些规范、技术标准相冲突。我们的初衷是城市设计导则尽可能符合现行法律法规和控规，所以，在《天津市滨海新区重点地区城市设计导则管理暂行办法》第三条明确提出：本办法所称城市设计导则，是指以依法批准的控制性详细规划或者审查通过的城市设计为依据，与土地细分导则相适应，为保证城市空间环境形态品质，对规划地块提出的强制性和指导性控制要求。第六条也明确提出：编制城市设计导则应当符合有关法律、法规、规章和技术标准及有关规定。然而，在实际工作中，发现突破和改革现行的规条标准是城市设计规范化、法定化改革最关键的改革内容。这也正从侧面说明城市设计一直不能成为法定规划的原因。如《天津市城市规划管理技术规定》（以下简称《规定》）中的城市“六线”管理规定、建筑退线规定等，《天津城市绿化条例》中对绿地率的规定，以及国标《城市道路设计规范》中对道路转弯半径的规定等，这些都是“一刀切”的标准，没有考虑城市不同区域的具体情况。在城市设计导则中，出于对城市界面、人行的安全便捷、建筑街景形象等方面最基本的要求，大多结合实际情况对退线及道路转弯半径进行调整，这就会与现行技术标准规范相冲突。

比如按照《规定》的要求，沿城市道路新建建筑，有绿线的，退让绿线距离不小于5米；无绿线的，退让红线距离不小于8米。然而，在城市设计导则中，根据于家堡、北塘等区域窄路密网的规划结构和实际建设需求，建筑退

线一般会小于《规定》的要求。按照《规定》的要求，新建居住小区或者公共建筑的机动车出入口与一般平面交叉路口的距离，次干路以上等级道路从道路红线转角切点起算，应当大于80米，但中心商务区窄街廓、密路网的格局导致大部分地块场边为100米左右，无法满足规范要求。由于中心商务区建设项目用地小，建设量大，地块一般为1万平方米左右，而容积率一般大于10，机动车停车位按照《天津市建设项目配建停车场（库）标准》（DB/T29-6-2010）执行，无法达标。然而，根据国内外商务区的经验，停车以限制为主，因此城市设计导则在编制过程中力求对中心商务区响螺湾商务区、于家堡金融区建设项目的停车状况进行整体评估，以实现大区域平衡，并减少地块内的停车数量。

2009年修订后的《天津市城乡规划条例》第三十七条明确提出：市人民政府确定的重点地区、重点项目，由市城乡规划主管部门按照城乡规划和相关规定组织编制城市设计，制定城市设计导则。前款规定以外其他地区，由区、县城乡规划主管部门组织编制城市设计，制定城市设计导则。第五十六条明确提出设计单位必须按照规划要求、城市设计导则和有关规定，进行规划设计和建设工程设计。天津市规划局于2011年颁发《天津市城市设计导则管理办法》，但由于缺少国家上位法的支持，导致城市设计导则在实施过程中法理依据不足，尤其当城市设计导则内容与现行国家法规、标准存在差异时。滨海新区综合配套改革中对于探索城市设计规范化、法定化编制和审批模式有了较多的研究和实践，作为重点地区的建设项目，城市设计导则的编制水平比较高，领导的重视和政府的影响力在一定程度上保证了导则的执行到位。同时，考虑到目前的规划法规体系仍然以控制性详细规划为核心，城市设计导则严格说还是非法定规划的现实状况，我们将突破有关技术规范的城市设计及导则内容纳入控规，经审批后作为规划管理的依据。这样的做法类似城市中的历史街区和老城区，一些规划技术标准可以不在这个范围内执行或减少数量。但当进行建筑设计、道路设计、景观设计时，还会与国家、地方法规、标准有冲突，需通过协调加以解决。另外，将城市设计导则作为单独的项目审核依据，与现行法定规划和管理程序的关系不够紧密，执行起来不存在法理基础，但我们坚持下来，效果很好。

因此，未来滨海新区城市设计工作的首要工作之一是完成城市设计规范化、法定化改革，继续推进城市设计立法进程。我们对自2008年以来的改革创新进行总结；以《天津市城市设计导则管理办法》和《天津市滨海新区重点地区城市设计导则管理暂行办法》为基础，制定新的《天津市滨海新区重点地区城市设计导则管理办法》，作为滨海新区政府规章；在未来几年内，争取将城市设计及城市设计导则中更加深入系统的内容纳入准备修订的《天津市城乡规划条例》，并上升为地方法规，同时进一步明确城市设计及城市设计导则的地位和作用，明确编制管理的程序；另外，制定配套的法规、技术规定和管理流程等文件。滨海新区作为国家综合配套改革试验区，力求在城市设计法定化改革方面积极探索，为将城市设计及城市设计导则纳入国家《城乡规划法》积累经验、创造条件。

附件一 《天津滨海新区综合配套改革试验总体方案三年实施计划》（2008–2010年）

<table>
<tr><th rowspan="2">重点领域</th><th rowspan="2">项目名称</th><th rowspan="2">主要内容</th><th colspan="2">实施主体</th><th rowspan="2">备注</th></tr>
<tr><th>牵头部门和单位</th><th>配合部门和单位</th></tr>
<tr><td rowspan="9">金融改革创新</td><td rowspan="4">建设金融交易平台</td><td>推动设立全国性非上市公众公司股权交易市场</td><td>OTC 研究小组</td><td>天津证监局、市金融办、市发展改革委、市滨海委</td><td>国家发展改革委协调、部门支持</td></tr>
<tr><td>打造中国企业国际融资洽谈会品牌，建立国际化、常设直接投融资平台</td><td>市金融办</td><td>市滨海委</td><td>—</td></tr>
<tr><td>在产权交易中心开展私募基金和债券交易试点</td><td>产权交易中心</td><td>市发展改革委、市金融办、市国资委</td><td>国家发展改革委协调、部门支持</td></tr>
<tr><td>进行石油化工、钢材、煤炭及棉花等商品远期合约交易试点</td><td>市发展改革委</td><td>市商务委、市金融办、保税区管委会</td><td>国家发展改革委协调、部门支持</td></tr>
<tr><td rowspan="5">创新金融产品和优化金融环境</td><td>积极推进新的产业投资基金设立，做好股权投资基金登记备案等</td><td>市发展改革委</td><td>市滨海委、市金融办</td><td>国家发展改革委支持</td></tr>
<tr><td>开展社保资金投资基础设施等先行试点</td><td>市金融办</td><td>市发展改革委、市建委</td><td>国家发展改革委支持</td></tr>
<tr><td>开展房地产、高速公路、码头、电力等资产证券化业务</td><td>市金融办</td><td>市发展改革委、市交委、市国土房管局、人行天津分行</td><td>国家发展改革委协调、部门支持</td></tr>
<tr><td>制订社会信用体系建设方案，建设社会信用体系</td><td>市金融办</td><td>市发展改革委、市滨海委、市工商局、人行天津分行</td><td>—</td></tr>
<tr><td>规划建设于家堡金融商务区</td><td>塘沽区政府</td><td>市金融办、市建委、市规划局、市滨海委</td><td>—</td></tr>
</table>

续表

重点领域	项目名称	主要内容	实施主体		备注
			牵头部门和单位	配合部门和单位	
涉外经济体制改革	推进东疆保税港区制度创新	创新东疆保税港区口岸监管、行政审批、贸易投资、税收政策等管理方式，进行建立自由贸易港区的改革探索；试行船舶特别登记制度，研究建立与船舶基金相关的中大型船和特种船的中国船旗制度、免关税和进口增值税制度，研究开展离岸金融保险租赁业务	东疆保税港区管委会、天津港集团	市发展改革委、市政府法制办、市交委、市财政局、市滨海委、天津海关、天津检验检疫局、天津边检总站、天津海事局、天津外管局等	国家发展改革委协调、部门支持
		按照“三分离”的原则，先行企业外汇交易清算结算业务试点，开展离岸金融业务	市金融办	天津外管局、市发展改革委、市滨海委、东疆保税港区管委会、天津港集团	国家发展改革委协调、部门支持
		争取开通到达台湾的直航货轮和班轮	东疆保税港区管委会、天津港集团	市交委、市台办	国家发展改革委协调、部门支持
	建设辐射并带动“三北”地区、对内对外开放、全面连接东北亚经济圈的国际物流运营中心	在腹地省市建设16个无水港，实现港口功能、电子口岸功能、保税功能互为延伸，形成以东疆保税港区为龙头的保税物流体系	天津港集团、东疆保税港区管委会	市交委(口岸办)、市滨海委、天津海关、天津检验检疫局、天津海事局	—
		深化口岸管理体制改革，建立“异地报关、异地报检、口岸放行”的监管体制	天津海关、天津检验检疫局	市交委（口岸办）、市滨海委	—
		实现京津空港口岸直通，完全开放天津空港货运第五航权	市交委（口岸办）	天津海关、天津检验检疫局、滨海国际机场、市发展改革委、市滨海委	国家发展改革委协调、部门支持

续表

重点领域	项目名称	主要内容	实施主体		备注
			牵头部门和单位	配合部门和单位	
土地管理体制改革	创新土地利用规划和计划管理模式	建立滨海新区土地利用总体规划编制和审批体系，实行土地利用总体规划的动态管理	市国土房管局	市滨海委	国家部门支持
	—	试行土地利用指标“近期用地总量一次核定，用地指标额度集中下达，供地时序阶段调整”的制度	市国土房管局	市滨海委	国家部门支持
	—	采取“宅基地换房”形式推进城乡建设用地增减挂钩试点	市发展改革委	市国土房管局、市滨海委	国家部门支持
	—	改革农用地转用和土地征收审批制度，推行土地征收和农用地转用分离试点	市国土房管局	市滨海委	国家部门支持
	探索海洋开发利用和耕地保护的有效方式	创新海洋开发与管理方式，争取国家支持围海造陆、开发利用盐碱荒地不纳入规划建设用地总规模	市国土房管局	市海洋局、市滨海委	国家部门支持
		探索开展耕地异地占补平衡试点	市国土房管局	市滨海委	国家部门支持
科技体制改革	加快滨海高新区制度创新	建立部市共建、区企合作、区院（校）合作机制。争取国家批准新技术产业园区扩区及更名，修改管理条例，列入科技部世界一流园区试点	市高新区管委会	市科委、市滨海委	国家发展改革委协调、部门支持
		推进京津冀生物医药产业化示范区建设，使滨海新区成为我国生物医药研发转化基地和高技术产业赶超战略示范区。建设中关村滨海高新区科技园	市高新区管委会	市科委、市经委、市滨海委	—
	完善技术创新和服务体系	建设生物医药、生物技术、纳米技术等重大科技研发转化平台。组建现代中药、软件、新能源、节能减排、电动汽车、航空航天等产学研联盟。在整合与创新现有政策的基础上，构建新区层面统一的科技政策	市科委、市滨海委	市教委、市经委、市发展改革委、市环保局、市高新区管委会、市开发区管委会、保税区管委会	—
		发挥滨海新区创业风险投资引导基金的作用，发展专业性创业投资基金，建立创业投资基金退出机制	市滨海委	市发展改革委、市科委、市金融办	—
		建立专利、商标、版权三合一的知识产权管理体制和自主知识产权产品认证制度	市知识产权局	市滨海委、市工商局、市版权局、市编办、市科委	—
		设立实施“滨海新区引智专项”。建立天津滨海国际人才市场。实行人才全球招聘制度、兼职制度和“绿卡”制度。建设博士后科研工作站和博士后创新实践基地	市人事局	市滨海委、市公安局、市教委、市外办、市科委、市高新区管委会	—

续表

重点领域	项目名称	主要内容	实施主体		备注
			牵头部门和单位	配合部门和单位	
企业改革和发展民营经济	深化国有企业改革	推进国有企业战略性重组，形成一批具有自主知识产权和知名品牌、国际竞争力较强的大公司大集团。深化国有企业公司制改革，进一步完善公司治理结构	市国资委	市经委	—
		建立滨海新区统一的国有资产监管体制。加快推进泰达控股公司、天保控股公司等企业的改革	市滨海委	市国资委	—
	促进民营经济发展	落实加快民营经济发展的20条意见，鼓励民营经济参与国有企业改组，支持新建民营企业园区，促进民营经济做大做强	市工商局（市个私办）	市发展改革委	—
		推动以培育成长型、创新型为重点的中小企业成长工程的实施	市经委（市中小企业局）	市农委（市乡镇企业局）、市工商局（市个私办）	—
行政管理体制改革	建立统一、协调、精简、高效、廉洁的滨海新区管理体制	按照统一、协调、精简、高效、廉洁的要求，制订滨海新区行政管理体制改革实施方案，修改和完善《天津滨海新区条例》	市滨海委	市政府法制办	—
	创新财税支持政策	争取在滨海新区开展服务业流转税改革试点和高新技术企业增值税扩大抵扣范围试点	市财政局	市滨海委	国家发展改革委协调、部门支持
规划和城市管理体制改革	改革城乡规划编制和城市管理模式	建立滨海新区城乡规划编制统一管理体系，逐步形成城市、土地、经济社会发展规划有机联系的机制	市滨海委	市发展改革委、市规划局、市国土房管局	—
		探索城市设计规范化、法定化编制和审批模式，做好重点区域和项目的城市设计	市规划局	市滨海委	—
		整合部门职能，统一管理标准，实行重心下移，深化城市管理改革，建立道路交通、环境保护、水务管理、景观绿化、市政环卫等一体化的城市管理体系	市滨海委	市市容委、市建委、市环保局、市水利局	—
	创新基础设施建设投融资体制	开放基础设施建设与经营市场，实行特许经营制度，探索发行市政建设债券，采用BT、债券、信托等方式多渠道筹集新区建设资金	市滨海委	市建委	国家发展改革委协调、部门支持

续表

重点领域	项目名称	主要内容	实施主体		备注
			牵头部门和单位	配合部门和单位	
统筹城乡发展	创新城乡统筹发展的政策制度	建立“十二镇五村”示范镇社区化管理模式，推进农村社区建设和居民就业、社会保障城乡一体化改革试点	市发展改革委	相关区县政府	—
		研究制定取消农业户口、实行城乡统一的社会保障、就业、教育、医疗等政策，在塘沽区进行试点，逐步推广	塘沽区政府	市农委、市劳动和社会保障局、市公安局、市民政局、市卫生局、市教委、市建委、市国土房管局、市滨海委等	—
		开展农村集体经济组织股份制改革，在东丽区进行试点，逐步推广	东丽区政府	市农委、市滨海委	—
资源节约和环境保护制度创新	建立节能减排的市场机制和促进循环经济发展	支持天津排放权交易所业务创新，开展污染物总量控制与排放权交易试点	市金融办	市发展改革委、市经委、市环保局、市滨海委	国家发展改革委协调、部门支持
		建立完善环境与发展综合决策机制，开展滨海新区区域战略环评，创新滨海新区环境准入机制和监测预警体系	市环保局	市滨海委	—
		规划建设子牙循环经济产业园，努力建成高度生态环保、产业链条衔接、沟通国内外市场、具有重要示范和推广价值的循环经济产业基地	静海县政府	市发展改革委、市环保局、市经委	—
	推进中新生态城制度创新	创新生态城项目管理、建设管理、规划管理、环境管理、社会管理、财税管理等体制机制。争取国家支持在行业准入、项目审批、税收返还等方面进行扩权试点	中新生态城管委会	市滨海委、市发展改革委、市建委、市教委、市规划局、市环保局、市财政局、市政府法制办等	国家发展改革委协调、部门支持

续表

重点领域	项目名称	主要内容	实施主体		备注
			牵头部门和单位	配合部门和单位	
社会改革	深化医药卫生体制改革	建立公共卫生服务体系，整合医疗卫生资源，完善城乡社区（村）卫生医疗服务网络。实行全市医疗机构药品集中采购制度和社区（村）卫生机构药品零差率的销售，建立药品安全监控管理体系	市卫生局	—	—
		深化公立医院改革。积极发展民办医疗机构和中外合资合作医疗机构	市卫生局	—	国家发展改革委协调、部门支持
	推进教育体制改革	全面建设国家职业教育改革试验区，深化工学结合、校企合作的技能型人才培养模式改革	市教委	—	—
		以高等教育、职业教育为重点，积极发展中外合作办学	市教委	—	国家发展改革委协调、部门支持
	加快文化体制改革	多渠道融资建设文化产业示范园区，筹备建立国家级动漫产业示范基地	市文化局	—	—
		全面推进公益性文化事业单位实施岗位设置管理和岗位绩效工资制度。加快经营性文化事业单位转企改制	市文化局	—	—

附件二 《天津市滨海新区重点地区城市设计导则管理暂行办法》

关于印发《天津市滨海新区重点地区城市设计导则管理暂行办法》的通知

规法字〔2010〕199号

局系统各单位、各有关单位：

《天津市滨海新区重点地区城市设计导则管理暂行办法》已经2010年第三次局长办公会审议通过，现印发你们，请遵照执行。

天津市规划局

二〇一〇年四月二日

天津市滨海新区重点地区城市设计导则管理暂行办法

第一条 为推动滨海新区综合配套改革中城市设计规范化、法定化工作，规范滨海新区城市设计导则编制，保障城市设计有效实施，提高滨海新区城市建设和规划管理水平，根据《天津市城乡规划条例》《天津市城市规划管理技术规定》，结合滨海新区实际，制定本办法。

第二条 滨海新区城市设计规范化、法定化工作方案中确定的重点地区的城市设计导则编制、审批和实施，适用本办法。

重点地区的具体范围由滨海新区城乡规划主管部门划定。

第三条 本办法所称城市设计导则，是指以依法批准的控制性详细规划或者审查通过的城市设计为依据，与土地细分导则相适应，为保证城市空间环境形态品质，对规划地块提出的强制性和指导性控制要求。

第四条 市城乡规划主管部门负责城市设计导则的审批。

滨海新区城乡规划主管部门组织所辖塘沽、汉沽、大港和各功能区城乡规划主管部门编制城市设计导则。

第五条 城市设计导则编制、管理经费，应当纳入塘沽、汉沽、大港和各功能区规划经费。

第六条 编制城市设计导则应当符合有关法律、法规、规章和技术标准及有关规定。

第七条 编制城市设计导则，应当包括下列内容：

（一）景观体系设计导则。对重点地区提出整体和局部景观控制要求。

（二）街道设计导则。规定道路的断面形式、平面设计要求，确定街道的尺度、比例、形态和景观等设计要求以及街廓形态。

（三）开敞空间设计导则。规定各类开敞空间的功能和界线，明确植物配置、雕塑与环境小品的设计要求，并提供广场等重要节点的详细景观设计指引。

（四）建筑形式设计导则。规定规划地块的建筑功能配置、裙楼、塔楼建设范围、高度及其退线，提出建筑外檐与色彩要求，划定沿街商业布置的范围，以及建筑公共空间、建筑主要出入口和庭院绿化等内容。

第八条 城市设计导则包括文本以及图则。

城市设计导则应当明确重点地区的环境特征、景观特色、公共空间关系以及各景观要素的具体控制目标和设计政策，并能够指导有关设计。

第九条 滨海新区城乡规划主管部门制订城市设计导则编制计划，有步骤地进行城市设计导则编制工作。

塘沽、汉沽、大港和各功能区城乡规划主管部门编制城市设计导则，应当委托具有相应城市规划编制资质的单位承担。

第十条 塘沽、汉沽、大港和各功能区城乡规划主管部门编制城市设计导则，应当组织专家论证，征求有关部门和公众意见，报滨海新区城乡规划主管部门组织会审并审批后，报市城乡规划主管部门备案。

第十一条 建设项目所在重点地区没有编制城市设计导则的，应当在编制修建性详细规划或总平面设计方案时，同时编制城市设计导则，并同时报批。

第十二条 塘沽、汉沽、大港和各功能区城乡规划主管部门应当公布批准的城市设计导则。

第十三条 设计单位必须按照规划要求、城市设计导则和有关规定进行设计。规划行政许可和审批，应当符合经批准的城市设计导则要求。

经批准的城市设计导则任何单位或者个人不得擅自修改。

第十四条 有下列情形的，组织编制机关可以按照规定权限和程序对城市设计导则进行修改：

（一）控制性详细规划依法修改，对地块主导功能和布局产生影响的；

（二）专业规划编制或者修改的；

（三）城市设计导则实施中，组织编制机关组织论证，认为确需修改并经审批机关同意的；

（四）需要修改的其他情形。

规划设计导则的修改程序，参照土地细分导则修改的有关规定。

第十五条 确需修改的，由塘沽、汉沽、大港和各功能区城乡规划主管部门向滨海新区城乡规划主管部门提出申请。

第十六条 滨海新区城乡规划主管部门经过专家论证，征求有关部门意见，认为需要修改的，向市城乡规划主管部门提出专题报告，经同意后，方可组织原编制单位进行修改。

修改后的城市设计导则，依照原审批程序批准。

第十七条 滨海新区城乡规划主管部门应当定期对城市设计导则的实施情况进行评估。

第十八条 滨海新区城乡规划主管部门应当对城市设计导则进行动态维护。

第十九条 塘沽、汉沽、大港和各功能区城乡规划主管部门应当建立城市设计导则档案。档案应当包括城市现状调研资料、专家论证意见、有关部门意见和规划行政主管部门的批准文件、城市设计导则成果等内容。

第二十条 本办法施行前编制并经批准的城市设计导则的修改，适用本办法。

第二十一条 本规定自发布之日起施行。

附件三 《天津市城市设计导则编制规程（试行）》

关于印发《天津市城市设计导则编制规程（试行）》的通知

规详字〔2011〕116号

各区县规划（分）局、有关单位：

《天津市城市设计导则编制规程（试行）》业经2011年第一次局长办公会审议通过。现印发你们，请遵照执行。

附件：《天津市城市设计导则编制规程（试行）》（略）

天津市规划局

二〇一一年三月十一日

天津市城市设计导则编制规程（试行）

第一章 总则

第一条 为进一步落实和实施天津市“一控规两导则”规划编制和管理体系，规范编制城市设计导则的内容和深度，制定本规程。

第二条 本规程所称城市设计导则，是指以控制性详细规划（以下简称“控规”）及审查同意的中心城区总体城市设计、各区总体城市设计、重点地区城市设计和历史文化街区保护规划等为依据，与土地细分导则相衔接，对城市空间形态以及城市建筑外部公共空间提出的控制和引导要求。

第三条 本规程适用于本市行政辖区内城镇建设用地的城市设计导则编制。

第四条 本规程是对城市设计导则编制内容及深度的基本要求，鼓励在执行本规程的基础上，增加对城市公共空间和环境品质提出更为详细控制和引导要求的有关内容。

第二章 编制技术要求

第一节 编制层面的划分

第五条 城市设计导则分为“设计总则”和“设计分则”两个层面。

第六条 “设计总则”编制层面与控规的单元层面相对应。“设计分则”编制层面与土地细分导则的地块层面相对应。

第二节 单元类型的划分

第七条 城市设计导则将控规单元划分为三种类型，即：历史文化保护地区、重点地区和一般地区。

第八条 历史文化保护地区是指历史文化遗存较为丰实，能够比较完整、真实地反映一定历史时期传统风貌或民族、地方特色，存有较多文物古迹、近现代史迹和历史建筑，具有一定规模，并经市人民政府核定公布的地区。包括中心城区十四片历史文化街区和历史文化名镇、名村等。此类地区范围内的单元为历史文化保护地区类型。

第九条 重点地区是指对城市的经济、政治、文化、景观环境等具有重要影响，能够突出体现城市特色，需要进行重点控制的地区，一般涉及市级、区级及新城重要的商业办公、行政办公、文体中心、公园河流及其周边地区等。

此类地区范围内的单元为重点地区类型。

第十条 一般地区是指除历史文化保护地区和重点地区以外的其他地区。此类地区范围内的单元为一般地区类型。

第十一条 针对不同的单元类型在“设计总则”和“设计分则”两个层面应提出不同内容的控制和引导要求。控规单元同时出现两类或三类地区类型时，城市设计导则的编制内容和深度应同时满足各类地区类型的编制技术要求。

第三节 “设计总则”内容

第十二条 “设计总则”是对单元的整体空间要素提出控制要求，指导设计分则控制要素的确定。主要分为整体风格、空间意向、街道、开放空间、建筑和其他等五个控制要素。

第十三条 整体风格控制要素是对本单元的街区特色、历史文脉、自然资源等进行总结提炼，在把握使用功能的基础上，提出地区风貌特色塑造的整体要求。

第十四条 空间意向控制要素是对本单元的空间形态和城市意象进行整体描述，指出重要的特色区域、地标节点、视线通廊等主要意象元素，并提出控制要求。

第十五条 街道控制要素是综合考虑交通组织与街道界面性质，结合城市道路的不同使用功能，将街道划分为四种类型——交通型道路、景观型道路、商业型道路及生活型道路（详见“附表二”），并对各类型道路提出总体控制要求。

涉及历史文化保护地区的单元，还须依据保护规划，确定历史街道保护等级并提出相应的保护控制要求。

第十六条 开放空间控制要素是考虑本单元内开放空间系统的整体组织和布局规划，明确各类开放空间（公共绿地、生产防护绿地、广场）的位置，提出总体控制要求。

第十七条 建筑控制要素根据设计地段的自然和人文环境特征，对建筑群体组合的整体布局、高度、体量、风格、外檐材料及色彩等提出控制与引导建议。

第十八条 其他控制要素指上述未涵盖的控制内容。如，凡涉及历史文化保护地区的单元应增加相应的“保护范围”的控制内容，明确核心保护范围及建设控制地带的边界，并提出相应的保护与控制要求；涉及重点地区的单元应增加对商业街区特色控制要素的总体控制要求，根据商业街区的特征，对建筑首层通透度、建筑墙体广告与店招牌匾、建筑裙房、建筑骑楼提出控制与引导建议。

第十九条 对于发展较为成熟的居住建成区应在设计总则中明确提出保留原有空间尺度，维持现有高度、不允许插建高层建筑，提升配套服务设施等控制要求。

第四节 设计分则

第二十条 “设计分则”是将“设计总则”单元层面的四类控制要素细化落实到地块层面。分为十项基本控制要素，即：建筑退线、建筑贴线率、建筑主立面及入口门厅位置、机动车出入口位置、开放空间、建筑体量、建筑高度、建筑风格、建筑外檐材料、建筑色彩和五项其他控制要素，即：围墙、建筑首层通透度、建筑墙体广告、建筑裙房、建筑骑楼。

第二十一条 街道控制要素包括建筑退线、建筑贴线率、建筑主立面及入口门厅位置、机动车出入口位置。

根据“设计总则”划定的道路类型，对城市道路的建筑退线、建筑贴线率、建筑主立面及入口门厅及机动车出入口位置提出控制与引导要求；对道路交通设施与建筑群体、公共空间关系提出引导性安排。

第二十二条 开放空间控制要素主要包括绿地和广场。

应根据土地细分导则的要求，确定各类城市绿地和广场的类型，并提出规划控制要求。

第二十三条 建筑控制要素包括建筑体量、建筑高度、建筑风格、建筑外檐材料及建筑色彩。

应对建筑的体量提出控制和引导；对高度限高、高度分布、重要建筑位置及天际线趋势提出控制要求；对建筑类型和风格意象提出引导要求；对建筑外檐材料、建筑色彩提出推荐及限制使用要求。

第二十四条　其他控制要素包括除上述十项基本控制要素以外的内容或特殊要求。如，在历史文化保护地区和重点地区有围墙的地块应增加对“围墙”的控制要求；在重点地区的商业地块增加对“建筑首层通透度”“建筑墙体广告”“建筑裙房”“建筑骑楼”的控制要求。

第三章　成果要求

第二十五条　城市设计导则的成果包括文本、图则和表格。

“设计总则”的成果为文本和图则；“设计分则”的成果为城市设计导则地块控制要求一览表。

第二十六条　文本是对本单元城市设计目标、内容，总体控制和引导要求的直接表达。文本的表述方式详见附件一。

第二十七条 图则是对文本要素的具体描述。图则包括：

城市设计总平面图、整体鸟瞰图、景观结构分析图（表达视线通廊、景观节点等）、街道类型分析图、开放空间分析图、建筑高度分析图。

重点地区还应包括建筑贴线率控制分析图和天际线趋势分析图（沿某一特定方向）；历史文化保护地区还应包括核心保护范围与建设控制地带规划图；其他图则可视本单元具体情况进行编制。

第二十八条　城市设计导则地块控制要求一览表是对土地细分导则划分的地块在空间形态上的详细控制和引导要求。须保证地块四至范围、地块编号与土地细分导则一致。表格填写的内容应规范、准确、简洁，体现出控制内容的强制性、引导性和可操作性。表格的填写方式详见附件二、附件四。

第二十九条　以规范性的语言体现城市设计导则的强制性、引导性特征。使用“规定”“必须”“要求”“不得”“禁止”等词语，表示刚性规定，是城市设计导则强制性控制要求，须在下一层次规划和设计中遵守；使用“建议”“提倡”“容许”“允许”“可以”等词语，表示弹性规定，是城市设计导则引导性要求，作为下一层次规划和设计编制参考。

第三十条　城市设计导则成果以控规单元为编制单位，其形式与土地细分导则成果形式相一致，为A4本册。

第四章　附则

第三十一条　中心城区、滨海新区、环城四区政府所在地、城市总体规划确定的新城及市、区政府确定的重要地区，应同时编制“设计总则”和“设计分则”两个层面的城市设计导则，其他地区可以分阶段进行城市设计导则的编制，即：先编制“设计总则”作为城市设计导则阶段性成果，待详细城市设计深化完善后再行编制“设计分则”。

第三十二条　若重点地区以一定区域为规划界限独立编制了城市设计方案和城市设计导则成果，除主要内容应按本规程之技术标准纳入本导则之外，该地区已编制的城市设计导则可作为本导则的附件共同使用。

第三十三条 本规程自二〇一一年元月一日起执行。

第二章　城市设计发展与运作体系

杜宽亮、陈雄涛

自 20 世纪 80 年代国外城市设计学者（包括培根、林奇、巴奈特、雪瓦尼等）的理论和思想相继传入我国以来，城市设计在我国一直是个热门话题，它为“创造城市生活的空间框架”带来了直接规定或者间接引导的构想与规则，为城市规划建设注入了新的动力。城市设计作为一种引导、策划建设的手段，一种研究议题，一种发展策略，被广泛运用，在指导城市规划建设特别在营造良好的城市空间环境方面发挥着越来越重要的作用。

经过近 30 年的快速发展，我国的城市规划体系正在由计划经济为主导的建设规划向市场经济下的开发控制转变。自天津滨海新区被纳入国家发展战略以来，城市规划不断创新和探索，城市设计作为整个规划编制体系中的重要组成部分，获得规划管理部门、投资开发者及规划设计人员的高度重视。滨海新区城市设计规范化、法定化改革以城市设计工作的广泛开展为基础。本文力求梳理滨海新区城市设计探索的历程，分析新区城市设计运作的现状，总结存在的问题，提出改进建议，进而更好地服务滨海新区城市规划编制与管理工作。

一、滨海新区城市设计探索过程

滨海新区自成立以来，不断进行城市设计创新与探索，可分为以下三个阶段。

1. 1984—2005 年，城市设计初步发展。

1984 年天津经济技术开发区成立，1986 年天津市城市总体规划提出“产业重点东移、建设滨海地区”的战略，重点是工业区的规划建设。1994 年天津市提出“用十年时间基本建成滨海新区”，同年滨海新区管委会成立，新区地位逐渐提升，生活功能逐步完善，进行高标准的规划建设势在必行。这一时期，出现了一些好的城市设计作品，例如：2004 年开发区生活区城市设计，由美国 SOM 设计公司编制而成，体现了较高的设计水准。得益于开发区规划主管部门对城市规划建设的高度重视，这一城市设计对

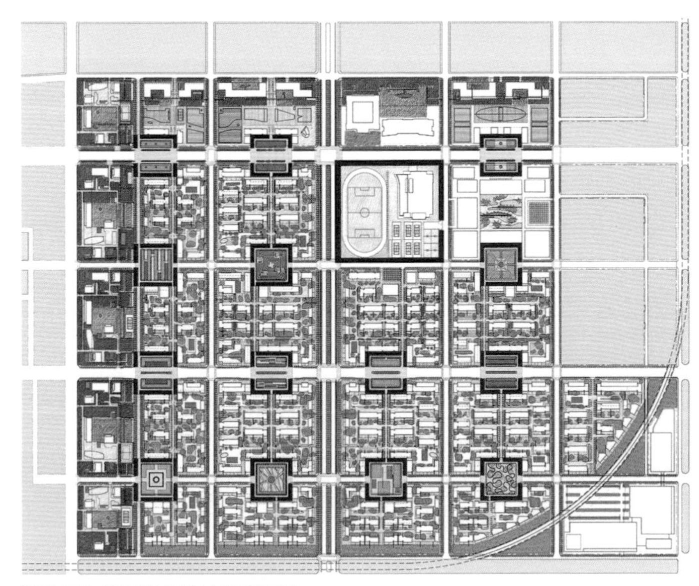
开发区生活区城市设计总平面图

开发区生活区街心公园及围合街廓示意图

其后的具体建设活动产生了深刻的影响，如街墙、街心公园、围合式布局等均得到了较好的贯彻。

2. 2006—2009 年，城市设计蓬勃发展。

2006 年滨海新区被纳入国家发展战略，各个功能区相继成立，城市规划建设进入快速发展时期。在滨海新区管委会的领导和天津市规划局滨海分局（现滨海新区规划和国土资源管理局）的领导下，城市设计进入蓬勃发展阶段。这一时期，大的功能区如中新天津生态城、临空产业区、滨海高新区、滨海旅游区、东疆港等均进行了城市设计方案的征集和招标工作，在此之后进行的方案深化奠定了后续各功能区城市发展的骨架。其中，标志性事件是自 2007 年开始的滨海新区中心商务区海河两岸重点地区城市设计方案征集；最终，由美国 SOM 设计公司牵头且多个单位配合完成的于家堡金融区城市设计及一期城市设计导则，标志着这一时期的最高水平。

在于家堡金融区城市设计及一期起步区城市设计导则中，新城市主义的设计原则——窄街廓、密路网、建筑贴线率、人行友好、土地混合使用等均得到了很好的体现，同时，该城市设计及导则在街道转角、道路退线、地下停车等方面突破了现有规范，并在具体的建设中得到了较为完整的贯彻。

3. 2009 年至今，城市设计继续发展。

2010 年，塘沽、汉沽、大港的撤销，功能区的合并，街镇的调整，滨海新区政府统领功能区和街镇的发展，这一系列事件标志着国内设计单位进入城市设计消化吸收阶段，除了进行适当的方案征集外，主要工作形式为：与国外设计单位合作，或由国外设计单位进行前期研究和初步设计，国内设计进行深化完善。这一时期的典型作品包括核心区城市设计全覆盖、天碱地区城市设计、和谐新城小康住宅概念规划设计等。

其中，和谐新城小康住宅概念规划设计是本地设计单位在与美国著名建筑设计事务所——丹尼尔 · 所罗门建筑

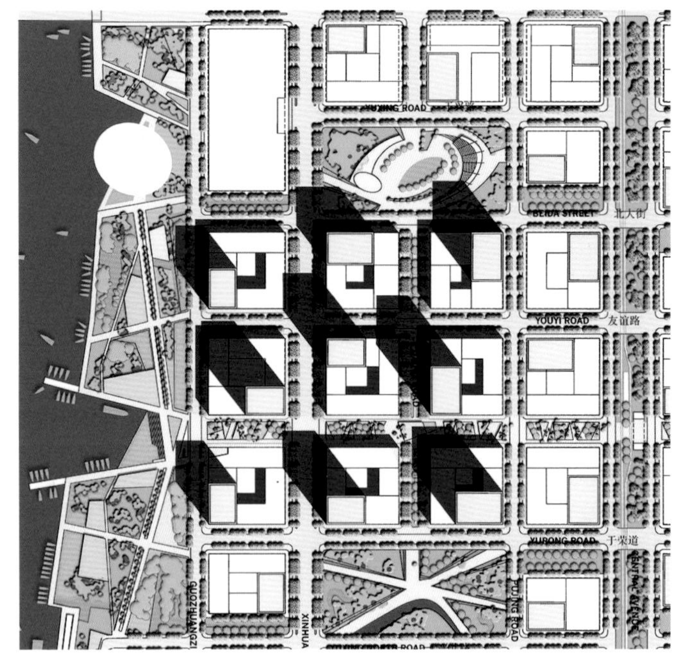

于家堡金融区起步区一期总平面图

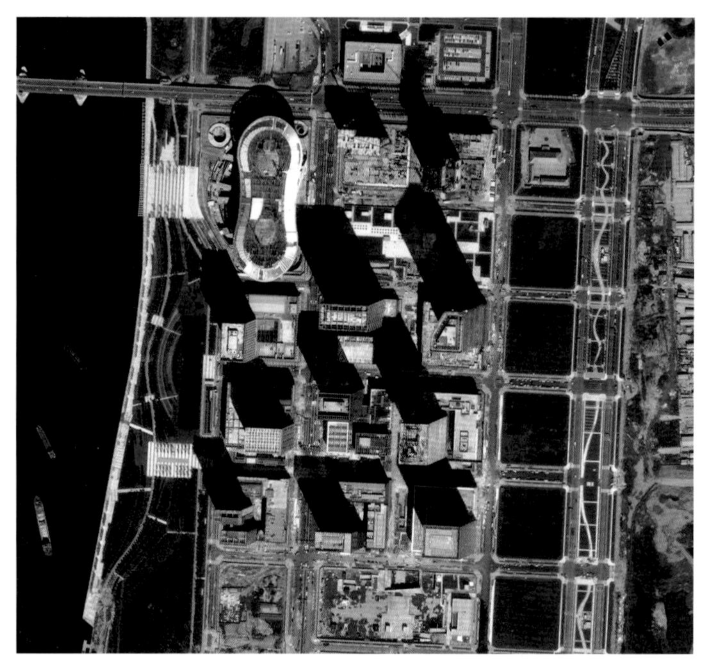
于家堡金融区一期起步区影像图

设计事务所合作完成前期较大范围（1.3平方千米）概念性建筑设计方案的基础上，针对其中约30公顷地块编制的详细的城市设计方案；其力求在方案概念设计阶段落实设计理念，并结合本地规范，使其“落地生根”。

二、城市设计在城市规划体系中的重要作用

1. 滨海新区城市规划体系

经过十年的发展，按照国家《城乡规划法》和2009年《天津市城乡规划条例》，滨海新区虽然仍是总规、详规两级体系，但在详细阶段已将城市设计作为正式规划、法定规划。《滨海新区城市设计重点地区城市设计导则管理暂行办法》（简称《办法》）中第十一条指出：建设项目所在重点地区没有编制城市设计导则的，应当在编制修建性详细规划或总平面设计方案时，同时编制城市设计导则，并同时报批。因此，目前，滨海新区城市规划体系为二层体系，包括总体阶段（城

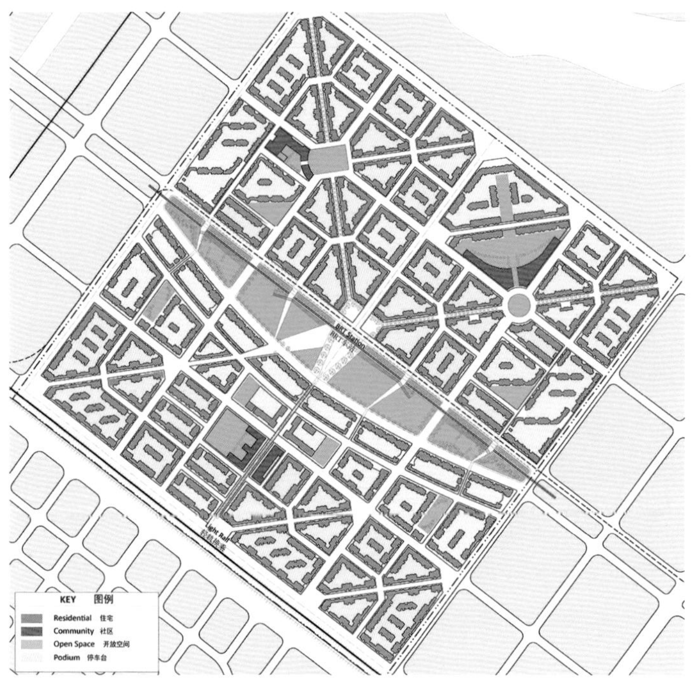

和谐新城小康住宅概念规划设计总平面图

市空间发展战略规划、城市总体规划、功能区分区规划、街镇总体规划、专项规划）和详细阶段（控制性详细规划、城市设计、修建性详细规划）。

（1）总体阶段。

总体阶段的规划包括城市空间发展战略规划、城市总体规划、功能区分区规划、街镇总体规划、专项规划等。

新区的空间发展战略和总体规划明确了新区的空间和产业布局、生态系统、大型道路交通和市政基础设施网络；分区规划明确了各功能区主导产业；街镇规划明确了各自的规划布局和发展方向；专项规划明确了各项社会事业发展布局。

（2）详细阶段。

详细阶段的规划包括控制性详细规划、城市设计、修建性详细规划。目前，滨海新区已经完成了控规全覆盖，实现了一张图管理。控制性详细规划包括两个层面，即“一控规一导则”，控规主要控制总的建筑容量和大的交通市政廊道，土地细分导则主要控制地块的各个指标。同时，经过近几年的努力，滨海新区完成了核心区的城市设计全覆盖，汉沽、大港等重点地区也完成了城市设计。修建性详细规划依据控规、城市设计及城乡规划主管部门提出的规划设计条件进行编制。

按照滨海新区规划主管部门的要求，在每个阶段之前均应开展相应的城市设计。根据编制阶段和编制地段的不同，城市设计的内容和控制要求也不同；同时，结合滨海新区综合配套改革，通过城市设计规范化、法定化改革，将城市设计导则在详规阶段中升级为正式的法定规划。

2. 城市设计的成果表达方式

城市设计运作的技术载体可以理解为城市设计在设计环节形成的阶段性成果，它既是城市设计决策的内容载体，也是后续控规、建筑设计活动必须遵循的设计框架。现阶段，滨海新区城市设计的成果主要有三种表达方式：总体层面城市设计、重点地区／局部地区城市设计与城市设计导则。总体层面城市设计是引导性的，重点地区／局部地区城市设计及导则为强制性的，经相关部门批准同意后执行。

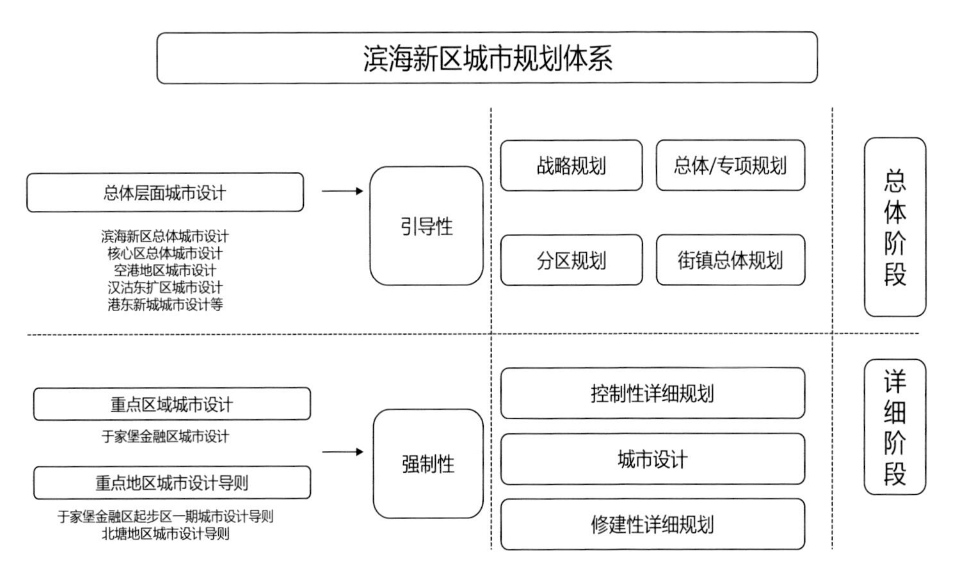

滨海新区城市规划体系框架示意图

（1）总体层面城市设计。

由于滨海新区的区域面积很大，仅陆域面积就达 2270 平方千米。2008 年，滨海新区规划分局结合总规修编委托清华院编制了滨海新区总体城市设计研究。2008 年，新设立的重点规划指挥部分片区编制了总体层面城市设计。2010 年，在行政区划调整之前，塘沽、汉沽、大港均分别组织编制了各自城区总体城市设计，各个功能区也组织编制了总体层面城市设计。2010 年，在滨海新区政府成立后，滨海新区规划主管部门以滨海新区核心区为范围组织了总体城市设计的编制。这一层面的内容包括：城市设计总则、城市特色分析、城市空间形态、城市景观结构、城市公共空间系统等。总体城市设计作为较为宏观的城市设计指引，在空间形态、景观环境、大型交通市政走廊等方面对下一层次规划（包括控规和修规）的编制具有重要的控制和引导作用。

（2）重点地区／局部城市设计。

重点地区／局部城市设计是介于总体城市设计与城市设计导则之间的一类成果形式，编制面积一般为 3 ~ 10 平方千米，对应新区控规的一个编制单元。内容包括：场地特色分析、公共空间组织、建筑群体形态设计、道路交通设施设计、绿地设计、色彩与建筑风格设计、景观设计、照明设计、环境设施设计等。这一层面的工作或作为控规修编的依据，或与控规同时编制。比较典型的有泰达慧谷地区城市设计（先编制城市设计，后编制控规）和散货物流商贸区城市设计（同时编制）。

（3）城市设计导则。

为加强重点地区的规划控制，适应快速建设的要求，滨海新区规划和国土资源管理局组织编制了若干项重点地区城市设计导则。其中包括：于家堡金融区起步区一期城市设计导则、北塘地区城市设计导则、滨海渤龙湖城市设计导则等，并以其作为建筑项目审批的依据（非约束性）；同时，为加强导则编制和管理的规范化，于 2010 年发布了《天津市滨海新区重点地区城市设计导则管理暂行办法》，将城市设计导则推向了新的高度。

由上可以看出，总体城市设计力求控制整体的城市特色、空间形态、景观结构和公共空间系统，除了控制城市总体形态、大型绿化、市政交通廊道外，还指导控规的编制，但对于建设项目的审批却鞭长莫及。因此，建设项目审核审查运作的技术载体为局部城市设计和城市设计导则。

3. 城市设计的编制

城市设计的编制分为总体层面城市设计、重点区域城市设计、重点地区城市设计导则三个层次。这三个层次的城市设计在组织编制上可分为两个方面：滨海新区规划主管部门组织编制的城市设计，功能区规划主管部门组织编制的城市设计。

滨海新区核心区、汉沽、大港地区总体城市设计由滨海新区规划主管部门组织编制；中新生态城、滨海高新区、空港经济区、中心商务区等功能区的总体城市设计在 2010 年之前由滨海新区管委会组织编制，之后由各功能区规划主管部门组织编制。

重点区域城市设计：核心区、大港、汉沽重点区域的城市设计编制由滨海新区规划主管部门组织编制，如大港港东新城城市设计由滨海新区规划主管部门（三分局）组织编制。功能区组织编制的重点区域城市设计包括滨海高新区渤龙湖地区城市设计（高新区规划局组织编制）、空港加工区城市设计、中新生态城南部区域城市设计等。

重点地区城市设计导则：由滨海新区或功能区规划主管部门组织编制，如于家堡金融区起步区一期城市设计导则由滨海新区规划主管部门组织编制，渤龙湖地区城市设计导则由滨海高新区规划主管部门组织编制。

4. 城市设计的审批

滨海新区的城市设计作为非法定规划，目前没有得到如同总体规划、控制性详细规划等法定规划正式的批复。除了各级规划主管部门高度重视之外，天津市、滨海新区规划主管部门还设立市级、新区级重点规划指挥部，进行城市设计方案的集中编制和审核，将城市设计提升至前所未有的地位，对于列入指挥部的城市设计大部分均以指挥部的会议纪要进行名义上的“审定同意”；没有列入指挥部的城市设计，滨海新区规划主管部门会以业务会议纪要的形式进行名义上的审定。重点地区城市设计导则，被列入市重点规划指挥部的审核范围，并以指挥部或政府会议纪要的形式予以审定同意，如于家堡金融区起步区一期城市设计导则等经市重点规划指挥部审定同意，北塘地区城市设计及导则经滨海新区政府审定同意。这在一定程度上避免了城市设计作为非法定规划对建设活动指导时缺少法理依据的尴尬。

5. 城市设计的实施管理

（1）重点地区城市设计的实施管理。

滨海新区重点地区目前的建设实施依据是城市设计导则，但各个地区的审议程序较为不同。如于家堡地区的审议程序主要为总规划师制，以于家堡金融区起步区“9+3”（主要为金融办公甲级写字楼）建筑项目为例，设计单位汇报建筑设计方案后，由导则编制者即美国 SOM 设计公司的代表作为“总规划师”，提出符合或不符合导则的专业意见，再由滨海新区规划和国土资源管理局审定建筑设计与导则的一致性、其他导则未管制的立面设计等审美方面的设计内容，取得了良好的效果。北塘地区的做法是将城市设计成果纳入规划设计条件，在后期的审查和规划许可时除了审核建筑设计方案外，增加了规划设计方案的审查（包括土地使用性质、开发强度、开放空间、景观组织等），并将审核延伸至具体的实施（不仅包括建筑高度、绿化环境等内容，还包括建筑材料、色彩等内容）。

（2）一般地区城市设计的实施管理。

一般地区城市设计的实施审核主要是与控制性详细规划相结合，依据控规审查该地区的土地使用性质、开发强度、建筑高度等，依据城市设计审查该地区的城市空间形态、景观组织等是否与城市设计相符。

6. 其他

滨海新区的城市设计除于家堡、响螺湾等少数重点地区进行公示征求公众意见外，其他地区城市设计的市民参与度较低，激励机制也相对较少。

三、滨海新区城市设计运作的特点及问题

1. 城市设计的法律地位得不到落实，有待加强

目前，滨海新区规划体系仍然以城市总体规划和控制性详细规划为核心，城市设计作为非法定规划，作为规划建设的引导功能较弱。尽管滨海新区规划主管部门在平时的工作中将城市设计提升至非常重要的地位，并颁布了《天津市滨海新区重点地区城市设计导则管理暂行办法》（简称《办法》）以确保导则的严肃性，并且，作为重点地区的建设项目，导则的编制水平和政府的影响力在一定程度上也保证了导则的执行到位。然而，将城市设计提出导则作为单独的项目审核参考依据，这使导则与现行法定规划的关系不够紧密，执行起来不存在法理基础。

2. 城市设计及导则的质量有待进一步提高

目前，尽管天津市规划局颁布了《城市设计编制办法》，但由于新区规划主管部门没有出台城市设计的相关编制规程，大量已编制的城市设计成果呈现出参差不齐的状况。

城市设计导则是城市设计的主要成果内容，也是进行城市建设开发管理的直接依据，其质量高低对于建设结果有着

至关重要的决定性影响。尽管《办法》对于编制内容与成果形式作出了规定，但只是简单提及了景观设计导则、街道设计导则、开敞空间设计导则、建筑形式设计导则几个方面，并对相关内容做了简单归类，但对于到何种深度均没有提及；成果形式的规定也相当简单，仅包括文本和图则。

因此，对于《办法》中提到的设计内容及成果形式，目前设计单位并没有参照执行。在新区，对于城市设计导则存在一些认识上的偏差，主要体现在：①面面俱到，认为导则的质量与管制的内容数量成正比，因此将从建筑高度、立面划分到绿化植被等几乎所有与建筑设计相关的一切内容纳入其中。②抽象原则表述多，“一致”“协调”的用词随处可见。

3. 城市设计的实施管理较为多样化，有待进一步规范

如前所述，滨海新区对于城市设计及导则的实施管理分为重点地区和一般地区。重点地区的比较严格，以保证实施效果，但即使是同为重点地区的于家堡和北塘地区审核程序也不一样；一般地区的实施管理，缺乏城市设计原则的引导，主要靠审核人员的量裁。

4. 城市设计的组织实施以政府决策为主，公众参与有待加强

在城市设计运作过程中，城市设计公共参与有助于反映公众意志，维护公众利益，促进社会公平发展。目前，滨海新区城市设计公众参与仍有很大的提升空间，主要体现在：①成果型参与而非过程型参与。目前，我国城市设计公众参与的形式主要为在城市设计成果完成以后进行公示，听取社会意见。这种成果型的参与方式固然可以在一定程度上采纳民意，但收效不佳。②建议型参与而非决策型参与。新区城市设计的决策机构，包括城市设计（控规）编制和“一书两证”管理体系中的个案核查机构，通常是规划局或人民政府，他们在人员构成上一般为清一色的政府官员，由其决定是否采纳公众意见与采纳深度。

5. 其他

在滨海新区的规划法规中，很少有关于奖惩措施的表述。这也是针对目前滨海新区的城市规划编制体系不太完善的一个权宜之计。

四、滨海新区城市设计的未来发展

国家城市设计运作体系的内容必须与其特定的社会背景相匹配，这是该体系得以生存并发挥效用的前提，遵循这样的思路，我们对滨海新区未来的城市设计提出如下建议。

1. 提高城市设计在规划体系中的地位

（1）加强城市设计立法工作。

利用滨海新区国家综合配套改革试验区的特殊地位，在《天津市城市规划条例》相关条文的基础上，加快制定滨海新区城市设计相关规定和管理办法，保障城市设计的法律地位，为全国城市设计法定化提供依据和支撑。

（2）完善滨海新区城市规划体系中的城市设计内容。

首先，在城市空间战略和城市总体规划配置城市设计法定化专题研究，并提出城市设计控制要素。

其次，核心区、重点区域完成城市设计全覆盖，并依据滨海新区城市设计立法实现法定化。

第三，汲取中心城区的规划管理经验，在核心区内实现“一控两导”的规划管理体系，即在目前“一控一导”的基础上，增加城市设计导则的内容，形成平面和立体控制相结合的规划管理控制体系。在一般区域形成城市设计通则，结合控制性详细规划进行控制和引导。

第四，重点地区完成城市设计导则全覆盖。根据规划主管部门划定的范围，完成重点地区城市设计导则的全覆盖。

通过以上四个方面的城市设计内容的完善，实现滨海新区城市建设过程中城市设计的全程管控。

2. 明确城市设计编制审批程序，加大编制力度，完成全覆盖

城市总体规划阶段的城市设计专题，建议与城市总体规划同步编制同步审批，并以城市设计通则的形式予以发布。

核心区及重点区域的城市设计，包括滨海新区核心区和功能区的重点区域，应由新区规划主管部门和功能区规划主管部门组织编制。可与控规同时编制同时审批，也可先于控规编制，并通过城市设计立法的形式实现法定化。

重点地区的城市设计导则，包括已经确定的 12 个重点地区，应完成全覆盖的编制工作，单独审批。

3. 提高城市设计实施管理和督查水平

目前，城市设计运作过程中存在着重视前期导则制定、忽视后期设计核查的现象。一个相对成熟的城市设计运作体系，应以一定的时间过程为依托，所以在滨海新区城市设计实践刚刚起步的阶段，政府与专业界将精力专注于城市设计及导则制定、起草相关规范等前期工作是非常正常的，但问题的关键在于在前期工作逐步步入正轨的同时，适时地将工作重心向后期“一书两证”建设管理程序中相关的城市设计核查阶段转移。否则，前后两阶段工作建设的严重不对等，极有可能导致前期的导则制定工作功亏一篑。

规划主管部门在内部采用专人专职、专项专管的形式，有助于城市设计工作开展的正规化，同时也有效增强城市设计专职人员的专业技能。在有关社会监督方面，陆续将“一书两证”的核查结果分阶段在网上予以公示，提请公众意见与建议，这样的做法虽然未达到美国公众直接参与评审的层次，但也在一定程度上使核查过程缺乏社会监督的危机得以缓解。

除此之外，应规范重点地区和一般地区的城市设计实施管理程序。

重点地区城市设计的实施管理可参照北塘地区，首先，将城市设计的要求（包括土地使用、建筑形态、公共空间、环境艺术、城市景观、市政管线等方面）明确写入规划设计条件，形成包括基于控制性详细规划的规划设计条件和基于城市设计的城市导则两个部分，并将其作为业主和设计单位的设计依据；其次，规范城市设计审查制度，在办理规划许可时，增加规划设计审查环节，并分为规划设计方案审查和建筑方案审查；最后，加强实施过程中的监督检查，包括建筑退线、绿化环境、建筑材料、色彩等内容。

一般地区城市设计实施管理应参照重点地区的运作程序，将滨海新区城市设计通则的相关内容纳入规划设计条件，审查过程和实施监督过程也可参照重点地区执行。

4. 加强公众参与制度建设、创新公众参与手段

首先，在城市设计的实施管理中，加强与完善有关公众参与的内容、阶段（设计阶段、核查阶段）、形式（讨论会、听证会、网络交流等）、机构（决策机构、申诉机构等）、程序、处罚等方面的制度建设，为各种参与活动的有效开展创造条件并提供渠道。其次，顺应时代变革的大形势，扩大业务范围，有意识地走进社区，了解市民，借助社区的力量与市民共同完成城市设计的宣传、设计与管理工作。再次，充分利用当前互联网普及的趋势，建立微信公众号，加强城市设计的宣传和公共参与。

第三章 于家堡金融区起步区城市设计导则的管理应用

马强、陈雄涛

为落实《滨海新区综合配套改革试验总体方案三年实施计划》中“探索城市设计规范化、法定化编制和审批模式，做好重点区域和项目的城市设计”的目标任务和工作责任，天津市规划局从2008年开始组织局景观处、滨海分局、业务处、法研处，滨海新区各区及功能区相关部门，市规划院等单位开展此项工作，并成立滨海新区改革推动组，具体研究推动滨海新区规划改革工作。

滨海新区改革推动组组织制订并下发了《市规划局落实滨海新区综合配套改革试验总体方案三年实施计划的工作方案》，确定了12个重点地区城市设计导则编制试点，其中包括于家堡金融区起步区城市设计导则。2009年1月，美国SOM设计公司主持完成了该导则的编制工作。

于家堡金融区是滨海新区中心商务区的重要组成部分，作为国家级金融创新中心，规划建设环渤海地区的金融中心、国际贸易中心、信息服务中心，主要有传统金融业、现代金融业、金融会展业、公寓、文化娱乐及大公司总部等功能，规划用地规模3.86平方千米。起步区“9+3”等楼宇将成为滨海新区中心商务区的重要形象典范。为加强并完善于家堡金融区起步区建设项目的规划管理，天津市规划局在一般性规划管理要求的基础上，将城市设计导则列为规划管理的重要依据，指导起步区的开发建设。

在规划管理应用过程中，天津市规划局发现城市设计导则突破了相关现行规范。经研究，我们提出在尊重于家堡金融区城市设计及导则主要思路和原则的基础上，适度突破、特事特批的审批管理方式，并建议对现行有关规范进行反思和修订。以下是几个主要的矛盾冲突和建议的审批方式。

一、建筑退线

1．商务区办公楼宇

中心商务区采用窄街廓、密路网的布局模式，项目用地比较局促，难以满足《天津市城市规划管理技术规定》（2009年）（以下简称《规定》）的相关要求。我们建议按照于家堡地区规划对于家堡建设项目进行规划审批，根据实际情况，在用地比较局促且商务楼宇比较集中的区域中，建筑退线适当减少至不小于5米。

2．地下空间建筑退线

目前，《规定》尚未对地下空间建筑退线提出明确的要求，根据响螺湾商务区以及于家堡金融区的建设经验，地下空间退线一般为3～5米，预留地表出入口、排风口及管线。我们建议以此作为今后地下空间开发规划的基本模式。那些地下空间与周边项目地下空间结建的项目，可结合规划要求，对地下退线不做要求，但出入口、排风口及管线等问题必须可以解决。

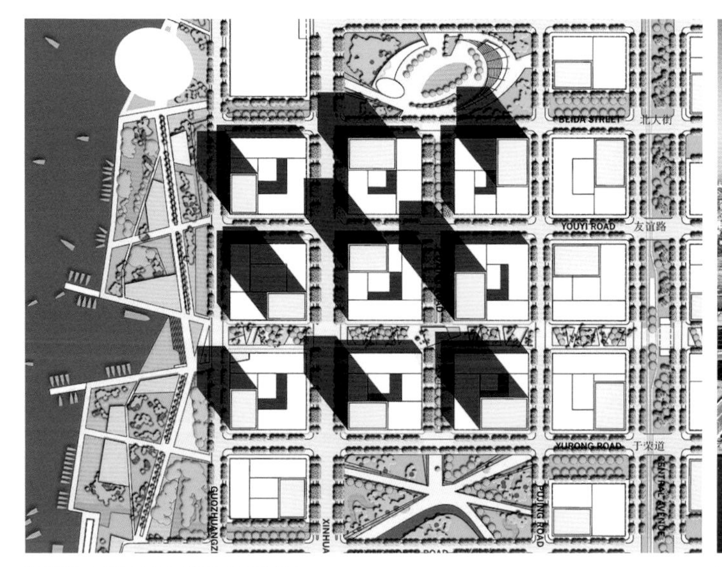

于家堡启动区城市设计点平面图

于家堡启动区建成照片

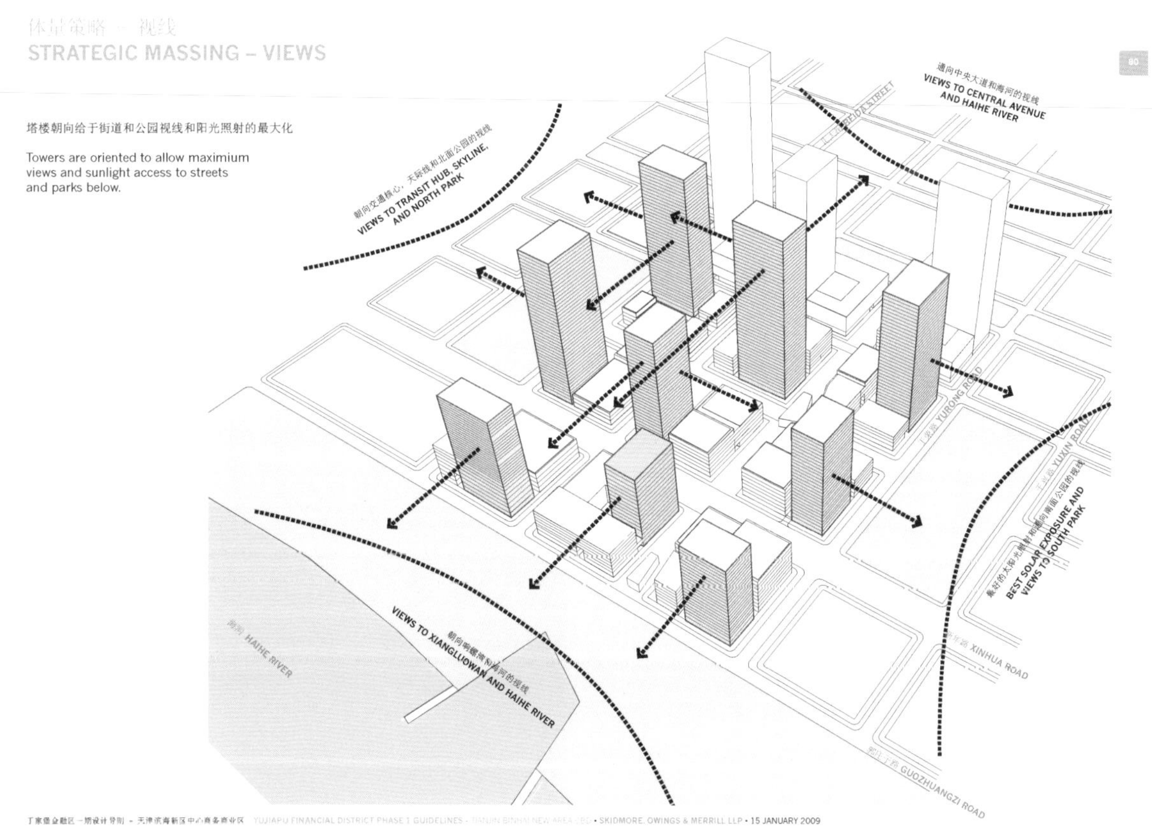

于家堡启动区城市设计导则—视线控制

二、停车泊位配置

1. 停车位

由于中心商务区建设项目地块面积小，建筑面积规模大，机动车位若按照《天津市建设项目配建停车场（库）标准》（DB/T29-6-2010）执行，将无法达标；若按照控制性详细规划及土地出让合同要求，也无法达标。鉴于国内外中心商务区停车配置都以限制为主导思路，故建议：对中心商务区、响螺湾商务区、于家堡金融区建设项目的停车状况进行整体评估，实现大区域平衡；那些还不能满足停车位需求的，按照所缺停车泊位数量缴纳异地建设费。

2. 机动车出入口

规划建议通过交通评估，实现相邻连通地块的整体平衡。

三、地面以上空间及地面以下空间使用

1. 地面以上空间使用

高层建筑之间搭建连接设施需要突破用地的共建项目（包括天桥及连廊设施），须按照程序取得地上空间使用权。

（1）突破用地的共建项目，在规划条件中拟建议明确如下要求：①计入容积率的连接设施，突出用地的建筑面积如无自然或规划界限的，以两个连接项目用地边界之间距离的中心线作为分界线，建筑面积分别计入两个地块。有规划界限的，如道路中心线等，以规划标志线为界限，建筑分别计入两个地块，满足消防、相关通行要求（道路或水域航道）即可进行审批。②不计容积率的项目，满足消防、相关通行要求（道路或水域航道）即可进行审批，进行交通或通行评估。

（2）已经出让的项目，规划审批业务按照以下两种情况办理：①计入容积率的连接设施，突出用地的建筑面积如无自然或规划界限的，以两个连接项目用地边界之间距离的中心线作为分界线，建筑面积分别计入两个地块。有规划界限的，如道路中心线等，以规划标志线为界限，建筑分别计入两个地块，满足消防、相关通行要求（道路或水域航道）即可进行审批，并进行交通或通行评估；②对于不计容积率的项目，满足消防、相关通行要求（道路或水域航道）即可进行审批，并进行交通或通行评估。

2. 地面以下空间使用

高层建筑之间搭建连接设施需要突破用地的共建项目（地下通道），须按照程序取得地下空间使用权。

于家堡宝龙城市广场跨城市道路

四、机动车出入口与一般平面交叉路口的距离

按照《规定》的要求，新建居住小区或者公共建筑的机动车出入口与一般平面交叉路口的距离，次干路以上等级道路从道路红线转角切点起算，应当大于80米。然而，中心商务区窄街廓、密路网的格局导致大部分地块场边为100米左右，无法满足规范要求。故拟建议，特殊区域机动车出入口与一般平面交叉路口的距离，次干路以上等级道路从道路红线转角切点起算，大于30米。

以上几个重要的矛盾冲突和建议的审批方式需报请天津市规划局备案后加以实施。在实际的规划管理过程中，相关部门应对现行规范在城市设计导则中的具体应用加以调整，并履行相关法定程序。

第1A期
PHASE 1A
无停车入口道路
NO PARKING ACCESS ROAD
有停车入口道路
PARKING ACCESS ROAD
停车入口
PARKING ENTRANCE
停车及建筑辅助设施入口
PARKING & SERVICE ENTRANCE

停车出入口距道路交叉口较近

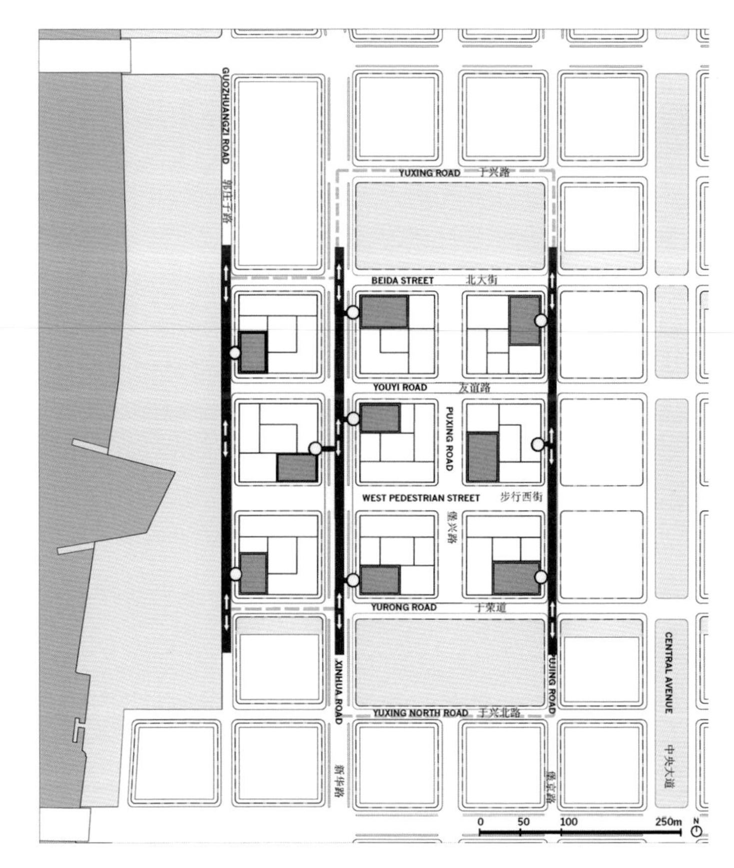

第1A期
PHASE 1A
地址道路
ADDRESS ROAD
塔楼
TOWER
塔楼入口
TOWER ACCESS

主楼出入口距道路交叉口较近

第四章 渤龙湖总部区城市设计导则的管理应用

沈佶、王靖

滨海高新区渤龙湖总部区是滨海新区城市设计导则编制规范化、法定化的改革试点之一。我们在2006年总体城市设计的基础上，编制总体城市设计导则和核心区3.3平方千米的详细城市设计导则，并在后期建筑设计和规划管理中加以应用。

一、从总体城市设计到总体城市设计导则的编制

滨海高新技术产业开发区（以下简称"滨海高新区"）是滨海新区的重要功能区之一，总用地规模25平方千米，规划就业人口为15万到18万人。其功能定位为"国家高新技术产业区、21世纪我国科技自主创新的领航区、世界一流的高新技术研发转化中心、绿色生态型典范功能区"。滨海高新区将通过机制创新、资源整合，吸引京津冀和国内外的科研院所、高等院校、企业集团建立研发机构，重点发展电子信息、生物医药和纳米及新材料和新能源等高新技术产业，成为环渤海区域内自主研发转化和高新技术产业化的聚集区。

2006年12月，由华汇（厦门）环境规划设计顾问有限公司提交的"天圆地方"总体城市设计方案，在方案征集中脱颖而出，其主要设计理念为运用基地田埂及水渠的肌理，形成适于设厂、方向感明确的方形主干道路网；同时依循基地土地权属特征，建立凸显园区可持续发展使命的圆形"天环"，连接园区内的主要城市公共空间系统，并与基地北部的东丽湖、黄港水库的优美景观构成一个统一的整体。

以城市设计国际征集方案为蓝本，由天津市规划院相继编制完成的滨海高新区分区规划和控制性详细规划，经天津市政府常务会议审议通过。规划可有效指导园区内主要道路和市政基础设施的建设实施，满足近期招商引资的实际需求，充分体现总体城市设计工作的专业价值和有效性。

此后，天津市规划院城市设计所进一步编制了"总体

城市设计导则”，根据滨海高新区总体城市设计的空间景观要求，以单元图则的形式，强化对城市公共空间系统的规划控制，包括轴线、节点、地标、开放空间、视觉走廊等空间结构元素，同时从全区整体角度对建筑组群的高度、风格、色彩等关键要素提出控制引导要求。该导则对滨水地区和城市主干道两侧的建筑高度、建筑风格、建筑色彩提出管控要求，如根据滨水梯度原则，严格控制渤龙湖区周边滨水建筑高度，以站在滨水步道上的人视角 18° 仰角的范围，控制距离湖边 20 ~ 40 米范围内的建筑高度；建筑色彩选择砖红、暖黄、亮灰三种城市色谱，办公区、产业区、居住区分别选定一种主色调，并保证其使用面积不少于 50%。

“天圆地方”的总体城市设计架构

“天圆地方”的总体城市设计架构

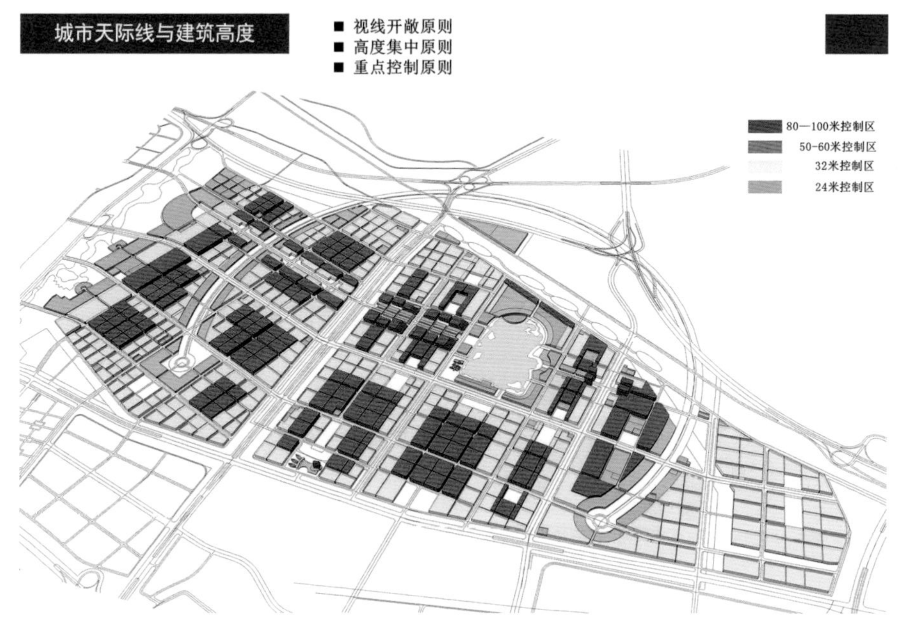

城市总体天际线与高度控制

二、从详细城市设计到详细城市设计导则的编制

渤龙湖位于滨海高新区核心区，用地规模3.3平方千米，西承商务商业主轴，东临配套居住区，以自然优美的渤龙湖景为重点，汇集科研文化、专业交流、生态居住、商业娱乐、产业研发等城市功能。规划区将建设成“国际科技人才的创业乐园、当代生态新城的展演舞台、24小时活力十足的魅力城区”。作为滨海高新区对外形象的展示舞台，渤龙湖总部区将构筑滨海高新区的科技文化中心区和公共景观示范区，营造最具活力的滨水宜居宜业城区。

渤龙湖总部区城市设计方案将原来偏于基地北部的规整方形湖面和人工堤岸调整为南北狭长、东西略窄的自然形态和自然生态岸线，使环绕湖区周边的开发地块都能享有更多临水的景观界面。方案遵循了生态优先与低影响开发原则，保护基地水网的自然连续性，提高水系对地表径流的吸纳能力，使渤龙湖成为调蓄汇水、循环净水的生态基础设施。

同时，湖内增加一条龙形岛链，创造更多可供公众进入的滨水开放空间并提供丰富的空间体验。在滨水岸线中建设活力迷人的湖滨散步大道，便于公众以步行、骑车等慢性方式近水亲水。

按照高新区管委会近期建设要求，沿湖地区鼓励土地混合使用，布置园区内重点发展的高科技企业研发总部和运营中心，配建高新技术展示馆、公共图书馆、商业娱乐、生态居住等辅助职能，形成富有活力的公共服务中心区。同时，打破传统的由公共设施或居住社区围合中心景观的模式，引入独栋总部会所和总部办公组团，预留外围城市道路可直达湖边的多条视线通廊，使城市街道景观与滨水开放空间系统充分融合。

为有效指导建筑、景观、市政、道路等各个专业设计环节同步推进，天津规划院城市设计所编制详细规划阶段

渤龙湖详细城市设计方案

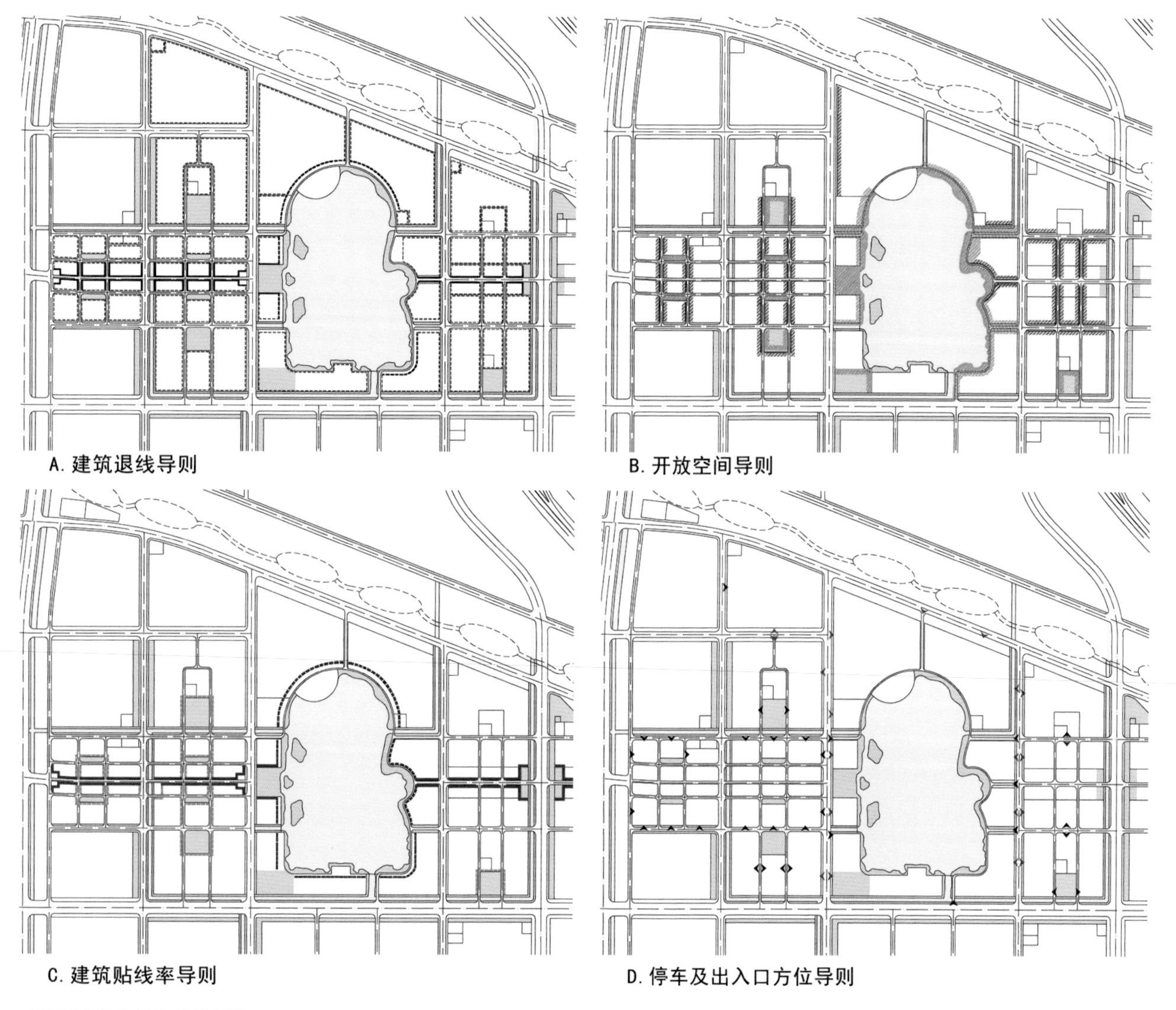

建筑群组详细城市设计导则

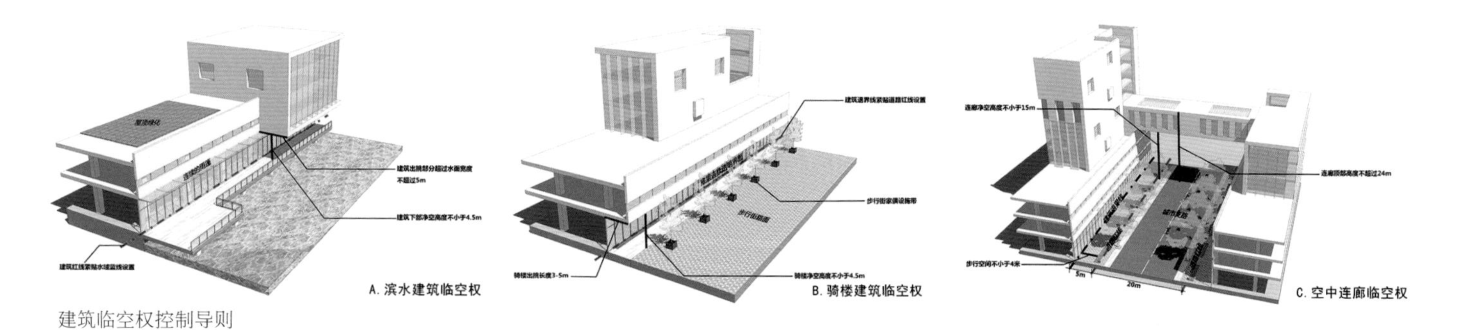

建筑临空权控制导则

的“滨海高新区渤龙湖区城市设计导则”，并通过该城市设计导则，以控制建筑群体风格与公共空间景观为核心，对渤龙湖区的整体风格提出综合性解决方案。

整个设计导则主要包括建筑群组设计指引、城市街道设计指引、城市公园设计指引三个部分，即在落实规划用地性质与控制指标、道路交通等系统的基础上，针对重点区域地块的建筑群组提出建筑高度、退线、连续街墙线、停车等强制性控制要求和建筑风格、色彩、材质、标志建筑等指导性控制要求，同时对城市街道风格及街道家具以及包括市民公园、社区公园、带状公园在内的各层次城市公共开放空间提出设计指引。

由于该区域即将开展大规模城市建设，详细城市设计导则的编制将对建筑群组的控制作为重点，以提供一个开放的工作平台，令规划管理部门与城市设计师、建筑师、景观设计师共同探讨、分析论证各个层面的设计方案。建筑群组设计指引主要包括城市天际线与建筑高度（强制性）、建筑风格与建筑色彩及材质（引导性）、视线通廊与建筑退线、连续街墙线（强制性）、商业街区设计指引（强制性）、停车及机动车出入口（强制性）、标志建筑（引导性）、建筑临空权（引导性）等八个环节。

三、城市设计导则的管理应用

1. 规范城市设计导则的管理审批程序

滨海新区规划管理部门按照市规划局下发的《滨海新区城市设计导则管理暂行办法》，逐步明确城市设计导则的管理审批程序，巩固并提升城市设计导则的合法地位。完善的管理体系不仅是对导则成果的自身评价，还包括对城市设计导则涉及的各个工程建设项目的分级管理和对运行保障体系本身要素和运行状况的管理，又可具体细分为导则审批、涉及项目审查、实施评估三个阶段。

导则本身的审批阶段，是指将城市设计导则成果表达标准化后，由相关规划管理部门针对编制完成的标准化导则成果，制定审批程序与评价标准，使导则的审批有章可循。

导则涉及项目的方案审查阶段，是指导则审批通过后，规划行政主管部门进一步将其纳入行政许可，对导则涉及的建设项目在申请规划条件阶段予以明确，通过行政手段保障导则实施。由于导则内容有一定的弹性特点，城市设计导则管理办法必须制定具体的方案审查程序，保证导则在具体建设工程项目中予以落实。

导则实施的监督与实施评估阶段，是对行政许可内容的实施进行严格监督。城市设计导则管理办法将城市设计导则的实施情况作为实施评估的一项重要内容，对于保障导则实施具有重要意义。在渤龙湖总部经济区建筑设计中，由崔愷、周恺、李兴钢、齐欣、庄惟敏、胡悦、王戈组成的建筑师团队注重将建筑方案设计与城市设计导则相结合，不仅塑造了各具特色的建筑形象，也营造了整体性的城市空间环境。

这种建筑集群设计模式以城市设计导则为指引，在方案初期，建筑师非常担心城市设计导则会束缚建筑设计的创作空间和自由发挥。因此，城市设计师应进一步明确导则中的刚性控制内容（包括公共空间系统、建筑组群形态、交通组织方式等要素）和弹性引导内容（包括建筑风格、色彩、材料等因素），既保证公共空间的系统完整性和资源分配合理性，又让建筑师充分发挥设计能力。同时，城市设计导则并非一成不变的僵化体系，规划师和建筑师应从不同的角度对导则进行修正和细化，这个过程必然会随着设计师逐步达成共识而出现落实城市设计导则“先严后松”的情况。

2. 城市设计导则与控制性详细规划作为规划条件

目前，天津市城乡规划管理部门通过不断实践和总结，

目录 CONTENTS

于家堡金融区设计导则
YUJIAPU FINANCIAL DISTRICT DESIGN PRINCIPLES

塑造中国世界级商业金融中心 Achieving a world class business and financial center for China

令人振奋的可持续性城市中心

创建一个交通便利的高密度、多用途协调发展的社区

滨河区

在于家堡半岛上面设置各种沿河滨的活动项目，公园、码头、游船，晚间零售商业活动及娱乐

互相连接的社区

构建邻里小区街道网，创建与现有塘沽城市构造融为一体、并与主干道相连的、适于步行的街区 (+/- 100m x 100m)

拥有不同交通体系的区域

大力推行高速铁路、高速地铁、城市有轨电车及摆渡船等多种形式的交通系统，尽量减少对汽车的依赖性。

适于步行的街区

设计适于步行的诱人街道，使其成为公共领域的主要流通方式

多样化小区

创建一个生机勃勃的、非常方便进入到公共领域的邻里社区

公园小区

组建广阔的公园园区，包括小公园和大公园，对外公共开放的公园及私密性公园，兼具鲜明的特征且独一无二

拥有智能型基础结构的小区

倡导绿色经济，利用最先进的绿色技术，促进可持续性城市

A VIBRANT AND SUSTAINABLE URBAN CENTER

Create a high density, mixed-use community with a balanced mix of uses and easy access to transit.

A DISTRICT OF RIVERFRONTS

Promote activity along the riverfront with parks, marinas, ferry service and day and nighttime retail and entertainment on the Yujiapu peninsula.

A CONNECTED DISTRICT

Establish a network of neighborhood streets to create walkable blocks (+/- 100m x 100m) that integrates into the existing Tanggu urban fabric and connects to major arterial streets.

A DISTRICT OF DIVERSE TRANSIT SYSTEMS

Promote a multimodal transit system of high speed rail, metro, streetcar and river ferries to minimize the dependency of cars.

A DISTRICT OF WALKABLE STREETS

Design inviting and pedestrian-friendly streets so that they become a primary means of circulation throughout the public realm.

A DISTRICT OF DIVERSITY

Establish neighborhoods that foster community with an active and accessible public realm.

A DISTRICT OF PARKS

Provide an extensive family of parks; small and large, public and private, high identity and unique.

A DISTRICT OF INTELLIGENT INFRASTRUCTURE

Promote a green economy utilizing the latest advances in green technologies to promote a sustainable city.

于家堡金融区一期设计导则 - 天津滨海新区中心商务商业区 YUJIAPU FINANCIAL DISTRICT PHASE 1 GUIDELINES - TIANJIN BINHAI NEW AREA CBD • SKIDMORE, OWINGS & MERRILL LLP • 15 JANUARY 2009

第一期开发目标
GOALS FOR THE PHASE 1 DEVELOPMENT

- 奠定世界级中心商务商业区基础
- 建立适于成长的灵活框架
- 创建优质甲级办公空间，吸引周边金融机构及相关服务业驻足
- 沿海河河岸建筑世界级会展中心
- 顺着河滨公园就可以通向海河
- 设计并建造世界级交通枢纽，与京-津高速铁路终点站互相辉映
- 为可持续性设计、开发和施工提供导则
- 通过街景和城市公园的设计，营造出适于步行且欢乐的气氛
- 充分激发塘沽居民的想象力，并将它们付诸于天津滨海新区未来的建设项目中

- Establish the foundation for a world class CBD.
- Set in place a flexible framework for growth.
- Offer prime class A office space to attract premier financial institutions and related services.
- Build a world class convention center along the banks of the Haihe River.
- Provide unique access to the Haihe River through an unprecedented riverfront park.
- Celebrate the terminus of the Bejing-Tianjin high speed railway through the design and construction of a world class transit hub.
- Set the bar for sustainable design, development and construction.
- Spark a pedestrian and recreational atmosphere through the design of streetscape and urban parks.
- Stimulate the imaginations of Tanggu residents and transform the future of the Tianjin Binhai New Area.

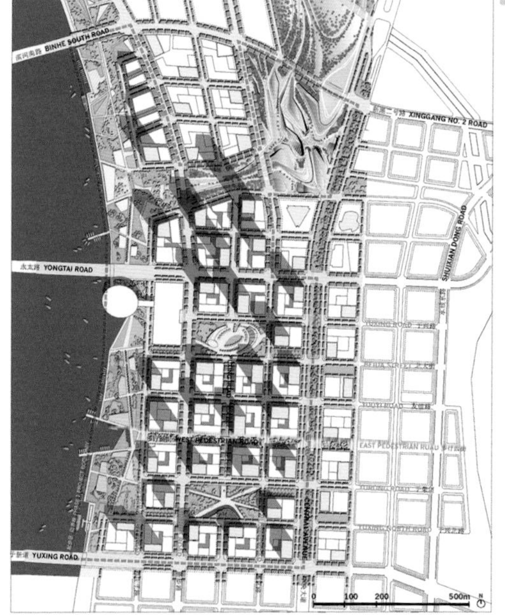

于家堡金融区一期设计导则 - 天津滨海新区中心商务商业区 YUJIAPU FINANCIAL DISTRICT PHASE 1 GUIDELINES - TIANJIN BINHAI NEW AREA CBD • SKIDMORE, OWINGS & MERRILL LLP • 15 JANUARY 2009

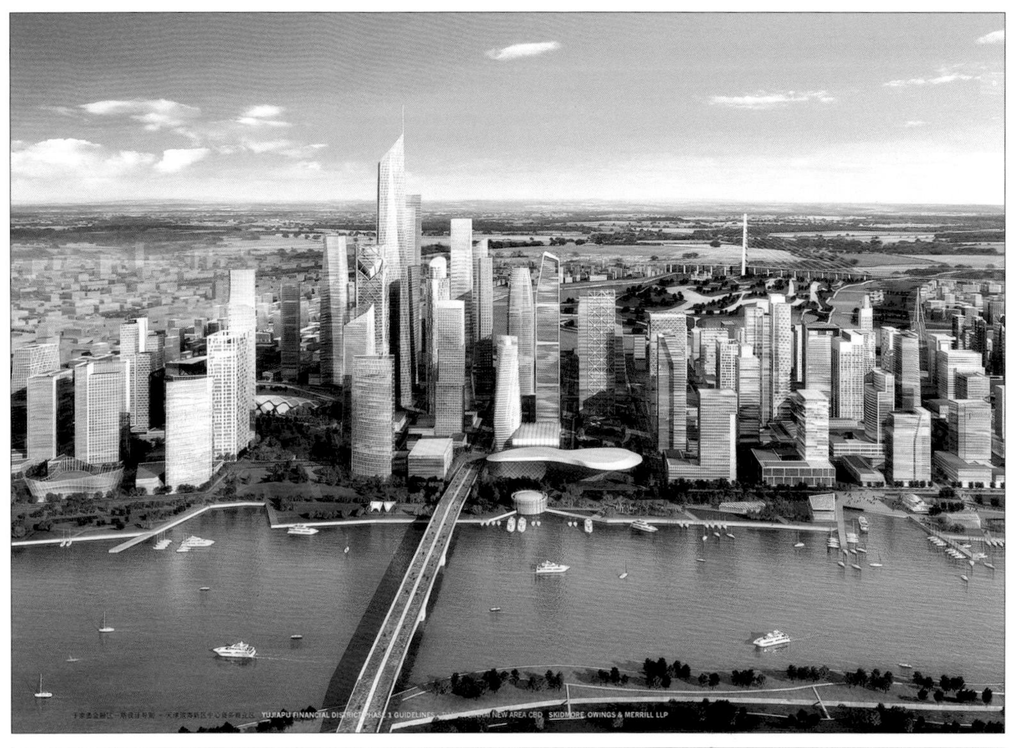
YUJIAPU FINANCIAL DISTRICT PHASE 1 GUIDELINES
SKIDMORE, OWINGS & MERRILL LLP

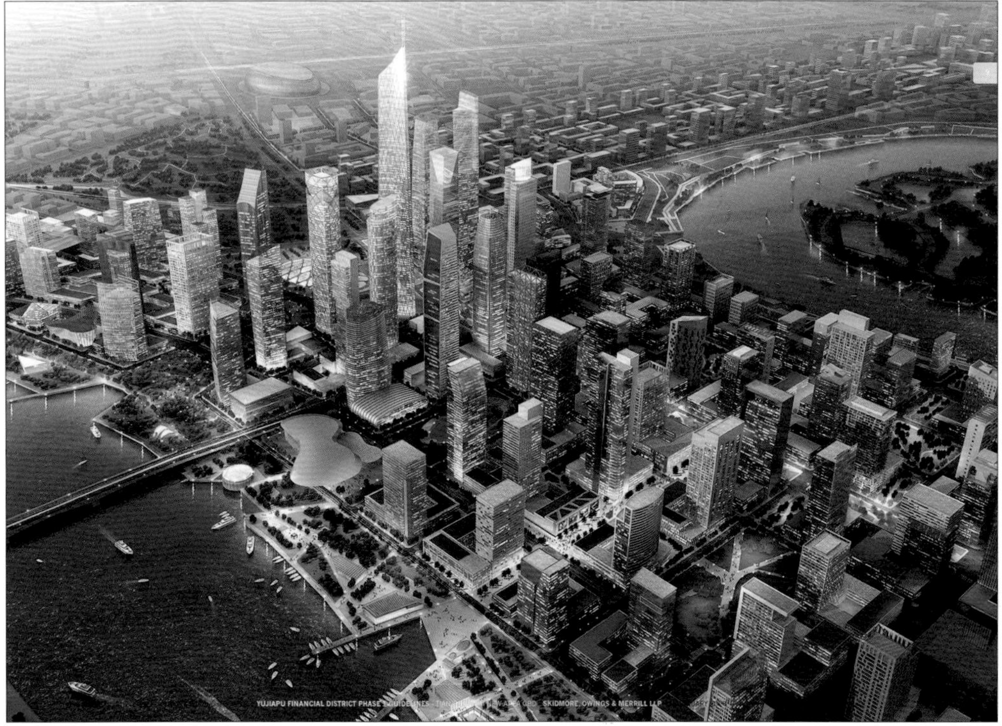
YUJIAPU FINANCIAL DISTRICT PHASE 1 GUIDELINES
SKIDMORE, OWINGS & MERRILL LLP

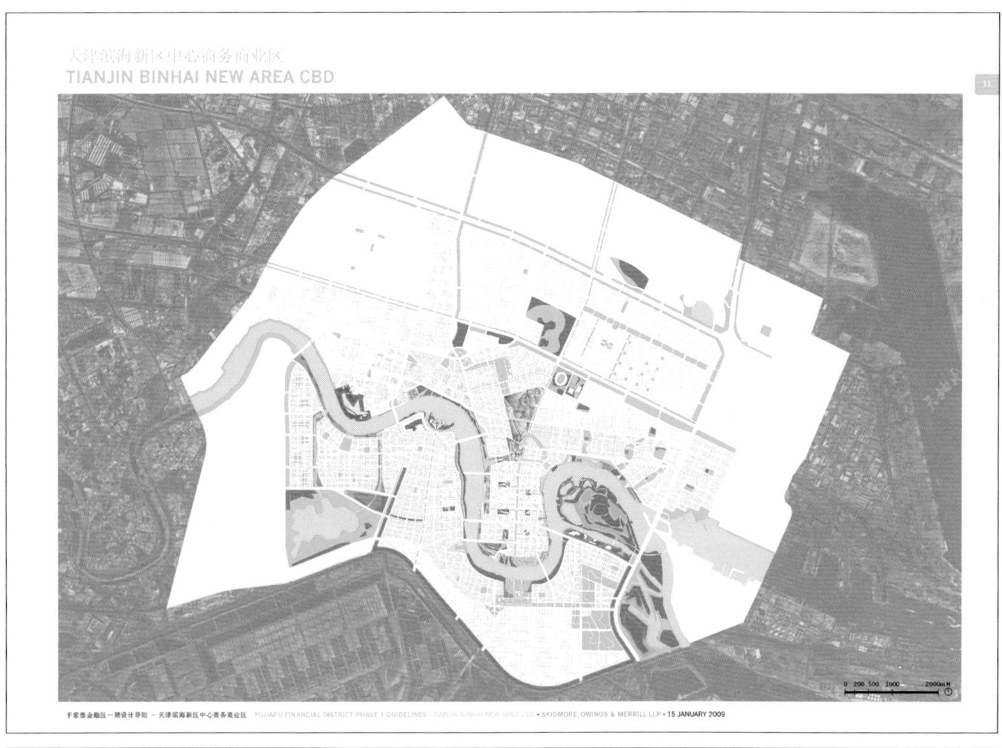
天津滨海新区中心商务商业区
TIANJIN BINHAI NEW AREA CBD
0 200 500 1000 2000m
于家堡金融区一期设计导则 - 天津滨海新区中心商务商业区 YUJIAPU FINANCIAL DISTRICT PHASE 1 GUIDELINES - TIANJIN BINHAI NEW AREA CBD • SKIDMORE, OWINGS & MERRILL LLP • 15 JANUARY 2009

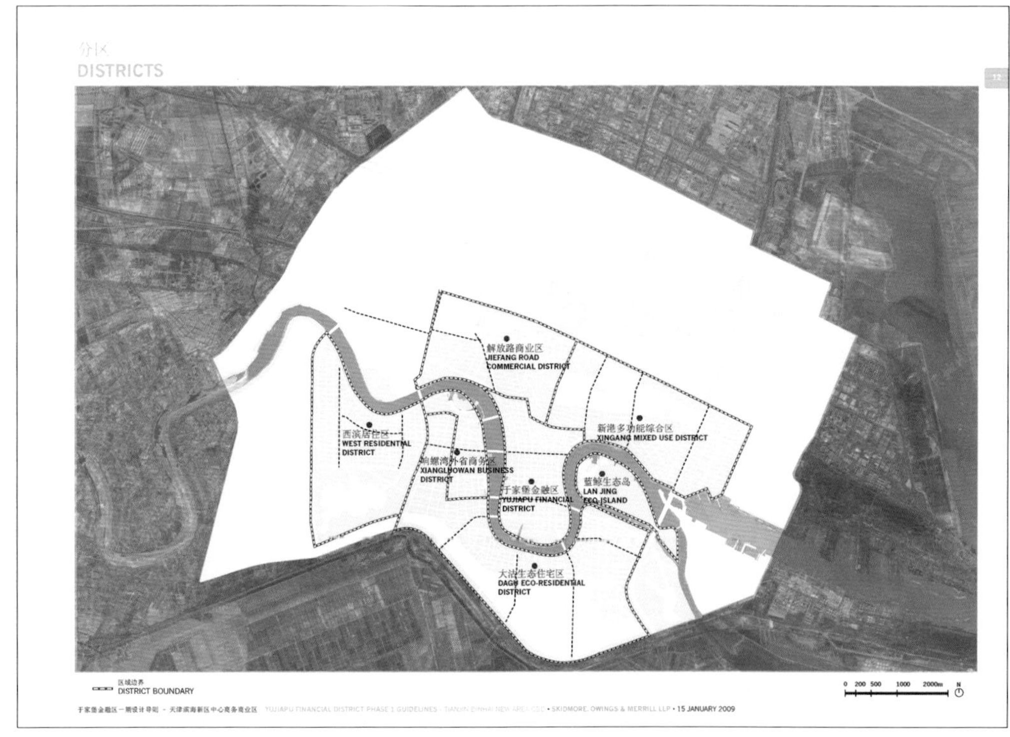
分区
DISTRICTS
解放路商业区
JIEFANG ROAD COMMERCIAL DISTRICT
新港多功能综合区
XINGANG MIXED USE DISTRICT
西滨居住区
WEST RESIDENTIAL DISTRICT
响螺湾外省商务区
XIANGLUOWAN BUSINESS DISTRICT
于家堡金融区
YUJIAPU FINANCIAL DISTRICT
蓝鲸生态岛
LAN JING ECO-ISLAND
大沽生态住宅区
DAGU ECO-RESIDENTIAL DISTRICT
区域边界
DISTRICT BOUNDARY
0 200 500 1000 2000m
于家堡金融区一期设计导则 - 天津滨海新区中心商务商业区 YUJIAPU FINANCIAL DISTRICT PHASE 1 GUIDELINES - TIANJIN BINHAI NEW AREA CBD • SKIDMORE, OWINGS & MERRILL LLP • 15 JANUARY 2009

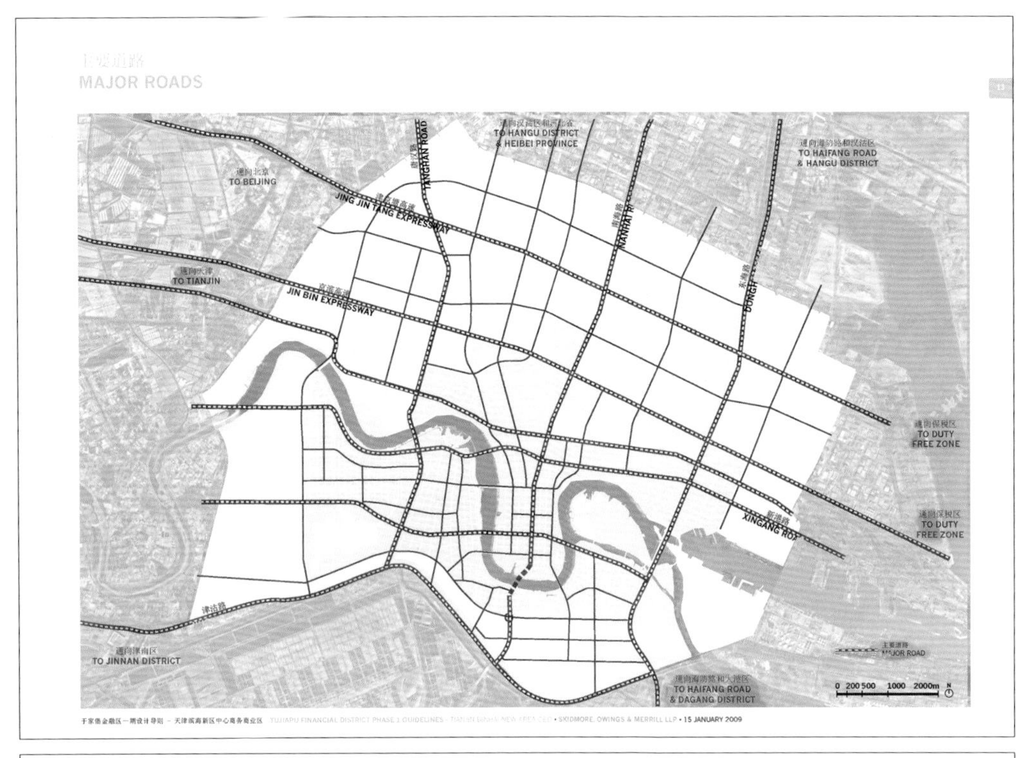
MAJOR ROADS
TO HANGU DISTRICT
& HEIBEI PROVINCE
TO HAIFANG ROAD
& HANGU DISTRICT
TO BEIJING
TANGHAN ROAD
JING JIN TANG EXPRESSWAY
NANHAI R
TO TIANJIN
JIN BIN EXPRESSWAY
TO DUTY
FREE ZONE
XINGANG RO
TO DUTY
FREE ZONE
TO JINNAN DISTRICT
MAJOR ROAD
TO HAIFANG ROAD
& DAGANG DISTRICT
0 200 500 1000 2000m
SKIDMORE, OWINGS & MERRILL LLP • 15 JANUARY 2009

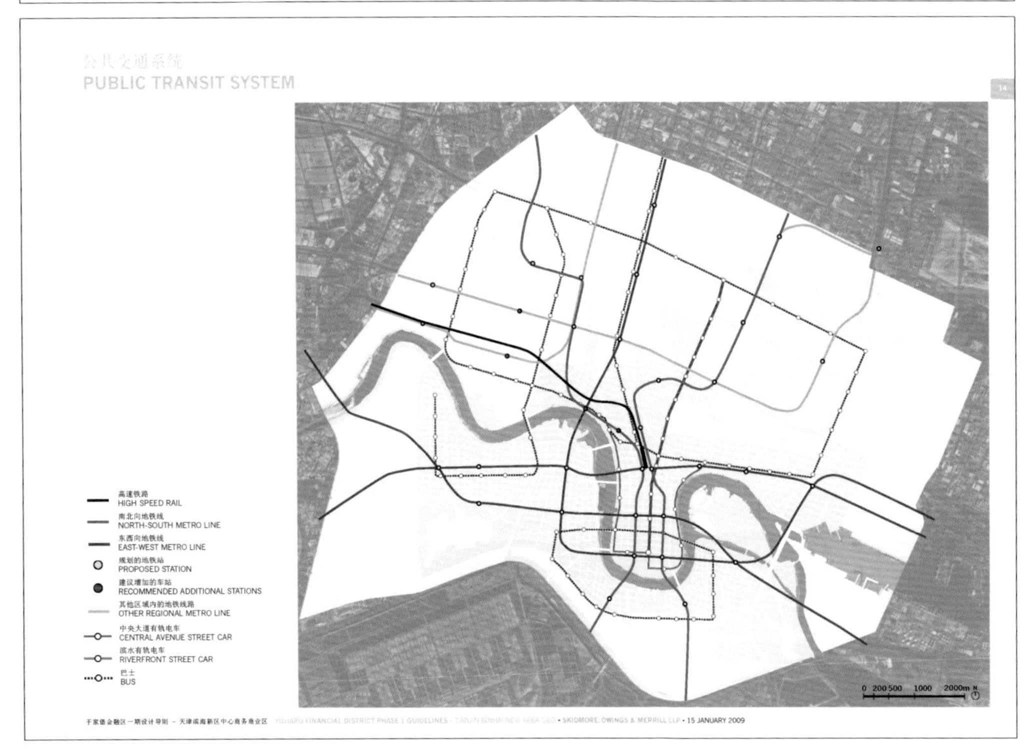
PUBLIC TRANSIT SYSTEM
高速铁路
HIGH SPEED RAIL
南北向地铁线
NORTH-SOUTH METRO LINE
东西向地铁线
EAST-WEST METRO LINE
规划的地铁站
PROPOSED STATION
建议增加的车站
RECOMMENDED ADDITIONAL STATIONS
其他区域内的地铁线路
OTHER REGIONAL METRO LINE
中央大道有轨电车
CENTRAL AVENUE STREET CAR
滨水有轨电车
RIVERFRONT STREET CAR
巴士
BUS
0 200 500 1000 2000m
于家堡金融区一期设计导则 - 天津滨海新区中心商务商业区
SKIDMORE, OWINGS & MERRILL LLP • 15 JANUARY 2009

于家堡金融区
YUJIAPU FINANCIAL DISTRICT

总平面 Illustrative Plan

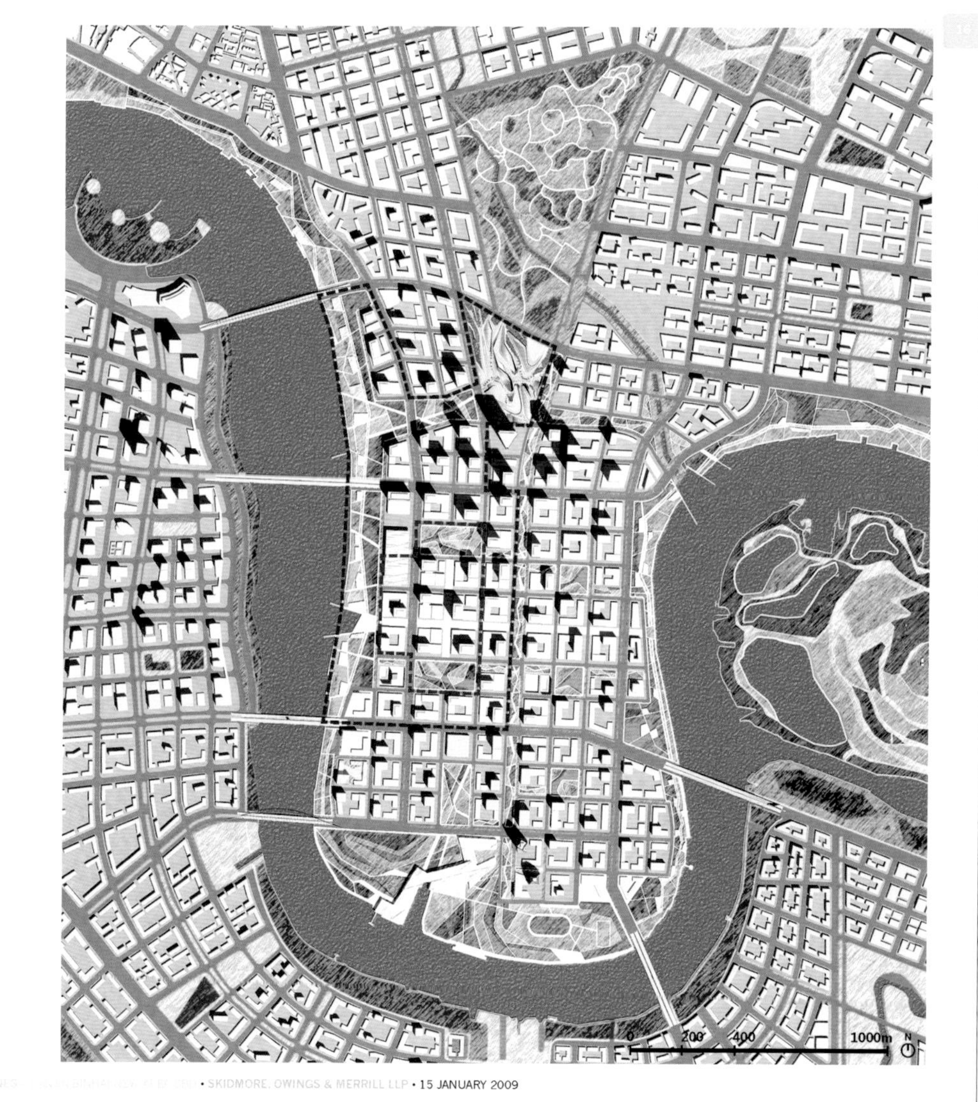

第1A期边界
PHASE 1-A BOUNDARY

第一期边界
PHASE 1 BOUNDARY

于家堡金融区一期设计导则 - 天津滨海新区中心商业商务区 YUJIAPU FINANCIAL DISTRICT PHASE 1 GUIDELINES • SKIDMORE, OWINGS & MERRILL LLP • 15 JANUARY 2009

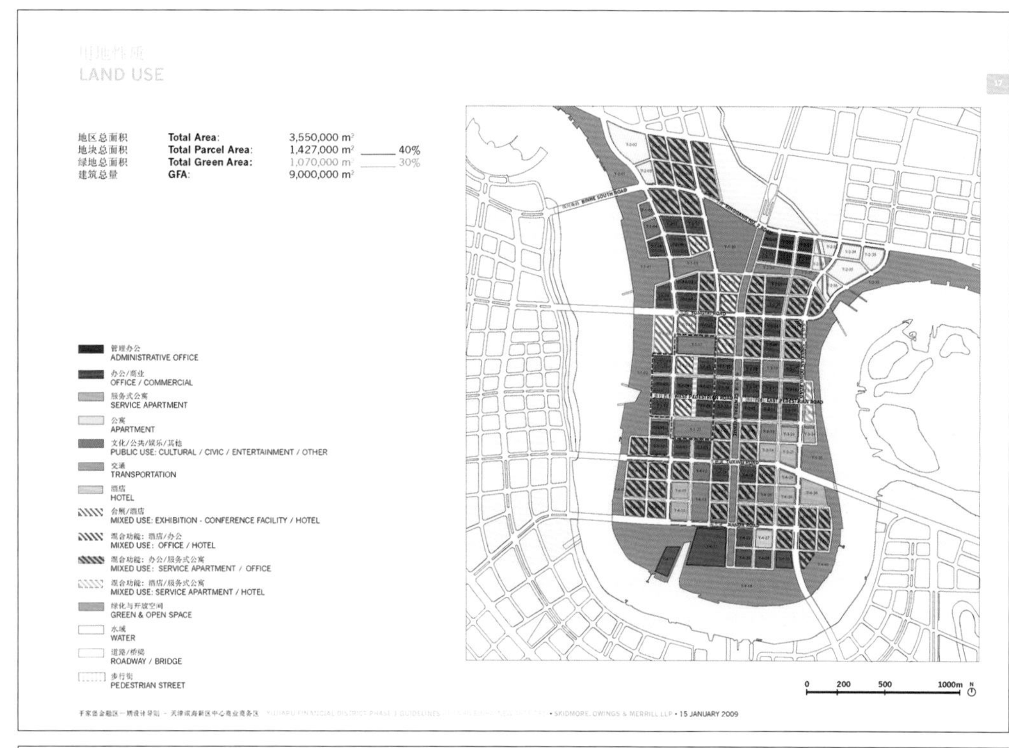
用地性质
LAND USE
地区总面积 Total Area: 3,550,000 m²
地块总面积 Total Parcel Area: 1,427,000 m² 40%
绿地总面积 Total Green Area: 1,070,000 m² 30%
建筑总量 GFA: 9,000,000 m²
管理办公 ADMINISTRATIVE OFFICE
办公/商业 OFFICE / COMMERCIAL
服务式公寓 SERVICE APARTMENT
公寓 APARTMENT
文化/公共/娱乐/其他 PUBLIC USE: CULTURAL / CIVIC / ENTERTAINMENT / OTHER
交通 TRANSPORTATION
酒店 HOTEL
会展/酒店 MIXED USE: EXHIBITION - CONFERENCE FACILITY / HOTEL
混合功能：酒店/办公 MIXED USE: OFFICE / HOTEL
混合功能：办公/服务式公寓 MIXED USE: SERVICE APARTMENT / OFFICE
混合功能：酒店/服务式公寓 MIXED USE: SERVICE APARTMENT / HOTEL
绿化与开放空间 GREEN & OPEN SPACE
水域 WATER
道路/桥梁 ROADWAY / BRIDGE
步行街 PEDESTRIAN STREET
0 200 500 1000m
于家堡金融区一期设计导则 - 天津滨海新区中心商业商务区
SKIDMORE, OWINGS & MERRILL LLP • 15 JANUARY 2009

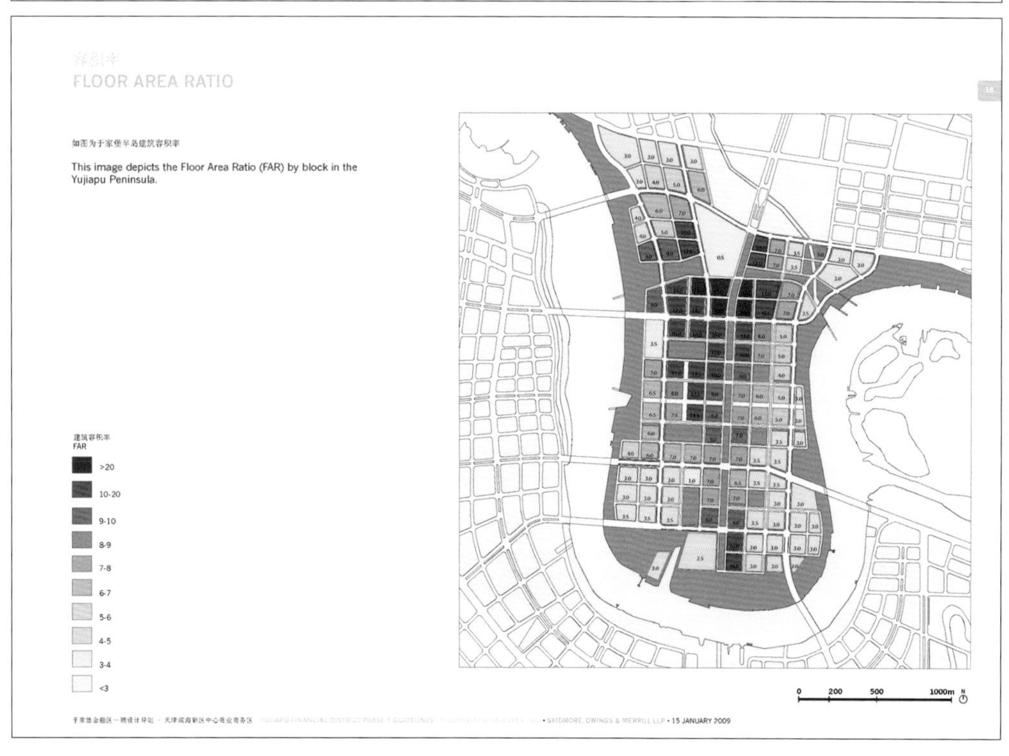
容积率
FLOOR AREA RATIO
如图为于家堡半岛建筑容积率
This image depicts the Floor Area Ratio (FAR) by block in the Yujiapu Peninsula.
建筑容积率 FAR
>20
10-20
9-10
8-9
7-8
6-7
5-6
4-5
3-4
<3
0 200 500 1000m
于家堡金融区一期设计导则 - 天津滨海新区中心商业商务区
SKIDMORE, OWINGS & MERRILL LLP • 15 JANUARY 2009

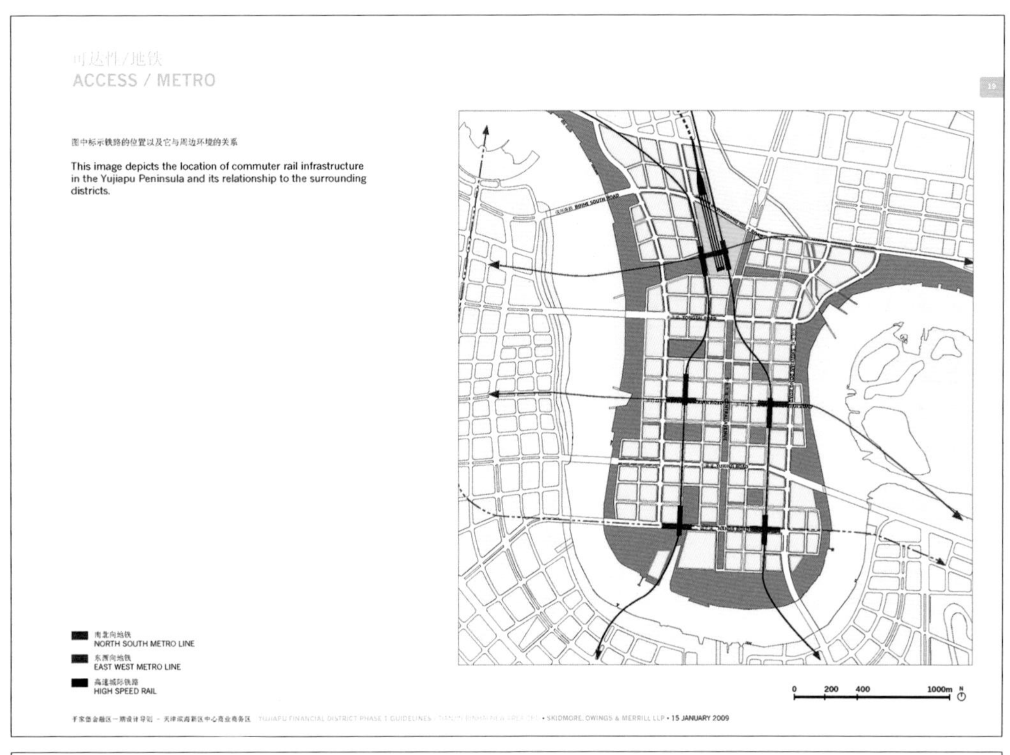
可达性/地铁
ACCESS / METRO
图中标示铁路的位置以及它与周边环境的关系
This image depicts the location of commuter rail infrastructure in the Yujiapu Peninsula and its relationship to the surrounding districts.
南北向地铁
NORTH SOUTH METRO LINE
东西向地铁
EAST WEST METRO LINE
高速城际铁路
HIGH SPEED RAIL
0
200
400
1000m
N
于家堡金融区一期设计导则 - 天津滨海新区中心商业商务区
SKIDMORE, OWINGS & MERRILL LLP • 15 JANUARY 2009

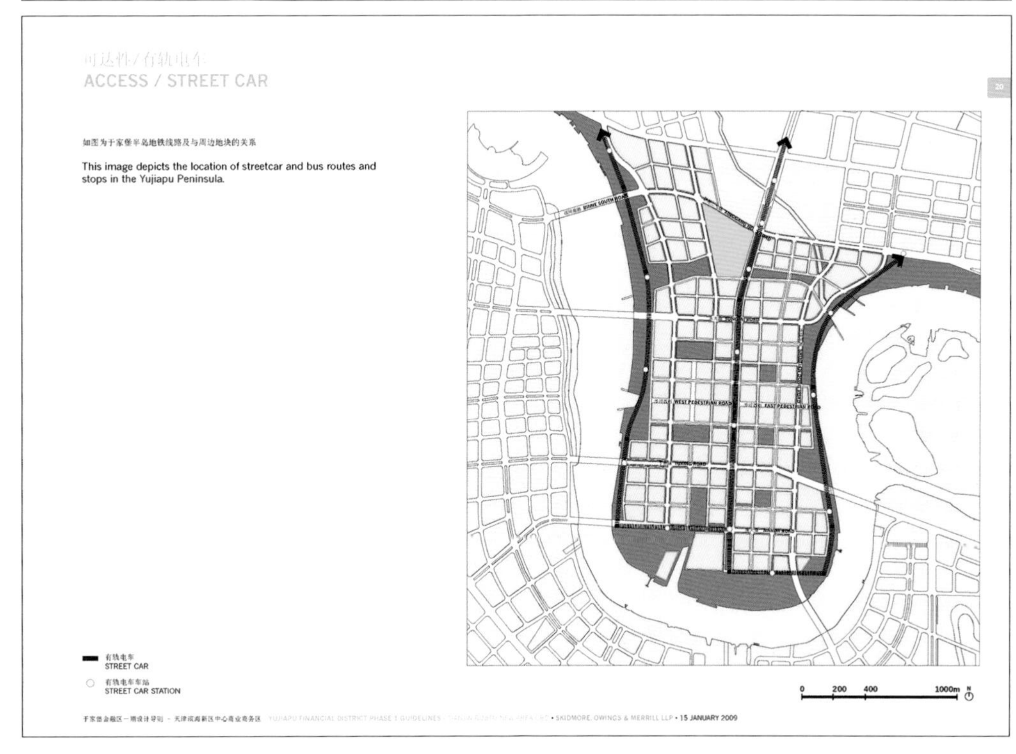
可达性/有轨电车
ACCESS / STREET CAR
如图为于家堡半岛地铁线路及与周边地块的关系
This image depicts the location of streetcar and bus routes and stops in the Yujiapu Peninsula.
有轨电车
STREET CAR
有轨电车车站
STREET CAR STATION
0
200
400
1000m
N
于家堡金融区一期设计导则 - 天津滨海新区中心商业商务区
SKIDMORE, OWINGS & MERRILL LLP • 15 JANUARY 2009

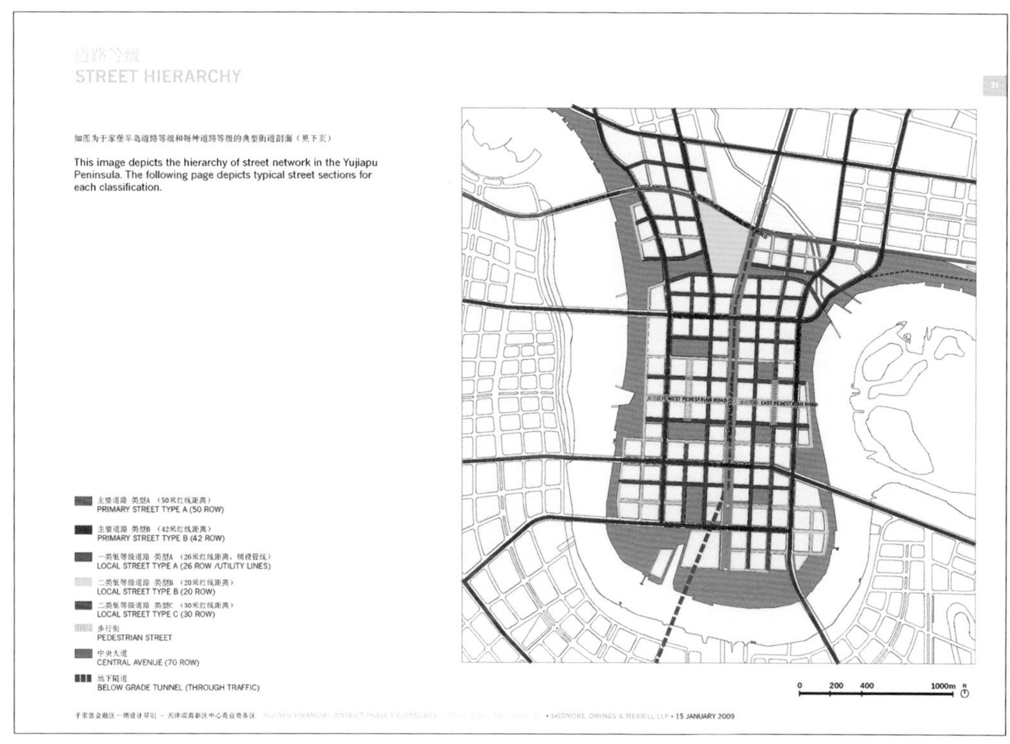
道路等级
STREET HIERARCHY
如图为于家堡半岛道路等级和每种道路等级的典型街道剖面（见下页）
This image depicts the hierarchy of street network in the Yujiapu Peninsula. The following page depicts typical street sections for each classification.
WEST PEDESTRIAN ROAD
EAST PEDESTRIAN ROAD
主要道路 类型A （50米红线距离）
PRIMARY STREET TYPE A (50 ROW)
主要道路 类型B （42米红线距离）
PRIMARY STREET TYPE B (42 ROW)
一类低等级道路 类型A （26米红线距离，铺设管线）
LOCAL STREET TYPE A (26 ROW /UTILITY LINES)
二类低等级道路 类型B （20米红线距离）
LOCAL STREET TYPE B (20 ROW)
二类低等级道路 类型C （30米红线距离）
LOCAL STREET TYPE C (30 ROW)
步行街
PEDESTRIAN STREET
中央大道
CENTRAL AVENUE (70 ROW)
地下隧道
BELOW GRADE TUNNEL (THROUGH TRAFFIC)
0 200 400 1000m
于家堡金融区一期设计导则 – 天津滨海新区中心商业商务区
SKIDMORE, OWINGS & MERRILL LLP • 15 JANUARY 2009

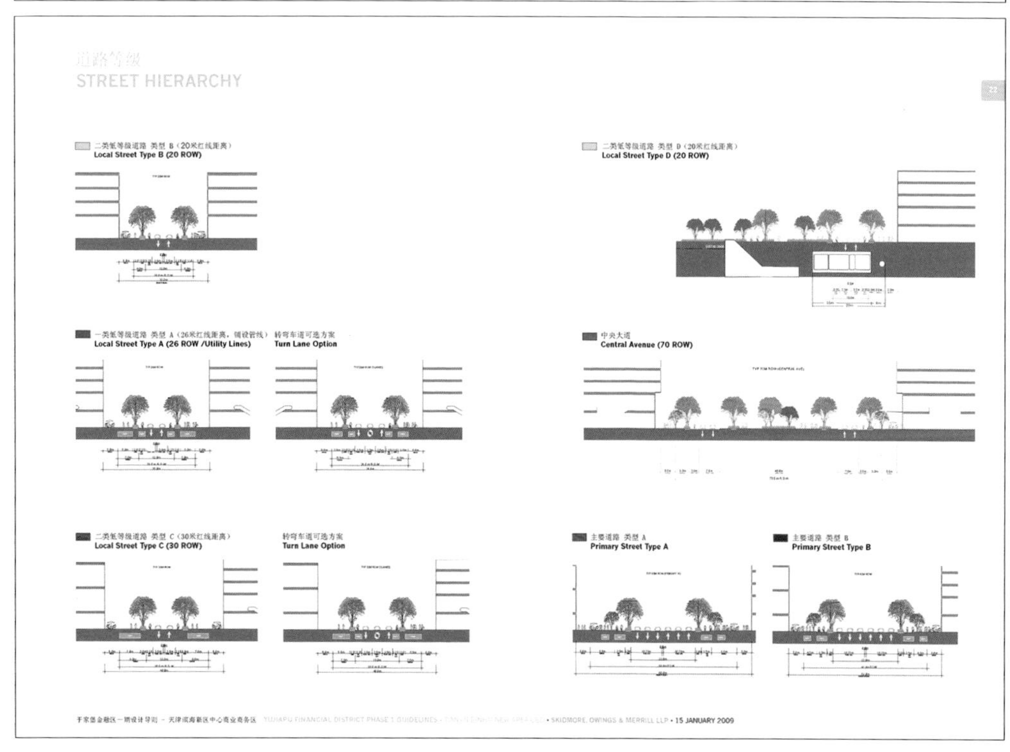
道路等级
STREET HIERARCHY
二类低等级道路 类型 B（20米红线距离）
Local Street Type B (20 ROW)
二类低等级道路 类型 D（20米红线距离）
Local Street Type D (20 ROW)
一类低等级道路 类型 A（26米红线距离，铺设管线）
Local Street Type A (26 ROW /Utility Lines)
转弯车道可选方案
Turn Lane Option
中央大道
Central Avenue (70 ROW)
二类低等级道路 类型 C（30米红线距离）
Local Street Type C (30 ROW)
转弯车道可选方案
Turn Lane Option
主要道路 类型 A
Primary Street Type A
主要道路 类型 B
Primary Street Type B
于家堡金融区一期设计导则 – 天津滨海新区中心商业商务区
SKIDMORE, OWINGS & MERRILL LLP • 15 JANUARY 2009

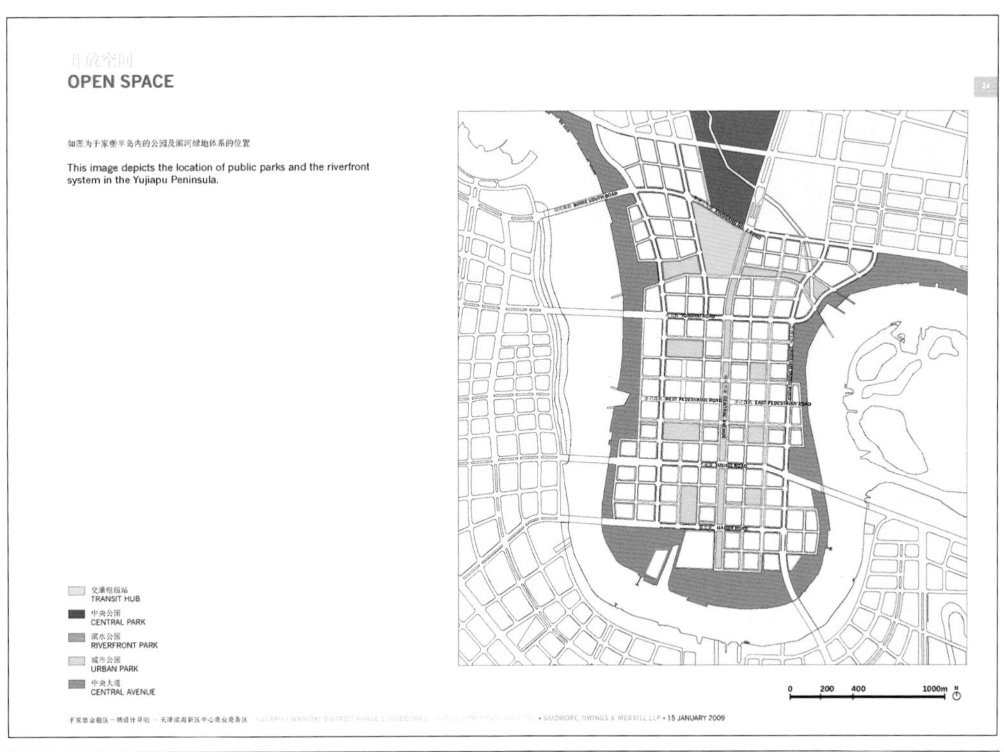
开放空间
OPEN SPACE
如图为于家堡半岛内的公园及滨河绿地体系的位置
This image depicts the location of public parks and the riverfront system in the Yujiapu Peninsula.
交通枢纽站
TRANSIT HUB
中央公园
CENTRAL PARK
滨水公园
RIVERFRONT PARK
城市公园
URBAN PARK
中央大道
CENTRAL AVENUE
0
200
400
1000m
N
于家堡金融区一期设计导则 - 天津滨海新区中心商业商务区
• SKIDMORE, OWINGS & MERRILL LLP • 15 JANUARY 2009

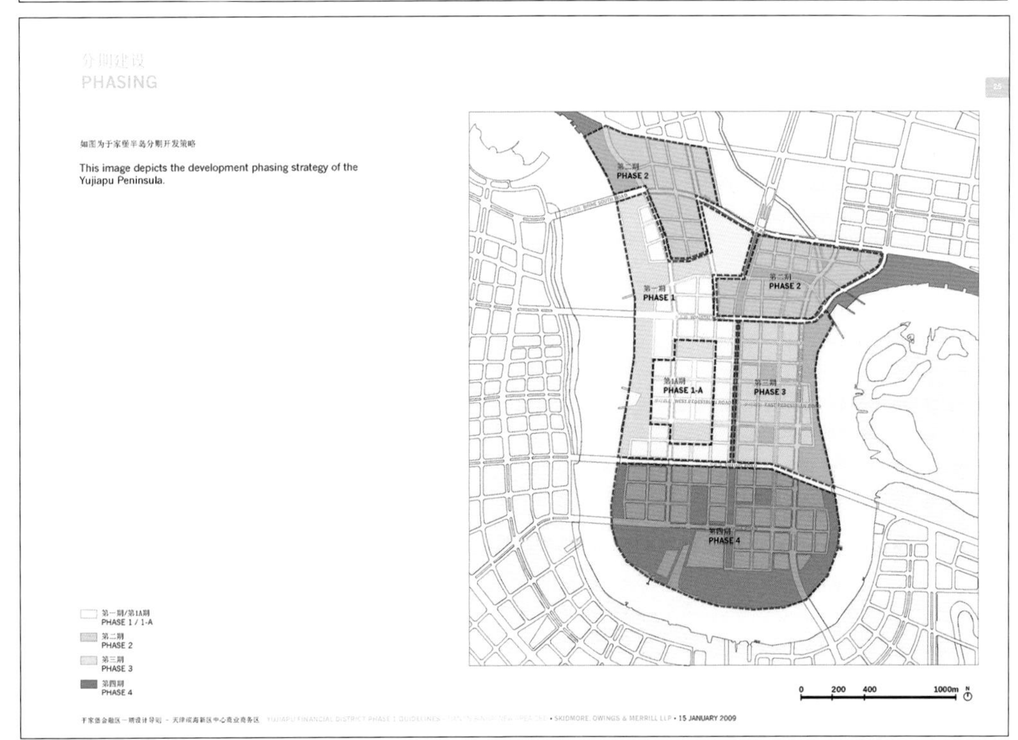
分期建设
PHASING
如图为于家堡半岛分期开发策略
This image depicts the development phasing strategy of the Yujiapu Peninsula.
第二期
PHASE 2
第一期
PHASE 1
第二期
PHASE 2
第1A期
PHASE 1-A
第三期
PHASE 3
第四期
PHASE 4
第一期/第1A期
PHASE 1 / 1-A
第二期
PHASE 2
第三期
PHASE 3
第四期
PHASE 4
0
200
400
1000m
N
于家堡金融区一期设计导则 - 天津滨海新区中心商业商务区
• SKIDMORE, OWINGS & MERRILL LLP • 15 JANUARY 2009

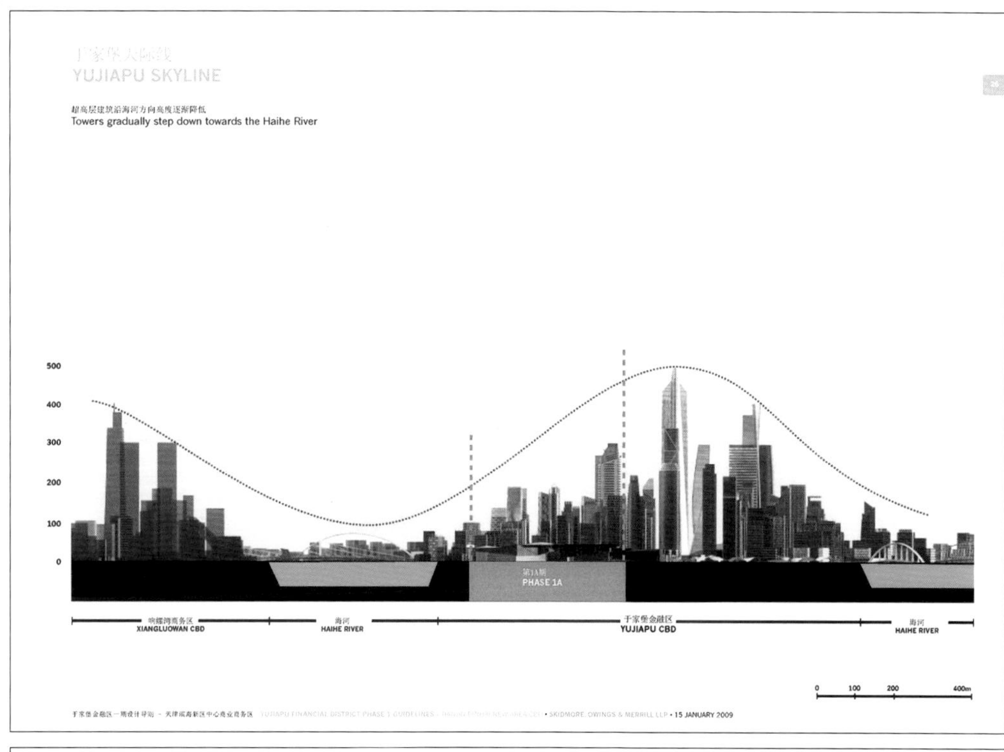
YUJIAPU SKYLINE
Towers gradually step down towards the Haihe River
500
400
300
200
100
0
PHASE 1A
XIANGLUOWAN CBD
HAIHE RIVER
YUJIAPU CBD
HAIHE RIVER
0
100
200
400m
15 JANUARY 2009

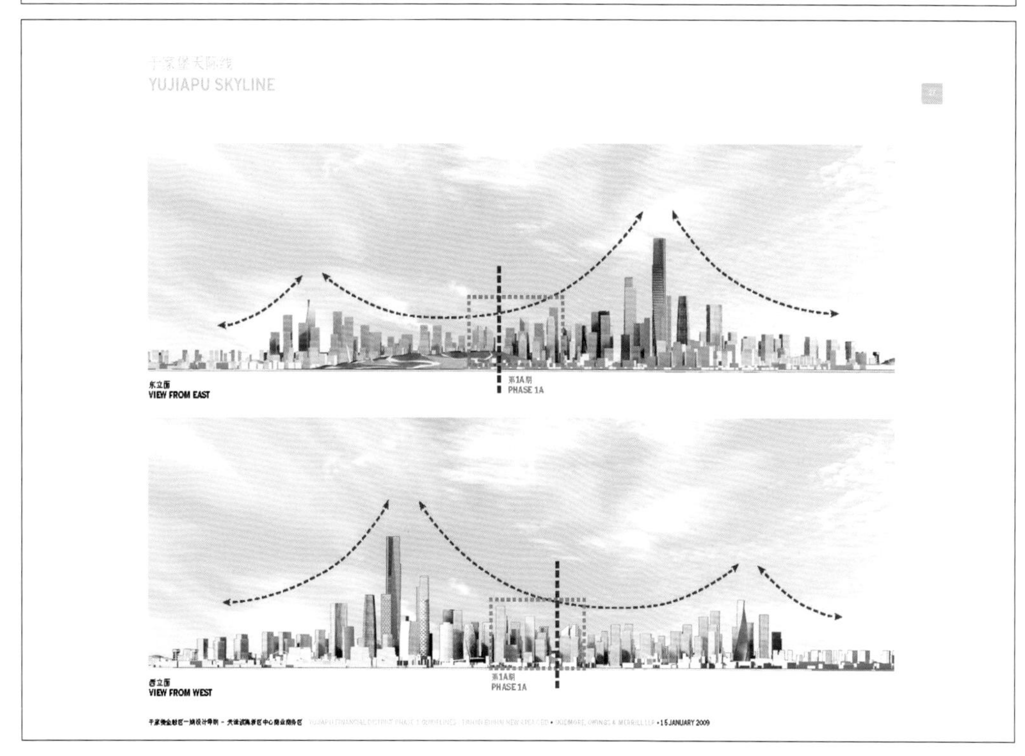
YUJIAPU SKYLINE
第1A期
PHASE 1A
VIEW FROM EAST
第1A期
PHASE 1A
VIEW FROM WEST
15 JANUARY 2009

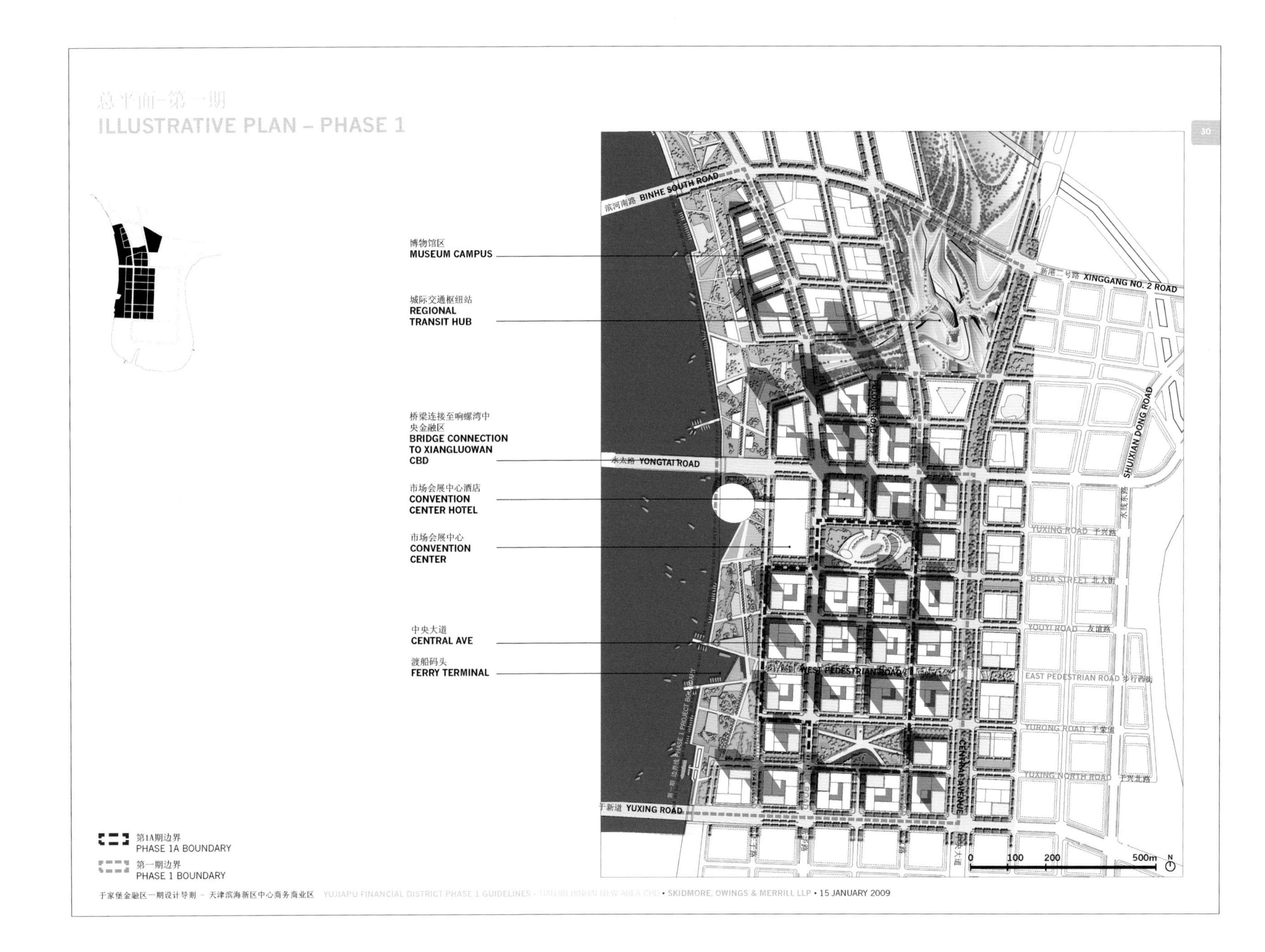

总平面-第一期
ILLUSTRATIVE PLAN – PHASE 1
30
博物馆区
MUSEUM CAMPUS
城际交通枢纽站
REGIONAL TRANSIT HUB
桥梁连接至响螺湾中央金融区
BRIDGE CONNECTION TO XIANGLUOWAN CBD
市场会展中心酒店
CONVENTION CENTER HOTEL
市场会展中心
CONVENTION CENTER
中央大道
CENTRAL AVE
渡船码头
FERRY TERMINAL
滨河南路 BINHE SOUTH ROAD
新港二号路 XINGGANG NO. 2 ROAD
永太路 YONGTAI ROAD
SHUIXIAN DONG ROAD
YUXING ROAD 于兴路
BEIDA STREET 北大街
YOUYI ROAD 友谊路
WEST PEDESTRIAN ROAD
EAST PEDESTRIAN ROAD 步行西街
YURONG ROAD 于荣道
YUXING NORTH ROAD 于兴北路
于新道 YUXING ROAD
CENTRAL AVENUE
0 100 200 500m N
第1A期边界
PHASE 1A BOUNDARY
第一期边界
PHASE 1 BOUNDARY
于家堡金融区一期设计导则 － 天津滨海新区中心商务商业区 YUJIAPU FINANCIAL DISTRICT PHASE 1 GUIDELINES - TIANJIN BINHAI NEW AREA CBD • SKIDMORE, OWINGS & MERRILL LLP • 15 JANUARY 2009

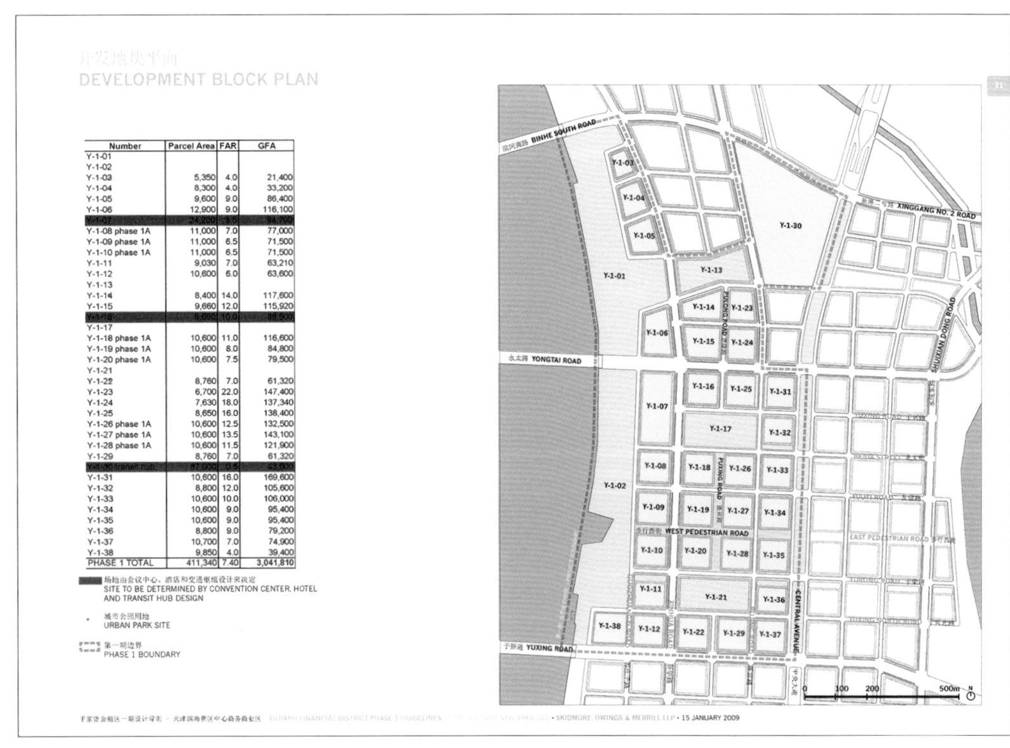

Number	Parcel Area	FAR	GFA
Y-1-01			
Y-1-02			
Y-1-03	5,350	4.0	21,400
Y-1-04	8,300	4.0	33,200
Y-1-05	9,600	9.0	86,400
Y-1-06	12,900	9.0	116,100
Y-1-07	24,200	3.5	84,700
Y-1-08 phase 1A	11,000	7.0	77,000
Y-1-09 phase 1A	11,000	6.5	71,500
Y-1-10 phase 1A	11,000	6.5	71,500
Y-1-11	9,030	7.0	63,210
Y-1-12	10,600	6.0	63,600
Y-1-13			
Y-1-14	8,400	14.0	117,600
Y-1-15	9,660	12.0	115,920
Y-1-16	8,850	10.0	88,500
Y-1-17			
Y-1-18 phase 1A	10,600	11.0	116,600
Y-1-19 phase 1A	10,600	8.0	84,800
Y-1-20 phase 1A	10,600	7.5	79,500
Y-1-21			
Y-1-22	8,760	7.0	61,320
Y-1-23	6,700	22.0	147,400
Y-1-24	7,630	18.0	137,340
Y-1-25	8,650	16.0	138,400
Y-1-26 phase 1A	10,600	12.5	132,500
Y-1-27 phase 1A	10,600	13.5	143,100
Y-1-28 phase 1A	10,600	11.5	121,900
Y-1-29	8,760	7.0	61,320
Y-1-30 transit hub	87,000	0.5	43,500
Y-1-31	10,600	16.0	169,600
Y-1-32	8,800	12.0	105,600
Y-1-33	10,600	10.0	106,000
Y-1-34	10,600	9.0	95,400
Y-1-35	10,600	9.0	95,400
Y-1-36	8,800	9.0	79,200
Y-1-37	10,700	7.0	74,900
Y-1-38	9,850	4.0	39,400
PHASE 1 TOTAL	411,340	7.40	3,041,810

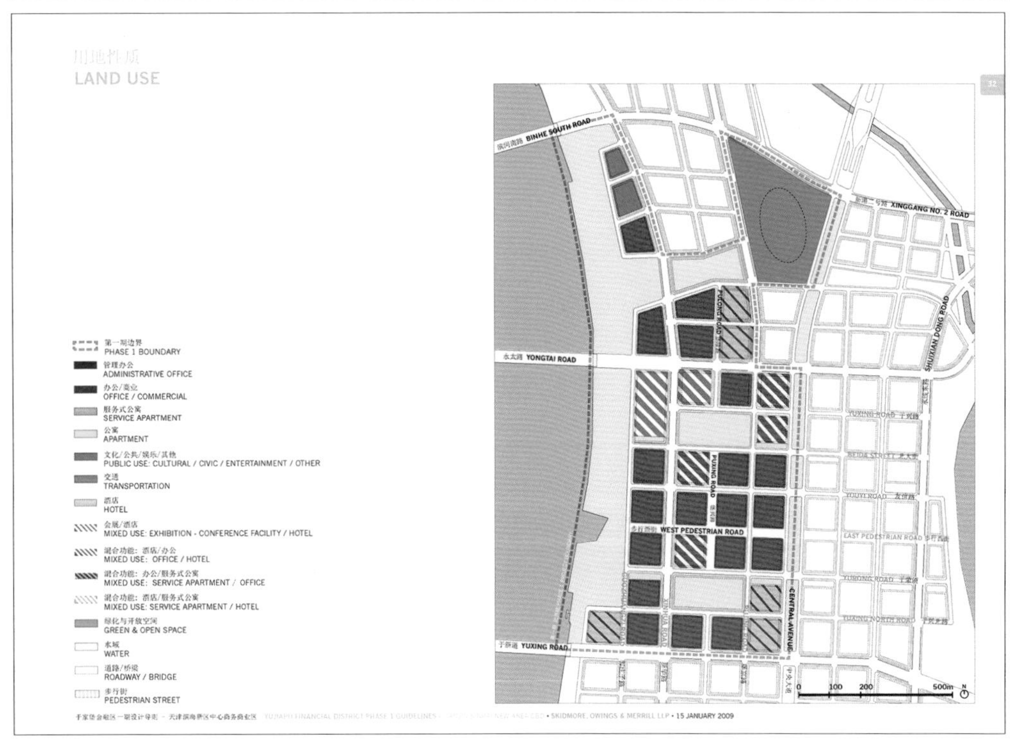

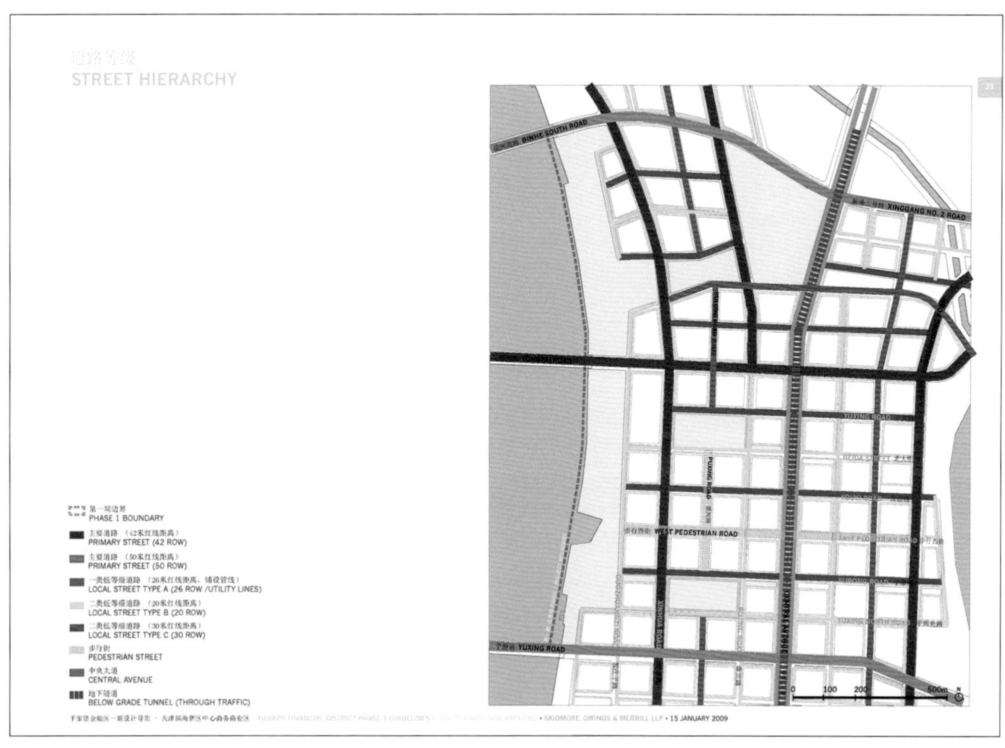
道路等级
STREET HIERARCHY
BINHE SOUTH ROAD
XINGGANG NO. 2 ROAD
YUXING ROAD
FUXING ROAD
WEST PEDESTRIAN ROAD
YUXING ROAD
第一期边界
PHASE 1 BOUNDARY
主要道路 （42米红线距离）
PRIMARY STREET (42 ROW)
主要道路 （50米红线距离）
PRIMARY STREET (50 ROW)
一类低等级道路 （26米红线距离，铺设管线）
LOCAL STREET TYPE A (26 ROW /UTILITY LINES)
二类低等级道路 （20米红线距离）
LOCAL STREET TYPE B (20 ROW)
二类低等级道路 （30米红线距离）
LOCAL STREET TYPE C (30 ROW)
步行街
PEDESTRIAN STREET
中央大道
CENTRAL AVENUE
地下隧道
BELOW GRADE TUNNEL (THROUGH TRAFFIC)
0 100 200 500m
于家堡金融区一期设计导则 - 天津滨海新区中心商务商业区
• SKIDMORE, OWINGS & MERRILL LLP • 15 JANUARY 2009

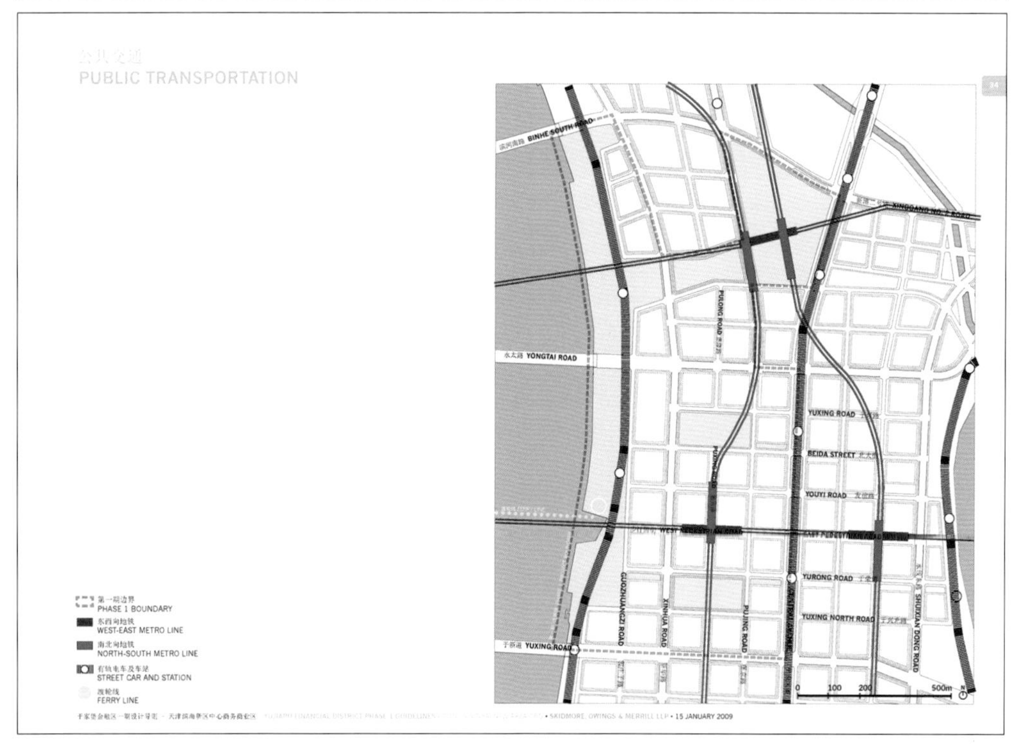
公共交通
PUBLIC TRANSPORTATION
BINHE SOUTH ROAD
XINGGANG NO. 2 ROAD
YONGTAI ROAD
FUXING ROAD
YUXING ROAD
BEIDA STREET
YOUYI ROAD
YURONG ROAD
YUXING NORTH ROAD
SHUIZIAN DONG ROAD
GUOZHUANGZI ROAD
XINHUA ROAD
FUJING ROAD
YUXING ROAD
第一期边界
PHASE 1 BOUNDARY
东西向地铁
WEST-EAST METRO LINE
南北向地铁
NORTH-SOUTH METRO LINE
有轨电车及车站
STREET CAR AND STATION
渡轮线
FERRY LINE
0 100 200 500m
于家堡金融区一期设计导则 - 天津滨海新区中心商务商业区
• SKIDMORE, OWINGS & MERRILL LLP • 15 JANUARY 2009

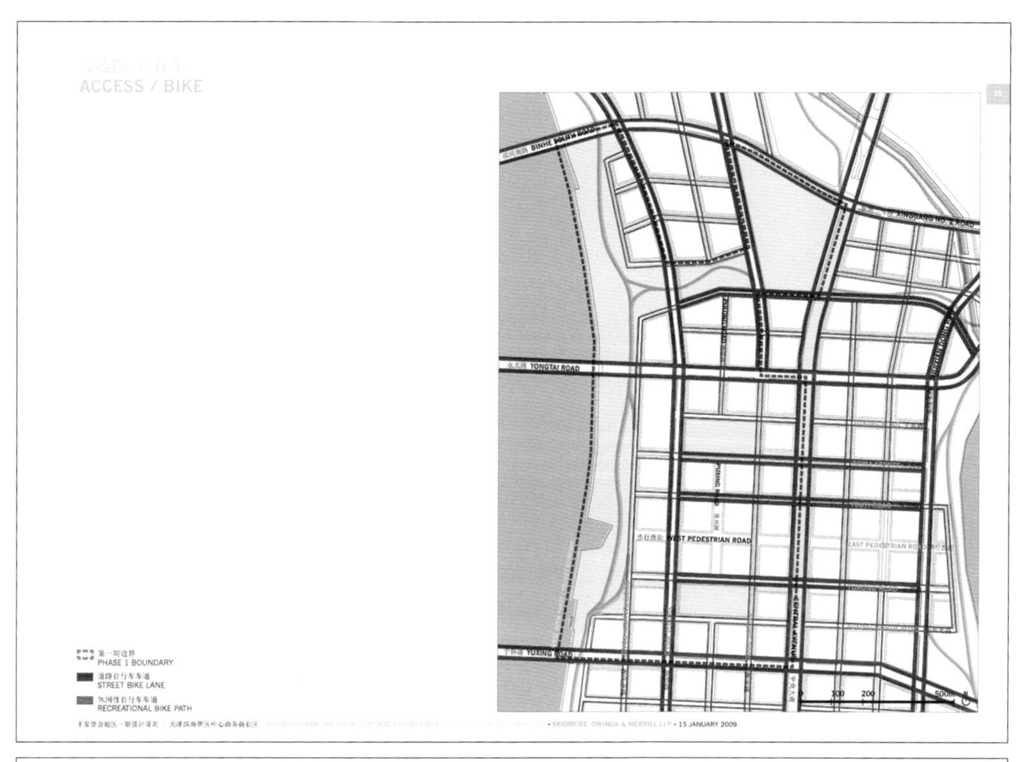
ACCESS / BIKE
BINHE SOUTH ROAD
XINGGANG NO. 2 ROAD
永泰路 YONGTAI ROAD
WEST PEDESTRIAN ROAD
EAST PEDESTRIAN ROAD
CENTRAL AVENUE
YUXING ROAD
第一期边界
PHASE 1 BOUNDARY
道路自行车车道
STREET BIKE LANE
休闲性自行车车道
RECREATIONAL BIKE PATH
于家堡金融区一期设计导则 · 天津滨海新区中心商务商业区
SKIDMORE, OWINGS & MERRILL LLP • 15 JANUARY 2009

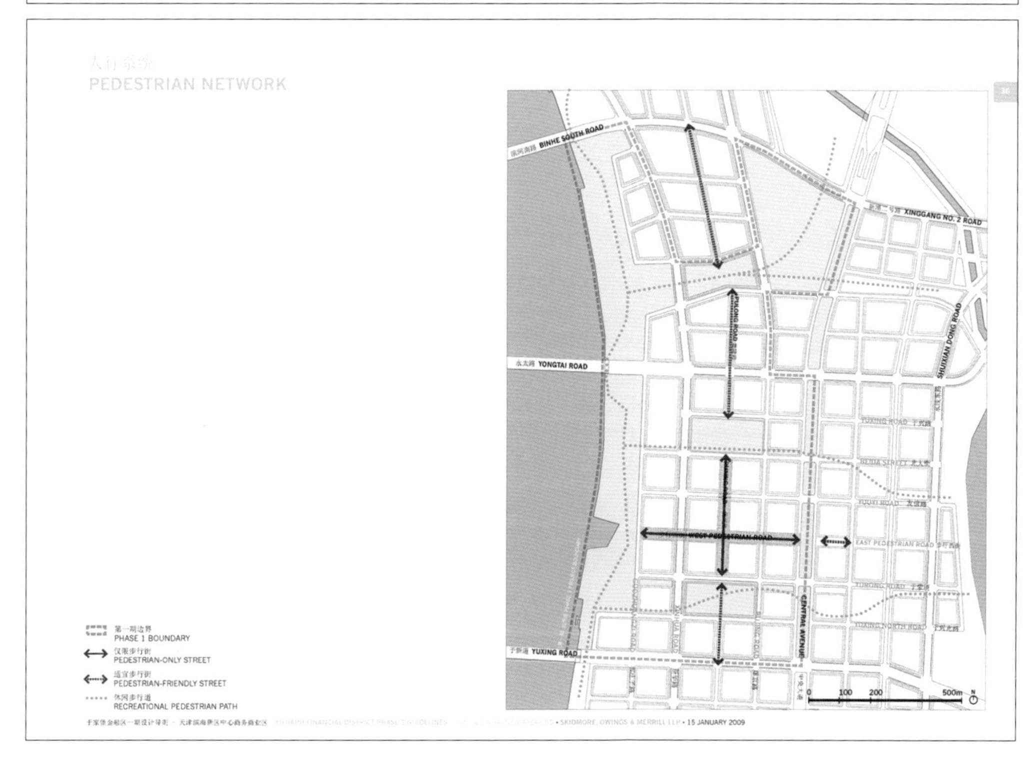
PEDESTRIAN NETWORK
BINHE SOUTH ROAD
XINGGANG NO. 2 ROAD
永泰路 YONGTAI ROAD
SHUIXIAN DONG ROAD
WEST PEDESTRIAN ROAD
EAST PEDESTRIAN ROAD
CENTRAL AVENUE
YUXING ROAD
第一期边界
PHASE 1 BOUNDARY
仅限步行街
PEDESTRIAN-ONLY STREET
适宜步行街
PEDESTRIAN-FRIENDLY STREET
休闲步行道
RECREATIONAL PEDESTRIAN PATH
于家堡金融区一期设计导则 · 天津滨海新区中心商务商业区
SKIDMORE, OWINGS & MERRILL LLP • 15 JANUARY 2009

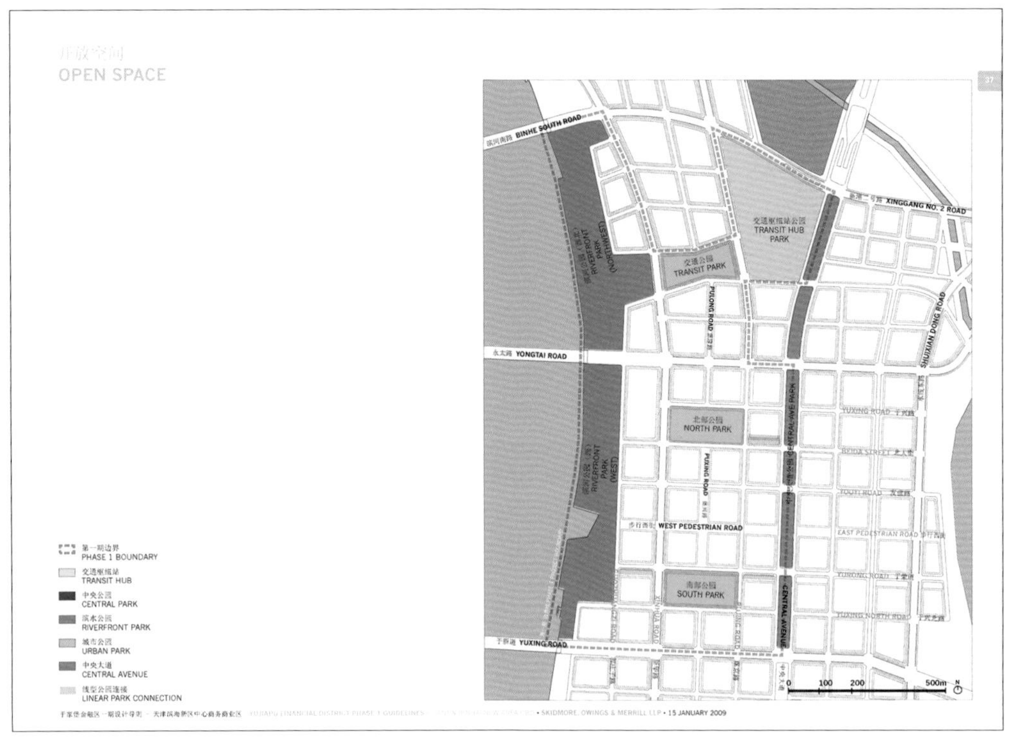
OPEN SPACE
BINHE SOUTH ROAD
XINGGANG NO. 2 ROAD
交通枢纽站公园
TRANSIT HUB PARK
交通公园
TRANSIT PARK
YONGTAI ROAD
北部公园
NORTH PARK
WEST PEDESTRIAN ROAD
南部公园
SOUTH PARK
YUXING ROAD
CENTRAL AVENUE
EAST PEDESTRIAN ROAD
0 100 200 500m
第一期边界
PHASE 1 BOUNDARY
交通枢纽站
TRANSIT HUB
中央公园
CENTRAL PARK
滨水公园
RIVERFRONT PARK
城市公园
URBAN PARK
中央大道
CENTRAL AVENUE
线型公园连接
LINEAR PARK CONNECTION
SKIDMORE, OWINGS & MERRILL LLP • 15 JANUARY 2009

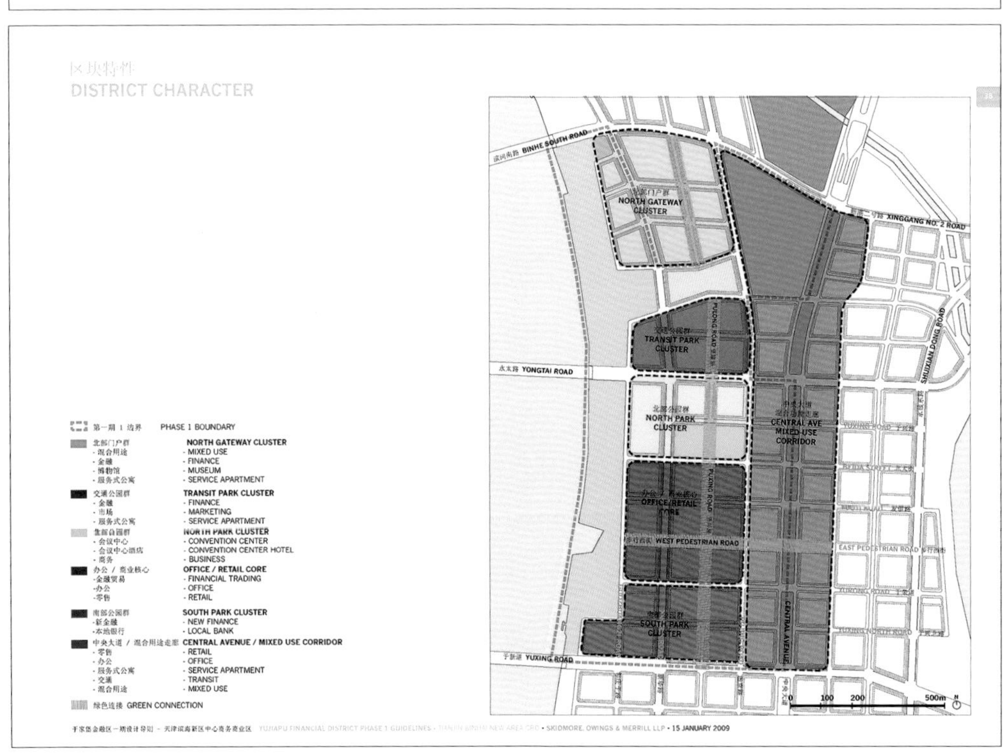
DISTRICT CHARACTER
BINHE SOUTH ROAD
XINGGANG NO. 2 ROAD
NORTH GATEWAY CLUSTER
TRANSIT PARK CLUSTER
YONGTAI ROAD
NORTH PARK CLUSTER
CENTRAL AVE MIXED USE CORRIDOR
OFFICE/RETAIL CORE
WEST PEDESTRIAN ROAD
SOUTH PARK CLUSTER
YUXING ROAD
0 100 200 500m
第一期 1 边界 PHASE 1 BOUNDARY
北部门户群
- 混合用途
- 金融
- 博物馆
- 服务式公寓
NORTH GATEWAY CLUSTER
- MIXED USE
- FINANCE
- MUSEUM
- SERVICE APARTMENT
交通公园群
- 金融
- 市场
- 服务式公寓
TRANSIT PARK CLUSTER
- FINANCE
- MARKETING
- SERVICE APARTMENT
北部公园群
- 会议中心
- 会议中心酒店
- 商务
NORTH PARK CLUSTER
- CONVENTION CENTER
- CONVENTION CENTER HOTEL
- BUSINESS
办公 / 商业核心
-金融贸易
-办公
-零售
OFFICE / RETAIL CORE
- FINANCIAL TRADING
- OFFICE
- RETAIL
南部公园群
-新金融
-本地银行
SOUTH PARK CLUSTER
- NEW FINANCE
- LOCAL BANK
中央大道 / 混合用途走廊
- 零售
- 办公
- 服务式公寓
- 交通
- 混合用途
CENTRAL AVENUE / MIXED USE CORRIDOR
- RETAIL
- OFFICE
- SERVICE APARTMENT
- TRANSIT
- MIXED USE
绿色连接 GREEN CONNECTION
于家堡金融区一期设计导则 - 天津滨海新区中心商务商业区
SKIDMORE, OWINGS & MERRILL LLP • 15 JANUARY 2009

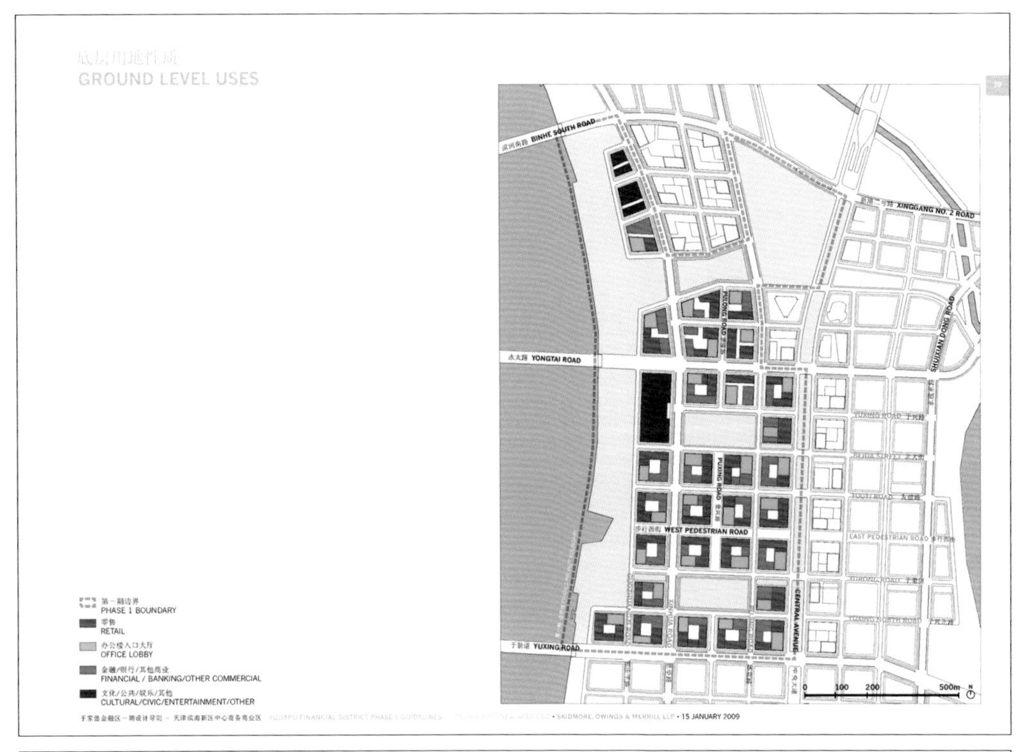
底层用地性质
GROUND LEVEL USES
BINHE SOUTH ROAD
XINGGANG NO. 2 ROAD
YONGTAI ROAD
PUXING ROAD
SHUIXIAN DONG ROAD
步行西街 WEST PEDESTRIAN ROAD
CENTRAL AVENUE
于新道 YUXING ROAD
EAST PEDESTRIAN ROAD
0 100 200 500m
第一期边界
PHASE 1 BOUNDARY
零售
RETAIL
办公楼入口大厅
OFFICE LOBBY
金融/银行/其他商业
FINANCIAL / BANKING/OTHER COMMERCIAL
文化/公共/娱乐/其他
CULTURAL/CIVIC/ENTERTAINMENT/OTHER
于家堡金融区一期设计导则 － 天津滨海新区中心商务商业区 • SKIDMORE, OWINGS & MERRILL LLP • 15 JANUARY 2009

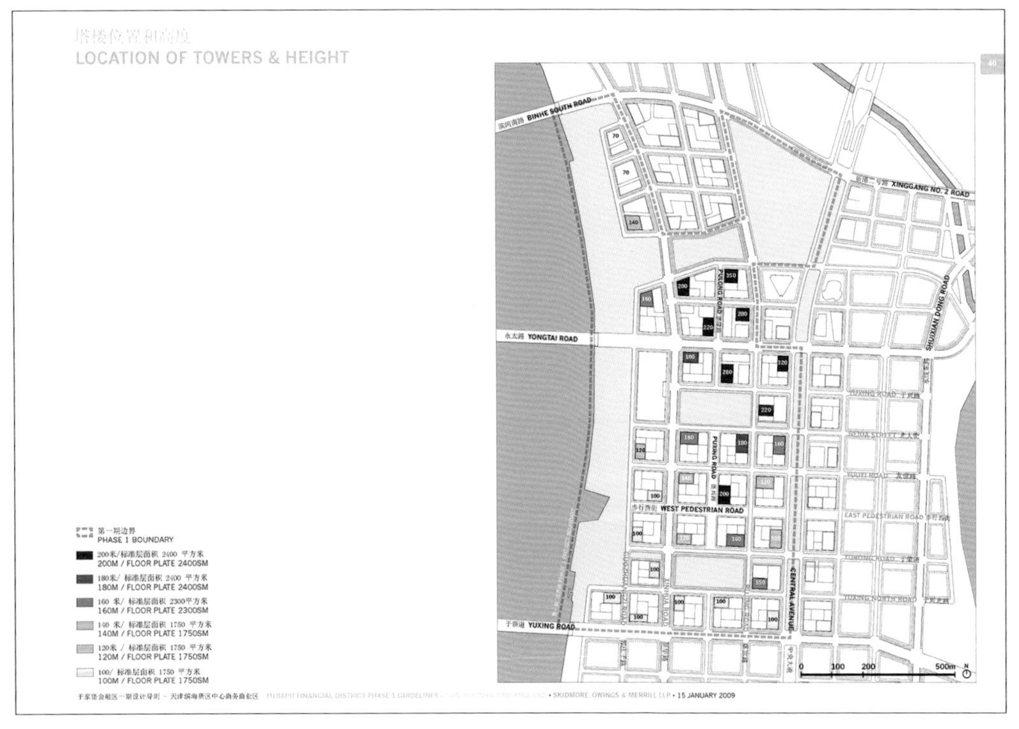
塔楼位置和高度
LOCATION OF TOWERS & HEIGHT
BINHE SOUTH ROAD
XINGGANG NO. 2 ROAD
YONGTAI ROAD
PUXING ROAD
SHUIXIAN DONG ROAD
步行西街 WEST PEDESTRIAN ROAD
CENTRAL AVENUE
于新道 YUXING ROAD
EAST PEDESTRIAN ROAD
0 100 200 500m
第一期边界
PHASE 1 BOUNDARY
200米/标准层面积 2400 平方米
200M / FLOOR PLATE 2400SM
180米/ 标准层面积 2400 平方米
180M / FLOOR PLATE 2400SM
160 米/ 标准层面积 2300平方米
160M / FLOOR PLATE 2300SM
140 米/ 标准层面积 1750 平方米
140M / FLOOR PLATE 1750SM
120米 / 标准层面积 1750 平方米
120M / FLOOR PLATE 1750SM
100/ 标准层面积 1750 平方米
100M / FLOOR PLATE 1750SM
于家堡金融区一期设计导则 － 天津滨海新区中心商务商业区 YUJIAPU FINANCIAL DISTRICT PHASE 1 GUIDELINES • SKIDMORE, OWINGS & MERRILL LLP • 15 JANUARY 2009

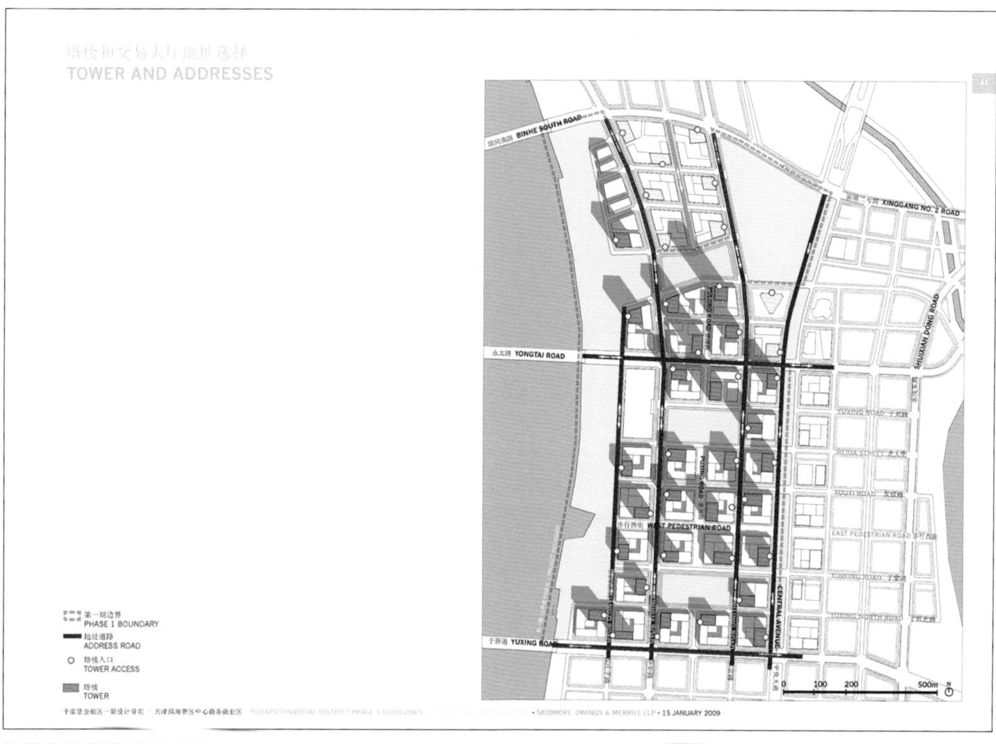
塔楼和交易大厅地址选择
TOWER AND ADDRESSES
BINHE SOUTH ROAD
XINGGANG NO. 2 ROAD
YONGTAI ROAD
SHUIXIAN DONG ROAD
WEST PEDESTRIAN ROAD
EAST PEDESTRIAN ROAD
YUXING ROAD
CENTRAL AVENUE
第一期边界
PHASE 1 BOUNDARY
地址道路
ADDRESS ROAD
塔楼入口
TOWER ACCESS
塔楼
TOWER
0 100 200 500m
于家堡金融区一期设计导则 - 天津滨海新区中心商务商业区 YUJIAPU FINANCIAL DISTRICT PHASE 1 GUIDELINES • SKIDMORE, OWINGS & MERRILL LLP • 15 JANUARY 2009

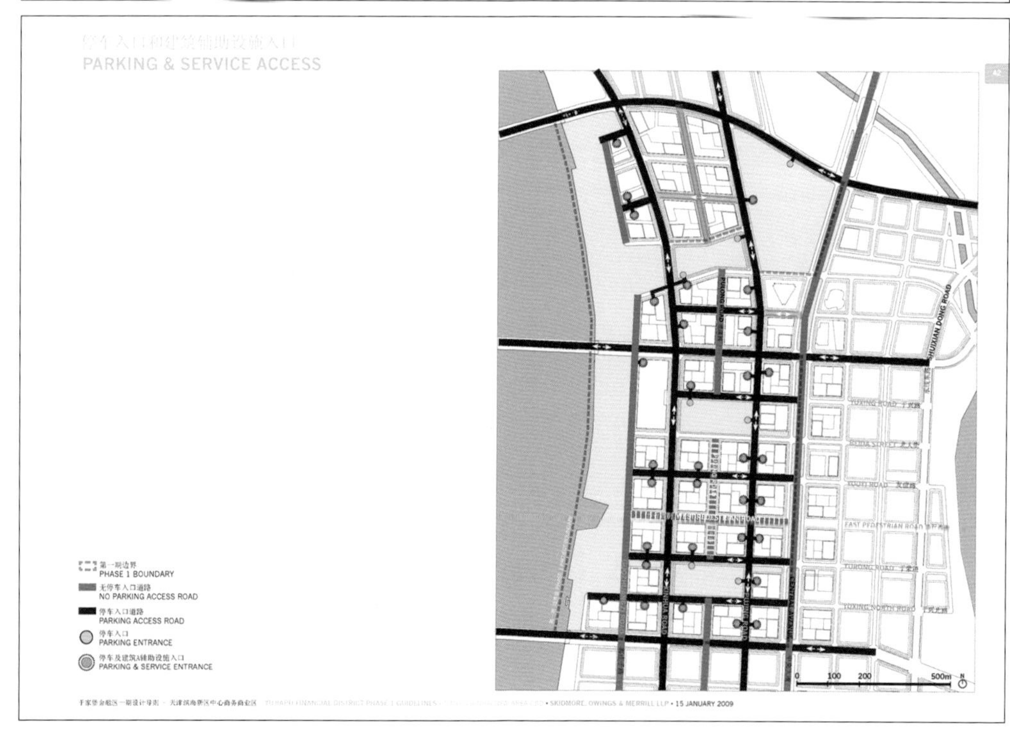
停车入口和建筑辅助设施入口
PARKING & SERVICE ACCESS
SHUIXIAN DONG ROAD
EAST PEDESTRIAN ROAD
第一期边界
PHASE 1 BOUNDARY
无停车入口道路
NO PARKING ACCESS ROAD
停车入口道路
PARKING ACCESS ROAD
停车入口
PARKING ENTRANCE
停车及建筑A辅助设施入口
PARKING & SERVICE ENTRANCE
0 100 200 500m
于家堡金融区一期设计导则 - 天津滨海新区中心商务商业区 • SKIDMORE, OWINGS & MERRILL LLP • 15 JANUARY 2009

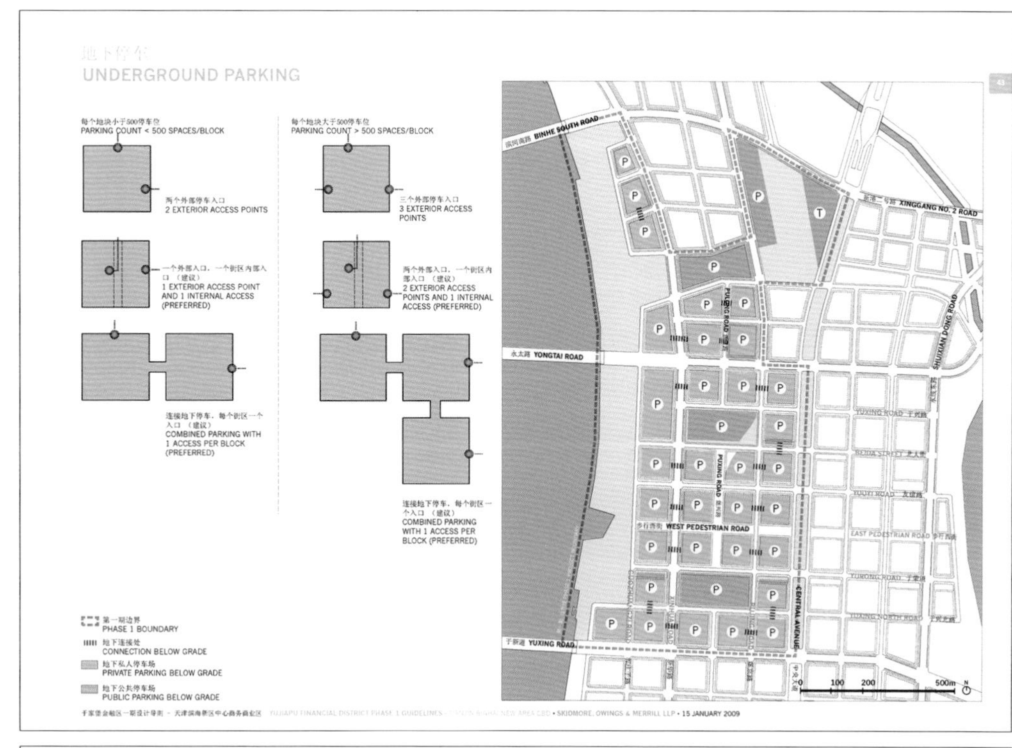
UNDERGROUND PARKING
PARKING COUNT < 500 SPACES/BLOCK
2 EXTERIOR ACCESS POINTS
1 EXTERIOR ACCESS POINT AND 1 INTERNAL ACCESS (PREFERRED)
COMBINED PARKING WITH 1 ACCESS PER BLOCK (PREFERRED)
PARKING COUNT > 500 SPACES/BLOCK
3 EXTERIOR ACCESS POINTS
2 EXTERIOR ACCESS POINTS AND 1 INTERNAL ACCESS (PREFERRED)
COMBINED PARKING WITH 1 ACCESS PER BLOCK (PREFERRED)
PHASE 1 BOUNDARY
CONNECTION BELOW GRADE
PRIVATE PARKING BELOW GRADE
PUBLIC PARKING BELOW GRADE
BINHE SOUTH ROAD
XINGGANG NO. 2 ROAD
YONGTAI ROAD
FULONG ROAD
SHUIXIAN DONG ROAD
FUXING ROAD
WEST PEDESTRIAN ROAD
CENTRAL AVENUE
YUXING ROAD
SKIDMORE, OWINGS & MERRILL LLP • 15 JANUARY 2009

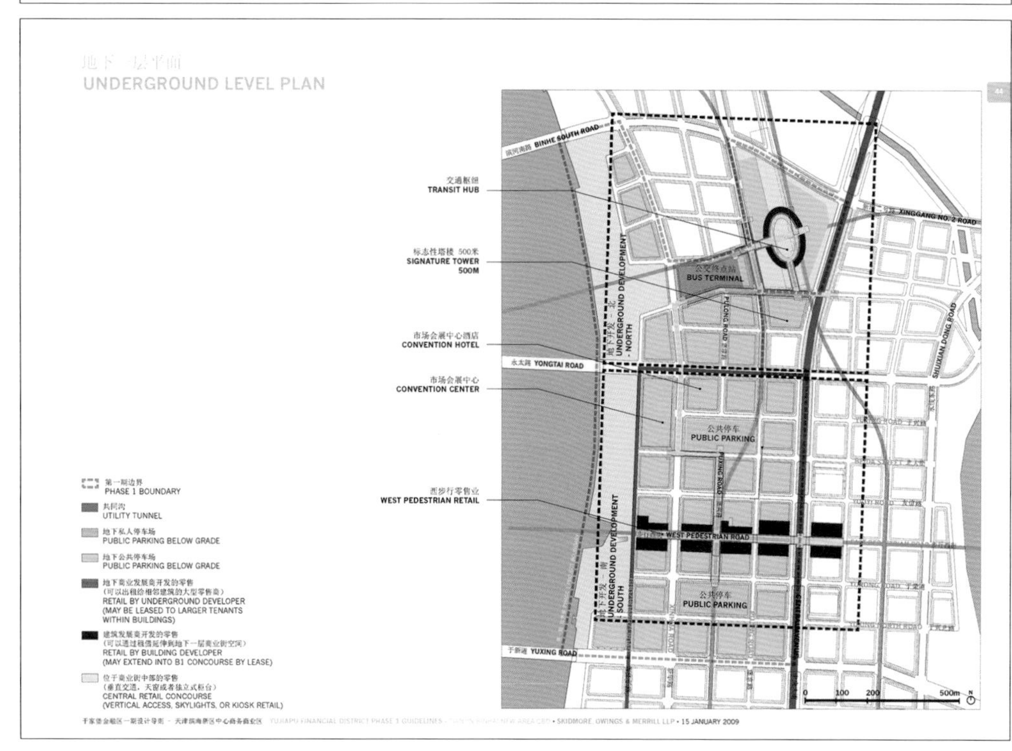
UNDERGROUND LEVEL PLAN
交通枢纽
TRANSIT HUB
标志性塔楼 500米
SIGNATURE TOWER 500M
市场会展中心酒店
CONVENTION HOTEL
市场会展中心
CONVENTION CENTER
西步行零售业
WEST PEDESTRIAN RETAIL
BUS TERMINAL
PUBLIC PARKING
UNDERGROUND DEVELOPMENT NORTH
UNDERGROUND DEVELOPMENT SOUTH
PHASE 1 BOUNDARY
UTILITY TUNNEL
PUBLIC PARKING BELOW GRADE
PUBLIC PARKING BELOW GRADE
RETAIL BY UNDERGROUND DEVELOPER (MAY BE LEASED TO LARGER TENANTS WITHIN BUILDINGS)
RETAIL BY BUILDING DEVELOPER (MAY EXTEND INTO B1 CONCOURSE BY LEASE)
CENTRAL RETAIL CONCOURSE (VERTICAL ACCESS, SKYLIGHTS, OR KIOSK RETAIL)
SKIDMORE, OWINGS & MERRILL LLP • 15 JANUARY 2009

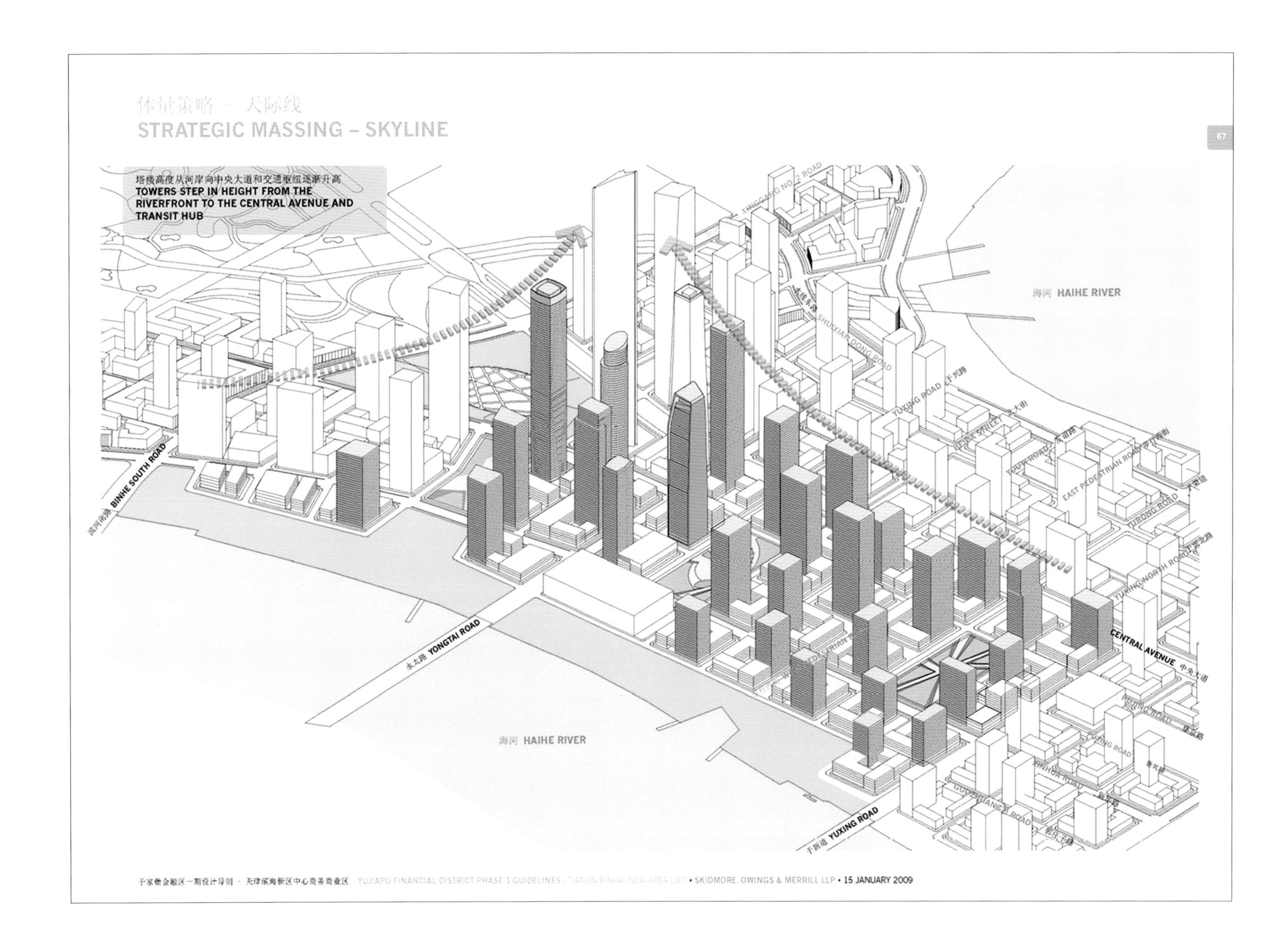
体量策略 - 天际线
STRATEGIC MASSING – SKYLINE
67
塔楼高度从河岸向中央大道和交通枢纽逐渐升高
TOWERS STEP IN HEIGHT FROM THE RIVERFRONT TO THE CENTRAL AVENUE AND TRANSIT HUB
海河 HAIHE RIVER
滨河南路 BINHE SOUTH ROAD
永太路 YONGTAI ROAD
海河 HAIHE RIVER
于新道 YUXING ROAD
CENTRAL AVENUE 中央大道
YUXING ROAD 于兴路
于家堡金融区一期设计导则 - 天津滨海新区中心商务商业区 YUJIAPU FINANCIAL DISTRICT PHASE 1 GUIDELINES - TIANJIN BINHAI NEW AREA CBD • SKIDMORE, OWINGS & MERRILL LLP • 15 JANUARY 2009

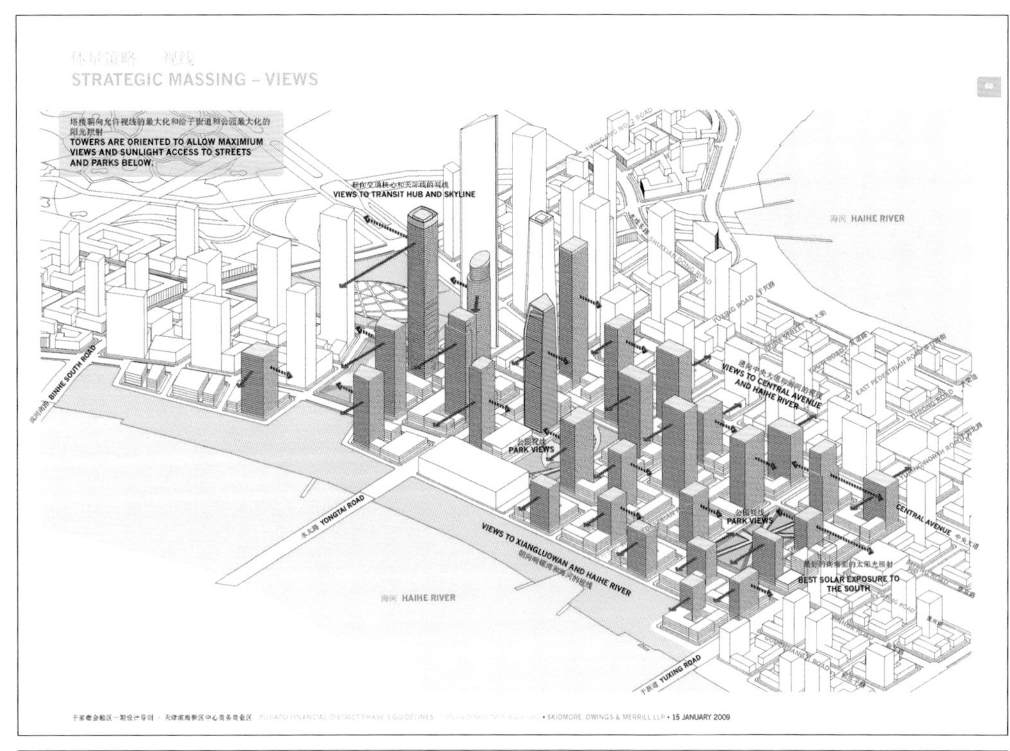
体量策略 — 视线
STRATEGIC MASSING – VIEWS
塔楼朝向允许视线的最大化和给予街道和公园最大化的阳光照射
TOWERS ARE ORIENTED TO ALLOW MAXIMIUM VIEWS AND SUNLIGHT ACCESS TO STREETS AND PARKS BELOW.
VIEWS TO TRANSIT HUB AND SKYLINE
HAIHE RIVER
VIEWS TO CENTRAL AVENUE AND HAIHE RIVER
PARK VIEWS
CENTRAL AVENUE
BEST SOLAR EXPOSURE TO THE SOUTH
VIEWS TO XIANGLUOWAN AND HAIHE RIVER
BINHE SOUTH ROAD
YONGTAI ROAD
YUXING ROAD
SKIDMORE, OWINGS & MERRILL LLP • 15 JANUARY 2009

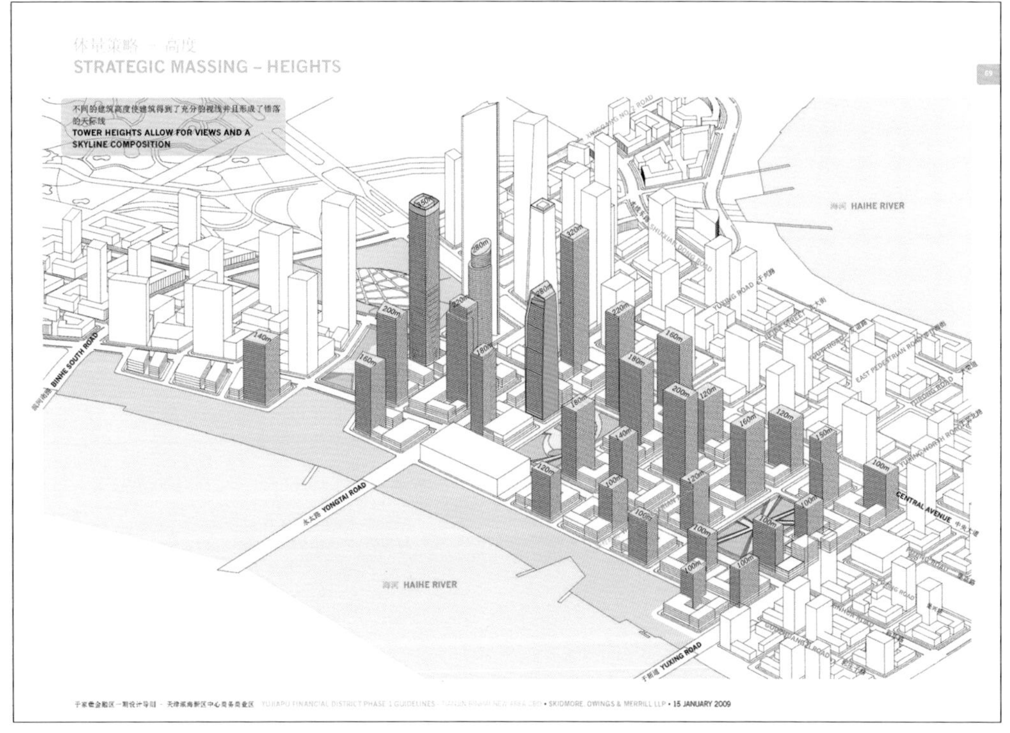
体量策略 — 高度
STRATEGIC MASSING – HEIGHTS
不同的建筑高度使建筑得到了充分的视线并且形成了错落的天际线
TOWER HEIGHTS ALLOW FOR VIEWS AND A SKYLINE COMPOSITION
HAIHE RIVER
CENTRAL AVENUE
BINHE SOUTH ROAD
YONGTAI ROAD
YUXING ROAD
SKIDMORE, OWINGS & MERRILL LLP • 15 JANUARY 2009

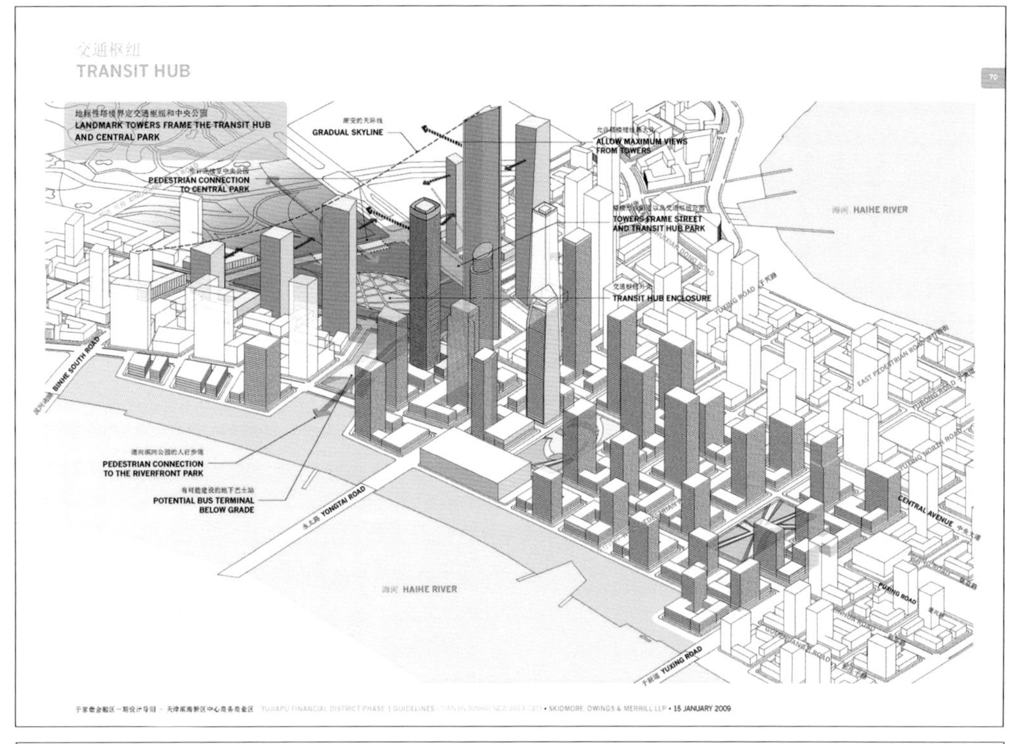
交通枢纽
TRANSIT HUB
70
地标性塔楼界定交通枢纽和中央公园
LANDMARK TOWERS FRAME THE TRANSIT HUB AND CENTRAL PARK
GRADUAL SKYLINE
ALLOW MAXIMUM VIEWS FROM TOWERS
PEDESTRIAN CONNECTION TO CENTRAL PARK
TOWERS FRAME STREET AND TRANSIT HUB PARK
海河 HAIHE RIVER
TRANSIT HUB ENCLOSURE
BINHE SOUTH ROAD
PEDESTRIAN CONNECTION TO THE RIVERFRONT PARK
POTENTIAL BUS TERMINAL BELOW GRADE
YONGTAI ROAD
CENTRAL AVENUE
海河 HAIHE RIVER
YUXING ROAD
SKIDMORE, OWINGS & MERRILL LLP • 15 JANUARY 2009

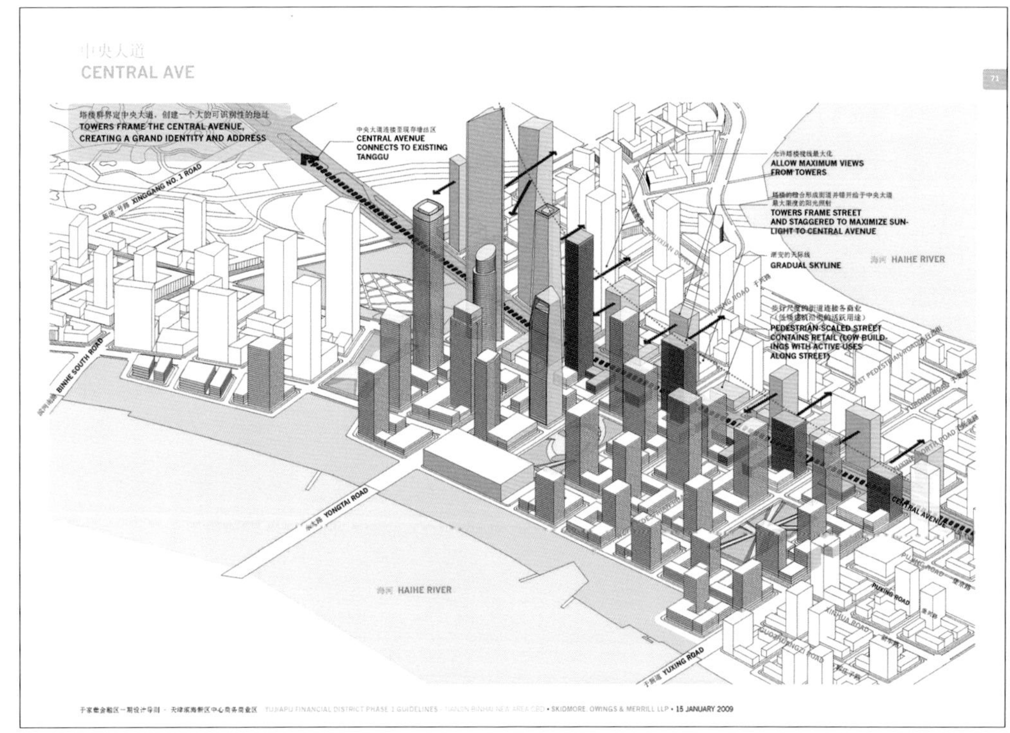
中央大道
CENTRAL AVE
71
塔楼群界定中央大道，创建一个大的可识别性的地址
TOWERS FRAME THE CENTRAL AVENUE, CREATING A GRAND IDENTITY AND ADDRESS
中央大道连接至现存塘沽区
CENTRAL AVENUE CONNECTS TO EXISTING TANGGU
XINGGANG NO. 1 ROAD
允许塔楼视线最大化
ALLOW MAXIMUM VIEWS FROM TOWERS
TOWERS FRAME STREET AND STAGGERED TO MAXIMIZE SUN-LIGHT TO CENTRAL AVENUE
渐变的天际线
GRADUAL SKYLINE
海河 HAIHE RIVER
PEDESTRIAN-SCALED STREET CONTAINS RETAIL (LOW BUILD-INGS WITH ACTIVE USES ALONG STREET)
BINHE SOUTH ROAD
YONGTAI ROAD
CENTRAL AVENUE
海河 HAIHE RIVER
YUXING ROAD
SKIDMORE, OWINGS & MERRILL LLP • 15 JANUARY 2009

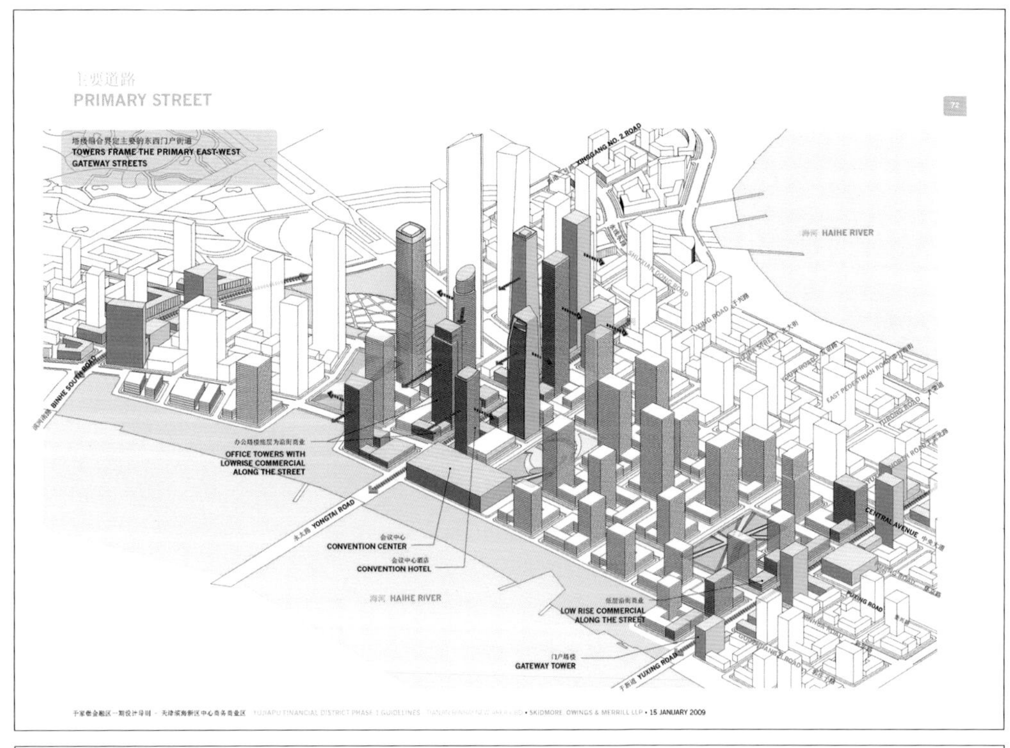
PRIMARY STREET
TOWERS FRAME THE PRIMARY EAST-WEST GATEWAY STREETS
XINGANG NO. 2 ROAD
HAIHE RIVER
BINHE SOUTH ROAD
YUXING ROAD
CENTRAL AVENUE
OFFICE TOWERS WITH LOWRISE COMMERCIAL ALONG THE STREET
YONGTAI ROAD
会议中心
CONVENTION CENTER
CONVENTION HOTEL
海河 HAIHE RIVER
LOW RISE COMMERCIAL ALONG THE STREET
门户塔楼
GATEWAY TOWER
SKIDMORE, OWINGS & MERRILL LLP • 15 JANUARY 2009

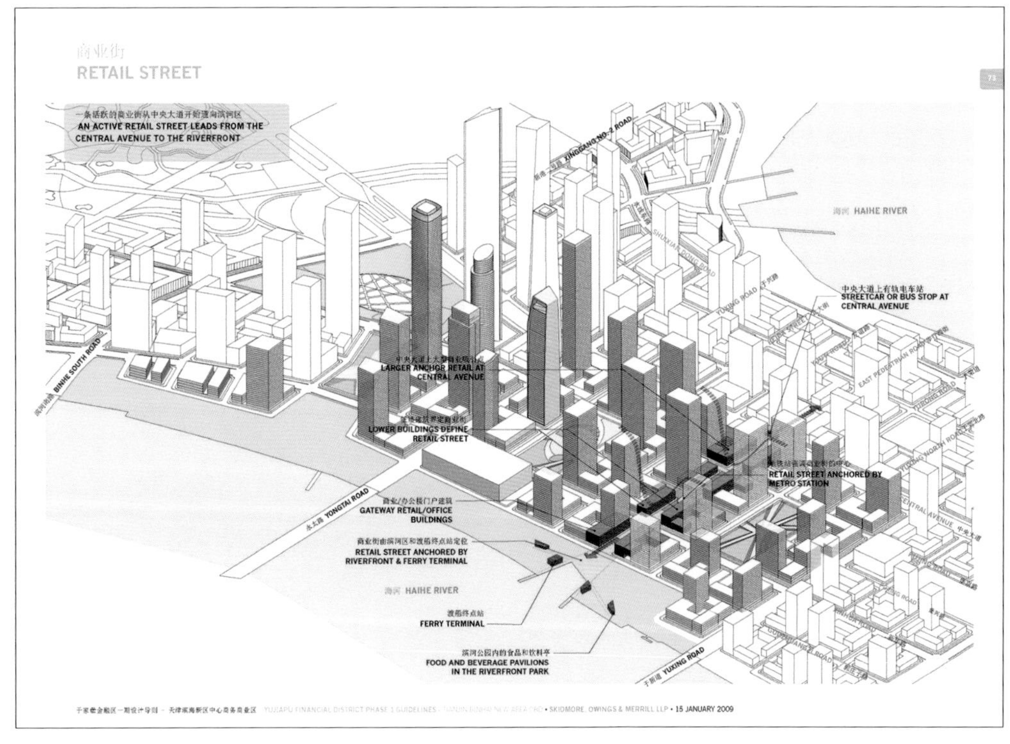
商业街
RETAIL STREET
AN ACTIVE RETAIL STREET LEADS FROM THE CENTRAL AVENUE TO THE RIVERFRONT
XINGANG NO. 2 ROAD
海河 HAIHE RIVER
BINHE SOUTH ROAD
STREETCAR OR BUS STOP AT CENTRAL AVENUE
LARGER ANCHOR RETAIL AT CENTRAL AVENUE
LOWER BUILDINGS DEFINE RETAIL STREET
RETAIL STREET ANCHORED BY METRO STATION
YONGTAI ROAD
GATEWAY RETAIL/OFFICE BUILDINGS
RETAIL STREET ANCHORED BY RIVERFRONT & FERRY TERMINAL
海河 HAIHE RIVER
渡船停点站
FERRY TERMINAL
FOOD AND BEVERAGE PAVILIONS IN THE RIVERFRONT PARK
YUXING ROAD
CENTRAL AVENUE
SKIDMORE, OWINGS & MERRILL LLP • 15 JANUARY 2009

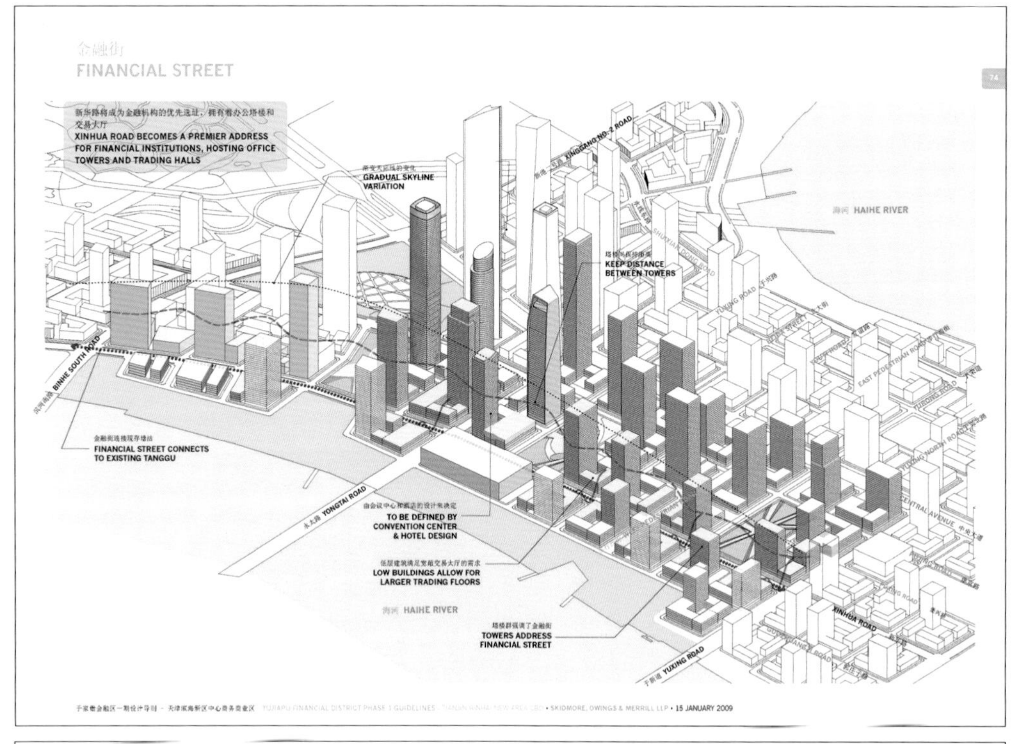
金融街
FINANCIAL STREET
新华路将成为金融机构的优先选址，拥有着办公塔楼和交易大厅
XINHUA ROAD BECOMES A PREMIER ADDRESS FOR FINANCIAL INSTITUTIONS, HOSTING OFFICE TOWERS AND TRADING HALLS
GRADUAL SKYLINE VARIATION
KEEP DISTANCE BETWEEN TOWERS
XINGGANG NO. 2 ROAD
HAIHE RIVER
BINHE SOUTH ROAD
FINANCIAL STREET CONNECTS TO EXISTING TANGGU
YONGTAI ROAD
TO BE DEFINED BY CONVENTION CENTER & HOTEL DESIGN
LOW BUILDINGS ALLOW FOR LARGER TRADING FLOORS
HAIHE RIVER
TOWERS ADDRESS FINANCIAL STREET
CENTRAL AVENUE
XINHUA ROAD
YUXING ROAD
SKIDMORE, OWINGS & MERRILL LLP • 15 JANUARY 2009

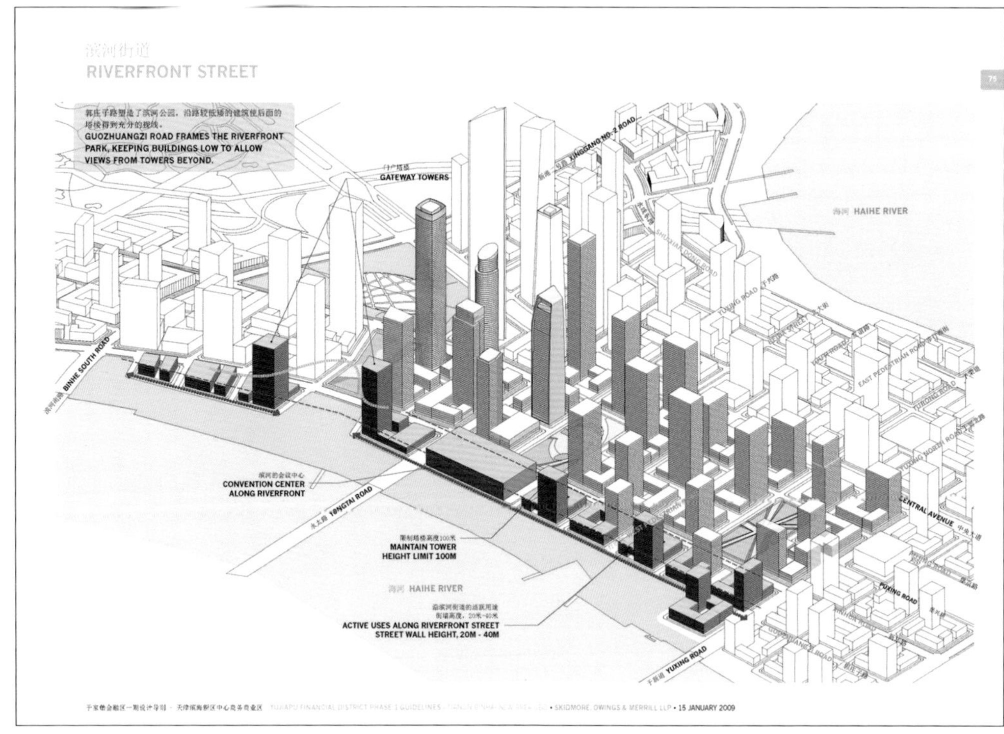
滨河街道
RIVERFRONT STREET
郭庄子路塑造了滨河公园，沿路较低矮的建筑使后面的塔楼得到充分的视线。
GUOZHUANGZI ROAD FRAMES THE RIVERFRONT PARK, KEEPING BUILDINGS LOW TO ALLOW VIEWS FROM TOWERS BEYOND.
GATEWAY TOWERS
XINGGANG NO. 2 ROAD
HAIHE RIVER
BINHE SOUTH ROAD
CONVENTION CENTER ALONG RIVERFRONT
YONGTAI ROAD
MAINTAIN TOWER HEIGHT LIMIT 100M
HAIHE RIVER
ACTIVE USES ALONG RIVERFRONT STREET
STREET WALL HEIGHT, 20M - 40M
CENTRAL AVENUE
YUXING ROAD
SKIDMORE, OWINGS & MERRILL LLP • 15 JANUARY 2009

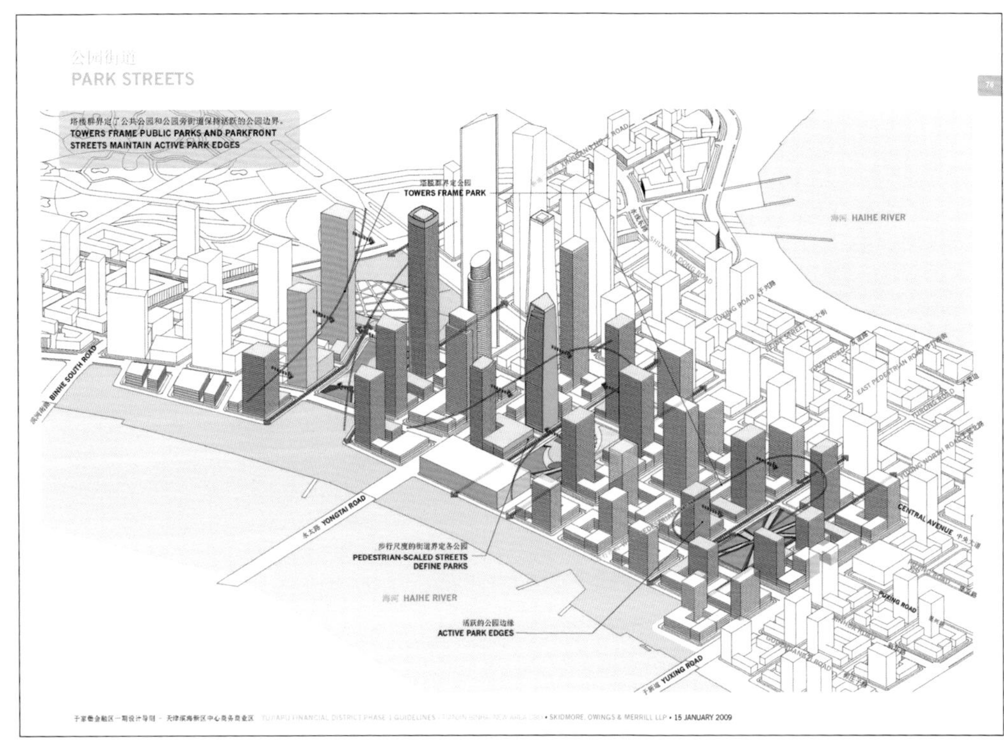
公园街道
PARK STREETS
塔楼群界定了公共公园和公园旁街道保持活跃的公园边界。
TOWERS FRAME PUBLIC PARKS AND PARKFRONT STREETS MAINTAIN ACTIVE PARK EDGES
TOWERS FRAME PARK
HAIHE RIVER
BINHE SOUTH ROAD
YONGTAI ROAD
CENTRAL AVENUE
步行尺度的街道界定各公园
PEDESTRIAN-SCALED STREETS DEFINE PARKS
HAIHE RIVER
活跃的公园边缘
ACTIVE PARK EDGES
YUXING ROAD
SKIDMORE, OWINGS & MERRILL LLP • 15 JANUARY 2009

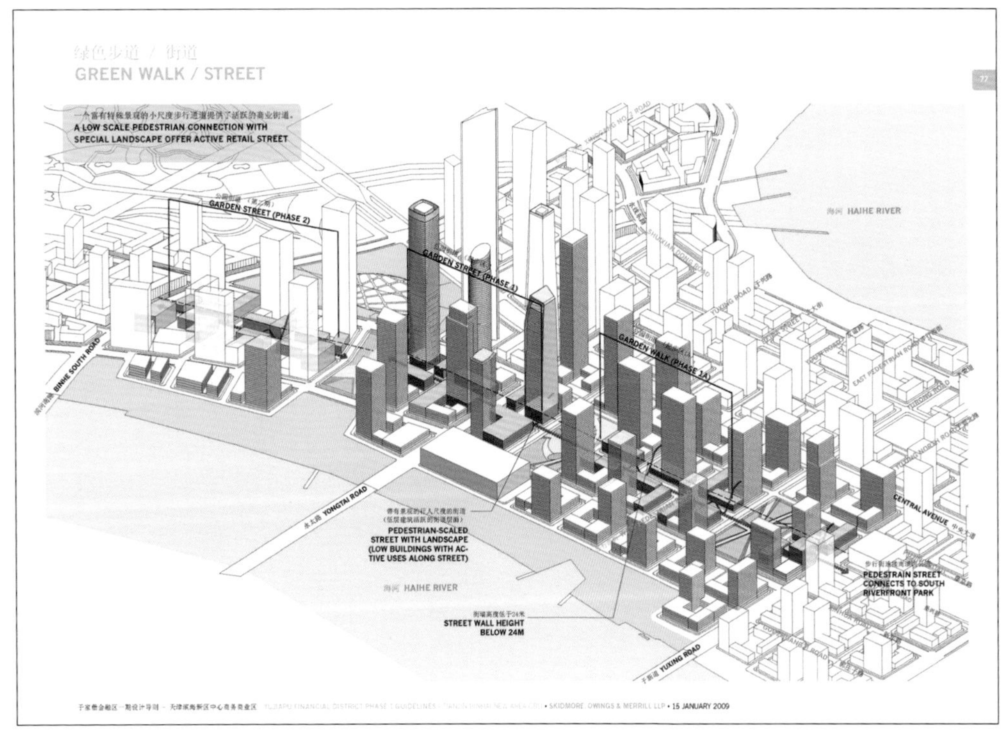
绿色步道 / 街道
GREEN WALK / STREET
A LOW SCALE PEDESTRIAN CONNECTION WITH SPECIAL LANDSCAPE OFFER ACTIVE RETAIL STREET
GARDEN STREET (PHASE 2)
GARDEN STREET (PHASE 1)
GARDEN WALK (PHASE 1A)
HAIHE RIVER
BINHE SOUTH ROAD
YONGTAI ROAD
CENTRAL AVENUE
PEDESTRIAN-SCALED STREET WITH LANDSCAPE (LOW BUILDINGS WITH ACTIVE USES ALONG STREET)
PEDESTRAIN STREET CONNECTS TO SOUTH RIVERFRONT PARK
HAIHE RIVER
STREET WALL HEIGHT BELOW 24M
YUXING ROAD
SKIDMORE, OWINGS & MERRILL LLP • 15 JANUARY 2009

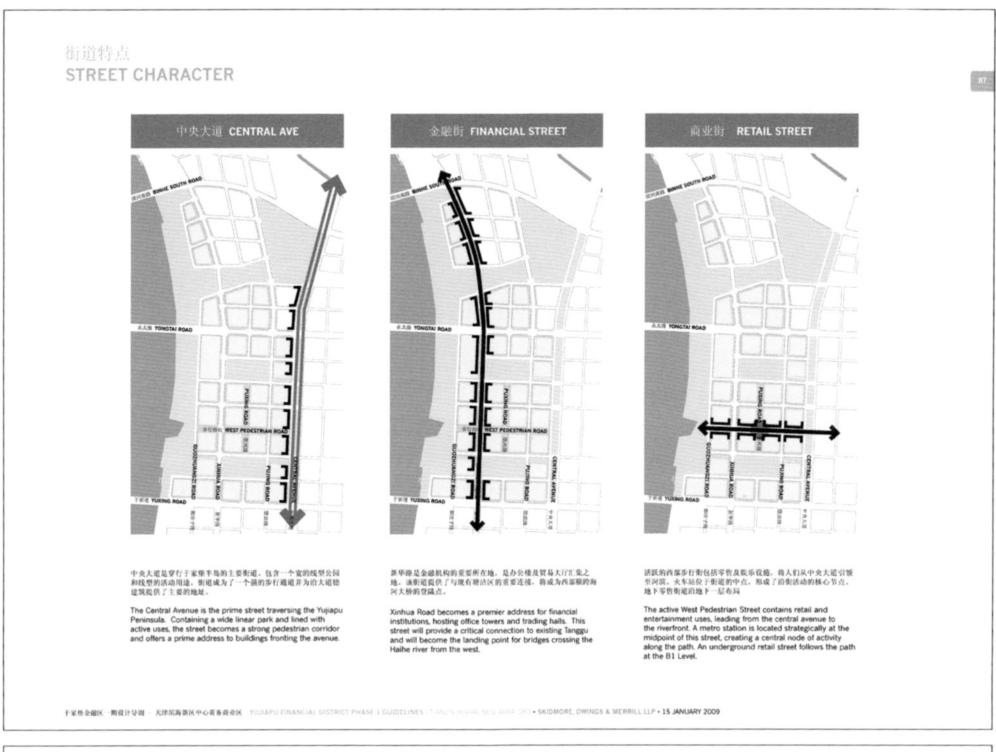
街道特点
STREET CHARACTER
87
中央大道 CENTRAL AVE
金融街 FINANCIAL STREET
商业街 RETAIL STREET
BINHE SOUTH ROAD
YONGTAI ROAD
WEST PEDESTRIAN ROAD
YUXING ROAD
GUOZHUANGZI ROAD
XINHUA ROAD
PUJING ROAD
CENTRAL AVENUE
中央大道是穿行于家堡半岛的主要街道，包含一个宽的线型公园和线型的活动用途，街道成为了一个强的步行通道并为沿大道德建筑提供了主要的地址。
The Central Avenue is the prime street traversing the Yujiapu Peninsula. Containing a wide linear park and lined with active uses, the street becomes a strong pedestrian corridor and offers a prime address to buildings fronting the avenue.
新华路是金融机构的重要所在地，是办公楼及贸易大厅汇集之地，该街道提供了与现有塘沽区的重要连接，将成为西部横跨海河大桥的登陆点。
Xinhua Road becomes a premier address for financial institutions, hosting office towers and trading halls. This street will provide a critical connection to existing Tanggu and will become the landing point for bridges crossing the Haihe river from the west.
活跃的西部步行街包括零售及娱乐设施，将人们从中央大道引领至河滨，火车站位于街道的中点，形成了沿街活动的核心节点，地下零售街道沿地下一层布局
The active West Pedestrian Street contains retail and entertainment uses, leading from the central avenue to the riverfront. A metro station is located strategically at the midpoint of this street, creating a central node of activity along the path. An underground retail street follows the path at the B1 Level.
于家堡金融区一期设计导则 – 天津滨海新区中心商务商业区 YUJIAPU FINANCIAL DISTRICT PHASE 1 GUIDELINES • SKIDMORE, OWINGS & MERRILL LLP • 15 JANUARY 2009

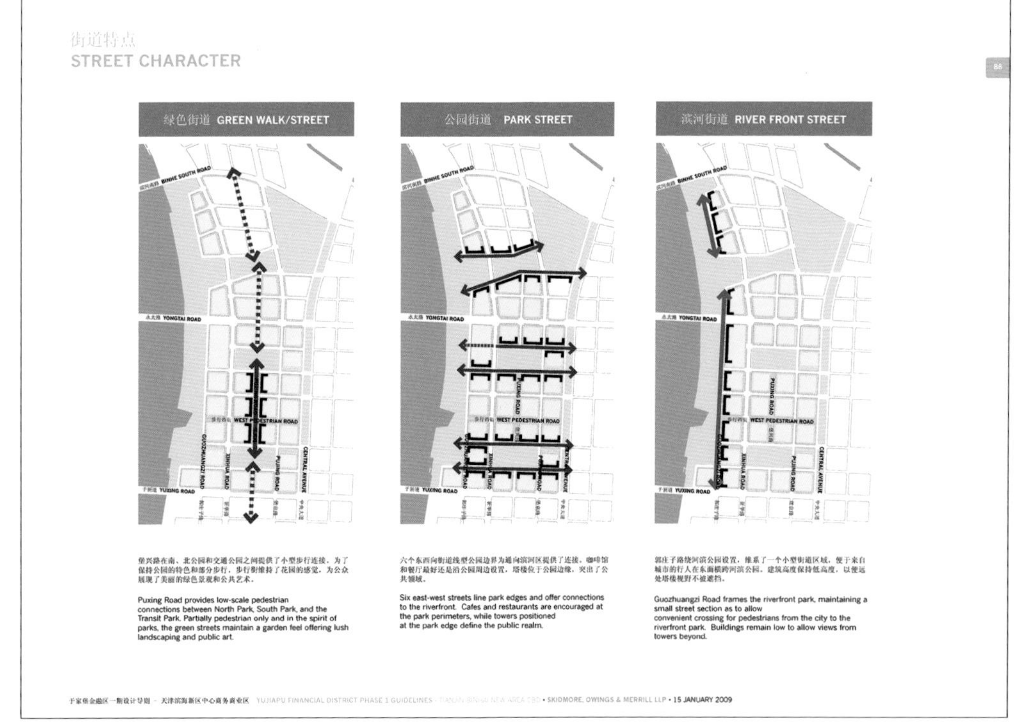
街道特点
STREET CHARACTER
88
绿色街道 GREEN WALK/STREET
公园街道 PARK STREET
滨河街道 RIVER FRONT STREET
BINHE SOUTH ROAD
YONGTAI ROAD
WEST PEDESTRIAN ROAD
YUXING ROAD
GUOZHUANGZI ROAD
XINHUA ROAD
PUJING ROAD
CENTRAL AVENUE
堡兴路在南、北公园和交通公园之间提供了小型步行连接。为了保持公园的特色和部分步行，步行街维持了花园的感觉，为公众展现了美丽的绿色景观和公共艺术。
Puxing Road provides low-scale pedestrian connections between North Park, South Park, and the Transit Park. Partially pedestrian only and in the spirit of parks, the green streets maintain a garden feel offering lush landscaping and public art.
六个东西向街道线型公园边界为通向滨河区提供了连接。咖啡馆和餐厅最好还是沿公园周边设置，塔楼位于公园边缘，突出了公共领域。
Six east-west streets line park edges and offer connections to the riverfront. Cafes and restaurants are encouraged at the park perimeters, while towers positioned at the park edge define the public realm.
郭庄子路绕河滨公园设置，维系了一个小型街道区域，便于来自城市的行人在东面横跨河滨公园。建筑高度保持低高度，以便远处塔楼视野不被遮挡。
Guozhuangzi Road frames the riverfront park, maintaining a small street section as to allow convenient crossing for pedestrians from the city to the riverfront park. Buildings remain low to allow views from towers beyond.
于家堡金融区一期设计导则 – 天津滨海新区中心商务商业区 YUJIAPU FINANCIAL DISTRICT PHASE 1 GUIDELINES • SKIDMORE, OWINGS & MERRILL LLP • 15 JANUARY 2009

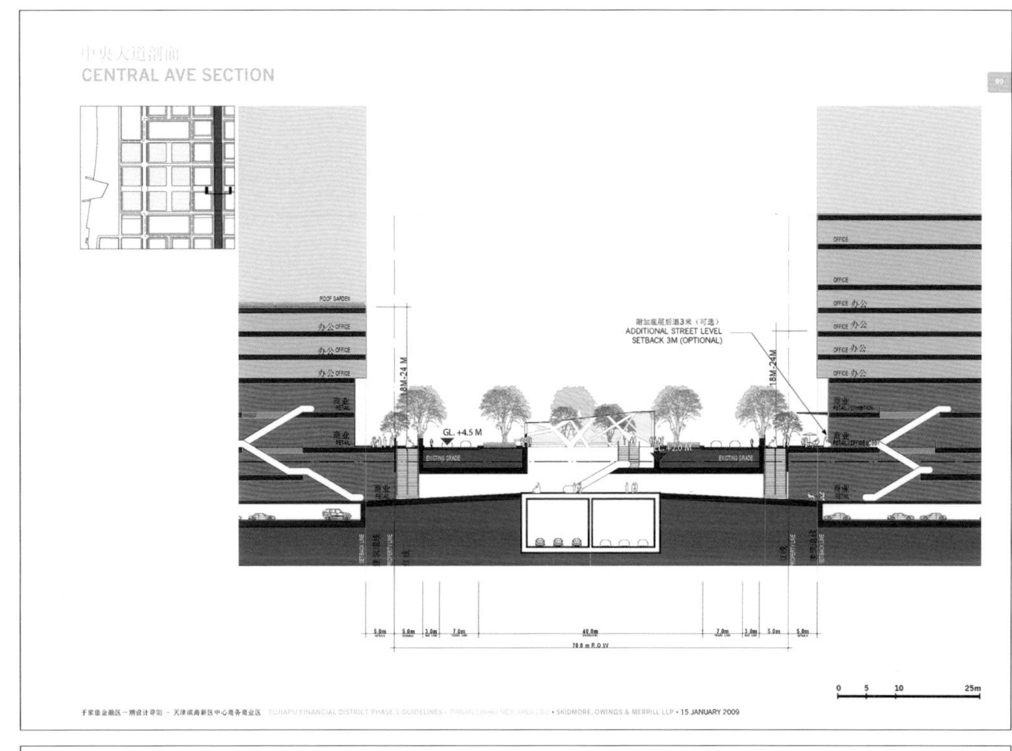
中央大道剖面
CENTRAL AVE SECTION
GL. +4.5 M
ADDITIONAL STREET LEVEL
SETBACK 3M (OPTIONAL)
0 5 10 25m
SKIDMORE, OWINGS & MERRILL LLP • 15 JANUARY 2009

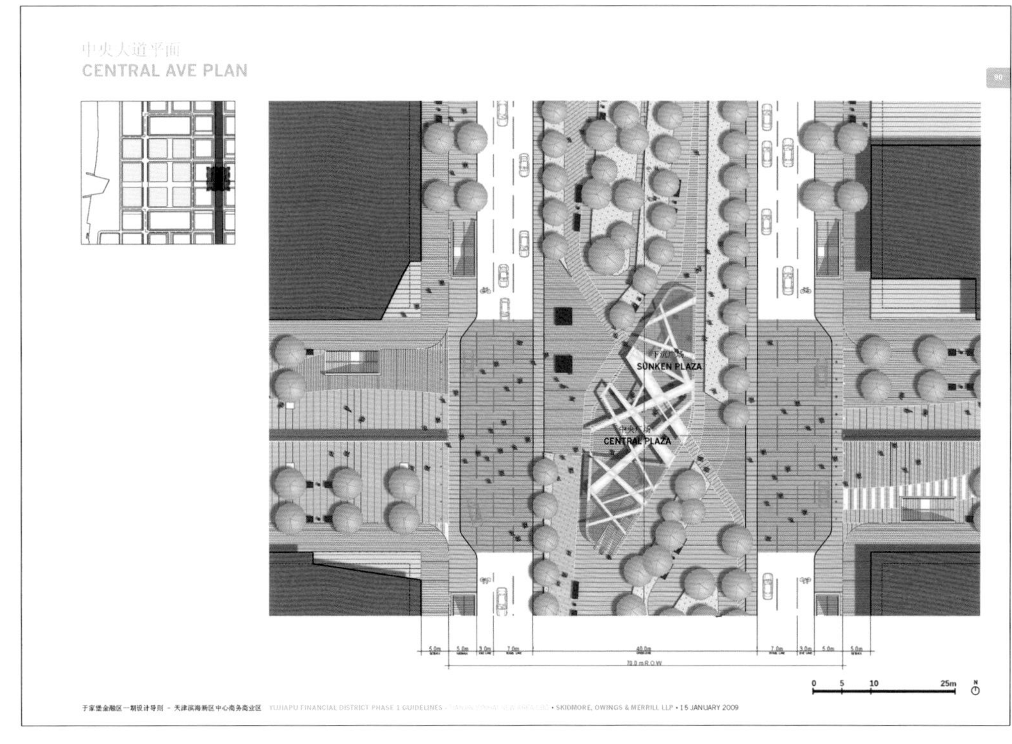
中央大道平面
CENTRAL AVE PLAN
SUNKEN PLAZA
CENTRAL PLAZA
0 5 10 25m
SKIDMORE, OWINGS & MERRILL LLP • 15 JANUARY 2009

金融街

FINANCIAL STREET

91

于家堡金融区一期设计导则 – 天津滨海新区中心商务商业区 YUJIAPU FINANCIAL DISTRICT PHASE 1 GUIDELINES - TIANJIN BINHAI NEW AREA CBD • SKIDMORE, OWINGS & MERRILL LLP • 15 JANUARY 2009

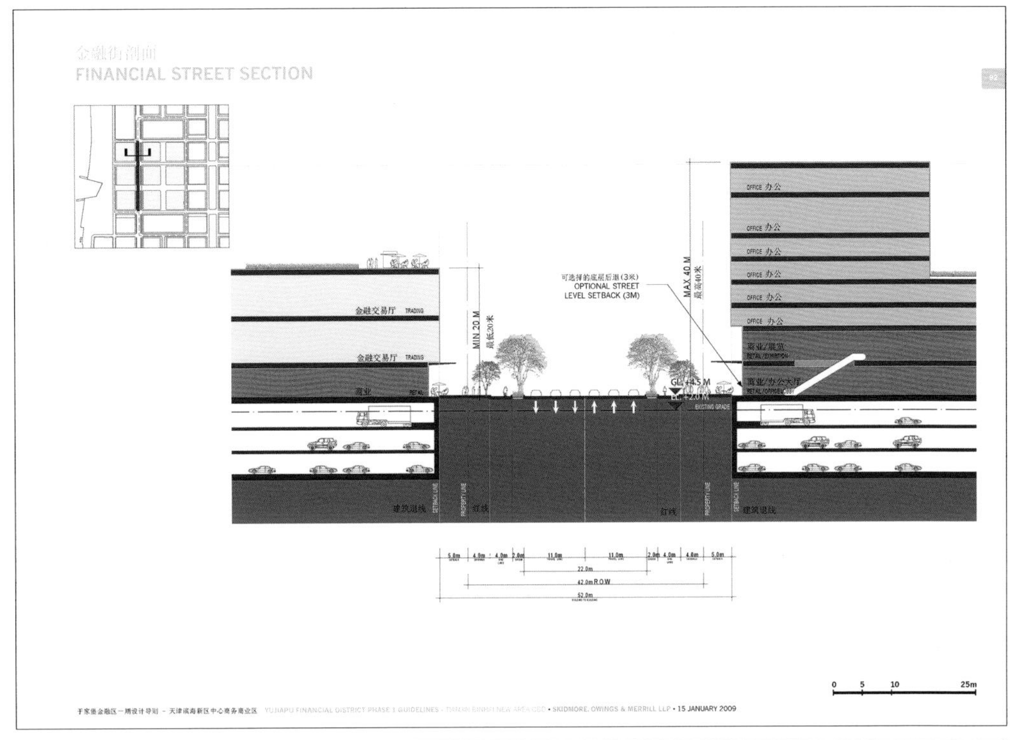
金融街剖面
FINANCIAL STREET SECTION
可选择的底层后退(3米)
OPTIONAL STREET
LEVEL SETBACK (3M)
MAX 40 M
MIN 20 M
OFFICE 办公
金融交易厅 TRADING
GL +4.5 M
0 5 10 25m

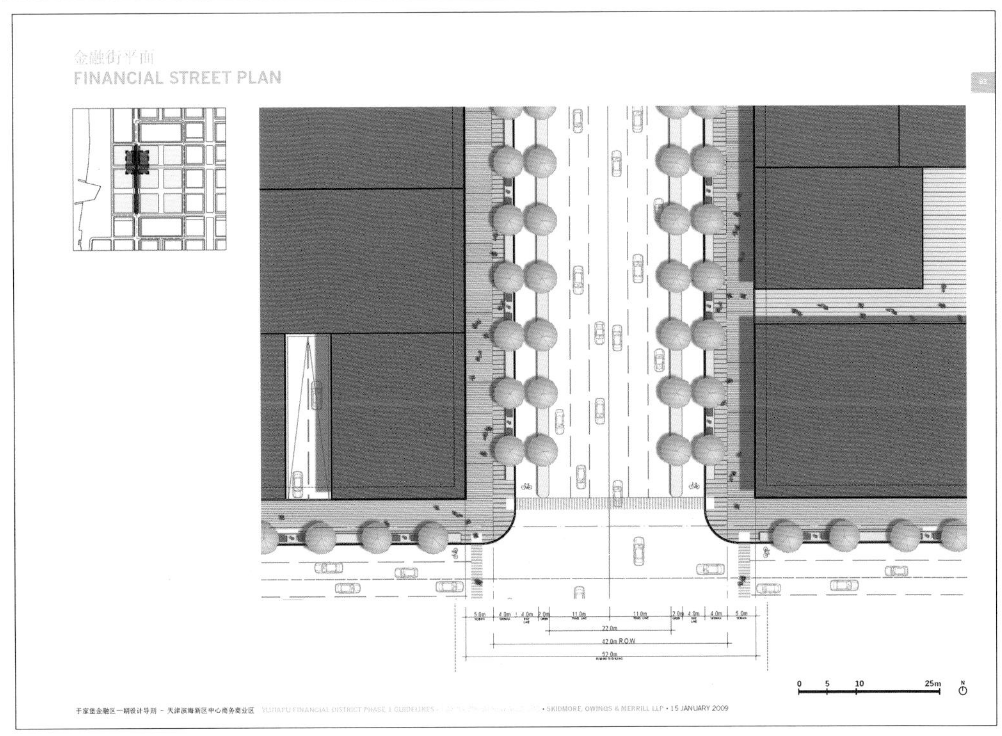
金融街平面
FINANCIAL STREET PLAN
0 5 10 25m

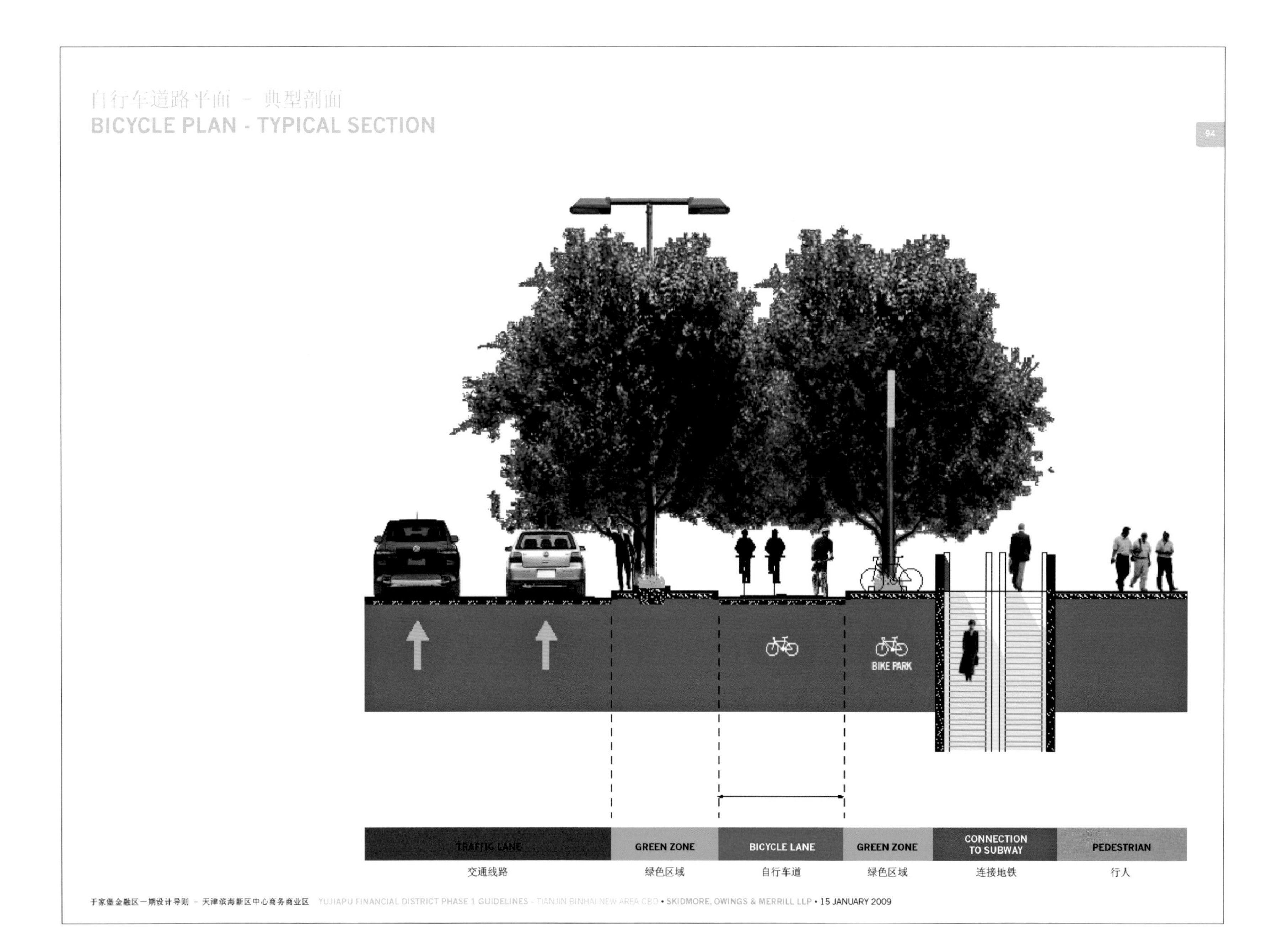
自行车道路平面 － 典型剖面
BICYCLE PLAN - TYPICAL SECTION
94
BIKE PARK
TRAFFIC LANE
交通线路
GREEN ZONE
绿色区域
BICYCLE LANE
自行车道
GREEN ZONE
绿色区域
CONNECTION TO SUBWAY
连接地铁
PEDESTRIAN
行人
于家堡金融区一期设计导则 － 天津滨海新区中心商务商业区 YUJIAPU FINANCIAL DISTRICT PHASE 1 GUIDELINES - TIANJIN BINHAI NEW AREA CBD • SKIDMORE, OWINGS & MERRILL LLP • 15 JANUARY 2009

商业街道
RETAIL STREET
95
GIORGIO ARMANI
Cartier
DOLCE & GABBANA
地铁
步行西街站
SUBWAY
于家堡金融区一期设计导则 - 天津滨海新区中心商务商业区 YUJIAPU FINANCIAL DISTRICT PHASE 1 GUIDELINES - TIANJIN BINHAI NEW AREA CBD • SKIDMORE, OWINGS & MERRILL LLP • 15 JANUARY 2009

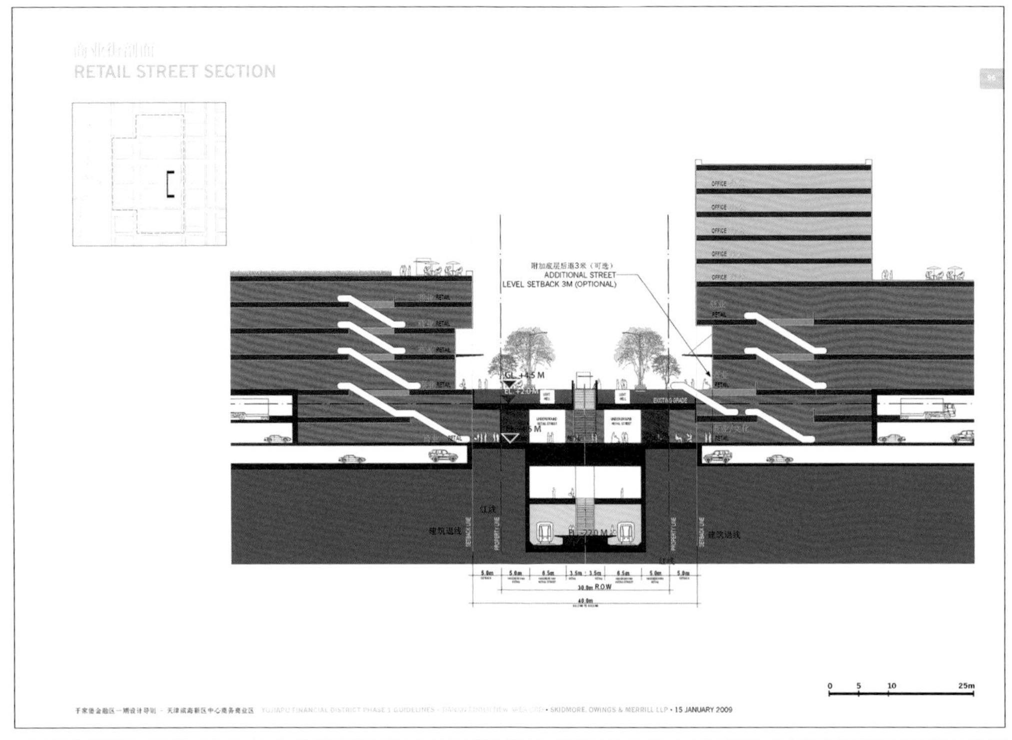
RETAIL STREET SECTION
附加底层后退3米（可选）
ADDITIONAL STREET
LEVEL SETBACK 3M (OPTIONAL)
0 5 10 25m
SKIDMORE, OWINGS & MERRILL LLP • 15 JANUARY 2009

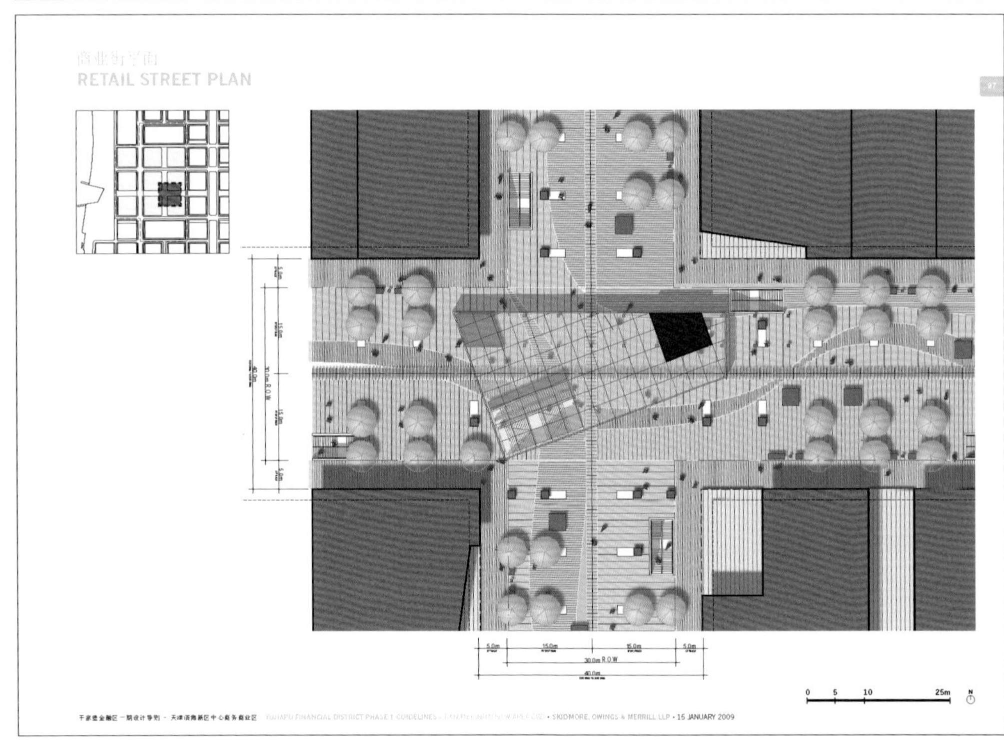
RETAIL STREET PLAN
0 5 10 25m
SKIDMORE, OWINGS & MERRILL LLP • 15 JANUARY 2009

公共空间设计原则
PUBLIC SPACE PRINCIPLES

一般原则　General Principles

- **统一性**
  所有的绿色景观要素彼此间应该相互关连，并与总体规划相吻合
- **比例性**
  有意识地规划绿色景观设计要素，以满足适当比例要求，
  体现出人性化尺度和人性化感觉。
- PROPORTION **地域性**
  在适当的地方选择天津地区的天然植物，避免使用入侵植物种类。
  加强当地的生态环境。
- **多样性**
  引进各种植物并在适当的地方移植。
- **美观质量**
  加强了拟建开发项目在美观质量、舒适度、步行便利等方面的公众感知，
  而且对那些不引人入胜的开发
  要素进行仔细筛选（停车、服务及储藏区域，私人区域，等）
- **颜色**
  给四季带来色彩的植物为公众展现了不断变化的园林景观视觉效果。
- **功能**
  对某些园林景观要素进行精心规划，以容纳与邻近使用功能相关的特殊活动。
  其它要素也许保留了基本质量。

- **UNITY**
  All the landscape components should interrelate with each other and also relate to the overall master plan.
- **PROPORTION**
  The elements in landscape design should be intentionally planned to meet the proper proportions and appeal to the human scale and senses.
- **LOCALITY**
  Select native Tianjin plant materials where appropriate and avoid the use of invasive plant species. Emphasize and strengthen the local ecology.
- **DIVERSITY**
  Introduce diverse plant material and naturalize wherever possible in appropriate areas.
- **AESTHETIC QUALITY**
  Enhance the public perception of a proposed development in terms of aesthetic quality, comfort and convenience of pedestrians and screening of less attractive elements of the development (screening of parking, service & storage areas, privacy areas, etc.).
- **COLOR**
  Plant materials that provide seasonal color contibrute to an everchanghing visual landscape.
- **FUNCTION**
  Certain landscape components should be programmed to accommodate special activities related to adjacent uses. Other components may retain a passive quality.

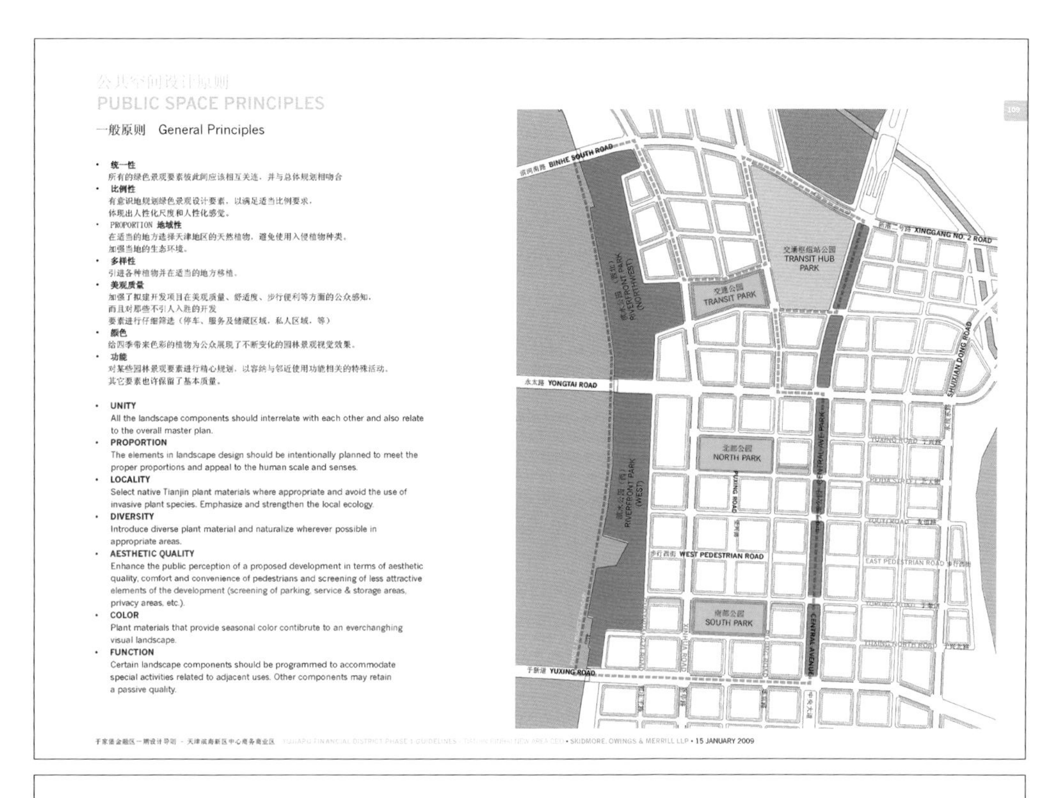

交通枢纽站公园设计原则
TRANSIT HUB PARK PRINCIPLES

- **类型**
  - 市民公共空间由硬质地广场、高质量的草坪和/或者花园、水体等景观补充。
- **功能**
  - 为塘沽市创造了主要的"市民空间"。
  - 为行人的设计满足了大流量的旅客进出交通设施的主要目的。
  - 提供了从车辆停靠处到地铁站便利的入口。
  - 为市民活动和社区集会提供了场所，为靠近交通站入口的室外人群提供了空间。
  - 通过街道元素、公共艺术和纪念物鼓励强的文化识别来增强城市的可识别性和创造场所感。
  - 创造多样性：保证纪念意义，增强城市形象，激发城市感。
- **交通流线和入口**
  - 提供直接的和便利的到达交通站入口和竖向流线的方式。
  - 通过利用柱和其他街道元素来界定边缘，而不是利用路沿和街道表面的不同来界定，以达到鼓励建筑边缘和公园的开放连接 / 界面。
  - 鼓励适合步行的环境
  - 创造独特的、易于行走的城市公园。
- **元素**
  种植、树木、水体、表演空间、好的草坪、休憩和集会场所、照明和标识等。
- **视觉强调**
  视觉上强调交通站的构架结构，最大化向标志性的交通枢纽和地标塔楼的视线。
- **安全性**
  提供适当的照明，确保为残疾人服务的设计。

- **TYPOLOGY**
  - Civic Public Space complemented by hardscaped plazas, high-quality lawns, water features etc.
- **FUNCTION**
  - Create the primary "civic room" for the City of Tanggu.
  - Design for pedestrians with the primary purpose of accommodating large volumes of passengers entering and exiting the transit facilities.
  - Provide convenient access to station entrances from vehicular drop-offs.
  - Provide a setting for civic activities and community events or gatherings. Provide space for outdoor congregation near to transit station entrances.
  - Enhance the legibility of the city and create a sense of place, by encouraging strong cultural Identity through streetscape elements, public art, monuments etc
  - Create diversity; ensure monumentality, reinforce city image, invoke the feeling of urbanity
- **CIRCULATION & ACCESS**
  - Provide direct and convenient access to transit station entrances and vertical circulation
  - Encourage an open connection/interface between the built edge and park by using bollards and other streetscape elements to define edges rather then curbs and surface differences.
  - Encourage a pedestrian friendly environment
  - Create an easily identifiable and navigable urban park
- **ELEMENTS**
  - Planting, trees, water, performance space, great lawn, areas to sit, gathering places, lighting, signage, etc.
- **VISUAL EMPHASIS**
  - Visually emphasize the transit station structure. Maximize views to the signature transit hub and landmark tower.
- **SAFETY**
  - Provide proper illumination and promote fully accessible design.

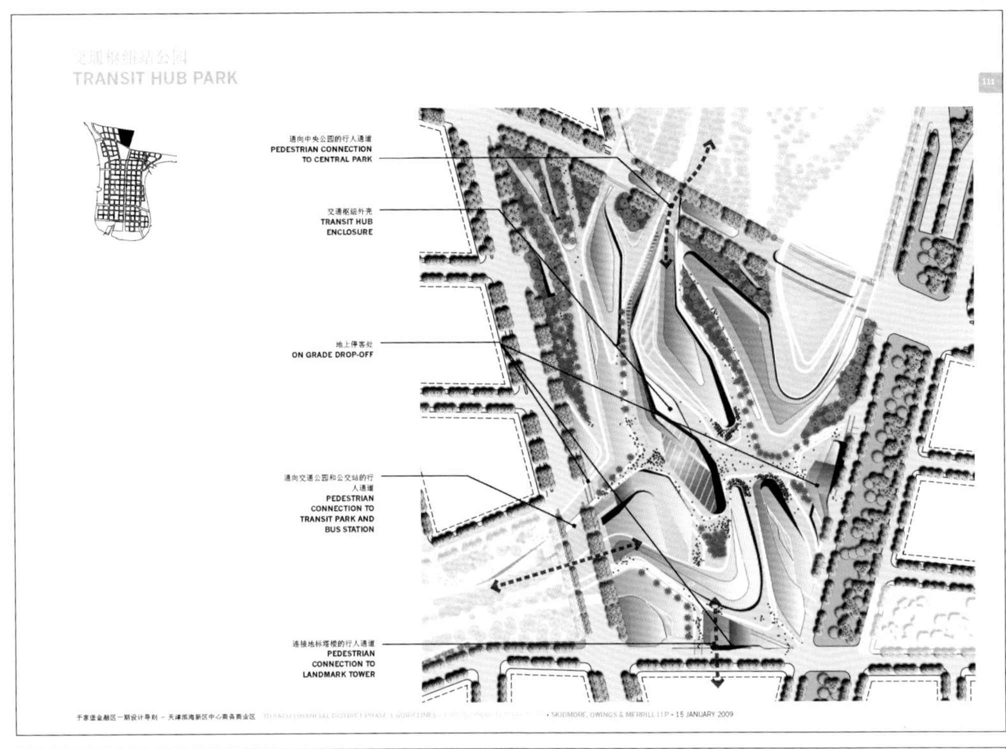
交通枢纽站公园
TRANSIT HUB PARK
111
通向中央公园的行人通道
PEDESTRIAN CONNECTION
TO CENTRAL PARK
交通枢纽外壳
TRANSIT HUB
ENCLOSURE
地上停客处
ON GRADE DROP-OFF
通向交通公园和公交站的行人通道
PEDESTRIAN
CONNECTION TO
TRANSIT PARK AND
BUS STATION
连接地标塔楼的行人通道
PEDESTRIAN
CONNECTION TO
LANDMARK TOWER
SKIDMORE, OWINGS & MERRILL LLP • 15 JANUARY 2009

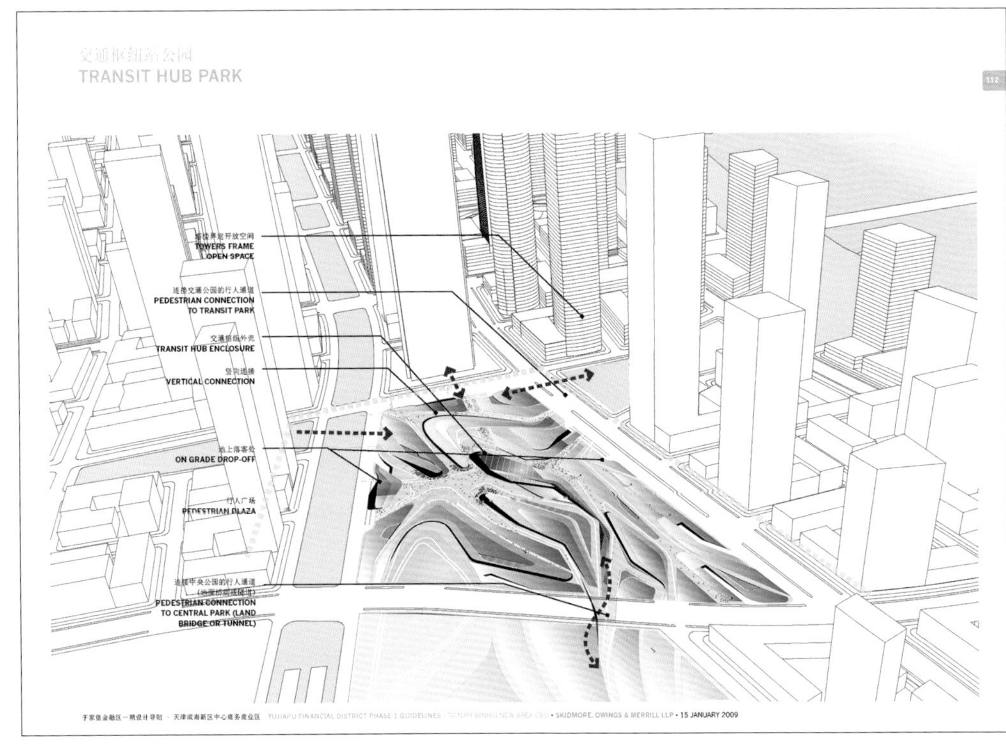
交通枢纽站公园
TRANSIT HUB PARK
112
TOWERS FRAME
OPEN SPACE
连接交通公园的行人通道
PEDESTRIAN CONNECTION
TO TRANSIT PARK
TRANSIT HUB ENCLOSURE
VERTICAL CONNECTION
地上落客处
ON GRADE DROP-OFF
行人广场
PEDESTRIAN PLAZA
连接中央公园的行人通道
PEDESTRIAN CONNECTION
TO CENTRAL PARK (LAND
BRIDGE OR TUNNEL)
天津滨海新区中心商务商业区
SKIDMORE, OWINGS & MERRILL LLP • 15 JANUARY 2009

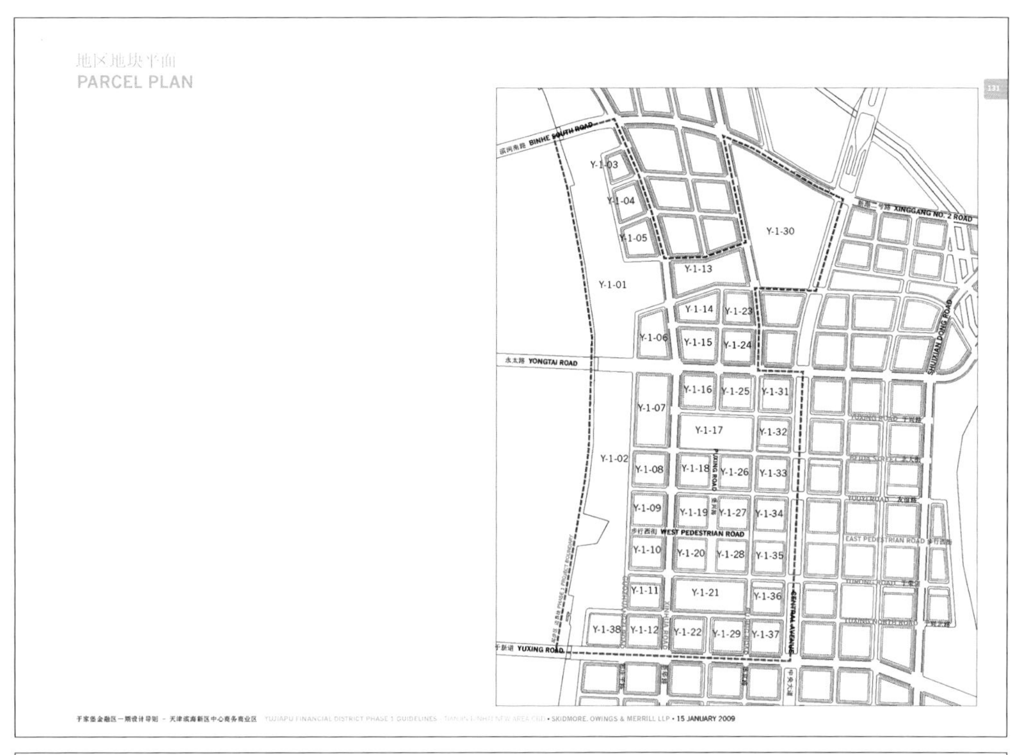
地区地块平面
PARCEL PLAN
BINHE SOUTH ROAD
XINGGANG NO. 2 ROAD
YONGTAI ROAD
WEST PEDESTRIAN ROAD
EAST PEDESTRIAN ROAD
YUXING ROAD
CENTRAL AVENUE
SHUIXIAN DONG ROAD
Y-1-01
Y-1-02
Y-1-03
Y-1-04
Y-1-05
Y-1-06
Y-1-07
Y-1-08
Y-1-09
Y-1-10
Y-1-11
Y-1-12
Y-1-13
Y-1-14
Y-1-15
Y-1-16
Y-1-17
Y-1-18
Y-1-19
Y-1-20
Y-1-21
Y-1-22
Y-1-23
Y-1-24
Y-1-25
Y-1-26
Y-1-27
Y-1-28
Y-1-29
Y-1-30
Y-1-31
Y-1-32
Y-1-33
Y-1-34
Y-1-35
Y-1-36
Y-1-37
Y-1-38
于家堡金融区一期设计导则 - 天津滨海新区中心商务商业区 YUJIAPU FINANCIAL DISTRICT PHASE 1 GUIDELINES • SKIDMORE, OWINGS & MERRILL LLP • 15 JANUARY 2009

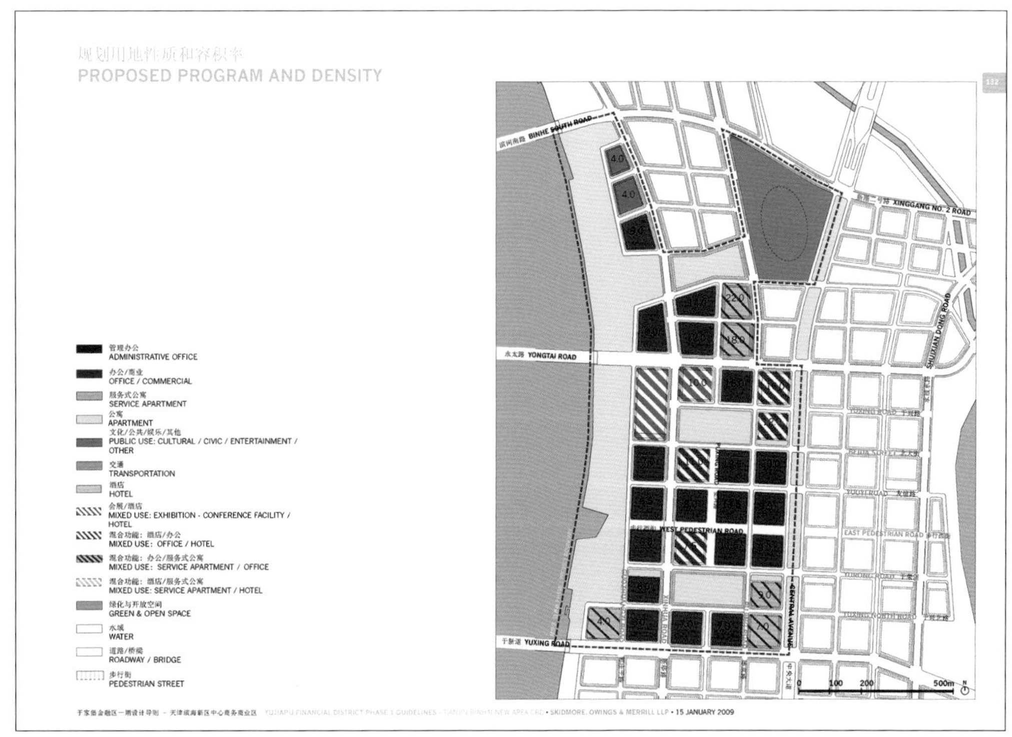
规划用地性质和容积率
PROPOSED PROGRAM AND DENSITY
BINHE SOUTH ROAD
XINGGANG NO. 2 ROAD
YONGTAI ROAD
WEST PEDESTRIAN ROAD
EAST PEDESTRIAN ROAD
YUXING ROAD
CENTRAL AVENUE
SHUIXIAN DONG ROAD
管理办公
ADMINISTRATIVE OFFICE
办公/商业
OFFICE / COMMERCIAL
服务式公寓
SERVICE APARTMENT
公寓
APARTMENT
文化/公共/娱乐/其他
PUBLIC USE: CULTURAL / CIVIC / ENTERTAINMENT / OTHER
交通
TRANSPORTATION
酒店
HOTEL
会展/酒店
MIXED USE: EXHIBITION - CONFERENCE FACILITY / HOTEL
混合功能：酒店/办公
MIXED USE: OFFICE / HOTEL
混合功能：办公/服务式公寓
MIXED USE: SERVICE APARTMENT / OFFICE
混合功能：酒店/服务式公寓
MIXED USE: SERVICE APARTMENT / HOTEL
绿化与开放空间
GREEN & OPEN SPACE
水域
WATER
道路/桥梁
ROADWAY / BRIDGE
步行街
PEDESTRIAN STREET
0 100 200 500m
于家堡金融区一期设计导则 - 天津滨海新区中心商务商业区 YUJIAPU FINANCIAL DISTRICT PHASE 1 GUIDELINES • SKIDMORE, OWINGS & MERRILL LLP • 15 JANUARY 2009

技术指标
PROGRAM CHART

133

地块编号 PARCEL	地块面积 APPROXIMATE PARCEL AREA	建筑容积率 FLOOR AREA RATIO	建筑总面积 MAXIMUM GROSS FLOOR AREA	主要用地性质 DESIGNATED PRIMARY LAND USE	其他用地性质 OTHER POTENTIAL USES	最大基地覆盖率 MAXIMUM SITE COVERAGE	最大建筑高度 MAXIMUM BUILDING HEIGHT	最小绿地覆盖率 GREEN SPACE RATIO	红线退界 REQUIRED SETBACK
PARCEL Y-1-01	110,450			绿地 **Green Space**					
PARCEL Y-1-02	105,000			绿地 **Green Space**					
PARCEL Y-1-03	5,350	4.0	21,400	文化/公共/娱乐/其他 **Culture/Civic/ Entertainment/Other**	零售/商业 **Retail**	75%	40M	5%	5M
PARCEL Y-1-04	8,300	4.0	33,200	文化/公共/娱乐/其他 **Culture/Civic/ Entertainment/Other**	零售/商业 **Retail**	75%	40M	5%	5M
PARCEL Y-1-05	9,600	9.0	86,400	办公/商业 **Office/Commercial**	零售/商业 **Retail**	75%	140M	5%	5M
PARCEL Y-1-06	12,900	9.0	116,100	办公/商业 **Office/Commercial**	零售/商业 **Retail**	75%	160M	5%	5M
PARCEL Y-1-07 •	22,100			会展/酒店 **Conference Facility/Hotel**	零售/商业 **Retail**				5M
PARCEL Y-1-08	11,000	7.0	77,000	办公/酒店 **Office/Hotel**	零售/商业 **Retail**	75%	120M	5%	5M
PARCEL Y-1-09	11,000	6.5	71,500	办公/商业 **Office/Commercial**	零售/商业 **Retail**	75%	100M	5%	5M
PARCEL Y-1-10	11,000	6.5	71,500	办公/商业 **Office/Commercial**	零售/商业 **Retail**	75%	100M	5%	5M
PARCEL Y-1-11	9,030	7.0	63,210	办公/商业 **Office/Commercial**	零售/商业 **Retail**	75%	100M	5%	5M
PARCEL Y-1-12	10,600	6.0	63,600	办公/商业 **Office/Commercial**	零售/商业 **Retail**	75%	100M	5%	5M
PARCEL Y-1-13	22,600			绿地 **Green Space**					
PARCEL Y-1-14	9,920	14.0	117,600	会展/酒店 **Conference Facility/Hotel**	零售/商业 **Retail**	75%	200M	5%	5M
PARCEL Y-1-15	11,600	12.0	115,920	办公/商业 **Office/Commercial**	零售/商业 **Retail**	75%	220M	5%	5M
PARCEL Y-1-16	10,600	10.0	86,500	办公/商业 **Office/Commercial**	零售/商业 **Retail**	75%	180M	5%	5M
PARCEL Y-1-17	24,300			绿地 **Green Space**					
PARCEL Y-1-18	10,600	11.0	116,600	办公/酒店 **Office/Hotel**	零售/商业 **Retail**	75%	180M	5%	5M

• 地块 Y-1-07 会展中心设计待定，用地性质：会展中心 / 会展中心酒店会展中心 / 会展中心酒店
PARCEL Y-1-07 CONTROL DATA TO BE DETERMINED BY CONVENTION CENTER DESIGN. MAY CONTAIN CONVENTION CENTER OR HOTEL PROGRAM.

技术指标
PROGRAM CHART

134

PARCEL Y-1-19	10,600	8.0	84,800	办公/商业 **Office/Commercial**	零售/商业 **Retail**	75%	140M	5%	5M
PARCEL Y-1-20	10,600	7.5	79,500	办公/酒店 **Office/Hotel**	零售/商业 **Retail**	75%	120M	5%	5M
PARCEL Y-1-21	24,300			绿地 **Green Space**					
PARCEL Y-1-22	10,700	7.0	61,320	办公/商业 **Office/Commercial**	零售/商业 **Retail**	75%	100M	5%	5M
PARCEL Y-1-23	9,250	22.0	147,400	办公/服务式公寓 **Office/service Apartment**	零售/商业 **Retail**	75%	350M	5%	5M
PARCEL Y-1-24	9,350	18.0	137,300	办公/服务式公寓 **Office/service Apartment**	零售/商业 **Retail**	75%	280M	5%	5M
PARCEL Y-1-25	10,600	16.0	138,400	办公/商业 **Office/Commercial**	零售/商业 **Retail**	75%	280M	5%	N/S/W: 5M E:10M
PARCEL Y-1-26	10,600	12.5	132,500	办公/商业 **Office/Commercial**	零售/商业 **Retail**	75%	180M	5%	5M
PARCEL Y-1-27	10,600	13.5	143,100	办公/商业 **Office/Commercial**	零售/商业 **Retail**	75%	200M	5%	5M
PARCEL Y-1-28	10,600	11.5	121,900	办公/商业 **Office/Commercial**	零售/商业 **Retail**	75%	160M	5%	5M
PARCEL Y-1-29	10,700	7.0	61,320	办公/商业 **Office/Commercial**	零售/商业 **Retail**	75%	100M	5%	5M
PARCEL Y-1-30 ••	87,000			交通 **Transportation**	零售/商业 **Retail**				5M
PARCEL Y-1-31	10,600	16.0	169,600	办公/酒店 **Office/Hotel**	零售/商业 **Retail**	75%	320M	5%	N/S/E: 5M W:10M
PARCEL Y-1-32	8,800	12.0	105,600	办公/酒店 **Office/Hotel**	零售/商业 **Retail**	75%	220M	5%	5M
PARCEL Y-1-33	10,600	10.0	106,000	办公/商业 **Office/Commercial**	零售/商业 **Retail**	75%	160M	5%	5M
PARCEL Y-1-34	10,600	9.0	95,400	办公/商业 **Office/Commercial**	零售/商业 **Retail**	75%	120M	5%	5M
PARCEL Y-1-35	10,600	9.0	95,400	办公/商业 **Office/Commercial**	零售/商业 **Retail**	75%	120M	5%	5M
PARCEL Y-1-36	8,800	9.0	79,260	办公/服务式公寓 **Office/service Apartment**	零售/商业 **Retail**	75%	150M	5%	5M
PARCEL Y-1-37	10,700	7.0	74,900	办公/服务式公寓 **Office/service Apartment**	零售/商业 **Retail**	75%	100M	5%	5M
PARCEL Y-1-38	9,850	4.0	39,400	办公/服务式公寓 **Office/service Apartment**	零售/商业 **Retail**	75%	100M	5%	5M
TOTAL	411,340		3,041,840						

•• 地块 Y-1-30 城际火车站设计待定
PARCEL Y-1-30 CONTROL DATA TO BE DETERMINED BY TRANSIT HUB DESIGN.

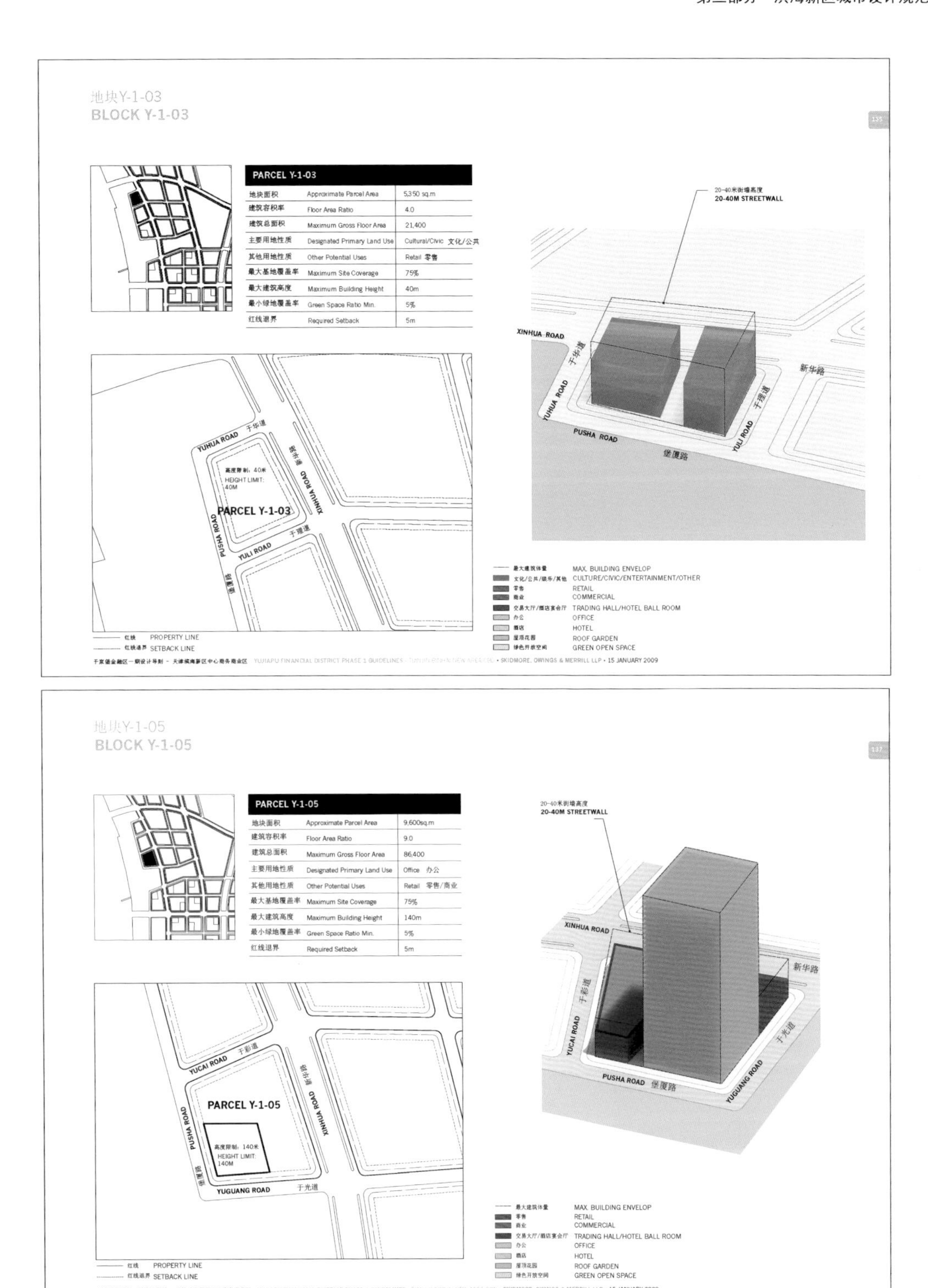

PARCEL Y-1-03		
地块面积	Approximate Parcel Area	5,350 sq.m
建筑容积率	Floor Area Ratio	4.0
建筑总面积	Maximum Gross Floor Area	21,400
主要用地性质	Designated Primary Land Use	Cultural/Civic 文化/公共
其他用地性质	Other Potential Uses	Retail 零售
最大基地覆盖率	Maximum Site Coverage	75%
最大建筑高度	Maximum Building Height	40m
最小绿地覆盖率	Green Space Ratio Min.	5%
红线退界	Required Setback	5m

PARCEL Y-1-05		
地块面积	Approximate Parcel Area	9,600sq.m
建筑容积率	Floor Area Ratio	9.0
建筑总面积	Maximum Gross Floor Area	86,400
主要用地性质	Designated Primary Land Use	Office 办公
其他用地性质	Other Potential Uses	Retail 零售/商业
最大基地覆盖率	Maximum Site Coverage	75%
最大建筑高度	Maximum Building Height	140m
最小绿地覆盖率	Green Space Ratio Min.	5%
红线退界	Required Setback	5m

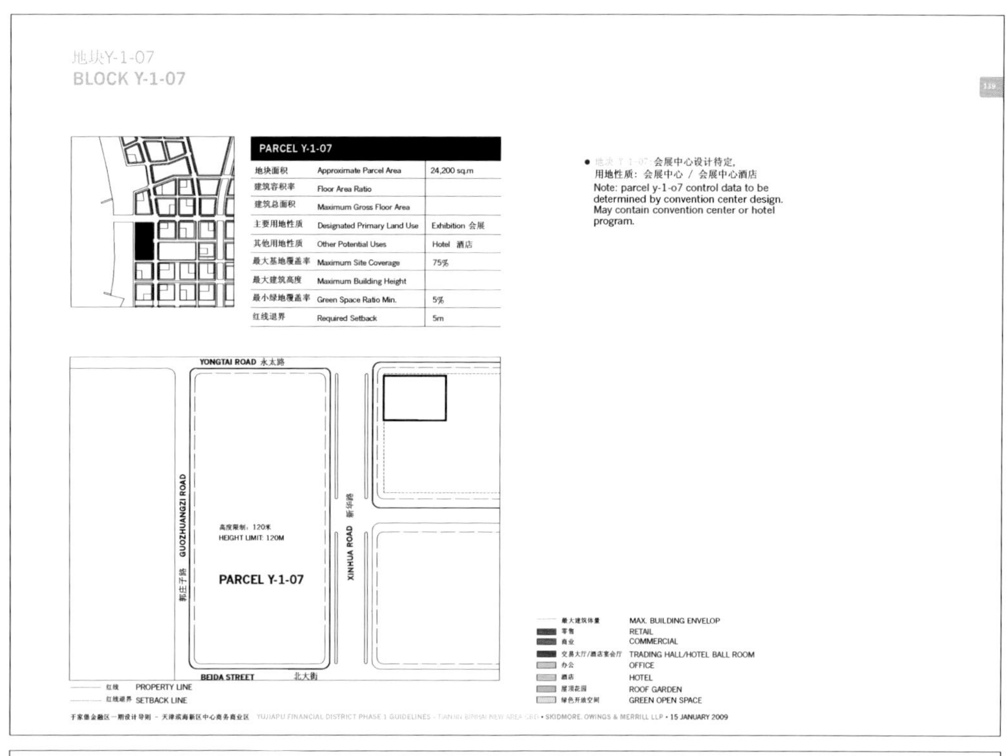

地块Y-1-07
BLOCK Y-1-07

PARCEL Y-1-07		
地块面积	Approximate Parcel Area	24,200 sq.m
建筑容积率	Floor Area Ratio	
建筑总面积	Maximum Gross Floor Area	
主要用地性质	Designated Primary Land Use	Exhibition 会展
其他用地性质	Other Potential Uses	Hotel 酒店
最大基地覆盖率	Maximum Site Coverage	75%
最大建筑高度	Maximum Building Height	
最小绿地覆盖率	Green Space Ratio Min.	5%
红线退界	Required Setback	5m

- 会展中心设计待定,
用地性质：会展中心 / 会展中心酒店
Note: parcel y-1-o7 control data to be determined by convention center design. May contain convention center or hotel program.

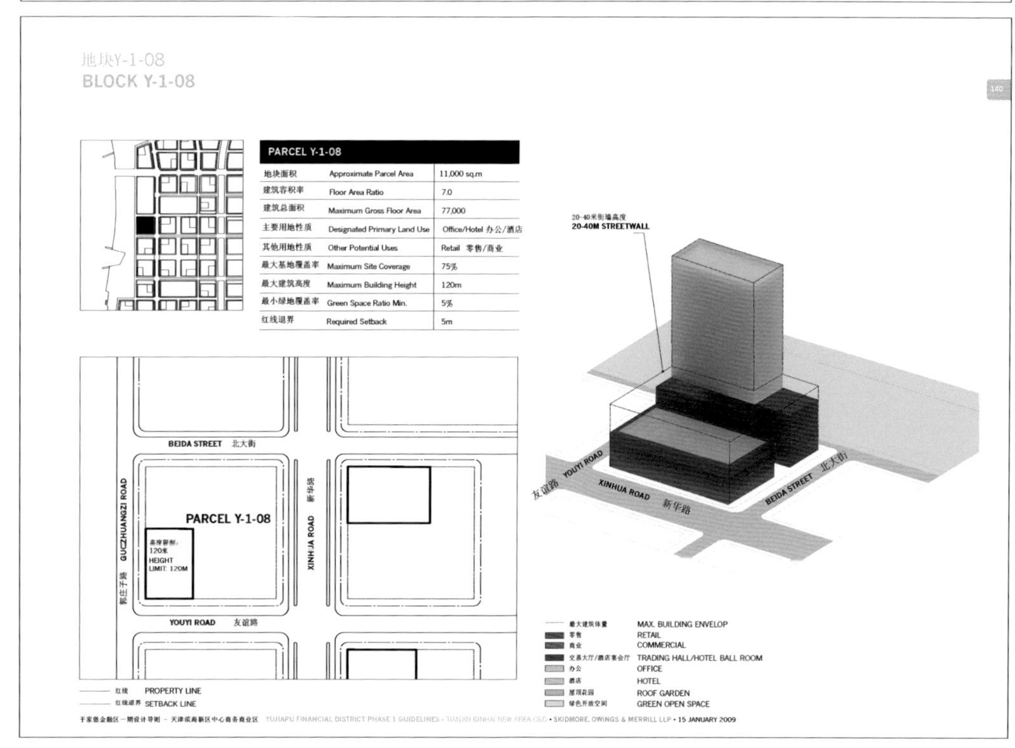

地块Y-1-08
BLOCK Y-1-08

PARCEL Y-1-08		
地块面积	Approximate Parcel Area	11,000 sq.m
建筑容积率	Floor Area Ratio	7.0
建筑总面积	Maximum Gross Floor Area	77,000
主要用地性质	Designated Primary Land Use	Office/Hotel 办公/酒店
其他用地性质	Other Potential Uses	Retail 零售/商业
最大基地覆盖率	Maximum Site Coverage	75%
最大建筑高度	Maximum Building Height	120m
最小绿地覆盖率	Green Space Ratio Min.	5%
红线退界	Required Setback	5m

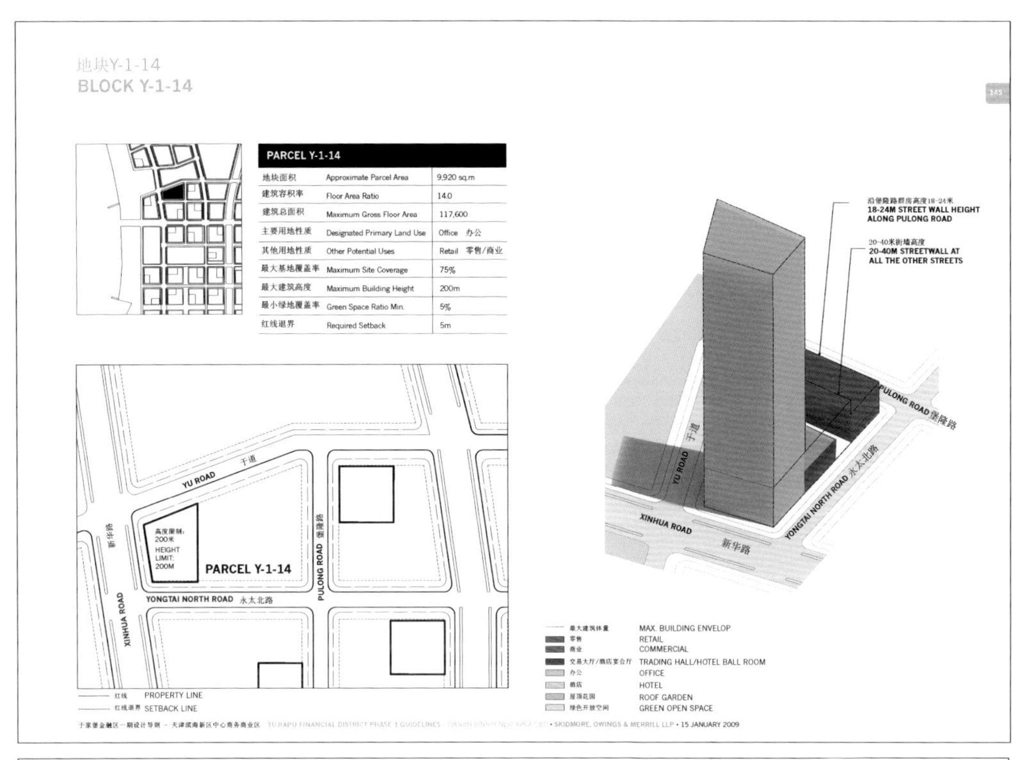

PARCEL Y-1-14		
地块面积	Approximate Parcel Area	9,920 sq.m
建筑容积率	Floor Area Ratio	14.0
建筑总面积	Maximum Gross Floor Area	117,600
主要用地性质	Designated Primary Land Use	Office 办公
其他用地性质	Other Potential Uses	Retail 零售/商业
最大基地覆盖率	Maximum Site Coverage	75%
最大建筑高度	Maximum Building Height	200m
最小绿地覆盖率	Green Space Ratio Min.	5%
红线退界	Required Setback	5m

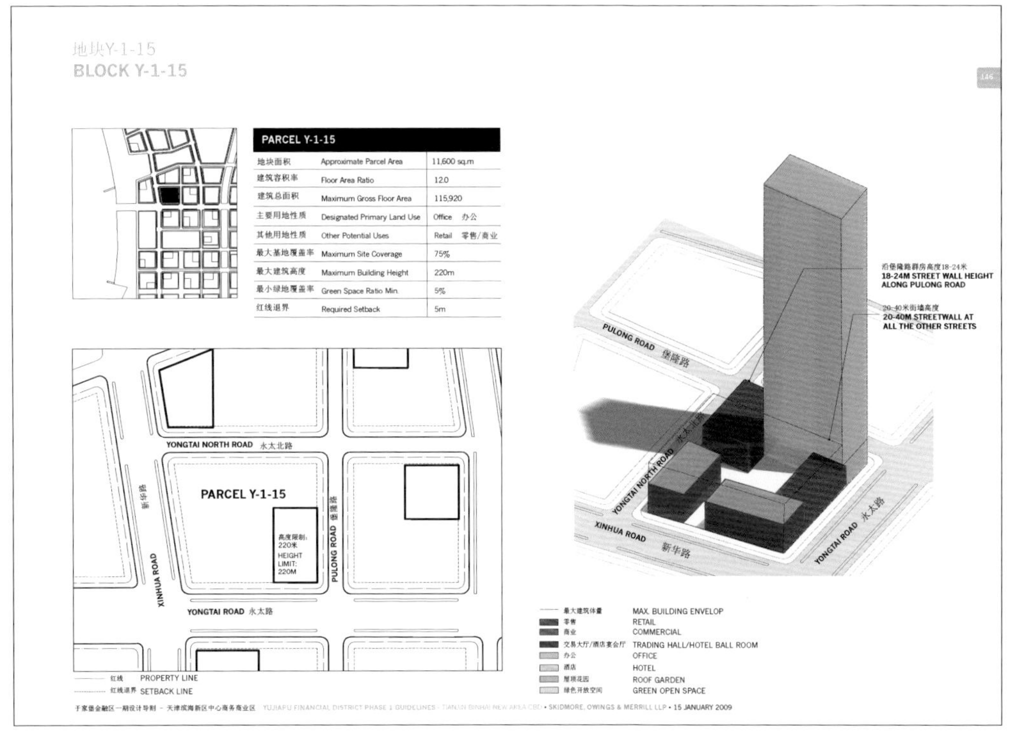

PARCEL Y-1-15		
地块面积	Approximate Parcel Area	11,600 sq.m
建筑容积率	Floor Area Ratio	12.0
建筑总面积	Maximum Gross Floor Area	115,920
主要用地性质	Designated Primary Land Use	Office 办公
其他用地性质	Other Potential Uses	Retail 零售/商业
最大基地覆盖率	Maximum Site Coverage	75%
最大建筑高度	Maximum Building Height	220m
最小绿地覆盖率	Green Space Ratio Min.	5%
红线退界	Required Setback	5m

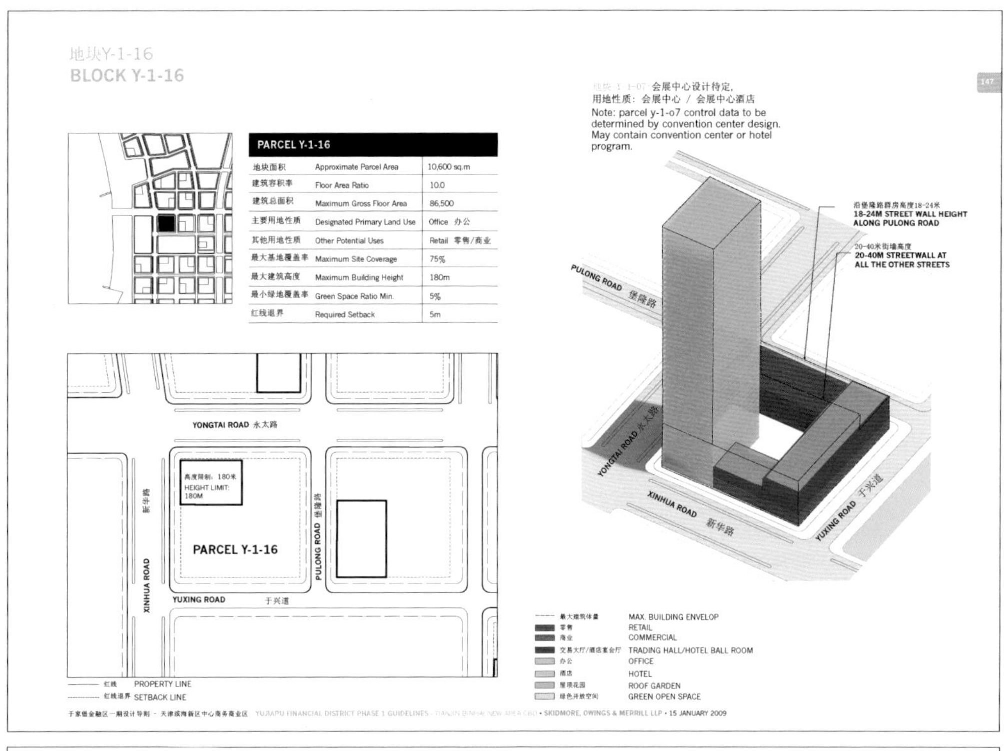

PARCEL Y-1-16		
地块面积	Approximate Parcel Area	10,600 sq.m
建筑容积率	Floor Area Ratio	10.0
建筑总面积	Maximum Gross Floor Area	86,500
主要用地性质	Designated Primary Land Use	Office 办公
其他用地性质	Other Potential Uses	Retail 零售/商业
最大基地覆盖率	Maximum Site Coverage	75%
最大建筑高度	Maximum Building Height	180m
最小绿地覆盖率	Green Space Ratio Min.	5%
红线退界	Required Setback	5m

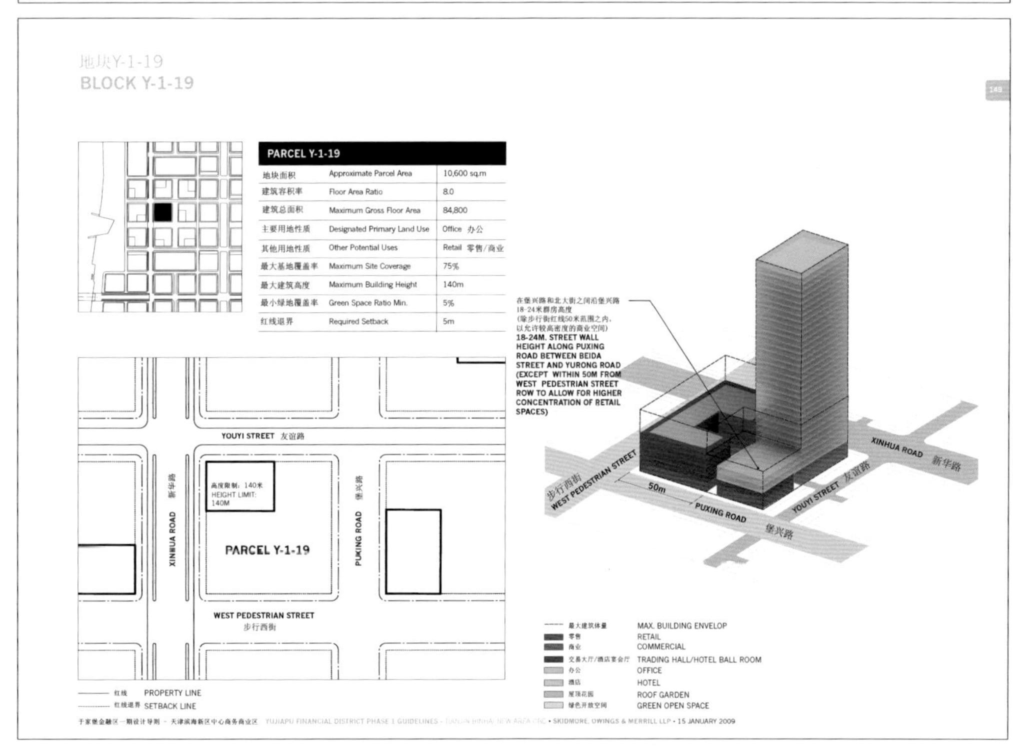

PARCEL Y-1-19		
地块面积	Approximate Parcel Area	10,600 sq.m
建筑容积率	Floor Area Ratio	8.0
建筑总面积	Maximum Gross Floor Area	84,800
主要用地性质	Designated Primary Land Use	Office 办公
其他用地性质	Other Potential Uses	Retail 零售/商业
最大基地覆盖率	Maximum Site Coverage	75%
最大建筑高度	Maximum Building Height	140m
最小绿地覆盖率	Green Space Ratio Min.	5%
红线退界	Required Setback	5m

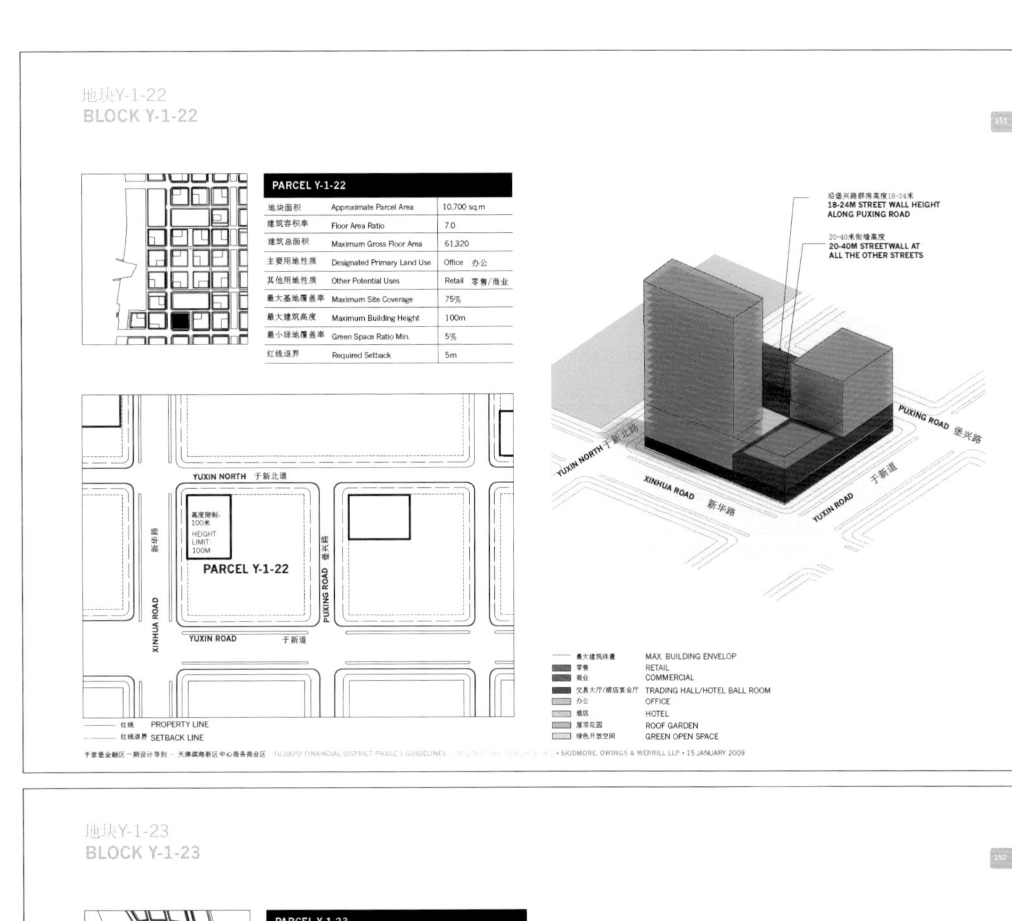

PARCEL Y-1-22		
地块面积	Approximate Parcel Area	10,700 sq.m
建筑容积率	Floor Area Ratio	7.0
建筑总面积	Maximum Gross Floor Area	61,320
主要用地性质	Designated Primary Land Use	Office 办公
其他用地性质	Other Potential Uses	Retail 零售/商业
最大基地覆盖率	Maximum Site Coverage	75%
最大建筑高度	Maximum Building Height	100m
最小绿地覆盖率	Green Space Ratio Min.	5%
红线退界	Required Setback	5m

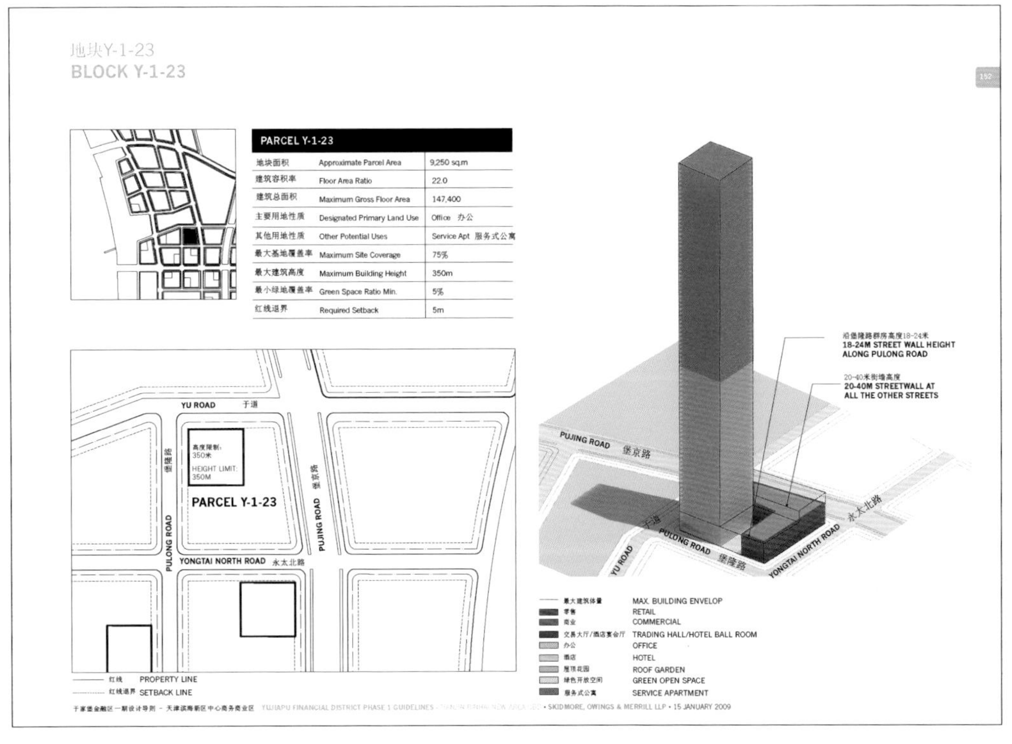

PARCEL Y-1-23		
地块面积	Approximate Parcel Area	9,250 sq.m
建筑容积率	Floor Area Ratio	22.0
建筑总面积	Maximum Gross Floor Area	147,400
主要用地性质	Designated Primary Land Use	Office 办公
其他用地性质	Other Potential Uses	Service Apt 服务式公寓
最大基地覆盖率	Maximum Site Coverage	75%
最大建筑高度	Maximum Building Height	350m
最小绿地覆盖率	Green Space Ratio Min.	5%
红线退界	Required Setback	5m

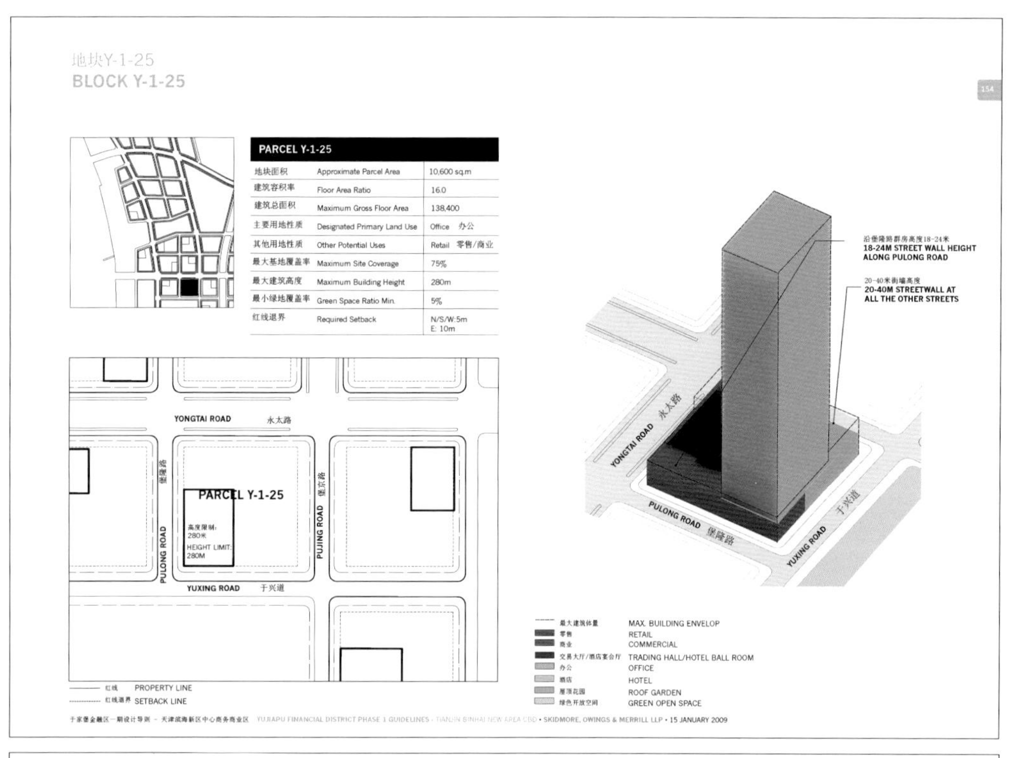

地块Y-1-25
BLOCK Y-1-25

PARCEL Y-1-25		
地块面积	Approximate Parcel Area	10,600 sq.m
建筑容积率	Floor Area Ratio	16.0
建筑总面积	Maximum Gross Floor Area	138,400
主要用地性质	Designated Primary Land Use	Office 办公
其他用地性质	Other Potential Uses	Retail 零售/商业
最大基地覆盖率	Maximum Site Coverage	75%
最大建筑高度	Maximum Building Height	280m
最小绿地覆盖率	Green Space Ratio Min.	5%
红线退界	Required Setback	N/S/W: 5m E: 10m

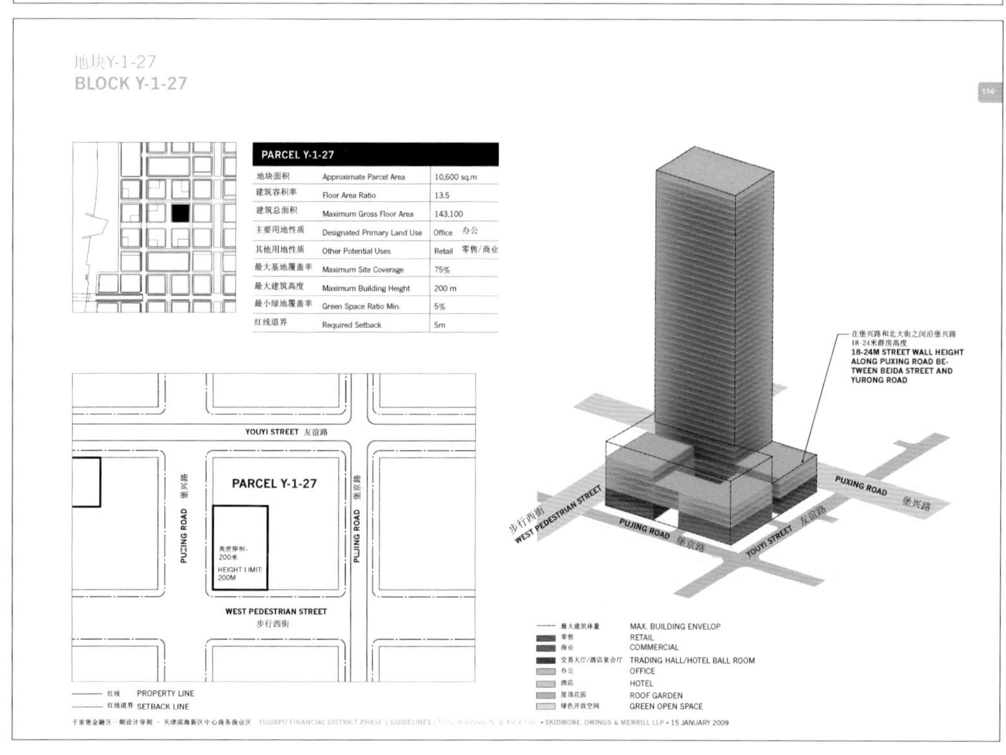

地块Y-1-27
BLOCK Y-1-27

PARCEL Y-1-27		
地块面积	Approximate Parcel Area	10,600 sq.m
建筑容积率	Floor Area Ratio	13.5
建筑总面积	Maximum Gross Floor Area	143,100
主要用地性质	Designated Primary Land Use	Office 办公
其他用地性质	Other Potential Uses	Retail 零售/商业
最大基地覆盖率	Maximum Site Coverage	75%
最大建筑高度	Maximum Building Height	200 m
最小绿地覆盖率	Green Space Ratio Min.	5%
红线退界	Required Setback	5m

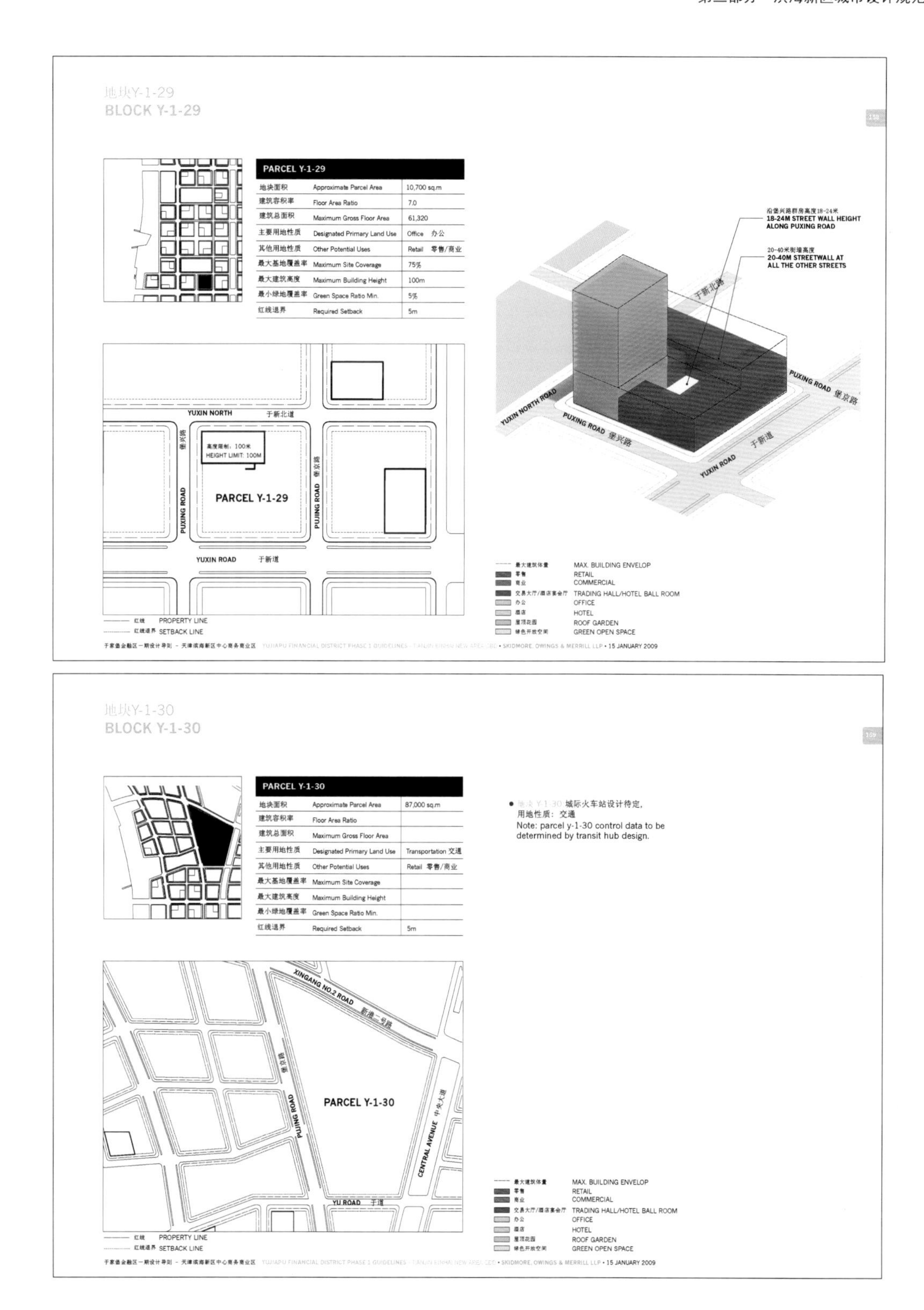

地块Y-1-29
BLOCK Y-1-29

PARCEL Y-1-29		
地块面积	Approximate Parcel Area	10,700 sq.m
建筑容积率	Floor Area Ratio	7.0
建筑总面积	Maximum Gross Floor Area	61,320
主要用地性质	Designated Primary Land Use	Office 办公
其他用地性质	Other Potential Uses	Retail 零售/商业
最大基地覆盖率	Maximum Site Coverage	75%
最大建筑高度	Maximum Building Height	100m
最小绿地覆盖率	Green Space Ratio Min.	5%
红线退界	Required Setback	5m

地块Y-1-30
BLOCK Y-1-30

PARCEL Y-1-30		
地块面积	Approximate Parcel Area	87,000 sq.m
建筑容积率	Floor Area Ratio	
建筑总面积	Maximum Gross Floor Area	
主要用地性质	Designated Primary Land Use	Transportation 交通
其他用地性质	Other Potential Uses	Retail 零售/商业
最大基地覆盖率	Maximum Site Coverage	
最大建筑高度	Maximum Building Height	
最小绿地覆盖率	Green Space Ratio Min.	
红线退界	Required Setback	5m

- 地块Y-1-30城际火车站设计待定，
  用地性质：交通
  Note: parcel y-1-30 control data to be determined by transit hub design.

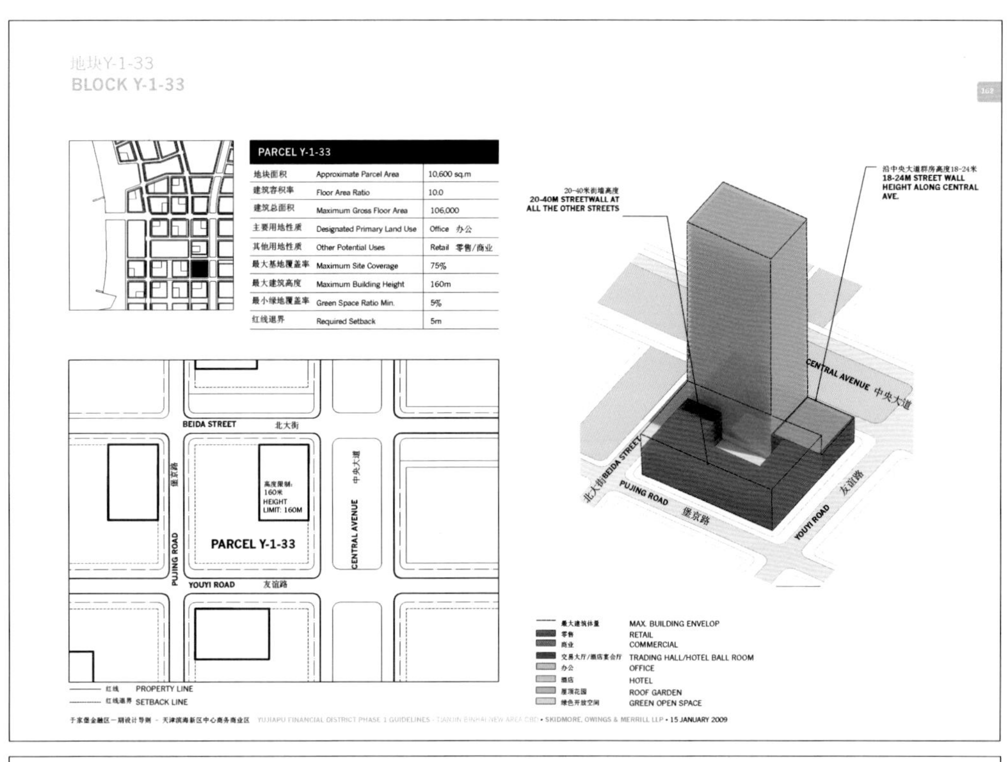

地块Y-1-33
BLOCK Y-1-33

PARCEL Y-1-33		
地块面积	Approximate Parcel Area	10,600 sq.m
建筑容积率	Floor Area Ratio	10.0
建筑总面积	Maximum Gross Floor Area	106,000
主要用地性质	Designated Primary Land Use	Office 办公
其他用地性质	Other Potential Uses	Retail 零售/商业
最大基地覆盖率	Maximum Site Coverage	75%
最大建筑高度	Maximum Building Height	160m
最小绿地覆盖率	Green Space Ratio Min.	5%
红线退界	Required Setback	5m

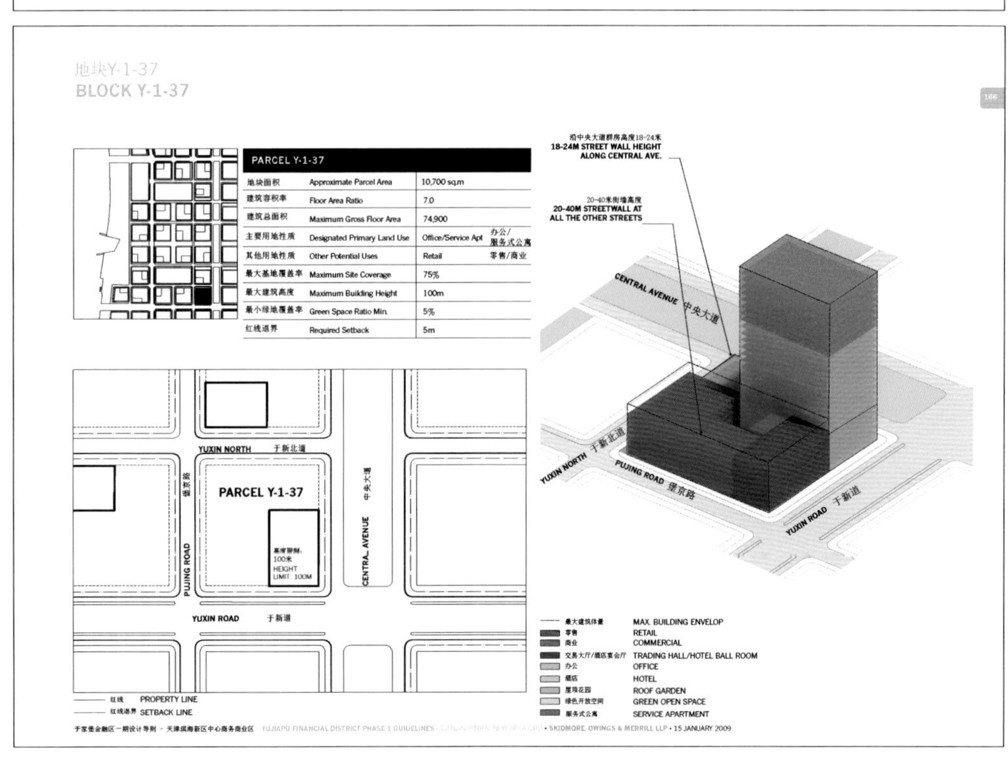

地块Y-1-37
BLOCK Y-1-37

PARCEL Y-1-37			
地块面积	Approximate Parcel Area	10,700 sq.m	
建筑容积率	Floor Area Ratio	7.0	
建筑总面积	Maximum Gross Floor Area	74,900	
主要用地性质	Designated Primary Land Use	Office/Service Apt	办公/服务式公寓
其他用地性质	Other Potential Uses	Retail	零售/商业
最大基地覆盖率	Maximum Site Coverage	75%	
最大建筑高度	Maximum Building Height	100m	
最小绿地覆盖率	Green Space Ratio Min.	5%	
红线退界	Required Setback	5m	

技术指标设计原则
TECHNICAL GUIDELINE PRINCIPLES

- 尺度较小的地块提供适宜步行的城市环境
- 由宽度较窄的街道组成的细密的道路网为步行者和驾车者提供多种选择
- 在小尺度的开发地块内，最小化建筑后退道路红线和道路交叉口转弯半径
- 在小尺度的开发地块内控制绿地率，地块内允许较高的建筑密度，以塑造鲜明的城市空间
- 整合城市开放空间网络，为市民提供易于到达的城市公共绿化空间，公共绿地率超过30%
- 以公共交通为导向，限制开发地块内部的停车数量，减小建筑地下空间开发成本

- **Small scale parcels benefit urban environment for walking**
- **Fine street network provides alternatives for pedestrian and car drivers**
- **Minimize building setbacks and road turning radius in small scale parcels**
- **Limit green coverage and allow high site coverage in small parcels to create distinctive urban spaces**
- **Organize open space network to provide accessible public green spaces for citizens. Public green area coverage should exceed 30%**
- **Maximize transit, control parking numbers on site, reduce the cost of underground space development**

于家堡金融区一期设计导则 - 天津滨海新区中心商务商业区 YUJIAPU FINANCIAL DISTRICT PHASE 1 GUIDELINES - TIANJIN BINHAI NEW AREA CBD • SKIDMORE, OWINGS & MERRILL LLP • 15 JANUARY 2009

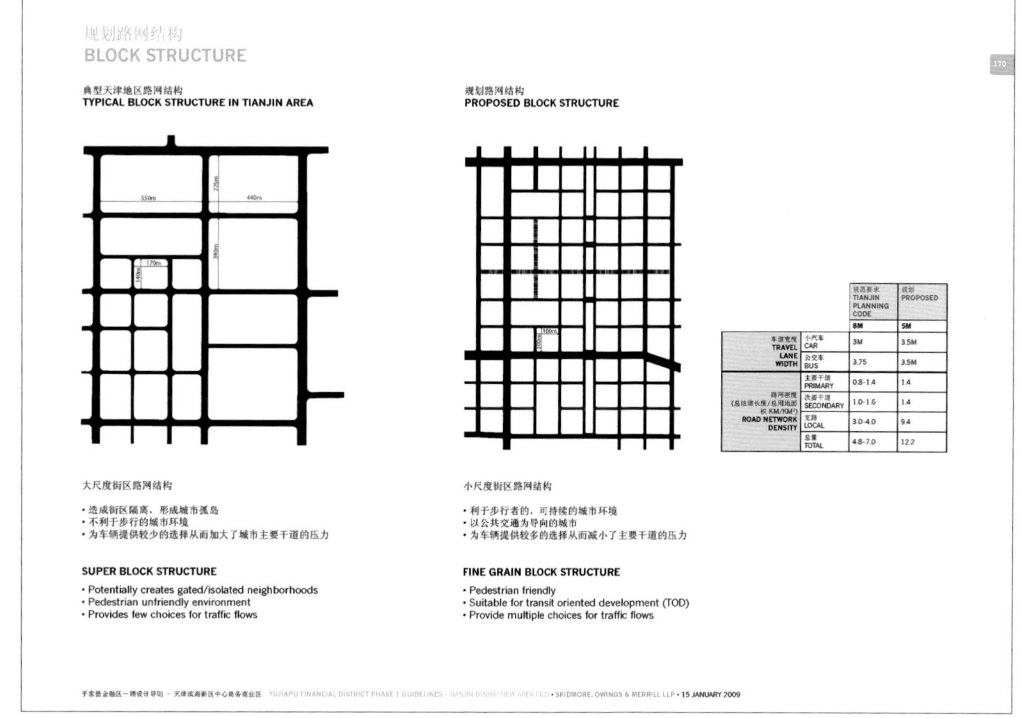

规划路网结构
BLOCK STRUCTURE

典型天津地区路网结构
TYPICAL BLOCK STRUCTURE IN TIANJIN AREA

大尺度街区路网结构

- 造成街区隔离，形成城市孤岛
- 不利于步行的城市环境
- 为车辆提供较少的选择从而加大了城市主要干道的压力

SUPER BLOCK STRUCTURE

- Potentially creates gated/isolated neighborhoods
- Pedestrian unfriendly environment
- Provides few choices for traffic flows

规划路网结构
PROPOSED BLOCK STRUCTURE

小尺度街区路网结构

- 利于步行者的，可持续的城市环境
- 以公共交通为导向的城市
- 为车辆提供较多的选择从而减小了主要干道的压力

FINE GRAIN BLOCK STRUCTURE

- Pedestrian friendly
- Suitable for transit oriented development (TOD)
- Provide multiple choices for traffic flows

		规范要求 TIANJIN PLANNING CODE	规划 PROPOSED
		8M	**5M**
车道宽度 TRAVEL LANE WIDTH	小汽车 CAR	3M	3.5M
	公交车 BUS	3.75	3.5M
路网密度（总结道长度/总用地面积 KM/KM²）ROAD NETWORK DENSITY	主要干道 PRIMARY	0.8-1.4	1.4
	次要干道 SECONDARY	1.0-1.6	1.4
	支路 LOCAL	3.0-4.0	9.4
	总量 TOTAL	4.8-7.0	12.2

于家堡金融区一期设计导则 - 天津滨海新区中心商务商业区 YUJIAPU FINANCIAL DISTRICT PHASE 1 GUIDELINES - TIANJIN BINHAI NEW AREA CBD • SKIDMORE, OWINGS & MERRILL LLP • 15 JANUARY 2009

道路转角设计-优势和可行性
PARCEL CORNER – ADVANTAGE AND FEASIBILITY

天津地区规划条例
TIANJIN CODE

单幅路、双幅路交叉口缘石转弯最小半径为
MINIMUM TURNING RADII

右转弯计算行车速度 TURNING SPEED (KM/H)	30	25	20	15
交叉口缘石转弯半径（M） CURB TURNING RADII	33–38	20–25	10–15	5–10

规划建议
PROPOSED

规划道路转弯半径：6米
PROPOSED TURNING RADII: 6M

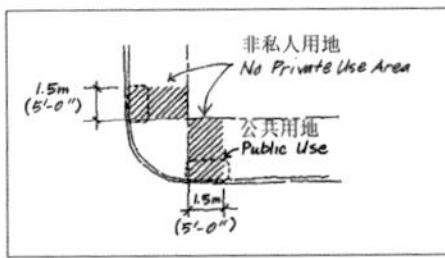

街道转角大小应满足多项公共功能要求，这些转角空间必须可以容纳行人穿过，以及那些等待穿马路和那些面后停下说话的行人。

Street corners should be large enough to serve their multiple public functions. They must accommodate pedestrians walking through, those waiting to cross and those who meet and stop to talk.

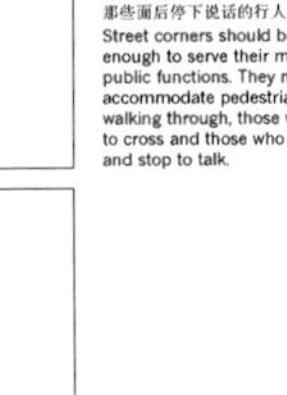

图中显示了在3.7米宽的人行道的交叉口，可提供的行人驻足面积随着路缘石转弯半径的增大而减小的状况。当路缘石转弯半径大于3米后，行人驻足面积迅速下降。

Graph showing how pedestrian area is reduced by increasing the curb radius at a typical corner where two 3.7m sidewalk intersect. Note that pedestrian area begins to fall off sharply as the radius gets larger than 3m.

较小的转弯半径具有以下优点 ADVANTAGES

- 缩短了行人需要横越的距离，提供一个连续的行走路线
- 缓和车辆的转弯速度；
- 增大街道转角的行人空间
- 保持残障坡道的合理布局；
- 提高司机和行人的可见度；
- 进一步增加司机对于“红灯禁止右转”交通规则的执行力度
- 增加用地的有效率
- 有利于创造整体，明确清晰的街道空间

- Minimize the distance pedestrians need to cross, allow for the connecting sidewalks
- Moderate the speeds of turning vehicles,
- Assure adequate pedestrian area in the street corner
- Alignment of ADA-compliant curb ramps
- Improve visibility of drivers and pedestrians,
- Result in improved compliance with “No Turn On Red” regulations.

可行性 FEASIBILITY

当路缘转弯半径为6米，红线转弯半径为5米，建筑退红线5米，在各种交叉路段，视线安全三角形均可满足要求

根据天津实际情况，预留5米的退红线距离和5米的红线转弯半径，为污水管道和煤气管道提供了足够的空间。

With the curb line radius 6m, red line radius 5m and building setback 5m, sight triangles can satisfy the requirement in all kinds of intersections.

According to the local situation, the 5m redline setback and 5m redline turning radius can offer enough space for sewage pipe and gas pipe.

道路转角设计-行人安全性
PARCEL CORNER – PEDESTRIAN SAFETY

天津地区规划条例
TIANJIN CODE

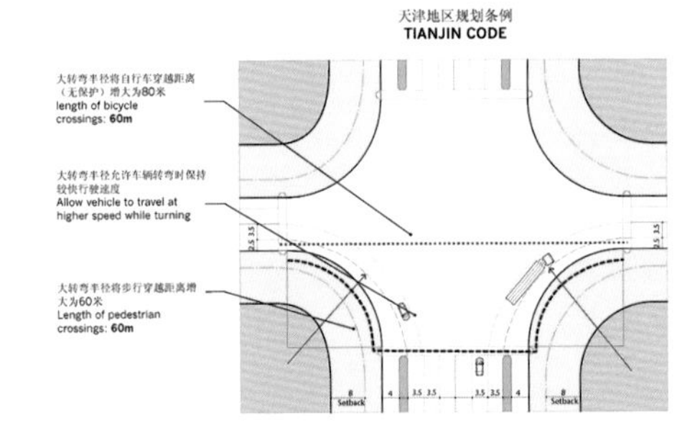

规划建议
PROPOSED

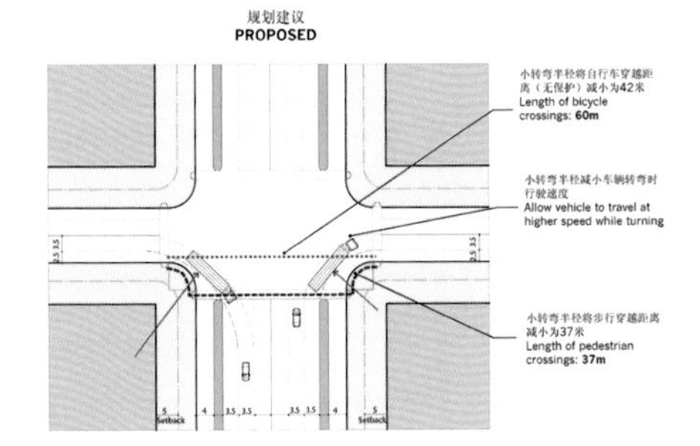

理想的讲，应该在街道转角的每条人行道设有单独的人行道残障坡道，也就是说在大多数街道转角处有两条残障坡道。并且应当鼓励残障坡道的设计。但是，有一些因素影响到转角处所设计的残障坡道的数量，其中包括人行道的宽度、街道转角的范围、相邻区域的材质和人行横道的位置等。

在较大转弯半径的街道转角，如果采用两个残障坡道，两个方向的过街人行横道则不能直接相连。该设计的不利之处在于将车辆的停止线向后移动，但优点在于转弯的机动车是从侧面靠近人行道内的行人，而不是从后面，确保行人有较好的安全视线。

Ideally, there should be a sepatate curb ramp for each crosswalk at a corner, that is, two ramps at most corners. It is also preferred to use curb ramps rather than dropped landings. However, there are a number of factors that influence the number and design of curb ramps at a corner, including sidewalk width, corner radius, adjacent materials, and crosswalk location.

In the case of large radius corners, it may be possible to use two ramps only if the crosswalks are moved away from the direct line of the sidewalk corridor. This design has the disadvantage of moving the stop line farther back, but the advantage that the pedestrian in the crosswalk has turning cars approaching from the side rather than the rear.

建议两条残障坡道
TWO RAMPS IS THE PREFERRED DESIGN

车辆从旁边接近行人
Turning vehicle approaches pedestrian from the side where ramps are separated.

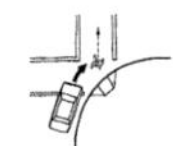

车辆从背后接近行人
Turning vehicle approaches pedestrian from the rear at a single diagonal ramp.

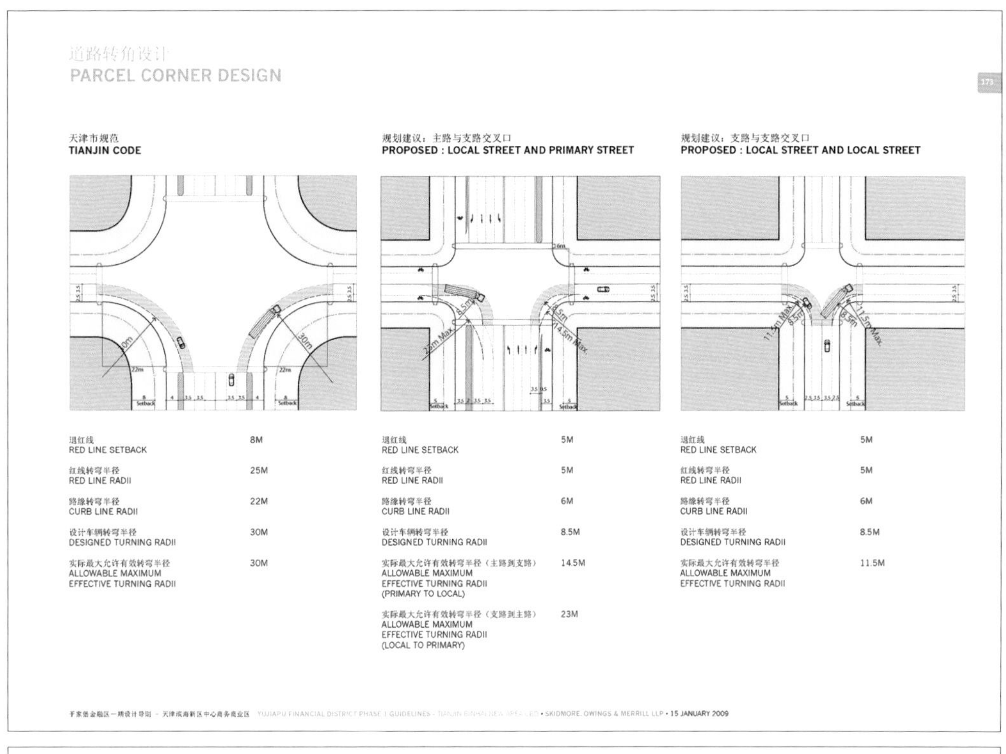
道路转角设计
PARCEL CORNER DESIGN
173
天津市规范
TIANJIN CODE
规划建议：主路与支路交叉口
PROPOSED : LOCAL STREET AND PRIMARY STREET
规划建议：支路与支路交叉口
PROPOSED : LOCAL STREET AND LOCAL STREET
退红线
RED LINE SETBACK
8M
红线转弯半径
RED LINE RADII
25M
路缘转弯半径
CURB LINE RADII
22M
设计车辆转弯半径
DESIGNED TURNING RADII
30M
实际最大允许有效转弯半径
ALLOWABLE MAXIMUM
EFFECTIVE TURNING RADII
30M
退红线
RED LINE SETBACK
5M
红线转弯半径
RED LINE RADII
5M
路缘转弯半径
CURB LINE RADII
6M
设计车辆转弯半径
DESIGNED TURNING RADII
8.5M
实际最大允许有效转弯半径（主路到支路）
ALLOWABLE MAXIMUM
EFFECTIVE TURNING RADII
(PRIMARY TO LOCAL)
14.5M
实际最大允许有效转弯半径（支路到主路）
ALLOWABLE MAXIMUM
EFFECTIVE TURNING RADII
(LOCAL TO PRIMARY)
23M
退红线
RED LINE SETBACK
5M
红线转弯半径
RED LINE RADII
5M
路缘转弯半径
CURB LINE RADII
6M
设计车辆转弯半径
DESIGNED TURNING RADII
8.5M
实际最大允许有效转弯半径
ALLOWABLE MAXIMUM
EFFECTIVE TURNING RADII
11.5M
于家堡金融区一期设计导则 - 天津滨海新区中心商务商业区 YUJIAPU FINANCIAL DISTRICT PHASE 1 GUIDELINES • SKIDMORE, OWINGS & MERRILL LLP • 15 JANUARY 2009

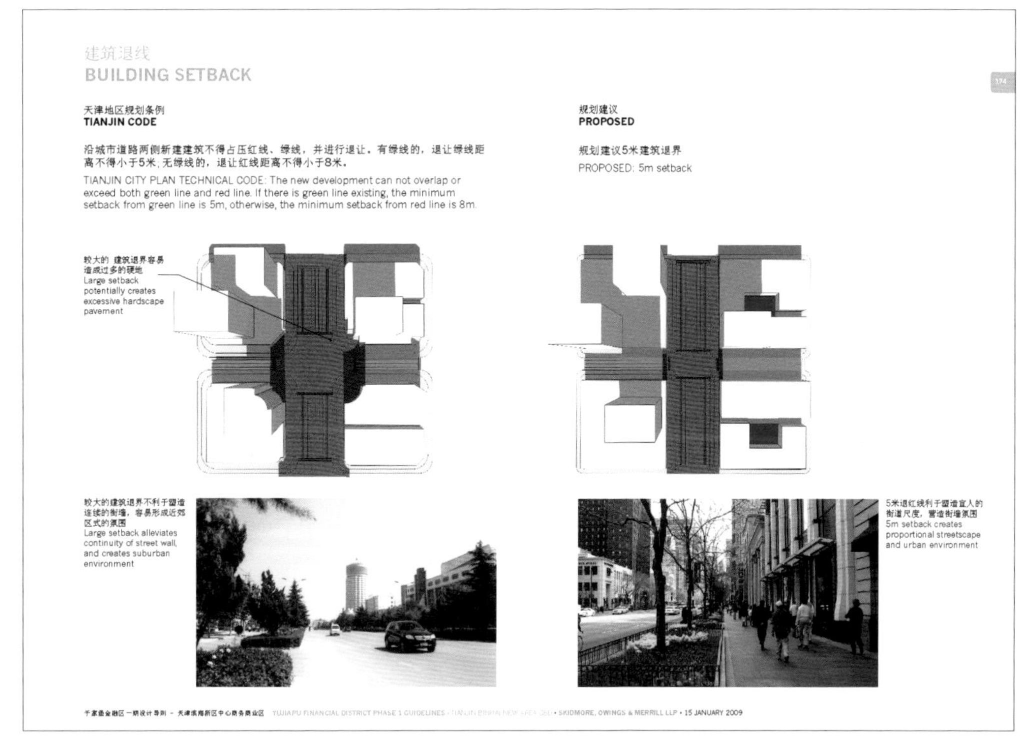
建筑退线
BUILDING SETBACK
174
天津地区规划条例
TIANJIN CODE
沿城市道路两侧新建建筑不得占压红线、绿线，并进行退让。有绿线的，退让绿线距离不得小于5米；无绿线的，退让红线距离不得小于8米。
TIANJIN CITY PLAN TECHNICAL CODE: The new development can not overlap or exceed both green line and red line. If there is green line existing, the minimum setback from green line is 5m, otherwise, the minimum setback from red line is 8m.
规划建议
PROPOSED
规划建议5米建筑退界
PROPOSED: 5m setback
较大的 建筑退界容易造成过多的硬地
Large setback potentially creates excessive hardscape pavement
较大的建筑退界不利于塑造连续的街墙，容易形成近郊区式的氛围
Large setback alleviates continuity of street wall, and creates suburban environment
5米退红线利于塑造宜人的街道尺度，营造街墙氛围
5m setback creates proportional streetscape and urban environment
于家堡金融区一期设计导则 - 天津滨海新区中心商务商业区 YUJIAPU FINANCIAL DISTRICT PHASE 1 GUIDELINES • SKIDMORE, OWINGS & MERRILL LLP • 15 JANUARY 2009

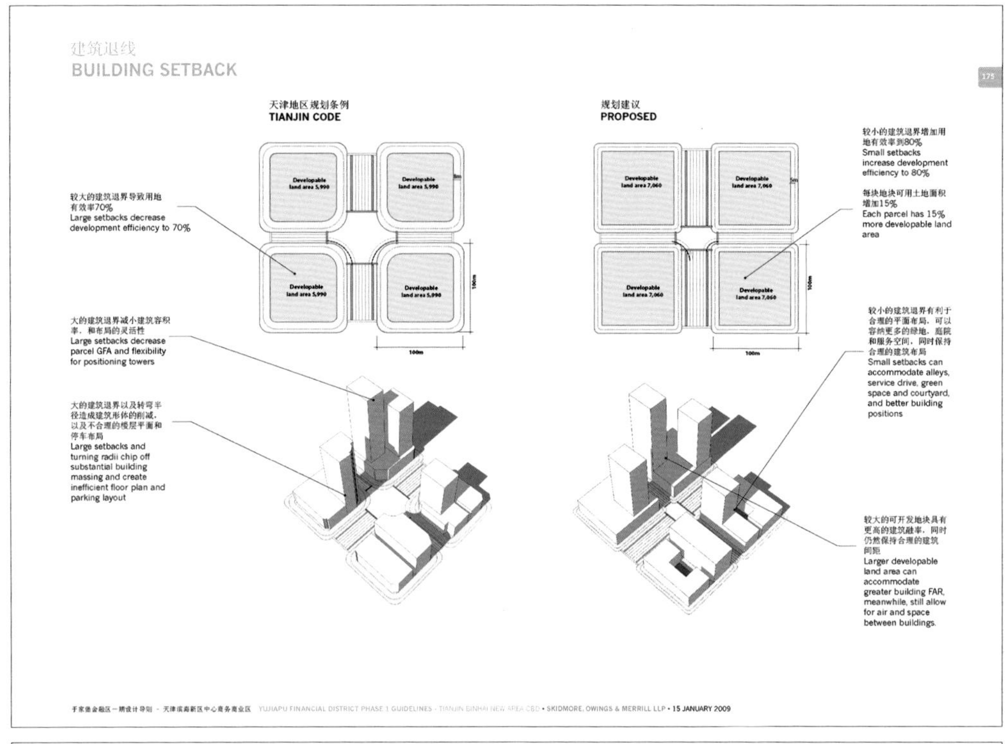
建筑退线
BUILDING SETBACK
175
天津地区规划条例
TIANJIN CODE
Developable land area 5,990
Developable land area 5,990
Developable land area 5,990
Developable land area 5,990
100m
100m
较大的建筑退界导致用地有效率70%
Large setbacks decrease development efficiency to 70%
大的建筑退界减小建筑容积率，和布局的灵活性
Large setbacks decrease parcel GFA and flexibility for positioning towers
大的建筑退界以及转弯半径造成建筑形体的削减，以及不合理的楼层平面和停车布局
Large setbacks and turning radii chip off substantial building massing and create inefficient floor plan and parking layout
规划建议
PROPOSED
Developable land area 7,060
Developable land area 7,060
Developable land area 7,060
Developable land area 7,060
100m
100m
较小的建筑退界增加用地有效率到80%
Small setbacks increase development efficiency to 80%
每块地块可用土地面积增加15%
Each parcel has 15% more developable land area
较小的建筑退界有利于合理的平面布局，可以容纳更多的绿地，庭院和服务空间，同时保持合理的建筑布局
Small setbacks can accommodate alleys, service drive, green space and courtyard, and better building positions
较大的可开发地块具有更高的建筑融率，同时仍然保持合理的建筑间距
Larger developable land area can accommodate greater building FAR, meanwhile, still allow for air and space between buildings.
于家堡金融区一期设计导则 - 天津滨海新区中心商务商业区 YUJIAPU FINANCIAL DISTRICT PHASE 1 GUIDELINES - TIANJIN BINHAI NEW AREA CBD • SKIDMORE, OWINGS & MERRILL LLP • 15 JANUARY 2009

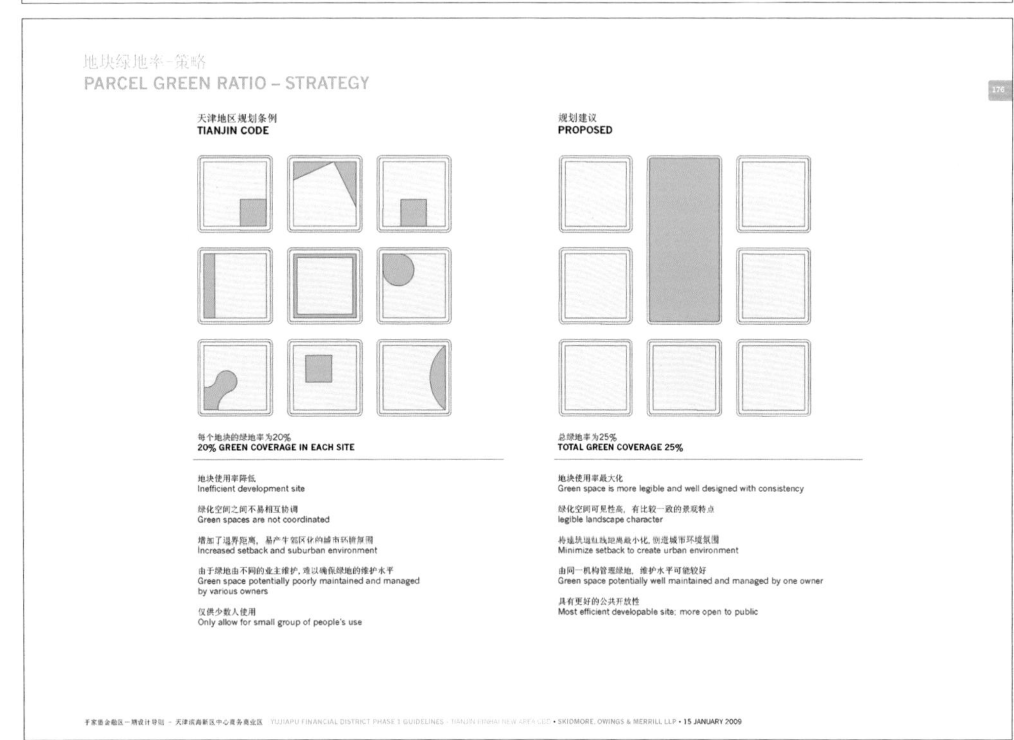
地块绿地率-策略
PARCEL GREEN RATIO – STRATEGY
176
天津地区规划条例
TIANJIN CODE
每个地块的绿地率为20%
20% GREEN COVERAGE IN EACH SITE
地块使用率降低
Inefficient development site
绿化空间之间不易相互协调
Green spaces are not coordinated
增加了退界距离，易产生郊区化的城市环境氛围
Increased setback and suburban environment
由于绿地由不同的业主维护，难以确保绿地的维护水平
Green space potentially poorly maintained and managed by various owners
仅供少数人使用
Only allow for small group of people's use
规划建议
PROPOSED
总绿地率为25%
TOTAL GREEN COVERAGE 25%
地块使用率最大化
Green space is more legible and well designed with consistency
绿化空间可见性高，有比较一致的景观特点
legible landscape character
将建筑退红线距离最小化，创造城市环境氛围
Minimize setback to create urban environment
由同一机构管理绿地，维护水平可能较好
Green space potentially well maintained and managed by one owner
具有更好的公共开放性
Most efficient developable site; more open to public
于家堡金融区一期设计导则 - 天津滨海新区中心商务商业区 YUJIAPU FINANCIAL DISTRICT PHASE 1 GUIDELINES - TIANJIN BINHAI NEW AREA CBD • SKIDMORE, OWINGS & MERRILL LLP • 15 JANUARY 2009

地块绿地率 策略
PARCEL GREEN RATIO – STRATEGY
规划建议
PROPOSED
公共绿地比例 （不包括道旁树） 30%
PUBLIC GREEN RATIO (NOT INCLUDING STREET TREES) 30%
总绿地率（如果包括每块地块上 5% 的绿地） 32%
TOTAL GREEN RATIO (INCLUDING 5% GREEN RATIO ON EACH PARCEL) 32%
其他案例
OTHER EXAMPLES
金丝雀码头，伦敦
CANARY WHARF, LONDON
湖岸东区，芝加哥
LAKE SHORE EAST, CHICAGO
SKIDMORE, OWINGS & MERRILL LLP • 15 JANUARY 2009

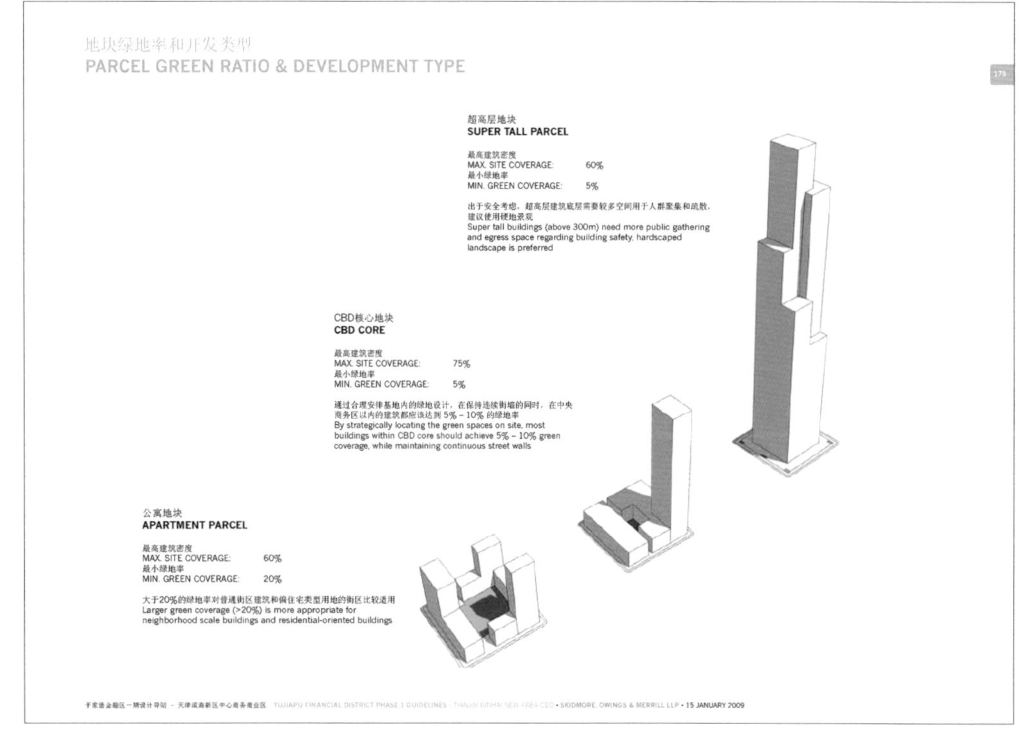
地块绿地率和开发类型
PARCEL GREEN RATIO & DEVELOPMENT TYPE
超高层地块
SUPER TALL PARCEL
最高建筑密度
MAX. SITE COVERAGE: 60%
最小绿地率
MIN. GREEN COVERAGE: 5%
出于安全考虑，超高层建筑底层需要较多空间用于人群聚集和疏散，建议使用硬地景观
Super tall buildings (above 300m) need more public gathering and egress space regarding building safety, hardscaped landscape is preferred
CBD核心地块
CBD CORE
最高建筑密度
MAX. SITE COVERAGE: 75%
最小绿地率
MIN. GREEN COVERAGE: 5%
通过合理安排基地内的绿地设计，在保持连续街墙的同时，在中央商务区以内的建筑都应该达到 5% – 10% 的绿地率
By strategically locating the green spaces on site, most buildings within CBD core should achieve 5% – 10% green coverage, while maintaining continuous street walls
公寓地块
APARTMENT PARCEL
最高建筑密度
MAX. SITE COVERAGE: 60%
最小绿地率
MIN. GREEN COVERAGE: 20%
大于20%的绿地率对普通街区建筑和偏住宅类型用地的街区比较适用
Larger green coverage (>20%) is more appropriate for neighborhood scale buildings and residential-oriented buildings
于家堡金融区一期设计导则 – 天津滨海新区中心商务商业区
SKIDMORE, OWINGS & MERRILL LLP • 15 JANUARY 2009

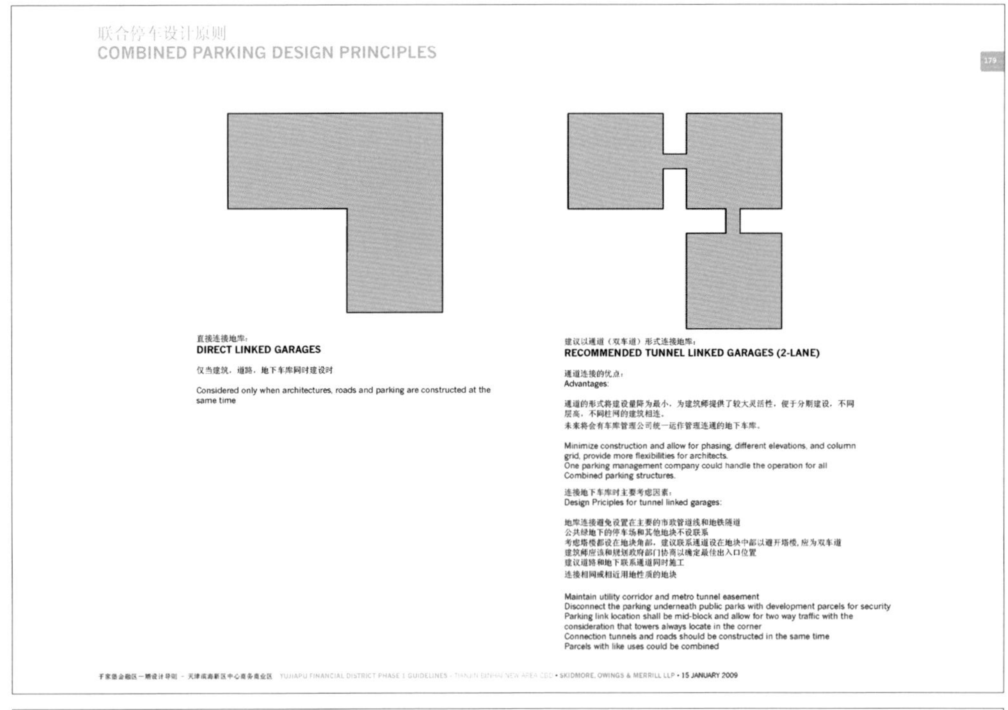
联合停车设计原则
COMBINED PARKING DESIGN PRINCIPLES
直接连接地库:
DIRECT LINKED GARAGES
仅当建筑，道路，地下车库同时建设时
Considered only when architectures, roads and parking are constructed at the same time
建议以通道（双车道）形式连接地库:
RECOMMENDED TUNNEL LINKED GARAGES (2-LANE)
通道连接的优点:
Advantages:
通道的形式将建设量降为最小，为建筑师提供了较大灵活性，便于分期建设，不同层高，不同柱网的建筑相连。
未来将会有车库管理公司统一运作管理连通的地下车库。
Minimize construction and allow for phasing, different elevations, and column grid, provide more flexibilities for architects.
One parking management company could handle the operation for all Combined parking structures.
连接地下车库时主要考虑因素:
Design Priciples for tunnel linked garages:
地库连接避免设置在主要的市政管道线和地铁隧道
公共绿地下的停车场和其他地块不设联系
考虑塔楼都设在地块角部，建议联系通道设在地块中部以避开塔楼，应为双车道
建筑师应该和规划政府部门协商以确定最佳出入口位置
建议道路和地下联系通道同时施工
连接相同或相近用地性质的地块
Maintain utility corridor and metro tunnel easement
Disconnect the parking underneath public parks with development parcels for security
Parking link location shall be mid-block and allow for two way traffic with the consideration that towers always locate in the corner
Connection tunnels and roads should be constructed in the same time
Parcels with like uses could be combined
千家堡金融区一期设计导则 - 天津滨海新区中心商务商业区 YUJIAPU FINANCIAL DISTRICT PHASE 1 GUIDELINES - TIANJIN BINHAI NEW AREA CBD • SKIDMORE, OWINGS & MERRILL LLP • 15 JANUARY 2009

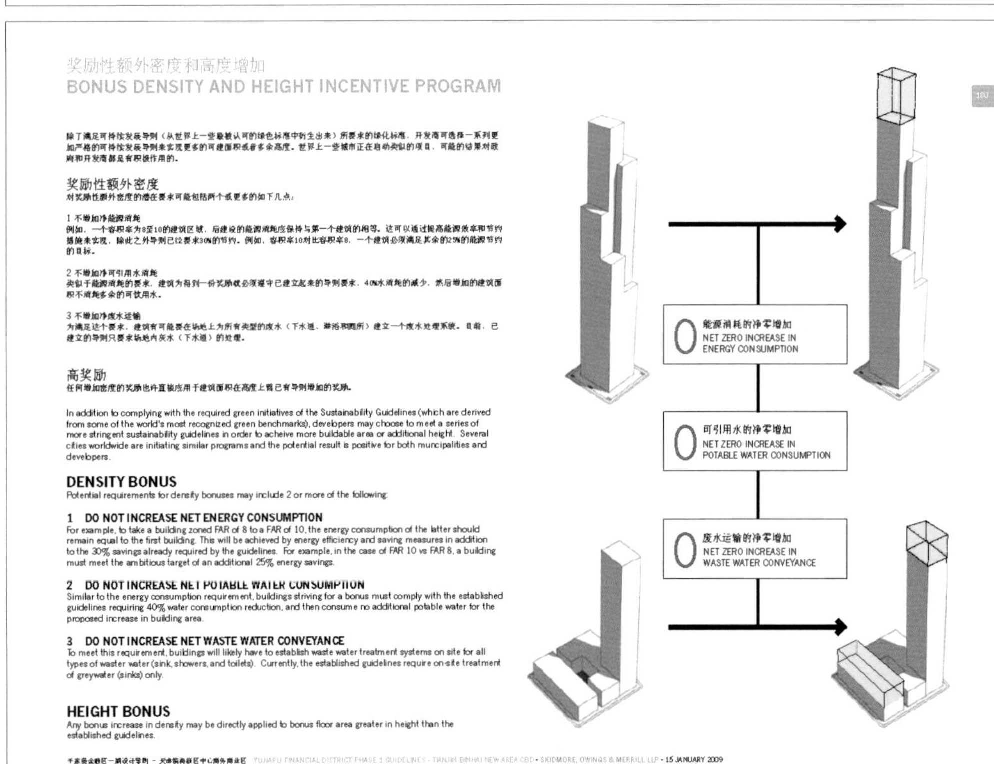
奖励性额外密度和高度增加
BONUS DENSITY AND HEIGHT INCENTIVE PROGRAM
除了满足可持续发展导则（从世界上一些最被认可的绿色标准中衍生出来）所要求的绿化标准，开发商可选择一系列更加严格的可持续发展导则来实现更多的可建面积或者多余高度。世界上一些城市正在启动类似的项目，可能的结果对政府和开发商都是有积极作用的。
奖励性额外密度
对奖励性额外密度的潜在要求可能包括两个或更多的如下几点:
1 不增加净能源消耗
例如，一个容积率为8至10的建筑区域，后建设的能源消耗应保持与第一个建筑的相等。这可以通过提高能源效率和节约措施来实现，除此之外导则已经要求30%的节约。例如，容积率10对比容积率8，一个建筑必须满足其余的25%的能源节约的目标。
2 不增加净可引用水消耗
类似于能源消耗的要求，建筑为得到一份奖励就必须遵守已建立起来的导则要求，40%水消耗的减少，然后增加的建筑面积不消耗多余的可饮用水。
3 不增加净废水运输
为满足这个要求，建筑有可能要在场地上为所有类型的废水（下水道、淋浴和厕所）建立一个废水处理系统。目前，已建立的导则只要求场地内灰水（下水道）的处理。
高奖励
任何增加密度的奖励也许直接应用于建筑面积在高度上超已有导则增加的奖励。
In addition to complying with the required green initiatives of the Sustainability Guidelines (which are derived from some of the world's most recognized green benchmarks), developers may choose to meet a series of more stringent sustainability guidelines in order to acheive more buildable area or additional height. Several cities worldwide are initiating similar programs and the potential result is positive for both muncipalities and developers.
DENSITY BONUS
Potential requirements for density bonuses may include 2 or more of the following:
1 DO NOT INCREASE NET ENERGY CONSUMPTION
For example, to take a building zoned FAR of 8 to a FAR of 10, the energy consumption of the latter should remain equal to the first building. This will be achieved by energy efficiency and saving measures in addition to the 30% savings already required by the guidelines. For example, in the case of FAR 10 vs FAR 8, a building must meet the ambitious target of an additional 25% energy savings.
2 DO NOT INCREASE NET POTABLE WATER CONSUMPTION
Similar to the energy consumption requirement, buildings striving for a bonus must comply with the established guidelines requiring 40% water consumption reduction, and then consume no additional potable water for the proposed increase in building area.
3 DO NOT INCREASE NET WASTE WATER CONVEYANCE
To meet this requirement, buildings will likely have to establish waste water treatment systems on site for all types of waster water (sink, showers, and toilets). Currently, the established guidelines require on-site treatment of greywater (sinks) only.
HEIGHT BONUS
Any bonus increase in density may be directly applied to bonus floor area greater in height than the established guidelines.
0 能源消耗的净零增加
NET ZERO INCREASE IN ENERGY CONSUMPTION
0 可引用水的净零增加
NET ZERO INCREASE IN POTABLE WATER CONSUMPTION
0 废水运输的净零增加
NET ZERO INCREASE IN WASTE WATER CONVEYANCE
千家堡金融区一期设计导则 - 天津滨海新区中心商务商业区 YUJIAPU FINANCIAL DISTRICT PHASE 1 GUIDELINES - TIANJIN BINHAI NEW AREA CBD • SKIDMORE, OWINGS & MERRILL LLP • 15 JANUARY 2009

附录二　北塘地区城市设计导则

北 塘 地 区 城 市 设 计 导 则

The Urban Design Guideline for Beitang District.Tianjin

设计单位：

2010.11 修订稿

导则目录
contents

01　城市设计

起步区城市设计模型

THE URBAN DESIGN

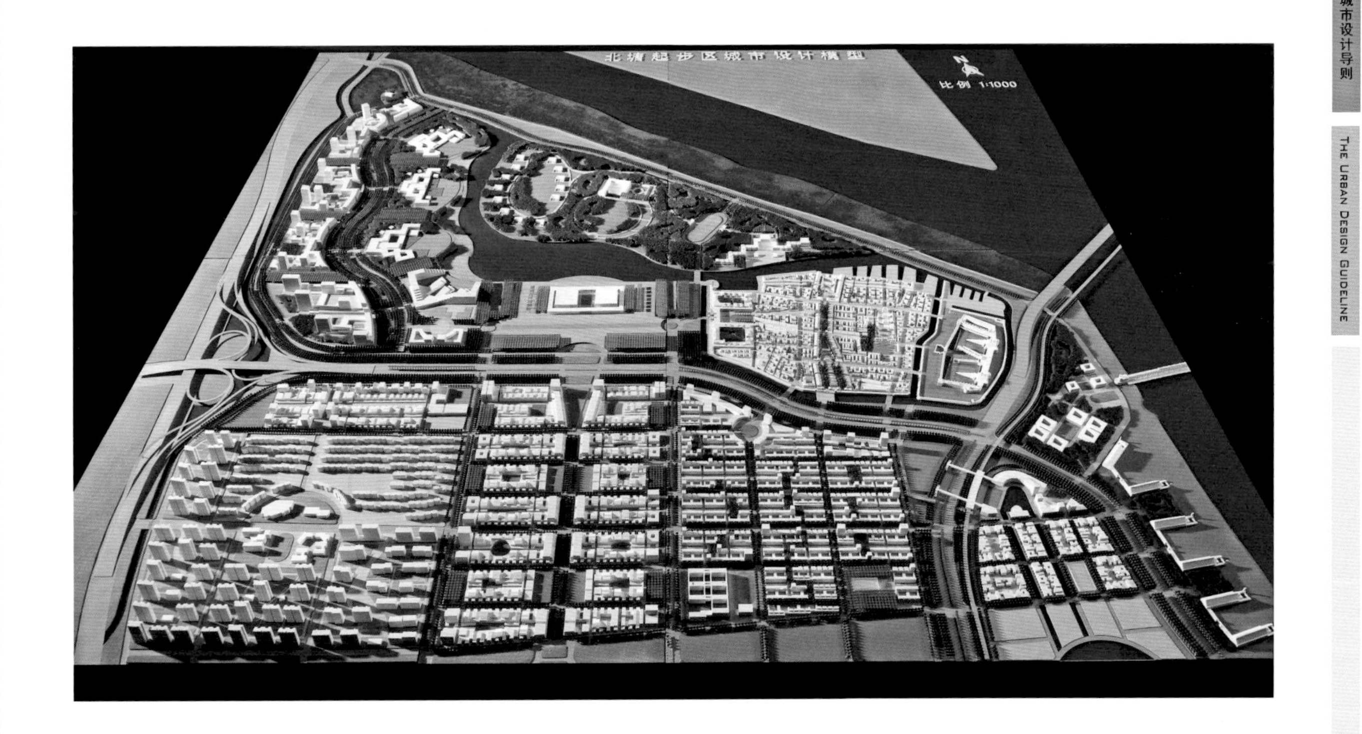

02 整体建筑风格设计导则
北塘区位分析
GUIDELINE FOR STYLE OF BUILDING
按照市委市政府构筑"高端产业、自主创新、生态宜居" 三个高地，打好滨海攻坚战的总体部署。
其中，北塘与生态城共同构筑滨海新区北部生态宜居高地。
北塘开发的建筑特色
北塘——低层高密度
生态城——高层低密度
于家堡——高层高密度
北塘地区城市设计导则
THE URBAN DESIGN GUIDELINE
03

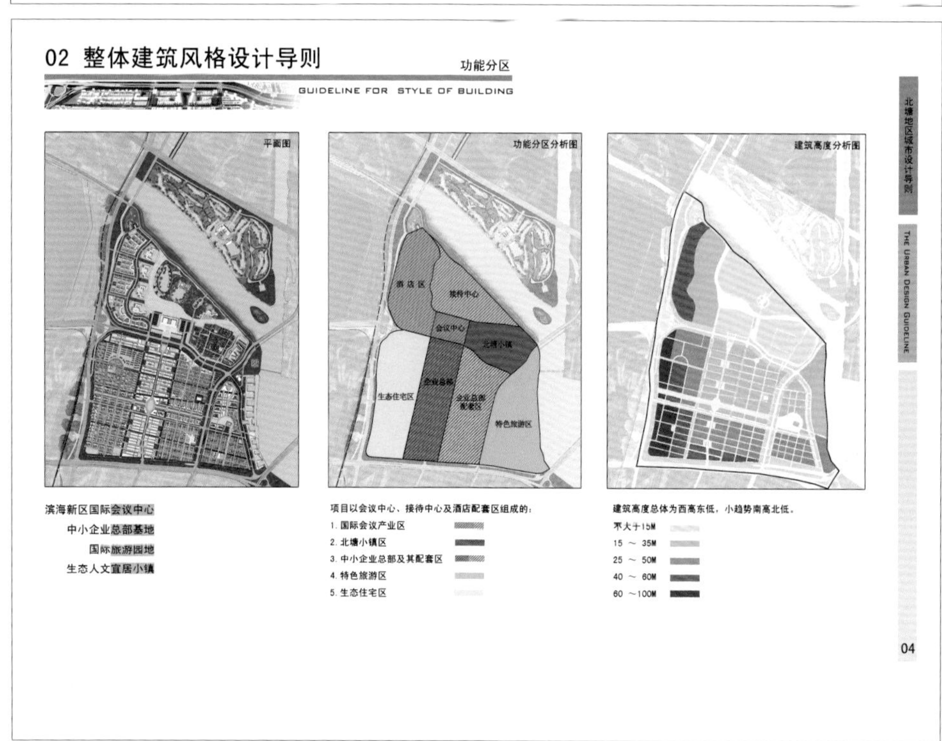
02 整体建筑风格设计导则
功能分区
GUIDELINE FOR STYLE OF BUILDING
平面图
功能分区分析图
建筑高度分析图
滨海新区国际会议中心
中小企业总部基地
国际旅游园地
生态人文宜居小镇
项目以会议中心、接待中心及酒店配套区组成的：
1. 国际会议产业区
2. 北塘小镇区
3. 中小企业总部及其配套区
4. 特色旅游区
5. 生态住宅区
建筑高度总体为西高东低，小趋势南高北低。
不大于15M
15 ～ 35M
25 ～ 50M
40 ～ 60M
60 ～100M
北塘地区城市设计导则
THE URBAN DESIGN GUIDELINE
04

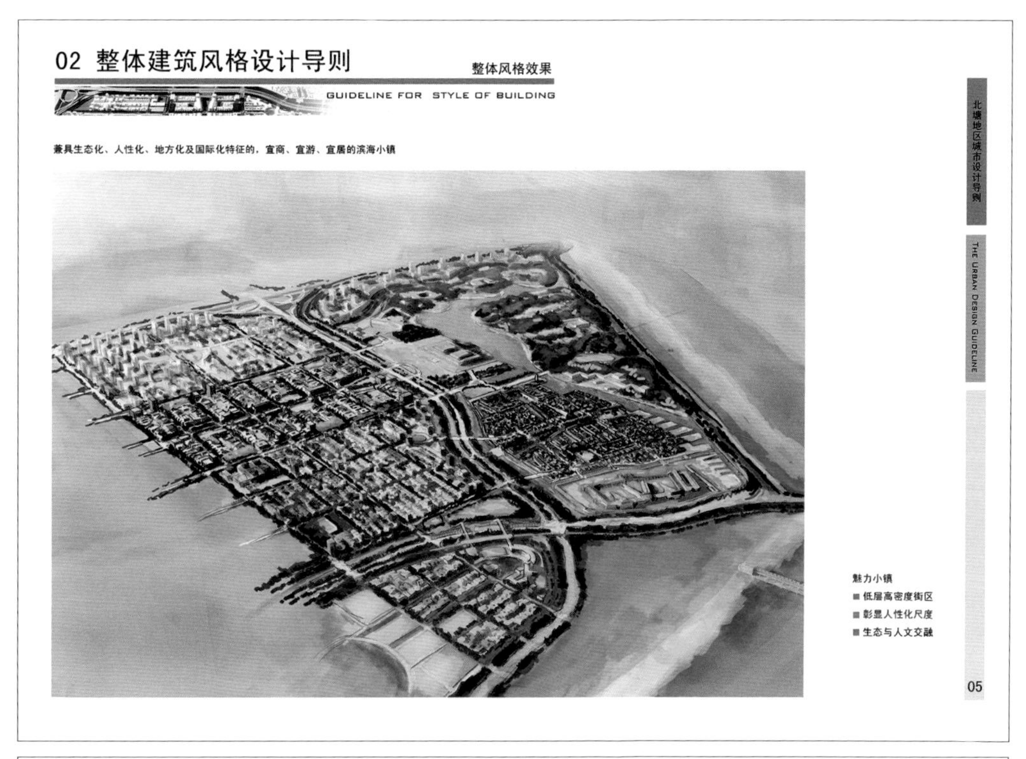
02 整体建筑风格设计导则
整体风格效果
GUIDELINE FOR STYLE OF BUILDING
兼具生态化、人性化、地方化及国际化特征的，宜商、宜游、宜居的滨海小镇
魅力小镇
■ 低层高密度街区
■ 彰显人性化尺度
■ 生态与人文交融
北塘地区城市设计导则
THE URBAN DESIGN GUIDELINE
05

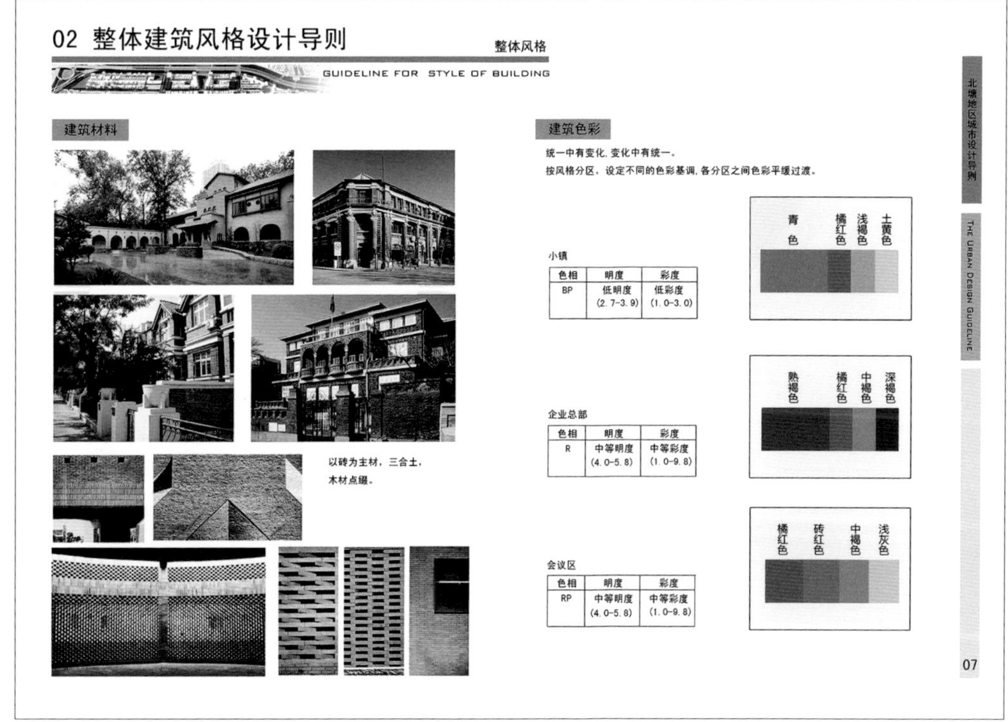
02 整体建筑风格设计导则
整体风格
GUIDELINE FOR STYLE OF BUILDING
建筑材料
以砖为主材，三合土，
木材点缀。
建筑色彩
统一中有变化，变化中有统一。
按风格分区，设定不同的色彩基调，各分区之间色彩平缓过渡。
小镇
色相 | 明度 | 彩度
BP | 低明度 (2.7-3.9) | 低彩度 (1.0-3.0)
青色 橘红色 浅褐色 土黄色
企业总部
色相 | 明度 | 彩度
R | 中等明度 (4.0-5.8) | 中等彩度 (1.0-9.8)
熟褐色 橘红色 中褐色 深褐色
会议区
色相 | 明度 | 彩度
RP | 中等明度 (4.0-5.8) | 中等彩度 (1.0-9.8)
橘红色 砖红色 中褐色 浅灰色
北塘地区城市设计导则
THE URBAN DESIGN GUIDELINE
07

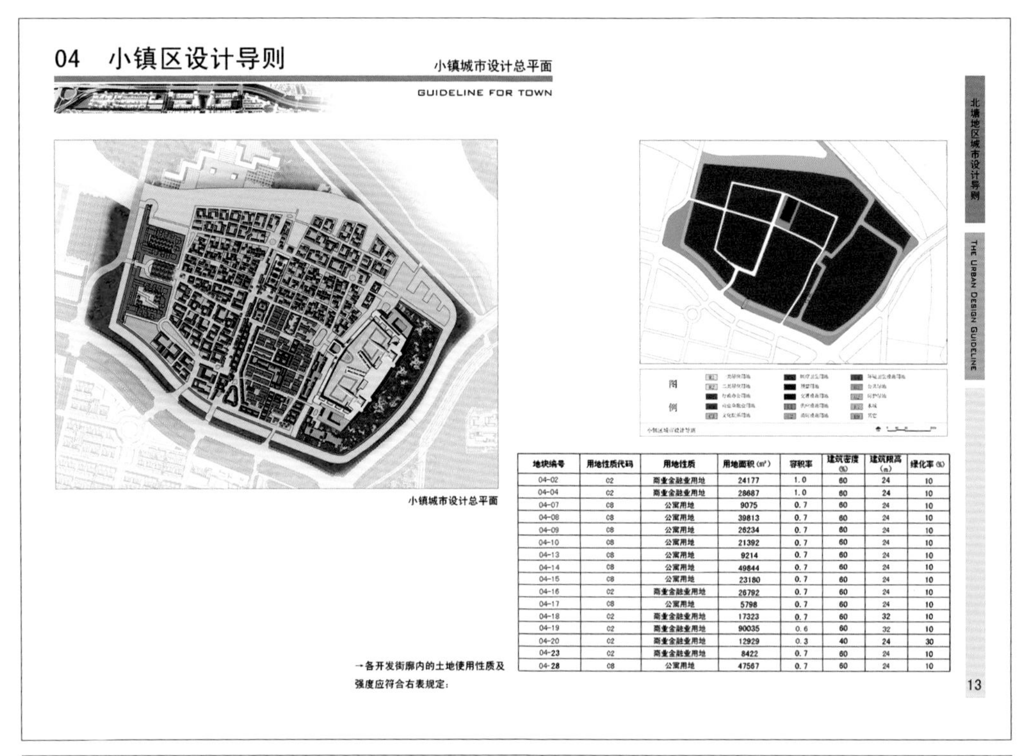

地块编号	用地性质代码	用地性质	用地面积(m²)	容积率	建筑密度(%)	建筑限高(m)	绿化率(%)
04-02	C2	商业金融业用地	24177	1.0	60	24	10
04-04	C2	商业金融业用地	28687	1.0	60	24	10
04-07	C8	公寓用地	9075	0.7	60	24	10
04-08	C8	公寓用地	39813	0.7	60	24	10
04-09	C8	公寓用地	26234	0.7	60	24	10
04-10	C8	公寓用地	21392	0.7	60	24	10
04-13	C8	公寓用地	9214	0.7	60	24	10
04-14	C8	公寓用地	49844	0.7	60	24	10
04-15	C8	公寓用地	23180	0.7	60	24	10
04-16	C2	商业金融业用地	26792	0.7	60	24	10
04-17	C8	公寓用地	5798	0.7	60	24	10
04-18	C2	商业金融业用地	17323	0.7	60	32	10
04-19	C2	商业金融业用地	90035	0.6	60	32	10
04-20	C2	商业金融业用地	12929	0.3	40	24	30
04-23	C2	商业金融业用地	8422	0.7	60	24	10
04-28	C8	公寓用地	47567	0.7	60	24	10

04 小镇区设计导则
各街区特色设计导则
GUIDELINE FOR TOWN
北塘地区城市设计导则
THE URBAN DESIGN GUIDELINE
A 核心区
B 炮台营
C 新中式大院
D 商务会所群
E 酒店及酒店公寓
F 渔市海鲜坊
核心区：
恢复历史凤凰街老街记忆，
保护现状街道树木；
酒吧街考虑文化产品空间；
精品酒店采用北方传统大院。
14

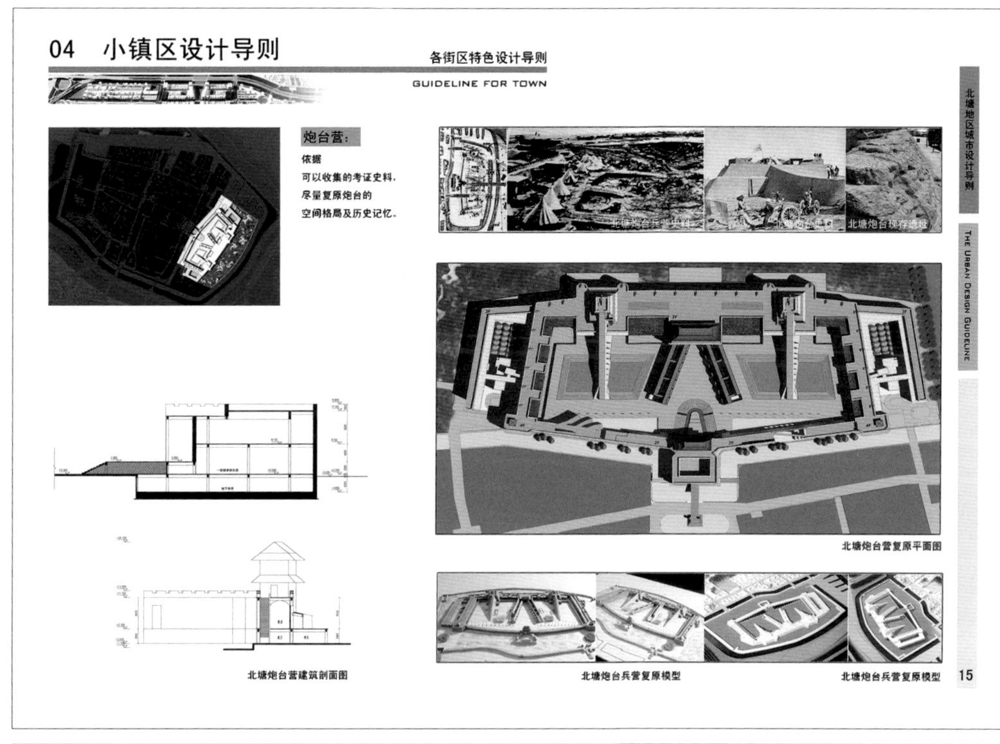
04　小镇区设计导则
各街区特色设计导则
GUIDELINE FOR TOWN
炮台营：
依据
可以收集的考证史料，
尽量复原炮台的
空间格局及历史记忆。
北塘炮台现存遗址
北塘炮台营复原平面图
北塘炮台营建筑剖面图
北塘炮台兵营复原模型
北塘炮台兵营复原模型
北塘地区城市设计导则
THE URBAN DESIGN GUIDELINE
15

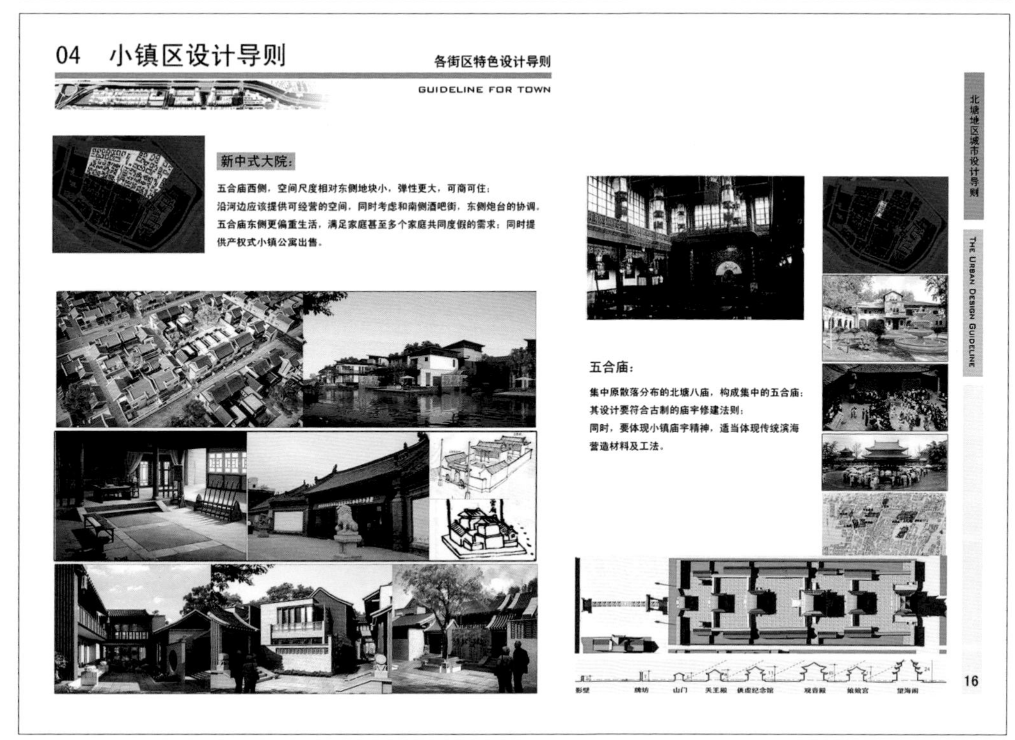
04　小镇区设计导则
各街区特色设计导则
GUIDELINE FOR TOWN
新中式大院：
五合庙西侧，空间尺度相对东侧地块小，弹性更大，可商可住；
沿河边应该提供可经营的空间，同时考虑和南侧酒吧街，东侧炮台的协调。
五合庙东侧更偏重生活，满足家庭甚至多个家庭共同度假的需求；同时提供产权式小镇公寓出售。
五合庙：
集中原散落分布的北塘八庙，构成集中的五合庙；
其设计要符合古制的庙宇修建法则；
同时，要体现小镇庙宇精神，适当体现传统滨海营造材料及工法。
影壁
牌坊
山门
天王殿
观音殿
娘娘宫
望海阁
北塘地区城市设计导则
THE URBAN DESIGN GUIDELINE
16

04 小镇区设计导则
各街区特色设计导则
GUIDELINE FOR TOWN
北塘地区城市设计导则
THE URBAN DESIGN GUIDELINE
商务会所群：
强化水边小镇风貌特色；
改善粗放的植被面貌，提高整体绿化层次；
赋予传统院落新的面貌。
功能：
以商务会所为主；
提供60-80人的会议空间。
17

04 小镇区设计导则
各街区特色设计导则
GUIDELINE FOR TOWN
北塘地区城市设计导则
THE URBAN DESIGN GUIDELINE
酒店及酒店公寓区：
建筑设计必须体现城墙的历史记忆，尺度上必须与小镇融为一体，建筑不超过4层楼。
同时，要体现城门，灯塔意向。
形体及空间设计意向
城墙酒店设计意向
渔市海鲜坊：
海鲜坊集餐饮、市场、超市为一体；以渔文化主题装饰，提供丰富娱乐活动；
海鲜坊有两种经营模式，一是高端宴请，独立出入口；一是海鲜市场买货，不同的餐厅加工。
外部空间意向
内部空间意向
18

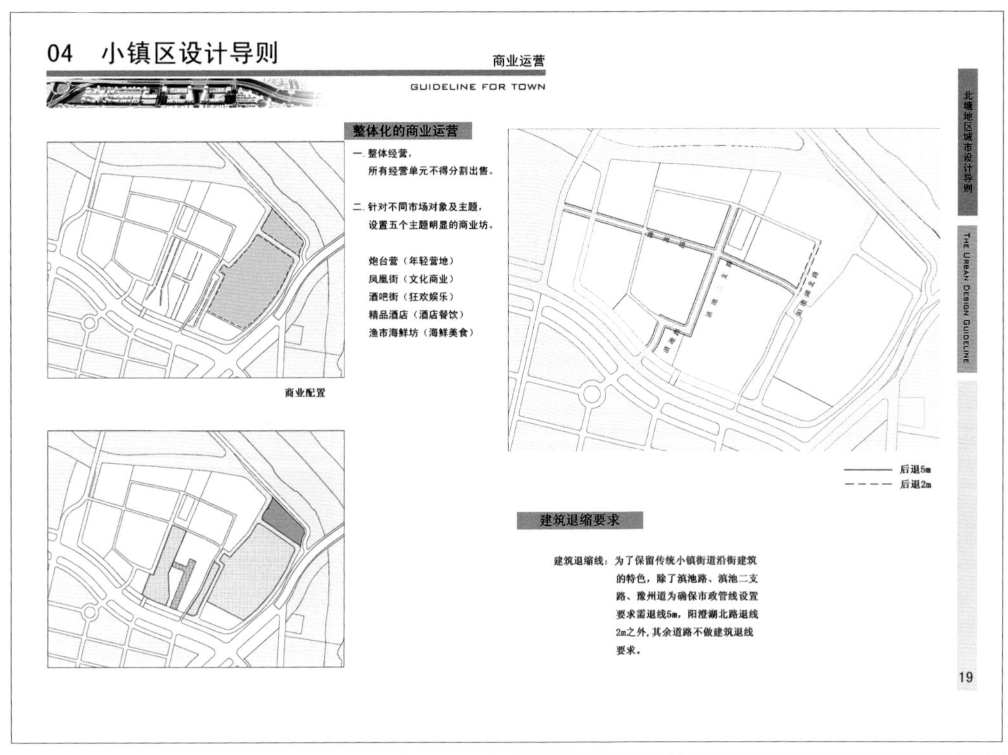
04　小镇区设计导则
商业运营
GUIDELINE FOR TOWN
整体化的商业运营
一. 整体经营，
所有经营单元不得分割出售。
二. 针对不同市场对象及主题，
设置五个主题明显的商业坊。
炮台营（年轻营地）
凤凰街（文化商业）
酒吧街（狂欢娱乐）
精品酒店（酒店餐饮）
渔市海鲜坊（海鲜美食）
商业配置
后退5m
后退2m
建筑退缩要求
建筑退缩线：为了保留传统小镇街道沿街建筑的特色，除了滨池路、滨池二支路、豫州道为确保市政管线设置要求需退线5m，阳澄湖北路退线2m之外，其余道路不做建筑退线要求。
北塘地区城市设计导则
THE URBAN DESIGN GUIDELINE
19

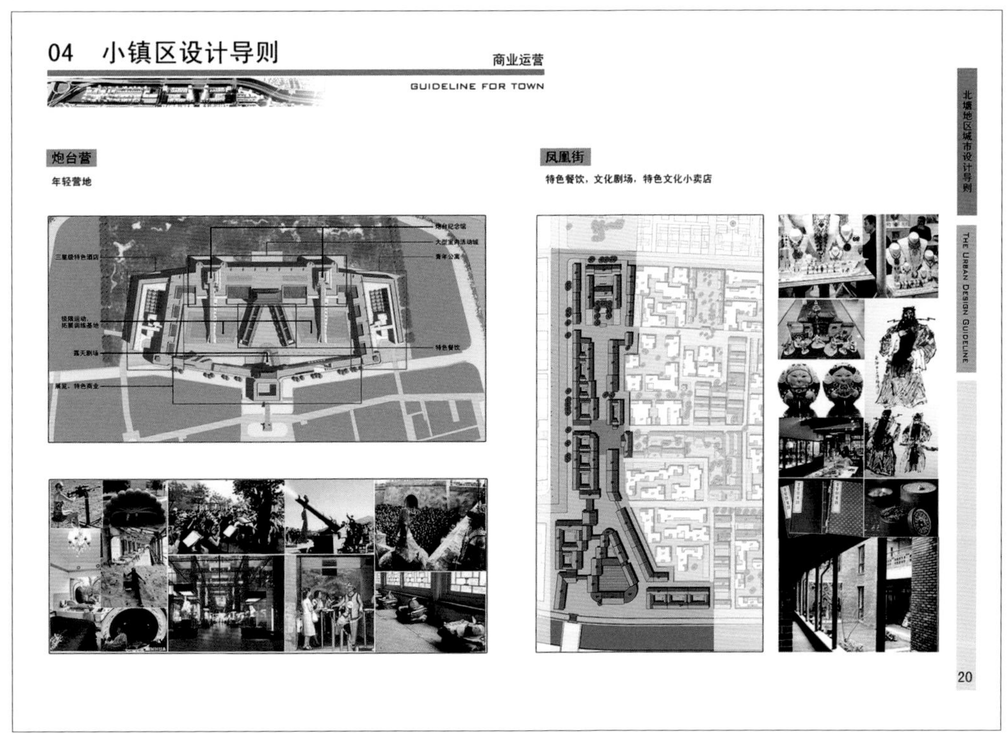
04　小镇区设计导则
商业运营
GUIDELINE FOR TOWN
炮台营
年轻营地
凤凰街
特色餐饮，文化剧场，特色文化小卖店
北塘地区城市设计导则
THE URBAN DESIGN GUIDELINE
20

04 小镇区设计导则
商业运营
GUIDELINE FOR TOWN
北塘地区城市设计导则
THE URBAN DESIGN GUIDELINE
酒吧街
酒吧街提前考虑文化产品空间，书写北塘新的历史，延续北塘建筑肌理。
精品酒店：开放式精品酒店，打造独具北塘气氛的文化酒店。
渔市海鲜坊：海鲜餐饮，渔文化商业。
21

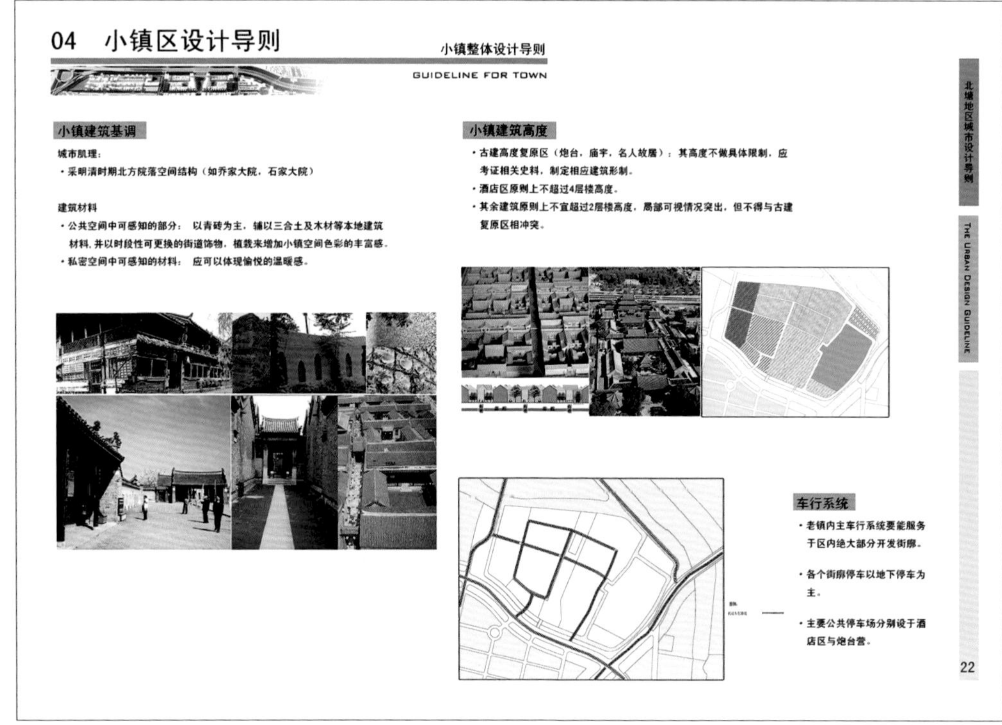
04 小镇区设计导则
小镇整体设计导则
GUIDELINE FOR TOWN
北塘地区城市设计导则
THE URBAN DESIGN GUIDELINE
小镇建筑基调
城市肌理：
・采明清时期北方院落空间结构（如乔家大院，石家大院）
建筑材料
・公共空间中可感知的部分： 以青砖为主，辅以三合土及木材等本地建筑材料，并以时段性可更换的街道饰物，植栽来增加小镇空间色彩的丰富感。
・私密空间中可感知的材料： 应可以体现愉悦的温暖感。
小镇建筑高度
・古建高度复原区（炮台，庙宇，名人故居）：其高度不做具体限制，应考证相关史料，制定相应建筑形制。
・酒店区原则上不超过4层楼高度。
・其余建筑原则上不宜超过2层楼高度，局部可视情况突出，但不得与古建复原区相冲突。
车行系统
・老镇内主车行系统要能服务于区内绝大部分开发街廓。
・各个街廓停车以地下停车为主。
・主要公共停车场分别设于酒店区与炮台营。
22

04　小镇区设计导则

小镇整体设计效果图

GUIDELINE FOR TOWN

北塘地区城市设计导则

THE URBAN DESIGN GUIDELINE

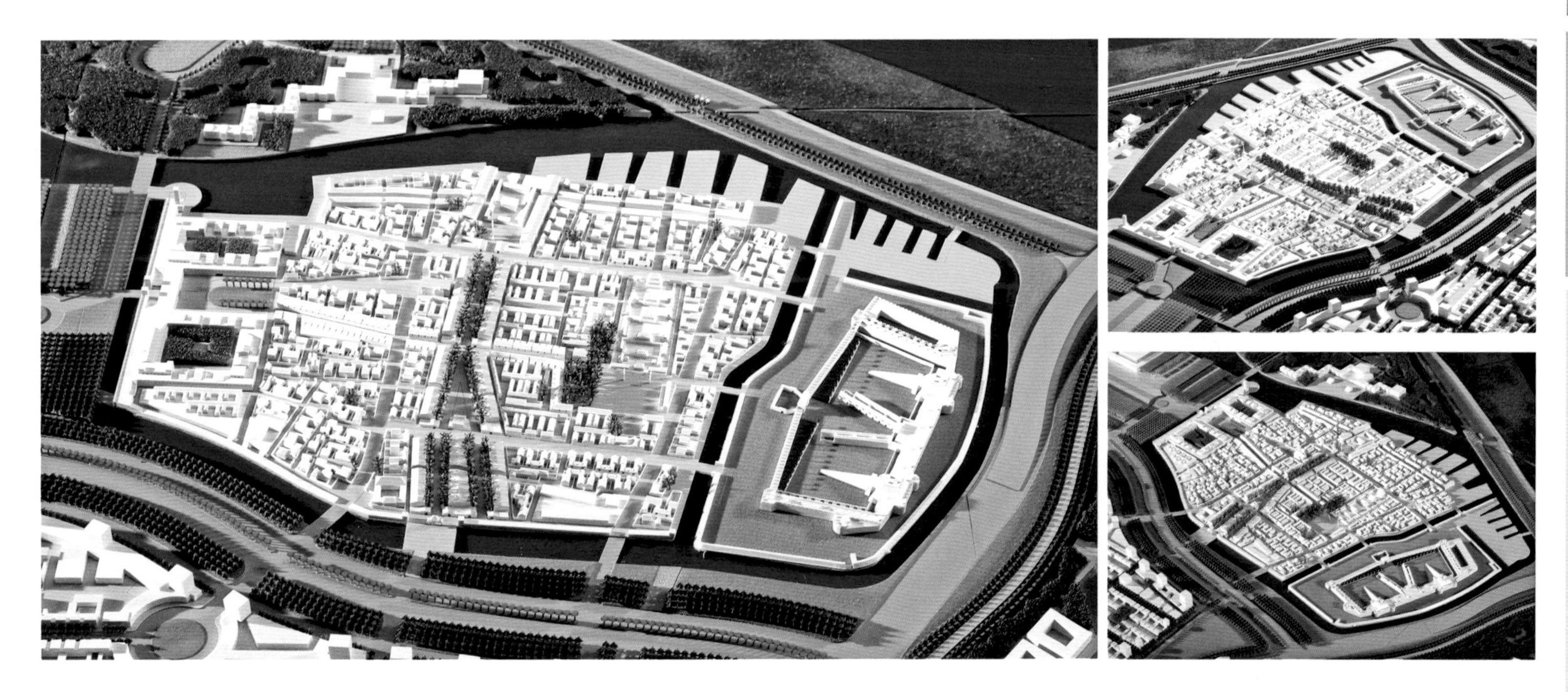

23

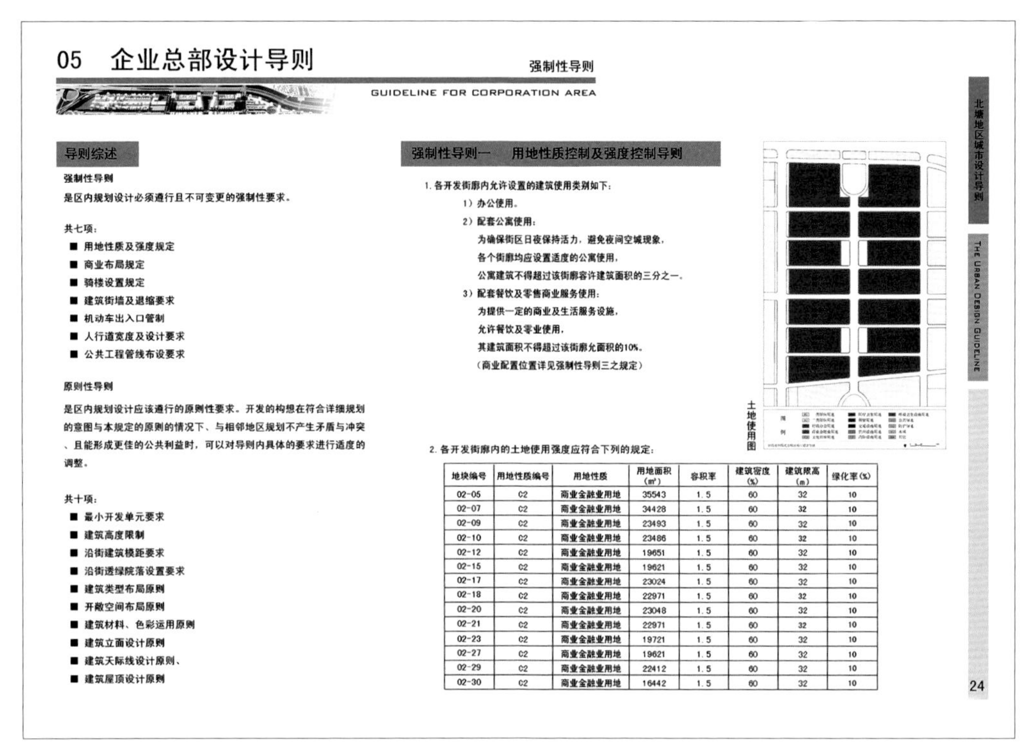

05 企业总部设计导则

强制性导则

GUIDELINE FOR CORPORATION AREA

导则综述

强制性导则

是区内规划设计必须遵行且不可变更的强制性要求。

共七项：

- ■ 用地性质及强度规定
- ■ 商业布局规定
- ■ 骑楼设置规定
- ■ 建筑街墙及退缩要求
- ■ 机动车出入口管制
- ■ 人行道宽度及设计要求
- ■ 公共工程管线布设要求

原则性导则

是区内规划设计应该遵行的原则性要求。开发的构想在符合详细规划的意图与本规定的原则的情况下、与相邻地区规划不产生矛盾与冲突、且能形成更佳的公共利益时，可以对导则内具体的要求进行适度的调整。

共十项：

- ■ 最小开发单元要求
- ■ 建筑高度限制
- ■ 沿街建筑模距要求
- ■ 沿街透绿院落设置要求
- ■ 建筑类型布局原则
- ■ 开敞空间布局原则
- ■ 建筑材料、色彩运用原则
- ■ 建筑立面设计原则
- ■ 建筑天际线设计原则、
- ■ 建筑屋顶设计原则

强制性导则一 用地性质控制及强度控制导则

1. 各开发街廓内允许设置的建筑使用类别如下：

1）办公使用。

2）配套公寓使用：

为确保街区日夜保持活力，避免夜间空城现象，

各个街廓均应设置适度的公寓使用，

公寓建筑不得超过该街廓容许建筑面积的三分之一。

3）配套餐饮及零售商业服务使用：

为提供一定的商业及生活服务设施，

允许餐饮及零业使用，

其建筑面积不得超过该街廓允面积的10%。

（商业配置位置详见强制性导则三之规定）

土地使用图

2. 各开发街廓内的土地使用强度应符合下列的规定：

地块编号	用地性质编号	用地性质	用地面积（m²）	容积率	建筑密度（%）	建筑限高（m）	绿化率（%）
02-05	C2	商业金融业用地	35543	1.5	60	32	10
02-07	C2	商业金融业用地	34428	1.5	60	32	10
02-09	C2	商业金融业用地	23493	1.5	60	32	10
02-10	C2	商业金融业用地	23486	1.5	60	32	10
02-12	C2	商业金融业用地	19651	1.5	60	32	10
02-15	C2	商业金融业用地	19621	1.5	60	32	10
02-17	C2	商业金融业用地	23024	1.5	60	32	10
02-18	C2	商业金融业用地	22971	1.5	60	32	10
02-20	C2	商业金融业用地	23048	1.5	60	32	10
02-21	C2	商业金融业用地	22971	1.5	60	32	10
02-23	C2	商业金融业用地	19721	1.5	60	32	10
02-27	C2	商业金融业用地	19621	1.5	60	32	10
02-29	C2	商业金融业用地	22412	1.5	60	32	10
02-30	C2	商业金融业用地	16442	1.5	60	32	10

北塘地区城市设计导则

THE URBAN DESIGN GUIDELINE

24

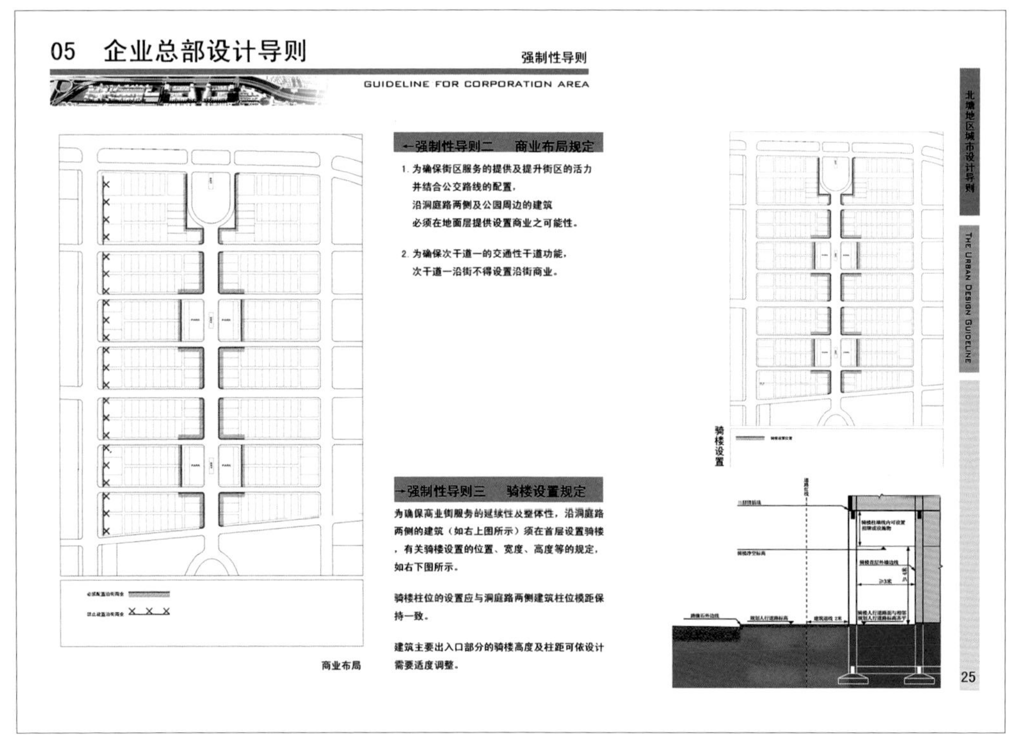

05 企业总部设计导则

强制性导则

GUIDELINE FOR CORPORATION AREA

←强制性导则二 商业布局规定

1. 为确保街区服务的提供及提升街区的活力并结合公交路线的配置，沿洞庭路两侧及公园周边的建筑必须在地面层提供设置商业之可能性。

2. 为确保次干道一的交通性干道功能，次干道一沿街不得设置沿街商业。

商业布局

→强制性导则三 骑楼设置规定

为确保商业街服务的延续性以整体性，沿洞庭路两侧的建筑（如右上图所示）须在首层设置骑楼，有关骑楼设置的位置、宽度、高度等的规定，如右下图所示。

骑楼柱位的设置应与洞庭路两侧建筑柱位模距保持一致。

建筑主要出入口部分的骑楼高度及柱距可依设计需要适度调整。

骑楼设置

北塘地区城市设计导则

THE URBAN DESIGN GUIDELINE

25

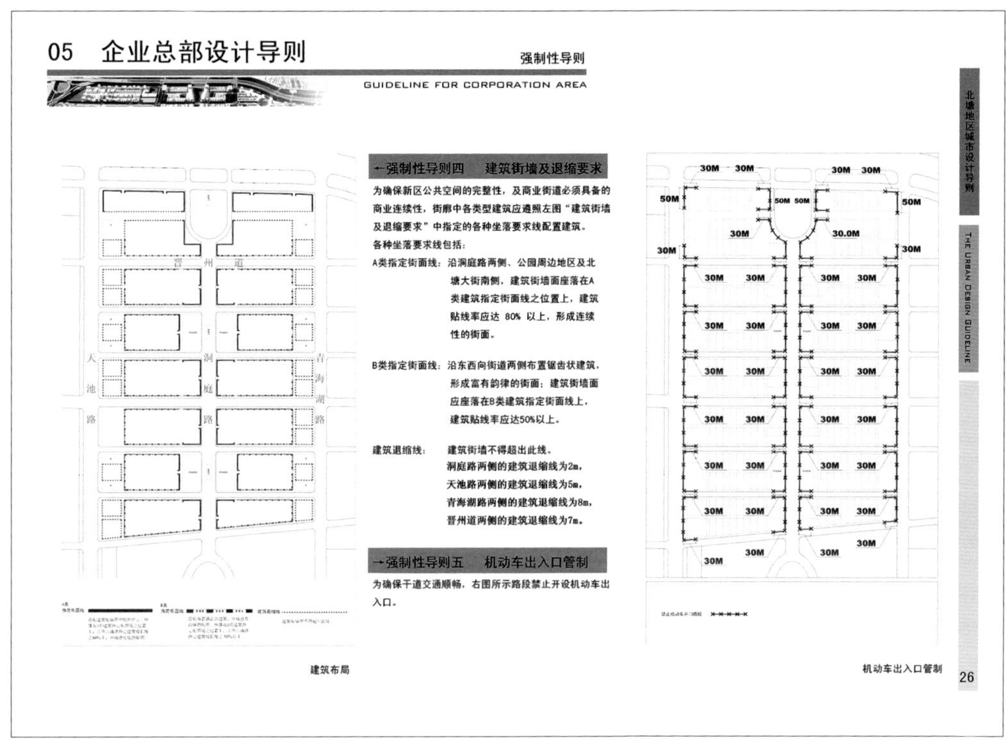
05 企业总部设计导则
强制性导则
GUIDELINE FOR CORPORATION AREA
北塘地区城市设计导则
THE URBAN DESIGN GUIDELINE
→强制性导则四　建筑街墙及退缩要求
为确保新区公共空间的完整性，及商业街道必须具备的商业连续性，街廓中各类型建筑应遵照左图"建筑街墙及退缩要求"中指定的各种坐落要求线配置建筑。
各种坐落要求线包括：
A类指定街面线：沿洞庭路两侧、公园周边地区及北塘大街南侧，建筑街墙面座落在A类建筑指定街面线之位置上，建筑贴线率应达 80% 以上，形成连续性的街面。
B类指定街面线：沿东西向街道两侧布置锯齿状建筑，形成富有韵律的街面；建筑街墙面应座落在B类建筑指定街面线上，建筑贴线率应达50%以上。
建筑退缩线：建筑街墙不得超出此线。
洞庭路两侧的建筑退缩线为2m，
天池路两侧的建筑退缩线为5m，
青海湖路两侧的建筑退缩线为8m，
晋州道两侧的建筑退缩线为7m。
→强制性导则五　机动车出入口管制
为确保干道交通顺畅，右图所示路段禁止开设机动车出入口。
晋州道
大池路
洞庭路
青海湖路
30M
50M
30.0M
建筑布局
机动车出入口管制
26

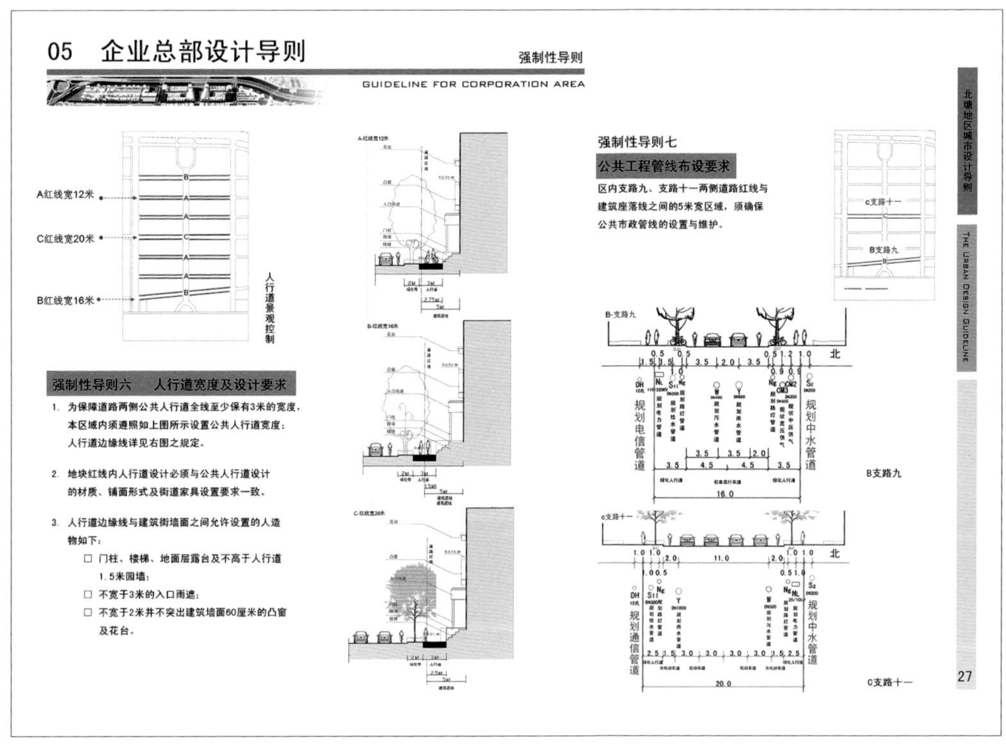
05 企业总部设计导则
强制性导则
GUIDELINE FOR CORPORATION AREA
北塘地区城市设计导则
THE URBAN DESIGN GUIDELINE
A红线宽12米
C红线宽20米
B红线宽16米
人行道景观控制
强制性导则六　人行道宽度及设计要求
1. 为保障道路两侧公共人行道全线至少保有3米的宽度，本区域内须遵照如上图所示设置公共人行道宽度；人行道边缘线详见右图之规定。
2. 地块红线内人行道设计必须与公共人行道设计的材质、铺面形式及街道家具设置要求一致。
3. 人行道边缘线与建筑街墙面之间允许设置的人造物如下：
□ 门柱、楼梯、地面层露台及不高于人行道1.5米围墙；
□ 不宽于3米的入口雨遮；
□ 不宽于2米并不突出建筑墙面60厘米的凸窗及花台。
强制性导则七
公共工程管线布设要求
区内支路九、支路十一两侧道路红线与建筑座落线之间的5米宽区域，须确保公共市政管线的设置与维护。
C支路十一
B支路九
北
规划电信管道
规划中水管道
规划通信管道
16.0
20.0
C支路十一
27

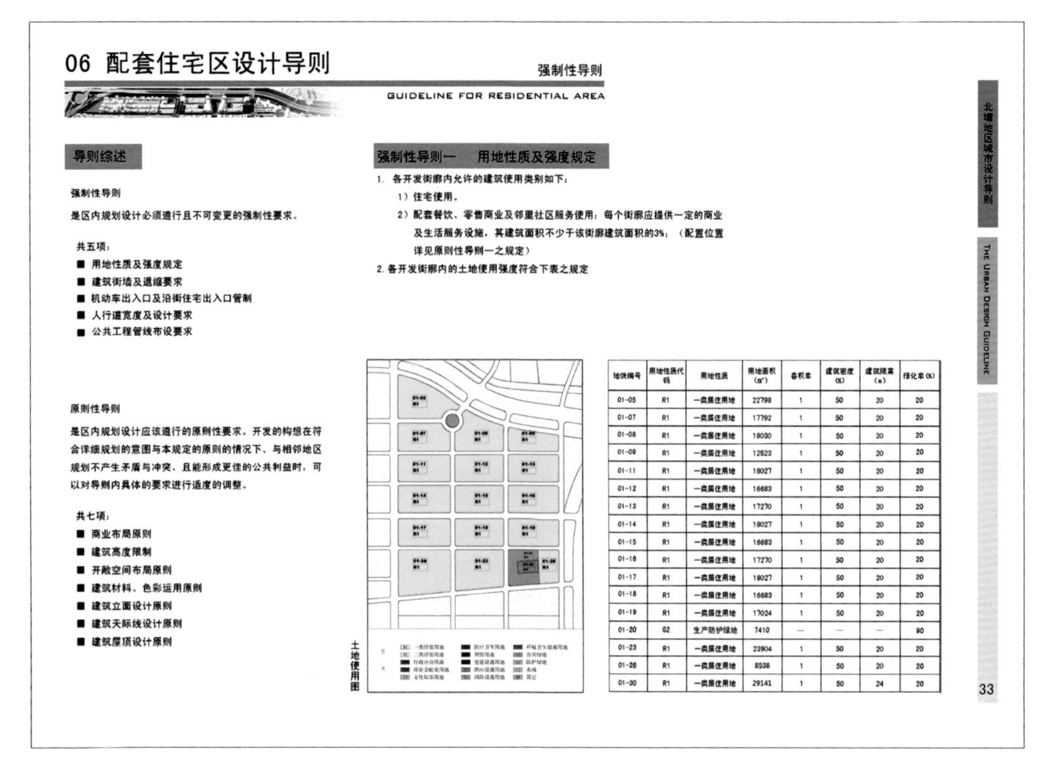

06 配套住宅区设计导则

强制性导则

GUIDELINE FOR RESIDENTIAL AREA

导则综述

强制性导则

是区内规划设计必须遵行且不可变更的强制性要求。

共五项：

- 用地性质及强度规定
- 建筑街墙及退缩要求
- 机动车出入口及沿街住宅出入口管制
- 人行道宽度及设计要求
- 公共工程管线布设要求

原则性导则

是区内规划设计应该遵行的原则性要求。开发的构想在符合详细规划的意图与本规定的原则的情况下、与相邻地区规划不产生矛盾与冲突、且能形成更佳的公共利益时，可以对导则内具体的要求进行适度的调整。

共七项：

- 商业布局原则
- 建筑高度限制
- 开敞空间布局原则
- 建筑材料、色彩运用原则
- 建筑立面设计原则
- 建筑天际线设计原则
- 建筑屋顶设计原则

强制性导则一　用地性质及强度规定

1. 各开发街廓内允许的建筑使用类别如下：
   1）住宅使用。
   2）配套餐饮、零售商业及邻里社区服务使用：每个街廓应提供一定的商业及生活服务设施，其建筑面积不少于该街廓建筑面积的3%；（配置位置详见原则性导则一之规定）
2. 各开发街廓内的土地使用强度符合下表之规定

土地使用图

地块编号	用地性质代码	用地性质	用地面积（m²）	容积率	建筑密度（%）	建筑限高（m）	绿化率（%）
01-05	R1	一类居住用地	22798	1	50	20	20
01-07	R1	一类居住用地	17792	1	50	20	20
01-08	R1	一类居住用地	19030	1	50	20	20
01-09	R1	一类居住用地	12523	1	50	20	20
01-11	R1	一类居住用地	18027	1	50	20	20
01-12	R1	一类居住用地	16683	1	50	20	20
01-13	R1	一类居住用地	17270	1	50	20	20
01-14	R1	一类居住用地	18027	1	50	20	20
01-15	R1	一类居住用地	16683	1	50	20	20
01-16	R1	一类居住用地	17270	1	50	20	20
01-17	R1	一类居住用地	18027	1	50	20	20
01-18	R1	一类居住用地	16683	1	50	20	20
01-19	R1	一类居住用地	17024	1	50	20	20
01-20	G2	生产防护绿地	7410	—	—	—	90
01-23	R1	一类居住用地	23904	1	50	20	20
01-26	R1	一类居住用地	8538	1	50	20	20
01-30	R1	一类居住用地	29141	1	50	24	20

北塘地区城市设计导则

THE URBAN DESIGN GUIDELINE

33

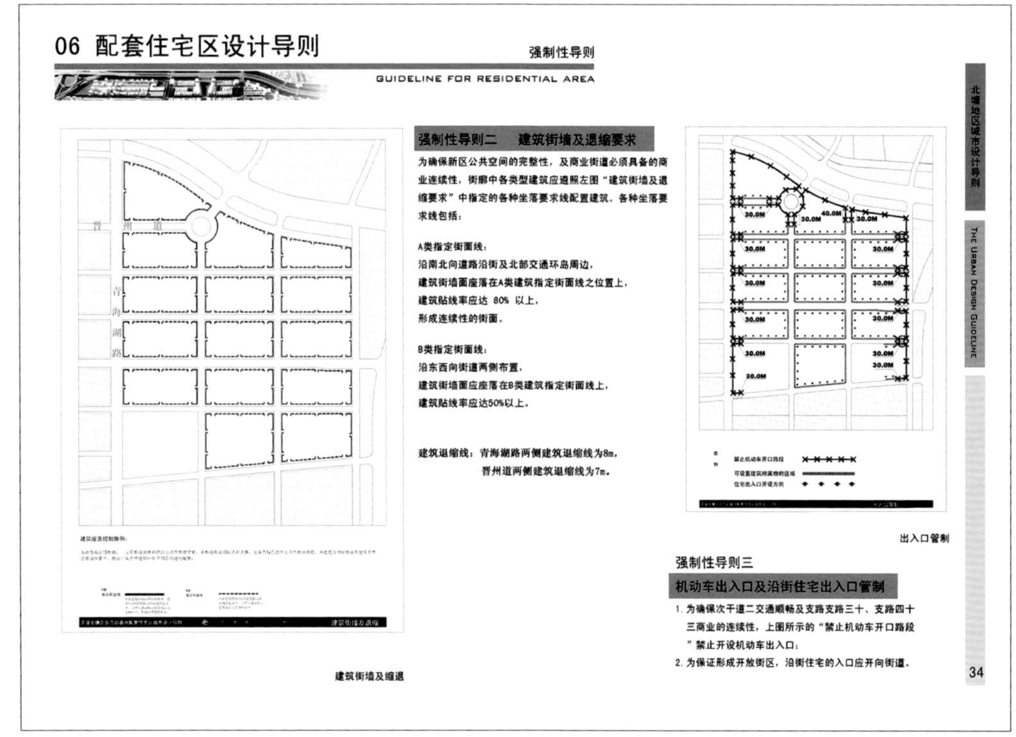

06 配套住宅区设计导则

强制性导则

GUIDELINE FOR RESIDENTIAL AREA

建筑街墙及缩退

强制性导则二　建筑街墙及退缩要求

为确保新区公共空间的完整性，及商业街道必须具备的商业连续性，街廓中各类型建筑应遵照左图“建筑街墙及退缩要求”中指定的各种坐落要求线配置建筑。各种坐落要求线包括：

A类指定街面线：
沿南北向道路沿街及北部交通环岛周边，
建筑街墙面应座落在A类建筑指定街面线之位置上，
建筑贴线率应达 80% 以上，
形成连续性的街面。

B类指定街面线：
沿东西向街道两侧布置，
建筑街墙面应座落在B类建筑指定街面线上，
建筑贴线率应达50%以上。

建筑退缩线：青海湖路两侧建筑退缩线为8m，
晋州道两侧建筑退缩线为7m。

出入口管制

强制性导则三

机动车出入口及沿街住宅出入口管制

1. 为确保次干道二交通顺畅及支路支路三十、支路四十三商业的连续性，上图所示的“禁止机动车开口路段”禁止开设机动车出入口；
2. 为保证形成开放街区，沿街住宅的入口应开向街道。

北塘地区城市设计导则

THE URBAN DESIGN GUIDELINE

34

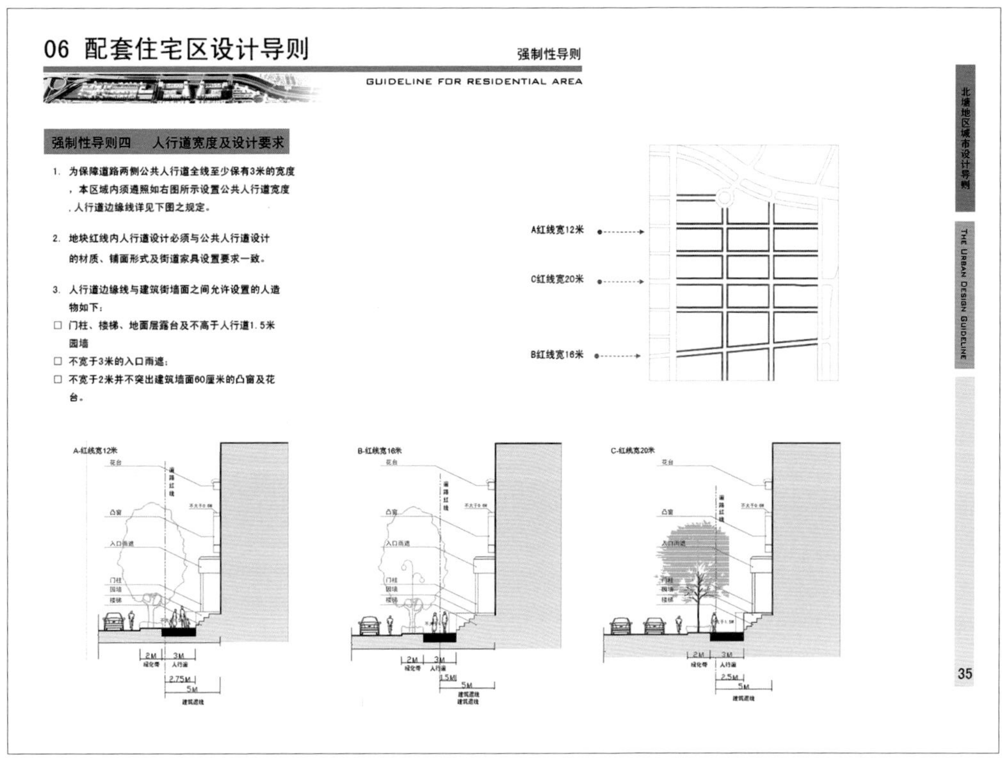
06 配套住宅区设计导则
强制性导则
GUIDELINE FOR RESIDENTIAL AREA
强制性导则四　人行道宽度及设计要求
1. 为保障道路两侧公共人行道全线至少保有3米的宽度，本区域内须遵照如右图所示设置公共人行道宽度. 人行道边缘线详见下图之规定。
2. 地块红线内人行道设计必须与公共人行道设计的材质、铺面形式及街道家具设置要求一致。
3. 人行道边缘线与建筑街墙面之间允许设置的人造物如下：
□ 门柱、楼梯、地面层露台及不高于人行道1.5米围墙
□ 不宽于3米的入口雨遮；
□ 不宽于2米并不突出建筑墙面60厘米的凸窗及花台。
A红线宽12米
C红线宽20米
B红线宽16米
A-红线宽12米
B-红线宽16米
C-红线宽20米
花台
凸窗
入口雨遮
门柱
围墙
楼梯
北塘地区城市设计导则
The Urban Design Guideline
35

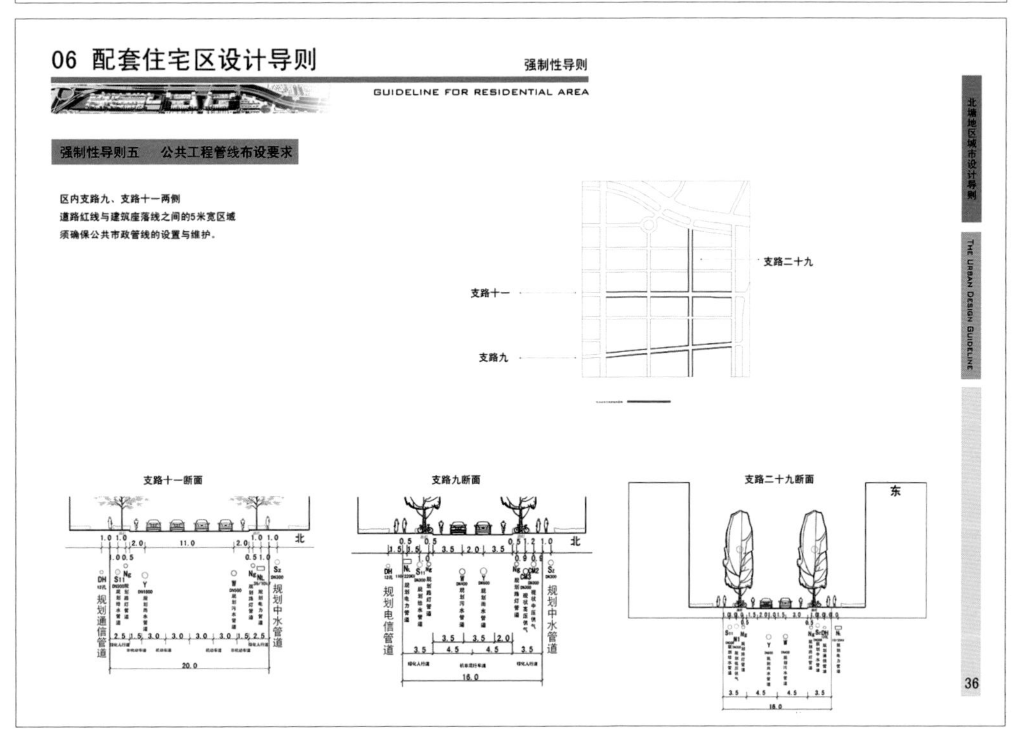
06 配套住宅区设计导则
强制性导则
GUIDELINE FOR RESIDENTIAL AREA
强制性导则五　公共工程管线布设要求
区内支路九、支路十一两侧
道路红线与建筑座落线之间的5米宽区域
须确保公共市政管线的设置与维护。
支路二十九
支路十一
支路九
支路十一断面
支路九断面
支路二十九断面
北
东
规划通信管道
规划中水管道
规划电信管道
北塘地区城市设计导则
The Urban Design Guideline
36

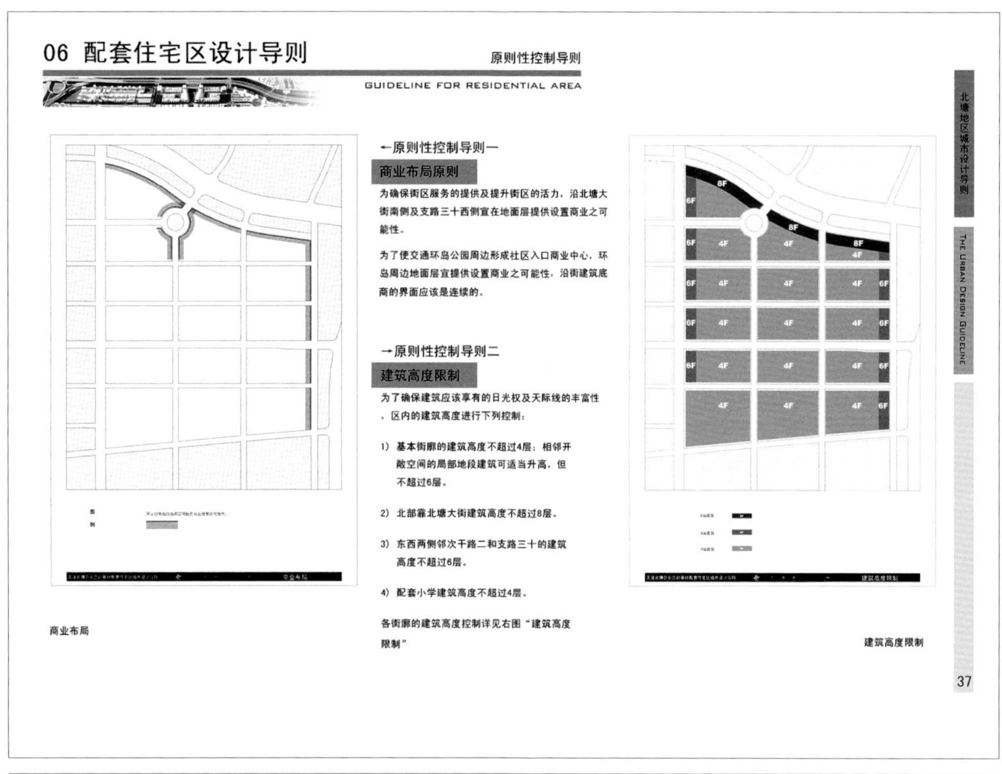
06 配套住宅区设计导则
原则性控制导则
GUIDELINE FOR RESIDENTIAL AREA
←原则性控制导则一
商业布局原则
为确保街区服务的提供及提升街区的活力，沿北塘大街南侧及支路三十西侧宜在地面层提供设置商业之可能性。
为了使交通环岛公园周边形成社区入口商业中心，环岛周边地面层宜提供设置商业之可能性，沿街建筑底商的界面应该是连续的。
→原则性控制导则二
建筑高度限制
为了确保建筑应该享有的日光权及天际线的丰富性，区内的建筑高度进行下列控制：
1）基本街廓的建筑高度不超过4层；相邻开敞空间的局部地段建筑可适当升高，但不超过6层。
2）北部靠北塘大街建筑高度不超过8层。
3）东西两侧邻次干路二和支路三十的建筑高度不超过6层。
4）配套小学建筑高度不超过4层。
各街廓的建筑高度控制详见右图“建筑高度限制”
8F
6F
4F
商业布局
建筑高度限制
北塘地区城市设计导则
THE URBAN DESIGN GUIDELINE
37

06 配套住宅区设计导则
原则性控制导则
GUIDELINE FOR RESIDENTIAL AREA
←原则性控制导则三　开敞空间布局原则
街廓内部宜集中设置绿化休闲空间，为街区民众提供休闲性场所及交流空间；
集中绿地面积不宜小于街廓面积的10%。
区内现有植物应予以保留，开敞空间的设置应优先选择已有树木存在的地区。
↓原则性控制导则四　建筑材料、色彩运用原则
建筑材料以红砖为主，辅以石材、木材，体现自然、温馨、质朴感。
面材应的颜色、砌筑方式宜有变化。
开敞空间
北塘地区城市设计导则
THE URBAN DESIGN GUIDELINE
38

06 配套住宅区设计导则
原则性控制导则
GUIDELINE FOR RESIDENTIAL AREA
北塘地区城市设计导则
THE URBAN DESIGN GUIDELINE
原则性控制导则五　建筑立面设计原则
每相邻两栋建筑在立面形式上不得相同，以确保每栋建筑具有可以指认的自明性。
原则性控制导则六　建筑天际线设计原则
天际线应富有变化，每相邻两栋建筑之间的屋顶在街景感知上产生明显的变化。
原则性控制导则七　建筑屋顶设计原则
1. 平屋顶应紧邻室内活动空间，并提供使用者进入作为休闲及聚会使用之可能性；平屋顶的绿化面积不宜小于平屋顶面积的60%。
2. 不能提供使用者活动的屋顶应尽量设置坡屋顶，并应考虑与太阳能光电板结合之可能。
39

附录三 天津空港加工区城市设计导则

Content
1 Chapter 1 Urban design outline
2 Chapter 2 Urban Design Goals & Urban Design Structure
2.1 Urban Design Goals
2.2 Overall urban design concepts and structure
2.21 Urban Design Structure
2.22 Urban Green System
2.23 Urban Public Space
2.24 Urban Skyline & Building Height Control Principle
2.25 FAR & Building Height Control
2.26 Public Transit System
2.27 Urban Block Scale Study
3 Chapter 3 Urban Design General Guidelines
3.1 Site Planning Design Guideline
3.11 Redline, Buildable Area & Required Frontage
3.12 Required Frontage Type
3.13 Pedestrian System Control Guideline
3.14 Parking & Vehicle Access Design Guideline
3.15 Mixed Use Block Design Guideline
3.16 Create Open Urban Block Structure
3.17 Urban Public Space Design Guideline
3.18 Neighborhood Green Space Design Guideline
3.19 Street Corner Design Guideline
3.20 Courtyard Design Guideline
3.2 Architectural Design Guideline
3.21 Street Elevation Design Guideline
3.22 Building Material & Color Design Guideline
3.23 Building Typology Design Guideline
3.24 Civic & Culture Building Design Guideline
3.3 Street Design Guideline
3.31 Road Turning Radius Design Guideline
3.32 Road Section Design Guideline
3.4 Urban Signage & Advertisement Board Guideline
3.41 Urban Public Signage
3.42 On-site signage & Advertisement Board
3.5 Urban Lighting Guideline
3.51 Urban Public Lighting System
3.52 Architectural Lighting
3.6 Urban Furniture Design Guideline
4 Chapter 4 Parcel Design Guidelines
5 Chapter 5 Key Areas Urban Design Control
5.1 North Commercial Area
5.2 Golf Course Surrounding Area
5.3 Central Boulevard
5.4 Lake Front
6 Chapter 6 Recommendation of Urban Design Guideline Implementation Procedure
TAIP Urban Design Guideline
天津空港加工区城市设计导则
2007
目　录
1 第一章 城市设计导则概述
2 第二章 城市设计的目标与结构
2.1 城市设计目标
2.2 整体城市设计的概念及结构
2.21 城市设计结构
2.22 城市的绿地景观体系
2.23 城市公共空间系统
2.24 城市天际线及建筑高度控制原则
2.25 容积率及建筑高度控制
2.26 公共交通体系概念
2.27 城市街坊尺度研究
3 第三章 城市设计通则
3.1 场地设计指引
3.11道路红线、建筑退界线、建筑性强制边界说明
3.12 建筑强制性边界达线方式分类
3.13 城市步行系统的设计指引
3.14 停车及机动车出入口设计指引
3.15 复合功能地块的设计指引
3.16 创造开放的城市街区
3.17 城市广场空间设计指引
3.18 邻里绿地设计指引
3.19 城市街道转角的设计指引
3.20 建筑物庭院的设计指引
3.2 建筑设计指引
3.21 建筑沿街立面的指引
3.22 建筑色彩及材质的设计指引
3.23 不同建筑类型的设计指引
3.24 公共及文化建筑的设计指引
3.3 街道设计指引
3.31 道路转弯半径设计指引
3.32 道路剖面设计指引
3.4 标识系统与广告设置指引
3.41城市公共标识
3.42地块标识及广告标识
3.5 城市照明设置指引
3.51 城市公共照明系统
3.52 建筑物照明指引
3.6 城市家具设置指引
4 第四章 城市设计分地块图则
5 第五章 重点地区城市设计整体控制
5.1 北部商业商贸区
5.2 高尔夫球场周边
5.3 中心大道
5.4 人工湖周边地区
6 第六章 城市设计导则实施程序建议

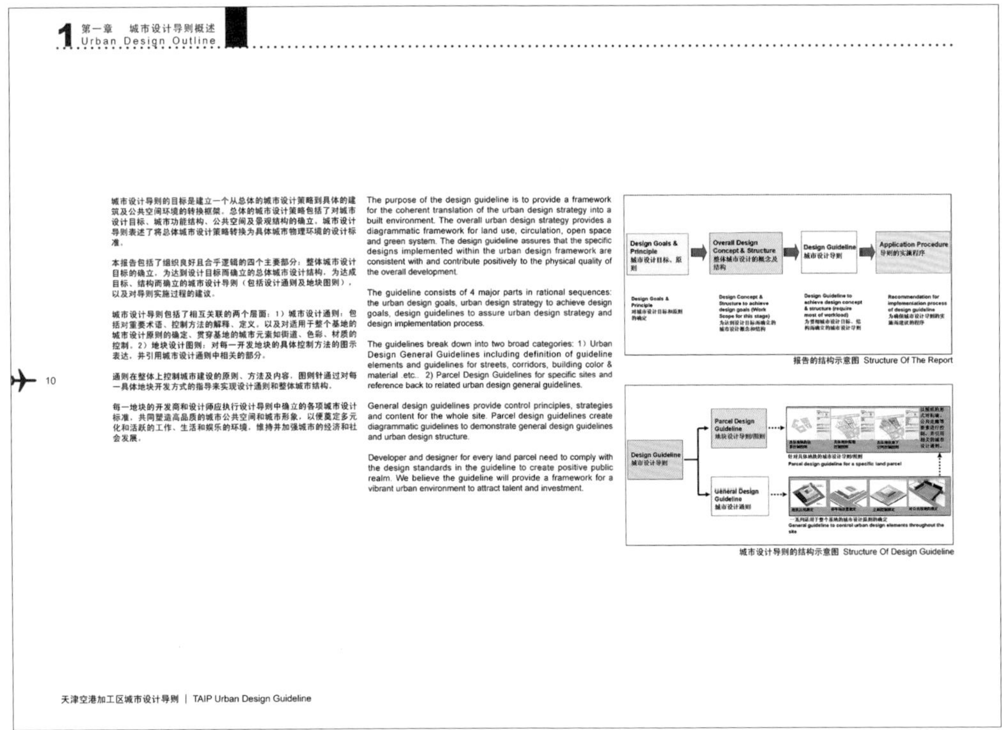

1 第一章 城市设计导则概述
Urban Design Outline

城市设计导则的目标是建立一个从总体的城市设计策略到具体的建筑及公共空间环境的转换框架。总体的城市设计策略包括了对城市设计目标、城市功能结构、公共空间及景观结构的确立。城市设计导则表述了将总体城市设计策略转换为具体城市物理环境的设计标准。

本报告包括了组织良好且合乎逻辑的四个主要部分：整体城市设计目标的确立，为达到设计目标而确立的总体城市设计结构，为达成目标、结构而确立的城市设计导则（包括设计通则及地块图则），以及对导则实施过程的建议。

城市设计导则包括了相互关联的两个层面：1）城市设计通则：包括对重要术语、控制方法的解释、定义，以及对适用于整个基地的城市设计原则的确定、贯穿基地的城市元素如街道、色彩、材质的控制。2）地块设计图则：对每一开发地块的具体控制方法的图示表达，并引用城市设计通则中相关的部分。

通则在整体上控制城市建设的原则、方法及内容，图则针通过对每一具体地块开发方式的指导来实现设计通则和整体城市结构。

每一地块的开发商和设计师应执行设计导则中确立的各项城市设计标准，共同塑造高品质的城市公共空间和城市形象，以便奠定多元化和活跃的工作、生活和娱乐的环境，维持并加强城市的经济和社会发展。

The purpose of the design guideline is to provide a framework for the coherent translation of the urban design strategy into a built environment. The overall urban design strategy provides a diagrammatic framework for land use, circulation, open space and green system. The design guideline assures that the specific designs implemented within the urban design framework are consistent with and contribute positively to the physical quality of the overall development.

The guideline consists of 4 major parts in rational sequences: the urban design goals, urban design strategy to achieve design goals, design guidelines to assure urban design strategy and design implementation process.

The guidelines break down into two broad categories: 1) Urban Design General Guidelines including definition of guideline elements and guidelines for streets, corridors, building color & material .etc.. 2) Parcel Design Guidelines for specific sites and reference back to related urban design general guidelines.

General design guidelines provide control principles, strategies and content for the whole site. Parcel design guidelines create diagrammatic guidelines to demonstrate general design guidelines and urban design structure.

Developer and designer for every land parcel need to comply with the design standards in the guideline to create positive public realm. We believe the guideline will provide a framework for a vibrant urban environment to attract talent and investment.

Design Goals & Principle 城市设计目标、原则 → Overall Design Concept & Structure 整体城市设计的概念及结构 → Design Guideline 城市设计导则 → Application Procedure 导则的实施程序

报告的结构示意图 Structure Of The Report

Design Guideline 城市设计导则 → Parcel Design Guideline 地块设计导则(图则) / General Design Guideline 城市设计通则

城市设计导则的结构示意图 Structure Of Design Guideline

10

天津空港加工区城市设计导则 | TAIP Urban Design Guideline

2.1 城市设计目标
2.2 整体城市设计的概念及结构
2.21 城市设计结构
2.22 城市的绿地景观体系
2.23 城市公共空间系统
2.24 城市天际线及建筑高度控制原则
2.25 容积率及建筑高度控制
2.26 公共交通体系概念
2.27 城市街坊尺度研究

2.1 Urban Design Goals
2.2 Overall urban design concepts and structure
2.21 Urban Design Structure
2.22 Urban Green System
2.23 Urban Public Space
2.24 Urban Skyline & Building Height Control Principle
2.25 FAR & Building Height Control
2.26 Public Transit System
2.27 Urban Block Scale Study

2 第二章　城市设计的目标与结构
Urban Design Goals & Structre

2 第二章　城市设计的目标与结构
Urban Design Goals & Structure

2.1 城 市 设 计 目 标
Urban Design Goals

1

合理混搭各项城市功能，形成一个经济及社会可持续发展的复合型城市形态。

Create an economic & social sustainable city by providing a true mixed use urban form.

单一土地功能利用方式导致单调的街景和公共空间
Single use development create monotony of public space

复合功能的城市开发形态可创造富有生气的街景及公共空间
Mixed use development create livable streetscape & public space

2

建立一个可步行且拥有人性尺度的城市环境，为市民创造安全、舒适的街道和有场所感的公共空间。

Create a pedestrian orientated urban form and sense of place for public streets & plazas to provide a social sustainable city.

以工业及车行尺度为基础的城市空间
Urban space based on car & industry

以人性尺度为基础的城市空间形态
Urban space based on pedestrian experience

3

建立开放型的城市公共空间体系，形成具有良好可达性的街道、广场。避免形成各自为政的“城市孤岛”。

Create an interrelated system for open space to provide accessibility to streets and plazas instead of disconnected super blocks.

封闭的大规模地块开发难以形成良好的城市肌理
From "Urban Island" to open block structure

城市型的开放式街区的开发模式将形成良好的城市肌理和公共空间
Open block urban structure create a fine urban fabric and public space system

14

天津空港加工区城市设计导则 | TAIP Urban Design Guideline

2.1 城市设计目标
Urban Design Goals
2 第二章 城市设计的目标与结构
Urban Design Goals & Structure
4
建立一个结合城市用地功能布置的综合性公交体系和适宜步行的城市街区，降低对能源的消耗和对私家车的依赖。
Provide a TOD strategy and compressive public transit system to reduce energy consume and traffic congestion
以私家车为主的出行方式对环境、城市景观产生负面影响
Car orientated city has negative impact on environment & urban space
城市的功能结构必须和公共交通体系相整合，形成可持续的低耗能城市形态
Public transit system needs to be integrated into urban structure to create a sustainable and livable urban form
5
创造城市绿地系统来整合城市公园、邻里绿地和绿化走廊等元素，通过完整的绿地系统来形成城市生态的可持续性。
Create an urban ecological system integrate urban park, neighborhood green and green corridor to provide an eco sustainable community
未能和城市功能相整合的超大绿地缺乏活力
Green space need to be intergraded into urban structure
尺度适宜并和城市功能相整合的绿地系统将为居民提供可达的、有活力的休憩场所
Properly scaled green system create accessible and livable outdoor living room for the city
15
天津空港加工区城市设计导则 | TAIP Urban Design Guideline

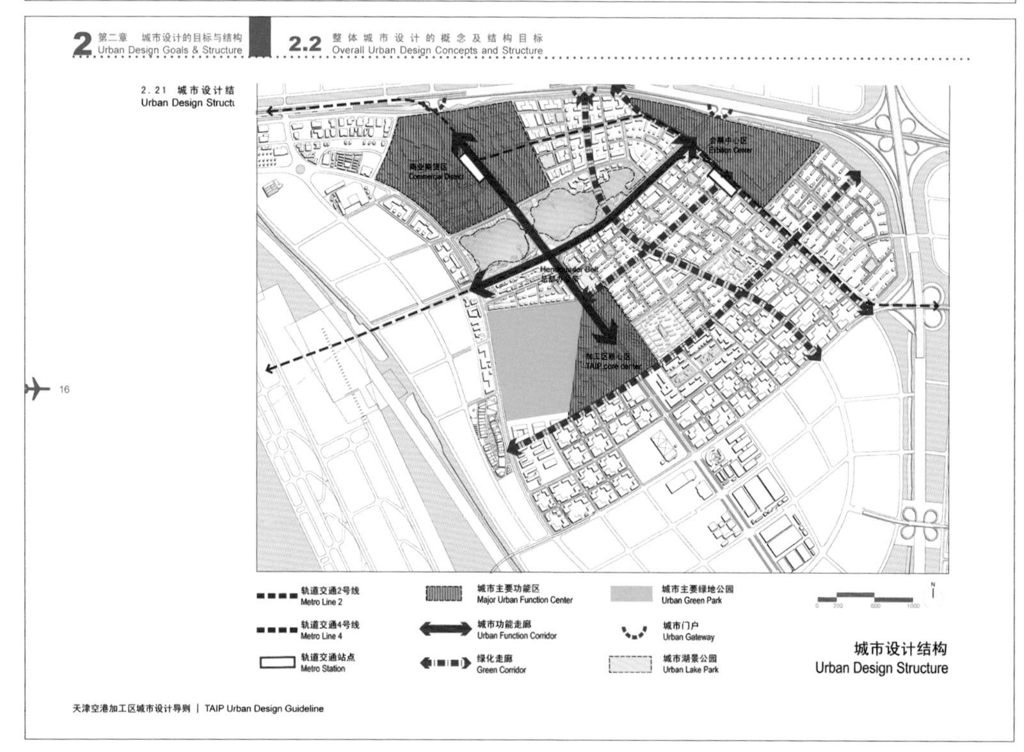
2 第二章 城市设计的目标与结构
Urban Design Goals & Structure
2.2 整体城市设计的概念及结构目标
Overall Urban Design Concepts and Structure
2.21 城市设计结
Urban Design Structu
商业商贸区
Commercial District
会展中心区
Exhibition Center
TAIP core center
16
轨道交通2号线
Metro Line 2
轨道交通4号线
Metro Line 4
轨道交通站点
Metro Station
城市主要功能区
Major Urban Function Center
城市功能走廊
Urban Function Corridor
绿化走廊
Green Corridor
城市主要绿地公园
Urban Green Park
城市门户
Urban Gateway
城市湖景公园
Urban Lake Park
0 200 600 1000
N
城市设计结构
Urban Design Structure
天津空港加工区城市设计导则 | TAIP Urban Design Guideline

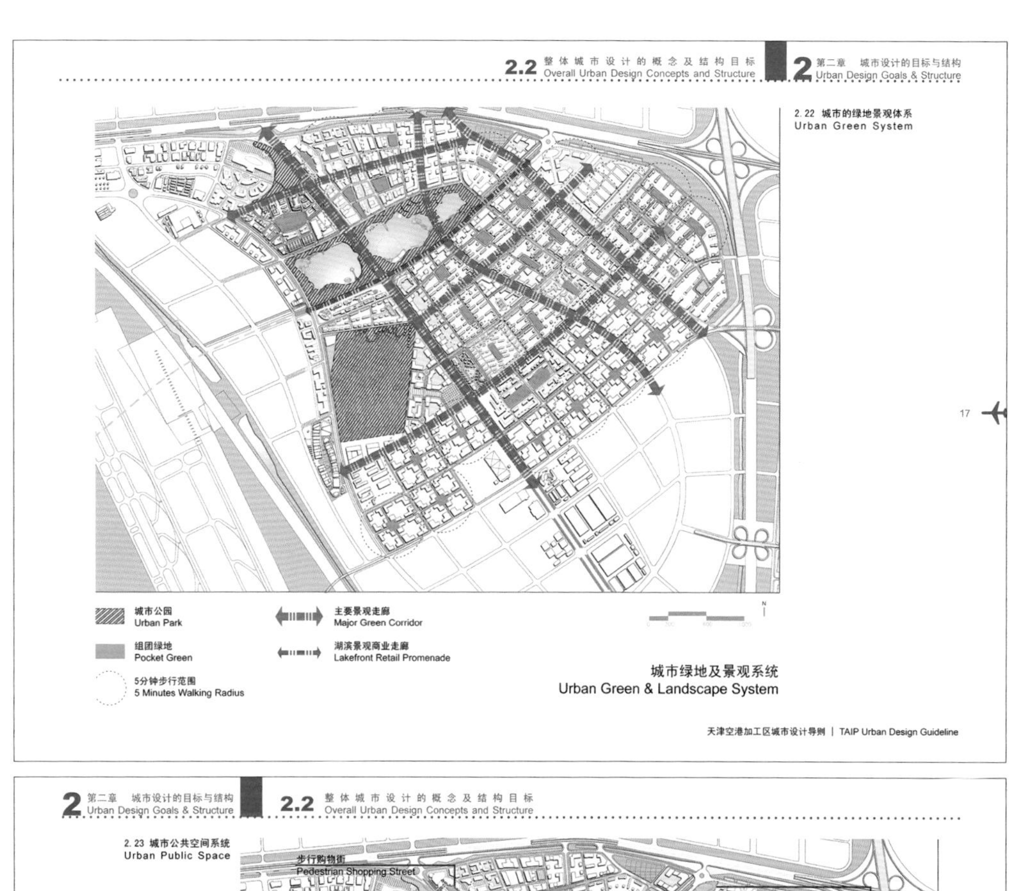

城市绿地及景观系统
Urban Green & Landscape System

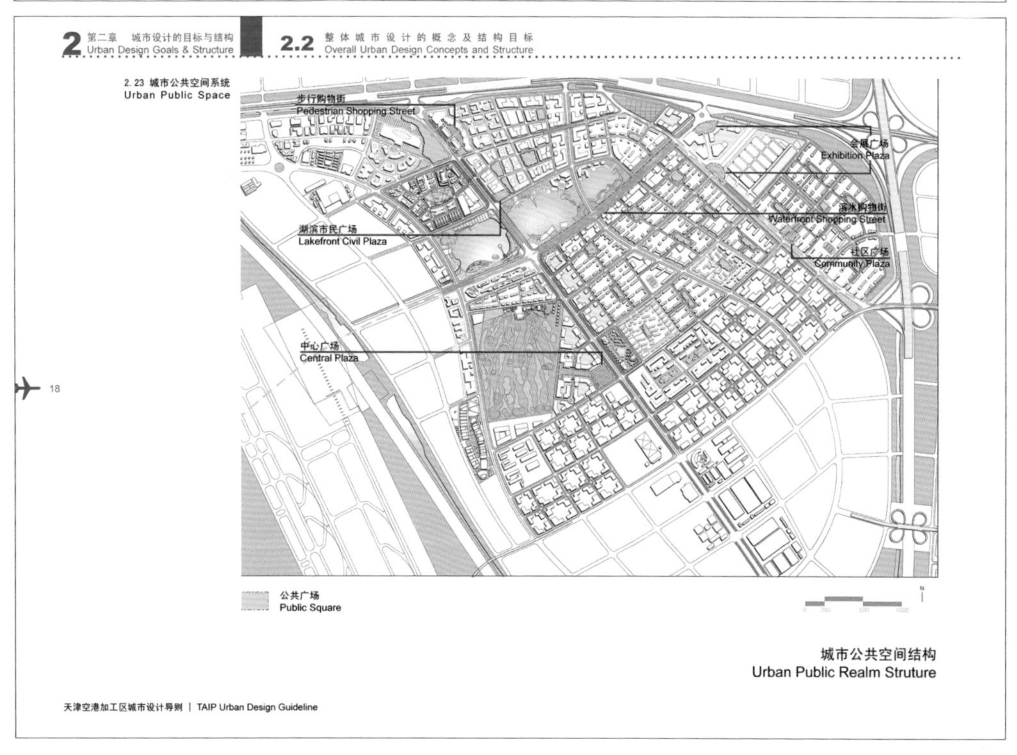

城市公共空间结构
Urban Public Realm Struture

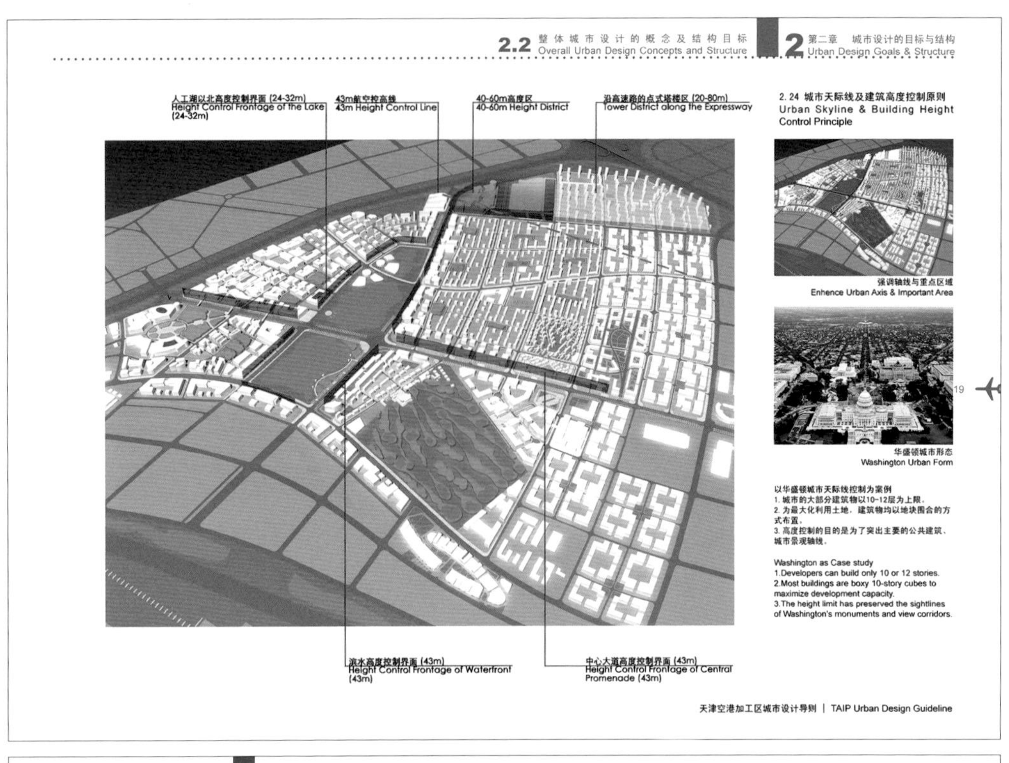
2.2 整体城市设计的概念及结构目标
Overall Urban Design Concepts and Structure
2 第二章　城市设计的目标与结构
Urban Design Goals & Structure
人工湖以北高度控制界面 (24-32m)
Height Control Frontage of the Lake (24-32m)
43m航空控高线
43m Height Control Line
40-60m高度区
40-60m Height District
沿高速路的点式塔楼区 (20-80m)
Tower District along the Expressway
2.24 城市天际线及建筑高度控制原则
Urban Skyline & Building Height Control Principle
强调轴线与重点区域
Enhance Urban Axis & Important Area
华盛顿城市形态
Washington Urban Form
以华盛顿城市天际线控制为案例
1. 城市的大部分建筑物以10-12层为上限。
2. 为最大化利用土地，建筑物均以地块围合的方式布置。
3. 高度控制的目的是为了突出主要的公共建筑、城市景观轴线。
Washington as Case study
1.Developers can build only 10 or 12 stories.
2.Most buildings are boxy 10-story cubes to maximize development capacity.
3.The height limit has preserved the sightlines of Washington's monuments and view corridors.
滨水高度控制界面 (43m)
Height Control Frontage of Waterfront (43m)
中心大道高度控制界面 (43m)
Height Control Frontage of Central Promenade (43m)
19
天津空港加工区城市设计导则 | TAIP Urban Design Guideline

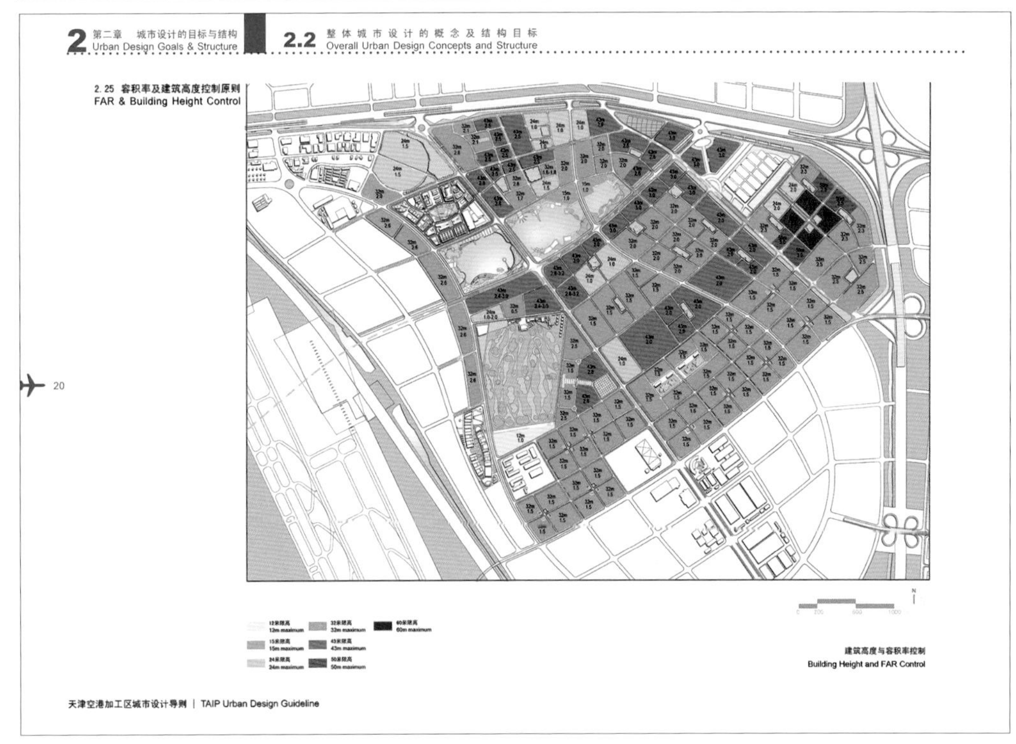
2 第二章　城市设计的目标与结构
Urban Design Goals & Structure
2.2 整体城市设计的概念及结构目标
Overall Urban Design Concepts and Structure
2.25 容积率及建筑高度控制原则
FAR & Building Height Control
20
12米限高
12m maximum
15米限高
15m maximum
24米限高
24m maximum
32米限高
32m maximum
43米限高
43m maximum
50米限高
50m maximum
60米限高
60m maximum
建筑高度与容积率控制
Building Height and FAR Control
天津空港加工区城市设计导则 | TAIP Urban Design Guideline

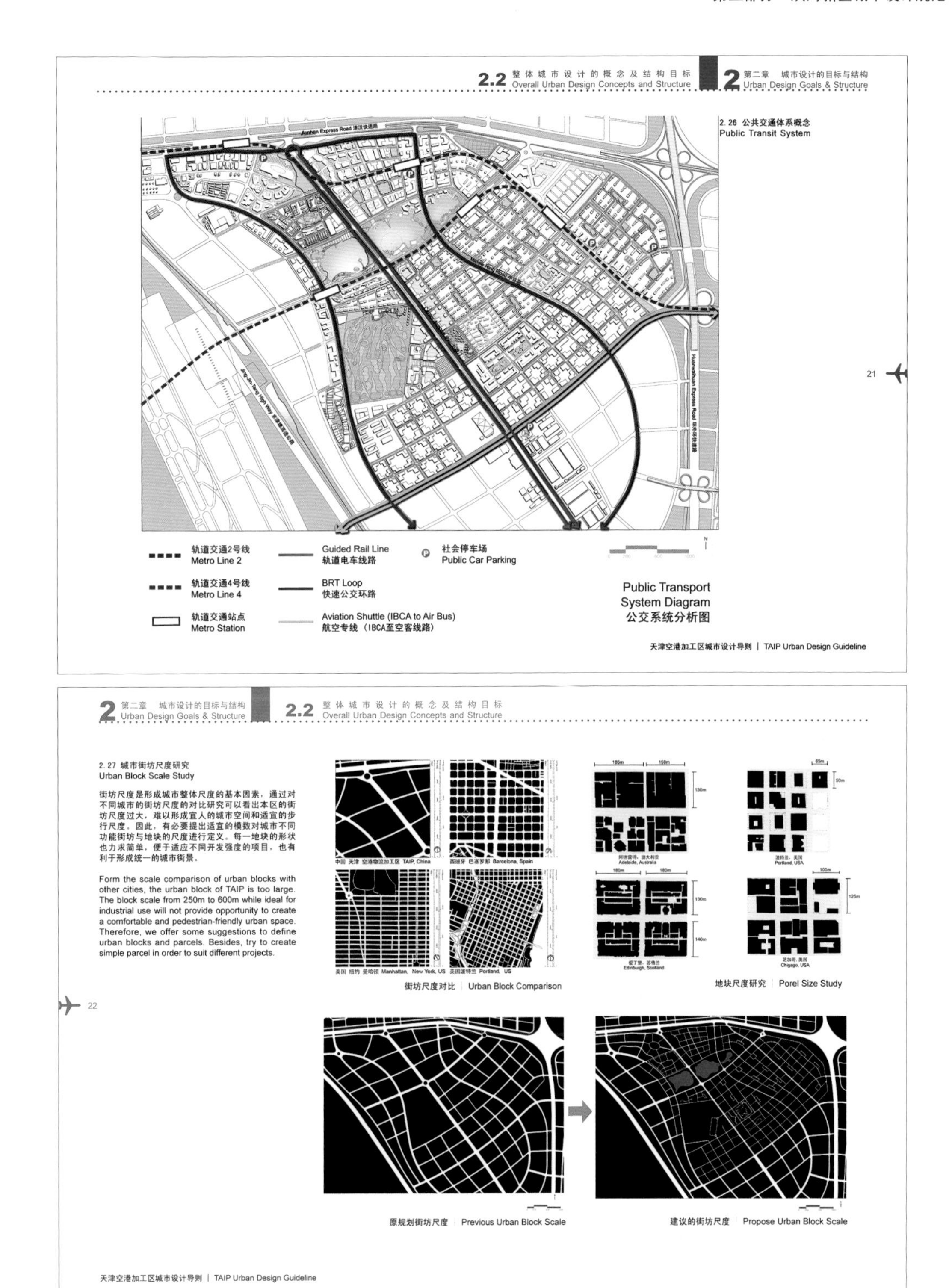
2.2 整体城市设计的概念及结构目标 Overall Urban Design Concepts and Structure | 2 第二章　城市设计的目标与结构 Urban Design Goals & Structure

2.26 公共交通体系概念
Public Transit System

Public Transport System Diagram
公交系统分析图

天津空港加工区城市设计导则 | TAIP Urban Design Guideline

2 第二章　城市设计的目标与结构 Urban Design Goals & Structure | 2.2 整体城市设计的概念及结构目标 Overall Urban Design Concepts and Structure

2.27 城市街坊尺度研究
Urban Block Scale Study

街坊尺度是形成城市整体尺度的基本因素，通过对不同城市的街坊尺度的对比研究可以看出本区的街坊尺度过大，难以形成宜人的城市空间和适宜的步行尺度。因此，有必要提出适宜的模数对城市不同功能街坊与地块的尺度进行定义。每一地块的形状也力求简单，便于适应不同开发强度的项目，也有利于形成统一的城市街景。

Form the scale comparison of urban blocks with other cities, the urban block of TAIP is too large. The block scale from 250m to 600m while ideal for industrial use will not provide opportunity to create a comfortable and pedestrian-friendly urban space. Therefore, we offer some suggestions to define urban blocks and parcels. Besides, try to create simple parcel in order to suit different projects.

街坊尺度对比 | Urban Block Comparison

地块尺度研究 | Porel Size Study

原规划街坊尺度 | Previous Urban Block Scale

建议的街坊尺度 | Propose Urban Block Scale

天津空港加工区城市设计导则 | TAIP Urban Design Guideline

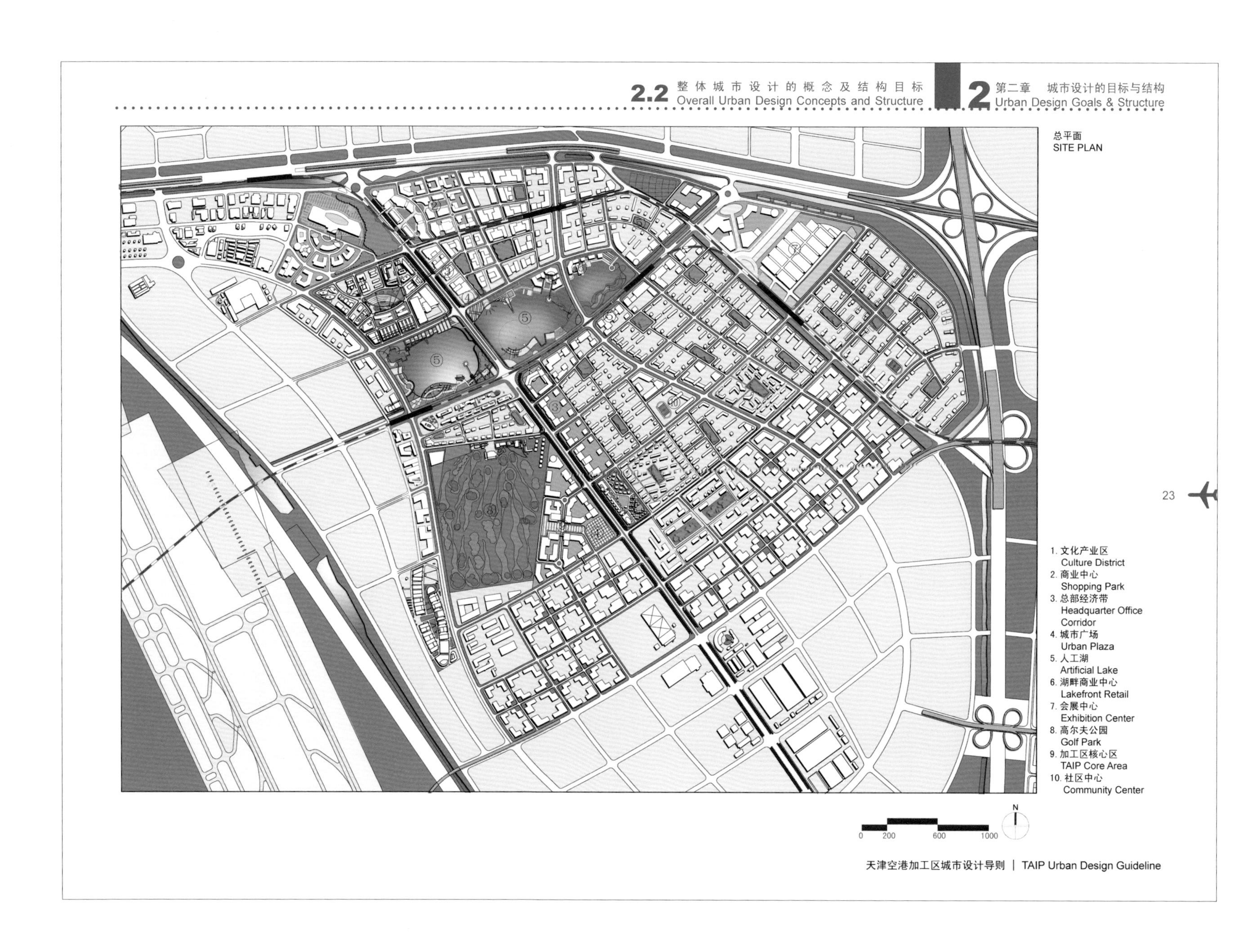
2.2 整体城市设计的概念及结构目标
Overall Urban Design Concepts and Structure
2 第二章 城市设计的目标与结构
Urban Design Goals & Structure
总平面
SITE PLAN
23
1. 文化产业区
Culture District
2. 商业中心
Shopping Park
3. 总部经济带
Headquarter Office Corridor
4. 城市广场
Urban Plaza
5. 人工湖
Artificial Lake
6. 湖畔商业中心
Lakefront Retail
7. 会展中心
Exhibition Center
8. 高尔夫公园
Golf Park
9. 加工区核心区
TAIP Core Area
10. 社区中心
Community Center
N
0 200 600 1000
天津空港加工区城市设计导则 | TAIP Urban Design Guideline

3.1 场地设计指引
- 3.11道路红线、建筑退界线、建筑性强制边界说明
- 3.12 建筑强制性边界达线方式分类
- 3.13 城市步行系统的设计指引
- 3.14 停车及机动车出入口设计指引
- 3.15 复合功能地块的设计指引
- 3.16 创造开放的城市街区
- 3.17 城市广场空间设计指引
- 3.18 邻里绿地设计指引
- 3.19 城市街道转角的设计指引
- 3.20 建筑物庭院的设计指引

3.2 建筑设计指引
- 3.21 建筑沿街立面的指引
- 3.22 建筑色彩及材质的设计指引
- 3.23 不同建筑类型的设计指引
- 3.24 公共及文化建筑的设计指引

3.3 街道设计指引
- 3.31 道路转弯半径设计指引
- 3.32 道路剖面设计指引

3.4 标识系统与广告设置指引
- 3.41城市公共标识
- 3.42地块标识及广告标识

3.5 城市照明设置指引
- 3.51 城市公共照明系统
- 3.52 建筑物照明指引

3.6 城市家具设置指引

3.1 Site Planning Design Guideline
- 3.11 Redline, Buildable Area & Required Frontage
- 3.12 Required Frontage Type
- 3.13 Pedestrian System Control Guideline
- 3.14 Parking & Vehicle Access Design Guideline
- 3.15 Mixed Use Block Design Guideline
- 3.16 Create Open Urban Block Structure
- 3.17 Urban Public Space Design Guideline
- 3.18 Neighborhood Green Space Design Guideline
- 3.19 Street Corner Design Guideline
- 3.20 Courtyard Design Guideline

3.2 Architectural Design Guideline
- 3.21 Street Elevation Design Guideline
- 3.22 Building Material & Color Design Guideline
- 3.23 Building Typology Design Guideline
- 3.24 Civic & Culture Building Design Guideline

3.3 Street Design Guideline
- 3.31 Road Turning Radius Design Guideline
- 3.32 Road Section Design Guideline

3.4 Urban Signage & Advertisement Board Guideline
- 3.41 Urban Public Signage
- 3.42 On-site signage & Advertisement Board

3.5 Urban Lighting Guideline
- 3.51 Urban Public Lighting System
- 3.52 Architectural Lighting

3.6 Urban Furniture Design Guideline

3 第三章 城市设计通则
Urban Design General Guidelines

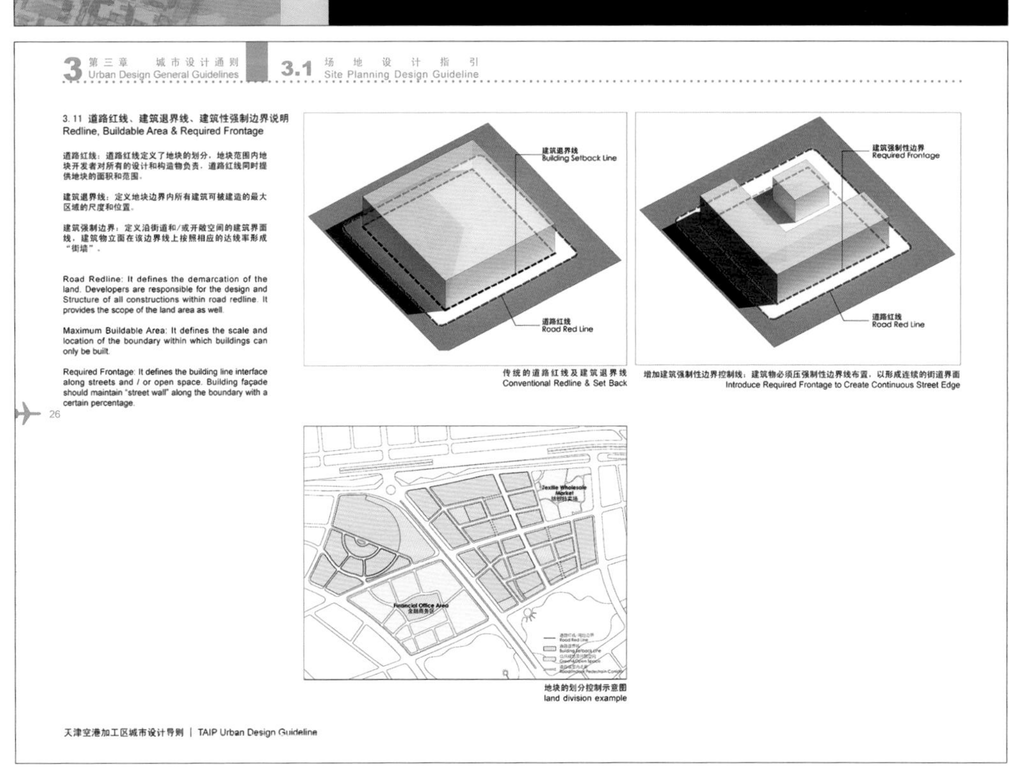

3 第三章 城市设计通则
Urban Design General Guidelines
3.1 场地设计指引
Site Planning Design Guideline

3.11 道路红线、建筑退界线、建筑性强制边界说明
Redline, Buildable Area & Required Frontage

道路红线：道路红线定义了地块的划分，地块范围内地块开发者对所有的设计和构造物负责，道路红线同时提供地块的面积和范围。

建筑退界线：定义地块边界内所有建筑可被建造的最大区域的尺度和位置。

建筑强制边界：定义沿街道和/或开敞空间的建筑界面线，建筑物立面在该边界线上按照相应的达线率形成“街墙”。

Road Redline: It defines the demarcation of the land. Developers are responsible for the design and Structure of all constructions within road redline. It provides the scope of the land area as well.

Maximum Buildable Area: It defines the scale and location of the boundary within which buildings can only be built.

Required Frontage: It defines the building line interface along streets and / or open space. Building façade should maintain "street wall" along the boundary with a certain percentage.

传统的道路红线及建筑退界线
Conventional Redline & Set Back

增加建筑强制性边界控制线：建筑物必须压强制性边界线布置，以形成连续的街道界面
Introduce Required Frontage to Create Continuous Street Edge

地块的划分控制示意图
land division example

26

天津空港加工区城市设计导则 | TAIP Urban Design Guideline

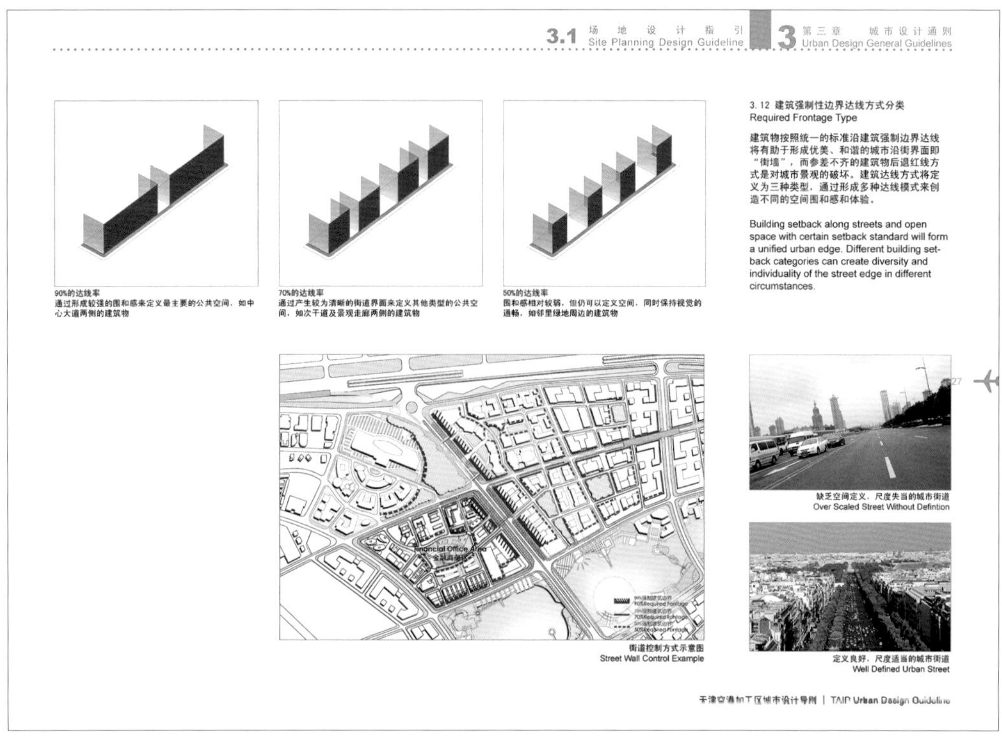

90%的达线率
通过形成较强的围和感来定义最主要的公共空间，如中心大道两侧的建筑物

70%的达线率
通过产生较为清晰的街道界面来定义其他类型的公共空间，如次干道及景观走廊两侧的建筑物

50%的达线率
围和感相对较弱，但仍可以定义空间，同时保持视觉的通畅，如邻里绿地周边的建筑物

3.12 建筑强制性边界达线方式分类
Required Frontage Type

建筑物按照统一的标准沿建筑强制边界达线将有助于形成优美、和谐的城市沿街界面即"街墙"，而参差不齐的建筑物后退红线方式是对城市景观的破坏。建筑达线方式将定义为三种类型，通过形成多种达线模式来创造不同的空间围和感和体验。

Building setback along streets and open space with certain setback standard will form a unified urban edge. Different building set-back categories can create diversity and individuality of the street edge in different circumstances.

街道控制方式示意图
Street Wall Control Example

缺乏空间定义，尺度失当的城市街道
Over Scaled Street Without Defintion

定义良好，尺度适当的城市街道
Well Defined Urban Street

3.13 城市步行系统的设计指引
Pedestrian System Control Guideline

3.13-A 城市步行道的设计指引
Urban Pedestrian Walkway Design Guideline

步行道的设计目标是实现可靠、安全、连续、舒适，并增加步行系统的一致性和吸引力。

步行道净空间不小于4m，鼓励设置绿化及城市家具，设置行道树或雨棚为行人提供舒适的步行环境。建议沿步行道设置等高的檐口形成连续的步行界面。建筑物底层材料建议使用透明的建筑材质，特别是有零售的底层可通过橱窗来展示商品。不鼓励建筑物底层使用镜面反射或不透明的玻璃。

The primary objectives of an improvement program for pedestrians are safety, security, convenience, continuity, comfort, system coherence and attractiveness.

Emphasize ground floor transparency, especially for retail uses. Typically, the majority of a shop front will be clear glass. Discourage large expanses of reflective, opaque or highly-tinted glass.

通过步行道两侧的商业零售及绿化和街道小品来形成安全、舒适活泼的街道景观。

底层的透明材质加强街道活动

步行系统图
Pedestrian System Control Examples

3.1 场地设计指引 Site Planning Design Guideline
3 第三章 城市设计通则 Urban Design General Guidelines

3. 13-B 室内公共走廊的设计指引
Indoor Public Corridor Design Guidelinee

室内公共走廊是连接重要城市功能或空间的室内公共通道，能为行人提供躲避恶劣天候的步行交通空间，同时，它也为行人提供了进行社交活动的公共空间，设计时应注意：

—保持出入口的物理与视觉的通达性
—充分利用日光照明和自然通风
—通廊应设有步行设施和景观植被为社交和公共集会创造机会

Indoor public corridor can provide pedestrian linear space connects different function or place within the site. It can extend and reinforce the public pedestrian network.

---Use transparency and lighting to visually connect entrance of public corridor
---Provide nature light and ventilation
---Locate uses and programs of public interest within these spaces

室内走廊的示意
Public Corridor Example

保持适当的开发弹性，定义出可以酌情取消的支路，可以通过室内或室外步行走廊进行替代
Maintain parcel's developing flexibility; Define the path which could be replaced by indoor or outdoor walking corridor.

29

室内公共空间示意走廊的示意
Indoor Public Corridor Example

天津空港加工区城市设计导则 | TAIP Urban Design Guideline

3 第三章 城市设计通则 Urban Design General Guidelines
3.1 场地设计指引 Site Planning Design Guideline

3. 13-C 骑楼的设计指引
Arcade Design Guideline

骑楼起着丰富街道空间、延伸步行功能提供机会，活跃城市气氛，设计时应注意：

--保持骑楼的连续性
--骑楼的跨度以3-5米为宜，为行人提供足够的活动空间
--建议骑楼高度不超过两层，尺度宜人。
--底层设置餐饮及零售功能活跃气氛

Arcade can enhance pedestrian experience and create dynamic urban space.

---Provide continues arcade space
---Provide enough space for pedestrian movement (3-5m)
---Encourage retail and F&B uses along the arcade

30

对骑楼的控制
Control of the arcade

沿人工湖的连续骑楼
Continued Arcade Along The Lake

骑楼空间示意图
Control of the arcade

天津空港加工区城市设计导则 | TAIP Urban Design Guideline

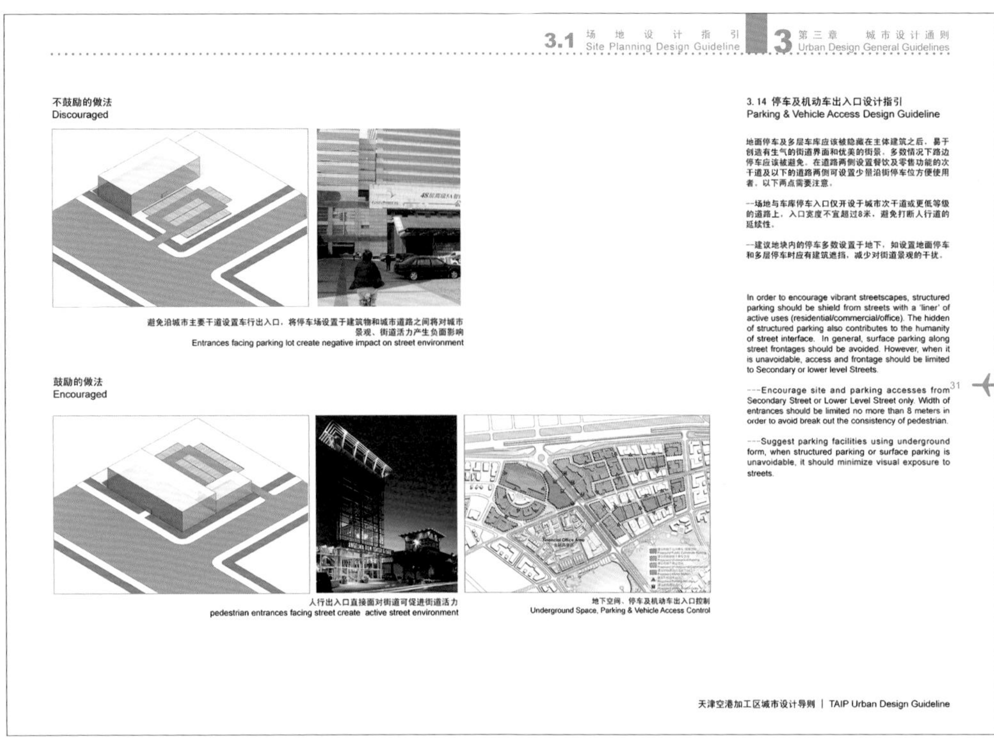

3.1 场地设计指引 Site Planning Design Guideline | 3 第三章 城市设计通则 Urban Design General Guidelines

不鼓励的做法
Discouraged

避免沿城市主要干道设置车行出入口，将停车场设置于建筑物和城市道路之间将对城市景观、街道活力产生负面影响
Entrances facing parking lot create negative impact on street environment

鼓励的做法
Encouraged

人行出入口直接面对街道可促进街道活力
pedestrian entrances facing street create active street environment

地下空间、停车及机动车出入口控制
Underground Space, Parking & Vehicle Access Control

3.14 停车及机动车出入口设计指引
Parking & Vehicle Access Design Guideline

地面停车及多层车库应该被隐藏在主体建筑之后，易于创造有生气的街道界面和优美的街景。多数情况下路边停车应该被避免。在道路两侧设置餐饮及零售功能的次干道及以下的道路两侧可设置少量沿街停车位方便使用者。以下两点需要注意。

--场地与车库停车入口仅开设于城市次干道或更低等级的道路上，入口宽度不宜超过8米，避免打断人行道的延续性。

--建议地块内的停车多数设置于地下，如设置地面停车和多层停车时应有建筑遮挡，减少对街道景观的干扰。

In order to encourage vibrant streetscapes, structured parking should be shield from streets with a 'liner' of active uses (residential/commercial/office). The hidden of structured parking also contributes to the humanity of street interface. In general, surface parking along street frontages should be avoided. However, when it is unavoidable, access and frontage should be limited to Secondary or lower level Streets.

---Encourage site and parking accesses from Secondary Street or Lower Level Street only. Width of entrances should be limited no more than 8 meters in order to avoid break out the consistency of pedestrian.

---Suggest parking facilities using underground form, when structured parking or surface parking is unavoidable, it should minimize visual exposure to streets.

31

天津空港加工区城市设计导则 | TAIP Urban Design Guideline

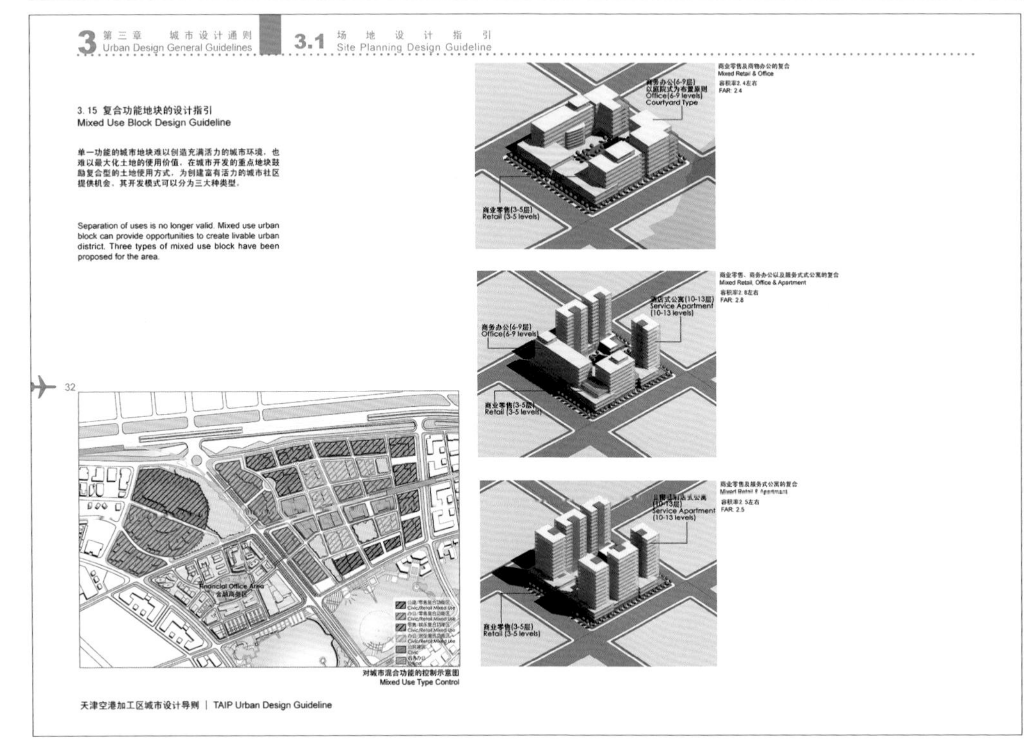

3 第三章 城市设计通则 Urban Design General Guidelines | 3.1 场地设计指引 Site Planning Design Guideline

3.15 复合功能地块的设计指引
Mixed Use Block Design Guideline

单一功能的城市地块难以创造充满活力的城市环境，也难以最大化土地的使用价值。在城市开发的重点地块鼓励复合型的土地使用方式，为创建富有活力的城市社区提供机会。其开发模式可以分为三大种类型。

Separation of uses is no longer valid. Mixed use urban block can provide opportunities to create livable urban district. Three types of mixed use block have been proposed for the area.

商业零售及商物办公的复合
Mixed Retail & Office
容积率2.4左右
FAR: 2.4

商务办公(6-9层)
以庭院式为布置原则
Office(6-9 levels)
Courtyard Type

商业零售(3-5层)
Retail (3-5 levels)

商业零售、商务办公以及服务式式公寓的复合
Mixed Retail, Office & Apartment
容积率2.8左右
FAR: 2.8

酒店式公寓(10-13层)
Service Apartment
(10-13 levels)

商务办公(6-9层)
Office(6-9 levels)

商业零售(3-5层)
Retail (3-5 levels)

商业零售及服务式公寓的复合
容积率2.5左右
FAR: 2.5

Service Apartment
(10-13 levels)

商业零售(3-5层)
Retail (3-5 levels)

32

对城市混合功能的控制示意图
Mixed Use Type Control

天津空港加工区城市设计导则 | TAIP Urban Design Guideline

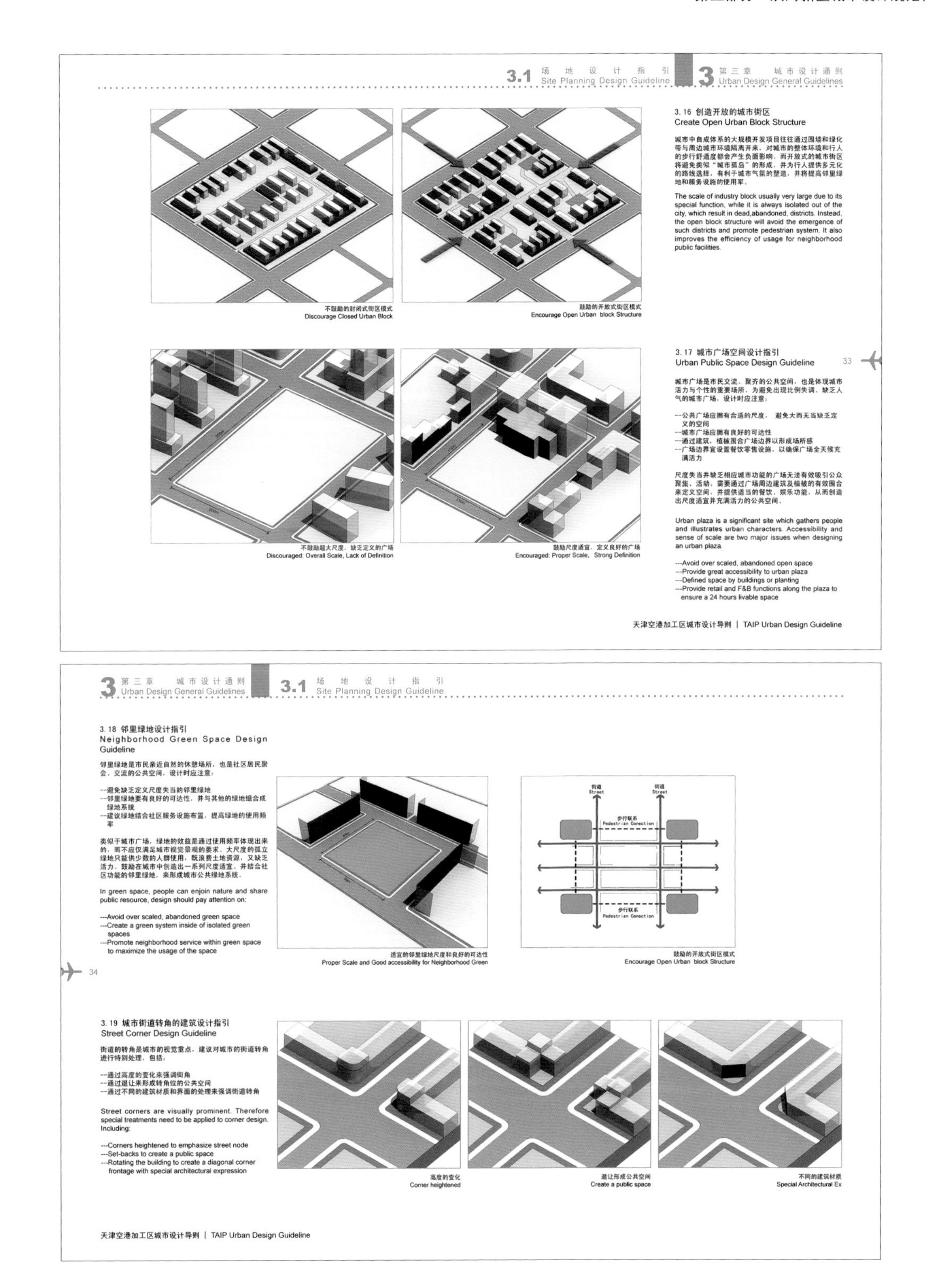

3.1 场地设计指引 Site Planning Design Guideline　3 第三章 城市设计通则 Urban Design General Guidelines

3.16 创造开放的城市街区
Create Open Urban Block Structure

城市中自成体系的大规模开发项目往往通过围墙和绿化带与周边城市环境隔离开来，对城市的整体环境和行人的步行舒适度都会产生负面影响。而开放式的城市街区将避免类似“城市孤岛”的形成，并为行人提供多元化的路线选择，有利于城市气氛的塑造，并将提高邻里绿地和服务设施的使用率。

The scale of industry block usually very large due to its special function, while it is always isolated out of the city, which result in dead,abandoned, districts. Instead, the open block structure will avoid the emergence of such districts and promote pedestrian system. It also improves the efficiency of usage for neighborhood public facilities.

不鼓励的封闭式街区模式
Discourage Closed Urban Block

鼓励的开放式街区模式
Encourage Open Urban block Structure

3.17 城市广场空间设计指引
Urban Public Space Design Guideline

33

城市广场是市民交流、聚齐的公共空间，也是体现城市活力与个性的重要场所。为避免出现比例失调、缺乏人气的城市广场，设计时应注意：

--公共广场应拥有合适的尺度，避免大而无当缺乏定义的空间
--城市广场应拥有良好的可达性
--通过建筑，植被围合广场边界以形成场所感
--广场边界宜设置餐饮零售设施，以确保广场全天候充满活力

尺度失当并缺乏相应城市功能的广场无法有效吸引公众聚集、活动。需要通过广场周边建筑及植被的有效围合来定义空间，并提供适当的餐饮、娱乐功能，从而创造出尺度适宜并充满活力的公共空间。

Urban plaza is a significant site which gathers people and illustrates urban characters. Accessibility and sense of scale are two major issues when designing an urban plaza.

---Avoid over scaled, abandoned open space
---Provide great accessibility to urban plaza
---Defined space by buildings or planting
---Provide retail and F&B functions along the plaza to ensure a 24 hours livable space

不鼓励超大尺度，缺乏定义的广场
Discouraged: Overall Scale, Lack of Definition

鼓励尺度适宜，定义良好的广场
Encouraged: Proper Scale, Strong Definition

天津空港加工区城市设计导则 | TAIP Urban Design Guideline

3 第三章 城市设计通则 Urban Design General Guidelines　3.1 场地设计指引 Site Planning Design Guideline

3.18 邻里绿地设计指引
Neighborhood Green Space Design Guideline

邻里绿地是市民亲近自然的休憩场所，也是社区居民聚会、交流的公共空间，设计时应注意：

--避免缺乏定义尺度失当的邻里绿地
--邻里绿地要有良好的可达性，并与其他的绿地组合成绿地系统
--建议绿地结合社区服务设施布置，提高绿地的使用频率

类似于城市广场，绿地的效益是通过使用频率体现出来的，而不应仅满足城市视觉景观的要求。大尺度的孤立绿地只能供少数的人群使用，既浪费土地资源，又缺乏活力。鼓励在城市中创造出一系列尺度适宜、并结合社区功能的邻里绿地，来形成城市公共绿地系统。

In green space, people can enjoin nature and share public resource, design should pay attention on:

---Avoid over scaled, abandoned green space
---Create a green system inside of isolated green spaces
---Promote neighborhood service within green space to maximize the usage of the space

34

适宜的邻里绿地尺度和良好的可达性
Proper Scale and Good accessibility for Neighborhood Green

鼓励的开放式街区模式
Encourage Open Urban block Structure

3.19 城市街道转角的建筑设计指引
Street Corner Design Guideline

街道的转角是城市的视觉重点，建议对城市的街道转角进行特别处理，包括：

--通过高度的变化来强调街角
--通过退让来形成转角位的公共空间
--通过不同的建筑材质和界面的处理来强调街道转角

Street corners are visually prominent. Therefore special treatments need to be applied to corner design. Including:

---Corners heightened to emphasize street node
---Set-backs to create a public space
---Rotating the building to create a diagonal corner frontage with special architectural expression

高度的变化
Corner heightened

退让形成公共空间
Create a public space

不同的建筑材质
Special Architectural Ex

天津空港加工区城市设计导则 | TAIP Urban Design Guideline

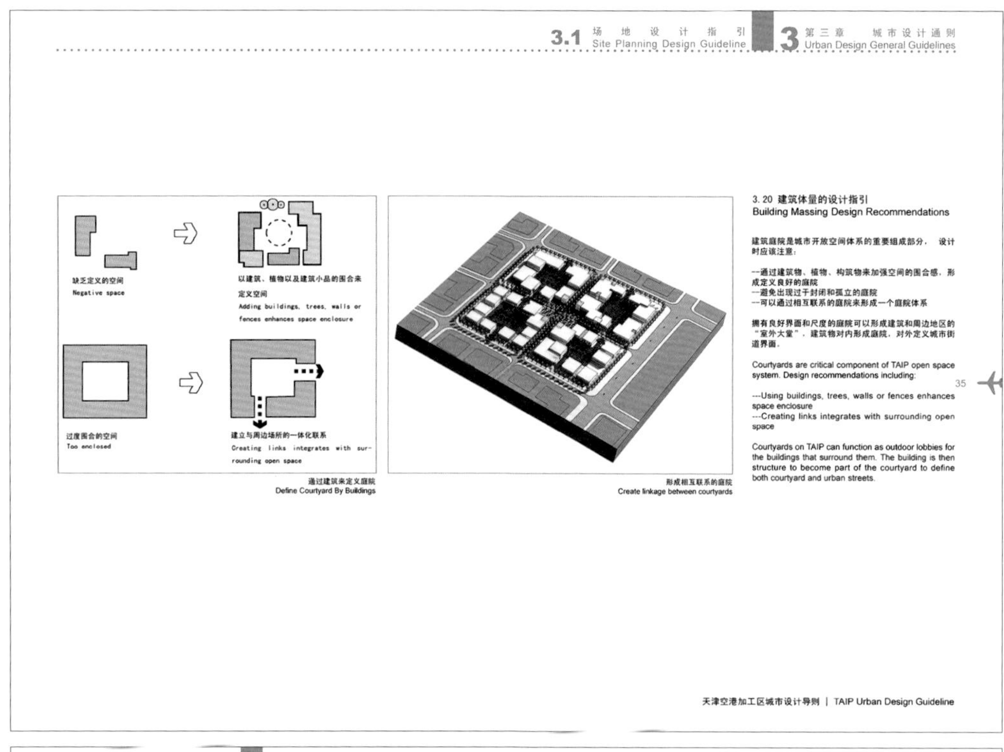

通过建筑来定义庭院
Define Courtyard By Buildings

形成相互联系的庭院
Create linkage between courtyards

3. 20 建筑体量的设计指引
Building Massing Design Recommendations

建筑庭院是城市开放空间体系的重要组成部分， 设计时应该注意：

--通过建筑物、植物、构筑物来加强空间的围合感，形成定义良好的庭院
--避免出现过于封闭和孤立的庭院
--可以通过相互联系的庭院来形成一个庭院体系

拥有良好界面和尺度的庭院可以形成建筑和周边地区的“室外大堂”，建筑物对内形成庭院，对外定义城市街道界面。

Courtyards are critical component of TAIP open space system. Design recommendations including:

---Using buildings, trees, walls or fences enhances space enclosure
---Creating links integrates with surrounding open space

Courtyards on TAIP can function as outdoor lobbies for the buildings that surround them. The building is then structure to become part of the courtyard to define both courtyard and urban streets.

35

天津空港加工区城市设计导则 | TAIP Urban Design Guideline

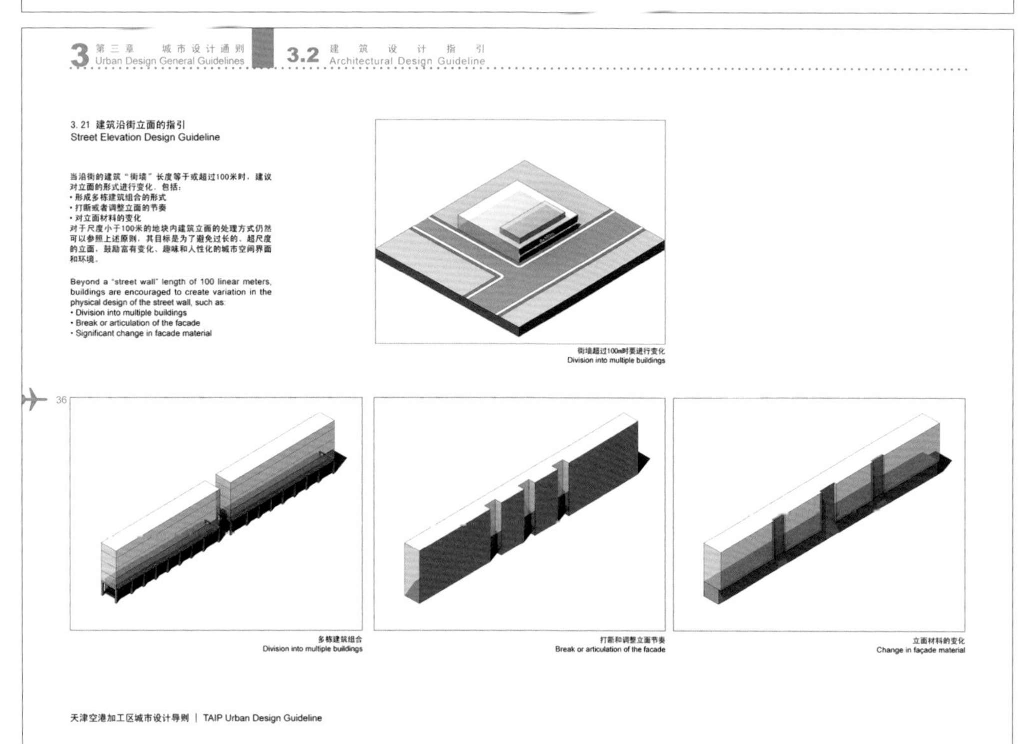

3. 21 建筑沿街立面的指引
Street Elevation Design Guideline

当沿街的建筑“街墙”长度等于或超过100米时，建议对立面的形式进行变化，包括：
• 形成多栋建筑组合的形式
• 打断或者调整立面的节奏
• 对立面材料的变化
对于尺度小于100米的地块内建筑立面的处理方式仍然可以参照上述原则，其目标是为了避免过长的、超尺度的立面，鼓励富有变化、趣味和人性化的城市空间界面和环境。

Beyond a "street wall" length of 100 linear meters, buildings are encouraged to create variation in the physical design of the street wall, such as:
• Division into multiple buildings
• Break or articulation of the facade
• Significant change in facade material

街墙超过100m时要进行变化
Division into multiple buildings

36

多栋建筑组合
Division into multiple buildings

打断和调整立面节奏
Break or articulation of the facade

立面材料的变化
Change in façade material

天津空港加工区城市设计导则 | TAIP Urban Design Guideline

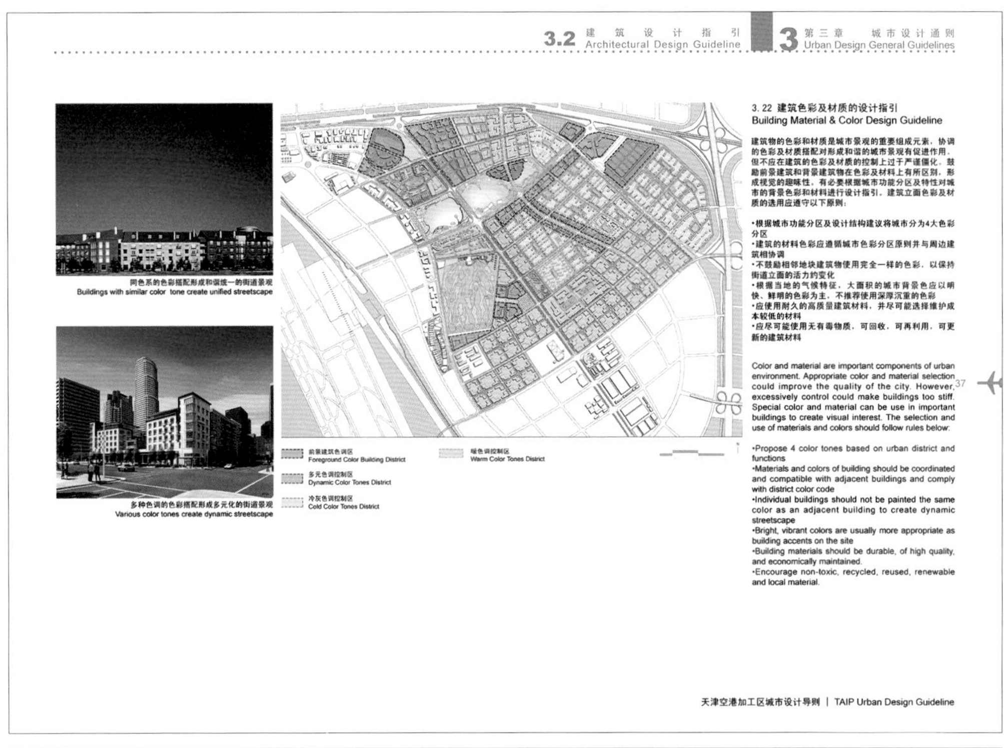
3.2 建筑设计指引 Architectural Design Guideline | 3 第三章 城市设计通则 Urban Design General Guidelines

同色系的色彩搭配形成和谐统一的街道景观
Buildings with similar color tone create unified streetscape

多种色调的色彩搭配形成多元化的街道景观
Various color tones create dynamic streetscape

3.22 建筑色彩及材质的设计指引
Building Material & Color Design Guideline

建筑物的色彩和材质是城市景观的重要组成元素，协调的色彩及材质搭配对形成和谐的城市景观有促进作用。但不应在建筑的色彩及材质的控制上过于严谨僵化。鼓励前景建筑和背景建筑物在色彩及材料上有所区别，形成视觉的趣味性。有必要根据城市功能分区及特性对城市的背景色彩和材料进行设计指引。建筑立面色彩及材质的选用应遵守以下原则：

·根据城市功能分区及设计结构建议将城市分为4大色彩分区
·建筑的材料色彩应遵循城市色彩分区原则并与周边建筑相协调
·不鼓励相邻地块建筑物使用完全一样的色彩，以保持街道立面的活力约变化
·根据当地的气候特征，大面积的城市背景色应以明快、鲜明的色彩为主，不推荐使用深厚沉重的色彩
·应使用耐久的高质量建筑材料，并尽可能选择维护成本较低的材料
·应尽可能使用无有毒物质，可回收，可再利用，可更新的建筑材料

Color and material are important components of urban environment. Appropriate color and material selection could improve the quality of the city. However, excessively control could make buildings too stiff. Special color and material can be use in important buildings to create visual interest. The selection and use of materials and colors should follow rules below:

·Propose 4 color tones based on urban district and functions
·Materials and colors of building should be coordinated and compatible with adjacent buildings and comply with district color code
·Individual buildings should not be painted the same color as an adjacent building to create dynamic streetscape
·Bright, vibrant colors are usually more appropriate as building accents on the site
·Building materials should be durable, of high quality, and economically maintained.
·Encourage non-toxic, recycled, reused, renewable and local material.

37

天津空港加工区城市设计导则 | TAIP Urban Design Guideline

3 第三章 城市设计通则 Urban Design General Guidelines | 3.2 建筑设计指引 Architectural Design Guideline

3.22-A 多元色调控制区
Dynamic Color tones district

·鼓励多元化的色彩搭配以提供富有活力的商业体验
·不鼓励建筑物整体色调为厚重的冷灰色调

·Create dynamic commercial experience by providing various color tones
·Accent color like dark gray, dark red and black should not be used.

3.22-B 冷灰色调控制区
Cold Color tones district

·鼓励外墙使用淡蓝绿色系玻璃材质，石料和水泥材料推荐使用中型色如浅灰色、淡黄色、暖白色等，创造现代、简洁的商务环境
·建筑外墙使用的玻璃材料的反射率应该在20%以下（可以使用局部反光，不允许使用高度反光的玻璃）
·不鼓励使用橙色、金色等鲜艳的建筑材料以及黑色、深红色等深颜色石料

·Encourage light blue and green glass, neutral color stone and concrete like light gray, light yellow, warm white and so on to create modern office feeling
·Glass should have a reflectivity of 20 percent or less.
·Vivid glass (orange, golden) and accent color (black, dark red) stone can not be used.

38

3.22-C暖色调控制区
Warm Color tones district

·鼓励使用暖色系，如砖红色、橙黄色等，以创造亲切、温馨的居住环境
·不鼓励使用冷色系，如蓝色、绿色、暗灰色

·Encourage warm tone colors like brick red, orange and so on
·Discourage cold tone colors like blue, green and dark gray.

3.22-D 前景建筑色调区
Foreground Building Color district

·对区内建筑色彩不做具体指引，鼓励使用独特的建筑材质及色彩来形成有视觉冲击力的地标建筑物。

·No color and material restriction in this area. Special color and materials can be used to create icon building.

天津空港加工区城市设计导则 | TAIP Urban Design Guideline

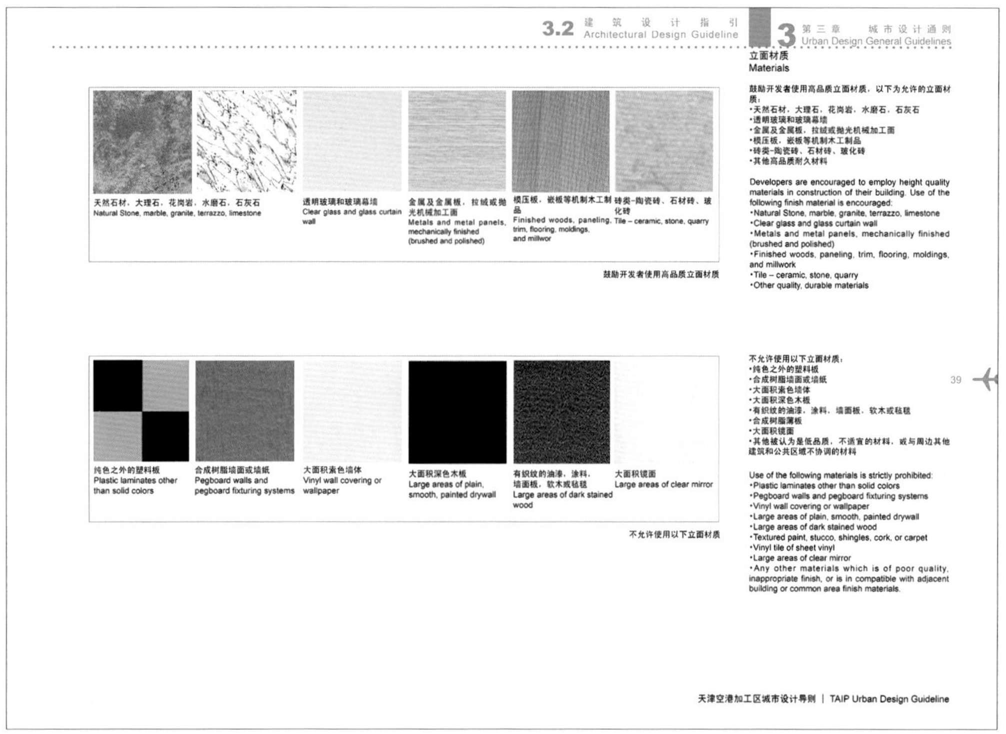

3.2 建 筑 设 计 指 引 Architectural Design Guideline
3 第三章 城市设计通则 Urban Design General Guidelines

天然石材，大理石，花岗岩，水磨石，石灰石
Natural Stone, marble, granite, terrazzo, limestone

透明玻璃和玻璃幕墙
Clear glass and glass curtain wall

金属及金属板，拉绒或抛光机械加工面
Metals and metal panels, mechanically finished (brushed and polished)

模压板，嵌板等机制木工制品
Finished woods, paneling, trim, flooring, moldings, and millwor

砖类-陶瓷砖、石材砖、玻化砖
Tile – ceramic, stone, quarry

鼓励开发者使用高品质立面材质

立面材质
Materials

鼓励开发者使用高品质立面材质，以下为允许的立面材质：
- 天然石材，大理石，花岗岩，水磨石，石灰石
- 透明玻璃和玻璃幕墙
- 金属及金属板，拉绒或抛光机械加工面
- 模压板，嵌板等机制木工制品
- 砖类-陶瓷砖、石材砖、玻化砖
- 其他高品质耐久材料

Developers are encouraged to employ height quality materials in construction of their building. Use of the following finish material is encouraged:
- Natural Stone, marble, granite, terrazzo, limestone
- Clear glass and glass curtain wall
- Metals and metal panels, mechanically finished (brushed and polished)
- Finished woods, paneling, trim, flooring, moldings, and millwork
- Tile – ceramic, stone, quarry
- Other quality, durable materials

纯色之外的塑料板
Plastic laminates other than solid colors

合成树脂墙面或墙纸
Pegboard walls and pegboard fixturing systems

大面积素色墙体
Vinyl wall covering or wallpaper

大面积深色木板
Large areas of plain, smooth, painted drywall

有织纹的油漆，涂料，墙面板，软木或毡毯
Large areas of dark stained wood

大面积镜面
Large areas of clear mirror

不允许使用以下立面材质

不允许使用以下立面材质：
- 纯色之外的塑料板
- 合成树脂墙面或墙纸
- 大面积素色墙体
- 大面积深色木板
- 有织纹的油漆，涂料，墙面板，软木或毡毯
- 合成树脂薄板
- 大面积镜面
- 其他被认为是低品质，不适宜的材料，或与周边其他建筑和公共区域不协调的材料

Use of the following materials is strictly prohibited:
- Plastic laminates other than solid colors
- Pegboard walls and pegboard fixturing systems
- Vinyl wall covering or wallpaper
- Large areas of plain, smooth, painted drywall
- Large areas of dark stained wood
- Textured paint, stucco, shingles, cork, or carpet
- Vinyl tile of sheet vinyl
- Large areas of clear mirror
- Any other materials which is of poor quality, inappropriate finish, or is in compatible with adjacent building or common area finish materials.

39

天津空港加工区城市设计导则 | TAIP Urban Design Guideline

3 第三章 城市设计通则 Urban Design General Guidelines
3.2 建 筑 设 计 指 引 Architectural Design Guideline

立面设计指引
Elevation Design Guideline

城市设计是否能够成为成功的商业街很大程度上取决与立面的设计。精心选择的材质和颜色，活力并高效的照明以及提供动人的细部使每个建筑都可以成为吸引人的场所并促进整个区域的成功。

每栋建筑都需要悉心设计。每一个开发和设计者都应熟空港物流加工区的整体形象以保证他们的建筑设计与整个区域相协调。立面设计应关注尺度、比例、颜色、细部以体现周边区域环境特色。

除特别标注，所有立面设计都应遵从以下标准
- 立面应在与整体环境协调的前提下具有个性化可识别的外观。
- 立面材质和细部的运用应体现整体性和独特性以保持街道的凝聚和活力。
- 使用透明玻璃作为底层商业店面展示橱窗。
- 创造入口的门户感。
- 公共建筑立面不得设窗式或分体式空调机。住宅建筑应对空调机的安放位置和排水设施进行统一设计。
- 临街建筑围墙采用密实形式，高度不得超过 2 米。

The success of TAIP is dependent to a great degree on the design of the elevations. By carefully using and selecting materials and colors, dramatic but efficient lighting, as well as providing sensitive detailing, each building is certain to be an inviting establishment that ensures it own success and contributes to the success of the whole area.

40

All buildings shall be carefully designed. The developer and architect should familiarize themselves with the overall image and design of TAIP to encourage compatibility of their building with the region. Proper attention should be paid to the design and detailing of the building and elevation within their design zone including proportion, scale, color and detailing so as to be compatible with the character of the surrounding environment and district in which they are located.

The following criteria pertain to all elevation unless otherwise noted:
- Provide elevation with an individual look for each building while blending with the overall design intent of the district.
- Use materials and details of the elevation which act as an integral yet unique part of the overall street to ensure a cohesive and dynamic design.
- Utilize clear glass for ground floor retail storefront glazing.
- Provide a sense of entry.
- Air conditioner can not be installed on any part of street front building elevation. Air conditioner positions on residential tower should be designed as part of elevation.
- Street front fence can not be solid and height should below 2 meters.

天津空港加工区城市设计导则 | TAIP Urban Design Guideline

建筑立面应采用三段式划分，包括底层、主体层、屋顶层，
Building façade should be divided into three parts, including the ground floor, the main floor and the roof,

街道立面材质与风格应与周边环境以及其他建筑相协调，
The material and style of the street façade should be compatible with the surrounding bulidngs and environment.

底层鼓励使用透明玻璃材质，以激活沿街商业，
The ground floor are encouraged to use transparent glass to stimulate street retail,

D地块北侧沿街立面设计指引
North side of Parcel D street frontage design reference

外墙应有凹凸层次变化，在同一方向上，不应出现连续长实墙，
Vary the planes of the exterior walls in depth and/or direction.
Wall planes should not run in one continuous direction without an offset.

不允许在同一立面上使用单一材质，
The building façade is not allowed to use a single material.

中心大道西侧沿街立面设计指引
West side of Central Avenue street frontage design reference

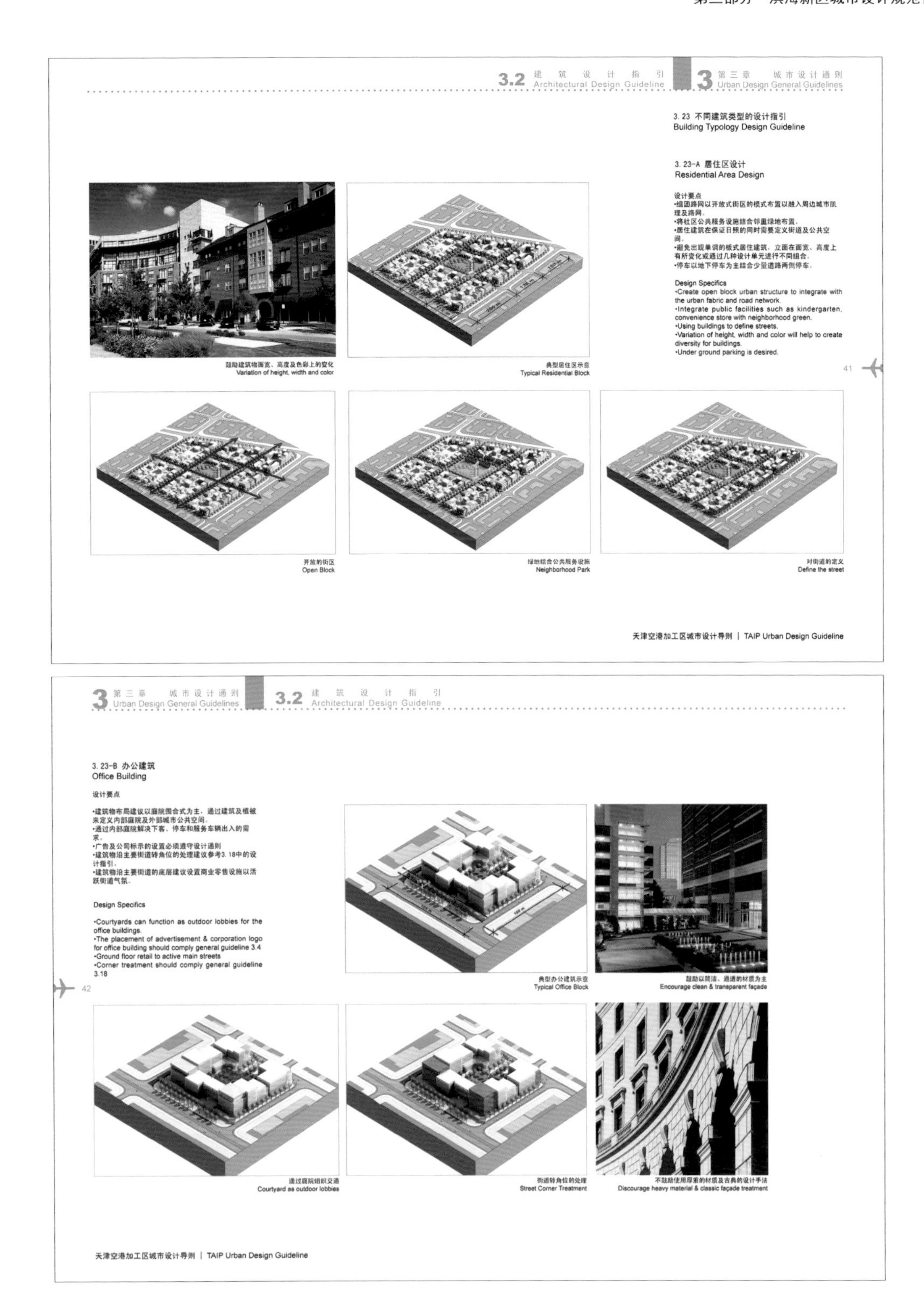

3.2 建筑设计指引 Architectural Design Guideline　3 第三章 城市设计通则 Urban Design General Guidelines

3.23 不同建筑类型的设计指引
Building Typology Design Guideline

3.23-A 居住区设计
Residential Area Design

设计要点
•组团路网以开放式街区的模式布置以融入周边城市肌理及路网。
•将社区公共服务设施结合邻里绿地布置。
•居住建筑在保证日照的同时需要定义街道及公共空间。
•避免出现单调的板式居住建筑，立面在面宽、高度上有所变化或通过几种设计单元进行不同组合。
•停车以地下停车为主结合少量道路两侧停车。

Design Specifics
•Create open block urban structure to integrate with the urban fabric and road network.
•Integrate public facilities such as kindergarten, convenience store with neighborhood green.
•Using buildings to define streets.
•Variation of height, width and color will help to create diversity for buildings.
•Under ground parking is desired.

鼓励建筑物面宽、高度及色彩上的变化
Variation of height, width and color

典型居住区示意
Typical Residential Block

开放的街区
Open Block

绿地结合公共服务设施
Neighborhood Park

对街道的定义
Define the street

41

天津空港加工区城市设计导则 | TAIP Urban Design Guideline

3 第三章 城市设计通则 Urban Design General Guidelines　3.2 建筑设计指引 Architectural Design Guideline

3.23-B 办公建筑
Office Building

设计要点

•建筑物布局建议以庭院围合式为主，通过建筑及植被来定义内部庭院及外部城市公共空间。
•通过内部庭院解决下客、停车和服务车辆出入的需求。
•广告及公司标示的设置必须遵守设计通则
•建筑物沿主要街道转角位的处理建议参考3.18中的设计指引。
•建筑物沿主要街道的底层建议设置商业零售设施以活跃街道气氛。

Design Specifics

•Courtyards can function as outdoor lobbies for the office buildings.
•The placement of advertisement & corporation logo for office building should comply general guideline 3.4
•Ground floor retail to active main streets
•Corner treatment should comply general guideline 3.18

42

典型办公建筑示意
Typical Office Block

鼓励以简洁、通透的材质为主
Encourage clean & transparent façade

通过庭院组织交通
Courtyard as outdoor lobbies

街道转角位的处理
Street Corner Treatment

不鼓励使用厚重的材质及古典的设计手法
Discourage heavy material & classic façade treatment

天津空港加工区城市设计导则 | TAIP Urban Design Guideline

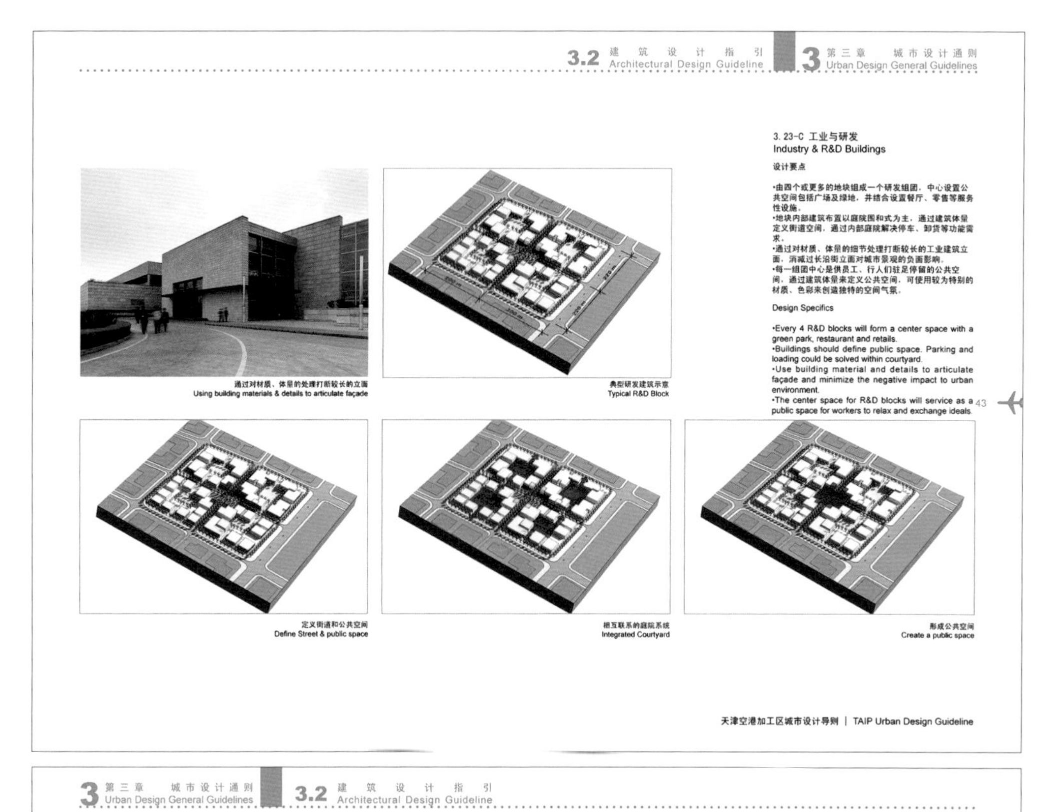

3.23-C 工业与研发
Industry & R&D Buildings

设计要点

•由四个或更多的地块组成一个研发组团，中心设置公共空间包括广场及绿地，并结合设置餐厅、零售等服务性设施。
•地块内部建筑布置以庭院围和式为主，通过建筑体量定义街道空间，通过内部庭院解决停车、卸货等功能需求。
•通过对材质、体量的细节处理打断较长的工业建筑立面，消减过长沿街立面对城市景观的负面影响。
•每一组团中心是供员工、行人们驻足停留的公共空间，通过建筑体量来定义公共空间，可使用较为特别的材质、色彩来创造独特的空间气氛。

Design Specifics

•Every 4 R&D blocks will form a center space with a green park, restaurant and retails.
•Buildings should define public space. Parking and loading could be solved within courtyard.
•Use building material and details to articulate façade and minimize the negative impact to urban environment.
•The center space for R&D blocks will service as a public space for workers to relax and exchange ideals.

通过对材质、体量的处理打断较长的立面
Using building materials & details to articulate façade

典型研发建筑示意
Typical R&D Block

定义街道和公共空间
Define Street & public space

相互联系的庭院系统
Integrated Courtyard

形成公共空间
Create a public space

3.24 公共及文化建筑的设计指引
Civic & Culture Building Design Guideline

建筑设计通则不适用于地标型的公共文化建筑。

公共及文化建筑物应该从商业、居住和工业建筑区别开来。这类建筑物在空间形态、建筑表达上拥有更大的自由度，在周围其它类型的背景建筑的衬托下，地标性建筑将在整个城市的范围内形成巨大影响。

Building Design guidelines do not apply to Civic Buildings and Cultural Facilities.

Civic, cultural facilities and other landmarks should have more prominence within TAIP than commercial, residential and industry developments. In the tradition of great examples from many cities around the world, these buildings should have greater freedom in form and architectural expression. These signature landmarks of city-wide importance will stand out by being the "exception to the rule", and have a greater impact when surrounded by strong and well-defined streetscapes which are encouraged elsewhere in this chapter.

上海科技博物馆 | Shanghai Science Museum

西班牙古根汉姆博物馆 | Guggenheim Museum, Bilbao, Spain

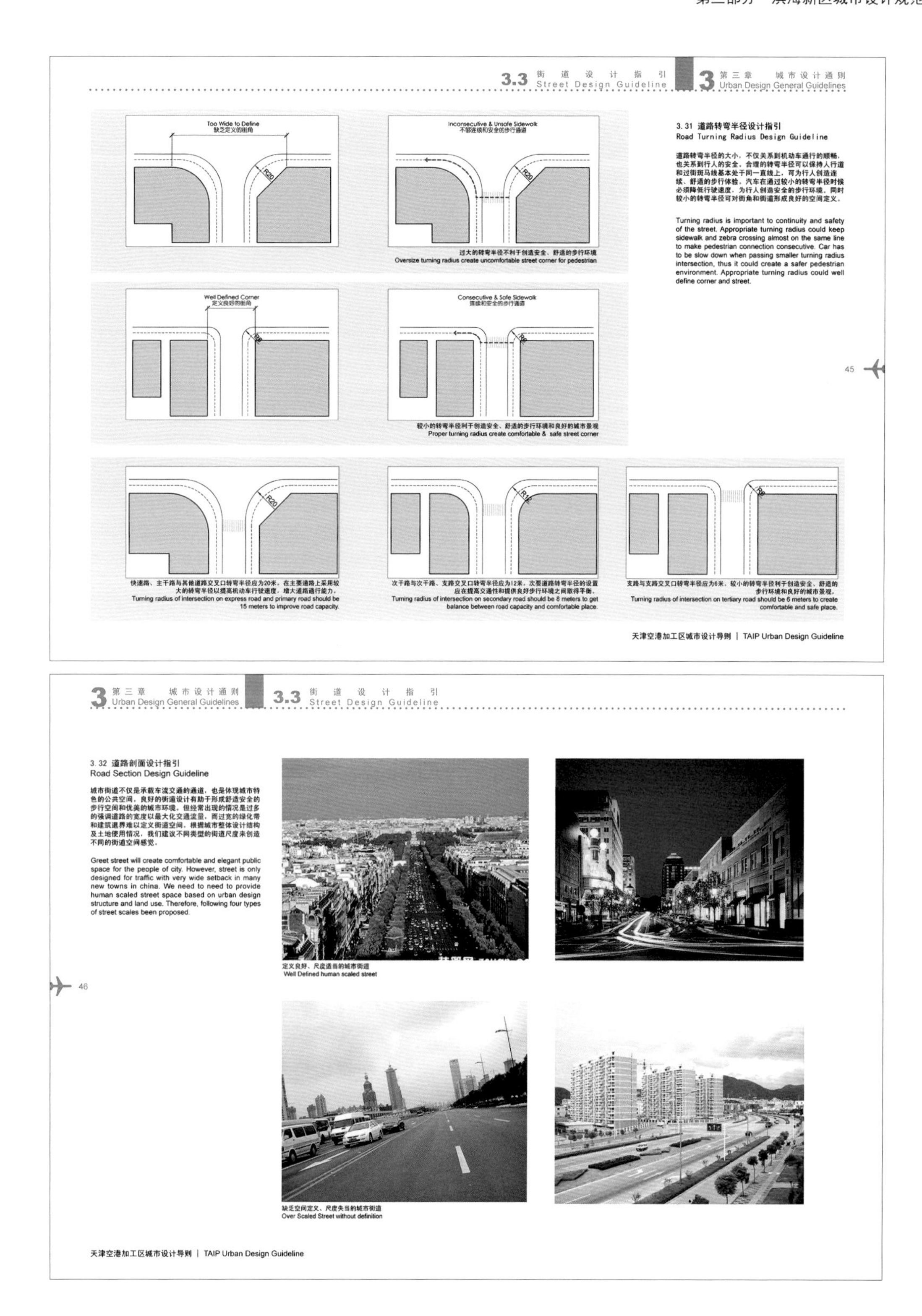

过大的转弯半径不利于创造安全、舒适的步行环境
Oversize turning radius create uncomfortable street corner for pedestrian

较小的转弯半径利于创造安全、舒适的步行环境和良好的城市景观
Proper turning radius create comfortable & safe street corner

3.31 道路转弯半径设计指引
Road Turning Radius Design Guideline

道路转弯半径的大小，不仅关系到机动车通行的顺畅，也关系到行人的安全。合理的转弯半径可以保持人行道和过街斑马线基本处于同一直线上，可为行人创造连续、舒适的步行体验。汽车在通过较小的转弯半径时候必须降低行驶速度，为行人创造安全的步行环境。同时较小的转弯半径可对街角和街道形成良好的空间定义。

Turning radius is important to continuity and safety of the street. Appropriate turning radius could keep sidewalk and zebra crossing almost on the same line to make pedestrian connection consecutive. Car has to be slow down when passing smaller turning radius intersection, thus it could create a safer pedestrian environment. Appropriate turning radius could well define corner and street.

快速路、主干路与其他道路交叉口转弯半径应为20米。在主要道路上采用较大的转弯半径以提高机动车行驶速度，增大道路通行能力。
Turning radius of intersection on express road and primary road should be 15 meters to improve road capacity.

次干路与次干路、支路交叉口转弯半径应为12米。次要道路转弯半径的设置应在提高交通性和提供良好步行环境之间取得平衡。
Turning radius of intersection on secondary road should be 8 meters to get balance between road capacity and comfortable place.

支路与支路交叉口转弯半径应为6米。较小的转弯半径利于创造安全、舒适的步行环境和良好的城市景观。
Turning radius of intersection on tertiary road should be 6 meters to create comfortable and safe place.

3.32 道路剖面设计指引
Road Section Design Guideline

城市街道不仅是承载车流交通的通道，也是体现城市特色的公共空间。良好的街道设计有助于形成舒适安全的步行空间和优美的城市环境。但经常出现的情况是过多的强调道路的宽度以最大化交通流量，而过宽的绿化带和建筑退界难以定义街道空间。根据城市整体设计结构及土地使用情况，我们建议不同类型的街道尺度来创造不同的街道空间感觉。

Greet street will create comfortable and elegant public space for the people of city. However, street is only designed for traffic with very wide setback in many new towns in china. We need to need to provide human scaled street space based on urban design structure and land use. Therefore, following four types of street scales been proposed.

定义良好、尺度适当的城市街道
Well Defined human scaled street

缺乏空间定义、尺度失当的城市街道
Over Scaled Street without definition

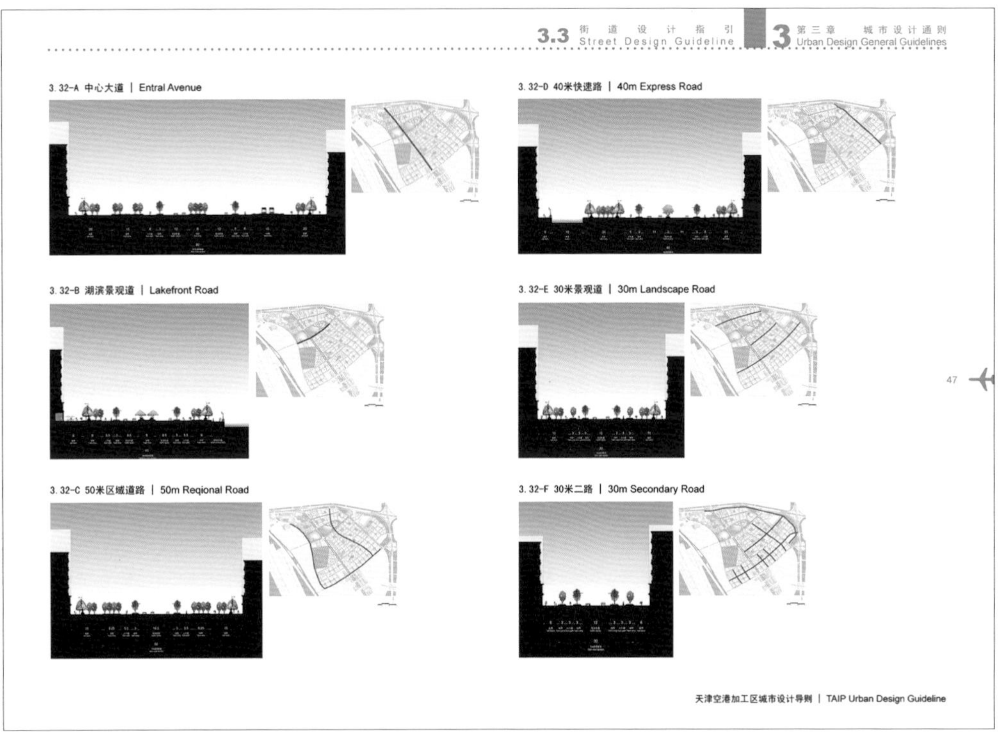

3.3 街道设计指引 Street Design Guideline | 3 第三章 城市设计通则 Urban Design General Guidelines

3.32-A 中心大道 | Entral Avenue

3.32-D 40米快速路 | 40m Express Road

3.32-B 湖滨景观道 | Lakefront Road

3.32-E 30米景观道 | 30m Landscape Road

3.32-C 50米区域道路 | 50m Regional Road

3.32-F 30米二路 | 30m Secondary Road

47

天津空港加工区城市设计导则 | TAIP Urban Design Guideline

3 第三章 城市设计通则 Urban Design General Guidelines | 3.4 标识系统与广告设置指引 Urban Signage & Advertisement Board Guideline

城市的标识系统需要反映出区域的独特个性和各种城市功能的特点，导则将确保形成一个高质量并有整体感的城市标识系统。标识系统将分为两个大类1）城市公共标识 2）地块标识及广告标识。

Urban signage system need to reflect the mixed-use nature of the district and helps to reinforce the distinctive character of each use type. Within this mix, the guidelines create a system that insures the quality and sense of unity of the district. The guidelines break down into two broad categories: 1) Public Signage 2) On-site signage & Advertisement Board.

3.41 城市公共标识
Urban Public Signage

3.41-A 区域门户标识设计指引
Gateway Signage Design Recommendation

区域门户是该地区在城市中的标志性所在，是该区域联系城市其它区域的首要通道，设计时应注意：
•以鲜明的特色门户设计标识出所达地区的主要交通入口
•指明进入项目的主要机动车入口

Gateway as a landmark for an area is the first and main entrance for the site and key design elements includes:
•Mark major vehicular entrances to the district with special gateway features
•Mark the primary vehicular entries to the development

48

3.41-B 功能区标识设计指引
District Identity Monument

功能区是区域内具有主题性功能的区域，标识设计时应注意：
•标志出项目内特殊区域的入口
标识应结合区域特点，设置于地区的重要场所
•应采用特色鲜明、造型自由的标识相结合

District is an area that expresses its unique theme and key design elements include:
•Identify and mark the entrance of a particular district within the development
•Signage should respect district character placing on important and obvious location
•Incorporate freestanding signs with an iconic design that enhances the visual character and identity of the district

清晰、明确的区域门户标识
Clear、Specific gateway signage

特色鲜明的区域入口标识
Area entrance signage whose feature is presented clearly

天津空港加工区城市设计导则 | TAIP Urban Design Guideline

3.4 标 识 系 统 与 广 告 设 置 指 引 Urban Signage & Advertisement Board Guideline　3 第 三 章　城 市 设 计 通 则 Urban Design General Guidelines

清晰的车行流线标识
Specific circulation guide

3. 41-C 车行导向系统设计指引
Vehicular Directional

车型导向标识为区域内的汽车进入各功能区进行导向，设计时应注意：
•注意标识的整体设计及安放位置要醒目，明确
•可作为独立标识牌，更可以依附在柱子（如：灯柱）和建筑物上，效果更佳

To orient and direct vehicles to the development's major points of access
Key design elements include:
•Signage should be integrated designing and place on obvious location
•Design as freestanding signs or preferably attach to poles (i.e., light standards) and buildings

49

3. 41-D 行人导向系统设计指引
Way Finding Kiosk/Map

行人导向系统旨在帮助行人确定主要目的地和公共设施的位置，设计时应注意：
•标识应设立于主要目的地及公共设施处
•标识应从行人的角度导向亭和地图的尺度
•标识应为行人提供各类相关的服务、活动及公共通告信息

Assist pedestrians in location key destinations and public facilities.
Key design elements include:
•Kiosk/Map should be placed on the site of main destination or public facilities
•Scale wayfindings kiosks and maps for pedestrian use
•Provide information regarding available services, events, and other public announcements

便于识别的行人信息系统
User-firendly pedestrian information system

天津空港加工区城市设计导则 | TAIP Urban Design Guideline

3 第 三 章　城 市 设 计 通 则 Urban Design General Guidelines　3.4 标 识 系 统 与 广 告 设 置 指 引 Urban Signage & Advertisement Board Guideline

3. 42地块标识及广告标识位置指引
On-site signage & Advertisement Board

为了形成统一的城市风貌、和谐的街道景观，地块内部的标识及广告也是城市设计导则需要控制的内容，在设置时应该注意。
•广告的样式应与建筑物的整体风格保持一致
•禁止在屋顶或屋顶檐口以上设置广告牌以创造连续的建筑物天际线
•建议使用简单、直接、易读并且能展现独特主题的广告标识
•广告的构成元素、尺度大小应与建筑的立面韵律相协调
•广告的材质、颜色应与建筑立面材料相协调
•相对于耐用的、高质量的材料：不鼓励出现纸质或者布质的广告材质

On-site signage & advertisement need to associate with urban identity. Design and placement of on-site signage and advertisement should comply with following guidelines:
•Provide signage that is compatible with the building architecture
•Place signs in accordance with façade rhythm, scale and proportion
•Use simple, direct signage that is unique to a particular business. Identifiable symbols and logos are encouraged, while hard-to-read and intricate typefaces are discouraged
•Coordinate sign materials and colors with the building façade / storefront design
•Construct signs of durable, high-quality materials; paper and cloth signs are prohibited

50

打乱城市天际线的广告标识
Advertivement Intertere City Sky-line

扰乱建筑天际线的广告标识
Advertisement interfing building sky-line

形成良好韵律感的广告标识与建筑立面
Placement of advertisement creating rhythm to building facade

广告标识不对建筑天际线造成影响
Advertisement does not invade building sky-line

天津空港加工区城市设计导则 | TAIP Urban Design Guideline

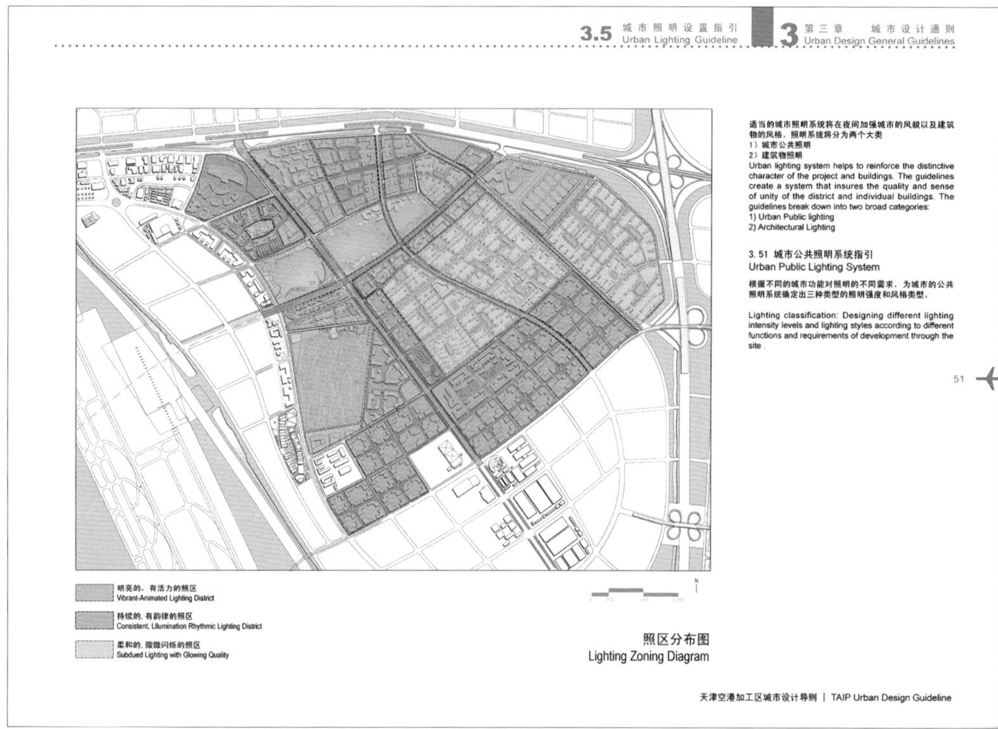
3.5 城市照明设置指引 Urban Lighting Guideline | 3 第三章 城市设计通则 Urban Design General Guidelines

适当的城市照明系统将在夜间加强城市的风貌以及建筑物的风格。照明系统将分为两个大类
1）城市公共照明
2）建筑物照明

Urban lighting system helps to reinforce the distinctive character of the project and buildings. The guidelines create a system that insures the quality and sense of unity of the district and individual buildings. The guidelines break down into two broad categories:
1) Urban Public lighting
2) Architectural Lighting

3. 51 城市公共照明系统指引
Urban Public Lighting System

根据不同的城市功能对照明的不同需求，为城市的公共照明系统确定出三种类型的照明强度和风格类型。

Lighting classification: Designing different lighting intensity levels and lighting styles according to different functions and requirements of development through the site .

照区分布图
Lighting Zoning Diagram

51

天津空港加工区城市设计导则 | TAIP Urban Design Guideline

3 第三章 城市设计通则 Urban Design General Guidelines

3. 51-A明亮的、有活力的照区
Vibrant-animated lighting district

照明包括对标识的照射和对建筑物的照射以及主要道路的照明，旨在为夜间活动、广告和店面提供照明。

Include signage lighting, building lighting and main roads in order to support nighttime activity.

照明为街道与公共空间提供活跃的氛围
Lighting providing to street and open space lifely atomosphere

3. 51-B持续的、有韵律的照区
Consistent,illumination rhythmic lighting district

照明包括步行尺度的灯饰、对建筑物的照射、对衬托景观小品的照射和对某重点局部的照射，并且包括除主要道路的其它所有街道的照明，旨在为步行活动提供照明保护行人安全。

Include pedestrian scaled fixtures,architectural lighting,landscape up-lighting and all streets excluding main roads, so as to direct pedestrian movement and support pedestrian safety.

为夜间活动创造舒适环境的照明
Lighting creating comfortable environment for night activity

3. 51-C柔和的、微微闪烁的照区
Subdued lighting with glowing quality

照明包括对衬托景观小品的照射和对某重点局部的照射，旨在增加美感烘托气氛。

Include landscape up-lighting and accent lighting so that emphasize aesthetic appeal and establish mode (mode).

温馨、宁静的夜间照明
Warm、quiet night lighting

52

天津空港加工区城市设计导则 | TAIP Urban Design Guideline

3.52 建筑物照明指引
Architectural Lighting

·建筑物照明要强调建筑物立面的可识别性并加强关键的建筑设计元素
·通过照明来强调建筑物的主入口
·避免对建筑物周边的地块和街道造成光污染
·建筑物照明要和景观及街道的照明相协调

·Introduce architectural lighting to enhance facades and accentuate key architectural features
·Provide architectural lighting at building entrances
·Minimize glare on adjacent properties and streets
·Complement the landscape and streetscape lighting

照明强调入口
Lighting emphasizing gateway

照明强调建筑立面可识别性
Lighting emphasizing indentity of facade

照明强调立面元素
Lighting emphasizing elements of facade

强调照明与街道景观相协调
Emphasizing unification of lighting and landscape

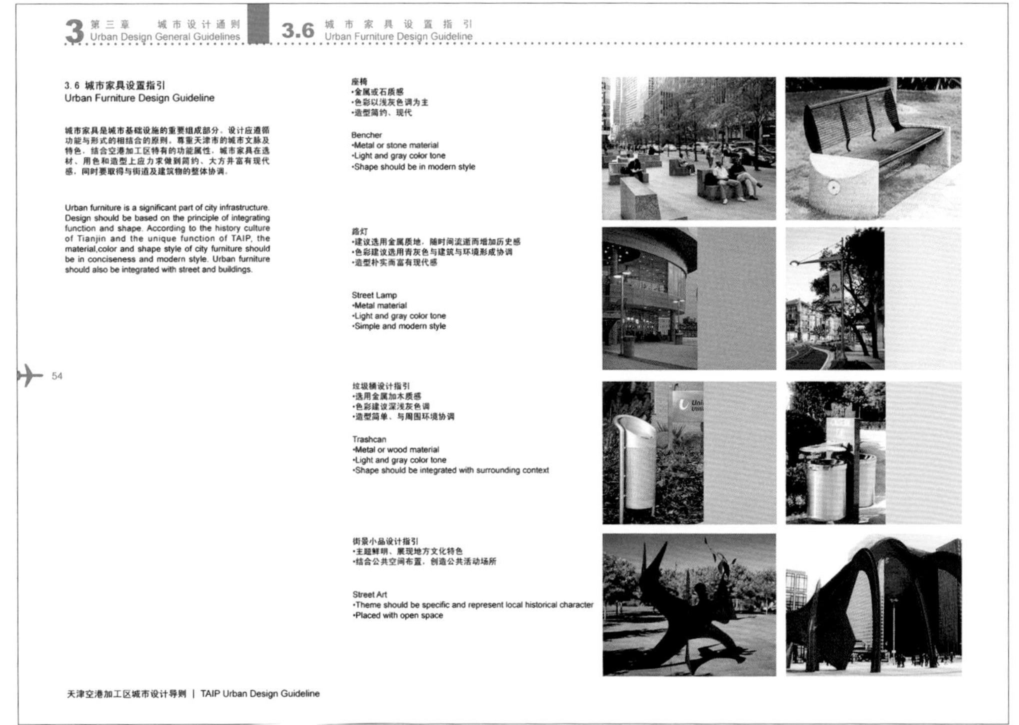

3.6 城市家具设置指引
Urban Furniture Design Guideline

城市家具是城市基础设施的重要组成部分。设计应遵循功能与形式的相结合的原则。尊重天津市的城市文脉及特色，结合空港加工区特有的功能属性，城市家具在选材、用色和造型上应力求做到简约、大方并富有现代感，同时要取得与街道及建筑物的整体协调。

Urban furniture is a significant part of city infrastructure. Design should be based on the principle of integrating function and shape. According to the history culture of Tianjin and the unique function of TAIP, the material,color and shape style of city furniture should be in conciseness and modern style. Urban furniture should also be integrated with street and buildings.

座椅
·金属或石质感
·色彩以浅灰色调为主
·造型简约、现代

Bencher
·Metal or stone material
·Light and gray color tone
·Shape should be in modern style

路灯
·建议选用金属质地，随时间流逝而增加历史感
·色彩建议选用青灰色与建筑与环境形成协调
·造型朴实而富有现代感

Street Lamp
·Metal material
·Light and gray color tone
·Simple and modern style

垃圾桶设计指引
·选用金属加木质感
·色彩建议深浅灰色调
·造型简单、与周围环境协调

Trashcan
·Metal or wood material
·Light and gray color tone
·Shape should be integrated with surrounding context

街景小品设计指引
·主题鲜明、展现地方文化特色
·结合公共空间布置，创造公共活动场所

Street Art
·Theme should be specific and represent local historical character
·Placed with open space

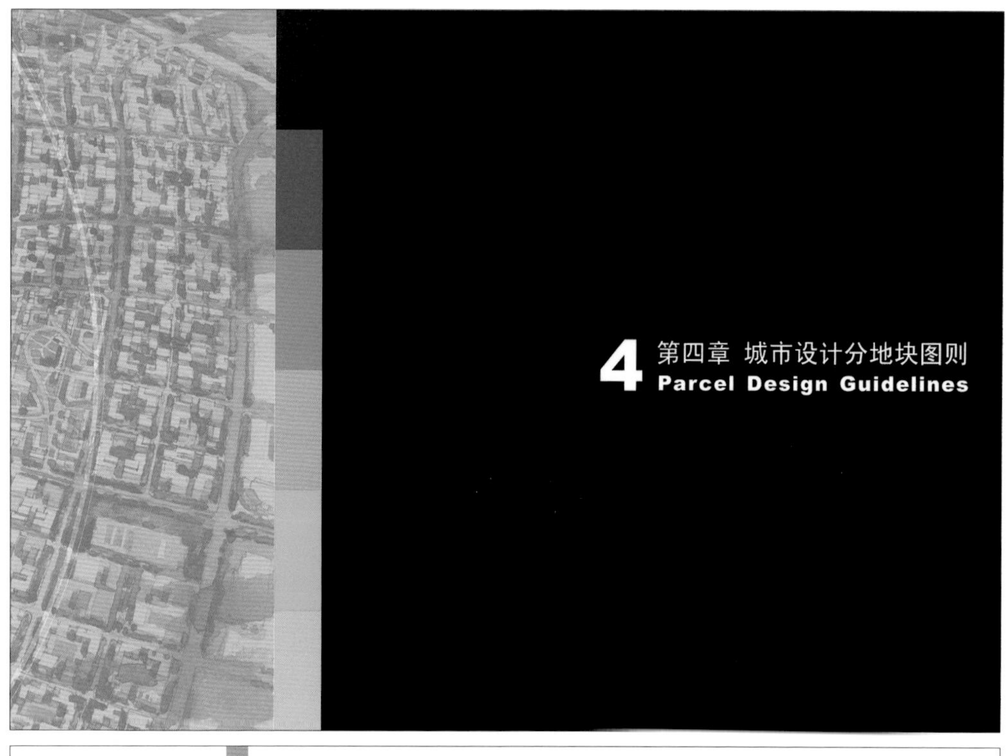
4 第四章 城市设计分地块图则
Parcel Design Guidelines

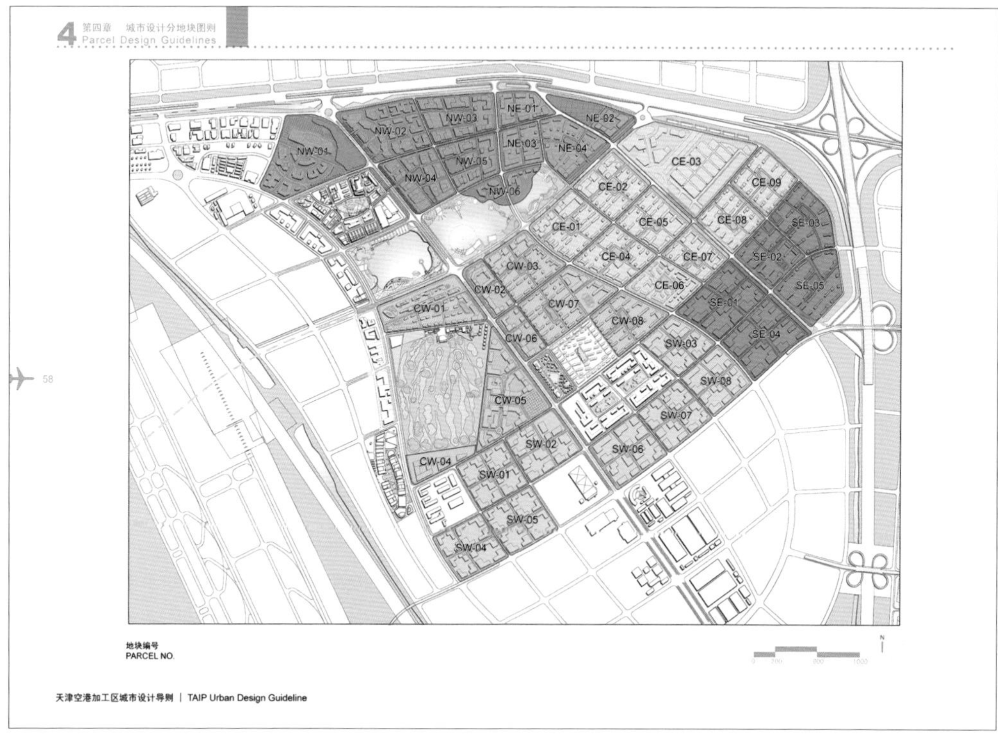
4 第四章 城市设计分地块图则
Parcel Design Guidelines
NW-01
NW-02
NW-03
NW-04
NW-05
NW-06
NE-01
NE-02
NE-03
NE-04
CE-01
CE-02
CE-03
CE-04
CE-05
CE-06
CE-07
CE-08
CE-09
SE-01
SE-02
SE-03
SE-04
SE-05
CW-01
CW-02
CW-03
CW-04
CW-05
CW-06
CW-07
CW-08
SW-01
SW-02
SW-03
SW-04
SW-05
SW-06
SW-07
SW-08
地块编号
PARCEL NO.
天津空港加工区城市设计导则 | TAIP Urban Design Guideline

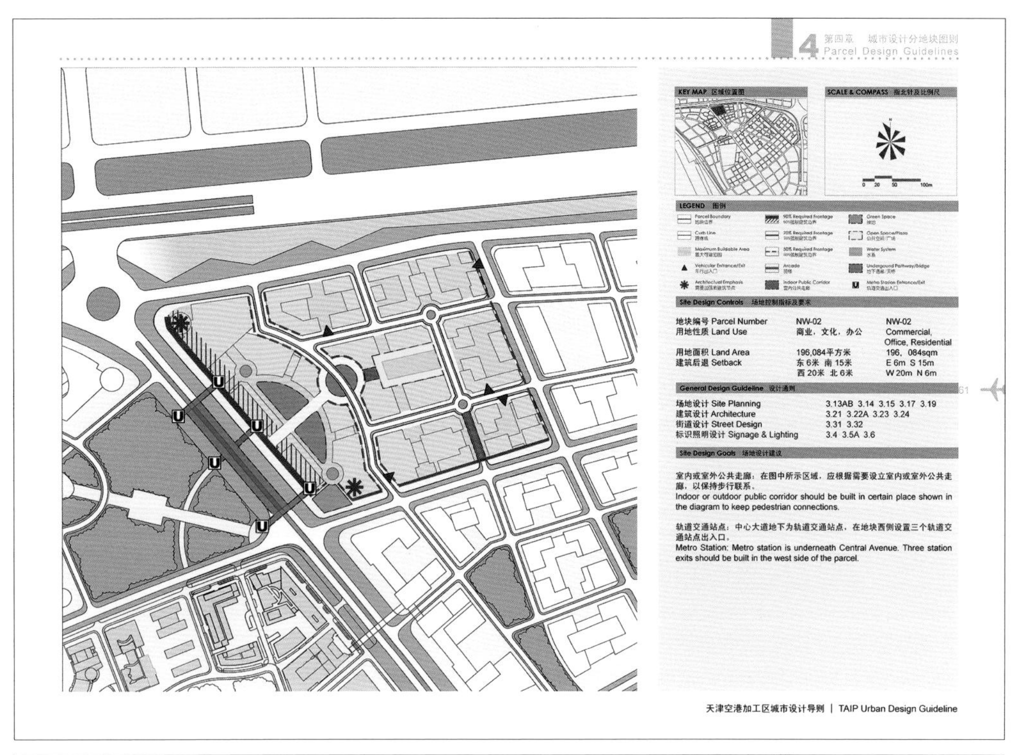

4 第四章　城市设计分地块图则
Parcel Design Guidelines

KEY MAP 区域位置图

SCALE & COMPASS 指北针及比例尺

LEGEND 图例

Parcel Boundary · 90% Required Frontage · Green Space · Curb Line · 70% Required Frontage · Open Space/Plaza · Maximum Buildable Area · 50% Required Frontage · Water System · Vehicular Entrance/Exit · Arcade · Undergound Pathway/Bridge · Architectual Emphasis · Indoor Public Corridor · Metro Station Entrance/Exit

Site Design Controls　场地控制指标及要求

地块编号 Parcel Number	NW-02	NW-02
用地性质 Land Use	商业，文化，办公	Commercial, Office, Residential
用地面积 Land Area	196,084平方米	196，084sqm
建筑后退 Setback	东 6米　南 15米 西 20米　北 6米	E 6m　S 15m W 20m　N 6m

General Design Guideline　设计通则

场地设计 Site Planning	3.13AB　3.14　3.15　3.17　3.19
建筑设计 Architecture	3.21　3.22A　3.23　3.24
街道设计 Street Design	3.31　3.32
标识照明设计 Signage & Lighting	3.4　3.5A　3.6

Site Design Goals　场地设计建议

室内或室外公共走廊：在图中所示区域，应根据需要设立室内或室外公共走廊，以保持步行联系。
Indoor or outdoor public corridor should be built in certain place shown in the diagram to keep pedestrian connections.

轨道交通站点：中心大道地下为轨道交通站点，在地块西侧设置三个轨道交通站点出入口。
Metro Station: Metro station is underneath Central Avenue. Three station exits should be built in the west side of the parcel.

天津空港加工区城市设计导则 | TAIP Urban Design Guideline

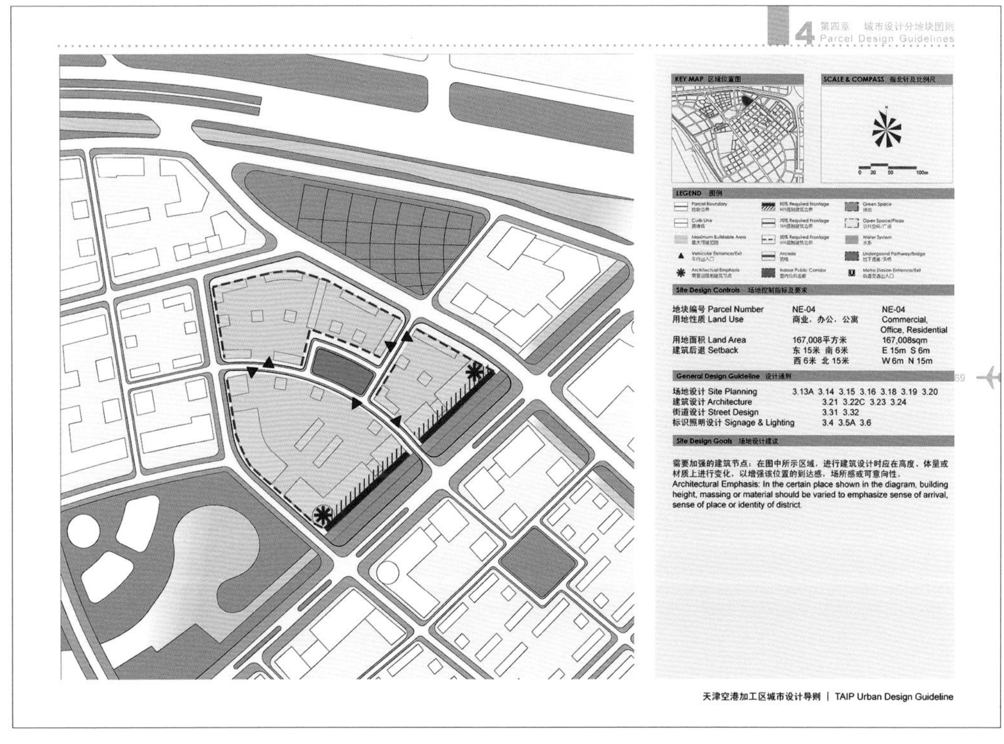

4 第四章　城市设计分地块图则
Parcel Design Guidelines

KEY MAP 区域位置图

SCALE & COMPASS 指北针及比例尺

LEGEND 图例

Parcel Boundary · 90% Required Frontage · Green Space · Curb Line · 70% Required Frontage · Open Space/Plaza · Maximum Buildable Area · 50% Required Frontage · Water System · Vehicular Entrance/Exit · Arcade · Undergound Pathway/Bridge · Architectual Emphasis · Indoor Public Corridor · Metro Station Entrance/Exit

Site Design Controls　场地控制指标及要求

地块编号 Parcel Number	NE-04	NE-04
用地性质 Land Use	商业，办公，公寓	Commercial, Office, Residential
用地面积 Land Area	167,008平方米	167,008sqm
建筑后退 Setback	东 15米　南 6米 西 6米　北 15米	E 15m　S 6m W 6m　N 15m

General Design Guideline　设计通则

场地设计 Site Planning	3.13A　3.14　3.15　3.16　3.18　3.19　3.20
建筑设计 Architecture	3.21　3.22C　3.23　3.24
街道设计 Street Design	3.31　3.32
标识照明设计 Signage & Lighting	3.4　3.5A　3.6

Site Design Goals　场地设计建议

需要加强的建筑节点：在图中所示区域，进行建筑设计时应在高度、体量或材质上进行变化，以增强该位置的到达感，场所感或可意向性。
Architectural Emphasis: In the certain place shown in the diagram, building height, massing or material should be varied to emphasize sense of arrival, sense of place or identity of district.

天津空港加工区城市设计导则 | TAIP Urban Design Guideline

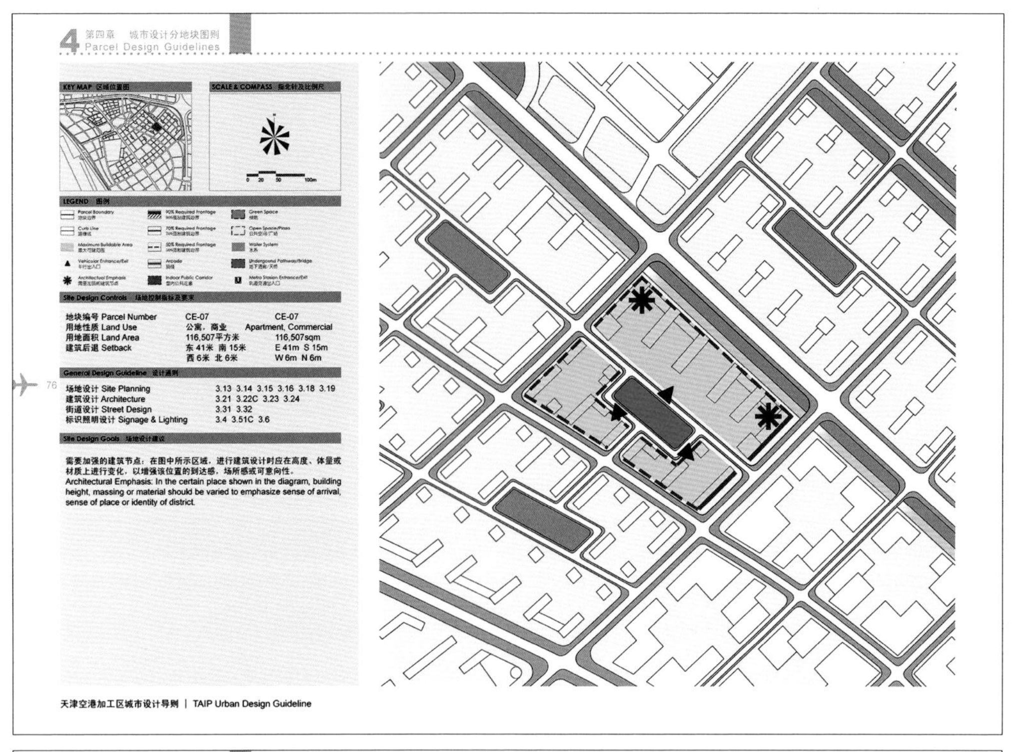

4 第四章 城市设计分地块图则
Parcel Design Guidelines

KEY MAP 区域位置图

SCALE & COMPASS 指北针及比例尺

LEGEND 图例

Parcel Boundary | 90% Required Frontage | Green Space
Curb Line | 70% Required Frontage | Open Space/Plaza
Maximum Buildable Area | 50% Required Frontage | Water System
Vehicular Entrance/Exit | Arcade | Undergound Pathway/Bridge
Architectual Emphasis | Indoor Public Corridor | Metro Station Entrance/Exit

Site Design Controls 场地控制指标及要求

地块编号 Parcel Number	CE-07	CE-07
用地性质 Land Use	公寓，商业	Apartment, Commercial
用地面积 Land Area	116,507平方米	116,507sqm
建筑后退 Setback	东 41米 南 15米 西 6米 北 6米	E 41m S 15m W 6m N 6m

General Design Guideline 设计通则

76

场地设计 Site Planning	3.13 3.14 3.15 3.16 3.18 3.19
建筑设计 Architecture	3.21 3.22C 3.23 3.24
街道设计 Street Design	3.31 3.32
标识照明设计 Signage & Lighting	3.4 3.51C 3.6

Site Design Goals 场地设计建议

需要加强的建筑节点：在图中所示区域，进行建筑设计时应在高度、体量或材质上进行变化，以增强该位置的到达感，场所感或可意向性。
Architectural Emphasis: In the certain place shown in the diagram, building height, massing or material should be varied to emphasize sense of arrival, sense of place or identity of district.

天津空港加工区城市设计导则 | TAIP Urban Design Guideline

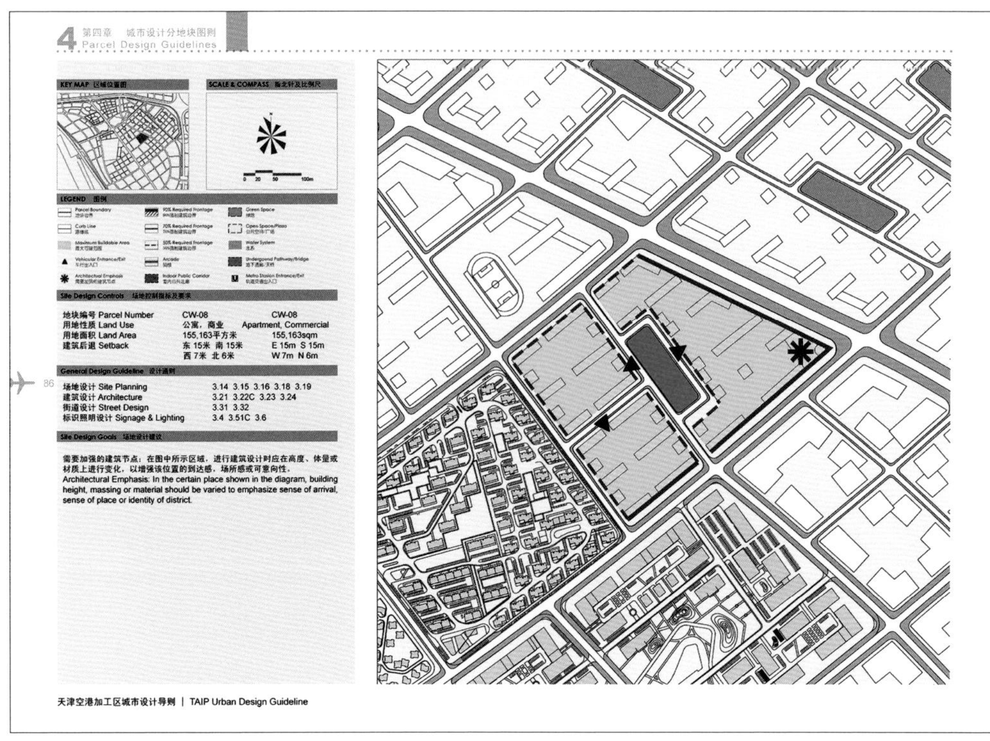

4 第四章 城市设计分地块图则
Parcel Design Guidelines

KEY MAP 区域位置图

SCALE & COMPASS 指北针及比例尺

LEGEND 图例

Parcel Boundary | 90% Required Frontage | Green Space
Curb Line | 70% Required Frontage | Open Space/Plaza
Maximum Buildable Area | 50% Required Frontage | Water System
Vehicular Entrance/Exit | Arcade | Undergound Pathway/Bridge
Architectual Emphasis | Indoor Public Corridor | Metro Station Entrance/Exit

Site Design Controls 场地控制指标及要求

地块编号 Parcel Number	CW-08	CW-08
用地性质 Land Use	公寓，商业	Apartment, Commercial
用地面积 Land Area	155,163平方米	155,163sqm
建筑后退 Setback	东 15米 南 15米 西 7米 北 6米	E 15m S 15m W 7m N 6m

General Design Guideline 设计通则

86

场地设计 Site Planning	3.14 3.15 3.16 3.18 3.19
建筑设计 Architecture	3.21 3.22C 3.23 3.24
街道设计 Street Design	3.31 3.32
标识照明设计 Signage & Lighting	3.4 3.51C 3.6

Site Design Goals 场地设计建议

需要加强的建筑节点：在图中所示区域，进行建筑设计时应在高度、体量或材质上进行变化，以增强该位置的到达感，场所感或可意向性。
Architectural Emphasis: In the certain place shown in the diagram, building height, massing or material should be varied to emphasize sense of arrival, sense of place or identity of district.

天津空港加工区城市设计导则 | TAIP Urban Design Guideline

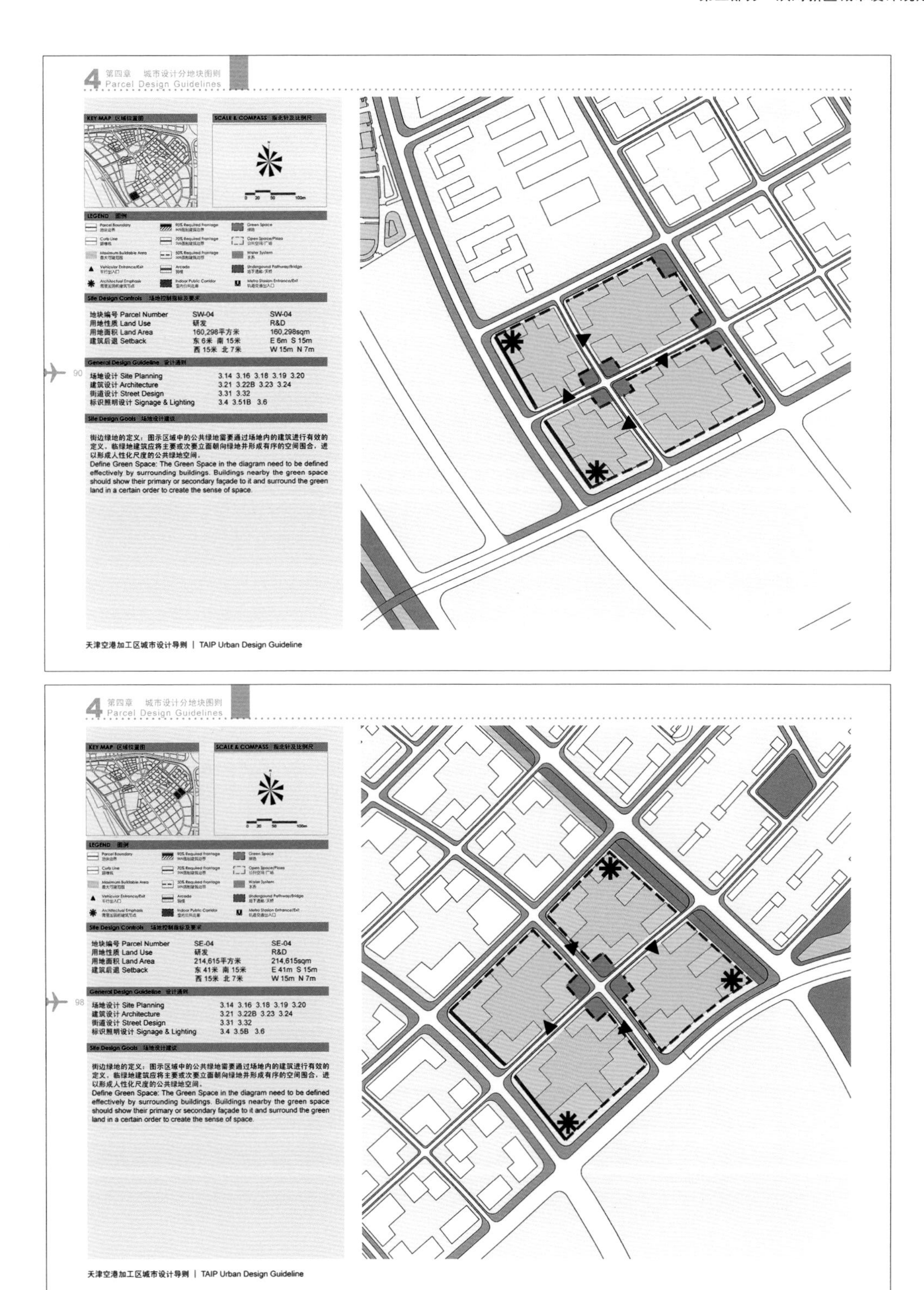

4 第四章　城市设计分地块图则
Parcel Design Guidelines

KEY MAP 区域位置图

SCALE & COMPASS 指北针及比例尺

0 20 50 100m

LEGEND 图例

Parcel Boundary　Curb Line　Maximum Buildable Area　Vehicular Entrance/Exit　Architectual Emphasis　90% Required Frontage　70% Required Frontage　50% Required Frontage　Arcade　Indoor Public Corridor　Green Space　Open Space/Plaza　Water System　Undergound Pathway/Bridge　Metro Station Entrance/Exit

Site Design Controls 场地控制指标及要求

地块编号 Parcel Number	SW-04	SW-04
用地性质 Land Use	研发	R&D
用地面积 Land Area	160,298平方米	160,298sqm
建筑后退 Setback	东 6米 南 15米 西 15米 北 7米	E 6m S 15m W 15m N 7m

General Design Guideline 设计通则

场地设计 Site Planning	3.14 3.16 3.18 3.19 3.20
建筑设计 Architecture	3.21 3.22B 3.23 3.24
街道设计 Street Design	3.31 3.32
标识照明设计 Signage & Lighting	3.4 3.51B 3.6

Site Design Goals 场地设计建议

街边绿地的定义：图示区域中的公共绿地需要通过场地内的建筑进行有效的定义，临绿地建筑应将主要或次要立面朝向绿地并形成有序的空间围合，进以形成人性化尺度的公共绿地空间。
Define Green Space: The Green Space in the diagram need to be defined effectively by surrounding buildings. Buildings nearby the green space should show their primary or secondary façade to it and surround the green land in a certain order to create the sense of space.

90

天津空港加工区城市设计导则 | TAIP Urban Design Guideline

4 第四章　城市设计分地块图则
Parcel Design Guidelines

KEY MAP 区域位置图

SCALE & COMPASS 指北针及比例尺

0 20 50 100m

LEGEND 图例

Parcel Boundary　Curb Line　Maximum Buildable Area　Vehicular Entrance/Exit　Architectual Emphasis　90% Required Frontage　70% Required Frontage　50% Required Frontage　Arcade　Indoor Public Corridor　Green Space　Open Space/Plaza　Water System　Undergound Pathway/Bridge　Metro Station Entrance/Exit

Site Design Controls 场地控制指标及要求

地块编号 Parcel Number	SE-04	SE-04
用地性质 Land Use	研发	R&D
用地面积 Land Area	214,615平方米	214,615sqm
建筑后退 Setback	东 41米 南 15米 西 15米 北 7米	E 41m S 15m W 15m N 7m

General Design Guideline 设计通则

场地设计 Site Planning	3.14 3.16 3.18 3.19 3.20
建筑设计 Architecture	3.21 3.22B 3.23 3.24
街道设计 Street Design	3.31 3.32
标识照明设计 Signage & Lighting	3.4 3.5B 3.6

Site Design Goals 场地设计建议

街边绿地的定义：图示区域中的公共绿地需要通过场地内的建筑进行有效的定义，临绿地建筑应将主要或次要立面朝向绿地并形成有序的空间围合，进以形成人性化尺度的公共绿地空间。
Define Green Space: The Green Space in the diagram need to be defined effectively by surrounding buildings. Buildings nearby the green space should show their primary or secondary façade to it and surround the green land in a certain order to create the sense of space.

98

天津空港加工区城市设计导则 | TAIP Urban Design Guideline

5.1 北部商业商贸区
5.2 高尔夫球场周边
5.3 中心大道
5.4 人工湖周边地区
5.1 North Commercial Area
5.2 Golf Course Surrounding Area
5.3 Central Boulevard
5.4 Lake Front
5 第五章 重点地区城市设计整体控制
Key Areas Urban Design Control

总平面 Site Plan

北部商业商贸区是天津空港物流加工区内最重要的区域之一，是基地的门户，是基地的文化中心，商业中心，办公中心和交通中心。区域内包括了文化广场，歌剧院，商业广场，总部办公带，市民广场等重要公共服务设施。轨道交通二号线站点位于区域内，区域南侧地块毗邻人工湖，在交通和景观方面具有极大的优势。

North Mixed Commercial Area is one the most important area in TAIP, and it is the gateway, cultural center, commercial center, office center and transportation center of TAIP. Public facilities like cultural plaza, opera house, retail plaza, headquarter office park and civic plaza assemble in north mixed commercial area. In terms of landscape transportation, it has metro line 2 station and lakefront view in south side.

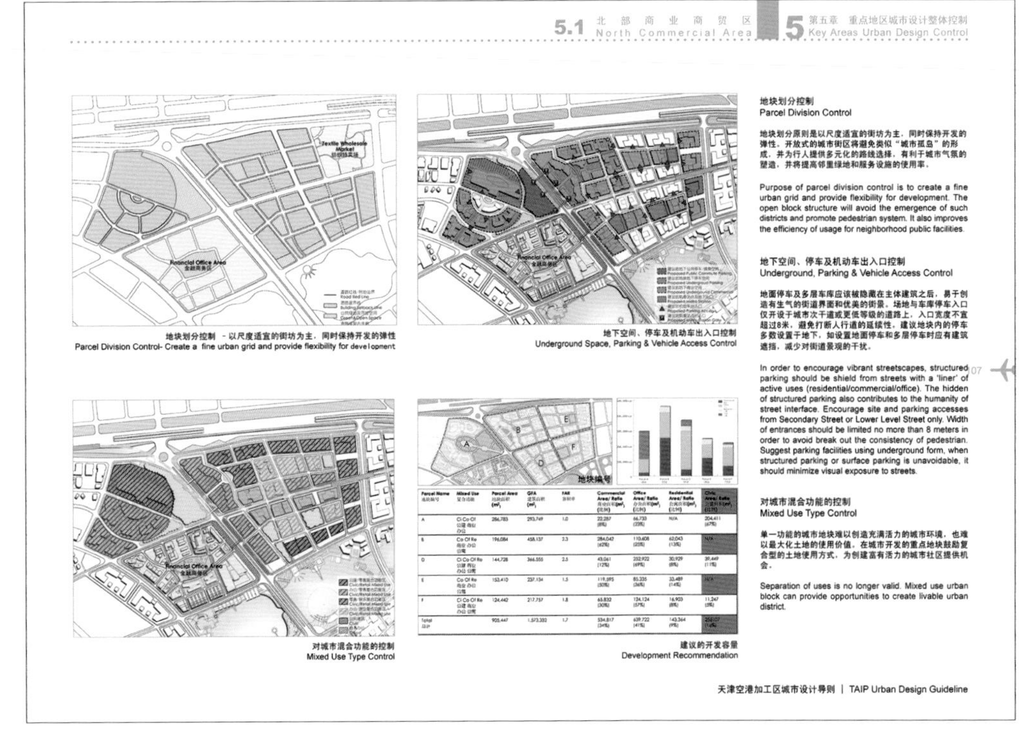

地块划分控制 - 以尺度适宜的街坊为主，同时保持开发的弹性
Parcel Division Control- Create a fine urban grid and provide flexibility for development

地下空间、停车及机动车出入口控制
Underground Space, Parking & Vehicle Access Control

对城市混合功能的控制
Mixed Use Type Control

Parcel Name 地块编号	Mixed Use 复合功能	Parcel Area 地块面积 (m²)	GFA 建筑面积 (m²)	FAR 容积率	Commercial Area/ Ratio 商业面积(m², 比例)	Office Area/ Ratio 办公面积(m², 比例)	Residential Area/ Ratio 住宅面积(m², 比例)	Civic Area/ Ratio 公建面积(m², 比例)
A	Ci Co Of 公建 商业 办公	286,783	293,749	1.0	22,287 (8%)	66,733 (23%)	N/A	204,411 (67%)
B	Co Of Re 商业 办公 住宅	196,084	458,137	2.3	284,042 (62%)	110,608 (25%)	62,043 (13%)	N/A
D	Ci Co Of Re 公建 商业 办公 住宅	144,728	366,555	2.5	43,061 (12%)	252,922 (69%)	30,929 (8%)	39,449 (11%)
E	Co Of Re 商业 办公 住宅	153,410	237,134	1.5	119,595 (50%)	85,335 (36%)	33,489 (14%)	N/A
F	Ci Co Of Re 公建 商业 办公 住宅	124,442	217,757	1.8	65,832 (30%)	124,124 (57%)	16,903 (8%)	11,247 (5%)
Total 总计		905,447	1,573,332	1.7	534,817 (34%)	639,722 (41%)	143,364 (9%)	[illegible] (16%)

建议的开发容量
Development Recommendation

地块划分控制
Parcel Division Control

地块划分原则是以尺度适宜的街坊为主，同时保持开发的弹性。开放式的城市街区将避免类似"城市孤岛"的形成，并为行人提供多元化的路线选择，有利于城市气氛的塑造，并将提高邻里绿地和服务设施的使用率。

Purpose of parcel division control is to create a fine urban grid and provide flexibility for development. The open block structure will avoid the emergence of such districts and promote pedestrian system. It also improves the efficiency of usage for neighborhood public facilities.

地下空间、停车及机动车出入口控制
Underground, Parking & Vehicle Access Control

地面停车及多层车库应该被隐藏在主体建筑之后，易于创造有生气的街道界面和优美的街景。场地与车库停车入口仅开设于城市次干道或更低等级的道路上，入口宽度不宜超过8米，避免打断人行道的延续性。建议地块内的停车多数设置于地下，如设置地面停车和多层停车时应有建筑遮挡，减少对街道景观的干扰。

In order to encourage vibrant streetscapes, structured parking should be shield from streets with a 'liner' of active uses (residential/commercial/office). The hidden of structured parking also contributes to the humanity of street interface. Encourage site and parking accesses from Secondary Street or Lower Level Street only. Width of entrances should be limited no more than 8 meters in order to avoid break out the consistency of pedestrian. Suggest parking facilities using underground form, when structured parking or surface parking is unavoidable, it should minimize visual exposure to streets.

对城市混合功能的控制
Mixed Use Type Control

单一功能的城市地块难以创造充满活力的城市环境，也难以最大化土地的使用价值。在城市开发的重点地块鼓励复合型的土地使用方式，为创建富有活力的城市社区提供机会。

Separation of uses is no longer valid. Mixed use urban block can provide opportunities to create livable urban district.

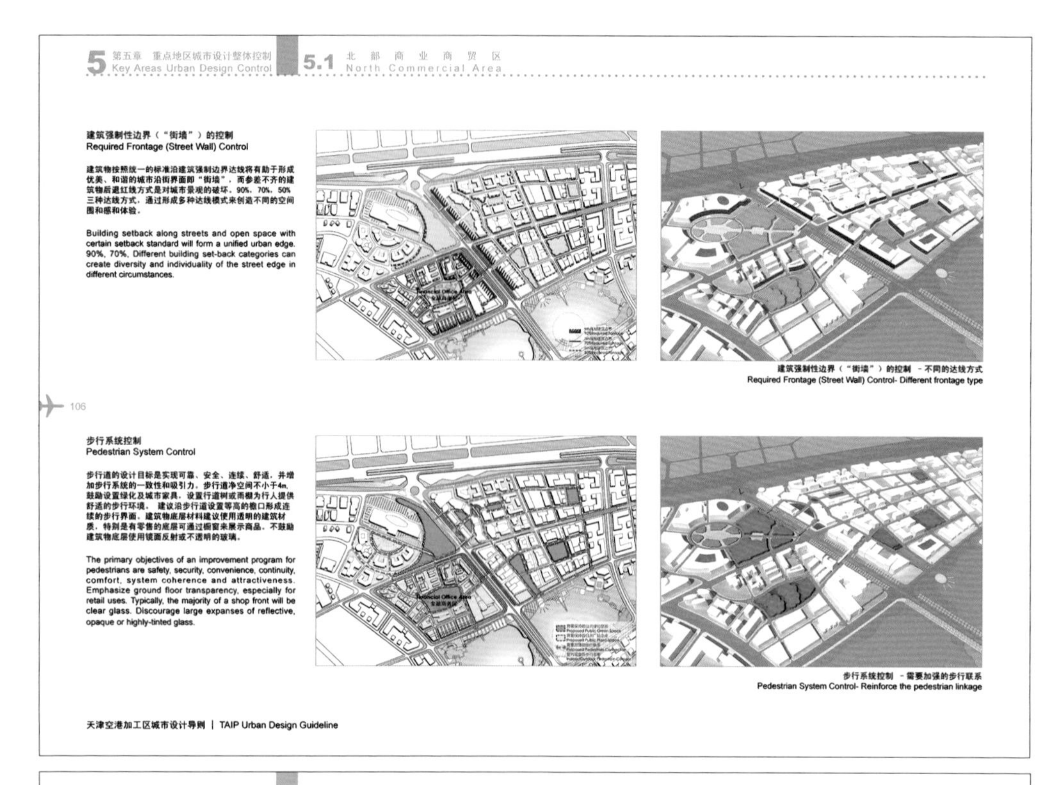

5 第五章 重点地区城市设计整体控制 Key Areas Urban Design Control | 5.1 北部商业商贸区 North Commercial Area

建筑强制性边界（“街墙”）的控制
Required Frontage (Street Wall) Control

建筑物按照统一的标准沿建筑强制边界达线将有助于形成优美、和谐的城市沿街界面即“街墙”，而参差不齐的建筑物后退红线方式是对城市景观的破坏。90%、70%、50%三种达线方式，通过形成多种达线模式来创造不同的空间围和感和体验。

Building setback along streets and open space with certain setback standard will form a unified urban edge. 90%, 70%, Different building set-back categories can create diversity and individuality of the street edge in different circumstances.

建筑强制性边界（“街墙”）的控制 －不同的达线方式
Required Frontage (Street Wall) Control- Different frontage type

106

步行系统控制
Pedestrian System Control

步行道的设计目标是实现可靠、安全、连续、舒适，并增加步行系统的一致性和吸引力。步行道净空间不小于4m，鼓励设置绿化及城市家具，设置行道树或雨棚为行人提供舒适的步行环境。 建议沿步行道设置等高的檐口形成连续的步行界面。建筑物底层材料建议使用透明的建筑材质，特别是有零售的底层可通过橱窗来展示商品。不鼓励建筑物底层使用镜面反射或不透明的玻璃。

The primary objectives of an improvement program for pedestrians are safety, security, convenience, continuity, comfort, system coherence and attractiveness. Emphasize ground floor transparency, especially for retail uses. Typically, the majority of a shop front will be clear glass. Discourage large expanses of reflective, opaque or highly-tinted glass.

步行系统控制 －需要加强的步行联系
Pedestrian System Control- Reinforce the pedestrian linkage

天津空港加工区城市设计导则 | TAIP Urban Design Guideline

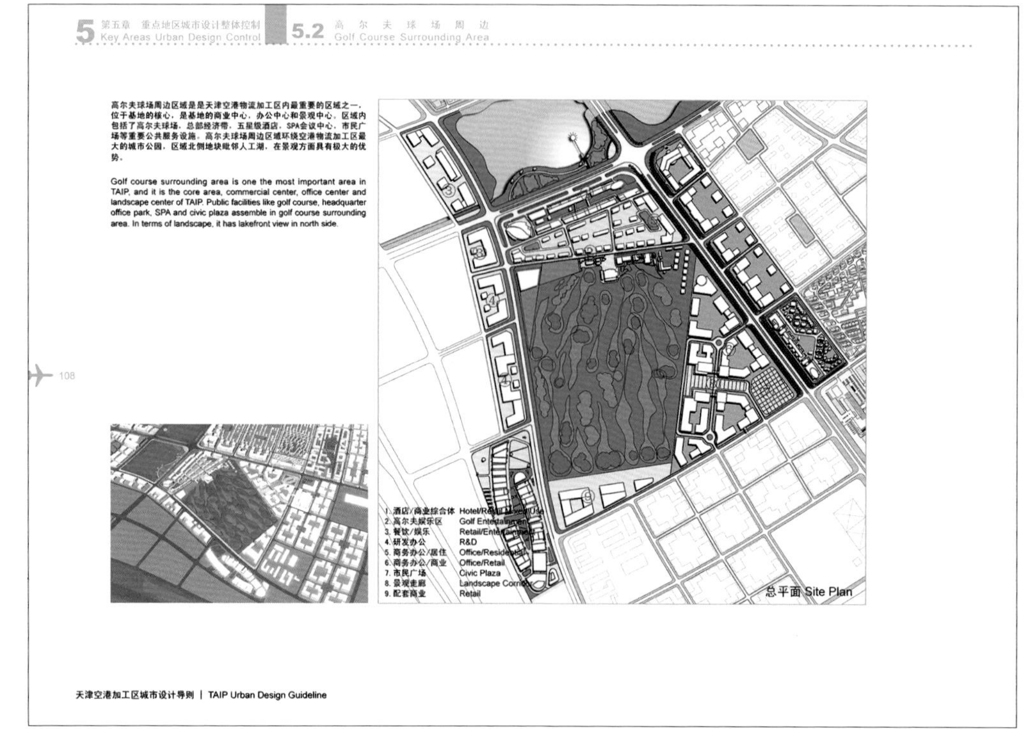

5 第五章 重点地区城市设计整体控制 Key Areas Urban Design Control | 5.2 高尔夫球场周边 Golf Course Surrounding Area

高尔夫球场周边区域是是天津空港物流加工区内最重要的区域之一，位于基地的核心，是基地的商业中心，办公中心和景观中心。区域内包括了高尔夫球场，总部经济带，五星级酒店，SPA会议中心，市民广场等重要公共服务设施。高尔夫球场周边区域环绕空港物流加工区最大的城市公园，区域北侧地块毗邻人工湖，在景观方面具有极大的优势。

Golf course surrounding area is one the most important area in TAIP, and it is the core area, commercial center, office center and landscape center of TAIP. Public facilities like golf course, headquarter office park, SPA and civic plaza assemble in golf course surrounding area. In terms of landscape, it has lakefront view in north side.

108

总平面 Site Plan

天津空港加工区城市设计导则 | TAIP Urban Design Guideline

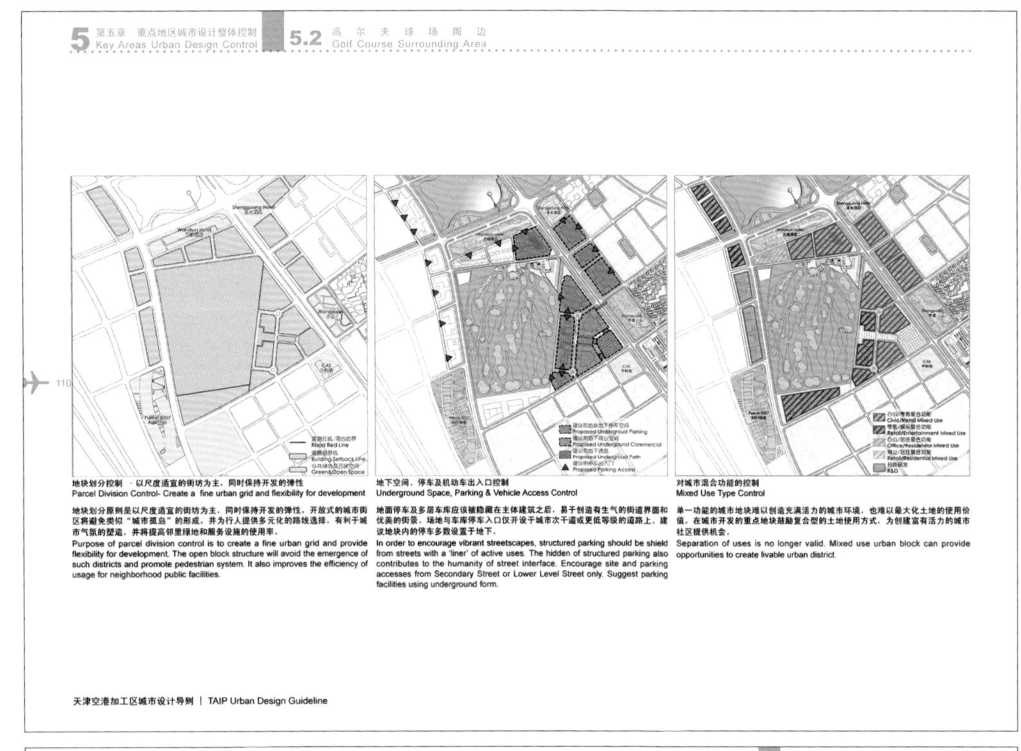

5 第五章　重点地区城市设计整体控制 Key Areas Urban Design Control　5.2 高尔夫球场周边 Golf Course Surrounding Area

地块划分控制 - 以尺度适宜的街坊为主，同时保持开发的弹性
Parcel Division Control- Create a fine urban grid and flexibility for development

地块划分原则是以尺度适宜的街坊为主，同时保持开发的弹性。开放式的城市街区将避免类似“城市孤岛”的形成，并为行人提供多元化的路线选择，有利于城市气氛的塑造，并将提高邻里绿地和服务设施的使用率。

Purpose of parcel division control is to create a fine urban grid and provide flexibility for development. The open block structure will avoid the emergence of such districts and promote pedestrian system. It also improves the efficiency of usage for neighborhood public facilities.

地下空间、停车及机动车出入口控制
Underground Space, Parking & Vehicle Access Control

地面停车及多层车库应该被隐藏在主体建筑之后，易于创造有生气的街道界面和优美的街景。场地与车库停车入口仅开设于城市次干道或更低等级的道路上。建议地块内的停车多数设置于地下。

In order to encourage vibrant streetscapes, structured parking should be shield from streets with a 'liner' of active uses. The hidden of structured parking also contributes to the humanity of street interface. Encourage site and parking accesses from Secondary Street or Lower Level Street only. Suggest parking facilities using underground form.

对城市混合功能的控制
Mixed Use Type Control

单一功能的城市地块难以创造充满活力的城市环境，也难以最大化土地的使用价值。在城市开发的重点地块鼓励复合型的土地使用方式，为创建富有活力的城市社区提供机会。

Separation of uses is no longer valid. Mixed use urban block can provide opportunities to create livable urban district.

天津空港加工区城市设计导则 | TAIP Urban Design Guideline

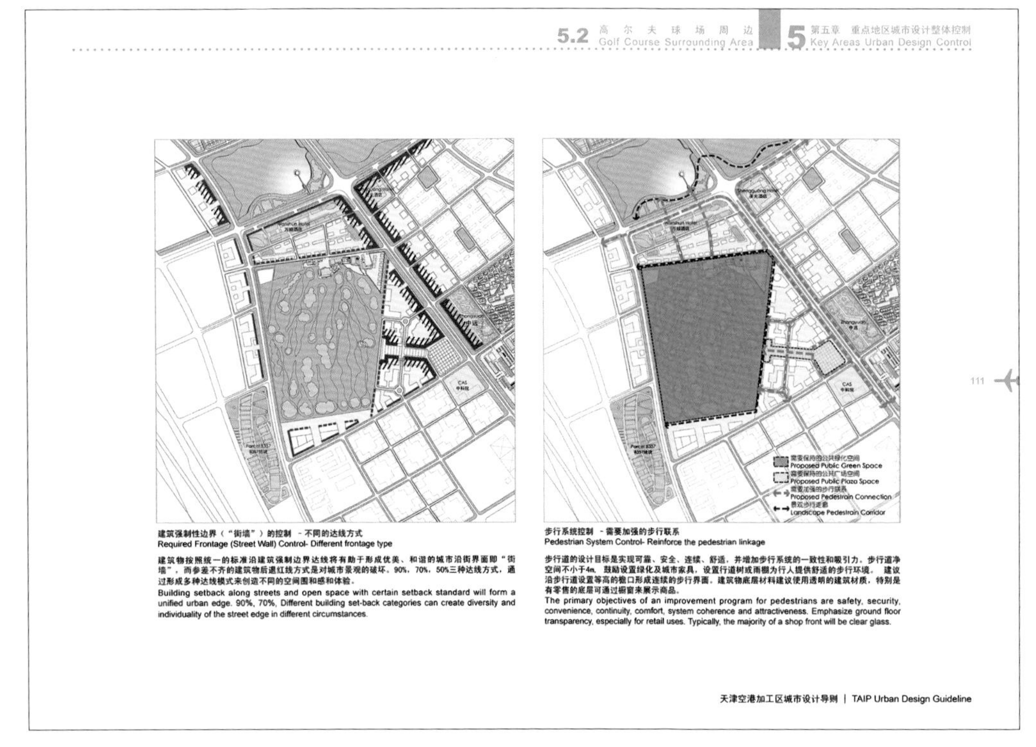

5.2 高尔夫球场周边 Golf Course Surrounding Area　5 第五章　重点地区城市设计整体控制 Key Areas Urban Design Control

建筑强制性边界（“街墙”）的控制 - 不同的达线方式
Required Frontage (Street Wall) Control- Different frontage type

建筑物按照统一的标准沿建筑强制边界达线将有助于形成优美、和谐的城市沿街界面即“街墙”，而参差不齐的建筑物后退红线方式是对城市景观的破坏。90%，70%，50%三种达线方式，通过形成多种达线模式来创造不同的空间围和感和体验。

Building setback along streets and open space with certain setback standard will form a unified urban edge. 90%, 70%, Different building set-back categories can create diversity and individuality of the street edge in different circumstances.

步行系统控制 - 需要加强的步行联系
Pedestrian System Control- Reinforce the pedestrian linkage

步行道的设计目标是实现可靠、安全、连续、舒适，并增加步行系统的一致性和吸引力。步行道净空间不小于4m，鼓励设置绿化及城市家具，设置行道树或雨棚为行人提供舒适的步行环境。建议沿步行道设置等高的檐口形成连续的步行界面。建筑物底层材料建议使用透明的建筑材质，特别是有零售的底层可通过橱窗来展示商品。

The primary objectives of an improvement program for pedestrians are safety, security, convenience, continuity, comfort, system coherence and attractiveness. Emphasize ground floor transparency, especially for retail uses. Typically, the majority of a shop front will be clear glass.

天津空港加工区城市设计导则 | TAIP Urban Design Guideline

高尔夫球场周边地区 Areas surrounding golf course

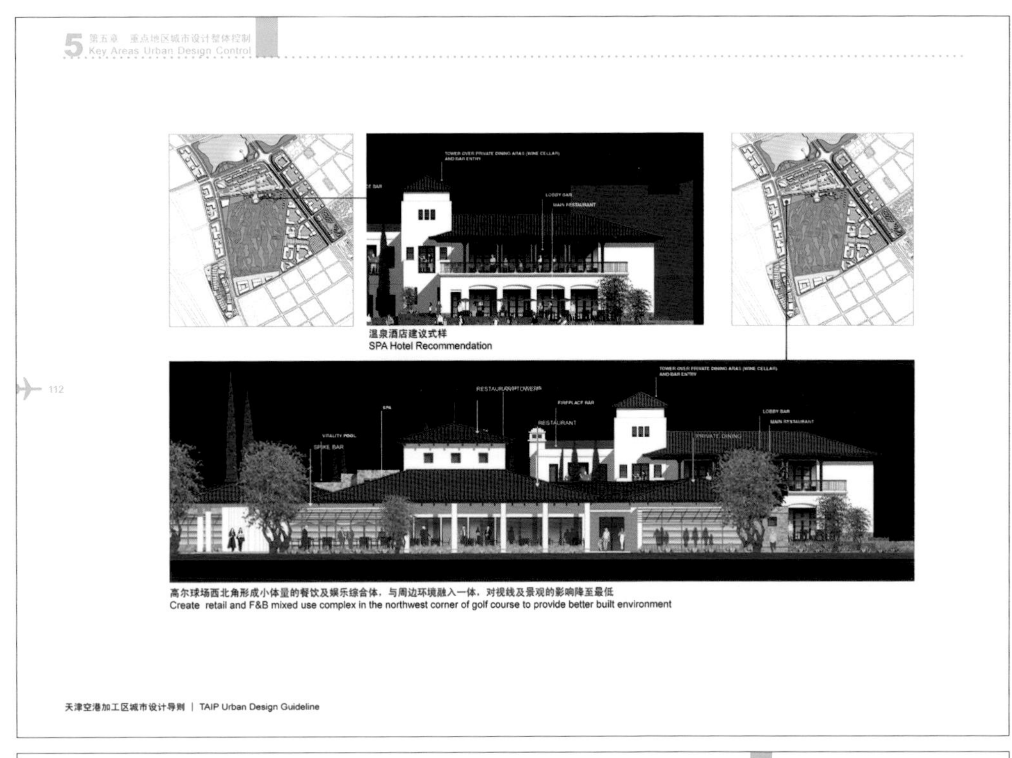
5 第五章　重点地区城市设计整体控制
Key Areas Urban Design Control

温泉酒店建议式样
SPA Hotel Recommendation

112

高尔球场西北角形成小体量的餐饮及娱乐综合体，与周边环境融入一体，对视线及景观的影响降至最低
Create retail and F&B mixed use complex in the northwest corner of golf course to provide better built environment

天津空港加工区城市设计导则 | TAIP Urban Design Guideline

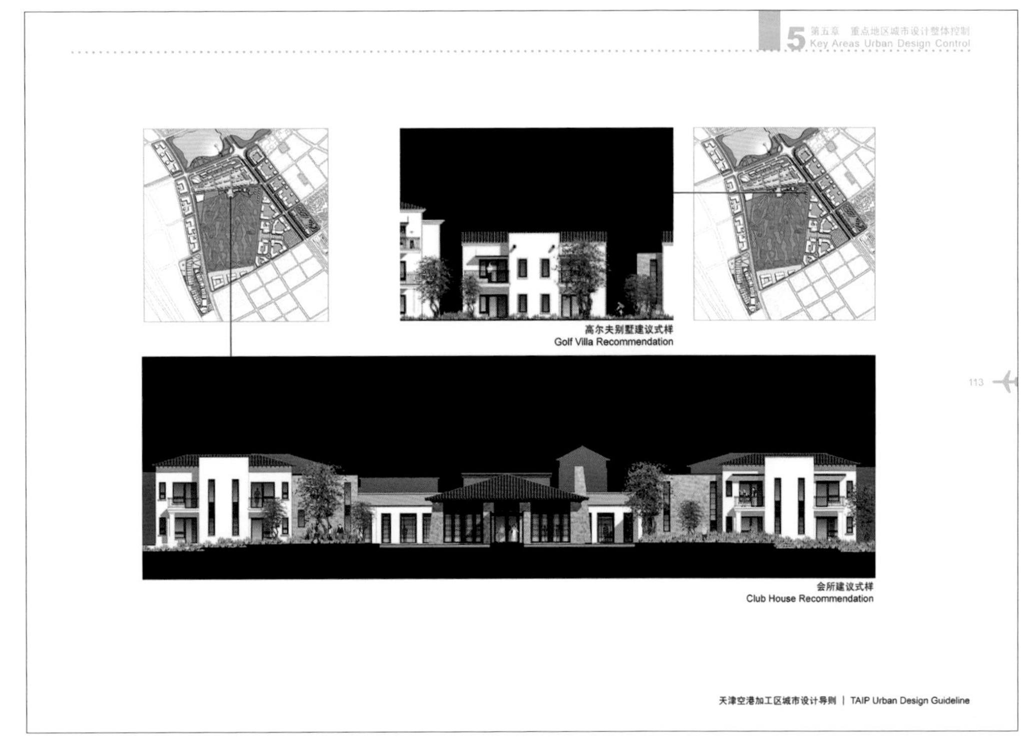
5 第五章　重点地区城市设计整体控制
Key Areas Urban Design Control

高尔夫别墅建议式样
Golf Villa Recommendation

113

会所建议式样
Club House Recommendation

天津空港加工区城市设计导则 | TAIP Urban Design Guideline

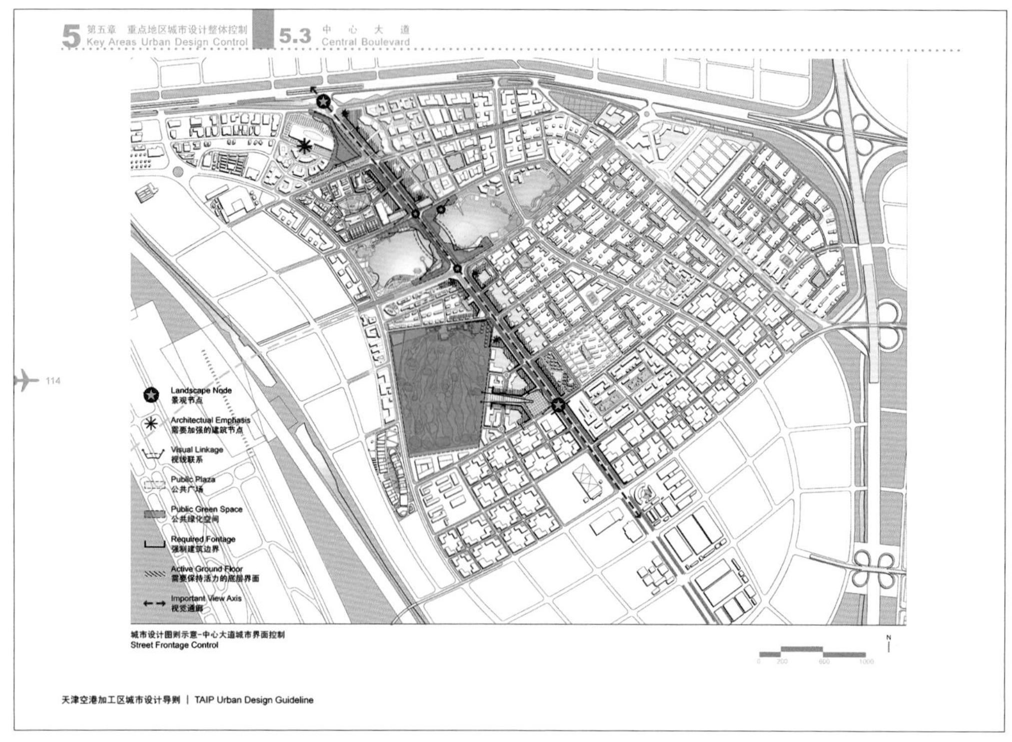
5 第五章 重点地区城市设计整体控制
Key Areas Urban Design Control
5.3 中 心 大 道
Central Boulevard
114
Landscape Node
景观节点
Architectual Emphasis
需要加强的建筑节点
Visual Linkage
视线联系
Public Plaza
公共广场
Public Green Space
公共绿化空间
Required Fontage
强制建筑边界
Active Ground Floor
需要保持活力的底层界面
Important View Axis
视觉通廊
城市设计图则示意-中心大道城市界面控制
Street Frontage Control
天津空港加工区城市设计导则 | TAIP Urban Design Guideline

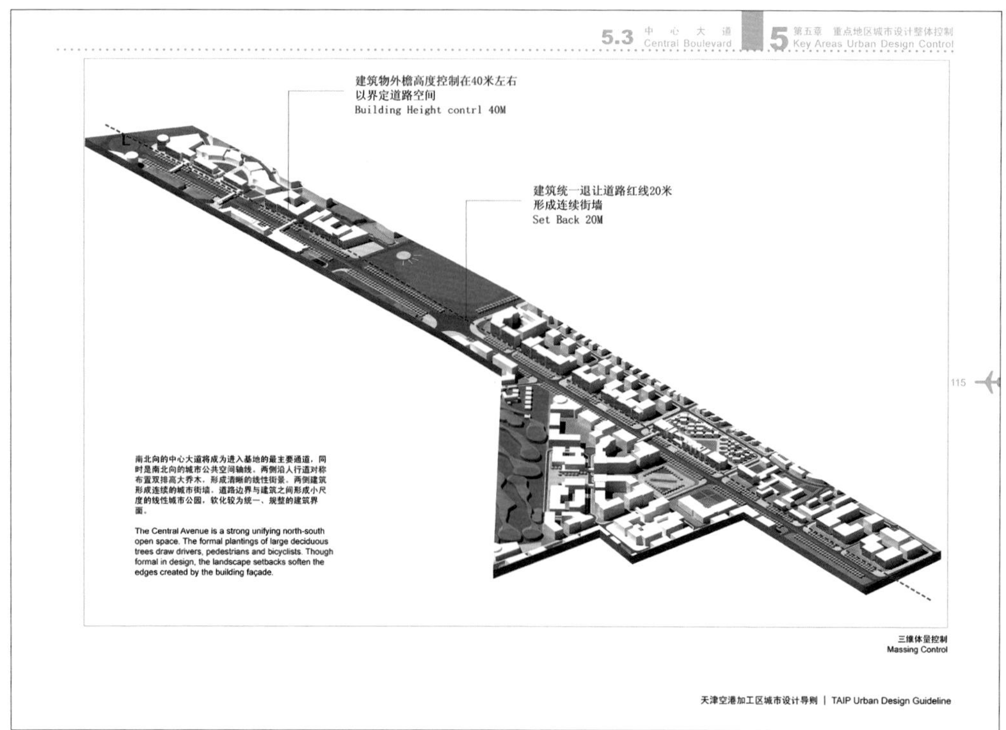
5.3 中 心 大 道
Central Boulevard
5 第五章 重点地区城市设计整体控制
Key Areas Urban Design Control
建筑物外檐高度控制在40米左右
以界定道路空间
Building Height contrl 40M
建筑统一退让道路红线20米
形成连续街墙
Set Back 20M
115
南北向的中心大道将成为进入基地的最主要通道，同时是南北向的城市公共空间轴线。两侧沿人行道对称布置双排高大乔木，形成清晰的线性街景。两侧建筑形成连续的城市街墙。道路边界与建筑之间形成小尺度的线性城市公园，软化较为统一、规整的建筑界面。
The Central Avenue is a strong unifying north-south open space. The formal plantings of large deciduous trees draw drivers, pedestrians and bicyclists. Though formal in design, the landscape setbacks soften the edges created by the building façade.
三维体量控制
Massing Control
天津空港加工区城市设计导则 | TAIP Urban Design Guideline

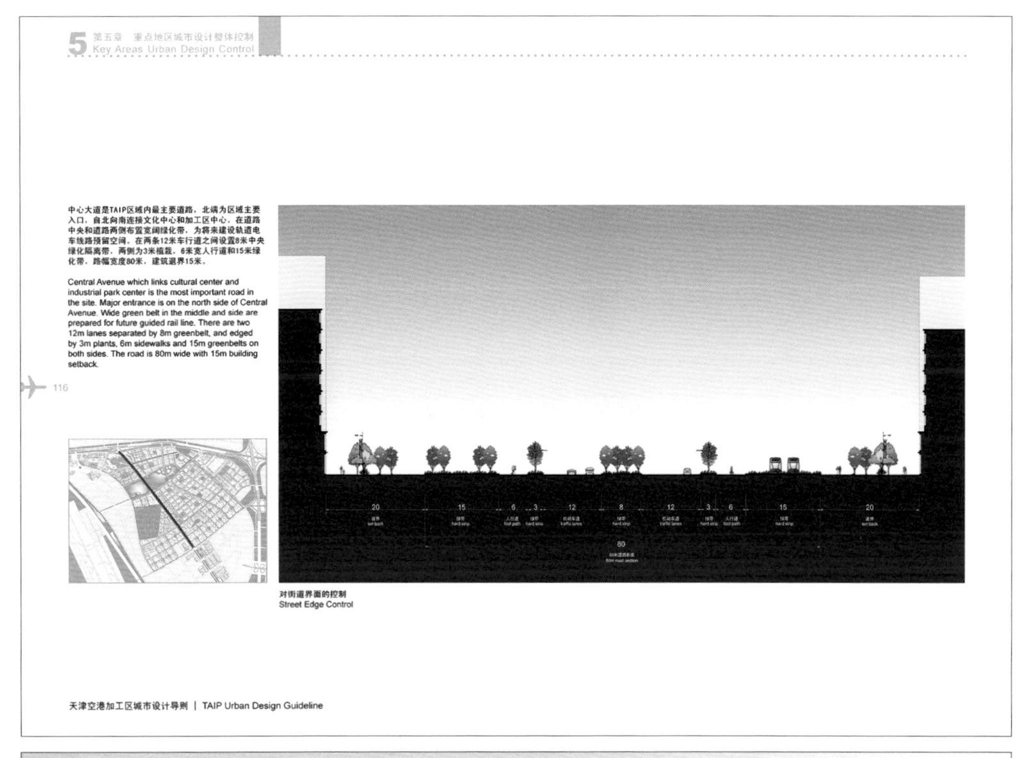
5 第五章 重点地区城市设计整体控制
Key Areas Urban Design Control

中心大道是TAIP区域内最主要道路，北端为区域主要入口，自北向南连接文化中心和加工区中心。在道路中央和道路两侧布置宽阔绿化带，为将来建设轨道电车线路预留空间。在两条12米车行道之间设置8米中央绿化隔离带，两侧为3米植栽，6米宽人行道和15米绿化带，路幅宽度80米，建筑退界15米。

Central Avenue which links cultural center and industrial park center is the most important road in the site. Major entrance is on the north side of Central Avenue. Wide green belt in the middle and side are prepared for future guided rail line. There are two 12m lanes separated by 8m greenbelt, and edged by 3m plants, 6m sidewalks and 15m greenbelts on both sides. The road is 80m wide with 15m building setback.

116

对街道界面的控制
Street Edge Control

天津空港加工区城市设计导则 | TAIP Urban Design Guideline

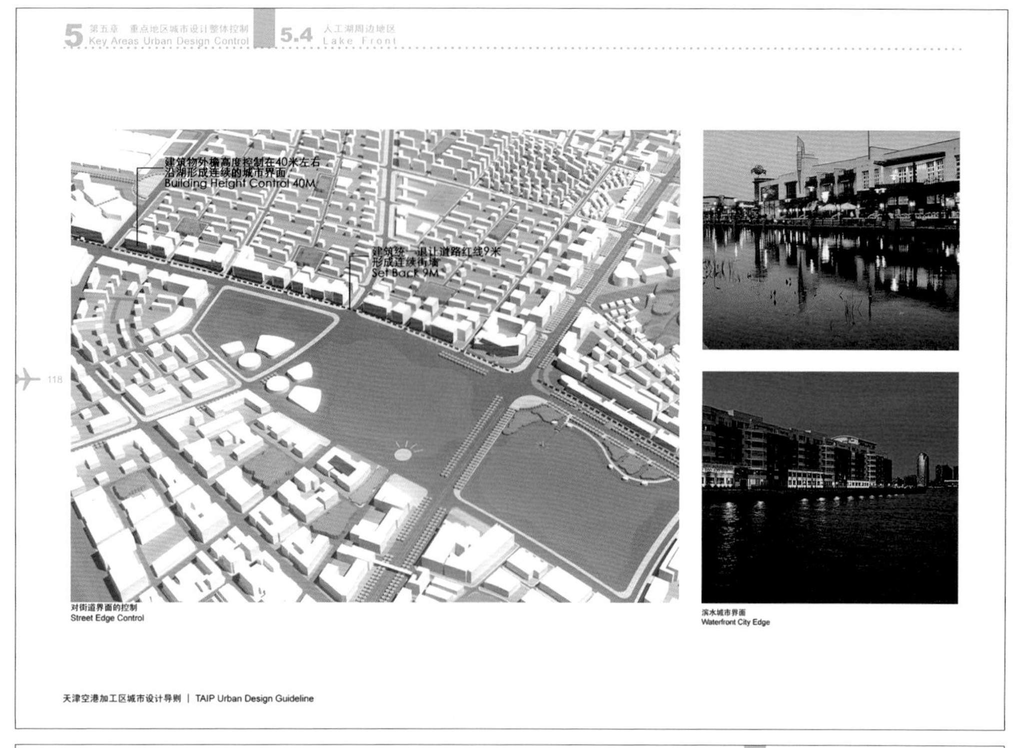

对街道界面的控制
Street Edge Control

滨水城市界面
Waterfront City Edge

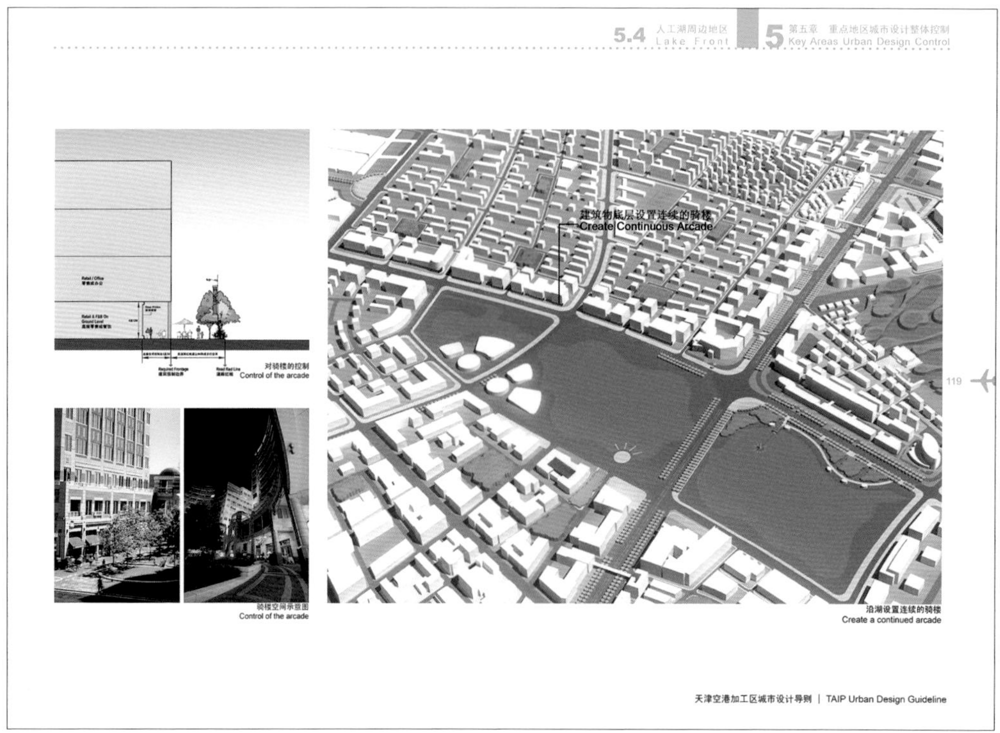

对骑楼的控制
Control of the arcade

骑楼空间界面
Control of the arcade

沿湖设置连续的骑楼
Create a continued arcade

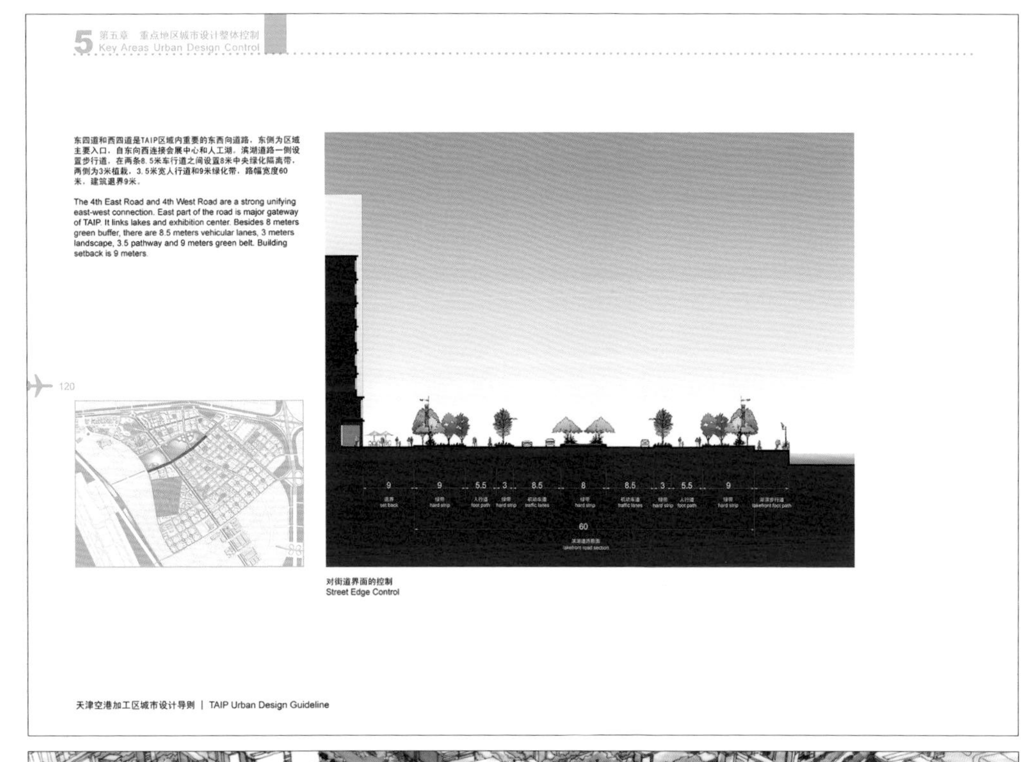
5 第五章　重点地区城市设计整体控制
Key Areas Urban Design Control

东四道和西四道是TAIP区域内重要的东西向道路，东侧为区域主要入口，自东向西连接会展中心和人工湖。滨湖道路一侧设置步行道，在两条8.5米车行道之间设置8米中央绿化隔离带，两侧为3米植栽，3.5米宽人行道和9米绿化带，路幅宽度60米，建筑退界9米。

The 4th East Road and 4th West Road are a strong unifying east-west connection. East part of the road is major gateway of TAIP. It links lakes and exhibition center. Besides 8 meters green buffer, there are 8.5 meters vehicular lanes, 3 meters landscape, 3.5 pathway and 9 meters green belt. Building setback is 9 meters.

对街道界面的控制
Street Edge Control

120

天津空港加工区城市设计导则 | TAIP Urban Design Guideline

城市设计导则能在新城开发或旧城改造的动态过程中，为保持城市的总体风貌与特色一致提供技术保障。然而单一的城市设计导则并不能达到此作用，需要将城市设计导则有效的贯彻到城市开发的每一环节，特别是执行环节中去。

在国内的现有规划体系中，城市的开发与控制是基于以区划为理论基础的控制性详细规划来实现的。然而静态的以控规图则为依据的土地开发控制程序并不能有效的保证城市整体风格的逐步形成。城市统一风貌的形成需要将管理与技术有效的结合并贯穿于土地开发建设的全过程来实现。

控制性详细规划更多的将注意力投放到土地开发的指标控制上，特别是有关于土地开发的强度和密度的相关指标，借以实现在城市经济建设与城市环境中的利益平衡。由于这些控制指标普遍带有强制性，并且已经深入到土地开发的核心环节中去，因此对土地开发力度具有一定的约束力。城市设计的控制则更多的关注于城市总体风貌的形成，更多的关注城市空间、建筑体量、色彩等控制城市整体风貌的技术指标。然而，城市设计的控制内容在国内的规划体系中仍处于边缘地带，控制指标没有深入到土地开发的核心程序中去，并且缺乏相关的法律或者政策作为执行的保障，在实施过程中控制力过于低下。

城市建设实践经验告诉我们，在控制城市开发的同时塑造富有特色的城市总体风貌，能够取得最大的经济与社会效益。而最可行的技术手段是将城市设计纳入控制性详细规划的体系中，共同指导城市建设开发，并形成信息反馈系统。

Urban Design Guideline in the process of urban development can provide technical support to development control. However, just depending Urban Design Guideline can not achieve the objective of guiding and controlling urban development effectively. It should be introduced to every section of development control, especially in executive section.

In China's planning system, development control is based on the theory of zoning system, whose presentation is Detailed Development Control Plan. Its nature is that using technical indexes system as controlling elements to guide land development. The problem is that in such planning system, integrated city feature can not be effectively guaranteed.

Compared with Urban Design Guideline, Detailed Development Control Plan pays more attention to technique index which control the density and intensity of land development. Because most of those indexes have been supported by planning law or local regulation, they play important role during the development control process. On the other hand, Urban Design Guideline focuses on the formation of urban character. Elements such as urban space、building volume、color and so on which decide the city character are the main design objectives of Urban Design Guideline. The aim and control measure of Urban Design Guideline is specific. But its awkward is not introduced into the whole process of development control and lacking legislation support.

The evidence of practice experience shows controlling development as well as creating unique、integrated city character can get the most benefit from both economic and social perspectives. An effective measure to achieve this is to combine Urban Design Guideline with Detailed Development Control Plan system. Treat them as an integrated entity to guide land development.

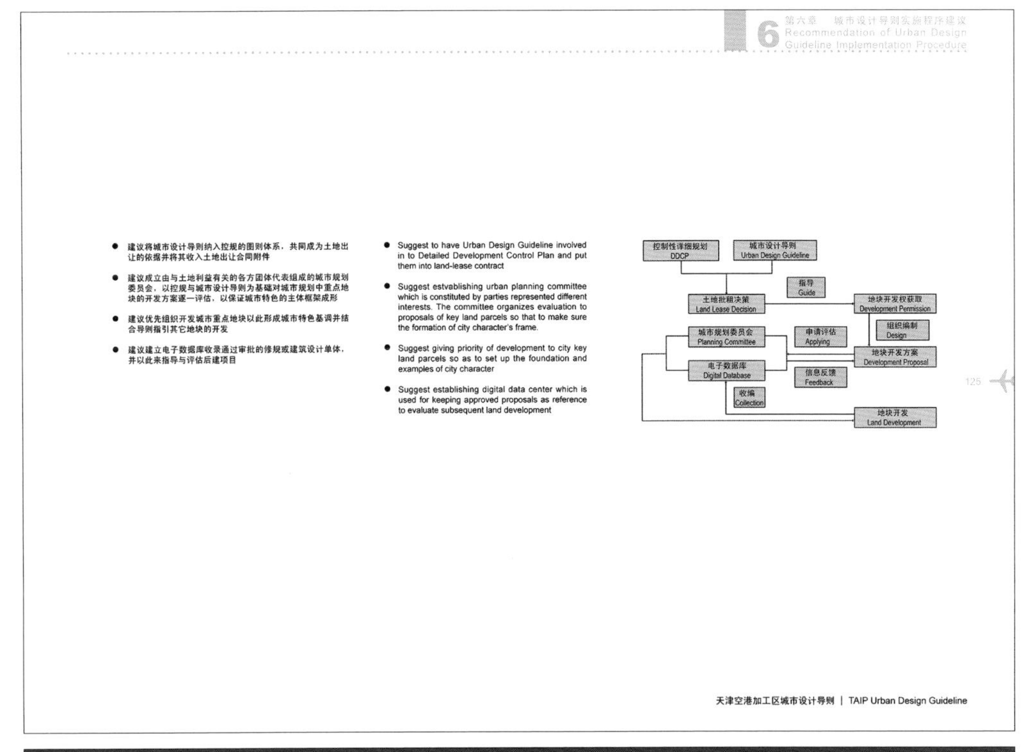

第六章　城市设计导则实施程序建议
6 Recommendation of Urban Design Guideline Implementation Procedure

- 建议将城市设计导则纳入控规的图则体系，共同成为土地出让的依据并将其收入土地出让合同附件
- 建议成立由与土地利益有关的各方团体代表组成的城市规划委员会，以控规与城市设计导则为基础对城市规划中重点地块的开发方案逐一评估，以保证城市特色的主体框架成形
- 建议优先组织开发城市重点地块以此形成城市特色基调并结合导则指引其它地块的开发
- 建议建立电子数据库收录通过审批的修规或建筑设计单体，并以此来指导与评估后建项目

- Suggest to have Urban Design Guideline involved in to Detailed Development Control Plan and put them into land-lease contract
- Suggest estvablishing urban planning committee which is constituted by parties represented different interests. The committee organizes evaluation to proposals of key land parcels so that to make sure the formation of city character's frame.
- Suggest giving priority of development to city key land parcels so as to set up the foundation and examples of city character
- Suggest establishing digital data center which is used for keeping approved proposals as reference to evaluate subsequent land development

控制性详细规划 DDCP
城市设计导则 Urban Design Guideline
指导 Guide
土地批租决策 Land Lease Decision
地块开发权获取 Development Permission
组织编制 Design
城市规划委员会 Planning Committee
申请评估 Applying
地块开发方案 Development Proposal
电子数据库 Digital Database
信息反馈 Feedback
收编 Collection
地块开发 Land Development

125

天津空港加工区城市设计导则 | TAIP Urban Design Guideline

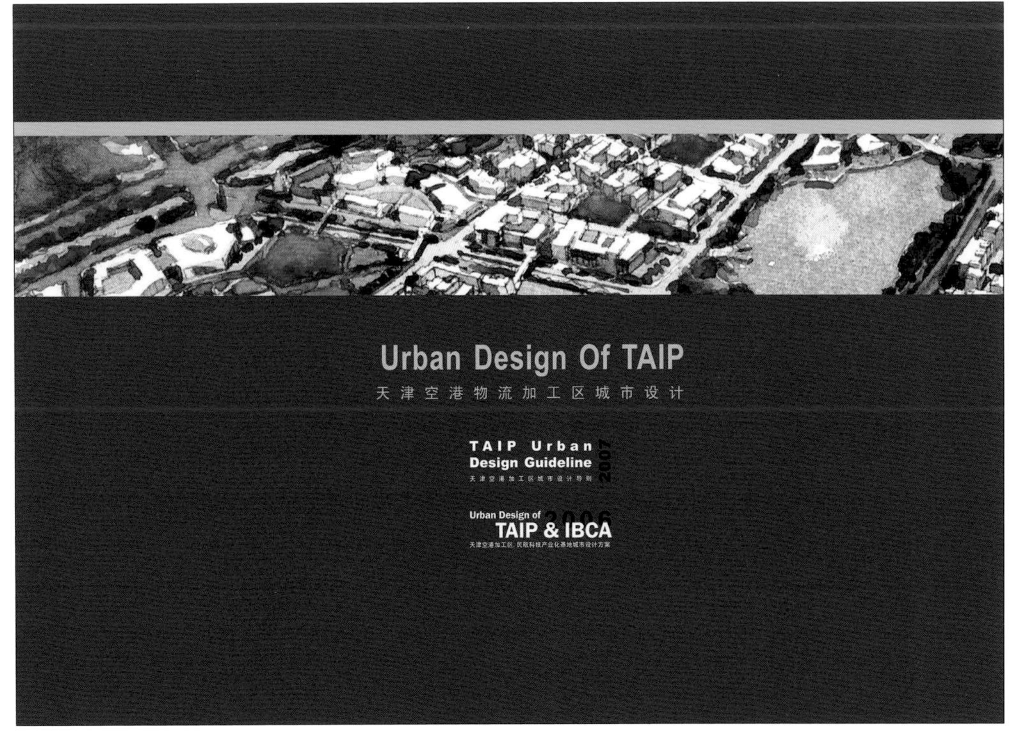

附录四　滨海高新区渤龙湖区城市设计导则

滨海高新区渤龙湖区城市设计导则

BinHai HI-Tech Park Urban Design Guideline

2010.1

天津市城市规划设计研究院 **TUPDI**

英国**WATERMAN**国际工程公司

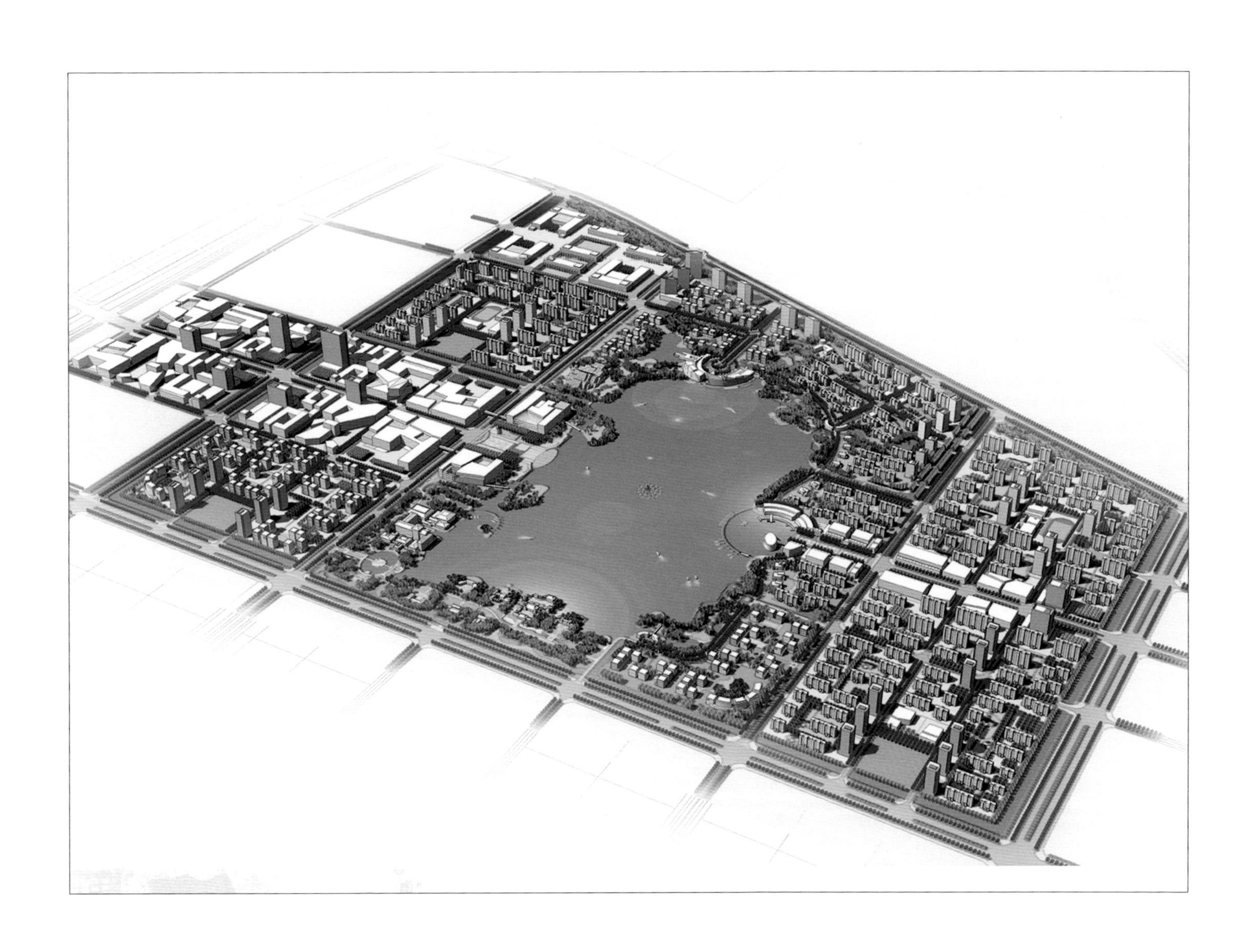

目录

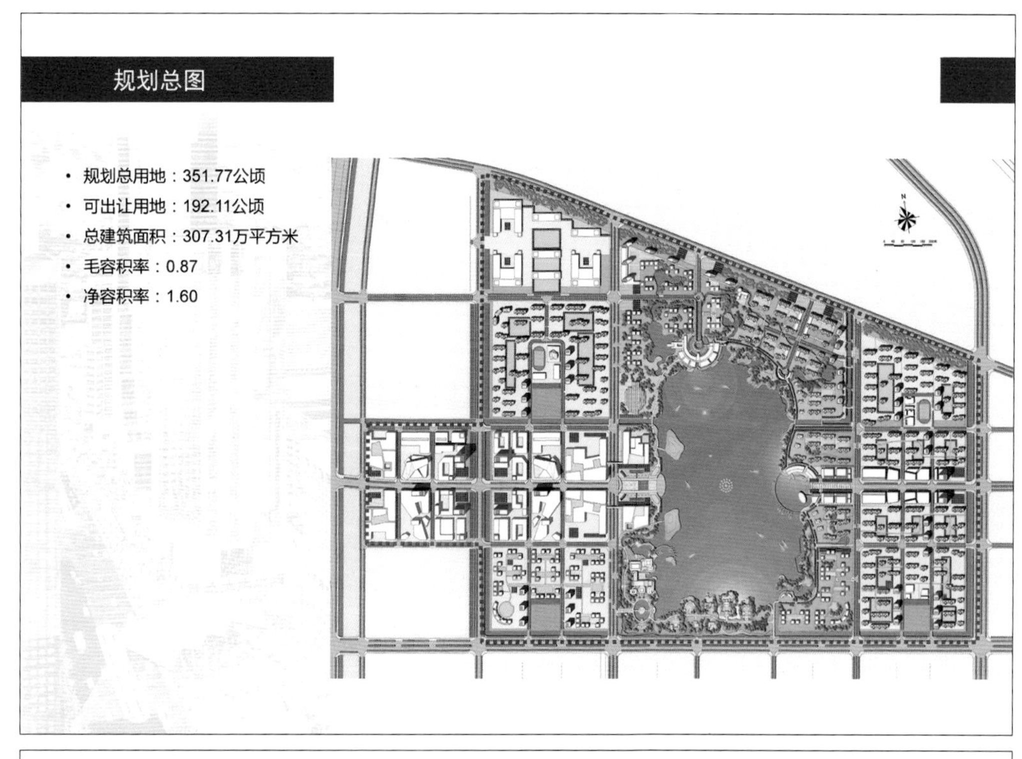
规划总图
• 规划总用地：351.77公顷
• 可出让用地：192.11公顷
• 总建筑面积：307.31万平方米
• 毛容积率：0.87
• 净容积率：1.60

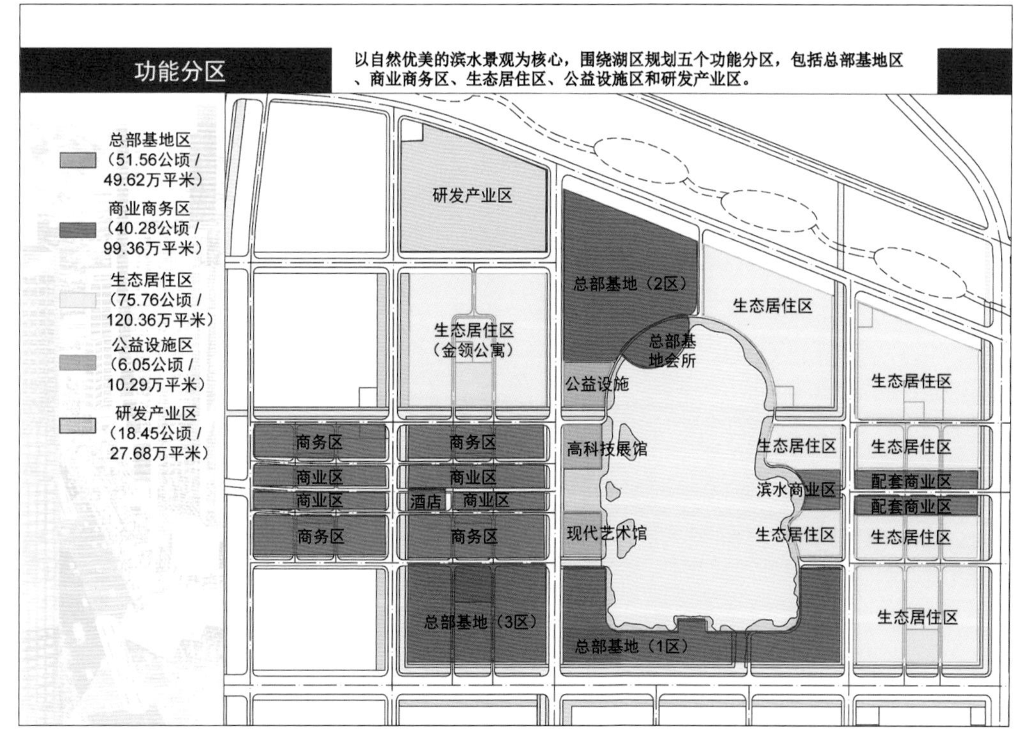
功能分区
以自然优美的滨水景观为核心，围绕湖区规划五个功能分区，包括总部基地区、商业商务区、生态居住区、公益设施区和研发产业区。
总部基地区（51.56公顷 / 49.62万平米）
商业商务区（40.28公顷 / 99.36万平米）
生态居住区（75.76公顷 / 120.36万平米）
公益设施区（6.05公顷 / 10.29万平米）
研发产业区（18.45公顷 / 27.68万平米）
研发产业区
总部基地（2区）
生态居住区
生态居住区（金领公寓）
总部基地会所
公益设施
生态居住区
商务区
商务区
高科技展馆
生态居住区
生态居住区
商业区
商业区
滨水商业区
配套商业区
商业区
酒店
商业区
配套商业区
商务区
商务区
现代艺术馆
生态居住区
生态居住区
总部基地（3区）
总部基地（1区）
生态居住区

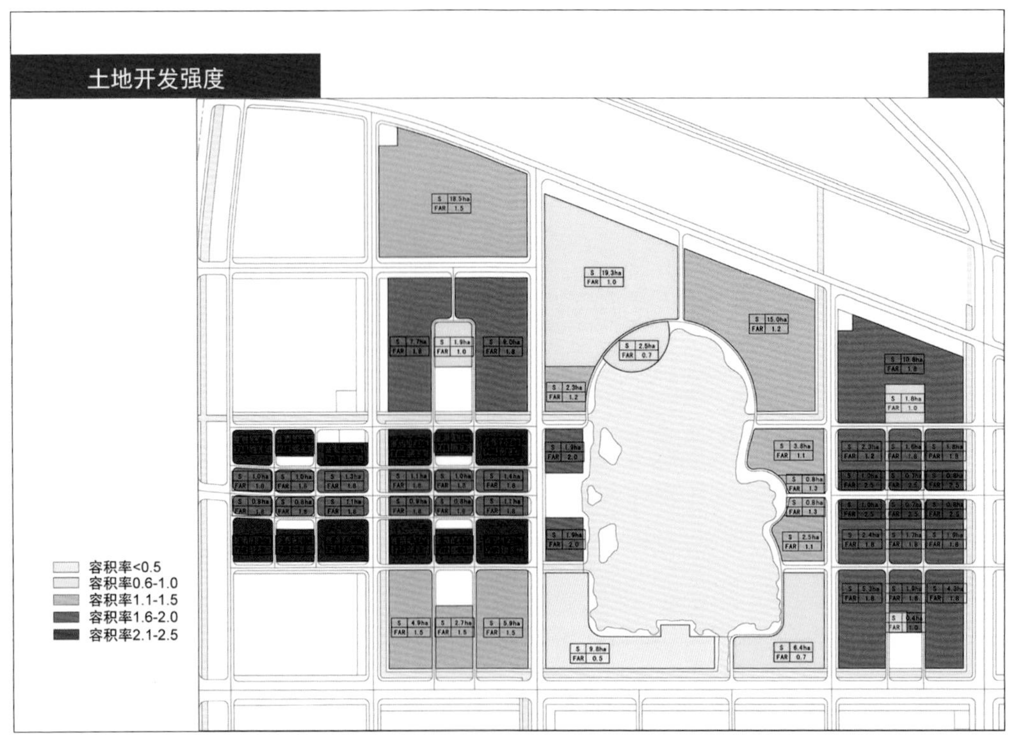
土地开发强度
容积率<0.5
容积率0.6-1.0
容积率1.1-1.5
容积率1.6-2.0
容积率2.1-2.5

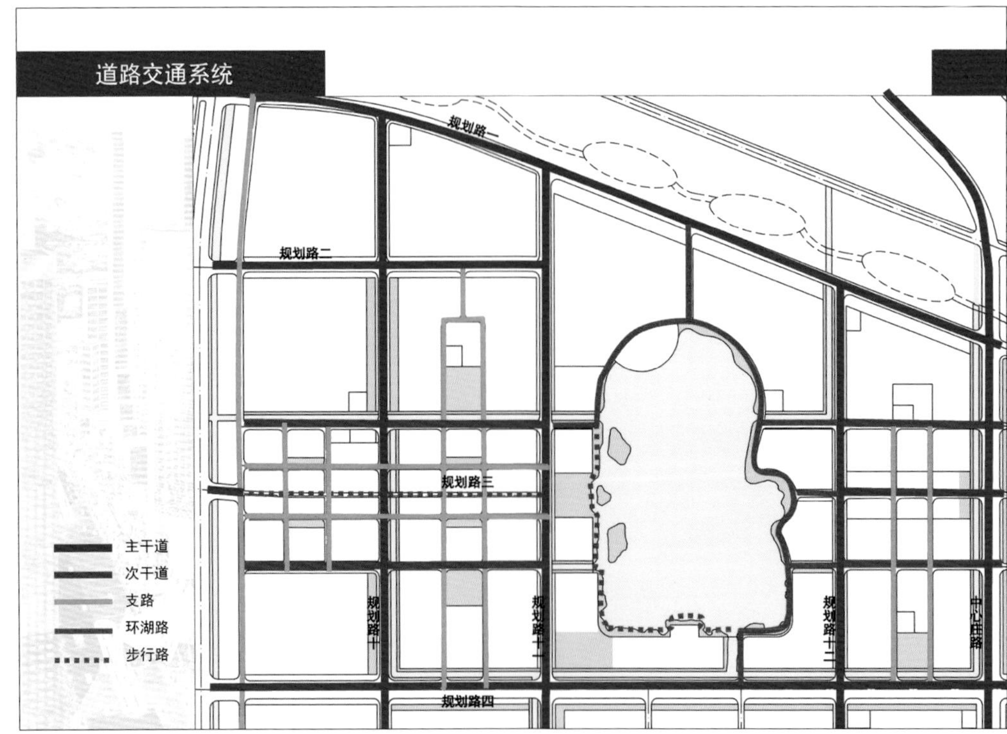
道路交通系统
规划路一
规划路二
规划路三
规划路四
规划路十
规划路十一
规划路十二
中心庄路
主干道
次干道
支路
环湖路
步行路

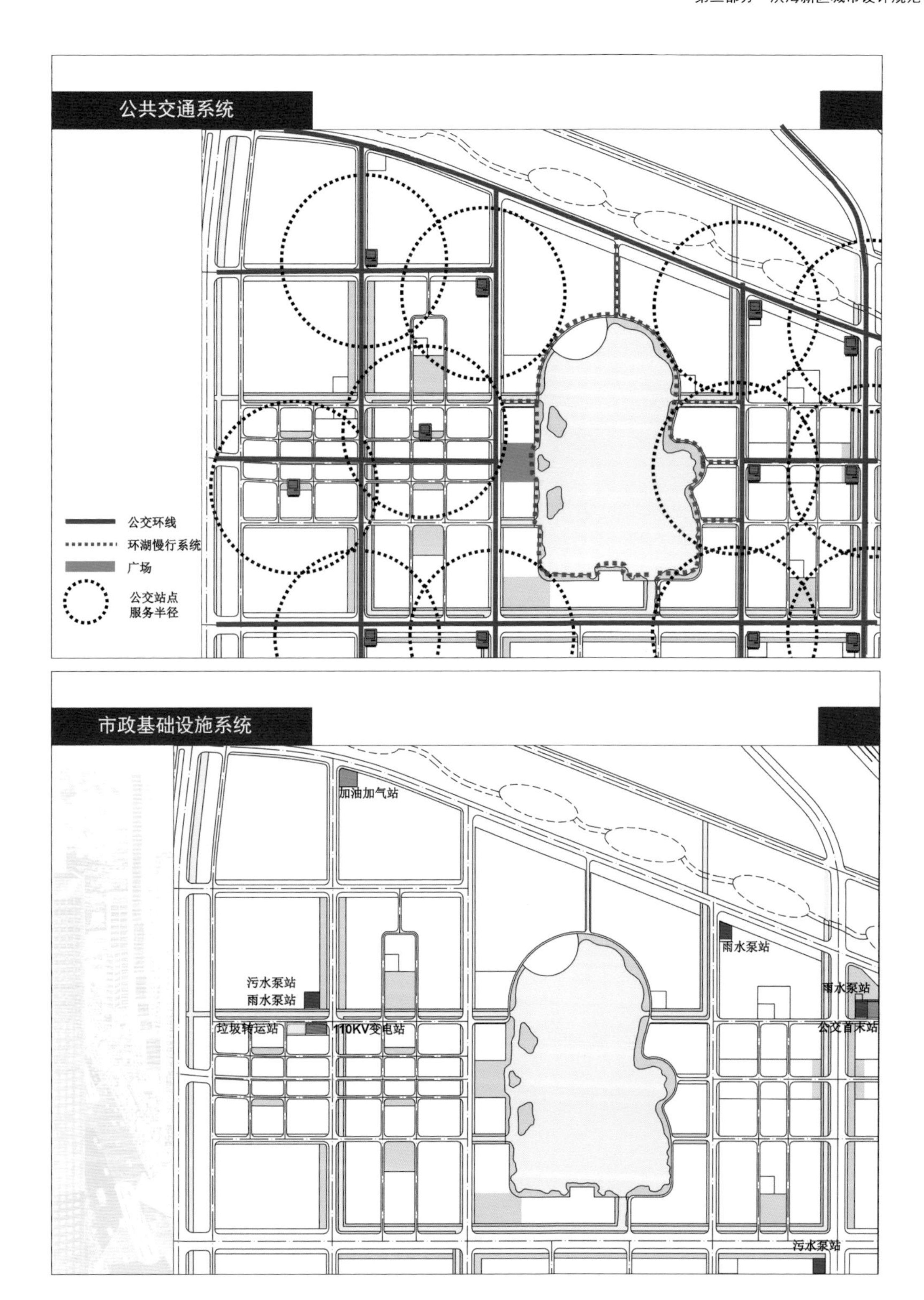
公共交通系统
公交环线
环湖慢行系统
广场
公交站点
服务半径
市政基础设施系统
加油加气站
雨水泵站
污水泵站
雨水泵站
垃圾转运站
110KV变电站
雨水泵站
公交首末站
污水泵站

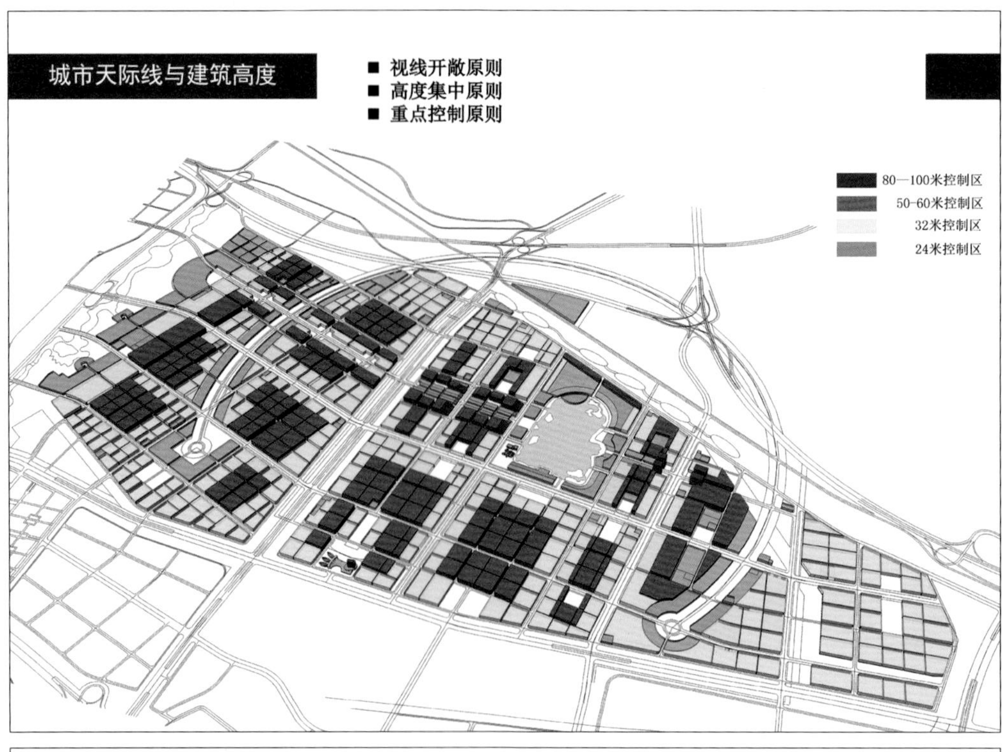
城市天际线与建筑高度
■ 视线开敞原则
■ 高度集中原则
■ 重点控制原则
80—100米控制区
50-60米控制区
32米控制区
24米控制区

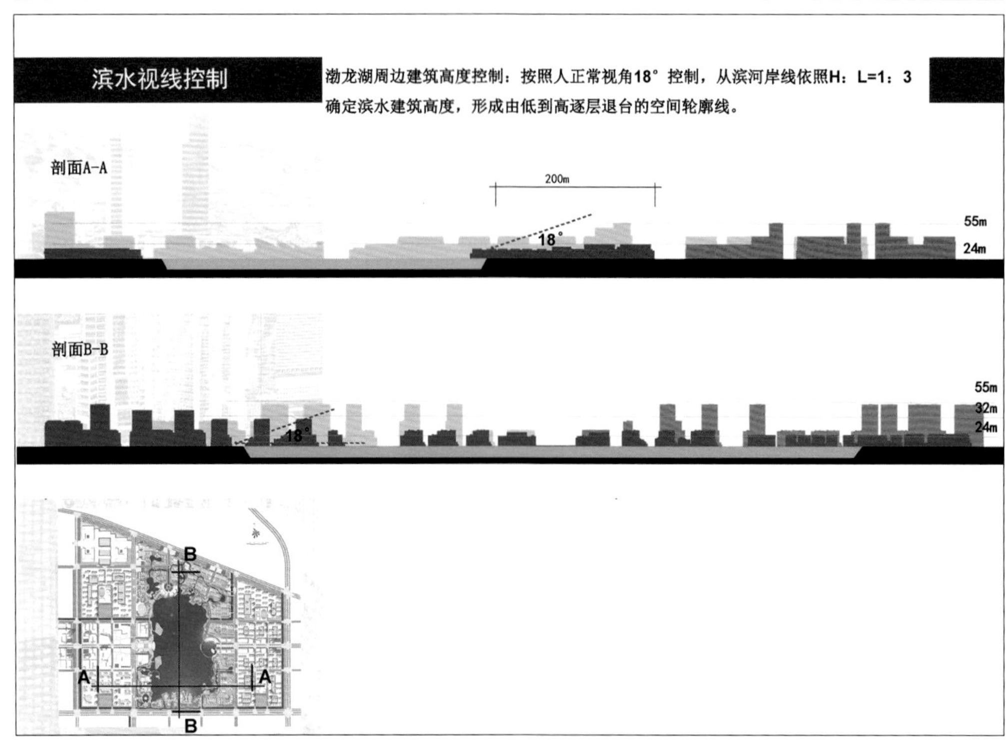
滨水视线控制
渤龙湖周边建筑高度控制：按照人正常视角18° 控制，从滨河岸线依照H：L=1：3
确定滨水建筑高度，形成由低到高逐层退台的空间轮廓线。
剖面A-A
200m
18°
55m
24m
剖面B-B
55m
32m
24m
18°
B
A
A
B

建筑高度控制原则

■ 建筑高度与开放空间和湖区视野保持协调。

■ 沿渤龙湖周边，在不超过24米高度控制要求下，以滨水步道18°仰角的范围控制滨水20—40米范围内的建筑高度。

■ 沿南北向城市主干路两侧，在不超过50—60米高度控制要求下，以人行步道27°仰角的范围控制临街建筑高度。

■ 轨道站点附近允许高强度开发，建造100米以下的建筑，以强调城市的重要节点。

■ 提高规划路一南侧建筑高度以阻挡消极视线（北部高压走廊）并形成区域围合感。

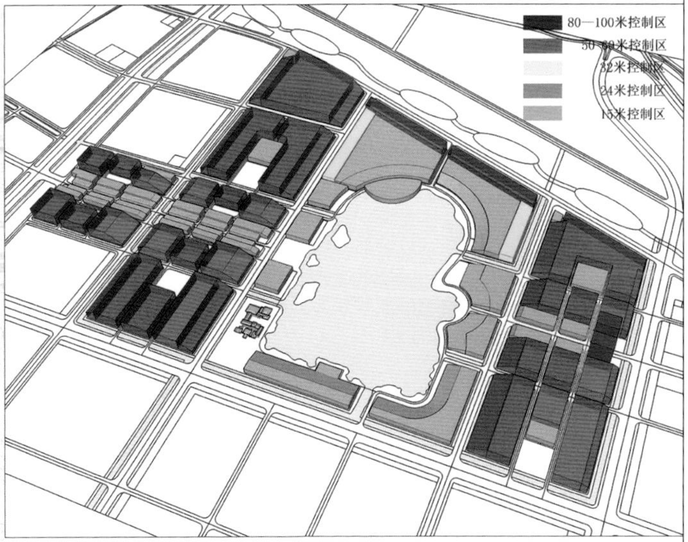

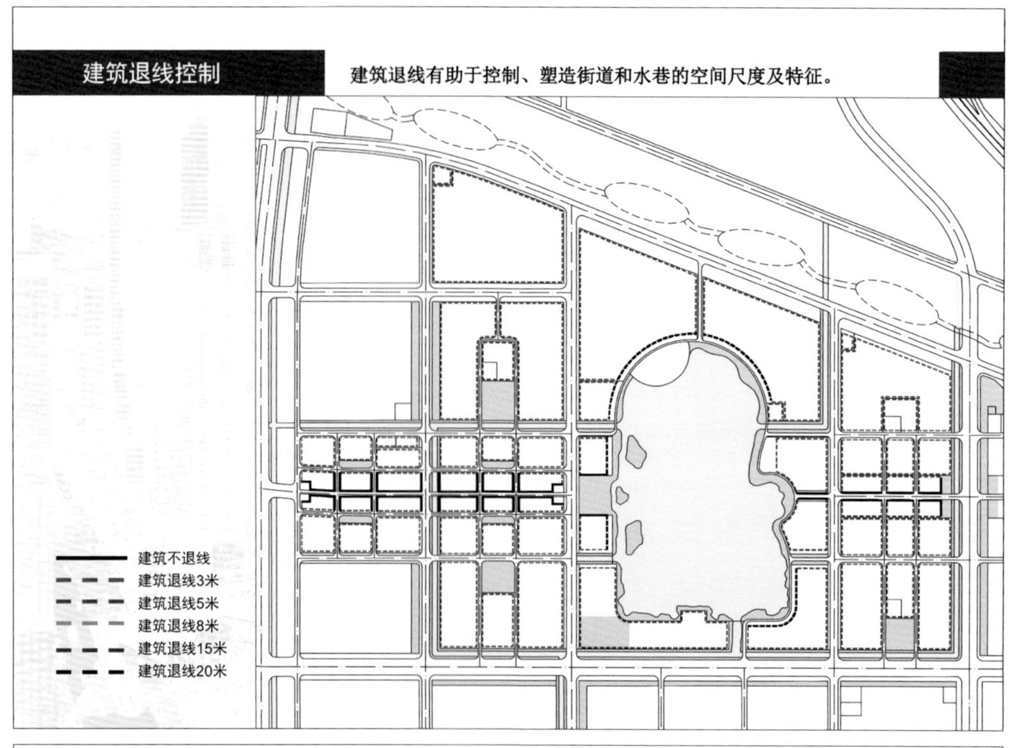
建筑退线控制
建筑退线有助于控制、塑造街道和水巷的空间尺度及特征。
建筑不退线
建筑退线3米
建筑退线5米
建筑退线8米
建筑退线15米
建筑退线20米

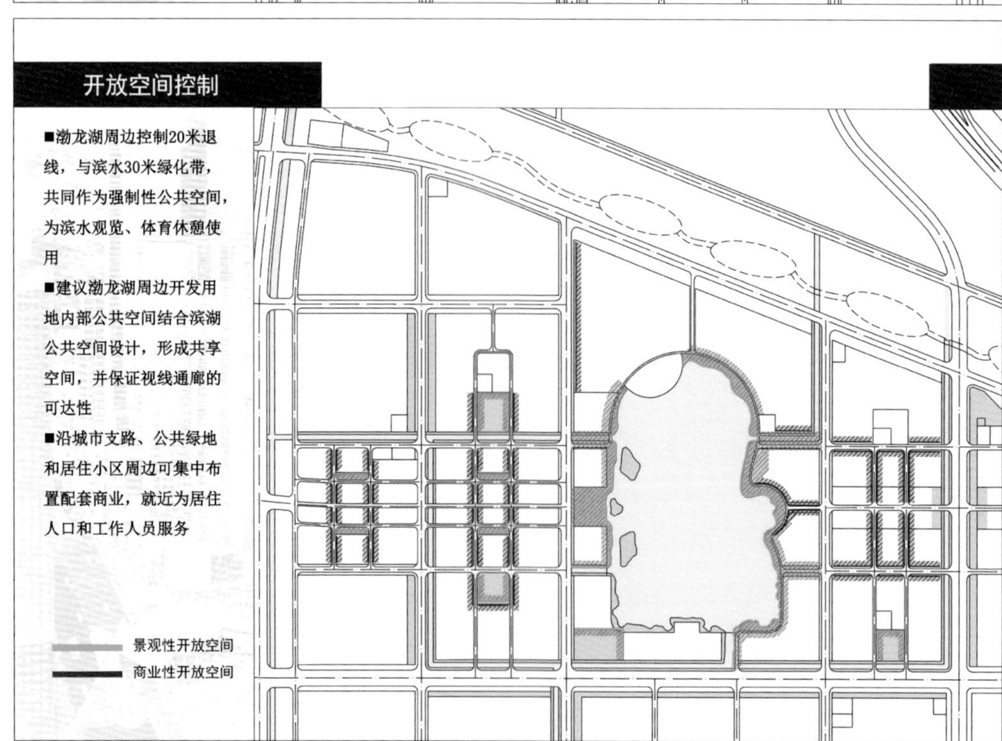
开放空间控制
■渤龙湖周边控制20米退线，与滨水30米绿化带，共同作为强制性公共空间，为滨水观览、体育休憩使用
■建议渤龙湖周边开发用地内部公共空间结合滨湖公共空间设计，形成共享空间，并保证视线通廊的可达性
■沿城市支路、公共绿地和居住小区周边可集中布置配套商业，就近为居住人口和工作人员服务
景观性开放空间
商业性开放空间

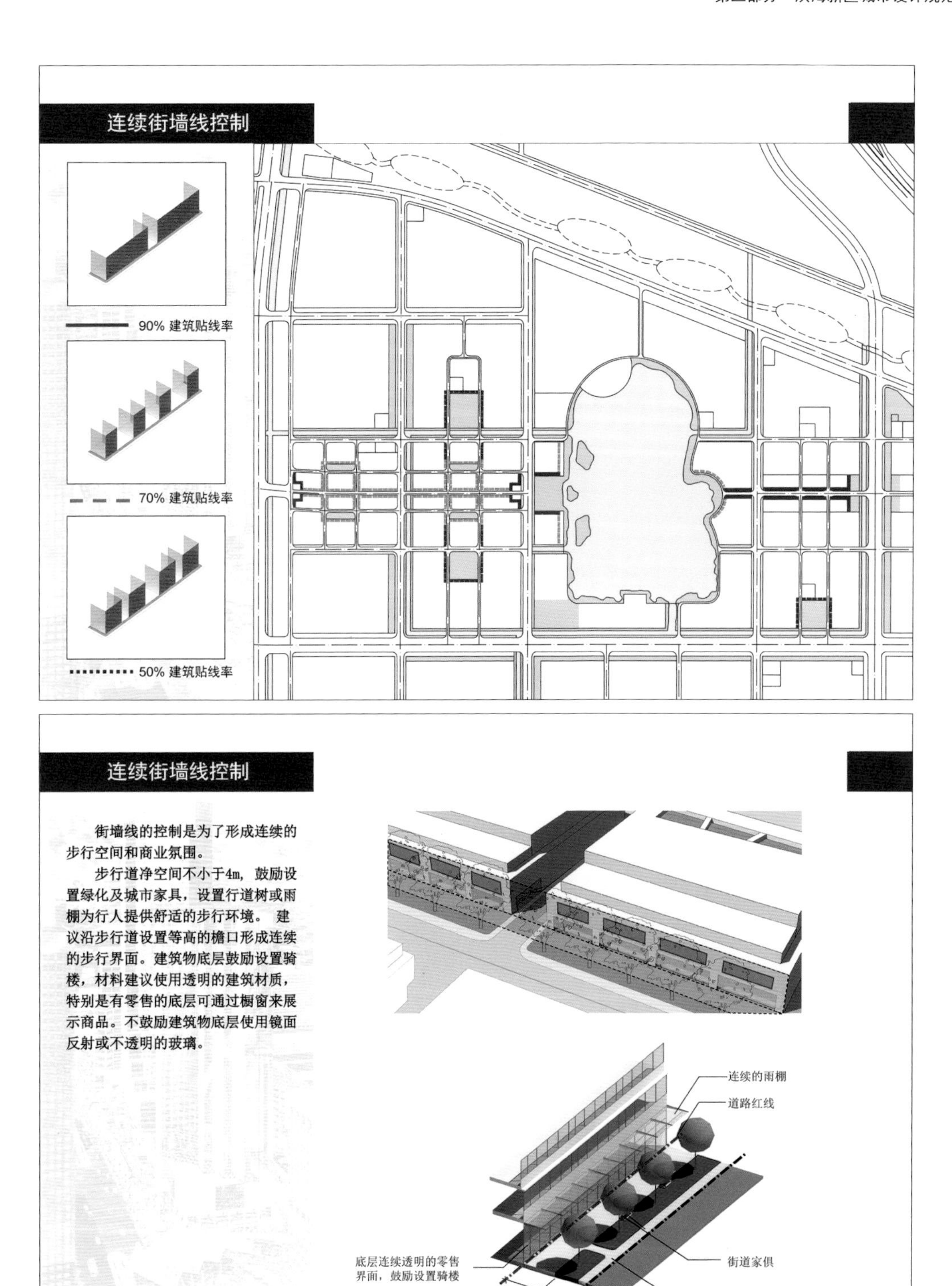
连续街墙线控制
90% 建筑贴线率
70% 建筑贴线率
50% 建筑贴线率
连续街墙线控制
街墙线的控制是为了形成连续的步行空间和商业氛围。
步行道净空间不小于4m，鼓励设置绿化及城市家具，设置行道树或雨棚为行人提供舒适的步行环境。 建议沿步行道设置等高的檐口形成连续的步行界面。建筑物底层鼓励设置骑楼，材料建议使用透明的建筑材质，特别是有零售的底层可通过橱窗来展示商品。不鼓励建筑物底层使用镜面反射或不透明的玻璃。
连续的雨棚
道路红线
街道家俱
路缘线
底层连续透明的零售界面，鼓励设置骑楼
步行空间不小于4米

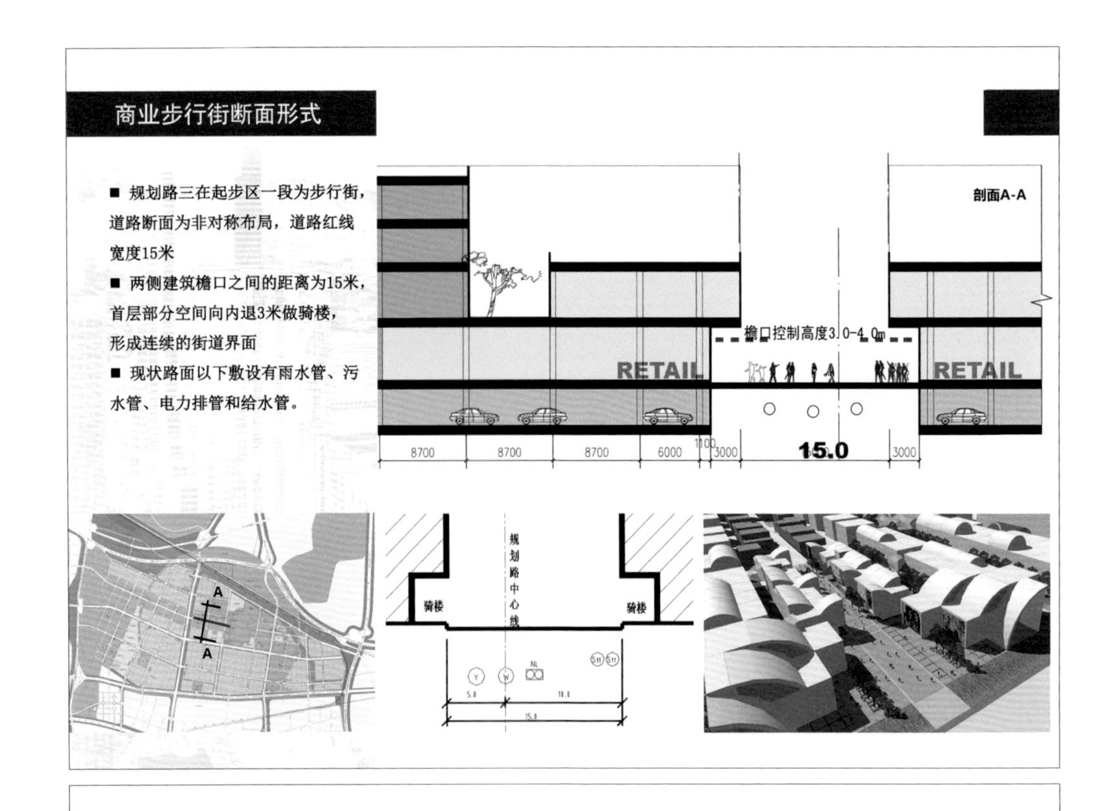

商业步行街断面形式
■ 规划路三在起步区一段为步行街，道路断面为非对称布局，道路红线宽度15米
■ 两侧建筑檐口之间的距离为15米，首层部分空间向内退3米做骑楼，形成连续的街道界面
■ 现状路面以下敷设有雨水管、污水管、电力排管和给水管。
剖面A-A
檐口控制高度3.0-4.0m
RETAIL
RETAIL
8700
8700
8700
6000
3000
15.0
3000
A
A
骑楼
规划路中心线
骑楼

的首层商业空间(骑楼)

- 商业街两侧建议设置骑楼，宽度应在3—5米之间，高度限制在6—10米之间
- 在规定的地方，骑楼在整个街区必须连续不断，而且应与相邻的人行道连接
- 骑楼的立柱沿街墙立面设置，材料表面的质地和立体感应能给人留下深刻的印象

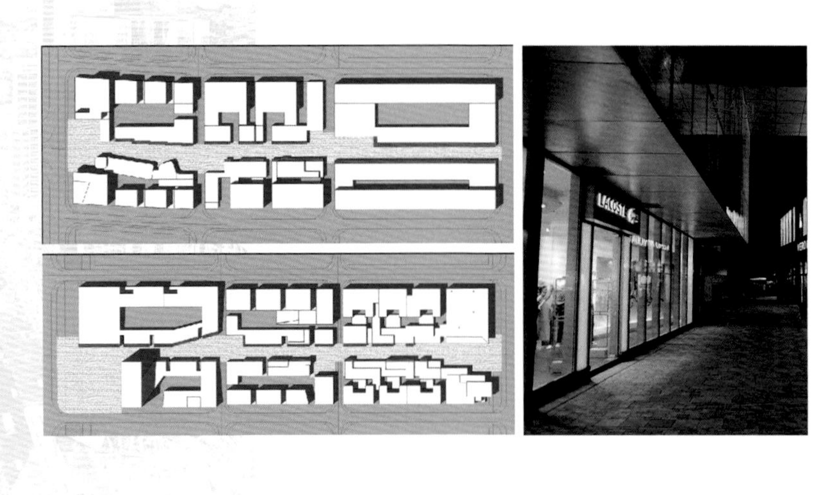

通透的首层街道界面

- 建筑底座的楼层应最大化透明度和开放度，使室内与室外人行道有良好的互动
- 鼓励首层使用纯净透明的玻璃，而不是有色玻璃
- 考虑使用可以控制开合的窗或墙的系统，使商店、咖啡厅和餐厅可以充分利用人行道的空间

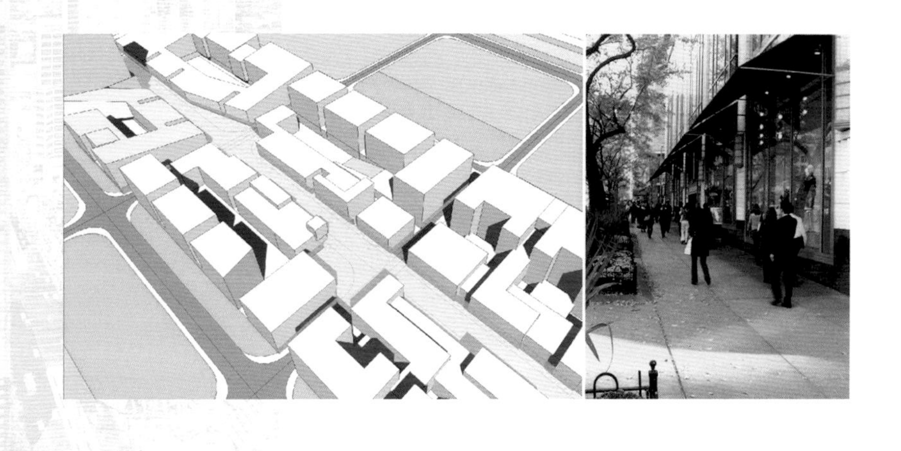

活跃的零售商业

- 为保护周边地区的商业运营，建筑底层大部分用地功能必须设为面向街道的积极性零售业
- 类似于银行等用途的非积极性商业占临街面长度的比例不得超过20%
- 鼓励对公共开放以及有助于营造街道活跃性的餐厅、咖啡厅、商铺和其他用途
- 零售功能可以通过底座立面的透明玻璃幕墙、特殊材料以及招牌来表现

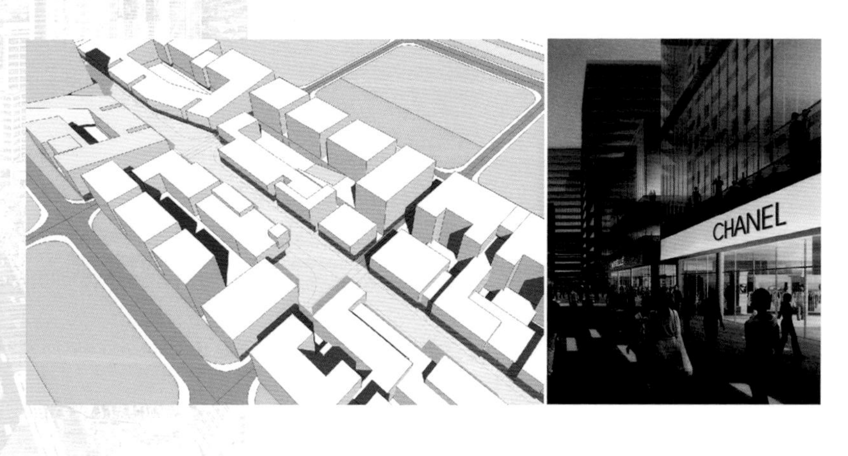

停车及机动车出入口控制

居住用地停车设施位置由各小区的修建性详细规划确定，鼓励地面立体停车楼的设计。

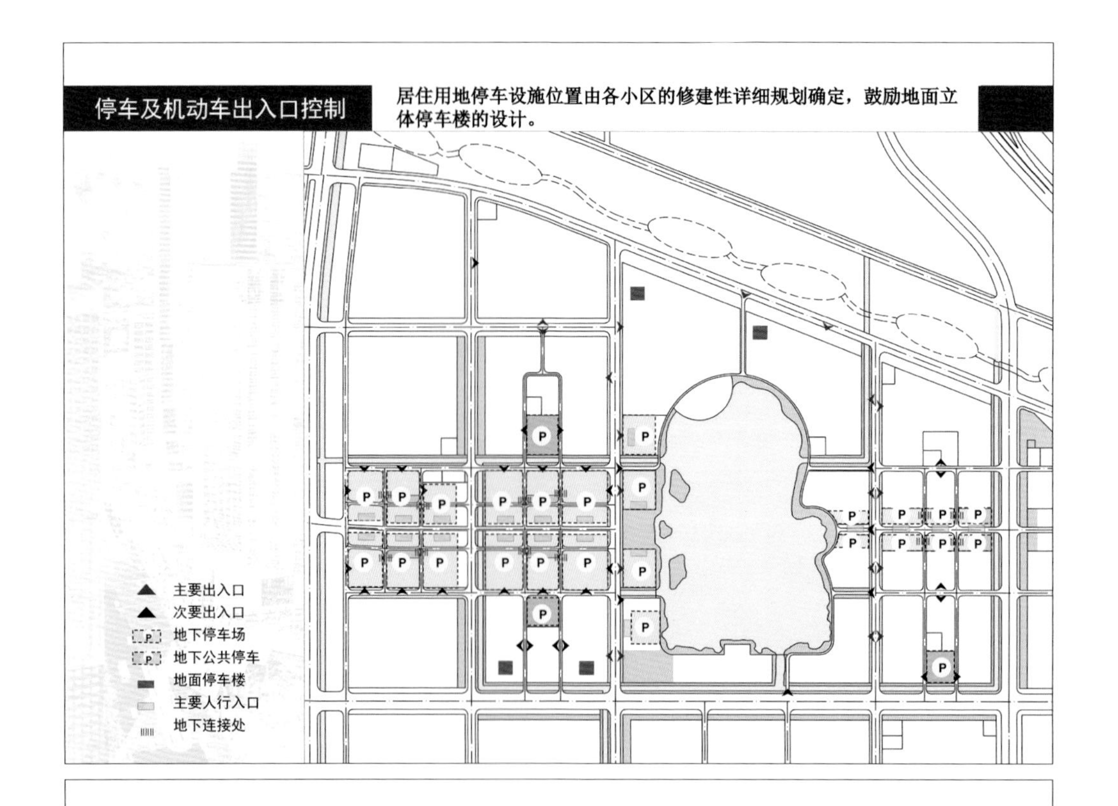

停车设计指引

地面停车设计原则

地面停车场隐藏于主体建筑之后，利于创造有生气的街道界面。尽量避免路边停车，在具有餐饮、零售功能的次干道或以下等级的道路两侧可设置少量沿街停车位。

场地与车库停车入口仅开设于城市次干道或更低等级的道路上，入口宽度不宜超过8米，避免打断人行道的延续性。

地下停车设计原则

建议地块内的停车多数设置于地下，如设置地面停车和多层停车时应有建筑遮挡，减少对街道景观的干扰。

地下车库通过开上上空的采光井与室外绿化结合，给人们提供了一个崭新的人文交流空间，创造景观化的地下停车环境，使得地下与地面绿化形成整体。

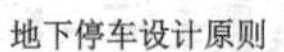

不鼓励的做法

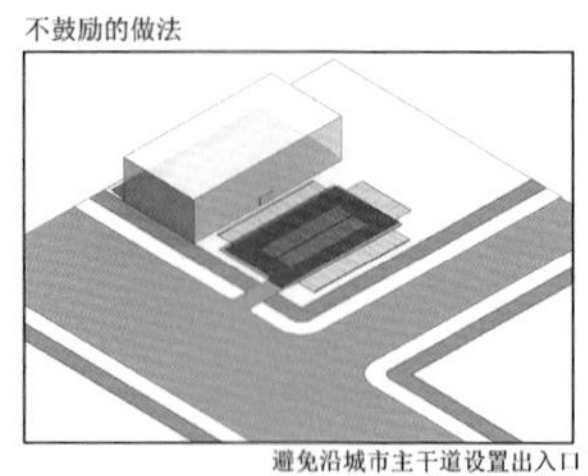

避免沿城市主干道设置出入口

鼓励的做法

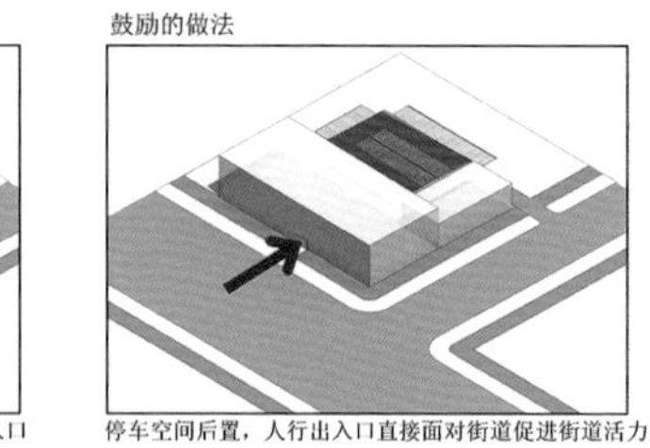

停车空间后置，人行出入口直接面对街道促进街道活力

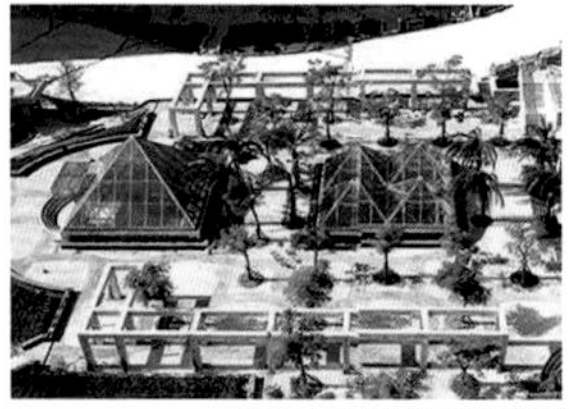

结合地面景观设计的地下停车库

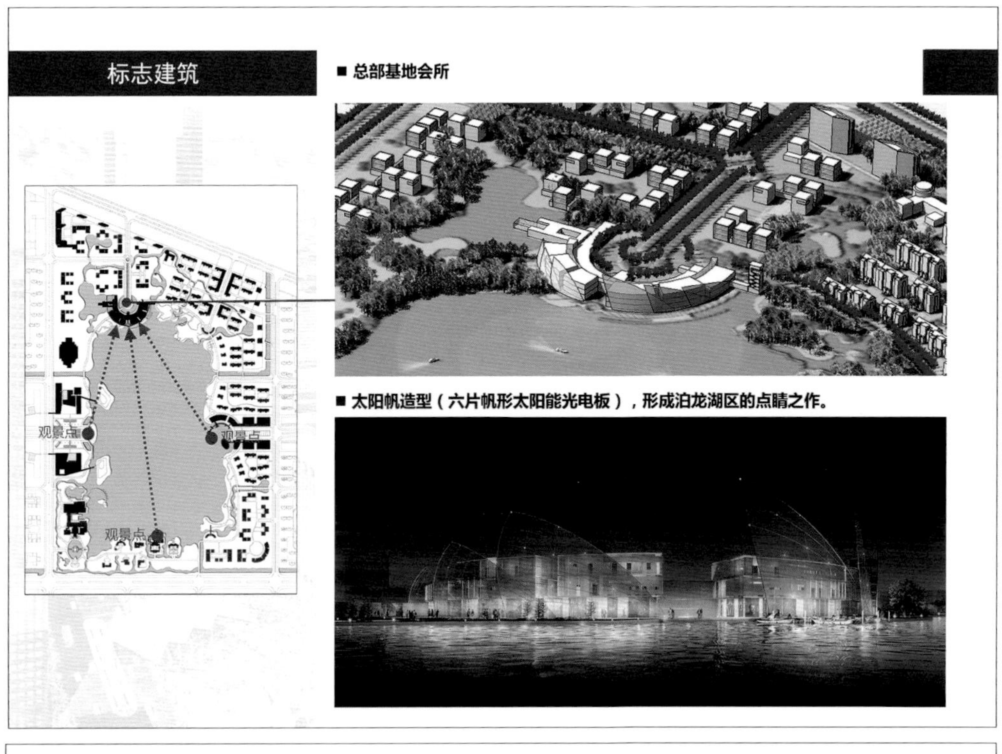
标志建筑
■ 总部基地会所
观景点
观景点
观景点
■ 太阳帆造型（六片帆形太阳能光电板），形成泊龙湖区的点睛之作。

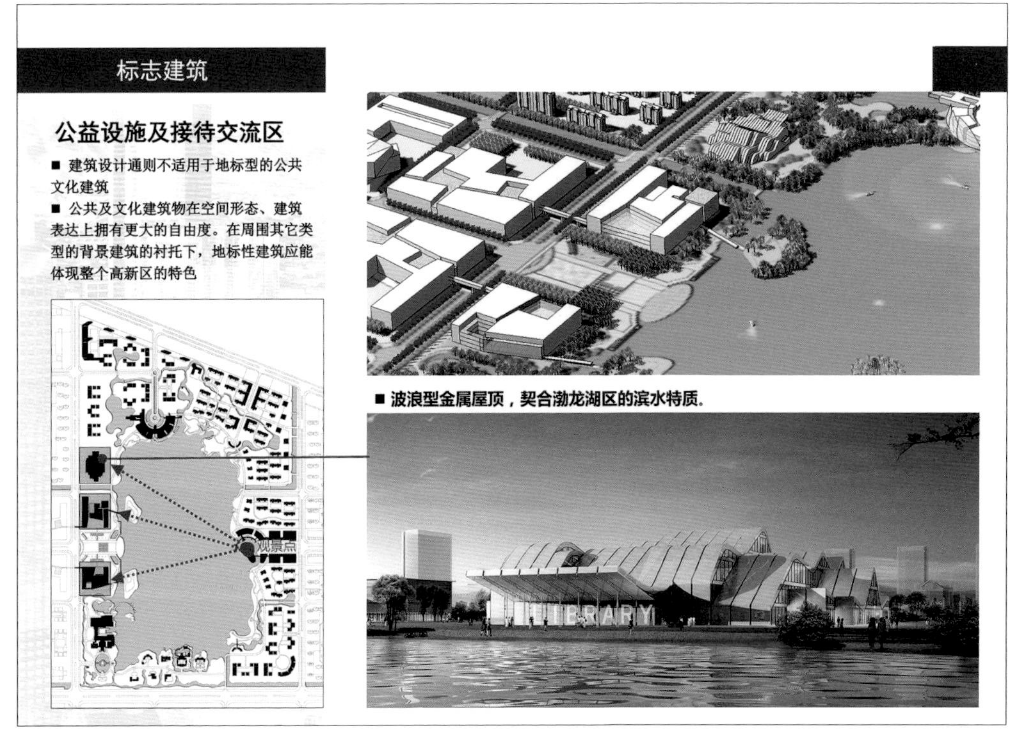
标志建筑
公益设施及接待交流区
■ 建筑设计通则不适用于地标型的公共文化建筑
■ 公共及文化建筑物在空间形态、建筑表达上拥有更大的自由度。在周围其它类型的背景建筑的衬托下，地标性建筑应能体现整个高新区的特色
观景点
■ 波浪型金属屋顶，契合渤龙湖区的滨水特质。
LIBRARY

城市道路设计指引

城市街道不仅是承载车流交通的通道，也是体现城市特色的公共空间。良好的街道设计有助于形成舒适安全的步行空间和优美的城市环境。

设计原则：根据街道的性质及类型，确定整体风格、断面形式、街道家俱等环境要素。建议不同类型的街道创造不同的街道空间感觉。

工作思路：选取三条不同类型的代表性道路，重点对整体风格、街道家俱、街墙形式进行城市设计导则的编制。

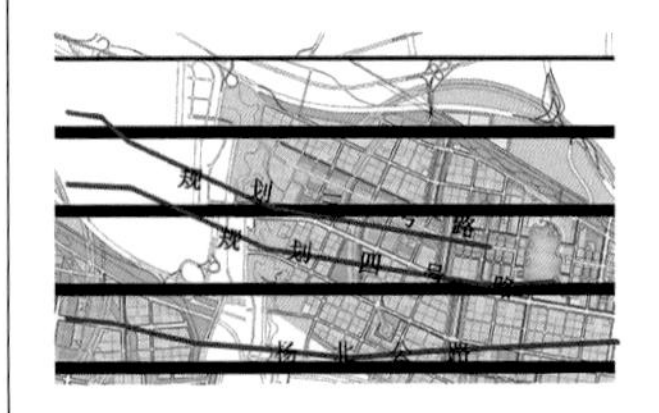

定义良好、尺度适当的城市街道

城市道路总体设计

■ 规划路三在汉港路以西的道路红线宽度为40米

■ 规划路三在起步区一段改为步行街，非对称布局，道路红线宽度为15米，

■ 规划路三在规划路十二和规划路十三之间的道路红线宽度为20米

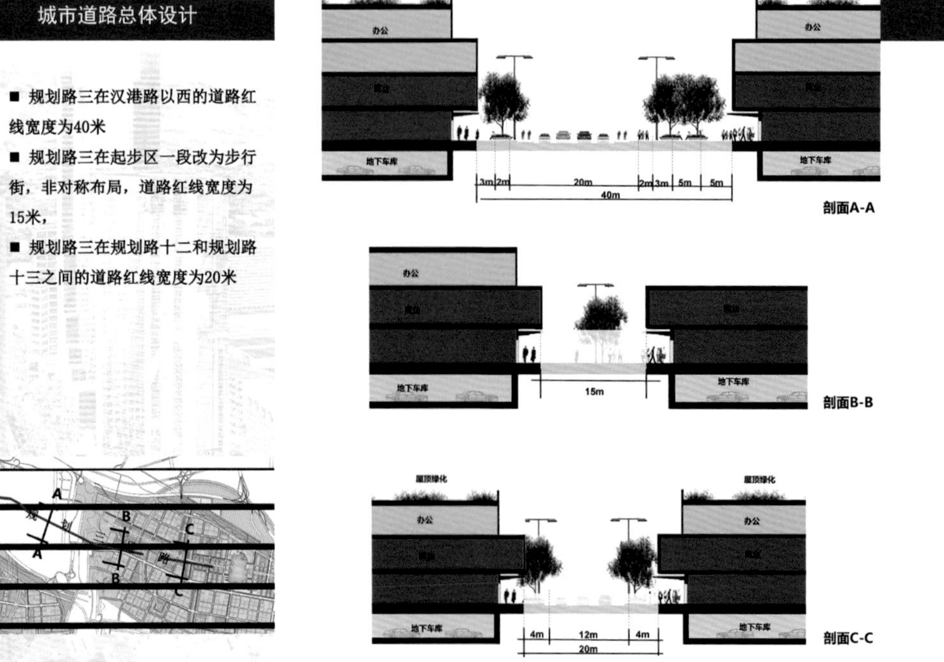

城市道路总体设计

■ 规划三号路（生活性道路）

整体风格：规划三号路作为城市主要的生活性道路，将是一个非常活跃的商业街区，它有轻轨线路，沿街建筑设置骑楼进入零售商业区。“高新”元素将被融合进互动指示牌、照明和街道家具等元素的街景中。

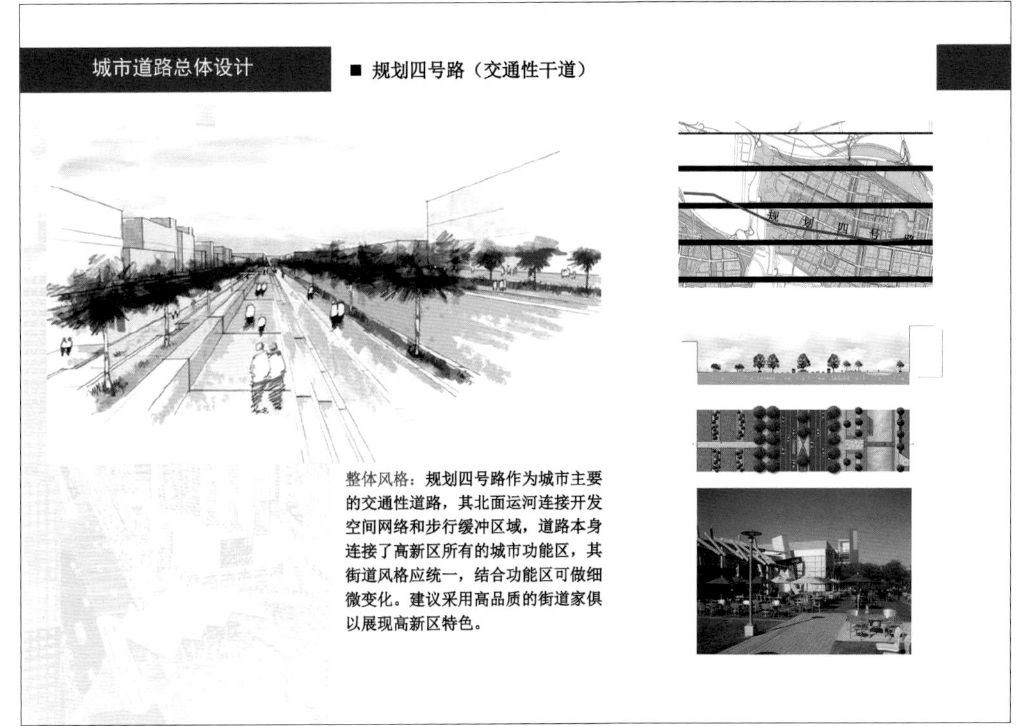

城市道路总体设计

■ 规划四号路（交通性干道）

整体风格：规划四号路作为城市主要的交通性道路，其北面运河连接开发空间网络和步行缓冲区域，道路本身连接了高新区所有的城市功能区，其街道风格应统一，结合功能区可做细微变化。建议采用高品质的街道家俱以展现高新区特色。

城市公共空间系统

■ 结合高新区三大用地性质及公园绿地水系，创造一个层次分明而相互呼应的公共开发空间系统。

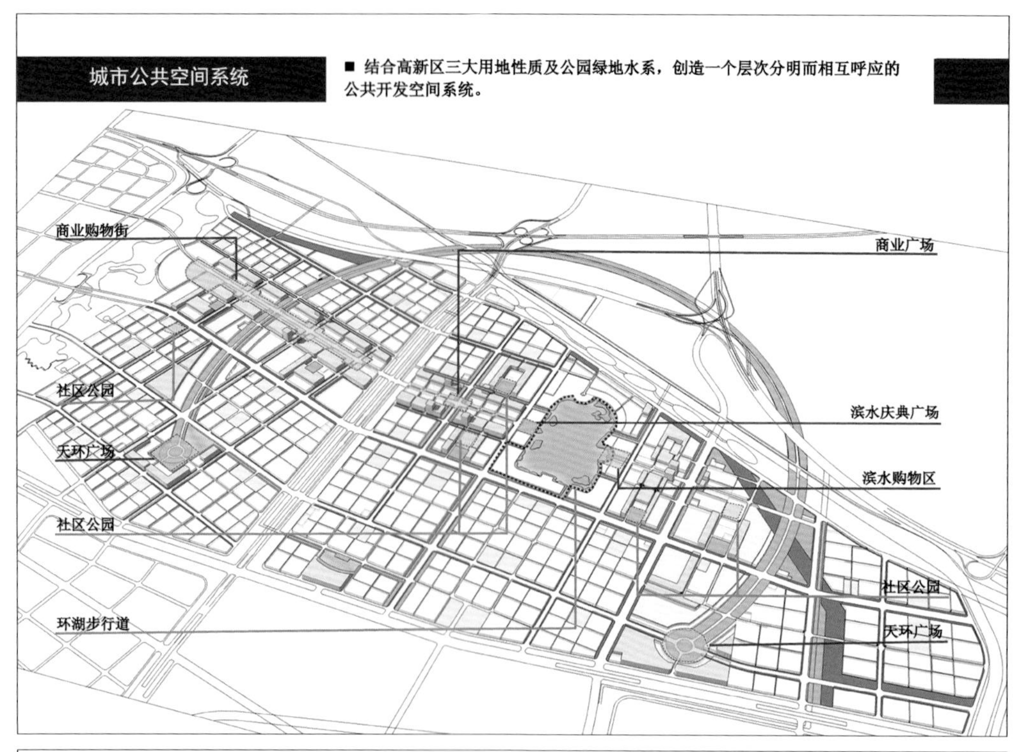

城市绿地景观系统

■ 发展多元化的绿色系统，利用连贯的绿色系统创造高新区优质的生态环境，鼓励联系的步行系统贯穿整个绿地系统。

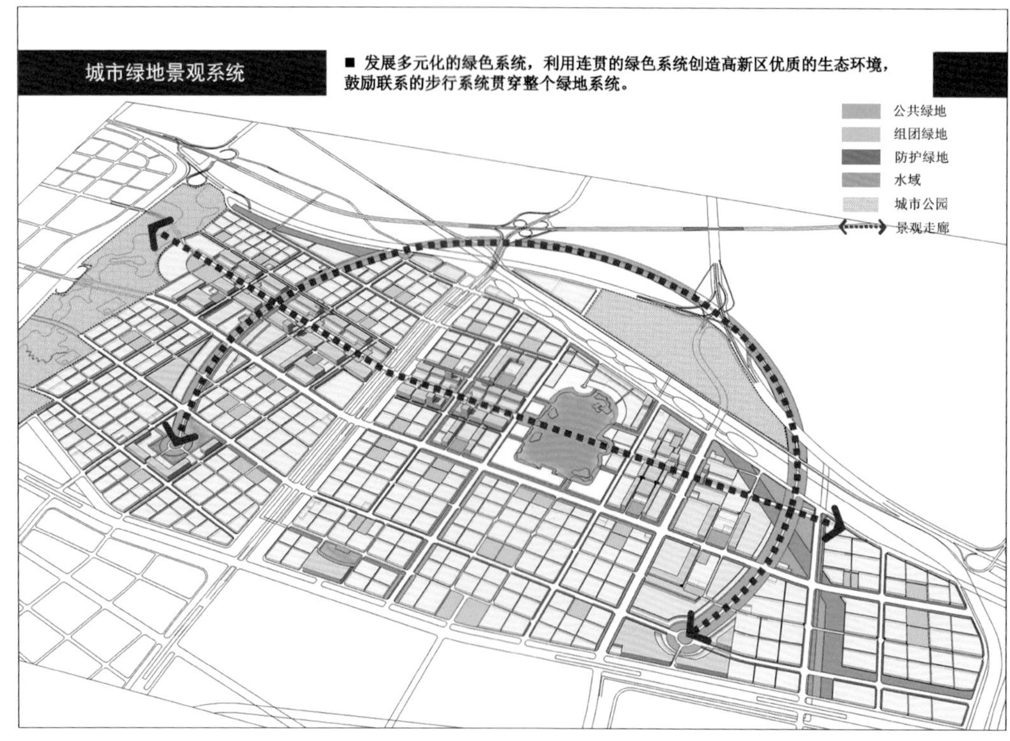

开放空间设计指引

开放空间设计原则

开放空间结合周边使用功能设计，做到美观大方又亲切宜人。综合考虑广场功能与观赏的要求，并提供庆典、观演、休憩等活动场所。

现代设计手法塑造具有本土风格的绿色系统。建议使用当地材料及纹理，体现地域特征。

创造低维护的景观环境，鼓励对绿地系统的合理开发，并限制对于生态敏感区的活动。

特色景观节点处理

开放空间设计指引

社区公园设计原则

社区公园主要服务于喜好居家生活的家庭。主要塑造舒适亲切的休闲环境。应以软质景观为主，同时也应有相应的硬质景观面积。

社区公园以提供市民娱乐、休憩为目的。并塑造水景、玩乐、运动竞技、小型展演等主题。

建议将公园入口设置在有候车亭和斑马线的公交汽车站附近。并在公园入口处设置休憩区。

步行道采用平整不反光的面材，严禁采用抛光花岗岩用作路面材料。

附录五 中新天津生态城南部片区城市设计导则

GUIDELINES OF URBAN DESIGN FOR THE SOUTHERN AREA OF SINO-SINGAPORE TIANJIN ECO-CITY
中新天津生态城南部片区城市设计导则
中新天津生态城管委会建设区 深圳市蕾奥城市规划设计咨询有限公司 2010年8月

目录 Contents

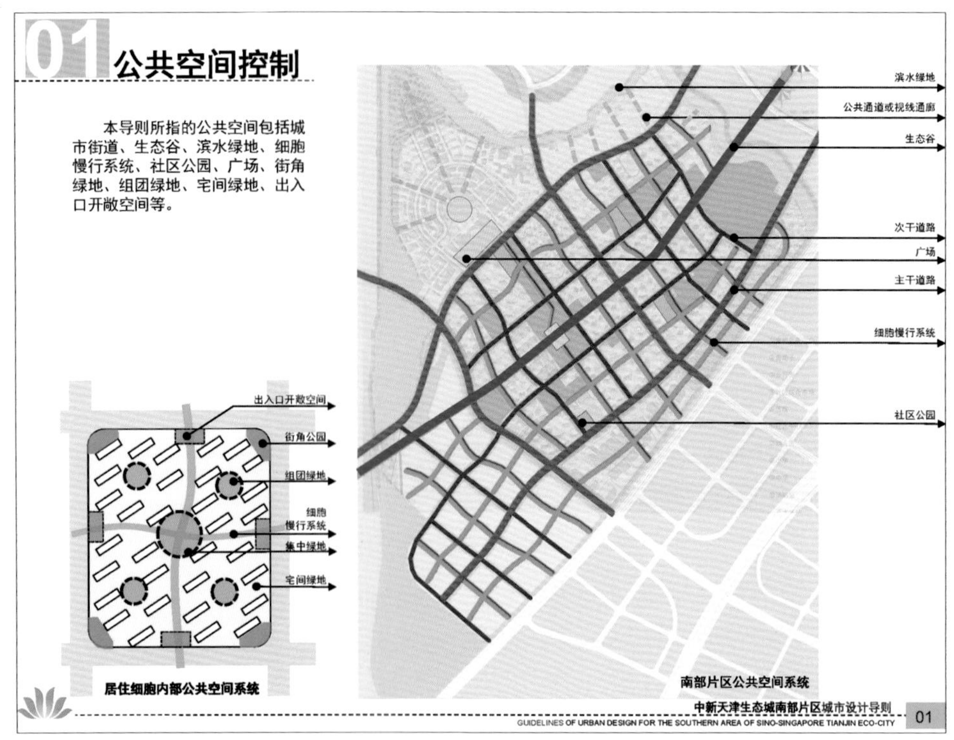

01 公共空间控制

本导则所指的公共空间包括城市街道、生态谷、滨水绿地、细胞慢行系统、社区公园、广场、街角绿地、组团绿地、宅间绿地、出入口开敞空间等。

居住细胞内部公共空间系统

南部片区公共空间系统

中新天津生态城南部片区城市设计导则
GUIDELINES OF URBAN DESIGN FOR THE SOUTHERN AREA OF SINO-SINGAPORE TIANJIN ECO-CITY 01

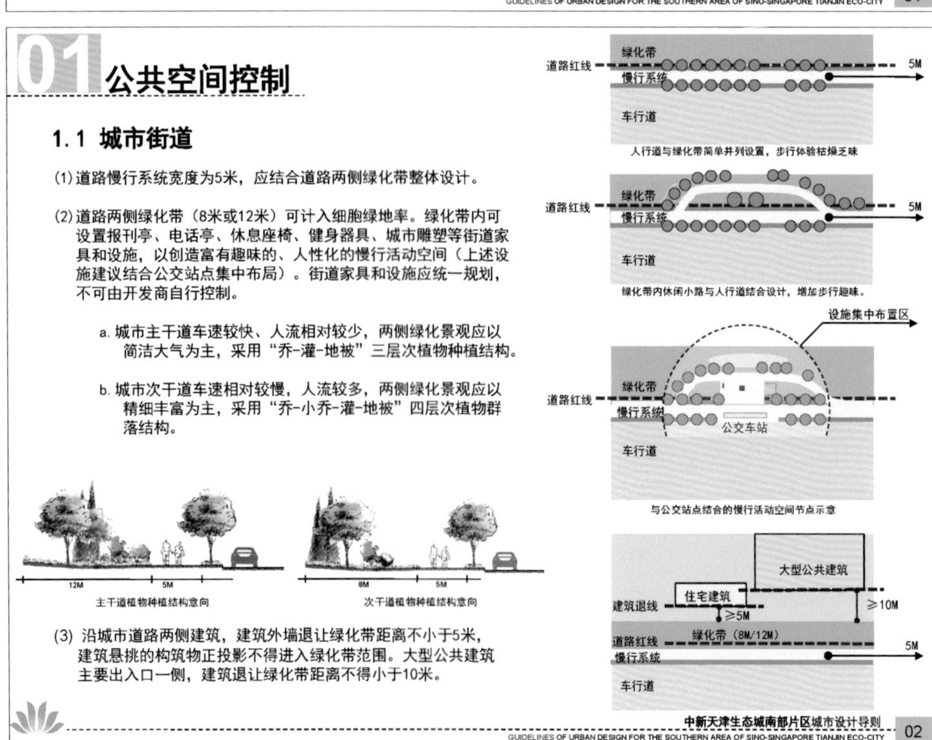

01 公共空间控制

1.1 城市街道

(1)道路慢行系统宽度为5米，应结合道路两侧绿化带整体设计。

(2)道路两侧绿化带（8米或12米）可计入细胞绿地率。绿化带内可设置报刊亭、电话亭、休息座椅、健身器具、城市雕塑等街道家具和设施，以创造富有趣味的、人性化的慢行活动空间（上述设施建议结合公交站点集中布局）。街道家具和设施应统一规划，不可由开发商自行控制。

a. 城市主干道车速较快、人流相对较少，两侧绿化景观应以简洁大气为主，采用“乔-灌-地被”三层次植物种植结构。

b. 城市次干道车速相对较慢，人流较多，两侧绿化景观应以精细丰富为主，采用“乔-小乔-灌-地被”四层次植物群落结构。

主干道植物种植结构意向

次干道植物种植结构意向

(3) 沿城市道路两侧建筑，建筑外墙退让绿化带距离不小于5米，建筑悬挑的构筑物正投影不得进入绿化带范围。大型公共建筑主要出入口一侧，建筑退让绿化带距离不得小于10米。

人行道与绿化带简单并列设置，步行体验枯燥乏味

绿化带内休闲小路与人行道结合设计，增加步行趣味。

与公交站点结合的慢行活动空间节点示意

中新天津生态城南部片区城市设计导则
GUIDELINES OF URBAN DESIGN FOR THE SOUTHERN AREA OF SINO-SINGAPORE TIANJIN ECO-CITY 02

01 公共空间控制
1.1 城市街道
(4) 沿城市街道建筑应保持街景立面的连续性，且不得设置围墙等硬质隔断。
➢ 沿城市街道的商业、办公建筑宜贴线布置，贴线率宜为85%-100%。
➢ 生态城的住宅如果正南北布置将会与道路形成一定夹角，不利于创造连续的街道界面，因此鼓励沿街住宅垂直或平行于道路布置，营造连续的街道界面。
a. 连续、有活力的街道（√）
（生态城动漫园步行内街）
b. 连续、有活力的街道（√）
（巴黎香榭丽舍大道）
c. 不连续、缺乏界面定义的街道（×）
（洛杉矶某城市干道）
道路
道路
鼓 励
沿街住宅垂直或平行于道路布置，营造连续的街道界面
（中新天津生态城万科地块）
中新天津生态城南部片区城市设计导则
GUIDELINES OF URBAN DESIGN FOR THE SOUTHERN AREA OF SINO-SINGAPORE TIANJIN ECO-CITY
03

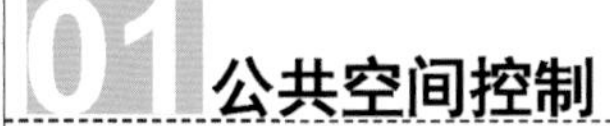

1.1 城市街道

(5) 当沿街的建筑“街墙”长度等于或超过80米时，建议对立面的形式进行变化。包括：

a. 形成多栋建筑组合的形式，建筑之间留出公共通道，宽度不应小于7米。
b. 打断或者调整立面的节奏。
c. 使用不同的立面材料。

对于尺度小于80米的地块内建筑立面的处理方式仍然可以参照上述原则，以避免过长的、超尺度的立面，鼓励富有变化、趣味和人性化的城市空间界面和环境。

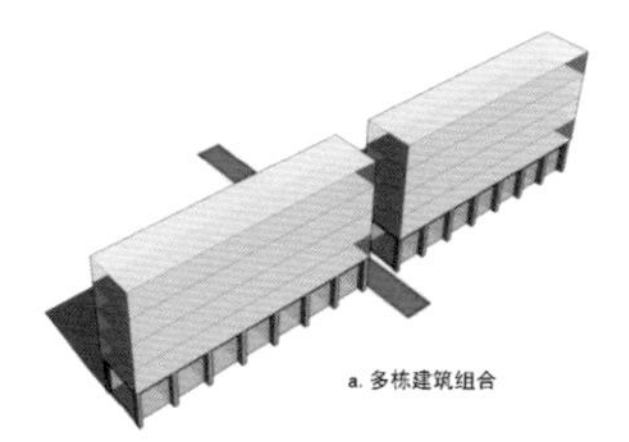
a. 多栋建筑组合

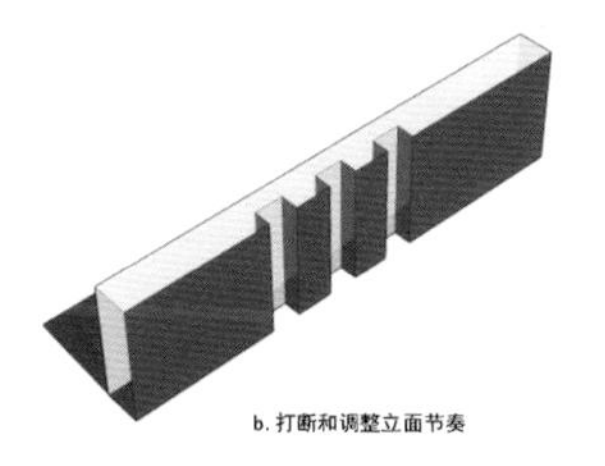
b. 打断和调整立面节奏

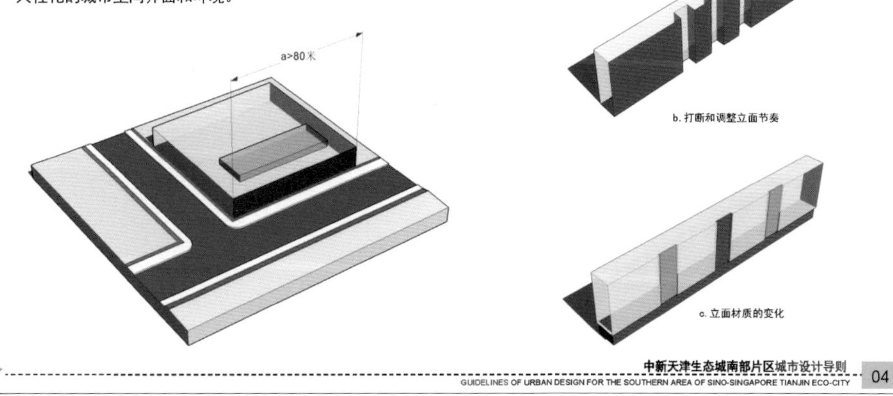

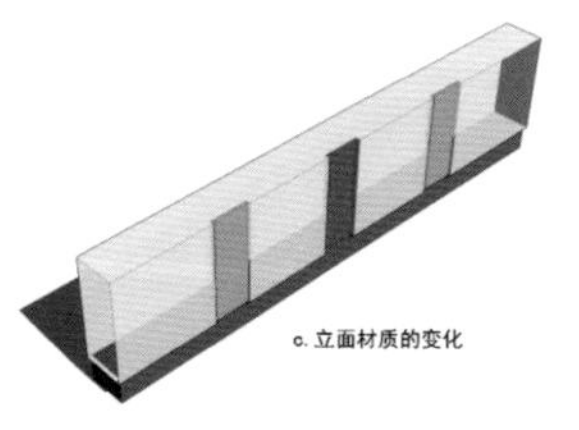
c. 立面材质的变化

中新天津生态城南部片区城市设计导则
GUIDELINES OF URBAN DESIGN FOR THE SOUTHERN AREA OF SINO-SINGAPORE TIANJIN ECO-CITY
04

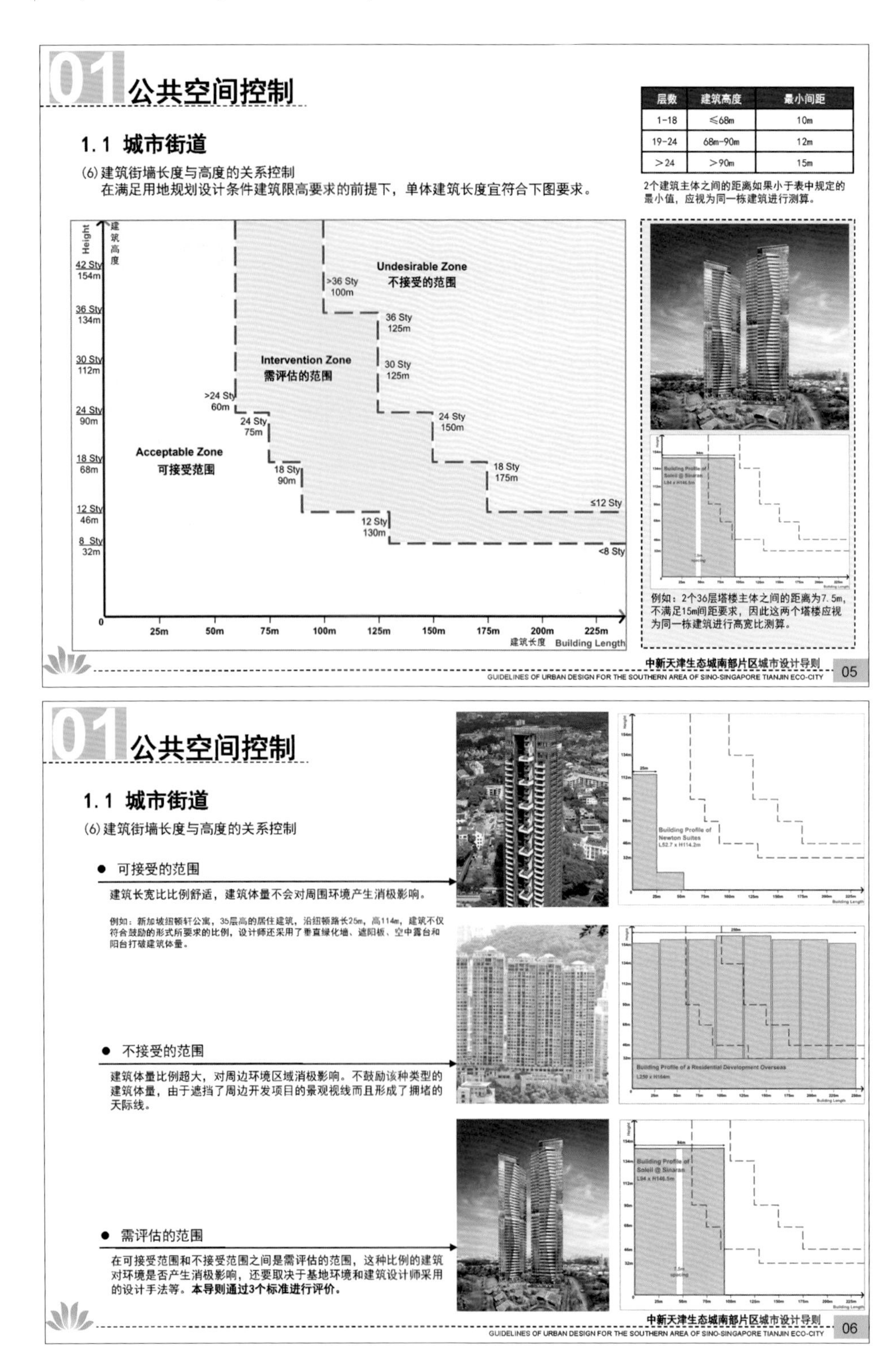
01 公共空间控制
1.1 城市街道
(6) 建筑街墙长度与高度的关系控制
在满足用地规划设计条件建筑限高要求的前提下，单体建筑长度宜符合下图要求。
层数 | 建筑高度 | 最小间距
1-18 | ≤68m | 10m
19-24 | 68m-90m | 12m
>24 | >90m | 15m
2个建筑主体之间的距离如果小于表中规定的最小值，应视为同一栋建筑进行测算。
Height
建筑高度
42 Sty 154m
36 Sty 134m
30 Sty 112m
24 Sty 90m
18 Sty 68m
12 Sty 46m
8 Sty 32m
Undesirable Zone
不接受的范围
Intervention Zone
需评估的范围
Acceptable Zone
可接受范围
>36 Sty 100m
36 Sty 125m
30 Sty 125m
24 Sty 150m
18 Sty 175m
≤12 Sty
>24 Sty 60m
24 Sty 75m
18 Sty 90m
12 Sty 130m
<8 Sty
0
25m
50m
75m
100m
125m
150m
175m
200m
225m
建筑长度 Building Length
例如：2个36层塔楼主体之间的距离为7.5m，不满足15m间距要求，因此这两个塔楼应视为同一栋建筑进行高宽比测算。
中新天津生态城南部片区城市设计导则
GUIDELINES OF URBAN DESIGN FOR THE SOUTHERN AREA OF SINO-SINGAPORE TIANJIN ECO-CITY
05
01 公共空间控制
1.1 城市街道
(6) 建筑街墙长度与高度的关系控制
● 可接受的范围
建筑长宽比比例舒适，建筑体量不会对周围环境产生消极影响。
例如：新加坡纽顿轩公寓，35层高的居住建筑，沿纽顿路长25m，高114m，建筑不仅符合鼓励的形式所要求的比例，设计师还采用了垂直绿化墙、遮阳板、空中露台和阳台打破建筑体量。
● 不接受的范围
建筑体量比例超大，对周边环境区域消极影响。不鼓励该种类型的建筑体量，由于遮挡了周边开发项目的景观视线而且形成了拥堵的天际线。
● 需评估的范围
在可接受范围和不接受范围之间是需评估的范围，这种比例的建筑对环境是否产生消极影响，还要取决于基地环境和建筑设计师采用的设计手法等。本导则通过3个标准进行评价。
中新天津生态城南部片区城市设计导则
GUIDELINES OF URBAN DESIGN FOR THE SOUTHERN AREA OF SINO-SINGAPORE TIANJIN ECO-CITY
06

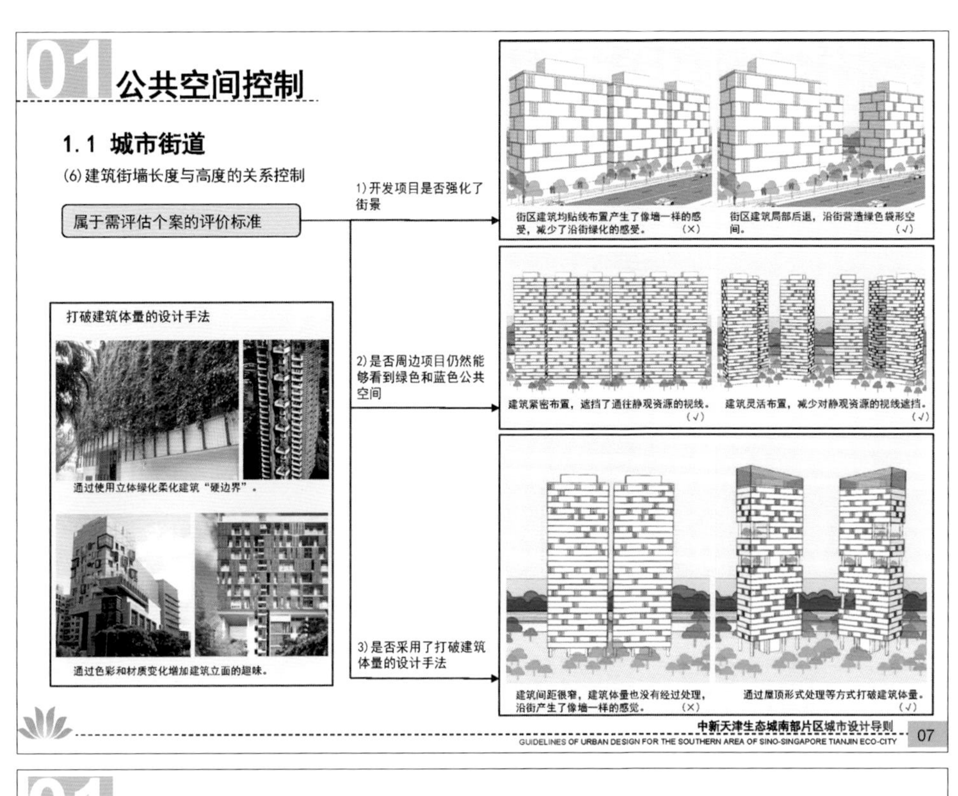
01
公共空间控制
1.1 城市街道
(6) 建筑街墙长度与高度的关系控制
属于需评估个案的评价标准
1) 开发项目是否强化了街景
街区建筑均贴线布置产生了像墙一样的感受，减少了沿街绿化的感受。（×）
街区建筑局部后退，沿街营造绿色袋形空间。（√）
2) 是否周边项目仍然能够看到绿色和蓝色公共空间
建筑紧密布置，遮挡了通往静观资源的视线。（√）
建筑灵活布置，减少对静观资源的视线遮挡。（√）
3) 是否采用了打破建筑体量的设计手法
建筑间距很窄，建筑体量也没有经过处理，沿街产生了像墙一样的感觉。（×）
通过屋顶形式处理等方式打破建筑体量。（√）
打破建筑体量的设计手法
通过使用立体绿化柔化建筑“硬边界”。
通过色彩和材质变化增加建筑立面的趣味。
中新天津生态城南部片区城市设计导则
GUIDELINES OF URBAN DESIGN FOR THE SOUTHERN AREA OF SINO-SINGAPORE TIANJIN ECO-CITY
07

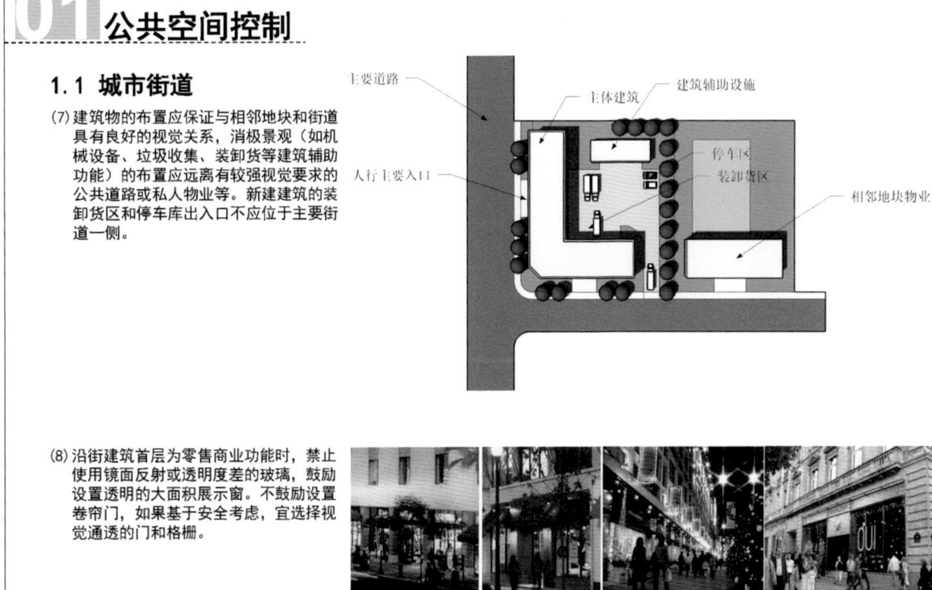
01
公共空间控制
1.1 城市街道
(7) 建筑物的布置应保证与相邻地块和街道具有良好的视觉关系，消极景观（如机械设备、垃圾收集、装卸货等建筑辅助功能）的布置应远离有较强视觉要求的公共道路或私人物业等。新建建筑的装卸货区和停车库出入口不应位于主要街道一侧。
主要道路
主体建筑
建筑辅助设施
停车区
装卸货区
人行主要入口
相邻地块物业
(8) 沿街建筑首层为零售商业功能时，禁止使用镜面反射或透明度差的玻璃，鼓励设置透明的大面积展示窗。不鼓励设置卷帘门，如果基于安全考虑，宜选择视觉通透的门和格栅。
中新天津生态城南部片区城市设计导则
GUIDELINES OF URBAN DESIGN FOR THE SOUTHERN AREA OF SINO-SINGAPORE TIANJIN ECO-CITY
08

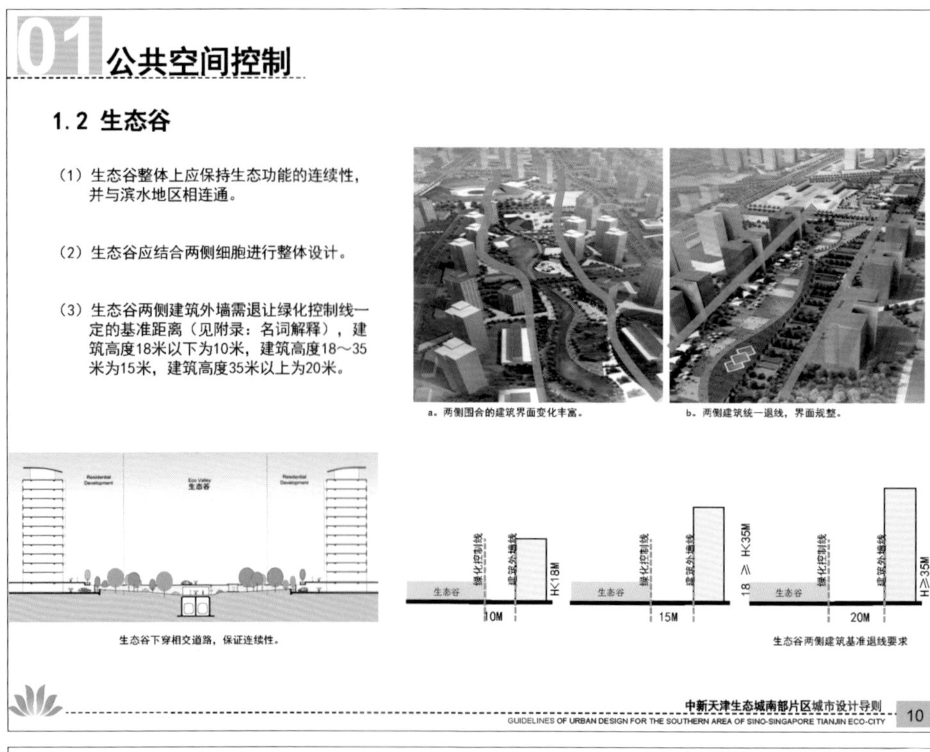
01 公共空间控制
1.2 生态谷
（1）生态谷整体上应保持生态功能的连续性，并与滨水地区相连通。
（2）生态谷应结合两侧细胞进行整体设计。
（3）生态谷两侧建筑外墙需退让绿化控制线一定的基准距离（见附录：名词解释），建筑高度18米以下为10米，建筑高度18～35米为15米，建筑高度35米以上为20米。
a. 两侧围合的建筑界面变化丰富。
b. 两侧建筑统一退线，界面规整。
Residential Development
Eco Valley 生态谷
Residential Development
生态谷下穿相交道路，保证连续性。
生态谷
绿化控制线
建筑外墙线
H<18M
10M
15M
18 ≤ H<35M
20M
H≥35M
生态谷两侧建筑基准退线要求
中新天津生态城南部片区城市设计导则
GUIDELINES OF URBAN DESIGN FOR THE SOUTHERN AREA OF SINO-SINGAPORE TIANJIN ECO-CITY
10

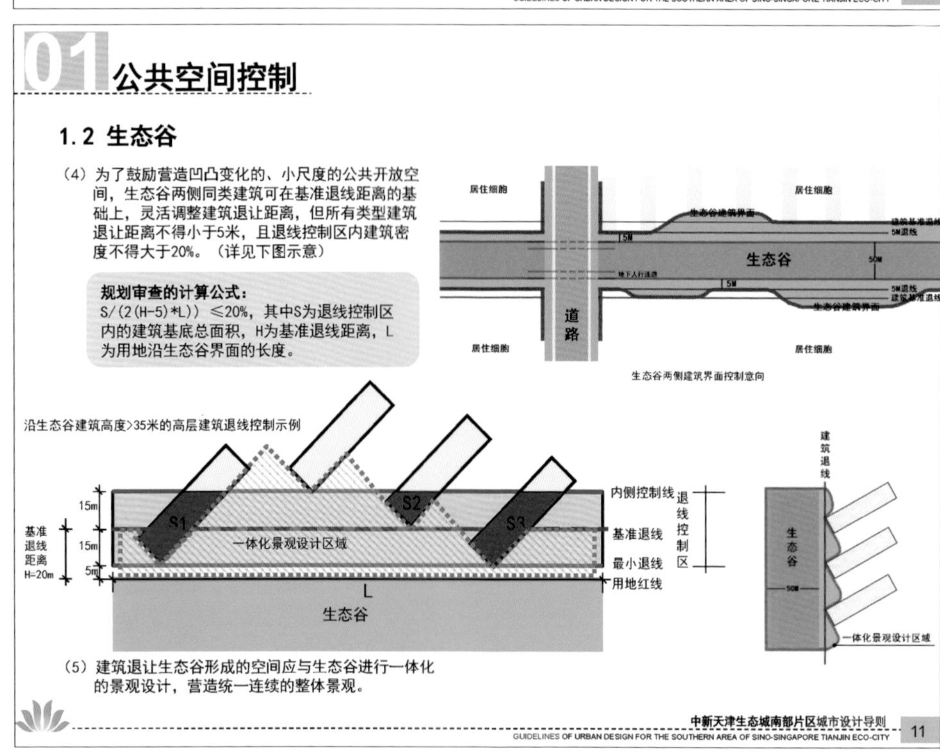
01 公共空间控制
1.2 生态谷
（4）为了鼓励营造凹凸变化的、小尺度的公共开放空间，生态谷两侧同类建筑可在基准退线距离的基础上，灵活调整建筑退让距离，但所有类型建筑退让距离不得小于5米，且退线控制区内建筑密度不得大于20%。（详见下图示意）
规划审查的计算公式：
S/(2(H-5)*L)) ≤20%，其中S为退线控制区内的建筑基底总面积，H为基准退线距离，L为用地沿生态谷界面的长度。
居住细胞
居住细胞
生态谷建筑界面
生态谷
道路
居住细胞
居住细胞
生态谷两侧建筑界面控制意向
沿生态谷建筑高度>35米的高层建筑退线控制示例
15m
15m
5m
基准退线距离 H=20m
S1
S2
S3
一体化景观设计区域
内侧控制线
基准退线
最小退线
用地红线
退线控制区
L
生态谷
建筑退线
一体化景观设计区域
（5）建筑退让生态谷形成的空间应与生态谷进行一体化的景观设计，营造统一连续的整体景观。
中新天津生态城南部片区城市设计导则
GUIDELINES OF URBAN DESIGN FOR THE SOUTHERN AREA OF SINO-SINGAPORE TIANJIN ECO-CITY
11

01 公共空间控制

1.3 滨水绿地

(1) 滨水绿地主要慢行通道宽度不宜少于5米。

主要慢行通道≥5M

(2) 沿滨水绿地两侧建筑外墙需退让绿化控制线一定的基准距离，建筑高度10米以下为5米，建筑高度10～18米为10米，建筑高度18～35米为15米，建筑高度35米以上为20米。

(3) 沿滨水绿地建筑界面亦鼓励形成凹凸变化的公共开放空间，具体控制方法参照生态谷两侧建筑退线控制（详见1.2(5)）。

滨水空间设计意向

滨水生态廊道 绿化控制线 建筑外墙线 5M H <10M
滨水生态廊道 绿化控制线 建筑外墙线 10M 10 ≤ H <18M
滨水生态廊道 绿化控制线 建筑外墙线 15M 18 ≤ H <35M
滨水生态廊道 绿化控制线 建筑外墙线 20M H≥35M

滨水建筑退线要求

01 公共空间控制

1.3 滨水绿地

(4) 滨水绿地周边建筑布局应遵循自滨水地区到内部由低到高的原则，不仅可以保证更多的人们可以享受到滨水景观资源，而且有助于使滨水建筑界面的尺度更宜人。

(5) 滨水细胞或地块应提供通往滨水的视线通廊，间距不应大于100米，宽度不应小于15米，避免滨水景观资源被连续展开的建筑物所遮挡。

(6) 滨水绿地应以生态自然景观为主，公共活动空间节点宜与滨水细胞小区主路相结合集中设置，以增强滨水地区的活力。

(7) 沿滨水绿地不得设置围墙等硬质隔断，以形成渗透的空间界面。

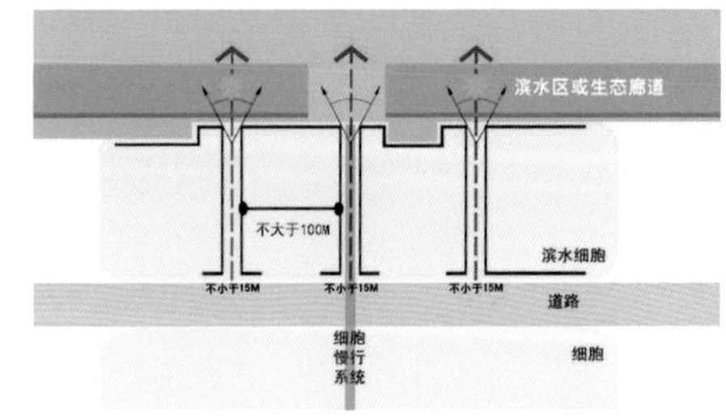

备注：细胞慢行系统可以作为视线通廊，宽度还需满足不小于15M的要求。

建筑布局应遵循自滨水地区到内部由低到高的原则

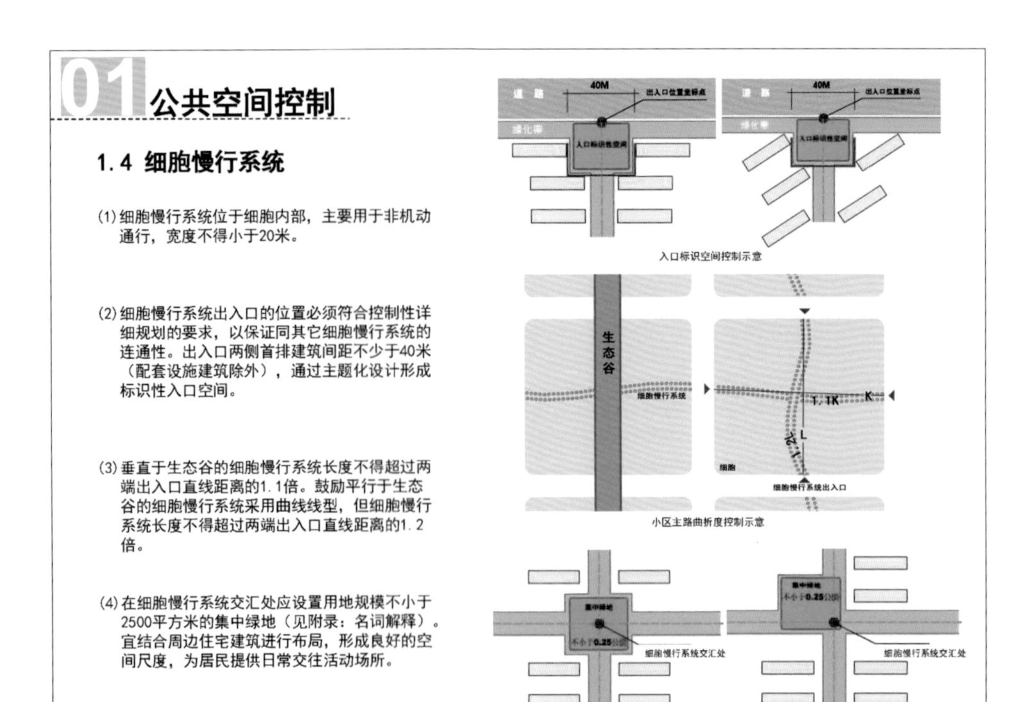

01 公共空间控制

1.4 细胞慢行系统

(1) 细胞慢行系统位于细胞内部，主要用于非机动通行，宽度不得小于20米。

(2) 细胞慢行系统出入口的位置必须符合控制性详细规划的要求，以保证同其它细胞慢行系统的连通性。出入口两侧首排建筑间距不少于40米（配套设施建筑除外），通过主题化设计形成标识性入口空间。

(3) 垂直于生态谷的细胞慢行系统长度不得超过两端出入口直线距离的1.1倍。鼓励平行于生态谷的细胞慢行系统采用曲线线型，但细胞慢行系统长度不得超过两端出入口直线距离的1.2倍。

(4) 在细胞慢行系统交汇处应设置用地规模不小于2500平方米的集中绿地（见附录：名词解释）。宜结合周边住宅建筑进行布局，形成良好的空间尺度，为居民提供日常交往活动场所。

入口标识空间控制示意

小区主路曲折度控制示意

集中绿地控制示意

中新天津生态城南部片区城市设计导则
GUIDELINES OF URBAN DESIGN FOR THE SOUTHERN AREA OF SINO-SINGAPORE TIANJIN ECO-CITY 14

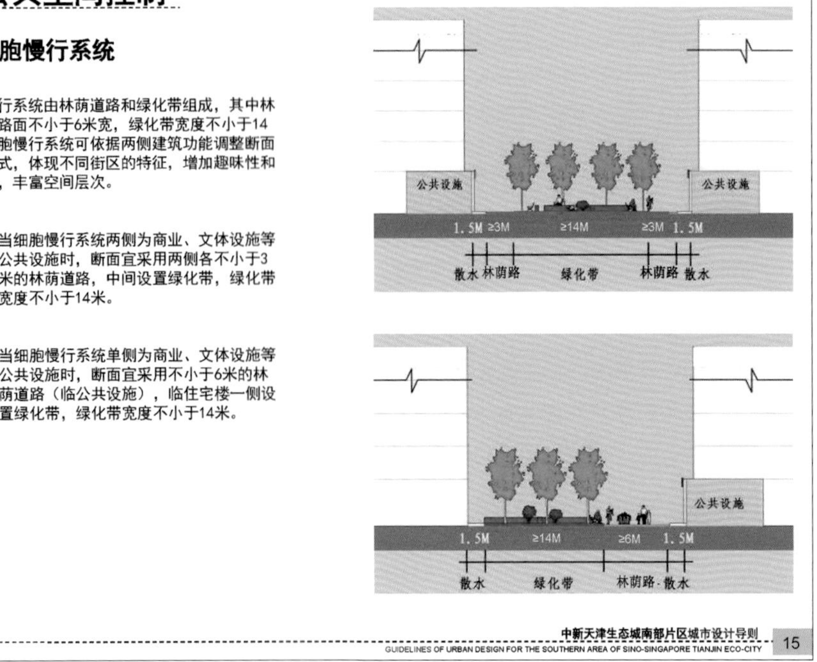

01 公共空间控制

1.4 细胞慢行系统

(5) 细胞慢行系统由林荫道路和绿化带组成，其中林荫道路路面不小于6米宽，绿化带宽度不小于14米。细胞慢行系统可依据两侧建筑功能调整断面组合形式，体现不同街区的特征，增加趣味性和连续性，丰富空间层次。

- 当细胞慢行系统两侧为商业、文体设施等公共设施时，断面宜采用两侧各不小于3米的林荫道路，中间设置绿化带，绿化带宽度不小于14米。

- 当细胞慢行系统单侧为商业、文体设施等公共设施时，断面宜采用不小于6米的林荫道路（临公共设施），临住宅楼一侧设置绿化带，绿化带宽度不小于14米。

中新天津生态城南部片区城市设计导则
GUIDELINES OF URBAN DESIGN FOR THE SOUTHERN AREA OF SINO-SINGAPORE TIANJIN ECO-CITY 15

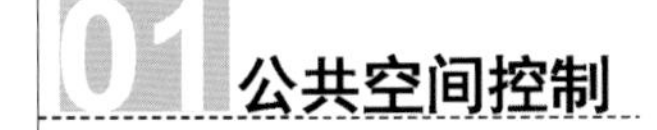

1.4 细胞慢行系统

(6) 鼓励细胞慢行系统两侧建筑底层提供零售、餐饮、娱乐、康体等促进活力的功能。

(7) 细胞慢行系统两侧建筑底层为居住功能时，建筑与细胞慢行系统之间应有过渡处理，保证住户生活不受干扰。

(8) 细胞慢行系统的界面宜局部通透，步行者应能看到细胞组团绿地的活动，营造丰富的步行体验。

(9) 细胞慢行系统与车行系统相交时：当慢行系统穿跨车流较小的次干道或支路时，可采用平交人行横道的方式，应配置专用信号和机动车限速设施，以保障行人安全；当慢行系统穿跨交通流量较大的主干道或快速路时，应使用行人立交设施。

细胞慢行系统与两侧建筑底层居住功能的过渡处理示意

鼓励细胞慢行系统两侧界面局部通透，保证行人能看到组团绿地里的活动

01 公共空间控制

1.4 细胞慢行系统

(10) 当细胞慢行系统两侧建筑为底层架空或半地下设计时，应考虑通过退台或斜坡绿化等手段在建筑地面层和细胞慢行系统之间形成柔性过渡界面。

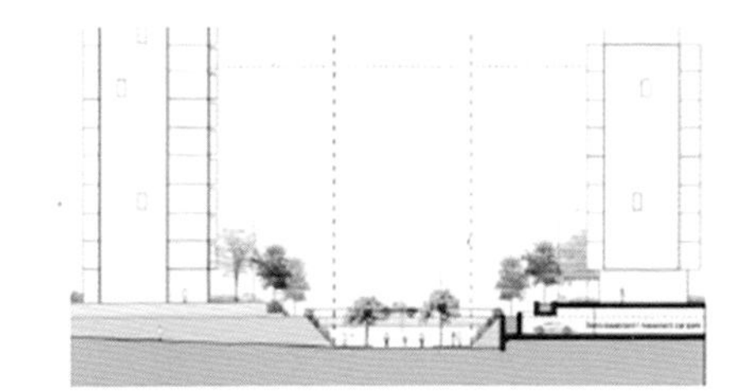

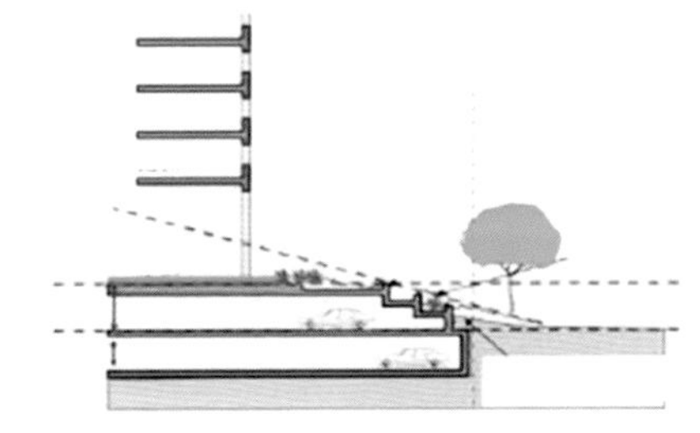

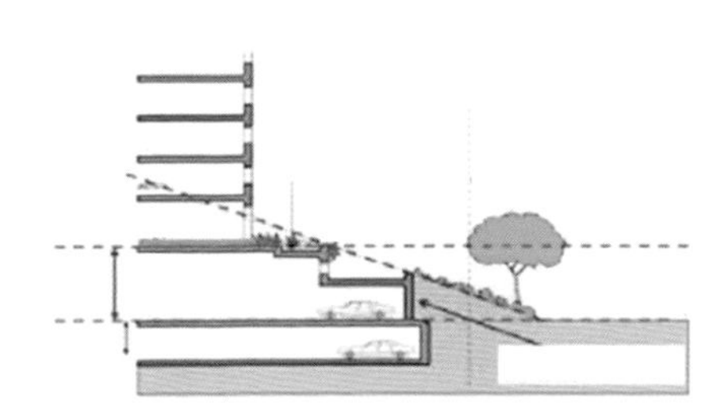

柔性过渡界面处理手法示意

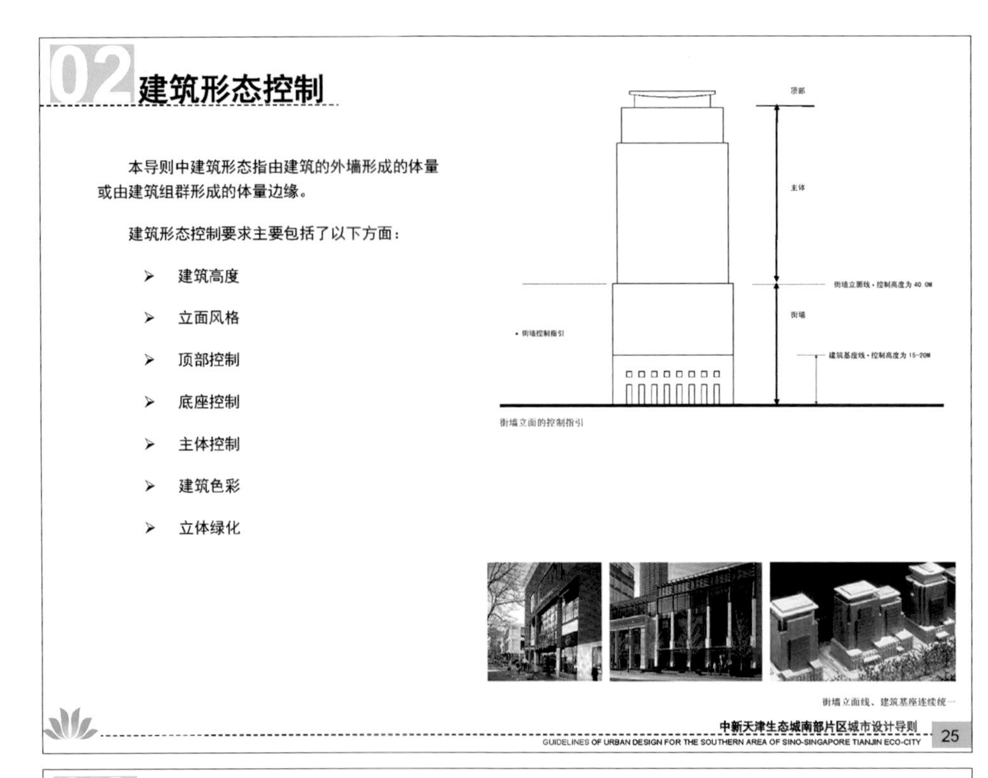
02 建筑形态控制
本导则中建筑形态指由建筑的外墙形成的体量或由建筑组群形成的体量边缘。
建筑形态控制要求主要包括了以下方面：
➢ 建筑高度
➢ 立面风格
➢ 顶部控制
➢ 底座控制
➢ 主体控制
➢ 建筑色彩
➢ 立体绿化
顶部
主体
街墙立面线，控制高度为40.0M
街墙
• 街墙控制指引
建筑基座线，控制高度为15-20M
街墙立面的控制指引
街墙立面线、建筑基座连续统一
中新天津生态城南部片区城市设计导则
GUIDELINES OF URBAN DESIGN FOR THE SOUTHERN AREA OF SINO-SINGAPORE TIANJIN ECO-CITY
25

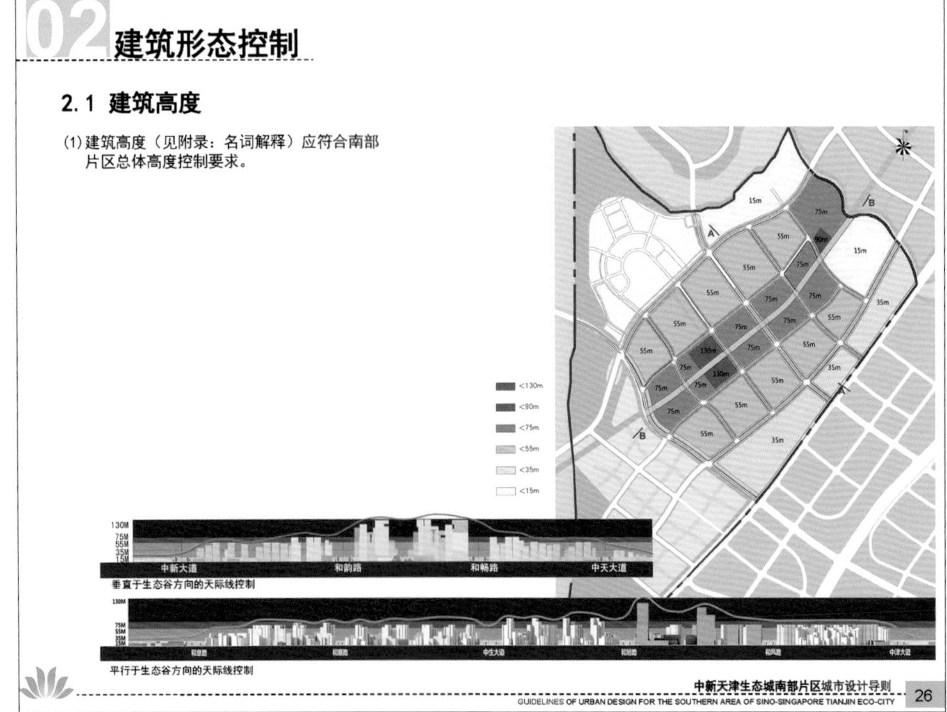
02 建筑形态控制
2.1 建筑高度
(1) 建筑高度（见附录：名词解释）应符合南部片区总体高度控制要求。
<130m
<90m
<75m
<55m
<35m
<15m
中新大道
和韵路
和畅路
中天大道
垂直于生态谷方向的天际线控制
平行于生态谷方向的天际线控制
中新天津生态城南部片区城市设计导则
GUIDELINES OF URBAN DESIGN FOR THE SOUTHERN AREA OF SINO-SINGAPORE TIANJIN ECO-CITY
26

02 建筑形态控制

2.1 建筑高度

(2) 位于起步区生态谷的南部商贸中心为区域最高点，其余部分的建筑高度以生态谷为主轴，垂直于生态谷的慢行系统为次轴构建城市空间体系，其中生态谷两侧建筑沿垂直于生态谷的方向自生态谷由低到高再到低布局，保证更多建筑的视线直接通达生态谷景观。小区主路两侧建筑沿垂直于小区主路的方向逐渐降低，并且沿垂直于生态谷方向的小区主路布局点式高层以确保不同开发强度细胞临街建筑高度的延续性。

(3) 如建筑为平屋顶，任何屋顶附属设施（包括电梯、机械天棚、通讯设备、电梯塔或机械设备）高度不得超过屋面4. 5米，且从檐口至少后退4. 5米。

(4) 如建筑为坡屋顶，建筑高度在24米以下时，建筑的屋顶高度（见附录：名词解释）不得超过4. 5米；建筑高度在36米以下时，建筑的屋顶高度不得超过6米；建筑高度在72米以下时，建筑的屋顶高度不得超过12米；建筑高度在72米以上时，不得超过16米。

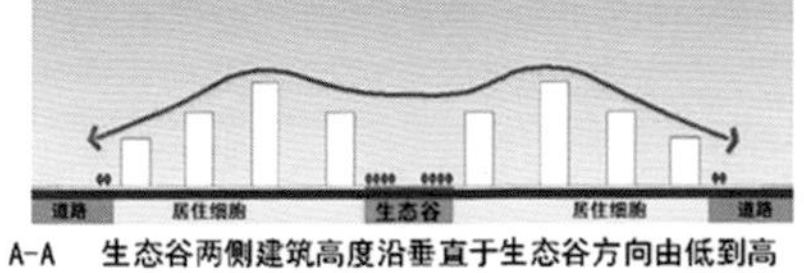

A-A　生态谷两侧建筑高度沿垂直于生态谷方向由低到高再到低

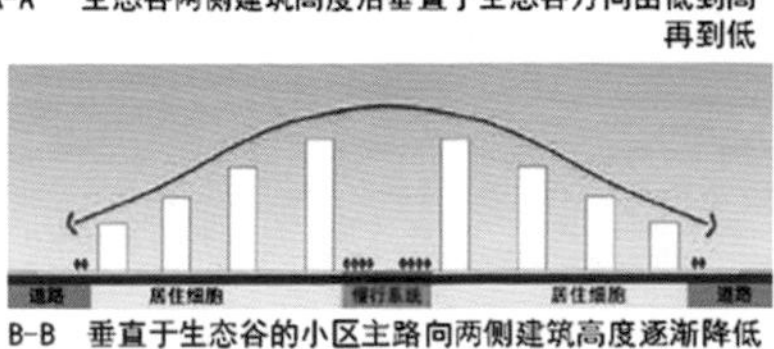
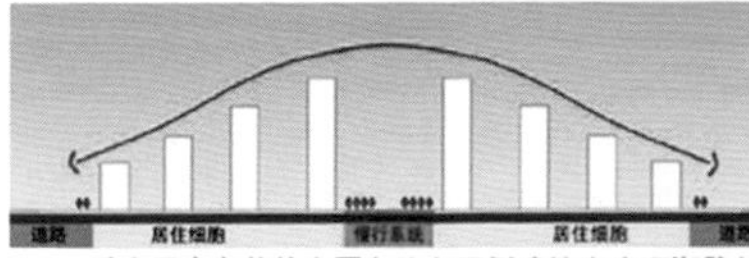

B-B　垂直于生态谷的小区主路向两侧建筑高度逐渐降低

垂直于生态谷的小区主路两侧布局点式高层确保沿街连续性

南部商贸中心

建筑形态控制

2.2 立面风格

(1) 建筑风格应与生态城管委会的细胞规划设计要求一致，每个项目设计方案必须提供与周边地块相对关系分析的鸟瞰图。

(2) 建筑立面应以现代、洋气、大气、融合的风格为主，无大量装饰性构件。

- 现代——反映当代的科学技术、经济发展和建筑技术水平，体现生态环保理念。
- 洋气——设计手法细腻，避免单调呆板的立面，注重材料、色彩等的选用，彰显高贵气质。
- 大气——建筑形体简洁明快，建筑尺度适宜，设计手法朴实，给人庄重、浑厚的感受，避免过大或夸张的建筑体量。
- 融合——充分吸收东西方文化艺术精髓，传承民族、地域特色，与自然环境协调，具有人性化的尺度。古炮台遗址和青坨子周边建筑应传承历史文脉，体现地域特征。

现代

洋气

大气

融合

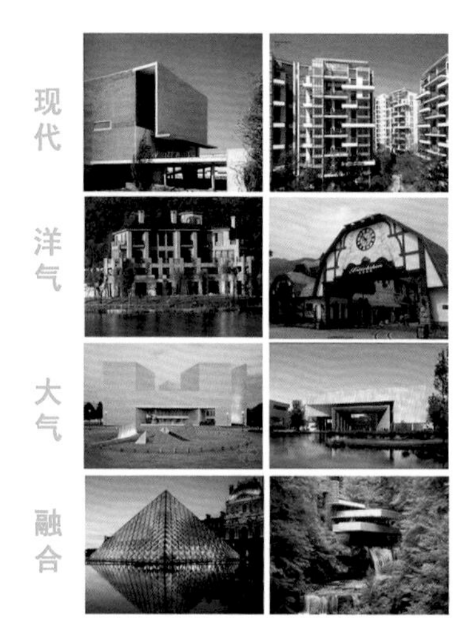

中新天津生态城南部片区城市设计导则
GUIDELINES OF URBAN DESIGN FOR THE SOUTHERN AREA OF SINO-SINGAPORE TIANJIN ECO-CITY 28

02 建筑形态控制

2.2 立面风格

(3) 住宅建筑立面风格引导

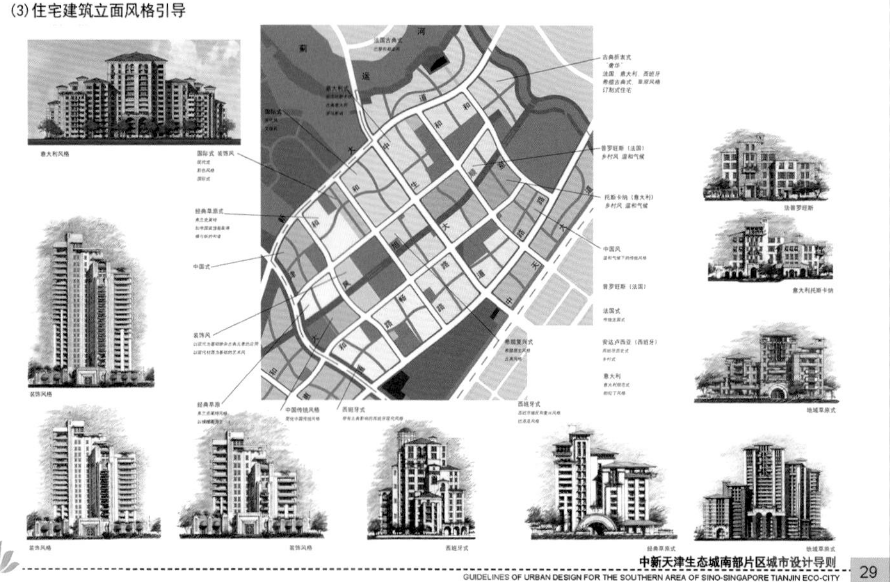

中新天津生态城南部片区城市设计导则
GUIDELINES OF URBAN DESIGN FOR THE SOUTHERN AREA OF SINO-SINGAPORE TIANJIN ECO-CITY 29

02 建筑形态控制

2.3 建筑顶部

(1) 建筑的顶部主要用于安装机械设备，这部分不算在建筑面积之内。当屋面安排有特殊用途时，允许有特殊的形式，但设计必须经过主管部门审批。

(2) 建筑顶部应为太阳能等可再生能源利用创造条件，并与太阳能热水收集系统进行一体化设计。

(3) 多层居住建筑顶部宜采用坡屋顶，烘托活泼、典雅的居住氛围。

(4) 建筑底部避免使用无功能的大架子等构件。

(5) 屋面应采用与其他部位相同的材料，以形成整体感。

(6) 高层建筑塔楼顶部应逐渐减小屋面的截面及立面尺寸，屋顶体量处理常用有三种方式。

(7) 高层建筑塔楼顶部不得设置任何广告标志物，以免影响城市景观。

(8) 高层建筑塔楼顶部安装的通讯用途的塔式构筑物或其它竖立构筑物的高度不得超过建筑总高度的20%。这些构筑物应包含在建筑设计范围内，而且必须经过批准才能安装。

(9) 注重第五立面的设计，当建筑屋顶设备可能被周边更高建筑看到，应当把设备布置在屋顶最低的位置，并粉刷为和建筑协调的颜色，以减弱视觉影响，同时还应注重屋顶功能设计。

建筑顶部是指建筑最高使用楼层屋面以上的部分。

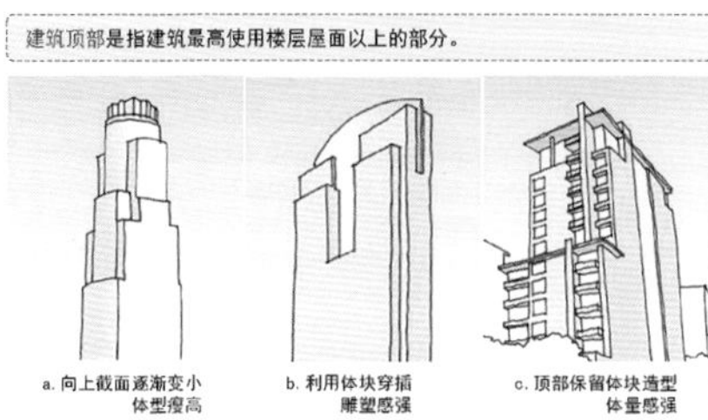

a. 向上截面逐渐变小 体型瘦高

b. 利用体块穿插 雕塑感强

c. 顶部保留体块造型 体量感强

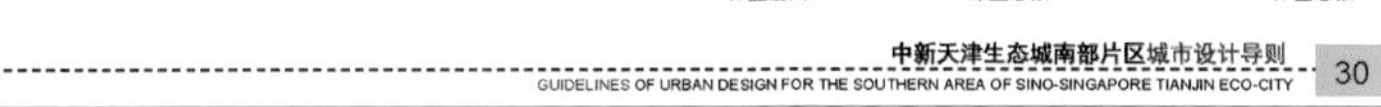

02 建筑形态控制

2.4 建筑底座

(1) 底座的材质选择和分格应具有亲切的尺度。鼓励使用以人的尺度为基本模块大小生产的建筑材料，如砖、瓦、混凝土砖、石块等，这样有利于人们感知建筑的尺度，尽量避免使用过度夸张尺寸的材料。和行人接触较多的底层，鼓励使用感觉亲近、导热性较差的材料，如砖和木料。

(2) 当建筑底层设置骑楼时，宽度至少3米，最多5米，高度不得超过14米，其它功能项目也可以设置骑楼，必须符合本设计标准。

底层材质意向

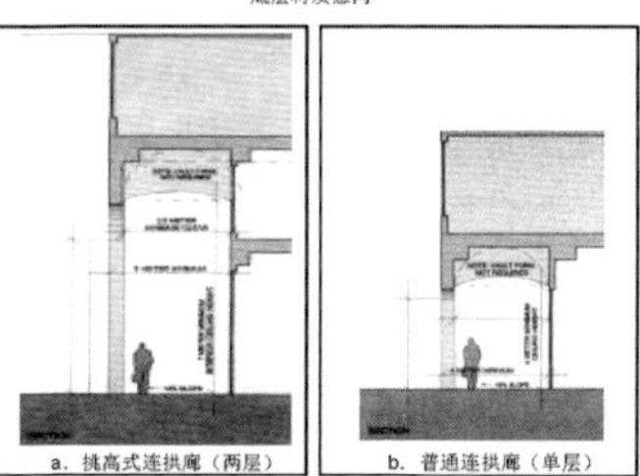

a. 挑高式连拱廊（两层）　b. 普通连拱廊（单层）

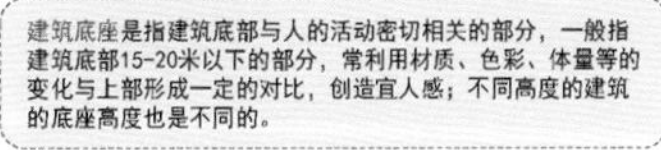

建筑底座是指建筑底部与人的活动密切相关的部分，一般指建筑底部15-20米以下的部分，常利用材质、色彩、体量等的变化与上部形成一定的对比，创造宜人感；不同高度的建筑的底座高度也是不同的。

骑楼设计意向

03 交通与停车控制

3.1 公共交通

(1) 城市道路应设置公共交通专用道或高峰时段公共交通专用道。

(2) 公交站台应结合慢行出入口设置。公交站台应采用港湾式停靠站，可利用机动车与非机动车之间的绿化带设置。站台高度应与公交车辆内部地板高度保持一致。

(3) 为了鼓励步行和公交出行，地下空间宜设置专门的人行步道系统，并在公交站点附近设置人行出入口，以方便接驳。

库里蒂巴公交站台的设计，站台高度与车辆内部地板高度相同

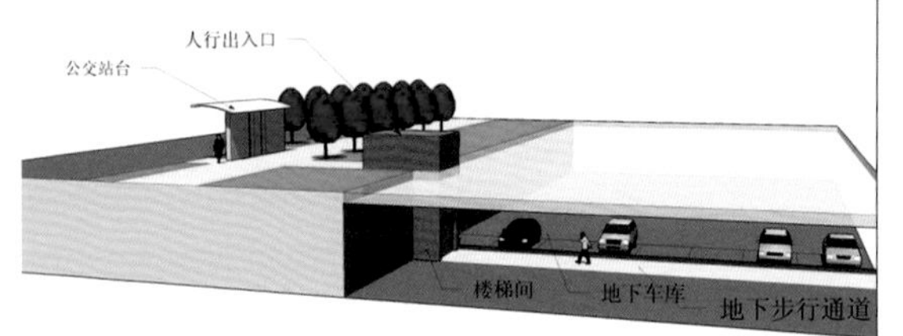

3.2 交通组织

(1) 生态细胞内应采用人车分流的交通组织方式。

3.3 地块车行出入口

(1) 地块车行出入口应尽可能设置在支路和次干道上。如有特殊情况，对必须设置在主干道上的地块出入口实行右进右出的交通管制。

(2) 居住地块在次干道同侧设置的车行出入口不得超过两个，在主干道同侧允许设置一个车行出入口。

(3) 不宜在行人集中地区设置机动车出入口，不得在交叉口、人行横道、公共交通停靠站以及立交引道处设置车行出入口。

(4) 车行出入口距人行过街天桥、地道、立交引道、主要交叉口距离应大于80米。

中新天津生态城南部片区城市设计导则
GUIDELINES OF URBAN DESIGN FOR THE SOUTHERN AREA OF SINO-SINGAPORE TIANJIN ECO-CITY 34

03 交通与停车控制

3.4 机动车停车

(1) 停车方式应采用地下停车、架空层停车以及立体停车。半地下停车鼓励采用双层机械停车技术。

(2) 居住细胞机动停车泊位按《天津市居住区公共服务设施配置标准J11250-2008》执行。

(3) 建筑物半地下或底层架空部分用于停车及辅助用房的，其建筑面积不计入容积率。

(4) 地下停车库应采用自然通风和天然采光，照明应利用可再生能源。

双层机械停车

3.5 非机动车停车

(1) 非机动车停放场地应遵循足量供应和就近服务原则，实现分散多点布局。

(2) 居住细胞非机动车停车位数量不得低于《天津市居住区公共服务设施配置标准J11250-2008》的标准。

(3) 非机动车停车场地应结合步行出入口和小区主路就近布局，并鼓励设置自行车租赁系统。

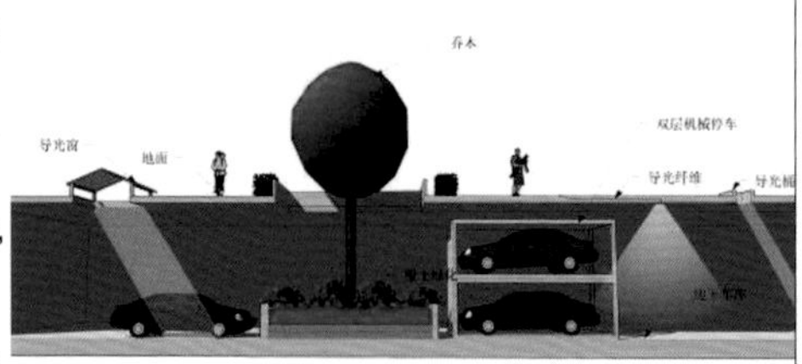

地下空间自然通风采光

3.6 无障碍设施

(1) 林荫道路、景观性道路（休闲型、观光型、购物型）和步行道路全段等慢行系统必须设置无障碍通道。

(2) 街道与建筑之间、街道与街道之间的不同地面高差均应设置符合规范要求的无障碍坡道设施，并在道路行人通道上设置有明显色彩标识的连续盲道，盲道距花台、绿地、树池的距离应满足规范要求。

中新天津生态城南部片区城市设计导则
GUIDELINES OF URBAN DESIGN FOR THE SOUTHERN AREA OF SINO-SINGAPORE TIANJIN ECO-CITY 35

04 地下空间

4.1用途限制

(1)地下停车库内不应设置修理车间、喷漆间、充电间、乙炔间和甲、乙类物品储存室。

(2)禁止生产、经营、储存、使用危险化学品和易燃易爆物品。

(3)禁止利用地下空间设置托儿所、幼儿园、医院和疗养院的住院部分。

(4)禁止利用地下三层及其以下设置商场（商店、市场）、体育运动场所；利用地下空间开办商品批发市场。

(5)禁止利用地下二层及其以下设置文化娱乐场所和餐饮场所。

4.2地下通道

(1)紧邻轨道站点周边的地块，应设置与轨道站相互连通的地下通道。

(2)相邻地块设有地下空间时，应当预留相互连通的地下通道。

(3)过街人行地下通道的长度不宜超过100米。如有特别需要而超过100米时，宜设自动人行道。过街人行地下通道宽度不宜小于6米。

(4)轨道站点应满足行人24小时的过街通行要求。

4.3地下出入口

(1)地下空间出入口应按规范设置，满足紧急疏散的安全要求。用于人员聚集场所的每个防火分区应具有2个以上的安全出入口，且人民防空工程应具备与居民出入相分离的室外主要出入口。

4.4通风井

(1)非公共设施的建筑物地下室通风井等附属设施严禁设于道路红线内。

(2)地铁等公共设施的通风井宜在绿化带内设置；当必须设于人行道时，不应对人行道通行能力及行人安全造成不利影响。

(3)地下设施通风井的进风口和排风口宜分开建设，其水平距离不应小于5米，垂直距离不应小于2 米；如有特别需要而将进风口与排风口合建时，排风口应比进风口高出5米；临近建筑物设置的通风井，其口部距建筑物的水平直线距离不应小于5 米。

中新天津生态城南部片区城市设计导则
GUIDELINES OF URBAN DESIGN FOR THE SOUTHERN AREA OF SINO-SINGAPORE TIANJIN ECO-CITY
36

结 语
Postscript

城市设计是落实城市规划、指导建筑设计、塑造城市特色风貌的有效手段。2016 年 2 月国务院出台的《关于进一步加强城市规划建设管理工作的若干意见》中就强调要提高城市设计水平，鼓励通过城市设计，从整体平面和立体空间上统筹城市建筑布局，协调城市景观风貌，体现城市地域特征、民族特色和时代风貌。抓紧制定城市设计管理法规、完善相关技术导则。可以说，滨海新区城市设计工作的开展是相对超前的，我们通过十余年的努力，编制了百余项城市设计，并对推动城市设计规范化、法制化进行探索。

我们将滨海新区城市设计的优秀成果，城市设计项目主持人或参与者的思考总结以及滨海新区城市设计规范化、法制化改革探索经历编撰成册，记录了滨海新区城市设计的发展历程。从中我们也汲取了大量经验和教训，为未来新区城市设计水平的进一步提升打下坚实基础。以后滨海新区要在城市规划领域继续改革创新，要继续在城市设计法定化方面走在全国前列，进一步发挥城市设计的作用，丰富和完善各类城市设计，努力将滨海新区建设成为具有国际一流水平和独具特色的美丽、宜居新城。

城市设计从编制到管理，从设计到实施，凝聚了大量规划师、规划管理者的心血，也离不开新区各功能区和分局等规划管理部门，以及天津市城市规划设计研究院、天津市渤海城市规划设计研究院等设计单位长期的大力支持。

由于书籍篇幅有限，未能将所有城市设计成果一一展现，留有些许遗憾。但读者还可以从本套丛书中的《愿景成真——天津滨海新区中心商务区于家堡金融区规划建设》《文化长廊——天津滨海新区文化中心规划和建筑设计》《和谐社区——天津滨海新区新型公共住房社区规划设计研究》三本书中深入了解滨海新区于家堡金融区、文化中心区域以及中部新城区域的城市设计内容。

本书历时近两年，在编委会各个单位和成员的共同努力下，终于编撰成册，在此对各位的辛勤付出表示感谢。由于本书涉及的项目较多，时间跨度较大，编辑的成果难免存在不足之处，敬请读者批评指正，不胜感激。

参考文献
Bibliography

[1] 彼得·卡尔索普．区域城市——终结蔓延的规划[M]. 叶齐茂，倪晓晖，译．北京：中国建筑工业出版社，2007.

[2] 乔纳森·巴纳特．都市设计概论[M]. 谢庆达，庄建德，译．台北：台湾创兴出版社，1987.

[3] 凯文·林奇．城市形态[M]. 林庆怡，等，译．北京：华夏出版社，2002.

[4] 恽爽，张颖，徐刚．总体城市设计的工作方法及实施策略研究[J]. 规划师，2006，10：75-77.

[5] 朱雪梅．城市设计在中国[M]. 武汉：华中科技大学出版社，2009.

[6] 程宇光．两种尺度的区域城市设计——以天津滨海新区核心区总体城市设计为例[A]//2013年城市规划年会论文集[C].2013.

[7] 杰布·布鲁格曼．城变[M]. 董云峰，译．北京：中国人民大学出版社，2011.

[8] 赵力．德国柏林波茨坦广场的城市设计[J]. 时代建筑，2004，03.

[9] 谭详金．图书馆建筑的实体与灵魂——以深圳图书馆新馆为例[J]. 公共图书馆，2009，02.

[10] 玛丽娜·斯坦科维奇．图书馆已死！图书馆万岁！[J]. 世界建筑，2013，03.

[11] 玛丽娜·斯坦科维奇．从珍本书籍到媒体素养[J]. 世界建筑，2013，03.

[12] 庄惟敏．住区——中国住宅60年[M]. 北京：中国建筑工业出版社，2009.

[13] 刘易斯·芒福德．城市文化[M]. 宋俊岭，李湘宁，周鸣浩，译．北京：中国建筑工业出版社，2009.

[14] 黄峥，朱筱．基于居民需求调查的新城社区中心公共设施配套研究——以南京河西新城为实例[A]//转型与重构——2011中国城市规划年会论文集[C].2011.

[15] 徐晓燕．城市社区配套设施微区位布局研究[J]. 规划师，2011.12.

[16] 师武军，翟坤，等．天津滨海新区保障性住房规划研究[M]. 北京：中国建筑工业出版社，2012.

[17] 卢嘉，梅荣利，王辉，等．对蓝领公寓规划指标及其公共服务设施配建内容的探索[A]//转型与重构——2011中国城市规划年会论文集[C].2011.

[18] 田野，肖煜，宫媛．天津新家园保障房社区规划设计探索——双青新家园的实践[M]//转型与重构——2011中国城市规划年会论文集[C].2011.

[19] 袁奇峰，马晓亚．保障性住区的公共服务设施供给——以广州市为例[J]. 城市规划，2012.2.

[20] 何世茂．居住社区组织模式及其配套组织的探讨———南京河西新城区规划的实践思考 [J]. 江苏城市规划，2011.2.

[21] 彼得·卡尔索普，威廉·富尔顿．区域城市——终结蔓延的规划 [M]. 叶齐茂，倪晓晖，译．北京：中国建筑工业出版社，2007.

[22] 扬·盖尔．交往与空间 [M]. 北京：中国建筑工业出版社，2002.

[23] M.Carmona,T.Heath. 城市设计的维度 [M]. 冯江，袁粤，译．南京：江苏科学技术出版社，2005.

[24] 沃特森，布拉斯特，谢伯利．城市设计手册 [M]. 刘海龙，等，译．北京：中国建筑工业出版社，2006.

[25] 史蒂文·蒂耶斯德尔．城市历史街区的复兴 [M]. 张玫英，董卫，译．北京：中国建筑工业出版社，2006.

[26] 阮仪三，王景慧，王林．历史文化名城保护理论与规划 [M]. 上海：同济大学出版社，1994.

[27] 黄焕,S.Bert,V.Jos."文化生态理念下的历史街区保护与更新研究—以武汉市青岛路历史街区为例[J]. 规划师，2010，05.

[28] Lynch.K.The image of the City [M].Cambridge:MIT Press，1960.

[29] Lynch.K.What Time is This Place? [M].Cambridge:MIT Press，1972.

[30] 程同顺，杜福芳．快速城市化进程中的失地农民问题 [J]. 社会科学，2006，04.

[31] 李剑阁．中国新农村建设调查 [M]. 上海：上海远东出版社，2009.

[32] 邬建国．景观生态学：格局、过程、尺度与等级 [M]. 北京：高等教育出版社，2000.

[33] 张贵，等．城镇化进程中应把握好的几个问题——天津华明示范镇"三区联动"调研报告 [J]. 经济研究参考，2011，25.

[34] 王蒙．农村城镇化进程中政府角色及定位分析——以天津三区联动为例 [J]. 中国城市经济，2011，23.

[35] 陶文杰，王庆生．天津滨海新区旅游产业发展现状及对策分析 [J]. 天津商业大学学报，2009，29 (03)．

[36] 雷鸣，祝子叶，陈波．天津滨海新区旅游发展叹息 [J]. 城市探索，2011，08.

[37] 王凯，陈明．近 30 年快速城镇化背景下城市规划理念的变迁 [J]. 城市规划学刊，2009，01.

[38] 郭军赞．快速城镇化地区城镇化与城镇发展之思考 [J]. 小城镇建设，2009，07.

[39] 龙花楼，邹健．我国快速城镇化进程中的乡村转型发展 [J]. 苏州大学学报，2011，04.

[40] 李巧玲．滨海渔村旅游发展策略探讨——以湛江市为例 [J]. 广西社会科学，2010，04.

[41] 任军，秦涛，张丽珊，等．天津于家堡金融城低碳城市路径研究 [J]. 能源世界，2013，12.

[42] 蔡洋．基于低碳模式下的城市空间结构 [M]//2012 年城市规划年会论文集 [C].2012.

[43] 邱红．以低碳为导向的城市设计策略研究 [D]. 哈尔滨：哈尔滨工业大学，2011.

[44] 李沛淋．于家堡：领航 APEC 低碳示范城镇建设 [J]. 低碳世界，2011，09.

[45] 刘岿威．城市 CBD 控制性详细规划控制指标新探析 [M]//2009 年城市规划年会论文集 [C].2009.

[46] 胡以志．伟大的街道造就伟大的城市——对话艾伦·雅各布斯教授 [J]. 国际城市规划，2009.

[47] 阿兰·B·雅各布斯．伟大的街道 [M]. 王又佳，金秋野，译．北京：中国建筑工业出版社，2009.

[48] 扈大鹏，何崴．解读街道 [M]. 北京：中国建筑工业出版社，2013.

[49] 孙靓．城市步行化——城市设计策略研究 [M. 南京：东南大学出版社，2012.

[50] 迈克尔·索斯沃斯．设计步行城市 [J]，国际城市规划，2012，27.

[51] 安·福赛斯，凯文·克里泽克．促进步行与骑车出行：评估文献证据　献计规划人员 [J]，国际城市规划，2012．27.

[52] Webster D C，Mackie A M．Review of Traffic Calming Schemes in 20MPH Zones [R]. Wokingham：TRL Report 215，1996.

[53] D Taylor，M Tight．Public Attitudes and Consultation in Traffic Calming Schemes [J]. Transport Policy，1997，4(3)：171–182.

[54] Rune Elvik．Area–wide Urban Traffic Calming Schemes：A Meta–analysis of Safety Effects [J]. Accident Analysis & Prevention，2001，33(3)：327–336.

[55] 姜洋，王悦，解建华，等． 回归以人为本的街道：世界城市街道设计导则最新发展动态及对中国城市的启示 [J]. 国际城市规划，2012，27.

[56] 肖飞，黄杰． 宜居城目标下的交通宁静化实施策略——以无锡市太湖新城为例 [M]//转型与重构——2011 中国城市规划年会论文集 [C]. 2011.

[57] 雷海燕，洪再生．基于绿色交通理念的校园交通规划——以天津大学新校区为例 [M]//多元与包容——2012 中国城市规划年会论文集（05. 城市道路与交通规划）[C].2012.

[58] 张萌．城市居住区交通静化设计研究 [D]. 西安：长安大学，2010.

[59] Michael Southwarth，Eran Ben-Joseph. 街道与城镇的形成 [M]. 李凌虹，译．北京：中国建筑工业出版社，2006：111.

[60] 王丹，曹红奋．基于 PMV 控制目标的舒适性空调应用研究 [J]. 洁净与空调技术，2011，01：8.

[61] 中国气象局气象信息中心气象资料室，清华大学建筑技术科学系．中国建筑热环境分析专用气象数据集 [G]. 北京：中国建筑工业出版社，2005.

[62] 贾刘强．城市绿地缓解热岛的空间特征研究 [D]. 成都：西南交通大学，2009.

[63] Janos Unger. Connection between Urban Heat Island and Sky View Factor Approximated by a Software Tool on a 3D Urban Database [J]. Environment and Pollution，2009，3 (36) ：59-78.

[64] Santos I G，Lima H G. A Comprehensive Approach of the Sky View Factor and Building Mass in an Urban Area of the City of Belo Horizonte [A]. The 5th Int Conf on Urban Climate，2003 (2) ：367-370.

作者信息（按姓氏笔画排序）
Author's Information

马强，男，1978 年 4 月生人，东北林业大学园林学院学士，现工作于滨海新区规划和国土资源管理局建设项目处，注册规划师。

王靖，女，1982 年 9 月生人，河北工业大学城市规划专业学士，现工作于天津市城市规划设计研究院城市设计研究所，规划师。

冯天甲，女，1984 年 8 月生人，天津大学城市规划与设计专业工学硕士，现工作于天津市城市规划设计研究院，规划师。

冯时，男，1988 年 9 月生人，天津大学城市规划与设计专业学士，现工作于天津市城市规划设计研究院，规划师。

邢燕，女，1982 年 5 月生人，天津大学城市规划与设计专业工学硕士，现工作于天津市渤海城市规划设计研究院，高级规划师、注册规划师。

毕昱，女，1983 年 12 月生人，美国纽约州立大学布法罗分校城市规划硕士，现工作于天津市城市规划设计研究院，高级规划师。

刘伟，男，1982 年 1 月生人，天津大学城市规划与设计专业工学硕士，现工作于天津市渤海城市规划设计研究院，高级规划师。

刘岿威 ，男，1982 年 1 月生人，哈尔滨工业大学城市规划与设计专业硕士，现工作于天津市渤海城市规划设计研究院，高级工程师。

刘洋，男，1978 年 10 月生人，天津大学城市规划与设计专业工学硕士，现工作于天津市城市规划设计研究院愿景公司，总经理、高级规划师。

刘倩，女，1987 年 1 月生人，重庆大学城市规划专业工学学士，现工作于天津市渤海城市规划设计研究院，规划师。

齐烨，女，1985 年 3 月生人，天津美术学院设计艺术学硕士，现工作于天津市城市规划设计研究院，规划师。

孙蔚，男，1978 年 4 月生人， 毕业于重庆大学， 现工作于天津市渤海城市规划设计研究院， 规划师。

杜宽亮，男，1982 年 7 月生人，重庆大学建筑城规学院城市规划与设计工学硕士，现工作于天津市城市规划设计研究院，规划师。

杨会民，男，1986 年 12 月生人，天津美术学院设计艺术学硕士，现工作于天津市城市规划设计研究院，规划师。

杨波，男，1965 年 12 月生人，天津大学结构工程专业工学博士，现工作于伟信（天津）工程咨询有限公司，总经理。

沈佶，男，1973 年 10 月生人，天津大学城市规划与设计专业学士，现工作于天津市城市规划设计研究院城市设计研究所，副所长，高级规划师，国家注册规划师。

沈斯，男，1985 年 9 月生人，西安建筑科技大学城市规划与设计专业工学学士，现工作于天津市城市规划设计研究院，规划师。

陈雄涛，男，1978 年 8 月生人，天津大学建筑学专业学士，现工作于天津市城市规划设计研究院，高级规划师。

周威，男，1981 年 10 月生人，哈尔滨工业大学城市规划专业工学硕士，现工作于天津市城市规划设计研究院，高级规划师。

赵光，男，1981 年 8 月生人，天津大学城市规划与设计专业硕士，现工作于天津市城市规划设计研究院，高级规划师。

赵秋璐，女，1882 年 8 月生人，华南理工大学城市规划专业硕士，现工作于天津市城市规划设计研究院，高级规划师。

宫媛，女，1976 年 3 月生人，天津大学城市规划与设计专业博士，现工作于天津市城市规划设计研究院，副所长，高级规划师。

祝新伟，男，1985 年 4 月生人，哈尔滨工业大学城市规划专业工学硕士，现工作于天津市城市规划设计研究院，规划师。

高蕊，女，1981 年 12 月，哈尔滨工业大学城市规划专业工学硕士，现工作于滨海新区规划和国土资源管理局详细规划处，注册规划师。

郭志刚，男，1973 年 10 月，天津大学城市规划专业工学硕士，现任滨海新区规划和国土资源管理局详细规划处处长，天津市渤海城市规划设计研究院院长，注册规划师。

黄燕杰，女，1973 年 10 月生人，西安建筑科技大学城市规划与设计专业工学学士，现工作于伟信（天津）工程咨询有限公司，规划师。

程宇光，男，1981 年 11 月生人，天津大学城市规划与设计专业工学硕士，现工作于天津市城市规划设计研究院，规划师。

谢沁，女，1986 年 10 月生人，同济大学城市规划专业工学硕士，现工作于天津市城市规划设计研究院，规划师。

潘昆，女，1982 年 7 月生人，西安建筑科技大学城市规划与设计专业工学硕士，现工作于天津市渤海城市规划设计研究院，规划师。

图书在版编目（CIP）数据

匠人营城：天津滨海新区城市设计探索 /《天津滨海新区规划设计丛书》编委会编；霍兵主编. -- 南京：江苏凤凰科学技术出版社，2017.3
（天津滨海新区规划设计丛书）
ISBN 978-7-5537-6346-0

Ⅰ.①匠… Ⅱ.①天… ②霍… Ⅲ.①城市规划－建筑设计－研究－滨海新区 Ⅳ.①TU984.221.3

中国版本图书馆 CIP 数据核字（2016）第 108504 号

匠人营城——天津滨海新区城市设计探索

编　　者	《天津滨海新区规划设计丛书》编委会
主　　编	霍　兵
项目策划	凤凰空间/陈　景
责任编辑	刘屹立
特约编辑	陈丽新
出版发行	凤凰出版传媒股份有限公司 江苏凤凰科学技术出版社
出版社地址	南京市湖南路1号A楼，邮编：210009
出版社网址	http://www.pspress.cn
总 经 销	天津凤凰空间文化传媒有限公司
总经销网址	http://www.ifengspace.cn
经　　销	全国新华书店
印　　刷	上海雅昌艺术印刷有限公司
开　　本	787 mm×1 092 mm　1 / 12
印　　张	47
字　　数	564 000
版　　次	2017年3月第1版
印　　次	2017年3月第1次印刷
标准书号	ISBN 978-7-5537-6346-0
定　　价	548.00元

图书如有印装质量问题，可随时向销售部调换（电话：022-87893668）。